全国优秀数学教师专著系列

平面几何培优教程

PINGMIAN JIHE PEIYOU JIAOCHENG

马茂年 编著

HITP

哈尔滨工业大学出版社

HARBIN INSTITUTE OF TECHNOLOGY PRESS

内容简介

本书与初中、高中数学竞赛大纲和新编数学教材同步配套，相应地分为若干章节，每个章节都精选典型例题，进行详细讲解，还编写了课外习题，供学生练习，便于学习者了解数学竞赛中平面几何内容的各项要求.本书选材于全国各地历年中考压轴几何题，各届初中、高中数学竞赛几何题以及经典的几何问题，从多家数学网站、论坛、贴吧、数学群、公众号等数万道几何题中，经过精选、分析、分类、归纳、总结，形成具有集系统性数理思维训练和实战演练于一体的培优教程.

本书适用于参加初中、高中数学竞赛的学生学习和训练，对参加大学自主招生、高考的学生及初中、高中、大学数学教师也有一定的参考价值.

图书在版编目(CIP)数据

平面几何培优教程/马茂年编著.—哈尔滨：哈尔滨工业大学出版社，2019.8

ISBN 978－7－5603－8364－4

Ⅰ.①平…　Ⅱ.①马…　Ⅲ.①平面几何－高中－习题集　Ⅳ.①G634.635

中国版本图书馆CIP数据核字(2019)第126960号

策划编辑　刘培杰　张永芹
责任编辑　李广鑫
封面设计　孙茵艾
出版发行　哈尔滨工业大学出版社
社　　址　哈尔滨市南岗区复华四道街10号　邮编150006
传　　真　0451－86414749
网　　址　http://hitpress.hit.edu.cn
印　　刷　哈尔滨市石桥印务有限公司
开　　本　787mm×1092mm　1/16　印张41.5　字数740千字
版　　次　2019年8月第1版　2019年8月第1次印刷
书　　号　ISBN 978－7－5603－8364－4
定　　价　88.00元

◎前言

众所周知,数学学习首先应该注重基础知识,基础知识包括基本概念、基本运算和基本理论,其次应该注重解题方法和技巧的研究.后者如何实施?许多人都说多做题,“熟读唐诗三百首,不会作诗也能吟.”诚然,多做题不失为一种方法,但不是捷径.经过多年高中数学竞赛教学实践,我们认为最有效的方法应该是注重题型和解题技巧的总结.

带着希望,《平面几何培优教程》将陪伴大家一起成长,一同进取,一路思索,在求知殿堂里博取更广阔的天地.我们将以更充实的内容、更清晰的知识划分,依据课程标准与考试说明,依靠编者的深厚底蕴,集权威性、科学性、实用性、新颖性于一体,力求为大家在学习中助力,为大家在高考和竞赛中获取优异的成绩修桥铺路.

本书以依据大纲、服务高考和竞赛、突出重点、推陈出新为编写理念,以巩固和强化高中数学竞赛知识,力求使同学们的数学解题能力有大幅度提高为主要目的.本书还进一步深化高中数学竞赛中常见的数学思想与数学方法,归纳总结高中数学竞赛的热点专题,锻炼大家灵活运用数学竞赛基础知识和基本思想解题的能力,提醒大家对数学竞赛中的热点问题加以关注,使大家逐渐熟悉数学竞赛对学生的各项要求,积累有关答题策略方面的经验.

本书的题型来源于历年的竞赛、高考试卷和国内外同类型的书刊、QQ群、网页等资料，并归纳总结出各种题型的解题方法和技巧，旨在帮助广大数学爱好者在研究数学问题时达到事半功倍、举一反三、触类旁通的效果.

本书是一本为快速提高解题水平和解密数学技巧而编写的上乘之作，具有如下一些特点：

(1)遴选题型恰当，具有典型性、代表性、穿透性.所选题型有一定的难度、深度和广度，同时注意与高考、竞赛和研究紧密结合.

(2)针对题型精选例题的详尽分析和解答，对许多数学题的研究具有较大的启发性.通过学习本书的解题过程和解法研究，将会使学习者达到高考、竞赛试题解答口述和“秒杀”的从容境界.

(3)总结了一些全新的数学解题方法和技巧，这将大大提高学生们的解题速度和拓宽解题思路.

本书甄选的都是一些经典的数学题，具有一定的深度和一定的难度，但作者充分了解这些问题的出题背景，给出的求解和证明的过程中尽量做到深入浅出.任何事情都难以做到完美无缺，若偶有疏漏或考虑不周的地方，从某种意义上说，这种不足也给读者留下思考、想象的空间.

作者虽倾心倾力，但限于能力和水平，难免有不妥之处，敬请广大读者和数学同行指正.

马茂年

2019 年 3 月

目录

上篇　基础篇

下篇　提高篇

上篇

基　础　篇

第1讲　线段、射线和直线

科学的灵感，绝不是坐等可以等来的. 如果说，科学上的发现有什么偶然的机遇的话，那么这种"偶然的机遇"只能给那些学有素养的人，给那些善于独立思考的人，给那些具有锲而不舍的精神的人，而不会给懒汉.

——华罗庚(中国)

知识方法

几何中的线段、射线、直线等概念是从现实的相关形象中抽象而来的，它们没有实物中的那些宽度、厚度、颜色、硬度之类的性质，却为现实问题的解决提供了有力的工具，使得许多问题的研究可以转化为直观、简明的几何图形研究. 解决与线段相关的问题，常用到中点、代数化、枚举与分类讨论等方法.

典型例题

例1　一根长长的电线上停了三只小鸟，我们可以近似地看作一条直线上有三个点 A，B，C，如图1所示.

① 请写出图中所有的线段，他们分别是________；

② 图中有________条射线，用图中仅有的字母表示以 B 为端点的射线为________；

③ 图中有________条直线，可表示为________；

④ 若点 B 是线段 AC 的中点，$BC=50$ cm，则 $AC=$________cm.

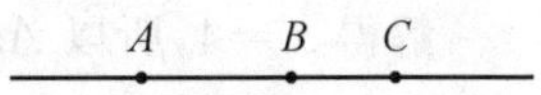

A　B　C

图1

解析　① 共有3条线段：线段 AB，AC，BC；

② 共有6条射线，以 A，B，C 为端点的射线各2条，以 B 为端点的射线为：

射线 BA,射线 BC;

③ 只有一条直线,可以表示为直线 AC;

④$AC=2BC=100$ cm.

说明 (1) 端点相同、方向相同的射线才是同一条射线,这里射线 AB,BC 是两条不同的射线;

(2) 射线 BA,BC 也是不同的射线,因为方向不同,而射线 AB,AC 是同一条射线.

例2 如图2所示,一条直线上顺次有 A,B,C,D 四点,且 C 为 AD 中点,$BC-AB=\frac{1}{4}AD$,问 BC 是 AB 的多少倍?

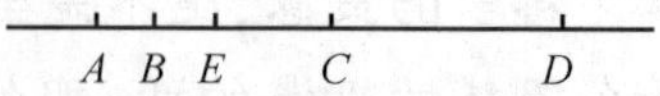

A B E C D

图 2

解析 先找到 AC 的中点 E,因为 C 是 AD 中点,所以 $BC-AB=\frac{1}{4}AD=\frac{1}{2}AC=AE$. 设 $AB=x$,$BE=y$,则 $BC-AB=y+(x+y)-x=x+y=AE$,即 $x=y$.

所以 $BC=3x$,$AB=x$,即 BC 是 AB 的 3 倍.

说明 设 $AB=x$,$BE=y$ 后,就把复杂的线段之间的运算转化为代数式的运算,计算的难度就大大下降了.

例3 如图 3,C,D 是线段 AB 上的两点,$AC:CD:DB=2:3:4$,P 是线段 AB 的中点,若 $PD=2$,求线段 AB 的长.

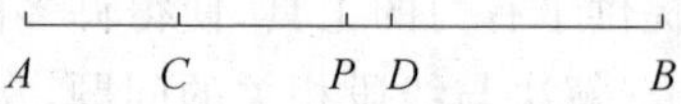

A C P D B

图 3

解析 设 $AC=2x$,则 $CD=3x$,$DB=4x$,

所以 $AB=AC+CD+DB=9x$,又 P 是 AB 的中点,所以 $PB=\frac{1}{2}AB=\frac{9}{2}x$,则 $PD=PB-DB=\frac{1}{2}x=2$.

解得 $x=4$,所以 $AB=9x=36$.

说明 几何中的计算经常采用代数的方法,本题和上例都采用了间接设元的方法,主要是为了方便其他线段的表示,这一点在设元的时候要特别注意.

例4 你能判断下列命题的正确性吗?

(1) 两点之间直线最短. ( )

(2) 射线比直线短但比线段长. ( )

(3) 两点间的距离指的是联结两点的线的长度. ( )

(4) 平面上三点可以确定三条直线. ( )

(5) 延长射线 AB 到 C 使 $AB=BC$. ( )

(6) 在同一平面内,过某一点画已知直线的平行线有且只有一条. ( )

解析 答案依次为:(1) ×;(2) ×;(3) ×;(4) ×;(5) ×;(6) ×.

说明 (1) 两点之间线段最短,直线不能度量长度;(2) 射线、直线和线段之间是无法比较大小的;(3) 两点间的距离指的是联结两点的线段的长度;(4) 平面上三点可以确定的直线条数是不确定的,可以是1条或3条;(5) 射线 AB 本身就是向 AB 方向无限延伸的,所以"延长 AB"的说法是错误的.(6) 在同一平面内,过不在已知直线上的一点画已知直线的平行线有且只有一条.

例5 如图4,在一条笔直的公路上有 A,B,C,D,E 五个村庄,现要在这条公路上造一个垃圾处理厂,每天垃圾厂都到五个村庄运垃圾,为了使垃圾厂到五个村庄的距离和最小,问垃圾厂应建在何处?

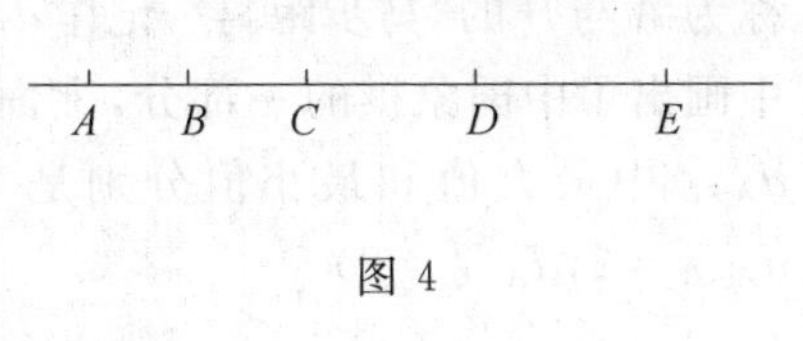

图 4

解析 容易知道垃圾厂应建在村庄 A 和 E 之间.不妨设建在点 P 处,则垃圾厂到五个村庄的距离和为 $PA+PB+PC+PD+PE$,其中 $PA+PE=AE$ 是不变的,所以要使 $PA+PB+PC+PD+PE$ 最小,只要 $PB+PC+PD$ 最小即可.

这样,我们已经把问题转化为:公路上有三个村庄 B,C,D,现要建一个垃圾处理厂 P,使垃圾厂到村庄 B,C,D 的距离最小.

同样容易知道垃圾厂 P 应建在村子 B 和 D 之间,则垃圾厂到五个村庄的距离和为 $PB+PC+PD$,其中 $PB+PD=BD$ 是不变的,所以要使 $PB+PC+PD$ 最小,只要 PC 最小即可,即垃圾厂 P 应建在点 C 处.

说明 这个问题可以做以下的推广:

当直线上的点的个数是奇数时,直线上一点 P 到各点的距离和为最小值时,点 P 且与中间重合(即当点 P 位于中间点时,点 P 到各点的距离和最小);

当直线上的点的个数是偶数时,直线上一点 P 到各点的距离和为最小值时,点 P 位于中间两点之间(即当点 P 位于中间两点之间时,点 P 到各点的距离和最小).

例6 图5是中国象棋棋盘的一半,棋子"马"走的规则是沿"日"字形的对角线走,例如:图中"马"所走的位置可以直接走到 A,B 等处.

若"马"的位置在点 C,为了到达点 D,请按"马"走的规则,在图中的棋盘上用虚线画出一种你认为合理的行走路线.

解析 通过观察实验,可以知道在点 C 的"马"到达点 D,至少应该走4

步，具体走法很多，图中虚线画出的是一种行走路线.

说明 把身边的事物搬到数学考试中来，现在似乎是流行的. 所以我们平时要留意身边的数学. 如：

在宋朝，中国象棋就已经风靡于全国，中国象棋规定马步为：“日，日”字，现定义：在棋盘上从点 A 到点 B，马走的最少步称为 A 与 B 的“马步距离”，记作 $d_{A\to B}$. 在图中画出了中国象棋的一部分，上面标有 A,B,C,D 四个点，则在 $d_{A\to B}$，$d_{A\to C}$，$d_{A\to D}$ 中最大值和最小值分别是______. (最大值为 $d_{A\to C}=4$，最小值为 $d_{A\to B}=2$，$d_{A\to D}=2$)

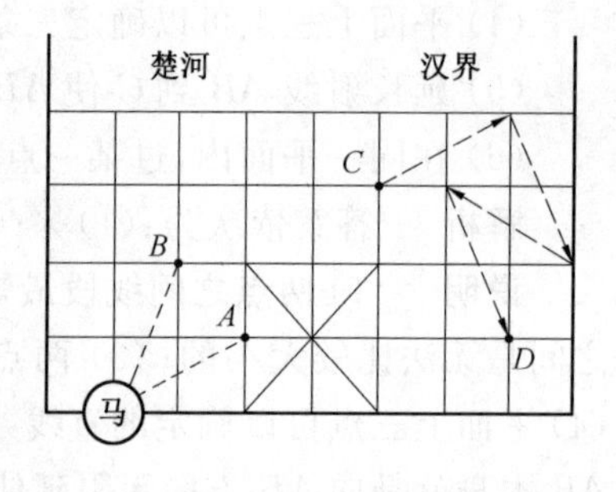

图 5

巩固演练

1. 解答下列问题：

(1) 过一个已知点 A 可以画多少条直线？

(2) 过两个已知点 A,B 可以画多少条直线？

(3) 过三个已知点 A,B,C 的每两个点画直线，可以画多少条？你能把这个问题推广到一般的情况吗？

2. 图 6 是一张道路图，每段路边上标的数字是小明走这段路所需的时间(单位：min)，请问小明从 A 走到 C 最快需几分钟？

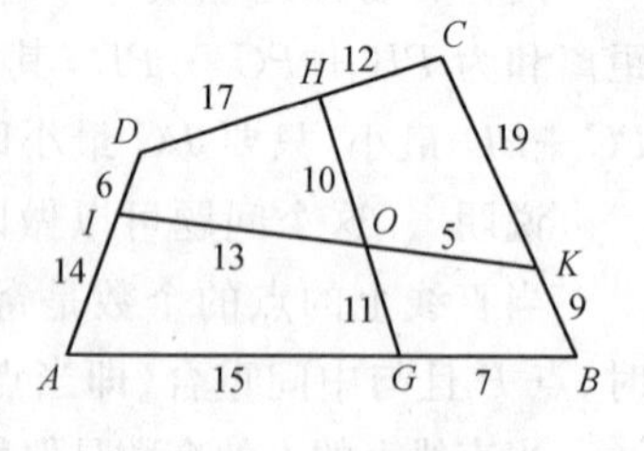

图 6

3. 已知线段 $AB=8$，平面上有一点 P，(1) 若 $AP=5$，PB 等于多少时，P 在线段 AB 上？(2) 当 P 在线段上，并且 $PA=PB$ 时，确定点 P 的位置，并比较 $PA+PB$ 与 AB 的大小.

4. 我们知道相交的两直线的交点个数是 1，记两平行直线的交点个数是 0；这样平面内的三条平行线，它们的交点个数就是 0，经过同一点的三条直线它们的交点个数就是 1；依此类推……

(1) 请你画图说明同一平面内的 5 条直线最多有几个交点？

(2) 平面内的 5 条直线可以有 4 个交点吗？如果有，请你画出符合条件的所有图形；如果没有，请说明理由.

(3) 在平面内画出 10 条直线，使交点数恰好是 31.

5. 把线段 AB 延长到 C，使 $BC=\frac{3}{5}AB$，再反向延长 AB 到 D，使 $AD=\frac{2}{3}AC$，得 $CD=40$. 求 AB 的长.

6. 已知线段 $AC=6$，$BC=4$，点 C 在直线 AB 上，点 M，N 分别是 AC，BC 的中点，求 MN 的长度.

7. 如图 7 所示，点 C 在线段 AB 上，线段 $AC=8$ cm，$BC=4$ cm，点 M，N 分别是 AC，BC 的中点，求：

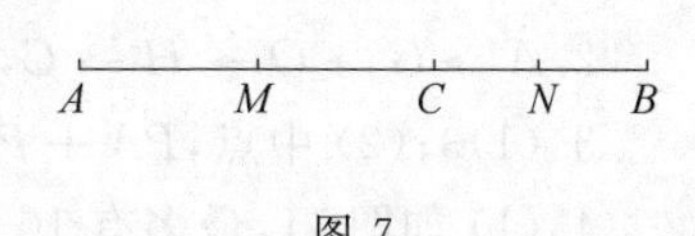

图 7

(1) 线段 MN 的长度；

(2) 根据(1) 中的计算过程和结果，设 $AC+BC=a$，其他条件不变，你能猜测出 MN 的长度吗？请你用一句简洁的话表述你发现的规律.

8. 图 8 第一个图展示了沿网格可以将一个每边有 4 格的正方形分割成两个相同的部分，找出 5 种其他分割方法，画在另外 5 个图中.

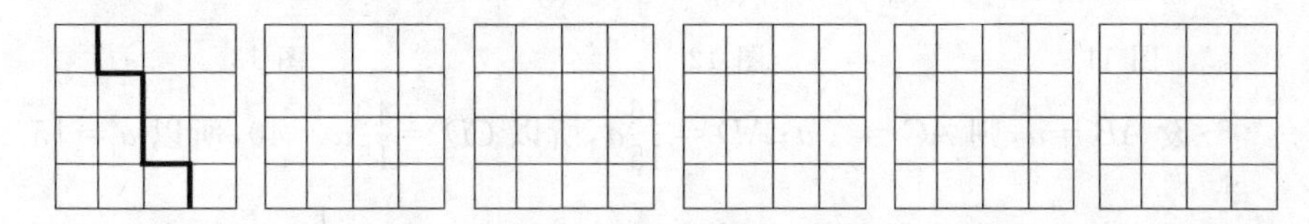
图 8

9. 如图 9，小圆圈表示网络的结点，结点之间的连线标示它们之间有网线相连，连线标注的数字表示该网线单位时间内可以通过的最大信息量. 现从结点 A 向结点 B 传递信息，信息可以分开沿不同的路线同时传递，求单位时间内传递的最大信息量.

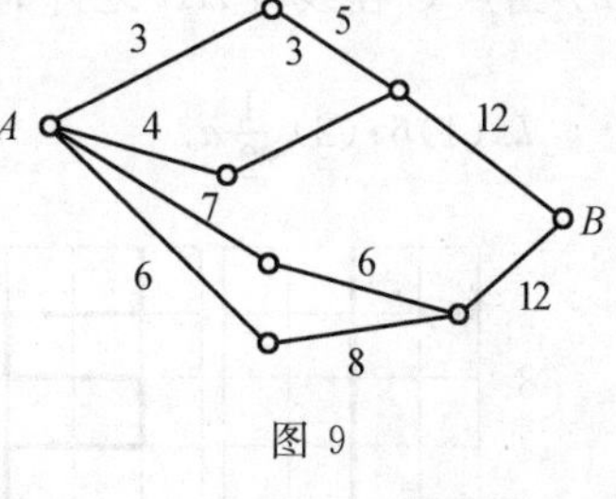

图 9

10. (1) 将 n 张长度为 a 的纸条，一张接一张地粘合成长纸条，粘合部分的长度为 b，求这张纸条的总长度是多少；

(2) 图 10 是一回形图，其回形通道的宽和 OB 的长均为 1，回形线与射线 OA 交于 A_1，A_2，A_3，…. 若从点 O 到点 A_1 的回形线为第 1 圈(长为 7)，从点 A_1 到点 A_2 的回形线为第 2 圈，……，依此类推. 求第 10 圈的长.

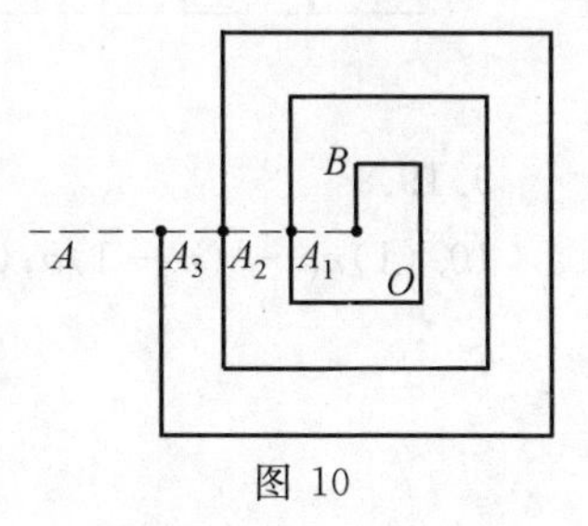

图 10

演练答案

1.(1) 无数条;(2) 若这三点共线,则只能画1条;若三点不共线,则可以画3条;推广:若平面上有 n 个点,且其中没有三点共线,则可以画 $\frac{1}{2}n(n-1)$ 条直线.

2. $A\rightarrow G\rightarrow O\rightarrow H\rightarrow C$,需 48 min.

3.(1)3;(2) 中点,$PA+PB>AB$.

4.(1) 如图11,最多有10个交点;(2) 可以有4个交点,有3种不同的情形,如图12所示;(3) 如图13所示.

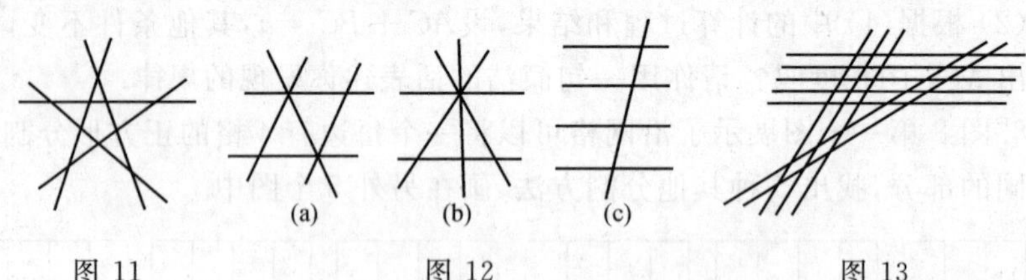

图 11　　　　图 12　　　　图 13

5.设 $AB=a$,则 $AC=\frac{8}{5}a$;$AD=\frac{16}{15}a$,所以 $CD=\frac{40}{15}a=40$,所以 $a=15$.

6.(1) 当点 C 在线段 AB 上时,$MN=MC+NC=\frac{1}{2}(AC+BC)=5$;

(2) 当点 C 在线段 AB 之外时,$MN=MC-NC=\frac{1}{2}(AC-BC)=1$.

7.(1)6;(2) $\frac{1}{2}a$.

8.

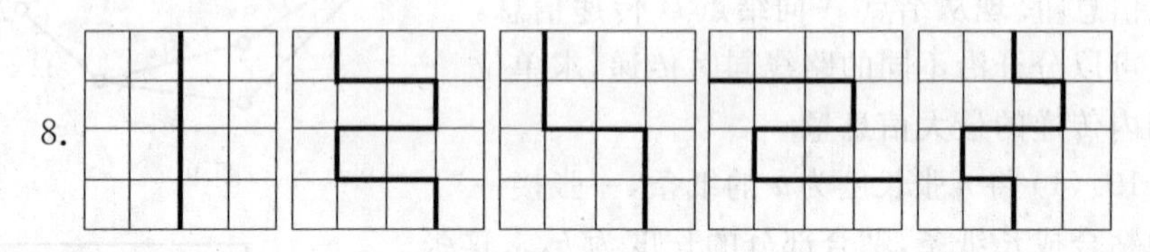

图 14

9.19.

10.(1)$na-(n-1)b$;(2)79.

第2讲　角

发展独立思考和独立判断的一般能力，应当始终放在首位，而不应当把获得专业知识放在首位. 如果一个人掌握了他的学科的基础理论，并且学会了独立地思考和工作，他必定会找到他自己的道路，而且比起那种主要以获得细节知识为其培训内容的人来，他一定会更好地适应进步和变化.

——爱因斯坦(美国)

知识方法

角也是几何学的基本图形之一，与角相关的知识有：周角、平角、直角、锐角、钝角、角平分线、余角、补角、对顶角等概念. 解决与角有关的问题，类似于线段相关问题，常用到重要概念、分类的思想、代数化的方法等.

典型例题

例1　求图1～图4中各个未知角的度数：

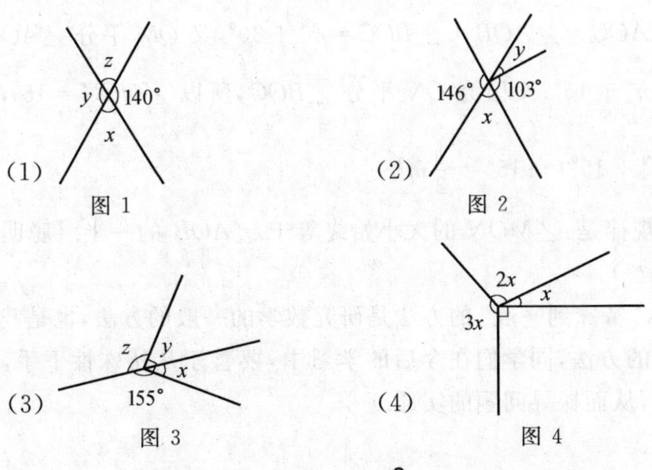

图1　图2　图3　图4

解析 (1)$y=140°$(对顶角相等);$x=180°-140°=40°$(平角的定义),所以 $z=x=40°$(对顶角相等).

(2)$x=180°-146°=34°$(平角的定义);$y=146°-103°=43°$(对顶角相等).

(3)$x=180°-155°=25°$;$y=90°-25°=65°$(互余的定义);$z=180°-65°=115°$(平角的定义).

(4) 因为 $x+2x+3x=360°-90°$(平角的定义),所以 $x=45°$.

解题后的反思:

下面三个基本图形(图 5 ~ 图 7),在解题中非常有用:

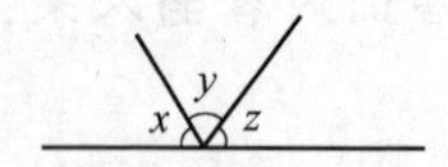

图 5 $x+y+z=180°$

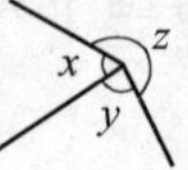

图 6 $x+y+z=360°$

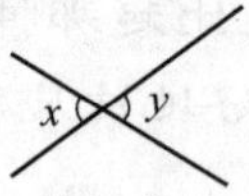

图 7 $x=y$

例 2 (1) 如图 8 所示,已知 $\angle AOB$ 是直角,$\angle BOC=30°$,OM 平分 $\angle AOC$,ON 平分 $\angle BOC$,求 $\angle MON$ 的度数;

(2) 如果(1) 中,$\angle AOB=m°$,其他条件不变,求 $\angle MON$ 的度数;

(3) 你从(1)(2) 中的结果中能发现什么规律?

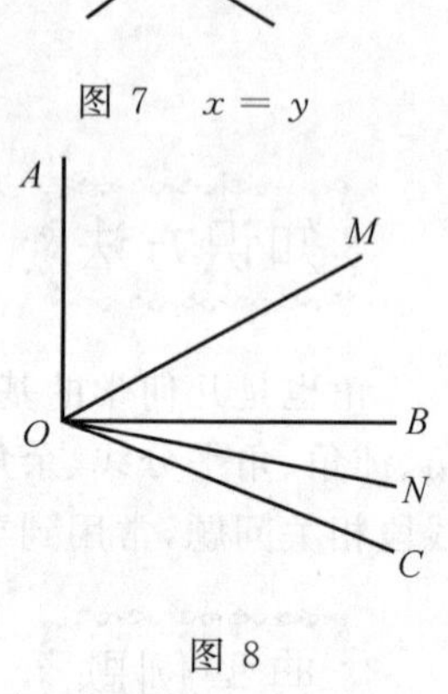

图 8

解析 (1) 因为 $\angle AOC=\angle AOB+\angle BOC=90°+30°=120°$,又 OM 平分 $\angle AOC$,所以 $\angle MOC=60°$;又因为 ON 平分 $\angle BOC$,所以 $\angle NOC=15°$,所以 $\angle MON=60°-15°=45°$.

(2) 因为 $\angle AOC=\angle AOB+\angle BOC=m°+30°$,又 OM 平分 $\angle AOC$,所以 $\angle MOC=\frac{1}{2}m°+15°$;又因为 ON 平分 $\angle BOC$,所以 $\angle NOC=15°$,所以 $\angle MON=(\frac{1}{2}m°+15°)-15°=\frac{1}{2}m°$.

(3) 发现的规律是:$\angle MON$ 的大小始终等于 $\angle AOB$ 的一半.(聪明的读者能说明原因吗?)

说明 ① 从"特殊到一般"的方法是研究数学的一般的方法,也是我们在解决难题时常用的方法,同学们在今后的学习中,要善于从特殊性下手,逐渐揭开问题的面纱,从而探寻问题的实质.

② 角平分线的几个有用的结论：如图 9，若 OC 平分 $\angle AOB$，则：

a. $\angle 1 = \angle 2$；b. $\angle 1 = \angle 2 = \frac{1}{2}\angle AOB$；c. $\angle AOB = 2\angle 1 = 2\angle 2$.

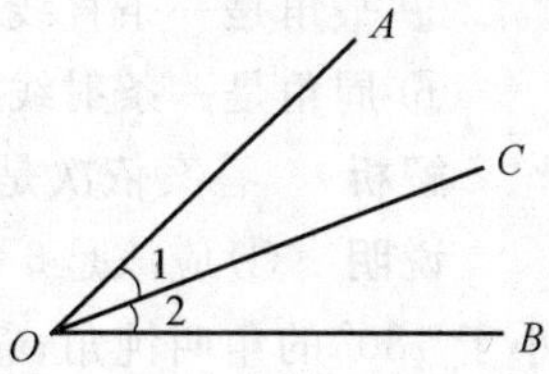

图 9

例 3　已知 $\angle AOB = 110^\circ$，OC 平分 $\angle AOB$，过点 O 画射线 OD，$\angle COD = 30^\circ$，求 $\angle AOD$ 的度数.

小明的解答过程如下：如图 10，设 $\angle BOD = x$，则 $\angle COA = \angle BOC = x + 30^\circ$，由条件得：$2(x + 30^\circ) = 110^\circ$，所以 $x = 25^\circ$，所以 $\angle AOD = x + 30^\circ + 30^\circ = 85^\circ$.

你觉得小明的解答正确吗？

解析　小明的书写非常好，但遗憾的是漏解了.

如图 11，当 OD 在 $\angle AOC$ 的内部时，$\angle AOD = 25^\circ$.

所以 $\angle AOD$ 的度数是 85° 或 25°.

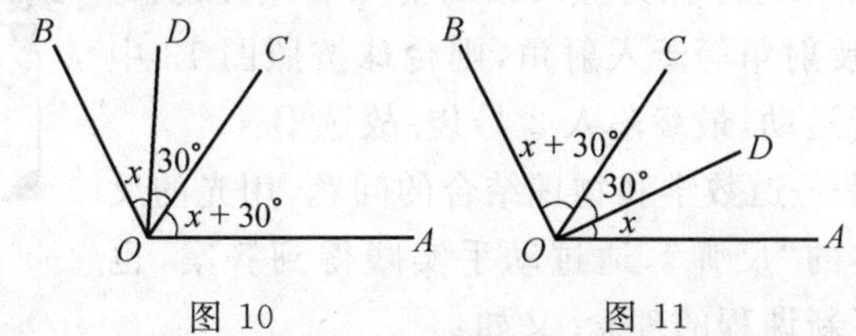

图 10　　图 11

说明　解题时要注意问题的确定性，当问题中的某些元素不确定时，就要分情况讨论. 又例如：α, β 都是钝角，甲、乙、丙、丁四位同学计算 $\frac{1}{9}(\alpha + \beta)$ 的结果依次为 $50^\circ, 26^\circ, 72^\circ$ 和 90°，其中确有正确的结果，那么算得正确的是（　　）

A. 甲　　B. 乙　　C. 丙　　D. 丁

解析　因为 α, β 都是钝角，所以 $90^\circ < \alpha < 180^\circ, 90^\circ < \beta < 180^\circ$，所以 $180^\circ < \alpha + \beta < 360^\circ$，从而 $20^\circ < \frac{1}{9}(\alpha + \beta) < 40^\circ$. 对照甲、乙、丙、丁四位同学计算的结果，只有乙同学的结果 26° 符合要求. 故选 B.

说明　估算是一种十分重要的能力.

例 4　你能判断下列命题的正确性吗？

① 在同一直线上的 4 点 A, B, C, D 可以表示 5 条不同的线段.（　　）

② 大于 90° 的角叫作钝角.（　　）

③ 同一个角的补角一定大于它的余角.（　　）

④ 两条射线组成的图形叫角.（　　）

⑤ 平角是一条直线. ( )

⑥ 周角是一条射线. ( )

解析 答案依次是 ①×;②×;③√;④×;⑤×;⑥×.

说明 ① 应该是6条线段:线段 AB,AC,AD,BC,BD,CD;② 大于 90° 且小于 180° 的角叫钝角;③ 等式 $180^\circ - x > 90^\circ - x$ 恒成立;④ 有公共顶点的两条射线组成图形叫角;⑤ 当终边与始边成一条直线时,所成的角叫作平角;⑥ 当终边和始边再次重合时,所成的角叫作周角.

例5 图12是一个经过改造的台球桌面的示意图,图中四个角上的阴影部分分别表示四个入球孔.如果一个球按图中所示的方向被击出(球可以经过多次反射),那么该球最后将落入的球袋是( )

A. 1 号袋　　B. 2 号袋

C. 3 号袋　　D. 4 号袋

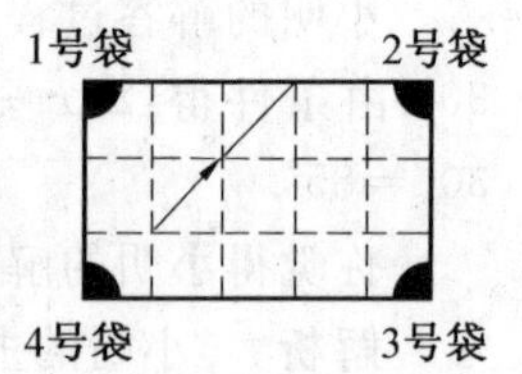

图 12

解析 在不考虑摩擦力等因素的情况下,可以认为台球撞到桌边,反射角等于入射角,则台球按照图13中虚线所示的路线运动,最终落入2号袋.故选B.

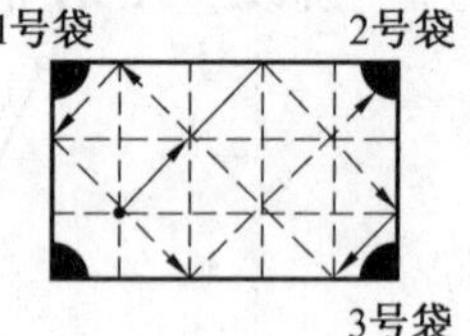

图 13

说明 这是一道数学和物理结合的问题,用光的反射原理类比物体的"反弹",通过动手实践得到答案,也非常好地体现了新课程的理念.又如:

题目:某台球桌为如图14所示的长方形 $ABCD$,小球从 A 沿 45° 角击出,恰好经过5次碰撞到达 B 处,则 $AB:BC$ 等于( )

A. $1:2$　　B. $2:3$

C. $2:5$　　D. $3:5$

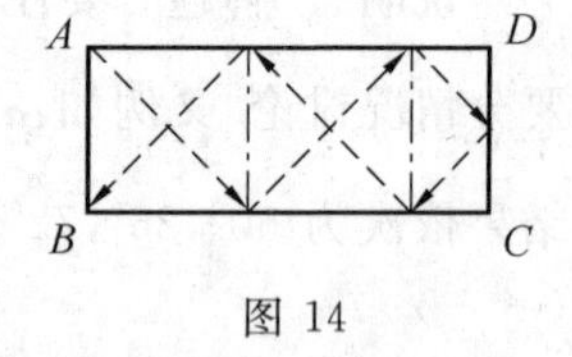

图 14

通过画图可以得到图14所示的答案.容易知道 $AB:BC$ 等于 $2:5$.

例6 如图15,在0时到12时之间,钟面上的时针与分针在什么时候成 60° 角?

你还能解决其他类似的问题吗?

你能把这个问题推广吗?

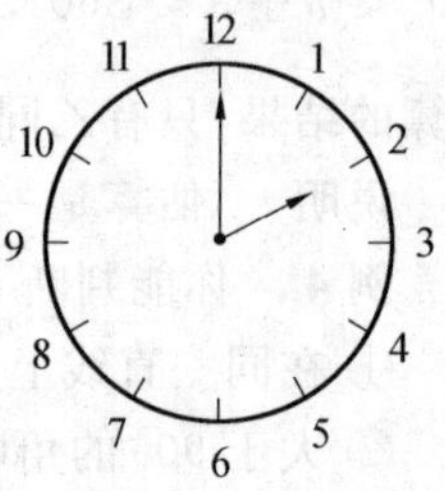

图 15

解析 将问题看成圆周追及问题.设分针的速度为每分钟1个单位长度,则时针的速度为 $\frac{1}{12}$.将时针、分针看成两个不同速度的人在环形跑道上同时开始同向而行.设从0时开始,过 x 分钟后分针与时

针成 60° 的角，此时分针比时针多走了 $n(n=1,2,3,\cdots,11)$ 圈，则

$$x-\frac{x}{12}=60n+10 \text{ 或 } x-\frac{x}{12}=60n+50$$

解得 $x=\frac{12}{11}(60n+10)$ 或 $x=\frac{12}{11}(60n+50)$.

把 $n=0,1,2,\cdots,11$ 代入上式，即得到问题的全部答案：(以近似值表示)

0:54:33　1:16:22　2:00:00　2:21:49　3:05:27

3:27:16　4:10:55　4:32:44　5:16:22　5:38:11

6:21:49　6:43:38　7:27:16　7:49:05　8:32:44

8:54:33　9:38:11　10:00:00　10:43:38　11:49:05

11:05:27　12:10:55

说明　① 时针与分针成直角时可列方程 $(30n+0.5x)-6x=90^\circ$ 或 $6x-(30n+0.5x)=90^\circ(n=0,1,2,\cdots,11)$；

② 时针、分针重合时有：$30n+0.5=6x$；

③ 时针与分针成 180° 时得方程 $(30n+0.5x)-6x=180^\circ(n=7,8,9,10,11,12)$ 或 $6x-(30n+0.5x)=180^\circ(n=1,2,3,4,5,6)$；

④ 钟面角指的是钟面的时针与分针在某一时刻所成的角. 已知钟面的数字从 1 到 12，共有 12 个大格，60 个小格，而 1 周角 $=360^\circ$. 所以钟面的每个大格对应 30° 的角，每个小格对应 6° 的角. 从而可得钟面角的计算公式如下：

a. 当时针在分针的前面时：钟面角 $=30^\circ n_1+6^\circ n_2+30^\circ\ m/60$；

b. 当时针在分针的后面时：钟面角 $=30^\circ n_1+6^\circ n_2+30^\circ(1-m/60)$.

这里的 n_1 表示时针与分针之间的确有大格数，n_2 表示在时针与分针之间，分针与离开分针最近的整点时刻间的确有小格数，m 表示分针所指钟面分钟数. 有了上述公式，有关钟面角的计算问题，均可迎刃而解.

巩固演练

1. 已知 A,O,B 三点在同一条直线上，OD 平分 $\angle AOC$，OE 平分 $\angle BOC$.

(1) 量出 $\angle DOE$ 度数；

(2) 若 $\angle AOC=40^\circ$，求 $\angle DOE$；

(3) 若 $\angle AOC=60^\circ$，求 $\angle DOE$；

(4)$\angle DOE$ 的度数是否是固定的，如果是，度数是多少？你能验证吗？如果不是，说明理由.

2. 已知 $\angle AOB = 90^\circ$，OC 为一射线，OM，ON 分别平分 $\angle BOC$ 和 $\angle AOC$，求 $\angle MON$ 的大小.

3. 如图 16，OA 的方向是北偏东 15°，OB 的方向是西偏北 50°.

(1) 若 $\angle AOC = \angle AOB$，则 OC 的方向是________；

(2) OD 是 OB 的反向延长线，OD 的方向是________；

(3) $\angle BOD$ 也可看作是 OB 绕点 O 逆时针方向至 OD，作 $\angle BOD$ 的平分线 OE，OE 的方向是________；

(4) 在(1)(2)(3)的条件下，$\angle COE =$________.

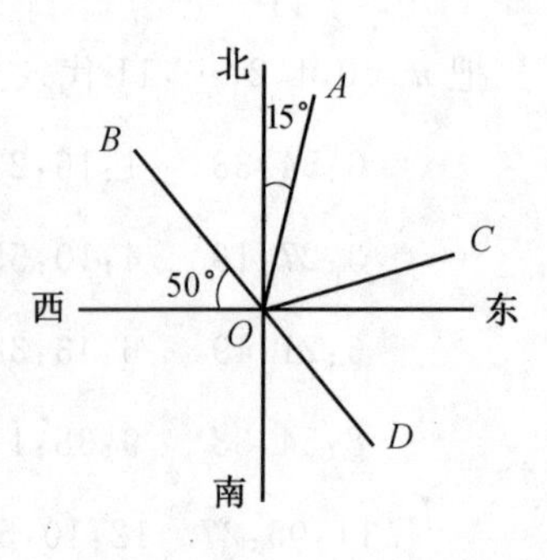

图 16

4. 如图 17，马路上依次有 A，B，C 三站，上午 8 时，小明骑车从 A，B 之间离 A 站18 km 的点 M 出发，向 C 站匀速前进，15 分钟到达离 A 站 23 km 处.

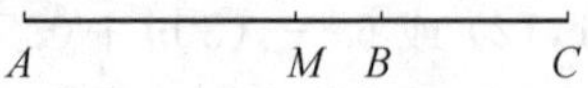

(1) 设 t h后，小明离 A 站 s km，用含 t 的代数式表示 s，得 $s =$________；

(2) 若 A，B 和 B，C 间的距离分别是 30 km 和20 km，则在上午________到________的时间内，小明在 B，C 两站间(不包括 B，C 两站).

A M B C

图 17

5. (1) 一个角的补角是 130°，求这个角的余角的度数；

(2) 已知一个角的余角等于这个角的补角的 $\frac{1}{5}$，求这个角的度数.

6. (1) 如图 18 所示，$\angle AOB$，$\angle COD$ 都是直角，试猜想 $\angle AOC$ 与 $\angle DOB$ 在数量上是相等、互余，还是互补关系？你能用说理的方法说明你的猜想是否合理吗？

(2) 当 $\angle COD$ 绕着 O 旋转到如图 19 所示的位置时，你原来的猜想还成立吗？

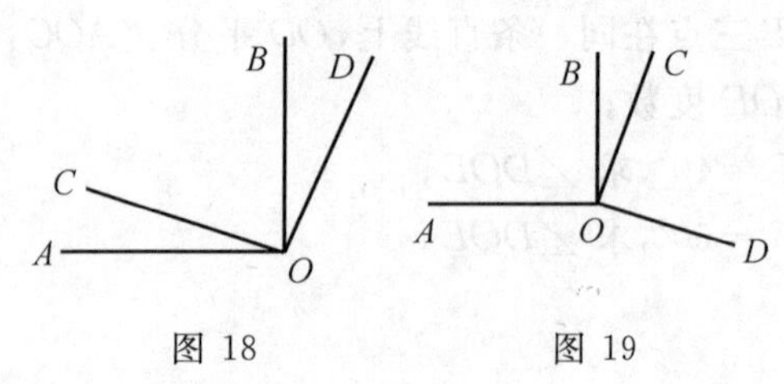

图 18　　图 19

7. 已知 $\angle AOB$ 与 $\angle BOC$ 有一条公共边 OB，并且 $\angle AOB > \angle BOC$.

(1) 画出所有符合题意的图形；

(2) 写出你所画图形中 $\angle AOB$，$\angle BOC$ 与 $\angle AOC$ 之间的等量关系.

8. 阅读理解，并按要求完成作图和解答

如图 20，OC 为 $\angle AOB$ 内的一条射线，当 $\angle AOC = \angle BOC$ 时，称射线 OC 是 $\angle AOB$ 的角平分线.

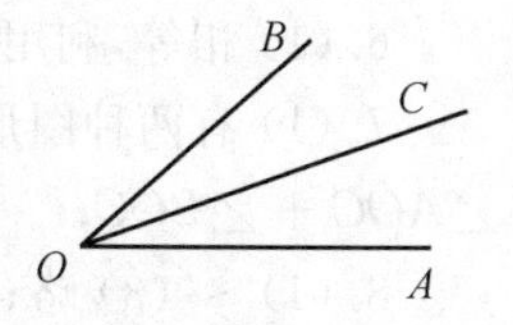

图 20

(1) 请你作 $\angle EMF = 80°$；

(2) 作出 $\angle EMF$ 的角平分线 MN；

(3) 在 MN 上任取一点 P，并且过 P 分别作 $PH \perp ME$，$PG \perp MF$，垂足分别为 H，G；

(4) 度量 PH，PG 的长，则 PH ________ PG（填"＞"或"＜"或"＝"），$PH \perp ME$，垂足为 H，我们把线段 PH 叫作点 P 到 ME 的距离；

(5) 由上面的实践，你发现了什么？你能把你发现的结论用简短的语句反映出来吗？

你的结论是____________________________.

9. 已知 $\angle AOB = 90°$，$\angle BOC = 30°$，OM 平分 $\angle AOC$，ON 平分 $\angle BOC$.

(1) 求 $\angle MON$ 的度数；

(2) 如(1)中 $\angle AOB = \alpha$，其他条件不变，求 $\angle MON$ 的度数；

(3) 如(1)中 $\angle BOC = \beta$(为钝角)，其他条件不变，求 $\angle MON$ 的度数；

(4) 从(1)(2)(3)中你能得到什么结论？

10. 如图 21，选择适当的方向击打白球，可以使白球反弹后将黑球撞入袋中，此时 $\angle 1 = \angle 2$，并且 $\angle 2 + \angle 3 = 90°$，如果黑球与洞口连线和台球桌面边缘夹角 $\angle 3 = 30°$，那么 $\angle 1$ 应等于多少度，才能保证黑球能直接入袋？此时的 $\angle 1$ 与 $\angle 3$ 是什么关系？

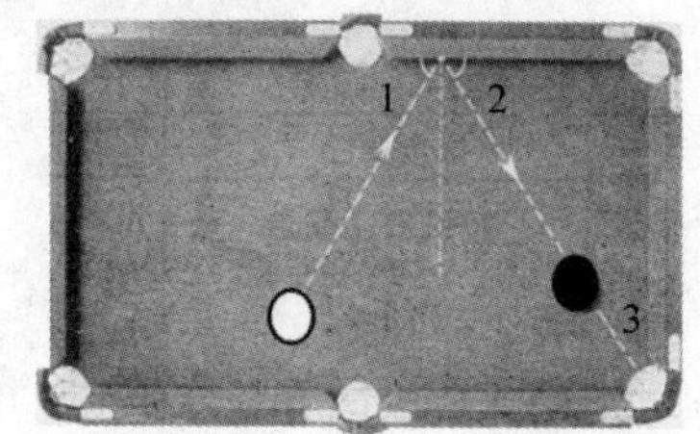

图 21

演练答案

1. (1)$90°$；(2)$90°$；(3)$90°$；(4) 固定为 $90°$.

2. 由于题目没有指明射线 OC 是在 $\angle AOB$ 内部还是外部，故要分情况讨论. 当 OC 在 $\angle AOB$ 内部时，易得 $\angle MON = 45°$；当 OC 在 $\angle AOB$ 外部时，要分 $\angle BOC$ 又分为锐角 、直角、钝角、平角 4 种情况进行讨论，结果分别为 $45°$，

45°,135°,135°.结论应为:$\angle MON$ 为 45° 或 135°.

3.(1) 东偏北 20°;(2) 东偏南 50°;(3) 南偏西 50°;(4)160°.

4.(1)$s=18+20t$;(2)8:36 ～ 9:36.

5.(1)40°;(2)67.5°.

6.(1) 相等,利用同角的余角相等;(2) 仍旧相等.

7.(1) 有两种图形,具体略;(2)$\angle AOC=\angle AOB+\angle BOC$ 或 $\angle AOB=\angle AOC+\angle BOC$.

8.(1) ～ (3) 略;(4) =;(5) 一个角的内角平分线上的点到这个角的两边的距离相等.

9.(1)45°(分两种情况讨论);(2) $\frac{1}{2}\alpha$;(3)45°;(4) 若 $\angle AOB=\alpha$,$\angle BOC=\beta$,则 $\angle MON$ 的度数是 $\frac{1}{2}\alpha$.

10.60°;$\angle 1+\angle 3=90°$.

第3讲 三角形的边角关系

在科学上最好的助手是自己的头脑,而不是别的东西.

——法布尔(法国)

知识方法

本讲的主要内容是:三角形的有关概念;三角形的边的基本性质;三角形的角的基本性质;基本的尺规作图等.

尺规作图的要求:

(1) 作一条线段等于已知线段;作一个角等于已知角;作角平分线;作线段的垂直平分线;根据已知条件作三角形.

(2) 会写已知、求作和作法.

典型例题

例1 如图1,$\angle BOC=100^\circ$,$\angle C=20^\circ$,$\angle B=25^\circ$,求$\angle A$的度数;在解答的过程中你发现$\angle A$,$\angle B$,$\angle C$之间有什么关系?请写出一个你发现的规律.

解法一 如图2,延长BO交AC于D,则$\angle BOC=\angle C+\angle ODC=\angle C+\angle B+\angle A$,故$100^\circ=20^\circ+25^\circ+\angle A$,即$\angle A=55^\circ$.

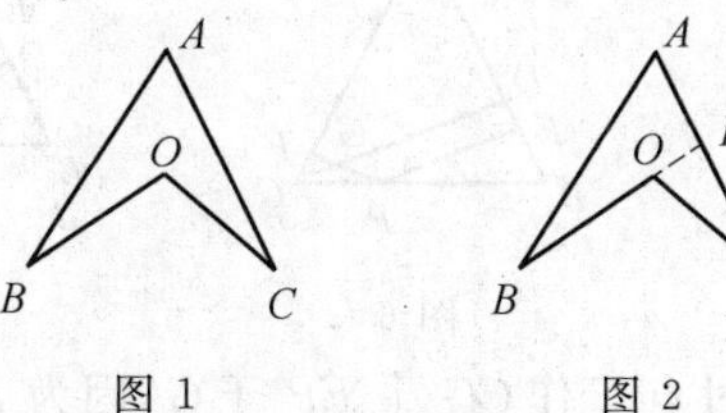

图1　　图2

解法二 如图3,联结AO并延长到D,则$\angle BOC=\angle BOD+\angle DOC=(\angle B+\angle BAO)+(\angle C+\angle CAO)=\angle B+\angle A+\angle C$,故$100^\circ=20^\circ+25^\circ+$

$\angle A$,即 $\angle A=55^\circ$.

从中我们应该能发现其中的规律:$\angle BOC=\angle A+\angle B+\angle C$.这也是一个十分有用的结论.

说明 学习几何一定要学会添加辅助线,图2的辅助线是为了利用三角形的外角把其中的三个角联结起来;图3的辅助线是为了把这三个角直接联系起来.所以我们认为添加辅助线的目的是为了把一些离散的量联系起来.

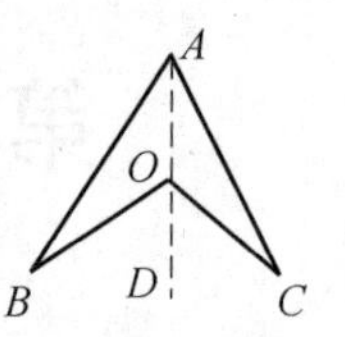

图 3

例 2 如图 4,DC 平分 $\angle ADB$,EC 平分 $\angle AEB$,若 $\angle DAE=\alpha$,$\angle DBE=\beta$,$\angle DCE=\gamma$,试探求 α,β,γ 之间的关系,并写出你的探求过程.

解析 这是例 1 的一个很好的应用,我们设 $\angle ADC=\angle CDB=x$,$\angle AEC=\angle CEB=y$,则由例1中的结论可知:$\gamma=x+y+\alpha$,$\beta=x+y+\gamma$,消去 $x+y$,可得:$\gamma-\beta=\alpha-\gamma$,即 $\gamma=\frac{1}{2}(\alpha+\beta)$.

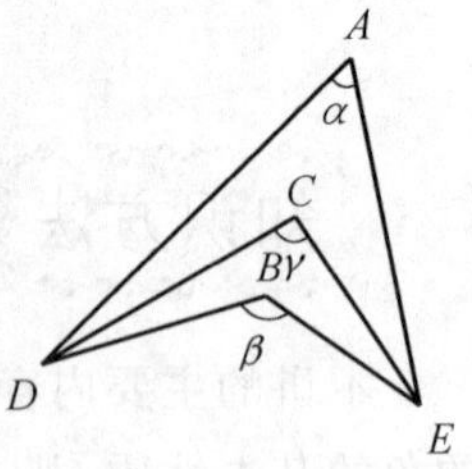

图 4

说明 这是一个十分漂亮的结论,而应用例 1 来解决显得更加漂亮.学习的目的是为了解决问题,让我们努力学习吧!

例 3 如图5,已知 $\triangle ABC$ 中,$AB=AC$,$CD\perp AB$,垂足是 D,P 是 BC 边上任意一点,$PE\perp AB$,$PF\perp AC$,垂足分别是 E,F.求证:$PE+PF=CD$.

分析 如图6,过点 P 作 $PG\perp CD$ 交 CD 于 G,则四边形 $PGDE$ 为矩形,$PE=GD$,又可证 $\triangle PGC\cong\triangle CFP$,则 $PF=CG$.所以 $PE+PF=DG+GC=DC$.

问题 如图7,若 P 是 BC 延长线上任意一点,其他条件不变,则 PE,PF 与 CD 有何关系?请你写出结论并完成证明过程.

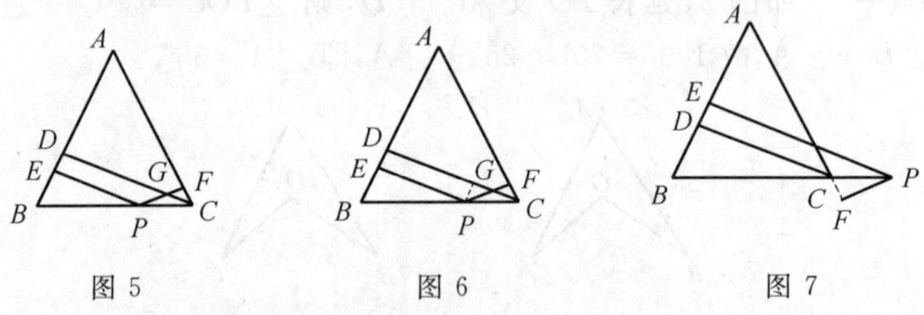

图 5　　图 6　　图 7

证法一 如图 8,过点 C 作 $CG\perp EP$ 于 G,因为 $PE\perp AB$,$CD\perp AB$,所以 $\angle CDE=\angle DEG=\angle EGC=90^\circ$.所以四边形 $CGED$ 为矩形,$CD=GE$,$GC\parallel AB$,所以 $\angle GCP=\angle B$.

又 $AB = AC$，所以 $\angle B = \angle ACB$，所以 $\angle FCP = \angle ACB = \angle B = \angle GCP$.

在 $\triangle PFC$ 和 $\triangle PGC$ 中

$$\begin{cases}\angle F = \angle CGP = 90^\circ \\ \angle FCP = \angle GCP \\ CP = CP\end{cases}$$

所以　　　　$\triangle PFC \cong \triangle PGC$

所以 $PF = PG$，所以 $PE - PF = PE - PG = GE = CD$.

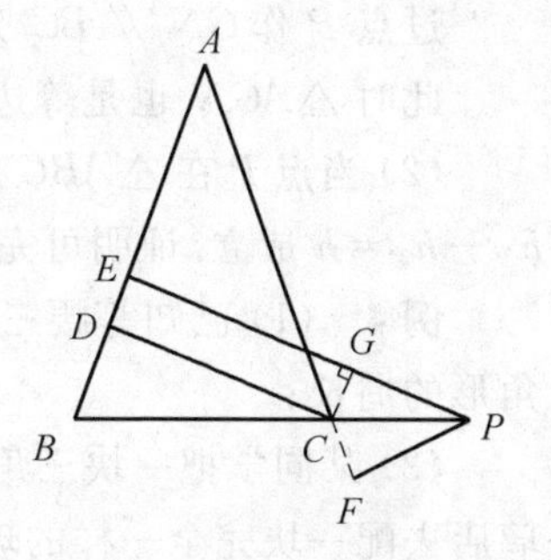

图 8

证法二　如图 9，过点 P 作 $PG \parallel AB$ 交 DC 延长线于 G，仿证法一证明.

说明　(1) 这类问题还有一个经典的面积统一证明：

如图 5，联结 AP，则 $S_{\triangle ABP} + S_{\triangle APC} = S_{\triangle ABC}$，

$\frac{1}{2}PE \cdot AB + \frac{1}{2}PF \cdot AC = \frac{1}{2}CD \cdot AB$.

又 $AB = AC$，所以 $PE + PF = CD$.

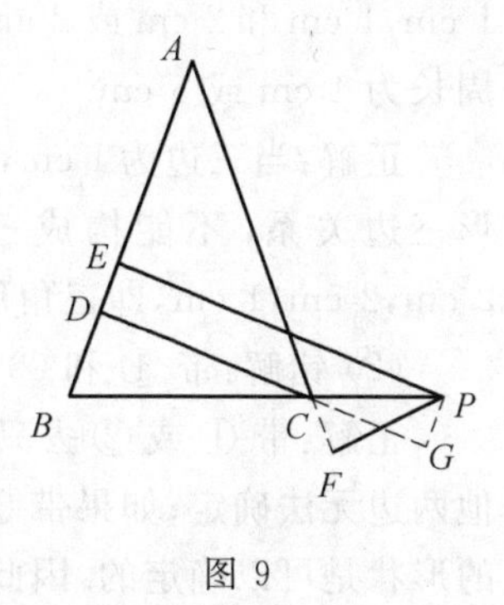

图 9

(2) 问题还可以转化为：已知等边三角形 ABC 和点 P，设点 P 到 $\triangle ABC$ 三边 AB，AC，BC 的距离分别为 h_1，h_2，h_3，$\triangle ABC$ 的高为 h，AM 是 BC 边上的高. 若点 P 在一边 BC 上，如图 10(a)，此时 $h_3 = 0$，可得 $h_1 + h_2 + h_3 = h$.

直接应用上述结论解决下列问题：(1) 当点 P 在 $\triangle ABC$ 内，如图 10(b)；当点 P 在 $\triangle ABC$ 外，如图 10(c)，这两种情况时，上述结论是否成立？若成立请给予证明；若不成立，h_1，h_2，h_3 与 h 之间又有怎样的关系？请写出你的猜想，并证明.

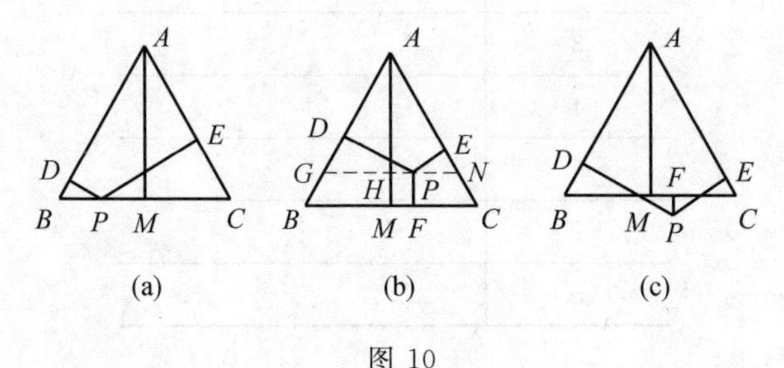

图 10

解析　(1) 当点 P 在 $\triangle ABC$ 内时，结论仍成立，如图 10(b).

过点 P 作 $GN \parallel BC$ 分别交 AB,AC 于 G,N,与 AM 交于点 H.

此时 $\triangle AGN$ 也是等边三角形,由图形 10(a) 情形知结论成立;

(2) 当点 P 在 $\triangle ABC$ 外时,结论:$h_1+h_2+h_3=h$ 不成立,但此时有:$h_1+h_2-h_3=h$ 成立. 证明可完全仿(1) 的证明.(请读者自己给出证明)

例 4　(1) 已知等腰三角形的两边长分别是 1 cm 和 2 cm,求这个等腰三角形的周长;

(2) 某同学把一块三角形的玻璃打成了如图 11 所示的三块,现在要到玻璃店去配一块完全一样的玻璃,那么最省事的方法是(　　)

A. 带 ① 去　　B. 带 ② 去　　C. 带 ③ 去　　D. 带 ① 和 ② 去

解析　(1) 错解:根据题意可得三边长分别是 1 cm,1 cm 和 2 cm 或 2 cm,2 cm,1 cm,故三角形的周长为 4 cm 或 5 cm.

正解:当三边为 1 cm,1 cm 和 2 cm 时,根据三角形三边关系,不能构成三角形,所以三边只能是 2 cm,2 cm,1 cm,即三角形的周长只能是 5 cm.

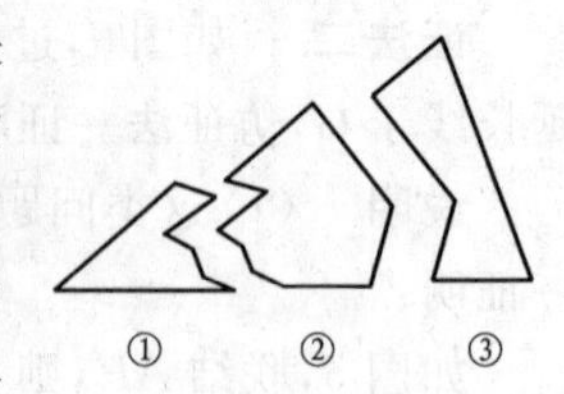

图 11

(2) 错解:带 ① 和 ② 去.

正解:带 ① 或 ② 去只能确定一个角,带 ① 和 ② 去也只能确定一个角,其他两边无法确定;如果带 ③ 去,则第三个角和其他两边可以画出,也即三角形的形状是可以确定的. 因此选 C.

例 5　试探究以下问题:平面上有 $n(n \geqslant 3)$ 个点,任意三个点不在同一直线上,过任意三点作三角形,一共能作出多少个不同的三角形?

(1) 分析:当仅有 3 个点时,可作________个三角形;当有 4 个点时,可作________个三角形;当有 5 个点时,可作________个三角形.

(2) 归纳:考察点的个数 n 和可作出的三角形的个数 S_n,发现表 1:

表 1

点的个数	可连成三角形个数
3	
4	
5	
⋮	⋮
n	

(3) 推理:________________________.

(4) 结论:________________________.

解析 题目中的阅读材料,为我们提供了解题思路.我们可以类比原题的思考方式,通过画图解答.

(1) 如图12所示,当仅有3个点时,可作1个三角形;如图13,当有4个点时,可作4个三角形;如图14,当有5个点时,可作10个三角形.

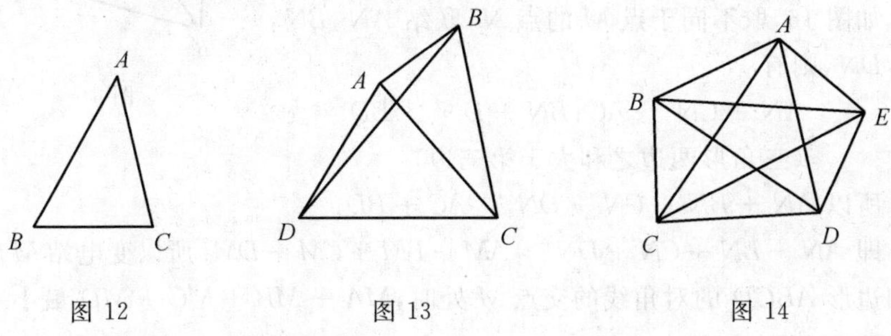

图 12　　图 13　　图 14

(2) 根据图形,可以填得表2:

表 2

点的个数	可连成三角形个数
3	$1=\frac{3\times2\times1}{6}$
4	$4=\frac{4\times3\times2}{6}$
5	$10=\frac{5\times4\times3}{6}$
⋮	⋮
n	$\frac{n(n-1)(n-2)}{6}$

(3) 推理:平面上有n个点,过不在同一直线上的三点确定一个三角形.取第一个点A有n种取法,取第二个点B有$(n-1)$种取法,取第三个点C有$(n-2)$种取法,所以一共可作$n(n-1)(n-2)$个三角形,但$\triangle ABC$,$\triangle ACB$,$\triangle BAC$,$\triangle BCA$,$\triangle CAB$,$\triangle CBA$是同一个三角形,故应除以6,即$S_n=\frac{n(n-1)(n-2)}{6}$.

(4) 结论:$S_n=\frac{n(n-1)(n-2)}{6}$.

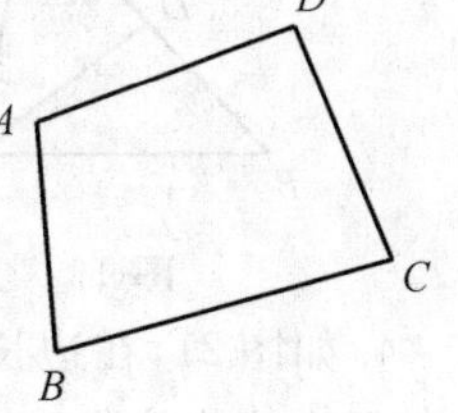

图 15

例 6 有4个村庄,恰好位于四边形$ABCD$的4个顶点处,如图15所示,现在要建一个变电站M,试问变电站应建在何处，才能使它到4个村庄的距离和最短，即 $MA+MB+MC+MD$ 最小？

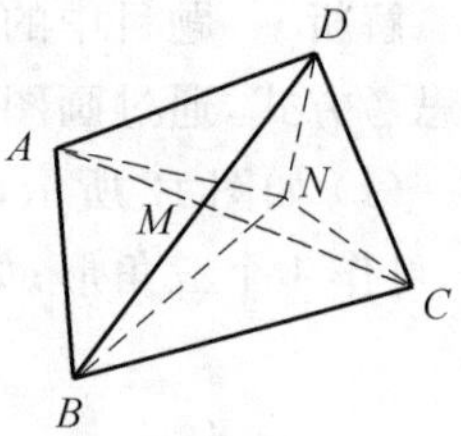

解析 变电站应建在四边形 $ABCD$ 的对角线的交点 M 处. 理由如下：

如图16，取不同于点 M 的点 N，联结 AN，BN，CN，DN，则有

$$AN+CN>AC;BN+DN>BD$$

（三角形两边之和大于第三边）

所以 $AN+BN+CN+DN>AC+BD$.

即 $AN+BN+CN+DN>AM+BM+CM+DM$. 所以变电站 M 应建在四边形 $ABCD$ 的对角线的交点 M 处时，$MA+MB+MC+MD$ 最小.

图 16

1. 如图17，$\angle ECF=90^\circ$，线段 AB 的端点分别在 CE 和 CF 上，BD 平分 $\angle CBA$，AD 是 $\angle EAB$ 的外角的平分线，求 $\angle D$ 的度数.

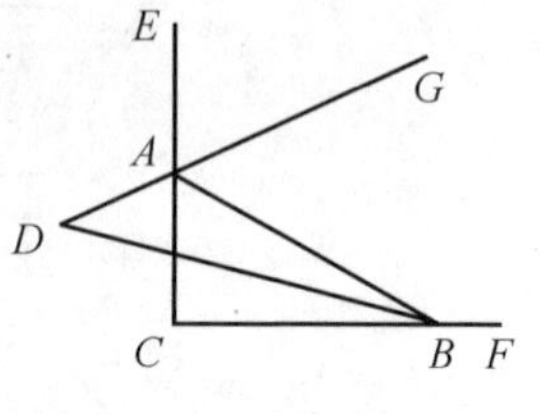

图 17

2. 已知一个三角形的三边长分别是 a，$a+1$，$a-1$，求 a 的取值范围.

3. (1) 如图18，在 $\triangle ABC$ 中，D 是边 AB 上任意一点，你能说明：$AB+AC>DB+DC$ 一定成立吗？

(2) 如图19，若 D 为 $\triangle ABC$ 内的任意一点，则 $AB+AC>DB+DC$ 也成立吗？说说你的意见；

(3) 如图20，若 M，N 为 $\triangle ABC$ 内任意两点，试利用(1)和(2)中已有的结论比较 $AB+AC$ 与 $BM+MN+NC$ 的大小. 并简单说明你的理由.

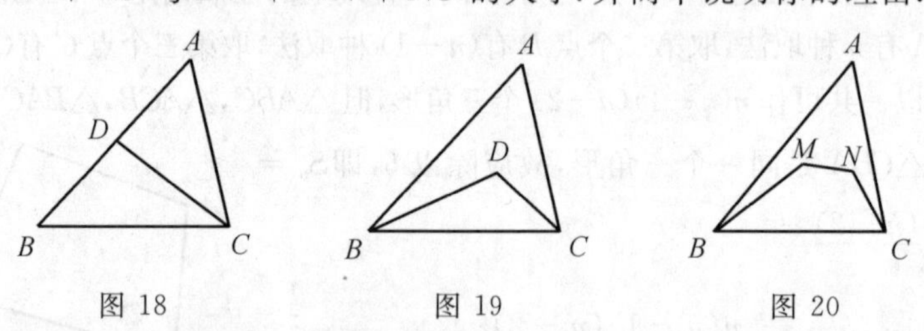

图 18　　图 19　　图 20

4. 如图21，在边长为 a 的正方形中挖掉一个边长为 b 的小正方形($a>b$)，把余下的部分剪成一个矩形如图22所示，通过计算两个图形(阴影部分)的面积，验证了一个等式，你认为这个等式是：__________，说说你的理由.

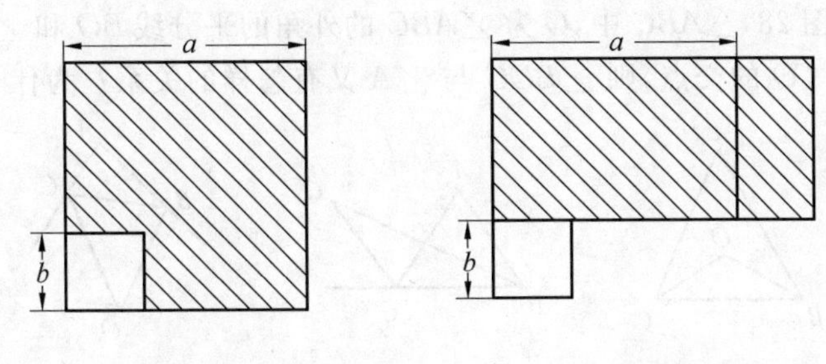

图 21　　　　　　　　图 22

5. 有三根直径相同粗细均匀的铜线，其长度分别为 a cm，b cm，c cm，其中导线 a 的电阻是 3 Ω，导线 b 的电阻是 20 Ω，若三根导线可以围成一个三角形，试求导线 c 的电阻的取值范围.（导线的电阻与其长度成正比例）

6. 如图 23，已知 $\triangle ABC$ 中，AD 是 $\triangle ABC$ 外角 $\angle EAC$ 的平分线且交 BC 于 D，你能比较 $\angle ACB$ 与 $\angle B$ 的大小吗？说说你的理由.

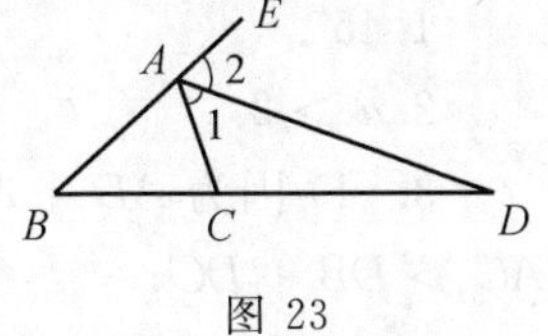

图 23

7. 在 $\triangle ABC$ 中，$\angle A : \angle B = 2 : 3$，$\angle C - \angle A = 40°$，求与 $\angle A$ 相邻的外角的度数.

8. 如图 24，在 $\triangle ABC$ 中，$\angle ADB = 100°$，$\angle C = 80°$，$\angle BAD = \frac{1}{2}\angle DAC$，$BE$ 平分 $\angle ABC$，求 $\angle BED$ 的度数.

9. (1) 如图 25，在 $\triangle ABC$ 中，$\angle ABC = \angle ACB$，D 是 BC 边延长线上的一点，且 $DE \perp AB$ 于 E，试探求 $\angle A$ 与 $\angle D$ 的等量关系.

(2) Rt$\triangle ABC$ 中，$\angle C = 90°$，$BC = 6$ cm，$CA = 8$ cm，动点 P 从 C 出发，以 12 cm/s 的速度沿 CA，AB 移动到 B，则点 P 出发多少秒时可使 $S_{\triangle BCP} = \frac{1}{4}S_{\triangle ABC}$？

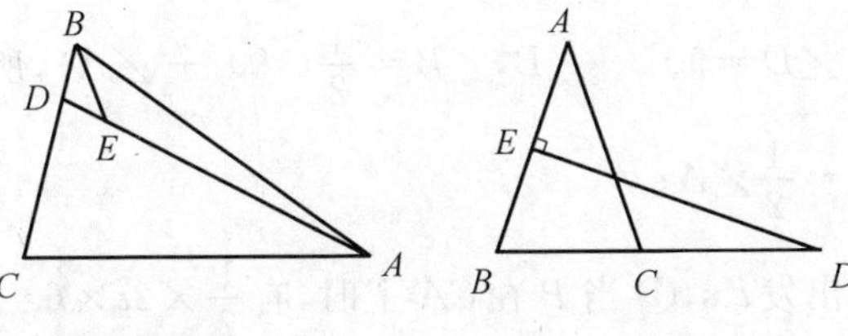

图 24　　　　　　　　图 25

10. (1) 如图 26，$\triangle ABC$ 中，O 为 $\angle ABC$ 和 $\angle ACB$ 的平分线 BO，CO 的交点，则 $\angle BOC$ 与 $\angle A$ 有怎样的关系？为什么？

(2) 如图 27，$\triangle ABC$ 中，O 为 $\angle ABC$ 的角平分线和 $\angle ACB$ 的外角的平分线 BO，CO 的交点，则 $\angle BOC$ 与 $\angle A$ 有怎样的关系？为什么？

(3) 如图28,$\triangle ABC$ 中,O 为 $\angle ABC$ 的外角的平分线 BO 和 $\angle ACB$ 的外角的平分线 CO 的交点,则 $\angle BOC$ 与 $\angle A$ 又有怎样的关系?为什么?

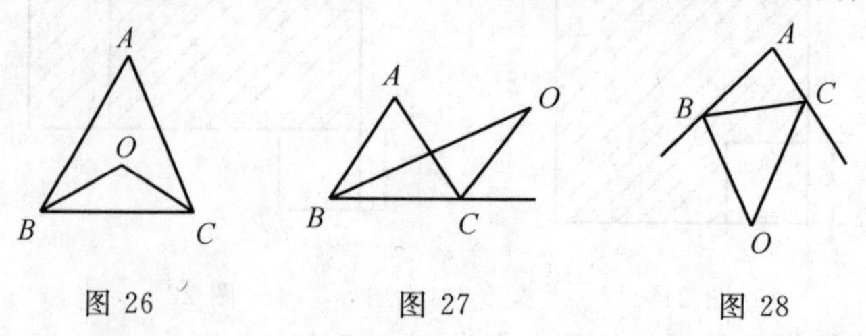

图 26　　图 27　　图 28

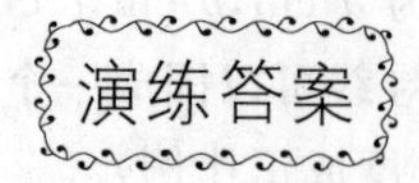

1. 45°.

2. $a>2$.

3. (1) 因为 $AD+AC>DC$,所以 $AD+DB+AC>DB+DC$,即 $AB+AC>DB+DC$;

(2) 延长 BD 交 AC 于 E,由(1)知 $AB+AC>EB+EC=BD+DE+EC>BD+DC$;

(3) 延长 BM,CN 相交于点 D,则由(2)知 $AB+AC>BD+DC=BM+DM+DN+NC>BM+MN+NC$.

4. $a^2-b^2=(a-b)(a+b)$.

5. 17 与 23 之间.

6. $\angle ACB>\angle 1=\angle 2>\angle B$.

7. 设 $\angle A=2x^\circ$,$\angle B=3x^\circ$,$\angle C=2x^\circ+40^\circ$,由三角形内角和为 180° 知 $x=20$,故 $\angle A$ 的相邻外角为 140°.

8. 45°.

9. (1) 因为 $\angle D=90^\circ-\angle B$,$\angle B=\frac{1}{2}(180^\circ-\angle A)$,所以 $\angle D=90^\circ-\frac{1}{2}(180^\circ-\angle A)=\frac{1}{2}\angle A$;

(2) 设点 P 出发 t s,① 当 P 在 CA 上时,有 $\frac{1}{2}\times 2t\times 6=\frac{1}{2}\times 6\times 8\times\frac{1}{4}$,所以 $t=1$ s;② 当 P 在 AB 上时,同理可以求得 $t=7.75$ s.

故点 P 出发 1 s 或 7.75 s 可使 $S_{\triangle BCD}=\frac{1}{4}S_{\triangle ABC}$.

10. (1) $\angle BOC=90^\circ+\frac{1}{2}\angle A$;(2) $\angle BOC=\frac{1}{2}\angle A$;(3) $\angle BOC=90^\circ-\frac{1}{2}\angle A$.

第4讲　全等三角形

科学成就是由一点一滴积累起来的，唯有长期的积聚才能由点滴汇成大海.

——华罗庚(中国)

全等三角形的概念：

(1) 能够完全重合的两个三角形叫全等三角形；

(2) 全等三角形的一切对应元素(对应边、对应角、对应边上的中线、对应边上的高线、对应角的角平分线等)都相等.

全等三角形的判定方法：

(1) 三条边对应相等(SSS)；

(2) 两边及夹角对应相等(SAS)；

(3) 两角及夹边对应相等(ASA).

通常利用全等三角形性质来证明线段或角相等，证明线段或角的和、差、倍、分关系，还可以用来解决平行、垂直及求面积等方面的问题.

例1　如图1，在$\triangle ABC$中，点D在AB上，点E在BC上，$BD=BE$.

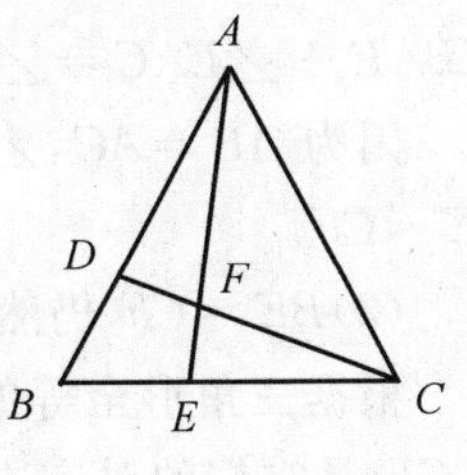

图1

(1) 请你再添加一个条件，使得$\triangle BEA \cong \triangle BDC$，并给出证明.

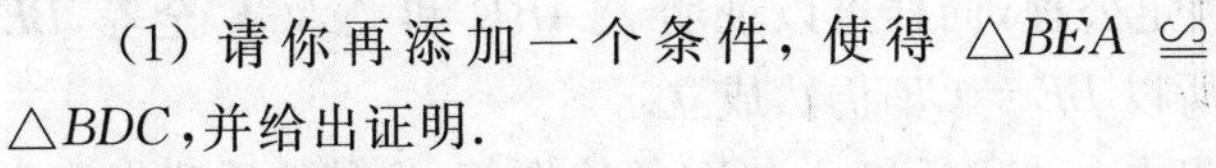

你添加的条件是__________.

(2) 根据你添加的条件，再写出图中的一对全等三角形：__________

______(只要求写出一对全等三角形，不再添加其他线段，不再标注或使用其他字母，不必写出证明过程).

解析　(1) 添加的条件是 $AB=BC$.

在 $\triangle BEA$ 和 $\triangle BDC$ 中，$BD=BE$，$\angle B$ 公用，$AB=BC$，所以 $\triangle BEA \cong \triangle BDC$.

(2)$\triangle CEA \cong \triangle ADC$.

在 $\triangle CEA$ 和 $\triangle ADC$ 中，由于 $AB=BC$，$BD=BE$，则 $\angle BAC=\angle BCA$，$EC=AD$，又 AC 公用，所以 $\triangle CEA \cong \triangle ADC$.

说明　添加条件的依据是已知条件和准备应用的定理，利用已知条件找出对应相等的边和角，是解决问题的关键.

如已给一个角(A) 和一条边(S)，则应想办法构造 AAS 或 ASA 来证明三角形全等.

例 2　用两个全等的等边三角形 $\triangle ABC$ 和 $\triangle ACD$ 拼成菱形 $ABCD$. 把一个含 60° 角的三角尺与这个菱形叠合，使三角尺的 60° 角的顶点与点 A 重合，两边分别与 AB，AC 重合. 将三角尺绕点 A 按逆时针方向旋转.

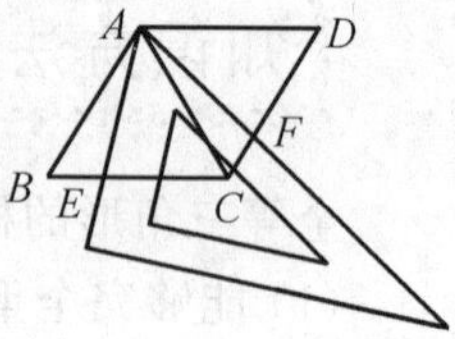

(1) 当三角尺的两边分别与菱形的两边 BC，CD 相交于点 E，F 时(如图 2)，通过观察或测量 BE，CF 的长度，你能得出什么结论？证明你的结论；

图 2

(2) 当三角尺的两边分别与菱形的两边 BC，CD 的延长线相交于点 E，F 时(如图 3)，你在(1) 中得到的结论还成立吗？简要说明理由.

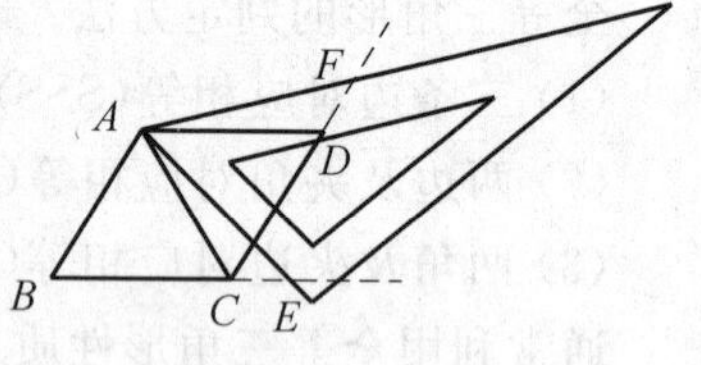

图 3

解析　(1)$BE=CF$.

证明：在 $\triangle ABE$ 和 $\triangle ACF$ 中，因为 $\angle BAE+\angle EAC=\angle CAF+\angle EAC=60^\circ$，所以 $\angle BAE=\angle CAF$.

因为 $AB=AC$，$\angle B=\angle ACF=60^\circ$，所以 $\triangle ABE \cong \triangle ACF$(ASA)，所以 $BE=CF$.

(2)$BE=CF$ 仍然成立.

根据三角形全等的判定公理，同样可以证明 $\triangle ABE$ 和 $\triangle ACF$ 全等，BE 和 CF 是它们的对应边，所以 $BE=CF$ 仍然成立.

说明　在旋转的过程中，$\triangle ABE$ 和 $\triangle ACF$ 始终全等，这种性质我们称为“旋转不变性”，解决旋转问题的关键是如何掌握“旋转不变性”.

掌握“旋转不变性”的一般方法是：先“看”“量”，再进行“合情推理”，然后进行理论上的证明或说理.

例 3　在 $\triangle ABC$ 中，$\angle ACB = 90^\circ$，$AC = BC$，直线 MN 经过点 C，且 $AD \perp MN$ 于 D，$BE \perp MN$ 于 E.

(1) 当直线 MN 绕点 C 旋转到图 4 的位置时，求证：①$\triangle ADC \cong \triangle CEB$；②$DE = AD + BE$；

(2) 当直线 MN 绕点 C 旋转到图 5 的位置时，求证：$DE = AD - BE$；

(3) 当直线 MN 绕点 C 旋转到图 6 的位置时，试问 DE，AD，BE 具有怎样的等量关系？请写出这个等量关系，并加以证明.

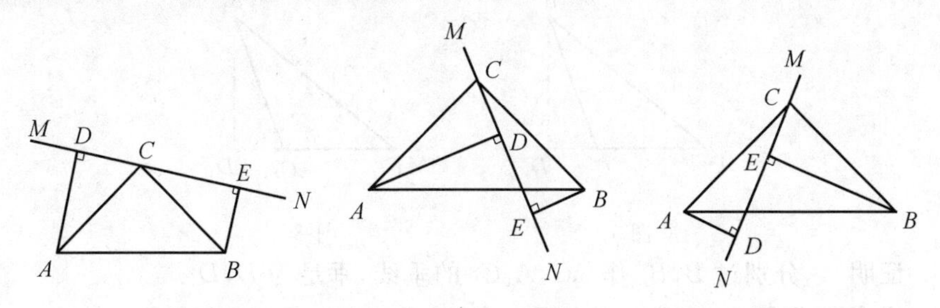

图 4　　图 5　　图 6

解析　(1)① 因为 $\angle ADC = \angle ACB = 90^\circ$，及 $\angle CAD + \angle ACD = 90^\circ$，$\angle BCE + \angle ACD = 90^\circ$，所以 $\angle CAD = \angle BCE$，又因为 $AC = BC$，所以 $\triangle ADC \cong \triangle CEB$；

② 因为 $\triangle ADC \cong \triangle CEB$，所以 $CE = AD$，$CD = BE$，所以 $DE = CE + CD = AD + BE$；

(2) 因为 $\angle ADC = \angle CEB = \angle ACB = 90^\circ$，所以 $\angle ACD = \angle CBE$，又因为 $AC = BC$，所以 $\triangle ACD \cong \triangle CBE$，所以 $CE = AD$，$CD = BE$，所以 $DE = CE - CD = AD - BE$；

(3) 当 MN 旋转到图 6 的位置时，AD，DE，BE 所满足的等量关系是：$DE = BE - AD$（或 $AD = BE - DE$，$BE = AD + DE$ 等）.

因为 $\angle ADC = \angle CEB = \angle ACB = 90^\circ$，所以 $\angle ACD = \angle CBE$，又因为 $AC = BC$，所以 $\triangle ACD \cong \triangle CBE$，所以 $AD = CE$，$CD = BE$，所以 $DE = CD - CE = BE - AD$.

说明　全等变换的方法有三种：一是“平移”，沿着某条边的方向平行移动；二是“翻折”，沿着某条直线翻转 180° 得到；三是旋转，以某个点为中心把图形旋转一个角度.

例 4　同学们知道，只有两边和一角对应相等的两个三角形不一定全等，

如何处理和安排这三个条件,使这两个三角形全等,请你依照方案一:

方案一:设有两边和一角对应相等的两个三角形.若这个角的对边恰好是这两边中的大边,则这个三角形全等.

请你写出方案二、三、四.

解析 方案二:设有两边和一角对应相等的两个三角形.若这个是钝角,则这两个三角形全等.

如图7、图8,已知在$\triangle ABC$和$\triangle A_1B_1C_1$中,$\angle ACB=\angle A_1C_1B_1$,且为钝角,$AB=A_1B_1$,$BC=B_1C_1$,求证:$\triangle ABC\cong\triangle A_1B_1C_1$.

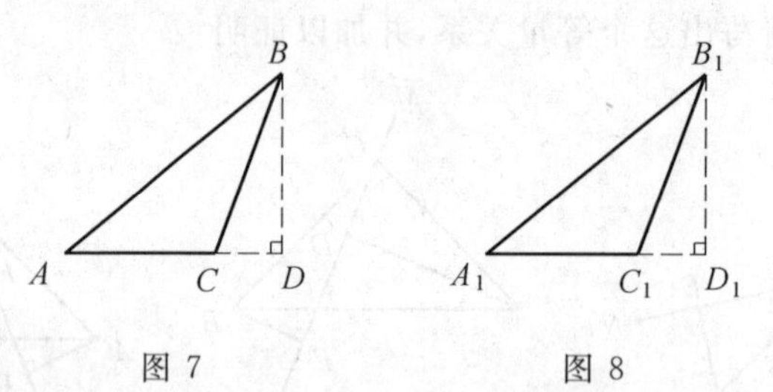

图 7　　图 8

证明 分别过B,B_1作AC,A_1C_1的垂线,垂足为D,D_1.

因为$\angle BCD=180^\circ-\angle ACB$,$\angle B_1C_1D_1=180^\circ-\angle A_1C_1B_1$.

所以$\angle BCD=\angle B_1C_1D_1$.

又因为$\angle ADB=\angle A_1D_1B_1=90^\circ$,$BC=B_1C_1$,所以$BD=B_1D_1$.

又因为$AB=A_1B_1$,所以$\mathrm{Rt}\triangle BCD\cong\mathrm{Rt}\triangle B_1C_1D_1$,所以$\angle A=\angle A_1$,所以$\triangle ABC\cong\triangle A_1B_1C_1$.

方案三:设有两边和一角对应相等的两个三角形.若这两个三角形都是锐角三角形,则这两个三角形全等.

如图9、图10,已知在锐角$\triangle ABC$和锐角$\triangle A_1B_1C_1$中,$AB=A_1B_1$,$AC=A_1C_1$,$\angle B=\angle B_1$,求证:$\triangle ABC\cong\triangle A_1B_1C_1$.

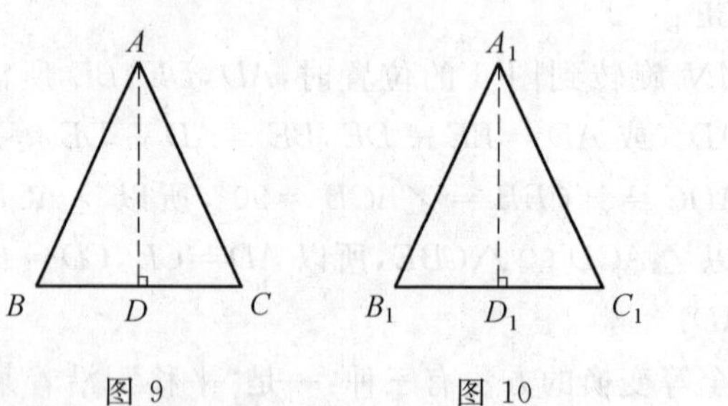

图 9　　图 10

证明 分别过点A,A_1作$AD\perp BC$,$A_1D_1\perp B_1C_1$,D,D_1分别为垂足.

因为$\angle ADB=\angle A_1D_1B_1=90^\circ$,$\angle B=\angle B_1$,$AB=A_1B_1$.

所以$\triangle ABD\cong\triangle A_1B_1D_1$,所以$AD=A_1D_1$.

又因为 $\angle ADC = \angle A_1D_1C_1 = 90^\circ, AC = A_1C_1$.

所以 $\triangle ADC \cong \triangle A_1D_1C_1$，所以 $\angle C = \angle C_1$，所以 $\triangle ABC \cong \triangle A_1B_1C_1$.

方案四:若这角是直角,则这两个三角形全等(直角三角形的斜边直角边(HL)公理).

评注　本题还有其他很多方案:

方案五:若这个角的对边恰好是这两边中的大边,则这两个三角形全等.

方案六:若这个角是这两边的夹角,则这两个三角形全等(边角边公理).

方案七:若这两边相等,则这两个三角形全等(当这个角是顶角时,应用边角边公理,当这个角是底角时,应用角角边公理的推论).

方案八:若这两个三角形都是钝角三角形,则这两个三角形全等(已知角不是钝角).

方案九:若这个角的对边恰好是两边中的小边,则这两个三角形全等.

方案十:若这个角是两个三角形的公共角,它所对的边为其中一条已知边,则这两个三角形全等.

方案十一:若这两边中有一边为两个三角形的公共边,另一边为已知角的对边,则这两个三角形全等.

例 5　(1) 如图 11,在 $\triangle ABC$ 中,BE,CF 分别是 AC,AB 边上的高线,在 BE 上取一点 P 使 $BP = AC$,在 CF 的延长线上取一点 Q,使 $CQ = AB$. 试问线段 AP,AQ 有怎样的特殊关系? 并说明理由.

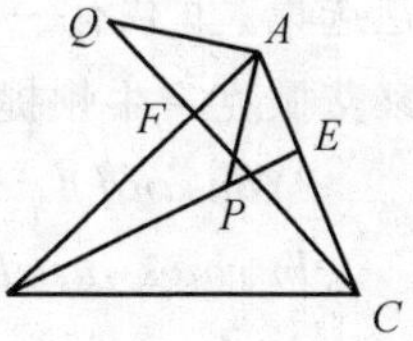

图 11

解析　$AP = AQ$ 且 $AP \perp AQ$.

因为 $\angle ABE = \angle ACF, BP = AC, CQ = AB$,所以 $\triangle ABP \cong \triangle QCA$,所以 $AP = AQ$;

又因为 $\angle AQC = \angle PAB$,所以

$\angle PAQ = \angle PAB + \angle BAQ = \angle AQC + \angle BAQ = 90^\circ$

即 $AP \perp AQ$.

说明　(1)"直角三角形的两锐角互余""同角或等角的余角(或补角)相等"往往是提供等角的一种方法;

(2) 证明 $AC \perp BC$ 的方法一般有两种(图 12):

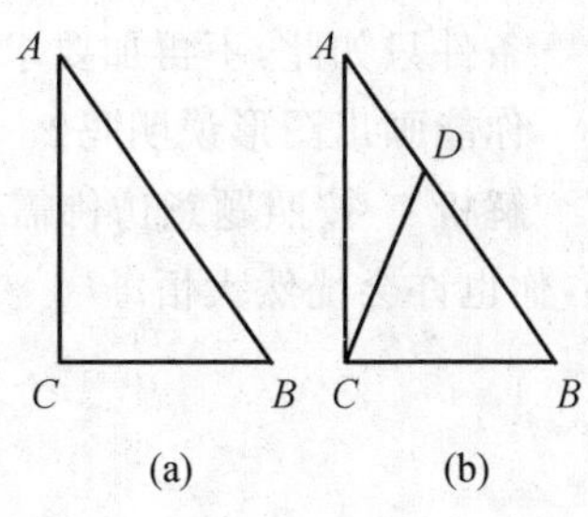

图 12

① 证 $\angle A + \angle B = 90^\circ$;② 证 $\angle ACD + \angle BCD = 90^\circ$.

(2) 已知,如图 13,在 $\triangle ABC$ 中,D 是 BC 边的中点,E 是 AD 上一点,

$BE=AC$，BE 的延长线交 AC 于点 F，求证：$\angle AEF=\angle EAF$.

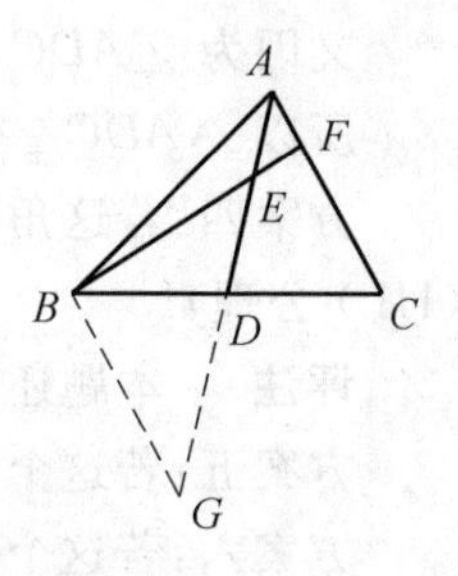

图 13

解析 由 AD 是中线，故可“中线延长一倍”，并借助中线性质构造全等三角形.

延长 AD 至 G，使 $DG=AD$，联结 BG，由 $DG=AD$，$\angle BDG=\angle CDA$，$BD=CD$ 得到 $\triangle BDG\cong\triangle CDA$. 由全等三角形的对应边相等，对应角相等，得到 $AC=BG$，$\angle EAF=\angle G$. 而 $AC=BE$，则 $BE=BG$，所以 $\angle BEG=\angle G$，而 $\angle AEF=\angle BEG$，从而得到 $\angle AEF=\angle EAF$.

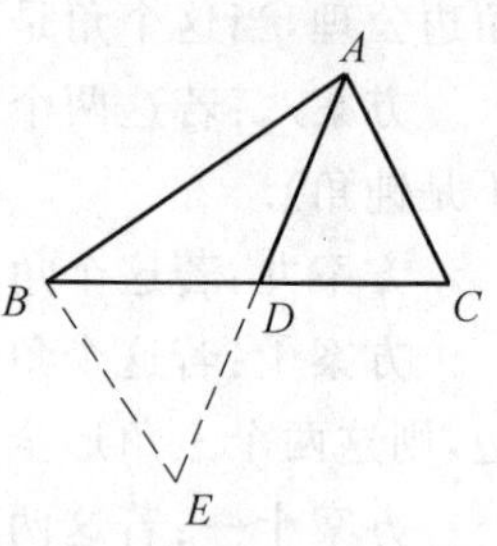

图 14

说明 “中线倍长”是一条常见的辅助线. 其作用是集中已知条件. 请同学们思考下面的问题：

已知：如图 14，在 $\triangle ABC$ 中，$AB>AC$，AD 是 BC 边的中线.

求证：$\angle CAD>\angle DAB$.

例 6 英国一本 1821 年出版的古老的《趣味算题选集》里载有一个据说是由著名的数学家、物理学家艾撒克・牛顿提出和推荐的一道诗题：

“*You and I want, nine trees to plant,*

In rows just half a score;

And let three be in each row three,

Solve this, I ask no more.”

诗的大意是：“要栽 9 棵树，请你帮帮忙，

每行栽 3 棵，恰好成 10 行，

条件只如此，不再加要求.”

你能画出图形说明吗？

解析 按照题意仿佛需要 30 棵树，但现在只有 9 棵. 好像无解，但看了图 15，你也许会恍然大悟.

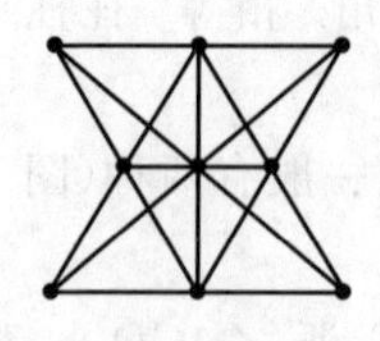

图 15

说明　(1)10 棵树栽 10 行,每行 3 棵,其实有图 16、图 17 等栽法.

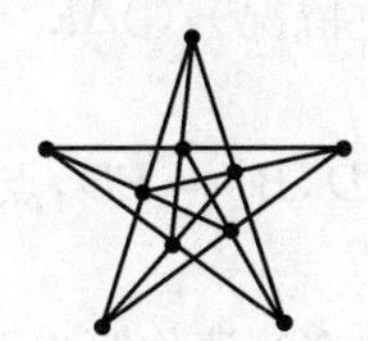

图 16

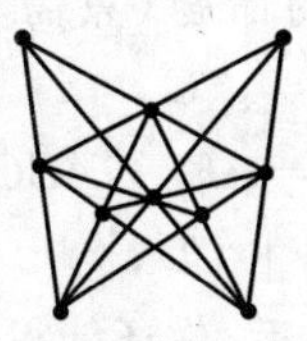

图 17

(2)9 棵树栽 9 行,每行 3 棵,有一个十分对称的栽法,如图 18 所示.

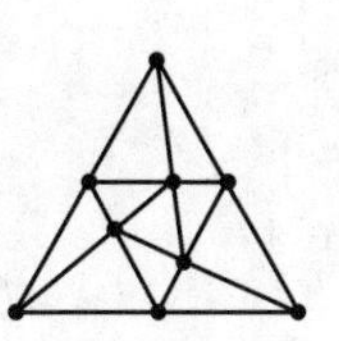

图 18

(3) 英国数学家、逻辑学家 Dodgson C. L 在其童话名著《艾丽丝漫游记》中也提出下面一道植树问题:

"10 棵树栽成 5 行,每行栽 4 棵,如何栽?"

此题答案据称有 300 多种,下面给出如图 19～21 所示的 3 种比较经典的栽法,请你也不妨自己动手试一试!

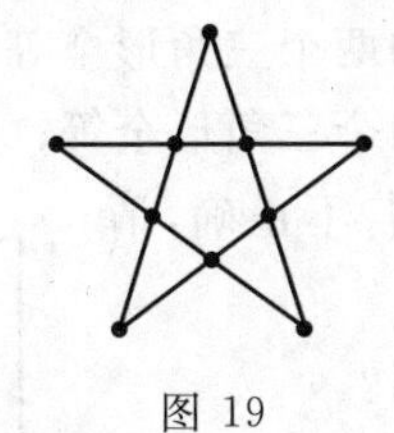

图 19

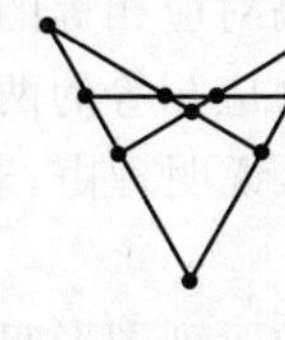

图 20

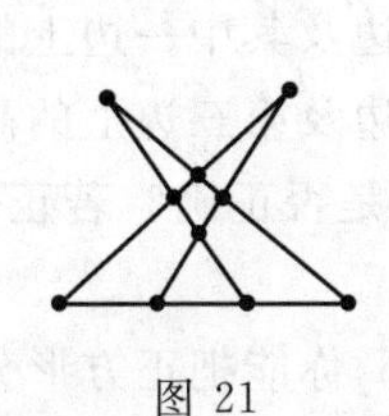

图 21

1. 阅读下题及其证明过程:

已知:如图 22,D 是 $\triangle ABC$ 中 BC 边上一点,$EB = EC$,$\angle ABE = \angle ACE$,

求证:$\angle BAE = \angle CAE$.

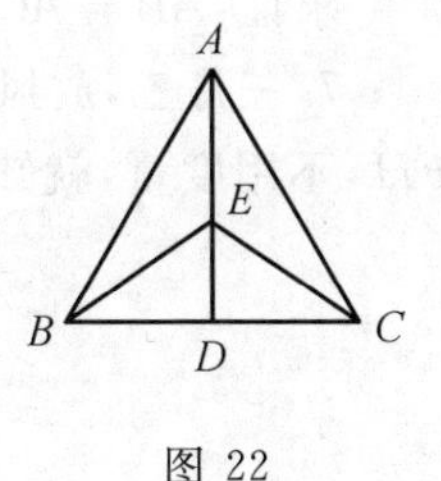

图 22

证明:在 $\triangle AEB$ 和 $\triangle AEC$ 中

$$\begin{cases} EB = EC \\ \angle ABE = \angle ACE, \text{所以 } \triangle AEB \cong \triangle AEC\text{(第一步)} \\ AE = AE \end{cases}$$

所以 $\angle BAE = \angle CAE$(第二步).

问:上面证明过程是否正确?若正确,请写出每一步推理根据;若不正确,请指出错在哪一步?并写出你认为正确的推理过程.

2. 如图 23，下面四个条件中，请你以其中两个为已知条件，第三个为结论，推出一个正确的命题（只需写出一种情况）. ①$AE=AD$；②$AB=AC$；③$OB=OC$；④$\angle B=\angle C$.

3. 如图 24，$AB=AE$，$\angle ABC=\angle AED$，$BC=ED$，点 F 为 CD 的中点，

(1) 试说明 $AF\perp CD$；

(2) 在联结 BE 后，你还能得出什么结论？请你写出两个（不要求说明）.

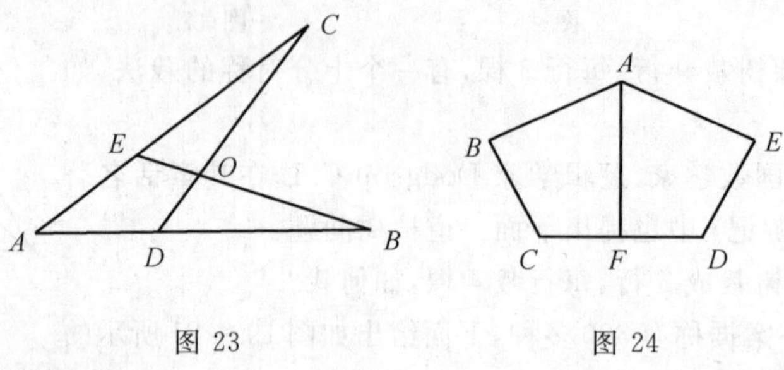

图 23　　图 24

4. 下列 2 个判断：

(1) 有两边及其中一边上的高对应相等的两个三角形全等；

(2) 有两边及第三边上的高对应相等的两个三角形全等；

上述判断是否正确？若正确，说明理由；若不正确，请举出反例.

5. 如图 25，你能把正方形分成下列图形吗？

(1) 两个全等的三角形；

(2) 四个全等的三角形；

(3) 两个全等的长方形；

(4) 四个全等的正方形.

图 25

6. 已知：如图 26，点 D，E 在 $\triangle ABC$ 的边 BC 上，$AD=AE$，$BD=EC$. 求证：$AB=AC$.

7. 三月三，放风筝. 图 27 中是小明制作的风筝，他根据 $DE=DF$，$EH=FH$，不用度量，就知道 $\angle DEH=\angle DFH$，请你用所学知识给予证明.

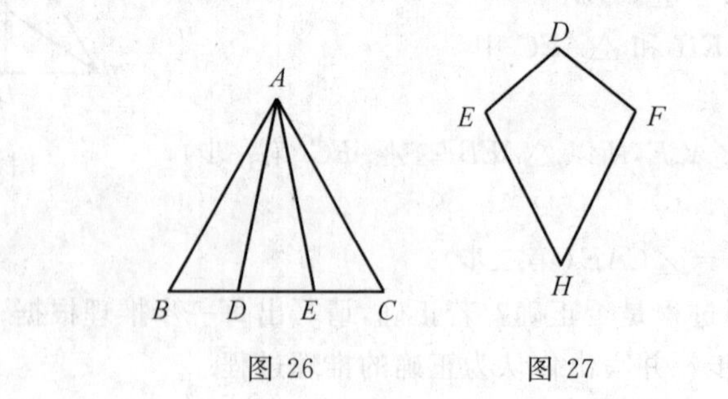

图 26　　图 27

8. 如图 28,已知线段 a,b,c.

求作:以 a,b,c 为边的三角形.

a b c

图 28

9. 如图 29,$\mathrm{Rt}\triangle ABC \cong \mathrm{Rt}\triangle ADE$,$\angle ABC=\angle ADE=90^\circ$,试以图中标有字母的点为端点,联结两条线段,如果你所联结的两条线段满足相等、垂直或平行关系中的一种,那么请你把它写出来并证明.

10. 如图 30,点 C 为线段 AB 上一点,$\triangle ACM$,$\triangle CBN$ 是等边三角形,可以说明:$\triangle ACN \cong \triangle MCB$,从而得到结论:$AN=BM$.现要求:

(1) 将 $\triangle ACM$ 绕点 C 按逆时针方向旋转 180°,使点 A 落在 CB 上.请对照原题图在图 31 中画出符合要求的图形(不写作法,保留作图痕迹);

(2) 在(1)所得到的图形中,结论"$AN=BM$"是否还成立?若成立,请给予说明;若不成立,请说明理由;

(3) 在(1)所得到的图形中,设 MA 的延长线与 BN 相交于点 D,请你判断 $\triangle ABD$ 与四边形 $MDNC$ 的形状,并说明你的结论的正确性.

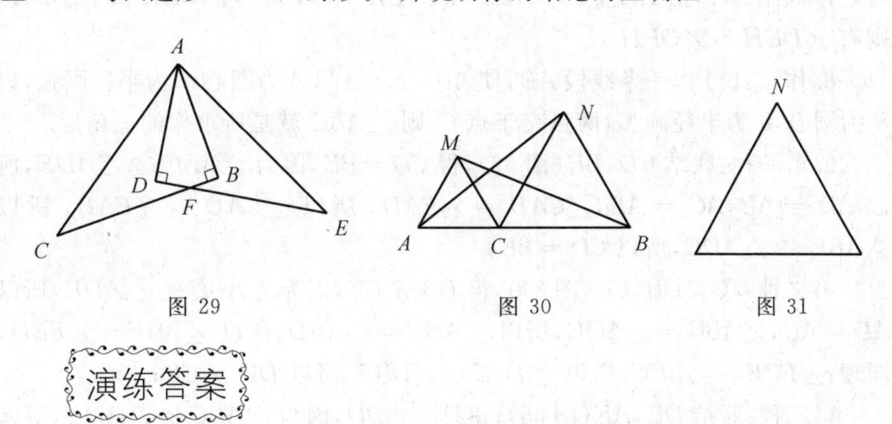

图 29　　图 30　　图 31

演练答案

1. 不正确;第一步错误;先证 $\triangle BDE \cong \triangle CED$(SSS),得到 $\angle BED=\angle CED$,即 $\angle AEB=\angle CEA$,再证 $\triangle AEB \cong \triangle AEC$(SAS).

2. 可以得到的正确命题为:(1) 已知 $\begin{cases} AE=AD \\ AB=AC \end{cases}$,得到 $\angle B=\angle C$;(2) 已知 $\begin{cases} AB=AC \\ \angle B=\angle C \end{cases}$,得到 $AE=AD$;(3) 已知 $\begin{cases} AE=AD \\ \angle B=\angle C \end{cases}$,得到 $AB=AC$.

3. (1) 联结 AB,AE,由题意得 $\triangle ABC \cong \triangle AED$,所以 $AC=AD$,所以 $\triangle ACF \cong \triangle ADF$,所以 $\angle AFC=\angle AFD$,所以 $\angle AFC+\angle AFD=180^\circ$,故

$AF \perp CD$;(2)$AF \perp BE$;$BE \parallel CD$;$\angle ABE=\angle AEB$ 等.

4.(1)错的.如图 32 所示,在 $\triangle ABC$ 和 $\triangle DBC$ 中,$AD \parallel BC$,$AB=DB$,$BC=CB$,所以 $\triangle ABC$ 和 $\triangle DBC$ 满足条件,但这两个三角形明显不全等;

(2)错的.如图 32 所示,$C'E=CE$,在 $\triangle ABC'$ 和 $\triangle ABC$ 中,$AB=AB$,$AC'=AC$,但 $\triangle ABC$ 和 $\triangle ABC'$ 明显不全等.

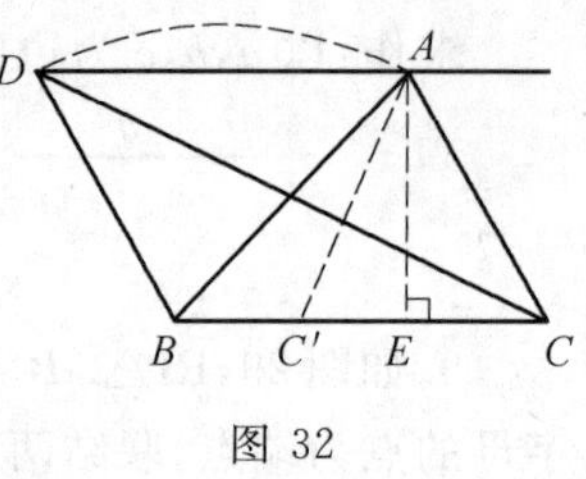

图 32

5. (1) 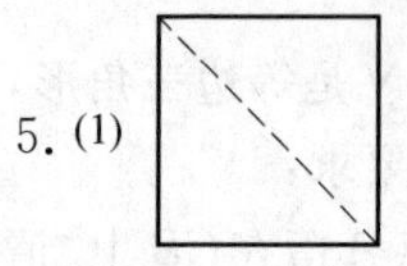 (2) 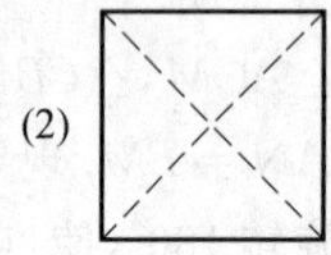 (3) 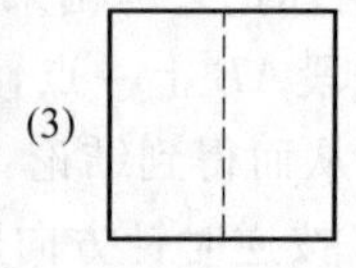 (4) 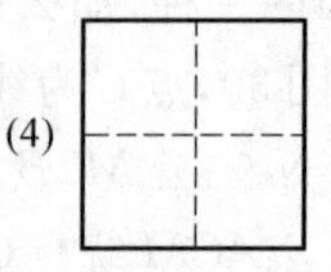

6.证法一:因为 $AD=AE$,所以 $\angle AEB=\angle ADC$,因为 $BD=EC$,所以 $BE=CD$.所以 $\triangle ABE \cong \triangle ACD$,所以 $AB=AC$.证法二:过点 A 作 $AH \perp BC$ 于点 H,因为 $AD=AE$,所以 $DH=EH$,因为 $BD=CE$,所以 $BH=CH$,所以 $AB=AC$.

7.联结 DH,由 $DH=DH$,$DE=DF$,$EH=FH$ 可得 $\triangle DEH \cong \triangle DFH$,则有 $\angle DEH=\angle DFH$.

8.作法:(1)作一条线段 AB,使 $AB=c$;(2)以 A 为圆心,b 为半径画弧,以 B 为圆心,a 为半径画弧,两弧交于点 C,则 $\triangle ABC$ 就是所求作的三角形.

9.第一种:联结 CD,BE(图 33),得 $CD=BE$,因为 $\triangle ABC \cong \triangle ADE$,所以 $AD=AB$,$AC=AE$,$\angle CAB=\angle EAD$,所以 $\angle CAD=\angle EAB$,所以 $\triangle ABE \cong \triangle ADC$,所以 $CD=BE$;

第二种:联结 DB,CE(图 34),得 $DB \parallel CE$,因为 $\triangle ABC \cong \triangle ADE$,所以 $AD=AB$,$\angle ABC=\angle ADE$,所以 $\angle ADB=\angle ABD$,所以 $\angle BDF=\angle FBD$,同理:$\angle FCE=\angle FEC$,所以 $\angle FCE=\angle DBF$,所以 $DB \parallel CE$;

第三种:联结 DB,AF(图 35);得 $AF \perp BD$,因为 $\triangle ABC \cong \triangle ADE$,所以 $AD=AB$,$\angle ABC=\angle ADE=90^\circ$,又 $AF=AF$,所以 $\triangle ADF \cong \triangle ABF$,所以 $\angle DAF=\angle BAF$,所以 $AF \perp BD$;

第四种:联结 CE,AF(图 36);得 $AF \perp CE$,因为 $\triangle ABC \cong \triangle ADE$,所以 $AD=AB$,$AC=AE$,$\angle ABC=\angle ADE=90^\circ$,又 $AF=AF$,所以 $\triangle ADF \cong \triangle ABF$,所以 $\angle DAF=\angle BAF$,所以 $\angle CAF=\angle EAF$,所以 $AF \perp BD$.

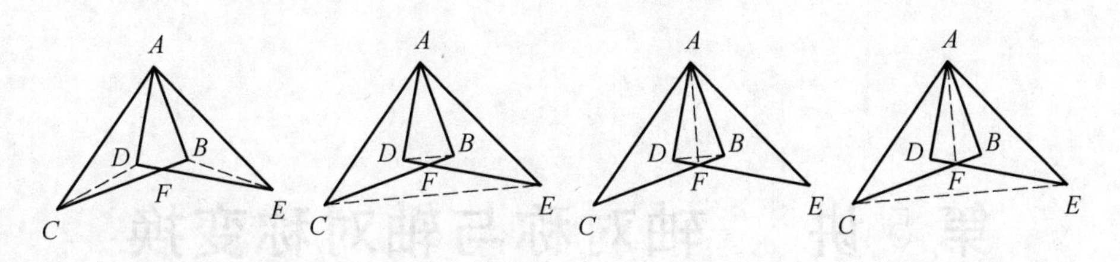

图 33　　图 34　　图 35　　图 36

10.(1) 略;(2) 结论“$AN = BM$”还成立;(3)$\triangle ABD$ 是正三角形,四边形 $MDNC$ 是平行四边形.

第5讲　轴对称与轴对称变换

困难只能吓倒懦夫懒汉，而胜利永远属于敢于攀登科学高峰的人.

——茅以升(中国)

知识方法

(1) 图形变换有两种类型，一种是位置变换，另一种是大小变换；其中轴对称变换、旋转变换、平移变换都是位置变换，相似变换是大小变换.

(2) 轴对称图形与轴对称变换是两个不同的概念，轴对称图形是指具有某种特征的图形；轴对称变换是指两个图形之间的位置变换，从一个图形改变为另一个图形，原图形和变换后的像之间关于某一条直线成轴对称.

(3) 轴对称变换也称反射变换，这种变换不改变原图形的形状和大小，像与原图形全等，并且对应点的连线被对称轴垂直平分.

典型例题

例1　如图1，作此图关于直线 AB 的轴对称图形.

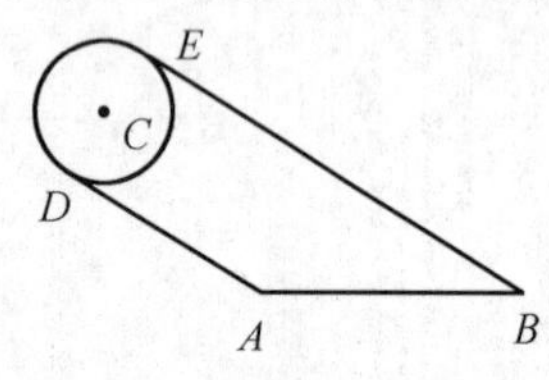

图1

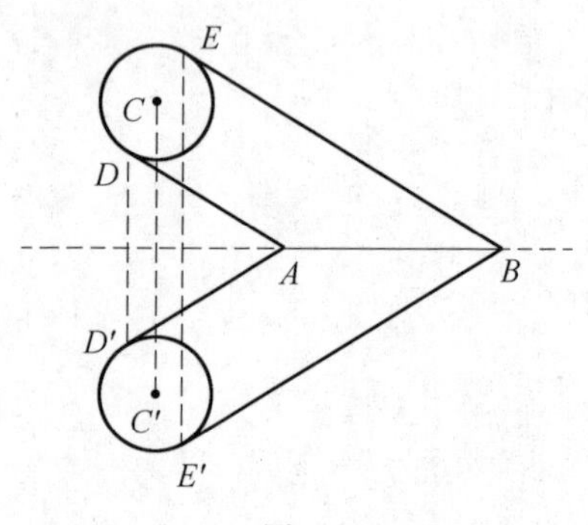

图2

解析　此图对称轴 AB 较短，可先把 AB 延长，再分别作出点 C 及两切点 D,E 的对称点 C' 及 D',E'，然后联结 AD',BE'，并以 C' 为圆心，$C'D'$ 为半径作圆，如图2所示.

说明　(1) 对称轴是一直线,所以在画图时可根据需要延长 AB;

(2) 轴对称变换不改变图形的形状和大小.

例 2　将一圆形纸片对折后再对折,得到图 3,然后沿着图中的虚线剪开,得到两部分,其中一部分展开后的平面图形是(　　)

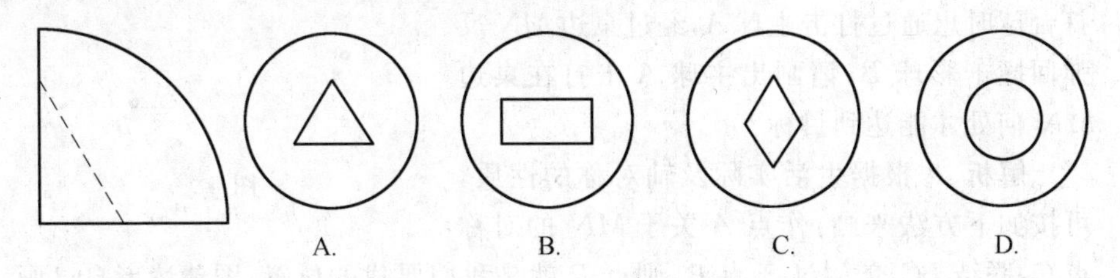

图 3

解析　对剪掉的三角形进行分析,由题可知,若把它打开,可有以下过程(图 4):

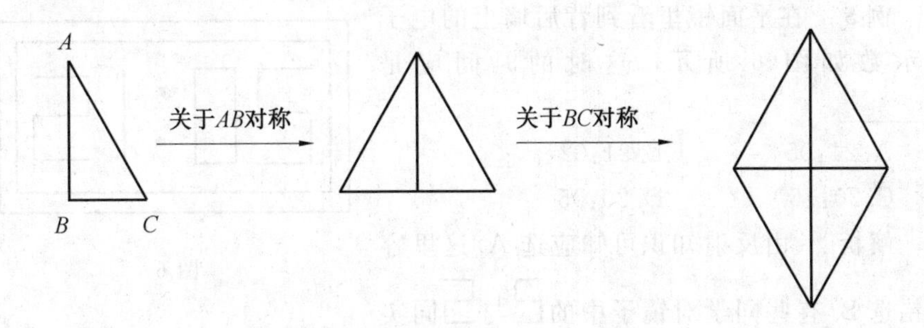

图 4

(中间的线为折痕)

所以应该选 C. 同学们也可以想一想,若 $AB=BC$,则应该是怎样的图形?

说明　折纸是新课标中的一个考试亮点,学会逆向思维,从另一个角度看问题.

例 3　下面这道题目曾经是美国哈佛大学的入学试题:

请在下面的这组图形符号中找出它们所蕴涵的内在规律,然后在横线上的空白处填上一个恰当的图形.

解析 首先观察可知这组图形符号都是轴对称图形，再进一步观察可知它们是由数字 1,2,3,4,5,7 经过轴对称变换得到的，所以空格处应填：∂6.

说明 要学会善于观察总结，才能发现规律.

例 4 你见过打台球吗？如图 5，某同学打台球时想通过打击主球 A，经过桌边 MN 反弹回撞击彩球 B，请画出主球 A 击打在桌边 MN 何处才能达到目标？

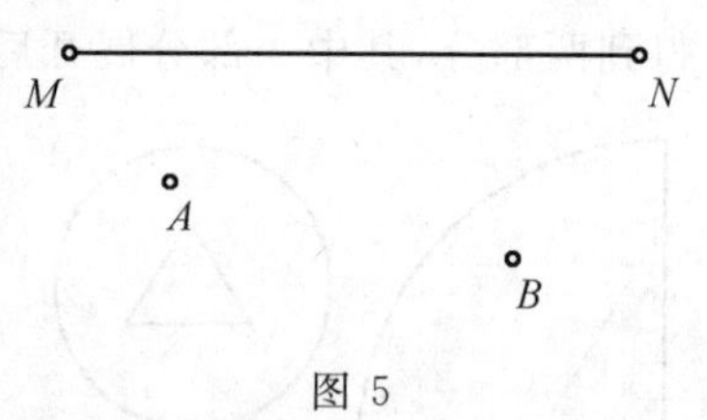

图 5

解析 根据生活实际及轴对称的性质，可按如下方法来画：作点 A 关于 MN 的对称点 C，联结 BC 交 MN 于点 P，则点 P 就是我们要找的位置，图请读者自己画出.

说明 又是一个轴对称在实际生活中应用的例子，可见轴对称的重要性. 若能把学到的知识更多地用在生活当中，你会越来越棒！

例 5 在平面镜里看到背后墙上的电子钟示数如图 6 所示，这时的时间应是________.

A. 21:05　　　　B. 21:02

C. 20:15　　　　D. 20:05

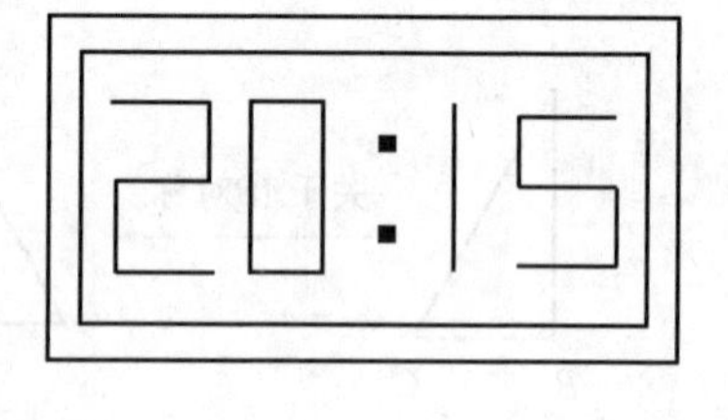
图 6

解析 由反射知识可知应选 A，这里容易错选 B. 有些同学对镜子中的2与5同实际的 2 与 5 对不上.

解决方法有两个：(1) 多观察现实世界；(2) 画出如图 7 所示的轴对称图形，则右边就是实际的时间.

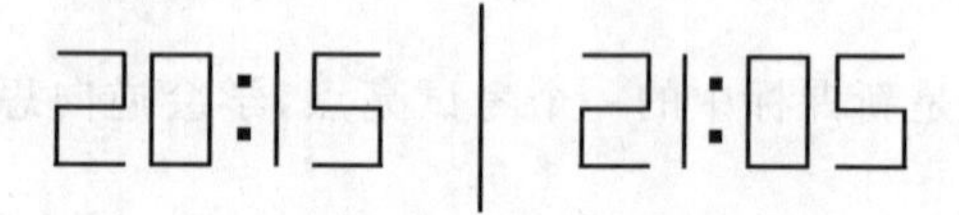
图 7

说明 本题是常见题型，要想避免错误就必须在平时多观察，在学习课本知识时要多与实际相联系，活学活用！

例 6 如图 8 所示，要在街道旁修建一个牛奶站，向居民区 A,B 提供牛奶，牛奶站应建在什么地方，才能使 A,B 到它的距离之和最短？

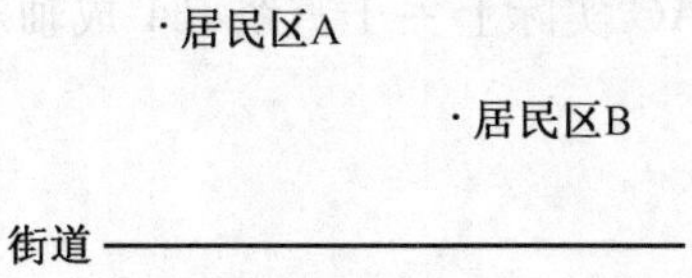

·居民区A

·居民区B

街道

图 8

解析　这个问题有一定的难度，下面我们用轴对称的有关知识来解决.

如图 9，设街道所在直线为 l，作点 B 关于 l 的对称点 C，联结 AC 交 l 于点 P，则点 P 就是我们要找的位置. 因为若建在其他位置，如在点 Q 位置，则有 $AQ+BQ=AQ+CQ>AC=AP+PC=AP+BP$，如图 10 所示.（想一想有没有另外的作法？）

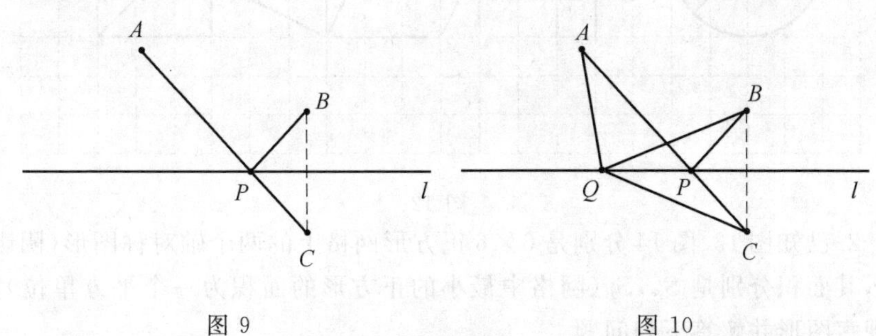

图 9　　　　图 10

说明　(1) 也可作点 A 关于 l 的对称点 D，如上面的方法解之.

(2) 如果居民区 A，B 在街道 l 的两侧，亲爱的读者你认为此时的牛奶站应建在何处？

(3) 轴对称是现实生活中广泛存在的现象，是现实世界运动变化的最简捷形式之一，不仅是探索图形性质的必要手段，也是解决现实世界中具体问题的重要工具，但是有时侯也会利用对称变化的一种变式：对称位置上的三角形全等.

(4) 如下问题：如图 11，P 是 $\triangle ABC$ 内角的邻补角 $\angle CAD$ 的平分线上的任意一点，那么应该有 $PB+PC$ ________ $AB+AC$.（填 $>$，$<$ 或 $=$）

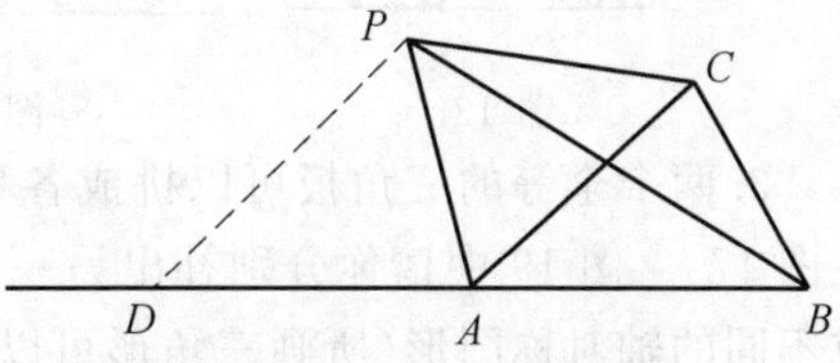

图 11

作点 D 使 $AD=AC$，联结 PD.

则由 $\angle CAP=\angle DAP$，$AD=AC$，$AP=AP$，知 $\triangle PAD\cong\triangle PAC$.

所以 $PC=PD$. 所以 $PB+PC=PB+PD>BD=AB+AD=AB+AC$.

这里的$\triangle PAD$和$\triangle PAC$实际上关于直线PA成轴对称.

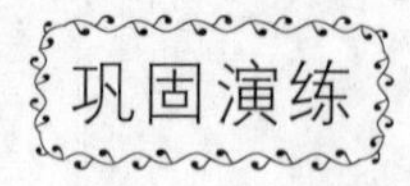

1.图12中的图形是轴对称图形吗?如果是轴对称图形,请画出它的对称轴.

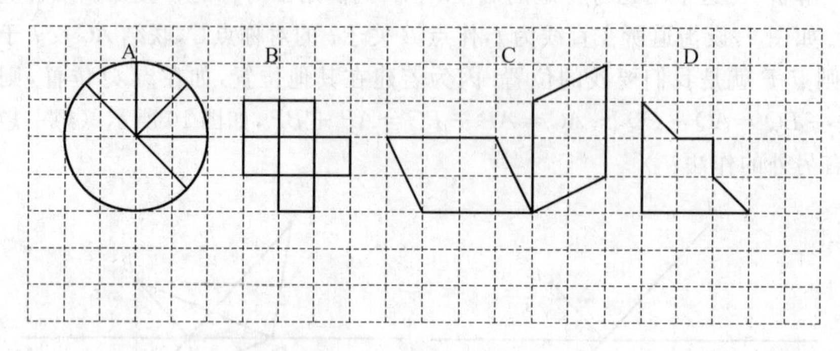

图 12

2.已知图13、图14分别是6×6正方形网格上的两个轴对称图形(阴影部分),其面积分别是S_A,S_B(网格中最小的正方形的面积为一个平方单位),请你观察图形并解答下列问题:

(1) 填空:$S_A:S_B=$________;

(2) 请在图15中的网格上画出一个面积为8平方单位的轴对称图形.

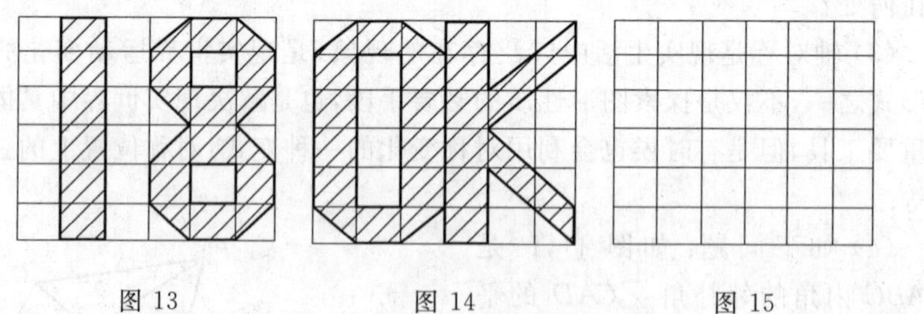

图 13　　图 14　　图 15

3.两个全等的三角板可以拼成各种不同的图形,图16已拼出其中一个,在图17～图19中请你分别补出另一个与其全等的三角形,使每个图形分别成不同的轴对称图形(所画三角形可以与原三角形有重叠部分).

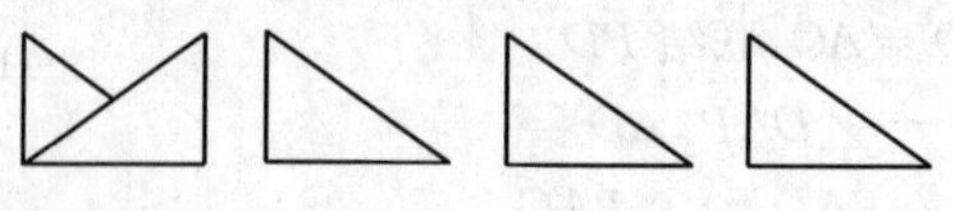

图 16　　图 17　　图 18　　图 19

4.如图20,打台球时,小球由点A出发撞击到台球桌边CD的点O处,请用尺规作图的方法作出小球反弹后的运动方向(不写作法,但要保留作用痕迹).

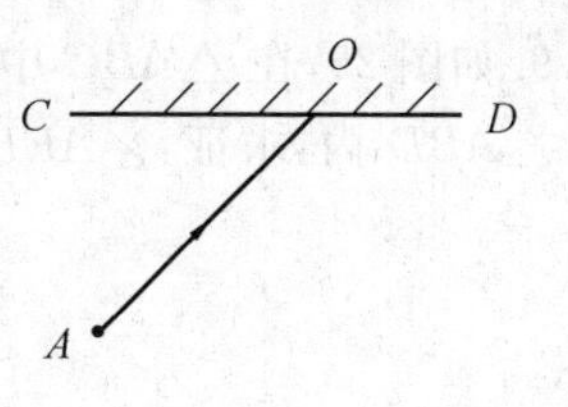

图 20

5.(1) 在等边$\triangle ABC$所在的平面上找这样的一点P,使得$\triangle PAB$,$\triangle PBC$,$\triangle PCA$都是等腰三角形.问具有这样性质的点P共有几个?

(2) 把上题中的等边三角形换成正方形,这样的点P共有几个?换成正五边形呢?

6.图 21,22 是由 16 个小正方形拼成的正方形网格,现将其中的两个小正方形画成阴影,请你用两种不同的方法分别在图 21,22 中再将两个空白小正方形画成阴影,使它成为轴对称图形.

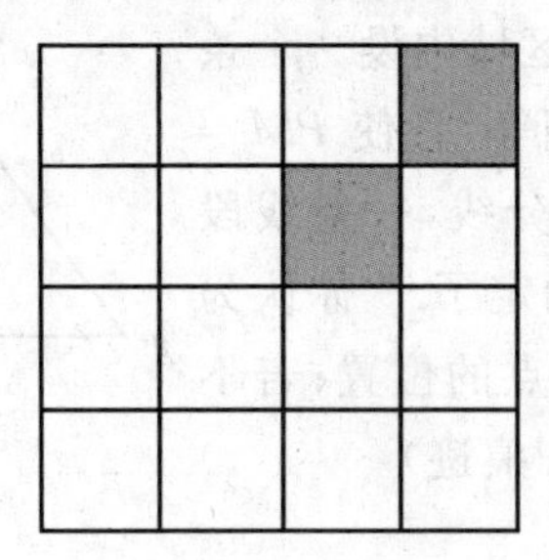
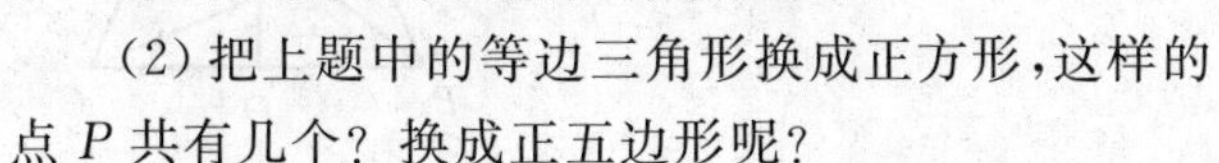

图 21　　图 22

7.如图 23,P为$\angle BAC$的平分线AD上一点,P与A不重合,$AC>AB$.求证:$PC-PB<AC-AB$.

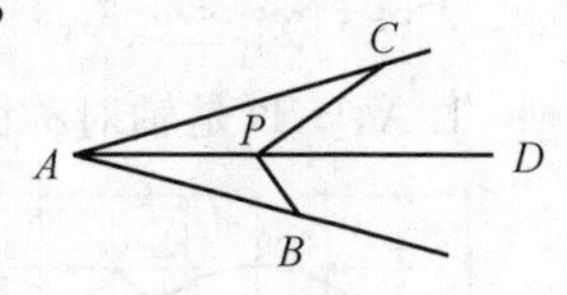

图 23

8.如图 24,直线表示相互交叉的公路,现要建一个货物中转站,要求它到 3 条公路的距离相等,则可供选择的地址有几处?请画出你的方案.

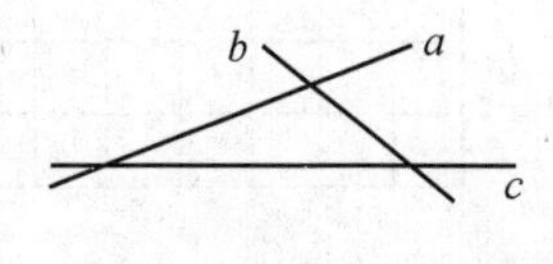

图 24

9. 如图 25,在 $\triangle ABC$ 中,$AB=AC$,$AD\perp BC$,点 E 在 $\triangle ABD$ 内,求证:$\angle AEB>\angle AEC$.

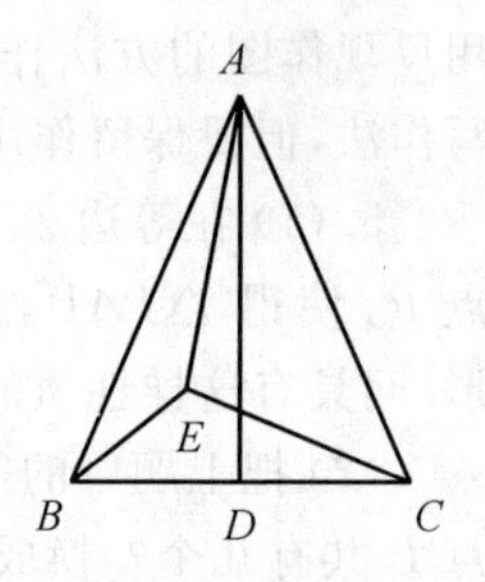

图 25

10. 如图 26,两个班的学生分别在 M,N 两处参加植树劳动,现要在道路 AB,AC 的交叉区域内设一个茶水供应点 P,使 P 到两条道路的距离相等,且使 $PM=PN$,有一同学说:"只要作一个角的平分线,一条线段的中垂线,这个茶水供应点的位置就确定了."你认为对吗? 如果对,请在示意图上找出这个点的位置;若不对,说明为什么.(不写作法,只保留作图痕迹)

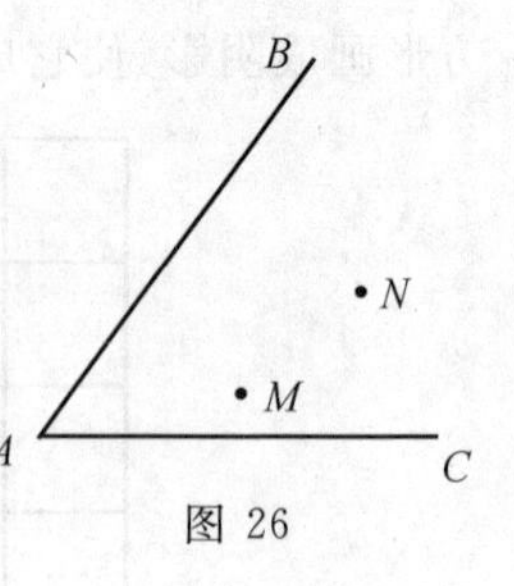

图 26

演练答案

1. A,B,D 是轴对称图形,对称轴如图 27 所示(加黑),C 不是.

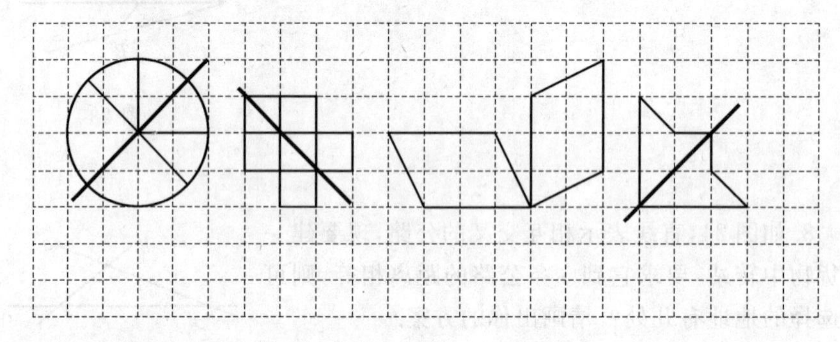

图 27

2. (1)9 : 11;(2) 略.

3. 答案有多种,如图 28:

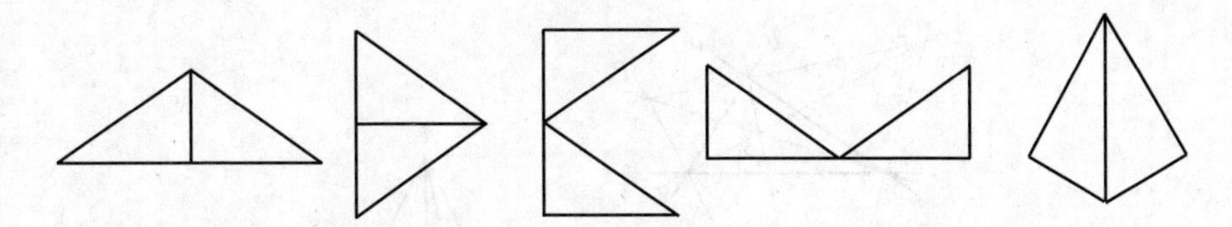

图 28

4. 先作 A 关于 CD 的对称点 A'，联结 $A'O$ 并延长 $A'O$，则 $A'O$ 的延长线即为小球反弹后的运动方向，图略

5. (1) 如图 29，30 所示.(2) 正方形如同 30 所示，正五边形略.

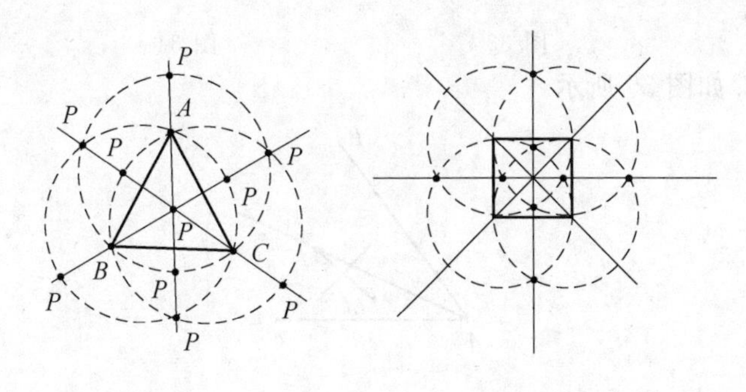

图 29　　　　图 30

6. 如图 31，32 所示.

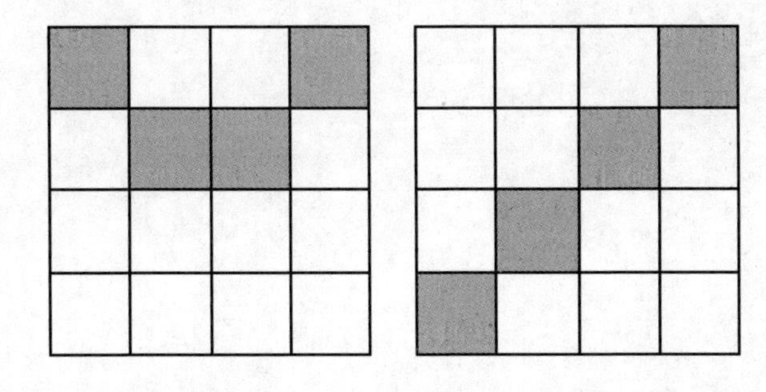

图 31　　　　图 32

7. 在 AC 上取 $AB'=AB$，证 $\triangle ABP \cong \triangle AB'P$(SAS)，$PC-PB=PC-PB'<B'C=AC-AB'=AC-AB$.

8. 利用两直线的对称轴上的点到两直线距离相等来作图.如图 33，共有 P_1,P_2,P_3,P_4 4 处.

9. 因等腰三角形是轴对称图形，底边上的高是它的对称轴，如图 34，作 $\triangle ABE$ 关于 AD 对称的 $\triangle ACF$，延长 CF 交 AE 于 G，则 $\angle AEB=\angle AFC>\angle AGC>\angle AEC$.

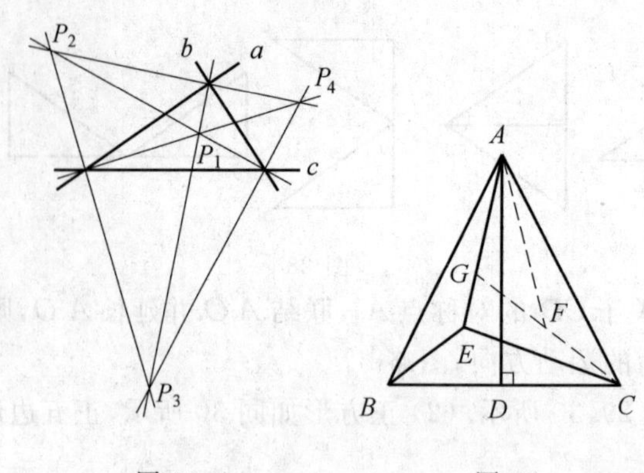

图 33　　　　图 34

10. 对. 如图 35 所示.

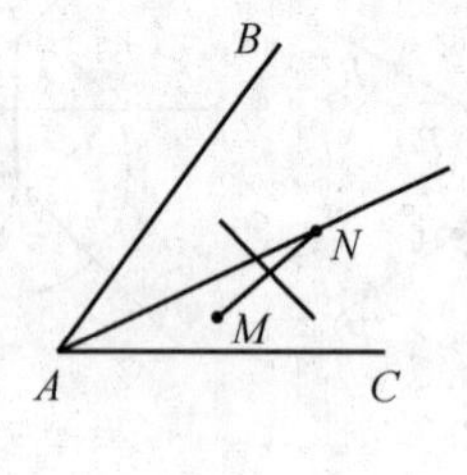

图 35

第6讲　平移与旋转

我不知道世上的人对我怎样评价. 我却这样认为: 我好像是在海滩上玩耍, 时而发现了一个光滑的石子儿, 时而发现一个美丽的贝壳而为之高兴的孩子. 尽管如此, 那真理的海洋还神秘地展现在我们面前.

——牛顿(英国)

知识方法

(1) 平移变换是将一个图形上的所有点都沿同一个方向移动, 且运动相等距离的图形变换. ① 平移变换的要素是平移方向与平移距离; ② 平移变换的特征: a. 平移变换不改变图形的形状、大小和方向. b. 对应点到旋转中心的距离相等, 对应点与旋转中心连线所成角度等于旋转角度.

(2) 旋转变换是将一个图形上所有点都绕一个固定的点, 按同一个方向转动同一个角度的图形变换. ① 旋转变换的要素是旋转方向与旋转角度; ② 旋转变换的特征: a. 旋转变换不改变图形的形状和大小. b. 对应点到旋转中心的距离相等, 对应点与旋转中心连线所成角等于旋转角度.

典型例题

例1　如图1, $\triangle DEF$ 是由 $\triangle ABC$ 旋转得到的, 请作出它的旋转中心.

解析　由旋转变换的定义可知: 对应点到旋转中心的距离相等, 即旋转中心一定在对应点连线段的垂直平分线上, 所以只要作出两对对应点连线段的中垂线, 它们的交点就是旋转中心. 如图2, 作出 CF, BE 的中垂线, 则它们的交点 O 即为旋转中心(具体过程略).

说明　本题是旋转变换的逆向应用, 解这类题首先得对旋转变换有深刻理解，才能触类旁通，举一反三. 我们平时在学数学时也一样，都应该真正理解有关定义，才能运用自如.

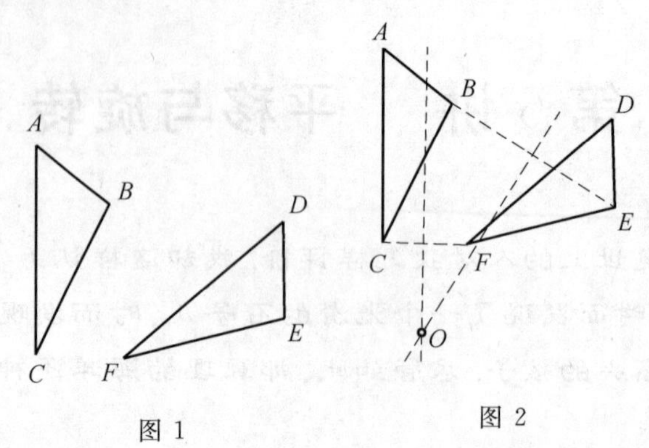

图 1　　图 2

例 2　如图 3，两个正方形 $ABCD$，$OEFG$ 的边长都是 a，其中 O 是正方形 $ABCD$ 的中心，OG，OE 分别交 CD，BC 于 H，K，试求证：四边形 $OKCH$ 的面积为 $\frac{1}{4}a^2$.

解析　显然四边形 $OKCH$ 的面积不易直接求得，要设法转化为规则图像. 如图 4，过点 O 作 $OP \perp CD$，$OQ \perp BC$，垂足为 P，Q，则 $\triangle OQK$ 可以看作是由 $\triangle OPH$ 绕点 O 按顺时针旋转 $90°$ 得到.

故 $S_{\triangle OQK}=S_{\triangle OPH}$，所以 $S_{四边形OKCH}=S_{正方形OQCP}=\frac{1}{4}a^2$.

说明　其实例 2 就是求两正方形的重叠部分面积，根据上述解答易得无论正方形 $OEFG$ 绕点 O 旋转多少角度，其重叠部分的面积都为 $\frac{1}{4}a^2$，其中的奥秘想必你已经知道了吧.

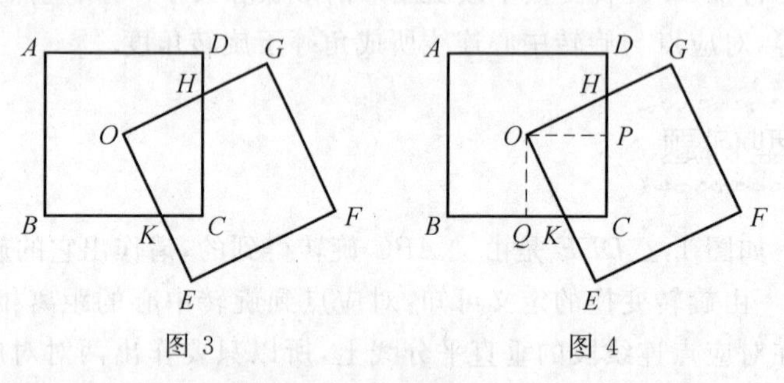

图 3　　图 4

例 3　如图 5，将图中的箭头，通过平移、轴对称、旋转等其中的一种或多种方法来设计一个图案.

解析　平移、轴对称、旋转等方法在设计图案时有非常重要的作用，很多商家在做宣传广告时，就常用平移、轴对称、旋转等方法来制作宣传画，一些动画片中的可爱形象、滑稽动作也是靠这些手法来完成的.

作法　(1) 将箭头向右平移 5 个单位，再向上平移 5 个单位，得到第二个箭头；

(2) 将图形左右对折，可得轴对称图形，如图 6 所示，就是一个符合要求的图案.

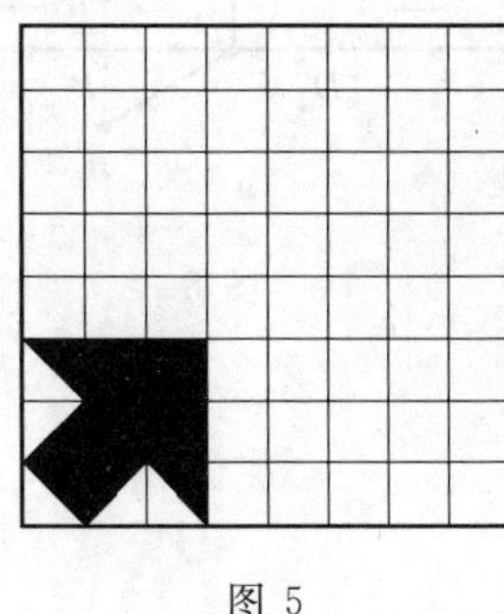

图 5

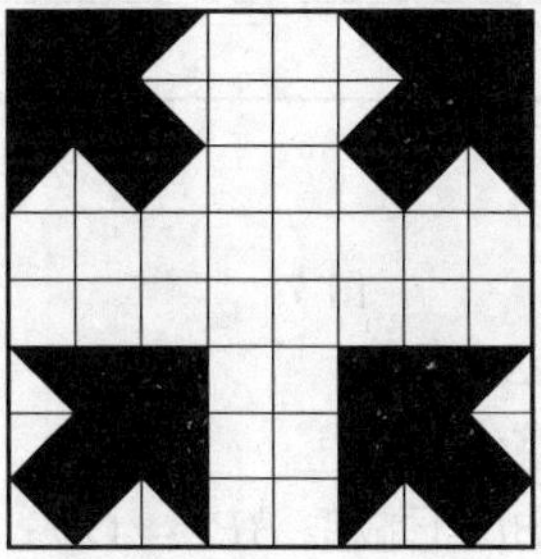

图 6

说明　(1) 此问题答案不唯一，可以有多个答案，只要你的设计过程符合要求即可；

(2) 在设计图形时，要充分发挥你的聪明才智，大胆设想，善于学以致用.

例 4　(1) 将长度为 5 cm 的线段向上平移10 cm，所得线段长度是(　　)

A. 10 cm　　　　B. 5 cm

C. 0 cm　　　　D. 无法确定

(2) 下列说法正确的是(　　)

A. 平移不改变图形的形状和大小，而旋转则改变图形的形状和大小

B. 平移和旋转的共同点是改变图形的位置

C. 图形可以向某方向平移一定距离，也可以向某方向旋转一定距离

D. 由平移得到的图形也一定可由旋转得到

解析　(1) 由平移定义知：平移不改变图形的形状、大小和方向. 故选 B.

(2) 平移和旋转都不改变图形的形状和大小，但都能改变图形的位置，故选 B.

例 5　如图 7，河两边有 A，B 两个村庄，现准备建一座桥(桥与河岸垂直). 问桥应建在何处才能使由 A 到 B 的路程最短？请作出图形，并说说理由.

解析　如图 8，假定选址在 CD 处，则由 A 到 B 的路程最短就是求折线 $ACDB$ 的最小值，而 CD 为定值，所以就是求 $AC+DB$ 的最小值，那么如何排除 CD，只求 $AC+DB$ 的最小值，就成为解题的关键. 为此将 DB 按 DC 方向平

移，使点D平移到点C的位置，点B平移到点B'的位置，此时，因为$CB'=DB$，问题转化为求$AC+CB'$的最小值，则只要利用三角形的两边之和大于第三边即可解决. 由此得作法如下：

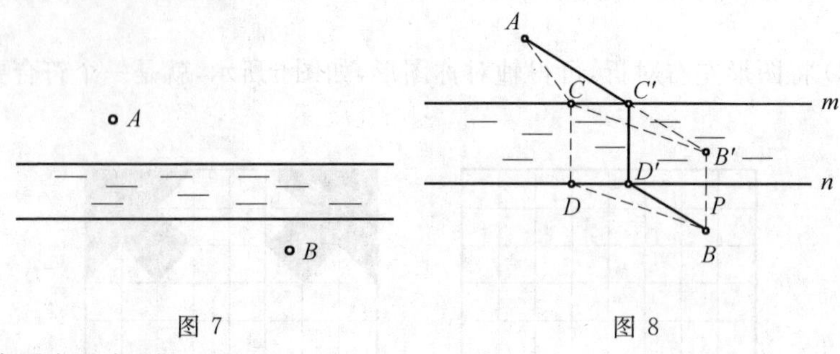

图 7　　　　　　　　图 8

作图方法如下：

(1) 作直线$BP\perp n$；

(2) 在BP上截取$BB'=CD$；

(3) 联结AB'交m于点C'；

(4)C'作$C'D'\perp n$于点D'.

则$C'D'$即为应选的地址.

证明：由作法可知$CB'=DB$，所以$AC+DB=AC+CB'>AB'=AC'+C'B'$，又$CD=C'D'$，所以得证.

说明　(1) 对一道实际应用问题，关键要分析它应该用什么数学知识解答，即如何建立数学模型，本问题的数学模型是三角形的三边关系：三角形的两边之和大于第三边. 而应用此模型的关键则是把DB平移到CB'；

(2) 作图题一般应写明作法；

(3) 如图 9，杭州京杭大运河在CC'处直角转弯，河宽均为 5 m，从A处到达B处，需经两座桥：DD'，EE'(桥宽不计)，设护城河以及两座桥都是东西、南北方向的，A，B在东西方向上相距65 m，南北方向上相距85 m，恰当地架桥可使$ADD'E'EB$的路程最短，这个最短路程是多少米？(100 m)

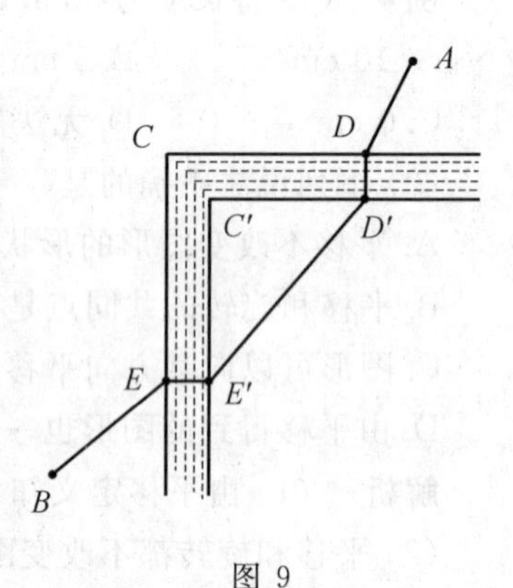

图 9

例 6　如图 10，有一池塘，要测池塘两端A，B的距离(要求不经过池塘)，请你想一想：能否用平移、旋转的知识来解决这个问题？

解析　测量A，B的距离而又不经过池塘，这就需要将两点平移或旋转到岸边的适当位置，再根据平移或旋转的特征来测量.

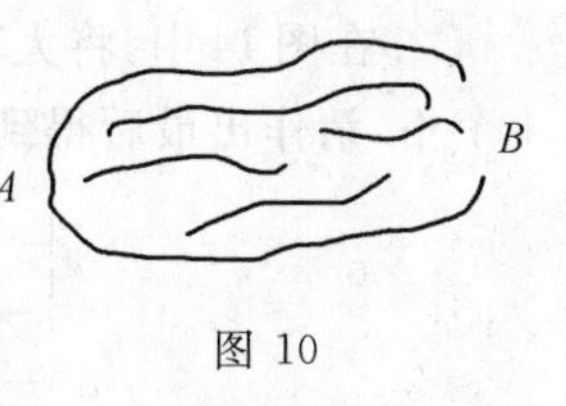

图 10

平移方法：将点 A 沿适当方向平移适当距离到 A' 处，然后再将点 B 沿同样的方向平移相同的距离到 B'，这样就将 AB 平移到 $A'B'$ 位置，测量 $A'B'$ 的距离即得，如图 11 所示.

旋转方法：在岸边适当位置取一点 C，联结 AC，BC 并分别延长 AC，BC 到 B'，A'，使 $B'C=AC$，$A'C=BC$，这样就将 AB 旋转到 $A'B'$ 位置，测量 $A'B'$ 的距离即得，如图 12 所示.

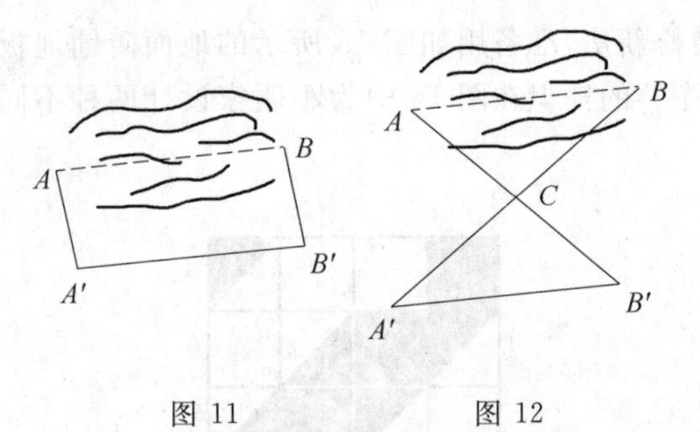

图 11　　图 12

说明　解本题关键是根据平移、旋转的数学思想把图形从一个位置平移或旋转到另一个位置(符合题意的适当位置)，由图形在平移、旋转过程中保持对应线段相等的性质来达到解决问题的目的. 另外要通过本题体会将一个实际生活问题转化为数学问题，并通过解决该数学问题，从而解决实际问题的方法.

巩固演练

1. 分析图 13(a)(b)(d) 中阴影部分的分布规律，按此规律在图(c) 中画出其中的阴影部分.

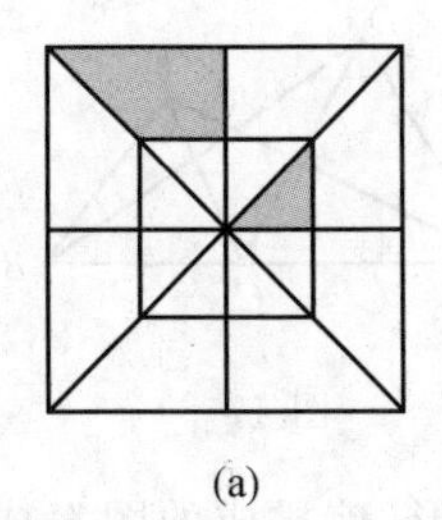

(a)

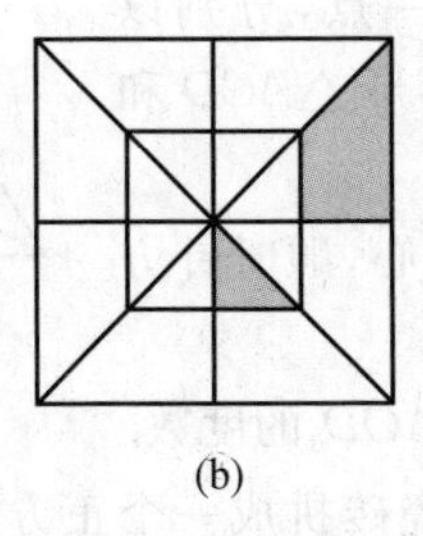

(b)

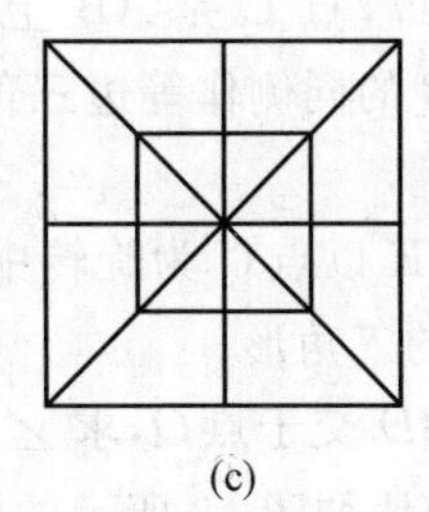

(c)

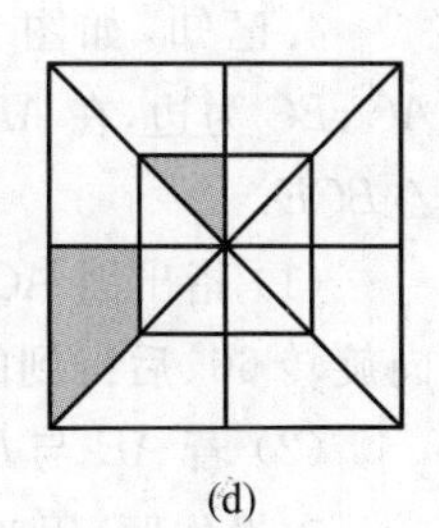

(d)

图 13

2. 在图 14 中，将大写字母 E 绕点 O 按逆时针方向旋转 90° 后，再向左平移 4 个格，请作出最后得到的图案.

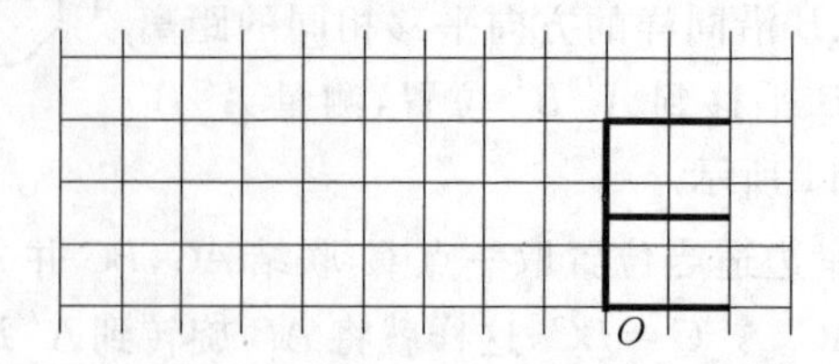

图 14

3. 小明家装修新房，准备用如图 15 所示的地面砖铺地板，请你用本章所学“平移”和“旋转”的知识在图 16 中为小明家设计两种不同的拼合图案，供他家选择.

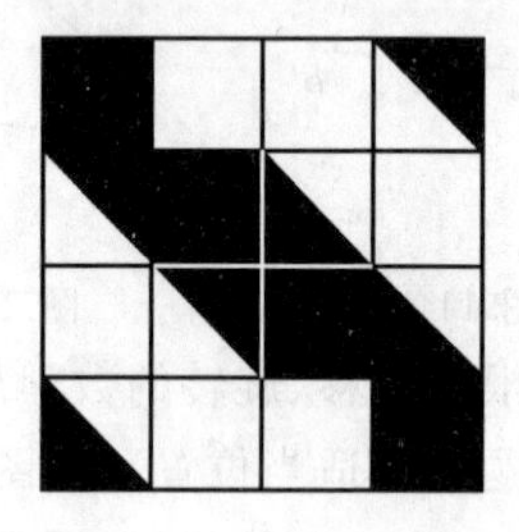

图 15

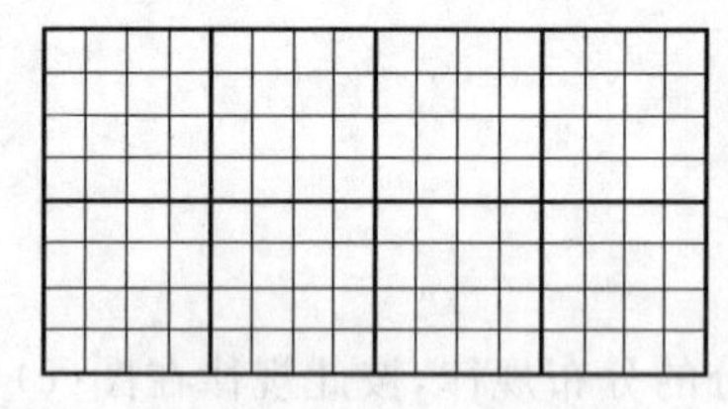
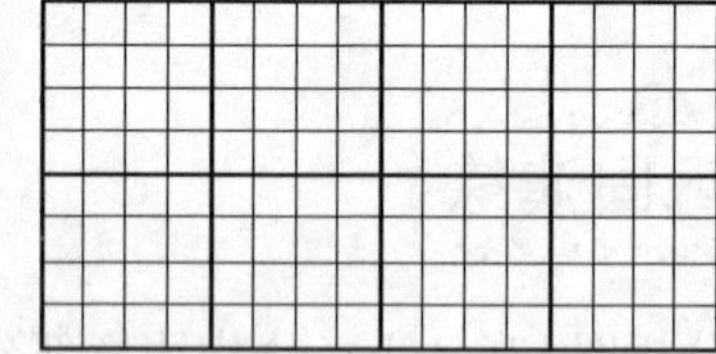

图 16

4. 已知，如图 17，点 C 是 AB 上一点，分别以 AC，BC 为边，在 AB 的同侧作等边三角形 $\triangle ACD$ 和 $\triangle BCE$.

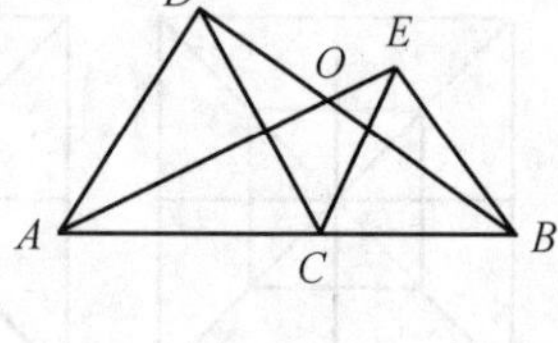

图 17

(1) 指出面 ACE 以点 C 为旋转中心，顺时针方向旋转 60° 后得到的三角形；

(2) 若 AE 与 BD 交于点 O，求 $\angle AOD$ 的度数.

5. 操作题：用四块如图 18 所示的瓷砖拼成一个正方形，使拼成的图案成一个轴对称图形，请你分别在图 19(a) ~ (c) 中各画一种拼法(要求三种拼法各不相同,但可平移和旋转).

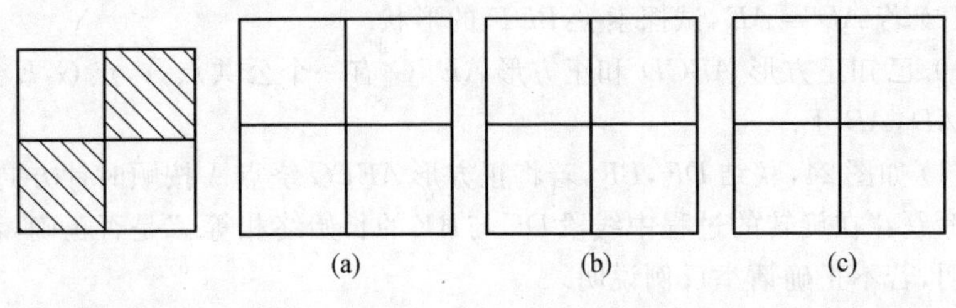

图 18　　　图 19

6. 过等边三角形的中心O向三边作垂线,将这个三角形分成三部分. 这三部分之间可以看作是怎样变换相互得到的? 你知道它们之间有怎样的等量关系吗?

7. 如图 20,$\triangle ABC$ 和 $\triangle CDE$ 都是等边三角形.

(1) 试说明图(a) 中 $AD = BE$ 的理由;

(2) 如将 $\triangle CDE$ 绕点 C 顺时针旋转至图(b) 时,$AD = BE$ 还成立吗? 简要说明理由.

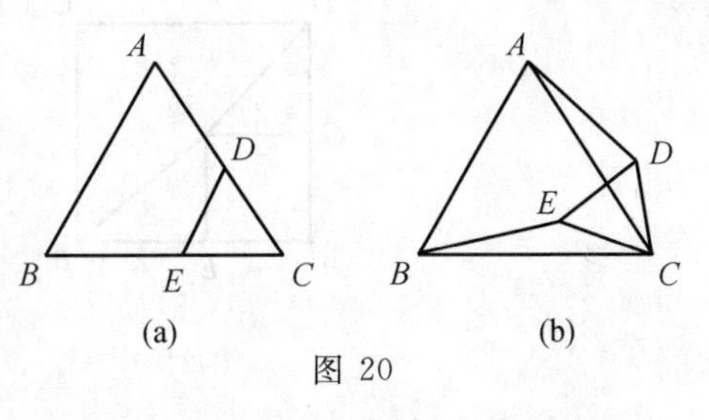

图 20

8. (1) $\triangle ABC$ 和 $\triangle DCE$ 是等边三角形,则在图 21 中,$\triangle ACE$ 绕着点 C ________旋转________度,可得到 $\triangle BCD$.

(2) 一块等边三角形的木板,边长为1,现将木板沿水平线翻滚(图 22),那么点 B 从开始至结束所走过的路径长度为________.

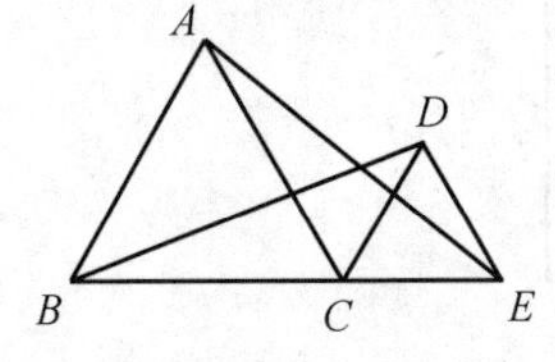

图 21

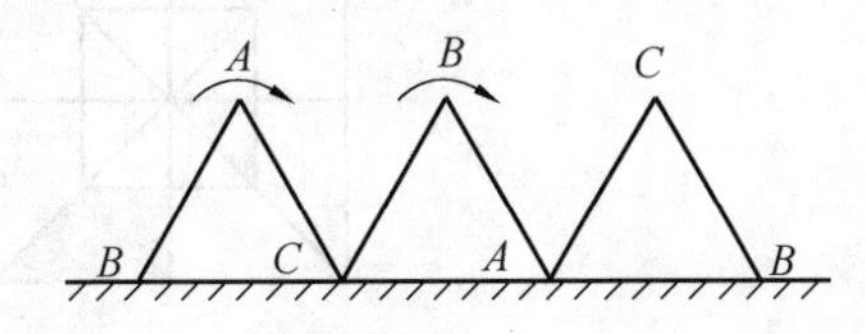

图 22

9. 如图 23,在 $\triangle ABC$ 中,$AB = AC$,$\angle BAC = 120°$,D,E 在线段 BC 上,且 $\angle DAE = 60°$,$\triangle AEC$ 绕点 A 旋转到 $\triangle AFB$ 位置.

(1) 图中 $\triangle ADE$ 和 $\triangle ADF$ 成轴对称吗? 如果成轴对称,指出它的对称轴;如

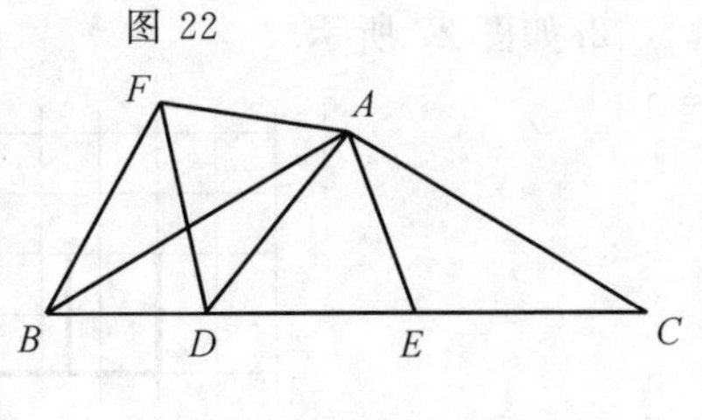

图 23

果不成轴对称，请说明理由；

(2) 若 $AD=AE$，试探索 $\triangle BDF$ 的形状.

10. 已知正方形 $ABCD$ 和正方形 $AEFG$ 有一个公共点 A，点 G，E 分别在线段 AD，AB 上.

(1) 如图 24，联结 DF，BF，若将正方形 $AEFG$ 绕点 A 按顺时针方向旋转，判断命题："在旋转的过程中线段 DF 与 BF 的长始终相等."是否正确，若正确请证明，若不正确请举反例说明.

(2) 若将正方形 $AEFG$ 绕点 A 按顺时针方向旋转，联结 DG，在旋转的过程中，你能否找到一条线段的长与线段 DG 的长始终相等. 并以图 25 为例说明理由.

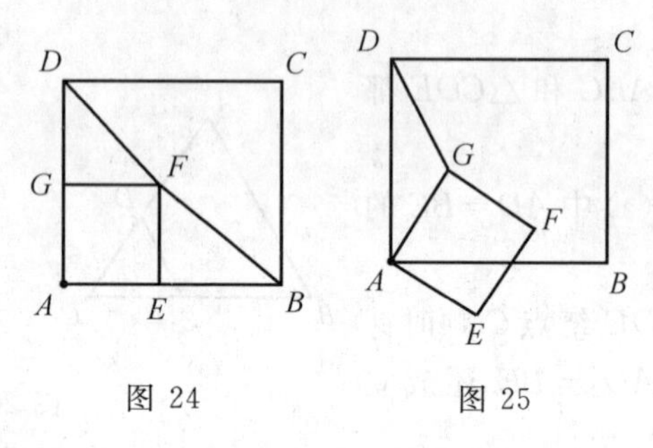

图 24　　　　图 25

演练答案

1. 如图 26 所示.

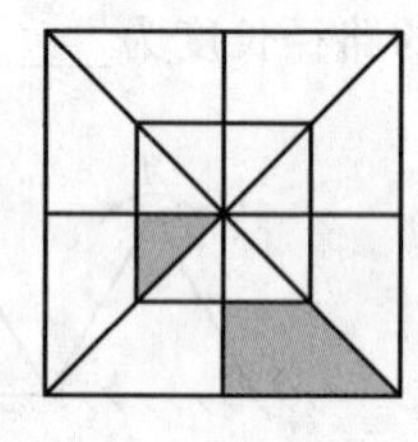

图 26

2. 如图 27 所示.

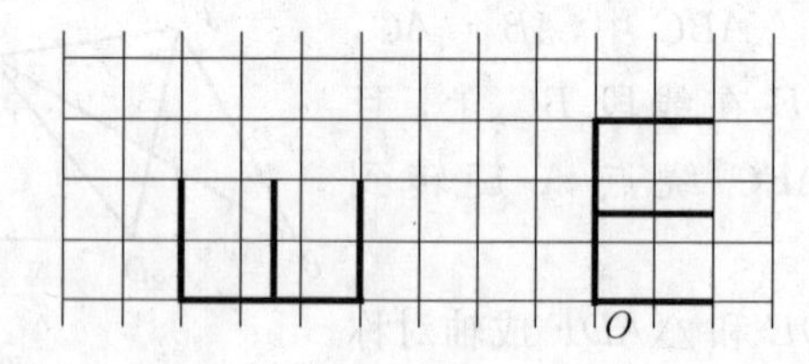

图 27

3. 略

4. (1)$\triangle DCB$;(2)60°.

5. 略.

6. 可由其中一个连续旋转 120° 得到;这三部分图像是全等的.

7. (1) 因为 $AC-DC=BC-EC$,即 $AD=BE$;(2) 成立(易证 $\triangle ADC\cong\triangle BEC$).

8. (1) 逆时针;60°(2) $\frac{4}{3}\pi$.

9. (1) 是轴对称,对称轴是 AD;(2) 等边三角形.

10. (1) 不正确;设 $AB=a$,$AE=b$,当顺时针旋转 90° 时,$DF=\sqrt{b^2+(a+b)^2}$,$BF=\sqrt{b^2+(a-b)^2}$,所以 DF 与 BF 的长不相等;(2) 能,为线段 BE;理由略(提示:可证 $\triangle ADG\cong\triangle ABE$).

第7讲 相似变换

对搞科学的人来说，勤奋就是成功之母.

——茅以升(中国)

知识方法

相似变换是一个将图形改变为另一个图形时保持形状不变(大小可以改变)的图形变换.图形的放大和缩小都是相似变换.相似变换的特征是相似变换不改变图形中每一个的大小,图形中的每一条线段都扩大(或缩小)相同的倍数.

典型例题

例1 位似变换是特殊的相似变换.一个图形经过位似变换得到另一个图形,这两个图形叫作位似形.位似图形的所有对应点的连线所在的直线交于一点,该点可在两个图形的同侧(图1),或两个图形之间(图2),或图形内(图3),或边上(图4),也可能是顶点(图5).

位似变换的意义是可以把一个多边形放大或缩小.

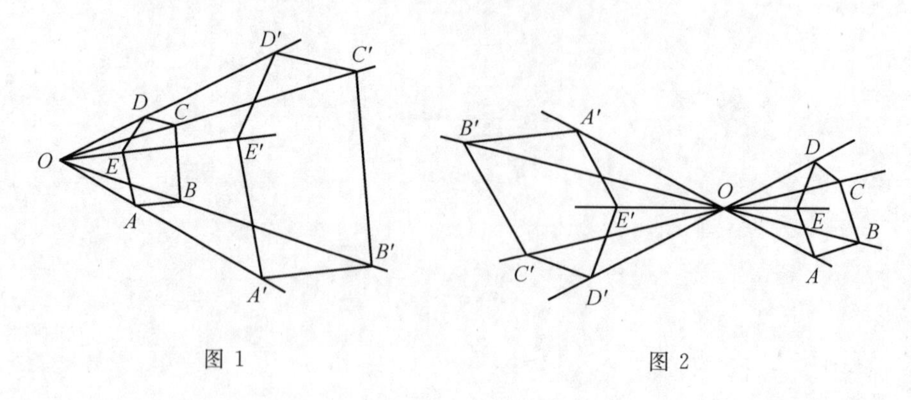

图1 图2

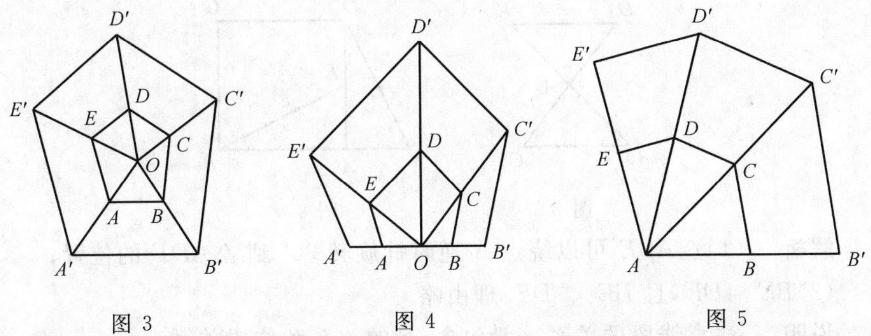

图 3　　　　图 4　　　　图 5

试一试，用这里介绍的位似变换方法把一个图形缩为原图形的一半，或放大为原来的 2 倍.

解析　图 1 ~ 图 5 既可以理解为把五边形 $ABCDE$ 放大为五边形 $A'B'C'D'E'$，也可以是把五边形 $A'B'C'D'E'$ 缩小为五边形 $ABCDE$.

具体的作图请读者自己完成.

说明　用“位似”的方法把一个图形缩小和放大是一种常用的方法.

例 2　阅读下面材料：

如图 6，把 $\triangle ABC$ 沿直线 BC 平行移动线段 BC 的长度，可以变到 $\triangle DEC$ 的位置；

如图 7，以 BC 为轴，把 $\triangle ABC$ 翻折 180°，可以变到 $\triangle DBC$ 的位置；

如图 8，以点 A 为中心，把 $\triangle ABC$ 旋转 180°，可以变到 $\triangle AED$ 的位置.

像这样，其中一个三角形是由另一个三角形按平行移动、翻折、旋转等方法变成的. 这种只改变位置，不改变形状大小的图形变换，叫作三角形的全等变换. 回答下列问题：

(1) 在图 9 中，可以通过平行移动、翻折、旋转中的哪一种方法怎样变化，使 $\triangle ABE$ 变到 $\triangle ADF$ 的位置；

(2) 指出图中线段 BE 与 DF 之间的关系，为什么？

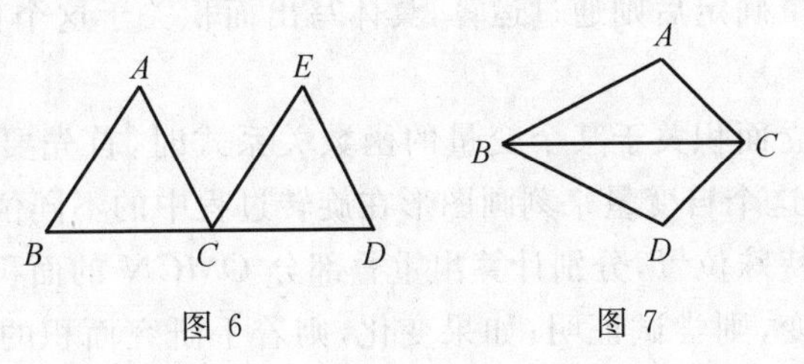

图 6　　　　图 7

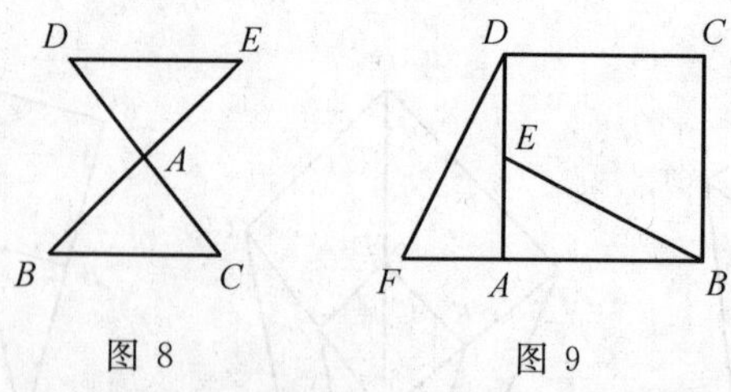

图 8　　　　图 9

解析　(1)$\triangle ABE$ 可以绕点 A 逆时针旋转 90° 到 $\triangle ADF$ 的位置；

(2)$BE=DF$，且 $BE\perp DF$. 理由略.

说明　注意线段的关系一般包含：量的关系和位置关系.

例 3　如图 10、图 11，表示的是同一类问题：有两个边长均为 1 的等边三角形（或正方形），将 $\triangle A'B'C'$（正方形 $A'B'C'D'$）的顶点 A' 固定在 $\triangle ABC$（正方形 $ABCD$）的中心 O 上. 保持 $\triangle ABC$（正方形 $ABCD$）不动，让 $\triangle A'B'C'$（正方形 $A'B'C'D'$）以图中状态为起始位置，绕点 O 作逆时针方向旋转.

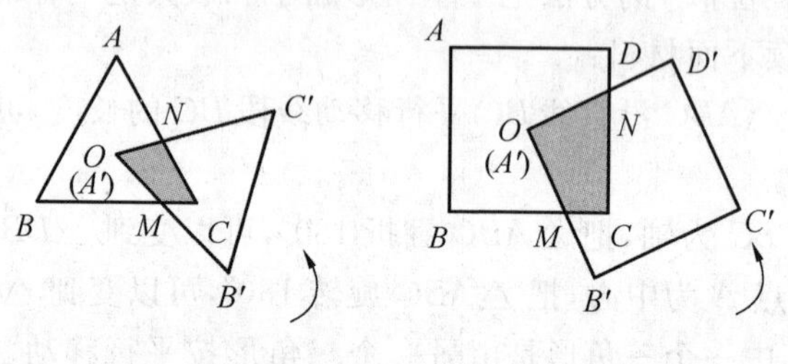

图 10　　　　图 11

下面研究在旋转过程中，两个图形的重叠部分 $OMCN$ 的面积是否变化？如果变化，变化规律是什么？

如何着手研究这类问题？你头脑中是怎么想的？下面提供了一些思考步骤，但顺序被打乱了：

① 当自变量确定后则通过运算，具体写出面积关于这个自变量的函数关系式.

② 当想建立面积关于某个变量的函数关系式时，首先要做的事是，寻求一个自变量，用这个自变量来刻画图形在旋转过程中的不同位置状态.

③ 找几个特殊位置，分别计算出重叠部分 $OMCN$ 的面积.

④ 如果不变，则尝试证明；如果变化，则着手研究面积的变化规律. 具体说，力求建立面积关于某个变量的函数关系式.

⑤ 根据几个特殊位置上的计算结果，对面积是否变化初步提出猜想，是变还是不变？

(1) 结合自己的思考方法，将你认为合理的顺序填写在横线上：________________；

(2) 探索研究，填写结论(用“不变”与“变化”填空)：

图 12 中重叠部分的面积是________的；图 13 中重叠部分的面积则是________的.

(3) 当重叠部分面积是变化的，并想建立其关于某个变量的函数关系式时，你打算选择哪个量作为函数的自变量(可在原图中添加点、线加以辅助说明，至少给出两种方法)?

(4) 研究无止境！如果对这类问题做进一步探究，请你提出一到两个值得研究的其他问题(只需提出问题，不做具体研究).

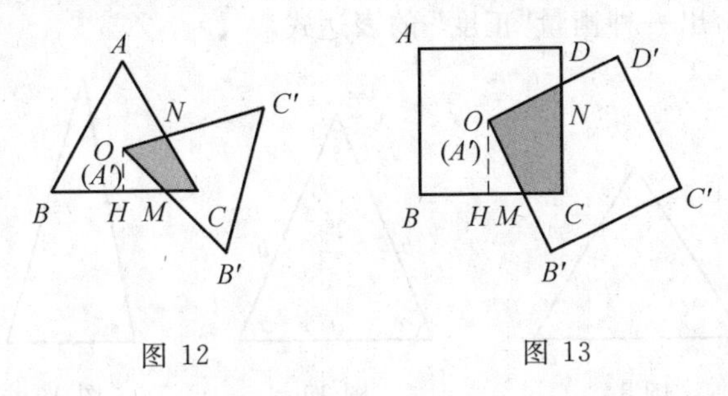

图 12　　图 13

解析

(1) ③→⑤→④→②→①.

(2) 变化，不变.

(3) 如图 12、图 13，过点 O 作 $OH \perp BC$，H 为垂足，则选择自变量的方法至少有两种：$\angle MOH = x^\circ$，或以点 H(或点 B) 为起点，点 M 经过的路程为自变量 x(即当点 M 旋转到另一条边上时，x 为折线长度). (若用其他变量的描述方法，但未必正确，比如 $OM = x$，因为对于同样 OM 的长度，$\triangle A'B'C'$(正方形 $A'B'C'D'$) 的位置不确定.)

(4) 如果有兴趣探究，可能会继续关注下面问题：

① 当重叠部分的面积发生变化时，被旋转的图形分别旋转到什么位置时，重叠部分的面积取得最大值与最小值?

② 对于等边三角形，重叠部分的面积是变化的；对于正方形，重叠部分的面积则是不变的. 那么对于正五边形，正六边形，……，结果分别如何呢? 对于最一般的情形：正 n 边形，结果又如何呢?

说明　解决图形变换问题的关键是从变化的图形中找到其中不变的量，如线段的长度不变，角度不变，三角形全等等.

例 4　如图 14，等腰三角形与正三角形的形状有差异，我们把等腰三角形与正三角形的接近程度称为“正度”. 在研究“正度”时,应保证相似三角形的“正度”相等.

设等腰三角形的底和腰分别为 a,b,底角和顶角分别为 α,β. 要求“正度”的值是非负数.

同学甲认为:可用式子 $|a-b|$ 来表示“正度”,$|a-b|$ 的值越小,表示等腰三角形越接近正三角形;

同学乙认为:可用式子 $|\alpha-\beta|$ 来表示“正度”,$|\alpha-\beta|$ 的值越小,表示等腰三角形越接近正三角形.

探究:(1) 他们的方案哪个较合理,为什么?

(2) 对你认为不够合理的方案,请加以改进(给出式子即可);

(3) 请再给出一种衡量“正度”的表达式.

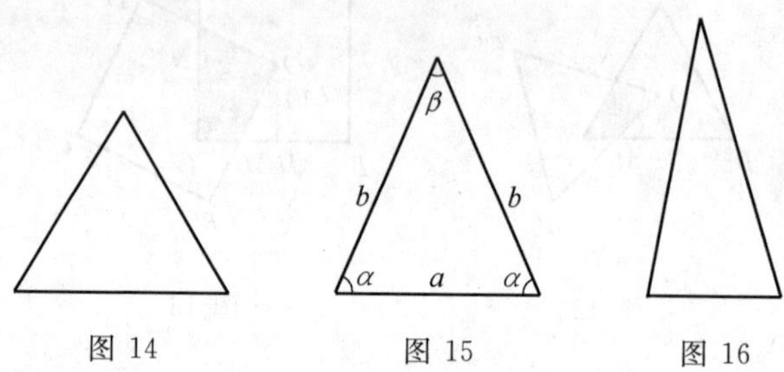

图 14　　图 15　　图 16

解析　(1) 同学乙的方案较为合理. 因为 $|\alpha-\beta|$ 的值越小,α 与 β 越接近 $60°$,因而该等腰三角形越接近于正三角形,且能保证相似三角形的“正度”相等.

同学甲的方案不合理,不能保证相似三角形的“正度”相等. 如:边长为 4,4,2 和边长为 8,8,4 的两个等腰三角形相似,但 $|2-4|=2\neq|4-8|=4$;

(2) 对同学甲的方案可改为用 $\frac{|a-b|}{ka}$,$\frac{|a-b|}{kb}$ 等(k 为正数)来表示“正度”;

(3) 还可用 $|\alpha-60°|$,$|\beta-60°|$,$|\alpha+\beta-120°|$,$\frac{1}{3}[(\alpha-60°)^2+2(\beta-60°)^2]$ 等来表示“正度”.

说明　本题只要求学生在保证相似三角形的“正度”相等的前提下,用式子对“正度”做大致的刻画,第(2)(3) 小题都是开放性问题,凡符合要求的均可.

例 5　用水平线和竖直线将平面分成若干个边长为 1 的小正方形格子,小正方形的顶点叫格点,以格点为顶点的多边形叫格点多边形. 设格点多边形的面积为 S,它各边上格点的个数和为 x.

(1) 图17中的格点多边形，其内部都只有一个格点，它们的面积与各边上格点的个数和的对应关系见表1，请写出 S 与 x 之间的关系式.

答：$S=$________.

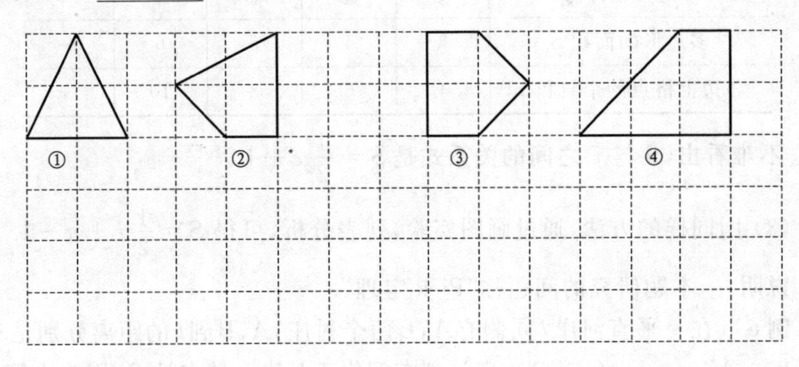

图 17

表 1

多边形的序号	①	②	③	④	…
多边形的面积 S	2	2.5	3	4	…
各边上格点的个数和 x	4	5	6	8	…

(2) 请你再画出一些格点多边形，使这些多边形内部都有而且只有2个格点. 此时所画的各个多边形的面积 S 与它各边上格点的个数和 x 之间的关系式是：$S=$________.

(3) 请你继续探索，当格点多边形内部有且只有 n 个格点时，猜想 S 与 x 有怎样的关系？答：$S=$________.

解析　根据图形探索规律，随着规律向一般化的推广，难度逐渐增大，揭示的规律也更加深刻，更具有普遍性.

(1) 通过表1中数据可以看出，S 的数值是 x 的一半，所以 $S=\frac{1}{2}x$.

(2) 同学们可以尝试画出一些内部都有而且只有2个格点的多边形，如图18所示.

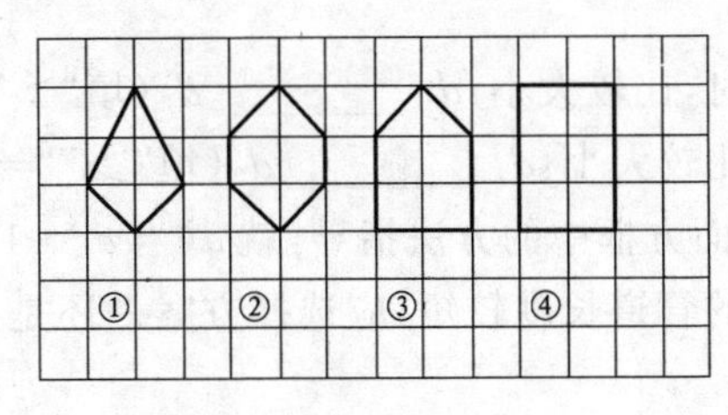

图 18

仿照表1设计一个表，就能得到表2：

表2

多边形的序号	①	②	③	④	…
多边形的面积 S	3	4	5	6	…
各边上格点的个数和 x	4	6	8	10	…

不难看出，S 与 x 之间的关系式是 $S=\frac{1}{2}x+1$.

(3) 用同样的方法，通过画图实验，列表分析，可得 $S=\frac{1}{2}x+n-1$.

说明　本题研究的问题称"Pick 定理".

例6　在一平直河岸 l 同侧有 A，B 两个村庄，A，B 到 l 的距离分别是3 km 和 2 km，$AB=a$ km$(a>1)$. 现计划在河岸 l 上建一抽水站 P，用输水管向两个村庄供水.

方案设计

某班数学兴趣小组设计了两种铺设管道方案：图19是方案一的示意图，设该方案中管道长度为 d_1，且 $d_1=PB+BA$(km)（其中 $BP\perp l$ 于点 P）；图20是方案二的示意图，设该方案中管道长度为 d_2，且 $d_2=PA+PB$(km)（其中点 A' 与点 A 关于 l 对称，$A'B$ 与 l 交于点 P）.

观察计算

(1) 在方案一中，$d_1=$________ km（用含 a 的式子表示）；

(2) 在方案二中，组长小宇为了计算 d_2 的长，作了如图21所示的辅助线，请你按小宇同学的思路计算，$d_2=$________ km（用含 a 的式子表示）.

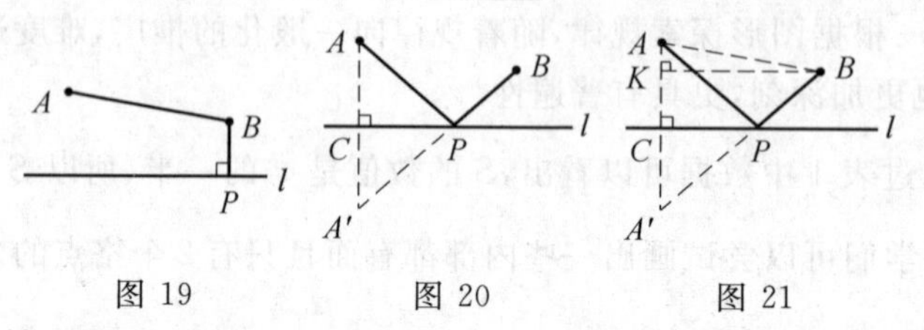

图19　　图20　　图21

探索归纳

(1)① 当 $a=4$ 时，比较大小：d_1 ________ d_2（填"$>$""$=$"或"$<$"）；

② 当 $a=6$ 时，比较大小：d_1 ________ d_2（填"$>$""$=$"或"$<$"）.

(2) 请你参考下面方框中的方法指导，就 a（当 $a>1$ 时）的所有取值情况进行分析，要使铺设的管道长度较短，应选择方案一还是方案二？

> **方法指导**
>
> 当不易直接比较 m 与 n 的大小时,可以对它们的平方进行比较:
>
> 因为 $m^2-n^2=(m+n)(m-n)$,$m+n>0$,
>
> 所以(m^2-n^2)与$(m-n)$的符号相同.
>
> 当 $m^2-n^2>0$ 时,$m-n>0$,即 $m>n$;
>
> 当 $m^2-n^2=0$ 时,$m-n=0$,即 $m=n$;
>
> 当 $m^2-n^2<0$ 时,$m-n<0$,即 $m<n$.

分析　参考方法指导解答探索归纳(2).

解析　观察计算:

(1)$a+2$;(2)$\sqrt{a^2+24}$.

探索归纳:

(1)① $<$;② $>$;

(2)$d_1^2-d_2^2=(a+2)^2-(\sqrt{a^2+24})^2=4a-20$.

① 当 $4a-20>0$,即 $a>5$ 时,$d_1^2-d_2^2>0$,所以 $d_1-d_2>0$.所以 $d_1>d_2$.

② 当 $4a-20=0$,即 $a=5$ 时,$d_1^2-d_2^2=0$,所以 $d_1-d_2=0$,所以 $d_1=d_2$.

③ 当 $4a-20<0$,即 $a<5$ 时,$d_1^2-d_2^2<0$,所以 $d_1-d_2<0$,所以 $d_1<d_2$.

综上可知:当 $a>5$ 时,选方案二;

当 $a=5$ 时,选方案一或方案二;

当 $1<a<5$ 时,选方案一.

巩固演练

1.$\triangle ABC$ 中,$\angle C=90°$,点 D 在 BC 上,$BD=6$,$AD=BC$,$\cos\angle ADC=\frac{3}{5}$,求 DC 的长.

2.小明的爷爷退休生活可丰富了!表 3 是他某日的活动安排.和平广场位于爷爷家东 400 m,老年大学位于爷爷家西 600 m.从爷爷家到和平路小学需先向南走 300 m,再向西走 400 m.

表 3

早晨 6:00 ～ 7:00	与奶奶一起到和平广场锻炼
上午 9:00 ～ 11:00	与奶奶一起上老年大学
下午 4:30 ～ 5:30	到和平路小学讲校史

(1) 请依据图 22 中给定的单位长度，在图 22 中标出和平广场 A、老年大学 B 与和平路小学的位置.

(2) 求爷爷家到和平路小学的直线距离.

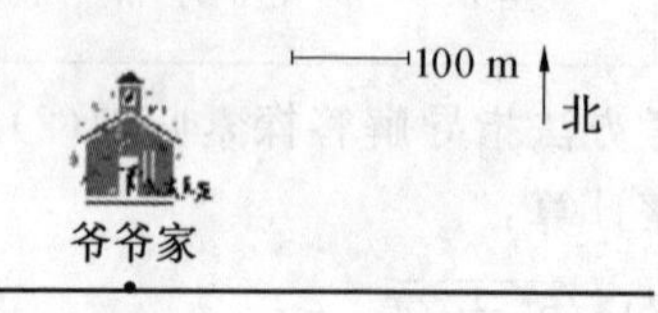

图 22

3. 如图 23，在 $\triangle ABC$ 中，$BC=1$，$AC=2$，$\angle C=90^\circ$.

(1) 在图 24 方格纸 ① 中，画 $\triangle A'B'C'$，使 $\triangle A'B'C' \backsim \triangle ABC$，且相似比为 2 : 1；

(2) 若将(1) 中 $\triangle A'B'C'$ 称为"基本图形"，请你利用"基本图形"，借助旋转、平移或轴对称变换，在方格纸 ② 中设计一个以点 O 为对称中心，并且以直线 l 为对称轴的图案.

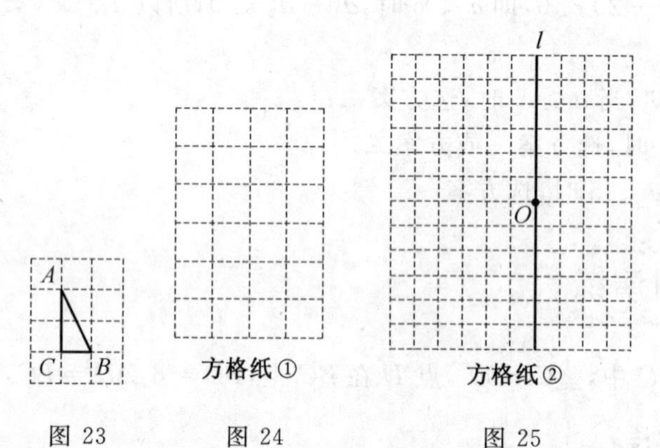

图 23　　图 24　　图 25

4. 我们把相似的概念推广到空间：如果两个几何体大小不一定相等，但形状完全相同，就把他们叫作相似体.

甲、乙是两个不同的正方体，正方体都是相似体，它们的一切对应线段的比都等于相似比($a:b$)，设 $S_甲$、$S_乙$ 分别表示这两个正方体的表面积，则 $\frac{S_甲}{S_乙}=$

$\frac{6a^2}{6b^2}=\left(\frac{a}{b}\right)^2$；

又设 $V_{甲}$、$V_{乙}$ 分别表示两个正方体的体积，则 $\frac{V_{甲}}{V_{乙}}=\frac{a^3}{b^3}=\left(\frac{a}{b}\right)^3$.

(1) 下列几何体中，一定属于相似体的是(　　)

A. 两个球体　　B. 两个圆锥体　　C. 两个圆柱体　　D. 两个长方体

(2) 请归纳出相似体的三条主要性质：① 相似体的一切对应线段(或弧)长的比等于________；② 相似体表面积的比等于________；③ 相似体体积之比等于________；

(3) 假定在完全正常发育的条件下，不同时期的同一人的人体是相似体，一个小朋友上幼儿园时身高为 1.1 m，体重为 18 kg，到了初三时，身高为 1.65 m，他的体重是多少？(不考虑人体的密度变化)

5. 如图 26，拦水坝的横断面为梯形 $ABCD$，坡角 $\alpha=28°$，斜坡 $AB=9$ m，求拦水坝的高 BE.(精确到 0.1 m，供选用的数据：$\sin 28°=0.469\ 5$，$\cos 28°=0.882\ 9$，$\tan 28°=0.531\ 7$，$\cos 28°=1.880\ 7$)

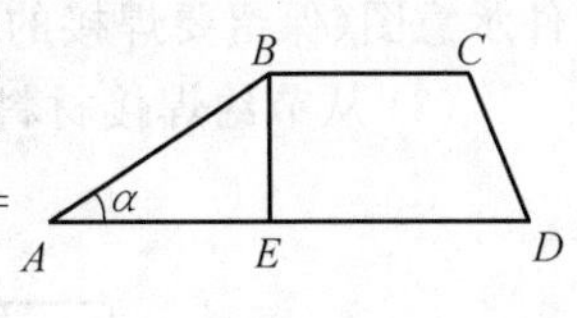

图 26

6. 已知，如图 27，A，B，C 三个村庄在一条东西走向的公路沿线上，$AB=2$ km. 在 B 村的正北方向有一个 D 村，测得 $\angle DAB=45°$，$\angle DCB=28°$，今将 $\triangle ACD$ 区域进行规划，除其中面积为 0.5 km^2 的水塘外，准备把剩余的一半作为绿化用地，试求绿化用地的面积.(结果精确到 0.1 km^2，$\sin 28°=0.469\ 5$，$\cos 28°=0.882\ 9$，$\tan 28°=0.531\ 7$，$\cos 28°=1.880\ 7$)

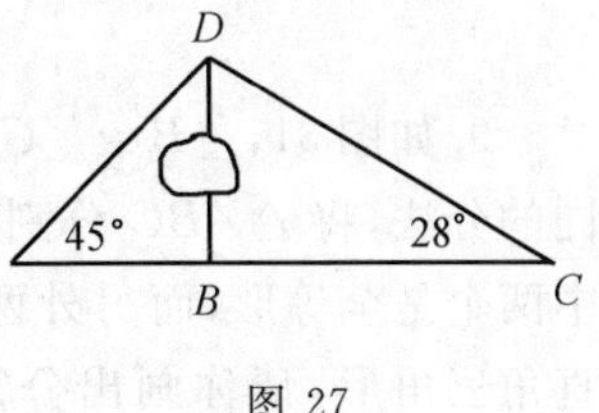

图 27

7. 如图 28 所示，设其中的第一个 $\text{Rt}\triangle OA_1A_2$ 是等腰直角三角形，且 $OA_1=A_1A_2=A_2A_3=A_3A_4=\cdots=A_8A_9=1$，请你先把图中其他 8 条线段的长计算出来，填在表 4 中，然后再计算这 8 条线段的长的乘积.

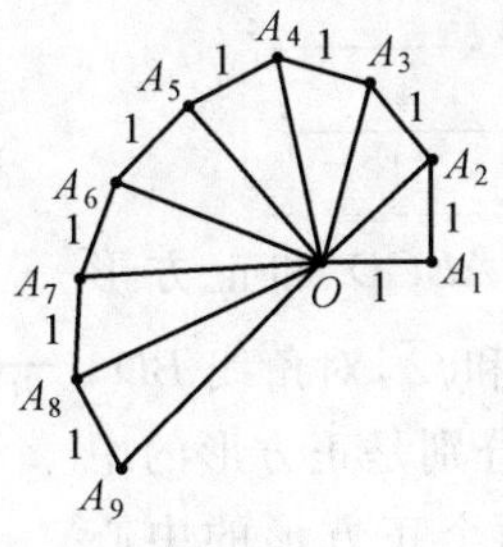

图 28

表 4

OA_2	OA_3	OA_4	OA_5	OA_6	OA_7	OA_8	OA_9

8. 有如图 29、图 30 所示的两种规格的钢板原料，图 29 的规格为 1 m×5 m. 图 30 是由 5 个 1 m×1 m 的小正方形组成. 电焊工王师傅准备用其中的一种钢板原料裁剪后焊接成一个无重叠无缝隙的正方形形状的工件(不计加工中的损耗).

(1) 焊接后的正方形工件的边长是________；

(2) 分别在图 29 和图 30 中标出裁剪线，并画出所要求的正方形形状的工件示意图(保留要焊接的痕迹)；

(3) 从节约焊接材料的角度，试比较选用哪种原料较好？

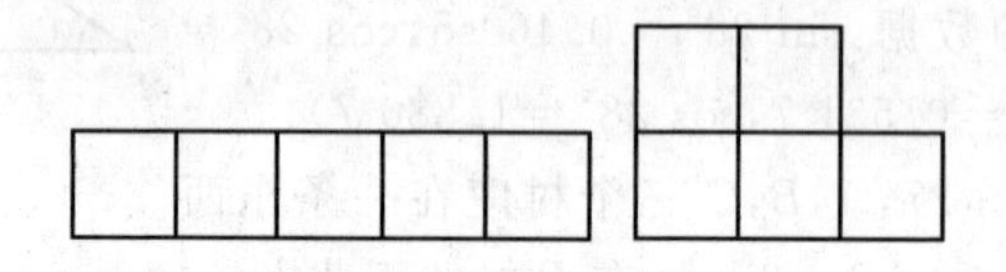

图 29　　　　图 30

9. 如图 31，$\angle B=\angle C=30^\circ$，请你设计 3 种不同的分法，将 $\triangle ABC$ 分割成四个三角形，使得其中两个是全等形，而另外两个是相似但不全等的直角三角形，请你画出分割线段，标出能够说明分法的所得三角形的顶点和内角度数，并填空.

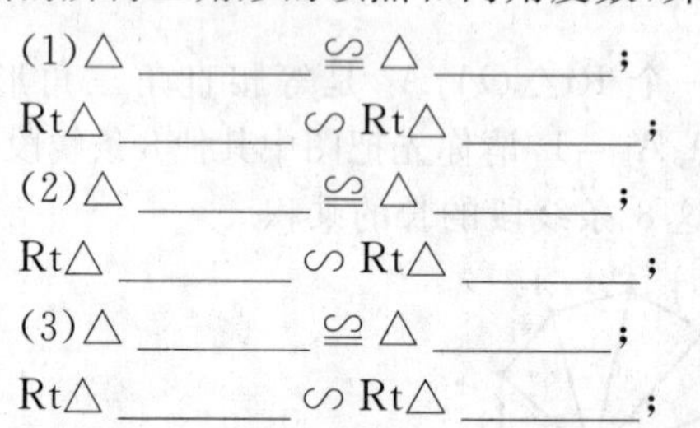

(1)△________≌△________；
Rt△________∽Rt△________；
(2)△________≌△________；
Rt△________∽Rt△________；
(3)△________≌△________；
Rt△________∽Rt△________；

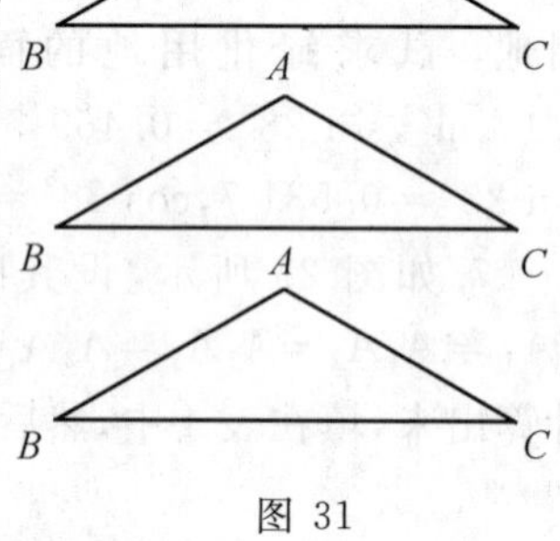

图 31

10. 如图 32，正方形 $ABCD$ 和正方形 $EFGH$ 的边长分别为 $2\sqrt{2}$ 和 $\sqrt{2}$，对角线 BD，FH 都在直线 l 上. O_1，O_2 分别是正方形的中心，线段 O_1O_2 的长叫作两个正方形的中心

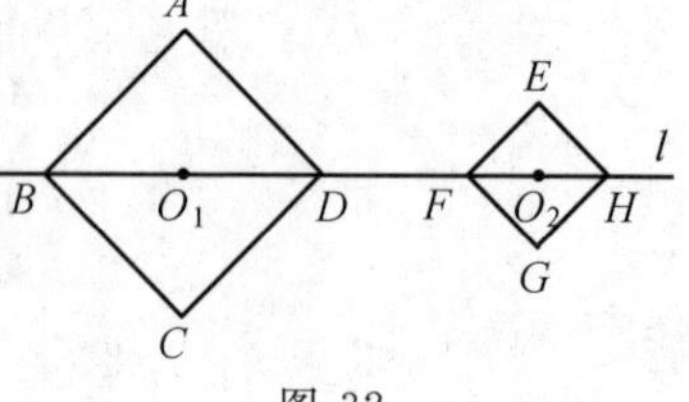

图 32

距.当中心 O_2 在直线 l 上平移时,正方形 $EFGH$ 也随之平移,在平移时正方形 $EFGH$ 的形状、大小没有改变.

(1) 计算:$O_1D=$________,$O_2F=$________;

(2) 当中心 O_2 在直线 l 上平移到两个正方形只有一个公共点时,中心距 $O_1O_2=$________;

(3) 随着中心 O_2 在直线 l 上的平移,两个正方形的公共点的个数还有哪些变化?并求出相对应的中心距的值或取值范围(不必写出计算过程).

演练解答

1. 9.

2. (1) 略;(2)500.

3. 略.

4. (1)A;(2) 相似比;相似比的平方;相似比的立方;(3) 设他的体重为 x,则 $\frac{18}{x}=\frac{\rho V_1}{\rho V_2}=\frac{V_1}{V_2}=\left(\frac{1.1}{1.65}\right)^3$,所以 $x=60.75$ kg.

5. 4.2.

6. 2.6.

7. OA_2 到 OA_9 的长度依次为 $1,\sqrt{2},\sqrt{3},2,\sqrt{5},\sqrt{6},\sqrt{7},2\sqrt{2},3$.它们的乘积为 $72\sqrt{70}$.

8. (1) $\sqrt{5}$ m　(2) 如图 33 所示.

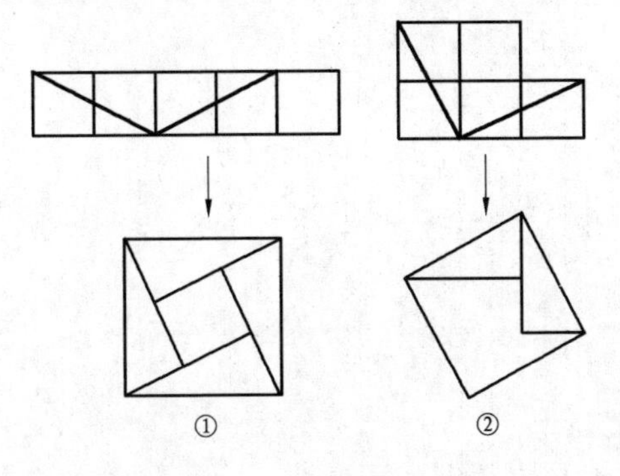

图 33

(3) 因 ① 中需焊接长度为:$4\times2=8$,② 中需焊接长度为:$2\times2+1=5$.所以 ② 中的剪裁方法节省焊接材料.

9. (1) 作 $\angle GAC=90°$,则 $\angle BAG=30°$,即 $\triangle BAG$ 为等腰三角形,过 G 作

$GM \perp AB$，过 A 作 $AH \perp BC$，$\triangle BMG \cong \triangle AMG$，所以 $\triangle BMG \cong \triangle AMG$，$\mathrm{Rt}\triangle GAH \backsim \mathrm{Rt}\triangle AHC$；

(2) 作 $\angle B$ 的平分线交 AC 于 H，作 $\angle BEH = 120°$，所以 $\triangle ABH \cong \triangle EBH$，过 H 作 $HG \perp BC$，所以 $\mathrm{Rt}\triangle EHG \backsim \mathrm{Rt}\triangle HCG$；

(3) 作 $\angle GAC = 90°$，$\angle HGA = 90°$，所以 $\mathrm{Rt}\triangle HGA \cong \mathrm{Rt}\triangle GAC$，过 H 作 $HM \perp BG$，所以 $\triangle BMH \backsim \triangle GMH$.

10. (1) $O_1D = 2$，$O_2F = 1$；(2) 3 或 1；(3) 当 $O_1O_2 > 3$ 时，两正方形有 0 个交点；当 $O_1O_2 = 3$ 时，两正方形有 1 个交点；；当 $3 > O_1O_2 > 1$ 时，两正方形有 2 个交点.

第8讲　相交线和平行线

一旦科学插上幻想的翅膀，它就能赢得胜利.

——法拉第（英国）

知识方法

在同一个平面内，两条直线的位置关系只有两种：相交或平行，而两条相交直线的特殊情况是垂直，因此有关直线的垂直、平行的概念、性质是后续研究比较复杂图形的基础.在学习几何的初始阶段，平面几何的研究除了用计算方法外，更多的要依靠对图形的观察、实验操作，我们可以自己动手实验、操作，在观察和实验中掌握知识的来龙去脉，学到发现规律的方法，促进思维能力的提高.

典型例题

例1　如图1，直线 BC 与 MN 相交于点 O，$AO \perp BC$，OE 平分 $\angle BON$，若 $\angle EON = 20°$，求 $\angle AOM$ 的度数.

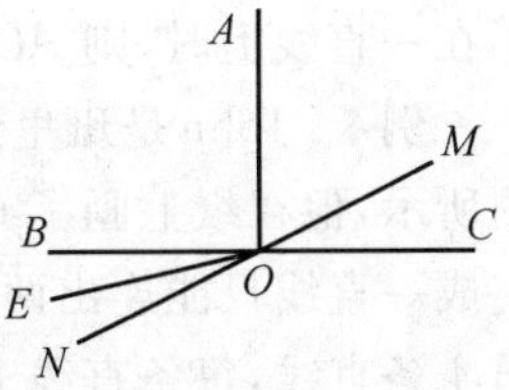

图1

解析　因为 OE 平分 $\angle BON$，所以 $\angle BON = 2\angle EON = 40°$.

又因为 $\angle BON$ 与 $\angle MOC$ 是对顶角，所以 $\angle BON = \angle MOC = 40°$，

又 $AO \perp BC$，所以 $\angle AOC = 90°$，

故 $\angle AOM = 90° - \angle MOC = 90° - \angle BON = 90° - 40° = 50°$.

例2　(1) 邻补角的平分线互相垂直吗？

(2) 若 $\angle BEF + \angle DFE = 180°$，$EG$，$FG$ 分别平分 $\angle BEF$，$\angle DFE$，则 $EG \perp FG$.（互补的同旁内角的平分线互相垂直）

解析 (1) 首先画出图形：如图 2，$\angle AOB$ 和 $\angle BOC$ 是邻补角，OD 和 OE 分别是它们的角平分线. 由角平分线的性质可知 $\angle AOD=\angle DOB$，$\angle BOE=\angle EOC$，由于 $\angle AOB$ 和 $\angle BOC$ 互为邻补角，即 $\angle AOB+\angle BOC=180°$，从而 $\angle AOD+\angle DOB+\angle BOE+\angle EOC=2\angle DOB+2\angle BOE=180°$，即 $\angle DOB+\angle BOE=90°$. 由垂直的定义我们可以得到 $DO\perp EO$.

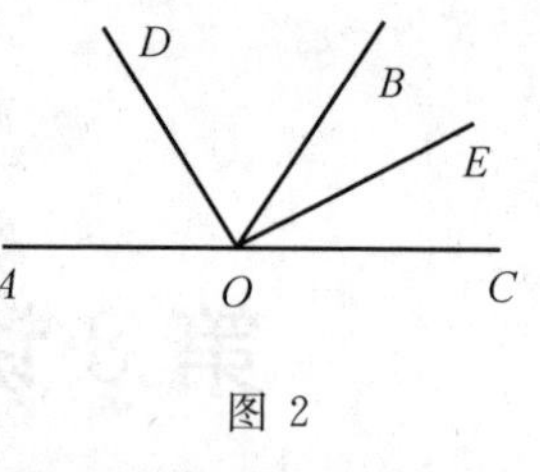

图 2

(2) 如图 3，因为 $\angle 1+\angle 2=\frac{1}{2}(\angle BEF+\angle DFE)=90°$，即 $\angle EGF=90°$，所以 $EG\perp FG$.

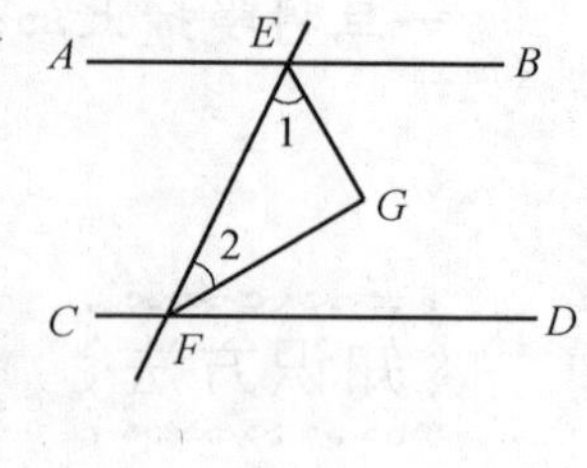

图 3

说明 几何问题的推断，离不开图形的帮助. 通过图，我们能清楚地找寻各个几何量之间的关系，由“数形结合”得出结论. 同时，几何问题的推断，每一步都应该有理有据，决不能是“可能”“好像”地去下结论.

题(2) 中得到 $\angle EGF=90°$ 利用了三角形的内角的和等于 180°.

例 3 下列判断的语句不正确的是（　　）

A. 若点 C 在线段 BA 的延长线上，则 $BA=AC-BC$

B. 若点 C 在线段 AB 上，则 $AB=AC+BC$

C. 若 $AC+BC>AB$，则点 C 一定在线段 BA 外

D. 若 A,B,C 三点不在一直线上，则 $AB<AC+BC$

解析 A 不正确. 当点 C 在线段 BA 的延长线上，则 $BA=BC-AC$；当点 C 在线段 AB 上，则 $AB=AC+BC$；若点 C 一定在线段 BA 外，或 A,B,C 三点不在一直线上时，则 $AC+BC>AB$.

例 4 John是班里最聪敏的孩子，他给班里的同学Jane出了一道题目，如图所示，他在纸上画了 6 个小圆圈之后，对 Jane 说：“你看，现在要把 3 个小圆连成一直线只能连出两条直线. 我要你擦掉一个小圆，把它画在别处，以便连出 4 条直线，每条直线上都有三个小圆.”

解析 我们可以将图 4 中的 6 个小圆看成 6 个点，由于两点确定一条直线，过 A,B 可以确定一条直线，过 C,D 又可以画一条直线，若把第 6 个点画在这两条直线的交点处，那么直线 AB 和直线 DC 上都有 3 个小圆，并且能连出 4 条直线，如图 5 所示.

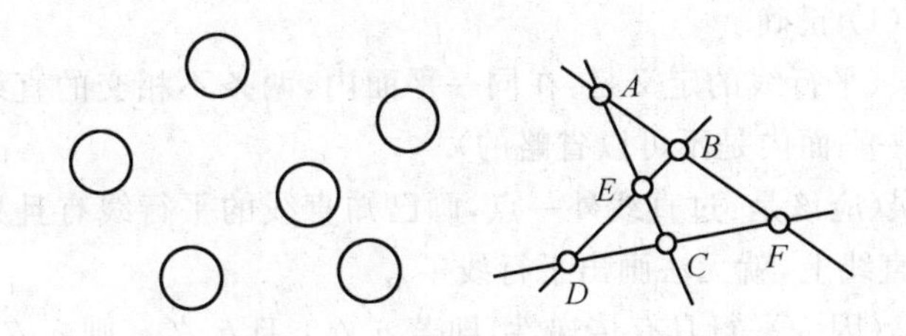

图 4　　　　图 5

说明　(1) 同一平面内的 4 条直线相交有几个交点?

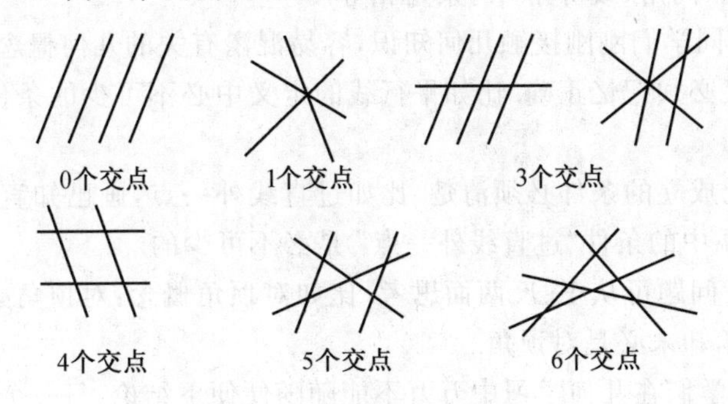

图 6

大约有以上几种,不完整的请同学们自己补充完整.

(2) 若平面上六点(无三点共线),则过两点连一直线共有多少条直线?

共有 $1+2+3+4+5=15$(条)(图 7);

推广到一般的情形(平面上 n 点时):

共有 $1+2+3+\cdots\cdots+(n-1)=\dfrac{n(n-1)}{2}$ 条直线.

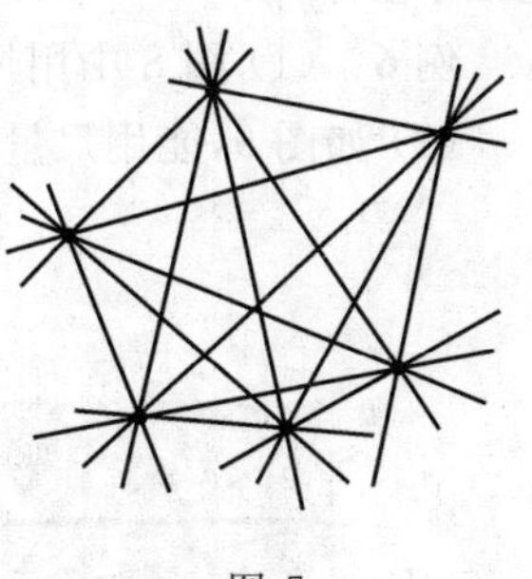

图 7

例 5　判断下列语句的正误.

(1) 如果两条直线相交,那么它们只有一个交点;　(　　)

(2) 不相交的两条直线叫平行线;　(　　)

(3) 过一点有且只有一条直线与已知直线平行;　(　　)

(4) 如果两条直线都和第三条直线平行,那么这两条直线也互相平行;(　　)

(5) 若两个角相等,则它们是对顶角;　(　　)

(6) 如果 $\angle 1+\angle 2=90°$,$\angle 2+\angle 3=90°$,那么 $\angle 1=\angle 3$.　(　　)

解析　(1) 正确.

(2) 错误(平行线的定义是:在同一平面内,两条不相交的直线叫平行线.这里的在同一平面内是不可以省略的).

(3) 错误(应该是:过直线外一点,画已知直线的平行线有且只有一条.如果这一点在直线上,就无法画出平行线了).

(4) 正确(因为平行具有传递性,即若 $a \parallel c$ 且 $b \parallel c$,则 $a \parallel b$).

(5) 错误(对顶角一定相等,但相等的角未必是对顶角).

(6) 正确(同角(或等角)的余角相等).

说明　同学们刚刚接触几何知识,容易混淆有关的几何概念.

(1) 定义必须记忆正确.比如平行线的定义中必不可少的条件"在同一平面内".

(2) 结论成立的条件必须清楚.比如过直线外一点,画已知直线的平行线有且只有一条中的条件"过直线外一点"是必不可少的.

(3) 思考问题可从正、反两面思考.比如对顶角概念:对顶角必相等;但反过来相等的角却未必是对顶角.

故而,同学们在几何学习中万万不能随随便便下结论,每一个概念性质都应该小心求证.

例 6　(1) 图 8 中用尺量一下,这两条直线是平行的吗?

(2) 如图 9,能用尺量出谁更高吗?

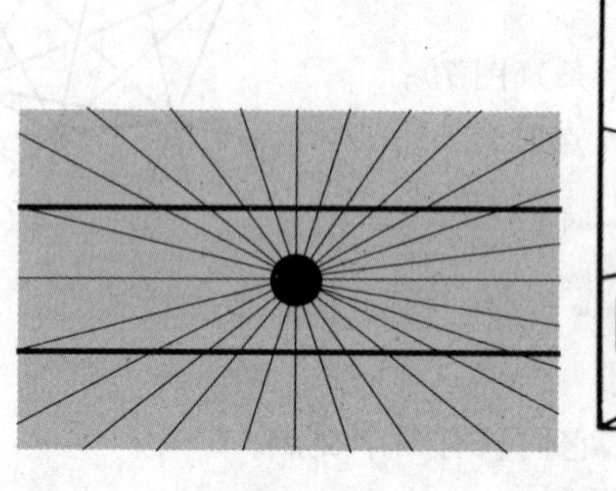

图 8

图 9

(3) 如图 10,线段 AB 与线段 BC 相等吗?

(4) 如图 11,直线 c 与直线 a 共线还是与直线 b 共线?

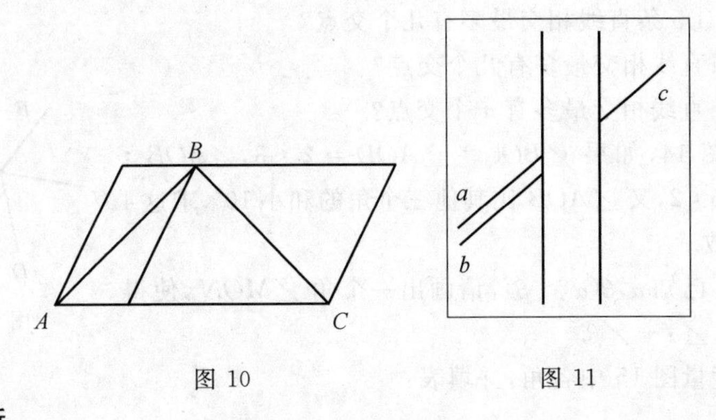

图 10　　　　　　图 11

解析

(1) 平行的;(2) 越往里的人越高(离天花板近);(3) 相等;(4) 直线 b 与直线 c 共线.

说明　生活中会产生很多错觉,我们要运用学过的数学知识来解决这些问题.

1. 如图 12 是一个长方体:

(1) 写出与棱 A_1B_1 平行的棱;

(2) 写出过棱 AB 的端点且垂直于棱 AB 的棱;

(3) 棱 DD_1 与棱 BC 没有交点,那么它们平行吗?

(4) 找出与棱 DC 平行的棱.

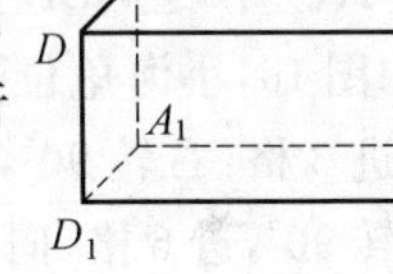

图 12

2. 一副三角板由一个等腰直角三角形和一个含 $30°$ 的直角三角形组成,请利用这副三角板画出大于零而小于直角的角,看看你能画出多少个,不写作法,但需在图上标出必要的标注.

3. 观察图 13 中图形,阅读下面的相关文字并回答以下问题:

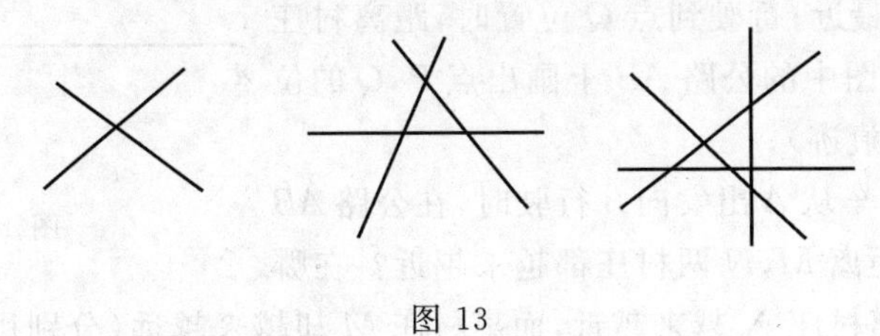

图 13

猜想：①5 条直线相交最多有几个交点？

②6 条直线相交最多有几个交点？

③n 条直线相交最多有 n 个交点？

4. 如图 14，如果 $\angle BOC:\angle AOD=2:3$，$\angle AOB:\angle COD=5:2$，又 $\angle AOB$ 比其他三个角的和小 $10°$，求这 4 个角的度数.

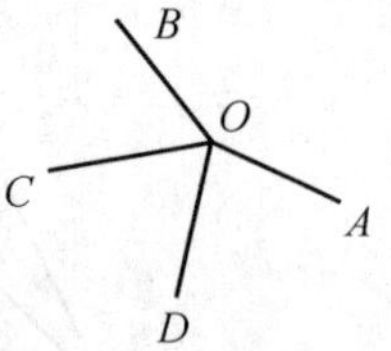

图 14

5. (1) 已知 $\alpha,\beta(\alpha>\beta)$，请画出一个角 $\angle MON$，使得 $\angle MON=\angle\alpha-\angle\beta$.

(2) 度量图 15 中各角，并填表：

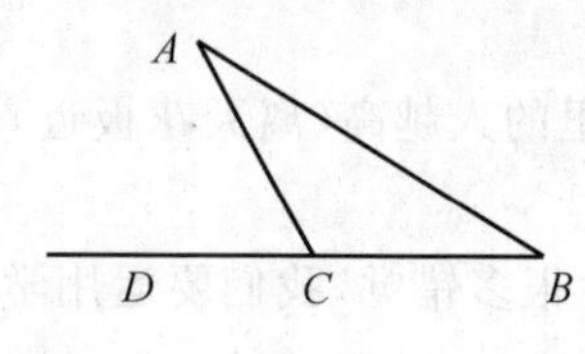

图 15

表 1

角	$\angle A$	$\angle B$	$\angle ACB$	$\angle ACD$
度量结果				

①$\angle A,\angle B,\angle ACB$ 之间有什么关系？

②$\angle A,\angle B,\angle ACD$ 之间有什么关系？

6. 如图 16，小海龟位于图中 A 处，按下述口令移动：向前进 3 格，右转 $90°$，进 5 格，向左转 $90°$，前进 3 格，向左转 $90°$，进 6 格，向右转 $90°$，后退 6 格，最后向右转 $90°$，进 1 格，用线将小海龟经过路线描出来，看一看是什么图形.

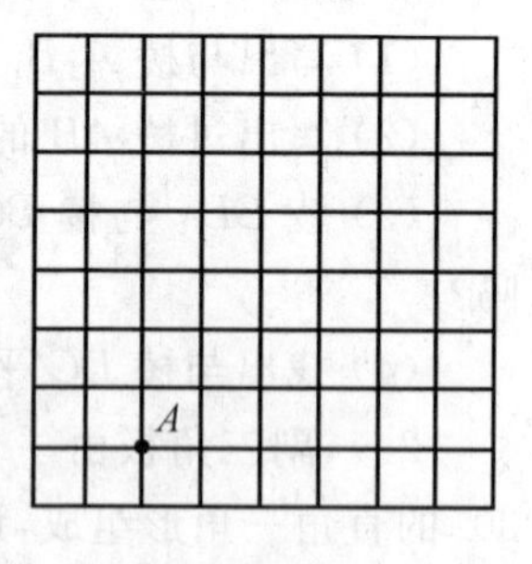

图 16

7. 如图 17，一辆汽车在直线形的公路 AB 上由 A 向 B 行驶，M,N 分别是位于公路 AB 两侧的村庄.

(1) 设汽车行驶到公路 AB 上的点 P 位置时，距离村庄 M 最近；行驶到点 Q 位置时，距离村庄 N 最近，请在图中的公路 AB 上画出点 P,Q 的位置(保留画图痕迹)；

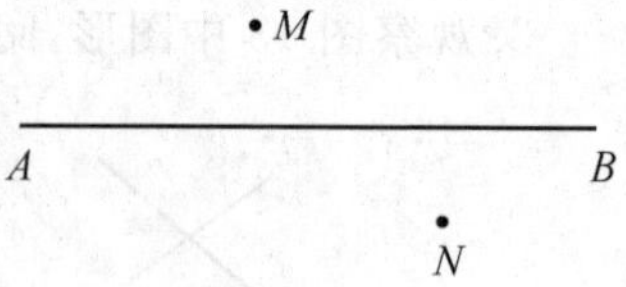

图 17

(2) 当汽车从 A 出发向 B 行驶时，在公路 AB 的哪一段上距离 M,N 两村庄都越来越近？在哪一段路上距离村庄 N 越来越近，而离村庄 M 却越来越远(分别用文字表述你的结论，不必证明)？

8. 如图 18，左图是一个三角形，已知 $\angle ACB=90^\circ$，那么 $\angle A$ 的余角是哪个角呢？答：________；

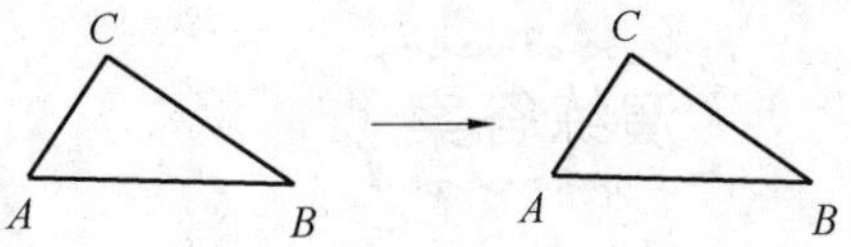

小明用三角尺在这个三角形中画了一条高 CD(点 D 是垂足)，得到图 18 中右图.

图 18

(1) 请你帮小明画出这条高；

(2) 在右图中，小明通过仔细观察，认真思考，找出了 3 对余角，你能帮小明把它们写出来吗？

答：①________；②________；③________.

(3) $\angle ACB$，$\angle ADC$，$\angle CDB$ 都是直角，所以 $\angle ACB=\angle ADC=\angle CDB$，小明还发现了另外两对相等的角，请你也仔细地观察，认真地思考分析，试一试，能发现吗？把它们写出来，并请说明理由.

9. (1) 如图 19，2×2 的正方形格子有两个三角形，$\angle1$ 与 $\angle2$ 相等吗？有怎样的关系？

(2) 用(1) 的结论解决下列实际问题，如图 20，小王家住的木楼的楼梯截面是正方形组合，楼梯不稳，沿 AB，AC，AD 方向钉木条. 问所钉木条与竖直方向夹角的和 $\angle1+\angle2+\angle3$ 为多少度？

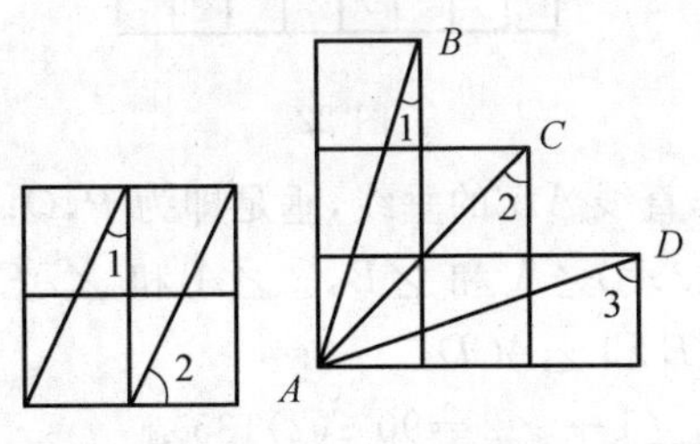

图 19　　图 20

10. 如图 21，公路上依次有 A，B，C 三个车站，上午 8 时，甲骑自行车从 A，B 之间离 A 站 18 km 的点 P 出发，向 C 站匀速前进，15 分后到达离 A 站 22 km 处.

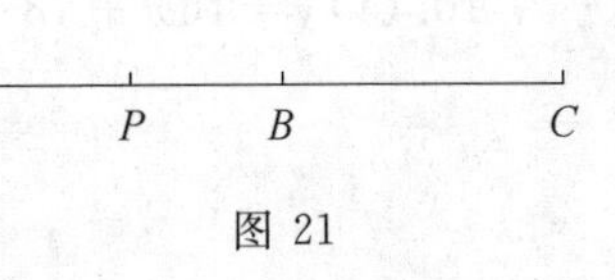

图 21

(1) 设 x 时后，甲离 A 站 y km，用 x 的代数式表示 y；

(2)1 时后，甲离 A 站多少 km？

(3) 若上午 10 时甲到达 B 站，求 A，B 两站之间的距离；

(4) 若 A，B 和 B，C 间的距离分别是 30 km 和 20 km，则在上午什么时间

段甲在 B,C 之间(不包括 B,C 两站)?

演练答案

1. (1)AB,DC,D_1C_1;(2)AD,AA_1,BC,BB_1;(3) 不平行;(4)AB,A_1B_1,D_1C_1.

2. 能画出 15°,30°,45°,60°,75°. 图略.

3. ①10;②15;③ $\frac{n(n-1)}{2}$.

4. $\angle AOB=175°$,$\angle BOC=46°$,$\angle COD=70°$,$\angle AOD=69°$.

5. (1) 略;(2)$\angle A=\angle B=30°$,$\angle ACB=120°$,$\angle ACD=60°$,①$\angle A+\angle B+\angle ACB=180°$;②$\angle ACD=\angle A+\angle B$.

6. 如图 22 所示

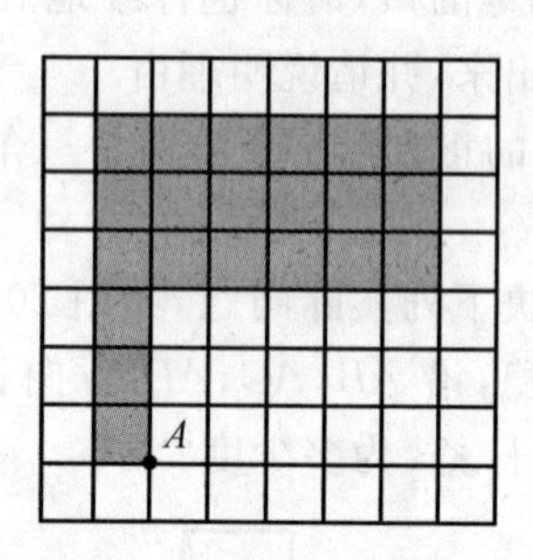

图 22

7. (1) 过 M,N 作直线 AB 的垂线,垂足即为 P,Q;(2)AP;PQ.

8. $\angle B$,(1) 略;(2)①$\angle A$ 和 $\angle B$,②$\angle A$ 和 $\angle ACD$,③$\angle B$ 和 $\angle BCD$;(3)$\angle A$ 和 $\angle BCD$,$\angle B$ 和 $\angle ACD$.

9. (1)$\angle 1\neq\angle 2$,$\angle 1+\angle 2=90°$;(2)135°.

10. (1)$y=16x+18$;(2)24 km;(3)50 km;(4)8:45 ~ 10:00.

第 9 讲　勾股定理及其逆定理

"难"也是如此,面对悬崖峭壁,一百年也看不出一条缝来,但用斧凿,能进一寸进一寸,得进一尺进一尺,不断积累,飞跃必来,突破随之.

——华罗庚(中国)

知识方法

(1) 如果直角三角形的两直角边边长分别为 a,b,斜边长为 c,那么 $a^2+b^2=c^2$,即直角三角形两直角边的平方和等于斜边的平方. 这一定理在我国称为勾股定理.

(2) 如果三角形的三边长 a,b,c 满足 $a^2+b^2=c^2$,那么这个三角形是直角三角形. 我们把这个定理叫作勾股定理的逆定理.

(3) 勾股定理与勾股定理的逆定理的联系与区别:

联系:① 都与三角形的三边有关并且都包含等式 $a^2+b^2=c^2$;② 都与直角三角形有关.

区别:勾股定理是以"一个三角形是直角三角形"为条件,进而得到这个直角三角形的三边数量关系,即 $a^2+b^2=c^2$. 勾股定理的逆定理是以"一个三角形的三边满足 $a^2+b^2=c^2$"为条件,进而得到这个三角形是直角三角形. 两者的条件和结论相反.

(4) 在两个命题中,如果第一个命题的题设是第二个命题的结论,而第一个命题的结论是第二个命题的题设,那么这两个命题叫作互逆命题;如果把其中一个命题叫作原命题,那么另一个命题叫作它的逆命题.

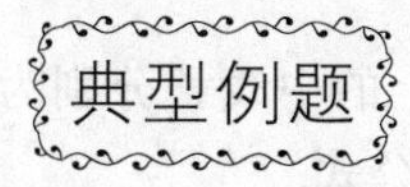

典型例题

例 1　(1) 如图 1,已知:在正方形 $ABCD$ 中,$\angle BAC$ 的平分线交 BC 于 E,

作 $EF \perp AC$ 于 F,作 $FG \perp AB$ 于 G.求证:$AB^2 = 2FG^2$.

(2) 如图 2,AM 是 $\triangle ABC$ 的 BC 边上的中线,求证:$AB^2 + AC^2 = 2(AM^2 + BM^2)$.

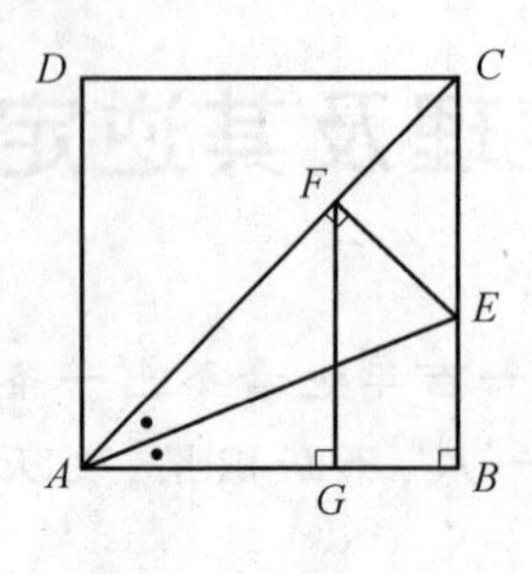

图 1

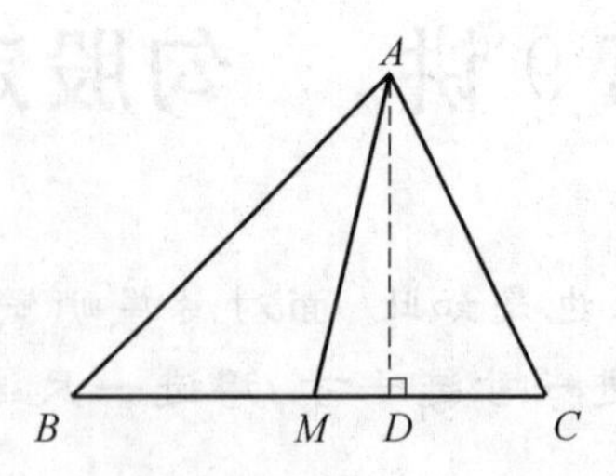

图 2

分析 注意到图1中正方形的特性 $\angle CAB = 45°$,所以 $\triangle AGF$ 是等腰直角三角形,从而有 $AF^2 = 2FG^2$,因而应有 $AF = AB$,这启发我们去证明 $\triangle ABE \cong \triangle AFE$.

证明 (1) 因为 AE 是 $\angle FAB$ 的平分线,$EF \perp AF$,又 AE 是 $\triangle AFE$ 与 $\triangle ABE$ 的公共边,所以 $\mathrm{Rt}\triangle AFE \cong \mathrm{Rt}\triangle ABE$(AAS),所以

$$AF = AB \quad ①$$

在 $\mathrm{Rt}\triangle AGF$ 中,因为 $\angle FAG = 45°$,所以 $AG = FG$,则

$$AF^2 = AG^2 + FG^2 = 2FG^2 \quad ②$$

由 ①② 得 $AB^2 = 2FG^2$.

说明 事实上,在审题中,条件"AE 平分 $\angle BAC$"及"$EF \perp AC$ 于 F"应使我们意识到两个直角三角形 $\triangle AFE$ 与 $\triangle ABE$ 全等,从而将 AB"过渡"到 AF,使 AF(即 AB)与 FG 处于同一个直角三角形中,可以利用勾股定理进行证明了.

(2) 如图 2,过 A 引 $AD \perp BC$ 于 D(不妨设 D 落在边 BC 内).由广勾股定理,在 $\triangle ABM$ 中

$$AB^2 = AM^2 + BM^2 + 2BM \cdot MD \quad ③$$

在 $\triangle ACM$ 中

$$AC^2 = AM^2 + MC^2 - 2MC \cdot MD \quad ④$$

③ + ④,并注意到 $MB = MC$,所以

$$AB^2 + AC^2 = 2(AM^2 + BM^2) \quad ⑤$$

如果设 $\triangle ABC$ 三边长分别为 a,b,c,它们对应边上的中线长分别为 m_a,m_b,m_c,由上述结论不难推出关于三角形三条中线长的公式.

推论 $\triangle ABC$ 的中线长公式:

$$m_a=\frac{1}{2}\sqrt{2b^2+2c^2-a^2} \quad ⑥$$

$$m_b=\frac{1}{2}\sqrt{2a^2+2c^2-b^2} \quad ⑦$$

$$m_c=\frac{1}{2}\sqrt{2a^2+2b^2-c^2} \quad ⑧$$

说明　三角形的中线将三角形分为两个三角形，其中一个是锐角三角形，另一个是钝角三角形(除等腰三角形外). 利用勾股定理恰好消去相反项，获得中线公式. ⑥⑦⑧ 中的 m_a,m_b,m_c 分别表示 a,b,c 边上的中线长.

例 2　如图 3，求证：任意四边形四条边的平方和等于对角线的平方和加对角线中点连线平方的 4 倍.

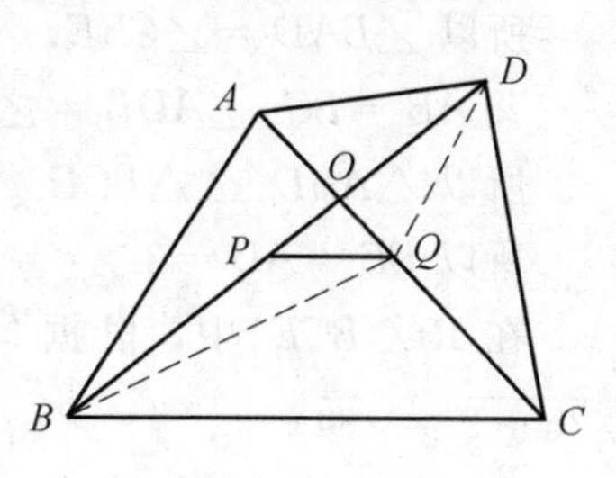

图 3

分析　如图 3，对角线中点连线 PQ，可看作 $\triangle BDQ$ 的中线，不难证明本题.

证明　设四边形 $ABCD$ 对角线 AC,BD 中点分别是 Q,P. 在 $\triangle BDQ$ 中，

$$BQ^2+DQ^2=2PQ^2+2\left(\frac{BD}{2}\right)^2=2PQ^2+\frac{BD^2}{2}$$

即

$$2BQ^2+2DQ^2=4PQ^2+BD^2 \quad ①$$

在 $\triangle ABC$ 中，BQ 是 AC 边上的中线，所以

$$BQ^2=\frac{1}{4}(2AB^2+2BC^2-AC^2) \quad ②$$

在 $\triangle ACD$ 中，QD 是 AC 边上的中线，所以

$$DQ^2=\frac{1}{4}(2AD^2+2DC^2-AC^2) \quad ③$$

将 ②③ 代入 ① 得

$$\frac{1}{2}(2AB^2+2BC^2-AC^2)+\frac{1}{2}(2AD^2+2DC^2-AC^2)=4PQ^2+BD^2$$

即

$$AB^2+BC^2+CD^2+DA^2=AC^2+BD^2+4PQ^2$$

说明　善于将要解决的问题转化为已解决的问题，是人们解决问题的一种基本方法，即化未知为已知的方法.

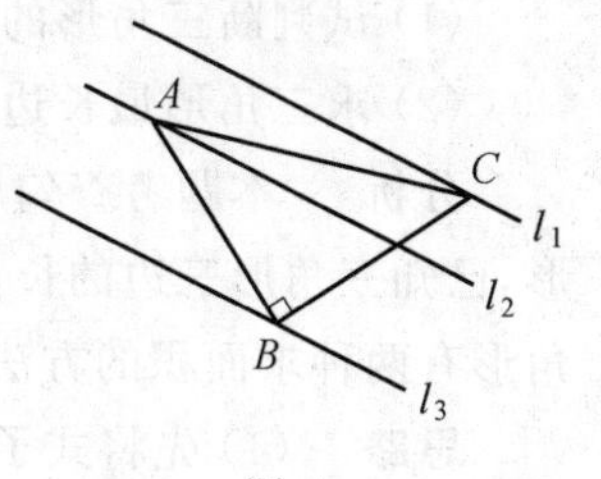

图 4

例 3　(1) 如图 4，已知 $\triangle ABC$ 中，$\angle ABC=90°$，$AB=BC$，三角形的顶点在相互平行的三条直

线 l_1, l_2, l_3 上，且 l_1, l_2 之间的距离为 2，l_2, l_3 之间的距离为 3，求 AC 的长.

(2) 如图 5，直线 l 上有三个正方形 a, b, c，若 a, c 的面积分别为 5 和 11，求 b 的面积.

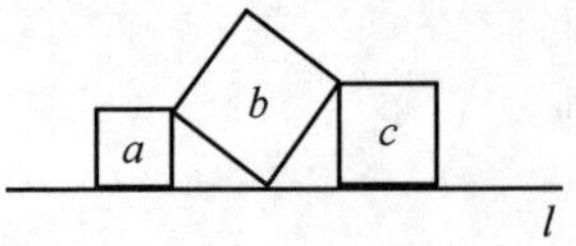

图 5

解析 (1) 如图 6，作 $AD \perp l_3$ 于 D，作 $CE \perp l_3$ 于 E，

因为 $\angle ABC = 90°$，所以 $\angle ABD + \angle CBE = 90°$.

又 $\angle DAB + \angle ABD = 90°$，

所以 $\angle BAD = \angle CBE$.

又 $AB = BC$，$\angle ADB = \angle BEC$，

所以 $\triangle ABD \cong \triangle BCE$.

所以 $BE = AD = 3$.

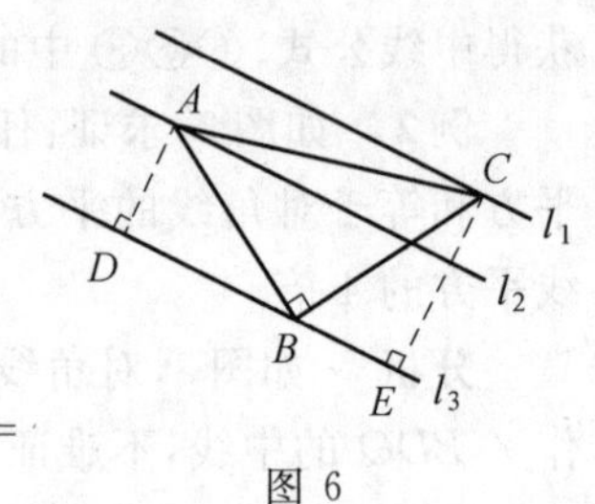

图 6

在 Rt$\triangle BCE$ 中，根据勾股定理，得 $BC = \sqrt{25+9} = \sqrt{34}$；

在 Rt$\triangle ABC$ 中，根据勾股定理，得 $AC = \sqrt{34} \times \sqrt{2} = 2\sqrt{17}$.

(2) 如图 7，由于 a, b, c 都是正方形，所以 $AC = CD$，$\angle ACD = 90°$；

因为 $\angle ACB + \angle DCE = \angle ACB + \angle BAC = 90°$，即 $\angle BAC = \angle DCE$.

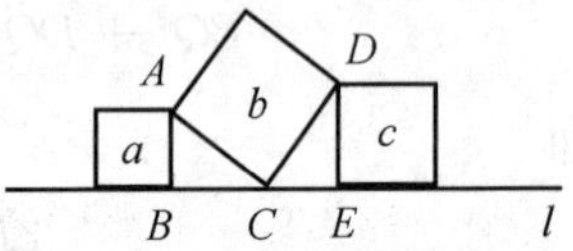

$\angle ABC = \angle CED = 90°$，$AC = CD$.

所以 $\triangle ACB \cong \triangle CDE$.

所以 $AB = CE$，$BC = DE$.

图 7

在 Rt$\triangle ABC$ 中，由勾股定理得：$AC^2 = AB^2 + BC^2 = AB^2 + DE^2$.

即 $S_b = S_a + S_c = 11 + 5 = 16$.

例 4 已知 a, b, c 为 $\triangle ABC$ 的三条边，且满足 $a^2 + b^2 + c^2 = 10a + 24b + 26c - 338$.

(1) 试判断三角形的形状；

(2) 求三角形最长边上的高.

分析 本题考查勾股定理的逆定理的应用. 判断三角形是否为直角三角形，已知三角形三边的长，只要利用勾股定理的逆定理加以判断即可；直角三角形有两种求面积的方法.

思路 (1) 先将式子进行化简，配方成完全平方的形式，求得 a, b, c，根据勾股定理的逆定理进行判断即可；

(2) 根据(1) 求出三角形的面积,再由最长边乘以最长边上的高除以 2 也等于这个三角形的面积,求出最长边上的高.

解析　(1) 因为 $a^2+b^2+c^2=10a+24b+26c-338$,

所以 $a^2-10a+b^2-24b+c^2-26c+338=0$.

$a^2-10a+25+b^2-24b+144+c^2-26c+169=0$,

$(a-5)^2+(b-12)^2+(c-13)^2=0$.

所以 $(a-5)^2=0,(b-12)^2=0,(c-13)^2=0$.

所以 $a=5,b=12,c=13$.

所以 $a^2+b^2=c^2=169$.

所以 $\triangle ABC$ 是直角三角形.

(2) $\triangle ABC$ 最长边为 c,设 c 上的高为 h. $S_{\triangle ABC}=\frac{1}{2}ab=\frac{1}{2}\times5\times12=30$,

又因为 $S_{\triangle ABC}=\frac{1}{2}ch=30$,即 $\frac{1}{2}\cdot13h=30$,所以 $h=\frac{60}{13}$.

例 5　(1) 如图 8,滑杆在机械槽内运动,$\angle ACB$ 为直角,已知滑杆 AB 长 2.5 m,顶端 A 在 AC 上运动,量得滑杆下端 B 距点 C 的距离为 1.5 m,当端点 B 向右移动 0.5 m 时,求滑杆顶端 A 下滑多少米?

(2) 如图 9,$\angle AOB=90°$,$OA=45$ cm,$OB=15$ cm,一机器人在点 B 处看见一个小球从点 A 出发沿着 AO 方向匀速滚向点 O,机器人立即从点 B 出发,沿直线匀速前进拦截小球,恰好在点 C 处截住了小球. 如果小球滚动的速度与机器人行走的速度相等,那么机器人行走的路程 BC 是多少?

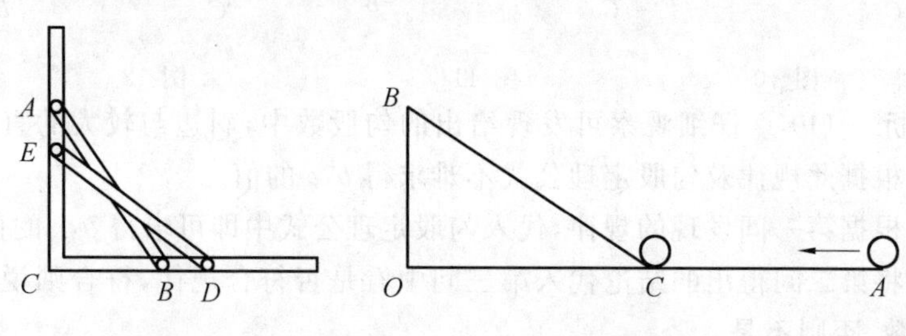

图 8　　　图 9

解析　(1) 设 AE 的长为 x m,依题意得 $CE=AC-x$.

因为 $AB=DE=2.5,BC=1.5,\angle C=90°$,所以

$$AC=\sqrt{AB^2-BC^2}=\sqrt{2.5^2-1.5^2}=2$$

因为 $BD=0.5$,所以在 $\text{Rt}\triangle ECD$ 中

$$CE=\sqrt{DE^2-CD^2}=\sqrt{2.5^2-(CB+BD)^2}=\sqrt{2.5^2-(1.5+0.5)^2}=1.5$$

所以 $2-x=1.5,x=0.5$,即 $AE=0.5$.

答：梯子下滑 0.5 m.

(2) 因为小球滚动的速度与机器人行走的速度相等，运动时间相等，即 $BC=CA$，设 AC 为 x，则 $OC=45-x$.

由勾股定理可知 $OB^2+OC^2=BC^2$，又因为 $OA=45$，$OB=15$，把它代入关系式 $15^2+(45-x)^2=x^2$，解方程得出 $x=25$ cm.

答：如果小球滚动的速度与机器人行走的速度相等，那么机器人行走的路程 BC 是 25 cm.

例 6 (1) 观察下列勾股数：3，4，5；5，12，13；7，24，25；9，40，41；…，a，b，c 根据你发现的规律，请写出：

① 当 $a=19$ 时，求 b，c 的值；

② 当 $a=2n+1$ 时，求 b，c 的值；

③ 用 ② 的结论判断 15，111，112 是否为一组勾股数，并说明理由.

(2) $\triangle ABC$ 中，$BC=a$，$AC=b$，$AB=c$. 若 $\angle C=90°$，如图 10，根据勾股定理，则 $a^2+b^2=c^2$. 若 $\triangle ABC$ 不是直角三角形，如图 11 和图 12，请你类比勾股定理，试猜想 a^2+b^2 与 c^2 的关系，并证明你的结论.

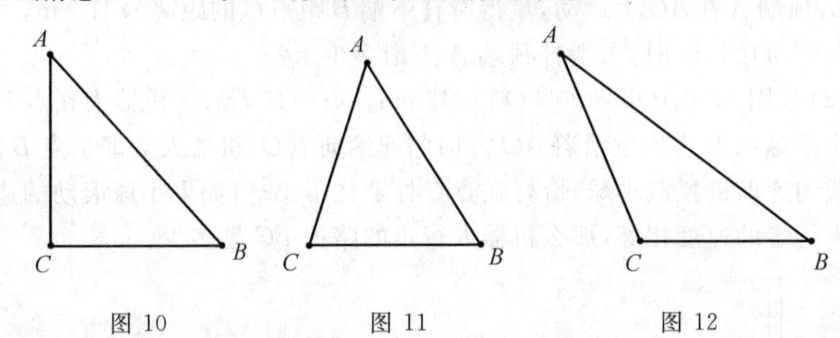

图 10　　图 11　　图 12

分析 (1)① 仔细观察可发现给出的勾股数中，斜边与较大的直角边的差是 1，根据此规律及勾股定理公式不难求得 b，c 的值.

② 根据第一问发现的规律，代入勾股定理公式中即可求得 b，c 的值.

③ 将第二问得出的结论代入第三问中看是否符合规律，符合则说明是一组勾股数，否则不是.

解析 (1)① 观察得给出的勾股数中，斜边与较大直角边的差是 1，即 $c-b=1$. 因为 $a=19$，$a^2+b^2=c^2$，所以 $19^2+b^2=(b+1)^2$；

所以 $b=180$，所以 $c=181$；

② 通过观察知 $c-b=1$.

因为 $(2n+1)^2+b^2=c^2$，所以

$$c^2-b^2=(2n+1)^2，(b+c)(c-b)=(2n+1)^2$$

所以 $2b+1=(2n+1)^2$，所以 $b=2n^2+2n$，$c=2n^2+2n+1$；

③ 由 ② 知，$2n+1$，$2n^2+2n$，$2n^2+2n+1$ 为一组勾股数，

当 $n=7$ 时，$2n+1=15$，$112-111=1$，但 $2n^2+2n=112\neq 111$，

所以 15，111，112 不是一组勾股数.

分析　(2) 当 $\triangle ABC$ 是锐角三角形时，过点 A 作 $AD\perp BC$，垂足为 D，设 CD 为 x，根据 AD 不变由勾股定理得出等式 $b^2-x^2=AD^2=c^2-(a-x)^2$，化简得出 $a^2+b^2>c^2$. 当 $\triangle ABC$ 是钝角三角形时过 B 作 $BD\perp AC$，交 AC 的延长线于 D. 设 CD 为 x，根据勾股定理，得 $(b+x)^2+a^2-x^2=c^2$. 化简得出 $a^2+b^2<c^2$.

解析　若 $\triangle ABC$ 是锐角三角形，则有 $a^2+b^2>c^2$；

若 $\triangle ABC$ 是钝角三角形，$\angle C$ 为钝角，则有 $a^2+b^2<c^2$.

当 $\triangle ABC$ 是锐角三角形时(图 13)，过点 A 作 $AD\perp BC$，垂足为 D，设 CD 为 x，则有 $BD=a-x$；

根据勾股定理，得 $b^2-x^2=AD^2=c^2-(a-x)^2$；

即 $b^2-x^2=c^2-a^2+2ax-x^2$.

所以 $a^2+b^2=c^2+2ax$.

因为 $a>0$，$x>0$，所以 $2ax>0$.

所以 $a^2+b^2>c^2$.

当 $\triangle ABC$ 是钝角三角形时(图 14)，过 B 作 $BD\perp AC$，交 AC 的延长线于 D.

设 CD 为 x，则有 $BD^2=a^2-x^2$.

根据勾股定理，得 $(b+x)^2+a^2-x^2=c^2$.

即 $a^2+b^2+2bx=c^2$.

因为 $b>0$，$x>0$，

所以 $2bx>0$，

所以 $a^2+b^2<c^2$.

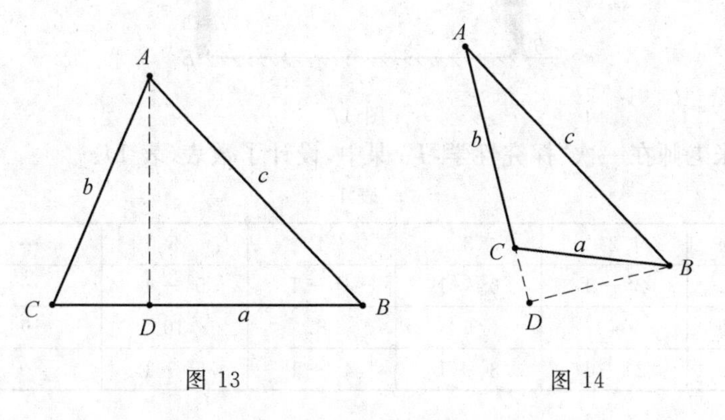

图 13　　　图 14

巩固演练

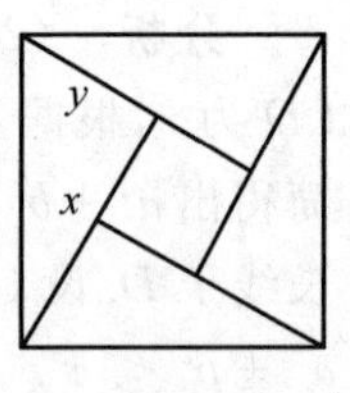

图 15

1. 如图 15 是用 4 个全等的直角三角形与 1 个小正方形镶嵌而成的正方形图案，已知大正方形面积为 49，小正方形面积为 4，若用 x，y 表示直角三角形的两直角边（$x>y$），下列四个说法：①$x^2+y^2=49$，②$x-y=2$，③$2xy+4=49$，④$x+y=9$. 其中说法正确的是（　　）

A. ①②　　B. ①②③

C. ①②④　　D. ①②③④

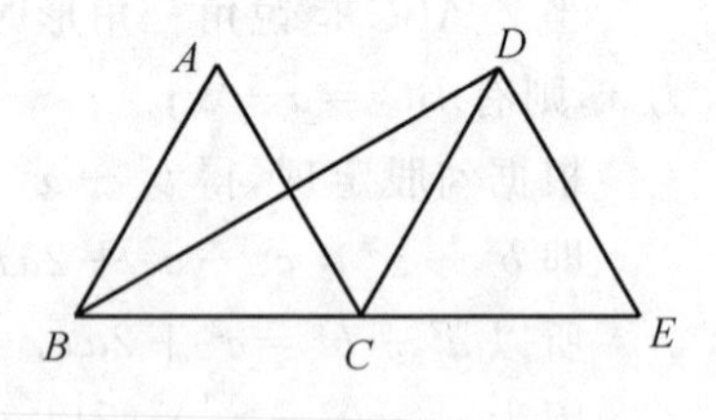

图 16

2. 如图 16，△ABC 和△DCE 都是边长为 4 的等边三角形，点 B，C，E 在同一条直线上，联结 BD，则 BD 的长为（　　）

A. $\sqrt{3}$　　B. $2\sqrt{3}$

C. $3\sqrt{3}$　　D. $4\sqrt{3}$

3. 如图 17，小明用一块有一个锐角为 30° 的直角三角板测量树高，已知小明离树的距离为 3 m，DE 为 1.68 m，那么这棵树大约有多高？（精确到 0.1 m，$\sqrt{3}\approx1.732$）

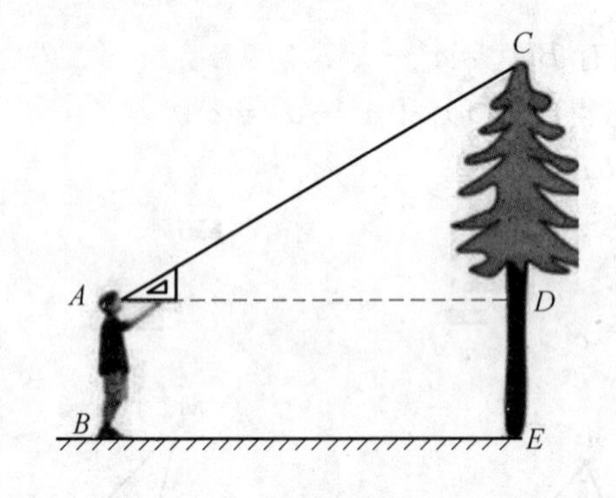

图 17

4. 张老师在一次“探究性学习”课中，设计了数表（表 1）：

表 1

n	2	3	4	5	…
a	2^2-1	3^2-1	4^2-1	5^2-1	…
b	4	6	8	10	…
c	2^2+1	3^2+1	4^2+1	5^2+1	…

(1) 请你分别观察 a,b,c 与 n 之间的关系,并用含自然数 $n(n>1)$ 的代数式表示:$a=$________,$b=$________,$c=$________;

(2) 猜想:以 a,b,c 为边的三角形是否为直角三角形,并证明你的猜想.

5. 如图 18 所示的一块地,$AD=9$ m,$CD=12$ m,$\angle ADC=90°$,$AB=39$ m,$BC=36$ m,求这块地的面积.

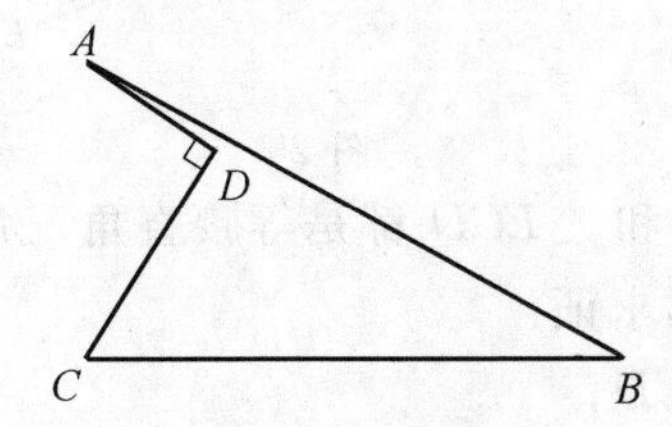

图 18

6. 如图19,在 $\triangle ABC$ 中,$\angle C=2\angle B$,D 是 BC 上的一点,且 $AD\perp AB$,点 E 是 BD 的中点,联结 AE.

(1) 求证:$\angle AEC=\angle C$;

(2) 求证:$BD=2AC$;

(3) 若 $AE=6.5$,$AD=5$,那么 $\triangle ABE$ 的周长是多少?

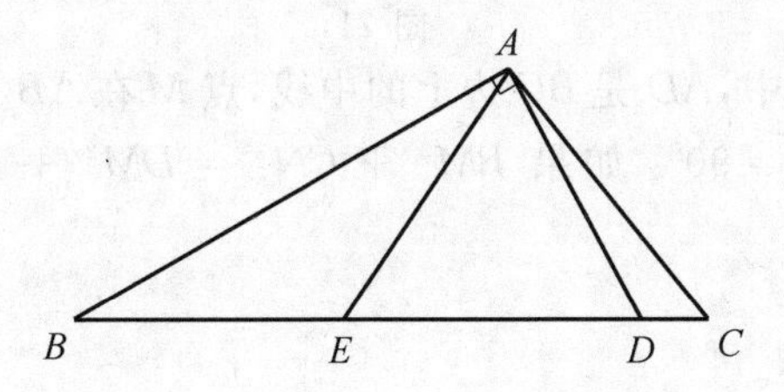

图 19

7. 小强家有一块三角形菜地,量得两边长分别为 40 m,50 m,第三边上的高为 30 m. 请你帮小强计算这块菜地的面积.(结果保留根号)

8. 我们给出如下定义:若一个四边形中存在相邻两边的平方和等于一条对角线的平方,则称这个四边形为勾股四边形,这两条相邻的边称为这个四边形的勾股边.

(1) 写出你所知道的四边形中是勾股四边形的两种图形的名称________,________;

(2) 如图 20,将 $\triangle ABC$ 绕顶点 B 按顺时针方向旋转 $60°$ 后得到 $\triangle DBE$,联结 AD,DC,若 $\angle DCB=30°$,试证明:$DC^2+BC^2=AC^2$(即四边形 $ABCD$ 是勾股四边形).

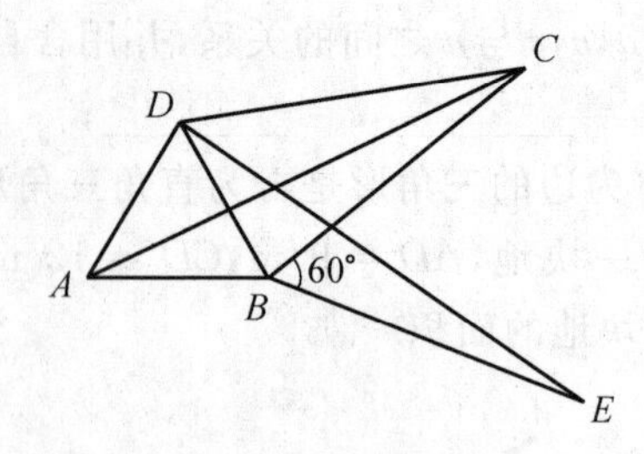

图 20

9. 如图 21，$\triangle ACB$ 和 $\triangle ECD$ 都是等腰直角三角形，$\angle ACB = \angle ECD = 90°$，$D$ 为 AB 边上一点，求证：

(1)$\triangle ACE \cong \triangle BCD$；

(2)$AD^2 + DB^2 = DE^2$.

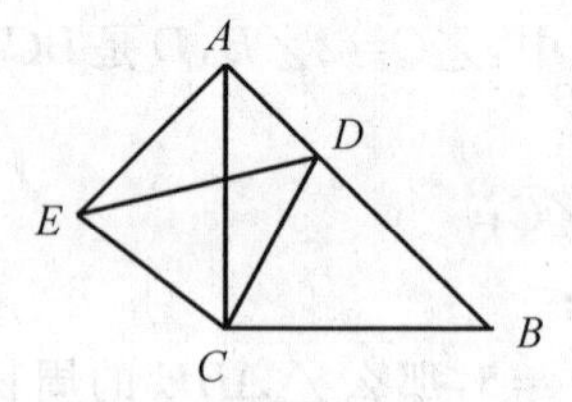

图 21

10. 在 $\triangle ABC$ 中，AD 是 BC 边上的中线，点 M 在 AB 边上，点 N 在 AC 边上，并且 $\angle MDN = 90°$. 如果 $BM^2 + CN^2 = DM^2 + DN^2$，求证：$AD^2 = \frac{1}{4}(AB^2 + AC^2)$.

演练答案

1. ① 大正方形的面积是 49，则其边长是 7，显然，利用勾股定理可得 $x^2 + y^2 = 49$，故选项 ① 正确；

② 小正方形的面积是 4，则其边长是 2，根据图可发现 $y + 2 = x$，即 $x - y = 2$，故选项 ② 正确；

③ 根据图形可得四个三角形的面积 + 小正方形的面积 = 大正方形的面积，即 $4 \times \frac{1}{2}xy + 4 = 49$，化简得 $2xy + 4 = 49$，故选项 ③ 正确；

④$x + y = 9$，无法证明，故此选项不正确. 故选 B.

2. 因为 $\triangle ABC$ 和 $\triangle DCE$ 都是边长为 4 的等边三角形，所以 $\angle DCE = \angle CDE = 60°$，$BC = CD = 4$，所以 $\angle BDC = \angle CBD = 30°$. 所以 $\angle BDE = 90°$.

所以 $BD=\sqrt{BE^2-DE^2}=4\sqrt{3}$. 故选 D.

3. 在 Rt△ACD 中, $\angle CAD=30^\circ, AD=3$.

设 $CD=x$, 则 $AC=2x$, 由 $AD^2+CD^2=AC^2$, 得, $3^2+x^2=4x^2$, $x=\sqrt{3}=1.732$, 所以大树高 $1.732+1.68\approx 3.4$(m).

4.(1) 由题意有: $n^2-1, 2n, n^2+1$;

(2) 猜想为: 以 a, b, c 为边的三角形是直角三角形.

证明: 因为 $a=n^2-1, b=2n, c=n^2+1$;

所以 $a^2+b^2=(n^2-1)^2+(2n)^2=n^4+2n^2+1=(n^2+1)^2$, 而 $c^2=(n^2+1)^2$.

所以根据勾股定理的逆定理可知以 a, b, c 为边的三角形是直角三角形.

5. 如图 22, 联结 AC, 在 Rt△ADC 中, $AC^2=CD^2+AD^2=12^2+9^2=225$,

所以 $AC=15$, 在 △ABC 中, $AB^2=1\,521$, $AC^2+BC^2=15^2+36^2=1\,521$,

所以 $AB^2=AC^2+BC^2$, 所以 $\angle ACB=90^\circ$,

所以 $S_{\triangle ABC}-S_{\triangle ACD}=\frac{1}{2}AC\cdot BC-\frac{1}{2}AD\cdot CD=\frac{1}{2}\times 15\times 36-\frac{1}{2}\times 12\times 9=270-54=216$.

答: 这块地的面积是 216 m^2.

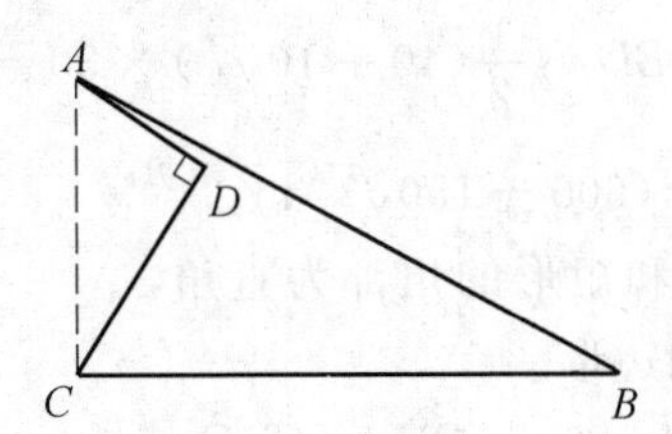

图 22

6.(1) 因为 $AD\perp AB$, 所以 △ABD 为直角三角形. 又因为点 E 是 BD 的中点, 所以 $AE=\frac{1}{2}BD$.

又因为 $BE=\frac{1}{2}BD$, 所以 $AE=BE$, 所以 $\angle B=\angle BAE$.

又因为 $\angle AEC=\angle B+\angle BAE$, 所以 $\angle AEC=\angle B+\angle B=2\angle B$. 又因为 $\angle C=2\angle B$, 所以 $\angle AEC=\angle C$.

(2) 由(1) 可得 $AE=AC$, 又因为 $AE=\frac{1}{2}BD$, 所以 $\frac{1}{2}BD=AC$, 所以 $BD=2AC$.

(3) 在 Rt△ABD 中, $AD=5$, $BD=2AE=2\times 6.5=13$.

所以 $AB=\sqrt{BD^2-AD^2}=\sqrt{13^2-5^2}=12$.

所以 $\triangle ABE$ 的周长 $=AB+BE+AE=12+6.5+6.5=25$.

7. 分两种情况：

(1) 如图 23，当 $\angle ACB$ 为钝角时，因为 BD 是高，所以 $\angle ADB=90^\circ$.

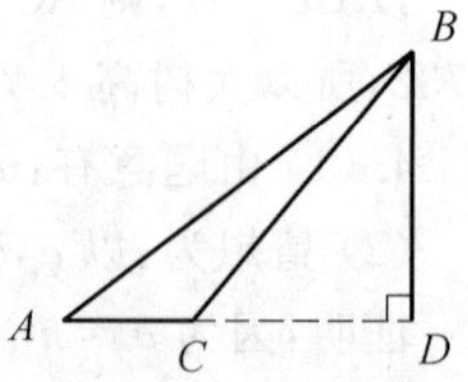

在 $\text{Rt}\triangle BCD$ 中，$BC=40$，$BD=30$，所以

$CD=\sqrt{BC^2-BD^2}=\sqrt{1\,600-900}=10\sqrt{7}$

在 $\text{Rt}\triangle ABD$ 中，$AB=50$，所以 $AD=\sqrt{AB^2-BD^2}=40$.

图 23

所以 $AC=AD-CD=40-10\sqrt{7}$，

所以 $S_{\triangle ABC}=\frac{1}{2}AC\cdot BD=\frac{1}{2}(40-10\sqrt{7})\times 30=(600-150\sqrt{7})\text{m}^2$.

(2) 当 $\angle ACB$ 为锐角时，因为 BD 是高，所以 $\angle ADB=\angle BDC=90^\circ$，

在 $\text{Rt}\triangle ABD$ 中，$AB=50$，$BD=30$，所以 $AD=\sqrt{AB^2-BD^2}=40$.

同理 $CD=\sqrt{BC^2-BD^2}=\sqrt{1\,600-900}=10\sqrt{7}$，所以 $AC=AD+CD=(40+10\sqrt{7})$，所以

$$S_{\triangle ABC}=\frac{1}{2}AC\cdot BD=\frac{1}{2}(40+10\sqrt{7})\times 30=(600+150\sqrt{7})\text{m}^2$$

综上所述：$S_{\triangle ABC}=(600\pm 150\sqrt{7})\text{m}^2$.

8. (1) 因为正方形和矩形的角都为直角，所以它们一定为勾股四边形.

(2) 联结 CE，因为 $BC=BE$，$\angle CBE=60^\circ$，所以 $\triangle CBE$ 为等边三角形，所以 $\angle BCE=60^\circ$.

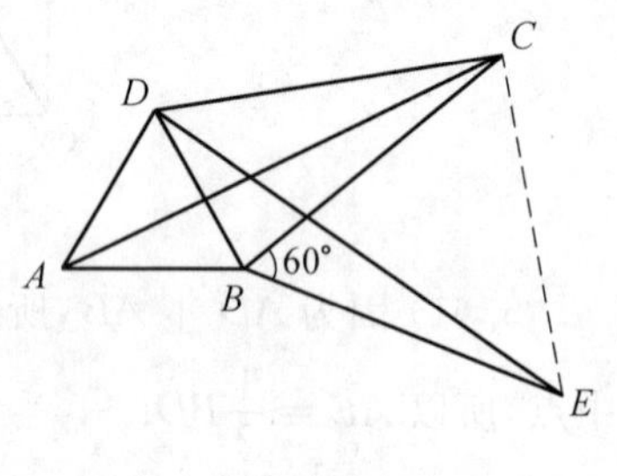

图 24

又因为 $\angle DCB=30^\circ$，所以 $\angle DCE=90^\circ$

所以 $\triangle DCE$ 为直角三角形，所以 $DE^2=BC^2+CE^2$.

因为 $AC=DE$，$CE=BC$，所以 $DC^2+BC^2=AC^2$.

9. (1) 因为 $\angle ACB=\angle ECD$，所以 $\angle ACD+\angle BCD=\angle ACD+\angle ACE$，即 $\angle BCD=\angle ACE$.

因为 $BC=AC$，$DC=EC$，所以 $\triangle ACE\cong\triangle BCD$.

(2) 因为 $\triangle ACB$ 是等腰直角三角形，所以 $\angle B=\angle BAC=45^\circ$.

因为 $\triangle ACE\cong\triangle BCD$，所以 $\angle B=\angle CAE=45^\circ$，所以 $\angle DAE=$

$\angle CAE + \angle BAC = 45^\circ + 45^\circ = 90^\circ$，所以 $AD^2 + AE^2 = DE^2$.

由(1) 知 $AE = DB$，所以 $AD^2 + DB^2 = DE^2$.

10. 如图 25，过点 B 作 AC 的平行线交 ND 的延长线于 E，联结 ME.

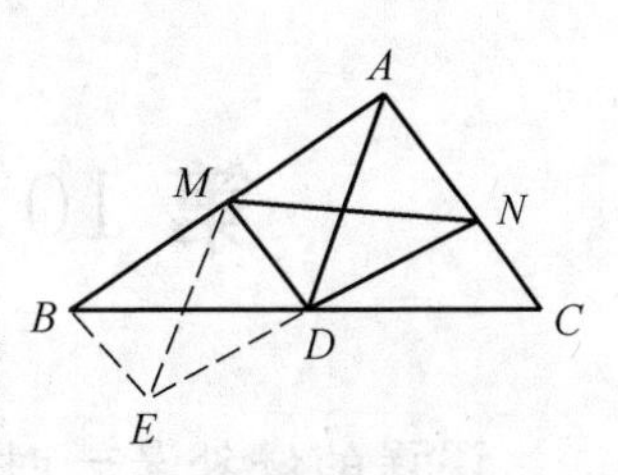

图 25

因为 $BD = DC$，所以 $ED = DN$. 所以 $\triangle BED \cong \triangle CND$(SAS)，所以 $BE = NC$.

因为 $\angle MDN = 90^\circ$，所以 MD 为 EN 的中垂线，所以 $EM = MN$.

所以 $BM^2 + BE^2 = BM^2 + NC^2 = MD^2 + DN^2 = MN^2 = EM^2$.

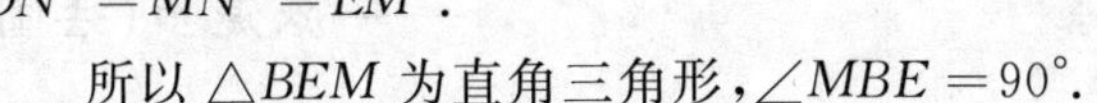

所以 $\triangle BEM$ 为直角三角形，$\angle MBE = 90^\circ$.

所以 $\angle ABC + \angle ACB = \angle ABC + \angle EBC = 90^\circ$.

所以 $\angle BAC = 90^\circ$，所以 $AD^2 = \left(\frac{1}{2}BC\right)^2 = \frac{1}{4}(AB^2 + AC^2)$.

第10讲　平行四边形

谬误的好处是一时的，真理的好处是永久的；真理有弊病时，这些弊病是很快就会消灭的，而谬误的弊病则与谬误始终相随.

——狄德罗(法国)

知识方法

平行四边形是一种极重要的几何图形.这不仅是因为它是研究更特殊的平行四边形——矩形、菱形、正方形的基础，还因为由它的定义知它可以分解为一些全等的三角形，并且包含着有关平行线的许多性质，因此，它在几何图形的研究上有着广泛的应用.由平行四边形的定义决定了它有以下几个基本性质：(1) 平行四边形对角相等；(2) 平行四边形对边相等；(3) 平行四边形对角线互相平分.除了定义以外，平行四边形还有以下几种判定方法：(1) 两组对角分别相等的四边形是平行四边形；(2) 两组对边分别相等的四边形是平行四边形；(3) 对角线互相平分的四边形是平行四边形；(4) 一组对边平行且相等的四边形是平行四边形.

典型例题

例1　如图1，在$\square ABCD$中，$AE\perp BC$，$CF\perp AD$，$DN=BM$.求证：EF与MN互相平分.

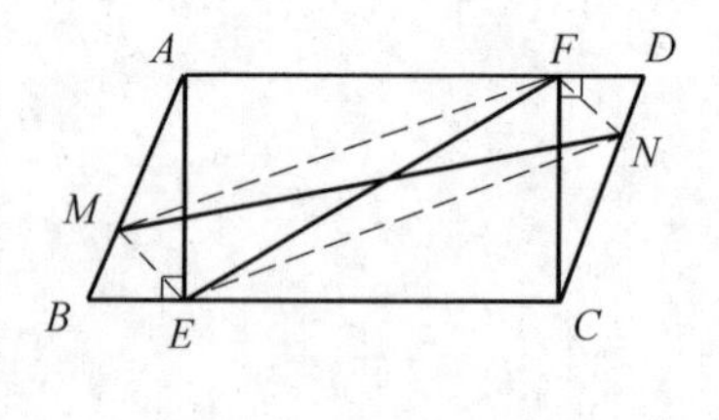

图1

分析　只要证明$ENFM$是平行四边形即可，由已知，提供的等量要素很多，可从全等三角形下手.

证明　因为$ABCD$是平行四边形，所以

$AD \underline{\parallel} BC$，$AB \underline{\parallel} CD$，$\angle B=\angle D$.

又 $AE\perp BC$，$CF\perp AD$，所以 $AECF$ 是矩形，从而 $AE=CF$.

所以，$\mathrm{Rt}\triangle ABE\cong \mathrm{Rt}\triangle CDF$（HL，或 AAS），$BE=DF$. 又由已知 $BM=DN$，所以

$$\triangle BEM\cong\triangle DFN(\text{SAS}),ME=NF \quad ①$$

又因为 $AF=CE$，$AM=CN$，$\angle MAF=\angle NCE$，所以 $\triangle MAF\cong\triangle NCE$(SAS)，所以

$$MF=NE \quad ②$$

由①②，四边形 $ENFM$ 是平行四边形，从而对角线 EF 与 MN 互相平分.

例 2　如图 2，$\mathrm{Rt}\triangle ABC$ 中，$\angle BAC=90^\circ$，$AD\perp BC$ 于 D，BG 平分 $\angle ABC$，$EF\parallel BC$ 且交 AC 于 F. 求证：$AE=CF$.

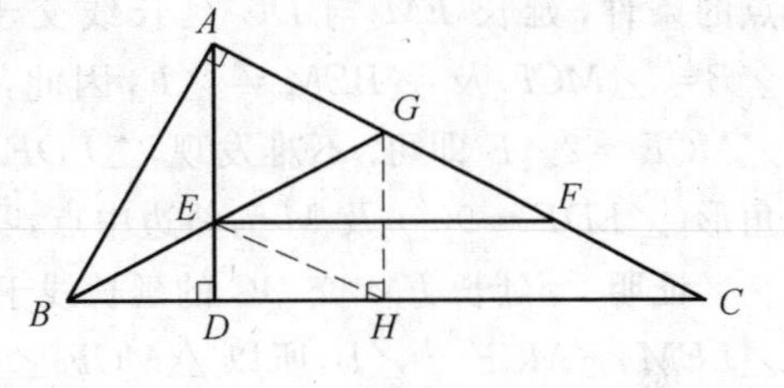

图 2

分析　AE 与 CF 分处于不同的位置，必须通过添加辅助线使两者发生联系. 若作 $GH\perp BC$ 于 H，由于 BG 是 $\angle ABC$ 的平分线，故 $AG=GH$，易知 $\triangle ABG\cong\triangle HBG$. 又联结 EH，可证 $\triangle ABE\cong\triangle HBE$，从而 $AE=HE$. 这样，将 AE"转移"到 EH 位置. 设法证明 $EHCF$ 为平行四边形，问题即可获解.

证明　如图 2，作 $GH\perp BC$ 于 H，联结 EH. 因为 BG 是 $\angle ABH$ 的平分线，$GA\perp BA$，所以 $GA=GH$，从而 $\triangle ABG\cong\triangle HBG$(AAS)，所以

$$AB=HB \quad ①$$

在 $\triangle ABE$ 及 $\triangle HBE$ 中，$\angle ABE=\angle CBE$，$BE=BE$，所以 $\triangle ABE\cong\triangle HBE$(SAS)，所以 $AE=EH$，$\angle BEA=\angle BEH$.

下面证明四边形 $EHCF$ 是平行四边形.

因为 $AD\parallel GH$，所以

$$\angle AEG=\angle BGH\text{（内错角相等）} \quad ②$$

又 $\angle AEG=\angle GEH$（因为 $\angle BEA=\angle BEH$，等角的补角相等），$\angle AGB=\angle BGH$（全等三角形对应角相等），所以 $\angle AGB=\angle GEH$.

从而 $EH\parallel AC$（内错角相等，两直线平行）.

由已知 $EF\parallel HC$，所以 $EHCF$ 是平行四边形，所以 $FC=EH=AE$.

说明　本题添加辅助线 $GH\perp BC$ 的想法是由 BG 为 $\angle ABC$ 的平分线的信息萌生的（角平分线上的点到角的两边距离相等），从而构造出全等三角形

$\triangle ABG$ 与 $\triangle HBG$. 继而发现 $\triangle ABE \cong \triangle HBE$，完成了 AE 位置到 HE 位置的过渡. 这样，证明 $EHCF$ 是平行四边形就是顺理成章的了.

例 3 如图 3，$\square ABCD$ 中，$DE \perp AB$ 于 E，$BM = MC = DC$. 求证：$\angle EMC = 3\angle BEM$.

分析 由于 $\angle EMC$ 是 $\triangle BEM$ 的外角，因此 $\angle EMC = \angle B + \angle BEM$. 从而，应该有 $\angle B = 2\angle BEM$，这个论断在 $\triangle BEM$ 内很难发现，因此，应设法通过添加辅助线的办法，将这两个角转移到新的位置加以解决. 利用平行四边形及 M 为 BC 中点的条件，延长 EM 与 DC 延长线交于 F，这样 $\angle B = \angle MCF$ 及 $\angle BEM = \angle F$，因此，只要证明 $\angle MCF = 2\angle F$ 即可. 不难发现，$\triangle EDF$ 为直角三角形($\angle EDF = 90°$)及 M 为斜边中点，我们的证明可从这里展开.

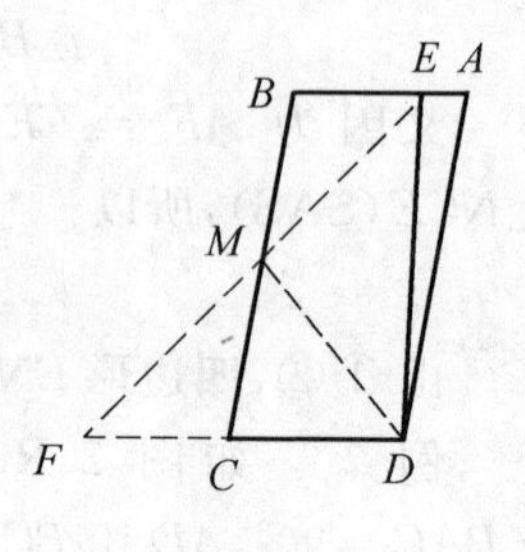

图 3

证明 延长 EM 交 DC 的延长线于 F，联结 DM. 由于 $CM = BM$，$\angle F = \angle BEM$，$\angle MCF = \angle B$，所以 $\triangle MCF \cong \triangle MBE$(AAS)，所以 M 是 EF 的中点. 由于 $AB \parallel CD$ 及 $DE \perp AB$，所以，$DE \perp FD$，$\triangle DEF$ 是直角三角形，DM 为斜边的中线，由直角三角形斜边中线的性质知 $\angle F = \angle MDC$.

又由已知 $MC = CD$，所以 $\angle MDC = \angle CMD$，则 $\angle MCF = \angle MDC + \angle CMD = 2\angle F$.

从而 $\angle EMC = \angle F + \angle MCF = 3\angle F = 3\angle BEM$.

例 4 如图 4，矩形 $ABCD$ 中，$CE \perp BD$ 于 E，AF 平分 $\angle BAD$ 交 EC 延长线于 F. 求证：$CA = CF$.

分析 只要证明 $\triangle CAF$ 是等腰三角形，即 $\angle CAF = \angle CFA$ 即可. 由于 $\angle CAF = 45° - \angle CAD$，所以，在添加辅助线时，应设法产生一个与 $\angle CAD$ 相等的角 α，使得 $\angle CFA = 45° - \alpha$. 为此，延长 DC 交 AF 于 H，并设 AF 与 BC 交于 G，我们不难证明 $\angle FCH = \angle CAD$.

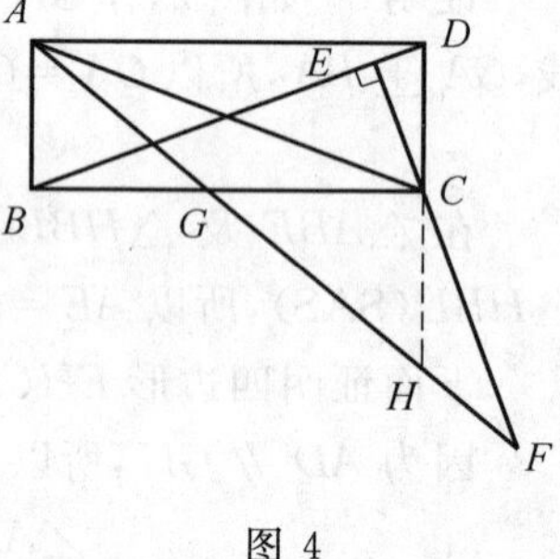

图 4

证明 延长 DC 交 AF 于 H，显然 $\angle FCH = \angle DCE$. 又在 Rt$\triangle BCD$ 中，由于 $CE \perp BD$，故 $\angle DCE = \angle DBC$. 因为矩形对角线相等，所以 $\triangle DCB \cong \triangle CDA$，从而 $\angle DBC = \angle CAD$，因此

$$\angle FCH = \angle CAD \quad ①$$

又 AG 平分 $\angle BAD$，$\angle BAD = 90°$，所以 $\triangle ABG$ 是等腰直角三角形，从而

易证 $\triangle HCG$ 也是等腰直角三角形，所以 $\angle CHG = 45^\circ$. 由于 $\angle CHG$ 是 $\triangle CHF$ 的外角，所以 $\angle CHG = \angle CFH + \angle FCH = 45^\circ$，所以

$$\angle CFH = 45^\circ - \angle FCH \quad ②$$

由 ①② 得 $\angle CFH = 45^\circ - \angle CAD = \angle CAF$，于是在 $\triangle CAF$ 中，有 $CA = CF$.

例 5　设正方形 $ABCD$ 的边 CD 的中点为 E，CE 的中点为 F. 求证：

$$\angle DAE = \frac{1}{2}\angle BAF$$

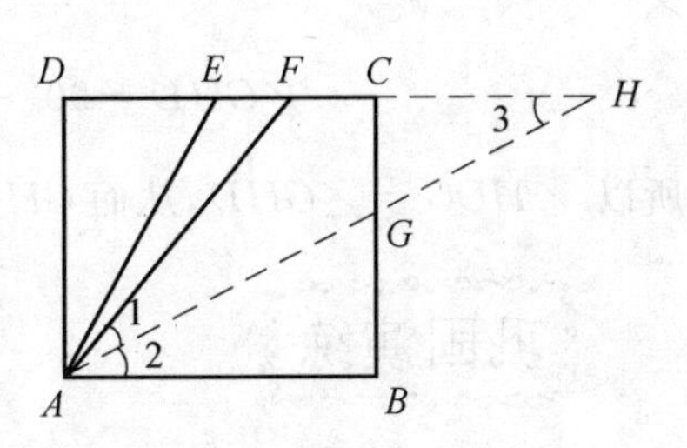

图 5

分析　作 $\angle BAF$ 的平分线，将角分为 $\angle 1$ 与 $\angle 2$ 相等的两部分，设法证明 $\angle DAE = \angle 1$ 或 $\angle 2$.

证明　如图 5，作 $\angle BAF$ 的平分线 AH 交 DC 的延长线于 H，则 $\angle 1 = \angle 2 = \angle 3$，所以 $FA = FH$.

设正方形边长为 a，在 $\text{Rt}\triangle ADF$ 中

$$AF^2 = AD^2 + DF^2 = a^2 + \left(\frac{3}{4}a\right)^2 = \frac{25}{16}a^2$$

所以

$$AF = \frac{5}{4}a = FH$$

从而 $CH = FH - FC = \frac{5}{4}a - \frac{1}{4}a = a$，所以 $\text{Rt}\triangle ABG \cong \text{Rt}\triangle HCG$(AAS)，即

$$GB = GC = DE = \frac{1}{2}a$$

从而 $\text{Rt}\triangle ABG \cong \text{Rt}\triangle ADE$(SAS)，所以 $\angle DAE = \angle 2 = \frac{1}{2}\angle BAF$.

例 6　如图 6，正方形 $ABCD$ 中，在 AD 的延长线上取点 E，F，使 $DE = AD$，$DF = BD$，联结 BF 分别交 CD，CE 于 H，G. 求证：$\triangle GHD$ 是等腰三角形.

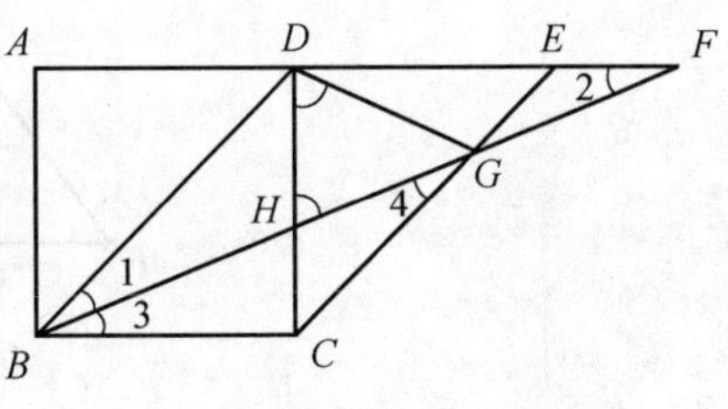

图 6

分析　准确地画图可启示我们证明 $\angle GDH = \angle GHD$.

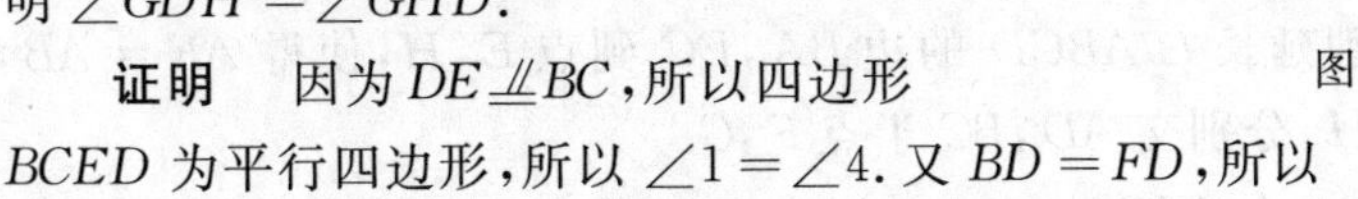

证明　因为 $DE \mathrel{\underline{\parallel}} BC$，所以四边形 $BCED$ 为平行四边形，所以 $\angle 1 = \angle 4$. 又 $BD = FD$，所以

$$\angle 1=\angle 2=\angle 3=\frac{1}{2}\times 45^{\circ},\angle 3=\angle 4=\frac{1}{2}\times 45^{\circ}$$

所以 $BC=GC=CD$，因此，$\triangle DCG$ 为等腰三角形，且顶角 $\angle DCG=45^{\circ}$，所以

$$\angle CDG=\frac{1}{2}(180^{\circ}-45^{\circ})=\frac{135^{\circ}}{2}$$

又

$$\angle GHD=90^{\circ}-\angle 3=90^{\circ}-\frac{45^{\circ}}{2}=\frac{135^{\circ}}{2}$$

所以 $\angle HDG=\angle GHD$，从而 $GH=GD$，即 $\triangle GHD$ 是等腰三角形.

1. 在下面的格点图中，以格点为顶点，你能画出多少个平行四边形？

图 7

2. 如图 8，$\triangle ABC$ 中，$\angle ACB=90^{\circ}$，AC 的垂直平分线 DE 交 AC 于 D，交 AB 于 E，点 F 在 BC 的延长线上，且 $\angle CDF=\angle A$，求证：四边形 $DECF$ 是平行四边形.

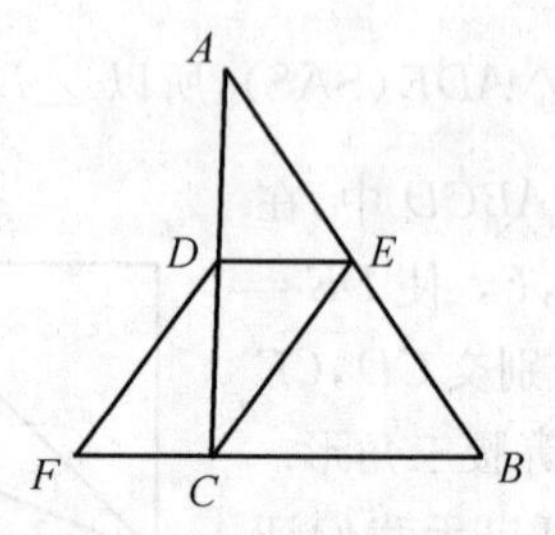

图 8

3. 如图 9，分别延长 $\square ABCD$ 的边 BA，DC 到点 E，H，使得 $AE=AB$，$CH=CD$，联结 EH，分别交 AD，BC 于点 F，G.

求证：$\triangle AEF\cong\triangle CHG$.

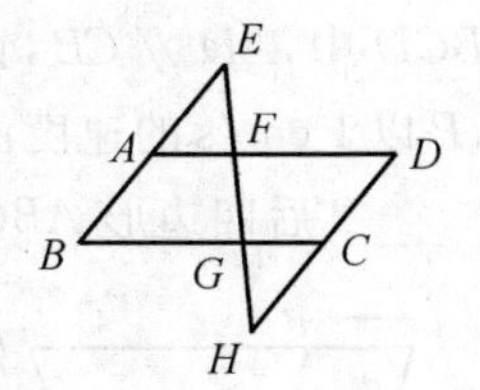

图 9

4. 如图 10，分别以 Rt$\triangle ABC$ 的直角边 AC 及斜边 AB 向外作等边 $\triangle ACD$、等边 $\triangle ABE$. 已知 $\angle BAC=30^\circ$，$EF\perp AB$，垂足为 F，联结 DF.

(1) 试说明 $AC=EF$；

(2) 求证：四边形 $ADFE$ 是平行四边形.

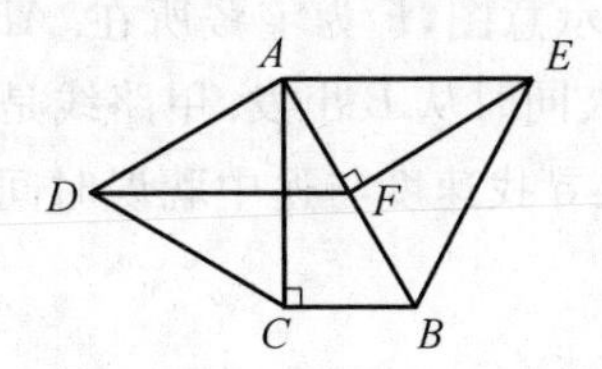

图 10

5. 如图11，$\square ABCD$ 的对角线相交于点O，直线EF过点O分别交BC，AD于点 E，F，G，H 分别为 OB，OD 的中点，四边形 $GEHF$ 是平行四边形吗？为什么？

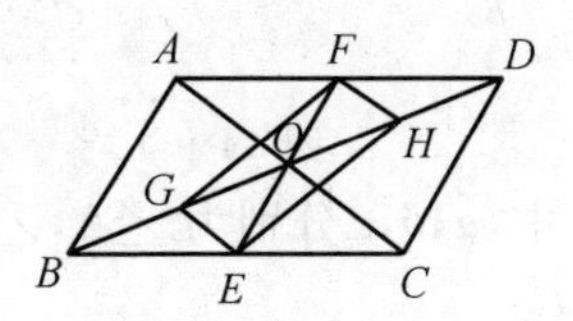

图 11

6. 如图12，过平行四边形 $ABCD$ 内任一点 P 作各边的平行线分别交 AB，BC，CD，DA 于 E，F，G，H.

求证：$S_{平行四边形ABCD}-S_{平行四边形AEPH}=2S_{\triangle AFG}$.

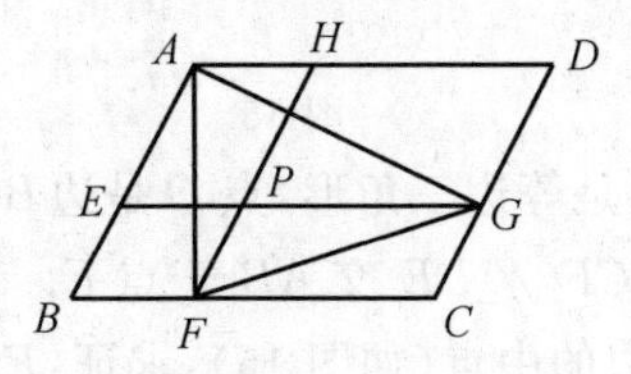

图 12

7. 如图 13，在四边形 $ABCD$ 中，$AD \parallel CB$，且 $AD > BC$，$BC = 6$ cm，动点 P，Q 分别从 A，C 同时出发，P 以 1 cm/s 的速度由 A 向 D 运动，Q 以 2 cm/s 的速度由 C 向 B 运动，则________ s 后四边形 $ABQP$ 为平行四边形.

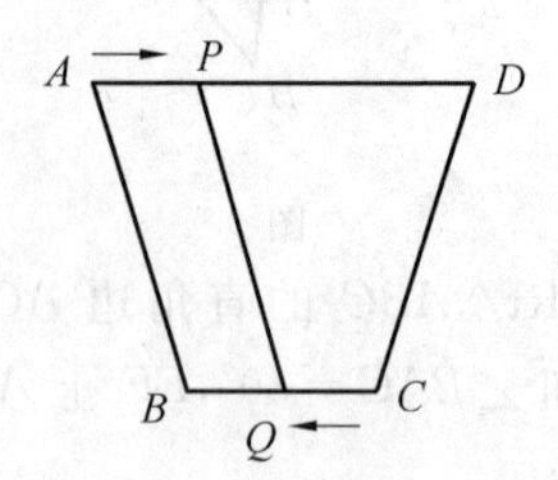

图 13

8. 如图 14，是某寻宝示意图，F 为宝藏所在. $AF \parallel BC$，$EC \perp BC$，$BA \parallel DE$，$BD \parallel AE$. 甲、乙两人同时从 B 出发. 甲路线是 $B-A-E-F$；乙路线是 $B-D-C-F$. 假设两人寻找速度与途中耽误时间相同，那么谁先找到宝藏. 请说明理由.

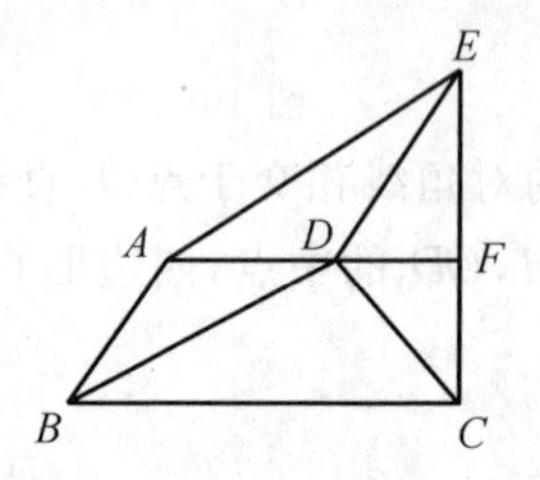

图 14

9. 如图 15，在 $\triangle ABC$ 中，a，b，c 分别为 $\angle A$，$\angle B$，$\angle C$ 的对边，且 $2b < a + c$，求证：$2\angle B < \angle A + \angle C$.

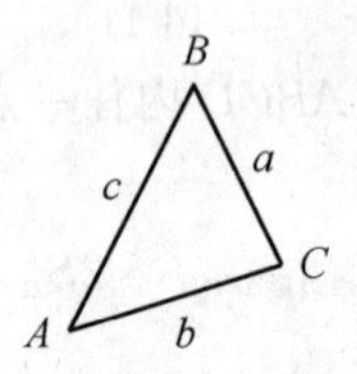

图 15

10. 如图 16，$\triangle ABC$ 是等边三角形，点 D 是边 BC 上的一点，以 AD 为边作等边 $\triangle ADE$，过点 C 作 $CF \parallel DE$ 交 AB 于点 F.

(1) 若点 D 是 BC 边的中点(如图 16)，求证：$EF = CD$；

(2) 在(1) 的条件下直接写出 $\triangle AEF$ 和 $\triangle ABC$ 的面积比；

(3) 若点 D 是 BC 边上的任意一点(除 B,C 外,如图 17),那么(1) 中的结论是否仍然成立?若成立,请给出证明;若不成立,请说明理由.

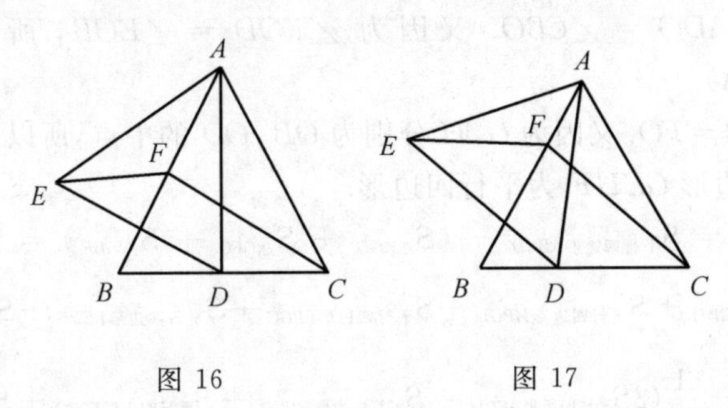

图 16　　　　图 17

演练答案

1. 3 个,如图 18 所示.

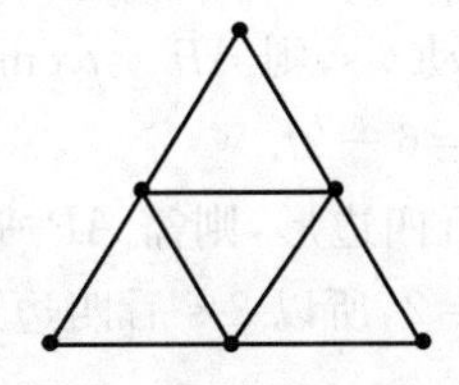

图 18

2. 因为 $DE \perp AC$,$\angle ACB = 90°$,所以 $DE \parallel FC$.

又因为 $\angle CDF = \angle A$,$AD = DC$,$\angle ADE = \angle ACF = 90°$,

所以 $\triangle ADE \cong \triangle DCF$. 所以 $DE = FC$. 所以四边形 $DECF$ 是平行四边形.

3. 在 $\square ABCD$ 中,$AB \parallel CD$,$AB = CD$,所以 $\angle E = \angle H$,$\angle EAF = \angle D$,因为 $AD \parallel BC$,所以 $\angle EAF = \angle HCG$,因为 $AE = AB$,$CH = CD$,所以 $AE = CH$,所以 $\triangle AEF \cong \triangle CHG$(ASA).

4. (1) 因为 Rt$\triangle ABC$ 中,$\angle BAC = 30°$,所以 $AB = 2BC$.

又 $\triangle ABE$ 是等边三角形,$EF \perp AB$,所以 $\angle AEF = 30°$.

所以 $AE = 2AF$,且 $AB = 2AF$,所以 $AF = CB$,而 $\angle ACB = \angle AFE = 90°$,

所以 $\triangle AFE \cong \triangle BCA$,所以 $AC = EF$.

(2) 由(1) 知道 $AC = EF$,而 $\triangle ACD$ 是等边三角形,所以 $\angle DAC = 60°$.

所以 $EF = AC = AD$,且 $AD \perp AB$,而 $EF \perp AB$,所以 $EF \parallel AD$,所以四边形 $ADFE$ 是平行四边形.

5.四边形 $GEHF$ 是平行四边形;理由如下:

因为四边形 $ABCD$ 为平行四边形,所以 $BO=DO$,$AD=BC$ 且 $AD \parallel BC$.

所以 $\angle ADO=\angle CBO$. 又因为 $\angle FOD=\angle EOB$,所以 $\triangle FOD \cong \triangle EOB$(ASA).

所以 $EO=FO$.又因为 G,H 分别为 OB,OD 的中点,所以 $GO=HO$.

所以四边形 $GEHF$ 为平行四边形.

6.$S_{\triangle AFG}=S_{平行四边形ABCD}-(S_{\triangle AGD}+S_{\triangle GFC}+S_{\triangle ABF})=S_{平行四边形ABCD}-\frac{1}{2}(S_{平行四边形AEPH}+S_{平行四边形HPGD}+S_{平行四边形FPGC}+S_{平行四边形BEPF}+S_{平行四边形AEPH})=S_{平行四边形ABCD}-\frac{1}{2}(2S_{平行四边形AEPH}+S_{平行四边形HPGD}+S_{平行四边形FPGC}+S_{平行四边形BEPF})=S_{平行四边形ABCD}-\frac{1}{2}(S_{平行四边形AEPH}+S_{平行四边形ABCD})=\frac{1}{2}(S_{平行四边形ABCD}-S_{平行四边形AEPH})$,所以

$$S_{平行四边形ABCD}-S_{平行四边形AEPH}=2S_{\triangle AFG}$$

7.设点 P 由 A 向 D 运动 t s,则 $AP=t$ cm,$CQ=2t$ cm.

因为 $BC=6$,所以 $BQ=6-2t$.

若四边形 $ABQP$ 为平行四边形,则需 AP 平行且等于 BQ.

所以 $6-2t=t$,所以 $t=2$,所以 2 s后四边形 $ABQP$ 成为平行四边形.故答案为2.

8.如图19,延长 ED 交 BC 于 M,

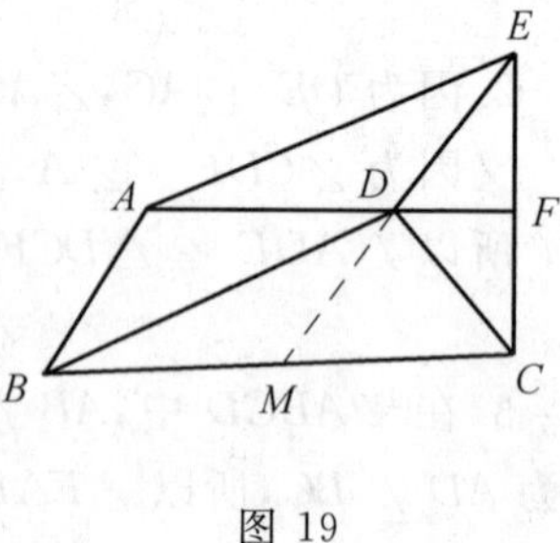

图19

因为 $BA \parallel DE$,$BD \parallel AE$,

所以四边形 $ABDE$ 是平行四边形,

所以 $AB=DE$,$EA=BD$,

因为 $AF \parallel BC$,$AB \parallel DE$,

所以四边形 $ABMD$ 是平行四边形,

所以 $AB=DM$,所以 $DE=DM$,因为 $EC \perp BC$,所以 $ED=DM=DC$.

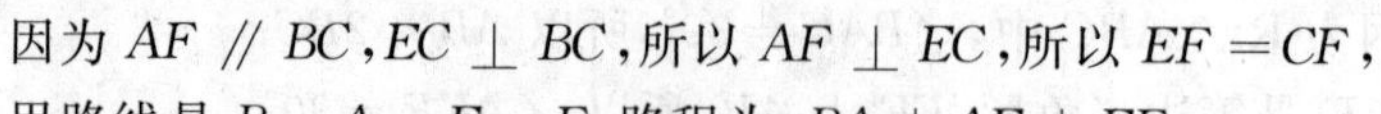
因为 $AF \parallel BC$,$EC \perp BC$,所以 $AF \perp EC$,所以 $EF=CF$,

甲路线是 $B-A-E-F$,路程为:$BA+AE+EF$,

乙路线是 $B-D-C-F$,路程为:$BD+DC+CF$,

所以路线的长度相同,他们应该同时到达.

9.如图20,延长 BA 到 D,使 $AD=BC=a$,延长 BC 到 E,使 $CE=AB=c$,联结 DE,

把图形补成一个等腰三角形,即有 $BD=BE=a+c$,所以 $\angle BDE=$

$\angle BED$.

作 $DF \parallel AC$，$CF \parallel AD$，相交于 F，联结 EF，则 $ADFC$ 是平行四边形.

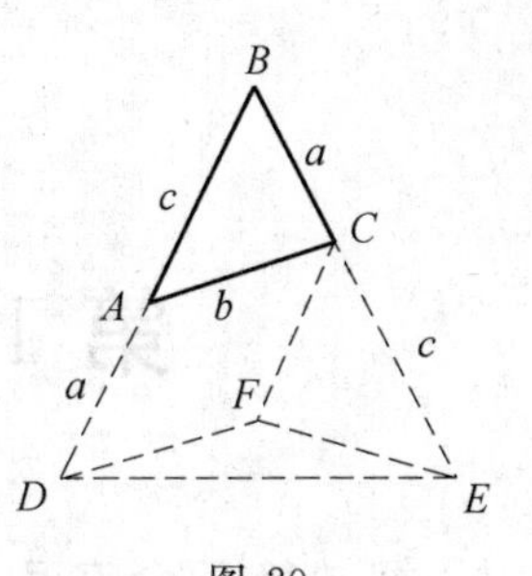

图 20

所以 $CF = AD = BC$，又 $\angle FCE = \angle CBA$，所以 $\triangle FCE \cong \triangle CBA$，所以 $EF = AC$.

于是 $DE \leqslant DF + EF = 2b < a + c = BD = BE$.

这样，在 $\triangle BDE$ 中，便有 $\angle B < \angle BDE = \angle BED$，所以

$$2\angle B < \angle BDE + \angle BED = 180^\circ - \angle B = \angle A + \angle C$$

即 $2\angle B < \angle A + \angle C$.

10.(1) 因为 $\triangle ABC$ 是等边三角形，D 是 BC 的中点，

所以 $AD \perp BC$，且 $\angle DAB = \frac{1}{2}\angle BAC = 30^\circ$，

因为 $\triangle AED$ 是等边三角形，所以 $AD = AE$，$\angle ADE = 60^\circ$，

所以 $\angle EDB = 90^\circ - \angle ADE = 90^\circ - 60^\circ = 30^\circ$，

因为 $ED \parallel CF$，所以 $\angle FCB = \angle EDB = 30^\circ$，

因为 $\angle ACB = 60^\circ$，所以 $\angle ACF = \angle BAD = 30^\circ$，

又因为 $\angle B = \angle FAC = 60^\circ$，$AB = CA$，所以 $\triangle ABD \cong \triangle CAF$，

所以 $AD = CF$，因为 $AD = ED$，所以 $ED = CF$，

又因为 $ED \parallel CF$，所以四边形 $EDCF$ 是平行四边形，所以 $EF = CD$.

(2) $\triangle AEF$ 和 $\triangle ABC$ 的面积比为 $1:4$；

(3) 成立. 因为 $ED \parallel FC$，所以 $\angle EDB = \angle FCB$，所以 $\angle ACF = \angle ACB - \angle FCB = 60^\circ - \angle FCB = 60^\circ - \angle EDB$，所以 $\angle ACF = \angle BAD$.

又因为 $\angle B = \angle FAC = 60^\circ$，$AB = CA$，所以 $\triangle ABD \cong \triangle CAF$.

所以 $AD = FC$，因为 $AD = ED$，所以 $ED = CF$，又因为 $ED \parallel CF$，所以四边形 $EDCF$ 是平行四边形，

所以 $EF = DC$.

第11讲　梯　形

智力绝不会在已经认识的真理上停止不前，而始终会不断前进，走向尚未被认识的真理.

——布鲁诺(意大利)

知识方法

与平行四边形一样，梯形也是一种特殊的四边形，其中等腰梯形与直角梯形占有重要地位，本讲就来研究它们的有关性质及应用.

典型例题

例1　如图1，在Rt$\triangle ABC$中，E是斜边AB上的中点，D是AC的中点，$DF \parallel EC$交BC延长线于F.求证：四边形$EBFD$是等腰梯形.

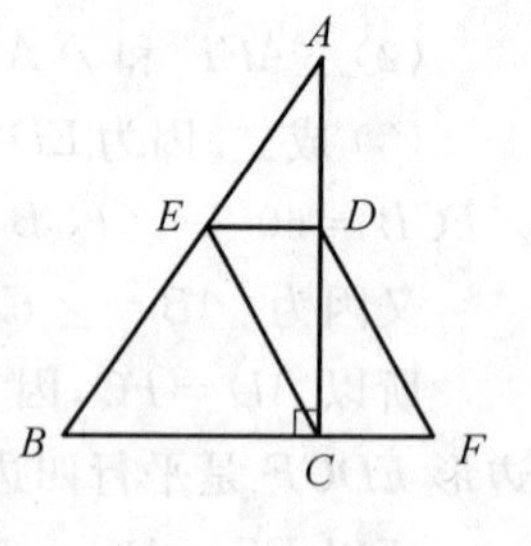

图1

分析　因为E,D是$\triangle ABC$边AB,AC的中点，所以$ED \parallel BF$.此外，还要证明：(1)$EB=DF$；(2)EB不平行于DF.

证明　因为E,D是$\triangle ABC$的边AB,AC的中点，所以$ED \parallel BF$.

又已知$DF \parallel EC$，所以$ECFD$是平行四边形，所以

$$EC=DF \tag{①}$$

又E是Rt$\triangle ABC$斜边AB上的中点，所以

$$EC=EB \tag{②}$$

由①②得$EB=DF$.

下面证明EB与DF不平行.

若$EB \parallel DF$，由于$EC \parallel DF$，所以有$EC \parallel EB$，这与EC与EB交于E矛

盾，所以 $EB \not\parallel DF$.

根据定义，$EBFD$ 是等腰梯形.

例 2　如图 2，$ABCD$ 是梯形，$AD \parallel BC$，$AD < BC$，$AB = AC$ 且 $AB \perp AC$，$BD = BC$，AC，BD 交于 O. 求 $\angle BCD$ 的度数.

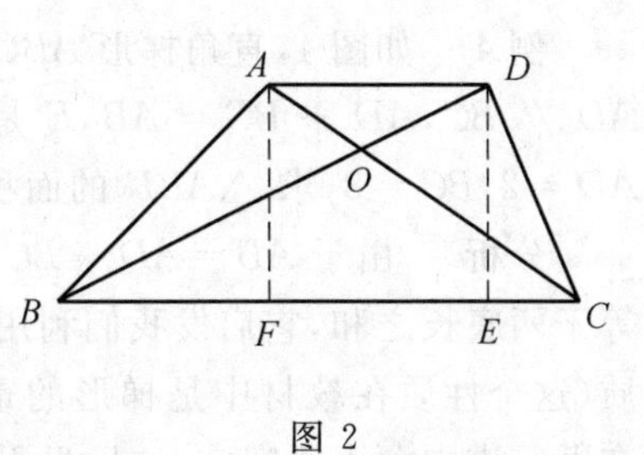

图 2

分析　由于 $\triangle BCD$ 是等腰三角形，若能确定顶点 $\angle CBD$ 的度数，则底角 $\angle BCD$ 可求. 由等腰 $\mathrm{Rt}\triangle ABC$ 可求斜边 BC（即 BD）的长. 又梯形的高，即 $\mathrm{Rt}\triangle ABC$ 斜边上的中线也可求出. 通过添辅助线可构造直角三角形，求出 $\angle BCD$ 的度数.

解析　过 D 作 $DE \perp EC$ 于 E，则 DE 的长度即为等腰 $\mathrm{Rt}\triangle ABC$ 斜边上的高 AF. 设 $AB = a$，由于 $\triangle ABF$ 也是等腰直角三角形，由勾股定理知 $AF^2 + BF^2 = AB^2$，即 $2AF^2 = a^2(AF = BF)$，$AF^2 = \dfrac{a^2}{2}$，所以 $DE^2 = \dfrac{a^2}{2}$.

又 $BC^2 = AB^2 + AC^2 = 2AB^2 = 2a^2$，由于 $BC = DB$，所以，在 $\mathrm{Rt}\triangle BED$ 中，$\dfrac{DE^2}{DB^2} = \dfrac{DE^2}{BC^2} = \dfrac{\frac{a^2}{2}}{2a^2} = \dfrac{1}{4}$，所以 $\dfrac{DE}{DB} = \dfrac{1}{2}$.

从而 $\angle EBD = 30^\circ$（直角三角形中 30° 角的对边等于斜边一半定理的逆定理）. 在 $\triangle CBD$ 中

$$\angle BCD = \frac{1}{2}(180^\circ - \angle EBD) = 75^\circ$$

例 3　如图 3，直角梯形 $ABCD$ 中，$AD \parallel BC$，$\angle A = 90^\circ$，$\angle ADC = 135^\circ$，CD 的垂直平分线交 BC 于 N，交 AB 延长线于 E，垂足为 M. 求证：$AD = BE$.

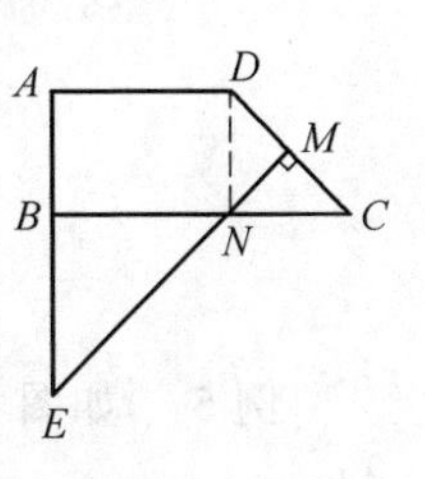

图 3

分析　ME 是 DC 的垂直平分线，所以 $ND = NC$. 由 $AD \parallel BC$ 及 $\angle ADC = 135^\circ$ 知，$\angle C = 45^\circ$，从而 $\angle NDC = 45^\circ$，$\angle DNC = 90^\circ$，所以 $ABND$ 是矩形，进而推知 $\triangle BEN$ 是等腰直角三角形，从而 $AD = BN = BE$.

证明　联结 DN. 因为 N 是线段 DC 的垂直平分线 ME 上的一点，所以 $ND = NC$. 由已知，$AD \parallel BC$ 及 $\angle ADC = 135^\circ$ 知 $\angle C = 45^\circ$，从而 $\angle NDC = 45^\circ$.

在 $\triangle NDC$ 中，$\angle DNC = 90^\circ(= \angle DNB)$，所以 $ABND$ 是矩形，所以 $AE \parallel ND$，$\angle E = \angle DNM = 45^\circ$.

$\triangle BNE$ 是一个含有锐角 $45°$ 的直角三角形，所以 $BN=BE$. 又 $AD=BN$，所以 $AD=BE$.

例 4 如图 4，直角梯形 $ABCD$ 中，$\angle C=90°$，$AD /\!/ BC$，$AD+BC=AB$，E 是 CD 的中点. 若 $AD=2$，$BC=8$，求 $\triangle ABE$ 的面积.

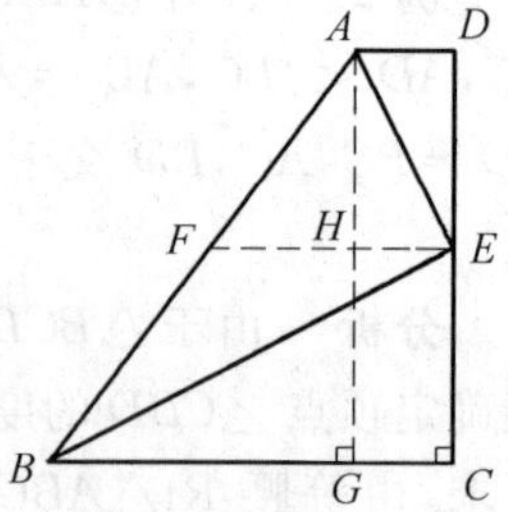

图 4

分析 由于 $AB=AD+BC$，即一腰 AB 的长等于两底长之和，它启发我们利用梯形的中位线性质(这个性质在教材中是梯形的重要性质，我们将在下一讲中深入研究它，这里只引用它的结论). 取腰 AB 的中点 F，联结 EF. 由梯形中位线性质知：$EF=\frac{1}{2}(AD+BC)=5$，且 $EF /\!/ AD$(或 BC). 过 A 引 $AG\perp BC$ 于 G，交 EF 于 H，则 AH，GH 分别是 $\triangle AEF$ 与 $\triangle BEF$ 的高，所以

$$AG^2=AB^2-BG^2=(8+2)^2-(8-2)^2=100-36=64$$

所以 $AG=8$，这样 $S_{\triangle ABE}(=S_{\triangle AEF}+S_{\triangle BEF})$ 可求.

解析 取 AB 中点 F，联结 EF. 由梯形中位线性质知 $EF /\!/ AD$(或 BC)，过 A 作 $AG\perp BC$ 于 G，交 EF 于 H. 由平行线等分线段定理知，$AH=GH$ 且 AH，GH 均垂直于 EF. 在 $\mathrm{Rt}\triangle ABG$ 中，由勾股定理知 $AG^2=AB^2-BG^2=(AD+BC)^2-(BC-AD)^2=10^2-6^2=8^2$，所以 $AG=8$，从而 $AH=GH=4$，所以

$$S_{\triangle ABE}=S_{\triangle AEF}+S_{\triangle BEF}=\frac{1}{2}EF\cdot AH+\frac{1}{2}EF\cdot GH=$$

$$\frac{1}{2}EF\cdot(AH+GH)=$$

$$\frac{1}{2}EF\cdot AG=\frac{1}{2}\times 5\times 8=20$$

例 5 如图 5，四边形 $ABCF$ 中，$AB /\!/ DF$，$\angle 1=\angle 2$，$AC=DF$，$FC<AD$.

(1) 求证：$ADCF$ 是等腰梯形；

(2) 若 $\triangle ADC$ 的周长为 16 cm，$AF=3$ cm，$AC-FC=3$ cm，求四边形 $ADCF$ 的周长.

分析：欲证 $ADCF$ 是等腰梯形. 归结为证明 $AD /\!/ CF$，$AF=DC$，不要忘了还需证明 AF 不平行于 DC. 利用已知相等的要素，应从全等三角形下手. 计算等腰梯形的周长，显然要注意利用 $AC-FC=3$ (cm) 的条件，才能将

$\triangle ADC$ 的周长过渡到梯形的周长.

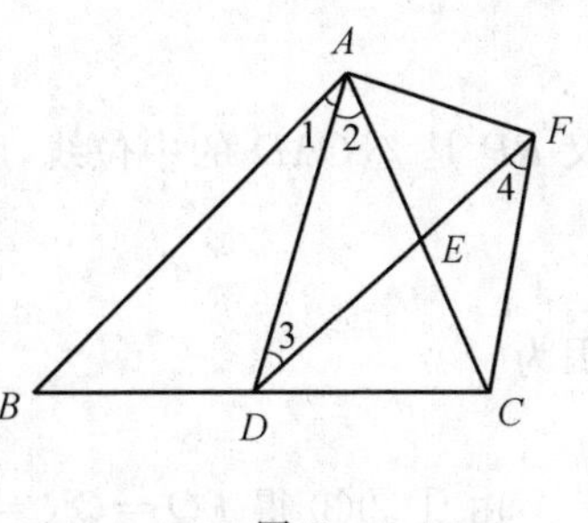

图 5

解析　(1) 因为 $AB \parallel DF$,所以 $\angle 1 = \angle 3$.结合已知 $\angle 1 = \angle 2$,所以 $\angle 2 = \angle 3$,所以 $EA = ED$.

又 $AC = DF$,所以 $EC = EF$.

所以 $\triangle EAD$ 及 $\triangle ECF$ 均是等腰三角形,且顶角为对顶角,由三角形内角和定理知 $\angle 3 = \angle 4$,从而 $AD \parallel CF$.不难证明 $\triangle ACD \cong \triangle DFA$(SAS),所以 $AF = DC$.

若 $AF \parallel DC$,则 $ADCF$ 是平行四边形,则 $AD = CF$ 与 $FC < AD$ 矛盾,所以 AF 不平行于 DC.

综上所述,$ADCF$ 是等腰梯形.

(2)　　四边形 $ADCF$ 的周长 $= AD + DC + CF + AF$　　①

由于 $\triangle ADC$ 的周长 $= AD + DC + AC = 16$ (cm)　　②

$$AF = 3 \text{ cm} \quad ③$$

$$FC = AC - 3 \quad ④$$

将 ②③④ 代入 ① 得

$$\text{四边形 } ADCF \text{ 的周长} = AD + DC + (AC - 3) + AF = (AD + DC + AC) - 3 + 3 = 16(\text{cm})$$

例 6　如图 6,等腰梯形 $ABCD$ 中,$AB \parallel CD$,对角线 AC,BD 所成的角 $\angle AOB = 60°$,P,Q,R 分别是 OA,BC,OD 的中点.求证:$\triangle PQR$ 是等边三角形.

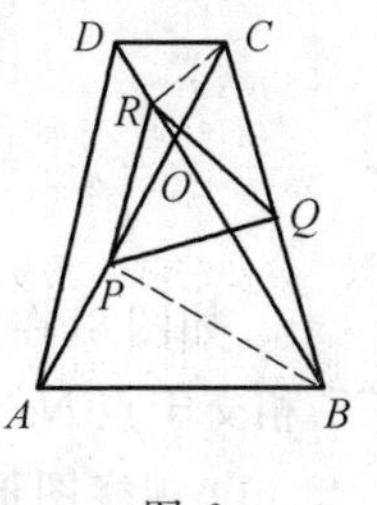

图 6

分析　首先从 P,R 分别是 OA,OD 中点知,欲证等边 $\triangle PQR$ 的边长应等于等腰梯形腰长之半,为此,只需证明 QR,QP 等于腰长之半即可.注意到 $\triangle OAB$ 与 $\triangle OCD$ 均是等边三角形,P,R 分别是它们边上的中点,因此,$BP \perp OA$,$CR \perp OD$.在 $\text{Rt}\triangle BPC$ 与 $\text{Rt}\triangle CRB$ 中,PQ,RQ 分别是它们斜边 BC(即等腰梯形的腰)的中线,因此,$PQ = RQ =$ 腰 BC 之半.问题获解.

证明　因为四边形 $ABCD$ 是等腰梯形,由等腰梯形的性质知,它的同一底上的两个角及对角线均相等.进而推知,$\angle OAB = \angle OBA$ 及 $\angle OCD = \angle ODC$.又已知,AC 与 BD 成 $60°$ 角,所以,$\triangle ODC$ 与 $\triangle OAB$ 均为正三角形.联结 BP,CR,则 $BP \perp OA$,$CR \perp OD$.在 $\text{Rt}\triangle BPC$ 与 $\text{Rt}\triangle CRB$ 中,PQ,RQ 分别是它们的斜边 BC 上的中线,所以

$$PQ = RQ = \frac{1}{2}BC \quad ①$$

又 RP 是 $\triangle OAD$ 的中位线，所以

$$RP = \frac{1}{2}AD \quad ②$$

因为

$$AD = BC \quad ③$$

由 ①②③ 得 $PQ = QR = RP$，即 $\triangle PQR$ 是正三角形.

说明　本题证明引人注目之处有二：(1) 充分利用特殊图形中特殊点所带来的性质，如正 $\triangle OAB$ 边 OA 上的中点 P，可带来 $BP \perp OA$ 的性质，进而又引出直角三角形斜边中线 PQ 等于斜边 BC 之半的性质.

(2) 等腰梯形的"等腰"就如一座桥梁"接通"了"两岸"的关系，如 $PQ = \frac{1}{2}AD$，$PQ = \frac{1}{2}BC$，由于两腰 AD，BC 相等，从而得 $\triangle PQR$ 的三边相等.

1. 如图 7，在梯形 $ABCD$ 中，$DC \parallel AB$，$AD = BC$，$\angle A = 60°$，$BD \perp AD$. 求 $\angle DBC$ 和 $\angle C$ 的大小.

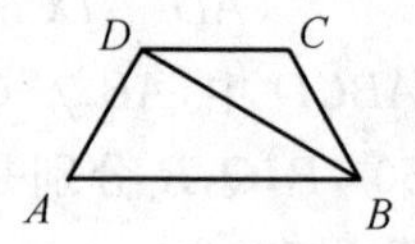

图 7

2. 如图 8，在正六边形 $ABCDEF$ 中，对角线 AE 与 BF 相交于点 M，BD 与 CE 相交于点 N.

(1) 观察图形，写出图中两个不同形状的特殊四边形；

(2) 选择(1) 中的一个结论加以证明.

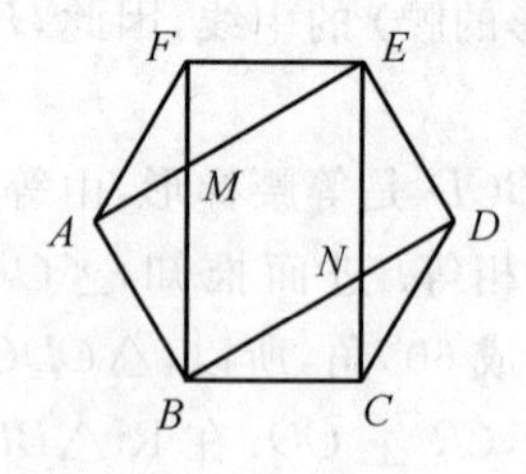

图 8

3. 如图 9，在□$ABCD$ 中，AC 是一条对角线，$\angle B=\angle CAD$，延长 BC 至点 E，使 $CE=BC$，联结 DE.

(1) 求证：四边形 $ABED$ 是等腰梯形；

(2) 若 $AB=AD=4$，求梯形 $ABED$ 的面积.

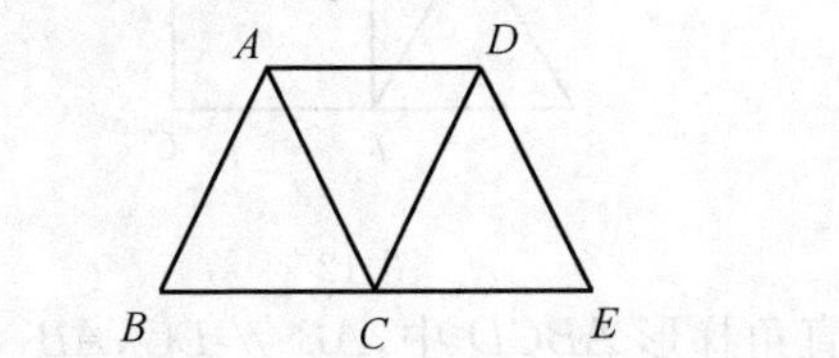

图 9

4. 如图 10，在梯形 $ABCD$ 中，$DC \parallel AB$，$AD=BC$，BD 平分 $\angle ABC$，$\angle A=60°$. 过点 D 作 $DE \perp AB$，过点 C 作 $CF \perp BD$，垂足分别为 E，F，联结 EF，求证：$\triangle DEF$ 为等边三角形.

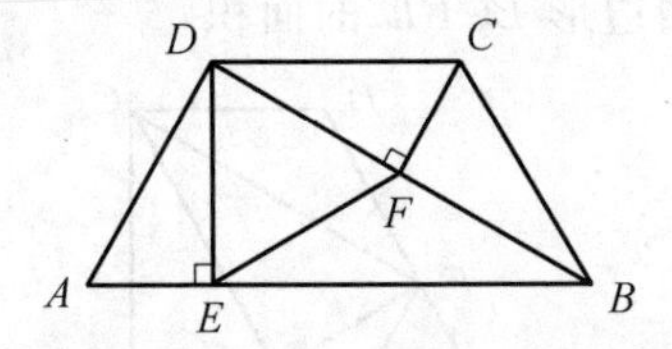

图 10

5. 如图 11，MN 是□$ABCD$ 外的一条直线，AA'，BB'，CC'，DD' 都垂直于 MN，A'，B'，C'，D' 为垂足. 求证：$AA'+CC'=BB'+DD'$.

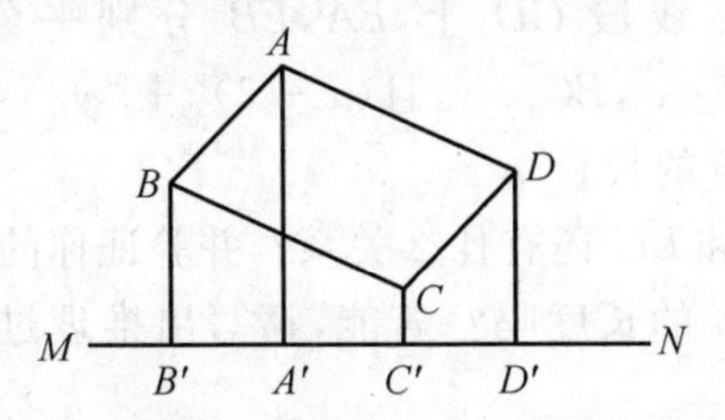

图 11

6. 如图 12，在直角梯形 $ABCD$ 中，$AD \parallel BC$，$BC \perp CD$，$\angle B=60°$，$BC=2AD$，E，F 分别为 AB，BC 的中点.

(1) 求证：四边形 $AFCD$ 是矩形；

(2) 求证：$DE \perp EF$.

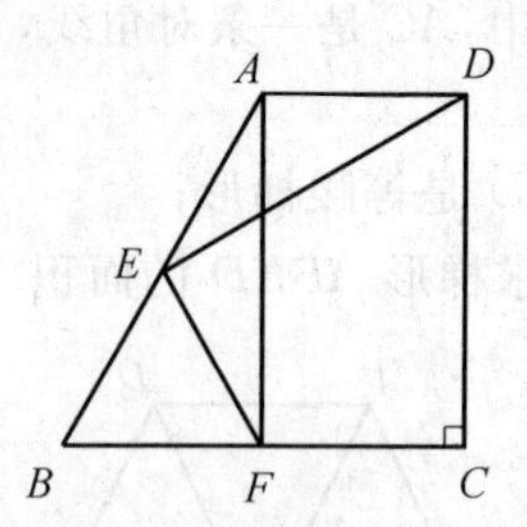

图 12

7. 如图 13，在直角梯形 $ABCD$ 中，$AB \parallel DC$，$AB \perp BC$，$\angle A=60°$，$AB=2CD$，E，F 分别为 AB，AD 的中点，联结 EF，EC，BF，CF.

(1) 判断四边形 $AECD$ 的形状（不证明）；

(2) 在不添加其他条件下，写出图中一对全等的三角形，用符号"≌"表示，并证明；

(3) 若 $CD=2$，求四边形 $BCFE$ 的面积.

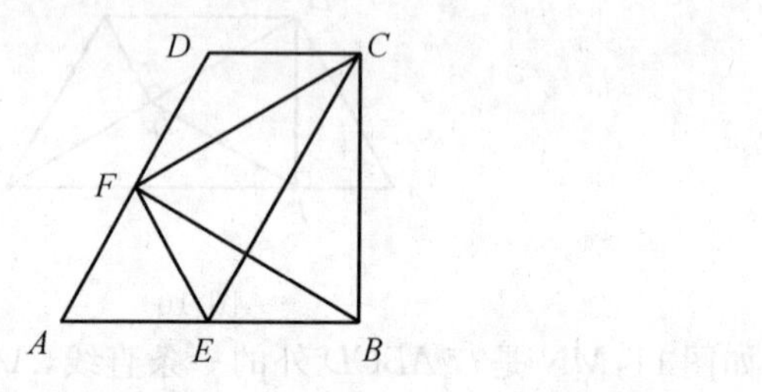

图 13

8. 如图 14，E 在线段 CD 上，EA，EB 分别平分 $\angle DAB$ 和 $\angle CBA$，$\angle AEB=90°$，设 $AD=x$，$BC=y$，且 $(x-3)^2+|y-4|=0$.

(1) 求 AD 和 BC 的长；

(2) 你认为 AD 和 BC 还有什么关系？并验证你的结论；

(3) 你能求出 AB 的长度吗？若能，请写出推理过程；若不能，请说明理由.

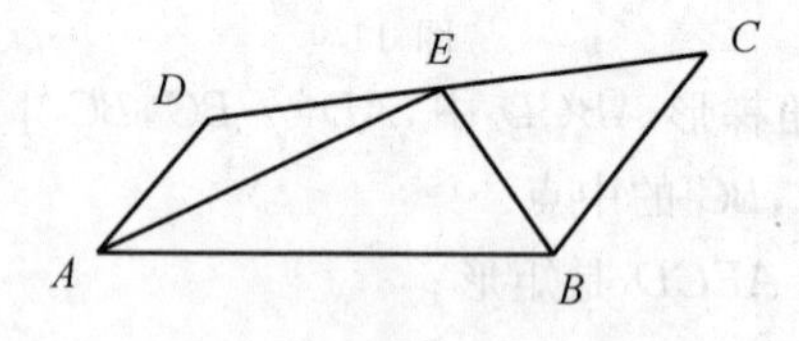

图 14

9. 如图 15，在梯形 $ABCD$ 中，$AD \parallel BC$，$AB=AD$，$\angle BAD$ 的平分线 AE 交 BC 于点 E，联结 DE.

(1) 求证:四边形 $ABED$ 是菱形;

(2) 若 $\angle ABC=60^\circ$,$CE=2BE$,试判断 $\triangle CDE$ 的形状,并说明理由.

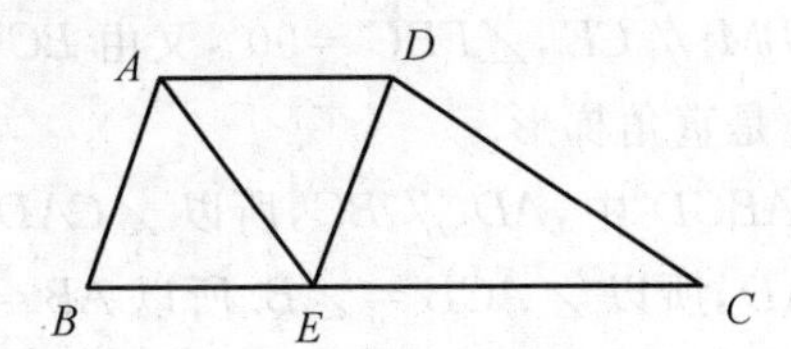

图 15

10. 如图 16,在四边形 $ABCD$ 中,$AD\parallel BC$,AE,BF 分别平分 $\angle DAB$ 和 $\angle ABC$,交 CD 于点 E,F,AE,BF 相交于点 M.

(1) 求证:$AE\perp BF$;

(2) 求证:点 M 在 AB,CD 边中点的连线上.

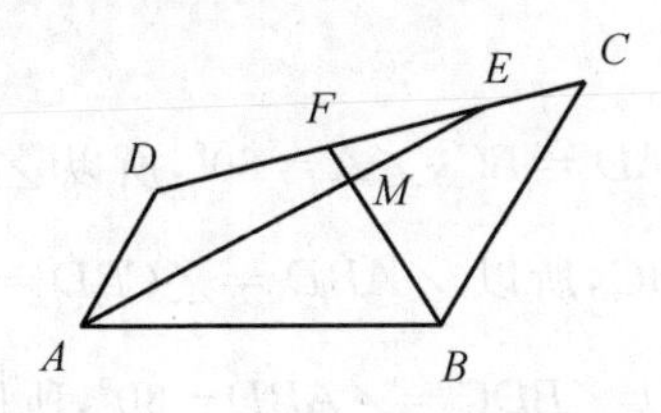

图 16

演练答案

1. 梯形 $ABCD$ 中,因为 $DC\parallel AB$,$\angle A=60^\circ$,所以 $\angle ADC=120^\circ$.

又因为 $BD\perp AD$,所以 $\angle ADB=90^\circ$,即 $\angle ABD=30^\circ$.

而 $AD=BC$,所以 $\angle ABC=60^\circ$,$\angle C=\angle ADC=120^\circ$,所以 $\angle DBC=30^\circ$.

2. (1) 矩形 $ABDE$,矩形 $BCEF$,或菱形 $BNEM$,或直角梯形 $BDEM$,$AENB$ 等.

(2) 选择 $ABDE$ 是矩形.

证明:因为 $ABCDEF$ 是正六边形,所以 $\angle AFE=\angle FAB=120^\circ$,所以 $\angle EAF=30^\circ$,所以 $\angle EAB=\angle FAB-\angle FAE=90^\circ$. 同理可证 $\angle ABD=\angle BDE=90^\circ$. 所以四边形 $ABDE$ 是矩形.

选择四边形 $BNEM$ 是菱形.

证明:同理可证:$\angle FBC=\angle ECB=90^\circ$,$\angle EAB=\angle ABD=90^\circ$,

所以 $BM\parallel NE$,$BN\parallel ME$. 所以四边形 $BNEM$ 是平行四边形.

因为 $BC=DE$,$\angle CBD=\angle DEN=30^\circ$,$\angle BNC=\angle END$.

所以 $\triangle BCN \cong \triangle EDN$，所以 $BN = NE$. 所以四边形 $BNEM$ 是菱形.

选择四边形 $BCEM$ 是直角梯形.

证明：同理可证：$BM \parallel CE$，$\angle FBC = 90°$，又由 BC 与 ME 不平行，得四边形 $BCEM$ 是直角梯形.

3.(1) 因为在 $\square ABCD$ 中，$AD \parallel BC$，所以 $\angle CAD = \angle ACB$.

因为 $\angle B = \angle CAD$，所以 $\angle ACB = \angle B$. 所以 $AB = AC$. 因为 $AB \parallel CD$，所以 $\angle B = \angle DCE$.

又因为 $BC = CE$，所以 $\triangle ABC \cong \triangle DCE$(SAS)，所以 $AC = DE = AB$.

因为 $AD \parallel BE$，所以为等腰梯形.

(2) 因为四边形 $ABCD$ 为平行四边形，所以 $AD = BC = CE = 4$.

所以 $\triangle ABC$ 为等边三角形，所以梯形高 = 三角形高 $= 2\sqrt{3}$，所以 $S = (4 + 8) \times 2\sqrt{3} \times \frac{1}{2} = 12\sqrt{3}$.

4. 因为 $DC \parallel AB$，$AD = BC$，$\angle A = 60°$，所以 $\angle A = \angle ABC = 60°$.

因为 BD 平分 $\angle ABC$，所以 $\angle ABD = \angle CBD = \frac{1}{2}\angle ABC = 30°$.

因为 $DC \parallel AB$，所以 $\angle BDC = \angle ABD = 30°$，所以 $\angle CBD = \angle CDB$，所以 $CB = CD$，因为 $CF \perp BD$，所以 F 为 BD 的中点，因为 $DE \perp AB$，所以 $DF = BF = EF$，由 $\angle ABD = 30°$，得 $\angle BDE = 60°$，所以 $\triangle DEF$ 为等边三角形.

5. 如图 17，联结 AC，BD 交于 O，过 O 作 $OO' \perp MN$，垂足为 O'.

根据平行四边形的性质知 OO' 同为梯形 $BB'D'D$ 与梯形 $AA'C'C$ 的中位线得

$$AA' + CC' = BB' + DD'$$

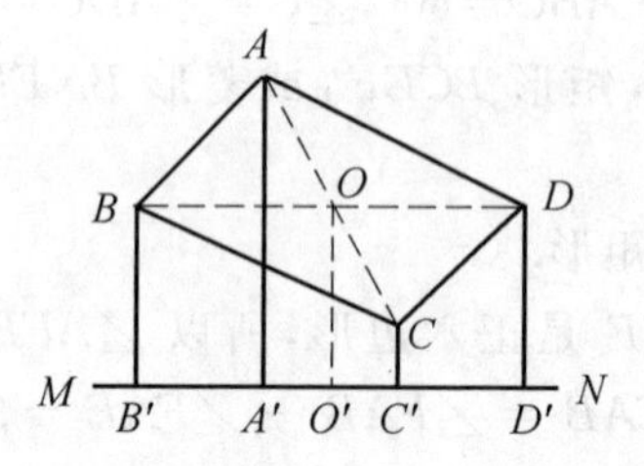

图 17

6.(1) 因为 F 为 BC 的中点，所以 $BF = CF = \frac{1}{2}BC$，

因为 $BC = 2AD$，即 $AD = \frac{1}{2}BC$，所以 $AD = CF$，

因为 $AD \parallel BC$，所以四边形 $AFCD$ 是平行四边形，

因为 $BC \perp CD$，所以 $\angle C=90^\circ$，所以 $\square AFCD$ 是矩形；

(2) 因为四边形 $AFCD$ 是矩形，所以 $\angle AFB=\angle FAD=90^\circ$.

因为 $\angle B=60^\circ$，所以 $\angle BAF=30^\circ$，所以 $\angle EAD=\angle EAF+\angle FAD=120^\circ$.

因为 E 是 AB 的中点，所以 $BE=AE=EF=\frac{1}{2}AB$，所以 $\triangle BEF$ 是等边三角形，所以 $\angle BEF=60^\circ$，$BE=BF=AE$，因为 $AD=BF$，所以 $AE=AD$.

所以 $\angle AED=\angle ADE=\frac{180^\circ-120^\circ}{2}=30^\circ$.

所以 $\angle DEF=180^\circ-\angle AED-\angle BEF=180^\circ-30^\circ-60^\circ=90^\circ$，所以 $DE \perp EF$.

7. (1) 平行四边形；

(2) $\triangle BEF \cong \triangle FDC$ 或($\triangle AFB \cong \triangle EBC \cong \triangle EFC$)

证明：如图 18，联结 DE，因为 $AB=2CD$，E 为 AB 中点，所以 $DC=EB$.

又因为 $DC \parallel EB$，所以四边形 $BCDE$ 是平行四边形，因为 $AB \perp BC$，所以四边形 $BCDE$ 为矩形，所以 $\angle AED=90^\circ$，$\mathrm{Rt}\triangle ABF$ 中，$\angle A=60^\circ$，F 为 AD 中点，所以 $AE=\frac{1}{2}AD=AF=FD$，所以 $\triangle AEF$ 为等边三角形，所以 $\angle BEF=180^\circ-60^\circ=120^\circ$，而 $\angle FDC=120^\circ$.

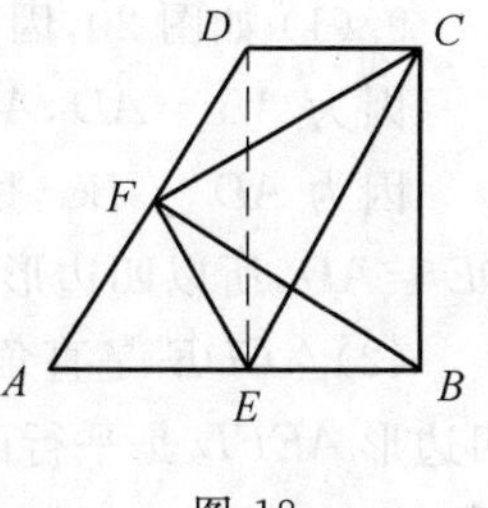

图 18

在 $\triangle BEF$ 和 $\triangle FDC$ 中，$DC=BE$，$\angle CDA=\angle FEB=120^\circ$，$DF=EF$，

所以 $\triangle BEF \cong \triangle FDC$(SAS). (其他情况证明略)

(3) 若 $CD=2$，则 $AD=4$，$DE=BC=2\sqrt{3}$，所以 $S_{\triangle ECF}=\frac{1}{2}S_{\text{四边形}AECD}=\frac{1}{2}CD \cdot DE=\frac{1}{2}\times 2\times 2\sqrt{3}=2\sqrt{3}$.

$S_{\triangle CBE}=\frac{1}{2}BE \cdot BC=\frac{1}{2}\times 2\times 2\sqrt{3}=2\sqrt{3}$，所以 $S_{\text{四边形}BCFE}=S_{\triangle ECF}+S_{\triangle EBC}=2\sqrt{3}+2\sqrt{3}=4\sqrt{3}$.

8. (1) 因为 $AD=x$，$BC=y$，且 $(x-3)^2+|y-4|=0$，所以 $AD=3$，$BC=4$.

(2) $AD \parallel BC$，因为在 $\triangle AEB$ 中，$\angle AEB=90^\circ$，所以 $\angle EAB+\angle EBA=$

90°,又因为 EA,EB 分别平分 $\angle DAB$ 和 $\angle CBA$,所以 $\angle DAB+\angle ABC=180^\circ$,所以 $AD\parallel BC$.

(3) 能.如图 19,过 E 作 $EF\parallel AD$,交 AB 于 F,则 $\angle DAE=\angle AEF$,$\angle EBC=\angle BEF$,因为 EA,EB 分别平分 $\angle DAB$ 和 $\angle CBA$,所以 $\angle EAF=\angle AEF$,$\angle EBF=\angle BEF$,所以 $AF=EF=FB$.

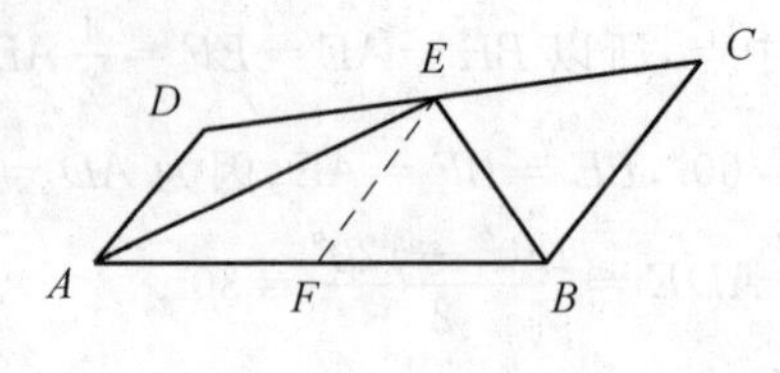

图 19

又因为 $EF\parallel AD\parallel BC$,所以 EF 是梯形 $ABCD$ 的中位线,所以 $EF=\frac{7}{2}$,所以 $AB=7$.

9.(1) 如图 20,因为 AE 平分 $\angle BAD$,所以 $\angle 1=\angle 2$.

因为 $AB=AD$,$AE=AE$,所以$\triangle BAE\cong\triangle DAE$,所以 $BE=DE$.

因为 $AD\parallel BC$,所以 $\angle 2=\angle 3=\angle 1$,所以 $AB=BE$,所以 $AB=BE=DE=AD$,所以四边形 $ABED$ 是菱形.

(2)$\triangle CDE$ 是直角三角形.如图 20,过点 D 作 $DF\parallel AE$ 交 BC 于点 F,则四边形 $AEFD$ 是平行四边形,所以 $DF=AE$,$AD=EF=BE$,因为 $CE=2BE$,所以 $BE=EF=FC$,所以 $DE=EF$,又因为 $\angle ABC=60^\circ$,$AB\parallel DE$,所以 $\angle DEF=60^\circ$,所以 $\triangle DEF$ 是等边三角形,所以 $DF=EF=FC$,所以 $\triangle CDE$ 是直角三角形.

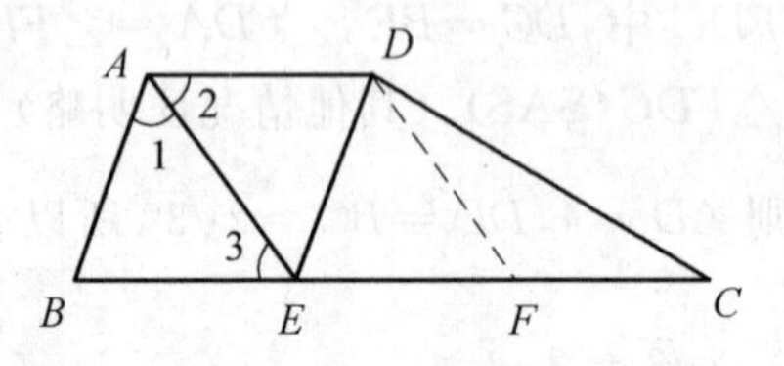

图 20

10.(1) 如图 21,因为 AE,BF 分别平分 $\angle DAB$ 和 $\angle ABC$,所以 $\angle 1=\angle 2$,$\angle 3=\angle 4$.

因为 $AD\parallel BC$,所以 $\angle DAB+\angle CBA=180^\circ$,即$(\angle 1+\angle 2)+(\angle 3+\angle 4)=180^\circ$,

$2\angle 2+2\angle 3=180^\circ$,所以 $\angle 2+\angle 3=90^\circ$,

而 $\angle 2+\angle 3+\angle AMB=180^{\circ}$，所以 $\angle AMB=90^{\circ}$，即 $AE\perp BF$；

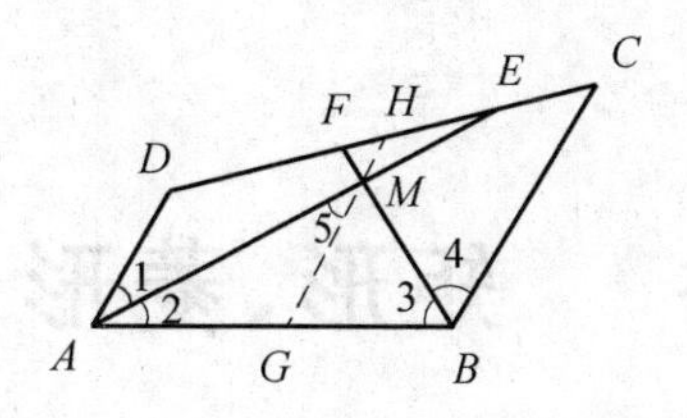

图 21

(2) 如图 21，设 AB，CD 的中点分别为 G，H，联结 MG.

因为 M 为 $\mathrm{Rt}\triangle ABM$ 斜边 AB 的中点，所以 $MG=AG=GB$，所以 $\angle 2=\angle 5$，又因为 $\angle 1=\angle 2$，所以 $\angle 1=\angle 5$，所以 $GM\parallel AD$. 因为 $AD\parallel BC$，所以四边形 $ABCD$ 是以 AD，BC 为底的梯形，又 G，H 分别为两腰 AB，DC 的中点，由梯形中位线定理可知，$GH\parallel AD$，而证得 $GM\parallel AD$.

根据平行公理可知，过点 G 与 AD 平行的直线只有一条，所以点 M 在 GH 上，即点 M 在 AB，CD 边中点的连线上.

第 12 讲　矩形、菱形、正方形

在科学芸芸众生中，不愿意超过事实前进一步的人，很少能理解事实.

——赫胥黎（英国）

知识方法

1. 矩形的定义、性质和判定

(1) 定义：有一个角是直角的平行四边形是矩形.

(2) 性质：① 矩形的四个角都是直角；② 矩形的对角线互相平分且相等；③ 矩形既是轴对称图形，又是中心对称图形，它有两条对称轴，它的对称中心是对角线的交点.

(3) 判定：① 有一个角是直角的平行四边形是矩形；② 有三个角是直角的四边形是矩形；③ 对角线相等的平行四边形是矩形.

2. 菱形的定义、性质和判定

(1) 定义：有一组邻边相等的平行四边形是菱形.

(2) 性质：① 菱形的四条边都相等，对角线互相垂直平分，并且每条对角线平分一组对角；② 菱形既是轴对称图形又是中心对称图形.

(3) 判定：① 有一组邻边相等的平行四边形是菱形；② 四条边都相等的四边形是菱形；③ 对角线互相垂直的平行四边形是菱形；④ 对角线互相垂直平分的四边形是菱形.

3. 正方形的定义、性质和判定

(1) 定义：有一个角是直角的菱形是正方形或有一组邻边相等的矩形是正方形.

(2) 性质：① 正方形四个角都是直角，四条边都相等；② 正方形两条对角线相等，并且互相垂直平分，每条对角线平分一组对角；③ 正方形既是轴对称图形又是中心对称图形.

(3) 判定：① 有一个角是直角的菱形是正方形；② 有一组邻边相等的矩形是正方形(正方形的判定可借助平行四边形、矩形、菱形来判定).

典型例题

例1　如图1，已知矩形 $ABCD$ 中，$CE \perp BD$ 于 E，CF 平分 $\angle DCE$ 与 DB 交于点 F，$FG \parallel DA$ 与 AB 交于点 G.

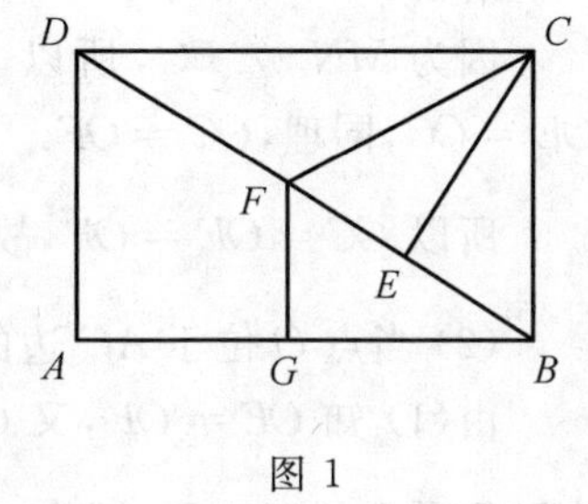

图1

(1) 求证：$BF = BC$；

(2) 若 $AB = 4$ cm，$AD = 3$ cm，求 CF.

证明　(1) 因为四边形 $ABCD$ 是矩形，所以 $\angle CDB + \angle DBC = 90°$.

因为 $CE \perp BD$，所以 $\angle DBC + \angle ECB = 90°$. 所以 $\angle ECB = \angle CDB$.

又因为 $\angle DCF = \angle ECF$，所以 $\angle CFB = \angle CDB + \angle DCF = \angle ECB + \angle ECF = \angle BCF$.

所以 $BF = BC$.

(2) 在 Rt$\triangle ABD$ 中，由勾股定理得 $BD = \sqrt{AB^2 + AD^2} = \sqrt{3^2 + 4^2} = 5$.

又因为 $BD \cdot CE = BC \cdot DC$，所以 $CE = \dfrac{BC \cdot DC}{BD} = \dfrac{3 \times 4}{5} = \dfrac{12}{5}$.

所以 $BE = \sqrt{BC^2 - CE^2} = \sqrt{3^2 - \left(\dfrac{12}{5}\right)^2} = \dfrac{9}{5}$.

所以 $EF = BF - BE = 3 - \dfrac{9}{5} = \dfrac{6}{5}$.

所以 $CF = \sqrt{CE^2 + EF^2} = \sqrt{\left(\dfrac{6}{5}\right)^2 + \left(\dfrac{12}{5}\right)^2} = \dfrac{6\sqrt{5}}{5}$.

例2　如图2，在 $\triangle ABC$ 中，点 O 是 AC 边上的一个动点，过点 O 作 $MN \parallel BC$，交 $\angle ACB$ 的平分线于点 E，交 $\angle ACB$ 的外角平分线于点 F.

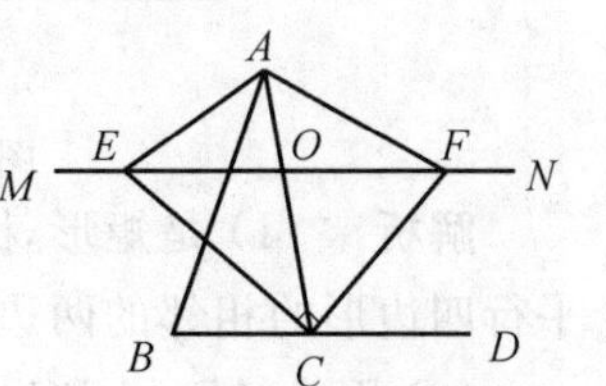

图2

(1) 求证：$OC = \dfrac{1}{2}EF$；

(2) 当点 O 位于 AC 边的什么位置时，四边形 $AECF$ 是矩形？并给出证明.

思路　(1) 由于 CE 平分 $\angle ACB$，$MN \parallel BC$，故 $\angle BCE = \angle OCE =$

$\angle OEC$，$OE=OC$，同理可得 $OC=OF$，故 $OC=\frac{1}{2}EF$；

(2) 根据平行四边形的判定定理可知，当 $OA=OC$ 时，四边形 $AECF$ 是平行四边形. 由于 CE，CF 分别是 $\angle BCO$ 与 $\angle OCD$ 的平分线，故 $\angle ECF$ 是直角，则四边形 $AECF$ 是矩形.

解析　(1) 因为 CE 平分 $\angle ACB$，所以 $\angle BCE=\angle OCE$，

因为 $MN \parallel BC$，所以 $\angle BCE=\angle OEC$，所以 $\angle OEC=\angle OCE$，所以 $OE=OC$，同理，$OC=OF$.

所以 $OC=OE=OF$，故 $OC=\frac{1}{2}EF$；

(2) 当点 O 位于 AC 边的中点时，四边形 $AECF$ 是矩形.

由(1) 知 $OE=OF$，又 O 为 AC 边的中点，所以 $OA=OC$，所以四边形 $AECF$ 是平行四边形，因为 $\angle ECO=\frac{1}{2}\angle ACB$，$\angle OCF=\frac{1}{2}\angle ACD$.

所以 $\angle ECF=\angle ECO+\angle OCF=\frac{1}{2}(\angle ACB+\angle ACD)=90°$，

所以四边形 $AECF$ 是矩形.

例 3　如图 3，过平行四边形纸片的一个顶点作它的一条垂线段 h，沿这条垂线段剪下三角形纸片，将它平移到右边，平移距离等于平行四边形的底边长 a.

(1) 平移后的图形是矩形吗？为什么？

(2) 图 4 中，BD 是平移后的四边形 $ABCD$ 的对角线，F 为 AD 上一点，CF 交 BD 于点 G，$CE \perp BD$ 于点 E，求证：$\angle 2=\angle 1+\angle 3$.

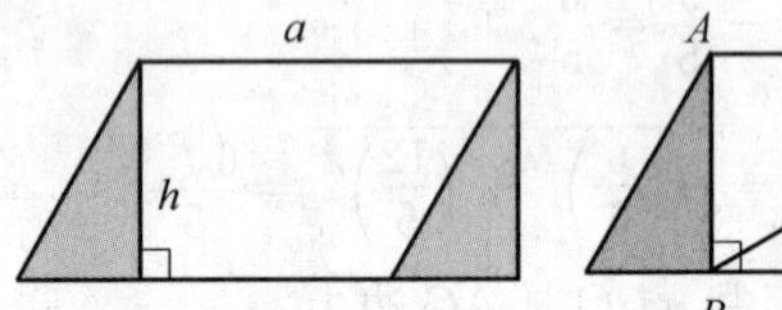

图 3

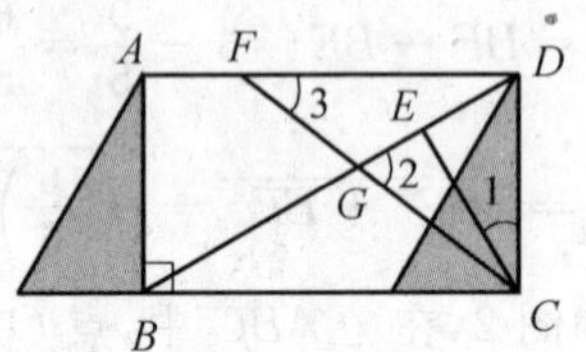

图 4

解析　(1) 是矩形，因为平移后的图形首先是个平行四边形，又因为这个平行四边形的相邻的两边都垂直，因此是个矩形.

(2) 因为 $AD \parallel BC$，所以 $\angle 3=\angle GCB$.

因为 $\angle 1+\angle CDB=90°$，$\angle DBC+\angle CDB=90°$，所以 $\angle 1=\angle DBC$.

因为 $\angle 2=\angle DBC+\angle GCB$，所以 $\angle 2=\angle 1+\angle 3$.

例 4　如图 5,O 是矩形 $ABCD$ 的对角线的交点,E,F,G,H 分别是 OA,OB,OC,OD 上的点,且 $AE=BF=CG=DH$.

(1) 求证:四边形 $EFGH$ 是矩形;

(2) 若 E,F,G,H 分别是 OA,OB,OC,OD 的中点,且 $DG \perp AC$,$OF=2$ cm,求矩形 $ABCD$ 的面积.

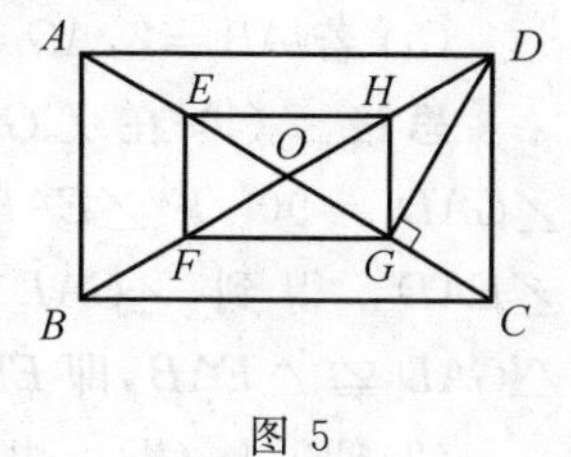

图 5

证明　(1) 因为四边形 $ABCD$ 是矩形,所以 $OA=OB=OC=OD$,因为 $AE=BF=CG=DH$,所以 $EG=FH$,所以 $\frac{OE}{OA}=\frac{OH}{OD}$,所以 $EH \parallel AD$.

同理证 $FG \parallel BC$,所以 $EH \parallel FG$.

因为 $EG=FH$,所以四边形 $EFGH$ 是矩形.

(2) 因为 E,F,G,H 分别是 OA,OB,OC,OD 的中点,

因为 $DG \perp AC$,所以 $CD=OD$,$FG=4\sqrt{3}$ cm,

所以矩形 $ABCD$ 的面积 $=4\times 4\sqrt{3}=16\sqrt{3}$ (cm^2).

例 5　如图 6,在 $\square ABCD$ 中,E,F 分别为边 AB,CD 的中点,BD 是对角线,过点 A 作 $AG \parallel DB$ 交 CB 的延长线于点 G.

(1) 求证:$DE \parallel BF$;

(2) 若 $\angle G=90°$,求证:四边形 $DEBF$ 是菱形.

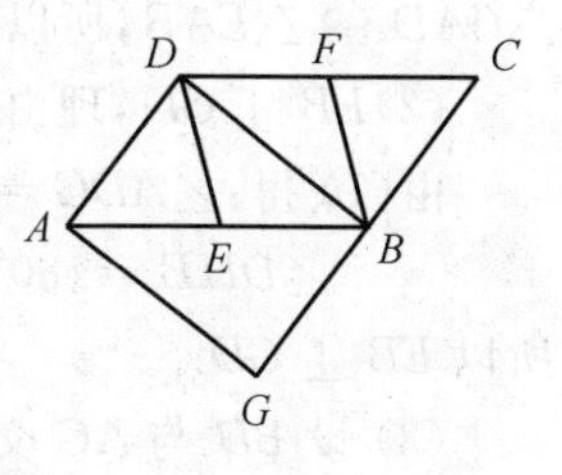

图 6

思路　(1) 根据已知条件证明 $BE=DF$,$BE \parallel DF$,从而得出四边形 $DFBE$ 是平行四边形,即可证明 $DE \parallel BF$.

(2) 先证明 $DE=BE$,再根据邻边相等的平行四边形是菱形,从而得出结论.

证明　(1) 因为四边形 $ABCD$ 是平行四边形,所以 $AB \parallel CD$,$AB=CD$.

因为点 E,F 分别是 AB,CD 的中点,所以 $BE=\frac{1}{2}AB$,$DF=\frac{1}{2}CD$.

所以 $BE=DF$,$BE \parallel DF$,所以四边形 $DFBE$ 是平行四边形,所以 $DE \parallel BF$.

(2) 因为 $\angle G=90°$,$AG \parallel BD$,$AD \parallel BG$,所以四边形 $AGBD$ 是矩形,$\angle ADB=90°$,因为 E 为 AB 的中点,所以 $DE=BE$.

因为四边形 $DFBE$ 是平行四边形,所以四边形 $DEBF$ 是菱形.

例 6　如图 7,点 G 是正方形 $ABCD$ 对角线 CA 的延长线上任意一点,以线段 AG 为边作一个正方形 $AEFG$,线段 EB 和 GD 相交于点 H.

(1) 求证:$EB=GD$;

(2) 判断 EB 与 GD 的位置关系,并说明理由;

(3) 若 $AB=2,AG=\sqrt{2}$,求 EB 的长.

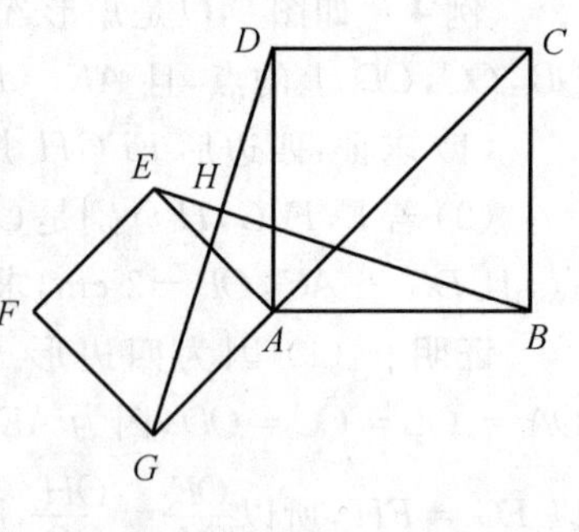

图 7

思路 (1) 在 $\triangle GAD$ 和 $\triangle EAB$ 中,$\angle GAD=90°+\angle EAD$,$\angle EAB=90°+\angle EAD$,得到 $\angle GAD=\angle EAB$,从而 $\triangle GAD\cong\triangle EAB$,即 $EB=GD$;

(2)$EB\perp GD$,由(1) 得 $\angle ADG=\angle ABE$,则在 $\triangle BDH$ 中,$\angle DHB=90°$,所以 $EB\perp GD$;

(3) 设 BD 与 AC 交于点 O,由 $AB=AD=2$,在 $\mathrm{Rt}\triangle ABD$ 中求得 DB,所以得到结果.

证明 (1) 在 $\triangle GAD$ 和 $\triangle EAB$ 中,$\angle GAD=90°+\angle EAD$,$\angle EAB=90°+\angle EAD$,所以 $\angle GAD=\angle EAB$,又因为 $AG=AE$,$AB=AD$,所以 $\triangle GAD\cong\triangle EAB$,所以 $EB=GD$.

(2)$EB\perp GD$,理由如下:联结 BD,

由(1) 得:$\angle ADG=\angle ABE$,则在 $\triangle BDH$ 中

$$\angle DHB=180°-(\angle HDB+\angle HBD)=180°-90°=90°$$

所以 $EB\perp GD$.

(3) 设 BD 与 AC 交于点 O,因为 $AB=AD=2$,在 $\mathrm{Rt}\triangle ABD$ 中

$$DB=\sqrt{AB^2+AD^2}=2\sqrt{2}$$

所以

$$EB=GD=\sqrt{OG^2+OD^2}=\sqrt{8+2}=\sqrt{10}$$

巩固演练

1. 如图 8,AC 是菱形 $ABCD$ 的对角线,点 E,F 分别在边 AB,AD 上,且 $AE=AF$.求证:$\triangle ACE\cong\triangle ACF$.

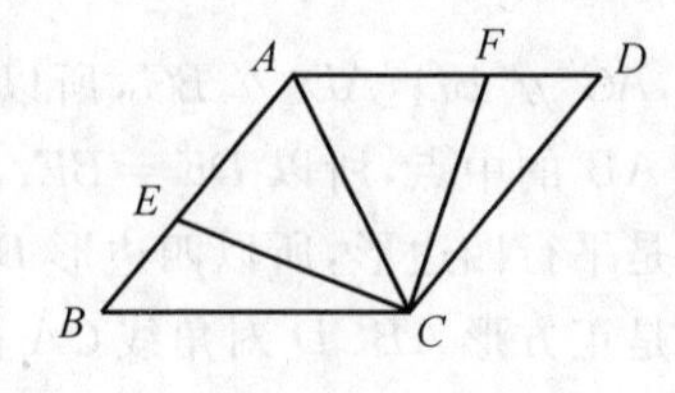

图 8

2. 将图 9 中的矩形 $ABCD$ 沿对角线 AC 剪开，再把 $\triangle ABC$ 沿着 AD 方向平移，得到图 10 中的 $\triangle A'BC'$，除 $\triangle ADC$ 与 $\triangle C'BA'$ 全等外，你还可以指出哪几对全等的三角形(不能添加辅助线和字母)，请选择其中一对加以证明.

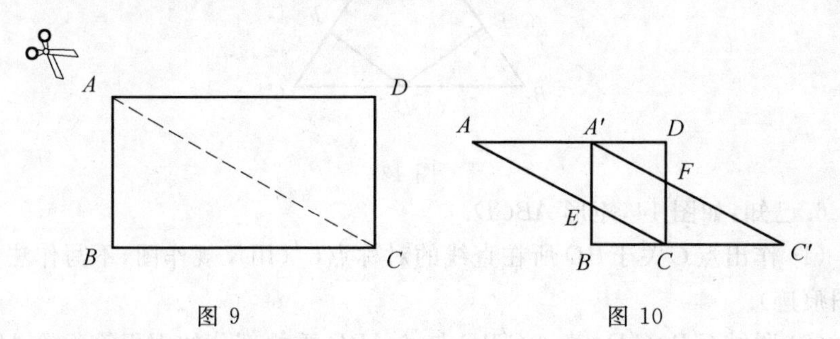

图 9　　　　图 10

3. 如图 11，四边形 $ABCD$ 是矩形，$\triangle PBC$ 和 $\triangle QCD$ 都是等边三角形，且点 P 在矩形上方，点 Q 在矩形内.

求证：(1) $\angle PBA = \angle PCQ = 30°$；

(2) $PA = PQ$.

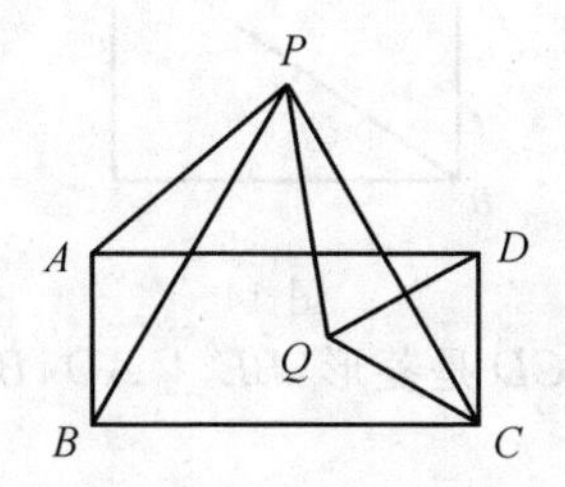

图 11

4. 如图 12，矩形 $ABCD$ 中，点 E，F 分别在 AB，BC 上，$\triangle DEF$ 为等腰直角三角形，$\angle DEF = 90°$，$AD + CD = 10$，$AE = 2$，求 AD 的长.

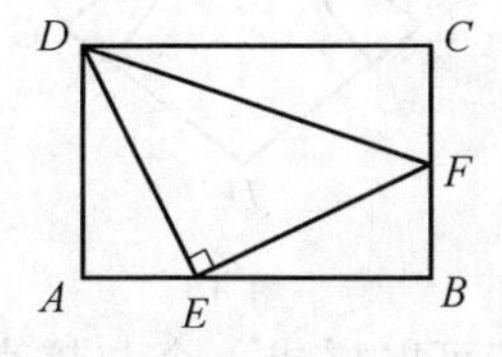

图 12

5. 如图 13，已知在 $\triangle ABC$ 中，$AB = AC$，D 为 BC 边的中点，过点 D 作 $DE \perp AB$，$DF \perp AC$，垂足分别为 E，F.

(1) 求证：$\triangle BED \cong \triangle CFD$；

(2) 若 $\angle A = 90°$，求证：四边形 $DFAE$ 是正方形.

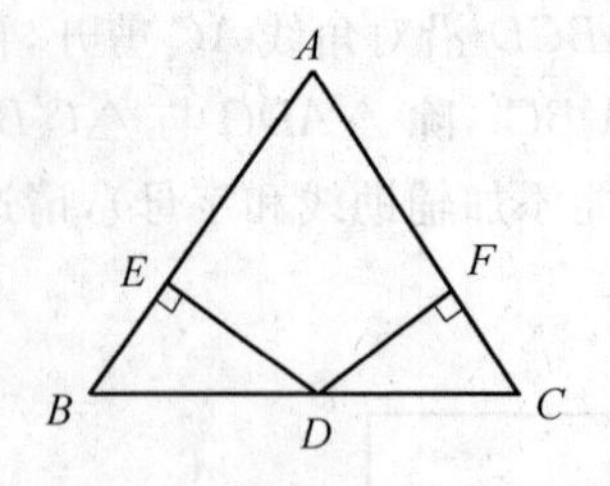

图 13

6.已知:如图 14,矩形 $ABCD$.

(1) 作出点 C 关于 BD 所在直线的对称点 C'(用尺规作图,不写作法,保留作图痕迹).

(2) 联结 $C'B$,$C'D$,若 $\triangle C'BD$ 与 $\triangle ABD$ 重叠部分的面积等于 $\triangle ABD$ 面积的 $\frac{2}{3}$,求 $\angle CBD$ 的度数.

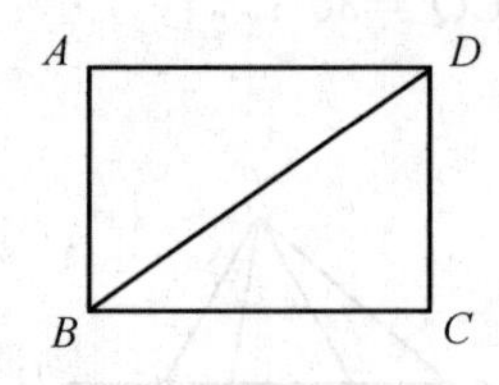

图 14

7.如图 15,四边形 $ABCD$ 是菱形,$BE \perp AD$,$BF \perp CD$,垂足分别为 E,F.

(1) 求证:$BE = BF$;

(2) 当菱形 $ABCD$ 的对角线 $AC = 8$,$BD = 6$ 时,求 BE 的长.

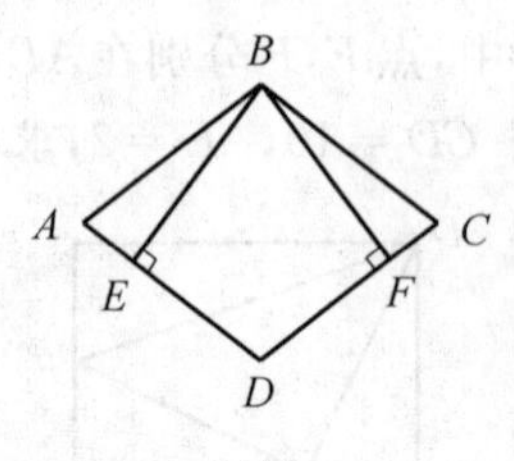

图 15

8.直角三角形通过剪切可以拼成一个与该直角三角形面积相等的矩形.方法如图 16 所示:

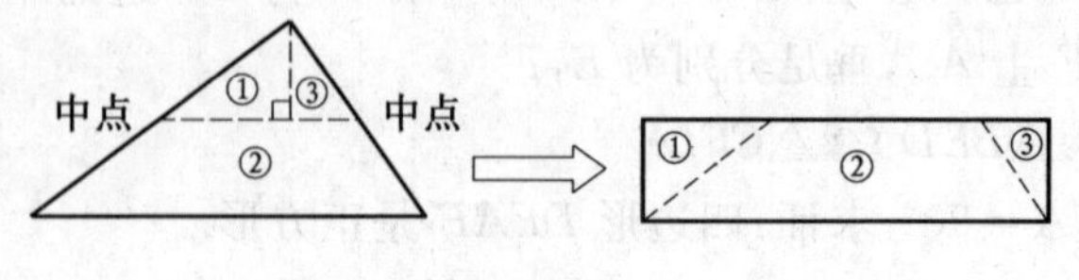

图 16

请你用图 16 的方法，解答下列问题：

(1) 对任意三角形，设计一种方案，将它分成若干块，再拼成一个与原三角形面积相等的矩形；

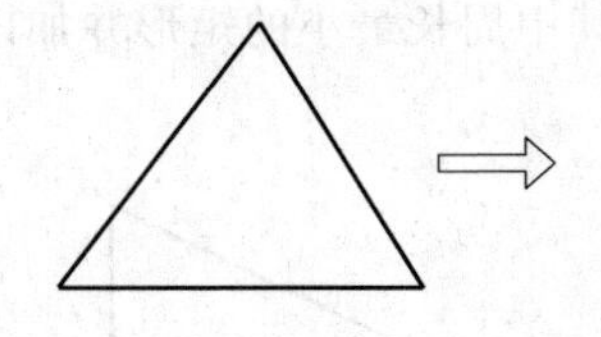

图 17

(2) 对任意四边形，设计一种方案，将它分成若干块，再拼成一个与原四边形面积相等的矩形.

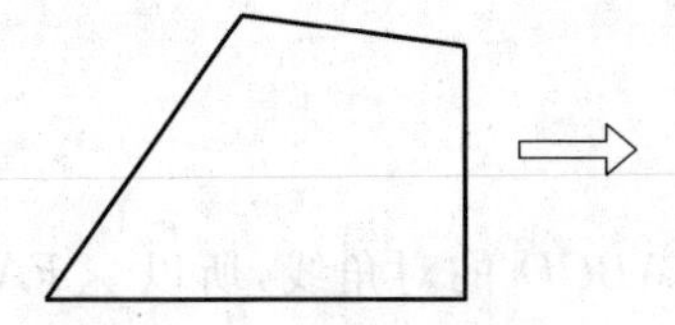

图 18

9. 如图 19，在菱形 $ABCD$ 中，P 是 AB 上的一个动点(不与 A，B 重合)，联结 DP 交对角线 AC 于 E，联结 BE.

(1) 求证：$\angle APD=\angle CBE$；

(2) 若 $\angle DAB=60°$，试问点 P 运动到什么位置时，$\triangle ADP$ 的面积等于菱形 $ABCD$ 面积的 $\frac{1}{4}$，为什么？

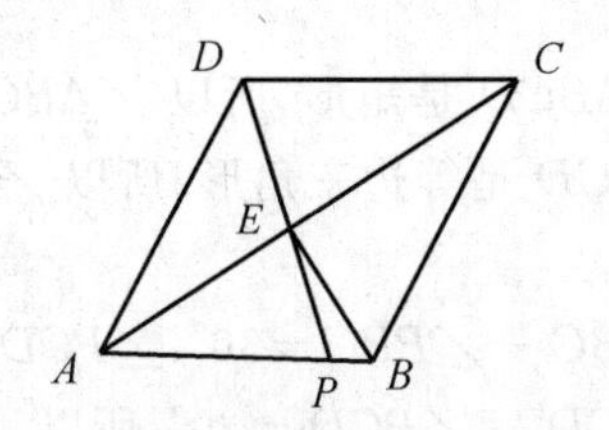

图 19

10. 阅读以下短文，然后解决下列问题：

如果一个三角形和一个矩形满足条件：三角形的一边与矩形的一边重合，且三角形的这边所对的顶点在矩形这边的对边上，则称这样的矩形为三角形的"友好矩形"，如图 20(a) 所示，矩形 $ABEF$ 即为 $\triangle ABC$ 的"友好矩形"，显然，当 $\triangle ABC$ 是钝角三角形时，其"友好矩形"只有一个.

(1) 仿照以上叙述，说明什么是一个三角形的"友好平行四边形"；

(2) 如图 20(b)，若 $\triangle ABC$ 为直角三角形，且 $\angle C=90°$，在图 20(b) 中画出 $\triangle ABC$ 的所有“友好矩形”，并比较这些矩形面积的大小；

(3) 若 $\triangle ABC$ 是锐角三角形，且 $BC > AC > AB$，在图(c) 中画出 $\triangle ABC$ 的所有“友好矩形”，指出其中周长最小的矩形并加以证明.

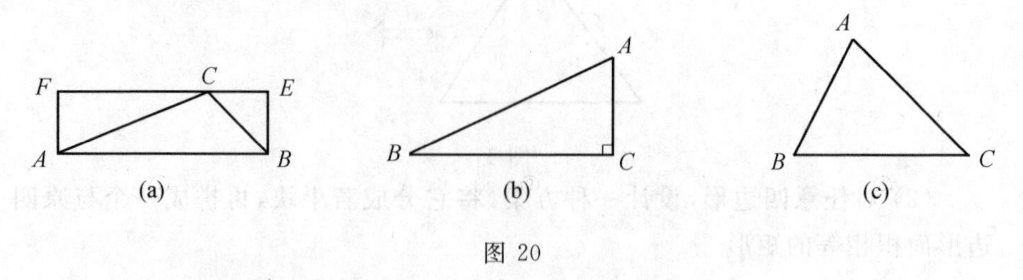

图 20

演练答案

1. 因为 AC 是菱形 $ABCD$ 的对角线，所以 $\angle FAC=\angle EAC$，因为 $AC=AC$，$AE=AF$，所以 $\triangle ACE \cong \triangle ACF$.

2. 有两对全等三角形，分别为：$\triangle AA'E \cong \triangle C'CF$，$\triangle A'DF \cong \triangle CBE$.

求证：$\triangle AA'E \cong \triangle C'CF$. 证明：由平移的性质可知：因为 $AA'=CC'$，又因为 $\angle A=\angle C'$，$\angle AA'E=\angle C'CF=90°$，所以 $\triangle AA'E \cong \triangle C'CF$.

求证：$\triangle A'DF \cong \triangle CBE$. 证明：由平移的性质可知：$A'E \parallel CF$，$A'F \parallel CE$，所以四边形 $A'ECF$ 是平行四边形. 所以 $A'F=CE$，$A'E=CF$.

因为 $A'B=CD$，所以 $DF=BE$，又因为 $\angle B=\angle D=90°$，所以 $\triangle A'DF \cong \triangle CBE$.

3. (1) 因为四边形 $ABCD$ 是矩形，所以 $\angle ABC=\angle BCD=90°$.

因为 $\triangle PBC$ 和 $\triangle QCD$ 是等边三角形. 所以 $\angle PBC=\angle PCB=\angle QCD=60°$.

所以 $\angle PBA=\angle ABC-\angle PBC=30°$，$\angle PCD=\angle BCD-\angle PCB=30°$.

所以 $\angle PCQ=\angle QCD-\angle PCD=30°$，所以 $\angle PBA=\angle PCQ=30°$.

(2) 因为 $AB=DC=QC$，$\angle PBA=\angle PCQ$，$PB=PC$. 所以 $\triangle PAB \cong \triangle PQC$. 所以 $PA=PQ$.

4. 先设 $AD=x$. 因为 $\triangle DEF$ 为等腰三角形. 所以 $DE=EF$，$\angle FEB+\angle DEA=90°$.

又因为 $\angle AED+\angle ADE=90°$. 所以 $\angle FEB=\angle EDA$. 又因为四边形 $ABCD$ 是矩形，所以 $\angle B=\angle A=90°$，所以 $\triangle ADE \cong \triangle BEF$(AAS)，所以 $AD=BE$，所以 $AD+CD=AD+AB=x+x+2=10$.

解得 $x=4$，即 $AD=4$.

5.(1) 因为 $DE\perp AB$，$DF\perp AC$，所以 $\angle BED=\angle CFD=90^\circ$.

因为 $AB=AC$，所以 $\angle B=\angle C$. 因为 D 是 BC 的中点，所以 $BD=CD$，所以 $\triangle BED\cong\triangle CFD$.

(2) 因为 $DE\perp AB$，$DF\perp AC$，所以 $\angle AED=\angle AFD=90^\circ$. 因为 $\angle A=90^\circ$，所以四边形 $DFAE$ 为矩形.

因为 $\triangle BED\cong\triangle CFD$，所以 $DE=DF$，所以四边形 $DFAE$ 为正方形.

6.(1) 如图 21 所示：

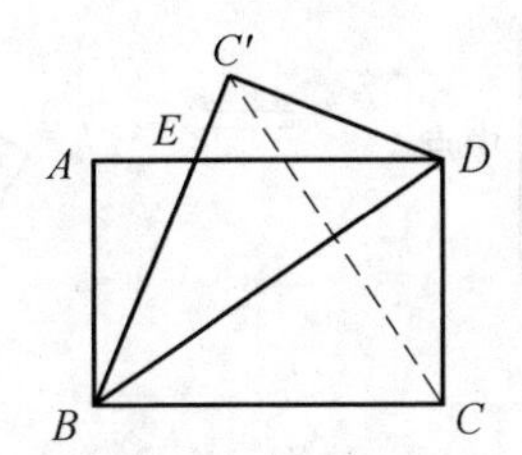

图 21

(2) 因为 $\triangle C'BD$ 与 $\triangle ABD$ 重叠部分的面积等于 $\triangle ABD$ 面积的 $\frac{2}{3}$，这两个三角形等高.

所以 $ED=2AE$，易得 $BE=ED$. 所以在 Rt$\triangle ABE$ 中，$BE=2AE$，所以 $\angle ABE=30^\circ$.

所以 $\angle CBD=\frac{1}{2}\angle CBC'=30^\circ$.

7.(1) 因为四边形 $ABCD$ 是菱形，所以 $AB=CB$，$\angle A=\angle C$，

因为 $BE\perp AD$，$BF\perp CD$，所以 $\angle AEB=\angle CFB=90^\circ$，

在 $\triangle ABE$ 和 $\triangle CBF$ 中，$\begin{cases}\angle A=\angle C\\AB=CB\\\angle AEB=\angle CFB=90^\circ\end{cases}$.

所以 $\triangle ABE\cong\triangle CBF$(AAS)，所以 $BE=BF$.

(2) 如图 22，因为对角线 $AC=8$，$BD=6$，

所以对角线的一半分别为 4，3，

所以菱形的边长为 $\sqrt{4^2+3^2}=5$，

菱形的面积 $=5BE=\frac{1}{2}\times 8\times 6$，解得 $BE=\frac{24}{5}$.

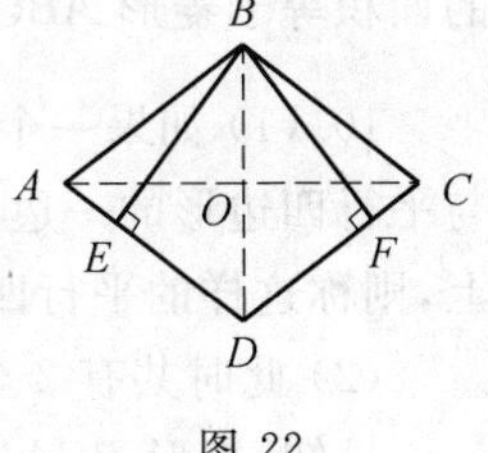

图 22

8.(1) 如图 23 所示：

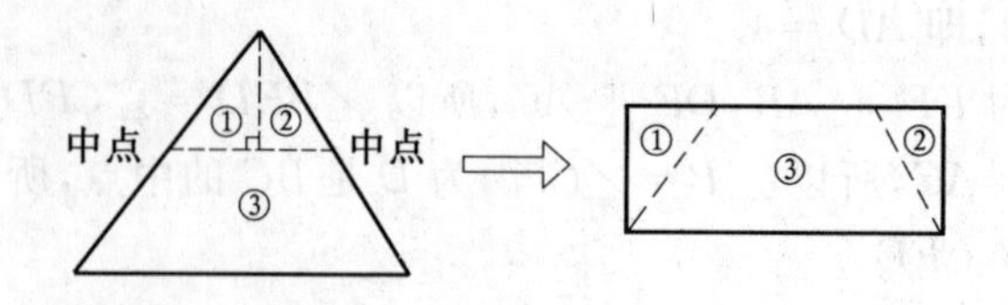

图 23

(2) 如图 24 所示：

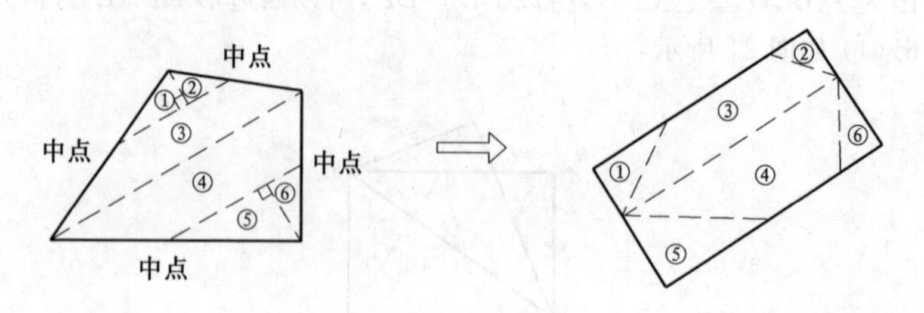

图 24

9.(1) 因为四边形 $ABCD$ 是菱形，所以 $BC=CD$，AC 平分 $\angle BCD$.

因为 $CE=CE$，所以 $\triangle BCE\cong\triangle DCE$，所以 $\angle EBC=\angle EDC$.

又因为 $AB\parallel DC$，所以 $\angle APD=\angle CDP$，所以 $\angle EBC=\angle APD$.

(2) 如图 25，当点 P 运动到 AB 边的中点时，$S_{\triangle ADP}=\frac{1}{4}S_{菱形ABCD}$.

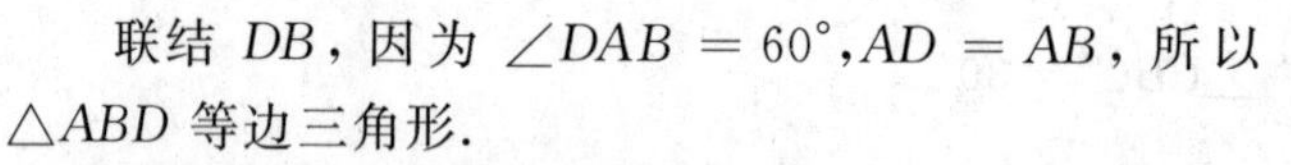

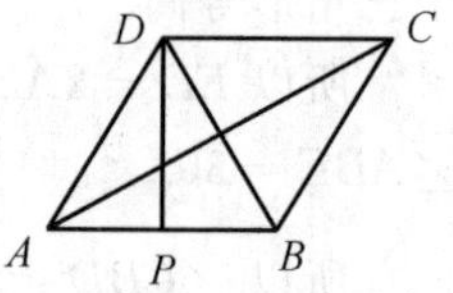

联结 DB，因为 $\angle DAB=60°$，$AD=AB$，所以 $\triangle ABD$ 等边三角形.

图 25

因为 P 是 AB 边的中点，所以 $DP\perp AB$.

所以 $S_{\triangle ADP}=\frac{1}{2}AP\cdot DP$，$S_{菱形ABCD}=AB\cdot DP$.

因为 $AP=\frac{1}{2}AB$，所以 $S_{\triangle ADP}=\frac{1}{2}\times\frac{1}{2}AB\cdot DP=\frac{1}{4}S_{菱形ABCD}$，即 $\triangle ADP$ 的面积等于菱形 $ABCD$ 面积的$\frac{1}{4}$.

10.(1) 如果一个三角形和一个平行四边形满足以下条件：三角形的一边与平行四边形的一边重合，三角形这边所对的顶点在平行四边形这边的对边上，则称这样的平行四边形为三角形的“友好平行四边形”.

(2) 此时共有 2 个友好矩形，如图 26 的矩形 $BCAD$，矩形 $ABEF$.

易知，矩形 $BCAD$、矩形 $ABEF$ 的面积都等于 $\triangle ABC$ 面积的 2 倍，

所以 $\triangle ABC$ 的“友好矩形”的面积相等.

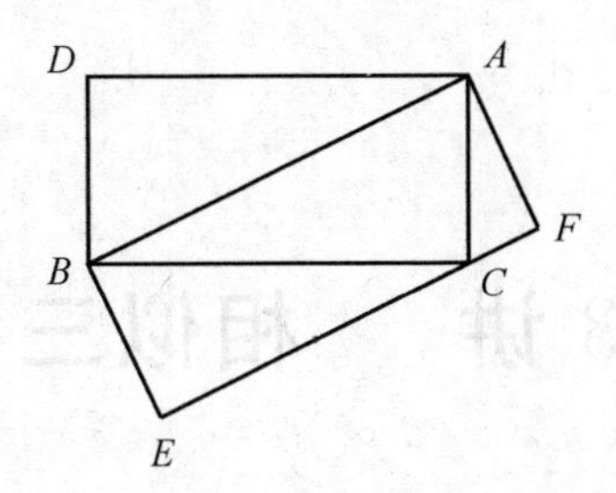

图 26

(3) 此时共有 3 个友好矩形，如图 27 的矩形 $BCDE$、矩形 $CAFG$ 及矩形 $ABHK$，其中的矩形 $ABHK$ 的周长最小.

证明如下：易知，这三个矩形的面积相等，令其为 S，设矩形 $BCDE$、矩形 $CAFG$ 及矩形 $ABHK$ 的周长分别为 L_1, L_2, L_3，$\triangle ABC$ 的边长 $BC=a, CA=b, AB=c$，则

$$L_1=\frac{2S}{a}+2a, L_2=\frac{2S}{b}+2b, L_3=\frac{2S}{c}+2c$$

所以

$$L_1-L_2=(\frac{2S}{a}+2a)-(\frac{2S}{b}+2b)=2(a-b)\cdot\frac{ab-S}{ab}$$

而 $ab>S, a>b$，所以 $L_1-L_2>0$，即 $L_1>L_2$.

同理可得，$L_2>L_3$.

所以 L_3 最小，即矩形 $ABHK$ 的周长最小.

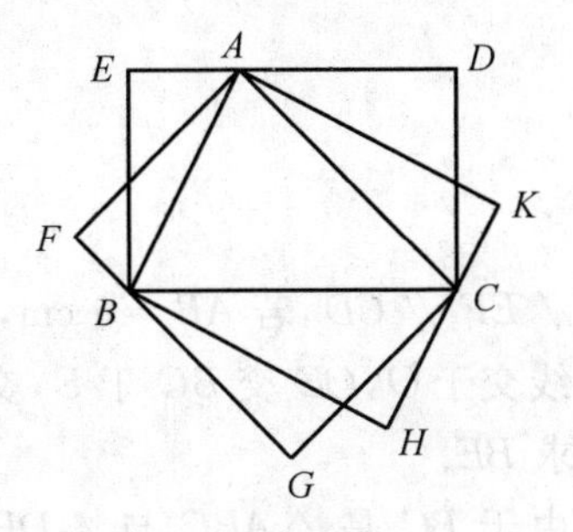

图 27

第13讲　相似三角形

攻克科学堡垒，就像打仗一样，总会有人牺牲，有人受伤，我要为科学而献身.

——罗蒙诺索夫（苏联）

知识方法

两个形状相同的图形称为相似图形，最基本的相似图形是相似三角形. 对应角相等、对应边成比例的三角形，叫作相似三角形. 相似比为1的两个相似三角形是全等三角形. 因此，三角形全等是相似的特殊情况，而三角形相似是三角形全等的发展，两者在判定方法及性质方面有许多类似之处. 因此，在研究三角形相似问题时，我们应该注意借鉴全等三角形的有关定理及方法. 当然，我们又必须同时注意它们之间的区别，这里，要特别注意的是比例线段在研究相似图形中的作用.

典型例题

例1　(1) 已知 $AB \parallel EF \parallel CD$，若 $AB=6$ cm，$CD=9$ cm. 求 EF.

(2)$\square ABCD$ 的对角线交于 O，OE 交 BC 于 E，交 AB 的延长线于 F. 若 $AB=a$，$BC=b$，$BF=c$，求 BE.

解析　(1) 如图1，由于 BC 是 $\triangle ABC$ 与 $\triangle DBC$ 的公共边，且 $AB \parallel EF \parallel CD$，利用平行线分三角形成相似三角形的定理，可求 EF.

在 $\triangle ABC$ 中，因为 $EF \parallel AB$，所以

$$\frac{EF}{AB}=\frac{CF}{CB} \quad ①$$

同样，在 $\triangle DBC$ 中有

$$\frac{EF}{CD}=\frac{BF}{BC} \quad ②$$

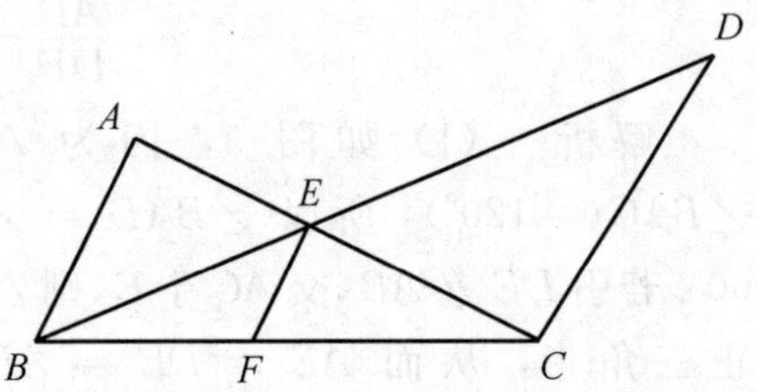

①＋② 得

$$\frac{EF}{AB}+\frac{EF}{CD}=\frac{CF}{BC}+\frac{BF}{BC}=1 \quad ③$$

设 $EF=x$ cm，又已知 $AB=6$ cm，$CD=9$ cm，代入 ③ 得

$$\frac{x}{6}+\frac{x}{9}=1$$

所以
$$x=\frac{18}{5}$$

即
$$EF=\frac{18}{5}\text{ cm}$$

图1

说明　由证明过程我们发现，本题可以有以下一般结论："如本题图所示，$AB\parallel EF\parallel CD$，且 $AB=a$，$CD=b$，$EF=c$，则有 $\frac{1}{a}+\frac{1}{b}=\frac{1}{c}$."

(2) 本题所给出的已知长的线段 AB，BC，BF 位置分散，应设法利用平行四边形中的等量关系，通过辅助线将长度已知的线段"集中"到一个可解的图形中来，为此，如图 2，过 O 作 $OG\parallel BC$，交 AB 于 G，构造出 $\triangle FEB\backsim\triangle FOG$，进而求解.

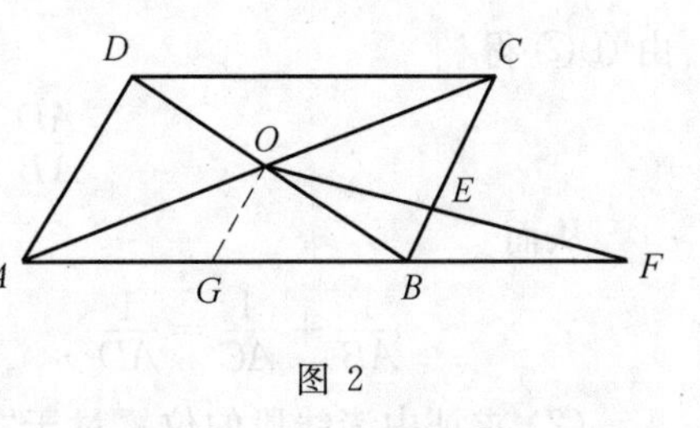

图 2

过 O 作 $OG\parallel BC$，交 AB 于 G. 显然，OG 是 $\triangle ABC$ 的中位线，所以

$$OG=\frac{1}{2}BC=\frac{b}{2},GB=\frac{1}{2}AB=\frac{a}{2}$$

在 $\triangle FOG$ 中，由于 $GO\parallel EB$，所以

$$\triangle FOG\backsim\triangle FEB,\frac{BE}{OG}=\frac{FB}{FG}$$

所以 $BE=\frac{FB}{FG}\cdot OG=\frac{c}{c+\frac{a}{2}}\cdot\frac{b}{2}=\frac{bc}{a+2c}$

例 2　(1) 在 $\triangle ABC$ 中，$\angle BAC=120°$，AD 平分 $\angle BAC$ 交 BC 于 D. 求证：$\frac{1}{AD}=\frac{1}{AB}+\frac{1}{AC}$.

(2) $\square ABCD$ 中，AC 与 BD 交于点 O，E 为 AD 延长线上一点，OE 交 CD 于 F，EO 延长线交 AB 于 G. 求证：

$$\frac{AB}{DF}-\frac{AD}{DE}=2$$

解析　(1) 如图 3，因为 AD 平分 $\angle BAC(=120^\circ)$，所以 $\angle BAD=\angle EAD=60^\circ$. 若引 $DE /\!/ AB$，交 AC 于 E，则 $\triangle ADE$ 为正三角形，从而 $AE=DE=AD$，利用 $\triangle CED \backsim \triangle CAB$，可实现求证的目标.

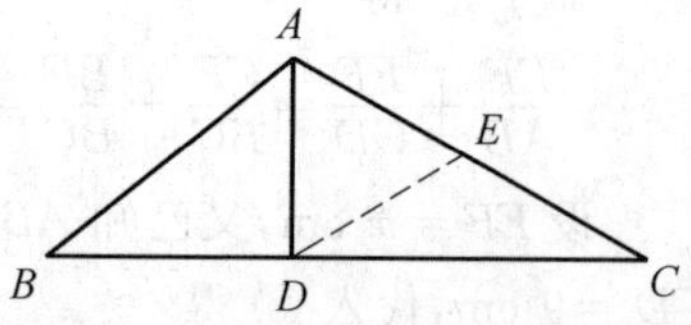

图 3

过 D 引 $DE /\!/ AB$，交 AC 于 E. 因为 AD 是 $\angle BAC$ 的平分线，$\angle BAC=120^\circ$，所以 $\angle BAD=\angle CAD=60^\circ$.

又 $\angle BAD=\angle EDA=60^\circ$，所以 $\triangle ADE$ 是正三角形，所以

$$EA=ED=AD \quad ①$$

由于 $DE /\!/ AB$，所以 $\triangle CED \backsim \triangle CAB$，所以

$$\frac{DE}{AB}=\frac{CE}{CA}=\frac{CA-AE}{CA}=1-\frac{AE}{CA} \quad ②$$

由 ①② 得

$$\frac{AD}{AB}=1-\frac{AD}{AC}$$

从而

$$\frac{1}{AB}+\frac{1}{AC}=\frac{1}{AD}$$

(2) 求证中诸线段的位置过于“分散”，因此，应利用平行四边形的性质，通过添加辅助线使各线段“集中”到一个三角形中来求证.

如图 4，延长 CB 与 EG，其延长线交于 H，如虚线所示，构造平行四边形 $AIHB$. 在 $\triangle EIH$ 中，由于 $DF /\!/ IH$，所以

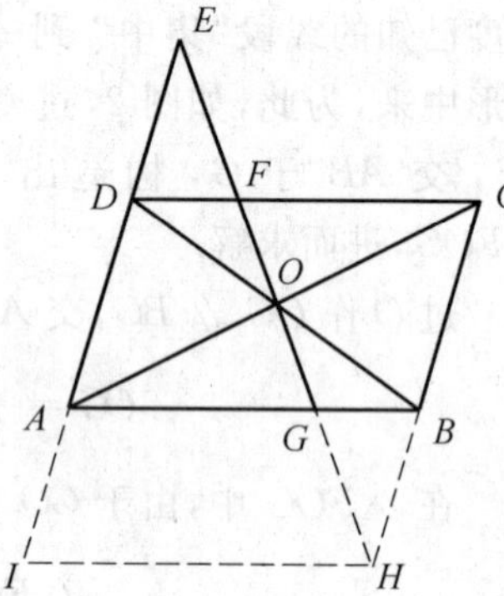

$$\frac{IH}{DF}=\frac{EI}{ED}$$

图 4

因为 $IH=AB$，所以$\dfrac{AB}{DF}=\dfrac{EI}{ED}$，从而

$$\frac{AB}{DF}-\frac{AD}{DE}=\frac{EI}{ED}-\frac{AD}{ED}=\frac{EI-AD}{ED}=\frac{ED+AI}{ED}=1+\frac{AI}{ED} \quad ①$$

在 $\triangle OED$ 与 $\triangle OBH$ 中，$\angle DOE=\angle BOH$，$\angle OED=\angle OHB$，$OD=OB$，所以 $\triangle OED \cong \triangle OBH$(AAS)，从而 $DE=BH=AI$，所以

$$\frac{AI}{ED}=1 \quad ②$$

由 ①② 得

$$\frac{AB}{DF}-\frac{AD}{DE}=2$$

例3　如图5，P 为 $\triangle ABC$ 内一点，过点 P 作线段 DE，FG，HI 分别平行于 AB，BC 和 CA，且 $DE=FG=HI=d$，$AB=510$，$BC=450$，$CA=425$. 求 d.

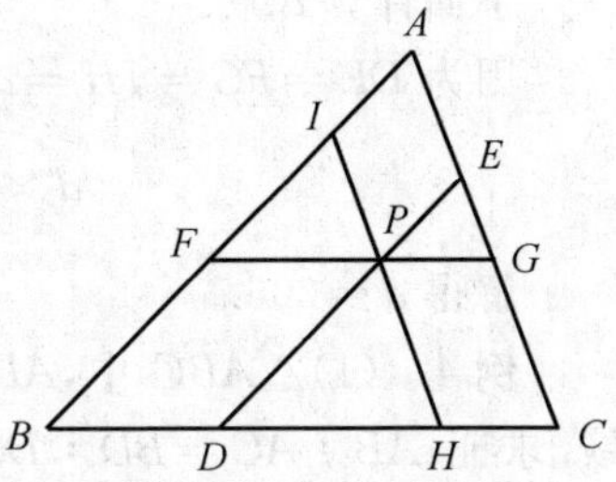

图 5

分析　由于图中平行线段甚多，因而产生诸多相似三角形及平行四边形. 利用相似三角形对应边成比例的性质及平行四边形对边相等的性质，首先得到一个一般关系

$$\frac{DE}{AB}+\frac{FG}{BC}+\frac{HI}{CA}=2$$

即

$$d\left(\frac{1}{AB}+\frac{1}{BC}+\frac{1}{CA}\right)=2$$

进而求 d.

解析　首先证明

$$\frac{DE}{AB}+\frac{FG}{BC}+\frac{HI}{CA}=2 \quad ①$$

因为 $FG \parallel BC$，$HI \parallel CA$，$ED \parallel AB$，易知，四边形 $AIPE$，$BDPF$，$CGPH$ 均是平行四边形. $\triangle BHI \backsim \triangle AFG \backsim \triangle ABC$，从而

$$\frac{FG}{BC}=\frac{AF}{AB},\frac{HI}{CA}=\frac{BI}{AB} \quad ②$$

将 ② 代入 ① 左端得

$$\frac{DE}{AB}+\frac{AF}{AB}+\frac{BI}{AB}=\frac{DE+AF+BI}{AB} \quad ③$$

因为

$$DE=PE+PD=AI+FB \quad ④$$

$$AF=AI+FI \quad ⑤$$

$$BI=IF+FB \quad ⑥$$

由 ④⑤⑥ 知，③ 的分子为

$$DE+AF+BI=2\times(AI+IF+FB)=2AB$$

从而

$$\frac{DE}{AB}+\frac{AF}{AB}+\frac{BI}{AB}=\frac{2\cdot AB}{AB}=2$$

即

$$\frac{DE}{AB}+\frac{FG}{BC}+\frac{HI}{CA}=2$$

下面计算 d.

因为 $DE=FG=HI=d$, $AB=510$, $BC=450$, $CA=425$, 代入 ① 得

$$d\times\left(\frac{1}{510}+\frac{1}{450}+\frac{1}{425}\right)=2$$

解得 $d=306$.

例 4 (1) $\triangle ABC$ 中, AD 是 $\angle BAC$ 的平分线. 求证: $AB:AC=BD:DC$.

(2) 在 $\triangle ABC$ 中, AM 是 BC 边上的中线, AE 平分 $\angle BAC$, $BD\perp AE$ 的延长线于 D, 且交 AM 延长线于 F. 求证: $EF\parallel AB$.

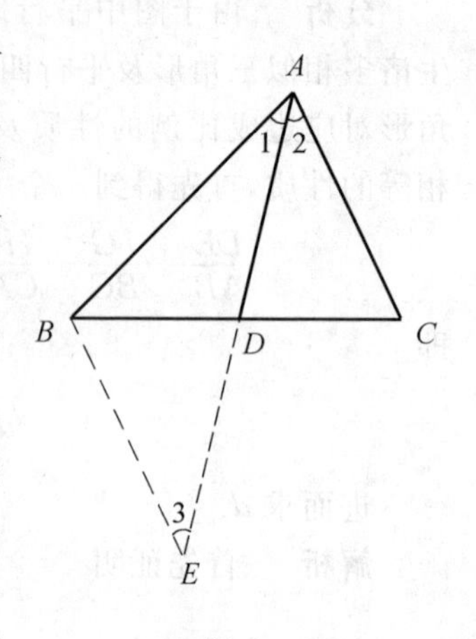

图 6

解析 (1) 设法通过添辅助线构造相似三角形, 这里应注意利用角平分线产生等角的条件.

如图 6, 过 B 引 $BE\parallel AC$, 且与 AD 的延长线交于 E. 因为 AD 平分 $\angle BAC$, 所以 $\angle 1=\angle 2$. 又因为 $BE\parallel AC$, 所以 $\angle 2=\angle 3$.

从而 $\angle 1=\angle 3$, $AB=BE$. 显然 $\triangle BDE\backsim\triangle CDA$, 所以 $BE:AC=BD:DC$, 所以 $AB:AC=BD:DC$.

说明 这个例题在解决相似三角形有关问题中, 常起重要作用, 可当作一个定理使用. 类似的还有一个关于三角形外角分三角形的边成比例的命题, 这个命题将在练习中出现, 请同学们自己试证.

在构造相似三角形的方法中, 利用平行线的性质(如内错角相等、同位角相等), 将等角"转移"到合适的位置, 形成相似三角形是一种常用的方法.

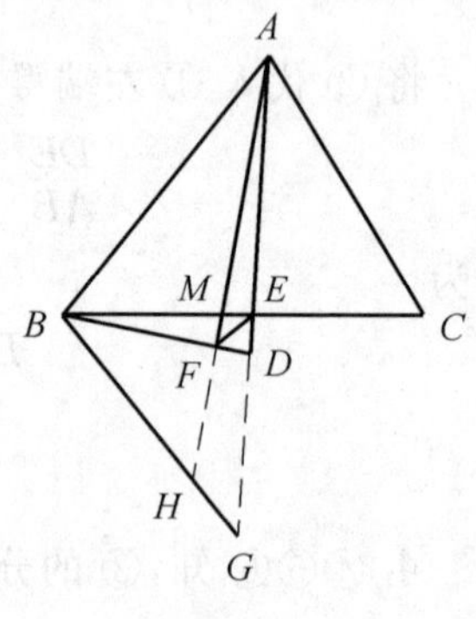

图 7

(2) 利用角平分线分三角形中线段成比例的性质, 构造三角形, 设法证明 $\triangle MEF\backsim\triangle MAB$, 从而 $EF\parallel AB$.

如图 7, 过 B 引 $BG\parallel AC$ 交 AE 的延长线于

G,交 AM 的延长线于 H.因为 AE 是 $\angle BAC$ 的平分线,所以 $\angle BAE=\angle CAE$.

因为 $BG \parallel AC$,所以 $\angle CAE=\angle G$,$\angle BAE=\angle G$,所以 $BA=BG$.

又 $BD \perp AG$,所以 $\triangle ABG$ 是等腰三角形,所以 $\angle ABF=\angle HBF$,

从而 $AB : BH=AF : FH$.

又 M 是 BC 边的中点,且 $BH \parallel AC$,易知 $ABHC$ 是平行四边形,从而 $BH=AC$,所以 $AB : AC=AF : FH$.

因为 AE 是 $\triangle ABC$ 中 $\angle BAC$ 的平分线,所以 $AB : AC=BE : EC$.

所以 $AF : FH=BE : EC$,即

$(AM+MF) : (AM-MF)=(BM+ME) : (BM-ME)$(这是因为 $ABHC$ 是平行四边形,所以 $AM=MH$ 及 $BM=MC$).由合分比定理,上式变为 $AM : MB=FM : ME$.

在 $\triangle MEF$ 与 $\triangle MAB$ 中,$\angle EMF=\angle AMB$,所以 $\triangle MEF \backsim \triangle MAB$(两个三角形两条边对应成比例,并且夹角相等,那么这两个三角形相似.).所以 $\angle ABM=\angle FEM$,所以 $EF \parallel AB$.

例 5　(1)P,Q 分别是正方形 $ABCD$ 的边 AB,BC 上的点,且 $BP=BQ$,$BH \perp PC$ 于 H.求证:$QH \perp DH$.

(2)P,Q 分别是 Rt$\triangle ABC$ 两直角边 AB,AC 上两点,M 为斜边 BC 的中点,且 $PM \perp QM$.求证:$PB^2+QC^2=PM^2+QM^2$.

解析　(1) 如图 8,要证 $QH \perp DH$,只要证明 $\angle BHQ=\angle CHD$.由于 $\triangle PBC$ 是直角三角形,且 $BH \perp PC$,熟知 $\angle PBH=\angle PCB$,从而 $\angle HBQ=\angle HCD$,因而 $\triangle BHQ$ 与 $\triangle DHC$ 应该相似.

在 Rt$\triangle PBC$ 中,因为 $BH \perp PC$,所以 $\angle PBC=\angle PHB=90^\circ$.

从而 $\angle PBH=\angle PCB$.显然,Rt$\triangle PBC \backsim$ Rt$\triangle BHC$,所以

$$\frac{BH}{PB}=\frac{HC}{BC}$$

由已知,$BP=BQ$,$BC=DC$,所以

$$\frac{BH}{BQ}=\frac{HC}{BC}$$

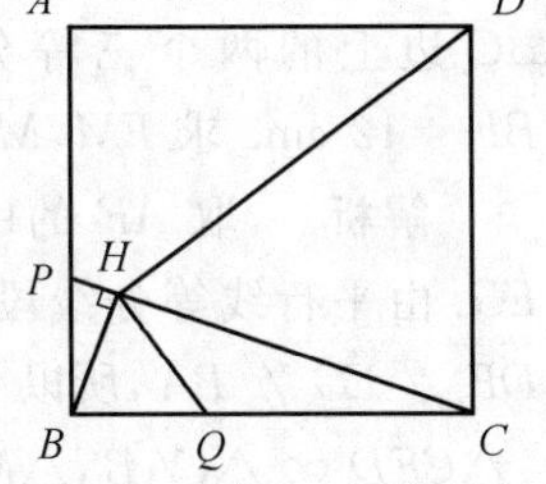

图 8

因为 $\angle ABC=\angle BCD=90^\circ$,所以 $\angle HBQ=\angle HCD$,所以 $\triangle HBQ \backsim \triangle HCD$,$\angle BHQ=\angle DHC$,$\angle BHQ+\angle QHC=\angle DHC+\angle QHC$.

又因为 $\angle BHQ+\angle QHC=90^\circ$,所以 $\angle QHD=\angle QHC+DHC=90^\circ$,即 $DH \perp HQ$.

(2) 如图 9,若作 $MD \perp AB$ 于 D,$ME \perp AC$ 于 E,并联结 PQ,则

$$PM^2 + QM^2 = PQ^2 = AP^2 + AQ^2$$

于是求证式等价于

$$PB^2 + QC^2 = PA^2 + QA^2 \quad ①$$

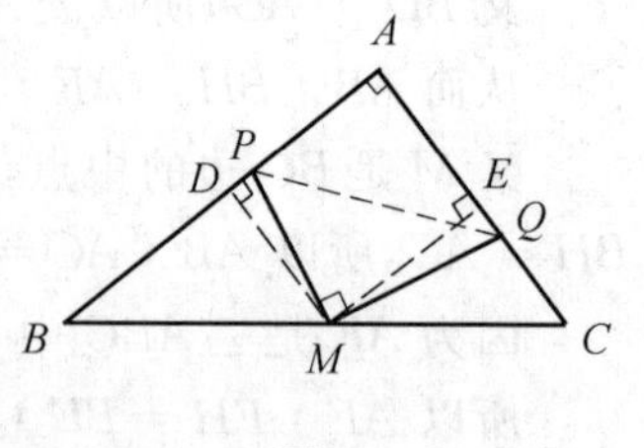

图 9

等价于

$$PB^2 - PA^2 = QA^2 - QC^2 \quad ②$$

因为 M 是 BC 中点,且 $MD \parallel AC$,$ME \parallel AB$,所以 D,E 分别是 AB,AC 的中点,即有 $AD = BD$,$AE = CE$,② 等价于

$$(AD + PD)^2 - (AD - PD)^2 = (AE + EQ)^2 - (AE - EQ)^2 \quad ③$$

③ 等价于

$$AD \cdot PD = AE \cdot EQ \quad ④$$

因为 $ADME$ 是矩形,所以 $AD = ME$,$AE = MD$,故 ④ 等价于

$$ME \cdot PD = MD \cdot EQ \quad ⑤$$

为此,只要证明 $\triangle MPD \backsim \triangle MEQ$ 即可.下面我们来证明这一点.

事实上,这两个三角形都是直角三角形,因此,只要再证明有一对锐角相等即可.由于 $ADME$ 为矩形,所以

$$\angle DME = 90° = \angle PMQ(\text{已知}) \quad ⑥$$

在 ⑥ 的两边都减去一个公共角 $\angle PME$,所得差角相等,即

$$\angle PMD = \angle QME \quad ⑦$$

由 ⑥⑦,所以 $\triangle MPD \backsim \triangle MEQ$.

由此 ⑤ 成立,自 ⑤ 逆上,步步均可逆推,从而 ① 成立,则原命题获证.

例 6 如图 10,$\triangle ABC$ 中,E,D 是 BC 边上的两个三等分点,$AF = 2CF$,$BF = 12$ cm. 求 FM,MN,BN 的长.

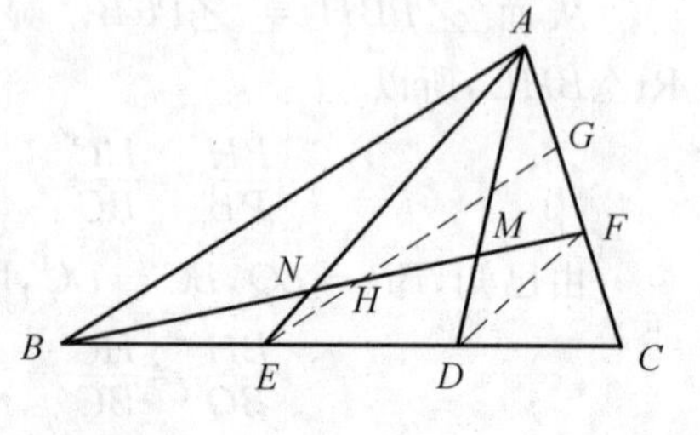

图 10

解析 取 AF 的中点 G,联结 DF,EG.由平行线等分线段定理的逆定理知 $DF \parallel EG \parallel BA$,所以

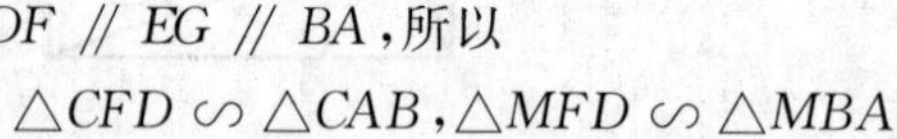

$$\triangle CFD \backsim \triangle CAB,\triangle MFD \backsim \triangle MBA$$

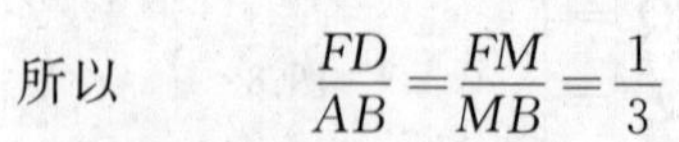

所以 $\dfrac{FD}{AB} = \dfrac{FM}{MB} = \dfrac{1}{3}$

所以 $MB = 3MF$,从而 $BF = 4FM = 12$,所以 $FM = 3$ cm.

又在 $\triangle BDF$ 中,E 是 BD 的中点,且 $EH \parallel DF$,所以

$$EH=\frac{1}{2}DF=\frac{1}{2}\times\left(\frac{1}{3}AB\right)=\frac{1}{6}AB$$

因为 $EH\ /\!/\ AB$，所以 $\triangle NEH\backsim\triangle NAB$，从而

$$\frac{HN}{NB}=\frac{EH}{AB}=\frac{1}{6}$$

故

$$HN=\frac{1}{7}BH$$

显然，H 是 BF 的中点，所以

$$BH=HF=6\ \text{cm},MH=6-3=3\ (\text{cm})$$

$$NH=\frac{1}{7}BH=\frac{6}{7}\ (\text{cm})$$

所以

$$MN=3+\frac{6}{7}=3\frac{6}{7}\ (\text{cm})$$

$$BN=\frac{6}{7}BH=\frac{36}{7}=5\frac{1}{7}\ (\text{cm})$$

故所求的三条线段长分别为

$$FM=3\ \text{cm},MN=3\frac{6}{7}\ \text{cm},BN=5\frac{1}{7}\ \text{cm}$$

巩固演练

1. 如图 11，正方形 $ABCD$ 的边长为 2，$AE=EB$，$MN=1$，线段 MN 的两端在 CB，CD 上滑动，当 $CM=$________时，$\triangle AED$ 与以 M，N，C 为顶点的三角形相似.

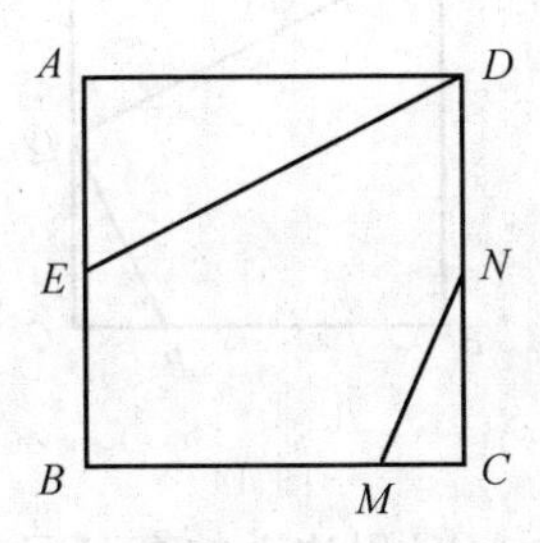

图 11

2. 如图 12，有两个直角三角形 $\triangle ABC$ 和 $\triangle BDC$，其中 $\angle ABC=\angle CDB=90^\circ$，$AC=a$，$BC=b$，若 $\triangle ABC$ 与 $\triangle CDB$ 相似，则 BD 与 a，b 之间的关系式为________.

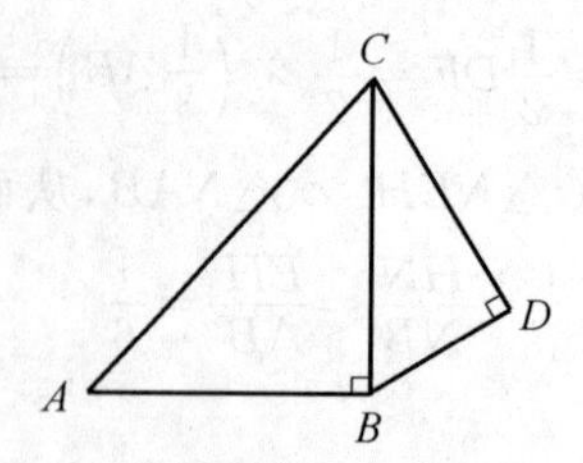

图 12

3. Rt$\triangle ABC$ 中，CD 是斜边 AB 上的高，若 $AD=2$ cm，$BD=6$ cm，则 $CD=$________，$AC=$________，$BC=$________.

4. 如图 13，梯形 $ABCD$ 中，$AB\parallel CD$，EF 过对角线的交点 O，且 $EO:OF=1:2$，则 $AB:DC=$________，$OC:CA=$________，$\triangle AOB$ 的周长 : $\triangle COD$ 的周长 = ________，$S_{\triangle COD}:S_{\triangle AOB}=$________，$S_{\triangle COD}:S_{\triangle ABC}=$________.

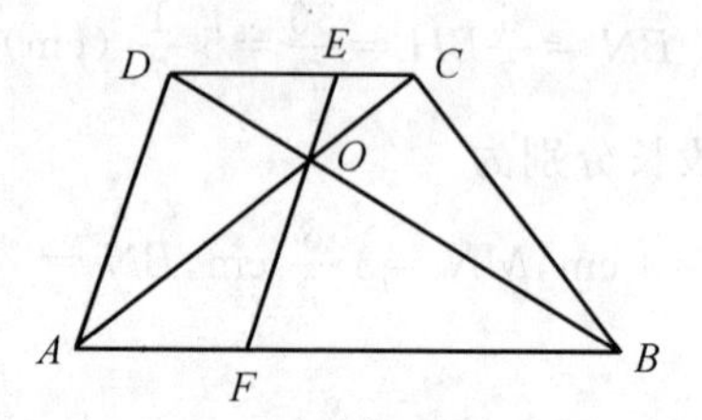

图 13

5. 如图 14，在正方形 $ABCD$ 中，P 是 BC 上的点，且 $BP=3PC$，Q 是 CD 的中点，求证：$\triangle ADQ\backsim\triangle QCP$.

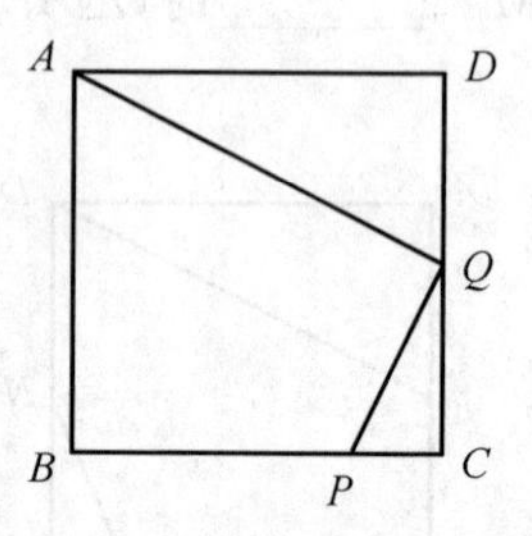

图 14

6. 如图 15，AD 是 Rt$\triangle ABC$ 斜边上的高，$DE\perp DF$，且 DE 和 DF 分别交 AB，AC 于 E，F，求证：$\dfrac{AF}{AD}=\dfrac{BE}{BD}$.

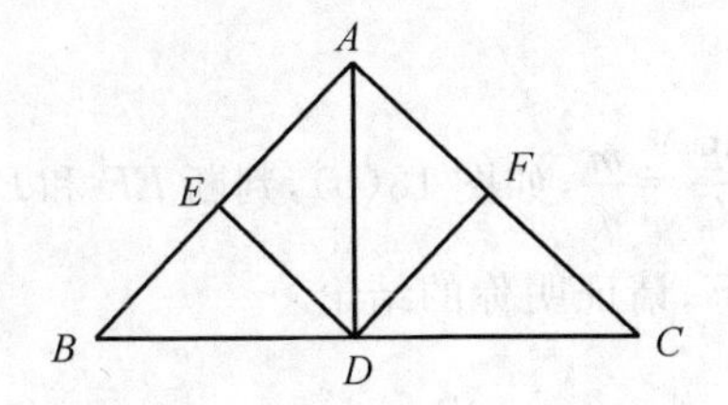

图 15

7. 已知：如图 16，▱$ABCD$ 中，$\angle DBC=45°$，$DE\perp BC$ 于 E，$BF\perp CD$ 于 F，DE，BF 相交于 H，BF，AD 的延长线相交于 G.

求证：(1) $AB=BH$；

(2) $AB^2=GA\cdot HF$.

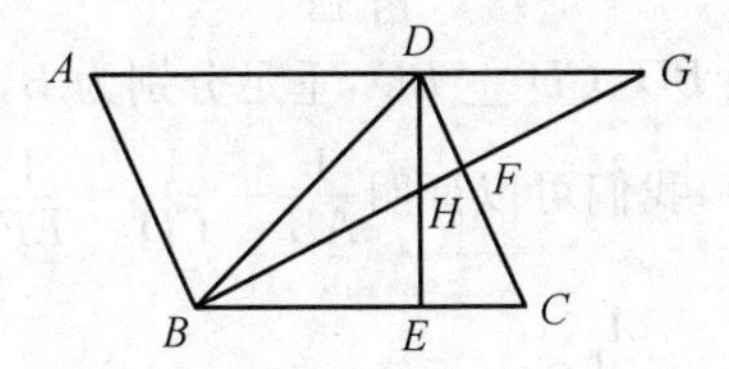

图 16

8. 已知：如图 17，在 Rt△ABC 中，$\angle BAC=90°$，$AB=AC$，D 为 BC 的中点，E 为 AC 上一点，点 G 在 BE 上，联结 DG 并延长交 AE 于 F，若 $\angle FGE=45°$.

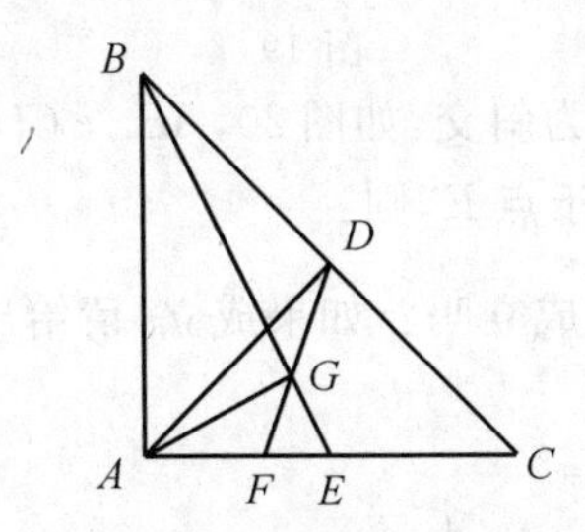

图 17

(1) 求证：$BD\cdot BC=BG\cdot BE$；

(2) 求证：$AG\perp BE$；

(3) 若 E 为 AC 的中点，求 $EF:FD$ 的值.

9. 已知：在梯形 $ABCD$ 中，$AD\parallel BC$，点 E 在 AB 上，点 F 在 CD 上，且 $AD=a$，$BC=b$.

(1) 如果点 E，F 分别为 AB，DC 的中点，如图 18(a)，求证：$EF\parallel BC$，且

$EF=\dfrac{a+b}{2}$；

(2) 如果$\dfrac{AE}{EB}=\dfrac{DF}{FC}=\dfrac{m}{n}$，如图18(b)，判断$EF$和$BC$是否平行，并用$a$，$b$，$m$，$n$的代数式表示$EF$，请证明你的结论.

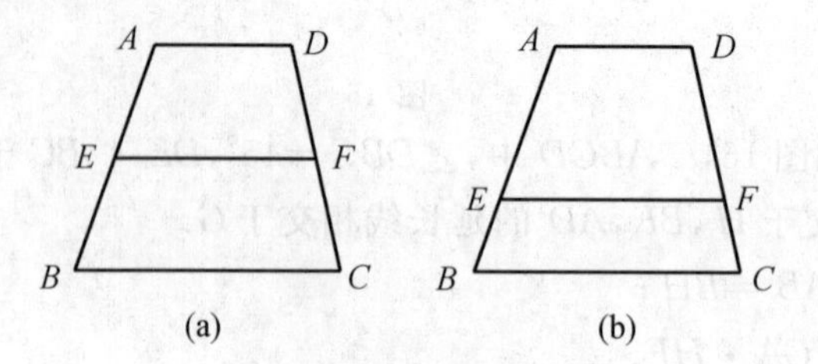

图 18

10. 如图19，$AB\perp BD$，$CD\perp BD$，垂足分别为B，D，AD和BC相交于点E，$EF\perp BD$，垂足为F，我们可以证明$\dfrac{1}{AB}+\dfrac{1}{CD}=\dfrac{1}{EF}$成立.

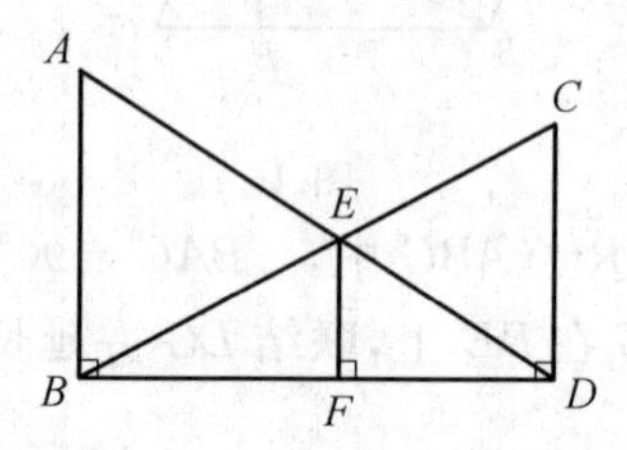

图 19

若将图19中的垂直改为斜交，如图20，$AB\parallel CD$，AD，BC相交于点E，过点E作$EF\parallel AB$，交BD于点F，则：

(1) $\dfrac{1}{AB}+\dfrac{1}{CD}=\dfrac{1}{EF}$还成立吗？如果成立，请给出证明；如果不成立，请说明理由.

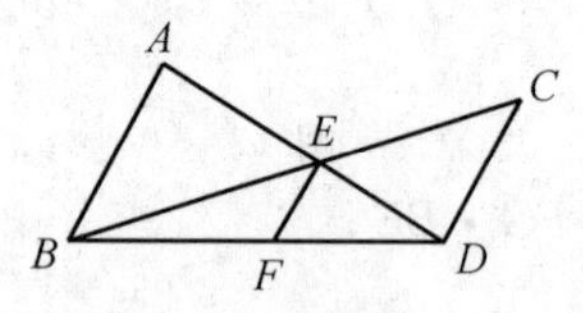

图 20

(2) 请找出$S_{\triangle ABD}$，$S_{\triangle BED}$和$S_{\triangle BDC}$间的关系式，并给出证明.

演练答案

1. $\frac{\sqrt{5}}{5}$ 或 $\frac{2\sqrt{5}}{5}$

2. $BD=\frac{b}{a}\sqrt{a^2-b^2}$ 或 $BD=\frac{b^2}{a}$

3. $2\sqrt{3}$　4　$4\sqrt{3}$

4. 2∶1　1∶3　2∶1　1∶4　1∶6

5. 设 $PC=a$，则 $BP=3a$，$AD=4a$，$DQ=QC=2a$，所以 $\frac{AD}{DQ}=2$，$\frac{QC}{PC}=2$，又 $\angle C=\angle D=90°$，所以 $\triangle AQD\backsim\triangle QCP$.

6. 证 $\triangle BDE\backsim\triangle ADF$.

7. (1) 证 $\triangle BEH\cong\triangle DEC$；(2) 证 $\triangle BEH\backsim\triangle GBA$.

8. (1) 证 $\triangle GBD\backsim\triangle CBE$；(2) 证 $\triangle ABG\backsim\triangle EBA$；(3) $1:\sqrt{10}$.

9. (1) 略；　(2) $EF\parallel BC$，$EF=\frac{mb+na}{m+n}$.

10. (1) $\frac{1}{AB}+\frac{1}{CD}=\frac{1}{EF}$ 还成立. 因为 $AB\parallel EF$，所以 $\frac{EF}{AB}=\frac{DF}{DB}$. 因为 $CD\parallel EF$，所以 $\frac{EF}{CD}=\frac{BF}{DB}$，所以 $\frac{EF}{AB}+\frac{EF}{CD}=\frac{DF}{DB}+\frac{BF}{DB}=\frac{DB}{DB}=1$. 所以 $\frac{1}{AB}+\frac{1}{CD}=\frac{1}{EF}$.

(2) 关系式为：$\frac{1}{S_{\triangle ABD}}+\frac{1}{S_{\triangle BCD}}=\frac{1}{S_{\triangle BED}}$，

分别过 A 作 $AM\perp BD$ 于 M，过 E 作 $EN\perp BD$ 于 N，过 C 作 $CK\perp BD$ 交 BD 的延长线于 K.

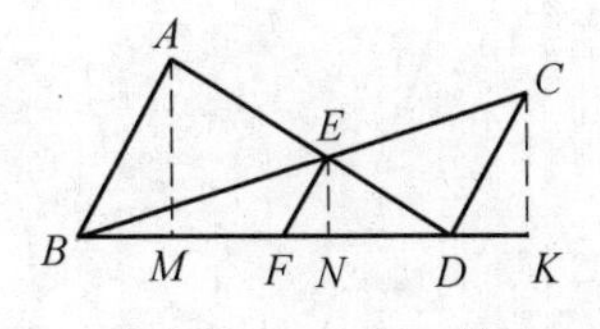

图 21

由题意可得：$\frac{1}{AM}+\frac{1}{CK}=\frac{1}{EN}$.

所以 $\frac{2}{BD\cdot AM}+\frac{2}{BD\cdot CK}=\frac{2}{BD\cdot EN}$.

因为$\frac{1}{2}BD \cdot AM = S_{\triangle ABD}$，$\frac{1}{2}BD \cdot CK = S_{\triangle BCD}$，$\frac{1}{2}BD \cdot EN = S_{\triangle BED}$.

所以$\frac{1}{S_{\triangle ABD}} + \frac{1}{S_{\triangle BCD}} = \frac{1}{S_{\triangle BED}}$.

第 14 讲　全等与相似三角形综合

科学绝不能不劳而获，除了汗流满面而外，没有其他获得的方法. 热情、幻想、以整个身心去渴望，都不能代替劳动，世界上没有一种"轻易的科学".

——赫尔岑(苏联)

知识方法

1. 全等三角形的判定与性质

判定：边角边定理(SAS)、角边角定理(ASA)、角角边定理(AAS)、边边边定理(SSS).

若三角形是直角三角形，还可以用斜边直角边定理(HL).

性质：全等三角形的对应边、对应角、对应中线、对应高、对应角平分线、对应位置上的线段和角都相等.

2. 相似三角形的判定与性质

判定：(1) 一个角对应相等，并且夹这个角的两边对应成比例；

(2) 两个角对应相等；

(3) 三条边对应成比例；

(4) 两个直角三角形的斜边和一条直角边对应成比例.

性质：相似三角形的对应角相等；对应边的比、对应中线的比、对应高的比、对应角平分线的比，以及周长之比都等于相似比，面积的比等于相似比的平方.

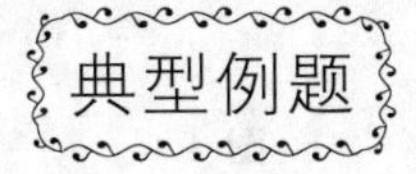

典型例题

例 1　如图 1，点 C 是线段 AB 上一点，$\triangle ACD$ 和 $\triangle BCE$ 是两个等边三角

形，点 D,E 在 AB 同旁，AE,BD 分别交 CD,CE 于 G,H. 求证：$GH \parallel AB$.

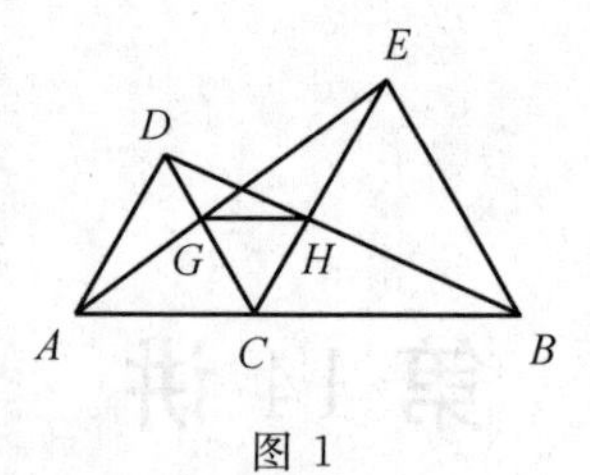

图 1

分析 要证明 $GH \parallel AB$，也就是要证明 $\triangle GCH$ 为等边三角形，即要证明 $CG=CH$，从而可以通过三角形全等来解决，于是有下面的证法.

解析 如图 2，$\angle 1=\angle 2=\angle 3=60°$，

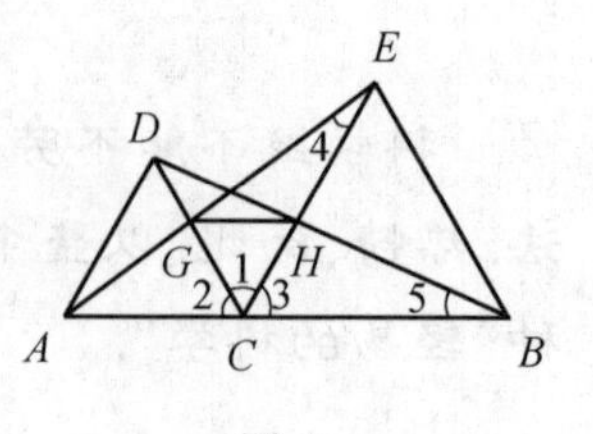

图 2

所以 $\angle DCB=\angle ACE=120°$.

又因为 $AC=CD,CE=CB$，

所以 $\triangle ACE \cong \triangle DCB$.

所以 $\angle 4=\angle 5$.

又因为 $\angle 1=\angle 3,CB=CE$，

所以 $\triangle CGE \cong \triangle CHB$.

所以 $CG=CH$.

所以 $\triangle GCH$ 为等边三角形，$\angle GHC=\angle HCB=60°$.

所以 $GH \parallel AB$.

例 2 如图 3，在 $\angle A$ 的两边上分别截取 $AB=AC$，在 AB 上截取 AE，在 AC 上截取 AD，且使 $AD=AE$. 试问：BD 与 CE 的交点 P 是否在 $\angle A$ 的平分线上？

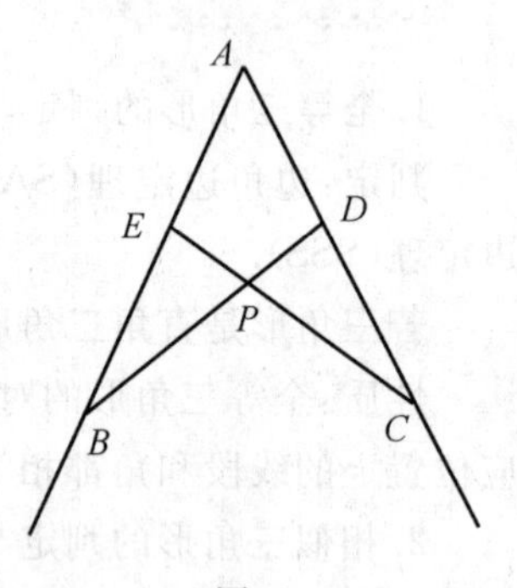

图 3

分析 要判断 P 是否在 $\angle A$ 的平分线上，可以联结 AP，判断 $\angle BAP$ 与 $\angle CAP$ 是否相等，于是可以通过三角形全等来证明.

解析 如图 4，联结 AP. 因为 $AB=AC$，$AD=AE$，$\angle A=\angle A$，所以 $\triangle ABD \cong \triangle ACE$.

所以 $\angle ABP=\angle ACP$.

又因为 $AB=AC,AE=AD$，所以 $BE=CD$.

又 $\angle BPE=\angle CPD,\angle ABP=\angle ACP$，

所以 $\triangle BPE \cong \triangle CPD$，所以 $PE=PD$.

联结 AP. 又因为 $AE=AD,AP=AP,PE=PD$，所以 $\triangle AEP \cong \triangle ADP$，所以 $\angle BAP=\angle CAP$.

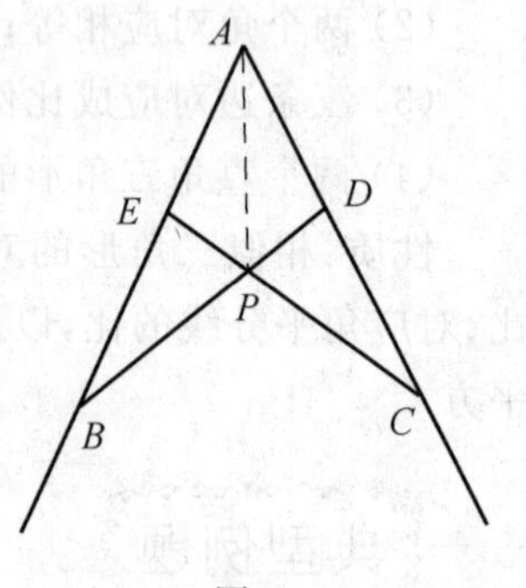

图 4

所以点 P 在 $\angle BAC$ 的平分线上.

说明 (1) 本题实际上又提供了一种作角平分线的方法；

(2) 由$\triangle BPE \cong \triangle CPD$可知$BE$和$CD$边上的对应高相等,从而点$P$在$\angle BAC$的平分线上.

例3 已知在等腰 Rt$\triangle ABC$中,$\angle A$是直角,D是AC上一点,$AE \perp BD$,AE的延长线交BC于F,若$\angle ADB = \angle FDC$,求证:D是AC的中点.

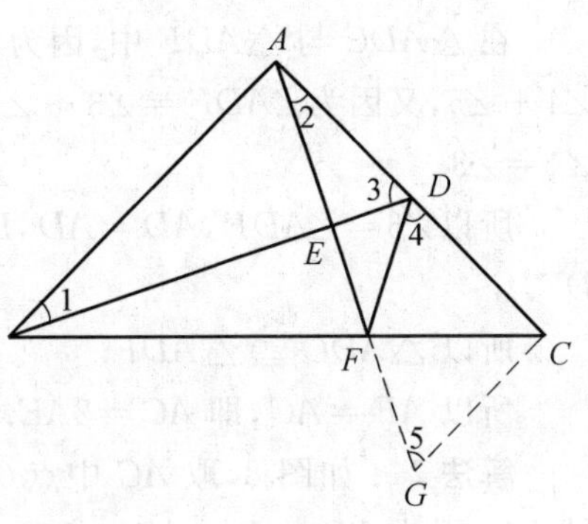

图 5

分析 要证明D是AC的中点,可以构造两个全等三角形,证明两条线段相等.

解析 如图5,过C作$CG \perp AC$,交AE的延长线于点G,因为$\angle BAC = 90°$,所以$\angle 1 + \angle 3 = 90°$.

因为$AE \perp BD$,所以$\angle 2 + \angle 3 = 90°$,所以$\angle 1 = \angle 2$.

在$\triangle ABD$与$\triangle CAG$中,$\angle BAD = \angle ACG = 90°$,

$AB = CA$,$\angle 1 = \angle 2$,所以$\triangle ABD \cong \triangle CAG$.

所以$\angle 3 = \angle 5$,$AD = CG$.

因为$AB = AC$,$\angle BAC = 90°$,所以$\angle ACB = 45°$.

因为$\angle ACG = 90°$,所以$\angle GCF = 45°$.

因为$\angle 4 = \angle 3$,所以$\angle 4 = \angle 5$.

在$\triangle DCF$和$\triangle GCF$中,$\angle 4 = \angle 5$,$\angle DCF = \angle GCF$,$CF = CF$,

所以$\triangle DCF \cong \triangle GCF$,所以$DC = GC$,所以$AD = DC$.

说明 事实上本题由等腰直角三角形可以补成正方形,很自然就可以添加本题的辅助线,“补形”是添辅助线常用的方法之一.

例4 如图6,在$\triangle ABC$中,$BC = 2AB$,AD是BC边上的中线,AE是$\triangle ABD$的中线.求证:$AC = 2AE$.

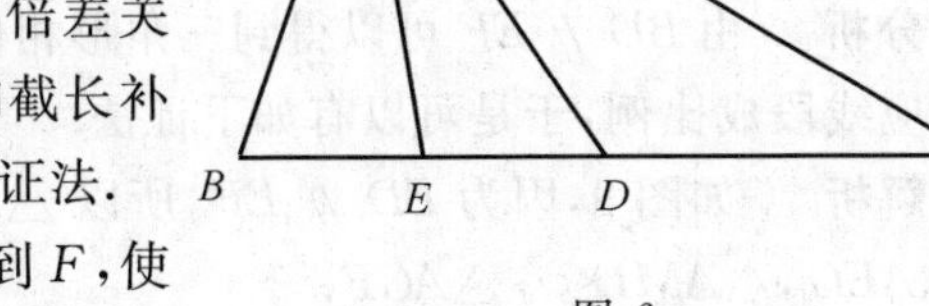

图 6

分析 题目中涉及中点和倍差关系,因此可以利用中点的性质和截长补短的方法作辅助线,从而有下列证法.

解法1 如图7,延长AE到F,使$AE = EF$,联结BF,DF.

在$\triangle ABE$与$\triangle FDE$中,

因为$AE = FE$,$BE = DE$,$\angle 1 = \angle 2$,所以$\triangle ABE \cong \triangle FDE$.

所以$AB = FD$,$\angle 4 = \angle 3$.

因为 $BC=2AB$，D 为 BC 的中点，所以 $AB=CD$，所以 $DF=DC$.

在 $\triangle ADC$ 与 $\triangle ADF$ 中，因为 $\angle 6=\angle 4+\angle 5$，又因为 $\angle ADF=\angle 3+\angle 5$，而 $\angle 4=\angle 3$.

所以 $\angle 6=\angle ADF$，$AD=AD$，$DC=DF$.

所以 $\triangle ADC\cong\triangle ADF$.

所以 $AF=AC$，即 $AC=2AE$.

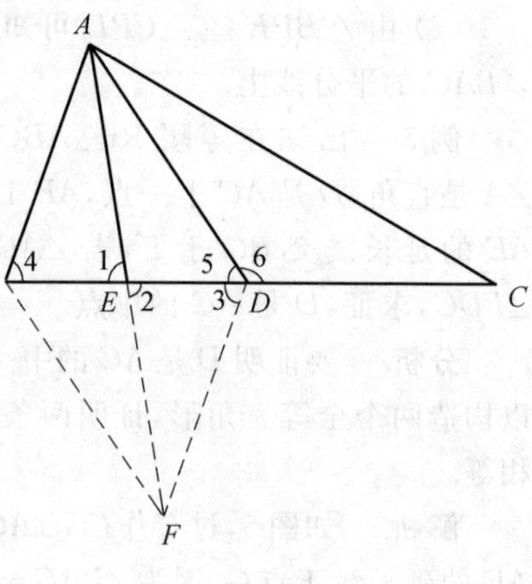

图 7

解法 2　如图 8，取 AC 中点 G，联结 DG，因为 $BD=DC$，$AG=GC$，所以 $DG\parallel AB$ 且 $DG=\frac{1}{2}AB$.

所以 $\angle 1=\angle 3$.

因为 $2AB=BC$，D 为 BC 中点，所以 $AB=DB$.

所以 $\angle 1=\angle 2$，所以 $\angle 2=\angle 3$.

因为 E 为 BD 中点，所以 $DE=\frac{1}{2}BD=\frac{1}{2}AB$.

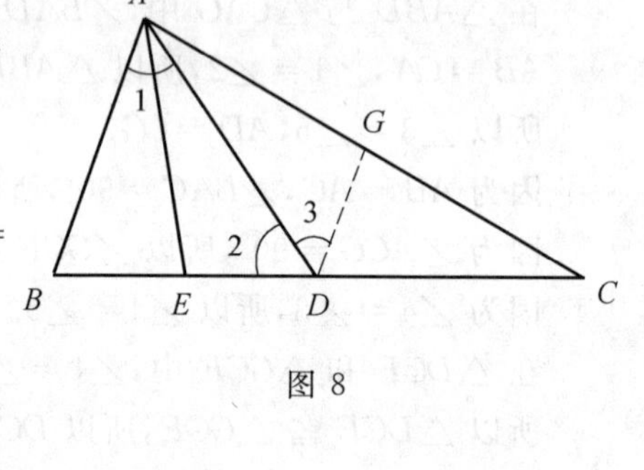

图 8

在 $\triangle ADE$ 与 $\triangle ADG$ 中，因为 $AD=AD$，$ED=DG$，$\angle 2=\angle 3$，

所以 $\triangle ADE\cong\triangle ADG$，所以 $AE=AG=\frac{1}{2}AC$.

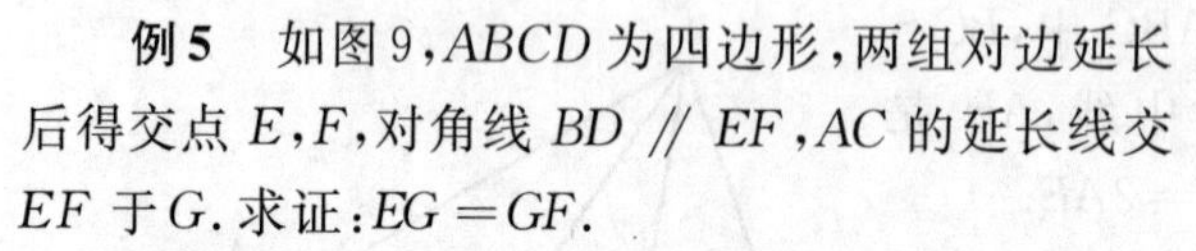

例 5　如图 9，$ABCD$ 为四边形，两组对边延长后得交点 E，F，对角线 $BD\parallel EF$，AC 的延长线交 EF 于 G. 求证：$EG=GF$.

分析　由 $BD\parallel EF$ 可以得到三角形相似，从而对应线段成比例，于是可以有如下证法.

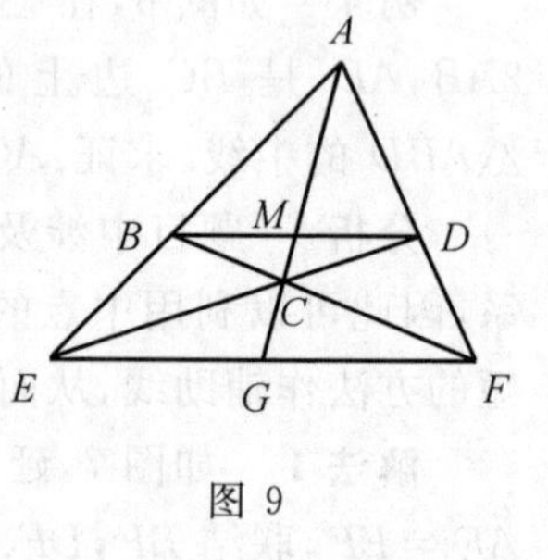

图 9

解析　如图 9，因为 $BD\parallel EF$，所以 $\triangle ABM\backsim\triangle AEG$，$\triangle AMD\backsim\triangle AGF$.

所以

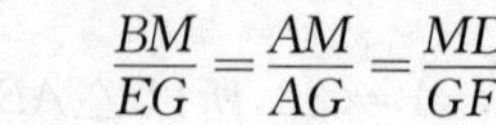

$$\frac{BM}{EG}=\frac{AM}{AG}=\frac{MD}{GF}$$

即

$$\frac{BM}{EG}=\frac{MD}{GF} \quad ①$$

又因为 $BD \parallel EF$，所以 $\triangle CBM \backsim \triangle CFG$，$\triangle CMD \backsim \triangle CGE$. 所以

$$\frac{BM}{GF}=\frac{MC}{CG}=\frac{MD}{EG}$$

即

$$\frac{BM}{GF}=\frac{MD}{EG} \quad ②$$

由 ① ÷ ② 得 $\frac{GF}{EG}=\frac{EG}{GF}$，所以 $EG=GF$.

说明　本题可以用面积法来证明：如图 10，过 C 作 EF 的平行线分别交 AE，AF 于 M，N. 由 $BD \parallel EF$，可知 $MN \parallel BD$. 易知

$$S_{\triangle BEF}=S_{\triangle DEF}$$

有

$$S_{\triangle BEC}=S_{\triangle DFC}$$

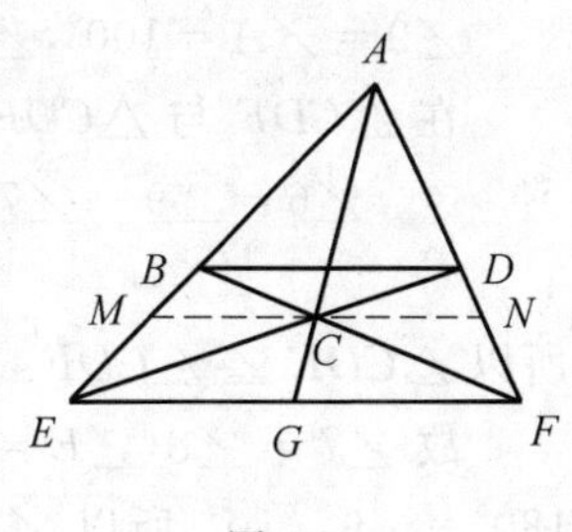

图 10

由两条平行线间距离相等可得 $MC=CN$.

所以 $EG=GF$.

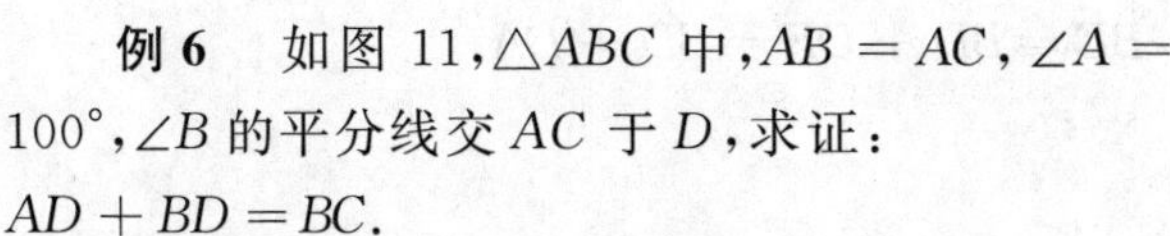

例 6　如图 11，$\triangle ABC$ 中，$AB=AC$，$\angle A=100°$，$\angle B$ 的平分线交 AC 于 D，求证：$AD+BD=BC$.

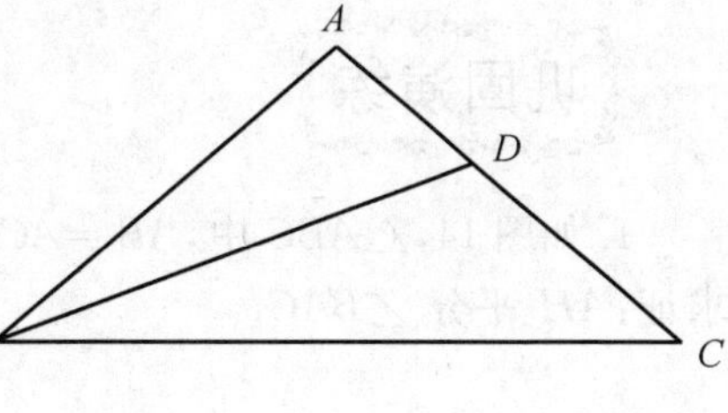

图 11

分析　可以用截长补短的方法.

证法 1　在 BC 上截取 $BE=BD$，联结 ED.

因为 $AB=AC$，$\angle A=100°$，所以 $\angle ABC=\angle C=40°$.

因为 BD 平分 $\angle ABC$，所以 $\angle DBE=20°$.

所以 $\angle BED=80°$，所以 $\angle DEC=100°$.

所以 $\angle EDC=40°=\angle C$，所以 $DE=CE$.

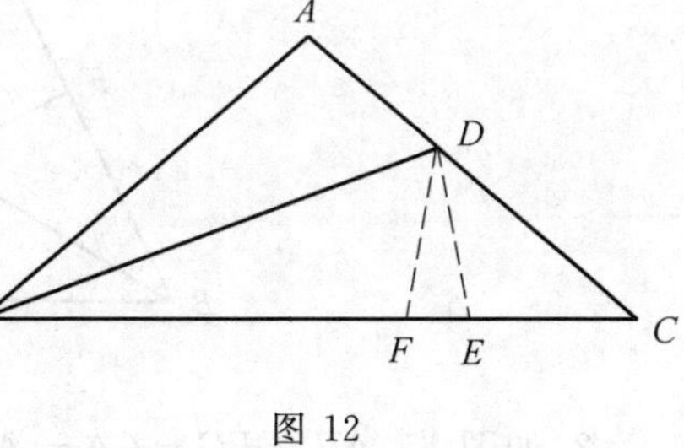

图 12

在 BC 上截取 $BF=BA$，在 $\triangle ABD$ 和 $\triangle FBD$ 中，$BA=BF$，$\angle ABD=\angle FBD$，$BD=BD$，所以 $\triangle ABD \cong \triangle FBD$.

所以 $DF=AD$，$\angle BFD=\angle A=100^\circ$，所以 $\angle DFE=80^\circ=\angle DEF$.

所以 $DF=DE$，所以 $AD=CE$，所以 $AD+BD=BC$.

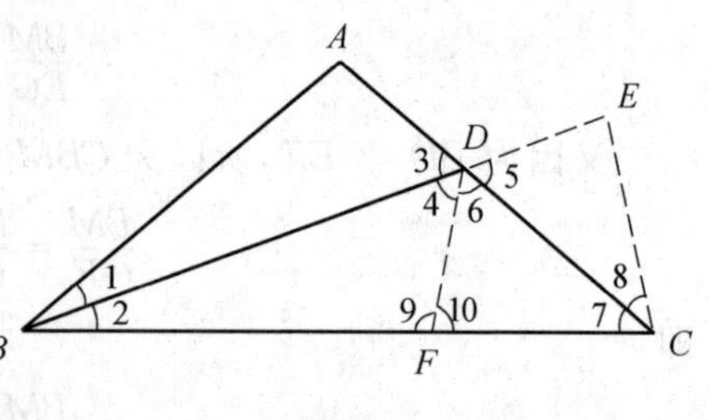

图 13

证法 2　如图 13，延长 BD 到 E，使 $DE=AD$. 联结 EC，在 BC 上取点 F，使得 $BF=BA$.

因为 $\angle 1=\angle 2$，$BA=BF$，$BD=BD$，所以 $\triangle ABD\cong\triangle FBD$.

$\angle 9=\angle A=100^\circ$，$\angle 3=\angle 4$，$DA=DE$.

在 $\triangle CDF$ 与 $\triangle CDE$ 中，由于

$$\angle 6=\angle 9-\angle 7=60^\circ,\angle 5=\angle 3=180^\circ-\angle 1-\angle A=60^\circ$$

$$DF=DA=DE,DC=DC$$

所以 $\triangle CDE\cong\triangle CDF$.

故 $\angle 7=\angle 8$，$\angle E=\angle 10$，所以 $\angle 7+\angle 8=2\angle 7=80^\circ$，$\angle E=\angle 10=180^\circ-\angle 9=80^\circ$，所以 $\angle 7+\angle 8=\angle E$，所以

$$BC=BE=BD+DE=BD+DA$$

1. 如图 14，$\triangle ABC$ 中，$AB=AC$，$CF\perp AB$，$BE\perp AC$，BE 和 CF 交于 H. 求证：AH 平分 $\angle BAC$.

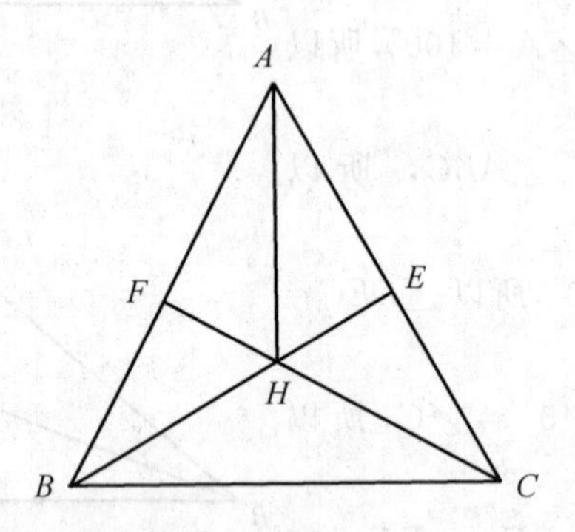

图 14

2. 如图 15，$AB=BC=CA=AD$，$AH\perp CD$ 于 H，$CP\perp BC$，CP 交 AH 于 P. 求证：$\triangle ABC$ 的面积 $S=\frac{\sqrt{3}}{4}AP\cdot BD$.

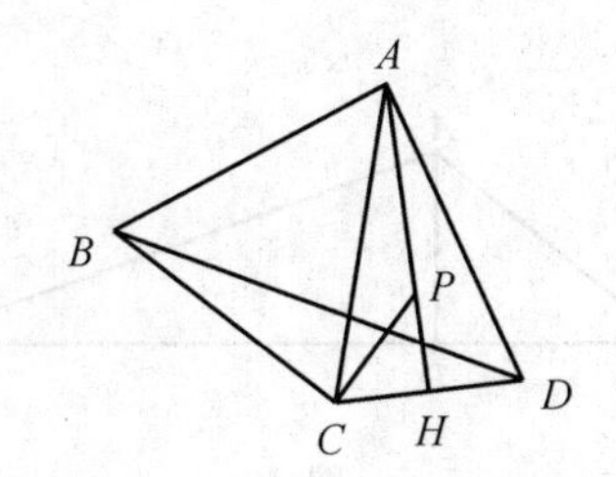

图 15

3. AD 是 $\mathrm{Rt}\triangle ABC$ 斜边 BC 上的高，$\angle B$ 的平分线交 AD 于 M，交 AC 于 N. 求证：$AB^2 - AN^2 = BM \cdot BN$.

4. 设 P，Q 为线段 BC 上两点，且 $BP = CQ$，A 为 BC 外一动点，如图 16. 当点 A 运动到使 $\angle BAP = \angle CAQ$ 时，$\triangle ABC$ 是什么三角形？试证明你的结论.

5. 已知：O 为 $\triangle ABC$ 底边上中线 AD 上任一点，如图 17，BO，CO 的延长线分别交对边于 E，F. 求证：$EF \parallel BC$.

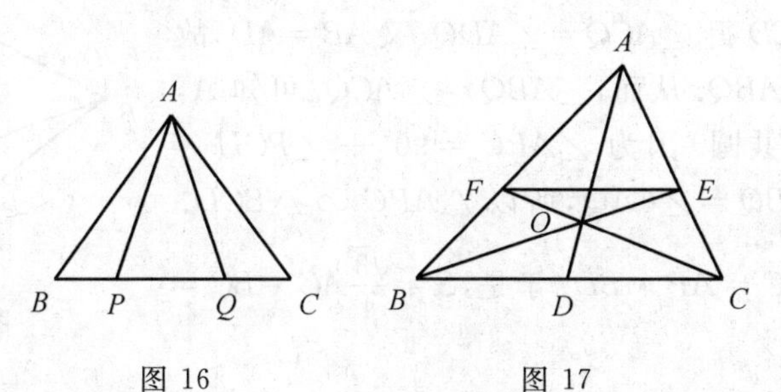

图 16　　图 17

6. 在 $\triangle ABC$ 中 $AB = BC$，$\angle ABC = 20°$，在 AB 边上取一点 M，使 $BM = AC$. 求 $\angle AMC$ 的度数.

7. 如图 18，AC 是 $\square ABCD$ 较长的对角线，过 C 作 $CF \perp AF$，$CE \perp AE$. 求证：$AB \cdot AE + AD \cdot AF = AC^2$.

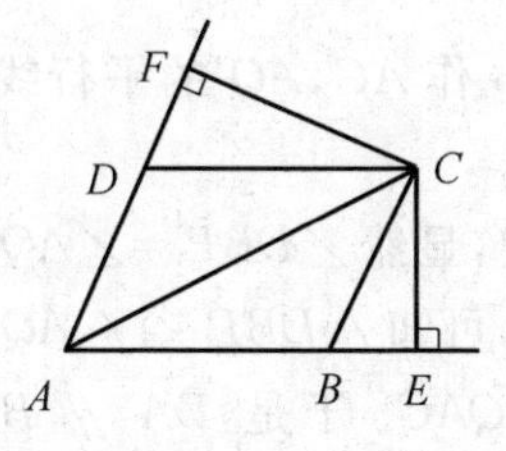

图 18

8. 设 P 为 $\triangle ABC$ 边 BC 上一点，且 $PC = 2PB$. 已知 $\angle ABC = 45°$，$\angle APC = 60°$. 求 $\angle ACB$.

9. 如图 19，已知 $\triangle ABC$ 中，边 BC 上的高为 AD，又 $\angle B = 2\angle C$，求证：

$CD=AB+BD$.

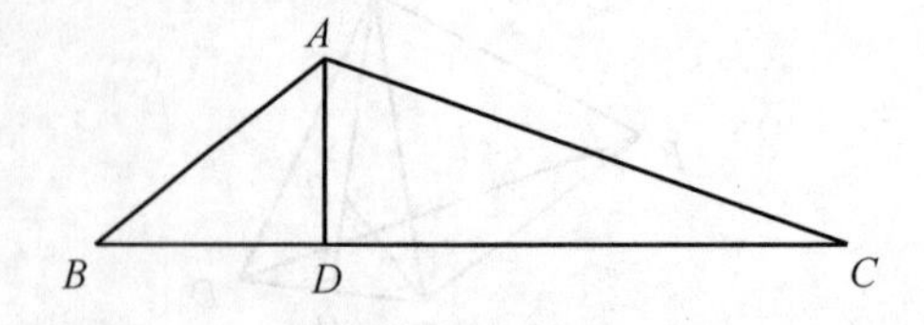

图 19

10. 已知 AD 是 $\triangle ABC$ 的角平分线,求证:$AD^2=AB\cdot AC-BD\cdot DC$.

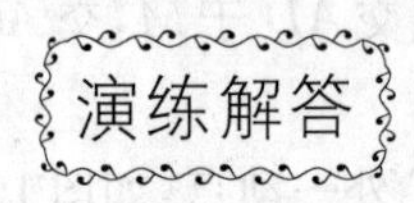

演练解答

1. 易得 $\mathrm{Rt}\triangle ABE\cong\mathrm{Rt}\triangle ACF$,从而 $AE=AF$,于是 $\mathrm{Rt}\triangle AHE\cong\mathrm{Rt}\triangle AHF$,所以 AH 平分 $\angle BAC$.

2. 如图 20,记 BD 与 AH 交于点 Q,则由 $AC=AD$,$AH\perp CD$ 得 $\angle ACQ=\angle ADQ$. 又 $AB=AD$,故 $\angle ADQ=\angle ABQ$. 从而,$\angle ABQ=\angle ACQ$. 可知 A,B,C,Q 四点共圆. 因为 $\angle APC=90^\circ+\angle PCH=\angle BCD$,$\angle CBQ=\angle CAQ$,所以 $\triangle APC\backsim\triangle BCD$.

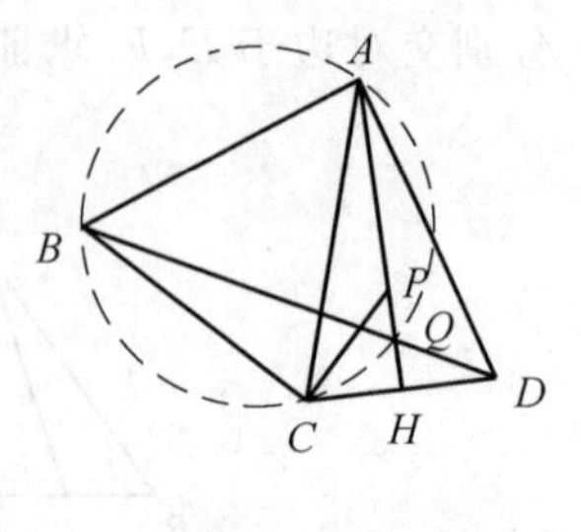

图 20

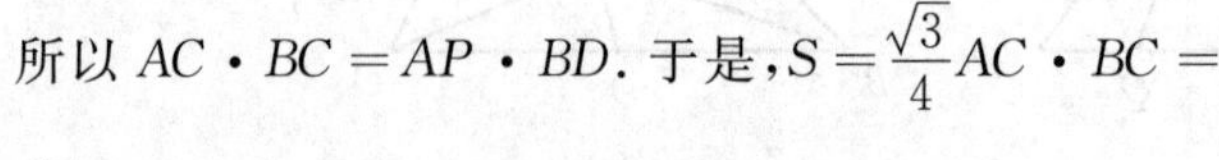

所以 $AC\cdot BC=AP\cdot BD$. 于是,$S=\dfrac{\sqrt{3}}{4}AC\cdot BC=\dfrac{\sqrt{3}}{4}AP\cdot BD$.

3. 显然 $AM=AN$. 利用角平分线的对称性,可以添加辅助线构造全等和相似三角形,从而解决问题. 也可以添加辅助圆来解决问题.

4. 当点 A 运动到使 $\angle BAP=\angle CAQ$ 时,$\triangle ABC$ 为等腰三角形.

如图 21,分别过点 P,B 作 AC,AQ 的平行线得交点 D. 联结 DA.

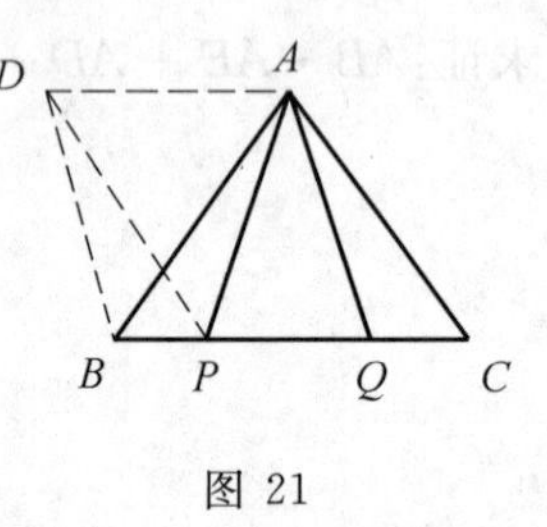

图 21

在 $\triangle DBP$ 与 $\triangle AQC$ 中,显然 $\angle DBP=\angle AQC$,$\angle DPB=\angle C$. 由 $BP=CQ$,可知 $\triangle DBP\cong\triangle AQC$,有 $DP=AC$,$\angle BDP=\angle QAC$. 于是,$DA\parallel BP$,$\angle BAP=\angle BDP$.

则 A,D,B,P 四点共圆,且四边形 $ADBP$ 为等腰梯形. 故 $AB=DP$. 所以 $AB=AC$. 故 $\triangle ABC$ 为等腰三角形.

5. 如图 22,延长 AD 到 P 使得 $DP=OD$,联结 BP,CP,则 $BPCO$ 是平行

四边形，于是由平行或相似可得$\frac{AF}{AB}=\frac{AO}{AP}$，$\frac{AE}{AC}=\frac{AO}{AP}$，从而$\frac{AF}{AB}=\frac{AE}{AC}$，所以$EF \parallel BC$.

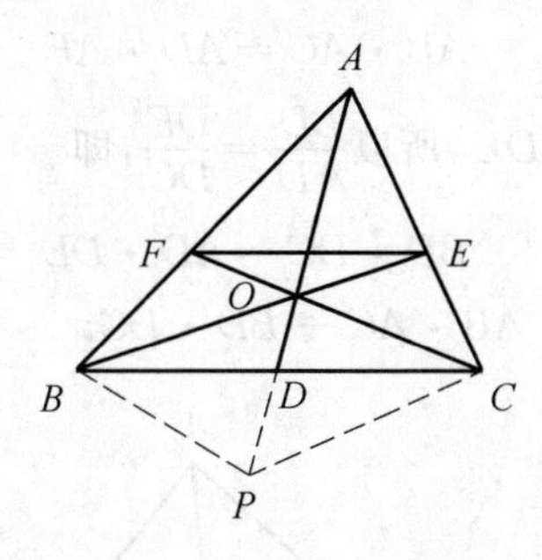

图 22

6. 以 BC 为边在 $\triangle ABC$ 外作正 $\triangle KBC$，联结 KM，可得 $\triangle KBM \cong \triangle BAC$，从而 $KM=KB=KC$，可以计算得 $\angle AMC=30°$.

7. 显然 $\mathrm{Rt}\triangle CBE \backsim \mathrm{Rt}\triangle CDF$，则$\frac{CB}{CD}=\frac{BE}{DF}$，于是可得 $AD \cdot DF=AB \cdot BE$，又 $AC^2=AE^2+CE^2=AE^2+CB^2-BE^2=(AE+BE)(AE-BE)+AD^2=AB(AE+BE)+AD^2=AB \cdot AE+AD \cdot DF+AD^2=AB \cdot AE+AD \cdot AF$.

8. 过点 C 作 PA 的平行线交 BA 延长线于点 D. 由正弦定理，易证 $\triangle ACD \backsim \triangle PBA$，从而 $\angle ACB=75°$.

9. 如图 23，在 DC 上截取 $DE=BD$，联结 AE，在 $\triangle ADE$ 与 $\triangle ADB$ 中，$AD=AD$，$\angle ADE=\angle ADB$，$DE=DB$.

所以 $\triangle ADE \cong \triangle ADB$.

所以 $AE=AB$，$\angle AEB=\angle B$.

因为 $\angle B=2\angle C$，

所以 $\angle AEB=2\angle C$.

因为 $\angle AEB=\angle C+\angle EAC$，所以 $\angle C=\angle EAC$.

故 $AE=EC$. 所以 $AB=EC$.

因为 $DC=DE+EC$，所以 $CD=AB+BD$.

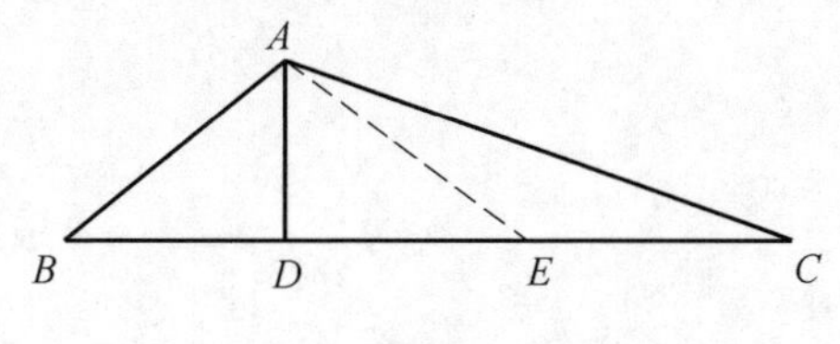

图 23

10. 如图 24,作$\angle ABE=\angle ADC$,交AD的延长线于E. 由AD是$\triangle ABC$的角平分线得$\triangle ABE \backsim \triangle ADC$. 所以$\frac{AB}{AD}=\frac{AE}{AC}$,即

$$AB \cdot AC = AD \cdot AE \quad ①$$

显然$\triangle ADC \backsim \triangle BDE$,所以$\frac{BD}{AD}=\frac{DE}{DC}$,即

$$BD \cdot DC = AD \cdot DE \quad ②$$

① − ② 可得$AD^2 = AB \cdot AC - BD \cdot DC$.

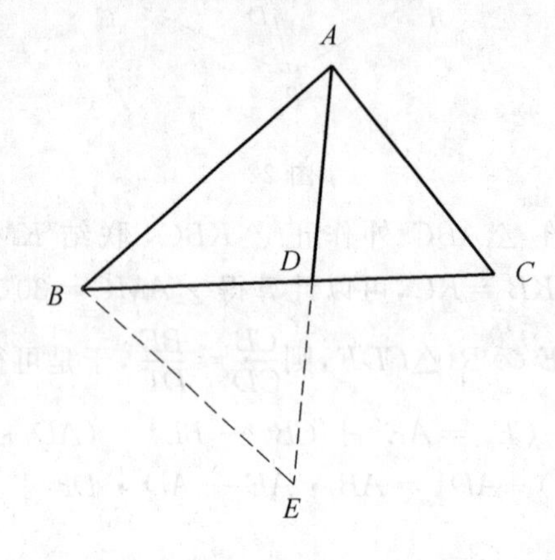

图 24

第 15 讲　中位线及其应用

我们最好把自己的生命看作前人生命的延续，是现在共同生命的一部分，同时也是后人生命的开端．如此延续下去，科学就会一天比一天灿烂，社会就会一天比一天更美好．

——华罗庚（中国）

知识方法

中位线是三角形与梯形中的一条重要线段，由于它的性质与线段的中点及平行线紧密相连，因此，它在几何图形的计算及证明中有着广泛的应用．

典型例题

例 1　如图 1，$\triangle ABC$ 中，$AD \perp BC$ 于 D，E，F，G 分别是 AB，BD，AC 的中点．若 $EG = \frac{3}{2}EF$，$AD + EF = 12(\text{cm})$，求 $\triangle ABC$ 的面积．

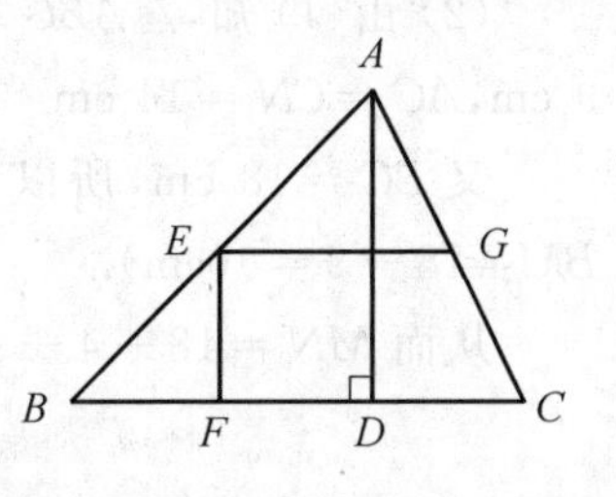

图 1

分析　由条件知，EF，EG 分别是 $\triangle ABD$ 和 $\triangle ABC$ 的中位线．利用中位线的性质及条件中所给出的数量关系，不难求出 $\triangle ABC$ 的高 AD 及底边 BC 的长．

解析　由已知，E，F 分别是 AB，BD 的中点，所以，EF 是 $\triangle ABD$ 的一条中位线，所以 $EF = \frac{1}{2}AD$，即 $AD = 2EF$．

由条件 $AD + EF = 12(\text{cm})$ 得 $EF = 4\ \text{cm}$，从而 $AD = 8\ \text{cm}$，

$$EG = \frac{3}{2}EF = \frac{3}{2} \times 4 = 6(\text{cm})$$

由于 E,G 分别是 AB,AC 的中点，所以 EG 是 $\triangle ABC$ 的一条中位线，所以

$$BC=2EG=2\times 6=12(\text{cm})$$

显然，AD 是 BC 上的高，所以

$$S_{\triangle ABC}=\frac{1}{2}BC\cdot AD=\frac{1}{2}\times 12\times 8=48(\text{cm}^2)$$

例 2　如图 2，$\triangle ABC$ 中，$\angle B,\angle C$ 的平分线 BE,CF 相交于 O，$AG\perp BE$ 于 G，$AH\perp CF$ 于 H.

(1) 求证：$GH\parallel BC$；

(2) 若 $AB=9$ cm，$AC=14$ cm，$BC=18$ cm，求 GH.

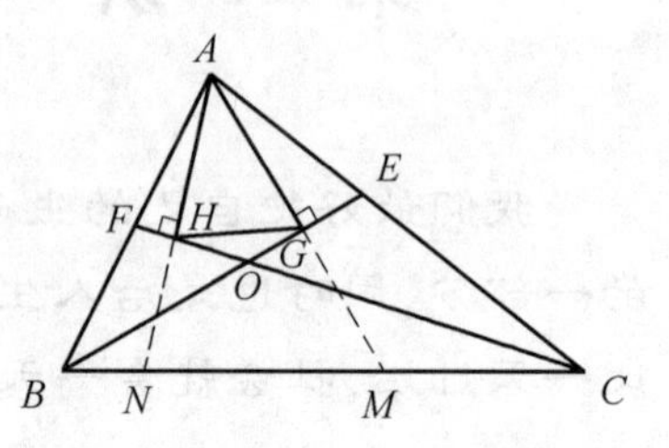

图 2

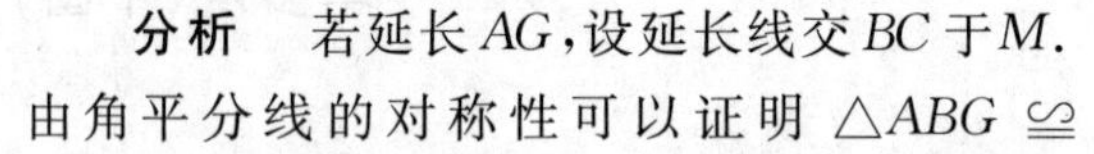

分析　若延长 AG，设延长线交 BC 于 M. 由角平分线的对称性可以证明 $\triangle ABG\cong\triangle MBG$，从而 G 是 AM 的中点；同样，延长 AH 交 BC 于 N，H 是 AN 的中点，从而 GH 就是 $\triangle AMN$ 的中位线，所以 $GH\parallel BC$，进而，利用 $\triangle ABC$ 的三边长可求出 GH 的长度.

解析　(1) 分别延长 AG,AH 交 BC 于 M,N，在 $\triangle ABM$ 中，由已知，BG 平分 $\angle ABM$，$BG\perp AM$，所以 $\triangle ABG\cong\triangle MBG$(ASA). 从而，$G$ 是 AM 的中点. 同理可证 $\triangle ACH\cong\triangle NCH$(ASA)，从而，$H$ 是 AN 的中点，所以 GH 是 $\triangle AMN$ 的中位线，从而，$HG\parallel MN$，即 $HG\parallel BC$.

(2) 由(1)知，$\triangle ABG\cong\triangle MBG$ 及 $\triangle ACH\cong\triangle NCH$，所以 $AB=BM=9$ cm，$AC=CN=14$ cm.

又 $BC=18$ cm，所以 $BN=BC-CN=18-14=4(\text{cm})$，$MC=BC-BM=18-9=9(\text{cm})$.

从而 $MN=18-4-9=5(\text{cm})$，所以

$$GH=\frac{1}{2}MN=\frac{5}{2}\text{ cm}$$

说明　(1) 在本题证明过程中，我们事实上证明了等腰三角形顶角平分线三线合一(即等腰三角形顶角的平分线也是底边的中线及垂线)性质定理的逆定理：“若三角形一个角的平分线也是该角对边的垂线，则这条平分线也是对边的中线，这个三角形是等腰三角形.”

(2)“等腰三角形三线合一定理”的下述逆命题也是正确的：“若三角形一个角的平分线也是该角对边的中线，则这个三角形是等腰三角形，这条平分线垂直于对边.”同学们不妨自己证明.

(3) 从本题的证明过程中，我们得到启发：若将条件“$\angle B$，$\angle C$ 的平分线”改为“$\angle B$ 及 $\angle C$ 的外角平分线”(如图 3 所示)，或改为“$\angle C$ 及 $\angle B$ 的外角平分线”(如图 4 所示)，其余条件不变，那么，结论 $GH \parallel BC$ 仍然成立. 同学们也不妨试证.

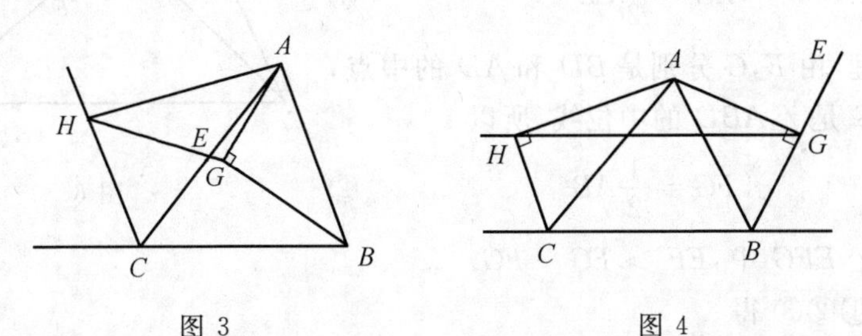

图 3　　　　图 4

例 3　(1) P 是矩形 $ABCD$ 内的一点，四边形 $BCPQ$ 是平行四边形，A'，B'，C'，D' 分别是 AP，PB，BQ，QA 的中点. 求证：$A'C' = B'D'$.

(2) 在四边形 $ABCD$ 中，$CD > AB$，E，F 分别是 AC，BD 的中点. 求证：

$$EF > \frac{1}{2}(CD - AB)$$

分析　(1) 如图 5，由于 A'，B'，C'，D' 分别是四边形 $APBQ$ 的四条边 AP，PB，BQ，QA 的中点，有经验的同学知道 $A'B'C'D'$ 是平行四边形，$A'C'$ 与 $B'D'$ 则是它的对角线，从而四边形 $A'B'C'D'$ 应该是矩形. 利用 $ABCD$ 是矩形的条件，不难证明这一点.

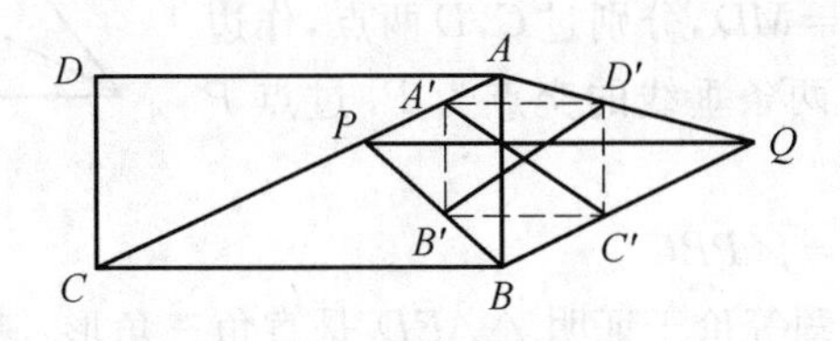

图 5

(2) 在多边形的不等关系中，容易引发人们联想三角形中的边的不等关系. 为了产生 $\frac{1}{2}CD$ 及 $\frac{1}{2}AB$ 的线段，应考虑在含 CD，AB 的三角形中构造中位线，为此，取 AD 中点.

解析　(1) 联结 $A'B'$，$B'C'$，$C'D'$，$D'A'$，这 4 条线段依次是 $\triangle APB$，$\triangle BPQ$，$\triangle AQB$，$\triangle APQ$ 的中位线. 从而 $A'B' \parallel AB$，$B'C' \parallel PQ$，$C'D' \parallel AB$，$D'A' \parallel PQ$，所以，$A'B'C'D'$ 是平行四边形. 由于 $ABCD$ 是矩形，$PCBQ$ 是平行四边形，所以 $AB \perp BC$，$BC \parallel PQ$. 从而 $AB \perp PQ$，所以 $A'B' \perp B'C'$，所以四边形 $A'B'C'D'$ 是矩形，所以 $A'C' = B'D'$.　①

(2) 如图 6，取 AD 中点 G，联结 EG，FG，在 $\triangle ACD$ 中，EG 是它的中位线(已知 E 是 AC 的中点)，所以

$$EG=\frac{1}{2}CD \quad ①$$

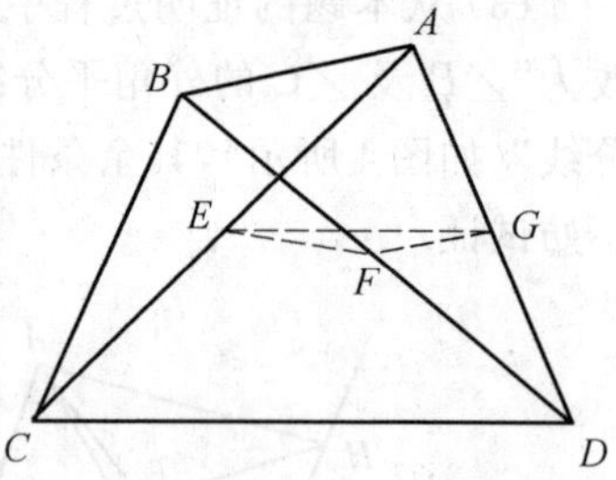

同理，由 F，G 分别是 BD 和 AD 的中点，从而，FG 是 $\triangle ABD$ 的中位线，所以

$$FG=\frac{1}{2}AB \quad ②$$

图 6

在 $\triangle EFG$ 中，$EF>EG-FG$. ③

由 ①②③ 得

$$EF>\frac{1}{2}(CD-AB)$$

说明 在解题过程中，人们的经验常可起到引发联想、开拓思路、扩大已知的作用. 如在本题的分析中利用“四边形四边中点连线是平行四边形”这个经验，对寻求思路起了不小的作用. 因此注意归纳总结，积累经验，对提高分析问题和解决问题的能力是很有益处的.

例 4 (1) 梯形 $ABCD$ 中，$AB\parallel CD$，E 为 BC 的中点，$AD=DC+AB$. 求证：$DE\perp AE$.

(2) 如图 7，在凸四边形 $ABCD$ 中，M 为边 AB 的中点，且 $MC=MD$，分别过 C，D 两点，作边 BC，AD 的垂线，设两条垂线的交点为 P. 过点 P 作 $PQ\perp AB$ 于 Q.

求证：$\angle PAD=\angle PBC$.

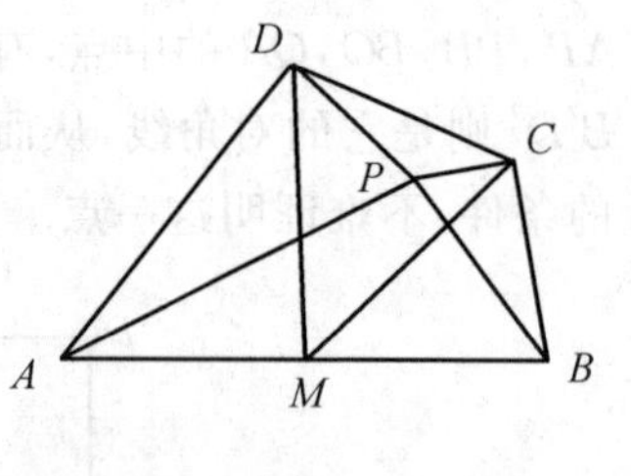

图 7

分析 (1) 本题等价于证明 $\triangle AED$ 是直角三角形，其中 $\angle AED=90°$.

在点 E(即直角三角形的直角顶点) 是梯形一腰中点的启发下，添梯形的中位线作为辅助线，若能证明，该中位线是 $\mathrm{Rt}\triangle AED$ 的斜边(即梯形另一腰)的一半，则问题获解.

解析 如图 8，取梯形另一腰 AD 的中点 F，联结 EF，则 EF 是梯形 $ABCD$ 的中位线，所以

$$EF=\frac{1}{2}(AB+CD)$$

因为 $AD=AB+CD$，所以

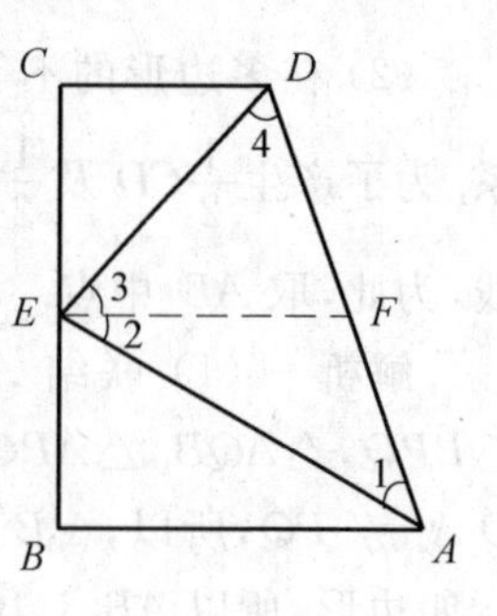

图 8

$$EF=\frac{1}{2}AD=AF=DF$$

从而$\angle 1=\angle 2$，$\angle 3=\angle 4$，所以$\angle 2+\angle 3=\angle 1+\angle 4=90^\circ$（$\triangle ADE$的内角和等于$180^\circ$），从而

$$\angle AED=\angle 2+\angle 3=90^\circ$$

所以$DE\perp AE$.

(2) 如图9，取AP，BP的中点分别为F，E；并联结DF，MF，EC，ME；

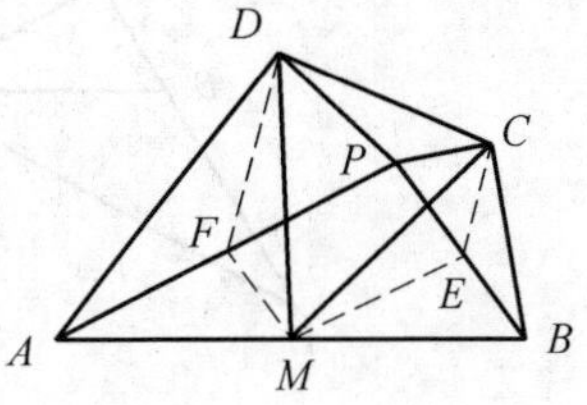

可以证明：$MF=\frac{1}{2}BP=PE$，$ME=\frac{1}{2}AP=PF$，所以四边形$MFPE$为平行四边形.

图 9

所以$\angle MFP=\angle MEP$，因为$PD\perp AD$，$PC\perp BC$，所以$\angle ADP=\angle BCP=90^\circ$，

所以在$\mathrm{Rt}\triangle APD$与$\mathrm{Rt}\triangle BPC$中，$DF=AF=PF=\frac{1}{2}PA$，$CE=BE=PE=\frac{1}{2}BP$，

所以$DF=EM=PF$，$FM=PE=CE$，

因为$MC=MD$，所以$\triangle MDF\cong\triangle CME$（SSS），

所以$\angle DFM=\angle MEC$，所以$\angle DFP=\angle CEP$，

所以$FA=FD$，$CE=BE$，所以$\angle FAD=\angle ADF$，$\angle CEB=\angle CBE$，

所以$\angle DFP=2\angle PAD$，$\angle CEP=2\angle PBC$，所以$\angle PAD=\angle PBC$.

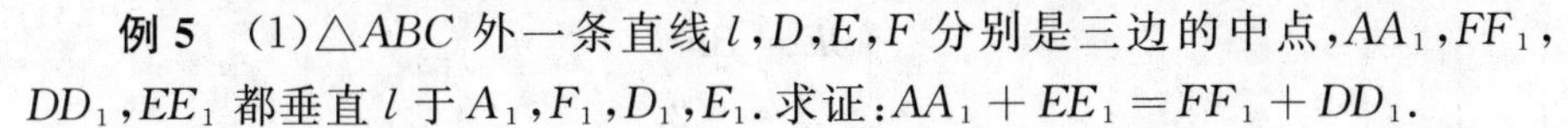

例5　(1) $\triangle ABC$外一条直线l，D，E，F分别是三边的中点，AA_1，FF_1，DD_1，EE_1都垂直l于A_1，F_1，D_1，E_1. 求证：$AA_1+EE_1=FF_1+DD_1$.

(2) 如图10，在$\triangle ABC$中$AB=AC$，延长AB到D，使$BD=AB$，E为AB的中点，求证：$CD=2CE$.

分析　(1) 显然$ADEF$是平行四边形，对角线的交点O平分这两条对角线，OO_1恰是两个梯形的公共中位线. 利用中位线定理可证.

(2) 找出CD的一半，然后证明CD的一半和CE相等，取CD中点F，证$CF=CE$.

解析　(1) 如图11，联结EF，EA，ED. 由中位线定理知，$EF\parallel AD$，$DE\parallel AF$，所以$ADEF$是平行四边形，它的对角线AE，DF互相平分，设它们交于O，作$OO_1\perp l$于O_1，则OO_1是梯形AA_1E_1E及FF_1D_1D的公共中位线，所以

$$\frac{1}{2}(AA_1+EE_1)=\frac{1}{2}(FF_1+DD_1)=OO_1$$

即

$$AA_1+EE_1=FF_1+DD_1$$

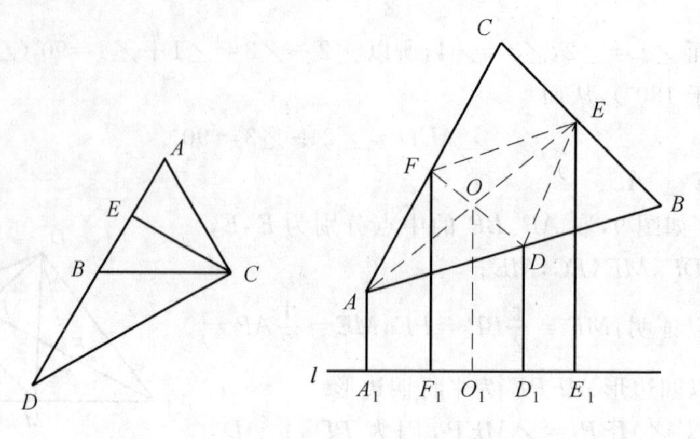

图 10　　　　图 11

(2) 如图 12，取 CD 的中点 F，联结 BF，所以 $CD=2CF$，因为 $AB=BD$，所以 BF 是 $\triangle ADC$ 的一条中位线，$BF\parallel AC$，$BF=\dfrac{1}{2}AC$，所以 $\angle 2=\angle ACB$，因为 $AB=AC$，所以 $\angle 1=\angle ACB$，所以 $\angle 1=\angle 2$，所以 E 是 AB 中点，所以 $BE=\dfrac{1}{2}AC$，因为 $BF=\dfrac{1}{2}AC$，且 $AB=AC$，所以 $BE=BF$.

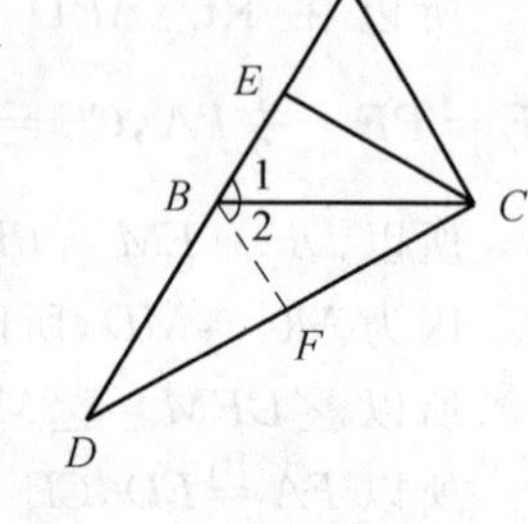

图 12

在 $\triangle BCE$ 和 $\triangle BCF$ 中

$$\begin{cases}BE=BF\\ \angle 1=\angle 2\\ BC=BC\end{cases}$$

所以 $\triangle BCE\cong\triangle BCF$(SAS)，

所以 $CE=CF$，因为 $CD=2CF$，所以 $CD=2CE$.

例 6　如图 13，已知 AE，BD 相交于点 C，$AC=AD$，$BC=BE$，F，G，H 分别是 DC，CE，AB 的中点. 求证：(1) $HF=HG$；(2) $\angle FHG=\angle DAC$.

分析　(1) 联结 AF，BG. 根据等腰三角形的三线合一得到直角三角形，再根据直角三角形斜边上的中线等于斜边的一半进行证明.

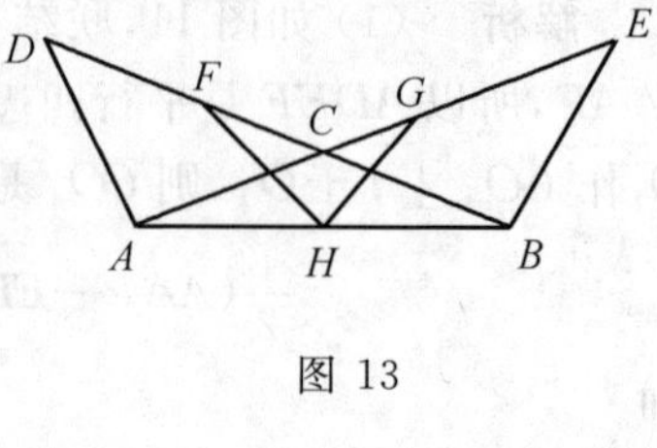

(2) 联结 FG，DE. 根据三角形的中位线定理证明 $FG\parallel DE$. 再根据平行线的性质得到同位角相等；再根据直角三角形斜边上的中

图 13

线等于斜边的一半得到 $FH=BH$，则 $\angle HFB=\angle FBH$，同理 $\angle AGH=\angle GAH$，则 $\angle D=\angle ACD=\angle CAB+\angle ABC=\angle BFH+\angle AGH$. 从而证明结论.

解析 (1) 如图 14，联结 AF，BG，

因为 $AC=AD$，$BC=BE$，F，G 分别是 DC，CE 的中点，

所以 $AF\perp BD$，$BG\perp AE$.

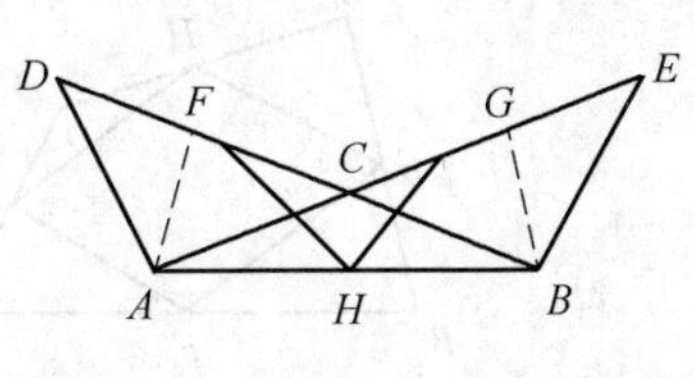

图 14

在 Rt$\triangle AFB$ 中，因为 H 是斜边 AB 中点，

所以 $FH=\frac{1}{2}AB$.

同理得 $HG=\frac{1}{2}AB$，所以 $FH=HG$.

(2) 如图 15，联结 DE，FG. 因为 F，G 分别为 CD 和 CE 的中点，即 FG 为 $\triangle CDE$ 的中位线，则 $FG\parallel DE$，所以 $\angle CFG=\angle CDE$，$\angle CGF=\angle CED$.

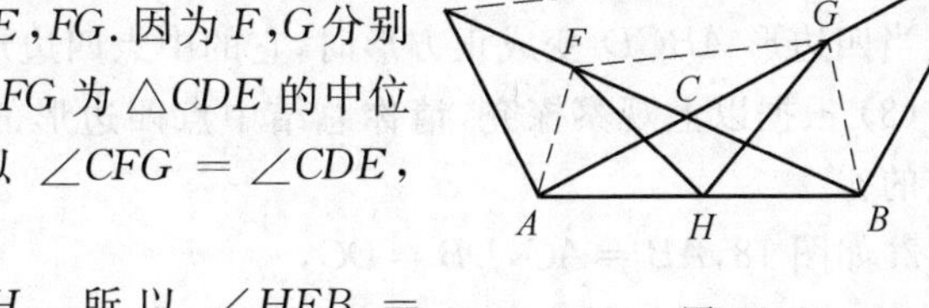

图 15

又因为 $FH=BH$，所以 $\angle HFB=\angle FBH$；

因为 $\angle AHF$ 是 $\triangle BHF$ 的外角，所以

$$\angle AHF=\angle HFB+\angle FBH=2\angle BFH$$

同理 $\angle AGH=\angle GAH$，$\angle BHG=\angle AGH+\angle GAH=2\angle AGH$.

所以 $\angle ADB=\angle ACD=\angle CAB+\angle ABC=\angle BFH+\angle AGH$.

又 $\angle DAC=180^\circ-\angle ADB-\angle ACD=180^\circ-2\angle ADB=180^\circ-2(\angle BFH+\angle AGH)=180^\circ-2\angle BFH-2\angle AGH=180^\circ-\angle AHF-\angle BHG$.

而根据平角的定义可得：$\angle FHG=180^\circ-\angle AHF-\angle BHG$，所以 $\angle FHG=\angle DAC$.

巩固演练

1. 观察探究，完成证明和填空.

如图 16，四边形 $ABCD$ 中，点 E，F，G，H 分别是边 AB，BC，CD，DA 的中点，顺次联结 E，F，G，H，得到的四边形 $EFGH$ 叫中点四边形.

(1) 求证：四边形 $EFGH$ 是平行四边形；

(2) 如图 17,当四边形 $ABCD$ 变成等腰梯形时,它的中点四边形是菱形,请你探究并填空:

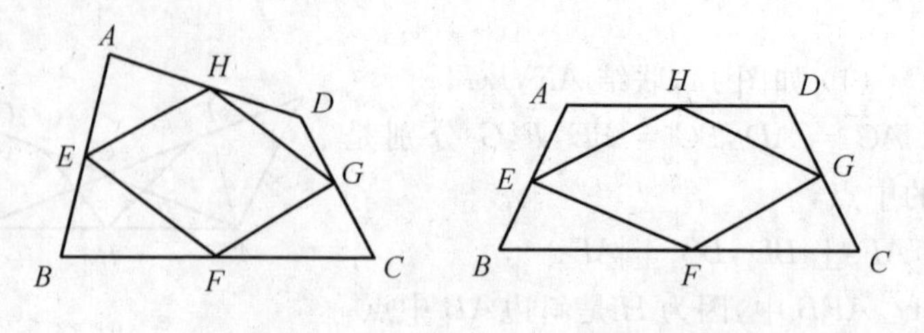

图 16　　　　图 17

当四边形 $ABCD$ 变成平行四边形时,它的中点四边形是________;

当四边形 $ABCD$ 变成矩形时,它的中点四边形是________;

当四边形 $ABCD$ 变成菱形时,它的中点四边形是________;

当四边形 $ABCD$ 变成正方形时,它的中点四边形是________;

(3) 根据以上观察探究,请你总结中点四边形的形状由原四边形的什么决定的?

2. 如图 18,$AB=AC$,$DB=DC$,

(1) 若 E,F,G,H 分别是各边的中点,求证:$EH=FG$;

(2) 若联结 AD,BC 交于点 P,问 AD,BC 有何关系?证明你的结论.

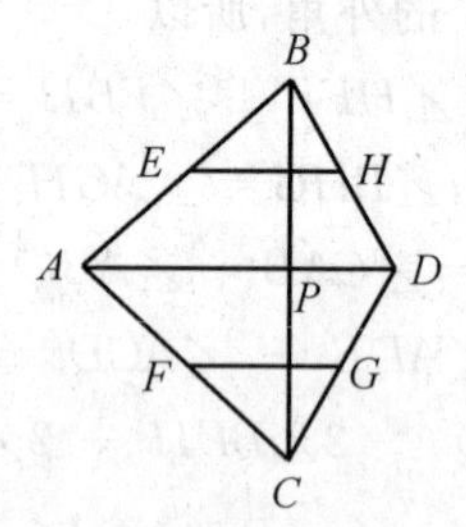

图 18

3. 如图 19 所示,在梯形 $ABCD$ 中,$AD\parallel BC$,$AD<BC$,F,E 分别是对角线 AC,BD 的中点.求证:$EF=\frac{1}{2}(BC-AD)$.

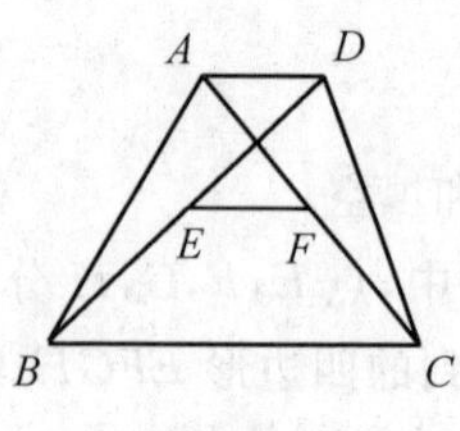

图 19

4. 已知：如图 20，$\triangle ABC$ 中，D 是 BC 上的一点，E,F,G,H 分别是 BD，BC，AC，AD 的中点，求证：EG，HF 互相平分.

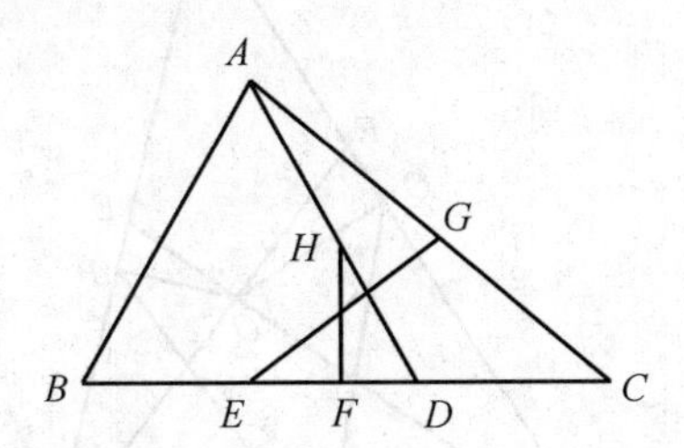

图 20

5. 如图 21，$\triangle ABC$ 中，点 D,E 分别是边 BC,AC 的中点，过点 A 作 $AF \parallel BC$ 交线段 DE 的延长线于点 F，取 AF 的中点 G，如果 $BC=2AB$.

求证：(1) 四边形 $ABDF$ 是菱形；

(2) $AC=2DG$.

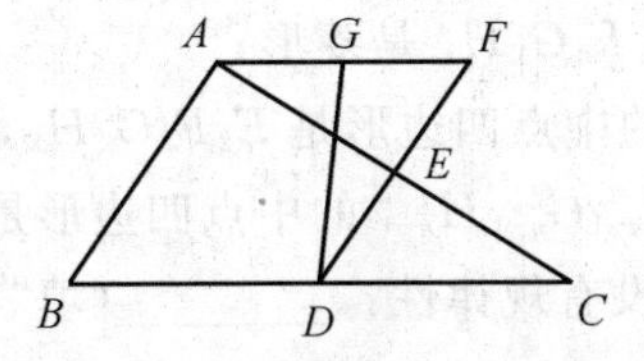

图 21

6. 如图 22，梯形 $ABCD$ 中，$AB \parallel CD$，点 E,F,G 分别是 BD,AC,DC 的中点. 已知两底差是 6，两腰和是 12，求 $\triangle EFG$ 的周长.

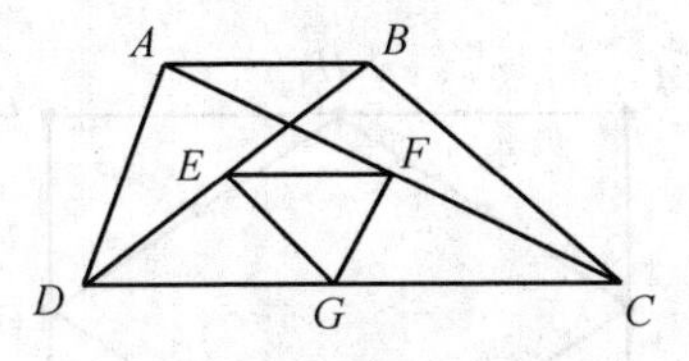

图 22

7. 如图 23，在 $\triangle ABC$ 中，D 为 BC 的中点，点 E,F 分别在边 AC,AB 上，并且 $\angle ABE=\angle ACF$，BE,CF 交于点 O. 过点 O 作 $OP \perp AC$，$OQ \perp AB$，P,Q 为垂足. 求证：$DP=DQ$.

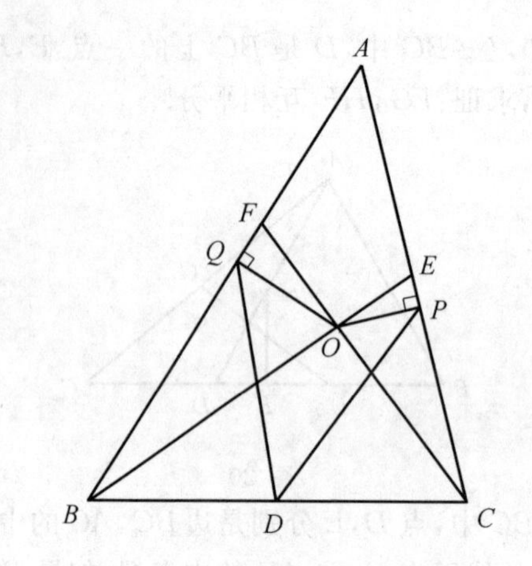

图 23

8. 在矩形 $ABCD$ 中，点 E_1, F_1, G_1, H_1 分别是边 AB, BC, CD, DA 的中点，顺次联结 E_1, F_1, G_1, H_1 所得的四边形我们称之为中点四边形，如图 24 所示.

(1) 求证：四边形 $E_1F_1G_1H_1$ 是菱形；

(2) 设 $E_1F_1G_1H_1$ 的中点四边形是 $E_2F_2G_2H_2$，$E_2F_2G_2H_2$ 的中点四边形是 $E_3F_3G_3H_3$，…，$E_{n-1}F_{n-1}G_{n-1}H_{n-1}$ 的中点四边形是 $E_nF_nG_nH_n$，那么这些中点四边形形状的变化有没有规律性？________（填“有”或“无”）若有，说出其中的规律性________________；

(3) 进一步：如果我们规定：矩形 $=0$，菱形 $=1$，并将矩形 $ABCD$ 的中点四边形用 $f(0)$ 表示；菱形的中点四边形用 $f(1)$ 表示，由题(1)知，$f(0)=1$，那么 $f(1)=$________.

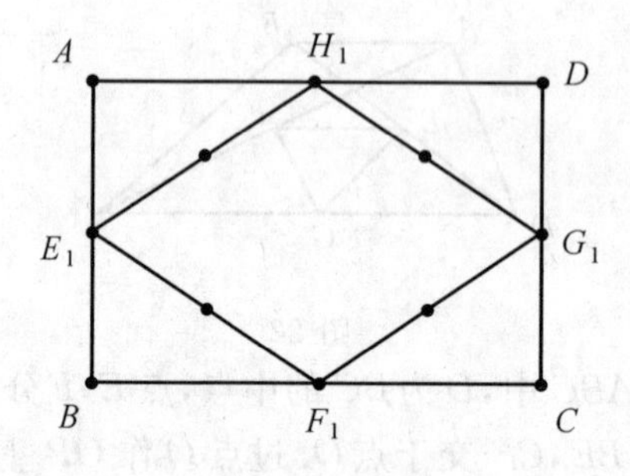

图 24

9. (1) 如图 25，BD, CE 分别是 $\triangle ABC$ 的外角平分线，过点 A 作 $AF \perp BD$，$AG \perp CE$，垂足分别为 F, G，联结 FG，延长 AF, AG，与直线 BC 分别交于点 M, N，那么线段 FG 与 $\triangle ABC$ 的周长之间存在的数量关系是什么？

即 $FG=$________$(AB+BC+AC)$.

（直接写出结果即可）

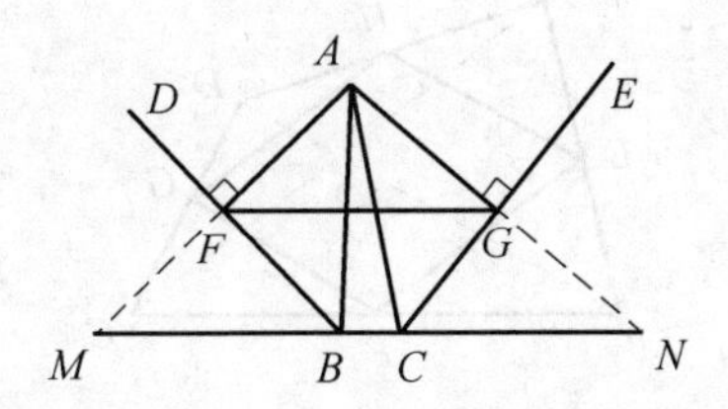

图 25

(2) 如图 26，若 BD，CE 分别是 $\triangle ABC$ 的内角平分线；其他条件不变，线段 FG 与 $\triangle ABC$ 三边之间又有怎样的数量关系？请写出你的猜想，并给予证明.

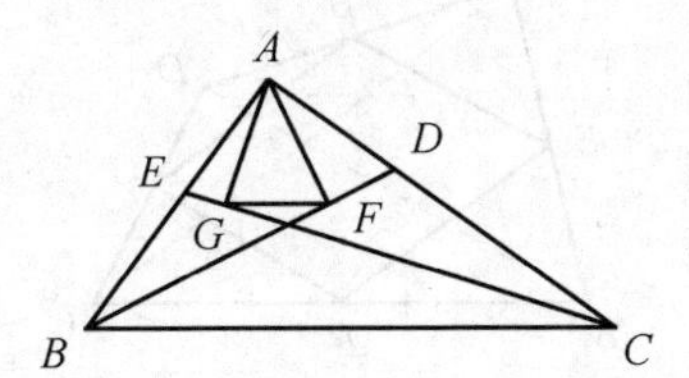

图 26

(3) 如图 27，若 BD 为 $\triangle ABC$ 的内角平分线，CE 为 $\triangle ABC$ 的外角平分线，其他条件不变，线段 FG 与 $\triangle ABC$ 三边又有怎样的数量关系？直接写出你的猜想即可，不需要证明. 答：线段 FG 与 $\triangle ABC$ 三边之间数量关系是________.

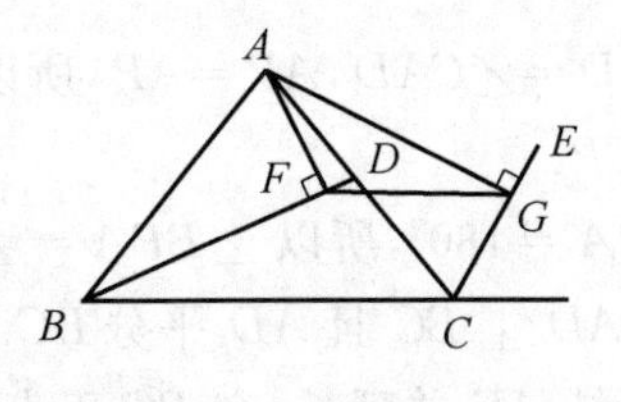

图 27

演练解答

1. (1) 联结 BD. 因为 E，H 分别是 AB，AD 的中点，所以 EH 是 $\triangle ABD$ 的中位线，所以 $EH=\frac{1}{2}BD$，$EH \parallel BD$. 同理得 $FG=\frac{1}{2}BD$，$FG \parallel BD$. 所以 $EH=FG$，$EH \parallel FG$. 所以四边形 $EFGH$ 是平行四边形.

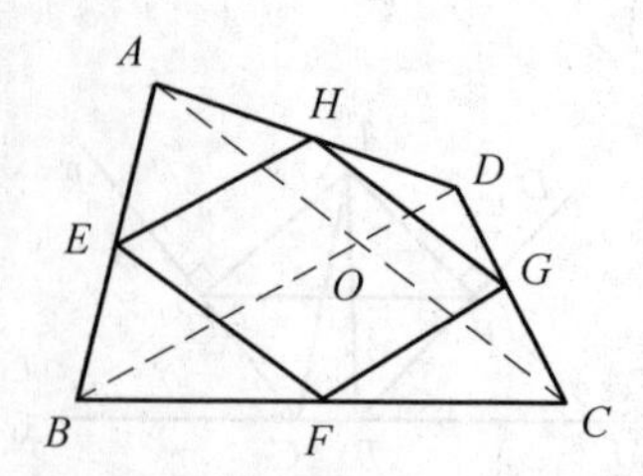

图 28

(2) 填空依次为平行四边形,菱形,矩形,正方形;

(3) 如图 29,中点四边形的形状是由原四边形的对角线的关系决定的.

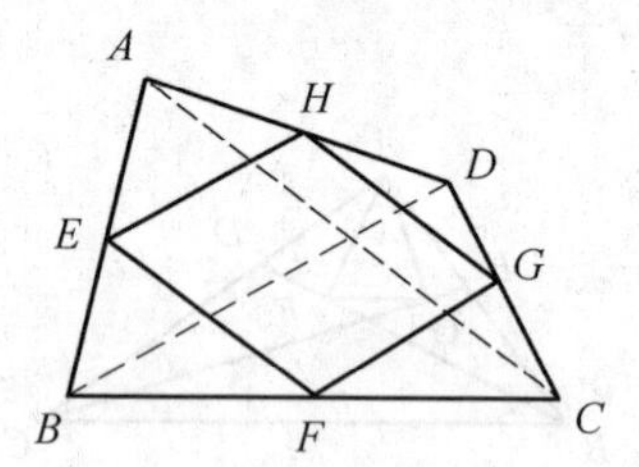

图 29

2.(1) 因为 E,F,G,H 分别是 AB,AC,CD,DB 的中点,所以 EH,FG 为 $\triangle ADB,\triangle ADC$ 的中位线,所以 $EH=\frac{1}{2}AD,FG=\frac{1}{2}AD$,所以 $EH=FG$.

(2) 因为 $AB=AC,DB=DC,AD=AD$,所以 $\triangle ADB\cong\triangle ADC$,所以 $\angle BAD=\angle CAD$.

因为 $AB=AC,\angle BAD=\angle CAD,AP=AP$,所以 $\triangle BAP\cong\triangle CAP$,所以 $\angle BPA=\angle CPA,BP=CP$.

因为 $\angle BPA+\angle CPA=180°$,所以 $\angle BPA=\angle CPA=90°$,所以 $AD\perp BC$.因为 $BP=CP$,所以 $AD\perp BC$ 且 AD 平分 BC.

3.证法 1:如图 30,联结 AE 并延长,交 BC 于点 G.

因为 $AD\parallel BC$,所以 $\angle ADE=\angle GBE,\angle EAD=\angle EGB$.

又因为 E 为 BD 中点,所以 $\triangle AED\cong\triangle GEB$.所以 $BG=AD,AE=EG$.

在 $\triangle AGC$ 中,EF 为中位线,所以 $EF=\frac{1}{2}GC=\frac{1}{2}(BC-BG)=\frac{1}{2}(BC-AD)$,即 $EF=\frac{1}{2}(BC-AD)$.

证法 2:如图 31,设 CE,DA 延长线相交于 G.

因为 E 为 BD 中点,$AD\parallel BC$,易得 $\triangle GED\cong\triangle CEB$.所以 $GD=CB$,

$GE=CE$.

在$\triangle CAG$中，因为E,F分别为CG,CA中点，所以$EF=\frac{1}{2}GA=\frac{1}{2}(GD-AD)=\frac{1}{2}(BC-AD)$，即$EF=\frac{1}{2}(BC-AD)$.

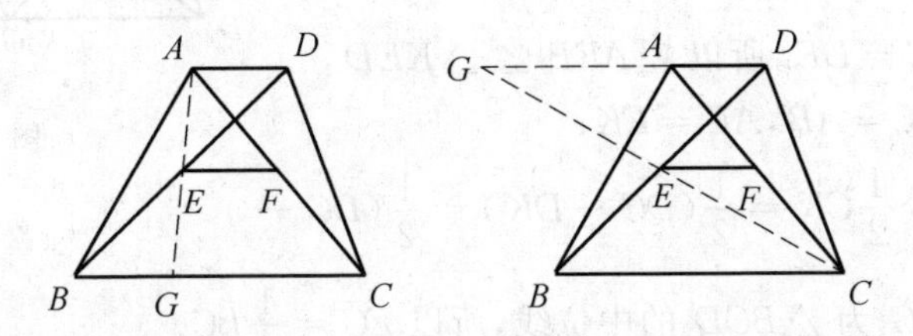

图 30　　　　图 31

4. 如图 32，联结EH,GH,GF，因为E,F,G,H分别是BD,BC,AC,AD的中点，所以$AB\parallel EH\parallel GF,GH\parallel BC$，所以四边形$EHGF$为平行四边形.

因为GE,HF分别为其对角线，所以EG,HF互相平分.

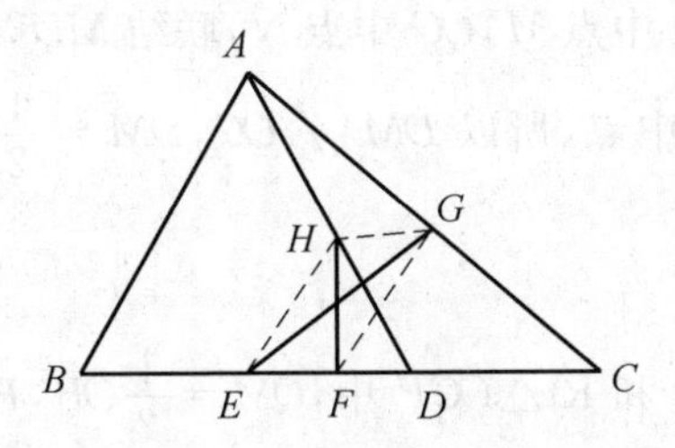

图 32

5. (1) 因为点D,E分别是边BC,AC的中点，所以DE是$\triangle ABC$的中位线(三角形中位线的定义)，所以$DE\parallel AB,DE=\frac{1}{2}AB$(三角形中位线性质).

因为$AF\parallel BC$，所以四边形$ABDF$是平行四边形(平行四边形定义).

因为$BC=2AB,BC=2BD$，所以$AB=BD$.

所以四边形$ABDF$是菱形.

(2) 因为四边形$ABDF$是菱形，

所以$AF=AB=DF$(菱形的四条边都相等).

因为$DE=\frac{1}{2}AB$，所以$EF=\frac{1}{2}AF$. 因为G是AF的中点，所以$GF=\frac{1}{2}AF$，所以$GF=EF$.

所以$\triangle FGD\cong\triangle FEA$，所以$GD=AE$，因为$AC=2EC=2AE$，所以$AC=$

$2DG$.

6. 如图33，联结AE，并延长交CD于K，因为$AB\parallel CD$，所以$\angle BAE=\angle DKE$，$\angle ABD=\angle EDK$，因为点E,F,G分别是BD,AC,DC的中点.

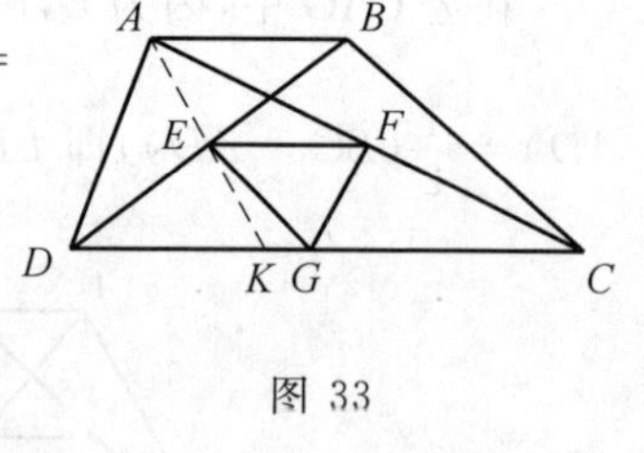

图 33

所以$BE=DE$，所以$\triangle AEB\cong\triangle KED$，

所以$DK=AB$，$AE=EK$.

故$EF=\frac{1}{2}CK=\frac{1}{2}(DC-DK)=\frac{1}{2}(DC-AB)$，因为$EG$为$\triangle BCD$的中位线，所以$EG=\frac{1}{2}BC$.

又FG为$\triangle ACD$的中位线，所以$FG=\frac{1}{2}AD$，所以$EG+GF=\frac{1}{2}(AD+BC)$，因为两腰和是12，即$AD+BC=12$，两底差是6，即$DC-AB=6$，所以$EG+GF=6$，$FE=3$，所以$\triangle EFG$的周长是$6+3=9$.

7. 如图34，取OB中点M，OC中点N，联结MD，MQ，DN，PN.

因为D为BC的中点，所以$DM\parallel OC$，$DM=\frac{1}{2}OC$，$DN\parallel OB$，$DN=\frac{1}{2}OB$.

因为在$\mathrm{Rt}\triangle BOQ$和$\mathrm{Rt}\triangle OCP$中，$QM=\frac{1}{2}OB$，$PN=\frac{1}{2}OC$.

所以$DM=PN$，$QM=DN$，$\angle QMD=\angle QMO+\angle OMD=2\angle ABO+\angle FOB$，$\angle PND=\angle PNO+\angle OND=2\angle ACO+\angle EOC$.

因为$\angle ABO=\angle ACO$，$\angle FOB=\angle EOC$，所以$\angle QMD=\angle PND$.

所以$\triangle QMD\cong\triangle DNP$，所以$DQ=DP$.

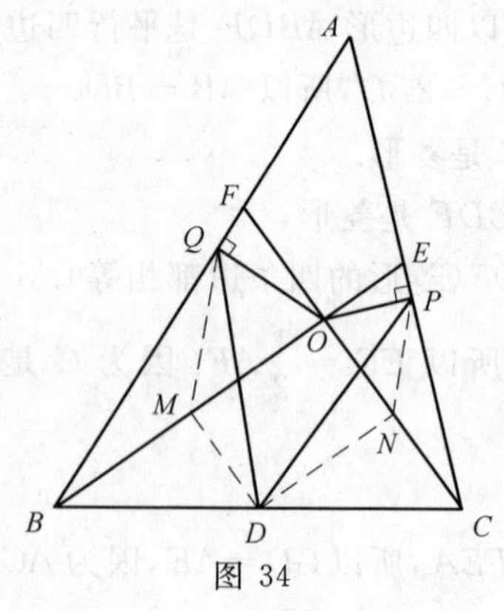

图 34

8.(1) 联结 AC，BD，因为点 E_1，F_1，G_1，H_1 分别是边 AB，BC，CD，DA 的中点，所以 $E_1H_1=\frac{1}{2}BD$，同理 $F_1G_1=\frac{1}{2}BD$，$H_1G_1=\frac{1}{2}AC$，$E_1F_1=\frac{1}{2}AC$，又因为在矩形 $ABCD$ 中，$AC=BD$，所以 $E_1H_1=F_1G_1=H_1G_1=E_1F_1$，所以四边形 $E_1F_1G_1H_1$ 是菱形.

(2) 有；矩形的中点四边形是菱形，菱形的中点四边形是矩形.

(3) 因为矩形的中点四边形为菱形，即 $f(0)=1$；

所以菱形的中点四边形为矩形，可以表示为 $f(1)=0$.

9.(1) $FG=\frac{1}{2}(AB+BC+AC)$；

(2) $FG=\frac{1}{2}(AB+AC-BC)$；

如图 35，延长 AG 交 BC 于 N，延长 AF 交 BC 于 M，因为 $AF\perp BD$，$AG\perp CE$，所以 $\angle AGC=\angle CGN=90°$，$\angle AFB=\angle BFM=90°$.

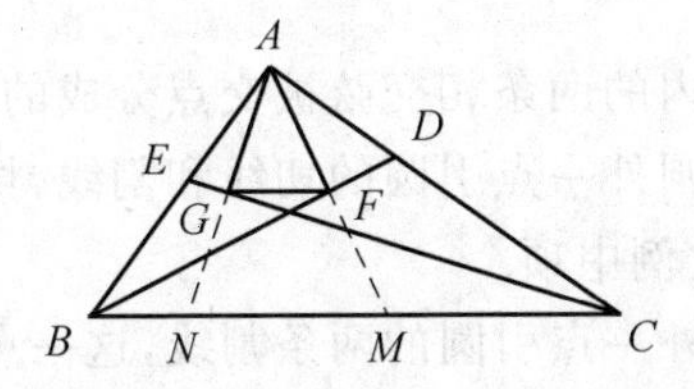

图 35

在 $\mathrm{Rt}\triangle AGC$ 和 $\mathrm{Rt}\triangle CGN$ 中 $\angle AGC=\angle CGN=90°$，$CG=CG$，$\angle ACG=\angle NCG$.

所以 $\mathrm{Rt}\triangle AGC\cong\mathrm{Rt}\triangle CGN$，所以 $AC=CN$，$AG=NG$.

同理可证：$AF=FM$，$AB=BM$.

所以 GF 是 $\triangle AMN$ 的中位线，所以 $GF=\frac{1}{2}MN$.

因为 $AB+AC=MB+CN=BN+MN+CM+MN$，$BC=BN+MN+CM$，所以 $AB+AC-BC=MN$，所以 $GF=\frac{1}{2}MN=\frac{1}{2}(AB+AC-BC)$；

(3) 线段 FG 与 $\triangle ABC$ 三边之间数量关系是：$GF=\frac{1}{2}(AC+BC-AB)$.

第16讲 圆中的比例线段

研究历史能使人聪明；研究诗能使人机智；研究数学能使人精巧；研究道德学使人勇敢；研究理论与修辞学使人知足.

——培根(英国)

知识方法

相交弦定理 圆内的两条相交弦被交点分成的两条线段的积相等.

切割线定理 从圆外一点引圆的切线和割线，切线长是这点到割线与圆交点的两条线段长的比例中项.

割线定理 从圆外一点引圆的两条割线，这一点到每条割线与圆的交点的两条线段长的积相等.

上述三个定理统称为圆幂定理，它们的发现距今已有两千多年的历史，它们有下面的同一形式：

圆幂定理 过一定点作两条直线与圆相交，则定点到每条直线与圆的交点的两条线段的积相等，即它们的积为定值.

这里切线可以看作割线的特殊情形，切点看作是两个重合的交点.若定点到圆心的距离为 d，圆半径为 r，则这个定值为 $|d^2-r^2|$.

当定点在圆内时，$d^2-r^2<0$，$|d^2-r^2|$ 等于过定点的最小弦的一半的平方；

当定点在圆上时，$d^2-r^2=0$；

当定点在圆外时，$d^2-r^2>0$，d^2-r^2 等于从定点向圆所引切线长的平方.

特别地，我们把 d^2-r^2 称为定点对于圆的幂.

典型例题

例 1　如图 1,四边形 $ABCD$ 中,$AB \parallel CD$,$AD = DC = DB = p$,$BC = q$. 求对角线 AC 的长.

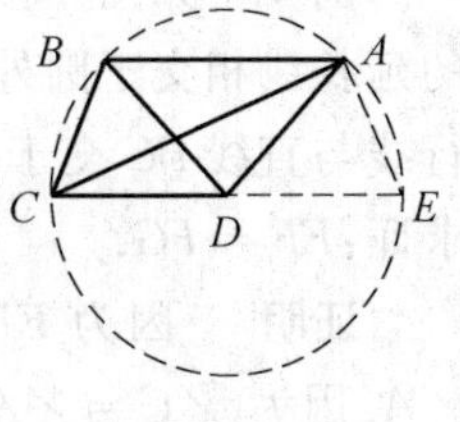

图 1

分析　由“$AD = DC = DB = p$”可知 A,B,C 在半径为 p 的圆 D 上. 利用圆的性质即可找到 AC 与 p,q 的关系.

解析　延长 CD 交半径为 p 的圆 D 于点 E,联结 AE. 显然 A,B,C 在圆 D 上. 因为 $AB \parallel CD$,所以 $\overset{\frown}{BC} = \overset{\frown}{AE}$. 从而,$BC = AE = q$. 在 $\triangle ACE$ 中,$\angle CAE = 90°$,$CE = 2p$,$AE = q$,故 $AC = \sqrt{CE^2 - AE^2} = \sqrt{4p^2 - q^2}$.

例 2　如图 2,AB 切圆 O 于 B,M 为 AB 的中点,过 M 作圆 O 的割线 MD 交圆 O 于 C,D 两点,联结 AC 并延长交圆 O 于 E,联结 AD 交圆 O 于 F. 求证:$EF \parallel AB$.

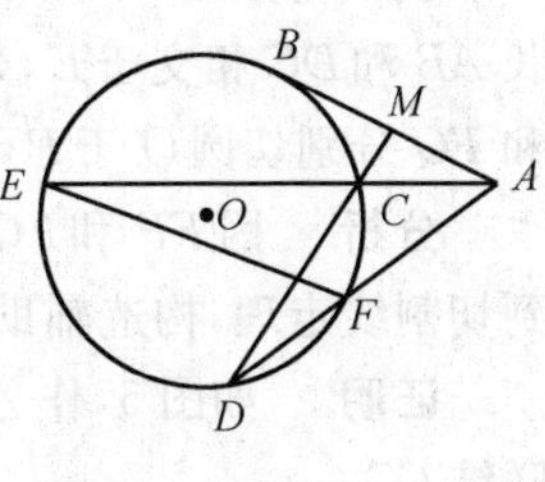

图 2

分析　要证明 $EF \parallel AB$,可以证明内错角相等,即要证明 $\angle MAE = \angle AEF$,而 $\angle CEF = \angle CDF$,即要证明 $\angle MAC = \angle MDA$,于是可以通过三角形相似,证明对应角相等.

证明　因为 AB 是圆 O 的切线,M 是 AB 中点,所以 $MA^2 = MB^2 = MC \cdot MD$.

所以 $\triangle MAC \backsim \triangle MDA$,故 $\angle MAC = \angle MDA$.

因为 $\angle CEF = \angle CDF$,所以 $\angle MAE = \angle AEF$,所以 $EF \parallel AB$.

例 3　AD 是 $\mathrm{Rt}\triangle ABC$ 斜边 BC 上的高,$\angle B$ 的平分线交 AD 于 M,交 AC 于 N. 求证:$AB^2 - AN^2 = BM \cdot BN$.

分析　因 $AB^2 - AN^2 = (AB + AN)(AB - AN) = BM \cdot BN$,而由题设易知 $AM = AN$,联想割线定理,构造辅助圆即可证得结论.

证明　如图 3,因为 $\angle 2 + \angle 3 = \angle 4 + \angle 5 = 90°$,又 $\angle 3 = \angle 4$,$\angle 1 = \angle 5$,所以 $\angle 1 = \angle 2$. 从而,$AM = AN$.

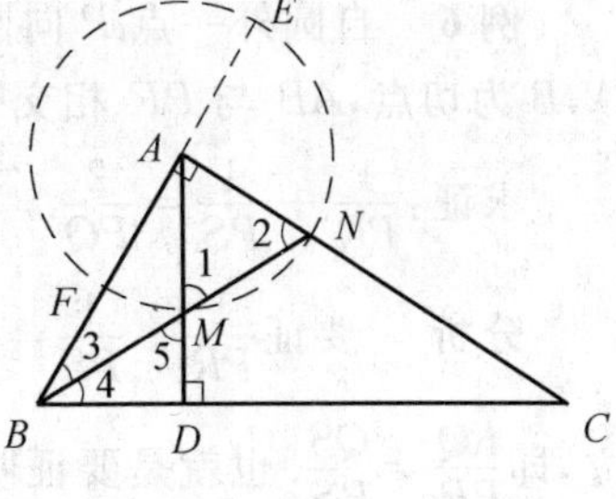

图 3

以 AM 长为半径作圆 A,交 AB 于 F,交

BA 的延长线于 E. 则 $AE=AF=AN$. 由割线定理有 $BM\cdot BN=BF\cdot BE=(AB+AE)(AB-AF)=(AB+AN)(AB-AN)=AB^2-AN^2$，即 $AB^2-AN^2=BM\cdot BN$.

例 4 如图 4，圆 O 内的两条弦 AB，CD 的延长线相交于圆外一点 E，由 E 引 AD 的平行线与直线 BC 交于 F，作切线 FG，G 为切点. 求证：$EF=FG$.

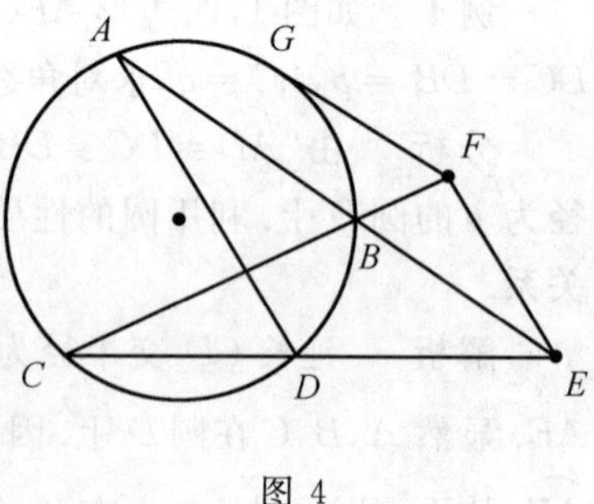

图 4

证明 因为 $EF\parallel AD$，所以 $\angle FEA=\angle A$. 因为 $\angle C=\angle A$，所以 $\angle C=\angle FEA$，所以 $\triangle FEB\backsim\triangle FCE$. 所以 $FE^2=FB\cdot FC$. 因为 FG 是圆 O 的切线，所以 $FG^2=FB\cdot FC$. 所以 $EF=FG$.

例 5 如图 5，$ABCD$ 是圆 O 的内接四边形，延长 AB 和 DC 相交于 E，延长 AD 和 BC 相交于 F，EP 和 FQ 分别切圆 O 于 P，Q. 求证：$EP^2+FQ^2=EF^2$.

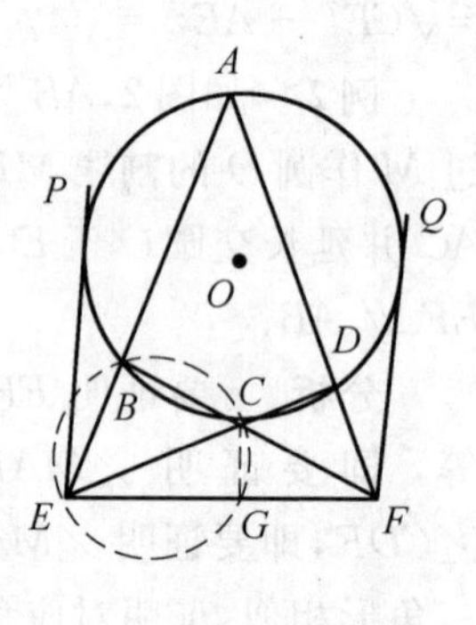

图 5

分析 因 EP 和 FQ 是圆 O 的切线，由结论联想到切割线定理，构造辅助圆使 EP，FQ 向 EF 转化.

证明 如图 5，作 $\triangle BCE$ 的外接圆交 EF 于 G，联结 CG.

因 $\angle FDC=\angle ABC=\angle CGE$，故 F，D，C，G 四点共圆.

由切割线定理，有

$$EF^2=(EG+GF)\cdot EF=EG\cdot EF+GF\cdot EF=EC\cdot ED+FC\cdot FB=EP^2+FQ^2$$

即

$$EP^2+FQ^2=EF^2$$

例 6 自圆外一点 P 向圆 O 引割线交圆于 R，S 两点，又作切线 PA，PB，A，B 为切点，AB 与 PR 相交于 Q.

求证：$\dfrac{1}{PR}+\dfrac{1}{PS}=\dfrac{2}{PQ}$.

分析 要证 $\dfrac{1}{PR}+\dfrac{1}{PS}=\dfrac{2}{PQ}$ 成立，也就是要证明 $\dfrac{1}{PR}-\dfrac{1}{PQ}=\dfrac{1}{PQ}-\dfrac{1}{PS}$ 成立，即 $\dfrac{RQ}{PR}=\dfrac{QS}{PS}$. 也就是要证明 $\dfrac{RQ}{QS}=\dfrac{PR}{PS}$ 成立. 于是可通过三角形相似及圆中的比例线段来证.

证明　如图 6，联结 AR, AS, RB, BS，

因为 PA 是圆 O 的切线，所以 $\angle PAR=\angle PSA$.

又因为 $\angle APR=\angle SPA$，所以 $\triangle PAR \backsim \triangle PSA$.

所以 $\frac{PA}{PS}=\frac{AR}{AS}=\frac{PR}{PA}$.

所以 $\frac{PA}{PS}\cdot\frac{PR}{PA}=(\frac{AR}{AS})^2$，即 $\frac{PR}{PS}=\frac{AR^2}{AS^2}$.

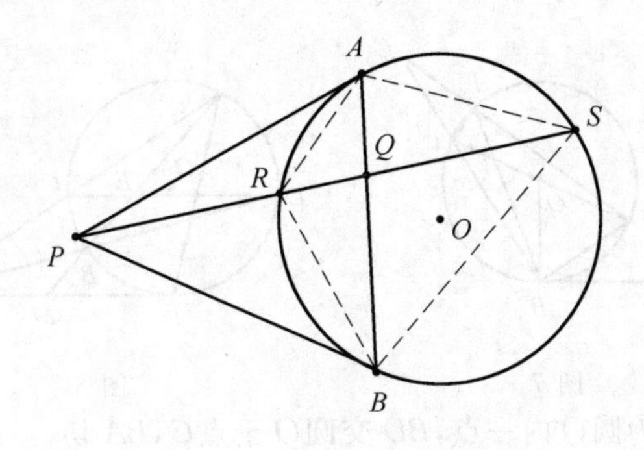

图 6

同理，$\frac{PR}{PS}=\frac{BR^2}{BS^2}$. 所以 $\frac{AR^2}{AS^2}=\frac{BR^2}{BS^2}$，即 $\frac{AR}{AS}=\frac{BR}{BS}$.

又因为 $\angle RAQ=\angle BSQ$，$\angle AQR=\angle SQB$，

所以 $\triangle AQR \backsim \triangle SQB$，所以 $\frac{AR}{SB}=\frac{AQ}{SQ}=\frac{RQ}{BQ}$.

同理 $\triangle AQS \backsim \triangle RQB$，所以 $\frac{BR}{SA}=\frac{RQ}{AQ}=\frac{BQ}{SQ}$，故 $\frac{AR}{SB}\cdot\frac{BR}{SA}=\frac{AQ}{SQ}\cdot\frac{RQ}{AQ}=\frac{RQ}{SQ}$.

又因为 $\frac{AR}{AS}=\frac{BR}{BS}$，所以 $\frac{RQ}{SQ}=\frac{AR^2}{AS^2}$，从而 $\frac{PR}{PS}=\frac{RQ}{SQ}$.

又因为 $\frac{1}{PR}+\frac{1}{PS}=\frac{2}{PQ}\Leftarrow\frac{1}{PR}-\frac{1}{PQ}=\frac{1}{PQ}-\frac{1}{PS}\Leftarrow\frac{RQ}{PR}=\frac{QS}{PS}$. 本题得证.

说明　当 $\frac{1}{PR}+\frac{1}{PS}=\frac{2}{PQ}$ 时，我们称 PR, PQ, PS 成调和数列.

巩固演练

1. 在直角三角形中，斜边上的高是两条直角边在斜边上的射影的比例中

项;每一直角边是它在斜边上的射影和斜边的比例中项.

2. PM 切圆 O 于 M,PO 交圆 O 于 N,若 $PM=12$,$PN=8$,求圆 O 的直径.

3. 如图 7,AB 切圆 O 于 B,$ADFC$ 交圆 O 于 D,F,BC 交圆 O 于 E,若 $\angle A=28^\circ$,$\angle C=30^\circ$,$\angle BDF=60^\circ$,求 $\angle FBE$ 的度数.

4. 如图 8,PT 切圆 O 于 T,M 为 PT 的中点,AM 交圆 O 于 B,PA 交圆 O 于 C,PB 延长线交圆 O 于 D,图中与 $\triangle MPB$ 相似的三角形有几个?请说明理由.

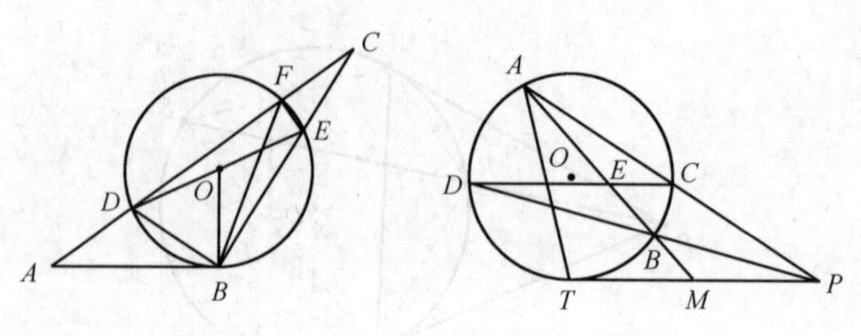

图 7　　　　图 8

5. 如图 9,D 为圆 O 内一点,BD 交圆 O 于点 C,BA 切圆 O 于 A,若 $AB=6$,$OD=2$,$DC=CB=3$,求圆 O 的半径.

图 9

6. PT 切圆 O 于点 T,PAB,PCD 是割线,弦 $AB=35$ cm,弦 $CD=50$ cm,$AC:DB=1:2$,求 PT 的长.

7. 如图 10,在 $\triangle ABC$ 中,已知 CM 是 $\angle ACB$ 的平分线,$\triangle AMC$ 的外接圆交 BC 于 N,若 $AC=\frac{1}{2}AB$,求证:$BN=2AM$.

8. 如图 11,过圆 O 外一点 P 作圆 O 的两条切线 PA,PB,联结 OP 与圆 O 交于点 C,过 C 作 AP 的垂线,垂足为 E. 若 $PA=12$ cm,$PC=6$ cm,求 CE 的长.

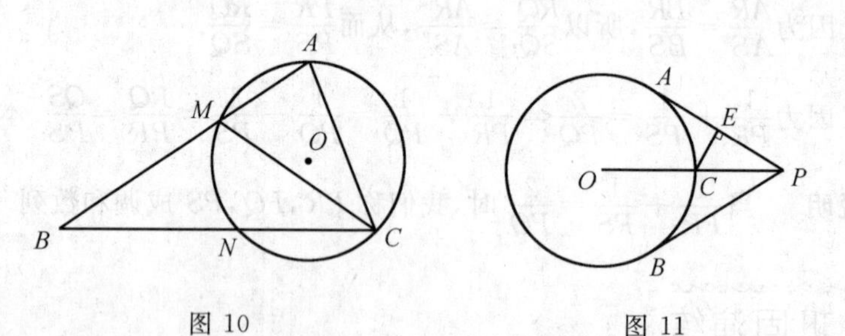

图 10　　　　图 11

9. 圆 O 与圆 O' 外切于点 P,一条外公切线分别切两圆于点 A,B,AC 为圆 O 的直径,从 C 引圆 O' 的切线 CT,切点为 T. 求证:$CT=CA$.

10. 圆 O_1 与圆 O_2 的半径分别为 $r_1, r_2(r_1 > r_2)$，连心线 O_1O_2 的中点为 D，且 O_1O_2 上有一点 H，满足 $2DH \cdot O_1O_2 = r_1^2 - r_2^2$，过 H 作垂直于 O_1O_2 的直线 l，证明直线 l 上任一点 M 向两圆所引切线长相等.

演练解答

1. 如图 12，在 Rt$\triangle MAC$ 中，$\angle ACB = 90°$，做的外接圆，CD 是斜边 AB 上的高，延长 CD 交外接圆于 E. 由相交弦定理，得 $AD \cdot DB = CD \cdot DE$，因 $CD = DE$，故 $CD^2 = AD \cdot DB$.

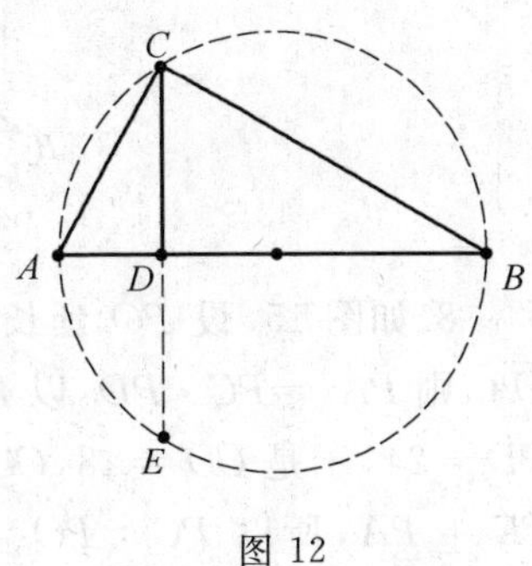

图 12

又因为 BC 是外接圆直径，所以 AC 切圆 BDC 于 C，由切割线定理有 $AC^2 = AD \cdot AB$，同理有 $BC^2 = BD \cdot BA$.

2. 在 Rt$\triangle OPM$ 中，$PO^2 = OM^2 + PM^2$，即 $(8 + R)^2 = R^2 + 12^2$，解得 $R = 5$，$2R = 10$.（或由切割线定理，得 $12^2 = 8(8 + 2R)$，$2R = 10$.）

3. 设 $\angle FBE = x°$，则 $\angle FDE = x°$，$\angle BDE = 60°$，所以 由 $\angle BDF = 60°$，得 $\angle ABD = \angle BDF - \angle A = 32°$，所以 $\angle BFD = 32°$. 但 $\angle BFD = \angle FBE + \angle C$，即 $32° = x + 30°$，故 $x = 2°$.

4. $PM^2 = MT^2 = MB \cdot MA$，所以 $\triangle PMB \backsim \triangle AMP$；所以 $\angle MAC = \angle BPM$，所以 $\angle BPM = \angle BDC$，$DC \parallel MP$，设 DC 交 AM 于点 E，则 $\triangle PMB \backsim \triangle DEB$；且 $\triangle AEC \backsim \triangle AMP \backsim \triangle PMB$，即图中有 3 个与 $\triangle MPB$ 相似的三角形.

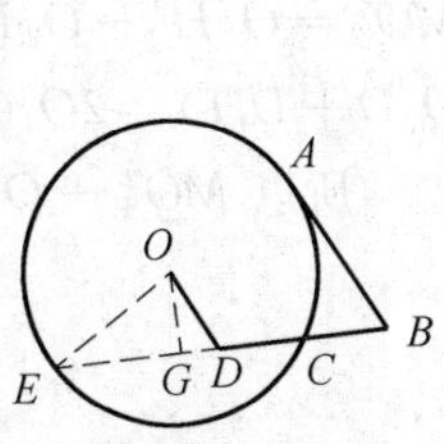

5. 如图 13，延长线 BD 与圆 O 交于 E，于是 $BA^2 = BC \cdot BE$，所以 $BE = 12$.

所以 $DE = 6$. 取 CE 中点 G，联结 OG，则 $DG = 1.5$，所以 $OG^2 = 2^2 - \left(\frac{3}{2}\right)^2 = \frac{7}{4}$，所以 $OE^2 = OG^2 + GE^2 = 22$，即 $OE = \sqrt{22}$.

图 13

6. 设 $PC = x$，$PA = y$，$\triangle PCA \backsim \triangle PBD$，则

$$\frac{x}{y + 35} = \frac{1}{2}, \frac{y}{x + 50} = \frac{1}{2}$$

解之得 $x = 40$，$y = 45$，$PT = 60$.

7. 如图14，联结 MN，则由 $BM \cdot BA = BN \cdot BC$，得 $\triangle BMN \backsim \triangle BCA$，所以 $MN : BN = AC : AB = \frac{1}{2}$. 因为 CM 平分 $\angle ACB$，所以 $MN = AM$. 所以 $BN = 2AM$.

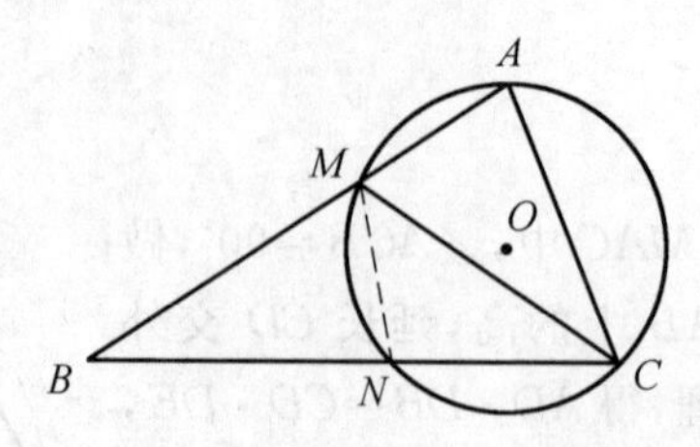

图 14

8. 如图 15，设 PO 延长线与圆 O 交于 D，联结 OA，则 $PA^2 = PC \cdot PD$，以 $PA = 12, PC = 6$ 代入，得 $PD = 24$，于是 $CD = 18, OC = 9$，因为 $OA \perp PA$，$CE \perp PA$，所以 $PC : PO = CE : OA$，以 $PC = 6$，$PO = 15, OA = 12$ 代入，得 $CE = \frac{24}{5}$ cm.

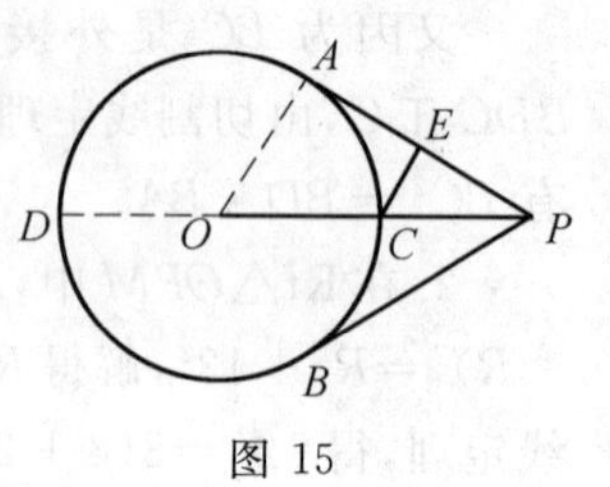

图 15

9. 联结 PA, PB, PC. 则 $\angle APB = 90°$，$\angle APC = 90°$.

所以 C, P, B 三点在一条直线上. 由 $OA \perp AB$，知 $\triangle ABC$ 是直角三角形. 所以 $\triangle CAP \backsim \triangle CBA$. 所以 $CA^2 = CP \cdot CB$. 但 CT 为圆 O' 的切线，所以 $CT^2 = CP \cdot CB$，所以 $CT = CA$.

10. 如图 16，过 M 作圆 O_1、圆 O_2 的切线 MA, MB，切点为 A, B. $MO_1^2 - MO_2^2 = O_1H^2 - O_2H^2 = (O_1H + O_2H)(O_1H - O_2H) = O_1O_2(O_1D + DH - O_2D + DH) = 2O_1O_2 \cdot DH = r_1^2 - r_2^2$.

所以 $MO_1^2 - O_1A^2 = MO_2^2 - O_2B^2$，即 $MA = MB$.

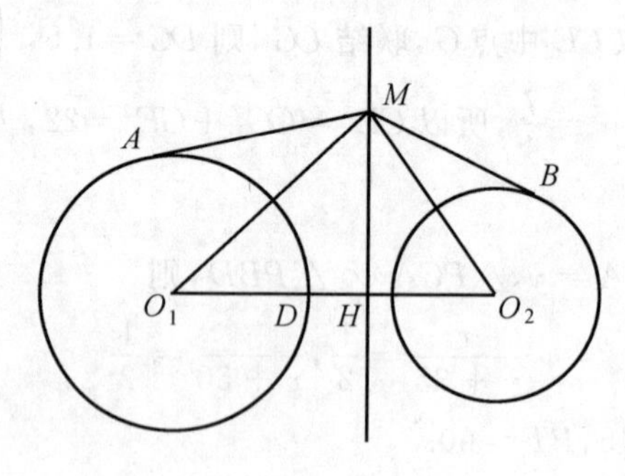

图 16

第17讲　面积问题和面积方法

把简单的事情考虑得很复杂，可以发现新领域；把复杂的现象看得很简单，可以发现新定律.

——牛顿(英国)

知识方法

1.面积公式

由于平面上的凸多边形都可以分割成若干三角形，故在面积公式中最基本的是三角形的面积公式.它形式多样，应在不同前提下选择最佳形式使用.

设$\triangle ABC$，a,b,c分别为角A,B,C的对边，h_a为a边的高，R,r分别为$\triangle ABC$外接圆、内切圆的半径，$p=\frac{1}{2}(a+b+c)$，则$\triangle ABC$的面积有如下公式：

(1)$S_{\triangle ABC}=\frac{1}{2}ah_a$；

(2)$S_{\triangle ABC}=\frac{1}{2}bc\sin A$；

(3)$S_{\triangle ABC}=\sqrt{p(p-a)(p-b)(p-c)}$；

(4)$S_{\triangle ABC}=\frac{1}{2}r(a+b+c)=pr$；

(5)$S_{\triangle ABC}=\frac{abc}{4R}$；

(6)$S_{\triangle ABC}=2R^2\sin A\sin B\sin C$；

(7)$S_{\triangle ABC}=\frac{a^2\sin B\sin C}{2\sin(B+C)}$；

(8)$S_{\triangle ABC}=\frac{1}{2}r_a(b+c-a)$；

(9) $S_{\triangle ABC}=\frac{1}{2}R^2(\sin 2A+\sin 2B+\sin 2C)$

2. 面积定理

(1) 一个图形的面积等于它的各部分面积之和;

(2) 两个全等形的面积相等;

(3) 等底等高的三角形、平行四边形、梯形(梯形等底应理解为两底和相等)的面积相等;

(4) 等底(或等高)的三角形、平行四边形、梯形的面积的比等于其所对应的高(或底)的比;

(5) 两个相似三角形的面积的比等于相似比的平方;

(6) 共边比例定理:若 $\triangle PAB$ 和 $\triangle QAB$ 的公共边 AB 所在直线与直线 PQ 交于 M,则 $S_{\triangle PAB}:S_{\triangle QAB}=PM:QM$;

(7) 共角比例定理:在 $\triangle ABC$ 和 $\triangle A'B'C'$ 中,若 $\angle A=\angle A'$ 或 $\angle A+\angle A'=180°$,则 $\frac{S_{\triangle ABC}}{S_{\triangle A'B'C'}}=\frac{AB\cdot AC}{A'B'\cdot A'C'}$.

3. 张角定理

如图 1,由点 P 出发的三条射线 PA,PB,PC,设 $\angle APC=\alpha$,$\angle CPB=\beta$,$\angle APB=\alpha+\beta<180°$,则 A,B,C 三点共线的充要条件是:$\frac{\sin\alpha}{PB}+\frac{\sin\beta}{PA}=\frac{\sin(\alpha+\beta)}{PC}$.

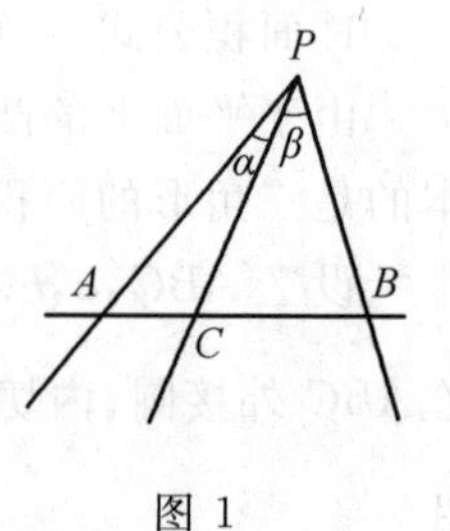

图 1

例 1 如图 2,梯形 $ABCD$ 中,$AD\parallel BC$,$AD:BC=2:5$,$AF:FD=1:1$,$BE:EC=2:3$,EF,CD 延长线交于 G,求 $S_{\triangle GFD}:S_{\triangle FED}:S_{\triangle DEC}$ 的值.

解析 设 $AD=2$,则 $BC=5$,$FD=1$,$EC=3$.

因为 $GF:GE=FD:EC=1:3$,$GF:FE=1:2$,$S_{\triangle GFD}:S_{\triangle FED}=GF:FE=1:2$.

显然有 $S_{\triangle EFD}:S_{\triangle CED}=FD:EC=1:3$,所以 $S_{\triangle GFD}:S_{\triangle FED}:S_{\triangle CED}=1:2:6$.

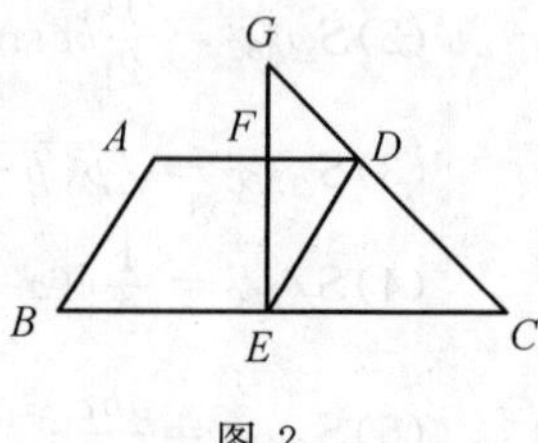

图 2

例 2 如图 3,P 是矩形 $ABCD$ 内一点,若 $PA=3$,$PB=4$,$PC=5$,求 PD 的值.

解析 过点 P 作 AB 的平行线分别交 DA,BC 于 E,F,过 P 作 BC 的平行线分别交 AB,CD 于 G,H. 设 $AG=DH=a$,$BG=CH=b$,$AE=BF=c$,

$DE=CF=d$，则 $AP^2=a^2+c^2$，$CP^2=b^2+d^2$，$BP^2=b^2+c^2$，$DP^2=d^2+a^2$，于是 $AP^2+CP^2=BP^2+DP^2$，故 $DP^2=AP^2+CP^2-BP^2=3^2+5^2-4^2=18$，$DP=3\sqrt{2}$.

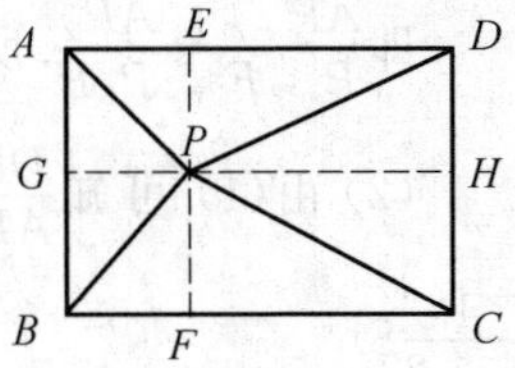

图3

例3　如图4，在矩形 $ABCD$ 中，E 是 BC 上的点，F 是 CD 上的点，$S_{\triangle ABE}=S_{\triangle ADF}=\frac{1}{3}S_{矩形ABCD}$. 求：$\frac{S_{\triangle AEF}}{S_{\triangle CEF}}$ 的值.

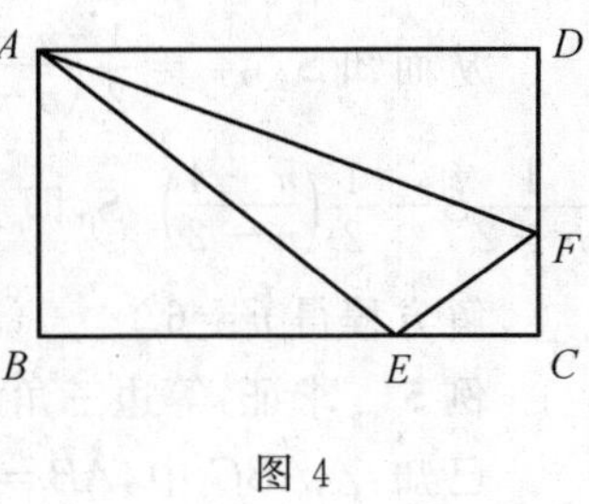

图4

解析　设 $BC=a$，$CD=b$，由 $S_{\triangle ABE}=\frac{1}{3}S_{矩形ABCD}$，得 $\frac{1}{2}b\cdot BE=\frac{1}{3}ab$. 所以 $BE=\frac{2}{3}a$，则 $EC=\frac{1}{3}a$. 同理 $FC=\frac{1}{3}b$，所以 $S_{\triangle CEF}=\frac{1}{2}\times\frac{1}{3}a\cdot\frac{1}{3}b=\frac{1}{18}ab$.

因为 $S_{梯形AECD}=\frac{1}{2}(EC+AD)\cdot CD=\frac{2}{3}ab$，所以

$$S_{\triangle AEF}=S_{梯形AECD}-S_{\triangle CEF}-S_{\triangle ADF}=\frac{2}{3}ab-\frac{1}{18}ab-\frac{1}{3}ab=\frac{5}{18}ab.$$

所以 $\frac{S_{\triangle AEF}}{S_{\triangle CEF}}=\frac{\frac{5}{18}ab}{\frac{1}{18}ab}=5$.

例4　如图5，在平行四边形 $ABCD$ 中，P_1，P_2，P_3，…，P_{n-1} 是 BD 的 n 等分点，联结 AP_2 并延长交 BC 于点 E，联结 AP_{n-2} 并延长交 CD 于点 F.

(1) 求证：$EF\parallel BD$；

(2) 设平行四边形 $ABCD$ 的面积是 S，若 $S_{\triangle AEF}=\frac{3}{8}S$，求 n 的值.

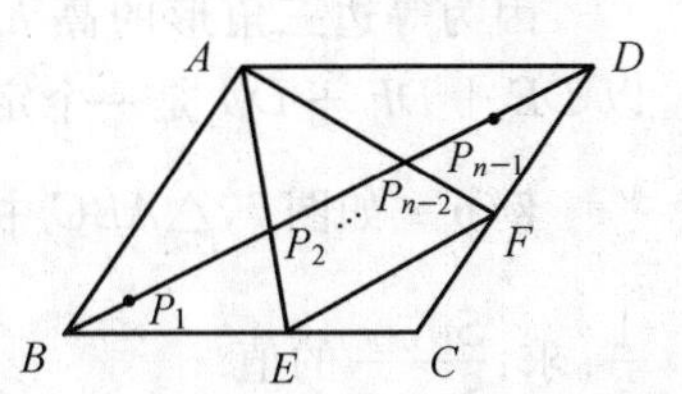

图5

解析　(1) 因 $AD\parallel BC$，$AB\parallel DC$，所以 $\triangle P_{n-2}FD\backsim P_{n-2}AB$，$\triangle P_2BE\backsim P_2DA$.

从而有 $\frac{AP_{n-2}}{P_{n-2}F}=\frac{BP_{n-2}}{P_{n-2}D}=\frac{n-2}{2}$，$\frac{AP_2}{P_2E}=\frac{DP_2}{P_2B}=\frac{n-2}{2}$.

即$\frac{AP_{n-2}}{P_{n-2}F}=\frac{AP_2}{P_2E}$.所以 $EF \parallel BD$.

(2) 由(1)可知$\frac{DF}{AB}=\frac{2}{n-2}$,所以 $S_{\triangle AFD}=\frac{1}{n-2}S$,同理可证 $S_{\triangle ABE}=\frac{1}{n-2}S$.

显然$\frac{DF}{DC}=\frac{2}{n-2}$,所以$\frac{FC}{DC}=\frac{DC-DF}{DC}=1-\frac{DF}{DC}=\frac{n-4}{n-2}$.

从而知 $S_{\triangle BCF}=\frac{1}{2}\left(\frac{n-4}{n-2}\right)^2S$,已知 $S_{\triangle AEF}=\frac{3}{8}S$,所以有$\frac{3}{8}S=S-2\times\frac{1}{n-2}S-\frac{1}{2}\left(\frac{n-4}{n-2}\right)^2S$,即$1-\frac{2}{n-2}-\frac{(n-4)^2}{2(n-2)^2}=\frac{3}{8}$.

解方程得 $n=6$.

例 5 求证:等边三角形内任一点到各边的距离的和是一个定值.

已知:$\triangle ABC$ 中,$AB=BC=AC$,D 是三角形内任一点,$DE\perp BC$,$DF\perp AC$,$DG\perp AB$,E,F,G 是垂足.求证:$DE+DF+DG$ 是一个定值.

证明 如图 6,联结 DA,DB,DC,设边长为 a,则

$$S_{\triangle ABC}=S_{\triangle DBC}+S_{\triangle DCA}+S_{\triangle DAB}$$

$$\frac{1}{2}ah_a=\frac{1}{2}a(DE+DF+DG)$$

所以

$$DE+DF+DG=h_a$$

因为等边三角形的高 h_a 是一个定值,所以 $DE+DF+DG$ 是一个定值.

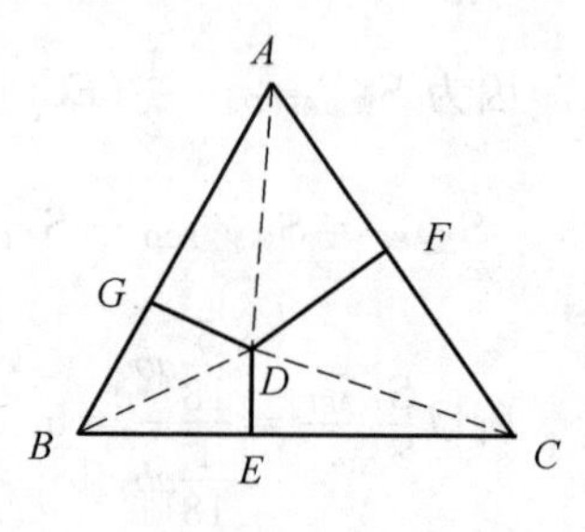

图 6

例 6 如图 7,$\triangle ABC$ 中,$\frac{AD}{AB}=\frac{BE}{BC}=\frac{CF}{CA}=\frac{1}{3}$.求:$\frac{S_{\triangle DEF}}{S_{\triangle ABC}}$ 的值.

解析 因为 $\triangle ADF$ 和 $\triangle ABC$ 有公共角 A,所以

$$\frac{S_{\triangle ADF}}{S_{\triangle ABC}}=\frac{AD\cdot AF}{AB\cdot AC}=\frac{\frac{1}{3}AB\cdot\frac{2}{3}AC}{AB\cdot AC}=\frac{2}{9}$$

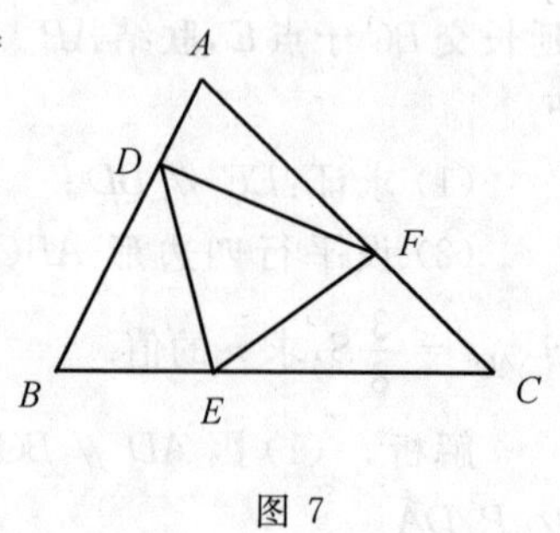

图 7

同理$\frac{S_{\triangle BED}}{S_{\triangle ABC}}=\frac{2}{9}$,$\frac{S_{\triangle CFE}}{S_{\triangle ABC}}=\frac{2}{9}$,所以$\frac{S_{\triangle DEF}}{S_{\triangle ABC}}=\frac{1}{3}$.

说明　本题可推广到：当 $\frac{AD}{AB}=\frac{1}{m},\frac{BE}{BC}=\frac{1}{n},\frac{CF}{CA}=\frac{1}{p}$ 时

$$\frac{S_{\triangle DEF}}{S_{\triangle ABC}}=\frac{mnp+m+n+p-mn-mp-np}{mnp}$$

例 7　如图 8，Rt$\triangle ABC$ 被斜边上的高 CD 和直角平分线 CE 分成 3 个三角形，已知其中两个面积的值标在图中，求第三个三角形的面积 x.

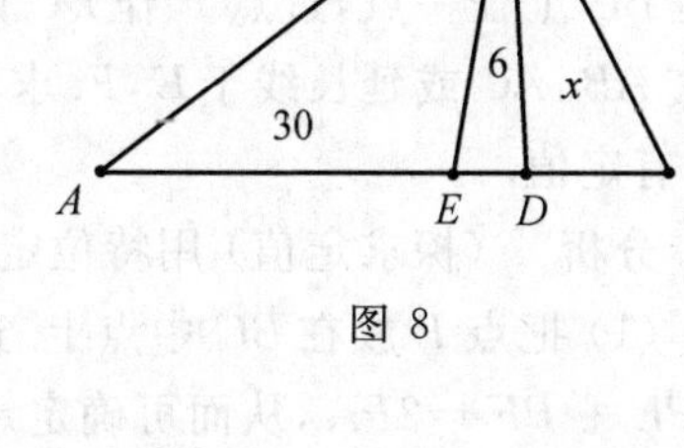

图 8

解析　因为 CE 平分 $\angle ACB$，所以

$$\frac{S_{\triangle CAE}}{S_{\triangle CEB}}=\frac{30}{6+x}=\frac{CA\cdot CE}{CB\cdot CE}=\frac{CA}{CB}$$

因为 CD 是 Rt$\triangle ABC$ 的高，所以 $\triangle CAD\backsim\triangle BCD$，所以 $\frac{30+6}{x}=\left(\frac{CA}{CB}\right)^2$.

所以 $\frac{30+6}{x}=\left(\frac{30}{6+x}\right)^2$，解得 $x_1=4,x_2=9$（两解都适合）.

例 8　设一直线截 $\triangle ABC$ 三边 AB，BC，CA 或延长线于 D,E,F 那么 $\frac{AD}{DB}\cdot\frac{BE}{EC}\cdot\frac{CF}{FA}=1$（梅涅劳斯（Menelaus）定理）.

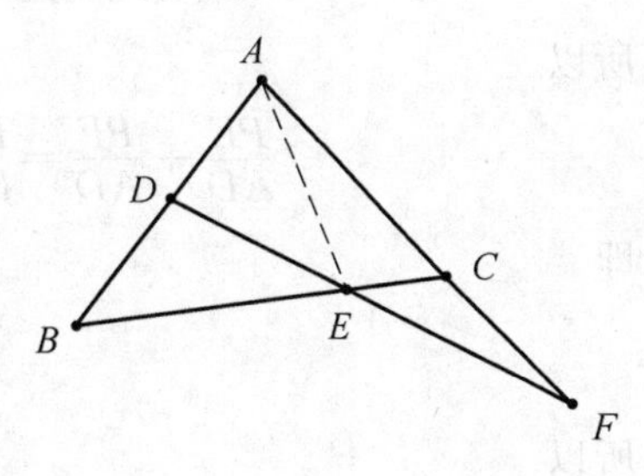

图 9

解析　如图 9，联结 AE，根据三角形面积比定理得

$$\frac{S_{\triangle AEF}}{S_{\triangle BEF}}=\frac{AD}{DB}$$

$$\frac{S_{\triangle BEF}}{S_{\triangle CEF}}=\frac{BE}{CE}$$

$$\frac{S_{\triangle CEF}}{S_{\triangle AEF}}=\frac{CF}{FA}$$

所以

$$\frac{AD}{DB}\cdot\frac{BE}{EC}\cdot\frac{CF}{FA}=\frac{S_{\triangle AEF}}{S_{\triangle BEF}}\times\frac{S_{\triangle BEF}}{S_{\triangle CEF}}\times\frac{S_{\triangle CEF}}{S_{\triangle AEF}}=1$$

例 9　已知 MN 是 $\triangle ABC$ 的中位线，P 在 MN 上，BP，CP 交对边于 D，E. 求证：$\frac{AE}{BE}+\frac{AD}{DC}=1$.

证明 如图 10，联结并延长 AP 交 BC 于 F，则 $AP=PF$，所以 $S_{\triangle CPA}=S_{\triangle CPF}$，$S_{\triangle BPA}=S_{\triangle BPF}$，所以

$$\frac{AE}{BE}+\frac{AD}{DC}=\frac{S_{\triangle CPA}}{S_{\triangle BPC}}=\frac{S_{\triangle CPF}+S_{\triangle BPF}}{S_{\triangle BPC}}=1$$

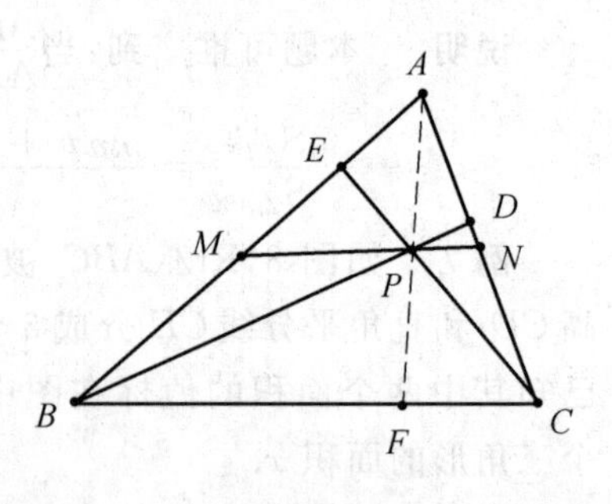

图 10

例 10 已知：$\triangle ABC$ 中，$AB=AC$，点 P 是 BC 上任一点，过点 P 作 BC 的垂线分别交 AB，AC 或延长线于 E，F. 求证：$PE+PF$ 有定值.

分析 （探求定值）用特位定值法.

(1) 把点 P 放在 BC 中点上. 这时过点 P 的垂线与 AB，AC 的交点都是点 A，$PE+PF=2PA$，从而可确定定值是底上的高的 2 倍.

因此原题可转化：求证：$PA+PB=2AD$（AD 为底边上的高）.

证明 因为 $AD\parallel PF$，所以

$$\frac{PE}{AD}=\frac{BP}{BD};\frac{PF}{AD}=\frac{CP}{CD}=\frac{CD+PD}{BD}$$

所以

$$\frac{PE}{AD}+\frac{PF}{AD}=\frac{BP}{BD}+\frac{CD+PD}{BD}=\frac{2BD}{BD}=2$$

即

$$\frac{PE+PF}{AD}=2$$

所以

$$PE+PF=2AD$$

(2) 如图 11，把点 P 放在点 B 上.

这时 $PE=0$，$PF=2AD$（三角形中位线性质），

结论与(1) 相同.

还可以由 $PF=BC\cdot\tan C$，把定值定为：$BC\cdot\tan C$.

即求证 $PE+PF=BC\cdot\tan C$.（证明略）

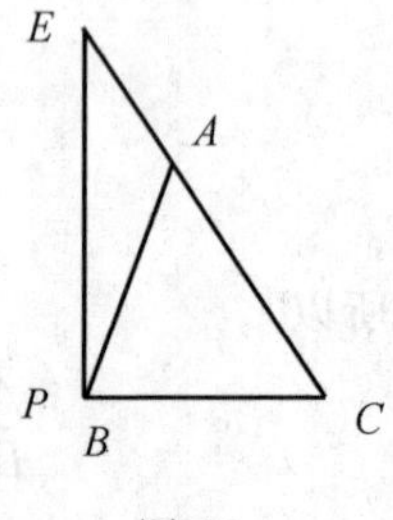

图 11

说明 同一道题的定值，可以有不同的表达式，只要是用题中固有的几何量表示均可.

例 11 同心圆 O 中，AB 是大圆的直径，点 P 在小圆上. 求证：PA^2+PB^2 有定值.

分析 用特位定值法. 设大圆、小圆半径分别为 R，r.

(1) 如图 12,点 P 放在直径 AB 上,得

$$PA^2+PB^2=(R+r)^2+(R-r)^2=2(R^2+r^2)$$

(2) 如图 13,点 P 放在与直径 AB 垂直的另一条直径上,也可得

$$PA^2+PB^2=R^2+r^2+R^2+r^2=2(R^2+r^2)$$

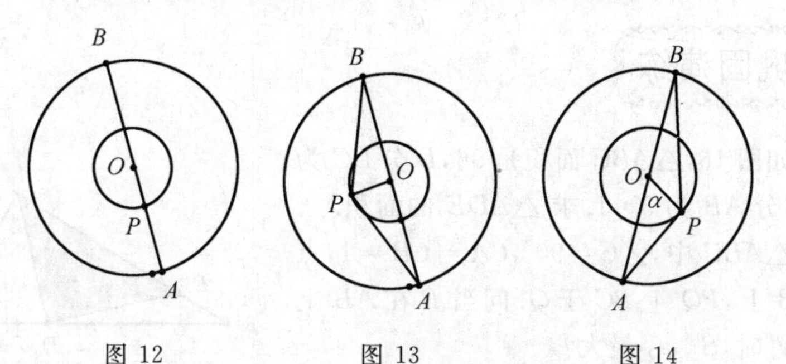

图 12　　图 13　　图 14

证明　如图 14,设 $\angle POA=\alpha$,根据余弦定理,得

$$PA^2=R^2+r^2-2Rr\cos\alpha, PB^2=R^2+r^2-2Rr\cos(180°-\alpha)$$

因为 $\cos(180°-\alpha)=-\cos\alpha$,所以 $PA^2+PB^2=2(R^2+r^2)$.

说明　本题一般知道定值是用两个圆的半径来表示的,所以可省去探求定值的步骤,直接列出 PA,PB 与 R,r 的关系式,关键是引入参数 α.

例 12　在以 AB 为弦的弓形劣弧上取一点 M(不包括 A,B 两点),以 M 为圆心作圆 M 和 AB 相切,分别过 A,B 作圆 M 的切线,两条切线相交于点 C. 求证:$\angle ACB$ 有定值.

分析　圆 M 是 $\triangle ABC$ 的内切圆,$\angle AMB$ 是以定线段 AB 为弦的定弧所含的圆周角,它是个定角(由正弦定理 $\sin\angle AMB=\dfrac{AB}{2R}$),所求定值可用它来表示.

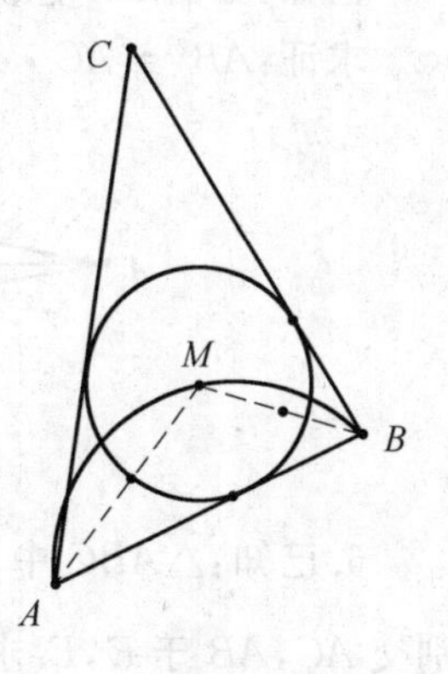

图 15

证明　如图 15,在 $\triangle ABC$ 中,$\angle MAB+\angle MBA=180°-\angle AMB$,因为 M 是 $\triangle ABC$ 的内心,所以

$$\angle CAB+\angle CBA=2(180°-\angle AMB)$$

故

$$\begin{aligned}\angle ACB&=180°-(\angle CAB+\angle CBA)=\\&180°-2(180°-\angle AMB)=\\&2\angle AMB-180°\end{aligned}$$

由正弦定理$\dfrac{AB}{\sin\angle AMB}=2R$,所以 $\sin\angle AMB=\dfrac{AB}{2R}$.

因为弧AB所在圆是个定圆,弦AB和半径R都有定值,所以$\angle AMB$有定值,故$\angle ACB$有定值$2\angle AMB-180^\circ$.

巩固演练

1.如图16,$\triangle ABC$面积是96,D分BC为$2:1$,E分AB为$3:1$.求$\triangle ADE$的面积.

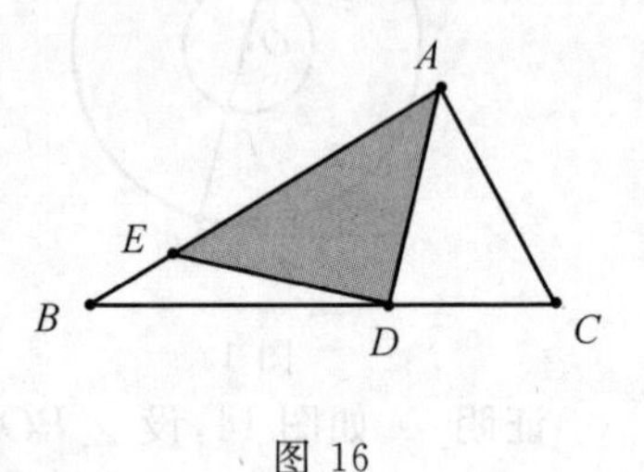

图 16

2.$\triangle ABC$中,$\angle C=90^\circ$,$CA=CB=1$,点P在AB上,$PQ\perp BC$于Q.问当P在AB上什么位置时,$S_{\triangle APQ}$最大?

3.$\triangle ABC$中,$AB=AC=a$,以BC为边向外作等边$\triangle BDC$,问当$\angle BAC$取什么度数时AD最长?

4.已知:$\triangle ABC$中,O是形内任一点,AO,BO,CO延长线交对边于D,E,F.

求证:(1) $\dfrac{OD}{AD}+\dfrac{OE}{BE}+\dfrac{OF}{CF}=1$;(2) $\dfrac{AE}{EC}+\dfrac{AF}{FB}=\dfrac{AO}{OD}$.

5.求证:有一个30°角的菱形,边长是两条对角线的比例中项.

已知:如图17,菱形$ABCD$中,$\angle DAC=30^\circ$.

求证:$AB^2=AC\cdot BD$.

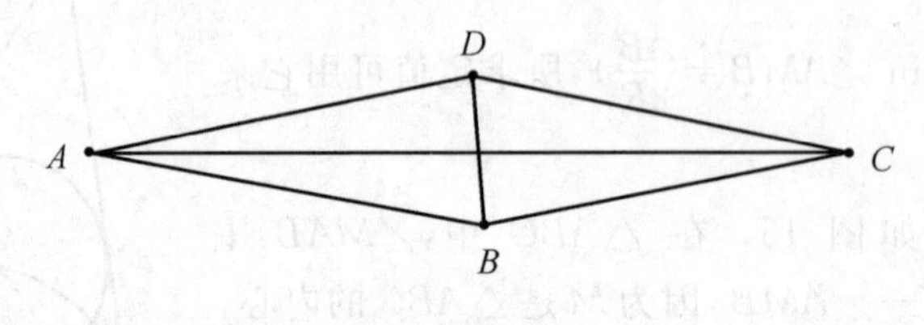

图 17

6.已知:$\triangle ABC$中,$AB=AC$,点P在中位线MN上,BP,CP的延长线分别交AC,AB于E,F.求证:$\dfrac{1}{BF}+\dfrac{1}{CE}$有定值.

7.$\triangle ABC$的边$BC=a$,高$AD=h$,要剪下一个三角形内接矩形$EFGH$,其中EF在BC边上,问EH取多少长时,矩形的面积最大? 最大面积是多少?

8.已知直线$m\parallel n$,A,B,C都是定点,$AB=a$,$AC=b$,点P在AC上,BP的延长线交直线m于D.问:点P在什么位置时,$S_{\triangle PAB}+S_{\triangle PCD}$最小?

9.已知：如图 18，Rt$\triangle ABC$ 中，内切圆 O 的半径 $r=1$.

求：$S_{\triangle ABC}$ 的最小值.

10.$\triangle ABC$ 中，$AB=\sqrt{6}+\sqrt{2}$，$\angle C=30°$. 求 $a+b$ 的最大值.

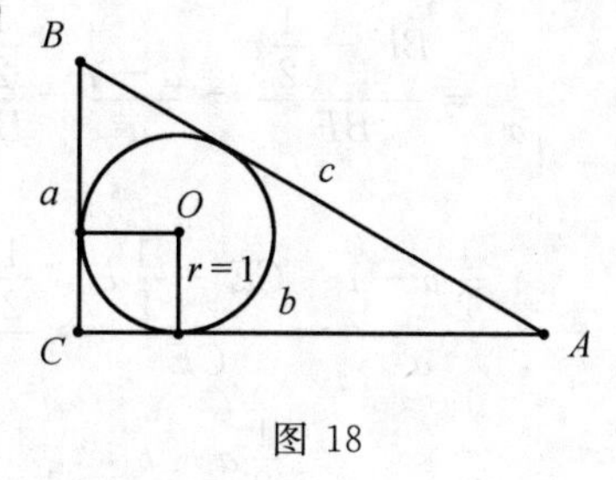

图 18

演练解答

1.48.

2.P 在 AB 中点时，$S_{\triangle 最大值}=\frac{1}{8}$，$S_{\triangle}=\frac{x}{2}\cdot\frac{\sqrt{2}-x}{2}$.

x 与 $\sqrt{2}-x$ 的和有定值，当 $x=\sqrt{2}-x$ 时，$S_{\triangle}$ 值最大.

3.当 $\angle BAC=120°$ 时，AD 最大，在 $\triangle ABD$ 中，设 $\angle BAD=\alpha$，由正弦定理得

$$\frac{AD}{\sin(180°-30°-\alpha)}=\frac{a}{\sin 30°}=2a$$

当 $150°-\alpha=90°$ 时，AD 最大.

4.(1) 左边 $=\frac{S_{\triangle BOC}}{S_{\triangle ABC}}+\frac{S_{\triangle AOC}}{S_{\triangle ABC}}+\frac{S_{\triangle AOB}}{S_{\triangle ABC}}=1$；

(2) 左边 $=\frac{S_{\triangle ABO}}{S_{\triangle COB}}+\frac{S_{\triangle COA}}{S_{\triangle COB}}=\cdots$；右边 $=\frac{S_{\triangle AOB}}{S_{\triangle DOB}}=\frac{S_{\triangle AOC}}{S_{\triangle DOC}}=\cdots$

5.如图 19，作高 DE，因为 $\angle DAE=30°$，所以 $DE=\frac{1}{2}AD=\frac{1}{2}AB$，$S_{菱形ABCD}=AB\cdot DE=\frac{1}{2}AB^2$.

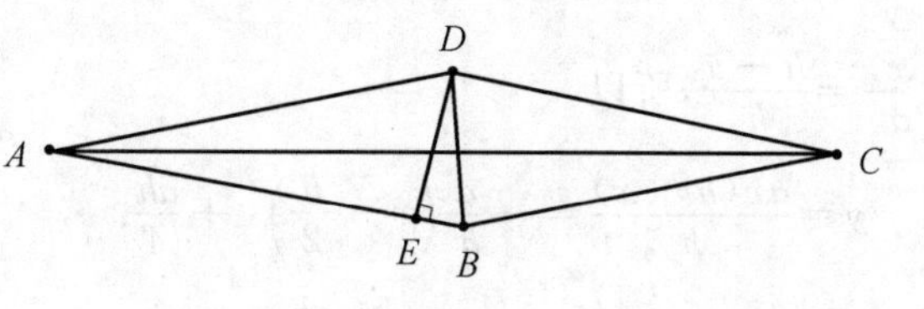

图 19

$S_{菱形ABCD}=AC\cdot BD$，所以 $AB^2=AC\cdot BD$.

6.如图 20，设 MP 为 t，则 $NP=\frac{1}{2}a-t$.

因为 $MN\parallel BC$，所以

$$\frac{MP}{BC}=\frac{MF}{BF},\frac{NP}{BC}=\frac{NE}{CE}$$

即

$$\frac{t}{a}=\frac{BF-\frac{1}{2}c}{BF}\Rightarrow\frac{a-t}{a}=\frac{\frac{1}{2}c}{BF}\Rightarrow\frac{a-t}{\frac{1}{2}ac}=\frac{1}{BF}$$

$$\frac{\frac{1}{2}a-t}{a}=\frac{CE-\frac{1}{2}c}{CE}\Rightarrow\frac{\frac{1}{2}a+t}{a}=\frac{\frac{1}{2}c}{CE}\Rightarrow$$

$$\frac{\frac{1}{2}a+t}{\frac{1}{2}ac}=\frac{1}{CE}$$

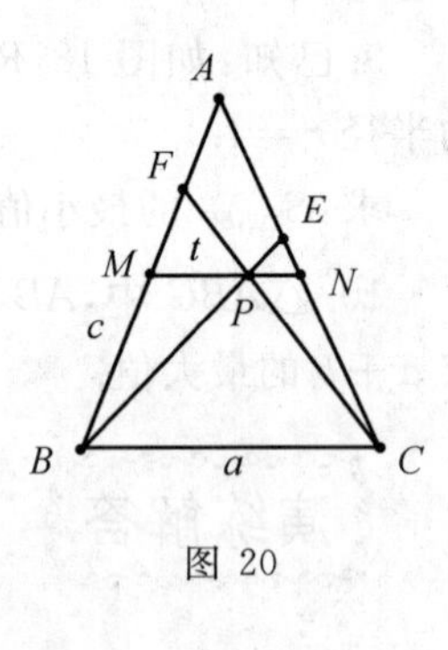

图 20

所以

$$\frac{1}{BF}+\frac{1}{CE}=\frac{a-t+\frac{1}{2}a+t}{\frac{1}{2}ac}=\frac{3}{c}$$

因为 c 是定线段,所以$\frac{3}{c}$ 是定值.

即$\frac{1}{BF}+\frac{1}{CE}$ 有定值$\frac{3}{c}$.

7.用构造函数法,设 $EH=x,S_{矩形}=y$,则 $GH=\frac{y}{x}$.

如图 21,因为 $\triangle AHG\backsim\triangle ABC$,所以 $\frac{\frac{y}{x}}{a}=\frac{h-x}{h}$,所以

$$y=\frac{ax(h-x)}{h}=-\frac{a}{h}\left(x-\frac{h}{2}\right)^2+\frac{ah}{4}.$$

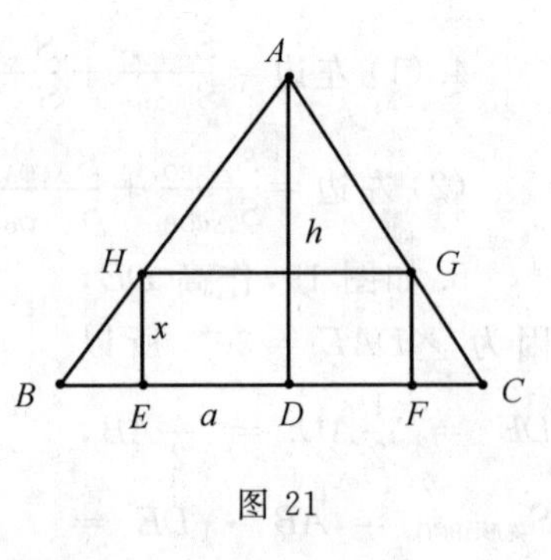

图 21

所以当 $x=\frac{h}{2}$ 时,$y_{最大值}=\frac{ah}{4}$.即当 $EH=\frac{h}{2}$ 时,矩形面积的最大值是$\frac{ah}{4}$.

8.如图 22,设 $\angle BAC=\alpha,PA=x$,则 $PC=b-x$.

因为 $m\parallel n$,所以$\frac{CD}{AB}=\frac{PC}{PA}$.

所以 $CD=\frac{a(b-x)}{x}$.

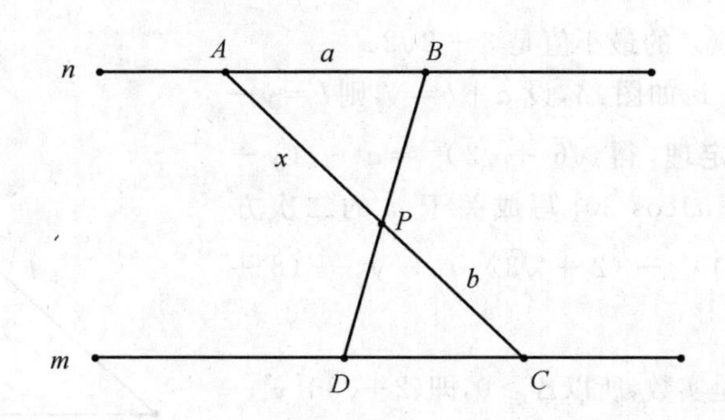

图 22

$$S_{\triangle PAB}+S_{\triangle PCD}=\frac{1}{2}ax\sin\alpha+\frac{1}{2}\cdot\frac{a(b-x)}{x}(b-x)\sin\alpha=$$

$$\frac{1}{2}a\sin\alpha\left(x+\frac{b^2-2bx+x^2}{x}\right)=$$

$$\frac{1}{2}a\sin\alpha\left(2x+\frac{b^2}{x}-2b\right)$$

因为 $2x\cdot\frac{b^2}{x}=2b^2$(定值),故 $2x+\frac{b^2}{x}$ 有最小值.

所以当 $2x=\frac{b^2}{x}$,$x=\frac{\sqrt{2}b}{2}$ 时,$S_{\triangle PAB}+S_{\triangle PCD}$ 的最小值是 $(\sqrt{2}-1)ab\sin\alpha$.

9.如图 23,因为 $S_{\triangle ABC}=\frac{1}{2}ab$,所以 $ab=2S_{\triangle}$.

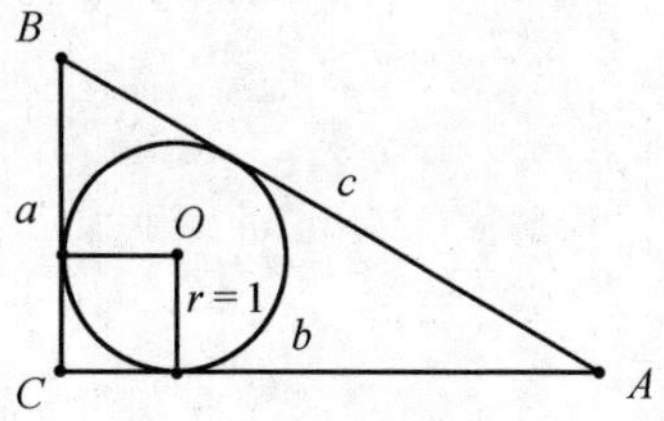

因为 $2r=a+b-c$,所以 $c=a+b-2r$,故 $a+b-2r=\sqrt{a^2+b^2}$.

两边平方,得

$$a^2+b^2+4r^2+2ab-4(a+b)r=a^2+b^2$$

$$4r^2+2ab-4(a+b)r=0$$

图 23

用 $r=1$,$ab=2S_{\triangle}$ 代入,得

$$4+4S_{\triangle}-4(a+b)=0$$

$$a+b=S_{\triangle}+1$$

因为 $ab=2S_{\triangle}$ 且 $a+b=S_{\triangle}+1$.

所以 a,b 是方程 $x^2-(S_{\triangle}+1)x+2S_{\triangle}=0$ 的两个根.

因为 a,b 是正实数,所以 $\Delta\geqslant 0$,即

$$[-(S_{\triangle}+1)]^2-4\times 2S_{\triangle}\geqslant 0, S_{\triangle}^2-6S_{\triangle}+1\geqslant 0$$

解得 $S_{\triangle}\geqslant 3+2\sqrt{2}$ 或 $S_{\triangle}\leqslant 3-2\sqrt{2}$,$S_{\triangle}\leqslant 3-2\sqrt{2}$ 不合题意舍去.

所以 $S_{\triangle ABC}$ 的最小值是 $3+2\sqrt{2}$.

10.解法 1:如图 24,设 $a+b=y$,则 $b=y-a$.根据余弦定理,得 $(\sqrt{6}+\sqrt{2})^2=a^2+(y-a)^2-2a(y-a)\cos 30^\circ$ 写成关于 a 的二次方程:$(2+\sqrt{3})a^2-(2+\sqrt{3})ya+y^2-(8+4\sqrt{3})=0$.

因为 a 是实数,所以 $\Delta\geqslant 0$,即 $(2+\sqrt{3})^2y^2-4(2+\sqrt{3})[y^2-(8+4\sqrt{3})]\geqslant 0$,

$y^2-(8+4\sqrt{3})^2\leqslant 0$,所以 $-(8+4\sqrt{3})\leqslant y\leqslant 8+4\sqrt{3}$.

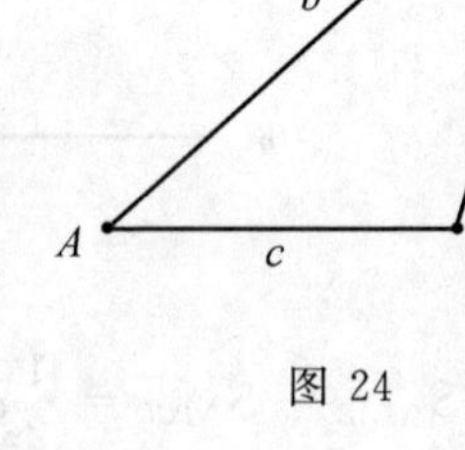

图 24

所以 $a+b$ 的最大值是 $8+4\sqrt{3}$.

解法 2:因为 AB 和 $\angle C$ 都有定值.

所以当 $a=b$ 时,$a+b$ 的值最大.

由余弦定理,$(\sqrt{6}+\sqrt{2})^2=a^2+b^2-2ab\cos 30^\circ$;

可求出 $a=b=4+2\sqrt{3}$.

第18讲　共线、共点、共圆(Ⅰ)

幻想是诗人的翅膀，假设是科学的天梯.

——歌德(德国)

知识方法

1. 梅涅劳斯(Menelaus)定理

在$\triangle ABC$的三边BC,CA,AB或其延长线上有点D,E,F，则D,E,F共线的充分必要条件是

$$\frac{CD}{DB}\cdot\frac{BF}{FA}\cdot\frac{AE}{EC}=1$$

2. 塞瓦(Seva)定理

如图1，设M,N,P分别是$\triangle ABC$的AB,BC,CA边上的点，则AN,BP,CM相交于一点O的充分必要条件是

$$\frac{AM}{MB}\cdot\frac{BN}{NC}\cdot\frac{CP}{PA}=1$$

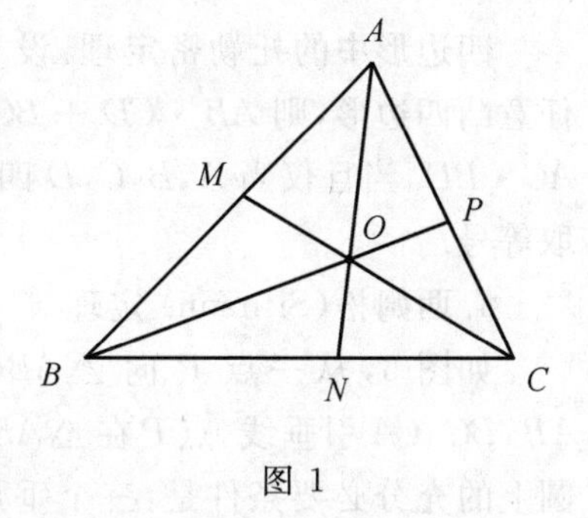

图1

角元形式的塞瓦定理：设A',B',C'分别是$\triangle ABC$的BC,CA,AB所在直线的点，则三直线AA',BB',CC'平行或共点的充要条件是

$$\frac{\sin\angle BAA'}{\sin\angle A'AC}\cdot\frac{\sin\angle ACC'}{\sin\angle C'CB}\cdot\frac{\sin\angle CBB'}{\sin\angle B'BA}=1$$

3. 托勒密(Ptolemy)定理

在四边形$ABCD$中，恒有

$$AB\cdot CD+BC\cdot AD\geqslant AC\cdot BD$$

四边形$ABCD$内接于一圆的充分必要条件是

$$AB \cdot CD + BC \cdot AD = AC \cdot BD$$

推论 1(三弦定理):如果 A 是圆上任意一点,AB,AC,AD 是该圆上顺次的三条弦,则

$$AC\sin\angle BAD = AB\sin\angle CAD + AD\sin\angle CAB$$

推论 2(四角定理):如图 2,四边形 $ABCD$ 内接于圆 O,则

$$\sin\angle ADC\sin\angle BAD = \sin\angle ABD\sin\angle CAD + \sin\angle ADB\sin\angle CAB$$

直线上的托勒密定理:若 A,B,C,D 为一直线上依次排列的四点,则 $AB \cdot CD + BC \cdot AD = AC \cdot BD$.

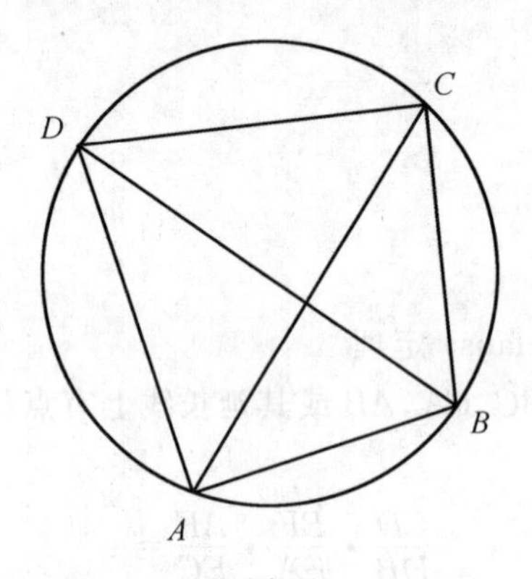

图 2

四边形中的托勒密定理:设 $ABCD$ 为任意凸四边形,则 $AB \cdot CD + BC \cdot AD \geqslant AC \cdot BD$,当且仅当 A,B,C,D 四点共圆时取等号.

4. 西姆松(Simson) 定理

如图 3,从一点 P 向 $\triangle ABC$ 的三边 AB,BC,CA 引垂线,点 P 在 $\triangle ABC$ 的外接圆上的充分必要条件是:三个垂足 X,Y,Z 共线.

本定理中,X,Y,Z 三点所在的直线称为 $\triangle ABC$ 关于点 P 的"西姆松线".

以上 4 个定理,通常把充分性称为定理,必要性称为逆定理.

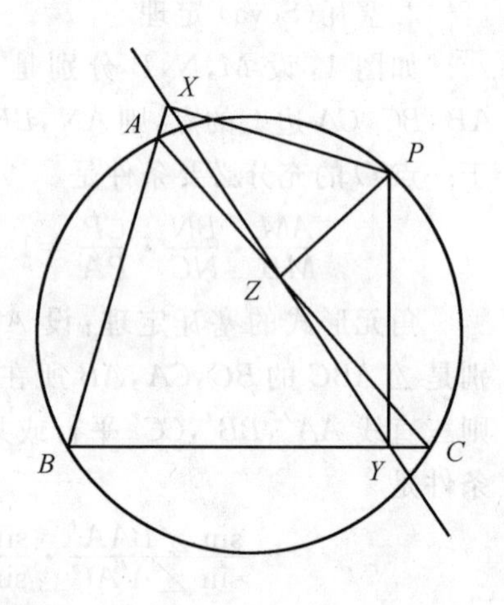

图 3

典型例题

例1　设线段 AB 的中点为 C，以 AC 为对角线作平行四边形 $AECD$，$BFCG$，又作平行四边形 $CFHD$，$CGKE$，求证：H，C，K 三点共线.

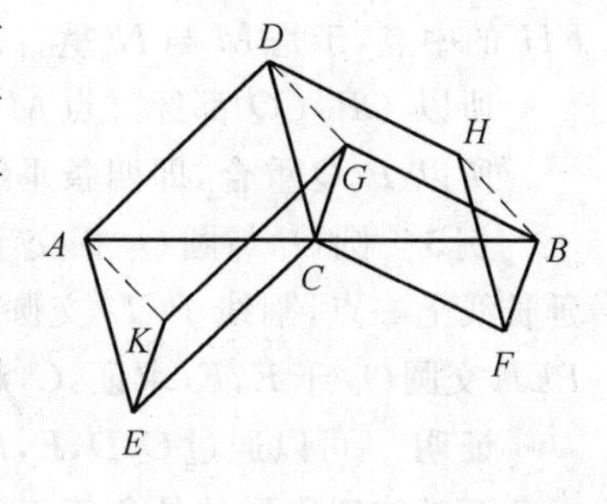

图 4

证明　C 为 AB 中点，若 C 为 HK 的中点，则 $AKBH$ 为平行四边形. 反之，若平行四边形成立，则 H，C，K 共线.

如图 4，联结 AK，DG，BH.

因为 $AD \parallel EC \parallel KG$，$AD=EC=KG$，所以四边形 $AKGD$ 是平行四边形.

所以 $AK \parallel GD$，$AK=GD$.

同理，$BH \parallel GD$，$BH=GD$，所以 $BH \parallel AK$，$BH=AK$.

所以四边形 $AKBH$ 是平行四边形，故 AB，HK 互相平分，即 HK 经过 AB 的中点 C.

所以 H，C，K 三点共线.

例2　求证：过圆内接四边形各边中点向对边所作的四条垂线交于一点.

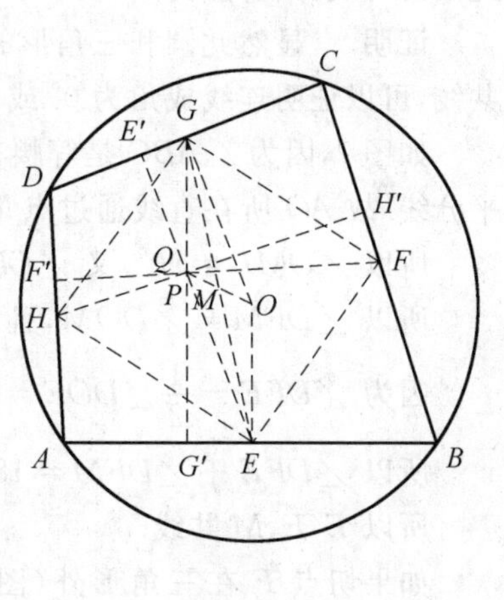

图 5

证明　画出图形，是必要的，可以研究一下两条垂线的交点的性质，不难发现证明的方法.

若 $ABCD$ 是特殊图形(矩形、等腰梯形)，易知结论成立.

如图 5，设圆内接四边形 $ABCD$ 的对边互不平行. E，F，G，H 分别为 AB，BC，CD，DA 的中点，$EE' \perp CD$，$FF' \perp DA$，$GG' \perp AB$，$HH' \perp BC$，垂足分别为 E'，F'，G'，H'.

设 EE' 与 GG' 交于点 P. 因为 E 为 AB 中点，所以 $OE \perp AB$，所以 $OE \parallel GG'$.

同理，$OG \parallel EE'$，所以 $OEPG$ 为平行四边形.

所以 OP，EG 互相平分，即 OP 经过 EG 中点 M.

同理,设 FF' 与 HH' 交于 Q,则 OQ 经过 FH 中点 N.

因为 E,F,G,H 分别为 AB,BC,CD,DA 的中点,

所以 $EFGH$ 是平行四边形,所以 EG,FH 互相平分,即 EG 的中点就是 FH 的中点,于是 M 与 N 重合.

所以 OP,OQ 都经过点 M 且 $OP=OQ=2OM$.

所以 P,Q 重合,即四条垂线交于一点.

例 3　圆 O_1 与圆 O_2 相交于点 A,B,P 为 BA 延长线上一点,割线 PCD 交圆 O_1 于 C,D,割线 PEF 交圆 O_2 于 E,F,求证:C,D,E,F 四点共圆.

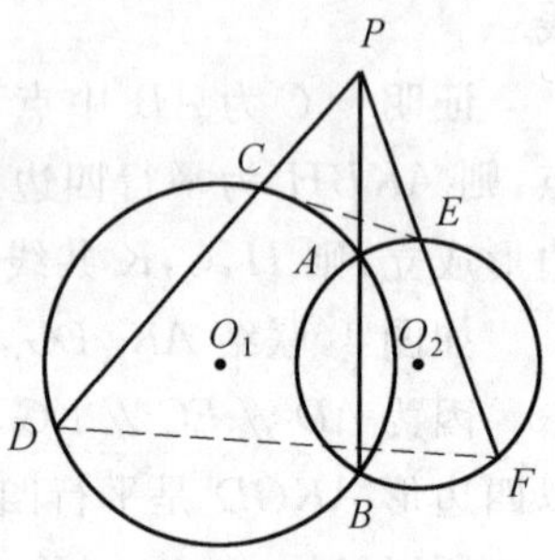

图 6

证明　可以通过 C,D,E,F 连成的四边形的对角互补或四边形的外角等于内对角来证明.

如图 6,联结 $CE,DF,PC\cdot PD=PA\cdot PB=PE\cdot PF$.

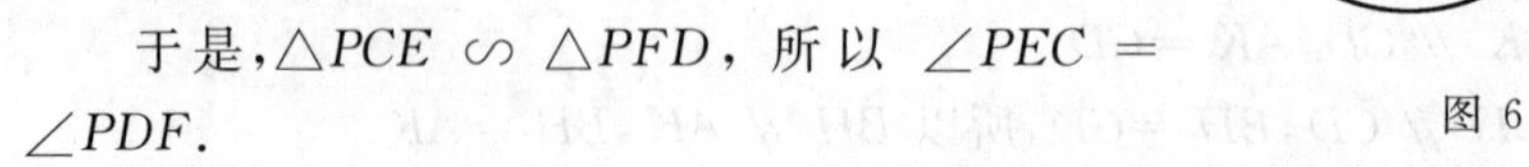
于是,$\triangle PCE\backsim\triangle PFD$,所以 $\angle PEC=\angle PDF$.

所以 C,D,E,F 共圆.

例 4　设等腰 $\triangle ABC$ 的两腰 AB,AC 分别与圆 O 切于点 D,E,从点 B 作此圆的切线,其切点为 F,设 BC 中点为 M,求证:E,F,M 三点共线.

证明　显然此圆和三角形的位置需要分情况讨论,要证明 E,F,M 三点共线,可以证明连线成角为 $0°$ 或 $180°$,于是有下面的证明.

如图 7,因为 $\triangle ABC$ 是等腰三角形,$AB=AC$,所以直线 AO 是 $\angle BAC$ 的平分线.故 AO 所在直线通过点 M.

所以 $\angle OMB=90°$,又 $\angle ODB=90°$,所以 D,O,M,B 四点共圆.

所以 $\angle DFM=\angle DOM$,且 $\angle ABM+\angle DOM=180°$.

因为 $\angle DFE=\frac{1}{2}\angle DOE=\angle ABM$.

所以 $\angle DFE+\angle DFM=180°$.

所以 E,F,M 共线.

如果切点 F 在三角形外(图 8),则由 D,B,F,M,O 共圆,得 $\angle DFM=\angle DBM$.

而 $\angle DBM=\angle AOD=\frac{1}{2}\angle DOE=\angle DFE$,所以 $\angle DFM=\angle DFE$.

所以 F,M,E 共线.

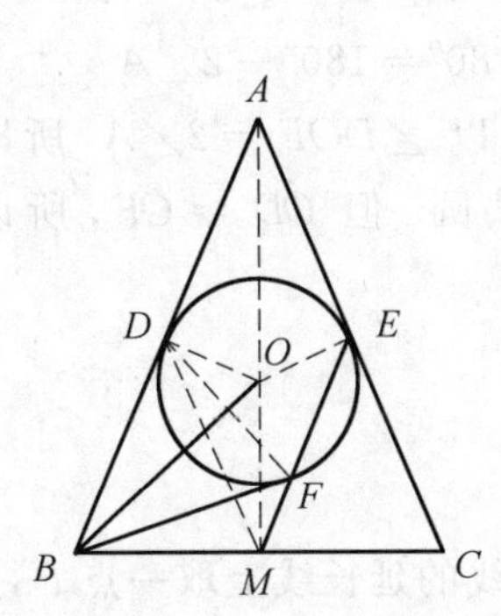

图 7

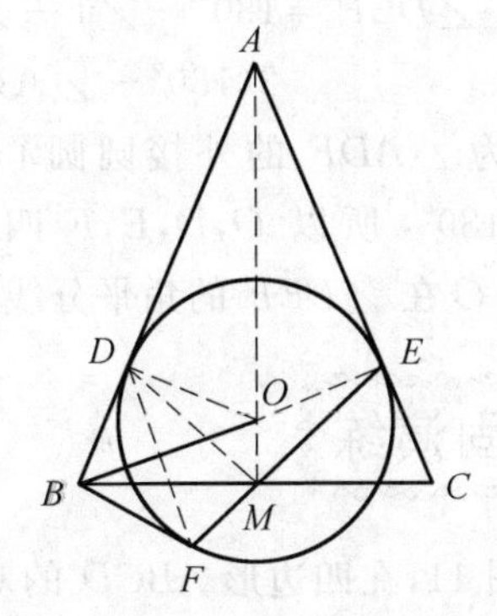

图 8

例 5　以锐角 $\triangle ABC$ 的 BC 边上的高 AH 为直径作圆，分别交 AB，AC 于 M，N，过 A 作直线 $l_A \perp MN$，用同样的方法作出直线 l_B，l_C，求证：l_A，l_B，l_C 交于一点.

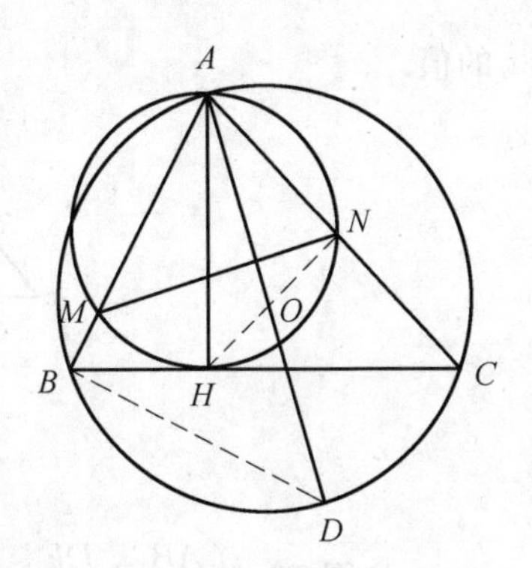

图 9

证明　如果能证明这三条直线都经过三角形的外心，则此三线共点.

如图 9，取 $\triangle ABC$ 的外接圆圆心 O，联结 HN，DB. 则 $\angle CAD$ 与 $\angle MNH$ 都是 $\angle ANM$ 的余角，所以 $\angle MNH = \angle CAD$.

因为 $\angle MNH = \angle MAH$，$\angle CAD = \angle CBD$，所以 $\angle CBD = \angle MAH$.

因为 $\angle BAH + \angle ABH = 90°$，所以 $\angle CBD + \angle CBA = 90°$.

所以 l_A 是圆 O 的直径，即 AB 过圆 O 的圆心 O. 同理 l_B，l_C 都过点 O.

即 l_A，l_B，l_C 交于一点.

例 6　在 $\triangle ABC$ 的边 AB，BC，CA 上分别取点 D，E，F，使 $DE = BE$，$EF = EC$. 求证：$\triangle ADF$ 的外接圆圆心在 $\angle DEF$ 的平分线上.

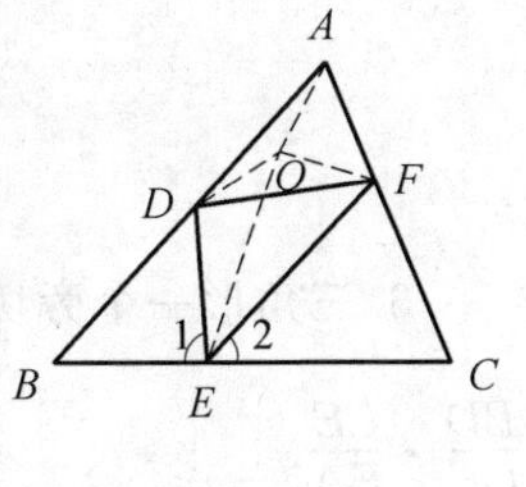

图 10

证明　如图 10，设 O 为 $\triangle ADF$ 的外接圆圆心，于是 $OA = OD = OF$. 若 EO 是 $\angle DEF$ 的平分线，则出现了等线段对等角的情况，这在圆中有此性质. 故应证明 O，D，E，F 共圆.

因为 $EC = EF$，所以 $\angle 2 = 180° - 2\angle C$，同理，$\angle 1 = 180° - 2\angle B$，所以

$$\angle DEF = 180° - \angle 1 - \angle 2 = 2(\angle B + \angle C) - 180° =$$
$$2(180° - \angle A) - 180° = 180° - 2\angle A$$

但 O 为 $\triangle ADF$ 的外接圆圆心，所以 $\angle DOF = 2\angle A$，所以 $\angle DEF + \angle DOF = 180°$，所以 O,D,E,F 四点共圆. 但 $OD = OF$，所以 $\angle DEO = \angle OEF$，即 O 在 $\angle DEF$ 的角平分线上.

巩固演练

1. 如图 11，在四边形 $ABCD$ 的对角线的延长线上取一点 P，过 P 作两条直线分别交 AB,BC,CD,DA 于点 R,Q,N,M，记 $t=\frac{AR}{RB}\cdot\frac{BQ}{QC}\cdot\frac{CN}{ND}\cdot\frac{DM}{MA}$，求 t 的值.

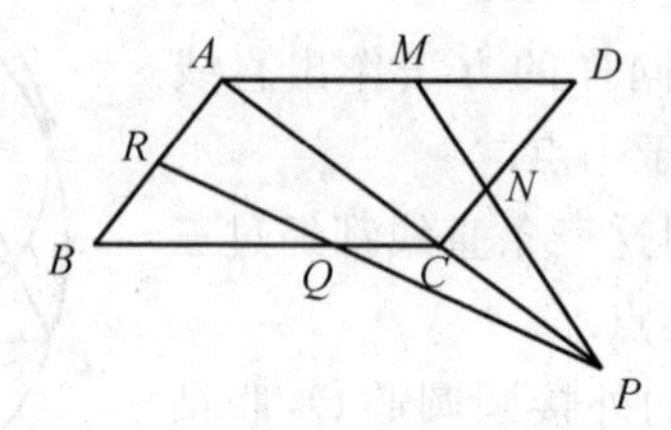

图 11

2. 如图 12，若 $\frac{AB}{BC}=\frac{DF}{FB}=2$，求 $\frac{DE}{EC}$ 的值.

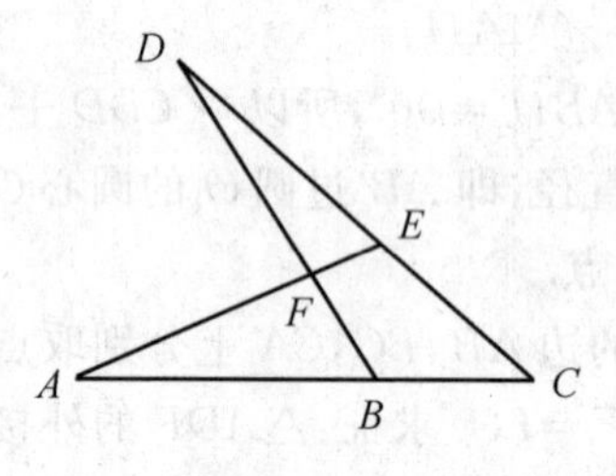

图 12

3. 三角形一个旁切圆与三角形三边 BC,CA,AB 切于点 D,E,F，求 $\frac{AF}{FB}\cdot\frac{BD}{DC}\cdot\frac{CE}{EA}$.

4. 已知 $\triangle ABC$ 外有三点 M,N,R，且 $\angle BAR=\angle CAN=\alpha$，$\angle CBM=\angle ABR=\beta$，$\angle ACN=\angle BCM=\gamma$，证明：$AM,BN,CR$ 三线交于一点.

5. 如图13，设 P 为正方形 $ABCD$ 的边 CD 上任一点，过 A,D,P 作 一圆交

BD 于 Q，过 C,P,Q 作一圆交 BD 于 R，求证：A,P,R 三点共线.

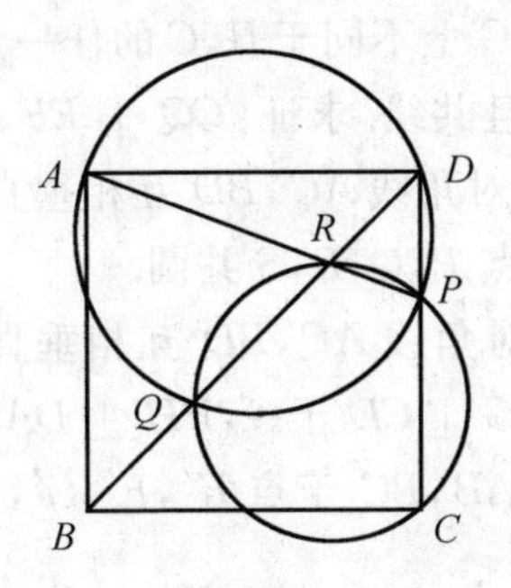

图 13

6. 如图 14，两个全等三角形 ABC 与 $A'B'C'$，它们的对应边也互相平行，因而两个三角形内部的公共部分构成一个六边形，求证：此六边形的三条对角线 UX,VY,WZ 交于一点.

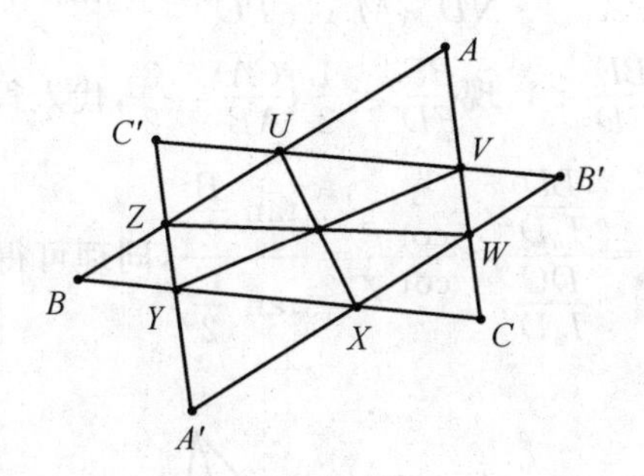

图 14

7. 如图 15，圆 O_1，圆 O_2 外切于点 P，QR 为两圆的公切线，其中 Q，R 分别为圆 O_1，圆 O_2 上的切点，过 Q 且垂直于 QO_2 的直线与过 R 且垂直于 RO_1 的直线交于点 I，$IN\perp O_1O_2$，垂足为 N，IN 与 QR 交于点 M，证明：PM,RO_1,QO_2 三条直线交于一点.

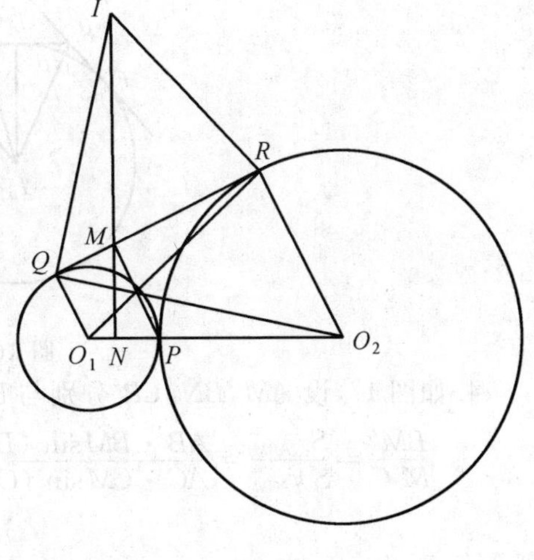

图 15

8. $\triangle ABC$ 是等腰三角形，$AB=AC$，若 M 是 BC 的中点，O 是直线 AM 上的点，使 $OB\perp AB$；Q 是 BC 上不同于 B,C 的任一点；E 在直线 AB 上，F 在直线 AC 上，使 E,Q,F 不同且共线. 求证：$OQ\perp EF$ 当且仅当 $QE=QF$.

9. 凸四边形 $ABCD$ 的对角线 AC,BD 互相垂直并交于点 E，求证：点 E 关于此四边形的四边的对称点 P,Q,R,S 共圆.

10. 四边形 $ABCD$ 的对角线 AC,BD 互相垂直，对角线交于点 P，$PE\perp AB$ 于 E，$PF\perp BC$ 于 F，$PG\perp CD$ 于 G，$PH\perp DA$ 于 H，又 EP,FP,GP,HP 的延长线分别交 CD,DA,AB,BC 于点 E',F',G',H'，求证：E',F',G',H' 四点与 E,F,G,H 八点共圆.

演练解答

1. $\dfrac{AR}{RB}\cdot\dfrac{BQ}{QC}\cdot\dfrac{CP}{PA}=1,\dfrac{CN}{ND}\cdot\dfrac{DM}{MA}\cdot\dfrac{AP}{PC}=1$，相乘即得 $t=1$.

2. $\dfrac{DE}{EC}\cdot\dfrac{CA}{AB}\cdot\dfrac{BF}{FD}=1$，现$\dfrac{BF}{FD}=\dfrac{1}{2},\dfrac{CA}{AB}=\dfrac{3}{2}$，代入得$\dfrac{DE}{EC}=\dfrac{4}{3}$.

3. 如图 16，$\dfrac{BD}{DC}=\dfrac{\dfrac{BD}{I_aD}}{\dfrac{DC}{I_aD}}=\dfrac{\cot\beta}{\cot\gamma}=\dfrac{\tan\dfrac{B}{2}}{\tan\dfrac{C}{2}}$，同理可得其余. 故结果等于 1.

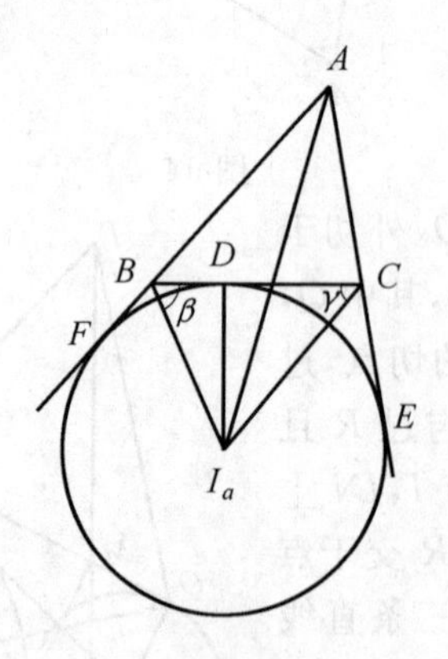

图 16

4. 如图 17，设 AM,BN,CR 分别与 BC,CA,AB 交于点 M',N',R'，则

$$\frac{BM'}{M'C}=\frac{S_{\triangle ABM}}{S_{\triangle ACM}}=\frac{AB\cdot BM\sin(B+\beta)}{AC\cdot CM\sin(C+\gamma)}=\frac{AB\sin\gamma\sin(B+\beta)}{AC\sin\beta\sin(C+\gamma)}$$

同理，$\dfrac{CN'}{N'A}=\dfrac{BC\sin\alpha\sin(C+\gamma)}{AB\sin\gamma\sin(A+\alpha)}$；$\dfrac{AR'}{R'B}=\dfrac{AC\sin\beta\sin(A+\alpha)}{BC\sin\alpha\sin(B+\beta)}$.

三式相乘即得$\dfrac{AR'}{R'B}\cdot\dfrac{BM'}{M'C}\cdot\dfrac{CN'}{N'A}=1$，由塞瓦定理的逆定理知$AM,BN,CR$交于一点.

5. 如图18，设AP交BD于R'，即证明R与R'重合，联结PQ,RC. 因为A,D,P,Q四点共圆，所以$\angle DQP=\angle DAP$.

因为C,Q,R,P四点共圆，所以$\angle DQP=\angle DCR$，所以$\angle DAR=\angle DCR$. 但若AP交BD于R'，由对称性知$\angle DCR'=\angle DAP$.

所以CR与CR'重合，即R与R'重合. 所以A,R,P三点共线.

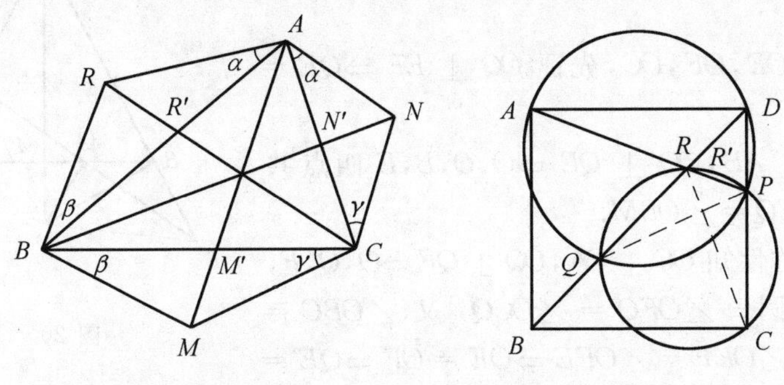

图 17　　　　图 18

6. 如图19，联结AA',BB',CC',UX,VY,WZ，易证，$AZA'W$是平行四边形，所以AA',WZ交于AA'的中点O. $AUA'X$是平行四边形，所以AA'与UX交于AA'中点O. $AVA'Y$是平行四边形，所以AA'与VY交于AA'中点O. 故UX,VY,WZ交于一点.

说明 $\triangle ABC$与$\triangle A'B'C'$是位似图形. 对应点连线都交于一点.

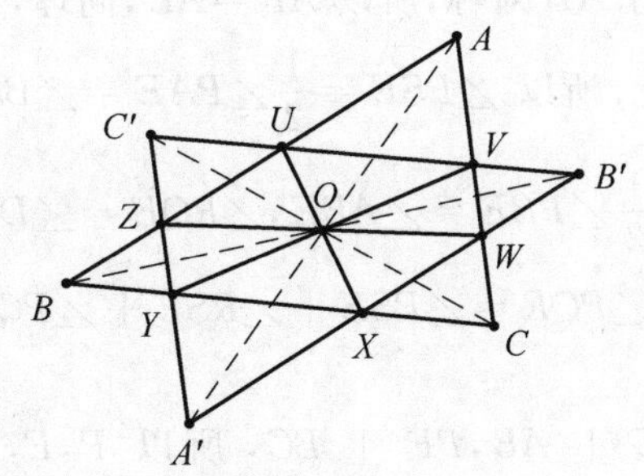

图 19

7. 设圆O_1，圆O_2的半径分别为r_1,r_2，则$O_1O_2=r_1+r_2$. 因为$\angle IQO_2=\angle INO_2$，所以$I,Q,N,O_2$四点共圆，所以$\angle QIM=\angle QO_2O_1$，又$\angle IQM=$

$\angle O_2QO_1=90^\circ-\angle RQO_2$,所以 $\triangle IQM\backsim\triangle O_2QO_1$,$\dfrac{QM}{MI}=\dfrac{QO_1}{O_1O_2}$,同理$\dfrac{RM}{IM}=\dfrac{RO_2}{O_1O_2}$,所以$\dfrac{QM}{MR}=\dfrac{r_1}{r_2}=\dfrac{O_1P}{PO_2}$,所以 $MP\ /\!/\ O_2R$.

设 O_1R 与 O_2Q 交于点 S,因为 $O_1Q\ /\!/\ O_2R$,所以 $\triangle O_1QS\backsim\triangle RO_2S$,所以$\dfrac{r_1}{r_2}=\dfrac{O_1S}{SR}$.过 S 作 $M'P'\ /\!/\ O_2R$,交 QR 于 M',则$\dfrac{O_1P}{PO_2}=\dfrac{QM}{MR}=\dfrac{O_1S}{SR}=\dfrac{r_1}{r_2}$,即 M' 与 M 重合,P' 与 P 重合.所以 PM,O_1R,O_2Q 三线共点.

8.证明“当且仅当”时,既要由已知 $OQ\perp EF$ 证明 $QE=QF$,也要由 $QE=QF$ 证明 $OQ\perp EF$.

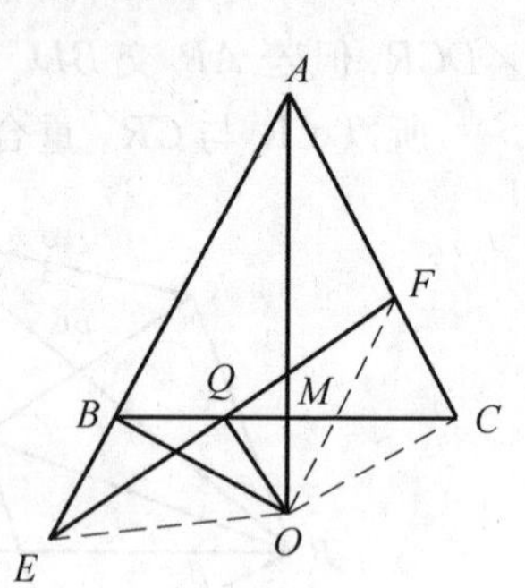

图 20

联结 OE,OF,OC,先证 $OQ\perp EF\Rightarrow QE=QF$.

$OB\perp AB,OQ\perp QE\Rightarrow O,Q,B,E$ 四点共圆$\Rightarrow\angle OEQ=\angle OBM$.

由对称性知 $OC\perp CA,OQ\perp QF\Rightarrow O,Q,F,C$ 四点共圆$\Rightarrow\angle OFQ=\angle OCQ$,又 $\angle OBC=\angle OCB\Rightarrow\angle OEF=\angle OFE\Rightarrow OE=OF\Rightarrow QE=QF$.

再证 $QE=QF\Rightarrow OQ\perp EF$.(用同一法)

过 Q 作 $E'F'\perp OQ$,交 AB 于 E',交 AC 于 F'.由上证,可得 $QE'=QF'$.若 $E'F'$ 与 EF 不重合,则 EF 与 $E'F'$ 互相平分于 Q,则 $EE'F'F$ 为平行四边形,$EE'\ /\!/\ FF'$,这与 AB 不与 AC 平行矛盾.从而 $E'F'$ 与 EF 重合.

9.因为 P,E 关于 AB 对称,所以 $AP=AE$,同理,$AS=AE$,即 P,E,S 都在以 A 为圆心的圆上.所以 $\angle PSE=\dfrac{1}{2}\angle PAE=\angle BAE$.

同理 $\angle PQE=\dfrac{1}{2}\angle PBE=\angle ABE$,$\angle RQE=\angle DCE$,$\angle RSE=\angle CDE$.

所以 $\angle PSR+\angle PQR=\angle PSE+\angle RSE+\angle PQE+\angle RQE=180^\circ$,故 P,Q,R,S 四点共圆.

10.如图 21,$PE\perp AB$,$PF\perp BC$,所以 P,E,B,F 四点共圆,所以 $\angle PEF=\angle PBF$,同理,$\angle PGF=\angle PCF$,但 $AC\perp BD$,所以 $\angle PBF+\angle PCF=90^\circ$,所以 $\angle PEF+\angle PGF=90^\circ$,同理,$\angle PEH+\angle PGH=90^\circ$,所以 $\angle FEH+\angle FGH=180^\circ$.所以 E,F,G,H 四点共圆.延长 EP,FP,GP,HP 交 DC,DA,AB,BC 于 E',F',G',H',如图 22 所示,则

$$\angle EG'G=\angle G'BP+\angle G'PB$$

因为 E,B,F,P 四点共圆，所以 $\angle G'BP=\angle EFP,\angle G'PB=\angle GPD$，但 $\angle DPC=90°,PG\perp CD$，所以 $\angle DPG=\angle PCG$. 因为 P,F,C,G 四点共圆，所以 $\angle PCG=\angle PFG$，所以 $\angle EG'G=\angle EFP+\angle PFG=\angle EFG$. 所以 G' 在圆 $EFGH$ 上. 同理，可证其余.

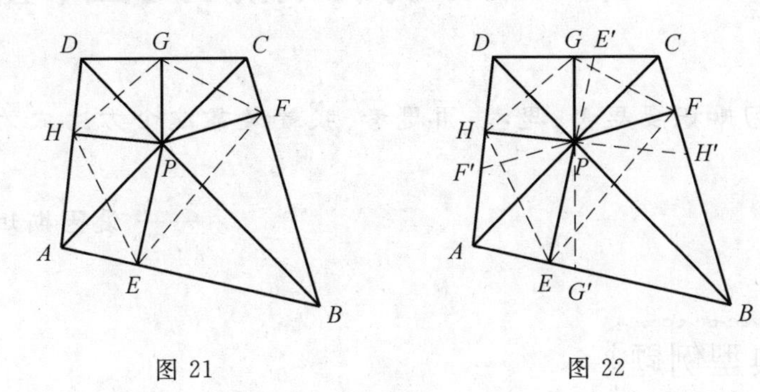

图 21　　图 22

第19讲　共线、共点、共圆(Ⅱ)

学习知识要思考,思考,再思考,我就是靠这个方法成为科学家的.

——爱因斯坦(美国)

典型例题

例1　如图1,设 AD,BE,CF 为 $\triangle ABC$ 的三条高,从点 D 引 AB,BE,CF,AC 的垂线 DP,DQ,DR,DS,垂足分别为 P,Q,R,S,求证:P,Q,R,S 四点共线.

证明　这里有多个四点共圆,又有多个垂线.四点共圆,可以看成圆的内接三角形与圆上一点.故适用于西姆松线.

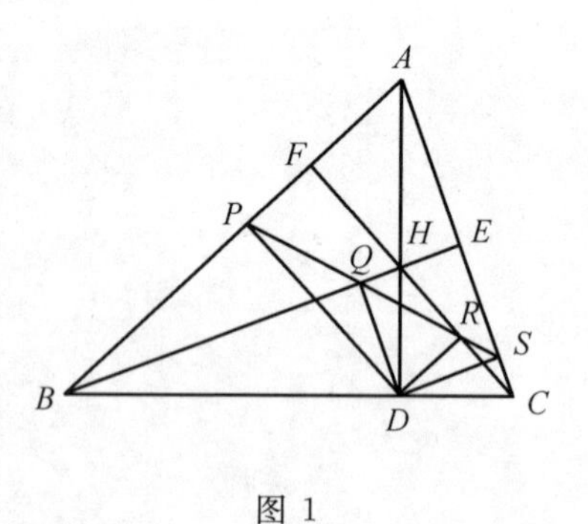

图1

设 H 为垂心.

由 $\angle HDB=\angle HFB=90°$,所以 H,D,B,F 四点共圆.

因为 $DP\perp BF$,$DQ\perp BH$,$DR\perp HF$,P,Q,R 分别为垂足.

所以 P,Q,R 共线($\triangle HBF$ 的西姆松线).同理,Q,R,S 共线($\triangle CEH$ 的西姆松线).

所以 P,Q,R,S 共线.

例2　设 A_1,B_1,C_1 是直线 l_1 上三点,A_2,B_2,C_2 是直线 l_2 上三点.A_1B_2 与 A_2B_1 交于 L,A_1C_2 与 A_2C_1 交于 M,B_1C_2 与 B_2C_1 交于 N,求证:L,M,N 三点共线.

证明　图中有许多三点共线,可以利用这些三点共线来证明 L,M,N 三点共线.所以可以选定一个三角形,这个三角形的三边上分别有 L,M,N 三点.

如图2,设 A_1C_2 与 A_2B_1,B_2C_1 交于 P,Q;A_2B_1 与 B_2C_1 交于 R.

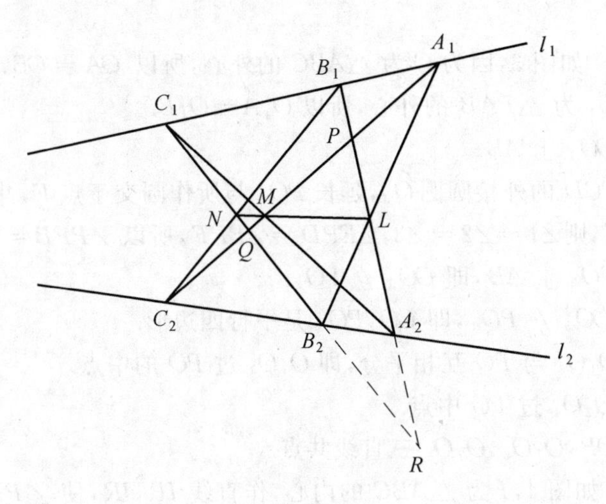

图 2

则只要证明$\frac{PM}{MQ}\cdot\frac{QN}{NR}\cdot\frac{RL}{LP}=1$,则由梅涅劳斯定理的逆定理可证明 L,M,N 三点共线.

A_2C_1 截 $\triangle PQR$ 得

$$\frac{PM}{MQ}\cdot\frac{QC_1}{C_1R}\cdot\frac{RA_2}{A_2P}=1$$

B_1C_2 截 $\triangle PQR$ 得

$$\frac{QN}{NR}\cdot\frac{RB_1}{B_1P}\cdot\frac{PC_2}{C_2Q}=1$$

A_1B_2 截 $\triangle PQR$ 得

$$\frac{RL}{LP}\cdot\frac{PA_1}{A_1Q}\cdot\frac{QB_2}{B_2R}=1$$

l_1 截 $\triangle PQR$ 得

$$\frac{PB_1}{B_1R}\cdot\frac{RC_1}{C_1Q}\cdot\frac{QA_1}{A_1P}=1$$

l_2 截 $\triangle PQR$ 得

$$\frac{RB_2}{B_2Q}\cdot\frac{QC_2}{C_2P}\cdot\frac{PA_2}{A_2R}=1$$

五式相乘,即得$\frac{PM}{MQ}\cdot\frac{QN}{NR}\cdot\frac{RL}{LP}=1$,从而 L,M,N 三点共线.

说明　本题利用了梅涅劳斯定理及其逆定理证明三点共线.

例 3　四边形内接于圆 O,对角线 AC,BD 交于点 P,设 $\triangle PAB$,$\triangle PBC$,$\triangle PCD$,$\triangle PDA$ 的外接圆圆心分别为 O_1,O_2,O_3,O_4,求证:OP,O_1O_3,O_2O_4

共点.

证明 如图3,因为 O 为 $\triangle ABC$ 的外心,所以 $OA=OB$.

因为 O_1 为 $\triangle PAB$ 的外心,所以 $O_1A=O_1B$.

所以 $OO_1\perp AB$.

作 $\triangle PCD$ 的外接圆圆 O_3,延长 PO_3 与所作圆交于点 E,并与 AB 交于点 F,联结 DE,则 $\angle 1=\angle 2=\angle 3$,$\angle EPD=\angle BPF$,所以 $\angle PFB=\angle EDP=90^\circ$.

所以 $PO_3\perp AB$,即 $OO_1 /\!/ PO_3$.

同理,$OO_3 /\!/ PO_1$,即 OO_1PO_3 是平行四边形.

所以 O_1O_3 与 PO 互相平分,即 O_1O_3 过 PO 的中点.

同理,O_2O_4 过 PO 中点.

所以 OP,O_1O_3,O_2O_4 三直线共点.

例4 如图4,I 为 $\triangle ABC$ 的内心,作直线 IP,IR,使 $\angle PIA=\angle RIA=\alpha\left(0<\alpha<\frac{1}{2}\angle BAC\right)$,$IP$,$IR$ 分别交直线 AB,AC 于 P,Q;S,R.

(1) 求证:P,Q,R,S 四点共圆.

(2) 若 $\alpha=30^\circ$,E,F 分别为点 I 关于 AB,AC 的对称点,直线 BE,CF 交于点 D,求证:D,E,F 在圆 $PQRS$ 上.

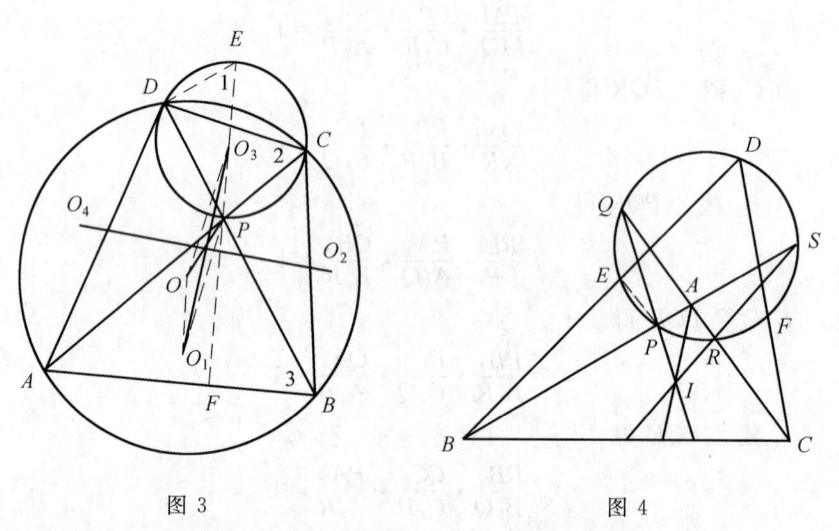

图3　　　　图4

证明 (1) $\angle QAI=180^\circ-\angle IAC=180^\circ-\frac{1}{2}\angle BAC=\angle SAI$.又 $AI=AI$,$\angle PIA=\angle RIA=\alpha$,所以 $\angle PQR=\angle PSR$.

所以 P,Q,R,S 四点共圆.

(2) 联结 EP,ER,EI.易知 $\triangle IPR$,$\triangle IQS$ 都是等边三角形.因为

$\angle EPB=\angle IPB=\frac{1}{2}\angle A+30^\circ$，所以 $\angle PEI=60^\circ-\frac{1}{2}\angle A$. 但 $PE=PI=PR=IR$，$\angle IER=\frac{1}{2}\angle IPR=30^\circ$，故 $\angle PER=30^\circ-\angle PEI=\frac{1}{2}\angle A-30^\circ$，$\angle PQR=\angle IAC-\angle AIP=\frac{1}{2}\angle A-30^\circ=\angle PER$. 所以 E 在圆 PQR 上，同理 F 在圆 PQR 上. 因为 $\angle EPI=2\angle IPB=\angle A+60^\circ$，所以 $\angle EPR=360^\circ-\angle EPI-60^\circ=240^\circ-\angle A$. 因为 $\angle RFI=90^\circ-(\frac{1}{2}\angle A+30^\circ)=60^\circ-\frac{1}{2}\angle A$. 所以 $\angle RPF=\angle RFP=30^\circ-\angle RFI=\frac{1}{2}\angle A-30^\circ$. 所以 $\angle EPF=\angle EPR-\angle RPF=270^\circ-\frac{3}{2}\angle A$. 但 $\triangle DBC$ 中，$\angle D=180^\circ-\frac{3}{2}(\angle B+\angle C)=180^\circ-\frac{3}{2}(180^\circ-\angle A)=\frac{3}{2}\angle A-90^\circ$. 所以 $\angle EPF+\angle EDF=180^\circ$，所以 点 D 在圆 EPF 上. 所以 D,E,F 在圆 $PQRS$ 上. 即七点共圆.

例 5　已知圆心分别为 O_1,O_2 的圆 ω_1,ω_2 外切于点 D，并内切于圆 ω，切点分别为 E,F，过点 D 作 ω_1,ω_2 的公切线 l. 设圆 ω 的直径 AB 垂直于 l，使得 A,E,O_1 在 l 的同侧，求证：AO_1,BO_2,EF 三线交于一点.

证明　设 AB 的中点为 O，E 为圆 ω 与圆 ω_1 的位似中心，由于半径 OB，O_1D 分别垂直于 l，所以 $OB\,/\!/\,O_1D$，且有 E,D,B 三点共线. 同理 F,D,A 三点共线.

如图 5，设 AE,BF 交于点 C，由于 $AF\perp BC$，$BE\perp AC$，所以 D 是 $\triangle ABC$ 的垂心，于是 $CD\perp AB$，这表明 C 在直线 l 上.

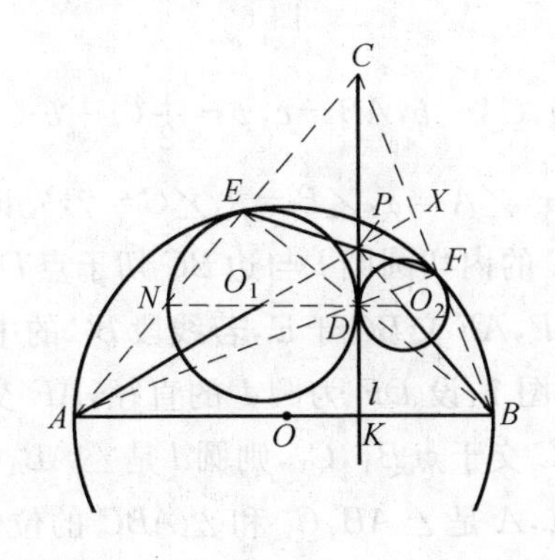

图 5

设 EF 与直线 l 交于点 P，下面证明点 P 在直线 AO_1 上. 设 AC 与圆 ω_1 的第二个交点为 N，则 ND 是圆 ω_1 的直径，由梅涅劳斯定理的逆定理，要证 A，

O_1,P 三点共线,只要证$\frac{CA}{AN}\cdot\frac{NO_1}{O_1D}\cdot\frac{DP}{PC}=1$.因为 $NO_1=O_1D$,所以只要证$\frac{CA}{AN}=\frac{CP}{PD}$.设 l 与 AB 交于点 K,则$\frac{CA}{AN}=\frac{CK}{KD}$,从而只要证$\frac{CP}{PD}=\frac{CK}{KD}$,即证 C,P,D,K 是调和点列.联结 AP 交 BC 于点 X,则 C,X,F,B 是调和点列,因此有 C,P,D,K 是调和点列.

例 6 如图 6,锐角 $\triangle ABC$ 中,已知 $AB>AC$,设 $\triangle ABC$ 的内心为 I,边 AC,AB 的中点分别为 M,N,点 D,E 分别在线段 AC,AB 上,且满足 $BD\parallel IM$,$CE\parallel IN$,过内心 I 作 DE 的平行线与直线 BC 交于点 P,点 P 在直线 AI 上的投影为 Q,证明:点 Q 在 $\triangle ABC$ 的外接圆上.

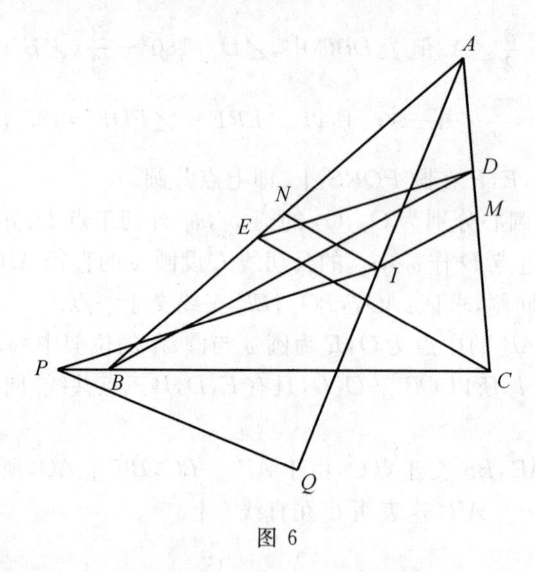

图 6

证明 设 $BC=a$,$CA=b$,$AB=c$,$p=\frac{1}{2}(a+b+c)$,$\triangle ABC$ 的外接圆和内切圆半径分别为 R,r,$\angle A=\alpha$,$\angle B=\beta$,$\angle C=\gamma$,先证明一个引理.

引理 设 $\triangle ABC$ 的内切圆圆 I 与边 BC 切于点 D,$\triangle AB_1C_1$ 内的旁切圆圆 I 与边 B_1C_1 切于点 F,AF 交 BC 于 E,若线段 BC 的中点为 M,则 $AE\parallel IM$.

引理的证明 如图 7,设 DF 为圆 I 的直径,AF 交 BC 于 E,过 F 作圆 I 的切线,分别与 AB,AC 交于点 B_1,C_1,则圆 I 是 $\triangle AB_1C_1$ 中 $\angle A$ 内的旁切圆,因为 $B_1C_1\parallel BC$,所以,A 是 $\triangle AB_1C_1$ 和 $\triangle ABC$ 的位似中心,且 F,E 为对应点,于是 A,F,E 三点共线.又因为 $CD=BE=p-c$,所以 M 是线段 ED 的中点,于是 $AE\parallel IM$.引理证毕.

由引理可得 D 是 $\angle B$ 内的旁切圆与边 AC 的切点,E 是 $\angle C$ 内的旁切圆与

边 AB 的切点.

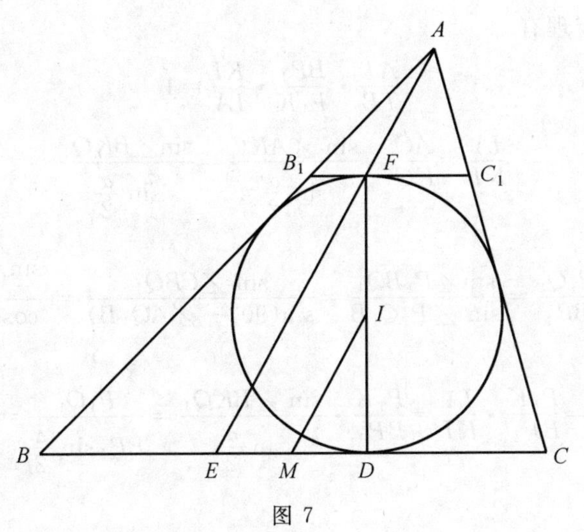

图 7

因为 $AE=p-b=r\cot\frac{\beta}{2}, AD=p-c=r\cot\frac{\gamma}{2}$,所以

$$\frac{AE}{AD}=\frac{\cot\frac{\beta}{2}}{\cot\frac{\gamma}{2}}=\frac{\tan\frac{\gamma}{2}}{\tan\frac{\beta}{2}}$$

如图 8,设 AI 与 BC 交于点 K,与 $\triangle ABC$ 的外接圆交于点 Q_1,则 Q_1 为 $\overparen{BC}$ 的中点,过点 Q_1 作 AQ_1 的垂线与直线 BC 交于点 P_1,下面证明 $P_1I \parallel DE$.

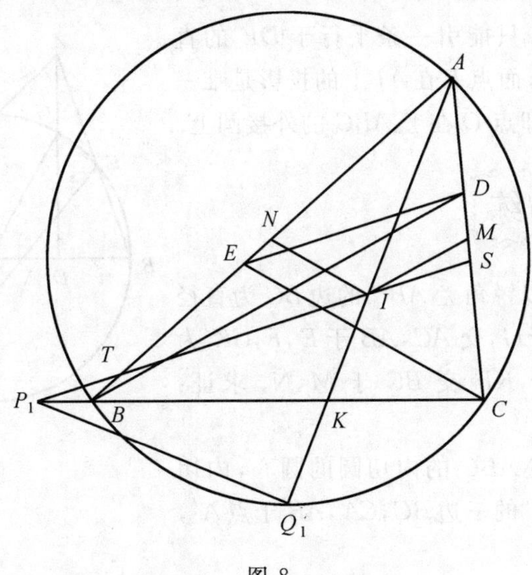

图 8

设 P_1I 与 AC，AB 分别交于点 S，T，将 P_1TI 看成 $\triangle ABK$ 的梅涅劳斯线，由梅涅劳斯定理有

$$\frac{AT}{TB}\cdot\frac{BP_1}{P_1K}\cdot\frac{KI}{IA}=1$$

因为

$$\frac{IA}{KI}=\frac{AC}{KC}=\frac{\sin\angle AKC}{\sin\frac{\alpha}{2}}=\frac{\sin\angle BKQ_1}{\sin\frac{\alpha}{2}}$$

$$\frac{P_1Q_1}{BP_1}=\frac{\sin\angle P_1BQ_1}{\sin\angle P_1Q_1B}=\frac{\sin\angle CBQ_1}{\sin(90^\circ-\angle AQ_1B)}=\frac{\sin\frac{\alpha}{2}}{\cos\gamma}$$

所以

$$\frac{AT}{TB}=\frac{P_1K}{BP_1}\cdot\frac{IA}{KI}=\frac{P_1K}{BP_1}\cdot\frac{\sin\angle BKQ_1}{\sin\frac{\alpha}{2}}=\frac{P_1Q_1}{BP_1\sin\frac{\alpha}{2}}=\frac{1}{\cos\gamma}$$

于是有

$$AT=\frac{AB}{1+\cos\gamma}=\frac{2R\sin\gamma}{2\cos^2\frac{\gamma}{2}}=2R\tan\frac{\gamma}{2}$$

同理可得，$AS=2R\tan\frac{\beta}{2}$.

由于$\frac{AT}{AS}=\frac{\tan\frac{\gamma}{2}}{\tan\frac{\beta}{2}}=\frac{AE}{AD}$，于是 $P_1I\parallel DE$.

由于过点 I 只能引一条平行于 DE 的直线，所以 $P=P_1$，而点 P 在 AI 上的投影是唯一的，故 $Q=Q_1$，即点 Q 在 $\triangle ABC$ 的外接圆上.

巩固演练

1. 如图 9，以锐角 $\triangle ABC$ 的边 BC 为直径作圆交高 AD 于 G，交 AC，AB 于 E，F，GK 为直径，联结 KE，KF 交 BC 于 M，N，求证：$BN=CM$.

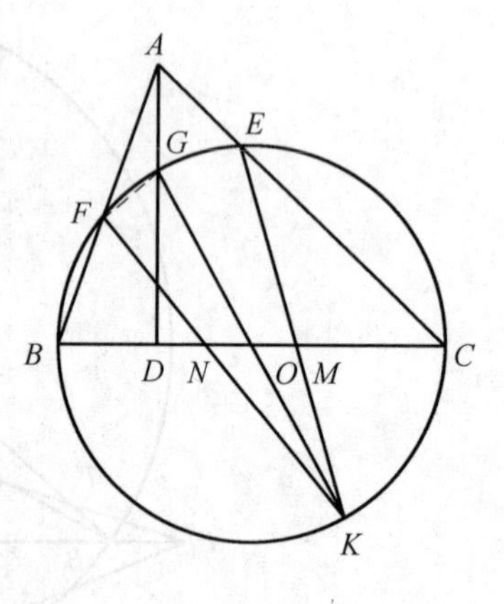

图 9

2. 设 I 为 $\triangle ABC$ 的内切圆的圆心，内切圆圆 I 切 $\triangle ABC$ 的三边 BC，CA，AB 于点 A'，

B'，C'. 求证：AA'，BB'，CC' 共点于 Q，并求 $\frac{AQ}{AA'}+\frac{BQ}{BB'}+\frac{CQ}{CC'}$ 的值.

3. 如图 10，四边形 $ABCD$ 内接于圆，E 是 $\overset{\frown}{DC}$ 上的任意一点，点 D 关于边 BC，CA，AB 的对称点分别为 D_1，D_2，D_3；联结 ED_1，ED_2，ED_3，分别交直线 BC，CA，AB 于 E_1，E_2，E_3；求证：(1) D_1，D_2，D_3 三点共线；(2) E_1，E_2，E_3 三点共线.

4. 如图 11，设 $ABCD$ 是一个圆内接四边形，$\angle ADC$ 是锐角，且 $\frac{AB}{BC}=\frac{DA}{CD}$. 过 A，D 两点的圆 Γ 与直线 AB 相切，E 是圆 Γ 在四边形 $ABCD$ 内的弧上一点.

求证：$AE\perp EC$ 的充分必要条件 $\frac{AE}{AB}-\frac{ED}{AD}=1$.

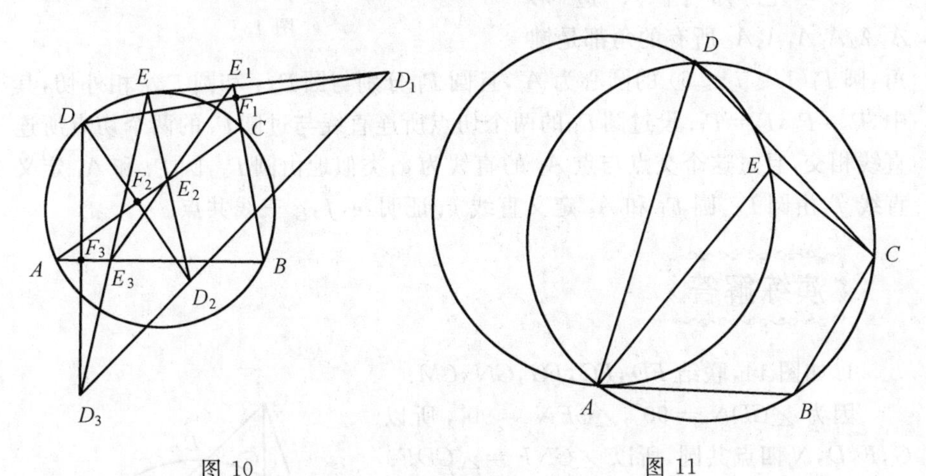

图 10　　图 11

5. 如图 12，从圆 O 外一点 P 作圆 O 的一条切线 PA，A 为切点，再从点 P 引圆 O 的一条割线 PD，交圆 O 于 C，D 两点（$PC<PD$），E 为线段 CD 上一点，AE 与圆 O 交于另一点 B，直线 BC 与 PA 交于点 F，FE 与 BD 交于点 H，联结 AH 并延长交圆 O 于点 T，联结 FD 交圆 O 于点 G，求证：G，E，T 三点共线.

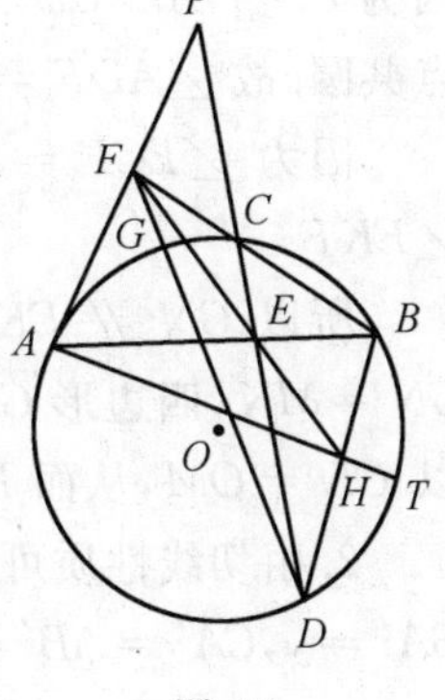

图 12

6. 设 P，Q，R 分别是锐角 $\triangle ABC$ 的三边 BC，CA，AB 上的点，使得 $\triangle PQR$ 是正三角形，且在所有的这些正三角形中有最小的面积. 证明：由点 A，B，C 分别向 QR，PR，PQ 所作的垂线交于一点.

7. 如图 13，设凸四边形 $ABCD$ 的两组对边的延长线分别交于点 E,F，$\triangle BEC$ 的外接圆与 $\triangle CFD$ 的外接圆交于 C,P 两点，求证：$\angle BAP=\angle CAD$ 的充分必要条件是 $BD\parallel EF$.

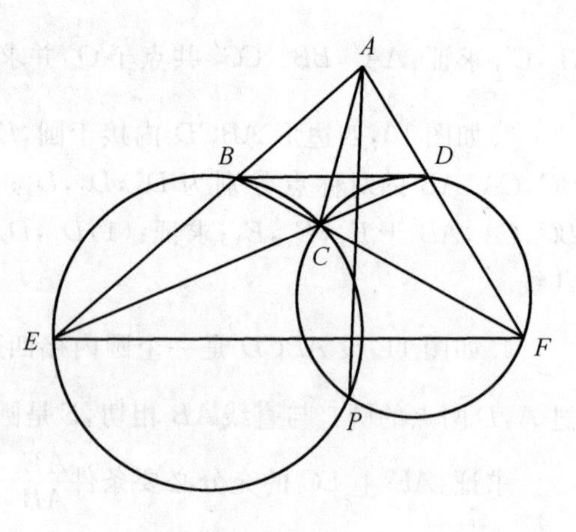

图 13

8. 设 P 为正五边形 $ABCDE$ 所在平面上的任意一点. 求 $\dfrac{PA+PB}{PC+PD+PE}$ 的最小值.

9. 已知凸六边形 $A_1A_2A_3A_4A_5A_6$ 所有的角都是钝角，圆 $\Gamma_i(1\leqslant i\leqslant 6)$ 的圆心为 A_i，且圆 Γ_i 分别与圆 Γ_{i-1} 和圆 Γ_{i+1} 相外切，其中，$\Gamma_0=\Gamma_6$，$\Gamma_1=\Gamma_7$. 设过圆 Γ_1 的两个切点所连直线与过圆 Γ_3 的两个切点所连直线相交，且过这个交点与点 A_2 的直线为 e；类似地由圆 Γ_3，圆 Γ_5 和 A_4 定义直线 f，由圆 Γ_5，圆 Γ_1 和 A_6 定义直线 g. 证明：e,f,g 三线共点.

演练解答

1. 如图 14，联结 FD,FC,FG,GN,GM.

因为 $\angle GDN=90^\circ$，$\angle GFN=90^\circ$，所以 G,F,D,N 四点共圆，所以 $\angle GNF=\angle GDF$. 因为 $CF\perp AF$，$CD\perp AD$，所以 A,F,D,C 四点共圆. 故 $\angle ADF=\angle ACF$.

因为 $\angle ECF=\angle EKF$，所以 $\angle GNF=\angle EKF$.

所以 $GN\parallel EK$. 因为 $GO=OK$，所以 $GN=MK$，四边形 $GNKM$ 为平行四边形，所以 $ON=OM$，从而 $BN=CM$.

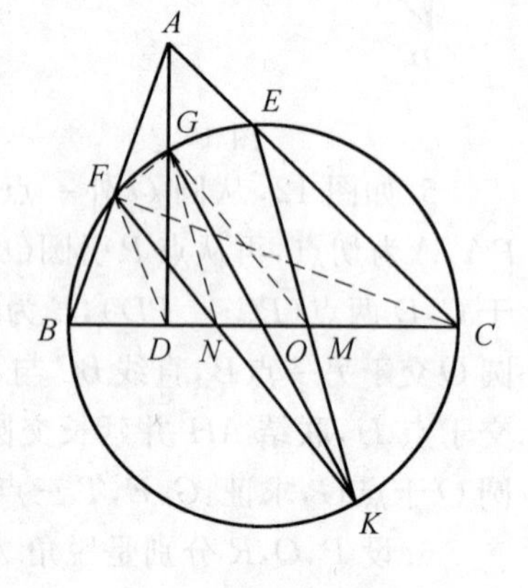

图 14

2. 由切线性质可设 $AC'=AB'=x$，$BC'=BA'=y$，$CA'=AB'=z$，则有

$$\frac{AB'}{A'C}\cdot\frac{B'C}{B'A}\cdot\frac{C'A}{C'B}=\frac{y}{z}\cdot\frac{z}{x}\cdot\frac{x}{y}=1$$

由塞瓦定理，知 AA',BB',CC' 共点于 Q.

于是,考虑直线 CC' 截 $\triangle ABA'$,则由梅涅劳斯定理得

$$\frac{AC'}{C'B}\cdot\frac{BC}{CA'}\cdot\frac{A'Q}{QA}=\frac{x}{y}\cdot\frac{y+z}{z}\cdot\frac{A'Q}{QA}=1$$

所以$\frac{A'Q}{AQ}=\frac{yz}{x(y+z)}$,有$\frac{AA'}{AQ}=\frac{xy+yz+zx}{x(y+z)}$.

同理$\frac{BB'}{BQ}=\frac{xy+yz+zx}{y(z+x)}$,$\frac{CC'}{CQ}=\frac{xy+yz+zx}{z(x+y)}$,因此,$\sum\frac{AQ}{AA'}=2$.

3.(1) 设 DD_1,DD_2,DD_3 分别与 BC,CA,AB 交于 F_1,F_2,F_3,则由西姆松定理,F_1,F_2,F_3 共线,而 $D_1D_2\parallel F_1F_2$,$D_1D_3\parallel F_1F_3$,所以 D_1,D_2,D_3 三点共线;

(2) 用记号$\overline{\triangle}$ 表示三角形的面积,由于点 A,B,C,D 共圆,则

$$\angle DAD_2=2\angle DAC=2\angle DBE_1=\angle DBD_1$$

$$\angle DAE=\angle DBE$$

相减得 $\angle EAD_2=\angle EBD_1$,所以

$$\frac{\overline{\triangle}EBD_1}{\overline{\triangle}EAD_2}=\frac{BE\cdot BD_1}{AE\cdot AD_2}=\frac{BE\cdot BD}{AE\cdot AD}$$

又由 $\angle DAD_3=2\angle DAB=2\angle DCE_1=\angle DCD_1$,$\angle DAE=\angle DCE$,相减得,$\angle EAD_3=\angle ECD_1$,所以

$$\frac{\overline{\triangle}EAD_3}{\overline{\triangle}ECD_1}=\frac{AD_3\cdot AE}{CD_1\cdot CE}=\frac{AD\cdot AE}{CD\cdot CE}$$

由 $\angle DCD_2=2\angle DCA=2\angle DBA=\angle DBD_3$,$\angle ECD=\angle EBD$,相加得,$\angle ECD_2=\angle EBD_3$,所以$\frac{\overline{\triangle}ECD_2}{\overline{\triangle}EBD_3}=\frac{CD_2\cdot CE}{BD_3\cdot BE}=\frac{CD\cdot CE}{BD\cdot BE}$;

由于点 E_1,E_2,E_3 分别在 $\triangle ABC$ 的三边 BC,CA,AB 所在直线上,而

$$\frac{AE_3}{E_3B}\cdot\frac{BE_1}{E_1C}\cdot\frac{CE_2}{E_2A}=\frac{\overline{\triangle}EAD_3}{\overline{\triangle}EBD_3}\cdot\frac{\overline{\triangle}EBD_1}{\overline{\triangle}ECD_1}\cdot\frac{\overline{\triangle}ECD_2}{\overline{\triangle}EAD_2}=$$

$$\frac{\overline{\triangle}EAD_3}{\overline{\triangle}ECD_1}\cdot\frac{\overline{\triangle}EBD_1}{\overline{\triangle}EAD_2}\cdot\frac{\overline{\triangle}ECD_2}{\overline{\triangle}EBD_3}=\frac{AD\cdot AE}{CD\cdot CE}\cdot\frac{BE\cdot BD}{AE\cdot AD}\cdot\frac{CD\cdot CE}{BD\cdot BE}=1$$

故由梅涅劳斯逆定理得,E_1,E_2,E_3 三点共线.

4.如图15,设 AC 与圆 Γ 交于另一点 F,联结 F 与 A,B,C,D,E 各点,联结 DB,DE.

则 $\angle BDC=\angle BAC=\angle FDA$,所以 $\angle FDC=\angle ADB$,因此 $\triangle FDC\backsim\triangle ADB$.

从而 $AB\cdot CD=BD\cdot FC$,又因为 $AB\cdot CD=BC\cdot DA$,故 $AC\cdot BD=$

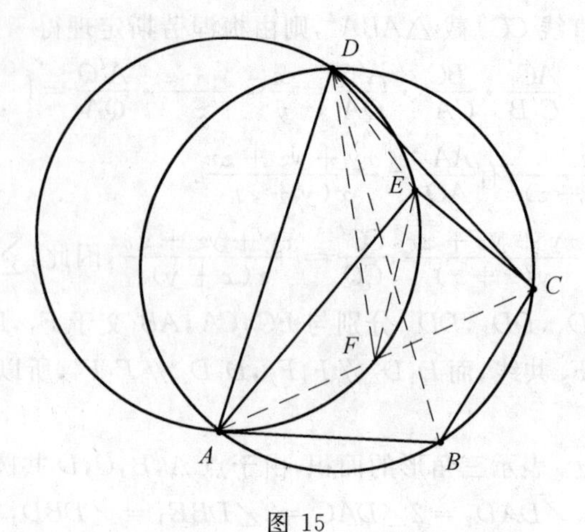

图 15

$AB \cdot CD + BC \cdot AD = 2AB \cdot CD$,因而 $AF = FC$,这说明 F 是 AC 中点.

另一方面,由托勒密定理,有

$$AE \cdot DF = EF \cdot DA + DE \cdot AF$$

又$\frac{DF}{DA} = \frac{FC}{AB} = \frac{AF}{AB}$,所以 $AE \cdot AD = AB \cdot \frac{EF}{AF} \cdot DA + DE \cdot AB$.

于是$\frac{AE}{AB} - \frac{DE}{DA} = 1 \Leftrightarrow AE \cdot DA = DE \cdot AB + AB \cdot DA \Leftrightarrow EF = AF$(=$FC$)$\Leftrightarrow AE \perp EC$.

5. 如图 16,设 AT 与 GD 交于点 K,联结 AD,AG,BT,DT,对于 $\triangle FKT$,由梅涅劳斯定理的逆定理知,

G,E,T 三点共线 $\Leftrightarrow \frac{FG}{AG} \cdot \frac{KT}{TH} \cdot \frac{HE}{EF} = 1$.

因为$\frac{GK}{KT} = \frac{AG}{DT}$,所以 G,E,T 三点共线 $\Leftrightarrow \frac{FG}{AG} \cdot \frac{TD}{TH} \cdot \frac{HE}{EF} = 1$.

又因为 FA 是圆 O 的切线,所以 $\triangle FAG \backsim \triangle FDA$,所以$\frac{FG}{AG} = \frac{FA}{AD}$,于是

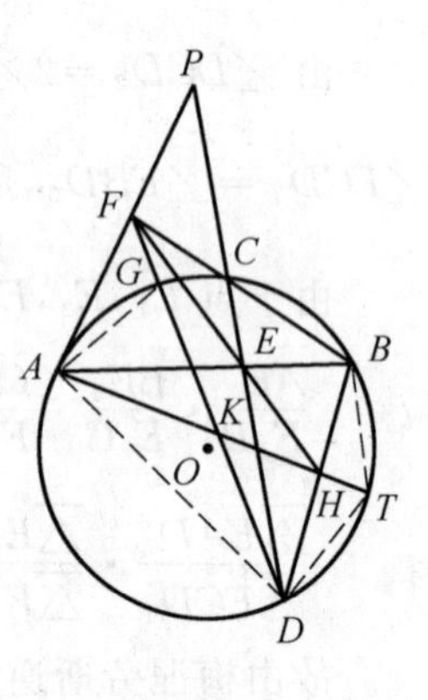

图 16

$$G,E,T\text{ 三点共线} \Leftrightarrow \frac{FA}{AD} \cdot \frac{TD}{TH} \cdot \frac{HE}{EF} = 1 \quad ①$$

由正弦定理得

$$\frac{AF}{EF} = \frac{\sin \angle FEA}{\sin \angle FAE} \quad ②$$

$$\frac{TD}{AD}=\frac{\sin\angle DAT}{\sin\angle ATD} \quad ③$$

$$\frac{HE}{HB}=\frac{\sin\angle ABD}{\sin\angle HEB} \quad ④$$

$$\frac{HB}{HT}=\frac{\sin\angle ATB}{\sin\angle DBT} \quad ⑤$$

又因为

$$\angle DAT=\angle DBT$$
$$\angle ATD=\angle ABD$$
$$\angle FAE=\angle ATB$$

②×③×④×⑤ 即得式 ① 成立，所以 G,E,T 三点共线.

6. 如图 17，设 $\triangle AQR$ 与 $\triangle BRP$ 的外接圆交于点 M，作 $MP_1\perp BC$，$MQ_1\perp AC$，$MR_1\perp AB$.

由 A,R,M,Q 和 B,R,M,P 分别四点共圆得 $\angle ARM=\angle MPB=\angle MQC$.

因此，C,Q,M,P 四点共圆.

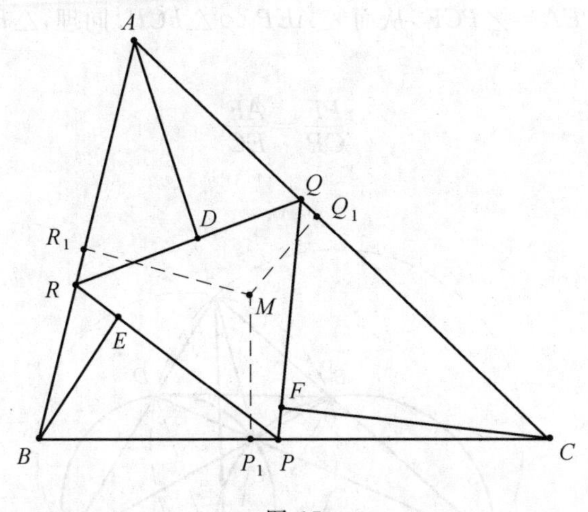

图 17

记 $\angle R_1MR=\theta$，则 $\angle P_1MP=\frac{\pi}{2}-\angle MPP_1=\frac{\pi}{2}-\angle MRR_1=\angle R_1MR$.

同理 $\angle Q_1MQ=\theta$，则 $\mathrm{Rt}\triangle MRR_1\backsim\mathrm{Rt}\triangle MPP_1\backsim\mathrm{Rt}\triangle MQQ_1$，故$\frac{MR}{MR_1}=\frac{MP}{MP_1}=\frac{MQ}{MQ_1}=\frac{1}{\cos\theta}$. 由$\frac{MR}{MR_1}=\frac{MP}{MP_1}$及 $\angle R_1MP_1=\angle RMP$，知 $\triangle R_1MP_1\backsim$

$\triangle RMP$，可得$\dfrac{P_1R_1}{PR}=\dfrac{MR_1}{MR}=\cos\theta$. 同理$\dfrac{P_1Q_1}{PQ}=\cos\theta$，$\dfrac{Q_1R_1}{QR}=\cos\theta$. 于是$\dfrac{P_1R_1}{PR}=\dfrac{P_1Q_1}{PQ}=\dfrac{Q_1R_1}{QR}=\cos\theta$. 故$\triangle PQR\backsim\triangle P_1Q_1R_1$，其相似比为$\cos\theta$. 若$\theta\neq 0$，则$\triangle P_1Q_1R_1$是比$\triangle PQR$还小的正三角形. 因此$\theta=0$. 故$MP\perp BC$，$MQ\perp AC$，$MR\perp AB$. 设过点$A,B,C$所作的垂线分别为$AD,BE,CF$，点$D$，$E,F$分别在$RQ,RP,PQ$上，则$\dfrac{\sin\angle QAD}{\sin\angle RAD}=\dfrac{\sin\angle MQR}{\sin\angle MRQ}=\dfrac{MR}{MQ}$. 同理$\dfrac{\sin\angle RBE}{\sin\angle PBE}=\dfrac{MP}{MR}$，$\dfrac{\sin\angle PCF}{\sin\angle QCF}=\dfrac{MQ}{MP}$. 三式相乘得$\dfrac{\sin\angle QAD}{\sin\angle PAD}\cdot\dfrac{\sin\angle RBE}{\sin\angle PBE}\cdot\dfrac{\sin\angle PCF}{\sin\angle QCF}=1$. 由角元塞瓦定理的逆定理知$AD,BE,CF$三线共点.

7. 如图18，因完全四边形的四个三角形的外接圆共点(斯坦纳－密克定理)，此点即为点P(斯坦纳点或密克点)，所以A,E,P,D四点共圆，A,B,P,F四点共圆，因此

$$\angle EAP=\angle EDP=\angle CFP \quad ①$$

显然，$\angle PEA=\angle PCF$，从而$\triangle AEP\backsim\triangle FCP$. 同理，$\triangle EPC\backsim\triangle APF$，故

$$\frac{PF}{CP}=\frac{AF}{EC} \quad ②$$

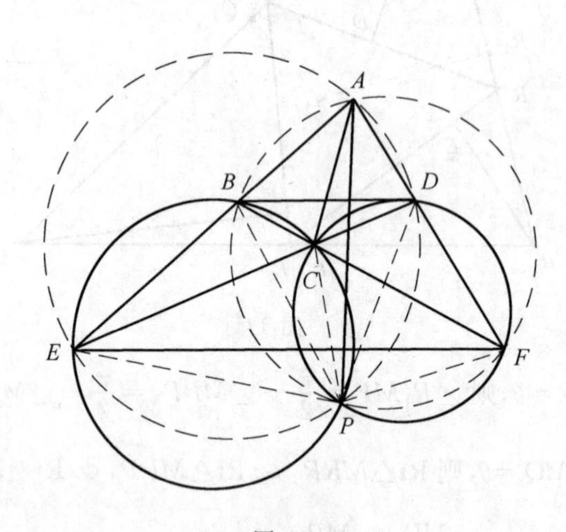

图 18

充分性：若$BD\ /\!/\ EF$，则$\dfrac{AD}{AF}=\dfrac{BD}{EF}=\dfrac{CD}{EC}$，所以$\dfrac{AF}{EC}=\dfrac{AD}{CD}$，从而由式②，得

$\dfrac{PF}{CP}=\dfrac{AD}{CD}$. 又显然有 $\angle ADC=\angle FPC$，于是 $\triangle ACD \backsim \triangle FCP \backsim \triangle AEP$，故 $\angle EAP=\angle CAD$，即 $\angle BAP=\angle CAD$.

必要性：若 $\angle BAP=\angle CAD$，即 $\angle EAP=\angle CAD$，则由式①，$\angle CFP=\angle CAD$，又显然有 $\angle ADC=\angle FPC$，因此

$$\triangle CPF \backsim \triangle CDA$$

所以$\dfrac{PF}{CP}=\dfrac{AD}{CD}$. 由式②，$\dfrac{AF}{EC}=\dfrac{AD}{CD}$，因而$\dfrac{EC}{CD}=\dfrac{AF}{AD}$.

另一方面，考虑 $\triangle AED$ 与截线 BCF，由梅涅劳斯定理，得

$$\frac{AB}{BE}\cdot\frac{EC}{CD}\cdot\frac{DF}{FA}=1$$

因此$\dfrac{AB}{BE}\cdot\dfrac{AF}{AD}\cdot\dfrac{DF}{AF}=1$，从而$\dfrac{AB}{BE}=\dfrac{AD}{DF}$，故 $BD \parallel EF$.

8. 不失一般性，不妨设正五边形 $ABCDE$ 的边长为 1，则每条对角线 $\lambda=\dfrac{1+\sqrt{5}}{2}$. 如图 19，设 $PA=a$，$PB=b$，$PC=c$，$PD=d$，$PE=e$.

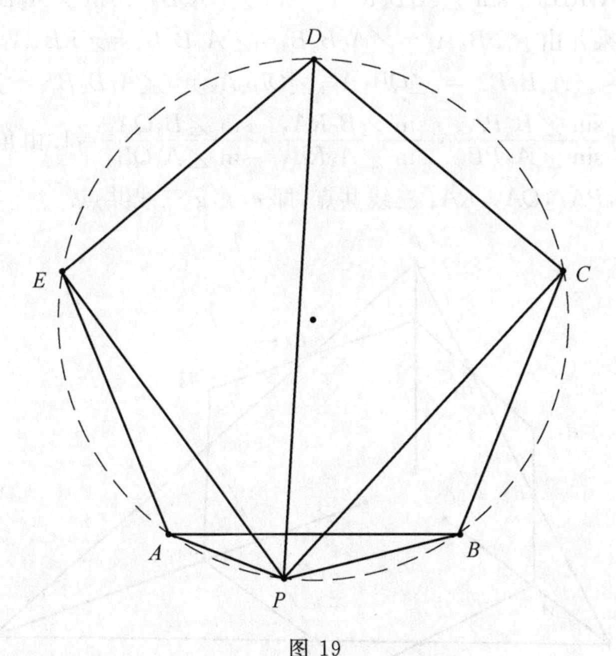

图 19

分别对四边形 $APDE$，四边形 $BPDC$，四边形 $PCDE$ 应用广义托勒密定理得

$a+d\geqslant e\lambda$，$b+d\geqslant c\lambda$，$e+c\geqslant d\lambda$. 将第三个不等式两边乘以$\dfrac{\lambda+2}{\lambda+1}$后，再

与前两个不等式相加得 $a+b+2d+(e+c)\dfrac{\lambda+2}{\lambda+1}\geqslant(e+c)\lambda+d\cdot\dfrac{\lambda(\lambda+2)}{\lambda+1}$.

整理得 $\dfrac{a+b}{c+d+e}\geqslant\dfrac{\lambda^2-2}{\lambda+1}=\sqrt{5}-2$.

当且仅当四边形 $APDE$，四边形 $BPDC$，四边形 $PCDE$ 均为圆内接四边形，即点 P 在劣弧 $\overset{\frown}{AB}$ 上时，上式等号成立. 故所求最小值为 $\sqrt{5}-2$.

9. 如图 20，记这六个切点分别为 B_1,B_2,B_3,B_4,B_5,B_6，设 B_1B_2,B_3B_4,B_5B_6 两两交于点 P,Q,R. 联结 B_1B_6,B_4B_5,B_2B_3. 由角元塞瓦定理得

$$\frac{\sin\angle B_1PA_6}{\sin\angle A_6PB_6}\cdot\frac{\sin\angle PB_6A_6}{\sin\angle A_6B_6B_1}\cdot\frac{\sin\angle B_6B_1A_6}{\sin\angle A_6B_1P}=1 \qquad ①$$

又 $A_6B_6=A_6B_1$，则 $\angle A_6B_6B_1=\angle A_6B_1B_6$，故式 ① 为

$$\frac{\sin\angle B_1PA_6}{\sin\angle A_6PB_6}\cdot\frac{\sin\angle PB_6A_6}{\sin\angle A_6B_1P}=1$$

完全类似得

$$\frac{\sin\angle B_5RA_4}{\sin\angle A_4RB_4}\cdot\frac{\sin\angle RB_4A_4}{\sin\angle A_4B_5R}=1,\frac{\sin\angle B_3QA_2}{\sin\angle A_2QB_2}\cdot\frac{\sin\angle QB_2A_2}{\sin\angle A_2B_3Q}=1$$

以上三式相乘并由 $\angle PB_6A_6=\angle A_5B_6B_5=\angle A_5B_5B_6=\angle RB_5A_4$，$\angle RB_4A_4=\angle A_3B_4B_3=\angle A_3B_3B_4=\angle QB_3A_2$，$\angle QB_2A_2=\angle A_1B_2B_1=\angle A_1B_1B_2=\angle PB_1A_6$，得 $\dfrac{\sin\angle B_1PA_6}{\sin\angle A_6PB_6}\cdot\dfrac{\sin\angle B_5RA_4}{\sin\angle A_4RB_4}\cdot\dfrac{\sin\angle B_3QA_2}{\sin\angle A_2QB_2}=1$. 由角元塞瓦定理的逆定理知，$PA_6,QA_2,RA_4$ 三线共点，即 e,f,g 三线共点.

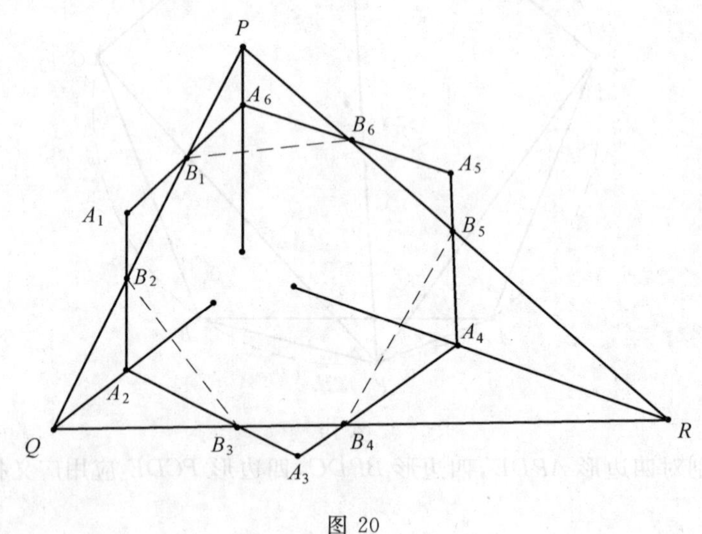

图 20

下篇

提　高　篇

第 20 讲　合同、相似与反演变换

问题不在于告诉他一个真理，而在于教他怎样去发现真理.

——卢梭(法国)

一、合同变换

在一个几何变换 f 下，如果任意两个之间的距离等于变化后的两点之间的距离，则称 f 是一个合同变换.

合同变换只改变图形的相对位置，不改变其性质和大小. 合同变换有三种基本形式：平移变换，轴反射变换，旋转变换.

1. 平移变换

将平面图形上的每一个点都按一个定方向移动定距离的变换叫作平移变换，记为 $T(\boldsymbol{a})$，定方向 $\boldsymbol{a}$ 称为平移方向，定距离称为平移距离.

显然，在平移变换下，两对应线段平行(或共线)且相等. 因此，凡已知条件中含有平行线段，特别是含有相等线段的平面几何问题，往往可用平移变换简单处理. 平移可移线段，也可移角或整个图形.

2. 轴反射变换

如果直线 l 垂直平分联结两点 A, A' 的线段 AA'，则称两点 A, A' 关于直线 l 对称，其中 $A'(A)$ 叫作点 $A(A')$ 关于直线 l 的对称点.

把平面上图形中任一点都变到它关于定直线 l 的对称点的变换，叫作关于直线 l 的轴反射变换，记为 $S(l)$，直线 l 叫作反射轴.

显然，在轴反射变换下，对应线段相等，两对应直线或者相交于反射轴上，或者与反射轴平行. 通过轴反射变换构成(或部分构成)轴对称图形是处理平面几何问题的重要思想方法.

3. 旋转变换

将平面上图形中每一个点都绕一个定点 O 按定方向(逆时针或顺时针)转动定角 θ 的变换,叫作旋转变换,记为 $R(O,\theta)$. 点 O 叫作旋转中心, θ 叫作转幅或旋转角.

易知,在旋转变换下,两对应线段相等,两对应直线的交角等于转幅. 对于已知条件中含有正方形或等腰三角形或其他特殊图形问题,往往可运用旋转变换来处理.

特别是在转幅为 90° 的旋转变换下,两对应线段垂直且相等. 而转幅为 180° 的旋转变换称为中心对称变换,记为 $C(O)$. 在中心对称变换下,任意一对对应点的连线段都通过旋转中心(此时称为对称中心),且被对称中心所平分. 由于中心对称变换的这一特殊性,凡是与中点有关的平面几何问题,我们可以考虑用中心对称变换处理.

二、相似变换

在一个几何变换 f 下,若对于平面上任意两点 A,B,以及对应点 A',B',总有 $A'B'=kAB$(k 为非零实数),则称这个变换 f 是一个相似变换. 非零实数 k 叫作相似比,相似比为 k 的相似变换记为 $H(k)$.

显然,相似变换既改变图形的相对位置,也改变图形的大小,但不改变图形的形状. 当 $k=1$ 时, $H(1)$ 就是合同变换. 讨论相似变换时,常讨论位似变换、位似旋转变换,以及位似轴反射变换.

1. 位似变换

设 O 是平面上一定点, H 是平面上的变换,若对于任一双对应点 A,A',都有 $OA'=kOA$(k 为非零实数),则称 H 为位似变换,记为 $H(O,k)$, O 叫作位似中心, k 叫作相似比或位似系数. A 与 A' 在点 O 的同侧时 $k>0$,此时 O 为外分点,此种变换称为正位似(或顺位似); A 与 A' 在点 O 的两侧时 $k<0$,此时 O 为内分点,此种变换称为反位似(或逆位似).

显然,位似变换是特殊的相似变换. 有些问题借助于位似变换求解比相似变换更简洁.

2. 位似旋转变换

具有共同中心的位似变换 $H(O,k)$ 和旋转变换 $R(O,\theta)$ 复合便得位似旋转变换 $S(O,\theta,k)$,即 $S(O,\theta,k)=H(O,k)\cdot R(O,\theta)=R(O,\theta)\cdot H(O,k)$.

3. 位似轴反射变换

就目前的情况来看，位似轴反射变换的应用似乎尚不及其他几种几何变换. 但作为一种不可或缺的几何变换，应该有其广泛的用武之地. 实际上，对于梯形、圆内接四边形、对角线等问题，都有可能用得上位似轴反射变换.

三、反演变换

设 O 是平面 α 上一定点，对于 α 上任意异于点 O 的点 A，有在 OA 所在直线上的点 A'，满足 $OA \cdot OA' = k \neq 0$，则称法则 I 为平面 α 上的反演变换，记为 $I(O,k)$. 其中 O 为反演中心或者反演极，k 为反演幂；A 与 A' 在点 O 的两侧时 $k<0$，否则 $k>0$；A 与 A' 为此反演变换下的一对反演点（或反点），显然 A 与 A' 互为反点（但点 O 的反点不存在或为无穷远点）；点 A 集的像 A' 集称为此反演变换下的反演形（或反形）.

由于 $k<0$ 时的反演变换 $I(O,k)$ 是反演变换 $I(O,|k|)$ 和以 O 为中心的中心对称变换的复合，我们只就 $k>0$ 讨论反演变换即可. 令 $r=\sqrt{k}$，则 $OA \cdot OA' = r^2$. 此时，反演变换的几何意义如图 1 所示，并称以 O 为圆心，r 为半径的圆为反演变换 $I(O,r^2)$ 的基圆.

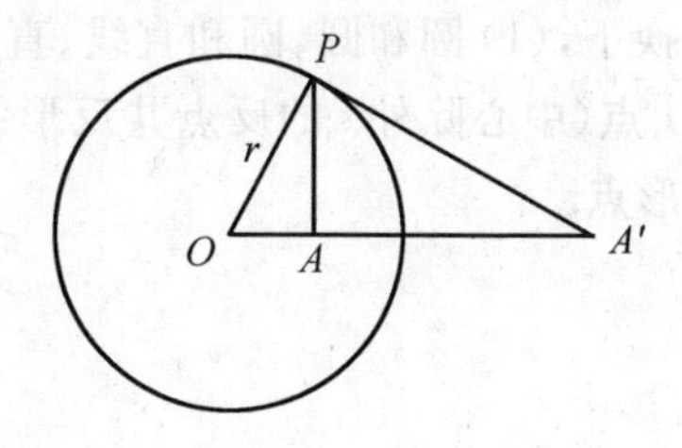

图 1

由此几何意义，我们可作出与 AA' 垂直的过 A 的直线 l 及过 A' 的直线 l' 的反形分别为图 2、图 3 中的圆 c' 及圆 c，反之以 OA，OA' 为直径的圆 c，圆 c' 的反形分别为直线 l'，l.

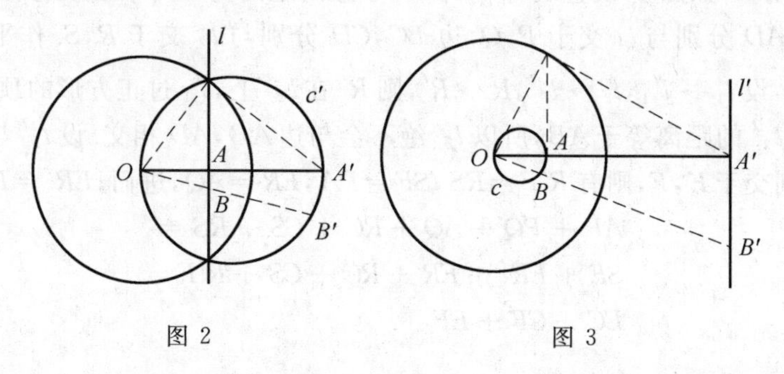

图 2　　图 3

由反演变换($k>0$)的定义及几何意义,即推出反演变换有下列有趣性质:

性质1 基圆上的点仍变为自己,基圆内的点(O除外)变为基圆外的点,反之亦然.

性质2 不共线的任意两对反演点必共圆,过一对反演点的圆必与基圆正交(即交点处两圆的切线互相垂直).

性质3 过反演中心的直线变为本身(中心除外),过反演中心的圆变为不过反演中心的直线,特别地过反演中心的相切两圆变为不过反演中心的两平行直线;过反演中心的相交圆变为不过反演中心的相交直线.

性质4 不过反演中心的直线变为过反演中心的圆,且反演中心在直线上射影的反点是过反演中心的直径的另一端点;不过反演中心的圆变为不过反演中心的圆,特别地,(1)以反演中心为圆心的圆变为同心圆;(2)不过反演中心的相切(交)圆变为不过反演中心的相切(交)圆;(3)圆(O_1,R_1)和圆(O_2,R_2)若以点O为反演中心,反演幂为$k(k>0)$,则$R_1=\dfrac{k\cdot R_2}{|OO_2^2-R_2^2|}$,$OO_1=\dfrac{k\cdot OO_2}{|OO_2^2-R_2^2|}$.

性质5 在反演变换下,(1)圆和圆、圆和直线、直线和直线的交角保持不变;(2)共线(直线或圆)点(中心除外)的反点共反形线(圆和直线),共点(中心除外)线的反形共反形点.

典型例题

例1 平面上一个单位正方形与距离为1的两条平行线均相交,使得正方形被两条平行线截出两个三角形(在两条平行线之外).求证:这两个三角形的周长之和与正方形在平面上的位置无关.

证明 如图4,设直线$l_1 /\!/ l_2$,l_1与l_2的距离为1,单位正方形$ABCD$的边AB,AD分别与l_1交于P,Q,边BC,CD分别与l_2交于R,S.作平移变换$T(\overrightarrow{PA})$,设$l_1\to l'_1$,$l_2\to l_2'$,$R\to R'$,则R'在l_2'上,l'_1过正方形的顶点A.因点A到l_2'的距离等于AB,所以l_2'绝不会与边AB,AD相交.设l_2'与边BC,CD分别交于E,F,则有$R'F=RS$,$SF=PA$,$ER=AQ$,进而,$ER'=PQ$,于是

$$
\begin{aligned}
&AP+PQ+AQ+RC+CS+RS=\\
&SF+ER'+ER+RC+CS+R'F=\\
&EC+CF+EF
\end{aligned}
$$

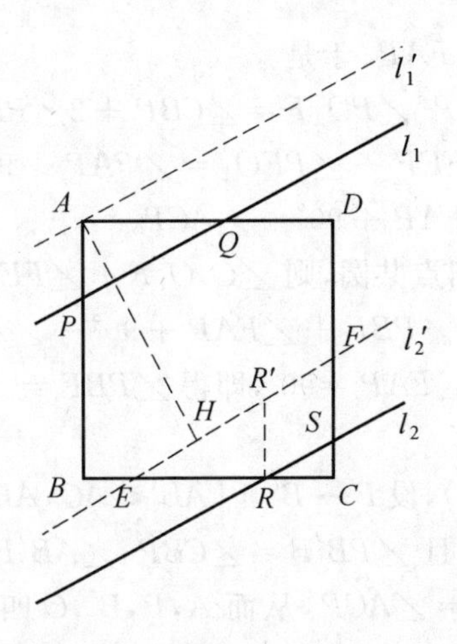

图 4

过顶点 A 作 l_2' 的垂线，设垂足为 H，则 $AH=AB=AD=1$. 由于 $AB\perp EC$，$AD\perp CF$，$AH\perp EF$，所以，点 A 是 $\triangle CEF$ 的 $C-$旁心，且 B,H,D 分别为 $\triangle CEF$ 的 $C-$旁心圆与三边的切点，所以 $EH=BE$，$HF=FD$，从而 $EC+CF+EF=BC+CD=2$，即 $AP+PQ+AQ+RC+CS+RS=2$. 这就是说，$\triangle APQ$ 的周长与 $\triangle CSR$ 的周长之和等于 2. 它与正方形在平面上的位置无关.

例 2　在锐角 $\triangle ABC$ 中，$AB<AC$，AD 是边 BC 上的高，P 是线段 AD 上一点. 过 P 作 $PE\perp AC$，垂足为 E，作 $PF\perp AB$，垂足为 F. O_1，O_2 分别是 $\triangle BDF$，$\triangle CDE$ 的外心. 求证：O_1，O_2，E，F 四点共圆的充要条件为 P 是 $\triangle ABC$ 的垂心.

证明　如图 5，由 $PD\perp BC$，$PF\perp AB$ 知 B,D,P,F 四点共圆，且 BP 为其直径，所以 $\triangle BDF$ 的外心 O_1 为 BP 的中点. 同理，C,D,P,E 四点共圆，且 O_2 是 CP 的中点. 因此，$O_1O_2\parallel BC$，所以 $\angle O_2O_1P=\angle CBP$.

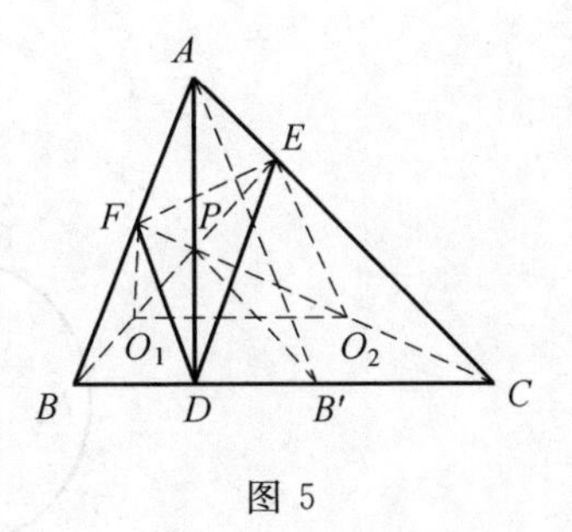

图 5

充分性：设 P 是 $\triangle ABC$ 的垂心，由于 $PE\perp AC$，$PF\perp AB$，所以 B,O_1,P,E 四点共线，C,O_2,P,F 四点共线，B,C,E,F 四点共圆. 于是由 $\angle O_2O_1P=\angle CBP$ 得 $\angle O_2O_1E=\angle CBE=\angle CFE=\angle O_2FE$，故 O_1，O_2，E，F 四点共圆.

必要性：因为 O_1 是 $\mathrm{Rt}\triangle BFP$ 的斜边 PB 的中点，O_2 是 $\mathrm{Rt}\triangle CEP$ 的斜边 PC 的中点，所以 $\angle PO_1F=2\angle PBA$，$\angle O_2EC=\angle ACP$. 因为 A,F,E,P 四点

共圆,所以 $\angle FEP=\angle FAP$. 于是

$$\angle O_2O_1F=\angle O_2O_1P+\angle PO_1F=\angle CBP+2\angle PBA=\angle CBA+\angle PBF$$

$$\angle FEO_2=\angle FEP+\angle PEO_2=\angle FAP+90^\circ-\angle O_2EC=$$
$$\angle FAP+90^\circ-\angle ACP$$

这样,若 O_1,O_2,E,F 四点共圆,则 $\angle O_2O_1F+\angle FEO_2=180^\circ$. 因而有

$$\angle CBA+\angle PBF+\angle FAP+90^\circ-\angle ACP=180^\circ$$

再注意 $\angle CBA+\angle FAP=90^\circ$,即得 $\angle PBF=\angle ACP$,也就是 $\angle PBA=\angle ACP$.

作反射变换 $S(AD)$,设 $B\rightarrow B'$,因 $AB<AC,AD\perp BC$,所以 $BD<CD$,于是 B' 在线段 CD 上,且 $\angle PB'B=\angle CBP,\angle AB'P=\angle PBA$. 因 $\angle PBA=\angle ACP$,所以 $\angle AB'P=\angle ACP$,从而 A,P,B',C 四点共圆. 于是 $\angle PB'B=\angle PAC=90^\circ-\angle ACB$,所以 $\angle CBP=90^\circ-\angle ACB$,所以,$BP\perp AC$. 而 $AP\perp BC$,故 P 是 $\triangle ABC$ 的垂心.

例 3 如图 6,设圆 Γ_1 与圆 Γ_2 交于 A,B 两点. 圆 Γ_1 在点 A 的切线交圆 Γ_2 于 C,圆 Γ_2 在点 A 的切线交圆 Γ_1 于 D. M 是 CD 的中点. 求证:$\angle CAM=\angle DAB$.

证明 如图 6,作中心对称变换 $C(M)$,设 $A\rightarrow A'$,则四边形 $ACA'D$ 是一个平行四边形. 设 AB 的延长线交 CA' 于 E,则 $\angle AEC=\angle BAD=\angle BCA$. 又 $\angle CAE=\angle ADB$,所以 $\triangle ABC\backsim\triangle ACE\backsim\triangle DBA$,于是 $\dfrac{AC}{AE}=\dfrac{AB}{AC},\dfrac{AE}{DA}=\dfrac{CE}{BA}$. 两式相乘,并注意到 $AC=DA'$,得 $\dfrac{AC}{AD}=\dfrac{CE}{DA'}$. 而 $\angle ACE=\angle ADA'$,所以 $\triangle ACE\backsim\triangle ADA'$,则 $\angle CAE=\angle DAA'$,故 $\angle CAM=\angle DAB$.

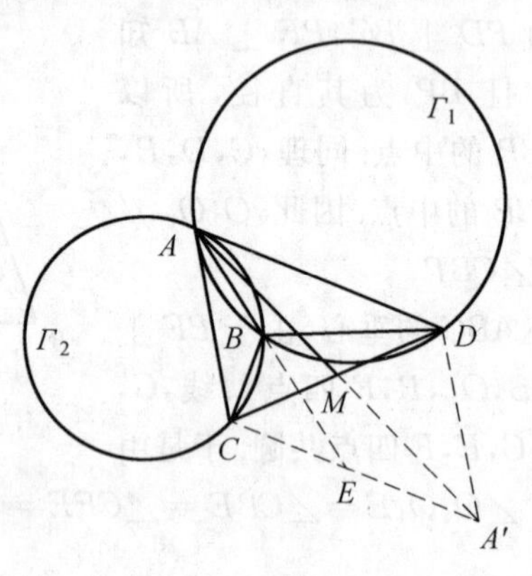

图 6

例 4 在 $\triangle ABC$ 中,$AB=AC$,D,E,F 分别为直线 BC,AB,AC 上的点,

且 $DE \parallel AC$，$DF \parallel AB$，M 为 $\triangle ABC$ 的外接圆上 $\overset{\frown}{BC}$ 的中点. 求证：$MD \perp EF$.

证明　如图 7，因 $AB=AC$，$DF \parallel AB$，所以 $CF=DF$. 又四边形 $EAFD$ 显然为平行四边形，则 $AE=DF=CF$. 于是，设 $\triangle ABC$ 的外心为 O，作旋转变换 $R(O, 2\measuredangle CBA)$（其中，$\measuredangle CBA$ 表示始边为射线 BC，终边为射线 BA 的有向角），则 $C \to A$，$A \to B$，且 $F \to E$，所以 $OE=OF$. 因此，设 EF 的中点为 N，则 $ON \perp EF$.

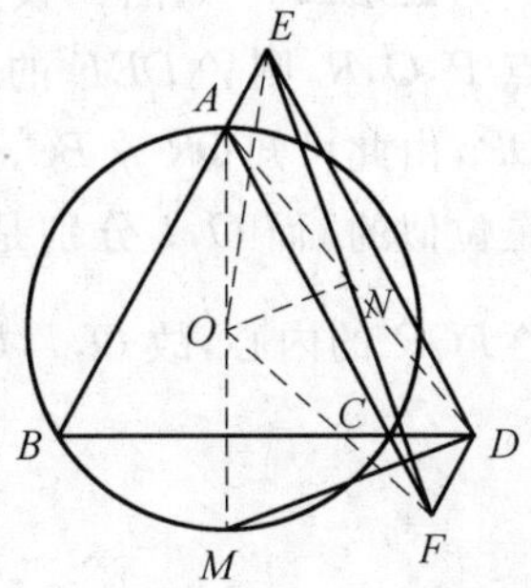

图 7

另一方面，因四边形 $EAFD$ 是平行四边形，所以 N 也是 AD 的中点. 又 $AB=AC$，M 为 $\triangle ABC$ 的外接圆上 $\overset{\frown}{BC}$ 的中点，所以 AM 为 $\triangle ABC$ 的外接圆的直径，从而 O 为 AM 的中点，故 $ON \parallel MD$. 于是由 $ON \perp EF$，即知 $MD \perp EF$.

例 5　设 $\triangle ABC$ 的内切圆与边 BC，CA，AB 分别切于点 D，E，F. 求证：$\triangle ABC$ 的外心 O，内心 I 与 $\triangle DEF$ 的垂心 H 三点共线.

证法一　如图 8，设 $\triangle ABC$ 的内切圆半径与外接圆半径分别为 r，R，$R=k \cdot r$. 作位似变换 $H(I, -k)$，设 $\triangle DEF \to \triangle D'E'F'$，则 $D'I=R$. 再设 $\triangle ABC$ 的外接圆上的 $\overset{\frown}{BC}$（不含点 A）的中点为 M，则 $OM \parallel D'I$ 且 $OM=D'I$，所以四边形 $OMID'$ 是平行四边形，于是 $D'O \parallel IM$，注意到 A，I，M 共线，所以 $D'O \parallel AI$. 又 $AI \perp EF$，所以 $D'O \perp EF$. 但 $EF \parallel E'F'$，从而 $D'O \perp E'F'$. 同理，$E'O \perp F'D'$，所以 O 是 $\triangle D'E'F'$ 的垂心，因此 $H \to O$. 故 H，I，O 三点

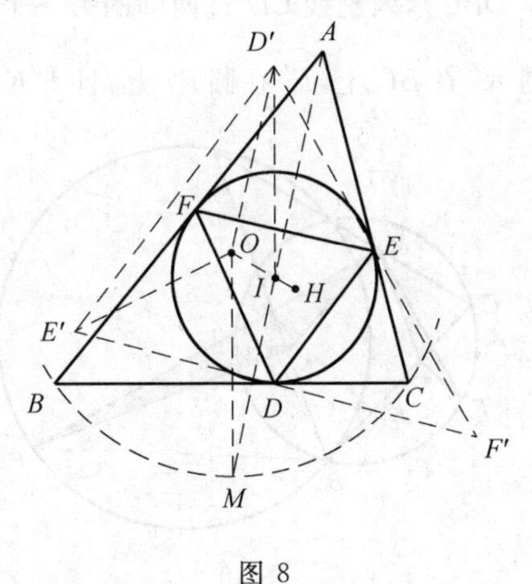

图 8

共线，且$\frac{HI}{IO}=\frac{r}{R}$.

证法二　如图9，设直线DH，EH，FH分别与$\triangle ABC$的内切圆交于另一点P，Q，R，则$\triangle DEF$的三边分别垂直平分HP，HQ，HR，所以$DQ=DH=DR$，由此可知$QR /\!/ BC$. 同样地，$RP /\!/ CA$，$PQ /\!/ AB$，因此$\triangle ABC$与$\triangle PQR$是位似的. 而O，I分别是$\triangle ABC$与$\triangle PQR$的外心，I，H分别是$\triangle ABC$与$\triangle PQR$的内心，故O，I，H三点共线，且$\frac{HI}{IO}=\frac{r}{R}$.

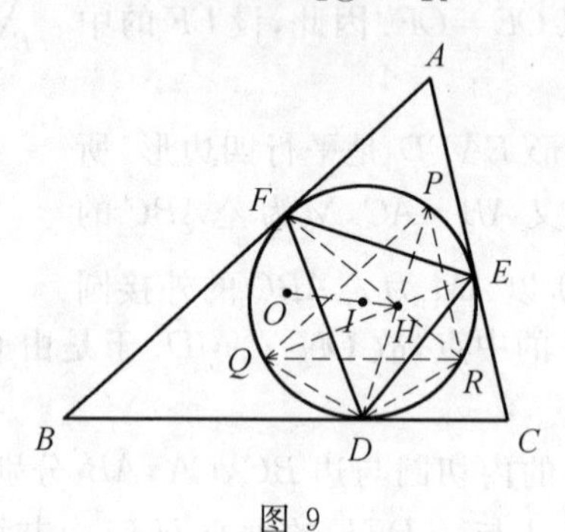

图 9

例6　设圆Γ_1与圆Γ_2交于A，B两点，一直线过点A分别与圆Γ_1、圆Γ_2交于另一点C和D，点M，N，K分别是线段CD，BC，BD上的点，且$MN /\!/ BD$，$MK /\!/ BC$. 再设点E，F分别在圆Γ_1的$\overset{\frown}{BC}$（不含点A）上和圆T_2的$\overset{\frown}{BD}$（不含点A）上，且$EN \perp BC$，$FK \perp BD$. 求证：$\angle EMF=90°$.

证明　如图10，设圆Γ_1与圆Γ_2的半径分别为r_1，r_2，$r_1=k\cdot r_2$，作位似旋转变换$S(B,k,\measuredangle DBC)$，因割线$CD$过两圆的另一个交点，所以$D\rightarrow C$. 设$K\rightarrow K'$，$F\rightarrow F'$，则$K'$在$BC$上，$F'$在圆$\Gamma_1$上，且$F'K'\perp BC$，$\frac{K'C}{BC}=\frac{KD}{BD}=$

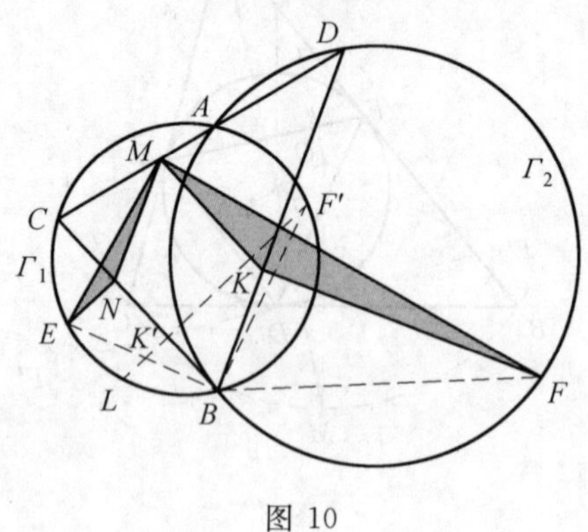

图 10

$\frac{MD}{CD}=\frac{NB}{BC}$,所以,$K'C=BN$.

设 $F'K'$ 的延长线交圆 T_1 于 L,则有 $\angle EBN=\angle BF'K'$,而 $\angle BF'K'=\angle BFK$,于是 $\angle EBN=\angle BFK$.又 $\angle BKF$,$\angle ENB$ 皆为直角,因此 $\triangle BFK\backsim\triangle EBN$.但由 $MN\parallel BD$,$MK\parallel BC$ 知,四边形 $MNBK$ 是平行四边形,所以,$BK=MN$,$BN=MK$.于是,易知 $\angle MNE=\angle FKM$,因此 $\triangle MEN\backsim\triangle FMK$.再注意到 $EN\perp BC$,$FK\perp BD$,即知 $EM\perp MF$.

例7　已知圆内接凸四边形 $ABCD$,F 是 AC 与 BD 的交点,E 是 AD 与 BC 的交点,M,N 分别是 AB 和 CD 的中点.求证:$\frac{MN}{EF}=\frac{1}{2}\left|\frac{AB}{CD}-\frac{CD}{AB}\right|$.

证明　如图11,设 $AB=k\cdot CD$,以 E 为位似中心,k 为位似比作位似轴反射变换,使 $C\to A$,$D\to B$.设 $F\to F_1$,则 $EF_1=k\cdot EF$.同样地,如果以 k^{-1} 为位似比作位似轴反射变换,使 $A\to C$,$B\to D$.设 $F\to F_2$,则 $EF_2=k^{-1}\cdot EF$,且 F_1,F_2 都在 EF 关于 $\angle AEB$ 的平分线对称的直线上,所以

$$|F_1F_2|=|EF_1-EF_2|=|k-k^{-1}|\cdot EF$$

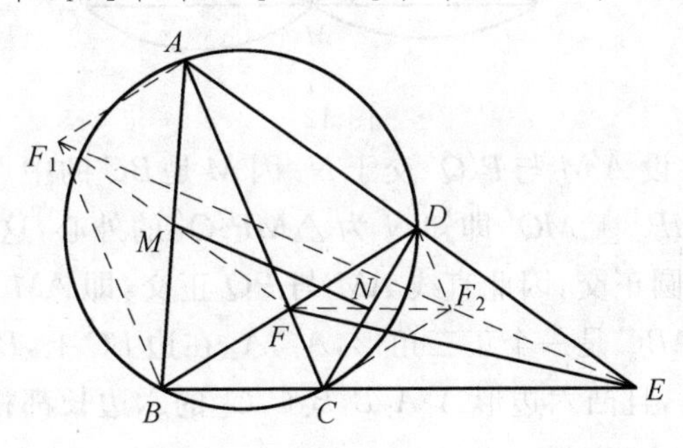

图 11

另一方面,由 $\triangle ABF\backsim\triangle DCF$,$\triangle BAF_1\backsim\triangle DCF$ 知 $\triangle ABF\backsim\triangle BAF_1$,从而 $\triangle ABF\cong\triangle BAF_1$,所以四边形 AF_1BF 是一个平行四边形,因此 M 是 FF_1 的中点.同理,N 是 FF_2 的中点.于是 $MN=\frac{1}{2}F_1F_2=\frac{1}{2}|k-k^{-1}|\cdot EF$,故

$$\frac{MN}{EF}=\frac{1}{2}|k-k^{-1}|=\frac{1}{2}\left|\frac{AB}{CD}-\frac{CD}{AB}\right|$$

例8　设 M 为 $\triangle ABC$ 的边 BC 的中点,点 P 为 $\triangle ABM$ 的外接圆上 $\overset{\frown}{AB}$(不含点 M)的中点,点 Q 为 $\triangle AMC$ 的外接圆上 $\overset{\frown}{AC}$(不含点 M)的中点.求证:$AM\perp PQ$.

证明　如图12,以 M 为反演中心、MB 为反演半径作反演变换,则 B,C 皆

为自反点，直线 AM 为自反直线. 设 A 的反点为 A'，则 A' 在直线 AM 上，且 $\triangle ABM$ 的外接圆的反形为直线 $A'B$，$\triangle AMC$ 的外接圆的反形为直线 $A'C$，点 P 的反点 P' 为直线 PM 与 $A'B$ 的交点，点 Q 的反点 Q' 为直线 QM 与 $A'C$ 的交点，直线 PQ 的反形为 $\triangle MP'Q'$ 的外接圆. 因 MP，MQ 分别平分 $\angle AMB$ 和 $\angle AMC$，所以，$MP' \perp MQ'$，且

$$\frac{A'P'}{P'B}=\frac{MA'}{MB}=\frac{MA'}{MC}=\frac{A'Q'}{Q'C}$$

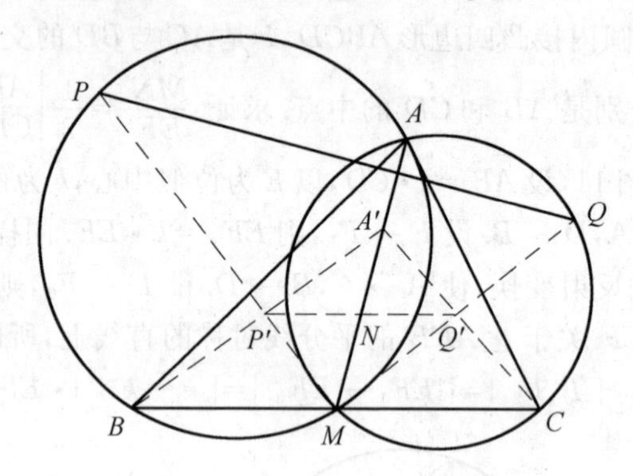

图 12

从而 $P'Q' \parallel BC$. 设 $A'M$ 与 $P'Q'$ 交于 N. 因 M 是 BC 的中点，所以 N 是 $P'Q'$ 的中点. 再注意 $MP' \perp MQ'$ 即知 N 为 $\triangle MP'Q'$ 的外心，这说明直线 $A'M$ 与 $\triangle MP'Q'$ 的外接圆正交，因此直线 AM 与 PQ 正交，即 $AM \perp PQ$.

例 9　设 $\triangle ABC$ 是一个正三角形，A_1，A_2 在边 BC 上，B_1，B_2 在边 CA 上，C_1，C_2 在边 AB 上，且凸六边形 $A_1A_2B_1B_2C_1C_2$ 的六边长都相等. 求证：三条直线 A_1B_2，B_1C_2，C_1A_2 交于一点.

证明　如图 13，作平移变换 $T(\overrightarrow{B_1A_2})$，则 $B_1 \to A_2$，设 $B_2 \to K$，则 $A_1A_2 = B_1B_2 = KA_2$，且 $\angle KA_2A_1 = 60^\circ$，所以 $\triangle KA_1A_2$ 是正三角形，因此 $KA_1 = A_1A_2 = C_1C_2$，且由 $\angle A_2A_1K = 60^\circ = \angle CBA$ 知，$KA_1 \parallel C_1C_2$，所以 $C_1C_2A_1K$ 是平行四边形，于是 $C_1K = C_2A_1 = B_2C_1$，又 $B_2K = B_1A_2 = B_2C_1$，所以 $\triangle KB_2C_1$ 也是正三角形.

于是，由 $B_2KA_2B_1$ 是平行四边形，$\triangle KA_1A_2$ 与 $\triangle KB_2C_1$ 都是正三角形可知，$\angle A_1A_2B_1 = \angle C_1B_2B_1$. 同理，$\angle B_1B_2C_1 = \angle C_1C_2A_1$，所以

$$\angle AB_2C_1 = \angle BC_2A_1 = \angle CA_2B_1$$

再注意 $\angle B_2AC_1 = \angle C_2BA_1 = \angle A_2CB_1$，$B_2C_1 = C_2A_1 = A_2B_1$ 即得

$$\triangle AC_1B_2 \cong \triangle BA_1C_2 \cong \triangle CB_1A_2$$

进而可知 $\triangle AC_1B_1 \cong \triangle BA_1C_1 \cong \triangle CB_1A_1$，所以 $\triangle A_1B_1C_1$ 是正三角形.

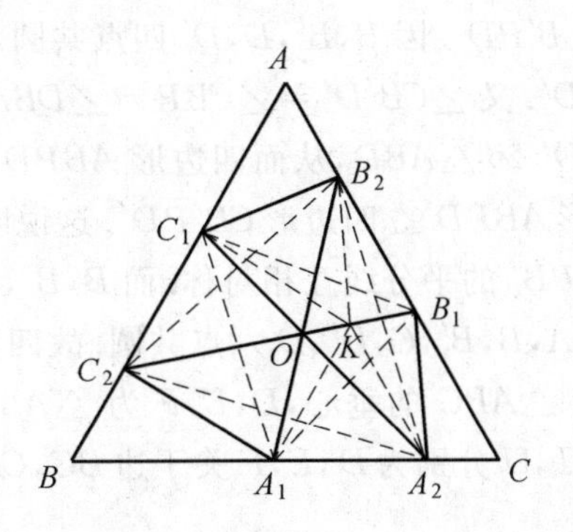

图 13

于是 $A_1B_1=A_1C_1$，又 $B_2B_1=B_2C_1$，因此 A_1B_2 是 B_1C_1 的垂直平分线，从而 A_1B_2 通过 $\triangle A_1B_1C_1$ 的中心 O，同理 B_1C_2，C_1A_2 都通过 $\triangle A_1B_1C_1$ 的中心 O. 故 A_1B_2，B_1C_2，C_1A_2 三线共点.

实际上，在本题中，$\triangle A_2B_2C_2$ 也是正三角形，且 $\triangle A_1B_1C_1$、$\triangle A_2B_2C_2$、$\triangle ABC$ 这三个正三角形的中心都是点 O.

例 10　在凸四边形 $ABCD$ 中，对角线 BD 既不平分 $\angle ABC$，也不平分 $\angle CDA$，点 P 在四边形的内部，满足 $\angle PBC=\angle DBA$，$\angle PDC=\angle BDA$. 求证：四边形 $ABCD$ 内接于圆的充分必要条件是 $PA=PC$.

证明　如图 14.

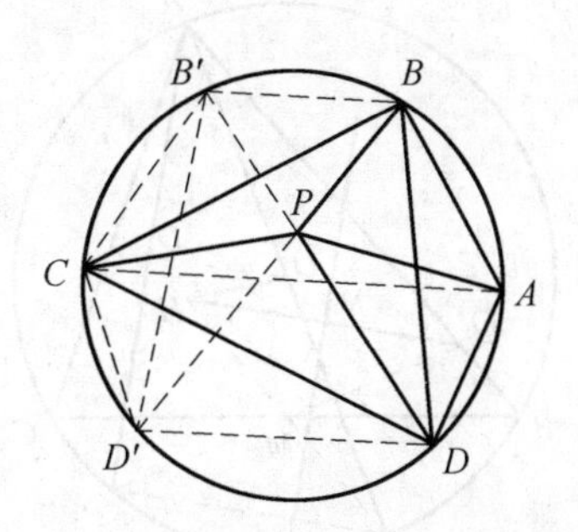

图 14

必要性：设四边形 $ABCD$ 内接于圆. 以 AC 的垂直平分线为反射轴作轴反射变换，设 $B\to B'$，$D\to D'$，则 B'，D' 都在圆上，且 $CB'=AB$，$CD'=AD$，所以 $\angle B'DC=\angle ADB=\angle PDC$，这说明 B'，P，D 三点共线. 同理，D'，P，B 三点共线，所以点 P 是 $B'D$ 与 BD' 的交点，因而 P 在反射轴上，即 P 在 AC 的垂直平分线上，故 $PA=PC$.

充分性：设 $PA=PC$. 分别延长 BP，DP 与 $\triangle BCD$ 的外接圆交于点 D'，B'，则有 $\angle PB'C=\angle DB'C=\angle DBC=\angle ABP$，$\angle PD'C=\angle BD'C=\angle BDC=$

$\angle ADP$，$\angle BPD=\angle B'PD'$. 因 B,B',D,D' 四点共圆，$\angle PBD=\angle PB'D'$，所以 $\triangle PBD\backsim\triangle PB'D'$. 又 $\angle CB'D'=\angle CBP=\angle DBA$，$\angle B'D'C=\angle PDC=\angle ADB$，因此 $\triangle CB'D'\backsim\triangle ABD$，从而四边形 $ABPD\backsim$ 四边形 $CB'PD'$. 但 $PC=PA$，所以四边形 $ABPD\cong$ 四边形 $CB'PD'$. 这说明四边形 $ABPD$ 与四边形 $CB'PD'$ 关于 $\angle BPB'$ 的平分线互相对称. 而 B,B',C,D',D 共圆，所以 B',B,A,D,D' 共圆，即 A,B,B',C,D',D 六点共圆. 故四边形 $ABCD$ 内接于圆.

例 11　设 H 为 $\triangle ABC$ 的垂心，D,E,F 为 $\triangle ABC$ 的外接圆上三点，且 $AD\parallel BE\parallel CF$，$S,T,U$ 分别为 D,E,F 关于边 BC,CA,AB 的对称点. 求证：S,T,U,H 四点共圆.

证明　我们先证明如下引理：

引理　设 O,H 分别为 $\triangle ABC$ 的外心和垂心，P 为 $\triangle ABC$ 的外接圆上任意一点，P 关于 BC 的中点的对称点为 Q，则直线 AP 关于 OH 的中点对称的直线是 QH 的垂直平分线.

引理的证明　事实上，如图 15，过 A 作 $\triangle ABC$ 的外接圆的直径 AA'，则 A' 与 $\triangle ABC$ 的垂心 H 也关于 BC 的中点对称，所以 $QH\parallel A'P$ 且 $QH=A'P$. 又 $A'P\perp AP$，因此 $QH\perp AP$. 设 D,N 分别为 AP,QH 的中点，则 $A'P=2OD$，$QH=2NH$，于是 $OD\parallel NH$ 且 $OD=NH$. 而 $AP\perp OD$，故直线 AP 关于 OH 的中点对称的直线是 QH 的垂直平分线.

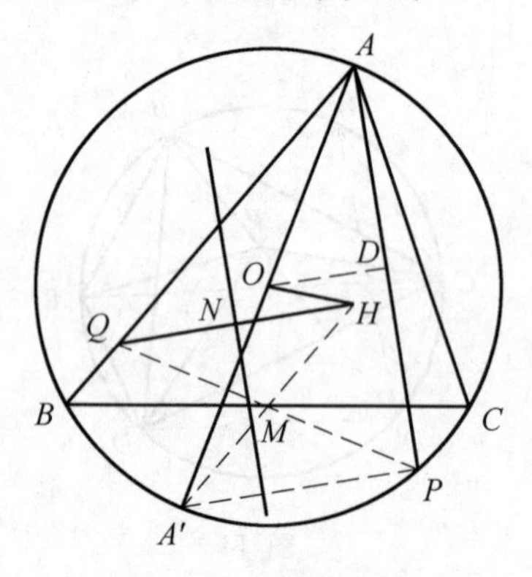

图 15

回到原题. 如图 16，过得 D 作 BC 的平行线与 $\triangle ABC$ 的外接圆交于另一点 P. 由 $AD\parallel BE\parallel CF$ 易知 $PE\parallel CA$，$PF\parallel AB$. 因 $PD\parallel BC$，S 是点 D 关于 BC 的对称点，所以点 P 关于 BC 的中点的对称点是 S. 于是，设 $\triangle ABC$ 的外心为 O，OH 的中点为 M，作中心对称变换 $C(M)$，由引理可知，直线 AP 的像直线是 HS 的垂直平分线. 同理，直线 BP，CP 的像直线分别是 HT，HU 的垂直平分线. 而 AP，BP，CP 有公共点 P，因此 HS，HT，HU 的垂直平分线交

于一点.故 S,T,U,H 四点共圆.

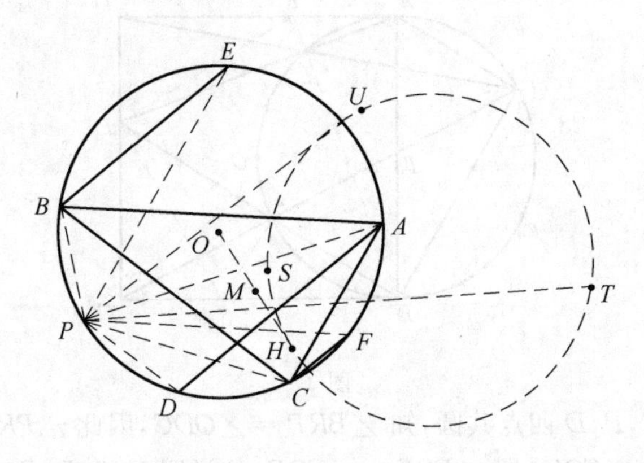

图 16

进一步,我们还可以证明圆(STU)与$\triangle ABC$的外接圆是等圆.

事实上,因 PS,PT,PU 的中点分别是$\triangle ABC$的三边的中点,所以圆(STU)的半径是$\triangle ABC$的中点三角形的外接圆的半径的两倍,而$\triangle ABC$的外接圆的半径也是其中点三角形的外接圆半径的两倍.故圆(STU)与$\triangle ABC$的外接圆是等圆.

在本题中,我们首先将四点共圆的问题转化成三线共点问题,然后巧妙地通过中心对称变换使问题得以顺利解决.

例 12　设 $ABCD$ 是一个正方形,以 AB 为直径作一个圆 Γ,P 是边 CD 上的任意一点,PA,PB 分别与圆交于 E,F 两点.求证:直线 DE 与 CF 的交点 Q 在圆 Γ 上,且$\frac{AQ}{QB}=\frac{DP}{PC}$.

证明　如图 17,设 BE,AD 交于 R,AF,BC 交于 S,则 F,S,C,P 四点共圆,所以$\angle SPC=\angle SFC$.令 O 为正方形 $ABCD$ 的中心,作旋转变换 $R(O,90^\circ)$,则 $B\to C,C\to D,D\to A$,而 $AS\perp BP,BR\perp AP$,所以 $S\to P,P\to R$,从而$\angle PRD=\angle SPC$.显然,BC 为圆 T 的切线,所以$\angle CBP=\angle BAF$.因 $AD\parallel BC$,所以$\angle RPB=\angle PRD+\angle CBP=\angle SPC+\angle CBP$.再设 CQ 与 AB 交于 T,因 $AB\parallel DC$,则$\angle ATQ=\angle DCQ$,于是

$$\begin{aligned}\angle RPB=\angle SPC+\angle CBP=\angle SFC+\angle BAF=\\ \angle AFQ+\angle BAF=\\ \angle ATQ=\angle DCQ\end{aligned}$$

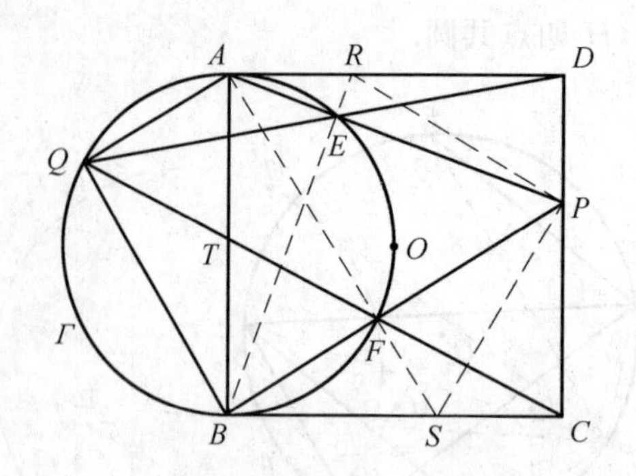

图 17

又由 R,E,P,D 四点共圆,知 $\angle BRP=\angle QDC$,因此 $\triangle PRB\backsim\triangle CDQ$,从而 $\angle PBR=\angle CQD$,即 $\angle FBE=\angle FQE$,这说明 E,Q,B,F 四点共圆,换句话说,点 Q 在圆 Γ 上. 再由 R,E,P,D 四点共圆,知 $\angle PRD=\angle PED=\angle AEQ=\angle ABQ$,而 $\angle RDP=90^\circ=\angle BQA$,所以 $\triangle PDR\backsim\triangle AQB$,于是 $\dfrac{AQ}{QB}=\dfrac{PD}{DR}$,又 $DR=CP$,故 $\dfrac{AQ}{QB}=\dfrac{DP}{PC}$.

巩固演练

1. 设四边形 $ABCD$ 外切于圆,$\angle A,\angle B$ 的外角平分线交于点 K,$\angle B,\angle C$ 的外角平分线交于点 L,$\angle C,\angle D$ 的外角平分线交于点 M,$\angle D,\angle A$ 的外角平分线交于点 N. 再设 $\triangle ABK,\triangle BCL,\triangle CDM,\triangle DAN$ 的垂心分别为 K_1,L_1,M_1,N_1. 求证:四边形 $K_1L_1M_1N_1$ 是平行四边形.

2. 设 C,D 是以 O 为圆心、AB 为直径的半圆上任意两点,过 B 作圆 O 的切线交直线 CD 于 P,直线 PO 与直线 CA,AD 分别交于 E,F. 求证:$OE=OF$.

3. 设 D,T 是 $\triangle ABC$ 的边 BC 上的两点,且 AT 平分 $\angle BAC$,P 是过 D 且平行于 AT 的直线上的一点,直线 BP 交 CA 于 E,直线 CP 交 AB 于 F. 求证:$BT=DC$ 的充分必要条件是 $BF=CE$.

4. 设 $\triangle ABC$ 是一个正三角形. P 是其内部满足条件 $\angle BPC=120^\circ$ 的一个动点. 延长 CP 交 AB 于 M,延长 BP 交 AC 于 N. 求 $\triangle AMN$ 的外心的轨迹.

5. 在 $\triangle ABC$ 中,$AB\neq AC$,中线 AM 交 $\triangle ABC$ 的内切圆于 E,F 两点,分别过 E,F 两点作 BC 的平行线交 $\triangle ABC$ 的内切圆于另一点 K,L,直线 AK,AL 分别交 BC 于 P,Q. 求证:$BP=QC$.

6. 设 I_b,I_c 分别是 $\triangle ABC$ 的 B-旁心,C-旁心,P 是 $\triangle ABC$ 的外接圆上一点. 求证:$\triangle ABC$ 的外心是 $\triangle I_bAP$ 和 $\triangle I_cAP$ 的外心的连线段的中点.

7. 设 I，I_a 分别是分别为 $\triangle ABC$ 的内心和 A－旁心，II_a 与 BC 交于 D，与 $\triangle ABC$ 的外接圆交于 M. 设 N 是 $\overset{\frown}{AM}$ 的中点，$\triangle ABC$ 的外接圆分别与 NI，NI_a 交于另一点 S，T. 求证：S，D，T 三点共线.

8. 设圆 O_1，圆 O_2 是半径不等的外离两圆. AB，CD 是两圆的两条外公切线，EF 是两圆的一条内公切线，切点 A，C，E 在圆 O_1 上，切点 B，D，F 在圆 O_2 上. 再设 EO_1 与 AC 交于 K，FO_2 与 BD 交于 L. 求证：KL 平分 EF.

9. 在 $\triangle ABC$ 的外部作 $\triangle PAB$ 与 $\triangle QAC$，使得 $AP=AB$，$AQ=AC$，且 $\angle PAB=\angle CAQ$. 设 BQ，CP 交于 R，$\triangle BCR$ 的外心为 O. 求证：$AO\perp PQ$.

10. 设圆 Γ 与直线 l 相离，AB 是圆 Γ 的垂直于 l 的直径，点 B 离 l 较近，C 是圆 Γ 上不同于 A，B 的任意一点，直线 AC 交 l 于 D，过 D 作圆 Γ 的切线 DE，E 是切点，直线 BE 与 l 交于 F，AF 与圆 Γ 交于另一点 G. 求证：点 G 关于 AB 的对称点在直线 CF 上.

演练解答

1. 如图 18，设四边形 $ABCD$ 的内切圆圆心为 O. 由于内角平分线和外角平分线互相垂直，所以 $OA\perp NK$，$OB\perp KL$. 又 AK_1 是 $\triangle ABK$ 的高，所以 $AK_1\perp BK$，因此 $AK_1\parallel OB$. 同理，$BK_1\parallel OA$，从而四边形 AK_1BO 是平行四边形. 同样地，四边形 BL_1CO，CM_1DO，DN_1AO 皆为平行四边形，于是

$$K_1N_1\xrightarrow{T(\overrightarrow{AO})}BD\xrightarrow{T(\overrightarrow{OC})}L_1M_1$$

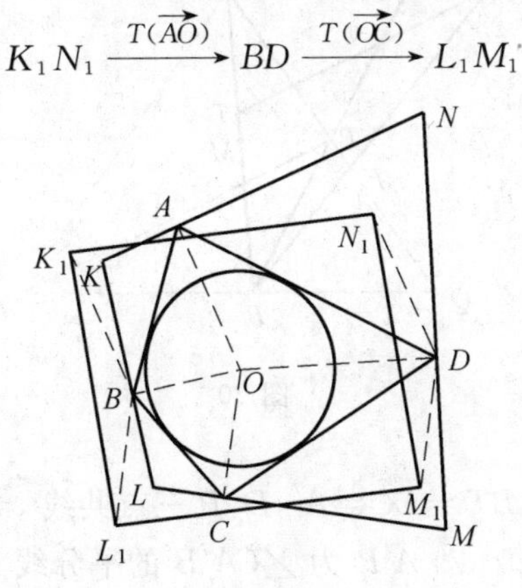

图 18

但 $T(\overrightarrow{OC})T(\overrightarrow{AO})=T(\overrightarrow{OC}+\overrightarrow{OA})=T(\overrightarrow{AC})$，因而 $K_1N_1\xrightarrow{T(\overrightarrow{AC})}L_1M_1$. 故四边形 $K_1L_1M_1N_1$ 是平行四边形.

2. 如图 19，以过圆心 O 且垂直于 EF 的直线为轴作轴反射变换，设 $A\rightarrow$

A'，则 A' 仍在圆 O 上，且 $\angle FOA' = \angle AOE = \angle BOP$，所以 PA' 也是圆 O 的切线，因此 A', O, B, P 四点共圆. 于是 $\angle A'DA = \angle A'BA = \angle A'BO = \angle A'PO$，从而 A', D, P, F 四点也共圆，所以 $\angle A'FO = \angle A'DC = \angle A'BC$.

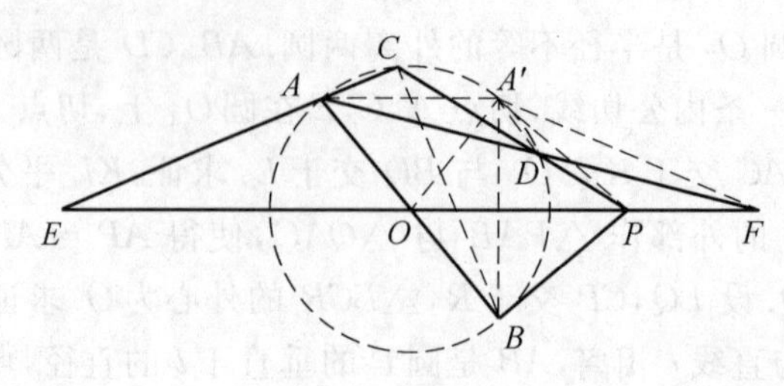

图 19

另一方面，因 AB 是圆 O 的直径，所以 $BC \perp EC$. 又显然有 $A'B \perp EF$，由此可知 $\angle A'BC = \angle OEA$，因此 $\angle A'FO = \angle OEA$. 再注意 $\angle FOA' = \angle EOA$，$OA' = OA$，即知 $\triangle A'OF \cong \triangle AOE$，故 $OE = OF$.

3. 如图 20，设 M 为 BC 的中点，作中心对称变换 $C(M)$，则 $C \to B$. 设 $A \to A'$，则四边形 $ABA'C$ 是平行四边形. 再设直线 $A'B$ 与 CF 交于 Q，则有 $\dfrac{A'C}{A'Q} = \dfrac{BF}{BQ}$，$\dfrac{CP}{PQ} = \dfrac{CE}{BQ}$. 于是，$BT = DC \Leftrightarrow T \to D \Leftrightarrow A'D$ 为 $\angle CA'B$ 的平分线 $\Leftrightarrow A'D \parallel AT$.

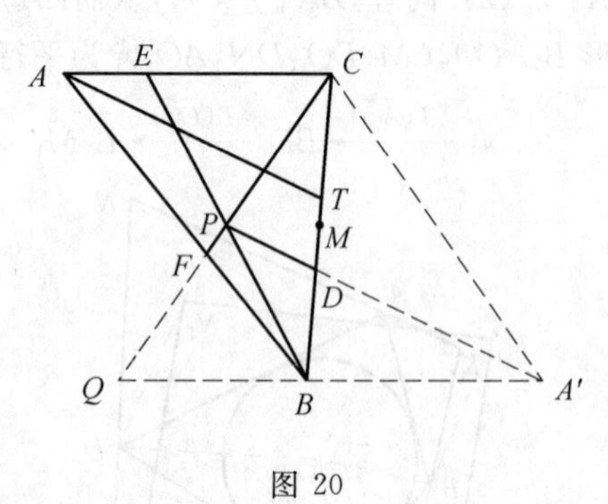

图 20

而 $PD \parallel AT$，故

$$BT = DC \Leftrightarrow A', D, P \text{ 三点共线} \Leftrightarrow$$
$$A'P \text{ 为 } \angle CA'B \text{ 的平分线} \Leftrightarrow$$
$$\frac{A'C}{A'Q} = \frac{CP}{PQ}$$

又 $\dfrac{A'C}{A'Q} = \dfrac{BF}{BQ}$，$\dfrac{CP}{PQ} = \dfrac{CE}{BQ}$，所以 $BT = DC \Leftrightarrow \dfrac{BF}{BQ} = \dfrac{CE}{BQ} \Leftrightarrow BF = CE$.

4. 如图 21，设 $\triangle AMN$ 的外心为 O，$\triangle ABC$ 的中心为 Q，分别过点 B, C 作

BC 的垂线交 AQ 的垂直平分线于 E,F，易知，当 $P\to B$ 时，$O\to E$；当 $P\to C$ 时，$O\to F$.

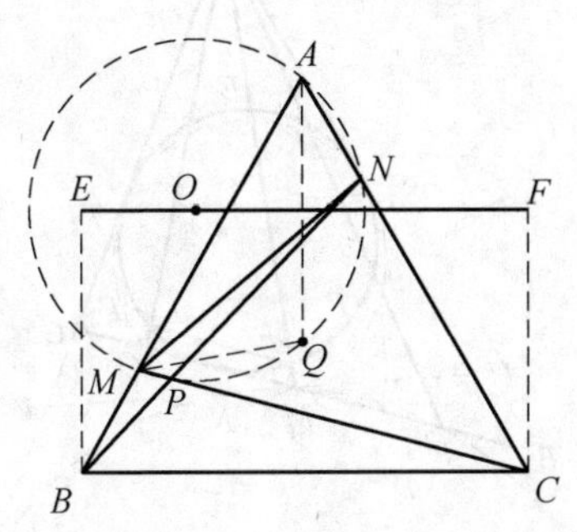

图 21

下面证明：当 P 在 $\triangle ABC$ 内变动时，点 O 的轨迹是线段 EF(不包括端点).

事实上，设点 P 满足条件，作旋转变换 $R(Q,120^\circ)$，则 $A\to B,B\to C,C\to A$. 因 $\angle BPC=120^\circ$，所以 $N\to M$. 注意 $\angle BAC=60^\circ$，因此 P,Q 都在 $\triangle AMN$ 的外接圆上，所以 $\triangle AMN$ 的外心 O 在 AQ 的垂直平分线 EF 上.

反之，设 $\triangle AMN$ 的外心 O 在线段 EF 上，以 O 为圆心、OA 为半径作圆分别交 AB,AC 于 M,N. 由于 AQ 平分 $\angle BAC$，所以 $QN=QM$. 从而在旋转变换 $R(Q,120^\circ)$ 下，$N\to M$. 但 $B\to C$，所以 $BN\to CM$. 设 BN,CM 的交点为 P，显然点 P 在 $\triangle ABC$ 内，且 $\angle BPC=120^\circ$，即点 P 满足条件.

综上所述，点 P 的轨迹为线段 EF(不包括端点).

5. 证法一：如图 22 所示，设 $AM=k_1\cdot AE,AM=k_2\cdot AF$，则

$$KE\xrightarrow{H(A,k_1)}PM$$

$$FL\xrightarrow{H(A,k_2)}MQ$$

设 Γ 为 $\triangle ABC$ 的内切圆，$\Gamma\xrightarrow{H(A,k_1)}\Gamma_1,\Gamma\xrightarrow{H(A,k_2)}\Gamma_2$，则圆 Γ_1,Γ_2 均过点 M，且均与射线 AB,AC 相切. 设圆 Γ_1 与射线 AB,AC 分别切于 S_1,Γ_1，圆 Γ_2 与射线 AB,AC 分别切于 S_2,Γ_2；Γ_1,Γ_2 交于 M,N 两点，直线 MN 与 AB,AC 分别交于 U,V，则 $S_1S_2=T_1T_2$.

由圆幂定理可知，U,V 分别为 S_1S_2,T_1T_2 的中点，所以 $US_1=VT_2$. 又显然 $AU=AV$，而 M 为 BC 的中点，由此不难得到 $BU=CV$，因此 $BS_1=CT_2$. 于是由圆幂定理得

$$BP\cdot BM=BS_1^2=CT_2^2=CQ\cdot CM$$

再注意 $BM=CM$，即得 $BP=QC$.

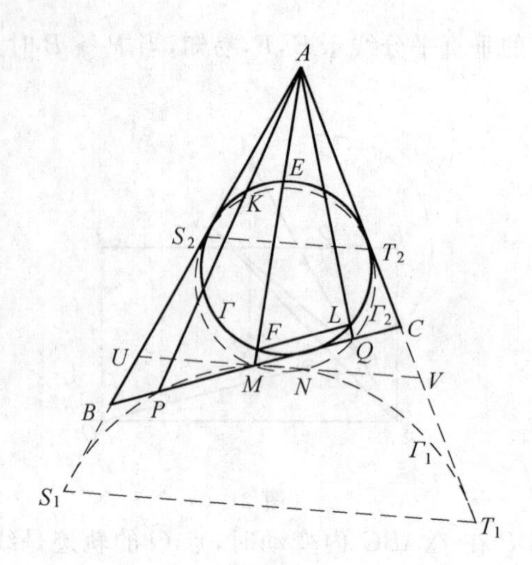

图 22

证法二：如图 23，由 $FL /\!/ MQ$，有 $\dfrac{AM}{AF}=\dfrac{AQ}{AL}$，设这个比值为 k，作位似变换 $H(A,k)$，则 $F\to M,L\to Q$. $\triangle ABC$ 的内切圆 Γ 变为过 M,Q 两点的圆 Γ'，且圆 Γ' 与 AB,AC 均相切. 设切点分别为 S,T，则由圆幂定理，$BS^2=BM\cdot BQ$，$CT^2=MC\cdot QC$. 但 $AS=AT$，即 $AB-BS=AC-CT$，所以

$$AB-\sqrt{BM\cdot BQ}=AC-\sqrt{MC\cdot QC}$$

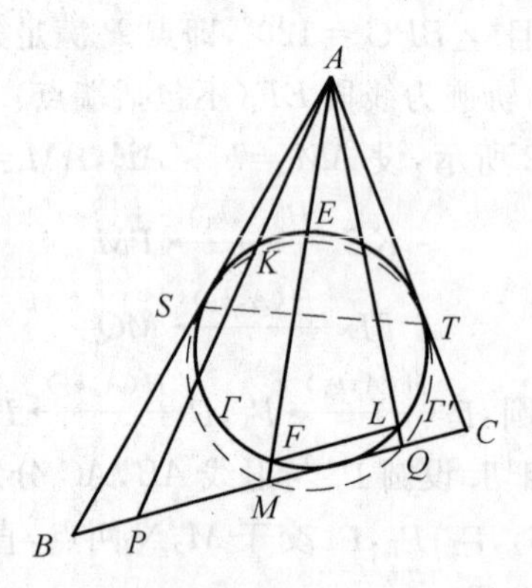

图 23

同样地，如果考虑以 A 为位似中心，使 $\triangle ABC$ 的内切圆变为过 P,M 两点的圆的位似变换，则 $AB+\sqrt{BM\cdot BP}=AC+\sqrt{MC\cdot PC}$，所以

$$\sqrt{BM\cdot BQ}-\sqrt{MC\cdot QC}=\sqrt{MC\cdot PC}-\sqrt{BM\cdot BP}$$

再注意 $BM=MC$，即得 $\sqrt{BQ}-\sqrt{QC}=\sqrt{PC}-\sqrt{BP}$. 平方，并注意 $BQ+$

$QC=BP+PC$，得$\sqrt{BQ\cdot QC}=\sqrt{BP\cdot PC}$，所以$\sqrt{BQ}+\sqrt{QC}=\sqrt{PC}+\sqrt{BP}$，从而$\sqrt{BP}=\sqrt{QC}$. 故 $BP=QC$.

6. 如图24所示，显然 I_b,A,I_c 在一直线上. 设$\triangle ABC$，$\triangle I_bAP$，$\triangle I_cAP$ 的外心分别为 O,O_1,O_2；直线 I_bI_c 与 $\triangle ABC$ 的外接圆交于 A,M 两点. 因 $\measuredangle PO_1I_b=2\measuredangle PAI_b=\measuredangle PO_2I_c$，$O_1P=O_1I_b$，$O_2P=O_2I_c$，因此可知 $\triangle PI_bI_c\backsim\triangle PO_1O_2$. 于是，设 $PO_1=k\cdot PI_b$，作位似旋转变换 $S(P,k,\measuredangle I_bPO_1)$，则 $I_b\to O_1$，$I_c\to O_2$. 又$\measuredangle POM=2\measuredangle PAM=\measuredangle PO_1I_b$，$OP=OM$，所以 $M\to O$. 这样，我们只需证明 M 为线段 I_bI_c 的中点即可.

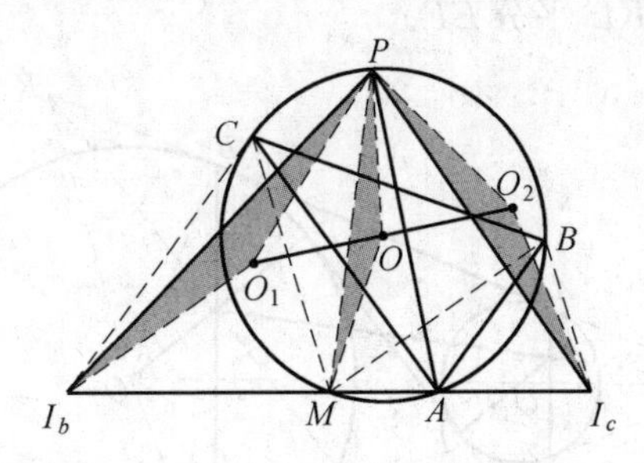

图 24

事实上，以$\angle A,\angle B,\angle C$表示$\triangle ABC$相应的顶角，则不难知道$\angle AI_bC=90^\circ-\frac{1}{2}\angle B$，而$\angle CMI_b=\angle B$，所以$\angle I_bCM=90^\circ-\frac{1}{2}\angle B=\angle AI_bC$，于是 $MC=MI_b$. 同理 $MB=MI_c$. 又$\angle CBM=\angle CAI_b=\angle I_cAB=\angle MCB$，所以 $MB=MC$，从而 $MI_b=MI_c$，即 M 为线段 I_bI_c 的中点. 故 O 为线段 O_1O_2 的中点.

7. 如图25，不妨设 N 在$\overparen{ABM}$. 显然，I,B,I_a,C 四点共圆(以 II_a 为直径的圆). 设直线 ND 与$\triangle ABC$ 的外接圆交于另一点 D'，则由圆幂定理，有

$$DN\cdot DD'=DB\cdot DC=DI\cdot DI_a$$

所以 I,D',I_a,N 四点共圆. 以 N 为反演中心，NA^2 为反演幂作反演变换，则由 $NM=NA$(因 N 是$\overparen{AM}$ 的中点)知，直线 AM 与$\triangle ABC$ 的外接圆互为反形. 因 I,D,I_a 都在直线 AM 上，所以 I,D',I_a 的反形分别为 S,D,T. 于是由 I,D',I_a,N 四点共圆即知 S,D,T 三点共线.

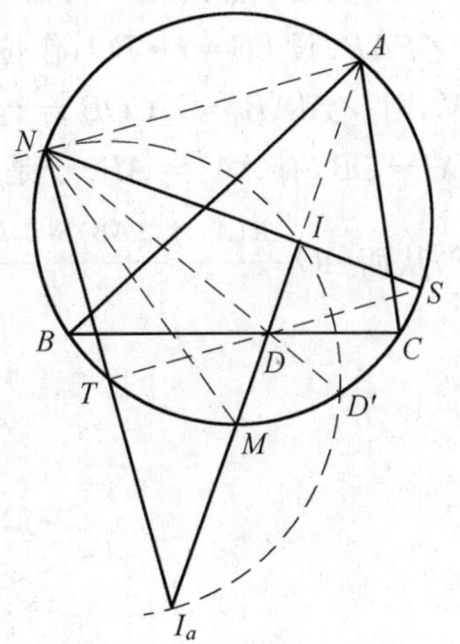

图 25

8. 如图 26，设两条外公切线交于 O，内公切线 EF 与外公切线 AB，CD 分别交于 P，Q，以 O 为位似中心作位似变换，使 $O_1 \to O_2$，则 $AC \to BD$，而 $O_1E \parallel O_2F$，所以直线 $O_1E \to$ 直线 O_2F，于是 AC 与直线 O_1E 的交点 $\to BD$ 与直线 O_2F 的交点，即 $K \to L$，因此 O，K，L 三点共线．过 L 作 EF 的平行线分别与直线 AB，CD 交于 R，S，则 $O_2L \perp RS$，而 $O_2B \perp BR$，$O_2D \perp SD$，所以 R，B，L，O_2 四点共圆，O_2，L，S，D 四点共圆，再注意到 $O_2B = O_2D$，于是

$$\angle SRO_2 = \angle LBO_2 = \angle O_2DL = \angle O_2SR$$

所以 $O_2R = O_2S$，因此 L 平分 RS．而 $PQ \parallel RS$，所以 OL 平分 PQ，即 KL 平分 PQ．又 $PF = QE$，故 KL 平分 EF．

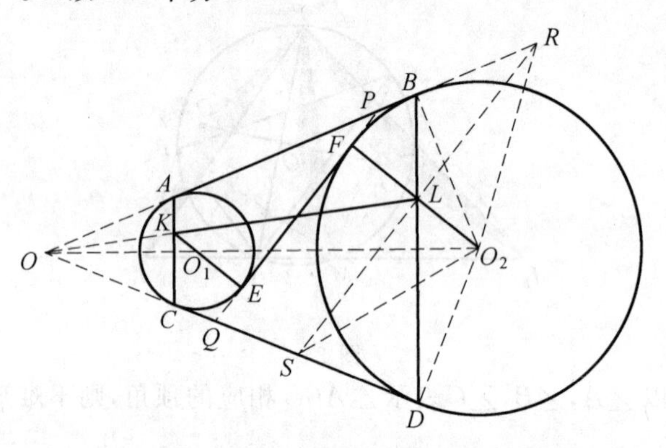

图 26

9. 证法一：如图 27，易知 $\triangle APC \cong \triangle ABQ$，所以 $\angle APR = \angle ABR$．因此 A，P，B，R 四点共圆，从而 $\angle PRB = \angle PAB$．于是 $\angle COB = 2\angle PRB = 2\angle PAB$．设 $BC = k \cdot BO$，作位似旋转变换 $S(B, k, \measuredangle OBC)$，则 $O \to C$．设 $A \to A'$，则 $\angle A'AB = \angle COB = 2\angle PAB$，所以 $\angle A'AP = \angle PAB = \angle CAQ$．又由 $OC = OB$，有 $AA' = AB$．于是，再作旋转变换 $R(A, \measuredangle PAB)$，则 $C \to Q$，$A' \to P$，从而 $AO \xrightarrow{R(A,\, \measuredangle PAB) S(B,\, k,\, \measuredangle OBC)} PQ$．

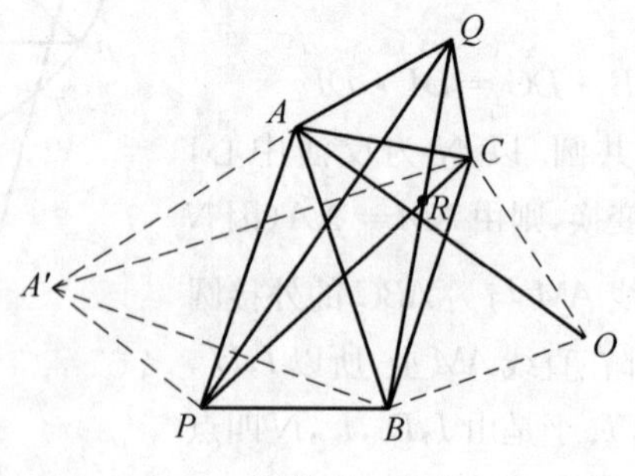

图 27

另一方面，由 $OB=OC$，$\angle BOC=2\angle PAB$ 知 $\angle PAB+\angle OBC=90^\circ$，因此存在点 O_1，使得 $R(A,\measuredangle PAB)S(B,k,\measuredangle OBC)=S(O_1,k,90^\circ)$. 这说明在位似旋转变换 $S(O_1,k,90^\circ)$ 下，有 $AO\rightarrow PQ$. 故 $AO\perp PQ$.

证法二：若图 28. 同证法一，有 $\angle BOC=2\angle PRB=2\angle PAB$. 设 M 为 BC 的中点，则 $OM\perp BC$. 再分别过 B，C 作 AP，AQ 的垂线，垂足分别为 E，F，则

$$\triangle CFA\backsim\triangle CMO\cong\triangle BMO\backsim\triangle BEA$$

于是，设 $CO=k\cdot CM$，$\measuredangle FCA=\theta$，则

$$M\xrightarrow{S(C,k,\theta)}O\xrightarrow{S(B,k^{-1},\theta)}M$$

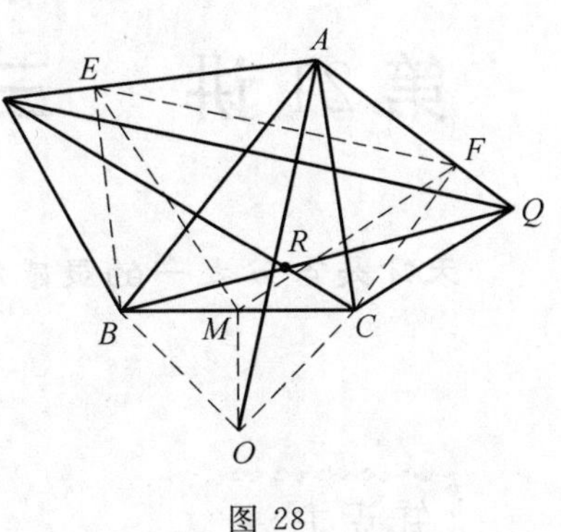

图 28

所以，$S(B,k^{-1},\theta)S(C,k,\theta)=S(M,1,2\theta)=R(M,2\theta)$，而 $F\xrightarrow{S(C,k,\theta)}A\xrightarrow{S(B,k^{-1},\theta)}E$，因此在旋转变换 $R(M,2\theta)$ 下，$F\rightarrow E$，所以 $ME=MF$ 且 $\angle FME=2\theta$. 因 OA 与等腰 $\triangle MEF$ 的两腰 ME，MF 的交角都等于 θ，所以 $OA\perp EF$. 另一方面，由 $\triangle CFA\backsim BEA$，有 $\dfrac{AE}{AP}=\dfrac{AE}{AB}=\dfrac{AF}{AC}=\dfrac{AF}{AQ}$，所以 $EF\parallel PQ$，故 $OA\perp PQ$.

10. 如图 29，设 AB 与直线 l 交于 M，则 A，E，M，F 四点共圆，再由 DE 与圆 Γ 相切可知 $\triangle EDF\backsim\triangle EOA$，所以 $DF=DE$，且 $\triangle EOD\backsim\triangle EAF$，从而 $\angle DOE=\angle FAE$. 但 $\angle GOE=2\angle FAE$，所以 $\angle GOD=\angle DOE$，从而 $\triangle GOD\cong\triangle EOD$，所以 DG 也为圆 Γ 的切线，G 为切点，$DG=DE=DF$. 设点 G，F 关于直线 AB 的对称点分别为 G'，F'，则 G' 在圆 Γ 上，且 $\angle F'=\angle DFG=\angle FGD$，所以 A，G，D，F' 四点共圆. 于是，作反演变换 $I(A,AG\cdot AF)$，则 F，G 互为反点，F'，G' 互为反点，这说明圆 Γ 与直线 l 互为反形，所以 C，D 互为反点. 又 A，G，D，F' 四点共圆，这个圆与直线 FC 互为反形，所以 F，C，G' 共线，即点 G 关于 AB 的对称点在直线 CF 上.

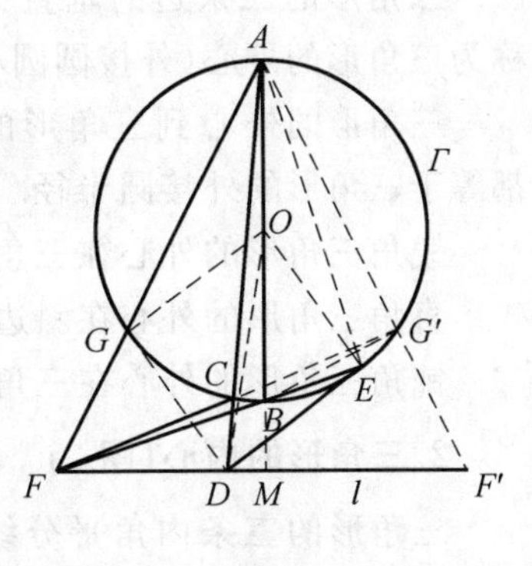

图 29

第21讲　三角形的内心与旁心

天才是百分之一的灵感加上百分之九十九的汗水.

——爱迪生(美国)

知识方法

三角形中有许多重要的特殊点,特别是三角形的"五心",在解题时有很多应用,在本节中将分别给予介绍.

三角形的"五心"指的是三角形的外心、内心、重心、垂心和旁心.

1. 三角形的外心(图1)

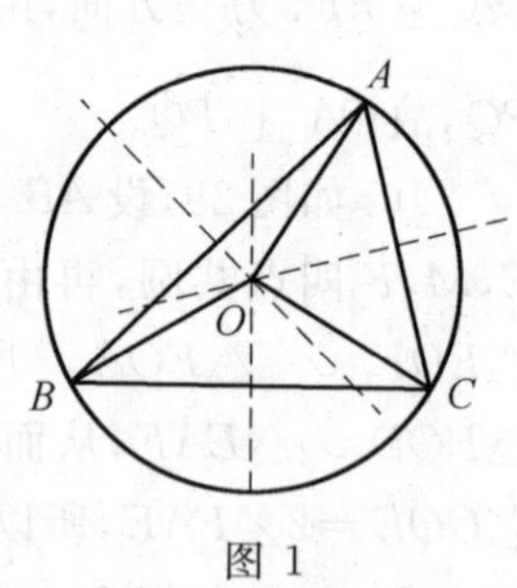

图1

三角形的三条边的垂直平分线交于一点,这点称为三角形的外心(外接圆圆心).

三角形的外心到三角形的三个顶点距离相等,都等于三角形的外接圆半径.

锐角三角形的外心在三角形内;

直角三角形的外心在斜边中点;

钝角三角形的外心在三角形外.

2. 三角形的内心(图2)

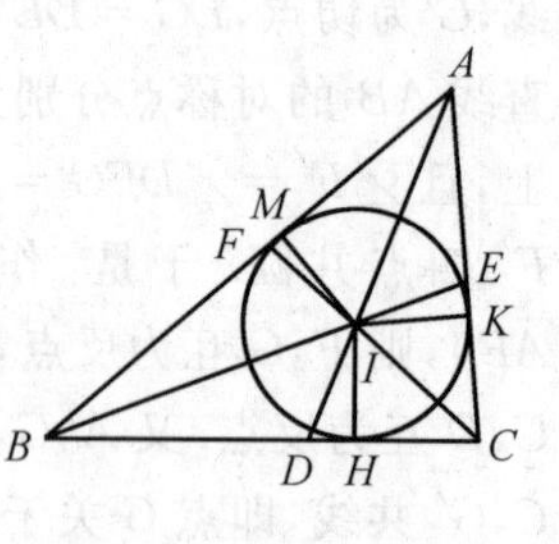

图2

三角形的三条内角平分线交于一点,这点称为三角形的内心(内切圆圆心).

三角形的内心到三边的距离相等,都等于三角形内切圆半径.

内切圆半径 r 的计算:

设三角形三边长分别为 a,b,c,面积为 S,并记 $p=\frac{1}{2}(a+b+c)$,则 $r=\frac{S}{p}$.

特别的，在直角三角形中，有 $r=\frac{1}{2}(a+b-c)$.

3. **三角形的重心**(图 3)

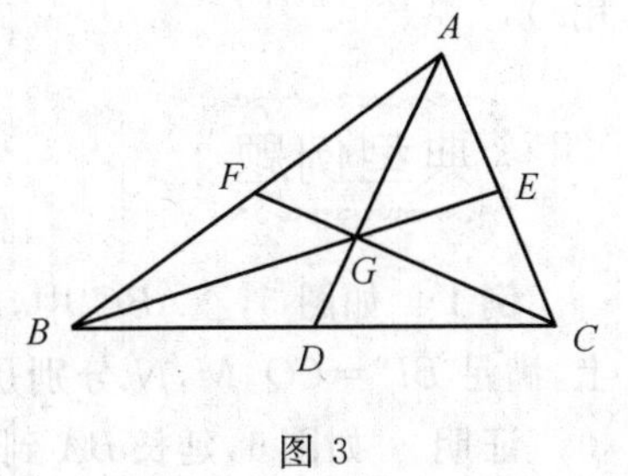

图 3

三角形的三条中线交于一点，这点称为三角形的重心.

上面的证明中，我们也得到以下结论：三角形的重心到边的中点与到相应顶点的距离之比为 1∶2.

4. **三角形的垂心**

三角形的三条高交于一点，这点称为三角形的垂心.

斜三角形的三个顶点与垂心这四个点中，任何三个为顶点的三角形的垂心就是第四个点. 所以把这样的四个点称为一个"垂心组".

5. **三角形的旁心**(图 4)

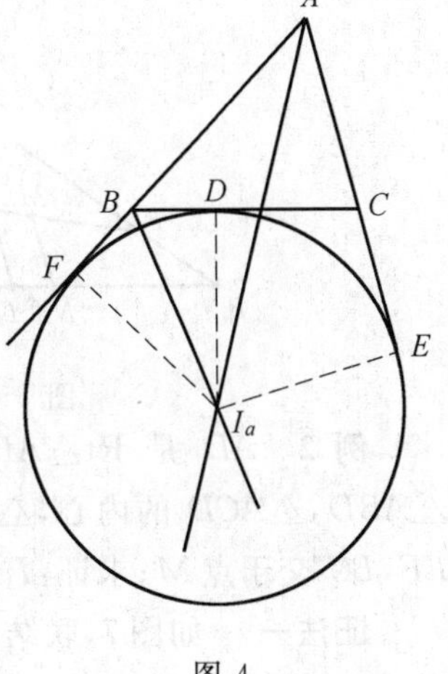

图 4

三角形的一条内角平分线与另两个外角平分线交于一点，称为三角形的旁心(旁切圆圆心).

每个三角形都有三个旁切圆.

本讲介绍内心与旁心问题(角分线心).

$\triangle ABC$ 的内心为 I，而 BC，CA，AB 边外的旁心分别为 I_1，I_2，I_3；AD，BE，CF 分别是三条内角平分线，AI 交三角形外接圆于 M，I_2I_3 交外接圆于 K，AI_2 交 BC 于 N，显然，三角形过同一顶点的内、外角平分线互相垂直，并且有：

(1) $\angle BIC=\frac{\pi}{2}+\frac{A}{2}$，$\angle BI_2C=\frac{A}{2}$；

(2) $\frac{AB}{AC}=\frac{BD}{DC}=\frac{BN}{NC}$；

(3) $MI=MI_1=MB=MC$；$KI_2=KI_3=KB=KC$；

(4) $AD^2=AB\cdot AC-DB\cdot DC$；$AN^2=NB\cdot NC-AB\cdot AC$；

(5) $AB\cdot AC=AD\cdot AM=AN\cdot AK$；

(6) $\frac{AI}{ID}=\frac{I_1M}{MD}$(称为对称比定理)；

(7) $MI=MB=MC$(俗称"鸡爪"定理).

(注意,(2)(4)(5) 中最后一等式仅当外角分线 AI_2 与边 BC 有交点时使用.)

例 1 如图 5,$\triangle ABC$ 中,AD 是 $\angle A$ 的平分线,点 P,Q 分别在 AB,AC 上,满足 $BP=CQ$,M,N 分别是 PQ,BC 的中点;求证:$MN\parallel AD$.

证明 如图 6,延长 BA 到 G,使 $AG=AC$,联结 FQ,GC,在 AG 上取点 F,使 $GF=CQ$,则 $FQ\parallel GC\parallel AD$,取 BG 的中点 E,联结 ME,则 E 也是 PF 的中点,据中位线可知,$EN\parallel GC$,$EM\parallel FQ$,则 $EM\parallel EN$,因此 E,M,N 共线,因 $GC\parallel AD$,所以,$MN\parallel AD$.

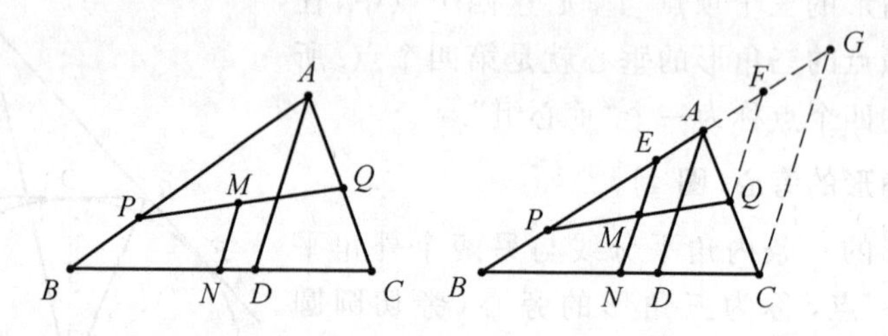

图 5　　　　图 6

例 2 AD 是 $\mathrm{Rt}\triangle ABC$ 斜边 BC 上的高($AB\neq AC$),I_1,I_2 分别是 $\triangle ABD$,$\triangle ACD$ 的内心,$\triangle AI_1I_2$ 的外接圆圆 O 分别交 AB,AC 于 E,F,直线 EF,BC 交于点 M;求证:I_1,I_2 分别是 $\triangle ODM$ 的内心与旁心.

证法一 如图 7,联结 DI_1,DI_2,BI_1,AI_2,I_1F,由 $\angle EAF=90^\circ$,则圆心 O 在 EF 上,设直径 EF 交 AD 于 O',并简记 $\triangle ABC$ 的三内角为 A,B,C,由

$$\angle I_1BD=\frac{B}{2}=\frac{1}{2}\angle DAC=\angle I_2AD,\angle I_1DB=45^\circ=\angle I_2DA$$

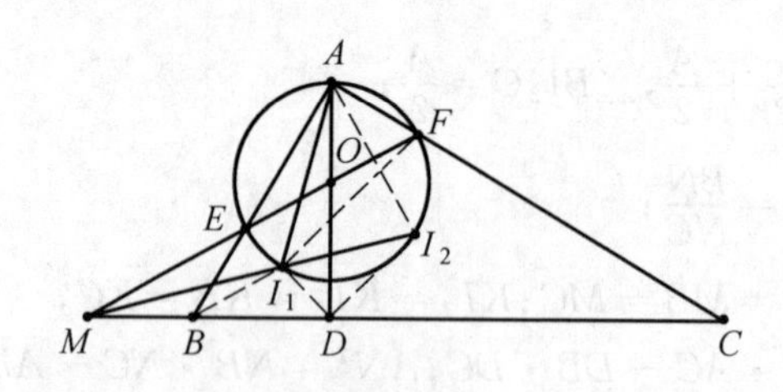

图 7

所以 $\triangle DBI_1\backsim\triangle DAI_2$,得 $\dfrac{DI_1}{DI_2}=\dfrac{DB}{DA}$,且 $\angle I_1DI_2=90^\circ=\angle BDA$.故

$\triangle I_1DI_2 \backsim \triangle BDA$.

而$\angle DI_1I_2=B$,$\angle AI_1D=90^\circ+\dfrac{B}{2}$,注意

$$\angle AI_1D=\angle AI_1F+\angle FI_1I_2+\angle DI_1I_2,\angle AI_1F=\angle AEF$$

$$\angle FI_1I_2=\angle FAI_2=\frac{B}{2}$$

所以$\angle AEF=90^\circ-\angle B=\angle C=\angle DAB$,因此$O'E=O'A$,同理得$O'F=O'A$,故$O'$与$O$重合,即圆心$O$在$AD$上,而$\angle EOD=\angle OEA+\angle OAE=2\angle OAE=2\angle C$,$\angle EOI_1=2\angle EAI_1=\angle BAD=\angle C$,所以$OI_1$平分$DOM$;同理得$OI_2$平分$\angle DOF$,即$I_1$是$\triangle ODM$的内心,$I_2$是$ODM$的旁心.

证法二　如图8,因为$\angle BAC=90^\circ$,故$\triangle AI_1I_2$的外接圆圆心O在EF上,联结OI_1,OI_2,I_1D,I_2D,则由I_1,I_2为内心知,$\angle I_1AI_2=45^\circ$,则$\angle I_1OI_2=2\angle I_1AI_2=90^\circ=\angle I_1DI_2$,于是$O$,$I_1$,$D$,$I_2$四点共圆,所以$\angle OI_1I_2=\angle ADI_2=45^\circ$,又因$\angle OI_2I_1=\angle ADI_1=45^\circ$,则$\angle OI_1I_2=\angle ADI_2=45^\circ$,于是点$O$在$AD$上,即$O$为$EF$与$AD$的交点.设$AD$与圆$O$交于另一点$H$,而由$\angle EAI_1=\angle I_1AH$,$\angle HAI_2=\angle FAI_2$知,$I_1$,$I_2$分别为$\overset{\frown}{EH}$,$\overset{\frown}{HF}$的中点,所以$\angle EOI_1=\angle DOI_1$,$\angle DOI_2=\angle FOI_2$.

因此,点I_1,I_2分别为$\triangle OMD$的内心与旁心.

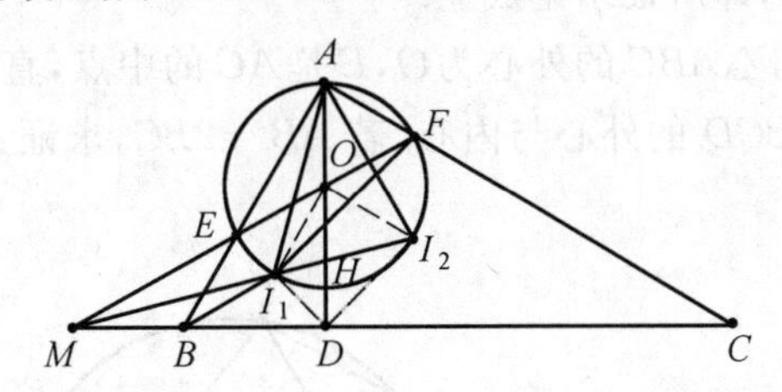

图 8

例3　如图9,四边形$ABCD$中,$\angle ACB=\angle ADB=90^\circ$,自对角线$AC$,$BD$的交点$N$,作$NM\perp AB$于$M$,线段$AC$,$MD$交于$E$,$BD$,$MC$交于$F$,$P$是线段$EF$上的任意一点.求证:点$P$到线段$CD$的距离等于$P$到线段$MC$,$MD$的距离之和.

证明　易知,四边形$ABCD$共圆,$BCNM$共圆,因此,$\angle ACD=\angle ABD=\angle MCN$,即$AC$平分$\angle DCM$;又由$AMND$共圆,得$\angle NDM=\angle NAM=\angle CDB$,即$BD$平分$CDM$.

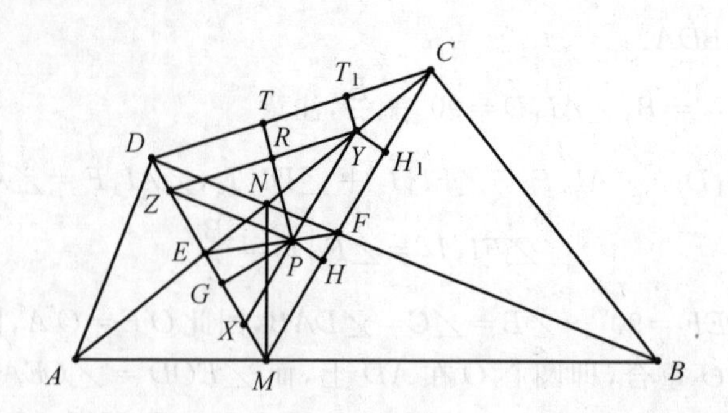

图 9

设 $PH\perp MC$ 于 H，$PG\perp MD$ 于 G，$PT\perp CD$ 于 T，过点 P 作 $XY\parallel MC$，交 MD 于 X，交 AC 于 Y；过点 Y 作 $YZ\parallel CD$，交 MD 于 Z，交 PT 于 R；再作 $YH_1\perp MC$ 于 H_1，$YT_1\perp CD$ 于 T_1，则由平行线及角平分线的性质得，$PH=YH_1=YT_1=RT$.

为证 $PT=PG+PH$，只要证 $PR=PG$.

由平行线的比例性质得，$\frac{EP}{EF}=\frac{EY}{EC}=\frac{EZ}{ED}$，因此 $ZP\parallel DF$，由于 $\triangle XYZ$ 与 $\triangle MCD$ 的对应边平行，且 DF 平分 $\angle MDC$，故 ZP 是 $\angle XZY$ 的平分线.

从而 $PR=PG$，即所证结论成立.

例 4 如图 10，$\triangle ABC$ 的外心为 O，E 是 AC 的中点，直线 OE 交 AB 于 D，点 M，N 分别是 $\triangle BCD$ 的外心与内心，若 $AB=2BC$，求证：$\triangle DMN$ 为直角三角形.

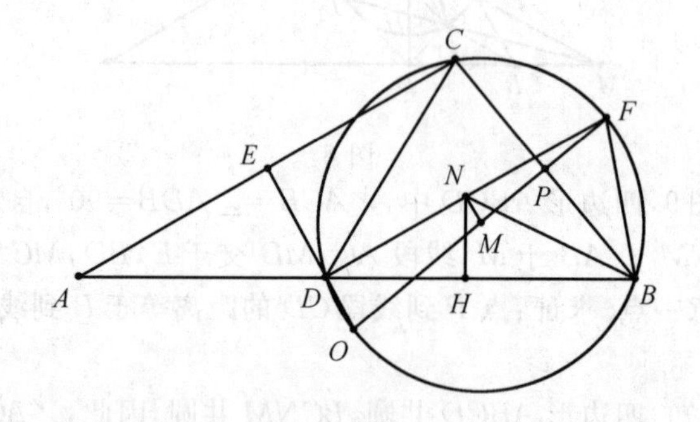

图 10

证法一 由于点 O，M 皆在 BC 的中垂线上，设直线 OM 交 BC 于 P，交 $\odot M$ 于 F，则 P 是 BC 的中点，F 是 $\overset{\frown}{BC}$ 的中点；因 N 是 $\triangle BCD$ 的内心，故 D，N，F 共线，且 $FP\perp BC$. 又 OE 是 AC 的中垂线，则 $DC=DA$，而 DF，OE 为 $\angle BDC$ 的内、外角平分线，故有 $OD\perp DF$，则 OF 为 $\odot M$ 的直径，所以，$OM=$

MF，又因 $\angle BNF=\frac{1}{2}\angle BDC+\frac{1}{2}\angle DBC=\angle NBF$，则 $NF=BF$. 作 $NH\perp BD$ 于 H，则有

$$DH=\frac{1}{2}(BD+DC-BC)=\frac{1}{2}(BD+DA-BC)=$$

$$\frac{1}{2}(AB-BC)=\frac{1}{2}BC=BP$$

且 $\angle NDH=\frac{1}{2}\angle BDC=\angle FBP$，所以，$\mathrm{Rt}\triangle NDH\cong\mathrm{Rt}\triangle FBP$，故得 $DN=BF=NF$，因此，MN 是 $\triangle FOD$ 的中位线，从而 $MN\parallel OD$，而 $OD\perp DN$，则 $MN\perp DN$. 故 $\triangle DMN$ 为直角三角形.

证法二　记 $BC=a$，$CD=b$，$BD=c$，因 DE 是 AC 的中垂线，则 $AD=CD=b$，由条件

$$b+c=2a \qquad ①$$

延长 ND 交 $\odot M$ 于 F，并记 $FN=e$，$DN=x$，则 $FB=FC=FN=e$，对圆内接四边形 $BDCF$ 用托勒密定理得 $FC\cdot BD+FB\cdot CD=BC\cdot DF$，即

$$ec+eb=a(x+e) \qquad ②$$

由 ①② 得 $2ae=a(x+e)$，所以 $x=e$，即 N 是弦 DF 的中点，而 M 为外心，所以 $MN\perp DF$，故 $\triangle DMN$ 为直角三角形.

例 5　如图 11，四边形 $ABCD$ 内接于 $\odot O$，而 $\odot O_1$ 与 $\odot O_2$ 外切于点 P，且都内切于 $\odot O$，若对角线 AC，BD 分别是 $\odot O_1$，$\odot O_2$ 的内、外公切线. 求证：点 P 是 $\triangle ABD$ 的内心.

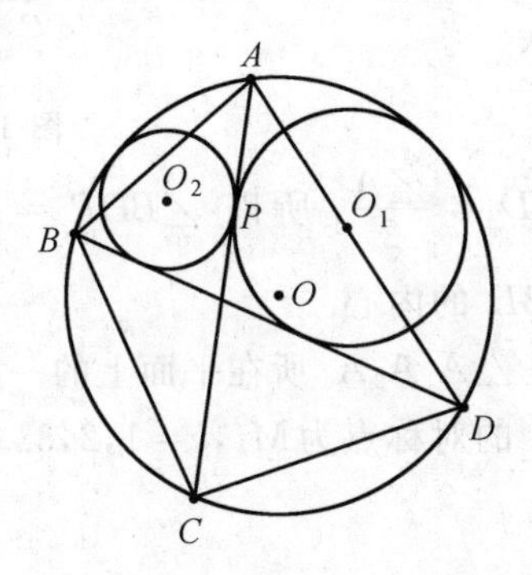

图 11

证明　先证引理：

引理　若 $\odot O'$ 内切 $\odot O$ 于 M，$\odot O$ 的弦 AB 切 $\odot O'$ 于 N，延长 MN 交 $\odot O$ 于 K，则 K 是 $\overset{\frown}{AB}$ 的中点，且 $KA^2=KB^2=KM\cdot KN$.

引理的证明 如图 12,作两圆的公切线 MD,因 NB 是 $\odot O'$ 的切线,则 $\angle DMN=\angle BNM$,而 $\angle DMN=\angle DMK \triangleq \overset{\frown}{MBK}=\frac{1}{2}(\overset{\frown}{MB}-\overset{\frown}{BK})\angle BNM$ $\triangleq \frac{1}{2}(\overset{\frown}{MB}+\overset{\frown}{AK})$,所以 $\overset{\frown}{AK}=\overset{\frown}{AK}$,即 K 是 $\overset{\frown}{AB}$ 的中点,又由 $\triangle KBN \backsim \triangle KMB$,得到 $KA^2=KB^2=KM\cdot KN$.

回到本题,如图 13,设 $\odot O_1$,$\odot O_2$ 分别切 $\odot O$ 于 E_1,E_2,切 BD 于 F_1,F_2,据引理知直线 E_1F_1,E_2F_2 过 $\overset{\frown}{BD}$ 的中点 C_0,则 $C_0D=C_0B$,而 $C_0D^2=C_0E_1\cdot C_0F_1$,$C_0B^2=C_0E_2\cdot C_0F_2$,所以 $C_0E_1\cdot C_0F_1=C_0E_2\cdot C_0F_2$,故 C_0 在 $\odot O_1$,$\odot O_2$ 的根轴上,即在内公切线 AC 上,所以 C_0 与 C 重合,即 C 是 $\overset{\frown}{BD}$ 的中点,故 AC 平分 $\angle BAD$;又由 $CP^2=CE_1\cdot CF_1$,$CD^2=CE_1\cdot CF_1$ 得 $CD=CP$,于是 $\angle CDP=\angle CPD$,即

$$\angle CDB+\angle BDP=\angle CAD=\angle ADP$$

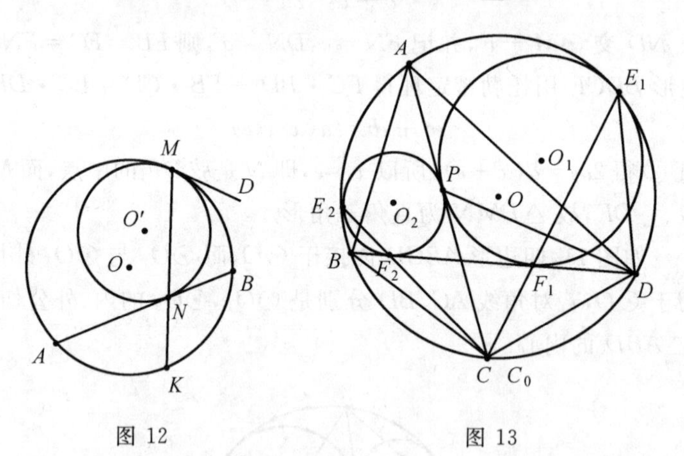

图 12　　图 13

而 $\angle CDB=\angle CAD=\frac{\angle A}{2}$,所以 $\angle BDP=\angle ADP$,因此 PD 平分 $\angle ADB$,从而 P 是 $\triangle ABD$ 的内心.

例 6 如图 14,M 是 $\triangle A_1A_2A_3$ 所在平面上的一点,设点 M 关于该三角形的三条内角平分线 A_kD_k 的对称点为 M_k,$k=1,2,3$.求证:M_1A_1,M_2A_2,M_3A_3 三线共点.

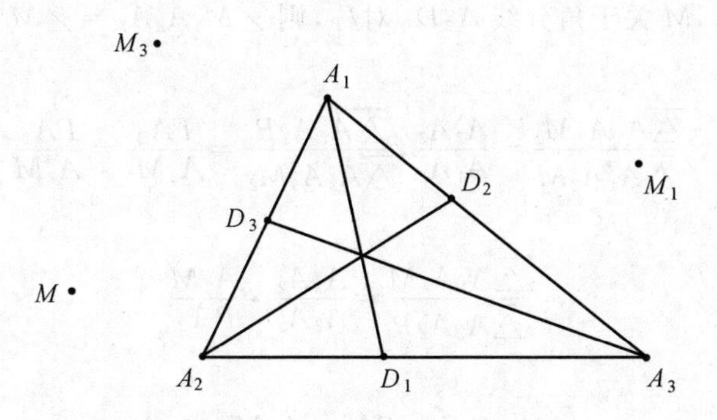

图 14

证明　设 $A_1M_1 \cap A_2M_2 = P$，只要证 P, A_3, M_3 三点共线. 联结 A_3P，A_3M_3，用记号$\overline{\triangle}$表示三角形的面积，即要证$\dfrac{\overline{\triangle}A_1A_3P}{\overline{\triangle}A_2A_3P}=\dfrac{\overline{\triangle}A_1A_3M_3}{\overline{\triangle}A_2A_3M_3}$. 由于 M_1，M 关于角分线 A_1D_1 对称，则$\dfrac{\overline{\triangle}A_1A_3M_1}{\overline{\triangle}A_1A_2M}=\dfrac{A_1A_3}{A_1A_2}$.

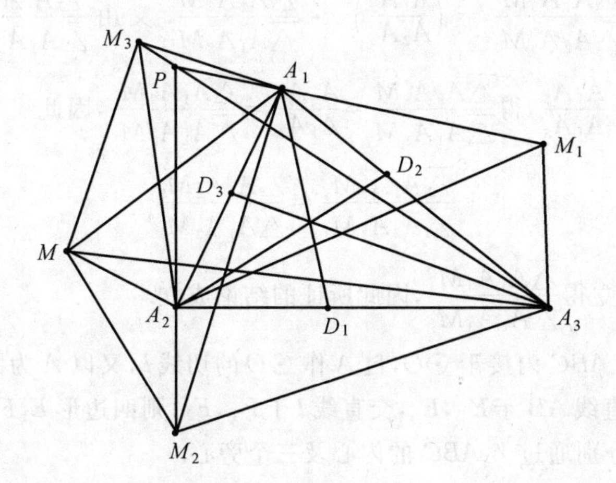

图 15

因$\dfrac{\overline{\triangle}A_1A_3P}{\overline{\triangle}A_1A_3M_1}=\dfrac{PA_1}{A_1M_1}=\dfrac{PA_1}{A_1M}$，于是

$$\overline{\triangle}A_1A_3P=\frac{PA_1}{A_1M}\cdot\frac{A_1A_3}{A_1A_2}\cdot\overline{\triangle}A_1A_2M$$

由于 M_2,M 关于角分线 A_2D_2 对称,则 $\angle M_2A_2A_3=\angle MA_2A_1$,$A_2M_2=A_2M$,故

$$\frac{\overline{\triangle}A_2A_3M_2}{\overline{\triangle}A_1A_2M}=\frac{A_2A_3}{A_1A_2},\frac{\overline{\triangle}A_2A_3P}{\overline{\triangle}A_2A_3M_2}=\frac{PA_2}{A_2M_2}=\frac{PA_2}{A_2M}$$

于是

$$\frac{\overline{\triangle}A_1A_2M}{\overline{\triangle}A_2A_3P}=\frac{A_1A_2}{A_2A_3}\cdot\frac{A_2M}{PA_2}$$

因此

$$\frac{\overline{\triangle}A_1A_3P}{\overline{\triangle}A_2A_3P}=\frac{PA_1}{PA_2}\cdot\frac{A_2M}{A_1M}\cdot\frac{A_1A_3}{A_2A_3} \quad ①$$

因 $\frac{PA}{A_1M_1}=\frac{\overline{\triangle}A_1A_2P}{\overline{\triangle}A_1A_2M_1}$ $\frac{A_2M_2}{PA_2}=\frac{\overline{\triangle}A_1A_2M_2}{\overline{\triangle}A_1A_2P}$,则 $\frac{PA_1}{PA_2}\cdot\frac{A_2M}{A_1M}=\frac{\overline{\triangle}A_1A_2M_2}{\overline{\triangle}A_1A_2M_1}$,因此由 ① 得

$$\frac{\overline{\triangle}A_1A_3P}{\overline{\triangle}A_2A_3P}=\frac{A_1A_3}{A_2A_3}\cdot\frac{\overline{\triangle}A_1A_2M_2}{\overline{\triangle}A_1A_2M_1} \quad ②$$

由于 M_3,M_4 关于角分线 A_3D_3 对称,则 $\frac{\overline{\triangle}A_1A_3M_3}{\overline{\triangle}A_2A_3M}=\frac{A_1A_3}{A_2A_3}$,$\frac{\overline{\triangle}A_1A_2M_1}{\overline{\triangle}A_1A_2M}=\frac{A_1A_3}{A_2A_3}$,所以 $\frac{\overline{\triangle}A_1A_3M_3}{\overline{\triangle}A_2A_3M_3}=\left(\frac{A_1A_3}{A_2A_3}\right)^2\cdot\frac{\overline{\triangle}A_2A_3M}{\overline{\triangle}A_1A_3M}$,又由 $\frac{\overline{\triangle}A_2A_3M}{\overline{\triangle}A_1A_2M_2}=\frac{A_2A_3}{A_1A_2}$,$\frac{\overline{\triangle}A_1A_2M_1}{\overline{\triangle}A_1A_3M}=\frac{A_1A_2}{A_1A_3}$,得 $\frac{\overline{\triangle}A_2A_3M}{\overline{\triangle}A_1A_3M}=\frac{A_2A_3}{A_1A_3}=\frac{\overline{\triangle}A_1A_2M_2}{\overline{\triangle}A_1A_2M_1}$,因此

$$\frac{\overline{\triangle}A_1A_3M_3}{\overline{\triangle}A_2A_3M_3}=\frac{\overline{\triangle}A_1A_2M_2}{\overline{\triangle}A_1A_2M_1} \quad ③$$

据 ②③ 立得 $\frac{\overline{\triangle}A_1A_3M_3}{\overline{\triangle}A_2A_3M_3}$,因此所证的结论成立.

例 7 $\triangle ABC$ 内接于 $\odot O$,自 A 作 $\odot O$ 的切线 l,又以 A 为圆心,AC 为半径作 $\odot A$ 交直线 AB 于 E_1,E_2,交直线 l 于 F_1,F_2;则四边形 $E_1F_1E_2F_2$ 的四条边所在直线分别通过 $\triangle ABC$ 的内心及三个旁心.

证明 以下,我们仍按 $AB>AC$ 情况给出图形和解答(其实在所有情形下结论都成立).

如图 16,设 $\angle BAC$ 的平分线交 E_1F_1 于 I,因 $AE_1=AC$,则点 C,E_1 关于直线 AI 对称,又因 E_1,C,F_1 在 $\odot A$ 上,则 $\angle ACI=\angle AE_1I=\angle AF_1I$,因此 $AICF_1$ 共圆,由于 AF_1 为 $\odot O$ 的切线,则 $\angle CAF_1=\angle ABC$,又由 $AE_1=AF_1$,

所以 $\angle ACI=\angle AE_1F_1=\dfrac{180^\circ-\angle E_1AF_1}{2}=\dfrac{180^\circ-(A+B)}{2}=\dfrac{C}{2}$,因此 I 为 $\triangle ABC$ 的内心.

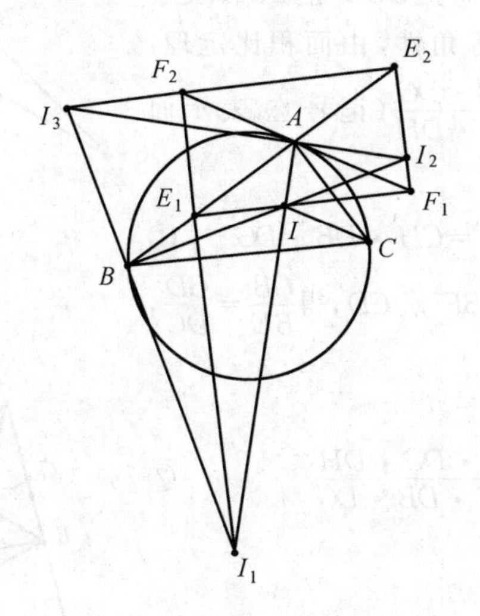

图 16

(2) 据条件知,$E_1F_1E_2F_2$ 为矩形,设角平分线 AI 交直线 F_2E_1 的延长线于 I_1,联结 CI_1,由(1)知,点 C,E_1 关于直线 AI 对称,故 $\angle ICI_1=\angle IE_1I_1=90^\circ$,则 CI_1 为 $\angle ACB$ 的外角平分线,因此 I_1 为 BC 边外的旁心.

(3) 设 $\angle BAC$ 的外角平分线交直线 E_2F_1 于 I_2,由 $\angle IAI_2=90^\circ=\angle IF_1I_2$,则 A,I,F_1,I_2 共圆,即

$$\angle F_1II_2=\angle F_1AI_2=90^\circ-\angle IAF_1=$$
$$\frac{A+B+C}{2}\left(\frac{A}{2}+B\right)=\frac{C-B}{2}=$$
$$\angle AE_1I-\angle ABI=$$
$$\angle E_1IB$$

故 B,I,I_2 共线,因此 I_2 为 AC 边外的旁心.

(4) 设 $\angle BAC$ 的外角平分线交直线 E_2F_2 于 I_3,联结 I_3B,I_3I_1,因 $\angle I_3F_2I_1=90^\circ=\angle I_3AI_1$,故 I_3,A,F_2,I_1 共圆. $\angle I_3I_1F_2=\angle I_3AF_2=\angle I_2AF_1=\angle I_2IF_1=\angle BIE_1=\angle BI_1E_1$.

所以 I_3,B,I_1 共线,即 BI_3 是 $\angle B$ 的外角平分线,因此 I_3 为 AB 边外的旁心.

例 8　如图 17,$\triangle ABC$ 中,D 是 $\angle A$ 平分线上的任一点,E,F 分别是 AB,AC 延长线上的点,且 $CE\parallel BD$,$BF\parallel CD$;若 M,N 分别是 CE,BF 的中点.求

证：$AD \perp MN$.

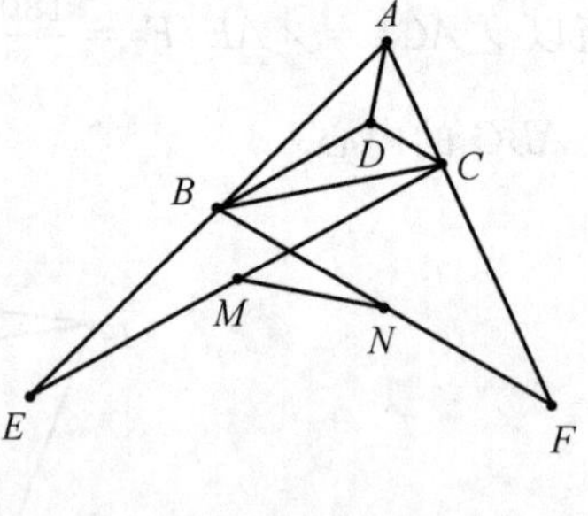

图 17

证明　如图 18，延长 BD，CD，分别与 AC，AB 交于 H，G，注意 $\triangle DBG$，$\triangle DCH$ 关于顶点 D 的等高性及等角性，由面积比定理，$\dfrac{BG}{CH}=\dfrac{\overline{\triangle} DBG}{\overline{\triangle} DCH}=\dfrac{DB\cdot DG}{DC\cdot DH}$（记号 $\overline{\triangle}$ 表示面积），所以

$$BG\cdot DC\cdot DH=CH\cdot DB\cdot DG \quad ①$$

又由 $CE \parallel BD$，$BF \parallel CD$，得 $\dfrac{GB}{BE}=\dfrac{GD}{DC}$，$\dfrac{HC}{CF}=\dfrac{HD}{DB}$，所以

$$\frac{BE}{CF}=\frac{BG\cdot DC\cdot DH}{CH\cdot DB\cdot DG} \quad ②$$

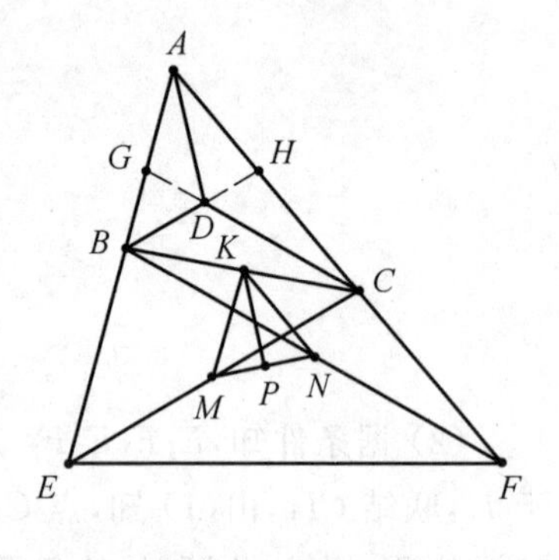

图 18

由 ①② 得 $\dfrac{BE}{CF}=1$，即

$$BE=CF \quad ③$$

取 BC 的中点 K，据中位线知，$MK \parallel BE$，$MK=\dfrac{1}{2}BE$，$NK \parallel CF$，$NK=\dfrac{1}{2}CF$.

由 ③，$KM=KN$，作角分线 KP，则 $KP \perp MN$，因 $MK \parallel AB$，$NK \parallel AC$，所以其角分线 $AD \parallel KP$，因 $KP \perp MN$，得 $AD \perp MN$.

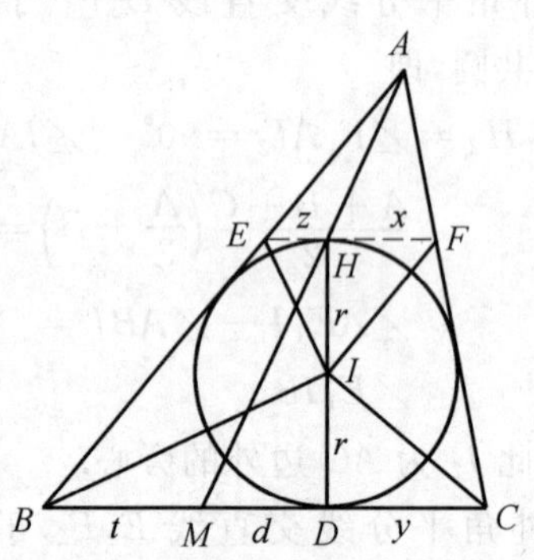

图 19

例 9　$\triangle ABC$ 的内切圆 $\odot I$ 切 BC 于 D，设 DH 是 $\odot I$ 的直径，若 AH 交 BC 于 M. 求证：$BM=CD$.

证明 如图19,过 H 作 $EF \parallel BC$,点 E,F 分别在 AB,AC 上;设 $\odot I$ 的半径为 r,$HF=x,CD=y,EH=z,BM=t,MD=d$,联结 BI,CI,EI,FI,由于 CI,FI 分别平分一对互补角 $\angle BCF,\angle EFC$,所以 $\angle CIF=90^\circ$,且 $\triangle CDI \backsim \triangle IHF$,则 $\dfrac{y}{r}=\dfrac{r}{x}$,$xy=r^2$;同理 $\triangle BDI \backsim \triangle IHE$,则 $\dfrac{t+d}{r}=\dfrac{r}{z}$,$z(t+d)=r^2$,所以 $xy=z(t+d)$,则

$$\frac{x}{z}=\frac{t+d}{y} \qquad ①$$

又由 $EF \parallel BC$,得 $\dfrac{x}{y+d}=\dfrac{AH}{AM}=\dfrac{z}{t}$,所以

$$\frac{x}{z}=\frac{y+d}{t} \qquad ②$$

据①②得,$\dfrac{t+d}{y}=\dfrac{y+d}{t}$,所以 $t^2+td=y^2+yd$,即 $(y-t)(y+t+d)=0$,由此得,$y-t=0$,即 $t=y$,也就是 $BM=CD$.

例10 如图20,已知 $\odot O,\odot I$ 分别是 $\triangle ABC$ 的外接圆和内切圆.求证:过 $\odot O$ 上的任意一点 D,都可作一个 $\triangle DEF$,使得 $\odot O,\odot I$ 分别是 $\triangle DEF$ 的外接圆和内切圆.

证明 如图21,设 $OI=d$,R,r 分别是 $\triangle ABC$ 的外接圆和内切圆半径,延长 AI 交 $\odot O$ 于 K,则 $KI=KB=2R\sin\dfrac{A}{2}$,$AI=\dfrac{r}{\sin\dfrac{A}{2}}$,延长 OI 交 $\odot O$ 于 M,N;则 $(R+d)(R-d)=IM\times IN=AI\times KI=2Rr$,即 $R^2-d^2=2Rr$;

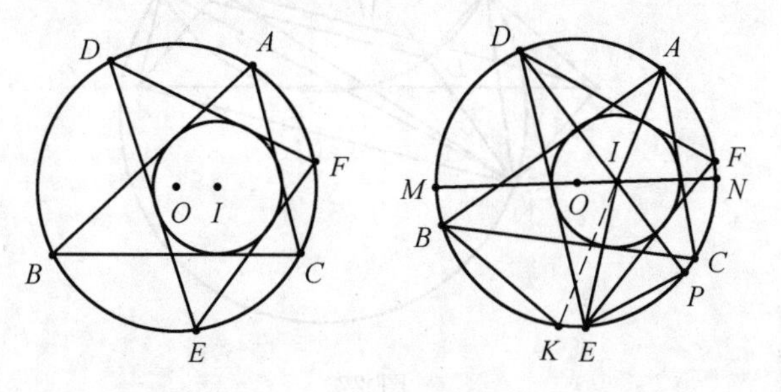

图 20　　　　图 21

过 D 分别作 $\odot I$ 的切线 DE,DF,E,F 在 $\odot O$ 上,联结 EF,则 DI 平分 $\angle EDF$,只要证,EF 也与 $\odot I$ 相切;设 $DI \cap \odot O=P$,则 P 是 $\overset{\frown}{EF}$ 的中点,联结 PE,则

$$PE=2R\sin\frac{D}{2},\ DI=\frac{r}{\sin\dfrac{D}{2}}$$

$$ID \cdot IP = IM \cdot IN = (R+d)(R-d) = R^2 - d^2$$

所以 $PI = \dfrac{R^2 - d^2}{DI} = \dfrac{R^2 - d^2}{r} \cdot \sin\dfrac{D}{2} = 2R\sin\dfrac{D}{2} = PE$，由于 I 在 $\angle D$ 的平分线上，因此点 I 是 $\triangle DEF$ 的内心(这是由于 $\angle PEI = \angle PIE = \dfrac{1}{2}(180^\circ - \angle F) = \dfrac{\angle D + \angle E}{2}$，而 $\angle PEF = \dfrac{\angle D}{2}$，所以 $\angle FEI = \dfrac{\angle E}{2}$，点 I 是 $\triangle DEF$ 的内心)，即弦 EF 与 $\odot I$ 相切.

例 11 设锐角 $\triangle ABC$ 的三边长互不相等，O 为其外心，点 A_0 在线段 AO 的延长线上，使得 $\angle BA_0A = \angle CA_0A$，过点 A_0 分别作 $A_0A_1 \perp AC$，$A_0A_2 \perp AB$，垂足分别为 A_1，A_2，作 $AH_A \perp BC$，垂足为 H_A，记 $\triangle H_AA_1A_2$ 的外接圆半径为 R_A，类似地可得 R_B，R_C；求证：$\dfrac{1}{R_A} + \dfrac{1}{R_B} + \dfrac{1}{R_C} = \dfrac{2}{R}$.

证明 首先，易知 A_0BOC 四点共圆；如图 22，事实上，作 $\triangle A_0BC$ 的外接圆，设它与直线 AO 的交点 P 异于点 O，据等角对等弦得 $PB = PC$，又 $OB = OC$，故 B，C 关于直线 PO(即 AO)对称，得 $AB = AC$，矛盾.

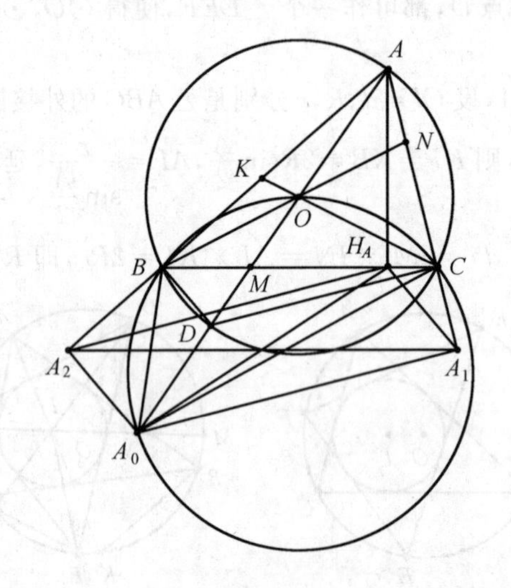

图 22

若 $AA_0 \cap \odot O = D$，由 $\angle AA_2A_0 = \angle AA_1A_0 = 90^\circ$，

得 A，A_2，A_0，A_1 共圆，又由 $BD \,/\!/\, A_2A_0$，$CD \,/\!/\, A_1A_0$，得

$\dfrac{BD}{A_2A_0} = \dfrac{AD}{AA_0} = \dfrac{CD}{A_1A_0}$，所以 $BC \,/\!/\, A_2A_1$，于是 $AH_A \perp A_1A_2$；

而由 $\text{Rt}\triangle A_2AA_0 \backsim \text{Rt}\triangle BAD \backsim \text{Rt}\triangle H_AAC$.

得 $\dfrac{A_2A}{A_0A} = \dfrac{H_AA}{CA}$，且 $\angle A_2AA_0 = \angle H_AAC$，于是 $\angle A_2AH_A = \angle A_0AC$.

故$\triangle A_2AH_A \backsim \triangle A_0AC$，$\angle AA_2H_A=\angle AA_0C=\angle OBC=90^\circ-\angle A$，所以$A_2H_A\perp AA_1$，因此$H_A$是$\triangle AA_1A_2$的垂心，故$\triangle H_AA_1A_2$的外接圆半径与$\triangle AA_1A_2$的外接圆半径相等，都为$R_A$；今考虑$\triangle A_0BC$，设角分线$A_0O$交$BC$于$M$，因$D$在角分线$A_0O$上，且$OD=OB=OC(=R)$，则$D$为$\triangle A_0BC$的内心，又由$BA\perp BD$，$CA\perp CD$，则$A$是$\triangle A_0BC$的旁心，因此由角平分线的对称比定理$\dfrac{AO}{AM}=\dfrac{A_0D}{A_0M}=\dfrac{AO+A_0D}{AM+A_0M}$，即$\dfrac{R}{AM}=\dfrac{2R_A-R}{2R_A}$，故得

$$\frac{R}{AM-R}=\frac{2R_A-R}{R}=\frac{R+(2R_A-R)}{(AM-R)+R}=\frac{2R_A}{AM}$$

因此，$\dfrac{R}{R_A}=\dfrac{2(AM-R)}{AM}=2\cdot\dfrac{OM}{AM}$；据对称性，若设$BO\cap AC=N$，$CO\cap AB=K$，则有$\dfrac{R}{R_B}=2\cdot\dfrac{ON}{BN}$，$\dfrac{R}{R_C}=2\cdot\dfrac{OK}{CK}$；

注意在$\triangle ABC$中，$\dfrac{OM}{AM}+\dfrac{ON}{BN}=\dfrac{OK}{CK}=1$，所以$\dfrac{R}{R_A}+\dfrac{R}{R_B}+\dfrac{R}{R_C}=2$，即有

$$\frac{1}{R_A}+\frac{1}{R_B}+\frac{1}{R_C}=\frac{2}{R}$$

注　这里用到三角形的一个性质：若非直角$\triangle ABC$的垂心为H，则$\triangle HAB$，$\triangle HBC$，$\triangle HCA$与$\triangle ABC$具有相等的外接圆.

例 12　如图 23，$\triangle ABC$中，$AB=AC$，M是BC的中点，D,E,F分别是BC,CA,AB边上的点，且$AE=AF$，$\triangle AEF$的外接圆交线段AD于P，若点P满足：$PD^2=PE\cdot PF$. 求证：$\angle BPM=\angle CPD$.

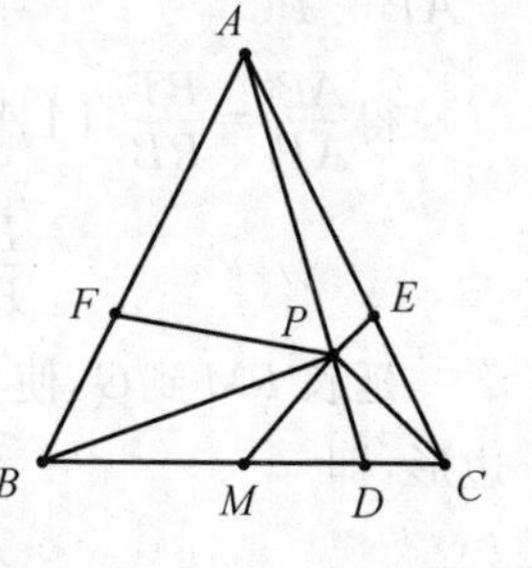

图 23

证明　在$\triangle AEF$中，由于弦$AE=AF$，故圆周角$\angle APE=\angle APF=\dfrac{1}{2}(180^\circ-A)=\angle ABC=\angle ACB$，因此，$P,D,B,F$与$P,D,C,E$分别共圆，于是$\angle PDB=\angle PFA=\angle PEC$，如图 24，设点$P$在边$BC,CA,AB$上的射影分别为$A_1,B_1,C_1$，则$\triangle PDA_1\backsim\triangle PEB_1\backsim\triangle PFC_1$，故由$PD^2=PE\cdot PF$得

$$PA_1^2=PB_1\cdot PC_1 \quad ①$$

设$\triangle ABC$的内心为I，今证B,I,P,C四点共圆：

联结A_1B_1，A_1C_1，因PA_1BC_1，PA_1CB_1分别共圆，则

$$\angle A_1PC_1=180^\circ-\angle ABC=180^\circ-\angle ACB=\angle A_1PB_1$$

又由①，$\dfrac{PA_1}{PB_1}=\dfrac{PC_1}{PA_1}$，所以$\triangle PB_1A_1\backsim\triangle PA_1C_1$.

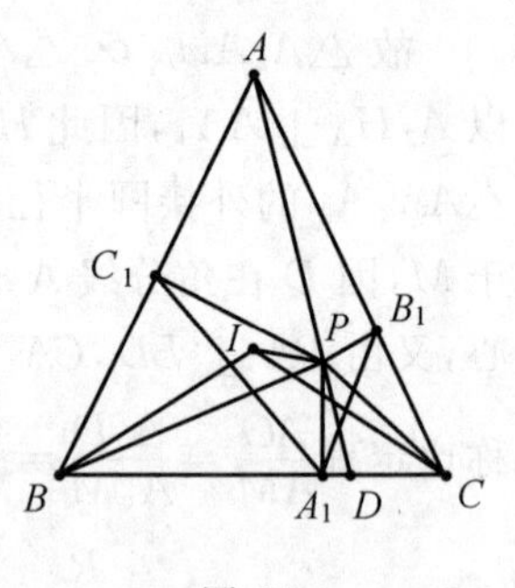

图 24

因此 $\angle PB_1A_1=\angle PA_1C_1$，而 $\angle PB_1A_1=\angle PCA_1$，$\angle PA_1C_1=\angle PBC_1$，所以 $\angle PCA_1=\angle PBC_1$.

因为

$$\angle PCA_1=\angle PCI+\angle ICB$$

$$\angle PBC_1=\angle PBI+\angle IBA$$

$$\angle ICB=\frac{\angle C}{2}=\frac{\angle B}{2}=\angle IBA$$

故得 $\angle PCI=\angle PBI$，因此 B,I,P,C 四点共圆，于是

$$\angle BPC=\angle BIC=90^\circ+\frac{\angle A}{2}=180^\circ-\angle B$$

如图 25，延长 AM 交 $\triangle ABC$ 的外接圆于 O，则 AO 为该外接圆的直径，于是 $OB\perp AB$，$OC\perp AC$，且 $OB=OI=OC$，因此，点 O 是 $BIPC$ 所在圆的圆心，从而 AB，AC 为 $\odot O$ 的切线.

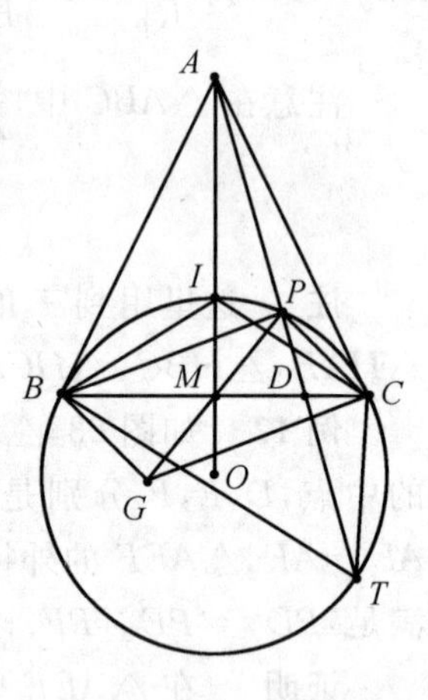

图 25

延长 AD 交 $\odot O$ 于 T，则 $\triangle ACP\backsim\triangle ATC$，所以 $\frac{AC}{AP}=\frac{CT}{PC}$，又由 $\triangle ABP\backsim\triangle ATB$，

得 $\frac{AB}{AP}=\frac{BT}{PB}$，因 $AB=AC$，故

$$\frac{BT}{PB}=\frac{CT}{PC} \quad ②$$

延长 PM 到 G，使 $GM=PM$，则 $BPCG$ 为平行四边形，即

$$\angle BTC=180^\circ-\angle BPC=\angle PBG \quad ③$$

由 ② 得

$$\frac{BT}{CT}=\frac{PB}{PC}=\frac{PB}{BG} \quad ④$$

由 ③④ 得 $\triangle PBG\backsim\triangle BTC$.

所以，$\angle BPG=\angle TBC=\angle TPC$，即 $\angle BPM=\angle CPD$.

巩固演练

1. 如图 26，D 是 $\triangle ABC$ 内的一点，$BD\cap AC=F$，$CD\cap AB=E$，若 $AB+$

$BD = AC + CD$，求证：$AE + ED = AF + FD$.

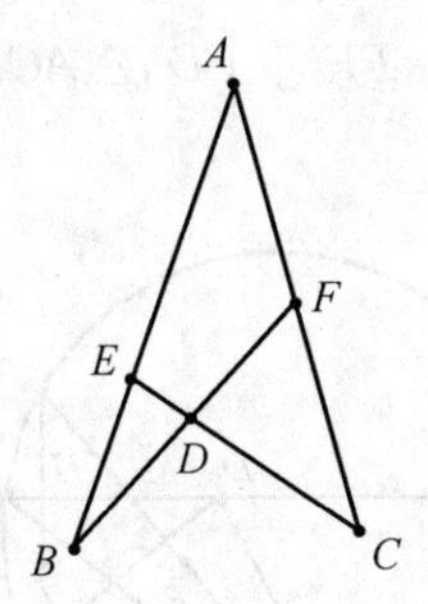

图 26

2. O，I 分别是 $\triangle ABC$ 的外心与内心，AD 是 BC 边上的高，I 在线段 OD 上. 求证：$\triangle ABC$ 的外接圆半径等于 BC 边上的旁切圆半径.

3. 如图 27，设 $\odot\omega$ 与 $\triangle ABC$ 的边 AB，AC 分别切于点 D，E，又与 $\triangle ABC$ 的外接圆 $\odot O$ 相切于点 P. 求证：线段 DE 过 $\triangle ABC$ 的内心.

4. 如图 28，$\triangle ABC$ 中，I 是内心，M 是 BC 的中点，$\angle A$ 的平分线交三角形的外接圆于 D，P 是 I 关于 M 的对称点（设点 P 在圆内），延长 DP 交外接圆于 N. 求证：AN，BN，CN 三条线段中，必有一条线段是其余两条线段的和.

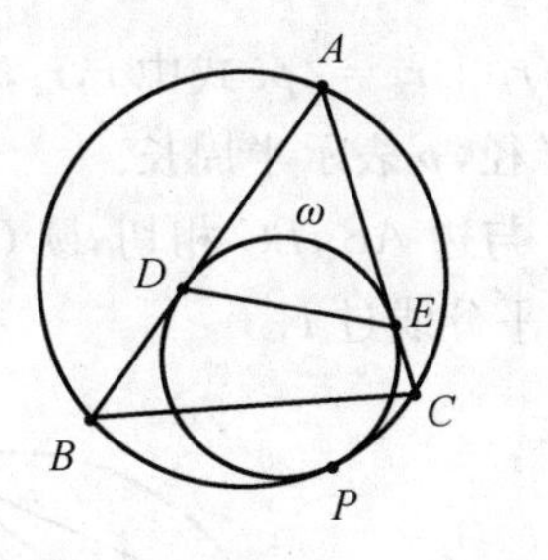

图 27

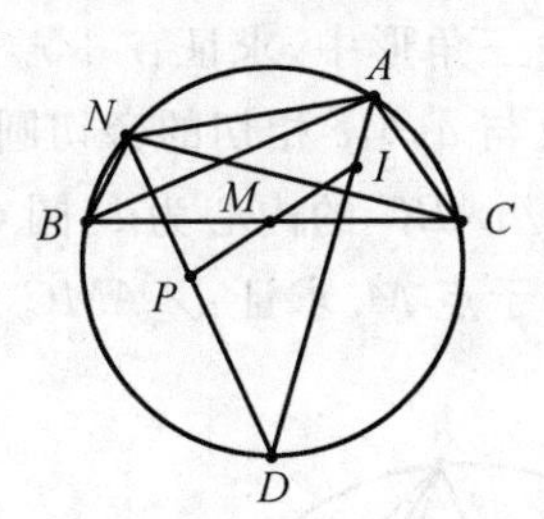

图 28

5. 如图 29，$\triangle ABC$ 中，$AB \neq AC$，$AD \perp BC$ 于 D，I_1，I_2 分别是 $\triangle ABD$ 与 $\triangle ACD$ 的内心，直线 I_1I_2 交 AB 于 P，交 AC 于 Q，若 $AP = AQ$. 求证：$\angle BAC$ 为直角.

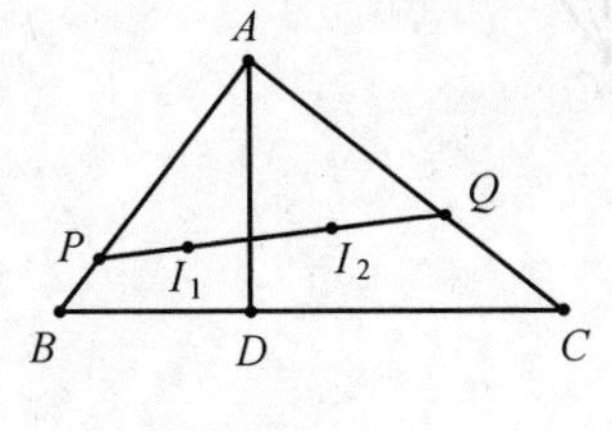

图 29

6. 如图30，等腰梯形 $ABCD$ 中，$AB /\!/ CD$，E，F 分别是 $\triangle ACD$，$\triangle BCD$ 的内心，P 是直线 AE 上的一点，$PF \perp CD$，$\triangle ACP$ 的外接圆交 CD 的延长线于 Q；求证：$PQ = PA$.

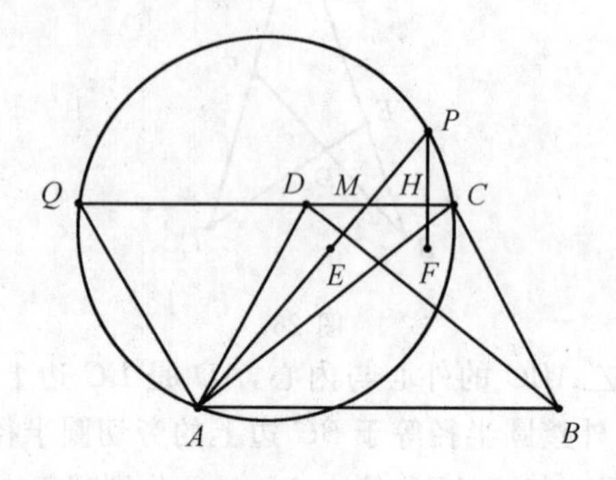

图 30

7. 如图31，四边形 $ABCD$ 内接于圆，$\triangle BCD$，$\triangle ACD$，$\triangle ABD$，$\triangle ABC$ 的内心依次为 I_a，I_b，I_c，I_d；求证：$I_aI_bI_cI_d$ 是矩形.

8. 已知 $\odot O$ 内接 $\triangle ABC$，$\odot Q$ 切 AB，AC 于 E，F 且与 $\odot O$ 内切. 求证：EF 中点 P 是 $\triangle ABC$ 之内心.

9. 在直角三角形中，求证：$r + r_a + r_b + r_c = 2p$. 式中 r，r_a，r_b，r_c 分别表示内切圆半径及与 a，b，c 相切的旁切圆半径，p 表示半周长.

10. 已知 $\triangle ABC$ 的内心为 I，圆 C_1 与边 AB，BC 相切，圆 C_2 过点 A，C 且 C_1 与 C_2 外切于点 M. 求证：$\angle AMC$ 的平分线过 I.

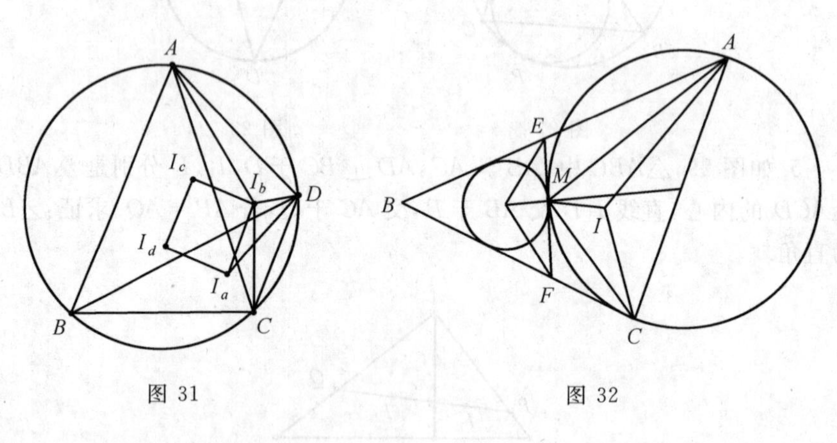

图 31　　图 32

演练解答

1. 如图 33，在 AB，AC 的延长线上分别取点 P，Q，使 $BP=BD$，$CQ=CD$，设 M 是 $\triangle ABF$ 的旁心，联结 MB，MC，MD，MP，MQ，则 $\triangle PAM \cong \triangle QAM$，得 $MQ=MP=MD$，故 $\triangle MDC \cong \triangle MQC$，因此，$MC$ 平分 $\angle DCQ$，故 M 也是 $\triangle ACE$ 的旁心；又由 $\angle MDC=\angle MQC=\angle MPB=\angle MDB$，即 MD 平分 $\angle BDC$；

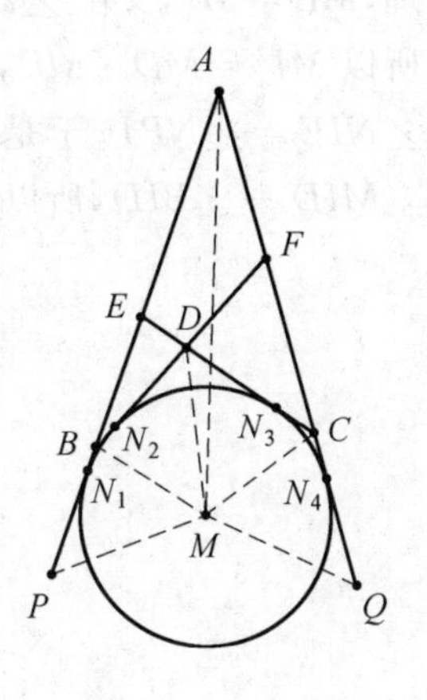

图 33

设点 M 到直线 AP 的距离为 r，则以 M 为圆心，r 为半径的圆与 PB，BD，DC，CQ 都相切；

设切点分别为 N_1，N_2，N_3，N_4，则

$$AN_1=AN_4 \quad ①$$

又

$$EN_1=EN_3,\ FN_2=FN_4,\ DN_2=DN_3 \quad ②$$

则

$$AN_1=AE+EN_1=AE+EN_3=AE+ED+DN_3 \quad ③$$

$$AN_4=AF+FN_4=AF+FN_2=AF+FD+DN_2 \quad ④$$

由此四式得，$AE+ED=AF+FD$.

2. 如图 34，设 I_1 为旁心，AI_1 交 BC 于 E，交 $\odot O$ 于 M，则 M 是 $\overset{\frown}{BC}$ 的中点，联结 OM，则 $OM \perp BC$，作 $I_1F \perp BC$ 于 F，则 $\triangle ADI \backsim \triangle MOI$，$\triangle ADE \backsim \triangle I_1FE$，所以 $\dfrac{AD}{I_1F}=\dfrac{AE}{I_1E}$；而由角平分线的对称比定理，$\dfrac{AE}{I_1E}=\dfrac{AI}{I_1M}$，则 $\dfrac{I_1F}{I_1M}=\dfrac{AD}{AI}=\dfrac{MO}{MI}$，又由角平分线性质，$MI_1=MI$，所以 $MO=I_1F$，即 $\triangle ABC$ 的外接圆半径等于 BC 边上的旁切圆半径.

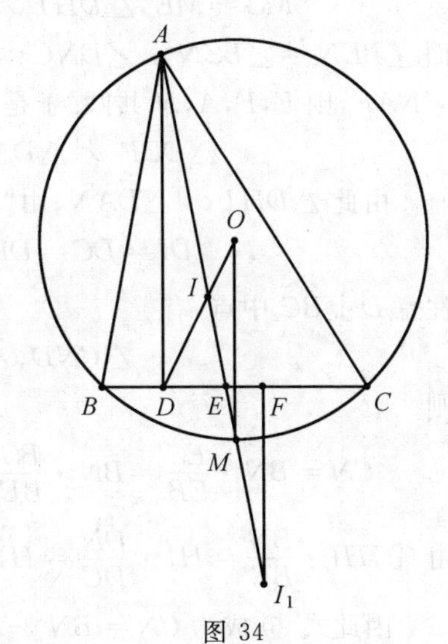

图 34

3. 如图 35，自点 P 引切线 PQ，设 PD，PE 分别交 $\odot O$ 于 M，N，则 $\angle DPQ=$

$\angle PDB=\angle 1+\angle 2$，而 $\angle 1=\angle BPQ$，所以 $\angle 2=\angle 3=\angle 4$，于是 M 为 $\overset{\frown}{AB}$ 的中点，则 CM 为 $\angle ACB$ 的平分线；同理，BN 是 $\angle ABC$ 的平分线. CM，BN 的交点 I 即为 $\triangle ABC$ 的内心. 以下证 D,I,E 三点共线. 联结 DI,EI，据“鸡爪”定理，$MB=MI$，又由 $\angle 2=\angle 3$，得 $\triangle MBD\backsim\triangle MPB$，因此 $MB^2=MD\cdot MP$，所以 $MI^2=MD\cdot MP$，所以 $\triangle MID\backsim\triangle MPI$，$\angle MID=\angle MPI$；同理可得，$\angle NIE=\angle NPI$；于是，$\angle NIE+\angle MID=\angle MPN=\angle MBN=\angle MIB=\angle MID+\angle BID$，所以 $\angle NIE=\angle BID$，故 D,I,E 三点共线.

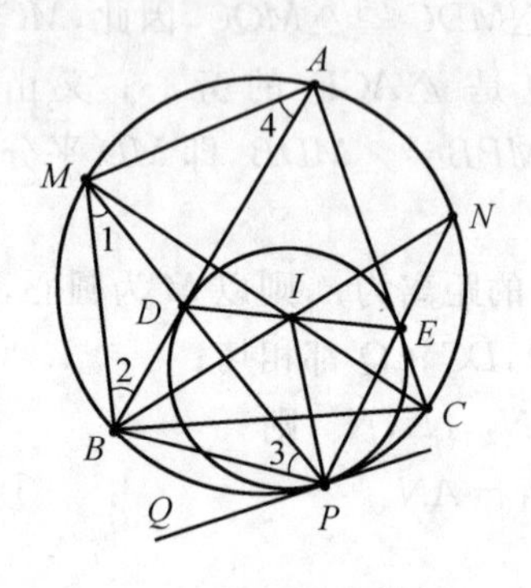

图 35

且知 I 是 DE 的中点.（因 $AD=AE$，而 AI 是 $\angle A$ 的平分线.）

4. 如图 36，联结 CI,CD，作 $IG\,/\!/\,DN$，$IH\,/\!/\,BC$（其中 G 在 BC 上，H 在 DN 上），则

$$MG=ME,\triangle DHI\backsim\triangle DEF \quad ①$$

而 $\angle BEN=\angle BCN+\angle DNC=\angle BAN+\angle BAD=\angle NAF$，则 E,F,A,N 共圆. 于是

$$\triangle DEF\backsim\triangle DAN \quad ②$$

由此 $\triangle DHI\backsim\triangle DAN$；由“鸡爪”定理，得

$$DI=DC=DB \quad ③$$

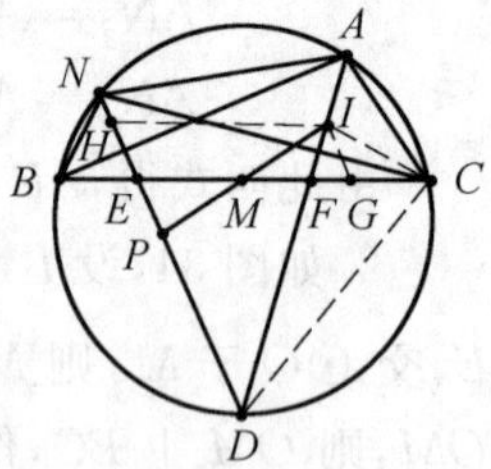

图 36

注意 D 是 $\overset{\frown}{BC}$ 中点，有

$$\triangle CND\backsim\triangle ECD\backsim\triangle ENB \quad ④$$

则

$$CN=BN\cdot\frac{EC}{EB}=BN\cdot\frac{BG}{BE}=BN+BN\cdot\frac{EG}{EB}=BN+HI\cdot\frac{BN}{BE} \quad ⑤$$

由 ④，$HI\cdot\dfrac{BN}{BE}=HI\cdot\dfrac{DN}{DC}=HI\cdot\dfrac{DN}{DI}=DN\cdot\dfrac{HI}{DI}=DN\cdot\dfrac{AN}{DN}=AN$；

因此式 ⑤ 成为 $CN=BN+AN$.

5. 如图 37，设 DI_1 交 AB 于 M，DI_2 交 AC 于 N，AD 交 I_1I_2 于 H，据 PH 截 $\triangle ADM$，则

$$\frac{MI_1}{I_1D}\cdot\frac{DH}{HA}\cdot\frac{AP}{PM}=1 \quad ①$$

QH 截 $\triangle ADN$，有

$$\frac{NI_2}{I_2D}\cdot\frac{DH}{HA}\cdot\frac{AQ}{QN}=1 \quad ②$$

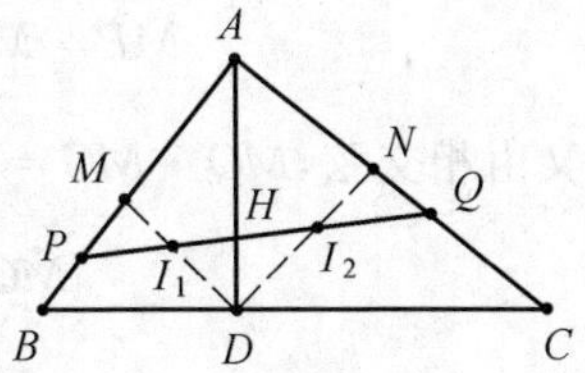

图 37

由角分线定理，有 $\frac{MI_1}{I_1D}=\frac{AM}{AD}$，$\frac{NI_2}{I_2D}=\frac{AN}{AD}$，据条件 $AP=AQ$，因此由 ①② 得 $\frac{AM}{PM}=\frac{AN}{QN}$，于是 $\frac{AM}{AM+MP}=\frac{AN}{AN+NQ}$，由此，$AM=AN$.

$\triangle AMD$ 中，$\frac{AM}{AD}=\frac{\sin\angle ADM}{\sin\angle AMD}$，$\triangle AND$ 中，$\frac{AN}{AD}=\frac{\sin\angle ADN}{\sin\angle AND}$，注意到 $\angle ADM=\angle ADN=45^\circ$，因此 $\sin\angle AMD=\sin\angle AND$.

因此，$\angle AMD$ 与 $\angle AND$ 相等或互补.

如果 $\angle AMD$ 与 $\angle AND$ 相等，则 $\triangle AMD\cong\triangle AND$，这时由 $\angle BAD=\angle CAD$ 得到 $AB=AC$，与条件矛盾！故只有 $\angle AMD$ 与 $\angle AND$ 互补，因此 A，M，D，N 四点共圆，所以 $\angle BAC=\angle MDN=90^\circ$.

6. 证法一：$\angle PFC=90^\circ-\frac{1}{2}\angle BCD=\frac{1}{2}(\angle CBD+\angle CDB)=\angle EAC+\angle ECA=\angle PEC$，故 $EFCP$ 共圆，则 $\angle ECP=\angle EFP=90^\circ$，因此 $\angle PAQ=\angle PCQ=90^\circ-\angle DCE$，而 $\angle PQA=180^\circ-\angle PCA=180^\circ-(90^\circ+\angle ACE)=90^\circ-\angle ACE=90^\circ-\angle DCE$，所以，$\angle PAQ=\angle PQA$，由此，$PQ=PA$.

证法二（基本量法）：设 PA，PF 分别交 CD 于 M，H，记 $AD=a$，$AC=b$，$CD=c$，由角平分线性质得，$DM=\frac{ac}{a+b}$，$CM=\frac{bc}{a+b}$，$CH=\frac{a+c-b}{2}$；$AM^2=AD\cdot AC-DM\cdot CM=ab-\frac{ac}{a+b}\cdot\frac{bc}{a+b}=\frac{ab}{(a+b)^2}(a+b+c)(a+b-c)$，

$\frac{ME}{AE}=\frac{MD}{AD}=\frac{c}{a+b}$，于是

$$\frac{ME}{AM}=\frac{ME}{AE+ME}=\frac{c}{a+b+c} \quad ①$$

$$\frac{PM}{ME}=\frac{MH}{EF-MH}=\frac{MC-HC}{MD-HC}=\frac{a+b+c}{a+b-c} \quad ②$$

①② 相乘得，$\frac{PM}{AM}=\frac{c}{a+b-c}$，而

$$MP \cdot MA=\frac{MP}{MA} \cdot MA^2=\frac{abc(a+b+c)}{(a+b)^2}$$

又由相交弦，$MQ \cdot MC=MP \cdot MA$，则

$$MQ=\frac{MP \cdot MA}{MC}=\frac{a(a+b+c)}{a+b}$$

于是
$$DQ=MQ-MD=\frac{a(a+b+c)}{a+b}-\frac{ac}{a+b}=a=DA$$

因此，$\angle PQA=\angle PQC+\angle DQA=\angle PAC+\angle DAQ=\angle DAP+\angle DAQ=\angle PAQ$，所以 $PQ=PA$.

7. 由于 I_b 是 $\triangle ACD$ 的内心，则据内心性质，有 $\angle AI_bC=\frac{\pi}{2}+\frac{1}{2}\angle ADC$，$\angle AI_bD=\frac{\pi}{2}+\frac{1}{2}\angle ACD$，$\angle CI_bD=\frac{\pi}{2}+\frac{1}{2}\angle CAD$，$I_a$ 是 $\triangle BCD$ 的内心，$\angle CI_aD=\frac{\pi}{2}+\frac{1}{2}\angle CBD$，因 $\angle CBD=\angle CAD$，所以 $\angle CI_aD=\angle CI_bD$，于是 CDI_bI_a 共圆，因此 $\angle I_aI_bC=\angle I_aDC=\frac{1}{2}\angle BDC$；同理，$\angle I_cI_bA=\frac{1}{2}\angle BDA$；所以 $\angle I_cI_bA+\angle I_aI_bC=\frac{1}{2}\angle ADC$；于是 $\angle I_aI_bI_c=\angle AI_bC-(\angle I_cI_bA+\angle I_aI_bC)=\left(\frac{\pi}{2}+\frac{1}{2}\angle ADC\right)-\frac{1}{2}\angle ADC=\frac{\pi}{2}$；同理可得，$\angle I_bI_cI_d=\angle I_cI_dI_a=\angle I_dI_aI_b=\frac{\pi}{2}$，因此四边形 $I_aI_bI_cI_d$ 是矩形.

8. 如图 38，显然 EF 中点 P，圆心 Q，BC 中点 K 都在 $\angle BAC$ 平分线上. 易知 $AQ=\frac{r}{\sin\alpha}$.

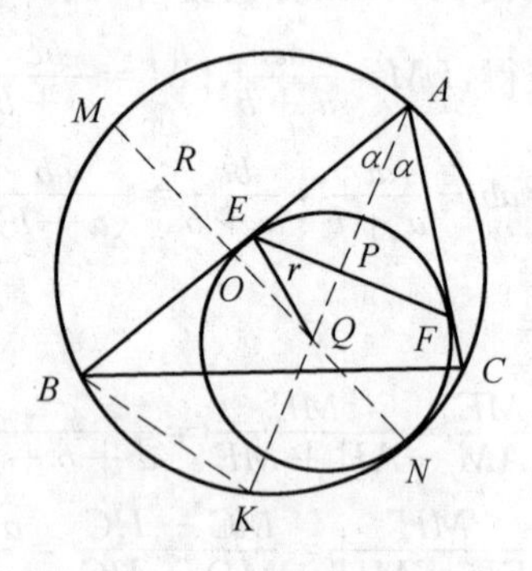

图 38

因为 $QK \cdot AQ=MQ \cdot QN$，所以

$$QK=\frac{MQ\cdot QN}{AQ}=\frac{(2R-r)\cdot r}{r/\sin\alpha}=\sin\alpha(2R-r)$$

由 Rt$\triangle EPQ$ 知 $PQ=\sin\alpha\cdot r$，所以

$$PK=PQ+QK=\sin\alpha\cdot r+\sin\alpha\cdot(2R-r)=\sin\alpha\cdot 2R$$

所以

$$PK=BK\cdot\alpha$$

利用内心等量关系之逆定理，即知 P 是 $\triangle ABC$ 之内心.

9. 设 Rt$\triangle ABC$ 中，c 为斜边，先来证明一个特性：$p(p-c)=(p-a)(p-b)$.

因为

$$p(p-c)=\frac{1}{2}(a+b+c)\cdot\frac{1}{2}(a+b-c)=$$
$$\frac{1}{4}[(a+b)^2-c^2]=$$
$$\frac{1}{2}ab(p-a)(p-b)=$$
$$\frac{1}{2}(-a+b+c)\cdot\frac{1}{2}(a-b+c)=$$
$$\frac{1}{4}[c^2-(a-b)^2]=\frac{1}{2}ab$$

所以

$$p(p-c)=(p-a)(p-b) \quad ①$$

观察图 39，可得

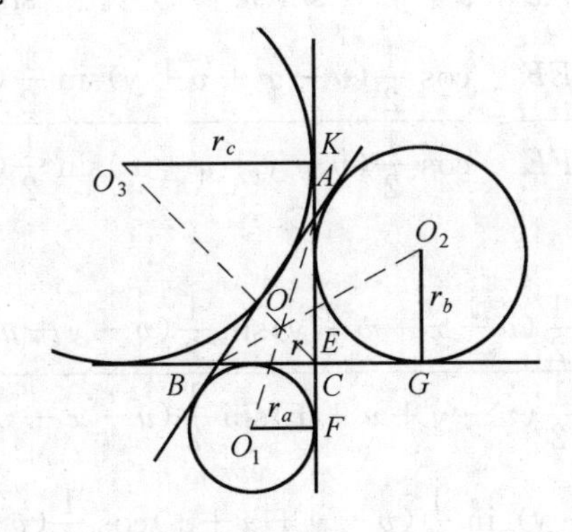

图 39

$$r_a=AF-AC=p-b$$

$$r_b = BG - BC = p - a$$
$$r_c = CK = p$$

而

$$r = \frac{1}{2}(a + b - c) = p - c$$

所以

$$r + r_a + r_b + r_c = (p - c) + (p - b) + (p - a) + p =$$
$$4p - (a + b + c) = 2p$$

由 ① 及图形易证.

10.设 M' 在 C_2 上,且满足 $\angle AM'C$ 的平分线过 I,过 M' 作 C_2 的切线交 AB 于 E,交 BC 于 F.

设 C'_1 是 $\triangle EBF$ 的内切圆,且 C'_1 与 EF 切于 M'',下证 $M' = M''$:设 $\angle M'AI = x$,$\frac{A}{2} = u$,$\angle M'CI = y$,$\frac{C}{2} = v$.

由角元塞瓦定理得$\frac{\sin\angle AM'I}{\sin\angle IM'C} \cdot \frac{\sin y}{\sin v} \cdot \frac{\sin u}{\sin x} = 1$.

又 $\angle AM'I = \angle IM'C$,得

$$\sin x \sin v = \sin y \sin u \qquad ①$$

$$\angle AM'E = \angle ACM' = v + y, \angle CM'F = \angle CAM' = x + u$$

所以

$$\frac{EM'}{FM'} = \frac{EM'}{AM'} \cdot \frac{AM'}{CM'} \cdot \frac{CM'}{FM'} =$$
$$\frac{\sin(u - x)}{\sin(u - x + v + y)} \cdot \frac{\sin(v + y)}{\sin(u + x)} \cdot \frac{\sin(v - y + u + x)}{\sin(v - y)}$$

$$\frac{EM''}{FM''} = \frac{\cot\frac{1}{2}\angle BEF}{\cot\frac{1}{2}\angle BFE} = \frac{\cos\frac{1}{2}(u - x + v + y)\sin\frac{1}{2}(v - y + u + x)}{\cos\frac{1}{2}(v - y + u + x)\sin\frac{1}{2}(u - x + v + y)}$$

则

$$\frac{EM'}{FM'} = \frac{EM''}{FM''} \Leftrightarrow \frac{\cos\frac{1}{2}(u - x + v + y)\sin\frac{1}{2}(v - y + u + x)}{\cos\frac{1}{2}(v - y + u + x)\sin\frac{1}{2}(u - x + v + y)} =$$

$$\frac{2\sin(u - x)\sin(v + y)\sin\frac{1}{2}(v - y + u + x)\cos\frac{1}{2}(v - y + u + x)}{2\sin(u + x)\sin(v - y)\sin\frac{1}{2}(u - x + v + y)\cos\frac{1}{2}(u - x + v + y)} \Leftrightarrow$$

$$\frac{\cos^2\frac{1}{2}(u-x+v+y)}{\cos^2\frac{1}{2}(v-y+u+x)}=\frac{\sin(u-x)\sin(v+y)}{\sin(u+x)\sin(v-y)}\Leftrightarrow$$

$$\frac{1+\cos(u-x+v+y)}{1+\cos(v-y+u+x)}=$$

$$\frac{\cos(v+y-u+x)-\cos(v+u+u-x)}{\cos(u+x-v+y)-\cos(u+x+v-y)}\Leftrightarrow$$

$$\frac{1+\cos(u-x+v+y)}{1+\cos(v-y+u+x)}=\frac{1+\cos(v+y-u+x)}{1+\cos(u+x-v+y)}\Leftrightarrow$$

$$\frac{\cos(u-x+v+y)-\cos(v-y+u+x)}{2+\cos(u-x+v+y)+\cos(v-y+u-x)}=$$

$$\frac{\cos(v+y-u-x)-\cos(u+x-v+y)}{2+\cos(v+y-u+x)+\cos(u+x-v+y)}\Leftrightarrow$$

$$\frac{\sin(u+v)\sin(x-y)}{1+\cos(u+v)\cos(x-y)}=\frac{\sin(x+y)\sin(u-v)}{1+\cos(x+y)\cos(u-v)}\Leftrightarrow$$

$$\sin(u+v)\sin(x-y)-\sin(x+y)\sin(u-v)=$$

$$-\sin(u+v)\cos(u-v)\cos(x+y)\sin(x-y)+$$

$$\cos(u+v)\sin(u-v)\sin(x+y)\cos(x-y)\Leftrightarrow$$

$$2(\cos u\sin v\sin x\cos y-\sin u\cos v\cos x\sin y)=$$

$$\frac{1}{2}(\sin 2u\sin 2y-\sin 2v\sin 2x)\Leftrightarrow$$

$$(\cos u\cos y+\cos v\cos x)(\sin v\sin x-\sin u\sin y)=0$$

由式 ① 知上式成立,由同一法易得 $M'=M''=M$.

所以 $\angle AMC$ 的平分线过 I,因此结论得证.

第22讲　三角形的五心综合

一个人在科学探索的道路上走过弯路、犯过错误并不是坏事，更不是什么耻辱，要在实践中勇于承认和改正错误.

——爱因斯坦(美国)

典型例题

例1　如图1，以$\triangle ABC$的一边BC为直径作圆，分别交AB，AC所在直线于E，F，过E，F分别作圆的切线交于一点P，直线AP与BF交于一点D. 求证：D，C，E三点共线.

证明　如图2，联结EF，EC，CD，则弦切角$\angle PEF=\angle PFE=\angle EBF$，由$AF\perp BF$，得$\angle BAF=90^\circ-\angle EBF=90^\circ-\angle PEF=\frac{1}{2}\angle EPF$，以$P$为圆心，$PE(=PF)$为半径作$\odot P$，交直线$BA$于$A'$，则$\angle EA'F=\frac{1}{2}\angle EPF=\angle BAF$，故$A$，$A'$共点；所以$PA=PE$，$\angle PAE+\angle ABC=\angle PEA+\angle PEC=90^\circ$，得$BC\perp AP$，因此$C$是$\triangle ABD$的垂心.

所以$CD\perp AB$，又因$CE\perp AB$，则D，C，E三点共线.

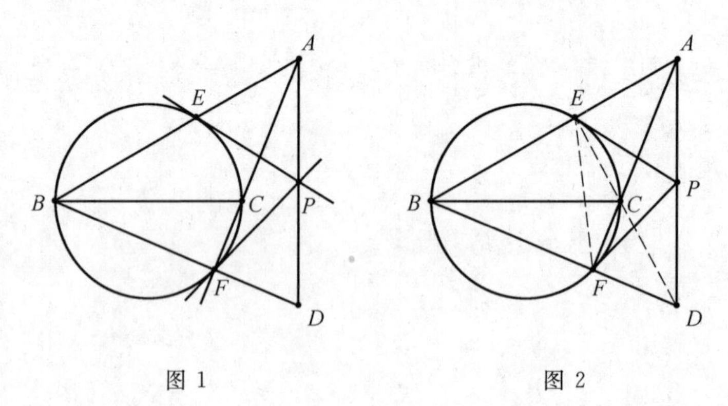

图1　　　　图2

例2　如图3，M,N分别是$\triangle ABC$的边AB，AC上的点，且$\frac{BM}{MA}+\frac{CN}{NA}=1$. 求证：线段$MN$过$\triangle ABC$的重心.

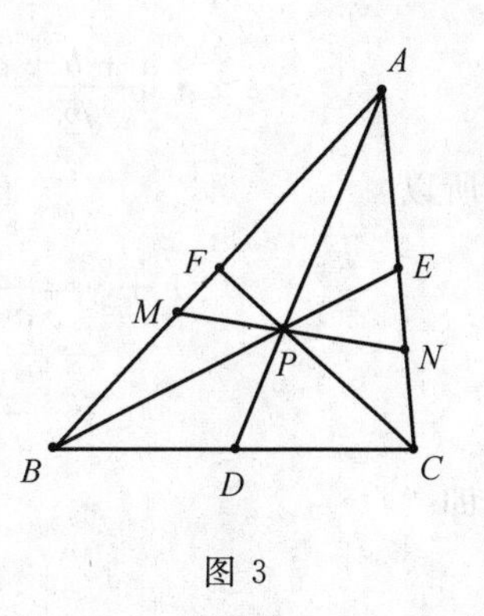

图3

证明　取AC的中点E，MN截$\triangle ABE$于M,P,N，$\frac{EP}{PB}\cdot\frac{BM}{MA}\cdot\frac{AN}{NE}=1$，则$\frac{BP}{PE}=\frac{BM}{MA}\cdot\frac{AN}{NE}=\left(1-\frac{CN}{NA}\right)\frac{AN}{NE}=\frac{2NE}{AN}\cdot\frac{AN}{NE}=2$，因为$P$在中线$BE$上，所以$P$是重心.

以上用到

$$\begin{aligned}NA-CN=&(NE+EA)-CN=\\&(NE+EC)-CN=\\&NE+(CN+NE)-CN=2NE\end{aligned}$$

例3　如图4，$\triangle ABC$中，$AB=AC$，$AB\perp AC$，E,F是BC上的点，且$\angle EAF=45^\circ$；$\triangle AEF$的外接圆分别交AB,AC于M,N. 求证：$BM+CN=MN$.

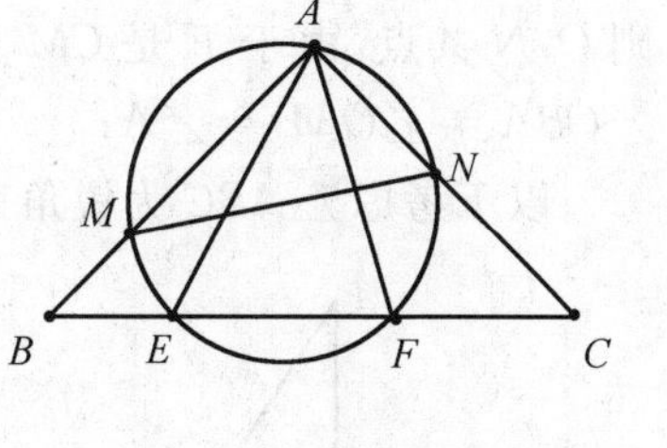

图4

证明　如图5，设$BM=x$，$CN=y$，$BE=b$，$CF=c$，$EF=a$，则

$AB=AC=\frac{BC}{\sqrt{2}}=\frac{a+b+c}{\sqrt{2}}$，将$\triangle ABE$绕$A$反时针旋转$90^\circ$至$\triangle ACP$，

则$\angle PCF=\angle PCA+\angle ACF=90^\circ$，所以$\triangle PCF$为直角三角形；

又显然$\angle PAF=45^\circ=\angle EAF$，所以$\triangle PAF\cong\triangle EAF$.

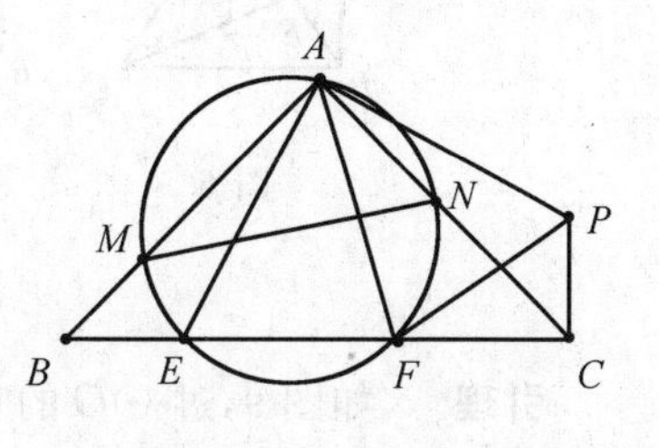

图5

故由$PF^2=PC^2+FC^2$，得$a^2=b^2+c^2$.

记圆的半径为r，则直径$MN=2r$，$a=EF=\sqrt{2}r$.

由圆幂定理

$$BM\cdot BA=BE\cdot BF,CN\cdot CA=CF\cdot CE$$

即

$$x\cdot\frac{a+b+c}{\sqrt{2}}=b(a+b),y\cdot\frac{a+b+c}{\sqrt{2}}=c(a+c)$$

所以

$$x+y=\frac{\sqrt{2}}{a+b+c}[b^2+c^2+a(b+c)]=$$

$$\frac{\sqrt{2}}{a+b+c}[a^2+a(b+c)]=\sqrt{2}a=2r$$

即

$$BM+CN=MN$$

例 4 过 $\triangle ABC$ 的外心 O 任作一直线,分别交边 AB,AC 于 M,N;E,F 分别是 BN,CM 的中点.求证:$\angle EOF=\angle A$.

证明 我们证明以上结论对任何三角形都成立.

分三种情况考虑,对于 Rt$\triangle ABC$,结论是显然的,事实上,如图 6,若 $\angle ABC$ 为直角,则外心 O 是斜边 AC 的中点,过 O 的直线交 AB,AC 于 M,N,则 O,N 共点,由于 F 是 CM 的中点,故中位线 $OF\ /\!/\ AM$,所以 $\angle EOF=\angle OBA=\angle OAB=\angle A$;

以下考虑 $\triangle ABC$ 为锐角三角形或钝角三角形的情况(如图 7、图 8 所示).

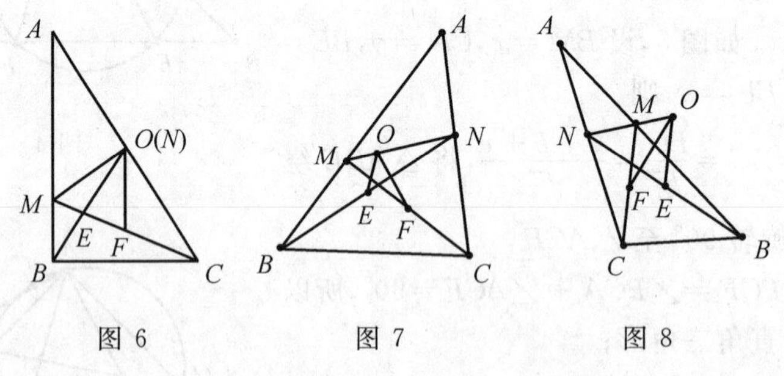

图 6　　图 7　　图 8

引理 如图 9,过 $\odot O$ 的直径 KL 上的两点 A,B 分别作弦 CD,EF,联结 CE,DF,分别交 K,L 于 M,N,若 $OA=OB$,则 $MA=NB$.

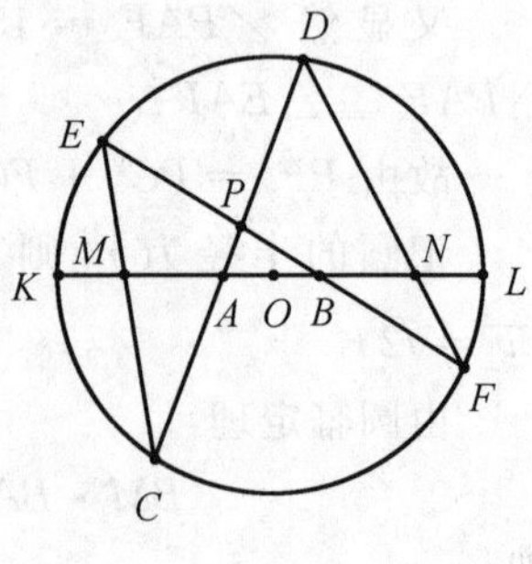

图 9

引理的证明 设 $CD\cap EF=P$,直线 CE,DF 分别截 $\triangle PAB$,据梅涅劳斯定理

$$\frac{AC}{CP}\cdot\frac{PE}{EB}\cdot\frac{BM}{MA}=1,\frac{BF}{FP}\cdot\frac{PD}{DA}\cdot\frac{AN}{NB}=1$$

则

$$\frac{MA}{NB}=\frac{AC\cdot AD\cdot PE\cdot PF\cdot BM}{BE\cdot BF\cdot PC\cdot PD\cdot AN}\quad ①$$

而由相交弦，得

$$PC\cdot PD=PE\cdot PF\quad ②$$

若 $\odot O$ 的半径为 R，$OA=OB=a$，则

$$AC\cdot AD=AK\cdot AL=R^2-a^2=BK\cdot BL=BE\cdot BF\quad ③$$

据 ①②③ 得

$$\frac{MA}{NB}=\frac{MB}{NA}$$

即

$$\frac{MA}{NB}=\frac{MB-MA}{NA-NB}=\frac{AB}{AB}=1$$

因此 $MA=NB$. 引理得证.

回到本题，如图 10,11，延长 MN 得直径 KK_1，在直径上取点 M_1，使 $OM_1=OM$，设 $CM_1\cap\odot O=A_1$，联结 A_1B 交 KK_1 于 N_1，由引理，$MN_1=M_1N$(图 11 中则是 $M_1N_1=MN$)，因此，O 是 NN_1 的中点，故 OE，OF 分别是 $\triangle NBN_1$ 及 $\triangle MCM_1$ 的中位线，于是得 $\angle EOF=\angle BA_1C=\angle A$.

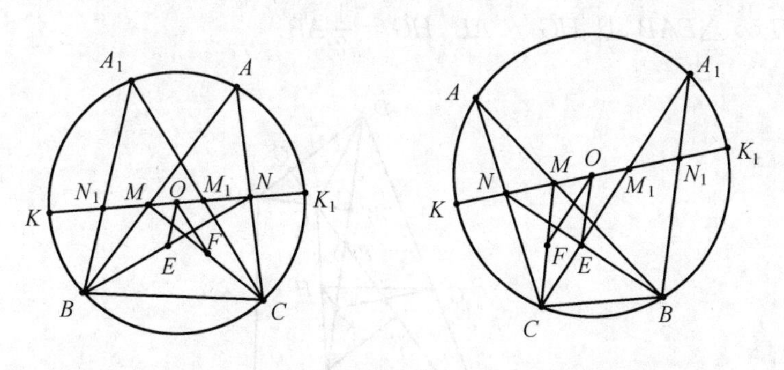

图 10　　　　图 11

例 5　如图 12，$\triangle PAB$ 中，E，F 分别是边 PA，PB 上的点，在 AP，BP 的延长线上分别取点 C，D，使 $PC=AE$，$PD=BF$；点 M，N 分别是 $\triangle PCD$，$\triangle PEF$ 的垂心. 求证：$MN\perp AB$.

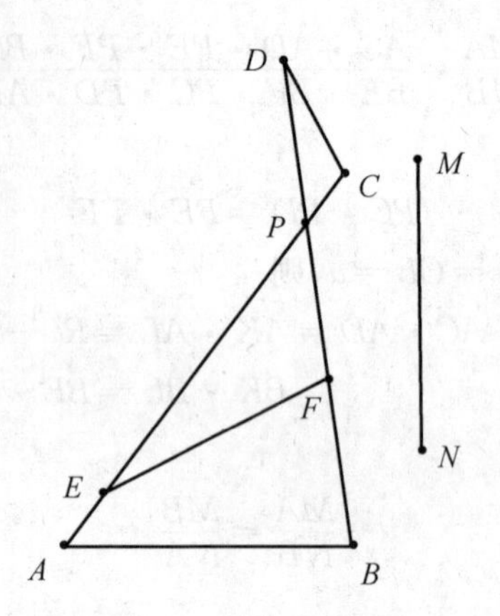

图 12

证明 如图 13，设线段 DE,CF,PF 的中点分别为 G,H,K，则 K 也是 BD 的中点，据中位线知，

在 $\triangle BDE$ 中，$KG \parallel BE, KG=\frac{1}{2}BE$；

在 $\triangle PCF$ 中，$KH \parallel PC, KH=\frac{1}{2}PC$，即 $KH \parallel AE, KH=\frac{1}{2}AE$，所以 $\triangle KHG \backsim \triangle EAB$，且 $HG \parallel AB, HG=\frac{1}{2}AB$.

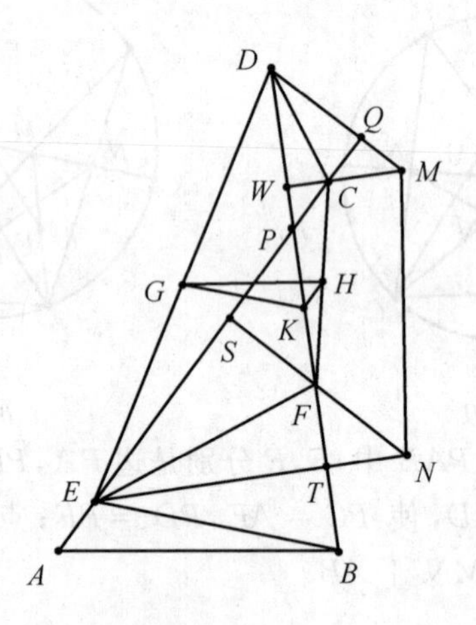

图 13

为证 $MN \perp AB$，只要证 $MN \perp HG$.

以 G 为圆心，DE 为直径作 $\odot G$，其半径记为 R；以 H 为圆心，CF 为直径作 $\odot H$，其半径记为 r，设直线 AC 交 MD 于 Q，MC 交 BD 于 W，由于点 M 是

$\triangle PCD$ 的垂心，则 $MD \perp PQ$，$MC \perp PD$，所以 $DWCQ$ 共圆，故有

$$MQ \cdot MD = MC \cdot MW \quad ①$$

另一方面，由于 $\angle EQD = 90^\circ$，$\angle FWC = 90^\circ$，可知，Q 在 $\odot G$ 上，W 在 $\odot H$ 上，从而 $MQ \cdot MD = MG^2 - R^2$，$MC \cdot MW = MH^2 - r^2$，因此式 ① 化为 $MG^2 - R^2 = MH^2 - r^2$，即

$$MG^2 - MH^2 = R^2 - r^2 \quad ②$$

又设直线 NF 交 AC 于 S，NE 交 BD 于 T，由于点 N 是 $\triangle PEF$ 的垂心，则 $NS \perp PE$，$NE \perp PF$，所以 $ETFS$ 共圆，故有

$$NT \cdot NE = NF \cdot NS \quad ③$$

再由 $\angle DTE = 90^\circ$，$\angle CSF = 90^\circ$，可知，T 在 $\odot G$ 上，S 在 $\odot H$ 上，从而

$$NT \cdot NE = NG^2 - R^2, NF \cdot NS = NH^2 - r^2$$

因此 ③ 化为 $NG^2 - R^2 = NH^2 - r^2$，即

$$NG^2 - NH^2 = R^2 - r^2 \quad ④$$

据 ②④ 得，$MG^2 - MH^2 = NG^2 - NH^2$，故 $MN \perp GH$，而 $HG \parallel AB$，所以 $MN \perp AB$.

例 6 如图 14，在 $\triangle ABC$ 中，$a + c = 3b$，内心为 I，内切圆在 AB，BC 边上的切点分别为 D，E，设 K 是 D 关于点 I 的对称点，L 是 E 关于点 I 的对称点. 求证：A，C，K，L 四点共圆.

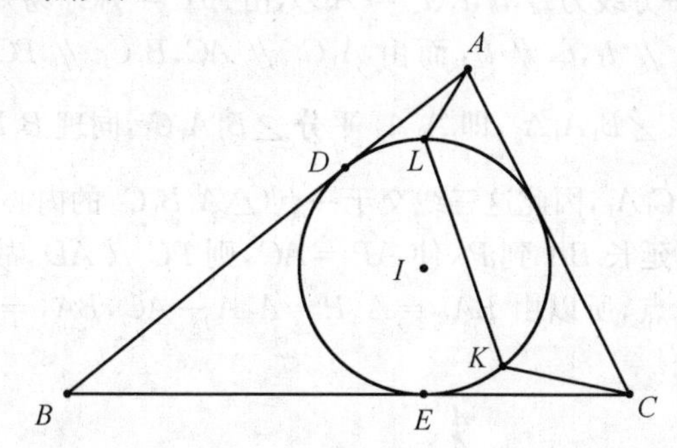

图 14

证明 如图 15，设直线 BI 交 $\triangle ABC$ 的外接圆于点 P，易知 P 是 $\overset{\frown}{AC}$ 的中点，记 AC 的中点为 M，则 $PM \perp AC$. 设点 P 在直线 DI 上的射影为 N，由于 $a + c = 3b$，则半周长 $p = \dfrac{a+b+c}{2} = 2b$，是 $BD = BE = p - b = b = AC = 2CM$，

又 $\angle ABP = \angle ACP$，$\angle BDI = \angle CMP = 90^\circ$，所以 $\triangle DBI \backsim \triangle MCP$，且相似比为 2，熟知 $PI = PC = PA$. 又 $\triangle DBI \backsim \triangle NPI$，所以 $DI = 2IN$，即 N 是 IK 的中点进而 $PK = PI$. 同理 $PL = PI$.

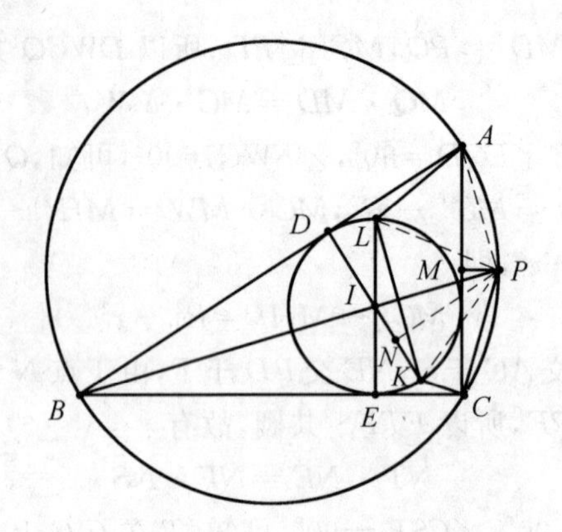

图 15

所以 A,C,K,I,L 都在以 P 为圆心的同一个圆周上.

例 7 $\triangle ABC$ 的内切圆分别切 BC,CA,AB 于 A_0,B_0,C_0，而 A_1,B_1,C_1 分别是边 BC,CA,AB 的中点，过 A_1 作 B_0C_0 的垂线 l_a，过 B_1 作 C_0A_0 的垂线 l_b，过 C_1 作 A_0B_0 的垂线 l_c；求证：

(1) l_a,l_b,l_c 三线共点；

(2) 每条线皆平分 $\triangle ABC$ 的周长.

证明 (1) 如图 16，联结 A_1B_1,B_1C_1,C_1A_1，我们来证明，l_a,l_b,l_c 交于内心，设 $\angle A,\angle B,\angle C$ 的平分线为 $t_a,t_b,t_c(t_a=AD)$，由 $AB_0=AC_0$ 易知，$t_a\perp B_0C_0$，所以 $t_a\parallel l_a$，同理有 $t_b\parallel l_b,t_c\parallel l_c$，而由 $A_1C_1\parallel AC,B_1C_1\parallel BC,A_1B_1\parallel AB$，得 $\angle C_1A_1A_2=\dfrac{A}{2}=\angle B_1A_1A_2$，即 A_1A_2 平分 $\angle B_1A_1C_1$，同理 B_1B_2,C_1C_2 分别平分 $\angle A_1B_1C_1$ 与 $\angle B_1C_1A_1$，因此这三线交于一点（$\triangle A_1B_1C_1$ 的内心）.

(2) 如图 17，延长 BA 到 P，使 $AP=AC$，则 $PC\parallel AD$，故 $A_1A_2\parallel PC$，因此 A_2 是 BP 的中点，所以由 $BA_2=A_2P=A_2A+AC,BA_1=A_1C$，得 A_1A_2 平分 $\triangle ABC$ 的周长.

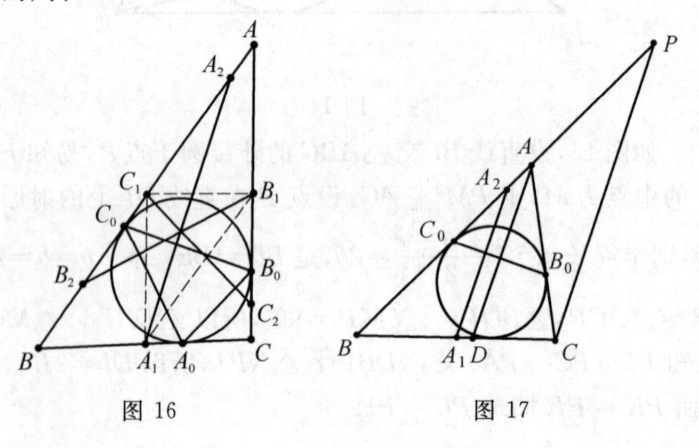

图 16　　图 17

例 8　设$\triangle ABC$的内心是I，外接圆为Γ. 直线AI交圆Γ于另一点D. 设E是弧$\overset{\frown}{BDC}$上的一点，F是边BC上的一点，使得$\angle BAF=\angle CAE<\frac{1}{2}\angle BAC$. 设$G$是线段$IF$的中点. 求证：直线$DG$与$EI$的交点在圆$\Gamma$上.

证明　如图 18，设直线AD与BC交于点H，射线DG与AF交于点K，射线DG与射线EI交于点T.

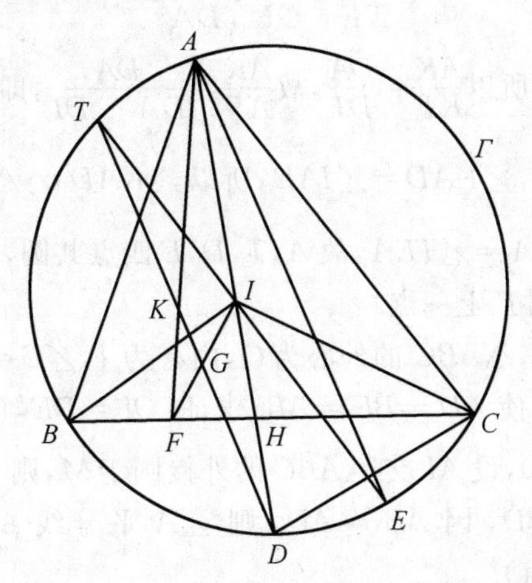

图 18

由于$\angle DIC=\angle IAC+\angle ICA=\frac{1}{2}(\angle BAC+\angle BCA)$，$\angle IDC=\angle ADC=\angle ABC$，则

$$\angle ICD=\pi-\angle ABC-\frac{1}{2}(\angle BAC+\angle BCA)=$$

$$\frac{1}{2}(\angle BAC+\angle BCA)=\angle DIC$$

所以$ID=DC$.

因为$\angle ADC=\angle ABC=\angle ABH$，且$\angle DAC=\angle BAH$，所以$\triangle DAC\backsim\triangle BAH$，故

$$\frac{AB+BH}{AH}=\frac{AD+DC}{AC}=\frac{AD+ID}{AC}$$

由于$\angle ABI=\angle HBI$，所以$\frac{AB}{AI}=\frac{BH}{HI}$，于是

$$\frac{AH+BH}{AH}=\frac{AB}{AI}$$

故

$$AB \cdot AC = AI(AD + ID)$$

因为 $\angle ABF = \angle ABC = \angle AEC$，且 $\angle BAF = \angle EAC$，所以 $\triangle ABF \backsim \triangle AEC$，于是

$$AE \cdot AF = AB \cdot AC = AI(AD + ID)$$

对 $\triangle AFI$ 与截线 KGD，由梅涅劳斯定理得

$$\frac{AK}{KF} \cdot \frac{FG}{GI} \cdot \frac{ID}{DA} = 1$$

由于 $FG = GI$，所以 $\frac{AK}{KF} = \frac{DA}{DI}$，故 $\frac{AK}{AF} = \frac{DA}{DA + DI}$，即 $AK \cdot AE = DA \cdot AI$；

由于 $\frac{AK}{AD} = \frac{AI}{AE}$，$\angle KAD = \angle IAE$，所以 $\triangle KAD \backsim \triangle IAE$，于是 $\angle KDA = \angle IEA$；所以 $\angle TDA = \angle TEA$，故 A, T, D, E 四点共圆，T 在圆 Γ 上，即 DG 与 EI 的延长线交于圆 Γ 上一点.

例 9 如图 19，$\triangle ABC$ 的外心为 O，内心为 I，$\angle C = 30°$，边 AC 上的点 D 与边 BC 上的点 E，使 $AD = BE = AB$；求证：$OI = DE$，$OI \perp DE$.

证明 如图 20，设 AI 交 $\triangle ABC$ 的外接圆于 M，则 M 是 $\overset{\frown}{BC}$ 的中点，于是 $OM \perp BC$；联结 BD，因 $AB = AD$，则 $\angle A$ 平分线 $AM \perp BD$，$\angle OMI = \angle EBD$（对应边垂直）.

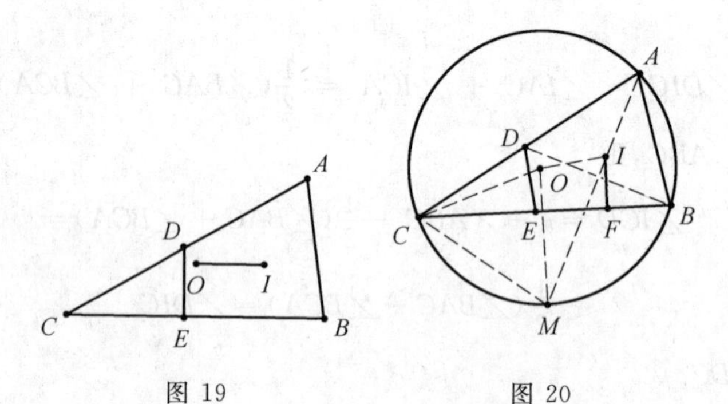

图 19　　　　图 20

由 $\triangle OMI \cong \triangle EBD$，得 $AB = OM = R$（外接圆半径），所以 $OM = EB$；联结 OC，CM，$\angle COM = 2\angle CAM = \angle DAB$，故等腰三角形 $\triangle COM \cong \triangle DAB$，因此 $MC = BD$，而 I 是内心，有 $MI = MC$，所以 $MI = BD$，得 $\triangle OMI \cong \triangle EBD$，所以 $OI = ED$，且因 $\triangle OMI$ 与 $\triangle EBD$ 有两对对应边互垂，则第三对对应边也垂直，即有 $OI \perp DE$.

例 10 $\triangle ABC$ 的内心为 I，外心为 O，外接圆半径为 R；$\angle B = 60°$，$\angle A < \angle C$，$\angle A$ 的外角平分线交 $\odot O$ 于 E. 求证：

(1) $OI = AE$；

(2)$2R < IO + IA + IC < (1+\sqrt{3})R$.

证明　(1) 如图 21,延长 AI 交 $\odot O$ 于 F,因 AE,AF 是 $\angle A$ 的内、外角分线,故 $AE \perp AF$,所以 EF 为 $\odot O$ 的直径;设 BI 交 $\odot O$ 于 M,则 $\angle AOM = 2\angle ABM = 60^\circ$,$\triangle AOM$ 为正三角形,且 $MC = MI = MA = MO = R$,即 A,O,I,C 共圆,其圆心为 M,半径也是 R;($\odot M$ 与 $\odot O$ 为等圆)所以圆心角 $\angle OMI = 2\times\angle OAI = 2\angle OAF = \angle AOE$,因此 $OI = AE$.

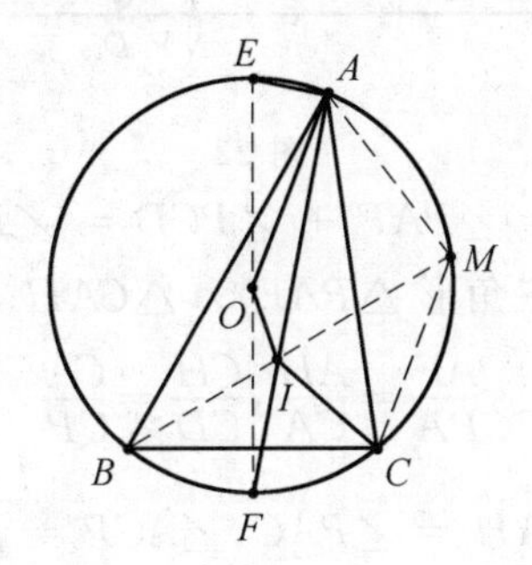

图 21

(2) 由 $FI = FC$,$\angle AFC = \angle ABC = 60^\circ$,则 $\triangle IFC$ 为正三角形,所以 $IC = IF$;由此,$IO + IA + IC = AE + AI + IF = AE + AF > EF = 2R$;且 $\angle AEF + \angle AFE = 90^\circ$,又根据条件 $\triangle ABC$ 中,$\angle A + \angle C = 120^\circ$,所以 $A < 60^\circ$.

由于 $\angle AEF = \angle ABF = \angle B + \dfrac{\angle A}{2}$,则 $60^\circ < \angle AEF < 90^\circ$,$0 < \angle AFE < 30^\circ$,设 $\angle AFE = 30^\circ - \alpha = \theta$,$\angle AEF = 60^\circ + \alpha = 90^\circ - \theta$,其中 $0 < \alpha < 30^\circ$,$0 < \theta < 30^\circ$,则

$$\begin{aligned} IO + IA + IC = AE + AF &= 2R[\sin\theta + \sin(90^\circ - \theta)] = \\ &2R(\sin\theta + \cos\theta) = 2\sqrt{2}R\sin(45^\circ + \theta) < \\ &2\sqrt{2}R\cdot\sin 75^\circ = 2\sqrt{2}R\cdot\frac{\sqrt{6}+\sqrt{2}}{4} = \\ &(1+\sqrt{3})R \end{aligned}$$

例 11　P 是 $\triangle ABC$ 内的一点,D,E,F 分别是 BC,CA,AB 上的点,且 $PD \perp BC$,$PE \perp CA$,$PF \perp AB$;$\triangle ABC$ 内的另一点 H 满足:$\angle HAB = \angle PAC$,$\angle HCB = \angle PCA$.求证:$DE \perp EF$,当且仅当 H 是 $\triangle BDF$ 的垂心.

证明　必要性:如图 22,若 $DE \perp EF$,设 $DH \cap AB = M$,$FH \cap BC = N$,据 $AEPF$ 共圆,$CEPD$ 共圆,由条件 $\angle HAB = \angle PAC$ 得

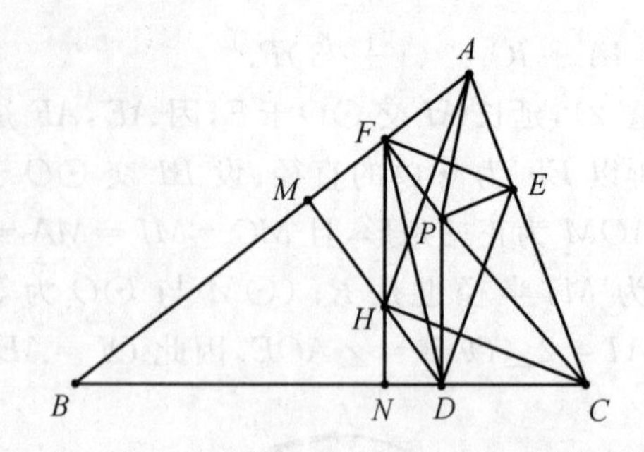

图 22

$\angle HAC+\angle HCA=\angle PAF+\angle PCD=\angle PEF+\angle PED=90^\circ$，即$\angle AHC=90^\circ$，由于直角三角形$\triangle PAF\backsim\triangle CAH\backsim\triangle CPD$，得

$$\frac{AF}{PA}=\frac{AH}{CA},\frac{CH}{CD}=\frac{CA}{CP}$$

故有$\dfrac{AF}{AH}=\dfrac{PA}{CA}$，又$\angle FAH=\angle PAC,\angle ACP=\angle HCD$，所以$\triangle AFH\backsim\triangle APC\backsim\triangle HDC,\angle FAH=\angle DHC,\angle FHA=\angle DCH$，于是

$$\angle DMB=\angle MAH+\angle MHA=\angle DCH+\angle MHA=180^\circ-\angle AHC=90^\circ$$

即$DM\perp AB$，同理得$FN\perp BC$，故H是$\triangle BDF$的垂心.

充分性：若H是$\triangle BDF$的垂心，则易得四边形$PDHF$为平行四边形，且$BDPF,AEPF,CDPE,BMHN$分别共圆，记$\angle HAB=\angle PAC=\alpha,\angle HCB=\angle PCA=\beta$，则$\angle EFP=\alpha,\angle EDP=\beta$，注意$\angle AHF=\angle BFH-\alpha=90^\circ-(B+\alpha)$，$\triangle AFH$中

$$\frac{AF}{\sin\angle AHF}=\frac{FH}{\sin\alpha}=\frac{PD}{\sin\alpha}=\frac{PC}{\sin\alpha}\sin(C-\beta)=\frac{PA}{\sin\beta}\sin(C-\beta)$$

因$AF=PA\cos(A-\alpha)$，由上式得$\dfrac{\cos(A-\alpha)}{\cos(B+\alpha)}=\dfrac{\sin(C-\beta)}{\sin\beta}$，即

$$\sin(C-\beta)\cos(B+\alpha)=\sin\beta\cos(A-\alpha) \quad ①$$

将关系式$A+B+C+(\beta-\alpha)=180^\circ+(\beta-\alpha)$改写为

$$\beta+(A-\alpha)=180^\circ-[(C-\beta)+(B+\alpha)]$$

所以有

$$\sin[\beta+(A-\alpha)]=\sin[(C-\beta)+(B+\alpha)] \quad ②$$

即

$$\sin\beta\cos(A-\alpha)+\cos\beta\sin(A-\alpha)=\sin(C-\beta)\cos(B+\beta)+\cos(C-\beta)\sin(B+\beta) \quad ③$$

利用 ①③ 又可得

$$\sin[\beta-(A-\alpha)]=\sin[(C-\beta)-(B+\alpha)] \quad ④$$

所以

$$(C-\beta)-(B+\alpha)=\beta-(A-\alpha) \quad ⑤$$

(注意,不可能有$(C-\beta)-(B+\alpha)=180^\circ-[\beta-(A-\alpha)]$,否则将导致$C-B=180^\circ+A$,矛盾!)

由 ⑤ 得 $\alpha+\beta=90^\circ-B$,所以 $\angle AHC=\alpha+\beta+B=90^\circ$,由此得

$$\angle DEF=\angle DEP+\angle FEP=\angle DCP+\angle FAP=\angle CAH+\angle CAH=90^\circ$$

即 $DE\perp EF$.

例 12　如图 23,如果一直线 l 将 $\triangle ABC$ 的周长分成相等的两部分,就称 l 是 $\triangle ABC$ 的一条"周截线";过 $\triangle ABC$ 三边 BC,CA,AB 的中点 A_0,B_0,C_0 分别作 $\triangle ABC$ 的周截线 l_a,l_b,l_c.

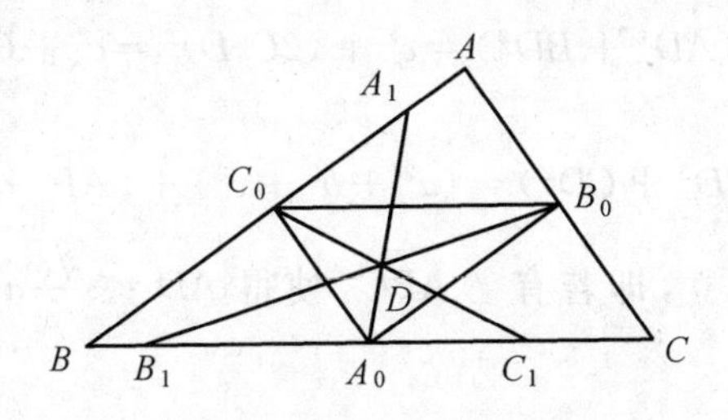

图 23

(1) 求证:l_a,l_b,l_c 三线共点;

(2) 设 l_a,l_b,l_c 三线的交点为 D,记 $\lambda_{ABC}=\max\left\{\frac{AD}{BC},\frac{BD}{AC},\frac{CD}{AB}\right\}$,对所有三角形,求 $\min\lambda$.

证明　(1) 不妨设 $BC\geqslant AB\geqslant AC$,则周截线与 $\triangle ABC$ 的边相交情况便如图 23 所示;若 $l_a\cap AB=A_1$,$l_b\cap BC=B_1$,$l_c\cap CA=C_1$;用 $L(A,B,C)$ 表示 $\triangle ABC$ 的周长,其余三角形类似表示,由于 $A_0B_0AC_0$ 为平行四边形,$\angle A_0A_1C_0=\angle A_1A_0B_0$;又因 A_0A_1 为周截线,则有 $A_1B+A_0B=\frac{1}{2}L(A,B,C)=L(A_0BC_0)$,所以 $A_1C_0=A_0C_0$,$\angle A_0A_1C_0=\angle A_1A_0C_0$,故 $\angle A_1A_0B_0=\angle A_1A_0C_0$,即 l_a 是 $\angle C_0A_0B_0$ 的平分线;同理可得,l_b,l_c 分别是 $\angle A_0B_0C_0$ 与 $\angle B_0C_0A_0$ 的平分线;因此 l_a,l_b,l_c 三线共点,其交点 D 为 $\triangle A_0B_0C_0$ 的内心.

(2) 我们利用三角系统求解;记 $BC=a$,$CA=b$,$AB=c$,当 $\triangle ABC$ 为正三角形时,则 D 是其三条中线的交点,即为重心,此时 $\frac{AD}{BC}=\frac{BD}{AC}=\frac{CD}{AB}=\frac{1}{\sqrt{3}}$,而

$\lambda=\dfrac{1}{\sqrt{3}}$；

以下证对所有三角形，$\min\lambda=\dfrac{1}{\sqrt{3}}$.

注意到 $\triangle A_0B_0C_0$ 与 $\triangle ABC$ 相似，其相似比为$\dfrac{1}{2}$，用 R 及 r 分别表示 $\triangle ABC$ 的外接圆及内切圆半径，若 $\triangle ABC$ 的内心为 I，则有

$$A_0D=\frac{1}{2}AI=\frac{r}{2}\csc\frac{A}{2},B_0D=\frac{1}{2}BI=\frac{r}{2}\csc\frac{B}{2},C_0D=\frac{1}{2}CI=\frac{r}{2}\csc\frac{C}{2}$$

在 $\triangle BDC$ 中，由中线公式

$$2(BD^2+CD^2)=a^2+(2A_0D)^2=a^2+AI^2$$

同理在 $\triangle CDA$ 和 $\triangle ADB$ 中，有

$$2(CD^2+AD^2)=b^2+(2B_0D)^2=b^2+BI^2$$
$$2(AD^2+BD^2)=c^2+(2C_0D)^2=c^2+CI^2$$

因此

$$4(AD^2+BD^2+CD^2)=(a^2+b^2+c^2)+(AI^2+BI^2+CI^2) \quad ①$$

假若结论不成立，即若有 $\triangle ABC$，使得 $AD<\dfrac{\sqrt{3}}{3}a,BD<\dfrac{\sqrt{3}}{3}b,CD<\dfrac{\sqrt{3}}{3}c$，则由 ①，得

$$(a^2+b^2+c^2)+r^2\left(\csc^2\frac{A}{2}+\csc^2\frac{B}{2}+\csc^2\frac{C}{2}\right)<\frac{4}{3}(a^2+b^2+c^2) \quad ②$$

即 $a^2+b^2+c^2>3r^2\left(\csc^2\dfrac{A}{2}+\csc^2\dfrac{B}{2}+\csc^2\dfrac{C}{2}\right)$，即

$$4R^2(\sin^2A+\sin^2B+\sin^2C)>3r^2\left(\csc^2\frac{A}{2}+\csc^2\frac{B}{2}+\csc^2\frac{C}{2}\right) \quad ③$$

由于在 $\triangle ABC$ 中，有 $r=4R\sin\dfrac{A}{2}\sin\dfrac{B}{2}\sin\dfrac{C}{2}$，式 ③ 成为

$$\sin^2A+\sin^2B+\sin^2C>$$
$$12\left(\sin^2\frac{A}{2}\sin^2\frac{B}{2}+\sin^2\frac{B}{2}\sin^2\frac{C}{2}+\sin^2\frac{C}{2}\sin\frac{A}{2}\right) \quad ④$$

令 $x=\tan\dfrac{A}{2},y=\tan\dfrac{B}{2},z=\tan\dfrac{C}{2}$，有 $xy+yz+zx=1,\sin^2\dfrac{A}{2}=\dfrac{x^2}{1+x^2}$，$\sin^2\dfrac{B}{2}=\dfrac{y^2}{1+y^2},\sin^2\dfrac{C}{2}=\dfrac{z^2}{1+z^2},\sin A=\dfrac{2x}{1+x^2},\sin B=\dfrac{2y}{1+y^2},\sin C=\dfrac{2z}{1+z^2}$，式 ④ 成为

$$\frac{x^2}{(1+x^2)^2}+\frac{y^2}{(1+y^2)^2}+\frac{z^2}{(1+z^2)^2}>$$
$$3\left[\frac{x^2y^2}{(1+x^2)(1+y^2)}+\frac{y^2z^2}{(1+y^2)(1+z^2)}+\frac{z^2x^2}{(1+z^2)(1+x^2)}\right]$$

由于

$$1+x^2=(x+y)(x+z),1+y^2=(y+x)(y+z),1+z^2=(z+x)(z+y)$$

上式成为

$$x^2(y+z)^2+y^2(z+x)^2+z^2(x+y)^2>$$
$$3[x^2y^2(1+z^2)+y^2z^2(1+x^2)+z^2x^2(1+y^2)] \quad ⑤$$

即 $2xyz(x+y+z)>x^2y^2+y^2z^2+x^2z^2+9x^2y^2z^2$，两边加 $x^2y^2+y^2z^2+x^2z^2$，得到

$$1>2(x^2y^2+y^2z^2+x^2z^2)+9x^2y^2z^2 \quad ⑥$$

由于当 $x,y,z>0,xy+yz+zx=1$ 时，有 $2(x^2y^2+y^2z^2+x^2z^2)+9x^2y^2z^2\geqslant 1$(见附证).

即式 ⑥ 不能成立，故所设不真，从而对所有三角形，$\min\lambda=\frac{1}{\sqrt{3}}$.

附证　设 $x,y,z>0,xy+yz+zx=1$，则有

$$2(x^2y^2+y^2z^2+x^2z^2)+9x^2y^2z^2\geqslant 1 \quad ①$$

证明　令 $a=yz,b=zx,c=xy$，则 $a,b,c>0,a+b+c=1$，即要证

$$2(a^2+b^2+c^2)+9abc\geqslant 1 \quad ②$$

两边齐次化，即要证

$$2(a^2+b^2+c^2)(a+b+c)+9abc\geqslant(a+b+c)^3 \quad ③$$

由于 $(a+b+c)^3=(a^2+b^2+c^2+2ab+2bc+2ca)(a+b+c)$，则

$$2(a^2+b^2+c^2)(a+b+c)-(a+b+c)^3=$$
$$(a^2+b^2+c^2-2ab-2bc-2ca)(a+b+c)=$$
$$(a^2+b^2+c^2)(a+b+c)-2(ab+bc+ca)(a+b+c)=$$
$$(a^3+b^3+c^3+a^2b+ab+b^2c+bc^2+c^2a+ca^2)-$$
$$2(a^2b+ab^2+b^2c+bc^2+c^2a+ca^2+3abc)$$

所以

$$2(a^2+b^2+c^2)+9abc-1=(a^3+b^3+c^3)-$$
$$(a^2b+ab^2+b^2c+bc^2+c^2a+ca^2)+3abc$$

据 a,b,c 的对称性，不妨设 $a\geqslant b\geqslant c$，则因

$$a^3-a^2(b+c)+abc=a(a-b)(a-c)$$
$$b^3-b^2(c+a)+abc=b(b-a)(b-c)$$

$$c^3-c^2(a+b)+abc=c(c-a)(c-b)$$

于是

$$2(a^2+b^2+c^2)+9abc-1=$$
$$a(a-b)(a-c)+b(b-a)(b-c)+c(c-a)(c-b) \quad ④$$

由于

$$c(c-a)(c-b)\geqslant 0$$
$$a(a-b)(a-c)+b(b-a)(b-c)=(a-b)(a^2-ac-b^2+bc)=$$
$$(a-b)(a-b)(a+b-c)\geqslant 0$$

即 $$a(a-b)(a-c)+b(b-a)(b-c)+c(c-a)(c-b)\geqslant 0$$

所以 $$2(a^2+b^2+c^2)+9abc-1\geqslant 0$$

即 ② 成立，故结论得证.

巩固演练

1. 在 $\triangle ABC$ 的边 AB,BC,CA 上分别取点 P,Q,S. 求证：以 $\triangle APS$，$\triangle BQP$，$\triangle CSQ$ 的外心为顶点的三角形与 $\triangle ABC$ 相似.

2. 在 $\triangle ABC$ 中，$AB=AC$，D 是 AB 的中点，G 是 $\triangle ACD$ 的重心，O 是 $\triangle ABC$ 的外心. 求证：$OG\perp CD$.

3. 如图 24，D 为正 $\triangle ABC$ 的边 BC 上的任意一点，设 $\triangle ABD$ 与 $\triangle ACD$ 的内心分别为 I_1,I_2，外心分别为 O_1,O_2. 求证：$O_1I_1^2+O_2I_1^2=I_1I_2^2$.

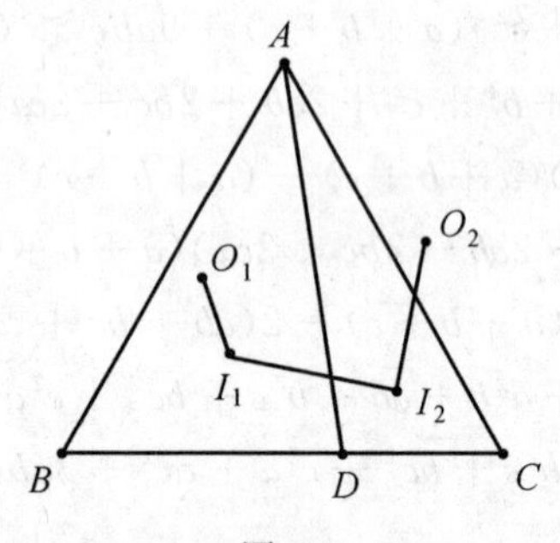

图 24

4. 设 $A_1A_2A_3A_4$ 为圆 O 内接四边形，H_1,H_2,H_3,H_4 依次为 $\triangle A_2A_3A_4$，$\triangle A_3A_4A_1$，$\triangle A_4A_1A_2$，$\triangle A_1A_2A_3$ 的垂心. 求证：H_1,H_2,H_3,H_4 四点共圆，并确定出该圆的圆心位置.

5. H 为 $\triangle ABC$ 的垂心，D,E,F 分别是 BC,CA,AB 的中心. 一个以 H 为圆心的圆 H 交直线 EF,FD,DE 于 A_1,A_2,B_1,B_2,C_1,C_2.

求证：$AA_1=AA_2=BB_1=BB_2=CC_1=CC_2$.

6. $\triangle ABC$ 内接于 $\odot O$，I 是三角形的内心，直线 AI，BI 分别交 $\odot O$ 于 D，E，过点 I 作直线 $l_1 /\!/ AB$，又过点 C 作 $\odot O$ 的切线 l_C，若 l_C 与 l_1 相交于 F. 求证：D，E，F 三点共线.

7. 锐角 $\triangle ABC$ 中，$BC=a$，$AC=b$，$AB=c$，在边 BC，CA，AB 上分别有动点 D，E，F，试确定，当 $DE^2+EF^2+FD^2$ 取得最小值时 $\triangle DEF$ 的面积.

8. 锐角 $\triangle ABC$ 的三边互不相等，其垂心为 H，D 是 BC 的中点，直线 $BH \cap AC=E$，$CH \cap AB=F$，$AH \cap BC=T$，$\odot BDE$ 交 $\odot CDF$ 于 G，直线 AG 与 $\odot BDE$，$\odot CDF$ 分别交于 M，N. 求证：(1) AH 平分 $\angle MTN$；(2) ME，NF，AH 三线共点.

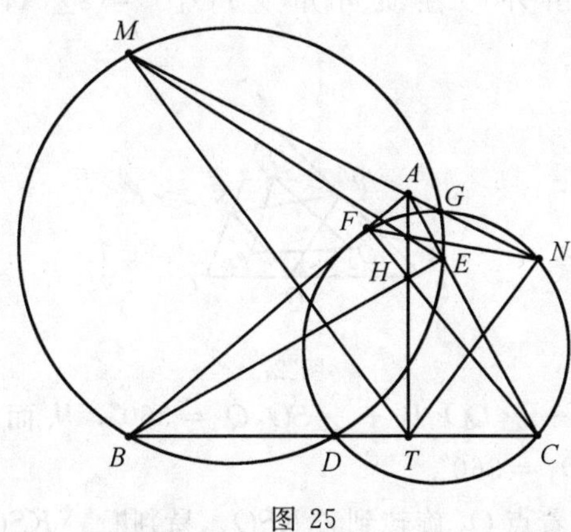

图 25

9. 如图 26，$\triangle ABC$ 中，O 为外心，三条高 AD，BE，CF 交于点 H，直线 ED 和 AB 交于点 M，FD 和 AC 交于点 N. 求证：(1) $OB \perp DF$，$OC \perp DE$；(2) $OH \perp MN$.

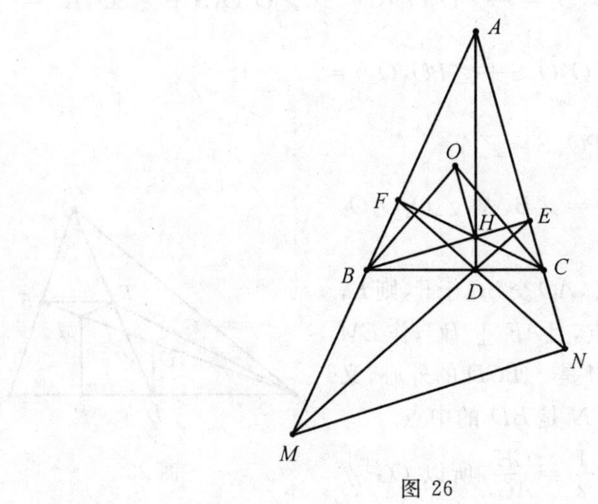

图 26

10. $\odot O_1$，$\odot O_2$ 是 $\triangle ABC$ 的旁切圆，已知 $\odot O_1$ 分别切 AB，BC，CA 三边于 D，E，F；$\odot O_2$ 分别切 AB，BC，CA 三边于 M，N，K；$O_1O_2\cap EF=S$，$O_1O_2\cap MN=T$；$MN\cap EF=P$；$ED\cap NK=H$. 求证：(1) P，A，H 共线于 l_1；E，D，H，T 共线于 l_2；N，K，H，S 共线于 l_3；(2) $l_1\perp BC$，$l_2\perp PN$，$l_3\perp PE$.

演练解答

1. 如图 27，设 O_1，O_2，O_3 是 $\triangle APS$，$\triangle BQP$，$\triangle CSQ$ 的外心，作出六边形 $O_1PO_2QO_3S$ 后再由外心性质可知 $\angle PO_1S=2\angle A$，$\angle QO_2P=2\angle B$，$\angle SO_3Q=2\angle C$.

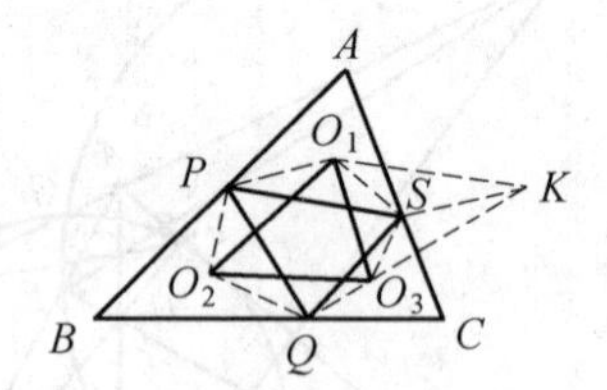

图 27

所以 $\angle PO_1S+\angle QO_2P+\angle SO_3Q=360^\circ$，从而又知 $\angle O_1PO_2+\angle O_2QO_3+\angle O_3SO_1=360^\circ$.

将 $\triangle O_2QO_3$ 绕着点 O_3 旋转到 $\triangle KSO_3$，易判断 $\triangle KSO_1\cong\triangle O_2PO_1$，同时可得 $\triangle O_1O_2O_3\cong\triangle O_1KO_3$，所以

$$\angle O_2O_1O_3=\angle KO_1O_3=\frac{1}{2}\angle O_2O_1K=\frac{1}{2}(\angle O_2O_1S+\angle SO_1K)=$$

$$\frac{1}{2}(\angle O_2O_1S+\angle PO_1O_2)=$$

$$\frac{1}{2}\angle PO_1S=\angle A$$

同理有 $\angle O_1O_2O_3=\angle B$，故 $\triangle O_1O_2O_3\backsim\triangle ABC$.

2. 设 AG 交 CD 于 E，AO 交 BC 于 F，则 E，F 分别是 CD，CB 的中点，且 $AF\perp BC$，作 $EM\perp CD$ 交 AF 于 M，则 M 是 $\triangle BCD$ 的外心，又作 $MN\perp BD$ 于 N，则 N 是 BD 的中点.

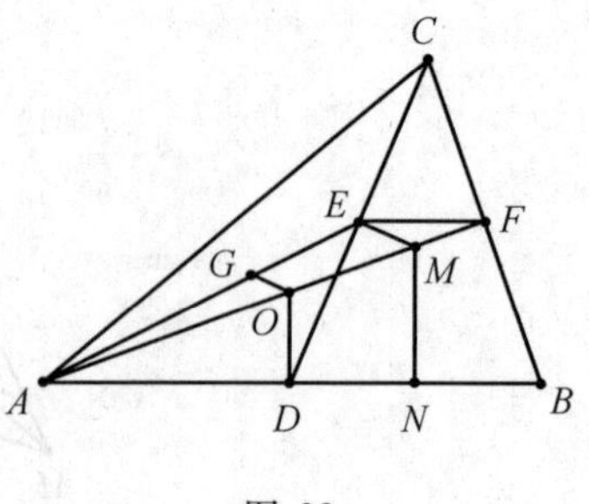

图 28

于是 $\frac{OM}{AO}=\frac{DN}{AD}=\frac{1}{2}=\frac{GE}{AG}$，所以 $OG\ /\!/$

ME,由于 $ME \perp CD$,则 $OG \perp CD$.

3. 如图 29,联结 $AO_1, AI_1, BI_1, I_1O_2, I_1D, I_2D, I_2C, O_1I_2, I_2O_2$,据内心性质,有 $\angle AI_1D = 90° + \frac{\angle B}{2} = 120°$,所以 AI_1DC 共圆,即点 I_1 在 $\odot ADC$ 上,而 $\angle AO_1D = 2B = 120°$,得点 O_1 也在 $\odot ADC$ 上,即 A, O_1, I_1, D, C 五点共圆.此圆的圆心即为 $\odot ADC$ 的圆心 O_2;

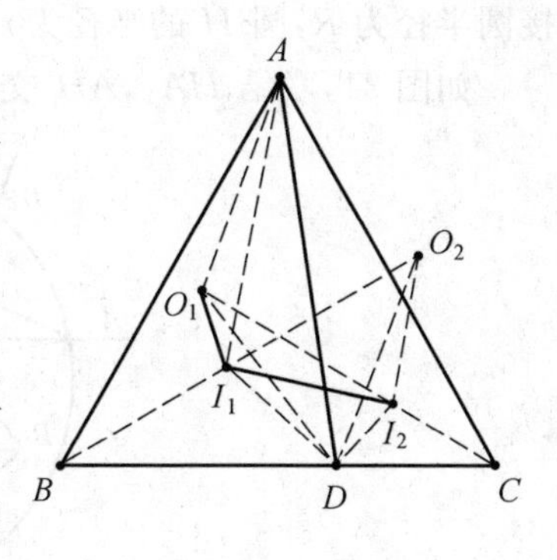

图 29

注意:$\angle C$ 的平分线也是 AB 的中垂线,即 C, I_2, O_1 共线,因此 $\angle DI_1O_1 = \angle DI_1A + \angle AI_1O_1 = \angle DI_1A + \angle ACO_1 = 120° + 30° = 150°$;

同理有 A, O_2, I_2, D, B 五点共圆,圆心为 O_1,因此 $DO_1 = DO_2 = O_1O_2$,且 $\angle DI_2O_2 = 150°$.

由于 $\angle I_1DI_2 = 90°$,$\angle O_1DO_2 = 60°$,则 $\angle I_1DO_1 + \angle I_2DO_2 = 30°$;又在 $\triangle DO_1I_1$ 中,$\angle I_1DO_1 + \angle DO_1I_1 = 30°$;在 $\triangle DO_2I_2$ 中,$\angle I_2DO_2 + \angle DO_2I_2 = 30°$;所以 $\angle I_1DO_1 = \angle I_2O_2D$,$\angle I_1O_1D = \angle I_2DO_2$,于是 $\triangle I_1DO_1 \cong \triangle I_2O_2D$.

从而 $O_1I_1 = DI_2$,$O_2I_2 = DI_1$,由于在 $\mathrm{Rt}\triangle DI_1I_2$ 中,$DI_2^2 + DI_1^2 = I_1I_2^2$,所以有 $O_1I_1^2 + O_2I_2^2 = I_1I_2^2$.

4. 如图 30,联结 A_2H_1, A_1H_2, H_1H_2,记圆半径为 R.由 $\triangle A_2A_3A_4$ 知 $\frac{A_2H_1}{\sin\angle A_2A_3H_1} = 2R \Rightarrow A_2H_1 = 2R\cos\angle A_3A_2A_4$;

由 $\triangle A_1A_3A_4$ 得 $A_1H_2 = 2R\cos\angle A_3A_1A_4$.

但 $\angle A_3A_2A_4 = \angle A_3A_1A_4$,故 $A_2H_1 = A_1H_2$.

易证 $A_2H_1 \parallel A_1H_2$,于是,$A_2H_1 \mathrel{\underline{\parallel}} A_1H_2$,

故得 $H_1H_2 \mathrel{\underline{\parallel}} A_2A_1$.设 H_1A_1 与 H_2A_2 的交点为 M,故 H_1H_2 与 A_1A_2 关于点 M 成中心对称.

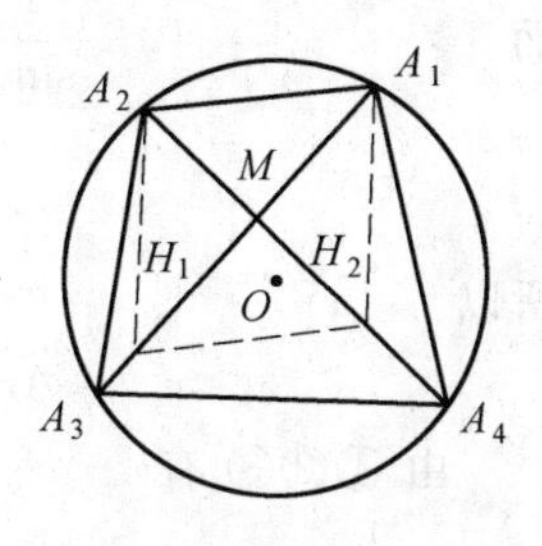

图 30

同理,H_2H_3 与 A_2A_3,H_3H_4 与 A_3A_4,H_4H_1 与 A_4A_1 都关于点 M 成中心对称.故四边形 $H_1H_2H_3H_4$ 与四边形 $A_1A_2A_3A_4$ 关于点 M 成中心对称,两者是全等四边形,H_1, H_2, H_3, H_4 在同一个圆上.后者的圆心设为 Q,Q 与 O 也关于 M 成中心对称.由 O, M 两点,点 Q 就不难确定了.

5. 只需证明 $AA_1 = BB_1 = CC_1$ 即可.设 $BC = a$,$CA = b$,$AB = c$,$\triangle ABC$ 外

接圆半径为 R,圆 H 的半径为 r.

如图 31,联结 HA_1,AH 交 EF 于 M,AH 的延长线少 BC 于 H_1.

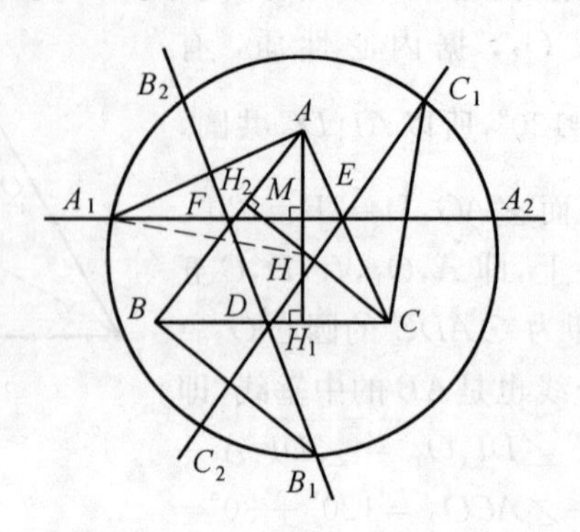

图 31

$$AA_1^2=AM^2+A_1M^2=$$
$$AM^2+r^2-MH^2=r^2+(AM^2-MH^2) \quad ①$$

又

$$AM^2-HM^2=$$
$$(\frac{1}{2}AH_1)^2-(AH-\frac{1}{2}AH_1)^2=$$
$$AH\cdot AH_1-AH^2=$$
$$AH_2\cdot AB-AH^2=\cos A\cdot bc-AH^2 \quad ②$$

而

$$\frac{AH}{\sin\angle ABH}=2R\Rightarrow AH^2=4R^2\cos^2 A$$
$$\frac{a}{\sin A}=2R\Rightarrow a^2=4R^2\sin^2 A$$

所以

$$AH^2+a^2=4R^2,AH^2=4R^2-a^2 \quad ③$$

由 ①②③ 有

$$AA_1^2=r^2+\frac{b^2+c^2-a^2}{2bc}\cdot bc-(4R^2-a^2)=$$
$$\frac{1}{2}(a^2+b^2+c^2)-4R^2+r^2$$

同理
$$BB_1^2=\frac{1}{2}(a^2+b^2+c^2)-4R^2+r^2$$
$$CC_1^2=\frac{1}{2}(a^2+b^2+c^2)-4R^2+r^2$$

故有 $AA_1=BB_1=CC_1$.

6. 如图32，设 l_1 交 DE 于 F_1，联结 F_1C，据"鸡爪定理"，$DC=DI$，$EC=EI$，故 $\triangle IDE$ 与 $\triangle CDE$ 关于直线 DE 对称，即直线 DE 是线段 IC 的中垂线，所以 $F_1I=F_1C$，$\angle DCP=180^\circ-\angle DCF_1=180^\circ-\angle DIF_1=\angle AIF_1=\angle IAB=\angle BCD=\angle CBD$，因此据弦切角性质可知，直线 CF_1 是 $\odot O$ 的切线，从而 F，F_1 共点，即 D，E，F 三点共线.

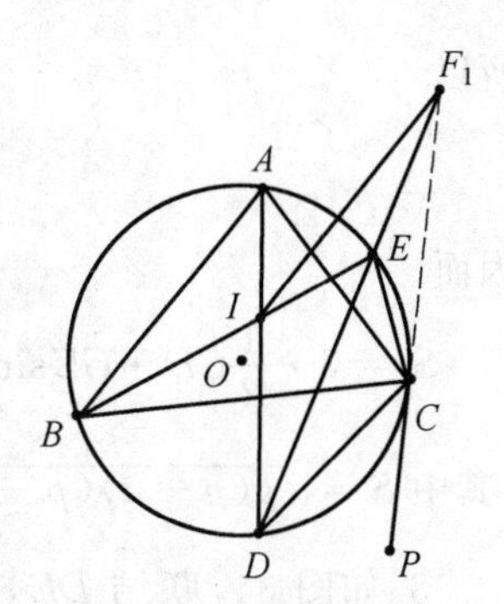

图 32

7. 对于任一个内接 $\triangle DEF$，暂将 EF 固定，而让 D 在 BC 上移动，如图33，设 EF 的中点为 M，则由中线长公式

$$DE^2+DF^2=\frac{EF^2}{2}+2\cdot DM^2$$

因此在 EF 固定后，欲使 $DE^2+EF^2+FD^2$ 取得最小值，当使 DM 达最小，但是 M 为 EF 上的定点，则当 $DM\perp BC$ 时，DM 达最小，再对 E，F 作同样的讨论，可知，当 $DE^2+EF^2+FD^2$ 取得最小值时，$\triangle DEF$ 的三条中线必定垂直于 $\triangle ABC$ 的相应边；

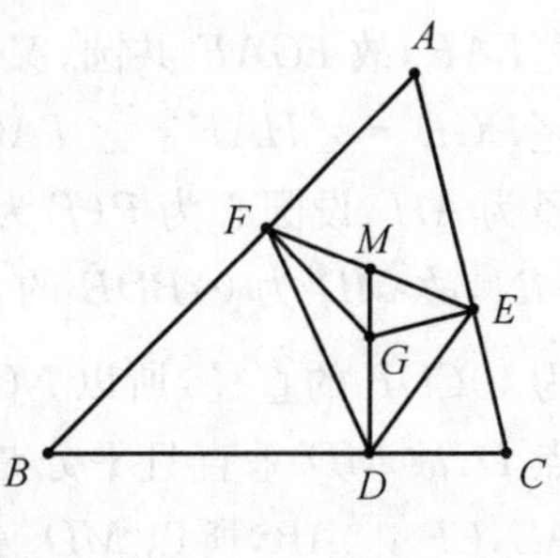

图 33

今设 $\triangle DEF$ 重心为 G，面积为 S_0，$\triangle ABC$ 的面积为 S，则

$$S_{\triangle GDE}=S_{\triangle GEF}=S_{\triangle GFD}=\frac{S_0}{3} \quad ①$$

由于 $GDCE$，$GEAF$，$GFBD$ 分别共圆，则 $\angle DGE=\pi-C$，$\angle EGF=\pi-A$，$\angle FGD=\pi-B$，故由 ①，得

$$GD\cdot GE\cdot\sin C=GE\cdot GF\cdot\sin A=GF\cdot GD\cdot\sin B$$

同除以 $2S$，得

$$\frac{GD\cdot GE}{a\cdot b}=\frac{GE\cdot GF}{b\cdot c}=\frac{GD\cdot GF}{a\cdot c}$$

所以

$$\frac{GD}{a}=\frac{GE}{b}=\frac{GF}{c}=\lambda \quad ②$$

又由

$$GD\cdot a+GE\cdot b+GF\cdot c=2S$$

即

$$\lambda(a^2+b^2+c^2)=2S$$

所以

$$\lambda=\frac{2S}{a^2+b^2+c^2}$$

因而

$$S_0=3\cdot\frac{1}{2}GD\cdot GE\sin C=3\lambda^2\cdot\frac{1}{2}ab\sin C=3\lambda^2 S=\frac{12S^3}{(a^2+b^2+c^2)^2}$$

(其中 $S=\sqrt{p(p-a)(p-b)(p-c)}$，$p=\frac{a+b+c}{2}$)

8. 如图 34，联结 DE，DF，MB，NC，因 $BCEF$ 共圆，D 为圆心，则 $DE=DF=DB=DC$，联结 GD，GE，GF，由 $BDEG$ 共圆，得 $\angle DGE=\angle DBE=\angle TAC$；又由 $CDFG$ 共圆，得 $\angle DGF=\angle DCF=\angle TAB$，相加得 $\angle EGF=\angle EAF$，故 $EGAF$ 共圆，又因 $EAFH$ 共圆，即有 A，G，E，H，F 五点共圆，所以 $\angle HGE=\angle HAE=\angle TAC=\angle DGE$，即 D，H，G 共线；五点圆 $AGEHF$ 的直径为 AH，设圆心为 P(P 为 AH 的中点)，由 $\angle AGH=\angle AEH=90^\circ$，即 $DG\perp MN$，故 MD 为 $\odot BDE$ 的直径，从而 $MB\perp BC$，进而由 $\angle DGN=90^\circ$，知 DN 为 $\odot CDF$ 的直径，所以 $NC\perp BC$，$MB\parallel AT\parallel NC$，因直径 MD 过 $\overparen{BDE}$ 的中点 D，故 MD 垂直且平分弦 BE；同理，$\odot CDF$ 的直径 $DN\perp CF$，又由 $BE\perp AC$，$CF\perp AB$，所以 $MD\parallel AC$，$ND\parallel AB$，则 $\mathrm{Rt}\triangle ABT\backsim\mathrm{Rt}\triangle NCD$，则

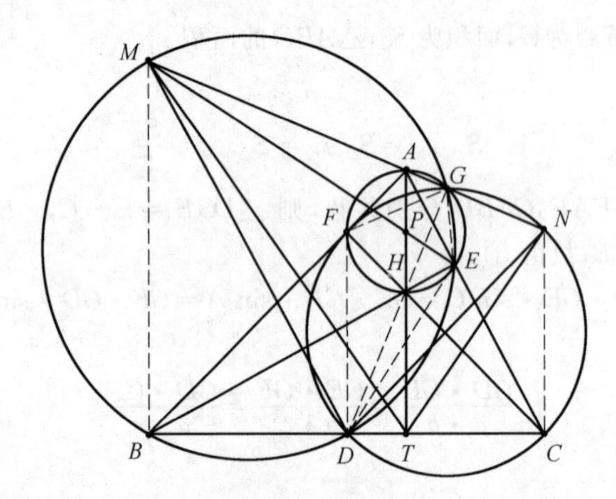

图 34

$$\frac{BT}{DC}=\frac{AT}{NC} \quad ①$$

由 $MD\parallel AC$，得 $\mathrm{Rt}\triangle MDB\backsim\mathrm{Rt}\triangle ACT$，则

$$\frac{BD}{TC}=\frac{MB}{AT} \quad ②$$

①② 相乘，并注意 $BD=CD$，有 $\frac{BT}{TC}=\frac{MB}{NC}$，所以 $\triangle MBT \backsim \triangle NCT$，由此，$\frac{TN}{TM}=\frac{TC}{TB}=\frac{AN}{AM}$，故 AT 平分 $\angle MTN$.

为证 ME,NF,AH 三线共点，只要证 ME,NF 皆过点 P，据五点圆 $AGEHF$ 的圆心角 $\angle HPE=2\angle HAE=2\angle HBC=\angle EDC=\angle BME$，所以 $PE \parallel ME$，因此 M,P,E 共线；同理可得，N,P,F 共线，因此 ME,NF,AH 三线共点.

9. 证法一（纯几何方法）：如图 35，设 $OK\perp AB$ 于 K，则 $\angle KOB=\frac{1}{2}\angle AOB=\angle ACB$，又由 $AFDC$ 共圆，则 $\angle BFD=\angle ACB=\angle KOP$，所以 K,O,P,F 共圆，所以 $\angle OPF=\angle OKF=90°$，因此 $OB\perp DF$，同理有 $OC\perp DE$.

为证 $OH\perp MN$，由 $AEDB,AFDC$ 分别共圆，$\angle FDB=\angle BAC$，$\angle MDB=\angle EDC=\angle BAC$，$\angle FDM=2\angle BAC=\angle BOC$，设 $OB\cap CF=T$，在 $\mathrm{Rt}\triangle BTF$ 中，由于 $DF\perp BT$，则 $\angle OTC=\angle BTF=\angle DFB$，因此 $\triangle COT \backsim \triangle MDF$，且其对应边互相垂直.

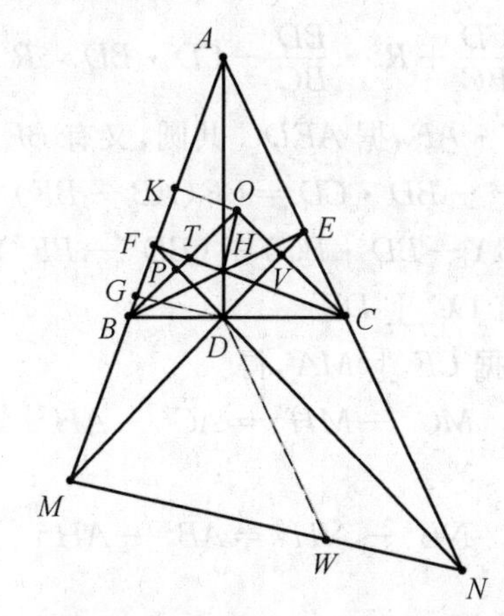

图 35

作 $DG \parallel MN$，于是只要证 $OH\perp DG$，即要证 $\triangle MDG \backsim \triangle COH$，由 $\angle DMF=\angle OCT$，只要证

$$\frac{MG}{MD}=\frac{CH}{CO} \quad ①$$

因为
$$\frac{MG}{MD}=\frac{MG}{MF}\cdot\frac{MF}{MD}=\frac{ND}{NF}\cdot\frac{MF}{MD}=\frac{ND}{NF}\cdot\frac{CT}{CO} \quad ②$$

根据 ①②，只要证

$$\frac{ND}{NF}=\frac{CH}{CT} \quad ③$$

注意$\triangle CDH \backsim \triangle AFH$，$\triangle CTB \backsim \triangle AHB$，$\triangle NDC \backsim \triangle NAF$，则

$$\frac{CH}{AH}=\frac{CD}{AF},\frac{AH}{CT}=\frac{AB}{CB}$$

相乘得

$$\frac{CH}{CT}=\frac{AB \cdot CD}{BC \cdot AF}=\frac{AB}{BC} \cdot \frac{NC}{NF} \quad ④$$

由③④，只要证

$$\frac{ND}{NC}=\frac{AB}{BC} \quad ⑤$$

由于$\triangle DCE \backsim \triangle ACB$，且$DC$平分$\angle NDE$，则$\frac{DN}{DE}=\frac{NC}{CE}$，所以$\frac{ND}{NC}=\frac{DE}{CE}=\frac{AB}{BC}$，因此$OH \perp DG$，即有$OH \perp MN$.

证法二(利用根轴性质)：为证$OB \perp DF$，只要证，$OD^2-OF^2=BD^2-BF^2$，据斯特瓦特定理

$$OD^2=R^2 \cdot \frac{CD}{BC}+R^2 \cdot \frac{BD}{BC}-CD \cdot BD=R^2-CD \cdot BD$$

同样有$OF^2=R^2-BF \cdot AF$，据$AFDC$共圆，又有$BF \cdot BA=BD \cdot BC$，所以

$$OD^2-OF^2=BF \cdot AF-BD \cdot CD=BF(AB-BF)-BD \cdot (BC-BD)=$$
$$(BF \cdot BA-BD \cdot BC)+(BD^2-BF^2)=BD^2-BF^2$$

因此$OB \perp DF$，同理有$OC \perp DE$.

再证$OH \perp MN$，据$CF \perp MA$，得

$$MC^2-MH^2=AC^2-AH^2 \quad ⑥$$

由$BE \perp NA$得

$$NB^2-NH^2=AB^2-AH^2 \quad ⑦$$

由$DA \perp BC$得

$$BD^2-CD^2=BA^2-AC^2 \quad ⑧$$

由$OB \perp DF$得

$$BN^2-BD^2=ON^2-OD^2 \quad ⑨$$

由$OC \perp DE$得

$$CM^2-CD^2=OM^2-OD^2 \quad ⑩$$

⑥+⑧+⑨-⑦-⑩得$NH^2-MH^2=ON^2-OM^2$，所以$OH \perp MN$.

证明三(面积与三角方法)：(仅证$OH \perp MN$.)

如图35，作$DW \parallel AN$，点W在MN上，在$\triangle OBH$与$\triangle NDW$中，因为

$OB \perp ND$，$BE \perp AN$，即 $BH \perp DW$，于是 $\angle NDW = \angle OBH$；

为证 $OH \perp WN$，只要证 $\triangle NDW \backsim \triangle OBH$，即要证

$$\frac{DW}{DN} = \frac{BH}{BO} \tag{⑪}$$

因

$$\frac{BH}{BO} = \frac{BD}{\sin C} \cdot \frac{1}{R} = \frac{AB \cdot \cos B}{R\sin C} = 2\cos B, \frac{DW}{DN} = \frac{DW}{EN} \cdot \frac{EN}{DN} = \frac{MD}{ME} \cdot \frac{EN}{DN} \tag{⑫}$$

而

$$\frac{EN}{DN} = \frac{\sin\angle EDN}{\sin\angle DEN} = \frac{\sin 2A}{\sin B}$$

$$\frac{MD}{ME} = \frac{\overline{\triangle AMD}}{\overline{\triangle AME}} = \frac{AM \cdot AD\sin\angle BAD}{AM \cdot AE\sin A} = \frac{AD\cos B}{AE\sin A} = \frac{AB\sin B\cos B}{AB\cos A\sin A} = \frac{\sin 2B}{\sin 2A}$$

（$\overline{\triangle AMD}$ 代表 $\triangle AMD$ 的面积，其余类似）

故由⑫，$\dfrac{DW}{DN} = \dfrac{MD}{ME} \cdot \dfrac{EN}{DN} = \dfrac{\sin 2B}{\sin 2A} \cdot \dfrac{\sin 2A}{\sin B} = 2\cos B$，因此⑪成立，故结论得证.

证法四（解析法）：(1) 取 D 为原点，DA 为 y 轴，建立直角坐标系，设三顶点坐标为 $A(0,a)$，$B(b,0)$，$C(c,0)$，则重心为 $G\left(\dfrac{b+c}{3}, \dfrac{a}{3}\right)$，于是 AB 的方程为：$\dfrac{x}{b} + \dfrac{y}{a} = 1$，$AC$ 的方程为：$\dfrac{x}{c} + \dfrac{y}{a} = 1$；再设垂心为 $H(0,h)$，则 CH 的方程为：$\dfrac{x}{c} + \dfrac{y}{h} = 1$；由于 $CH \perp AB$，则

$$-1 = k_{CH} \cdot k_{AB} = \left(-\frac{h}{c}\right) \cdot \left(-\frac{a}{b}\right) = \frac{ah}{bc}$$

因此，$h = -\dfrac{bc}{a}$，于是 CH 的方程为：$\dfrac{x}{c} = \dfrac{ay}{bc} = 1$，且垂心坐标为 $\left(0, -\dfrac{bc}{a}\right)$.

同理得，BH 的方程为：$\dfrac{x}{b} - \dfrac{ay}{bc} = 1$；

因 O，G，H 共线（欧拉线），且点 O 外分线段 HG 为定比 -3：$\dfrac{HO}{OG} = -3$；记 $O(x_0, y_0)$，则 $x_0 = \dfrac{0 + (-3)\dfrac{b+c}{3}}{1 + (-3)} = \dfrac{b+c}{2}$，$y_0 = \dfrac{-\dfrac{bc}{a} + (-3)\dfrac{a}{3}}{1 + (-3)} = \dfrac{a^2 + bc}{2a}$，

即 $O\left(\frac{b+c}{2},\frac{a^2+bc}{2a}\right)$，故 $k_{OH}=\frac{\frac{a^2+bc}{2a}-\left(-\frac{bc}{a}\right)}{\frac{b+c}{2}-0}=\frac{a^2+3bc}{a(b+c)}$，$k_{OB}=\frac{\frac{a^2+bc}{2a}-0}{\frac{b+c}{2}-b}=\frac{a^2+bc}{a(c-b)}$，$k_{OC}=\frac{a^2+bc}{a(b-c)}$，因 DF 过 CH 与 AB 的交点 F，故 DF 的方程可表为

$$\left(\frac{x}{c}-\frac{ay}{bc}-1\right)+\lambda\left(\frac{x}{b}+\frac{y}{a}-1\right)=0$$

注意 DF 过原点，得 $\lambda=-1$，所以 DF 的方程为

$$\left(\frac{1}{c}-\frac{1}{b}\right)x-\left(\frac{1}{a}+\frac{a}{bc}\right)y=0$$

同理知，DE 的方程为

$$\left(\frac{1}{c}-\frac{1}{b}\right)x+\left(\frac{1}{a}+\frac{a}{bc}\right)y=0$$

所以 $k_{DF}=\frac{a(b-c)}{a^2+bc}$，$k_{DE}=\frac{a(c-b)}{a^2+bc}$；

由于 $k_{OB}\cdot k_{DF}=-1$，$k_{OC}\cdot k_{DE}=-1$，所以 $OB\perp DF$，$OC\perp DE$；

(2) 先求 MN 的方程：一方面，由于 MN 过 DF 与 AC 的交点 N，故 MN 的方程可表为

$$\left[\left(\frac{1}{c}-\frac{1}{b}\right)x-\left(\frac{1}{a}+\frac{a}{bc}\right)y\right]+\mu\left(\frac{x}{c}+\frac{y}{a}-1\right)=0$$

即

$$\left(\frac{1+\mu}{c}-\frac{1}{b}\right)x-\left(\frac{1-\mu}{a}+\frac{a}{bc}\right)y=\mu$$

也即

$$\gamma\left(\frac{1+\mu}{c}-\frac{1}{b}\right)x-\gamma\left(\frac{1-\mu}{a}+\frac{a}{bc}\right)y=\gamma\mu \quad ⑬$$

另一方面，由于 MN 过 DE 与 AB 的交点 M，故 MN 的方程可表为

$$\left[\left(\frac{1}{c}-\frac{1}{b}\right)x+\left(\frac{1}{a}+\frac{a}{bc}\right)y\right]+\gamma\left(\frac{x}{b}+\frac{y}{a}-1\right)=0$$

即

$$\left(\frac{1}{c}-\frac{1-\gamma}{b}\right)x+\left(\frac{1+\gamma}{a}+\frac{a}{bc}\right)y=\gamma$$

也即

$$\mu\left(\frac{1}{c}-\frac{1-\gamma}{b}\right)x+\mu\left(\frac{1+\gamma}{a}+\frac{a}{bc}\right)y=\gamma\mu \tag{14}$$

由于方程 ⑬ 和 ⑭ 表示同一条直线 MN，所以

$$\gamma\left(\frac{1+\mu}{c}-\frac{1}{b}\right)=\mu\left(\frac{1}{c}-\frac{1-\gamma}{b}\right) \tag{15}$$

$$-\gamma\left(\frac{1-\mu}{a}+\frac{a}{bc}\right)=\mu\left(\frac{1+\gamma}{a}+\frac{a}{bc}\right) \tag{16}$$

由 ⑮ 得 $(c-b)(\gamma\mu+\gamma-\mu)=0$，显然有 $c>0, b<0, c-b>0$，所以

$$\gamma\mu+\gamma-\mu=0 \tag{17}$$

由 ⑯ 得 $(a^2+bc)(\mu+\gamma)=0$（因 $k_{DF}=\dfrac{a(b-c)}{a^2+bc}$，$k_{DE}=\dfrac{a(c-b)}{a^2+bc}$ 有意义，则 $a^2+bc\neq 0$），所以

$$\mu+\gamma=0 \tag{18}$$

由 ⑰⑱ 得 $\gamma=2, \mu=-2$，于是 MN 的方程为

$$\left(\frac{1}{b}+\frac{1}{c}\right)x+\left(\frac{3}{a}+\frac{a}{bc}\right)y=2$$

即 $a(b+c)x+(3bc+a^2)y=2abc$，因此，$k_{MN}=-\dfrac{a(b+c)}{a^2+3bc}$，前已得到 $k_{OH}=\dfrac{a^2+3bc}{a(b+c)}$，所以 $k_{OH}\cdot k_{MN}=-1$，从而 $OH\perp MN$。

10.(1) 如图 36，作 $AQ\perp BC$ 于 Q，设 $QA\cap NM=P_1$，联结 MO_2，NO_2，$\odot O_1$，$\odot O_2$ 的半径分别记为 r_1，r_2，则

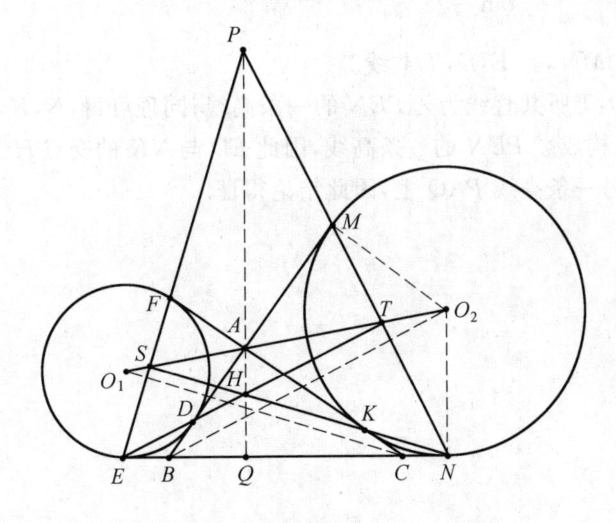

图 36

$$\frac{AT}{TO_2}=\frac{\overline{\triangle AMT}}{\triangle MTO_2}=\frac{AM\cos\dfrac{B}{2}}{r_2\sin\dfrac{B}{2}}=\frac{\tan\dfrac{A}{2}}{\tan\dfrac{B}{2}}$$

同理,$\dfrac{AS}{SO_1}=\dfrac{\tan\dfrac{A}{2}}{\tan\dfrac{C}{2}}$,因为 $P_1A\parallel O_2N$,则$\dfrac{P_1A}{r_2}=\dfrac{AT}{TO_2}$,故 $P_1A=\dfrac{\tan\dfrac{A}{2}}{\tan\dfrac{B}{2}}\cdot r_2$.

又设 $QA\cap EF=P_2$,则 $P_2A=\dfrac{\tan\dfrac{A}{2}}{\tan\dfrac{C}{2}}\cdot r_1$,为证 $P_1A=P_2A$,只要证,$r_2\cot\dfrac{B}{2}=r_1\cot\dfrac{C}{2}$,即 $BN=CE$,联结 BO_2,CO_1,因 $O_1B\perp BO_2$,$MN\perp BO_2$,故 $O_1B\parallel MN$,同理,$O_2C\perp O_1C$,于是 BCO_2O_1 共圆,得 $\angle CBO_2=CO_1O_2$,$BN=r_2\cot\dfrac{B}{2}=r_2\cot\angle CO_1O_2=r_2\dfrac{O_1C}{O_2C}=O_1C\cos\dfrac{C}{2}$,所以 $P_1A=P_2A$. 即 EF,MN,AQ 三线共点.

(2) 因 $\angle BED=\dfrac{B}{2}$,所以 $\angle ENM=\angle BMN=\dfrac{\pi}{2}-\dfrac{B}{2}$,因$\dfrac{AT}{TO_2}=\dfrac{\tan\dfrac{A}{2}}{\tan\dfrac{B}{2}}$,而$\dfrac{AD}{DB}=\dfrac{AD}{r_1}\cdot\dfrac{r_1}{DB}=\dfrac{\tan\dfrac{A}{2}}{\tan\dfrac{B}{2}}$,所以,$\dfrac{AT}{TO_2}=\dfrac{AD}{DB}$,因此 $DT\parallel BO_2$,而 $BO_2\perp MN$,所以 $DT\perp MN$,且 E,D,T 共线.

即 E,D,T 所共直线为 $\triangle PEN$ 的一条高线;同理可得,N,K,S 共线,且其所共直线也构成 $\triangle PEN$ 的一条高线,因此 ED 与 NK 的交点 H 为 $\triangle PEN$ 的垂心,故在另一条高线 PAQ 上,因此结论得证.

第 23 讲　几个重要定理(Ⅰ)

人的天职在勇于探索真理.

——哥白尼(波兰)

知识方法

定理 1　(托勒密(Ptolemy)定理)圆内接四边形对角线之积等于两组对边乘积之和;(逆命题成立)

已知　如图 1,圆内接四边形 $ABCD$,求证:$AC \cdot BD = AB \cdot CD + AD \cdot BC$.(托勒密定理)

分析　可设法把 $AC \cdot BD$ 拆成两部分,如把 AC 写成 $AE + EC$,这样,$AC \cdot BD$ 就拆成了两部分:$AE \cdot BD$ 及 $EC \cdot BD$,于是只要证明 $AE \cdot BD = AD \cdot BC$ 及 $EC \cdot BD = AB \cdot CD$ 即可.

证明　如图 1,在 AC 上取点 E,使 $\angle ADE = \angle BDC$.

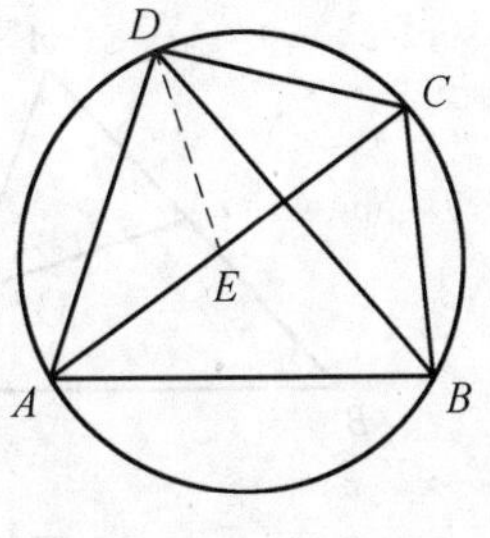

由 $\angle DAE = \angle DBC$,得 $\triangle AED \backsim \triangle BCD$.

所以 $AE : BC = AD : BD$,即

$$AE \cdot BD = AD \cdot BC \quad ①$$

又 $\angle ADB = \angle EDC$,$\angle ABD = \angle ECD$,得 $\triangle ABD \backsim \triangle ECD$.

所以 $AB : ED = BD : CD$,即

$$EC \cdot BD = AB \cdot CD \quad ②$$

图 1

由 ①＋② 得

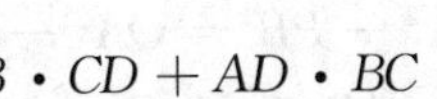

$$AC \cdot BD = AB \cdot CD + AD \cdot BC$$

定理 2　(塞瓦(Ceva)定理)如图 2,设 X, Y, Z 分别为 $\triangle ABC$ 的边 BC,CA,AB 上的一点,则 AX,BY,CZ 所在直线交于一点的充要条件是

$$\frac{AZ}{ZB}\cdot\frac{BX}{XC}\cdot\frac{CY}{YA}=1$$

证明　设 $S_{\triangle APB}=S_1, S_{\triangle BPC}=S_2, S_{\triangle CPA}=S_3$，则

$$\frac{AZ}{ZB}=\frac{S_3}{S_2}, \frac{BX}{XC}=\frac{S_1}{S_3}, \frac{CY}{YA}=\frac{S_2}{S_1}$$

三式相乘，即得证.

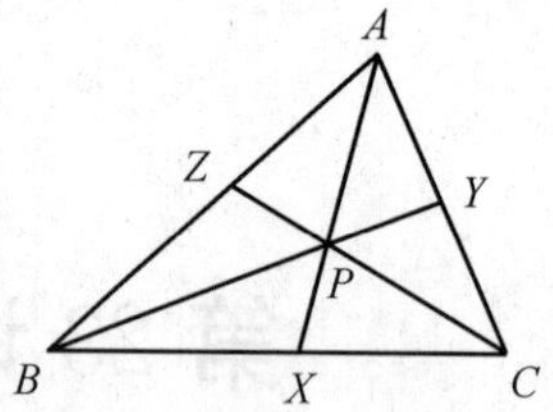

图 2

定理 3　（梅涅劳斯定理）如图 3，设 X,Y,Z 分别在 $\triangle ABC$ 的 BC,CA,AB 所在直线上，则 X,Y,Z 共线的充要条件是

$$\frac{AZ}{ZB}\cdot\frac{BX}{XC}\cdot\frac{CY}{YA}=1$$

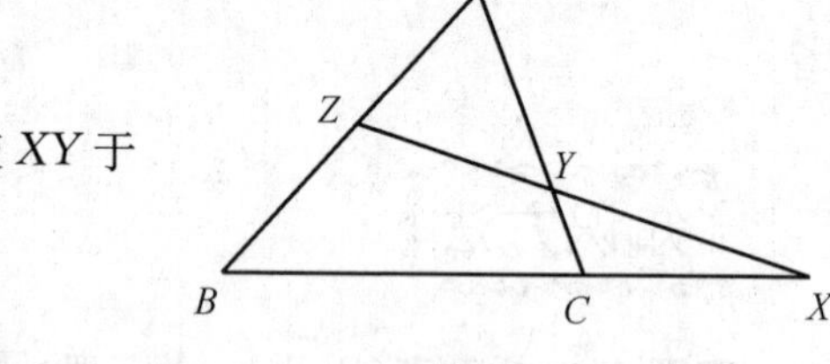

图 3

证明　如图 4，作 $CN\parallel BA$，交 XY 于 N，则

$$\frac{AZ}{CN}=\frac{CY}{YA}, \frac{CN}{ZB}=\frac{XC}{BX}$$

于是

$$\frac{AZ}{ZB}\cdot\frac{BX}{XC}\cdot\frac{CY}{YA}=\frac{AZ}{CN}\cdot\frac{CN}{ZB}\cdot\frac{BX}{XC}\cdot\frac{CY}{YA}=1$$

本定理也可用面积来证明：如图 5，联结 AX,BY，记 $S_{\triangle AYB}=S_1, S_{\triangle BYC}=S_2, S_{\triangle CYX}=S_3, S_{\triangle XYA}=S_4$，则 $\frac{AZ}{ZB}=\frac{S_4}{S_2+S_3}, \frac{BX}{XC}=\frac{S_2+S_3}{S_3}, \frac{CY}{YA}=\frac{S_3}{S_4}$，三式相乘即得证.

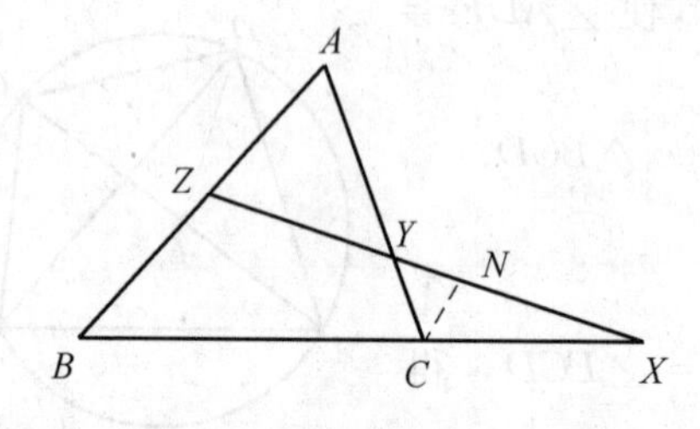

图 4

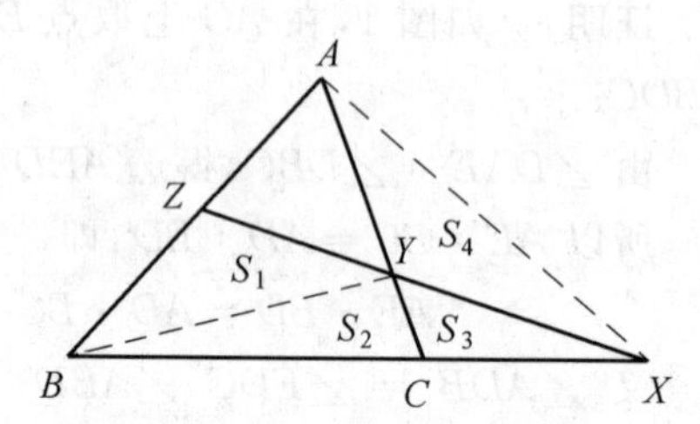

图 5

定理 4　设 P,Q,A,B 为任意四点，则

$$PA^2-PB^2=QA^2-QB^2\Leftrightarrow PQ\perp AB$$

证明　先证 $PA^2-PB^2=QA^2-QB^2\Rightarrow PQ\perp AB$.

如图 6，作 $PH\perp AB$ 于 H，则

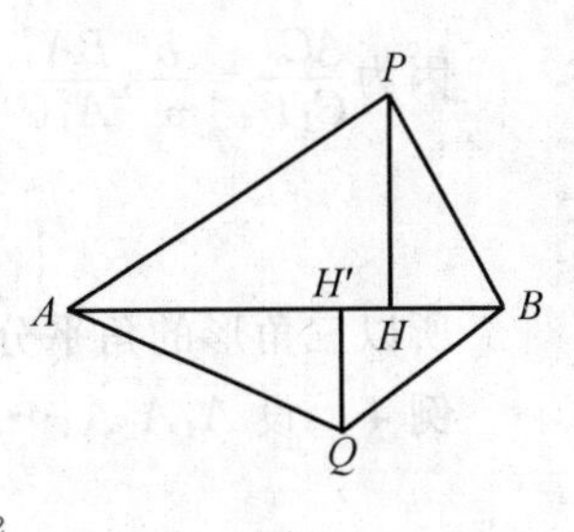

图 6

$PA^2-PB^2=$

$(PH^2+AH^2)-(PH^2+BH^2)=$

$AH^2-BH^2=(AH+BH)(AH-BH)=$

$AB(AB-2BH)$

同理,作 $QH'\perp AB$ 于 H',则

$$QA^2-QB^2=AB(AB-2AH')$$

所以 $H=H'$,即点 H 与点 H' 重合. $PQ\perp AB\Rightarrow PA^2-PB^2=QA^2-QB^2$ 显然成立.

典型例题

例 1　P 是正 $\triangle ABC$ 外接圆的劣弧$\overset{\frown}{BC}$上任一点(不与 B,C 重合),求证:$PA=PB+PC$.

证明　由托勒密定理得 $PA\cdot BC=PB\cdot AC+PC\cdot AB$,因为 $AB=BC=AC$,所以 $PA=PB+PC$.

例 2　如图 7,AD 是 $\triangle ABC$ 的边 BC 上的中线,直线 CF 交 AD 于 E. 求证:$\dfrac{AE}{ED}=\dfrac{2AF}{FB}$.

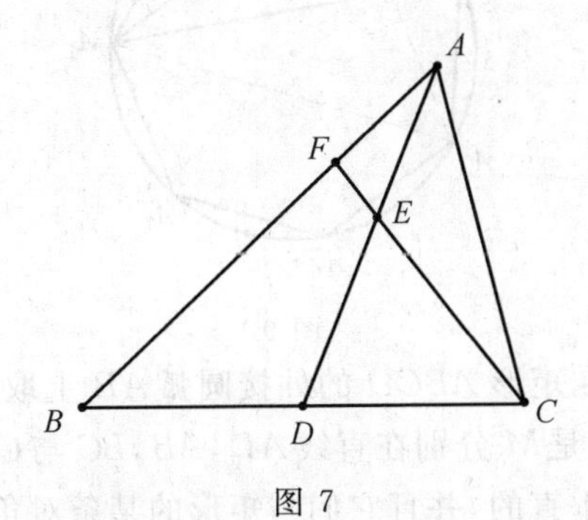

图 7

证明　由梅涅劳斯定理得$\dfrac{AE}{ED}\cdot\dfrac{DC}{CB}\cdot\dfrac{BF}{FA}=1$,

从而$\dfrac{AE}{ED}=\dfrac{2AF}{FB}$.

例 3　求证:三角形的角平分线交于一点.

讲解　如图 8,记 $\triangle ABC$ 的角平分线分别是 AA_1,BB_1,CC_1.

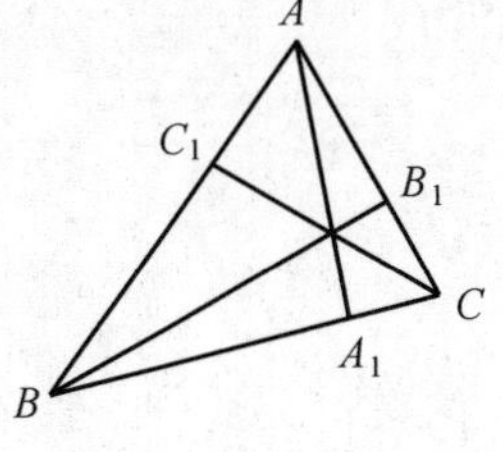

图 8

因为$\frac{AC_1}{C_1B}=\frac{b}{a}$,$\frac{BA_1}{A_1C}=\frac{c}{b}$,$\frac{CB_1}{B_1A}=\frac{a}{c}$,所以

$$\frac{AC_1}{C_1B}\cdot\frac{BA_1}{A_1C}\cdot\frac{CB_1}{B_1A}=1$$

所以三角形的角平分线交于一点.

例 4 设 $A_1A_2A_3\cdots A_7$ 是圆内接正七边形,求证:

$$\frac{1}{A_1A_2}=\frac{1}{A_1A_3}+\frac{1}{A_1A_4}$$

证明 注意到题目中要证的是一些边长之间的关系,并且是圆内接多边形,当然存在圆内接四边形,从而可以考虑用托勒密定理.

如图 9,联结 A_1A_5,A_3A_5,并设 $A_1A_2=a$,$A_1A_3=b$,$A_1A_4=c$.

本题即证$\frac{1}{a}=\frac{1}{b}+\frac{1}{c}$. 在圆内接四边形 $A_1A_3A_4A_5$ 中,有 $A_3A_4=A_4A_5=a$,$A_1A_3=A_3A_5=b$,$A_1A_4=A_1A_5=c$. 于是有 $ab+ac=bc$,同除以 abc,即得$\frac{1}{a}=\frac{1}{b}+\frac{1}{c}$,故证.

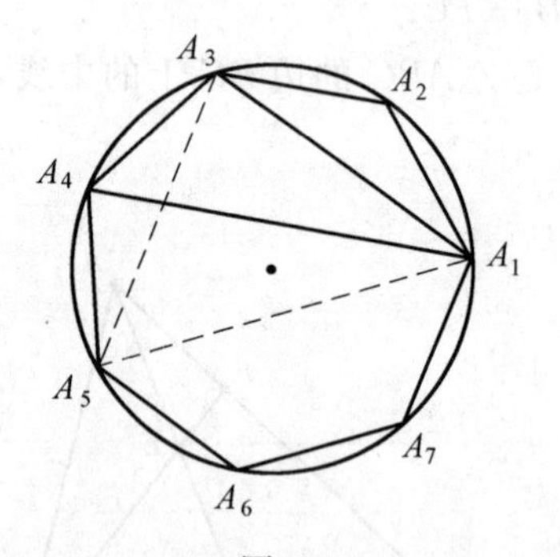

图 9

例 5 如图 10,在矩形 $ABCD$ 的外接圆弧 AB 上取一个不同于顶点 A,B 的点 M,点 P,Q,R,S 是 M 分别在直线 AD,AB,BC 与 CD 上的投影. 求证:直线 PQ 和 RS 是互相垂直的,并且它们与矩形的某条对角线交于同一点.

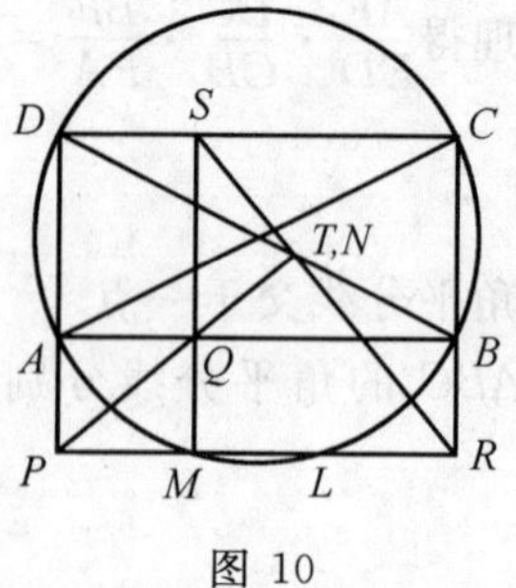

图 10

证明 设 PR 与圆的另一交点为 L，则

$$\overrightarrow{PQ}\cdot\overrightarrow{RS}=(\overrightarrow{PM}+\overrightarrow{PA})\cdot(\overrightarrow{RM}+\overrightarrow{MS})=$$

$$\overrightarrow{PM}\cdot\overrightarrow{RM}+\overrightarrow{PM}\cdot\overrightarrow{MS}+\overrightarrow{PA}\cdot\overrightarrow{RM}+\overrightarrow{PA}\cdot\overrightarrow{MS}=$$

$$-\overrightarrow{PM}\cdot\overrightarrow{PL}+\overrightarrow{PA}\cdot\overrightarrow{PD}=0$$

故 $PQ\perp RS$.

设 PQ 交对角线 BD 于 T，则由梅涅劳斯定理（PQ 交 $\triangle ABD$）得

$$\frac{DP}{PA}\cdot\frac{AQ}{QB}\cdot\frac{BT}{TD}=1$$

即

$$\frac{BT}{TD}=\frac{PA}{DP}\cdot\frac{QB}{AQ}$$

设 RS 交对角线 BD 于 N，由梅涅劳斯定理（RS 交 $\triangle BCD$）得

$$\frac{BN}{ND}\cdot\frac{DS}{SC}\cdot\frac{CR}{RB}=1$$

即

$$\frac{BN}{ND}=\frac{SC}{DS}\cdot\frac{RB}{CR}$$

显然，$\frac{PA}{DP}=\frac{RB}{CR}$，$\frac{QB}{AQ}=\frac{SC}{DS}$. 于是 $\frac{BT}{TD}=\frac{BN}{ND}$，故 T 与 N 重合. 得证.

例 6 以 O 为圆心的圆通过 $\triangle ABC$ 的两个顶点 A，C，且与 AB，BC 两边分别相交于 K，N 两点，$\triangle ABC$ 和 $\triangle KBN$ 的两外接圆交于 B，M 两点. 求证：$\angle OMB$ 为直角.

证明 如图 11，对于与圆有关的问题，常可利用圆幂定理，若能找到 BM 上一点，使该点与点 B 对于圆 O 等幂即可.

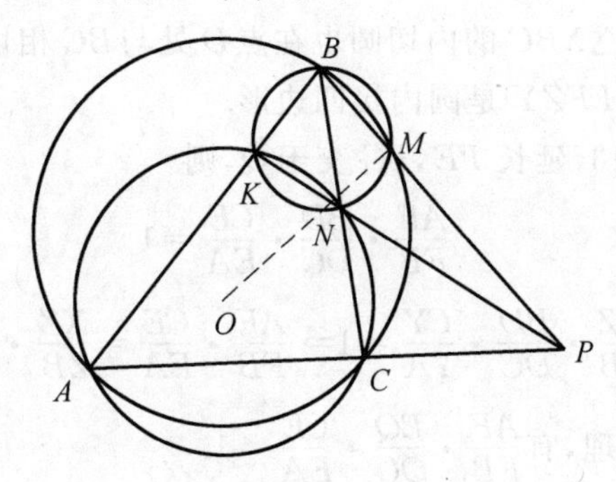

图 11

由 BM，KN，AC 三线共点 P，知

$$PM\cdot PB=PN\cdot PK=PO^2-r^2 \quad ①$$

由$\angle PMN=\angle BKN=\angle CAN$，得$P,M,N,C$共圆，故

$$BM\cdot BP=BN\cdot BC=BO^2-r^2 \quad ②$$

①－②得，$PM\cdot PB-BM\cdot BP=PO^2-BO^2$，即$(PM-BM)(PM+BM)=PO^2-BO^2$，就是$PM^2-BM^2=PO^2-BO^2$，于是$OM\perp PB$.

例7 AB是圆O的弦，M是其中点，弦CD，EF经过点M，CF，DE交AB于P，Q，求证：$MP=QM$.

证明 如图12，圆是关于直径对称的，当作出点F关于OM的对称点F'后，只要设法证明$\triangle FMP\cong\triangle F'MQ$即可.

作点F关于OM的对称点F'，联结FF'，$F'M$，$F'Q$，$F'D$，则$MF=MF'$，$\angle 4=\angle FMP=\angle 6$.

圆内接四边形$F'FED$中，$\angle 5+\angle 6=180°$，从而$\angle 4+\angle 5=180°$，于是M,F',D,Q四点共圆，所以$\angle 2=\angle 3$，但$\angle 3=\angle 1$，从而$\angle 1=\angle 2$.

于是$\triangle MFP\cong\triangle MF'Q$. 所以$MP=MQ$.

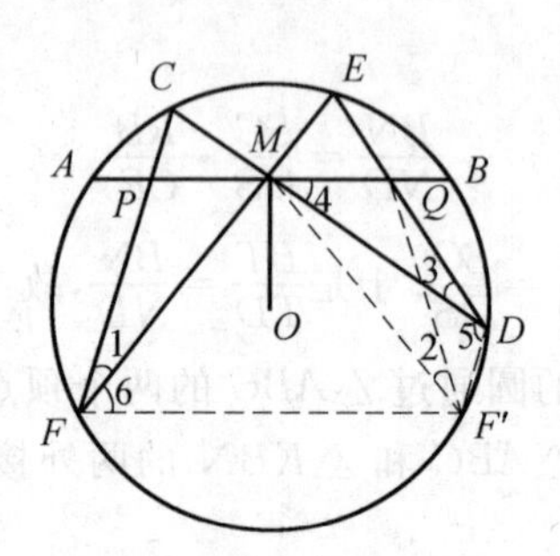

图12

例8 设$\triangle ABC$的内切圆分别切三边BC，CA，AB于D，E，F，X是$\triangle ABC$内的一点，$\triangle XBC$的内切圆也在点D处与BC相切，并与CX，XB分别切于点Y，Z，求证：$EFZY$是圆内接四边形.

证明 如图13，延长FE，BC交于Q，则

$$\frac{AF}{FB}\cdot\frac{BD}{DC}\cdot\frac{CE}{EA}=1$$

$$\frac{XZ}{ZB}\cdot\frac{BD}{DC}\cdot\frac{CY}{YA}=1\Rightarrow\frac{AF}{FB}\cdot\frac{CE}{EA}=\frac{XZ}{ZB}\cdot\frac{CY}{YA}$$

由梅涅劳斯定理，有$\frac{AF}{FB}\cdot\frac{BQ}{QC}\cdot\frac{CE}{EA}=1$.

于是得$\frac{XZ}{ZB}\cdot\frac{BQ}{QC}\cdot\frac{CY}{YA}=1$. 即$Z,Y,Q$三点共线.

但由切割线定理知，$QE\cdot QF=QD^2=QY\cdot QZ$.

故由圆幂定理的逆定理知 E,F,Z,Y 四点共圆,即 $EFZY$ 是圆内接四边形.

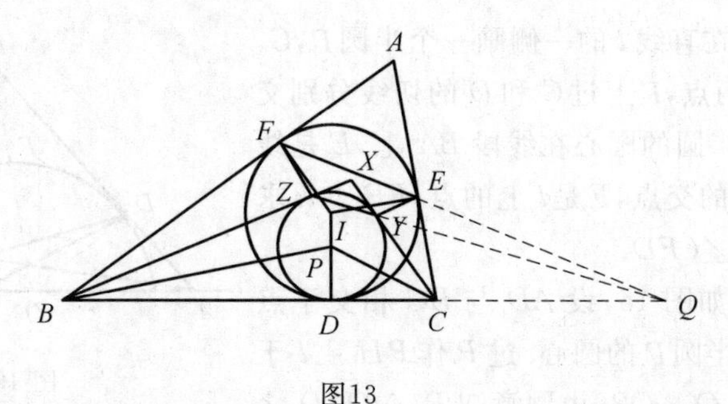

图13

例 9 在四边形 $ABCD$ 中,对角线 AC 平分 $\angle BAD$,在 CD 上取一点 E,BE 与 AC 相交于 F,延长 DF 交 BC 于 G. 求证:$\angle GAC=\angle EAC$.

证明 如图 14,联结 BD 交 AC 于 H,对 $\triangle BCD$ 用塞瓦定理,可得

$$\frac{CG}{GB}\cdot\frac{BH}{HD}\cdot\frac{DE}{EC}=1$$

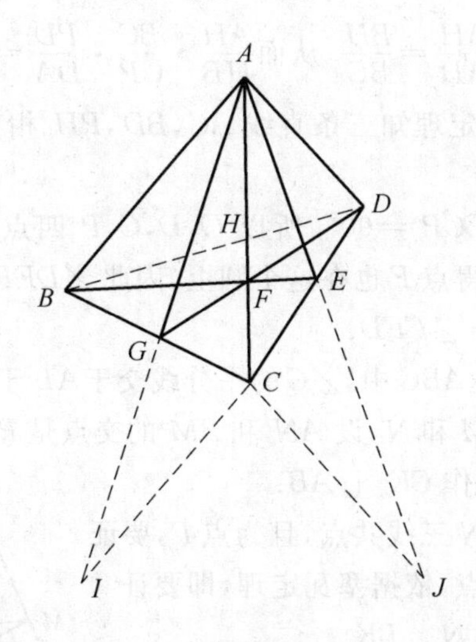

图 14

因为 AH 是 $\angle BAD$ 的角平分线,由角平分线定理,可得 $\frac{BH}{HD}=\frac{AB}{AD}$,故 $\frac{CG}{GB}\cdot\frac{AB}{AD}\cdot\frac{DE}{EC}=1$. 过点 C 作 AB 的平行线交 AG 延长线于 I,过点 C 作 AD 的平行线交 AE 的延长线于 J,则 $\frac{CG}{GB}=\frac{CI}{AB}$,$\frac{DE}{EC}=\frac{AD}{CJ}$,所以,$\frac{CI}{AB}\cdot\frac{AB}{AD}\cdot\frac{AD}{CJ}=1$.

从而,$CI=CJ$. 又因 $CI\parallel AB$,$CJ\parallel AD$,故 $\angle ACI=\pi-\angle BAC=\pi-$

$\angle DAC=\angle ACJ$，因此，$\triangle ACI\cong\triangle ACJ$，从而$\angle IAC=\angle JAC$，即$\angle GAC=\angle EAC$.

例 10 在直线l的一侧画一个半圆Γ，C，D是Γ上的两点，Γ上过C和D的切线分别交l于B和A，半圆的圆心在线段BA上，E是线段AC和BD的交点，F是l上的点，$EF\perp l$. 求证：EF平分$\angle CFD$.

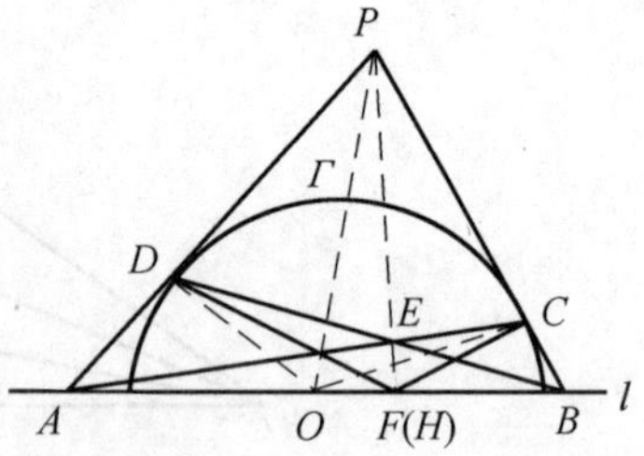

图 15

证明 如图 15，设AD与BC相交于点P，用O表示半圆Γ的圆心. 过P作$PH\perp l$于H，联结OD，OC，OP. 由题意知$\mathrm{Rt}\triangle OAD\backsim\mathrm{Rt}\triangle PAH$.

于是有$\dfrac{AH}{AD}=\dfrac{HP}{DO}$.

类似地，$\mathrm{Rt}\triangle OCB\backsim\mathrm{Rt}\triangle PHB$，则有$\dfrac{BH}{BC}=\dfrac{HP}{CO}$.

由$CO=DO$，有$\dfrac{AH}{AD}=\dfrac{BH}{BC}$，从而$\dfrac{AH}{HB}\cdot\dfrac{BC}{CP}\cdot\dfrac{PD}{DA}=1$.

由塞瓦定理的逆定理知三条直线AC，BD，PH相交于一点，即E在PH上，点H与F重合.

因$\angle ODP=\angle OCP=90^{\circ}$，所以$O$，$D$，$C$，$P$四点共圆，直径为$OP$. 又$\angle PFC=90^{\circ}$，从而推得点$F$也在这个圆上，因此$\angle DFP=\angle DOP=\angle COP=\angle CFP$，所以$EF$平分$\angle CFD$.

例 11 在锐角$\triangle ABC$中，$\angle C$的平分线交于AB于L，从L作边AC和BC的垂线，垂足分别是M和N，设AN和BM的交点是P，求证：$CP\perp AB$.

证明 如图 16，作$CK\perp AB$.

下证CK，BM，AN三线共点，且为点P，要证CK，BM，AN三线共点，依据塞瓦定理，即要证

$$\frac{AM}{MC}\cdot\frac{CN}{NB}\cdot\frac{BK}{AK}=1$$

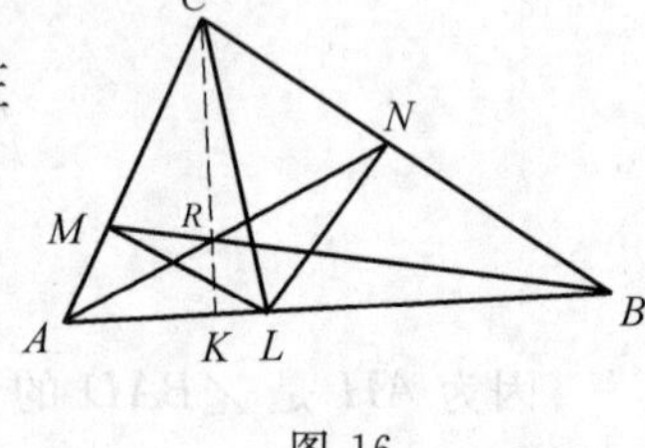

图 16

又因为$MC=CN$，即要证明：$\dfrac{AM}{AK}\cdot\dfrac{BK}{NB}=1$.

因为$\triangle AML\cong\triangle AKC\Rightarrow\dfrac{AM}{AK}=\dfrac{AL}{AC}$；

$\triangle BNL\cong\triangle BKC\Rightarrow\dfrac{BK}{NB}=\dfrac{BC}{BL}$.

即要证$\frac{AL}{AC}\cdot\frac{BC}{BL}=1$.

依三角形的角平分线定理可知:$\frac{AL}{AC}\cdot\frac{BC}{BL}=1$.

所以 CK,BM,AN 三线共点,且为点 P,所以 $CP\perp AB$.

例12 如图17,在$\triangle ABC$中,O为外心,H为垂心,直线AH,BH,CH交边BC,CA,AB于D,E,F,直线 DE 交 AB 于 M,DF 交 AC 于 N. 求证:(1)$OB\perp DF$,$OC\perp DE$;(2)$OH\perp MN$.

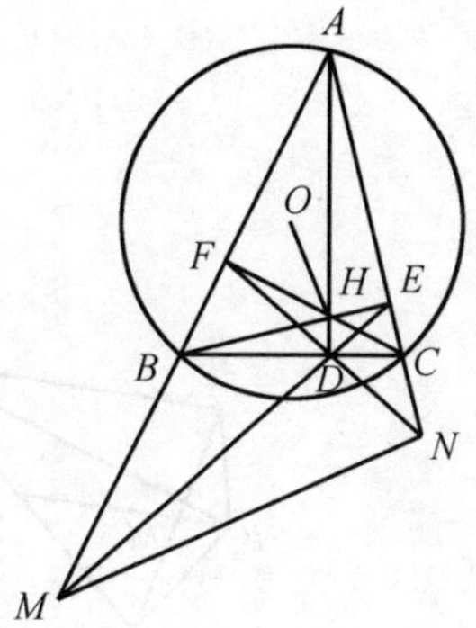

图 17

证明 (1) 显然 B,D,H,F 四点共圆;H,E,O,F 四点共圆,所以

$$\angle BDF=\angle BHF+180^\circ-\angle EHF=\angle BAC$$

$$\angle OBC=\frac{1}{2}(180^\circ-\angle BOC)=90^\circ-\angle BAC$$

所以 $OB\perp DF$.同理,$OC\perp DE$.

(2) 因为 $CF\perp MA$,所以

$$MC^2-MH^2=AC^2-AH^2 \quad ①$$

因为 $BE\perp NA$,所以

$$NB^2-NH^2=AB^2-AH^2 \quad ②$$

因为 $DA\perp DC$,所以

$$DB^2-CD^2=BA^2-AC^2 \quad ③$$

因为 $OB\perp DF$,所以

$$BN^2-BD^2=ON^2-OD^2 \quad ④$$

因为 $OC\perp DE$,所以

$$CM^2-CD^2=OM^2-OD^2 \quad ⑤$$

①-②+③+④-⑤,得

$$NH^2-MH^2=ON^2-OM^2$$

$$OM^2-MH^2=ON^2-NH^2$$

所以 $OH\perp MN$.

巩固演练

1. 如图18,在四边形$ABCD$中,$\triangle ABD$,$\triangle BCD$,$\triangle ABC$的面积比是$3:4:1$,点M,N分别在AC,CD上满足$AM:AC=CN:CD$,并且B,M,N三点共线.求证:M与N分别是AC与CD的中点.

2. 如图 19,四边形 $ABCD$ 内接于圆,其边 AB 与 DC 延长交于点 P,AD,BC 延长交于点 Q,由 Q 作该圆的两条切线 QE,QF,切点分别为 E,F,求证:P,E,F 三点共线.

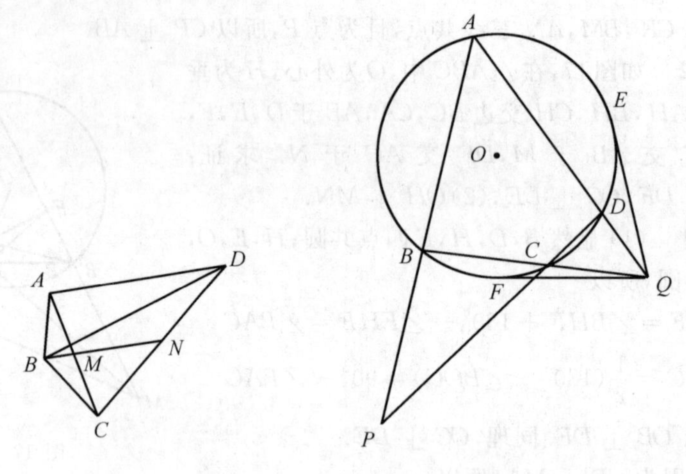

图 18　　　　图 19

3. 如图 20,$\triangle ABC$ 中,P 为三角形内任意一点,AP,BP,CP 分别交对边于 X,Y,Z. 求证:$\frac{XP}{XA}+\frac{YP}{YB}+\frac{ZP}{ZC}=1$.

4. 如图 21,从三角形的各个顶点引其外接圆的切线,这些切线与各自对边的交点共线.

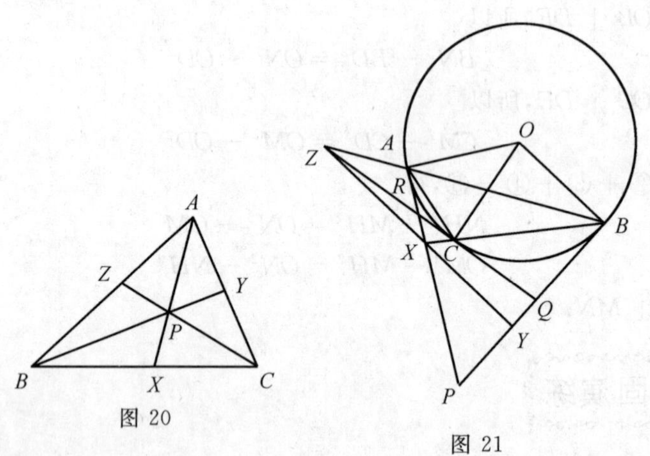

图 20　　　　图 21

5. 如图 22,设有 $\triangle ABC$,$\triangle A'B'C'$,且 AB 与 $A'B'$ 交于 Z,BC 与 $B'C'$ 交于 X,CA 与 $C'A'$ 交于 Y,则

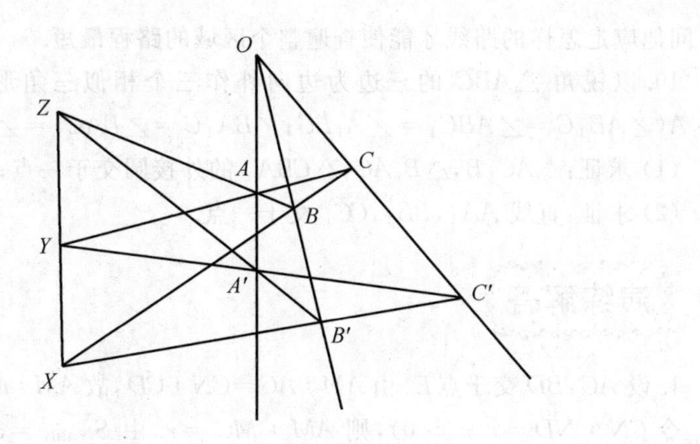

图 22

(1) 若 AA',BB',CC' 三线共点,则 X,Y,Z 三点共线;

(2) 若 X,Y,Z 三点共线,则 AA',BB',CC' 三线共点.

6. 在 ABC 中,$\angle C=90°$,AD 和 BE 是它的两条内角平分线,设 L,M,N 分别为 AD,AB,BE 的中点,$X=LM\cap BE$,$Y=MN\cap AD$,$Z=NL\cap DE$. 求证:X,Y,Z 三点共线.

7. 在 $\triangle ABC$ 中,$AB>AC$,$\angle A$ 的一个外角的平分线交 $\triangle ABC$ 的外接圆于点 E,过 E 作 $EF\perp AB$,垂足为 F. 求证:$2AF=AB-AC$.

8. 如图 23,四边形 $ABCD$ 内接于圆 O,对角线 AC 与 BD 相交于 P,设 $\triangle ABP$,$\triangle BCP$,$\triangle CDP$ 和 $\triangle DAP$ 的外接圆圆心分别是 O_1,O_2,O_3,O_4. 求证:OP,O_1O_3,O_2O_4 三直线共点.

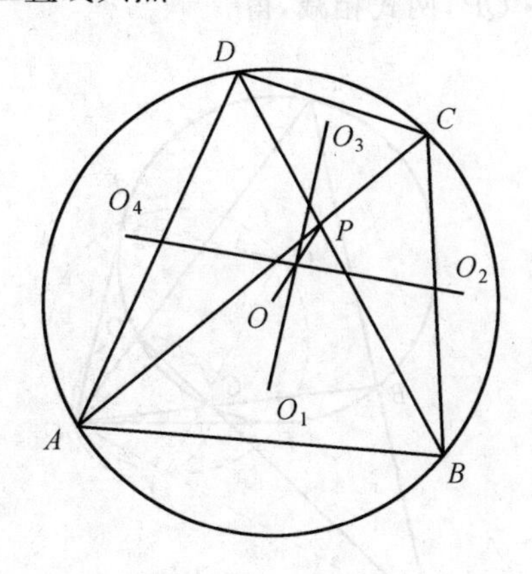

图 23

9. 一个战士想要查遍一个正三角形区域内或边界上有无地雷,他的探测器的有效长度等于正三角形高的一半. 这个战士从三角形的一个顶点开始探测.问他应走怎样的路线才能使查遍整个区域的路程最短.

10.以锐角$\triangle ABC$的三边为边向外作三个相似三角形AC_1B,BA_1C,CB_1A($\angle AB_1C=\angle ABC_1=\angle A_1BC$;$\angle BA_1C=\angle BAC_1=\angle B_1AC$).

(1)求证:$\triangle AC_1B$,$\triangle B_1AC$,$\triangle CBA_1$的外接圆交于一点;

(2)求证:直线AA_1,BB_1,CC_1交于一点.

演练解答

1.设AC,BD交于点E.由$AM:AC=CN:CD$,故$AM:MC=CN:ND$.令$CN:ND=r(r>0)$,则$AM:MC=r$.由$S_{\triangle ABD}=3S_{\triangle ABC}$,$S_{\triangle BCD}=4S_{\triangle ABC}$,即$S_{\triangle ABD}:S_{\triangle BCD}=3:4$.从而$AE:EC:AC=3:4:7$.$S_{\triangle ACD}:S_{\triangle ABC}=6:1$,故$DE:EB=6:1$,所以$DB:BE=7:1$.$AM:AC=r:(r+1)$,即$AM=\dfrac{r}{r+1}AC$,$AE=\dfrac{3}{7}AC$,所以$EM=(\dfrac{r}{r+1}-\dfrac{3}{7})AC=\dfrac{4r-3}{7(r+1)}AC$,$MC=\dfrac{1}{r+1}AC$,所以$EM:MC=\dfrac{4r-3}{7}$.由梅涅劳斯定理,知$\dfrac{CN}{ND}\cdot\dfrac{DB}{BE}\cdot\dfrac{EM}{MC}=1$,代入得$r\cdot7\cdot\dfrac{4r-3}{7}=1$,即$4r^2-3r-1=0$,这个方程有唯一的正根$r=1$,故$CN:ND=1$,就是$N$为$CD$中点,$M$为$AC$中点.

2.如图24,联结PQ,作圆QDC交PQ于点M,则$\angle QMC=\angle CDA=\angle CBP$,于是$M,C,B,P$四点共圆.由$PO^2-r^2=PC\cdot PD=PM\cdot PQ$,$QO^2-r^2=QC\cdot QB=QM\cdot QP$,两式相减,得

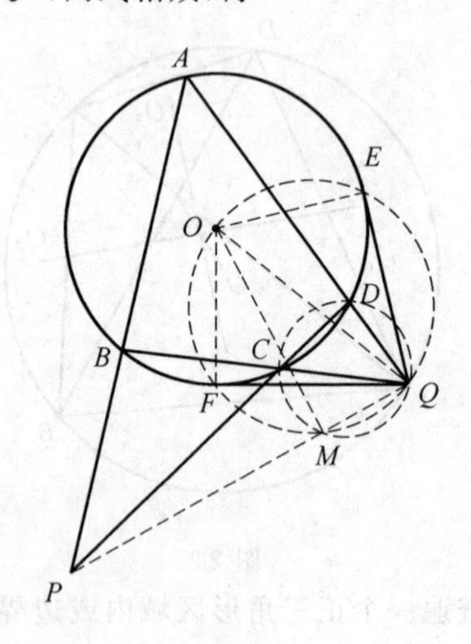

图 24

$PO^2-QO^2=PQ\cdot(PM-QM)=(PM+QM)(PM-QM)=PM^2-QM^2$

所以 $OM\perp PQ$.

所以 O,F,M,Q,E 五点共圆.联结 PE,若 PE 交圆 O 于 F_1,交圆 OFM 于点 F_2,则对于圆 O,有 $PF_1\cdot PE=PC\cdot PD$,对于圆 OFM,又有 $PF_2\cdot PE=PC\cdot PD$.所以 $PF_1\cdot PE=PF_2\cdot PE$,即 F_1 与 F_2 重合于二圆的公共点 F,即 P,F,E 三点共线.

3. $\dfrac{XP}{XA}=\dfrac{S_{\triangle PBC}}{S_{\triangle ABC}},\dfrac{YP}{YA}=\dfrac{S_{\triangle PCA}}{S_{\triangle ABC}},\dfrac{ZP}{ZA}=\dfrac{S_{\triangle PAB}}{S_{\triangle ABC}}$,三式相加即得证.

4. AB 交 $\triangle PQR$ 于 $B,A,Z,\Rightarrow\dfrac{PB}{BQ}\cdot\dfrac{QZ}{ZR}\cdot\dfrac{RA}{AP}=1$,$AC$ 交 $\triangle PQR$ 于 $C,A,Y\Rightarrow\dfrac{RA}{AP}\cdot\dfrac{PY}{YQ}\cdot\dfrac{QC}{CR}=1$,$BC$ 交 $\triangle PQR$ 于 $B,C,X\Rightarrow\dfrac{PB}{BQ}\cdot\dfrac{QC}{CR}\cdot\dfrac{RX}{XP}=1$,三式相乘,得

$$\left(\frac{PB}{BQ}\cdot\frac{RA}{AP}\cdot\frac{QC}{CR}\right)^2\frac{QZ}{ZR}\cdot\frac{RX}{XP}\cdot\frac{PY}{YQ}=1$$

但 $PB=PA,QB=QC,RA=RC$,故得 $\dfrac{QZ}{ZR}\cdot\dfrac{RX}{XP}\cdot\dfrac{PY}{YQ}=1\Rightarrow X,Y,Z$ 共线.

5.(1) 若 AA',BB',CC' 三线交于点 O,由 $\triangle OA'B'$ 与直线 AB 相交,得 $\dfrac{OA}{AA'}\cdot\dfrac{A'Z}{ZB'}\cdot\dfrac{B'B}{BO}=1$;由 $\triangle OA'C'$ 与直线 AC 相交,得 $\dfrac{A'A}{AO}\cdot\dfrac{OC}{CC'}\cdot\dfrac{C'Y}{YA'}=1$;由 $\triangle OB'C'$ 与直线 BC 相交,得 $\dfrac{OB}{BB'}\cdot\dfrac{B'X}{XC'}\cdot\dfrac{CC'}{C'O}=1$;三式相乘,得 $\dfrac{A'Z}{ZB'}\cdot\dfrac{B'X}{XC'}\cdot\dfrac{C'Y}{YA'}=1$.由梅涅劳斯的逆定理,知 X,Y,Z 共线.

(2) 上述显然可逆.

6. 如图 25,作 $\triangle ABC$ 的外接圆,则 M 为圆心.因为 $MN\parallel AE$,所以 $MN\perp BC$.

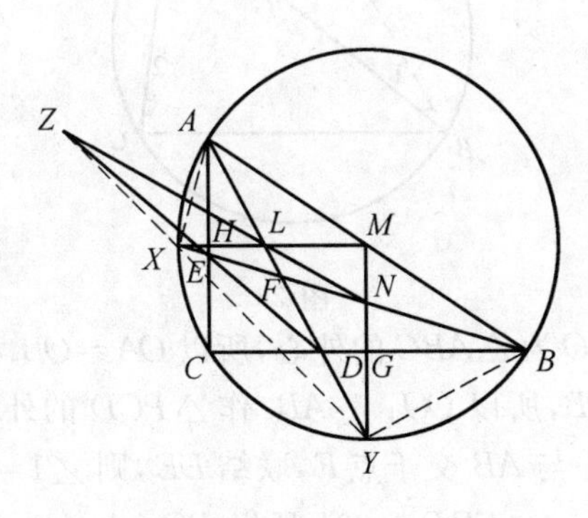

图 25

因为 AD 平分 $\angle BAC$,所以点 Y 在圆 M 上,同理点 X 也在圆 M 上,所以 $MX=MY$.

记 $NE\cap AD=F$,由于直线 DEZ 与 $\triangle LNF$ 的三边相交,直线 AEC 与 $\triangle BDF$ 三边相交,直线 BFE 与 $\triangle ADC$ 三边相交,由梅涅劳斯定理,可得

$$\frac{LZ}{ZN}\cdot\frac{NE}{EF}\cdot\frac{FD}{DL}=1\Rightarrow\frac{NZ}{ZL}=\frac{NE}{EF}\cdot\frac{FD}{DL}=\frac{BE}{EF}\cdot\frac{FD}{DA}$$

$$\frac{FE}{EB}\cdot\frac{BC}{CD}\cdot\frac{DA}{AF}=1$$

$$\frac{AF}{FD}\cdot\frac{DB}{BC}\cdot\frac{CE}{EA}=1$$

三式相乘得 $\frac{NZ}{ZL}=\frac{BD}{DC}\cdot\frac{CE}{AE}=\frac{AB}{AC}\cdot\frac{BC}{AB}=\frac{BC}{AC}$. 另一方面,联结 BY,AX,并记 $MY\cap BC=G,AC\cap MX=H$,于是有 $\angle NBY=\angle LAX,\angle MYA=\angle MAY=\angle LAC$,所以 $\angle BYN=\angle ALX$,故 $\triangle BYN\backsim\triangle ALX$,所以 $\frac{LX}{NY}=\frac{AF}{BG}=\frac{AC}{BC}$,所以 $\frac{NZ}{ZL}\cdot\frac{LX}{XM}\cdot\frac{MY}{YN}=\frac{NZ}{ZL}\cdot\frac{LX}{NY}=1$. 由梅涅劳斯定理可得,$X,Y,Z$ 三点共线.

7. 如图 26,在 FB 上取 $FG=AF$,联结 EG,EC,EB,于是 $\triangle AEG$ 为等腰三角形,所以 $EG=EA$. 又 $\angle 3=180^\circ-\angle EGA=180^\circ-\angle EAG=180^\circ-\angle 5=\angle 4$,$\angle 1=\angle 2$,于是 $\triangle EGB\cong\triangle EAC$. 所以 $BG=AC$,故 $AB-AC=AG=2AF$.

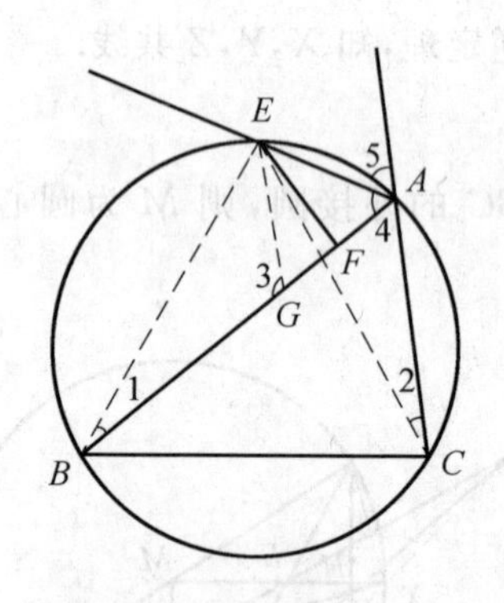

图 26

8. 如图 27,因为 O 为 $\triangle ABC$ 的外心,所以 $OA=OB$. 因为 O_1 为 $\triangle PAB$ 的外心,所以 $O_1A=O_1B$,所以 $OO_1\perp AB$. 作 $\triangle PCD$ 的外接圆圆 O_3,延长 PO_3 与所作圆交于点 E,并与 AB 交于点 F,联结 DE,则 $\angle 1=\angle 2=\angle 3$,$\angle EPD=\angle BPF$,所以 $\angle PFB=\angle EDP=90^\circ$. 所以 $PO_3\perp AB$,即 $OO_1\parallel PO_3$.

同理，$OO_3 \parallel PO_1$，即 OO_1PO_3 是平行四边形. 所以 O_1O_3 与 PO 互相平分，即 O_1O_3 过 PO 的中点. 同理，O_2O_4 过 PO 中点. 所以 OP，O_1O_3，O_2O_4 三直线共点.

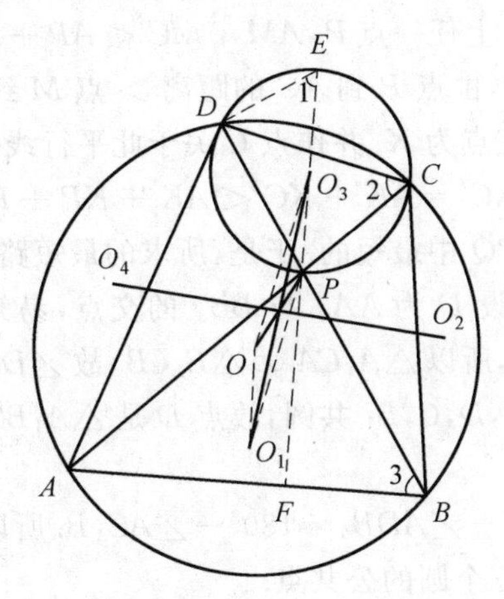

图 27

9. 设士兵要探测的正三角形为 $\triangle ABC$，其高为 $2d$，他从顶点 A 出发. 如图 28，以 B，C 为圆心 d 为半径分别作弧 EF，GH，则他分别到达此二弧上任意一点时，就可探测全部扇形区域 BEF 及 CGH，故可取弧 EF 上一点 P，及弧 GH 上一点 Q，士兵从 A 出发，走过折线 APQ，联结 PC，交弧 GH 于 R，则 $AP + PQ + QC > AP + PR + RC$，即 $AP + PQ > AP + PR$，因此，只要使 $AP + PC$ 最小，就有折线 APQ 最小.

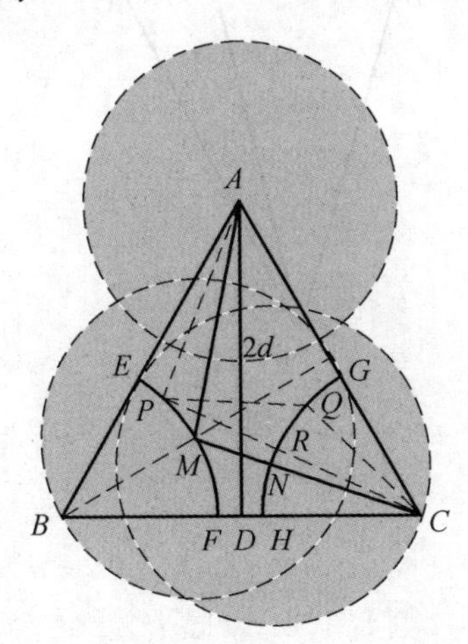

图 28

现取弧 EF 的中点 M，MC 交弧 GH 于 N，则士兵应沿折线 AMN 前进.

易证，对于$\triangle ABC$三边上任一点，总有折线AMN上某一点，与之距离小于d(不难证明，图中以A,M,N为圆心，d为半径的三个圆已经完全覆盖了$\triangle ABC$)。

其次，对于弧EF上任一点P，$AM+MC<AP+PC$. 这可由图28证出：过M作AC的平行线，由点P到AC的距离$>$点M到AC的距离，知AP与此平行线有交点，设交点为K. 并作点C关于此平行线的对称点C'，则$AM+MC=AC'<AK+KC'=AK+KC<AK+KP+PC=AP+PC$，即折线$AMN$是所有折线$APQ$中最短的. 于是，所求的最短路程为折线$AMN$.

10. (1) 如图29，设D为AA_1与BB_1的交点，易知$\angle A_1CA=\angle B_1CB$，$A_1C:BC=AC:B_1C$，所以$\triangle A_1CA\backsim\triangle B_1CB$，故$\angle DBC=\angle DA_1C$. 于是$B$，$D$，$C$，$A_1$共圆. 同理$A$，$D$，$C$，$B_1$共圆，故点$D$是$\triangle A_1BC$和$\triangle AB_1C$的外接圆的交点.

又$\angle ADB=180°-\angle ADB_1=180°-\angle AC_1B$. 所以，点$A_1$，$D$，$B$和$C_1$共圆，于是点$D$是所有三个圆的公共点.

(2) 由于$\angle BDC_1=\angle BAC_1=\angle BA_1C=180°-\angle BDC$，所以直线$CC_1$经过点$D$.

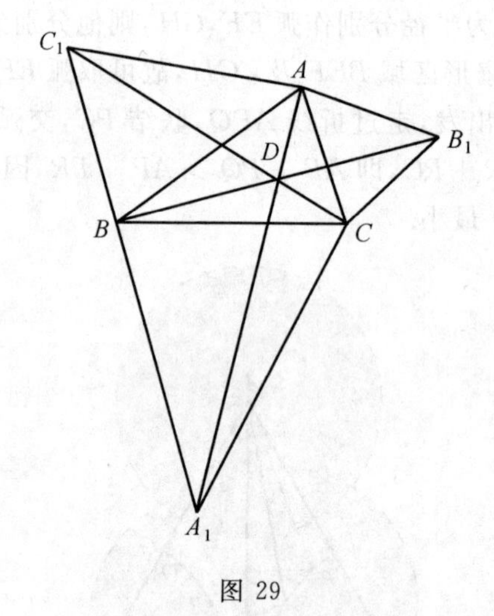

图 29

第 24 讲　几个重要定理(Ⅱ)

我的人生哲学是工作，我要揭示大自然的奥妙，为人类造福.

——爱迪生(美国)

典型例题

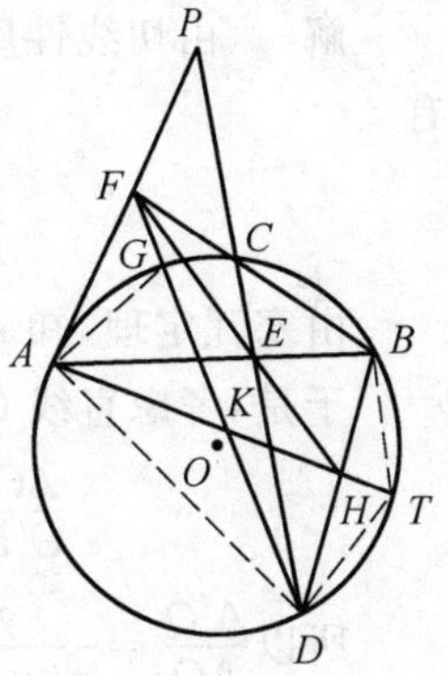

例 1　如图 1，从 $\odot O$ 外一点 P 作 $\odot O$ 的一条切线 PA，A 为切点，再从点 P 引 $\odot O$ 的一条割线 PD，交 $\odot O$ 于 C,D 两点($PC<PD$)，E 为线段 CD 上一点，AE 与 $\odot O$ 交于另一点 B，直线 BC 与 PA 交于点 F，FE 与 BD 交于点 H，联结 AH 并延长交 $\odot O$ 于点 T，联结 FD 交 $\odot O$ 于点 G，求证：G,E,T 三点共线.

图 1

证明　设 AT 与 GD 交于点 K，联结 AD,AG,BT,DT，对于 $\triangle FKT$，由梅涅劳斯定理的逆定理知，G,E,T 三点共线 $\Leftrightarrow \dfrac{FG}{GK}\cdot\dfrac{KT}{TH}\cdot\dfrac{HE}{EF}=1$.

因为 $\dfrac{GK}{KT}=\dfrac{AG}{DT}$，所以 G,E,T 三点共线 $\Leftrightarrow \dfrac{FG}{AG}\cdot\dfrac{TD}{TH}\cdot\dfrac{HE}{EF}=1$.

又因为 FA 是 $\odot O$ 的切线，所以 $\triangle FAG\backsim\triangle FDA$，所以 $\dfrac{FG}{AG}=\dfrac{FA}{AD}$，于是

$$G,E,T\text{ 三点共线}\Leftrightarrow \frac{FA}{AD}\cdot\frac{TD}{TH}\cdot\frac{HE}{EF}=1 \quad ①$$

由正弦定理得

$$\frac{AF}{EF}=\frac{\sin\angle FEA}{\sin\angle FAE} \quad ②$$

$$\frac{TD}{AD}=\frac{\sin\angle DAT}{\sin\angle ATD} \quad ③$$

$$\frac{HE}{HB}=\frac{\sin\angle ABD}{\sin\angle HEB} \quad ④$$

$$\frac{HB}{HT}=\frac{\sin\angle ATB}{\sin\angle DBT} \quad ⑤$$

又因为

$$\angle DAT=\angle DBT$$
$$\angle ATD=\angle ABD$$
$$\angle FAE=\angle ATB$$

②×③×④×⑤ 即得式 ① 成立，所以 G,E,T 三点共线.

例 2 设 I 为 $\triangle ABC$ 的内切圆的圆心，内切圆圆 I 切 $\triangle ABC$ 的三边 BC，CA，AB 于点 A'，B'，C'. 求证：AA'，BB'，CC' 共点于 Q，并求 $\frac{AQ}{AA'}+\frac{BQ}{BB'}+\frac{CQ}{CC'}$ 的值.

解 由切线性质可设 $AC'=AB'=x$，$BC'=BA'=y$，$CA'=CB'=z$，则有

$$\frac{A'B}{A'C}\cdot\frac{B'C}{B'A}\cdot\frac{C'A}{C'B}=\frac{y}{z}\cdot\frac{z}{x}\cdot\frac{x}{y}=1$$

由塞瓦定理，知 AA'，BB'，CC' 共点 Q.

于是，考虑直线 CC' 截 $\triangle ABA'$，则由梅涅劳斯定理得

$$\frac{AC'}{C'B}\cdot\frac{BC}{CA'}\cdot\frac{A'Q}{QA}=\frac{x}{y}\cdot\frac{y+z}{z}\cdot\frac{A'Q}{QA}=1$$

所以 $\frac{A'Q}{AQ}=\frac{yz}{x(y+z)}$，有 $\frac{AA'}{AQ}=\frac{xy+yz+zx}{x(y+z)}$.

同理 $\frac{BB'}{BQ}=\frac{xy+yz+zx}{y(z+x)}$，$\frac{CC'}{CQ}=\frac{xy+yz+zx}{z(x+y)}$，因此，$\sum\frac{AQ}{AA'}=2$.

例 3 如图 2，四边形 $ABCE$ 内接于圆，E 是 $\overset{\frown}{AD}$ 上的任意一点，点 D 关于边 BC，CA，AB 的对称点分别为 D_1，D_2，D_3；联结 ED_1，ED_2，ED_3 分别交直线 BC，CA，AB 于 E_1，E_2，E_3.

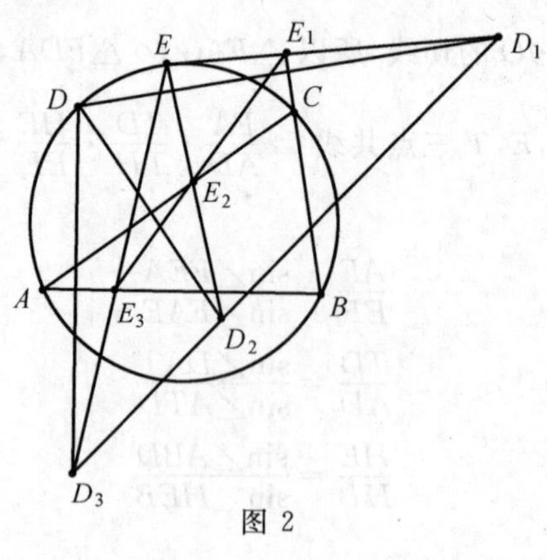

图 2

求证:(1)D_1,D_2,D_3 三点共线;(2)E_1,E_2,E_3 三点共线.

证明　(1) 设 DD_1,DD_2,DD_3 分别与 BC,CA,AB 交于 F_1,F_2,F_3,则由西姆松定理,F_1,F_2,F_3 共线,而 $D_1D_2 /\!/ F_1F_2$,$D_1D_3 /\!/ F_1F_3$,所以 D_1,D_2,D_3 三点共线;

(2) 用记号 $\overline{\triangle}$ 表示三角形的面积,由于 $ABCD$ 共圆,则 $\angle DAD_2 = 2\angle DAC = 2\angle DBE_1 = \angle DBD_1$,$\angle DAE = \angle DBE$,相减得,$\angle EAD_2 = \angle EBD_1$,所以 $\dfrac{\overline{\triangle}EBD_1}{\overline{\triangle}EAD_2} = \dfrac{BE \cdot BD_1}{AE \cdot AD_2} = \dfrac{BE \cdot BD}{AE \cdot AD}$;

又由 $\angle DAD_3 = 2\angle DAB = 2\angle DCE_1 = \angle DCD_1$,$\angle DAE = \angle DCE$,相减得,$\angle EAD_3 = \angle ECD_1$,所以

$$\frac{\overline{\triangle}EAD_3}{\overline{\triangle}ECD_1} = \frac{AD_3 \cdot AE}{CD_1 \cdot CE} = \frac{AD \cdot AE}{CD \cdot CE}$$

由 $\angle DCD_2 = 2\angle DCA = 2\angle DBA = \angle DBD_3$,$\angle ECD = \angle EBD$,相加得,$\angle ECD_2 = \angle EBD_3$,所以 $\dfrac{\overline{\triangle}ECD_2}{\overline{\triangle}EBD_3} = \dfrac{CD_2 \cdot CE}{BD_3 \cdot BE} = \dfrac{CD \cdot CE}{BD \cdot BE}$;

由于点 E_1,E_2,E_3 分别在 $\triangle ABC$ 的三边 BC,CA,AB 所在直线上,而

$$\frac{AE_3}{E_3B} \cdot \frac{BE_1}{E_1C} \cdot \frac{CE_2}{E_2A} = \frac{\overline{\triangle}EAD_3}{\overline{\triangle}EBD_3} \cdot \frac{\overline{\triangle}EBD_1}{\overline{\triangle}ECD_1} \cdot \frac{\overline{\triangle}ECD_2}{\overline{\triangle}EAD_2} =$$

$$\frac{\overline{\triangle}EAD_3}{\overline{\triangle}ECD_1} \cdot \frac{\overline{\triangle}EBD_1}{\overline{\triangle}EAD_2} \cdot \frac{\overline{\triangle}ECD_2}{\overline{\triangle}EBD_3} = \frac{AD \cdot AE}{CD \cdot CE} \cdot \frac{BE \cdot BD}{AE \cdot AD} \cdot \frac{CD \cdot CE}{BD \cdot BE} = 1$$

故由梅涅劳斯逆定理得,E_1,E_2,E_3 三点共线.

例 4　如图 3,过 A 作 $\triangle ABC$ 的外接圆的切线,交 BC 的延长线于点 P,$\angle APB$ 的平分线依次交 AB,AC 于 D,E,BE,CD 交于 Q. 求证:$\angle BAC = 60^\circ$ 的充要条件是 O,P,Q 共线.

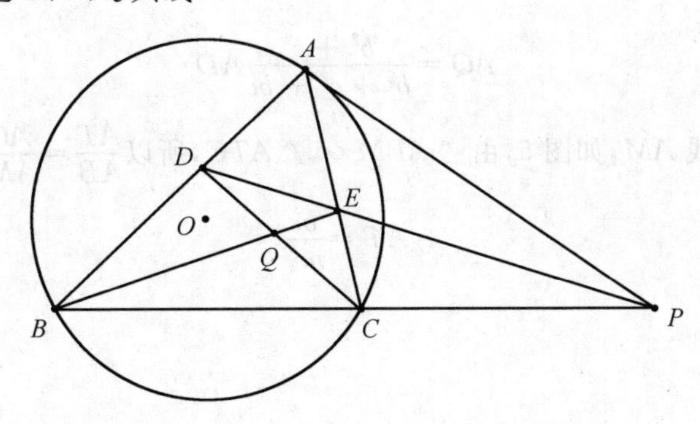

图 3

证明 如图 4，联结 AQ，延长后交 BC 于 D，交外接圆于 T. 由 $\triangle PAB \backsim \triangle PCA$ 及角平分线定理，知

$$\frac{BF}{FA}=\frac{AE}{EC}=\frac{c}{b}$$

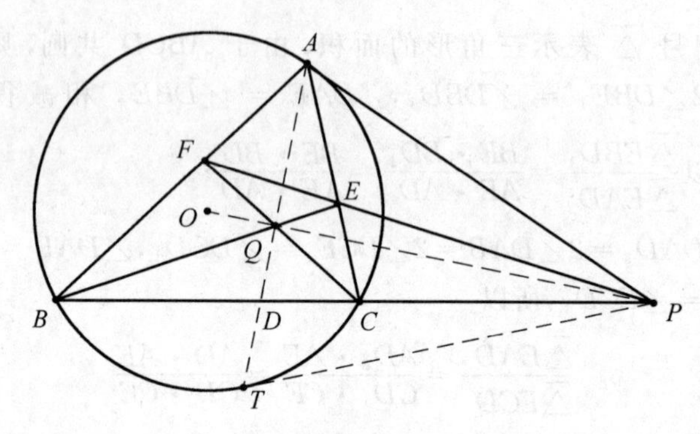

图 4

在 $\triangle ABC$ 中，由塞瓦定理，$\frac{BD}{DC}\cdot\frac{CE}{EA}\cdot\frac{AF}{FB}=1$，所以 $\frac{BD}{DC}=\frac{c^2}{b^2}$.

由此知 AD 是类似中线，故

$$AD=\frac{2bc}{b^2+c^2}m_a \qquad ①$$

在 $\triangle ADC$ 中，由梅涅劳斯定理，$\frac{AQ}{QD}\cdot\frac{DB}{BC}\cdot\frac{CE}{EA}=1$，即

$$\frac{AQ}{QD}\cdot\frac{c^2}{c^2+b^2}\cdot\frac{b}{c}=1$$

所以

$$\frac{AQ}{QD}=\frac{b^2+c^2}{bc}$$

得

$$AQ=\frac{b^2+c^2}{b^2+c^2+bc}AD \qquad ②$$

又取中线 AM，如图 5，由 $\triangle ABM \backsim \triangle ATC$，所以 $\frac{AT}{AB}=\frac{AC}{AM}$，得

$$AT=\frac{bc}{m_a} \qquad ③$$

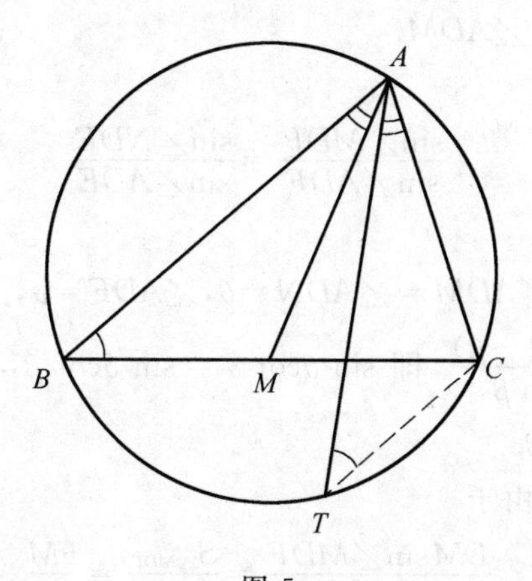

图 5

O,Q,P 共线 $\Leftrightarrow Q$ 是 AT 中点，即 $AQ=\dfrac{AT}{2}$.

将 ①②③ 代入得 $4m_a^2=b^2+c^2+bc$，而 $m_a^2=\dfrac{1}{2}(b^2+c^2)+\dfrac{1}{4}a^2$，得 $a^2=b^2+c^2+bc$.

由余弦定理，$\cos\angle BAC=\dfrac{1}{2}$，所以 $\angle BAC=60°$. 证毕.

例 5　已知 AD 是锐角 $\triangle ABC$ 的一条高，P 是 AD 上某一点，延长 BP 交 AC 于点 M，延长 CP 交 AB 于点 N，又 MN 与 AP 交于点 Q，过点 Q 作任一条直线交 PN 于点 E，交 AM 于点 F，求证：$\angle EDA=\angle FDA$.

证明　如图 6，联结 DM，DN，由塞瓦定理有

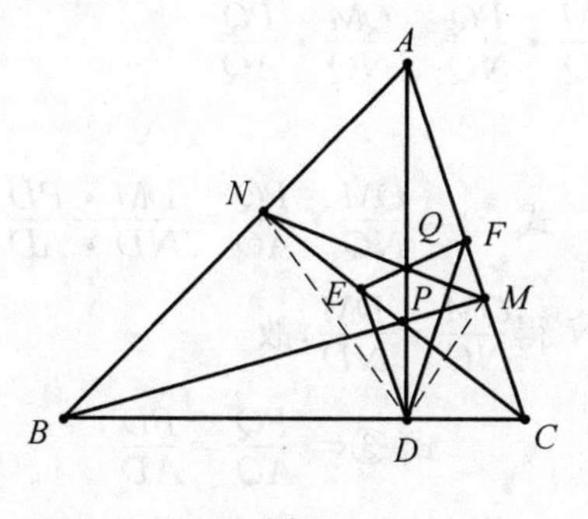

图6

$$1=\frac{AN}{NB}\cdot\frac{BD}{DC}\cdot\frac{CM}{MA}=\frac{S_{\triangle ADN}}{S_{\triangle BDN}}\cdot\frac{BD}{DC}\cdot\frac{S_{\triangle CDM}}{S_{\triangle ADM}}=$$

$$\frac{AD\sin\angle ADN}{BD\sin\angle BDN}\cdot\frac{BD}{DC}\cdot\frac{CD\sin\angle CDM}{AD\sin\angle ADM}$$

所以，$\angle ADN=\angle ADM$.

如果能证明

$$\frac{\sin\angle MDF}{\sin\angle ADF}=\frac{\sin\angle NDE}{\sin\angle ADE} \quad ①$$

则此结论成立.

这是因为若设 $\angle ADM=\angle ADN=\theta$，$\angle ADF=\alpha$，$\angle ADE=\beta$，则式 ① 变为 $\frac{\sin(\theta-\alpha)}{\sin\alpha}=\frac{\sin(\theta-\beta)}{\sin\beta}$，即 $\sin\theta\cot\alpha=\sin\theta\cot\beta$，由于 $\sin\theta\neq 0$，所以 $\cot\alpha=\cot\beta$，得 $\alpha=\beta$.

以下证明式 ①. 由于

$$\frac{DM\sin\angle MDF}{AD\sin\angle ADF}=\frac{S_{\triangle MDF}}{S_{\triangle ADF}}=\frac{FM}{AF}$$

故

$$\frac{\sin\angle MDF}{\sin\angle ADF}=\frac{AD\cdot FM}{DM\cdot AF}$$

同理得

$$\frac{\sin\angle NDE}{\sin\angle ADE}=\frac{PD\cdot NE}{PE\cdot ND}$$

于是

$$①\Leftrightarrow\frac{AD\cdot FM}{DM\cdot AF}=\frac{PD\cdot NE}{PE\cdot ND}\Leftrightarrow\frac{FM\cdot PE}{AF\cdot NE}=\frac{DM\cdot PD}{ND\cdot AD} \quad ②$$

$$\frac{FM\cdot PE}{AF\cdot NE}=\frac{S_{\triangle QFM}}{S_{\triangle AQF}}\cdot\frac{S_{\triangle QPE}}{S_{\triangle QNE}}=\frac{QM\sin\angle FQM}{AQ\sin\angle AQF}\cdot\frac{PQ\sin\angle EQP}{NQ\sin\angle NQE}=\frac{QM}{AQ}\cdot\frac{PQ}{NQ}=\frac{QM}{NQ}\cdot\frac{PQ}{AQ}$$

所以

$$\text{式 ②}\Leftrightarrow\frac{QM}{NQ}\cdot\frac{PQ}{AQ}=\frac{DM\cdot PD}{ND\cdot AD} \quad ③$$

由于 DQ 平分 $\angle MDN$ 得 $\frac{QM}{NQ}=\frac{DM}{ND}$，故

$$\text{式 ③}\Leftrightarrow\frac{PQ}{AQ}=\frac{PD}{AD} \quad ④$$

由梅涅劳斯定理得 $\frac{PQ}{AQ}=\frac{PM}{BM}\cdot\frac{BN}{AN}=\frac{S_{\triangle APC}}{S_{\triangle ABC}}\cdot\frac{S_{\triangle BPC}}{S_{\triangle APC}}=\frac{S_{\triangle BPC}}{S_{\triangle ABC}}=\frac{PD}{AD}$（直线 MQN 截 $\triangle APB$），所以，式 ④ 成立，故原命题成立.

例 6 如图 7，$\triangle ABC$ 为非等腰锐角三角形，其外接圆圆心 O 关于边 BC，CA，AB 的对称点分别为 D，E，F，点 A_1，B_1，C_1 分别为 A，B，C 在对边上的射

影，$B_1C_1 \cap EF = P$，$C_1A_1 \cap FD = Q$，$B_1A_1 \cap ED = R$. 求证：P，Q，R 共线.

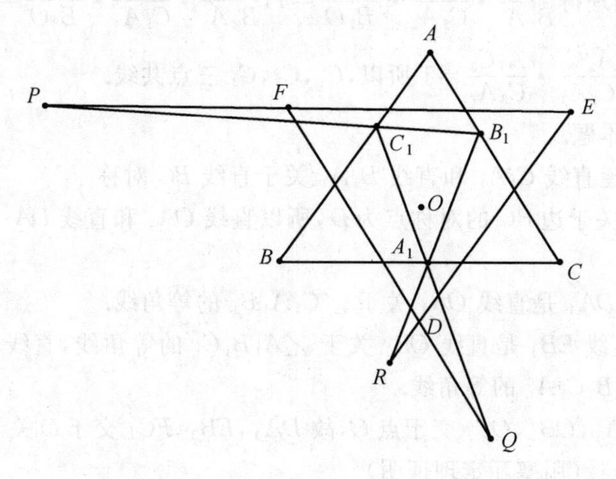

图 7

证明　先证明：笛沙格定理：若两个三角形有透视中心，则它们有透视轴.

设$\triangle A_1A_2A_3$与$\triangle B_1B_2B_3$这样放置，如图8所示，A_1B_1，A_2B_2，A_3B_3交于一点O；设A_2A_3与B_2B_3交于C_1，A_3A_1与B_3B_1交于C_2，A_1A_2与B_1B_2交于C_3.

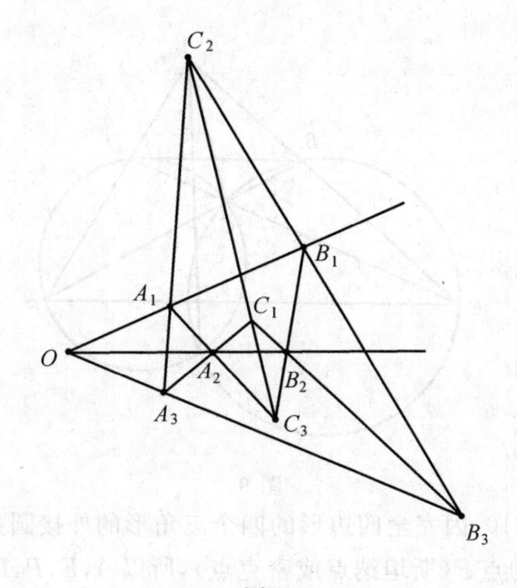

图 8

将直线$B_3C_2B_1$作为$\triangle A_1OA_3$的截线，由梅涅劳斯定理得$\dfrac{OB_3}{B_3A_3}\cdot\dfrac{A_3C_2}{C_2A_1}\cdot$

$\frac{A_1B_1}{B_1O}=1$,同理得$\frac{OB_1}{B_1A_1}\cdot\frac{A_1C_3}{C_3A_2}\cdot\frac{A_2B_2}{B_2O}=1$,$\frac{OB_2}{B_2A_2}\cdot\frac{A_2C_1}{C_1A_3}\cdot\frac{A_3B_3}{B_3O}=1$,由以上三式得$\frac{A_2C_1}{C_1A_3}\cdot\frac{A_3C_2}{C_2A_1}\cdot\frac{A_1C_3}{C_3A_2}=1$ 所以,C_1,C_2,C_3 三点共线.

再证明本题.

容易知道直线 C_1A_1 和直线 B_1A_1 关于直线 BC 对称.

因为 O 关于边 BC 的对称点为 D,所以直线 OA_1 和直线 DA_1 也关于直线 BC 对称.

故直线 DA_1 是直线 OA_1 关于 $\angle C_1A_1B_1$ 的等角线.

同理,直线 EB_1 是直线 OB_1 关于 $\angle A_1B_1C_1$ 的等角线,直线 FC_1 是直线 OC_1 关于 $\angle B_1C_1A_1$ 的等角线.

由于 OA_1,OB_1,OC_1 交于点 O,故 DA_1,EB_1,FC_1 交于 O 关于 $\triangle A_1B_1C_1$ 的等角共轭点.(用塞瓦定理证明)

所以 $\triangle A_1B_1C_1$ 和 $\triangle DEF$ 有透视中心,由笛沙格定理知:它们对边的交点共线.

即 P,Q,R 共线.

例 7 如图 9,设凸四边形 $ABCD$ 的两组对边的延长线分别交于点 E,F,$\triangle BEC$ 的外接圆与 $\triangle CFD$ 的外接圆交于 C,P 两点,求证:$\angle BAP=\angle CAD$ 的充分必要条件是 $BD\parallel EF$.

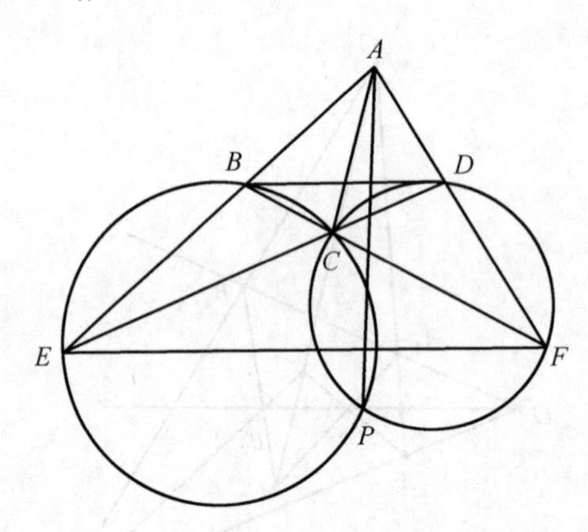

图 9

证明 如图 10,因完全四边形的四个三角形的外接圆共点(斯坦纳－密克定理),此点即为点 P(斯坦纳点或密克点),所以 A,E,P,D 四点共圆,A,B,P,F 四点共圆,因此

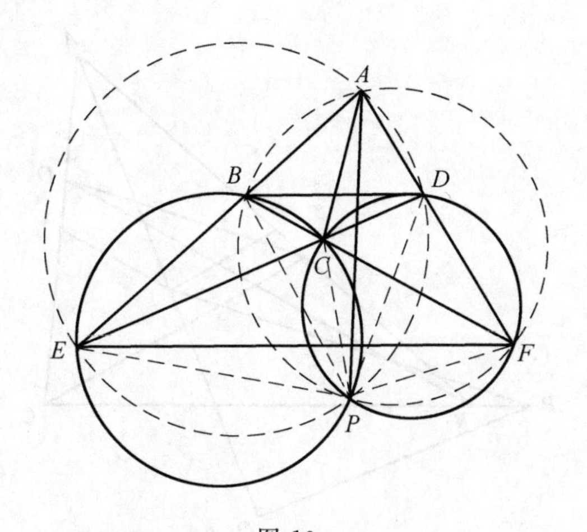

图 10

$$\angle EAP=\angle EDP=\angle CFP \qquad ①$$

显然,$\angle PEA=\angle PCF$,从而$\triangle AEP\backsim\triangle FCP$.同理,$\triangle EPC\backsim\triangle APF$,故

$$\frac{PF}{CP}=\frac{AF}{EC} \qquad ②$$

充分性:若 $BD /\!/ EF$,则$\frac{AD}{AF}=\frac{BD}{EF}=\frac{CD}{EC}$,所以$\frac{AF}{EC}=\frac{AD}{CD}$,从而式②,得$\frac{PF}{CP}=\frac{AD}{CD}$.又显然有,$\angle ADC=\angle FPC$,于是,$\triangle ACD\backsim\triangle FCP\backsim\triangle AEP$,故$\angle EAP=\angle CAD$,即$\angle BAP=\angle CAD$.

必要性:若$\angle BAP=\angle CAD$,即$\angle EAP=\angle CAD$,则由式①,$\angle CFP=\angle CAD$,又显然有$\angle ADC=\angle FPC$,因此

$$\triangle CPF\backsim\triangle CDA$$

所以$\frac{PF}{CP}=\frac{AD}{CD}$.由式②,$\frac{AF}{EC}=\frac{AD}{CD}$,因而$\frac{EC}{CD}=\frac{AF}{AD}$.

另一方面,考虑$\triangle AEC$与截线 BCF,由梅涅劳斯定理,有

$$\frac{AB}{BE}\cdot\frac{EC}{CD}\cdot\frac{DF}{FA}=1$$

因此$\frac{AB}{BE}\cdot\frac{AF}{AD}\cdot\frac{DF}{AF}=1$,从而$\frac{AB}{BE}=\frac{AD}{DF}$,故 $BD /\!/ EF$.

例 8 如图 11,锐角$\triangle ABC$中,已知$AB>AC$,设$\triangle ABC$的内心为I,边AC,AB的中点分别为M,N,点D,E分别在线段AC,AB上,且满足$BD /\!/ IM$,$CE /\!/ IN$,过内心I作DE的平行线与直线BC交于点P,点P在直线AI上的投影为Q,求证:点Q在$\triangle ABC$的外接圆上.

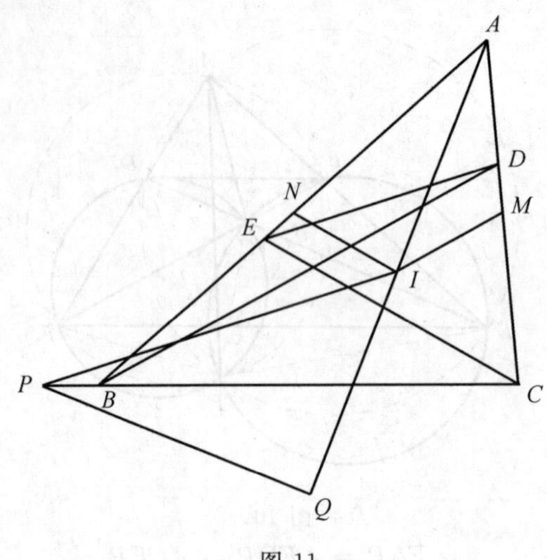

图 11

证明 设 $BC=a,CA=b,AB=c,p=\frac{1}{2}(a+b+c)$，$\triangle ABC$ 的外接圆和内切圆半径分别为 $R,r,\angle A=\alpha,\angle B=\beta,\angle C=\gamma$，先证明一个引理.

引理 如图 12，设 $\triangle ABC$ 的内切圆 $\odot I$ 与边 BC 切于点 D，$\angle A$ 内的旁切圆与边 BC 切于点 E，若线段 BC 的中点为 M，则 $AE /\!/ IM$.

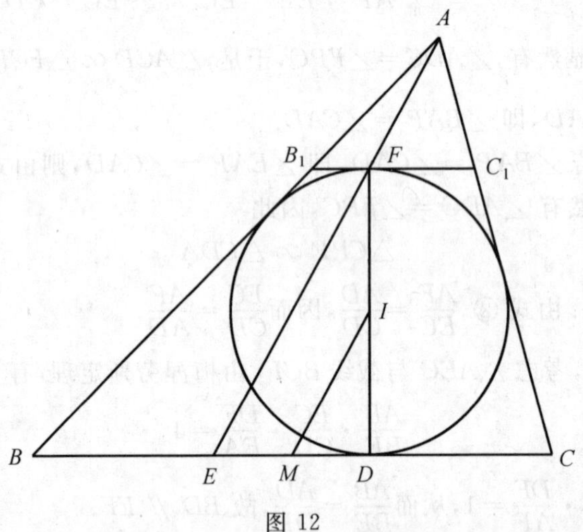

图 12

引理的证明 设 DF 为 $\odot I$ 的直径，过 F 作 $\odot I$ 的切线，分别与 AB,AC 交于点 B_1,C_1，则 $\odot I$ 是 $\triangle AB_1C_1$ 中 $\angle A$ 内的旁切圆，因为 $B_1C_1 /\!/ BC$，所以，A 是 $\triangle AB_1C_1$ 和 $\triangle ABC$ 的位似中心，且 F,E 为对应点，于是 A,F,E 三点共线. 又因为 $CD=BE=p-c$，所以 M 是线段 ED 的中点，于是 $AE /\!/ IM$. 引理

证毕.

如图 13,由引理可得D是$\angle B$内的旁切圆与边AC的切点,E是$\angle C$内的旁切圆与边AB的切点.

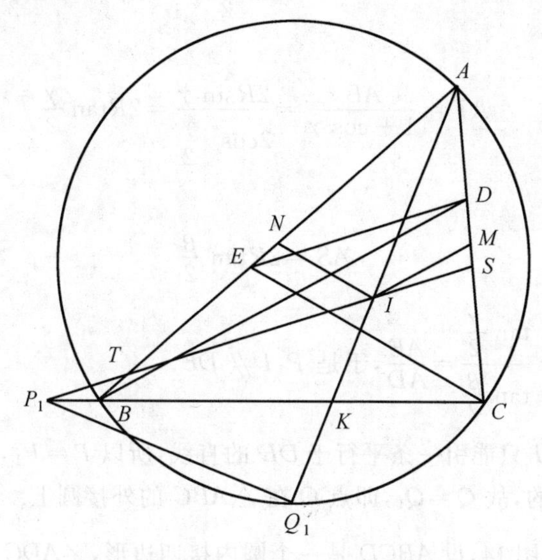

图 13

因为$AE=p-b=r\cot\dfrac{\beta}{2}$,$AD=p-c=r\cot\dfrac{\gamma}{2}$,所以

$$\frac{AE}{AD}=\frac{\cot\dfrac{\beta}{2}}{\cot\dfrac{\gamma}{2}}=\frac{\tan\dfrac{\gamma}{2}}{\tan\dfrac{\beta}{2}}$$

设AI与BC交于点K,与$\triangle ABC$的外接圆交于点Q_1,则Q_1为$\overset{\frown}{BC}$的中点,过点Q_1作AQ_1的垂线与直线BC交于点P_1,下面证明$P_1I\parallel DE$.

设P_1I与AC,AB分别交于点S,T,将P_1TI看成$\triangle ABK$的梅涅劳斯线,由梅涅劳斯定理有

$$\frac{AT}{TB}\cdot\frac{BP_1}{P_1K}\cdot\frac{KI}{IA}=1$$

因为

$$\frac{IA}{KI}=\frac{AC}{KC}=\frac{\sin\angle AKC}{\sin\dfrac{\alpha}{2}}=\frac{\sin\angle BKQ_1}{\sin\dfrac{\alpha}{2}}$$

$$\frac{P_1Q_1}{BP_1}=\frac{\sin\angle P_1BQ_1}{\sin\angle P_1Q_1B}=\frac{\sin\angle CBQ_1}{\sin(90^\circ-\angle AQ_1B)}=\frac{\sin\dfrac{\alpha}{2}}{\cos\gamma}$$

所以

$$\frac{AT}{TB}=\frac{P_1K}{BP_1}\cdot\frac{IA}{KI}=\frac{P_1K}{BP_1}\cdot\frac{\sin\angle BKQ_1}{\sin\frac{\alpha}{2}}=\frac{P_1Q_1}{BP_1\cdot\sin\frac{\alpha}{2}}=\frac{1}{\cos\gamma}$$

于是有

$$AT=\frac{AB}{1+\cos\gamma}=\frac{2R\sin\gamma}{2\cos^2\frac{\gamma}{2}}=2R\tan\frac{\gamma}{2}$$

同理可得

$$AS=2R\tan\frac{\beta}{2}$$

由于$\frac{AT}{AS}=\frac{\tan\frac{\gamma}{2}}{\tan\frac{\beta}{2}}=\frac{AE}{AD}$，于是 $P_1I\parallel DE$.

由于过点 I 只能引一条平行于 DE 的直线，所以 $P=P_1$，而点 P 在 AI 上的投影是唯一的，故 $Q=Q_1$，即点 Q 在 $\triangle ABC$ 的外接圆上.

例 10 如图 14，设 $ABCD$ 是一个圆内接四边形，$\angle ADC$ 是锐角，且$\frac{AB}{BC}=\frac{DA}{CD}$.

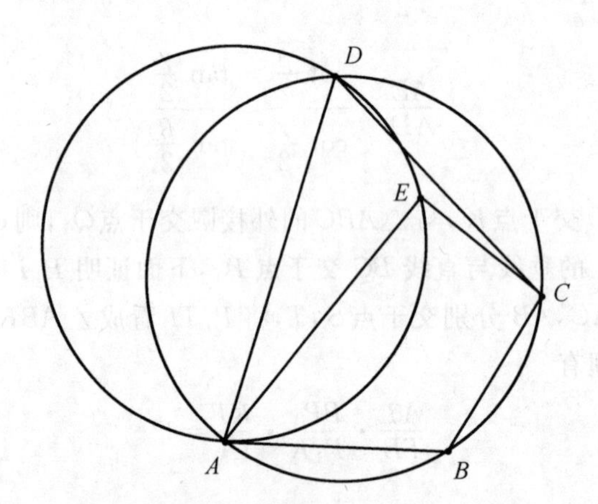

图 14

过 A,D 两点的圆 Γ 与直线 AB 相切，E 是圆 Γ 在四边形 $ABCD$ 内的弧上一点. 求证：$AE\perp EC$ 的充分必要条件$\frac{AE}{AB}-\frac{ED}{AD}=1$.

证明 如图 15，设 AC 与圆 Γ 交于另一点 F，联结 F 与 A,B,C,D,E 各点，联结 DB,DE，则 $\angle BDC=\angle BAC=\angle FDA$，所以 $\angle FDC=\angle ADB$，因此

$\triangle FDC \backsim \triangle ADB$.

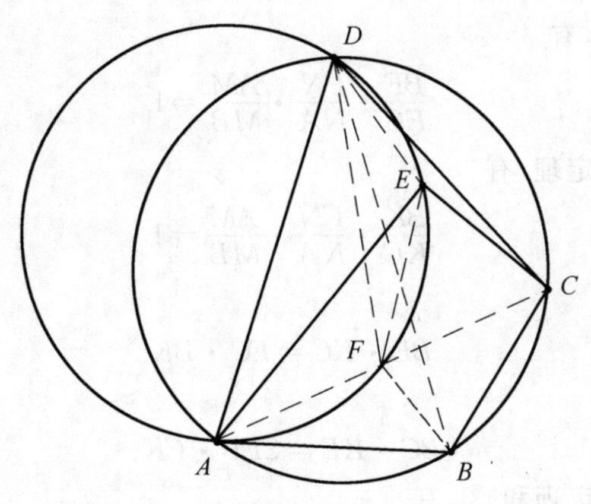

图 15

从而 $AB \cdot CD = BD \cdot FC$，又因为 $AB \cdot CD = BC \cdot DA$，故 $AC \cdot BD = AB \cdot CD + BC \cdot AD = 2AB \cdot CD$，因而 $AF = FC$，这说明 F 是 AC 中点.

另一方面，由托勒密定理，有 $AE \cdot DF = EF \cdot DA + DE \cdot AF$.

又 $\dfrac{DF}{DA} = \dfrac{FC}{AB} = \dfrac{AF}{AB}$，所以 $AE \cdot AD = AB \cdot \dfrac{EF}{AF} \cdot DA + DE \cdot AB$.

于是 $\dfrac{AE}{AB} - \dfrac{DE}{DA} = 1 \Leftrightarrow AE \cdot DA = DE \cdot AB + AB \cdot DA \Leftrightarrow EF = AF (= FC) \Leftrightarrow AE \perp EC$.

例 11　在 $\triangle ABC$ 中，$AB > AC$，它的内切圆切边 BC 于点 E，联结 AE，交内切圆于点 D(不同于点 E)，在线段 AE 上取异于点 E 的一点 F，使得 $CE = CF$，联结 CF，并延长交 BD 于点 G. 求证：$CF = FG$.

证明　如图 16，过点 D 作内切圆的切线 MNK，分别交 AB，AC，BC 于 M，N，K. 由

$$\angle KDE = \angle AEK = \angle EFC$$

知 $MK \parallel CG$.

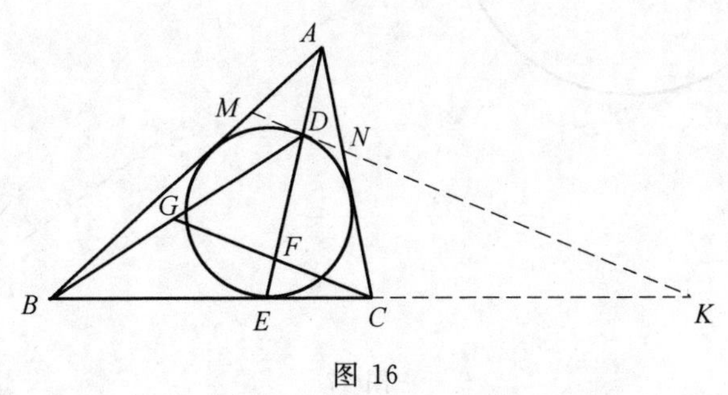

图 16

由牛顿定理知,BN,CM 与 DE 三线共点.

由塞瓦定理,有

$$\frac{BE}{EC}\cdot\frac{CN}{NA}\cdot\frac{AM}{MB}=1 \quad ①$$

由梅涅劳斯定理,有

$$\frac{BK}{KC}\cdot\frac{CN}{NA}\cdot\frac{AM}{MB}=1 \quad ②$$

① ÷ ② 得

$$BE\cdot KC=EC\cdot BK$$

此即

$$BC\cdot KE=2EB\cdot CK \quad ③$$

由梅涅劳斯定理和 ③,有

$$1=\frac{CB}{BE}\cdot\frac{ED}{DF}\cdot\frac{FG}{GC}=\frac{CB}{BE}\cdot\frac{EK}{CK}\cdot\frac{FG}{GC}=\frac{2FG}{GC}$$

所以,$CF=GF$.

例 12 设 D 是 $\triangle ABC$ 的 BC 边上一点,满足 $\angle CAD=\angle CBA$.圆 O 经过 B,D 两点,并分别与线段 AB,AD 交于 E,F 两点,BF,DE 相交于点 G.M 是 AG 的中点.求证:$CM\perp AO$.

证明 如图 17,联结 EF 并延长交 BC 于 P,联结 GP 交 AD 于 K,并交 AC 延长线于 L.

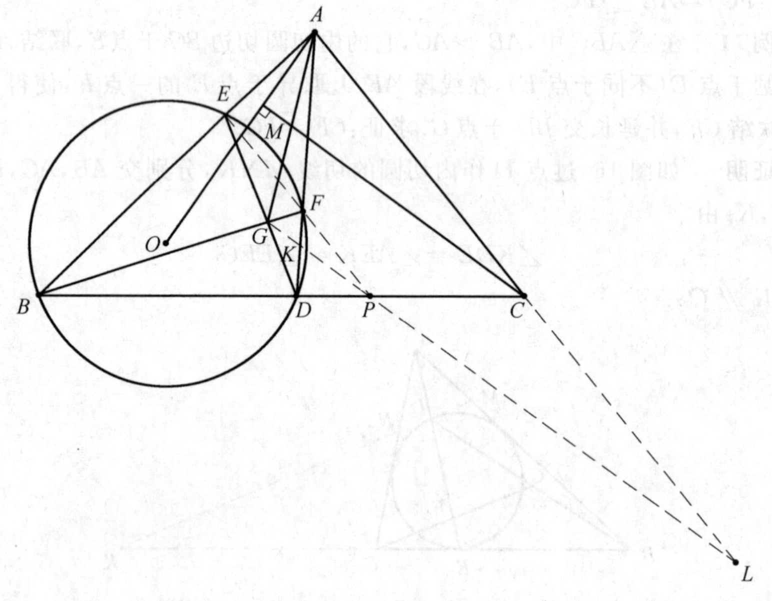

图 17

如图 18,在 AP 上取一点 Q,满足 $\angle PQF=\angle AEF=\angle ADB$.

易知 A,E,F,Q 及 F,D,P,Q 分别四点共圆. 记圆 O 的半径为 r. 根据圆幂定理知

$$AP^2=AQ\cdot AP+PQ\cdot AP=AF\cdot AD+PF\cdot PE=(AO^2-r^2)+(PO^2-r^2) \quad ①$$

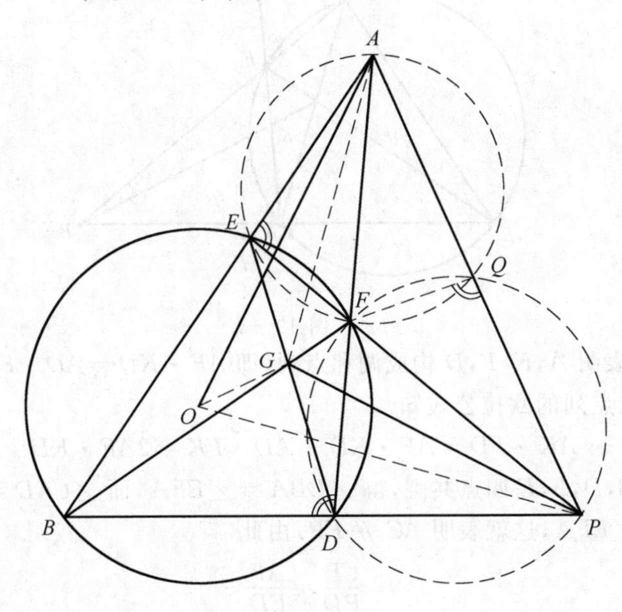

图 18

类似地,可得

$$AG^2=(AO^2-r^2)+(GO^2-r^2) \quad ②$$

由 ①② 得 $AP^2-AG^2=PO^2-GO^2$,于是由平方差原理即知 $PG\perp AO$.

如图 19,对 $\triangle PFD$ 及截线 AEB 应用梅涅劳斯定理,得

$$\frac{DA}{AF}\cdot\frac{FE}{EP}\cdot\frac{PB}{BD}=1 \quad ③$$

对 $\triangle PFD$ 及形外一点 G 应用塞瓦定理,得

$$\frac{DK}{KF}\cdot\frac{FE}{EP}\cdot\frac{PB}{BD}=1 \quad ④$$

③ ÷ ④ 即得

$$\frac{DA}{AF}=\frac{DK}{KF} \quad ⑤$$

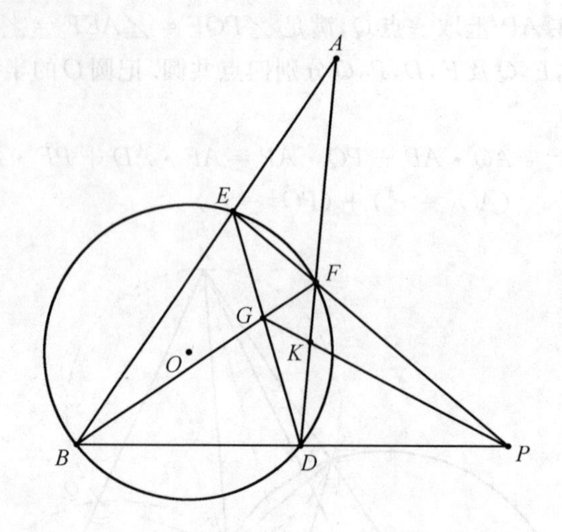

图 19

式 ⑤ 表明 A,K,F,D 构成调和点列，即 $AF \cdot KD = AD \cdot FK$.

再代入点列的欧拉公式知

$$AK \cdot FD = AF \cdot KD + AD \cdot FK = 2AF \cdot KD \qquad ⑥$$

而由 B,D,F,E 四点共圆，得 $\angle DBA = \angle EFA$，而 $\angle CAD = \angle CBA$，故 $\angle CAF = \angle EFA$，这就表明 $AC \parallel EP$. 由此

$$\frac{CP}{PD} = \frac{AF}{FD} \qquad ⑦$$

在 $\triangle ACD$ 中，对于截线 LPK 应用梅涅劳斯定理，得

$$\frac{AL}{LC} \cdot \frac{CP}{PD} \cdot \frac{DK}{KA} = 1 \qquad ⑧$$

将 ⑥，⑦ 代入 ⑧ 即得 $\frac{AL}{LC} = 2$.

最后，在 $\triangle AGL$ 中，由 M,C 分别是 AG,AL 的中点，故 MC 是其中位线，得 $MC \parallel GL$. 而已证 $GL \perp AO$，从而 $MC \perp AO$.

巩固演练

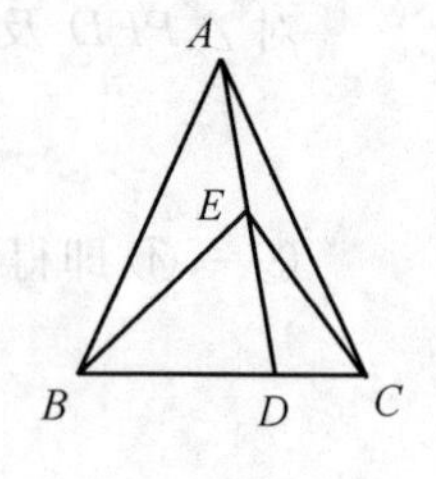

图 20

1. 如图 20，在 $\triangle ABC$ 中，$AB = AC$，D 是底边 BC 上一点，E 是线段 AD 上一点且 $\angle BED = 2\angle CED = \angle A$. 求证：$BD = 2CD$.

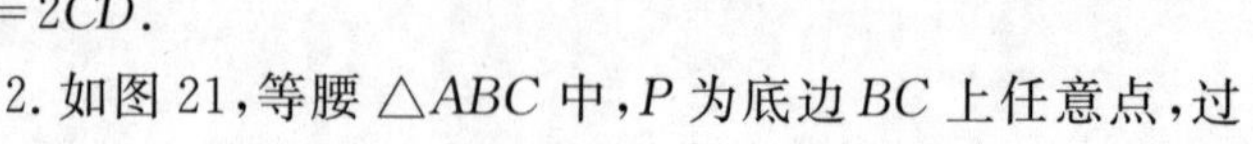

2. 如图 21，等腰 $\triangle ABC$ 中，P 为底边 BC 上任意点，过

P 作两腰的平行线分别与 AB，AC 相交于 Q，R 两点，又 P' 是 P 关于直线 RQ 的对称点，求证：P' 在 $\triangle ABC$ 的外接圆上.

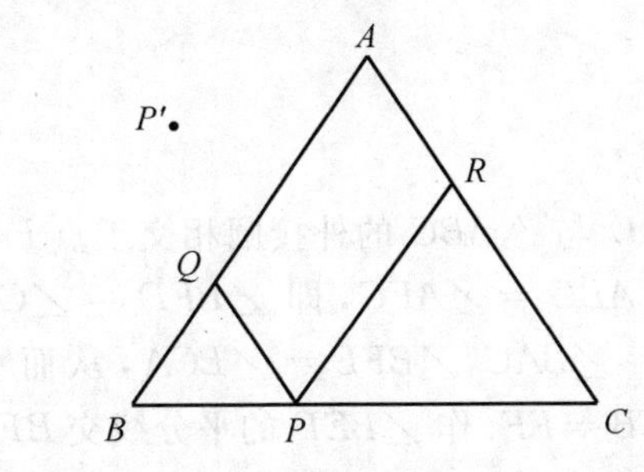

图 21

3. 在 $\triangle ABC$ 中，BD，CE 为角平分线，P 为 ED 上任意一点. 过 P 分别作 AC，AB，BC 的垂线，M，N，Q 为垂足. 求证：$PM+PN=PQ$.

4. 在 $\mathrm{Rt}\triangle ABC$ 中，AD 为斜边 BC 上的高，P 是 AB 上的点，过点 A 作 PC 的垂线交过 B 所作 AB 的垂线于点 Q. 求证：$PD\perp QD$.

5. 设 M_1，M_2 是 $\triangle ABC$ 的 BC 边上的点，且 $BM_1=CM_2$. 任作一直线分别交 AB，AC，AM_1，AM_2 于 P，Q，N_1，N_2. 求证：

$$\frac{AB}{AP}+\frac{AC}{AQ}=\frac{AM_1}{AN_1}+\frac{AM_2}{AN_2}$$

6. AD，BE，CF 是锐角 $\triangle ABC$ 的三条高. 从 A 引 EF 的垂线 l_1，从 B 引 FD 的垂线 l_2，从 C 引 DE 的垂线 l_3. 求证：l_1，l_2，l_3 三线共点.

7. AD 是 $\mathrm{Rt}\triangle ABC$ 斜边 BC 上的高，$\angle B$ 的平分线交 AD 于 M，交 AC 于 N. 求证：$AB^2-AN^2=BM\cdot BN$.

8. 如图 22，已知等腰 $\triangle ABC$ 中，$\angle BAC=100^\circ$，延长线段 AB 到 D，使得 $AD=BC$，联结 CD，试求 $\angle BCD$ 的度数.

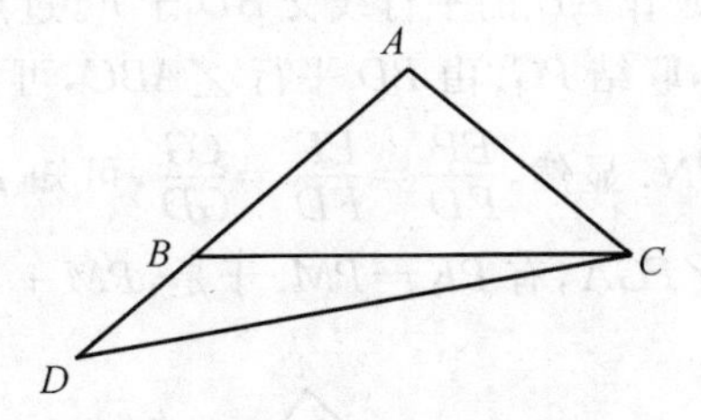

图 22

9. 过圆外一点 P 作圆的两条切线和一条割线，切点为 A，B. 所作割线交圆于 C，D 两点，C 在 P，D 之间. 在弦 CD 上取一点 Q，使 $\angle DAQ=\angle PBC$. 求证：$\angle DBQ=\angle PAC$.

10. 已知两个半径不相等的圆 O_1 与圆 O_2 相交于 M，N 两点，且圆 O_1，圆

O_2 分别与圆 O 内切于 S,T 两点.求证:$OM \perp MN$ 的充分必要条件是 S,N,T 三点共线.

演练解答

1.如图 23,延长 AD 与 $\triangle ABC$ 的外接圆相交于点 F,联结 CF 与 BF,则 $\angle BFA = \angle BCA = \angle ABC = \angle AFC$,即 $\angle BFD = \angle CFD$.故 $BF : CF = BD : DC$.又 $\angle BEF = \angle BAC$,$\angle BFE = \angle BCA$,从而 $\angle FBE = \angle ABC = \angle ACB = \angle BFE$.故 $EB = EF$.作 $\angle BEF$ 的平分线交 BF 于 G,则 $BG = GF$.因 $\angle GEF = \frac{1}{2}\angle BEF = \angle CEF$,$\angle GFE = \angle CFE$,故 $\triangle FEG \cong \triangle FEC$.从而 $GF = FC$.于是,$BF = 2CF$.故 $BD = 2CD$.

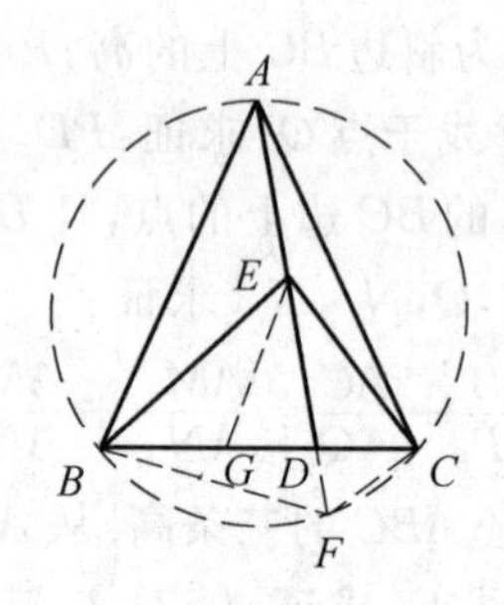

图 23

2.联结 BP',$P'R$,$P'C$,$P'P$,(1)证四边形 $ARPQ$ 为平行四边形;(2)证点 A,R,Q,P' 共圆;(3)证 $\triangle BP'Q$ 和 $\triangle P'RC$ 为等腰三角形;(4)证 $\angle P'BA = \angle ACP'$,原题得证.

3.如图 24,过点 P 作 AB 的平行线交 BD 于 F,过点 F 作 BC 的平行线分别交 PQ,AC 于 K,G,联结 PG.由 BD 平行 $\angle ABC$,可知点 F 到 AB,BC 两边距离相等.有 $KQ = PN$.显然,$\frac{EP}{PD} = \frac{EF}{FD} = \frac{CG}{GD}$,可知 $PG \parallel EC$.由 CE 平分 $\angle BCA$,知 GP 平分 $\angle FGA$,有 $PK = PM$.于是,$PM + PN = PK + KQ = PQ$.

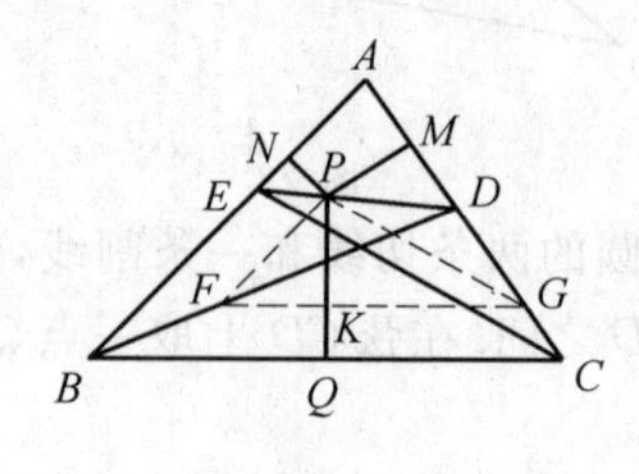

图 24

4. 证 B,Q,E,P 和 B,D,E,P 分别共圆.

5. 如图25,若 $PQ \parallel BC$,易证结论成立.若 PQ 与 BC 不平行,设 PQ 交直线 BC 于 D.过点 A 作 PQ 的平行线交直线 BC 于 E.由 $BM_1 = CM_2$,可知 $BE + CE = M_1E + M_2E$,易知 $\frac{AB}{AP} = \frac{BE}{DE}, \frac{AC}{AQ} = \frac{CE}{DE}, \frac{AM_1}{AN_1} = \frac{M_1E}{DE}, \frac{AM_2}{AN_2} = \frac{M_2E}{DE}$,则

$$\frac{AB}{AP} + \frac{AC}{AQ} = \frac{BE + CE}{DE} = \frac{M_1E + M_2E}{DE} = \frac{AM_1}{AN_1} + \frac{AM_2}{AN_2}$$

所以

$$\frac{AB}{AP} + \frac{AC}{AQ} = \frac{AM_1}{AN_1} + \frac{AM_2}{AN_2}$$

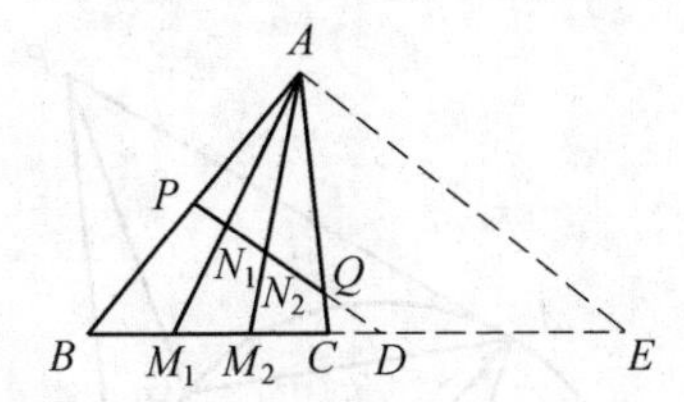

图 25

6. 过 B 作 AB 的垂线交 l_1 于 K,证:A,B,K,C 四点共圆.

7. 如图26,因为 $\angle 2 + \angle 3 = \angle 4 + \angle 5 = 90°$,又 $\angle 3 = \angle 4$,$\angle 1 = \angle 5$,所以 $\angle 1 = \angle 2$.从而,$AM = AN$.以 AM 长为半径作圆 A,交 AB 于 F,交 BA 的延长线于 E,则 $AE = AF = AN$.由割线定理有

$$BM \cdot BN = BF \cdot BE = (AB + AE)(AB - AF) = (AB + AN)(AB - AN) = AB^2 - AN^2$$

即

$$AB^2 - AN^2 = BM \cdot BN$$

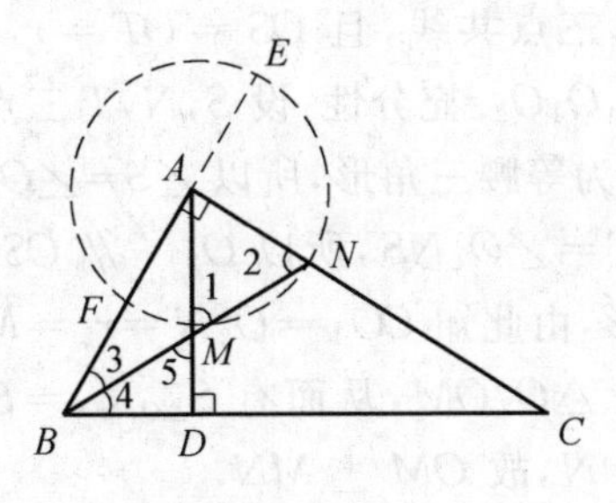

图 26

8. 可知过点 C 作 $\angle ACB$ 的平分线交 AB 于 E,则 $AE + CE = BC$,从而 $AE = DE$,于是可计算得 $\angle ADC = 30°$,所以 $\angle BCD$ 的度数为 $10°$.

9. 如图27,联结 AB,在 $\triangle ADQ$ 和 $\triangle ABC$ 中,$\angle ADQ = \angle ABC$,$\angle DAQ =$

$\angle PBC=\angle CAB$，故 $\triangle ADQ\backsim\triangle ABC$，而有 $\frac{BC}{AB}=\frac{DQ}{AD}$，即 $BC\cdot AD=AB\cdot DQ$. 又由切割线定理知 $\triangle PCA\backsim\triangle PAD$，故 $\frac{PC}{PA}=\frac{AC}{AD}$；同理由 $\triangle PCB\backsim\triangle PBD$ 得 $\frac{PC}{PB}=\frac{BC}{BD}$. 又因 $PA=PB$，故 $\frac{AC}{AD}=\frac{BC}{BD}$，得 $AC\cdot BD+BC\cdot AD=AB\cdot CD$. 又由关于圆内接四边形的托勒密定理知 $AC\cdot BD+BC\cdot AD=AB\cdot AD$. 于是得 $AB\cdot CD=2AB\cdot DQ$，故 $DQ=\frac{1}{2}CD$. 即 $CQ=DQ$. 在 $\triangle CBQ$ 与 $\triangle ABD$ 中，$\frac{AD}{AB}=\frac{DQ}{BC}=\frac{CQ}{BC}$，$\angle BCQ=\angle BAD$，于是 $\triangle CBQ\backsim\triangle ABD$，故 $\angle CBQ=\angle ABD$，即得 $\angle DBQ=\angle ABC=\angle PAC$.

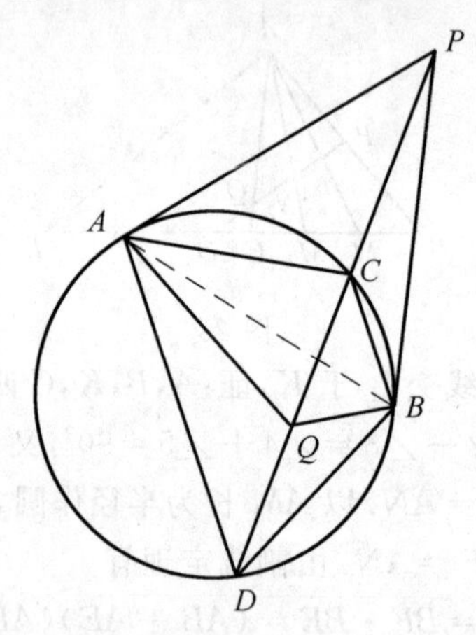

图 27

10. 如图 28，设圆 O_1，圆 O_2，圆 O 的半径分别为 r_1，r_2，r. 由条件知 O，O_1，S 三点共线及 O，O_2，T 三点共线，且 $OS=OT=r$，联结 OS，OT，SN，NT，O_1M，O_1N，O_2M，O_2N，O_1O_2. 充分性：设 S，N，T 三点共线，则 $\angle S=\angle T$，又 $\triangle O_1SN$ 与 $\triangle O_2NT$ 均为等腰三角形，所以 $\angle S=\angle O_1NS$，$\angle T=\angle O_2NT$，所以 $\angle S=\angle O_2NT$，$\angle T=\angle O_1NS$，所以 $O_2N\parallel OS$，$O_1N\parallel OT$，故四边形 OO_1NO_2 为平行四边形，由此知 $OO_1=O_2N=r_2=MO_2$，$OO_2=O_1N=r_1=MO_1$，所以 $\triangle O_1MO\cong\triangle O_2OM$，从而有 $S_{\triangle O_1MO}=S_{\triangle O_2OM}$，由此得 $O_1O_2\parallel OM$，又由于 $O_1O_2\perp MN$，故 $OM\perp MN$.

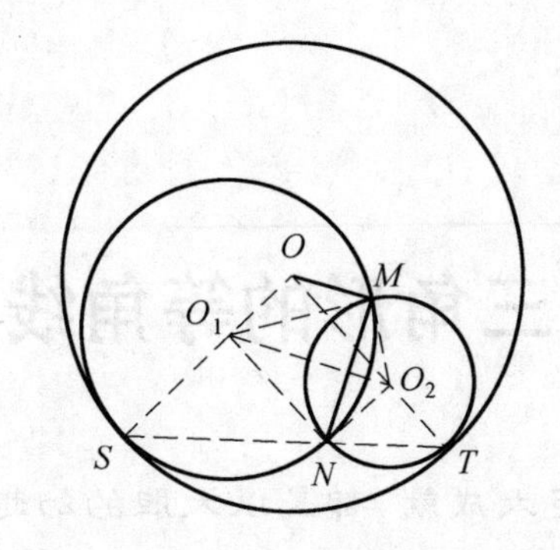

图 28

必要性：若 $OM \perp MN$，又 $O_1O_2 \perp MN$，故 $O_1O_2 // OM$，从而有 $S_{\triangle O_1MO} = S_{\triangle O_2OM}$，设 $OM = a$，由 $O_1M = r_1$，$O_1O = r - r_1$，$O_2O = r - r_2$，$O_2M = r_2$，知 $\triangle O_1MO$ 与 $\triangle O_2OM$ 的周长都等于 $a + r$，记 $p = \dfrac{a+r}{2}$，由三角形面积的海伦公式，有

$$S_{\triangle O_1MO} = \sqrt{p(p-r_1)(p-r+r_1)(p-a)} =$$

$$\sqrt{p(p-r_2)(p-r+r_2)(p-a)} = S_{\triangle O_2OM}$$

化简得 $(r_1 - r_2)(r - r_1 - r_2) = 0$，又已知 $r_1 \neq r_2$，所以 $r = r_1 + r_2$，故有

$$O_1O = r - r_1 = r_2 = O_2N, O_2O = r - r_2 = r_1 = O_1N$$

所以 OO_1NO_2 为平行四边形，所以

$$\angle O_1NT + \angle T = 180°, \angle O_2NS + \angle S = 180°$$

又 $\triangle O_1SN$ 与 $\triangle O_2NT$ 均为等腰三角形，$\angle T = \angle O_2NT$，$\angle S = \angle O_1NS$，所以 $\angle O_1NO_2 + 2\angle S = \angle O_2NS + \angle S = \angle O_1NT + \angle T = \angle O_1NO_2 + 2\angle T$，即 $\angle S = \angle T$，所以 $\angle O_1NS = \angle O_2NT$，故 $\angle O_1NS + \angle O_1NO_2 + \angle O_2NT = \angle SNO_2 + \angle S = 180°$，所以 S, N, T 三点共线.

第25讲　三角形的等角线与陪位中线

科学的每一项巨大成就，都是以大胆的幻想为出发点的.

——杜威（美国）

知识方法

给定一个角$\angle AOB$，OC是它的角平分线，如图1，过点O作两条关于OC对称的直线OX和OY，则称OY是OX关于$\angle AOB$的等角线.显然OX，OY关于$\angle AOB$互为等角线.一个角的两边（所在直线）是本角的等角线；一个角的平分线是重合的等角线，即自等角线.一角的邻补角的平分线也是自等角线.

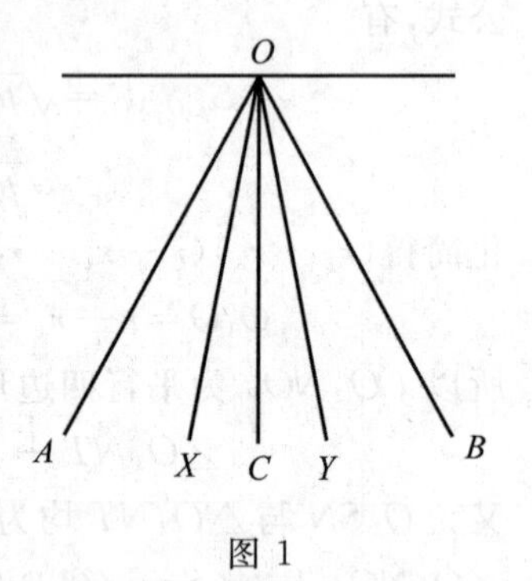

图1

定理1　如图2、图3，自$\angle AOB$的顶点O引两条直线OC，OD，P是直线OC上一点，过P作直线OA，OB的垂线，垂足分别为M，N，则OC，OD是$\angle AOB$的两条等角线的充分必要条件是$OD\perp MN$.

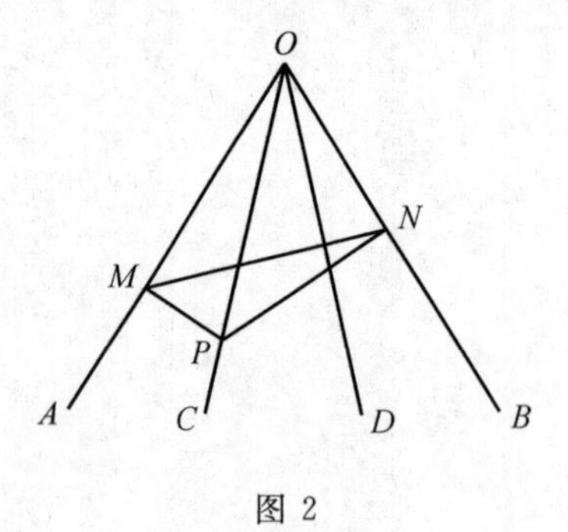

图2

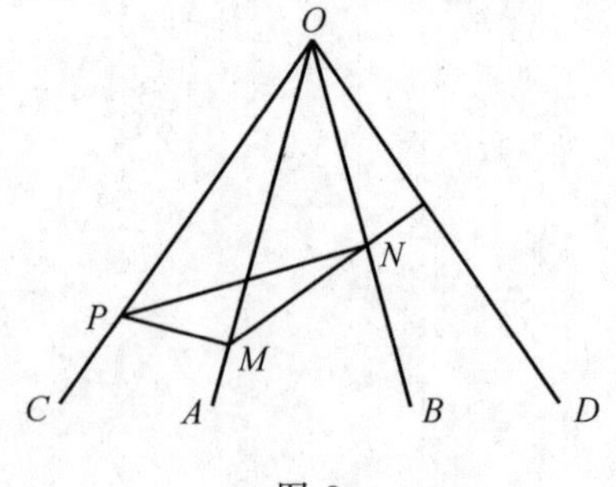

图3

定理2　如图4,设D,E是$\triangle ABC$的边BC上两点,则$\angle BAD=\angle EAC$的充分必要条件是:$\frac{AB^2}{AC^2}=\frac{BD\cdot BE}{DC\cdot EC}$.

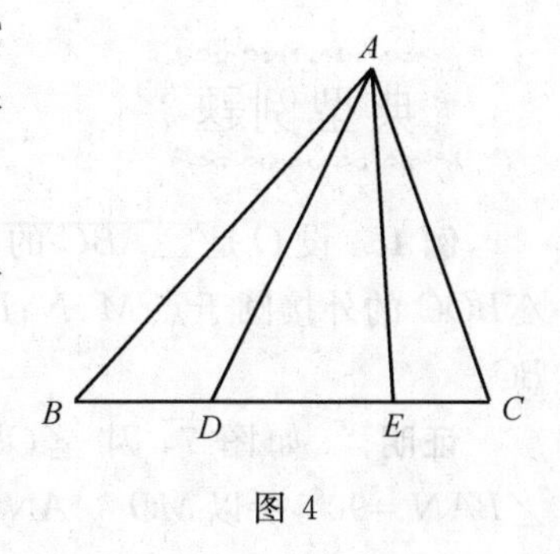

图 4

定理3　设D,E是$\triangle ABC$的边BC上两点,且$\angle BAD=\angle EAC$,则有

$$AD\cdot AE=AB\cdot AC-\sqrt{BD\cdot BE\cdot DC\cdot EC}$$

最常见的等角线是三角形的同一顶点引出的三角形的高与外接圆的直径是该顶角的两条等角线.

三角形的中线的等角线称为陪位中线.为方便计,过$\triangle ABC$的顶点A的中线的陪位中线称为$\triangle ABC$的A-陪位中线.

下面的定理4是三角形的陪位中线的一个基本性质.

定理4　设D是$\triangle ABC$的边BC上一点,则AD是$\triangle ABC$的A-陪位中线的充分必要条件是$\frac{BD}{DC}=\frac{AB^2}{AC^2}$.

定理5与定理6是三角形的陪位中线的两个判定定理.

定理5　如图5,已知$\triangle ABC$,Γ_1是过A,B两点且与AC相切的圆,Γ_2是过A,C两点且与AB相切的圆,圆Γ_1与圆Γ_2交于A,D两点,则AD是$\triangle ABC$的A-陪位中线.

定理6　如图6,设$\triangle ABC$的外接圆在B,C两点的切线交于P,则AP是$\triangle ABC$的A-陪位中线.

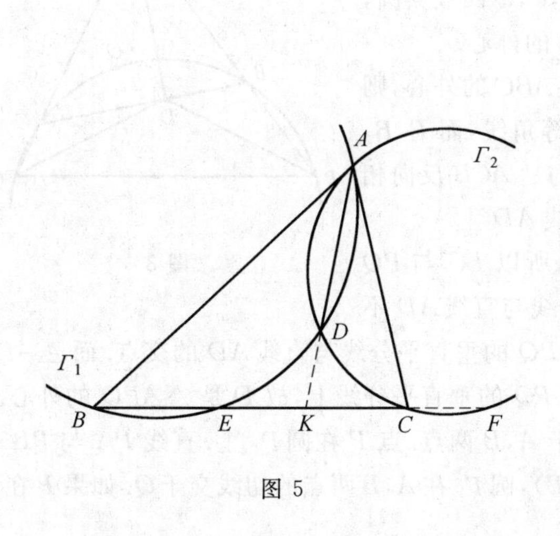

图 5

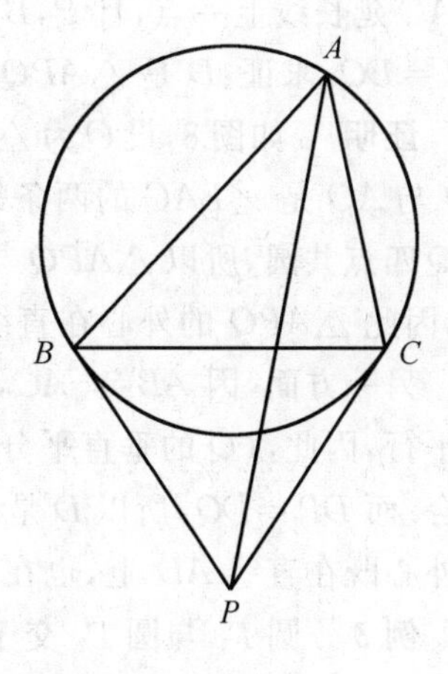

图 6

典型例题

例1 设O是$\triangle ABC$的外心，K是$\triangle BOC$的外心，直线AB，AC分别交$\triangle BOC$的外接圆于点M，N；L是点K关于直线MN的反射点. 求证：$AL\perp BC$.

证明 如图7，因$\angle OMA=\angle OCB=90^\circ-\angle BAC$，即$\angle OMA+\angle BAN=90^\circ$，所以$MO\perp AN$. 同理，$NO\perp AM$，这说明$O$为$\triangle AMN$的垂心，于是$\triangle OMN$的外接圆与$\triangle AMN$的外接圆是等圆，它们关于直线$MN$对称. 由于$K$为$\triangle OMN$的外心，所以$L$为$\triangle AMN$的外心，从而$AL$与$AO$是$\angle BAC$的两条等角线，但$O$为$\triangle ABC$的外心，故$AL\perp BC$.

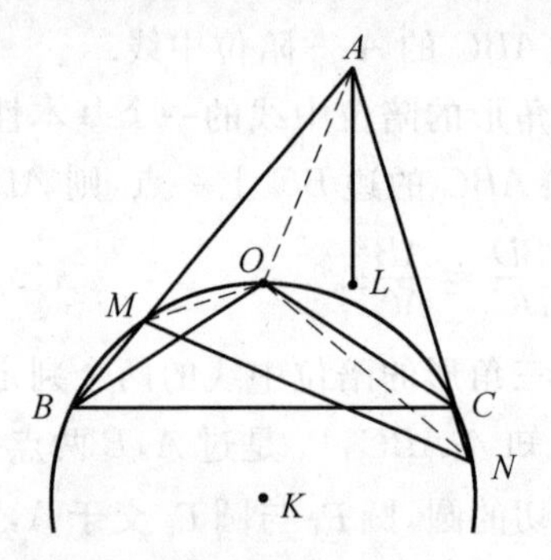

图7

例2 在锐角$\triangle ABC$中，$AB\neq AC$. 过A作BC的垂线AD，P为AB延长线上一点，Q为AC延长线上一点，且P，B，C，Q四点共圆，$DP=DQ$. 求证：D是$\triangle APQ$的外心.

证明 如图8，设O为$\triangle ABC$的外心，则AD与AO是$\angle BAC$的两条等角线，而P，B，C，Q四点共圆，所以$\triangle APQ$与$\triangle ACB$反向相似，因此$\triangle APQ$的外心在直线AD上.

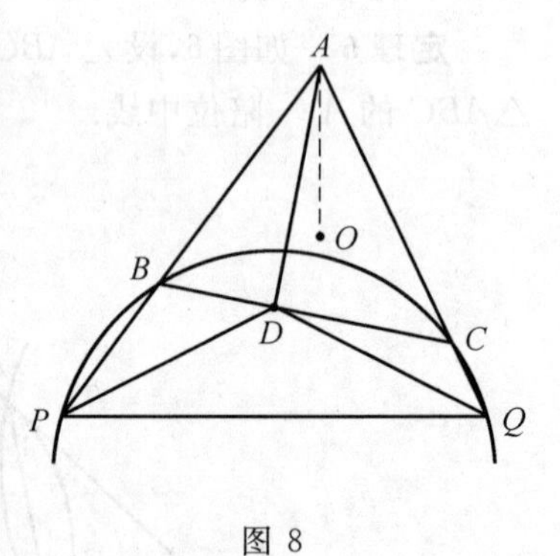

图8

另一方面，因$AB\neq AC$，所以BC与PQ不平行，因此，PQ的垂直平分线与直线AD不重合. 而$DP=DQ$，所以D是PQ的垂直平分线与直线AD的交点. 而$\triangle APQ$的外心既在直线AD上，也在PQ的垂直平分线上，故D是$\triangle APQ$的外心.

例3 圆Γ_1与圆Γ_2交于A，B两点. 点P在圆Γ_1上. 直线PA与PB分别交圆Γ_2于C，D（不同于A，B），圆Γ_1在A，B两点的切线交于Q. 如果P在圆

Γ_2 的外部，C,D 均在 Γ_1 的外部. 求证：直线 PQ 平分线段 CD.

证明　如图 9，因 PQ 是 $\triangle PAB$ 的 P－对称中线，而 $\triangle PAB$ 与 $\triangle PDC$ 反向相似，所以 PQ 为 $\triangle PDC$ 的 P－中线，即直线 PQ 通过 CD 的中点. 换句话说，直线 PQ 平分线段 CD.

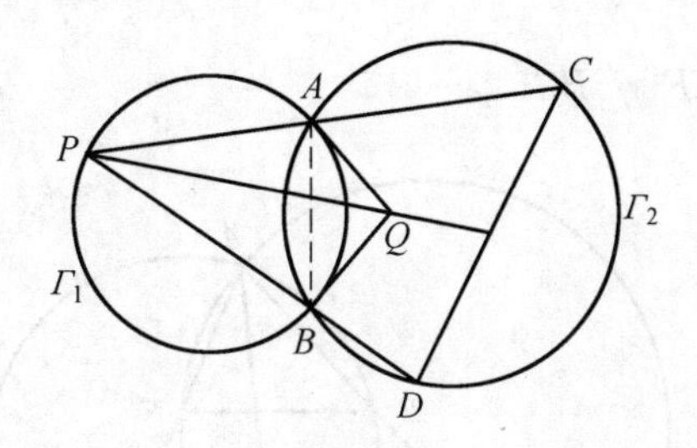

图 9

例 4　设 Γ 是 $\triangle ABC$ 的外接圆，圆 Γ 在 B,C 两点的切线交于 T. 过 A 且垂直于 AT 的直线与直线 BC 交于 S，点 B_1,C_1 在直线 ST 上（B_1,B 在 BC 的垂直平分线的同侧），且 $TB_1=TC_1=TB$. 求证：$\triangle AB_1C_1 \backsim \triangle ABC$.

证明　如图 10，设 M 为 BC 的中点，则 AM,AT 是 $\angle BAC$ 的两条等角线，所以 $\angle BAT=\angle MAC$. 又 $\angle TBC=\angle BAC$，所以 $\angle TBA=\angle TBC+\angle CBA=\angle BAC+\angle CBA=180°-\angle ACB$. 于是，由 $TC_1=TB$ 及正弦定理，得

$$\frac{TC_1}{AT}=\frac{TB}{AT}=\frac{\sin\angle BAT}{\sin\angle TBA}=\frac{\sin\angle MAC}{\sin\angle ACB}=\frac{MC}{AM}$$

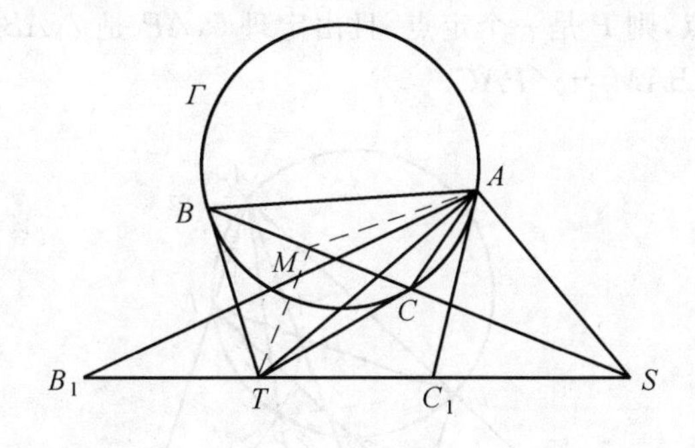

图 10

另一方面，因 $\angle TMS=90°=\angle TAS$，所以 A,M,T,S 四点共圆，于是，$\angle STA=\angle SMA$，即 $\angle C_1TA=\angle CMA$，因此，$\triangle ATC_1 \backsim \triangle AMC$. 同理，$\triangle AB_1T \backsim \triangle ABM$. 故 $\triangle AB_1C_1 \backsim \triangle ABC$.

例 5　设 $\triangle ABC$ 的 A－中线关于 $\angle BAC$ 的角平分线的对称直线与 BC 交于 D. $\triangle ADC$ 的外接圆与 AB 的另一个交点为 E，$\triangle ABD$ 的外接圆与 AC 的另

一个交点为 F. 求证: $EF \parallel BC$.

证明 如图11,因 AD 是 $\triangle ABC$ 的陪位中线. 于是 $\frac{BD}{DC}=\frac{AB^2}{AC^2}$. 另一方面,由圆幂定理, $BD \cdot BC = EB \cdot AB$, $DC \cdot BC = FC \cdot AC$. 因此, $\frac{BD}{DC}=\frac{EB \cdot AB}{FC \cdot AC}$,于是 $\frac{BE}{CF}=\frac{AB}{AC}$,故 $EF \parallel BC$.

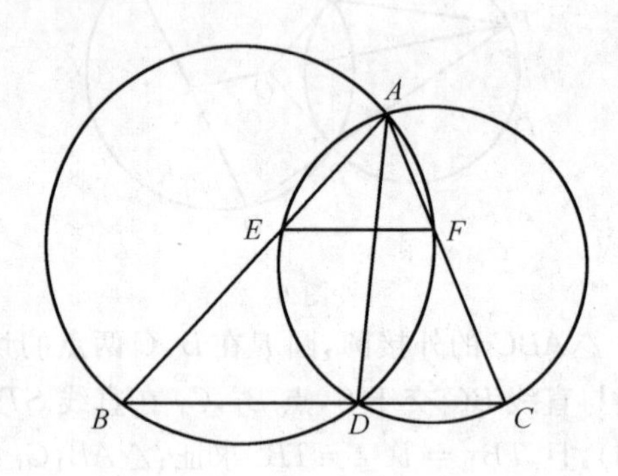

图 11

例 6 设 D,E,F 分别是 $\triangle ABC$ 的边 BC,CA,AB 上的点,且 $DE \parallel AB$, $DF \parallel AC$. 求证:

(1) $\triangle AEF$ 的外接圆通过一个定点 P.

(2) 若 M 为 BC 的中点,则 $\angle BAM = \angle PAC$.

证明 设过 A,B 两点且与 AC 相切的圆和过 A,C 两点且与 AB 相切的圆交于 A,P 两点,则 P 是一个定点. 且由定理5, AP 是 $\triangle ABC$ 的 A-陪位中线,也就是说, $\angle BAM = \angle PAC$.

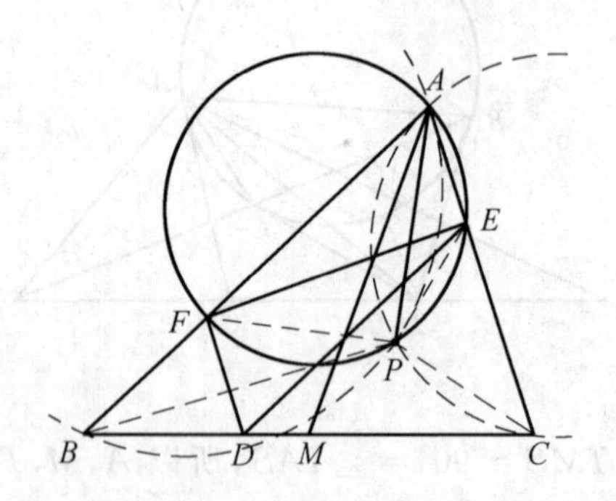

图 12

由弦切角定理, $\angle PAC = \angle PBA$, $\angle ACP = \angle BAP$,所以 $\triangle PCA \backsim \triangle PAB$. 又 $DE \parallel AB$, $DF \parallel AC$,所以 $\frac{CE}{EA}=\frac{CD}{DB}=\frac{AF}{FB}$,这说明 E,F 是两个相

似$\triangle PCA$与$\triangle PAB$的相似对应点，因此，$\angle PEC=\angle PFA$. 故E,A,F,P四点共圆. 换句话说，$\triangle AEF$的外接圆通过定点P.

巩固演练

1. 如图13，已知$AM=MB$，$l_1\cap l_3=E$，$l_1\cap l_4=F$，$l_2\cap l_3=G$，$l_2\cap l_4=H$，$EH\cap AB=C$，$FG\cap AB=D$. 求证：$CM=MD$.

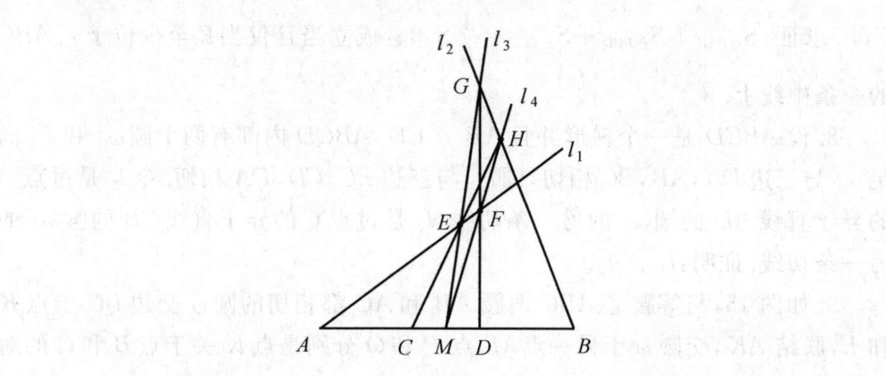

图 13

2. 双心四边形，外心为O，外接圆半径为R，内心为P，内切圆半径为r，$OI=h$. 求证：$\frac{1}{(R+h)^2}+\frac{1}{(R-h)^2}=\frac{1}{r^2}$.

3. 设D,E,F分别为$\triangle ABC$的三边BC,CA,AB上的点，且AD与EF垂直相交于O，又DE,DF分别平分$\angle ADC,\angle ADB$，则OD平分$\angle BOC$.

4. 如图14，已知Q为以AB为直径的圆上的一点，$Q\neq A,B$，Q在AB上的投影为H，以Q为圆心，QH为半径的圆与以AB为直径的圆交于点C,D. 求证：CD平分线段QH.

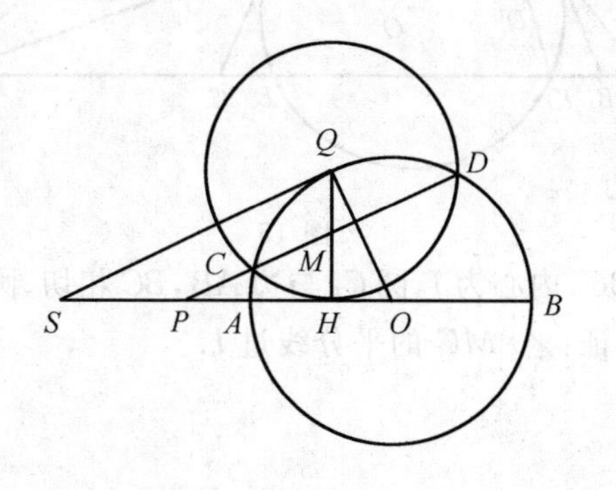

图 14

5. 凸四边形 $ABCD$ 的外接圆圆心为 O，已知 $AC \neq BD$，且 AC 与 BD 交于 E. 若 P 为 $ABCD$ 内部一点，且 $\angle PAB + \angle PCB = \angle PBC + \angle PDC = 90°$. 求证：$O,P,E$ 三点共线.

6. 设圆 O_1 与圆 O_2 相交于 A,B 两点，过交点任作一条割线分别与两圆交于 P,Q，两圆在 P,Q 处的切线交于 R，直线 BR 交 $\triangle O_1O_2B$ 的外接圆于另一点 S. 求证：RS 等于 $\triangle O_1O_2B$ 的外接圆的直径.

7. 设 P 为 $\triangle ABC$ 的一个内点，PA,PB,PC 分别交边 BC,CA,AB 于 D，E,F. 求证：$S_{\triangle PAF} + S_{\triangle PBD} + S_{\triangle PCE} = \frac{1}{2} S_{\triangle ABC}$ 成立当且仅当 P 至少位于 $\triangle ABC$ 的一条中线上.

8. 设 $ABCD$ 是一个梯形并且 $AB \parallel CD$，$ABCD$ 内部有两个圆 ω_1 和 ω_2 满足 ω_1 与三边 DA,AB,BC 相切，圆 ω_2 与三边 BC,CD,DA 相切. 令 l_1 是过点 A 的异于直线 AD 的圆 ω_2 的另一条切线，l_2 是过点 C 的异于直线 CB 的圆 ω_1 的另一条切线. 证明：$l_1 \parallel l_2$.

9. 如图 15，与等腰 $\triangle ABC$ 两腰 AB 和 AC 都相切的圆 ω 交边 BC 于点 K 和 L，联结 AK，交圆 ω 于另一点 M，点 P 和 Q 分别是点 K 关于点 B 和 C 的对称点. 求证：$\triangle PMQ$ 的外接圆与圆 ω 相切.

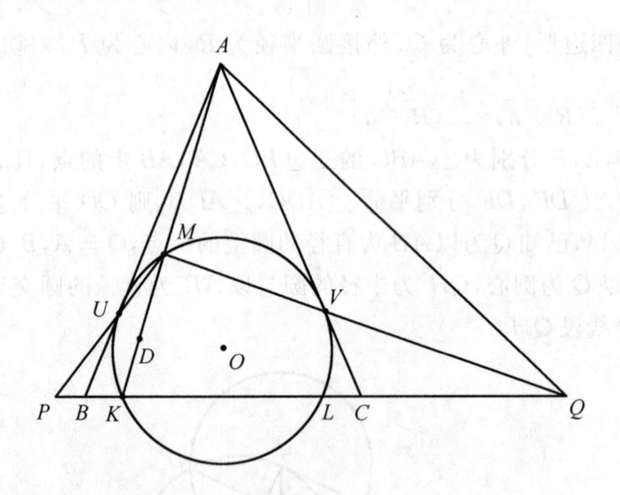

图 15

10. 已知 $\triangle ABC$，内心为 I，圆 C_1 与边 AB,BC 相切，圆 C_2 过 A,C，且 C_1 与 C_2 外切于点 M. 求证：$\angle AMC$ 的平分线过 I.

演练解答

1. 若把 $l_1 \cdot l_2=0$ 看作一二次曲线，则 AB 为其一弦，M 为此弦的中点. l_3，l_4 为过此中点的两弦.

由蝴蝶定理知 EH，FG 与 AB 的交点满足 $CM=MD$.

2. 如图 16，分别过 K,L,M,N 作 PK，PL，PM，PN 垂线交于 A,B,C,D.

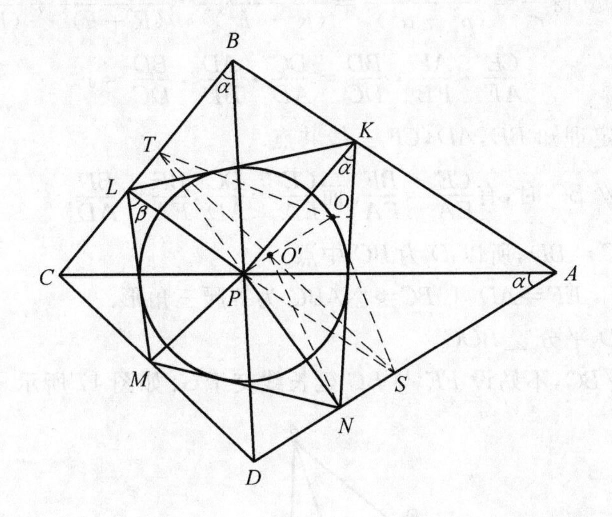

图 16

因为 $\angle LCM=180^\circ-\angle LPM=\angle PLM+\angle PML=\frac{1}{2}(\angle MLK+\angle LMN)$，$\angle KAN=\frac{1}{2}(\angle LKN+\angle KNM)$.

所以 A,B,C,D 四点共圆.

我们设其半径为 ρ，易证 B,P,D；A,P,C 分别三点共线.

所以 $r=PL\sin\beta=PB\sin\alpha\sin\beta=PB\cdot\frac{PC}{BC}\cdot\frac{AP}{AB}$，$PC\cdot AP=\rho^2-d^2$（$d$ 为 $ABCD$ 的外心 O 与 P 的距离）.

又易证 $AC\perp BD$，所以

$$\frac{PB}{BC\cdot AB}=\frac{1}{2\rho}\Rightarrow r=\frac{\rho^2-d^2}{2\rho} \quad ①$$

延长 NP 交 BC 于 T，易证 T 为 BC 中点（卜拉美古塔定理）.

所以 $OT\parallel PS$，$OS\parallel PT$.

$\square OTPS$ 中，$4O'T^2=PS^2+OS^2-d^2=2\rho^2-d^2$.

又 $O'N=\frac{1}{2}\sqrt{2\rho^2-d^2}\Rightarrow O'$ 为四边形 $KLMN$ 的外心(即为 O) 且

$$R=\frac{1}{2}\sqrt{2\rho^2-d^2} \quad ②$$

$$h=\frac{1}{2}d \quad ③$$

由 ①②③ 得 $\frac{1}{r^2}=\frac{4\rho^2}{(\rho^2-d^2)^2}=\frac{2(R^2+h^2)}{(R^2-h^2)^2}=\frac{1}{(R+h)^2}+\frac{1}{(R-h)^2}$.

3. $$\frac{CE}{AE}\cdot\frac{AF}{FB}\cdot\frac{BD}{DC}=\frac{DC}{AD}\cdot\frac{AD}{BD}\cdot\frac{BD}{DC}=1$$

由塞瓦定理知 BE,AD,CF 三线共点. ①

当 $EF\parallel BC$ 时，有 $\frac{CE}{EA}=\frac{BF}{FA}$. 而 $\frac{CE}{EA}=\frac{DC}{AD},\frac{BF}{FA}=\frac{BD}{AD}$.

所以 $DC=BD$，所以 D 为 BC 中点.

而 $AD\perp EF\Rightarrow AD\perp BC\Rightarrow\triangle ABC$ 为等腰三角形.

所以 OD 平分 $\angle BOC$.

当 $EF\nparallel BC$，不妨设 FE 与 BC 延长线交于 G. 如图 17 所示.

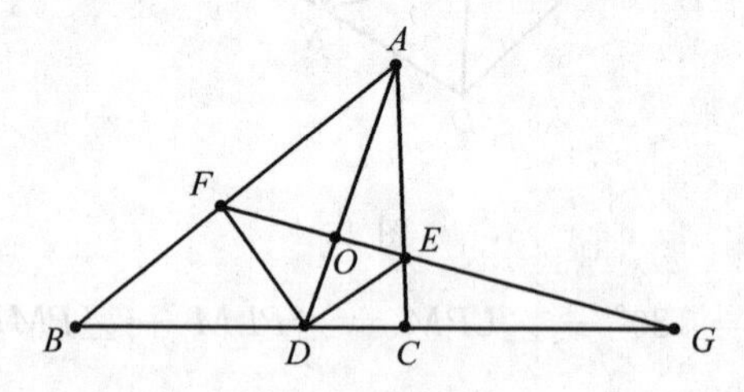

图 17

由梅涅劳斯定理(以 $\triangle ABC$ 为基本三角形，GEF 为截线) 有

$$\frac{CE}{EA}\cdot\frac{AF}{FB}\cdot\frac{BG}{CG}=1$$

由塞瓦定理有

$$\frac{CE}{EA}\cdot\frac{AF}{FB}\cdot\frac{BD}{DC}=1$$

两式合并得

$$\frac{BD}{DC}=\frac{BG}{CG} \quad ②$$

在直线 BC 上取一点不同于 C 的点 B'，且 $\angle B'OD=\angle COD$.

由 $\angle DOG=90^\circ$ 知 OG 为 $\angle B'OC$ 的外角平分线.

所以$\frac{B'G}{CG}=\frac{B'O}{OC}=\frac{B'D}{DC}\Rightarrow\frac{B'G}{B'D}=\frac{CG}{DC}=\frac{BG}{BD}$(由②)$\Rightarrow B$与$B'$重合.

所以OD平分$\angle BOC$.得证.

4.设P为CD和AB交点,倍长HP到S,设O是AB中点.

下证$SH\cdot SO=SA\cdot SB$,因为

$$PA\cdot PB=PC\cdot PD=PH^2$$

所以

$$SH\cdot SO=SH\cdot\frac{1}{2}(SA+SB)=PH(PA+PH+PB+PH)=$$
$$PA\cdot PH+PB\cdot PH+2PH^2$$

所以

$$SA\cdot SB=(PA+PH)(PB+PH)=$$
$$PA\cdot PB+PA\cdot PH+PB\cdot PH+PH^2=$$
$$2PH^2+PH\cdot PA+PH\cdot PB=SH\cdot SO$$

设SQ'是圆O切线,$Q'H'\perp AB$于H',则$SQ'^2=SA\cdot SB=SH'\cdot SO=SH\cdot SO$.所以$SH=SH'\Rightarrow H=H',Q'=Q$.

设$M=QH\cap CD$,所以$QC=QD$,所以$QO\perp CD$.

又$SQ\perp QO\Rightarrow SQ\,/\!/\,CD$,所以$\frac{HM}{HQ}=\frac{HP}{SH}=\frac{1}{2}$.

所以M是HQ中点,得证.

5.引理:圆O内有一点K,$A_1B_1,A_2B_2,A_3B_3,A_4B_4$是过$K$的圆$O$的弦.若$A_1A_2$交$A_3A_4$于$M$,$B_1B_2$交$B_3B_4$于$N$,则$K,M,N$三点共线.

引理的证明:在圆O所在的实射影平面内考虑这样一个射影变换,它把圆O变为圆,把K变为圆心,K的像记为K',等等.

则由圆K'的对称性,A'_1A_2'与B'_1B_2'关于K'(中心)对称,$A_3'A_4'$与$B_3'B_4'$关于K'(中心)对称.

故M'与N'关于K'(中心)对称,从而K',M',N'三点共线.

由射影变换性质知原来K,M,N三点共线,引理得证.

下面回到的题:

如图18,延长AP,BP,CP,DP分别交圆O于A',B',C',D'.

联结$A'C',B'D'$,再联结$A'B,BC'$,则

$$\angle A'C'B+\angle C'A'B=\angle A'AB+\angle C'CB=90^\circ$$

所以$\angle A'BC'=90^\circ$,$A'C'$为直径.同理$B'D'$为直径.

由于A不与B,D重合.

故A'不与B',D'重合,$A'C'$不与$B'D'$重合.

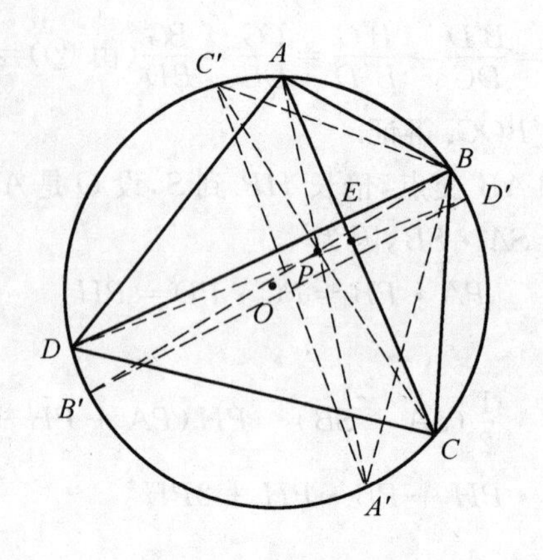

图 18

故它们交于圆心 O.

在引理中令 $K=P,A_1=A,A_2=C,B_1=B,B_2=D$,即知 O,P,E 三点共线.

6. 如图 19,联结 BP,PO_1,O_1S,BQ,O_2Q,AB.

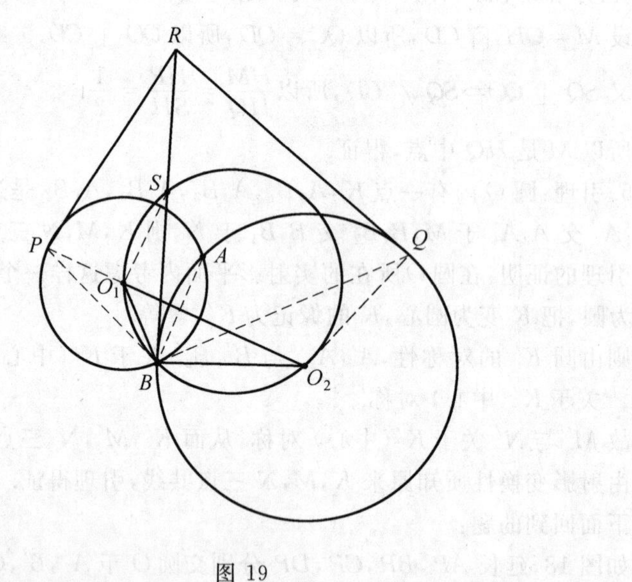

图 19

不妨设 $\angle PAB$ 不是钝角(由 P,Q 的对称性),则此时 $\angle BAQ$ 不是锐角.

从而 O_1 与 S 关于 BP 的同侧,O_2 与 S 在关于 BQ 的异侧.

我们有 $PO_1=O_1B,QO_2=O_2B$.

又 $\angle PO_1B=2\angle PAB=2(180°-\angle QAB)=\angle QO_2B$.

所以 $\triangle PO_1B\backsim\triangle QO_2B$,注意这是两个等腰三角形.

设 $\angle O_1PB=\angle O_1BP=\angle O_2QB=\angle O_2BQ=\alpha$，则由于 $\angle PBQ=\angle O_1BO_2+\angle PBO_1-\angle QBO_2=\angle O_1BO_2$ 及 $\dfrac{PB}{BQ}=\dfrac{O_1B}{BO_2}$(因为 $\triangle PO_1B\backsim\triangle QO_2B$)，所以 $\triangle PBQ\backsim\triangle O_1BO_2$.

设 R,r 分别为 $\triangle PBQ,\triangle O_1BO_2$ 的外接圆半径，则 $\dfrac{R}{r}=\dfrac{PB}{O_1B}=2\cos\alpha$.

注意到 $\angle BPR+\angle BQR=\angle O_1PR+\angle BPO_1+\angle O_2QR-\angle O_2QB=90^\circ+\alpha+90^\circ-\alpha=180^\circ$.

所以 B,P,R,Q 四点共圆.

由正弦定理知

$$BR=2R\sin\angle BPR=2R\sin(90^\circ+\alpha)=2R\cos\alpha=4r\cos^2\alpha$$

又

$$\begin{aligned}\angle BO_1S=\angle BO_1O_2+\angle SO_1O_2=\angle BPQ+\angle SBO_2=\\ \angle BPQ+\angle SBQ+\angle QBO_2=\angle BPQ+\angle RPQ+\angle QBO_2=\\ \angle RPB+\angle QBO_2=90^\circ+2\alpha\end{aligned}$$

故由正弦定理知 $BS=2r\sin\angle BO_1S=2r\sin(90^\circ+2\alpha)=2r\cos 2\alpha$.

所以 $RS=BR-BS=r(4\cos^2\alpha-2\cos 2\alpha)=2r$.

这就是欲证结论，故该结论成立，证毕.

7. 如图 20，设 $a=\dfrac{AF}{FB},b=\dfrac{BD}{DC},c=\dfrac{CE}{EA}$，则由塞瓦定理(对 $\triangle ABC$ 和 D,E,F) 得

$$abc=1\Rightarrow c=\frac{1}{ab} \quad ①$$

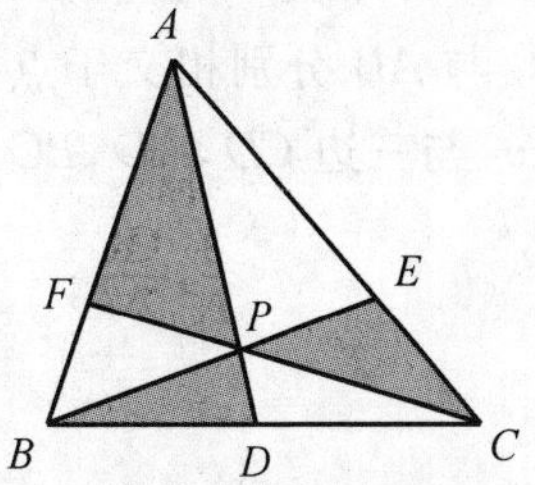

由梅涅劳斯定理(对 $\triangle ABD$ 和 FC 使用)

$$\frac{AF}{FB}\cdot\frac{BC}{CD}\cdot\frac{DP}{PA}=1$$

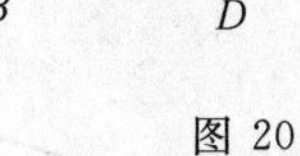

图 20

所以

$$\frac{AP}{PD}=\frac{AF}{FB}\cdot\frac{BC}{CD}=a(b+1)=a+ab$$

所以

$$\frac{AP}{AD}=\frac{AP}{AP+PD}=\frac{a+ab}{1+a+ab}$$

所以

$$\frac{S_{\triangle AFP}}{S_{\triangle ABC}}=\frac{AF}{AB}\cdot\frac{AP}{AD}\cdot\frac{BD}{BC}=\frac{a}{a+1}\cdot\frac{a+ab}{1+a+ab}\cdot\frac{b}{b+1}=$$

$$\frac{ab(a+ab)}{(1+a)(1+b)(1+a+ab)}$$

同理可求出$\frac{S_{\triangle PBD}}{S_{\triangle ABC}}$及$\frac{S_{\triangle PCE}}{S_{\triangle ABC}}$,故

$$S_{\triangle PAF}+S_{\triangle PBD}+S_{\triangle PCE}=\frac{1}{2}S_{\triangle ABC}\Leftrightarrow\frac{S_{\triangle AFP}}{S_{\triangle ABC}}+\frac{S_{\triangle PBD}}{S_{\triangle ABC}}+\frac{S_{\triangle PCE}}{S_{\triangle ABC}}=\frac{1}{2}\Leftrightarrow$$

$$\frac{ab(a+ab)}{(1+a)(1+b)(1+a+ab)}+\frac{bc(b+bc)}{(1+b)(1+c)(1+b+bc)}+$$

$$\frac{ca(c+ca)}{(1+c)(1+a)(1+c+ca)}=\frac{1}{2}\Leftrightarrow$$

$$\frac{ab(a+ab)}{(1+a)(1+b)(1+a+ab)}+\frac{b(1+ab)}{(1+b)(1+ab)(1+a+ab)}+$$

$$\frac{a(1+a)}{(1+a)(1+ab)(1+a+ab)}=\frac{1}{2}\text{(将 ① 代入)}\Leftrightarrow$$

$a^3b^3-a^2b^3-a^3b+a^2+b-1=0$(展开,实际上去分母不是太困难)$\Leftrightarrow$

$(a-1)(b-1)(ab-1)(ab+a+1)=0\Leftrightarrow$

$(1-a)(1-b)(1-c)(ab+a+1)=0\Leftrightarrow$

a,b,c 中至少有一个为 1(因为 $ab+a+1>0$)$\Leftrightarrow$

P 至少位于 $\triangle ABC$ 的一条中线上

8. 不失一般性,设 $AB<CD$. 令射线 DA 和射线 CB 相交于点 X,l_1 与 DC,l_2 与 AB 分别相交于点 F,E,w_1 与三边 AB,DA,BC 分别相切于点 N,P,Q;w_2 与三边 CD,AD,BC 分别相切于点 M,R 和 S. 如图 21 所示.

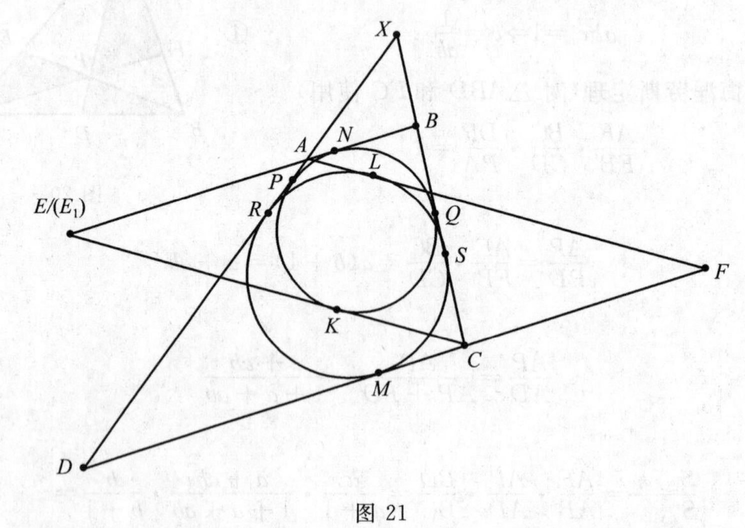

图 21

由切线的性质可得

$$CE-AE=CK+KE-AE=CQ+EN-AE=$$
$$CQ+AN=CQ+AP=$$
$$CQ+QX+AP-QX=CX+AP-XP=$$
$$CX-XA$$
$$AF-CF=AL+LF-CF=AR+FM-CF=$$
$$AR+MC=AR+SC=$$
$$AR+SC+SX-SX=AR+CX-SX=$$
$$AR+CX-RX=CX-XA$$

从而

$$CE-AE=AF-CF$$

或者

$$CE-AF=AE-CF$$

在直线 AB 上取一点 E_1 使得 E_1AFC 是平行四边形，则 $AE_1=CF$，$AF=CE_1$，因此

$$AE-AE_1=AE-CF=CE-AF=CE-CE_1$$

即，$EE_1=|CE-CE_1|$. 由三角不等式知 $E=E_1$，从而 $l_1 \parallel l_2$.

9. 我们先证 M,U,P 三点共线（设 U,V 分别为圆 ω 与 AB,AC 的切点）.

如图22，设圆 ω 的圆心为 O，联结 AO 交 BC 于 E，取 KM 中点 D，联结 OD，UD，OU，BD，UK.

由圆 O 与 AB，AC 相切知 AO 平分 $\angle BAC$.

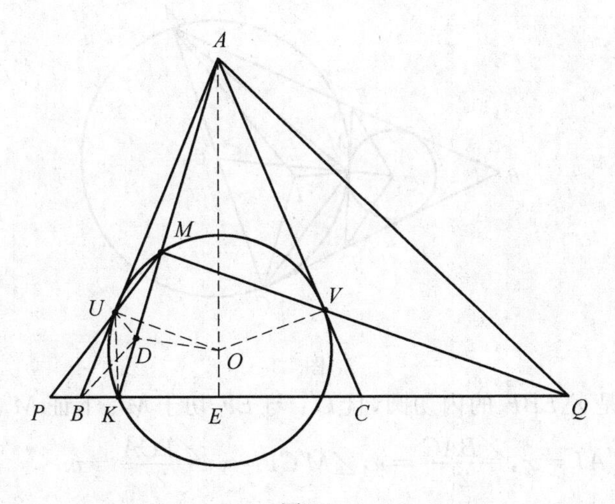

图 22

又 $AB=AC$，从而 $AO\perp BC$.

由垂径定理知 $OD\perp AK$. 又 $OU\perp AB$，所以 A,U,D,O 共圆（直径为 AO）；

O,D,K,E 也共圆（直径为 OK）.

所以 $\angle BUD=\angle DOA=\angle DKE$.

所以 B,U,K,D 共圆（事实上由密克定理可立得）.

所以 $\angle BDK=\angle BUK=\angle UMK$.

故 $BD\parallel MU$，所以 $\frac{AU}{UB}=\frac{AM}{MD}$.

故 $\frac{AU}{UB}\cdot\frac{BP}{PK}\cdot\frac{KM}{MA}=\frac{AM}{MD}\cdot\frac{1}{2}\cdot\frac{2MD}{AM}=1$.

所以由梅涅劳斯定理的逆定理知 M,U,P 三点共线.

再由梅涅劳斯定理得 $\frac{MU}{UP}\cdot\frac{PB}{BK}\cdot\frac{KA}{MA}=1$.

所以 $\frac{MU}{UP}=\frac{BK}{PB}\cdot\frac{MA}{KA}=\frac{MA}{KA}$，故 $\frac{MU}{MP}=\frac{MU}{MU+UP}=\frac{MA}{MA+KA}$.

同理 M,V,Q 也三点共线，且 $\frac{MV}{MQ}=\frac{MA}{MA+KA}$，所以 $\frac{MU}{MP}=\frac{MV}{MQ}$.

所以 $\triangle MUV$ 与 $\triangle MPQ$ 关于 M 位似，它们的外接圆当然也关于 M 位似. 又此两圆均过 M，从而它们在点 M 相切，这就是要证的，证毕.

10. 如图 23，设 M' 在 C_2 上且满足 $\angle AM'C$ 的平分线过 I，过 M' 作 C_2 的切线交 AB 于 E，交 BC 于 F.

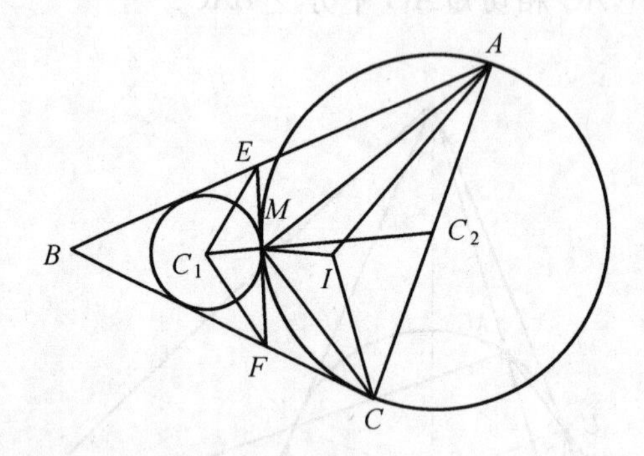

图 23

设 C'_1 是 $\triangle EBF$ 的内切圆，且 C'_1 与 EF 切于 M''，下证 $M'=M''$：

设 $\angle M'AI=x$，$\frac{\angle BAC}{2}=u$，$\angle M'CI=y$，$\frac{\angle BCA}{2}=v$.

由角元塞瓦定理得 $\frac{\sin\angle AM'I}{\sin\angle IM'C}\cdot\frac{\sin y}{\sin v}\cdot\frac{\sin u}{\sin x}=1$. 又

$$\angle AM'I=\angle IM'C\Rightarrow \sin x\sin v=\sin y\sin u \quad ①$$

$$\angle AM'E=\angle ACM'=v+y,\angle CM'F=\angle CAM'=x+u$$

所以

$$\frac{EM'}{FM'}=\frac{EM'}{AM'}\cdot\frac{AM'}{CM'}\cdot\frac{CM'}{FM'}=$$

$$\frac{\sin(u-x)}{\sin(u-x+v+y)}\frac{\sin(v+y)}{\sin(u+x)}\frac{\sin(v-y+u+x)}{\sin(v-y)}$$

$$\frac{EM''}{FM''}=\frac{\cot\frac{1}{2}\angle BEF}{\cot\frac{1}{2}\angle BFE}=\frac{\cos\frac{1}{2}(u-x+v+y)\sin\frac{1}{2}(v-y+u+x)}{\cos\frac{1}{2}(v-y+u+x)\sin\frac{1}{2}(u-x+v+y)}$$

所以

$$\frac{EM'}{FM'}=\frac{EM''}{FM''}\Leftrightarrow\frac{\cos\frac{1}{2}(u-x+v+y)\sin\frac{1}{2}(v-y+u+x)}{\cos\frac{1}{2}(v-y+u+x)\sin\frac{1}{2}(u-x+v+y)}=$$

$$\frac{2\sin(u-x)\sin(v+y)\sin\frac{1}{2}(v-y+u+x)\cos\frac{1}{2}(v-y+u+x)}{2\sin(u+x)\sin(v-y)\sin\frac{1}{2}(u-x+v+y)\cos\frac{1}{2}(u-x+v+y)}\Leftrightarrow$$

$$\frac{\cos\frac{1}{2}(u-x+v+y)}{\cos^{2}\frac{1}{2}(v-y+u+x)}=\frac{\sin(u-x)\sin(v+y)}{\sin(u+x)\sin(v-y)}\Leftrightarrow$$

$$\frac{1+\cos(u-x+v+y)}{1+\cos(v-y+u+x)}=\frac{\cos(v+y-u+x)-\cos(v+u+u-x)}{\cos(u+x-v+y)-\cos(u+x+v-y)}\Leftrightarrow$$

$$\frac{1+\cos(u-x+v+y)}{1+\cos(v-y+u+x)}=\frac{1+\cos(v+y-u+x)}{1+\cos(u+x-v+y)}\Leftrightarrow$$

$$\frac{\cos(u-x+v+y)-\cos(v-y+u+x)}{2+\cos(u-x+v+y)+\cos(v-y+u+x)}=$$

$$\frac{\cos(v+y-u+x)-\cos(u+x-v+y)}{2+\cos(v+y-u+x)+\cos(u+x-v+y)}\Leftrightarrow$$

$$\frac{\sin(u+v)\sin(x-y)}{1+\cos(u+v)\cos(x-y)}=\frac{\sin(x+y)\sin(u-v)}{1+\cos(x+y)\cos(u-v)}\Leftrightarrow$$

$$\sin(u+v)\sin(x-y)-\sin(x+y)\sin(u-v)=$$

$$-\sin(u+v)\cos(u-v)\cos(x+y)\sin(x-y)+$$

$$\cos(u+v)\sin(u-v)\sin(x+y)\cos(x-y)\Leftrightarrow$$

$$2(\cos u\sin v\sin x\cos y-\sin u\cos v\cos x\sin y)=$$

$\frac{1}{2}(\sin 2u\sin 2y-\sin 2v\sin 2x)\Leftrightarrow$

$(\cos u\cos y+\cos v\cos x)(\sin v\sin x-\sin u\sin y)=0$

由式 ① 知上式成立，由同一法易得 $M'=M''=M$.

所以 $\angle AMC$ 平分线过 I，得证.

第26讲　三角形的等角共轭点

科学绝不是一种自私自利的享受.有幸能够致力于科学研究的人首先应该拿自己的学识为人民服务.

——马克思(德国)

知识方法

容易证明以下事实:

设 P 是 $\triangle ABC$ 所在平面上的一点,则 AP,BP,CP 分别关于 $\angle BAC$,$\angle CBA$,$\angle ACB$ 的等角线交于一点或互相平行.而且,这三条等角线互相平行当且仅当点 P 在 $\triangle ABC$ 的外接圆上.

这个事实既可以用塞瓦定理的角元形式证明,也可以用等角线的定理和塞瓦定理证明.

如果 AP,BP,CP 分别关于 $\angle BAC$,$\angle CBA$,$\angle ACB$ 的等角线交于一点 Q,则点 Q 称为点 P 关于 $\triangle ABC$ 的等角共轭点.如,三角形的外心和垂心即三角形的两个等角共轭点.

定理1　设 P,Q 是 $\triangle ABC$ 的两个等角共轭点,则$\dfrac{AP}{AQ}=\dfrac{\sin\angle BQC}{\sin\angle BPC}$.

定理2　设 P,Q 是 $\triangle ABC$ 的两个等角共轭点,则 $\angle BPC+\angle BQC=\angle BAC$.

定理3　三角形的两个等角共轭点到各边的垂足在一个圆上,且它的圆心是这两点连线的中点.

定理4　设 P,Q 是 $\triangle ABC$ 的两个等角共轭点,D,E,F 是点 P 分别关于 BC,CA,AB 的对称点,则点 Q 是 $\triangle DEF$ 的外心.

定理5　设 P,Q 是 $\triangle ABC$ 的两个等角共轭点,直线 AP 关于 $\angle BPC$ 的等角线为 l_1,直线 AQ 关于 $\angle BQC$ 的等角线为 l_2,则 l_1 与 l_2 关于直线 BC 对称.

可以证明:三角形的外接圆与内切圆的内位似中心和外位似中心分别是三角形的格高尼(Gergonne)点的等角共轭点和三角形的纳格尔(Nagel)点的等角共轭点.

三角形的等角共轭点可以用来处理角的相等或互补,三线共点等问题.

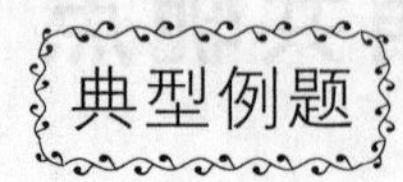

例1 设$\triangle ABC$的外接圆在B,C两点的切线交于P,则AP是$\triangle ABC$的$A-$陪位中线.

证明 如图1,设点A关于BC的中点M的对称点为Q,则$ABQC$是一个平行四边形,由此可知,BQ,BP是$\angle CBA$的两条等角线,CQ,CP是$\angle ACB$的两条等角线,因而P,Q是$\triangle ABC$的两个等角共轭点,所以AQ,AP是$\angle BAC$的两条等角线.而AQ过BC的中点M,故AP是$\triangle ABC$的$A-$陪位中线.

说明 第51届波兰数学奥林匹克的一道试题为:

如图2,在$\triangle ABC$中,$AB=AC$,P是三角形内部一点,使得$\angle CBP=\angle ACP$,M是边BC的中点.求证:

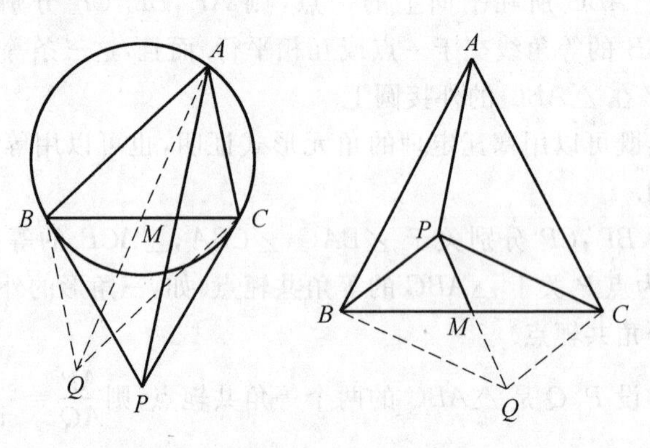

图1　　　　图2

$$\angle BPM+\angle CPA=180°$$

这实际上就是上面这个问题.只不过P,A换了个位置而已.

例2 如图3,在凸四边形$ABCD$中,对角线BD既不平分$\angle ABC$,也不平分$\angle CDA$,点P在四边形的内部,满足$\angle PBC=\angle DBA$,$\angle PDC=\angle BDA$.证明:四边形$ABCD$内接于圆的充分必要条件是$PA=PC$.

证明 条件$\angle PBC=\angle DBA$,$\angle PDC=\angle BDA$表明A,C是$\triangle BDP$的等角共轭点,所以$PA\sin\angle BAD=PC\sin\angle DCB$.

又由定理1,$\angle BAD+\angle BCD=\angle BPD$,所以,$\angle BAD-\angle DCB=180°-$

$\angle DPB$. 而 $\angle BPD \neq 180^\circ$，因此，$\angle BAD \neq \angle DCB$. 于是，$PA = PC \Leftrightarrow \sin\angle BAD = \sin\angle DCB \Leftrightarrow \angle BAD + \angle BCD = 180^\circ \Leftrightarrow$ 四边形 $ABCD$ 内接于圆.

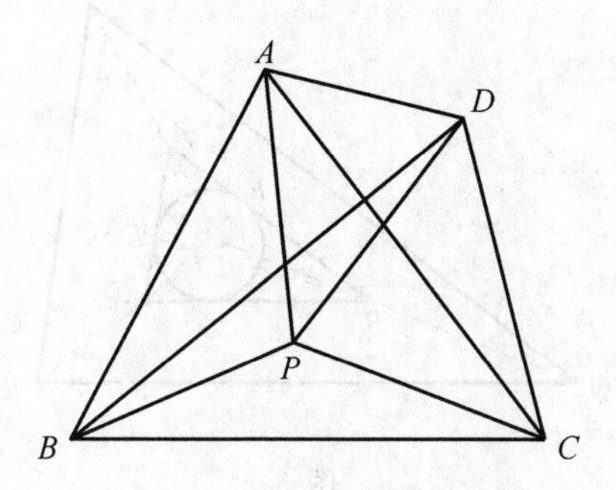

图 3

例 3　设 P,Q 是 $\triangle ABC$ 的两个等角共轭点，点 P 在 BC,CA,AB 上的射影分别为 D,E,F. 求证：$\angle EDF = 90^\circ$ 的充分必要条件是 Q 为 $\triangle AEF$ 的垂心.

证明　如图 4，设点 P 关于 BC,CA,AB 的对称点分别为 D',E',F'，则 $\angle EDF = \angle E'D'F'$. 由定理 4，$Q$ 是 $\triangle D'E'F'$ 的外心. 因 $PE \perp AE$，$PF \perp AF$，E,F 分别为 PE',PF' 的中点，于是 $\angle EDF = 90^\circ \Leftrightarrow \angle E'D'F' = 90^\circ$ 当且仅当 E',Q,F' 三点共线，且 Q 为 $E'F'$ 的中点 $\Leftrightarrow PQ$ 与 EF 互相平分 $\Leftrightarrow PEQF$ 是一个平行四边形 $\Leftrightarrow EQ \parallel PF$，且 $FQ \parallel PE \Leftrightarrow EQ \perp AF$，$FQ \perp AE \Leftrightarrow Q$ 为 $\triangle AEF$ 的垂心.

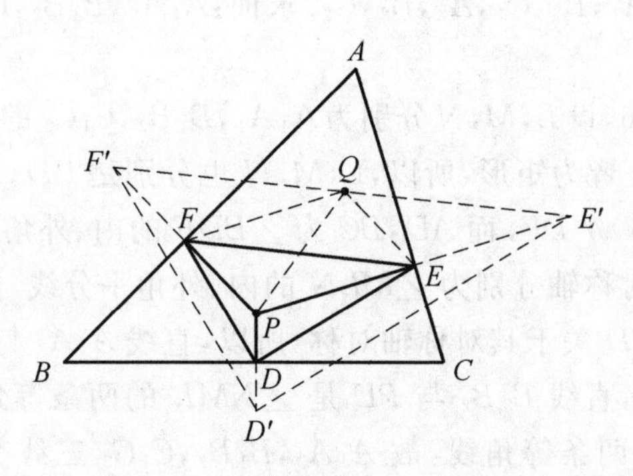

图 4

例 4　设 $\triangle ABC$ 的内切圆与边 BC,CA,AB 分别切于 D,E,F，点 D 关于 $\angle BAC$ 的外角平分线的对称点为 P，点 E 关于 $\angle CBA$ 的外角平分线的对称点为 Q，点 F 关于 $\angle ACB$ 的外角平分线的对称点为 R，则 $\triangle PQR$ 与 $\triangle ABC$ 是位似的.

证明　如图 5，因 AD,BE,CF 交于一点 X，而直线 AP 与 AD 是 $\angle BAC$

的两条等角线，BQ 与 BE 是 $\angle CBA$ 的两条等角线，CR 与 CF 是 $\angle ACB$ 的两条等角线，所以 AP，BQ，CR 三直线交于点 X 关于 $\triangle ABC$ 的等角共轭点 Y.

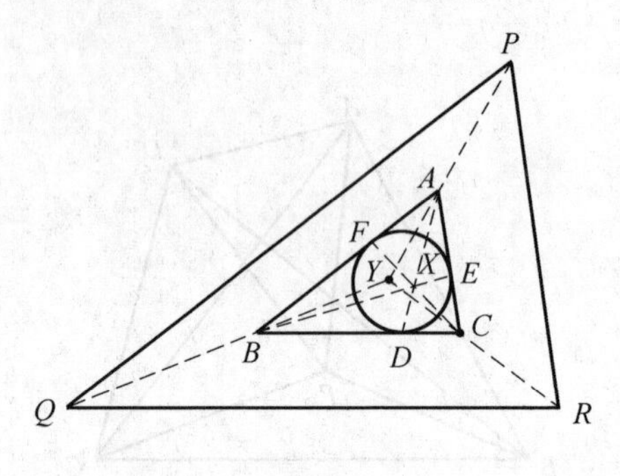

图 5

另一方面，由正弦定理，$\dfrac{AD}{DC}=\dfrac{\sin C}{\sin\angle DAC}$，$\dfrac{BE}{CE}=\dfrac{\sin C}{\sin\angle CBE}$. 但 $DC=CE$，$\angle DAC=\angle BAY$，$\angle CBE=\angle YBA$，所以 $\dfrac{AD}{BE}=\dfrac{\sin\angle CBE}{\sin\angle DAC}=\dfrac{\sin\angle YBA}{\sin\angle BAY}=\dfrac{YA}{YB}$. 又 $AP=AD$，$BQ=BE$，所以，$\dfrac{YA}{YB}=\dfrac{AD}{AE}=\dfrac{AP}{BQ}$，即 $\dfrac{YA}{AP}=\dfrac{YB}{BQ}$，于是 $PQ\parallel AB$. 同理，$QR\parallel BC$，$RP\parallel CA$. 故 $\triangle PQR$ 与 $\triangle ABC$ 是位似的.

例 5 设 AD，BE，CF 是 $\triangle ABC$ 的三条高线（D，E，F 别在 BC，CA，AB 上），P 为 $\triangle ABC$ 所在平面上任意一点，点 P 在直线 BC，CA，AB，AD，BE，CF 上的射影分别为 A_1，B_1，C_1，A_2，B_2，C_2. 求证：A_1A_2，B_1B_2，C_1C_2 三线交于一点或互相平行.

证明 如图 6，设 L，M，N 分别为 A_1A_2，B_1B_2，C_1C_2 的中点. 因 PA_1DA_2，PB_1EB_2，PC_1FC_2 皆为矩形，所以，L，M，N 也分别是 PD，PE，PF 的中点，于是，$LM\parallel DE$，$LN\parallel DF$. 而 AD，BC 为 $\angle EDF$ 的内、外角平分线，所以，矩形 PA_1DA_2 的两条对称轴分别为 $\angle MLN$ 的内、外角平分线. 但矩形 PA_1DA_2 的对角线 A_1A_2 与 PD 关于其对称轴对称，所以，直线 A_1A_2 与 PD 是 $\angle MLN$ 的两条等角线. 同理，直线 B_1B_2 与 PE 是 $\angle NML$ 的两条等角线，直线 C_1C_2 与 PF 是 $\angle LNM$ 的两条等角线，故 A_1A_2，B_1B_2，C_1C_2 三线交于一点或互相平行. 当点 P 不在 $\triangle ABC$ 的九点圆上时，A_1A_2，B_1B_2，C_1C_2 三线交于一点，此点即点 P 关于 $\triangle LMN$ 的等角共轭点.

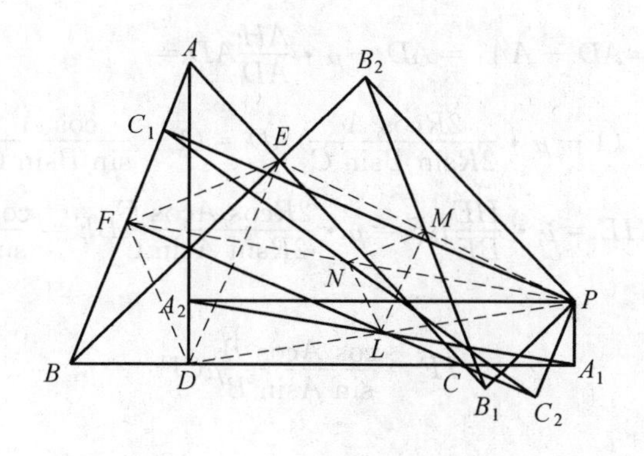

图 6

例 6 $\triangle ABC$ 的三个内点 A_1,B_1,C_1 分别在从 A,B,C 引出的三条高线上.若

$$S_{\triangle ABC}=S_{\triangle ABC_1}+S_{\triangle BCA_1}+S_{\triangle CAB_1} \quad ①$$

求证:$\triangle A_1B_1C_1$ 的外接圆通过 $\triangle ABC$ 的垂心 H.

证明 由题设知 $\triangle ABC$ 为锐角三角形.设 AD,BE,CF 为三条高.

若 A_1,B_1,C_1 之一与 H 重合,结论显然成立.

不妨设 A_1,B_1,C_1 均不与 H 重合.

若 A_1 在 DH 上,B_1 在 EH 上,C_1 在 FH 上,则

$S_{\triangle BCA_1}+S_{\triangle CAB_1}+S_{\triangle ABC_1}<S_{\triangle BCH}+S_{\triangle CAH}+S_{\triangle ABH}=S_{\triangle ABC}$,矛盾!

故对称性不妨设 A_1 在 AH 上,如图 7,作 $A_1S\perp BE$ 于 S,$A_1T\perp CF$ 于 T.

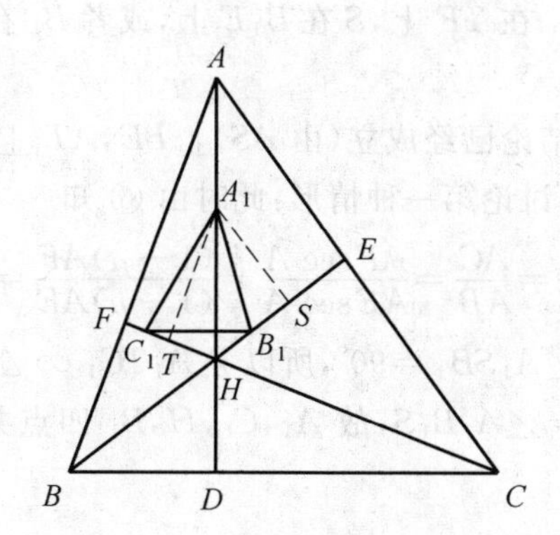

图 7

则 $A_1T\,/\!/\,AF$,$A_1S\,/\!/\,AC$.

设 $AA_1=\mu AH(0<\mu<1)$,则 $FT=\mu FH$,$ES=\mu EH$.所以

$$A_1D=AD-AA_1=AD-\mu\cdot\frac{AH}{AD}AD=$$

$$\left(1-\mu\cdot\frac{2R\cos A}{2R\sin B\sin C}\right)AD=\left(1-\frac{\cos A}{\sin B\sin C}\mu\right)AD \quad ②$$

$$SE=\mu HE=\mu\cdot\frac{HE}{BE}BE=\mu\cdot\frac{2R\cos A\cos C}{2R\sin A\sin C}BE=\frac{\cos A\cos C}{\sin A\sin C}\mu BE \quad ③$$

同理

$$TF=\frac{\cos A\cos B}{\sin A\sin B}\mu CF \quad ④$$

所以

$$S_{\triangle BCA_1}+S_{\triangle CAS}+S_{\triangle BAT}=\frac{1}{2}(BC\cdot A_1D+CA\cdot SE+AB\cdot TF)=$$

$$\left(1-\frac{\cos A}{\sin B\sin C}\mu+\frac{\cos A\cos C}{\sin A\sin C}\mu+\frac{\cos A\cos B}{\sin A\sin B}\mu\right)S_{\triangle ABC}(\text{由 ②③④})=$$

$$S_{\triangle ABC}-\frac{\sin A\cos A-\cos A\sin B\cos C-\cos A\cos B\sin C}{\sin A\sin B\sin C}\mu S_{\triangle ABC}=$$

$$S_{\triangle ABC} \quad ⑤$$

(因为 $\sin B\cos C+\cos B\sin C=\sin(B+C)=\sin A$)

由 ①⑤ 知

$$S_{\triangle BCA_1}+S_{\triangle CAB_1}+S_{\triangle ABC_1}=S_{\triangle BCA_1}+S_{\triangle CAS}+S_{\triangle ABT}$$

$$S_{\triangle CAB_1}-S_{\triangle CAS}=S_{\triangle ABT}-S_{\triangle ABC_1}$$

$$\frac{1}{2}AC(B_1E-SE)=\frac{1}{2}AB(TF-C_1F) \quad ⑥$$

由 ⑥ 知,或者 C_1 在 TF 上,S 在 B_1E 上,或者 B_1 在 SE 上,T 在 C_1F 上,或者 $C_1=T,B_1=S$.

对第三种情形,结论已经成立(由 $AS\perp BE,AT\perp CF$).

以下由对称性只讨论第一种情形:此时由 ⑥ 知

$$\frac{GT}{B_1S}=\frac{AC}{AB}=\frac{AF\sec A}{AE\sec A}=\frac{(1-\mu)AF}{(1-\mu)AE}=\frac{A_1T}{A_1S}$$

又 $\angle A_1TC_1=\angle A_1SB_1=90^\circ$,所以 $\triangle A_1TC_1\backsim\triangle A_1SB_1$.

所以 $\angle A_1C_1T=\angle A_1B_1S$,故 A_1,C_1,H,B_1 四点共圆. 此等价于欲证结论,证毕.

巩固演练

1. 设 P,Q 是 $\triangle ABC$ 的两个等角共轭点,D,E,F 是点 P 分别关于 BC,

CA,AB 的对称点,则点 Q 是 $\triangle DEF$ 的外心.

2.设 P,Q 是 $\triangle ABC$ 的两个等角共轭点,直线 AP 关于 $\angle BPC$ 的等角线为 l_1,直线 AQ 关于 $\angle BQC$ 的等角线为 l_2,则 l_1 与 l_2 关于直线 BC 对称.

3.设 P,Q 是 $\triangle ABC$ 内两点,且 $\angle ABP=\angle QBC$,$\angle ACP=\angle QCB$,点 D 在 BC 边上.求证:$\angle APB+\angle DPC=180^\circ$ 的充分必要条件是 $\angle AQC+\angle DQB=180^\circ$.

4.$\triangle ABC$ 的中线 AM 交其内切圆 ω 于 K 和 L.过 K 和 L 作 BC 的平行线,分别再次交 ω 于 X,Y,AX 与 AY 分别交 BC 于 P,Q.求证:$BP=CQ$.

5.设 C,D 为 $\overparen{AB}$ 的三等分点(C 距 A 近),绕 A 旋转 $\frac{\pi}{3}$ 后,点 B,C 分别成为 B_1,C_1,AB_1 交 C_1D 于 F,E 在 $\angle B_1BA$ 平分线上,且 $DE=BD$.求证:$\triangle CEF$ 为正三角形.

6.求证:圆外切四边形 $ABCD$ 的对角线 AC,BD 的中点 E,F 与圆心 O 共线.

7.在锐角 $\triangle ABC$ 中,AD,BE,CF 为三条高.求证:$\triangle AEF$,$\triangle BDF$,$\triangle CDE$ 的三条欧拉线交于一点,且此交点在 $\triangle ABC$ 的九点圆上.

8.在四边形 $ABCD$ 中,点 E 和 F 分别在边 AD 和 BC 上,且 $\frac{AE}{ED}=\frac{BF}{FC}$,射线 FE 分别交线段 BA 和 CD 延长于 S 和 T.求证:$\triangle SAE$,$\triangle SBF$,$\triangle TCF$ 和 $\triangle TDE$ 的外接圆有一个公共点.

9.如图 8,点 D,E,F 分别在锐角 $\triangle ABC$ 的边 BC,CA,AB 上(均不是端点),满足 $BC\parallel EF$,D_1 是边 BC 上一点(不同于 B,D,C),过 D_1 作 $D_1E_1\parallel DE$,$D_1F_1\parallel DF$,分别交 AC,AB 两边于点 E_1,F_1,联结 E_1F_1,再在 BC 上方(与 A 同侧)作 $\triangle PBC$,使得 $\triangle PBC\backsim\triangle DEF$,联结 PD_1.求证:EF,E_1F_1,PD_1 三线共点.

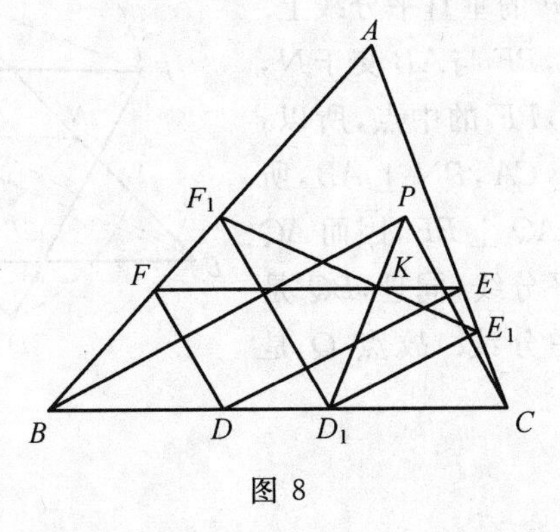

图 8

10. 如图9,P为$\triangle ABC$内一点,L,M,N分别为边BC,CA,AB的中点,且

$$PL:PM:PN=BC:CA:AB$$

延长AP,BP,CP分别交$\triangle ABC$的外接圆于点D,E,F.

证明 $\triangle APF,\triangle APE,\triangle BPF,\triangle BPD,\triangle CPD,\triangle CPE$的外接圆圆心六点共圆.

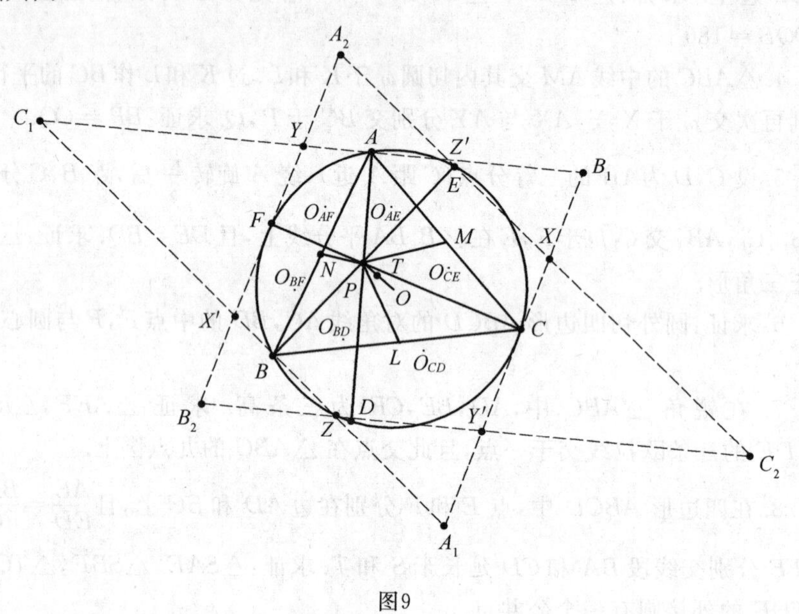

图9

演练解答

1. 如图10,因E,F是点P分别关于CA,AB的对称点,所以$AE=AP=AF$,因此,点A在线段EF的垂直平分线上.设PE与CA交于M,PF与AB交于N,则M,N分别为PE,PF的中点,所以,$EF\parallel MN$.又$PM\perp CA$,$PN\perp AB$,所以$AQ\perp MN$,所以$AQ\perp EF$,因而AQ即线段EF的垂直平分线.同理,BQ是线段FD的垂直平分线.故点Q是$\triangle DEF$的外心.

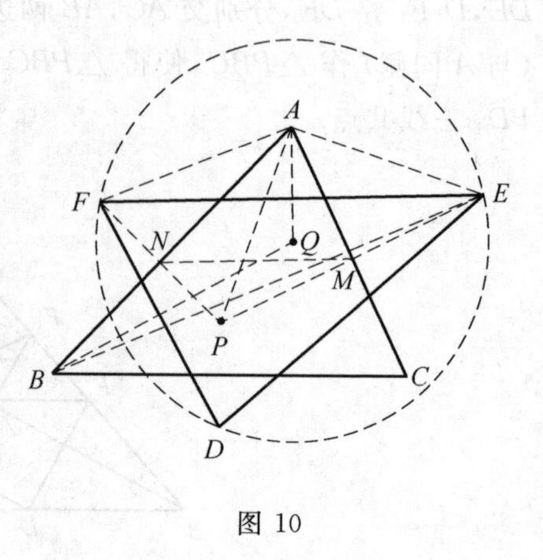

图 10

2. 如图 11，设 P,Q 两点关于 BC 的对称点分别为 P',Q'，则 $\angle Q'BC=\angle CBQ=\angle PBA$，$\angle BCQ'=\angle QCB=\angle ACP$，所以，$Q',A$ 是 $\triangle PBC$ 的两个等角共轭点，因而 PQ',PA 是 $\angle BPC$ 的两条等角线. 同理，QP',QA 是 $\angle BQC$ 的两条等角线. 显然，PQ' 与 $P'Q$ 关于 BC 对称，因此，PQ' 与 $P'Q$ 交于 BC 上一点.

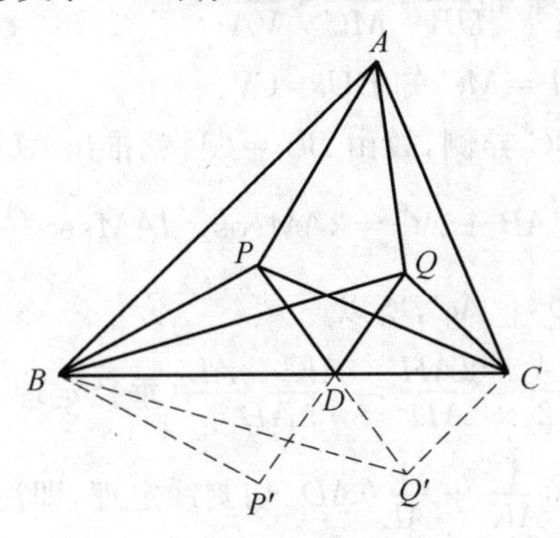

图 11

3. 事实上，由条件知，P,Q 是 $\triangle ABC$ 的两个等角共轭点，PD 与 PA 是 $\angle BPC$ 的两条等角线. 由于 QA 关于 $\angle BQC$ 的等角线与 PA 关于 $\angle BPC$ 的等角线关于 BC 对称，它们的交点必在 BC 上，因此，QD 即 QA 关于 $\angle BQC$ 的等角线.

4. 设 I 为 $\triangle ABC$ 内心，圆 ω 分别为切 AC,AB 于 D,E（则 $AD=AE$）.

若 $AB=AC$，则过 K 作出的 BC 平行线不会再次与 ω 相交，矛盾！

故 $AB\neq AC$，直线 AI 与 AM 不重合.

如图 12，联结 ID，则 $ID\perp AC$，作 $IH\perp AM$ 于 H，过 M 作 $UV\perp$ 射线 AI 于 W，分别交射线 AB，射线 AC 于 U,V.

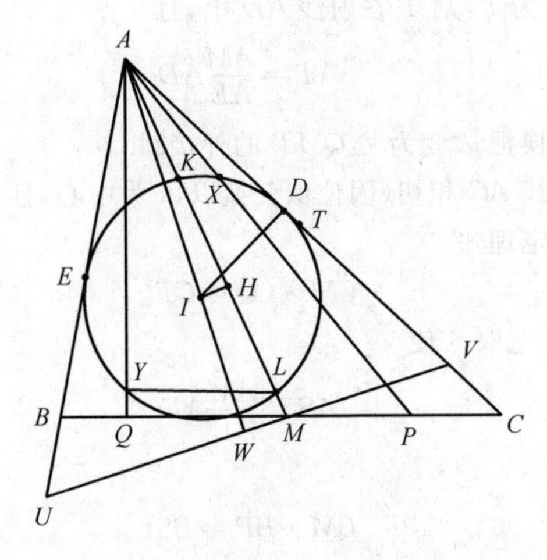

图 12

由对称性不妨设 K 在 AL 上，则由于 $UV\perp AI$，AI 平分 $\angle UAV$.

故 $AU=AV=AW\sec\dfrac{A}{2}=AM\cos\angle IAM\sec\dfrac{A}{2}$.

又由梅涅劳斯定理知 $\dfrac{AU}{UB}\cdot\dfrac{BM}{MC}\cdot\dfrac{CV}{VA}=1$.

由 $AU=AV$，$BM=MC$ 知 $BU=CV$.

显然 U 与 V 在 BC 异侧，故由 $BU=CV$ 就推出 $AU+AV=AB+AC$，即

$$AB+AC=2AM\cos\angle IAM\sec\frac{A}{2} \tag{①}$$

又 $IH\perp AM$，$ID\perp AC$，所以

$$2\cos\angle IAM\sec\frac{A}{2}=\frac{A}{2}=\frac{2AH}{AD}=\frac{AK+AL}{AD}\text{（垂径定理）}=$$

$$\left(\frac{1}{AK}+\frac{1}{AL}\right)AD\text{（切割线定理，即注意 }AD^2=AK\cdot AL\text{）}$$

代入 ① 知

$$AB+AC=\frac{AM}{AK}AD+\frac{AM}{AL}AD$$

即

$$AB+AC=\frac{AM}{AK}AE+\frac{AM}{AL}AD \tag{②}$$

设以 A 为中心的某位似变换把 L 变为 M，则它把 Y 变为 Q（因 $\dfrac{AL}{AM}=\dfrac{AY}{AQ}$ 且 A,Y,Q 共线）.

设它把 D 变为 T，则 T 在射线 AD 上，且

$$AT=\frac{AM}{AL}AD \tag{③}$$

则此位似变换把 ω 变为 $\triangle QMT$ 的外接圆.

该圆仍与射线 AC 相切（因位似变换以 A 为中心，且 ω 与 AC 相切）.

故由切割线定理知

$$CM\cdot CQ=CT^2 \tag{④}$$

同理，在射线 AB 上取 S 使

$$AS=\frac{AM}{AL}AE \tag{⑤}$$

则

$$BM\cdot BP=BS^2 \tag{⑥}$$

由 ③⑤ 知 ② 即 $AB+AC=AS+AT$. 故可得 S 与 T 在 BC 异侧且

$$BS = CT \quad ⑦$$

由 ④⑥⑦ 知

$$BM \cdot BP = CM \cdot CQ$$

又 $BM = CM$，故 $BP = CQ$，证毕.

5. 为确定起见，不妨设 A, C, D, B 按顺时针方向在圆上排列，且旋转是逆时针方向的(另一种情形的处理完全类似).

再不妨设 $\angle CAB > 60^\circ$(其他情形完全同理).

如图 13，在射线 AB_1，AB 上分别取点 F'，G 使 $AF' = AG = BD$，联结 $F'G$，GD，$F'C$，$F'D$，AD，AC，AC_1，C_1C，C_1E，CD.

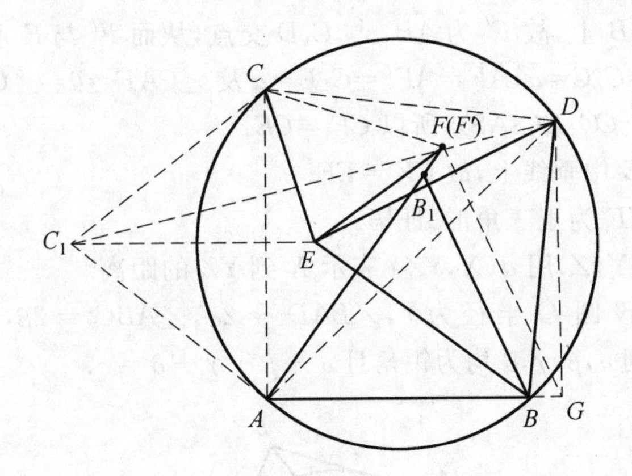

图 13

设 $\theta = \angle CAB - \frac{\pi}{3}$，则由 $\overset{\frown}{AC} = \overset{\frown}{CD} = \overset{\frown}{DB}$ 知 $\angle CAB = \angle DBA = \theta + \frac{\pi}{3}$，$\angle ACD = \angle BDC = \frac{2}{3}\pi - \theta$.

由 $\angle CAC_1 = \frac{\pi}{3}$ 及 $AC = AC_1$ 知 $\triangle CAC_1$ 为正三角形.

同理 $\triangle BAB_1$，$\triangle FAG$ 均为正三角形.

设 $AC = a$，则 $CD = DB = AF' = AG = DE = CC_1 = AC_1 = GF' = a$.

依题意有 $\angle DBE = \angle ABD - \frac{\pi}{6} = \theta + \frac{\pi}{6}$.

由 $DB = DE$ 知 $\angle EDB = \pi - 2(\theta + \frac{\pi}{6}) = \frac{2}{3}\pi - 2\theta$.

所以 $\angle CDE = \angle CDB - \angle EDB = \theta$.

又 $\angle DCC_1 = \angle DCA + \frac{\pi}{3} = \pi - \theta$，故 $CC_1 \parallel DE$.

再由 $CC_1=CD=DE$ 知四边形 C_1CDE 为菱形. 故 $C_1E=a$, C_1D 是 CE 中垂线.

由 $\angle CAB+\angle ACD=\pi$ 知 $AG\parallel CD$.

又 $CD=CA=AG=a$, 故四边形 $CAGD$ 为菱形.

所以 $DG=a$, 又 $GF'=GA=a$, 故 G 为 $\triangle ADF'$ 外心.

所以 $\angle AF'D=\pi-\frac{\angle DGA}{2}=\pi-\frac{\pi-\angle CAG}{2}=\pi-\frac{\pi-\angle C_1AF}{2}$.

又由 $AC_1=AF'=a$ 知 $\angle AF'C_1=\pi-\frac{\angle C_1AF}{2}$.

所以 $\angle AF'D+\angle AF'C_1=\pi$, 从而 F' 在 DC_1 上.

又 F' 在 AB 上, 故 F' 为 AB_1 与 C_1D 交点, 从而 F' 与 F 重合.

故由 $AC=C_1C=a$, $AF=AF'=C_1E=a$ 及 $\angle CAF=\theta=\angle CDE=\angle CC_1E$ 知 $\triangle CAF\cong\triangle CC_1E$(SAS), 所以 $CF=CE$.

又 F 在 CE 中垂线上, 故 $CF=EF$.

所以 $\triangle CEF$ 为正三角形. 证毕.

6. 对点 X,Y,Z, 用 $d(X,YZ)$ 表示 X 到 YZ 的距离.

如图 14, 设圆 O 半径为 r, $\angle BAD=2\alpha$, $\angle ABC=2\beta$, $\angle BCD=2\gamma$, $\angle CDA=2\delta$, 则 $\alpha,\beta,\gamma,\delta$ 均为锐角且 $\alpha+\beta+\gamma+\delta=\pi$.

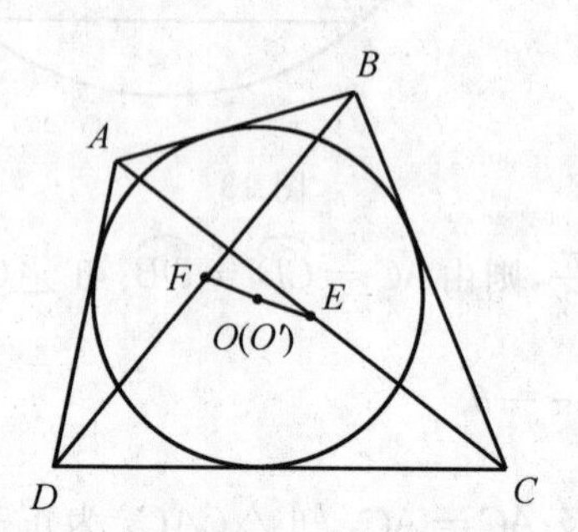

图 14

所以 $\sin\alpha,\sin\beta,\sin\gamma,\sin\delta>0$.

联结 EF(若 E 与 F 重合, 则结论显然成立, 以下设 E 与 F 不重合).

在线段 EF 上取点 O' 使 $\frac{EO'}{O'F}=\frac{\sin\beta\sin\delta}{\sin\alpha\sin\gamma}$.

联结 OA, OD, OG(F 为圆 O 与 AD 相切处), 则

$$OG\perp AD, AG=OG\cot\alpha=r\cot\alpha, GD=OG\cot\delta=r\cot\delta$$

故

$$AD=r(\cot\alpha+\cot\delta)$$

所以

$$d(A,CD)=r(\cot\alpha+\cot\delta)\sin 2\delta$$

故

$$\begin{aligned}d(E,CD)=&\frac{1}{2}\sin 2\delta(\cot\alpha+\cot\delta)r=\sin\delta\cos\delta(\cot\alpha+\cot\delta)r=\\&(\sin\delta\cos\delta\cot\alpha+\cos^2\delta)r=\\&(\sin\delta\cos\delta\cot\alpha-\sin^2\delta)r+r=\\&\sin\delta\cdot\frac{\cos\delta\cos\alpha-\sin\delta\sin\alpha}{\sin\alpha}r+r=\\&\left[\frac{\sin\delta\cos(\alpha+\delta)}{\sin\alpha}+1)\right]r\end{aligned}$$

同理

$$d(F,CD)=\left[\frac{\sin\gamma\cos(\beta+\gamma)}{\sin\beta}+1\right]r$$

由 $\frac{EO'}{O'F}=\frac{\sin\beta\sin\delta}{\sin\alpha\sin\gamma}$ 知

$$d(O',CD)=\frac{\left[\frac{\sin\delta\cos(\alpha+\delta)}{\sin\alpha}+1\right]r+\sin\beta\sin\delta\left[\frac{\sin\gamma\cos(\beta+\gamma)}{\sin\beta}+1\right]r}{\sin\alpha\sin\gamma+\sin\beta\sin\delta}=$$

$$\frac{\sin\delta\sin\gamma[\cos(\alpha+\delta)+\cos(\beta+\gamma)]}{\sin\alpha\sin\gamma+\sin\beta\sin\delta}r+r=$$

r(因为 $\alpha+\beta+\gamma+\delta=\pi$，所以 $\cos(\alpha+\beta)+\cos(\beta+\gamma)=0$)

同理 $d(O',AB)=d(O',BC)=d(O',DA)=r$.

所以 O' 与 O 重合，故知结论成立，证毕.

7. 为方便表述，引入“有向角”概念，用“$\measuredangle$”表示有向角.

如图15，设 $\triangle ABC$ 垂心为 H，$\triangle AEF$，$\triangle BDF$，$\triangle CDE$ 的外心，垂心(由它们有欧拉线知它们的外心都不与垂心重合)分别为 O_1,H_1,O_2,H_2,O_3,H_3，设它们的欧拉线分别为 l_1,l_2,l_3，$\triangle ABC$ 的九点圆为 Γ，则 Γ 为 $\triangle DEF$ 外接圆.

联结 FO_1,EO_1,EH_1,EO_2,EH_2.

由 $HD\perp BC$，$HF\perp BA$ 知 H,D,B,F 共圆.

同理 H,D,C,E 四点共圆.

所以 $\angle EDF=\angle EDH+\angle FDH$(注意到 $\triangle ABC$ 为锐角三角形)$=\angle ECH+\angle FBH$(同样要注意 $\triangle ABC$ 为锐角三角形)$=2(90^\circ-\angle BAC)=180^\circ-2\angle BAC=180^\circ-\angle FO_1E$(注意 $\angle BAC$ 为锐角).

由 $\angle BAC$ 为锐角知 A,O_1 在 EF 同侧，故 O_1,D 在 EF 异侧.

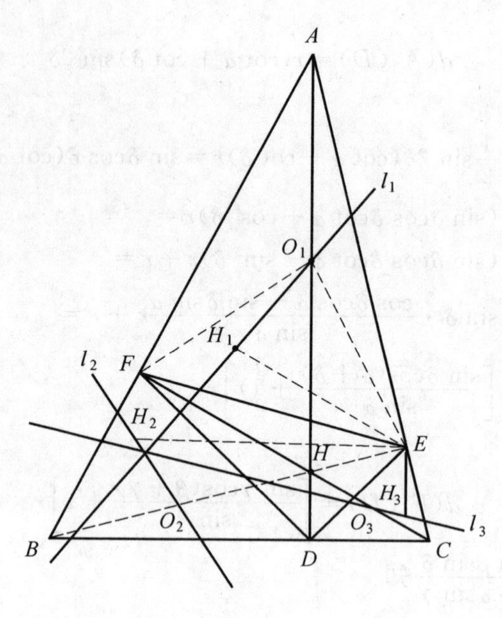

图 15

再由上式知 O_1,F,D,E 共圆，即 O_1 在圆 Γ 上.

同理 O_2,O_3 都在圆 Γ 上.

由 $CF\perp AB,BE\perp AC$ 知 B,F,E,C 共圆.

从而 $\triangle AEF$ 与 $\triangle ABC$ 反相似. 同理 $\triangle CED$ 反相似于 $\triangle CBA$.

故 $\triangle EAF$ 顺相似于 $\triangle ECD$，从而 $\triangle EO_1H$ 顺相似于 $\triangle EO_3H_3$.

所以 $\measuredangle EO_1H_1=\measuredangle EO_2H_3$.

所以 O_1 在 $\triangle AEF$ 内，O_3 在 $\triangle CDE$ 内.

故 EO_1 与 EO_3 不平行且不重合.

由上式知 O_1H_1 必与 O_3H_3 相交，设交点 T_2，则由 $\measuredangle EO_1H_1=\measuredangle EO_3H_3$ 知 $\measuredangle EO_1T_2=\measuredangle EO_3T_2$.

从而 E,O_1,T_2,O_3 共圆，故 T_2 在圆 Γ 上.

同理 O_3H_3 与 O_2H_2 的交点 T_1，O_2H_2 与 O_1H_1 的交点 T_3 均在圆 Γ 上.

若 T_1,T_2,T_3 互不重合，则 O_1H_1,O_2H_2,O_3H_3 交出了一个内接于圆 Γ 的三角形.

又已有 O_1,O_2,O_3 在圆 Γ 上且互不重合（因 O_1 在 $\triangle AEF$ 内，O_2 在 $\triangle BDF$ 内，O_3 在 $\triangle CDE$ 内）.

故 l_1,l_2,l_3 只能分别为 O_1O_2,O_2O_3,O_3O_1 或 O_1O_3,O_2O_1,O_3O_2.

这意味着 l_1 上有 O_2,O_3 中的一点，l_2 上有 O_1,O_3 中的一点，l_3 中有 O_1,O_2

中的一点.

注意 $\triangle ABC$ 的欧拉线只能与两边(不含顶点)相交,不妨设该线不与 BC 相交,则 l_1 不与 EF 相交,不可能过 O_2,O_3 中任一个,矛盾!

从而,T_1,T_2,T_3 中至少有两个重合,设 T_1 重合于 T_2,则 l_1,l_2,l_3 都过 T_1.

又 T_1 在圆 Γ 上,这就可以得到全部结论,证毕.

8. 若 S 与 T 重合,则 S 即可作为题中结论所说的公共点. 以下设 S 不与 T 重合,如图 16,则 AB 不平行于 DC(否则射线 FE 至多与射线 BA,射线 CD 之一相交).

设 AB 交 DC 于 K,则 K,S,T 互不相同.

在以下的证明中为了方便,引入有向角记号"$\measuredangle$".

由梅涅劳斯定理知 $\frac{AE}{ED}\cdot\frac{DT}{TK}\cdot\frac{KS}{SA}=1$ 及 $\frac{BF}{FC}\cdot\frac{CT}{TK}\cdot\frac{KS}{SB}=1$.

由以上二式及 $\frac{AE}{ED}$ 可知

$$\frac{CT}{DT}=\frac{BS}{AS} \quad ①$$

由于 B 与 C 在 ST 两侧,故圆 BFS(用此记号表示 $\triangle BFS$ 外接圆)和圆 CFT 绝不在点 F 相切(内切或外切),它们必还有异于 F 的交点 P,则 P 也异于 B,S,T,C.

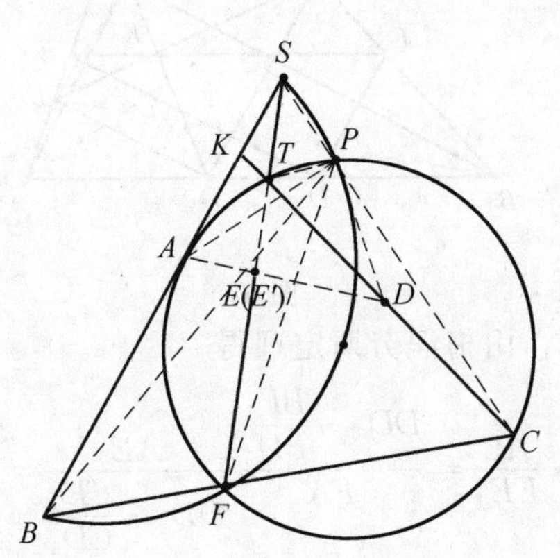

图 16

联结 PS,PA,PB,PT,PD,PC,PF,则

$\measuredangle TPC=\measuredangle TFC=\measuredangle SFB=\measuredangle SPB$.

并且 $\measuredangle PSB=\measuredangle PFB=\measuredangle PFC=\measuredangle PTC$.

从而 $\triangle PTC$ 与 $\triangle PSB$ 顺相似.

又 D,A 分别在线段 TC,SB 上且有 ① 成立.

故可知 $\triangle PTD$ 与 $\triangle PSA$ 顺相似.

又由于 $\measuredangle ADT(=\measuredangle ADC)\neq\measuredangle DPT(=\measuredangle APC)$.

从而圆 PTD 与 AD 不在点 P 相切,它们必有交点 E',E' 与 A 不同.

否则圆 PSA 与圆 PTD 重合.

联结 PE',TE',AE',DE',则 $\measuredangle PE'A=\measuredangle PE'D=\measuredangle PSA$.

从而 E 也在圆 PAS 上,所以 $\measuredangle SE'A=\measuredangle SPA=\measuredangle TPD=\measuredangle TE'A$.

所以 E' 在 ST 上,故 E' 为 AD 和 ST 交点,从而 P 也在圆 TED 和圆 SAE 上.

故 P 可以作为结论中的公共点,结论成立.

综上所述,结论成立,证毕.

9. 如图 17,联结 PE_1,PF_1,设 E_1F_1 交 EF 于 K,易知 K 在线段 E_1F_1.

以下证 K 在 PD_1 上:注意 $\triangle DEF\backsim\triangle PBC$,$EF\parallel BC$,故 $DE\parallel BP\parallel D_1E_1$,$DF\parallel CP\parallel D_1F_1$.

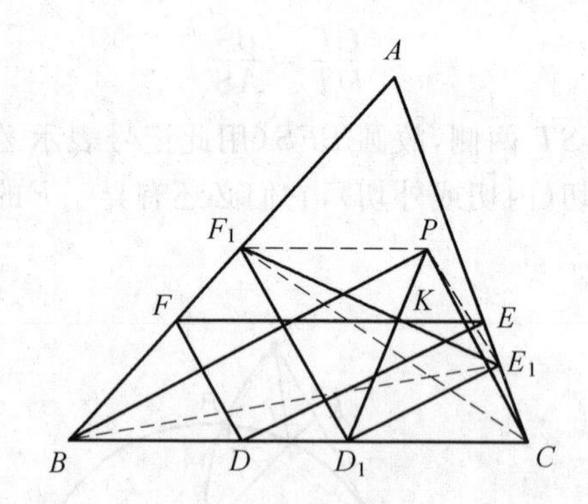

图 17

再联结 CF_1,BE_1,由梅涅劳斯定理得

$$\frac{F_1K}{KE_1}=\frac{F_1F}{FA}\cdot\frac{AE}{EE_1}=\frac{DD_1\cdot\dfrac{BF_1}{BD_1}}{FA}\frac{AE}{DD_1\cdot\dfrac{CE_1}{CD_1}}=\frac{AE}{AF}\cdot\frac{CD_1}{BD_1}\cdot\frac{BF_1}{CE_1}=$$

$$\frac{\dfrac{1}{2}CD_1\cdot BF_1\sin B}{\dfrac{1}{2}BD_1\cdot CE_1\cdot\sin C}=\frac{S_{\triangle CD_1F_1}}{S_{\triangle BD_1E_1}}=\frac{S_{\triangle PD_1F_1}}{S_{\triangle PD_1E_1}}$$

现仅需再注意 K 在 E_1F_1 上(因 D_1F_1 与 B 在 CP 同侧,而 D_1E_1 与 C 在 BP 同侧)即可由上式知 K 在 PD_1 上.所以欲证结论成立,证毕.

10.过点 A,D 分别作 AP 的垂线;过点 B,E 分别作 BP 的垂线;过点 C,F 分别作 CP 的垂线,如图9,则组成的两个三角形 $A_1B_1C_1$ 与 $A_2B_2C_2$ 相似,设六个圆的圆心分别为 O_{AF},O_{AE},O_{BF},O_{BD},O_{CD},O_{CE}.

由于$\triangle ABC$外心O与线段AD中点的连线与AD垂直,故点O到B_1C_1与B_2C_2等距,故直线B_1C_1与直线B_2C_2关于点O中心对称.同理,直线A_1C_1与直线A_2C_2关于点O中心对称,直线A_1B_1与直线A_2B_2关于点O中心对称.

记$X=A_1B_1\cap A_2C_2$,$X'=A_2B_2\cap A_1C_1$,则X与X'关于点O中心对称,即线段XX'被点O平分.同时,记$Y=C_1B_1\cap A_2B_2$,$Y'=C_2B_2\cap A_1B_1$,$Z=A_1C_1\cap B_2C_2$,$Z'=A_2C_2\cap B_1C_1$,则线段YY',线段ZZ'也被点O平分.

注意六边形$O_{AF}O_{AE}O_{CE}O_{CD}O_{BD}O_{BF}$与六边形$YZ'XY'ZX'$关于点$P$成$1:2$的位似,设线段$OP$中点为$T$,则$O_{AE}O_{BD}$,$O_{AF}O_{CD}$,$O_{CE}O_{BF}$交于点$T$,且$T$平分这三条线段.以下只需证$O_{AE}O_{BD}=O_{AF}O_{CD}=O_{CE}O_{BF}$即可.

由中线长公式,得

$$2PT^2+\frac{O_{AE}O_{BD}^2}{2}=R_{AE}^2+R_{BD}^2$$

其中R_{AE},R_{BD}为对应圆O_{AE},O_{BD}的半径,而

$$R_{AE}=\frac{AP}{2\sin\angle AEB}=\frac{AP}{2\sin\angle ACB}=\frac{AP\cdot R}{AB}$$(R为$\triangle ABC$外接圆的半径)

同理$R_{BD}=\dfrac{BP\cdot R}{AB}$,又由于$AP^2+BP^2=2PN^2+\dfrac{AB^2}{2}$,故

$$2PT^2+\frac{O_{AE}O_{BD}^2}{2}=R_{AE}^2+R_{BD}^2=\frac{R^2}{AB^2}(AP^2+BP^2)=\frac{R^2}{2}\cdot\left(\frac{4PN^2}{AB^2}+1\right)$$

同理

$$2PT^2+\frac{O_{AF}O_{CD}^2}{2}=\frac{R^2}{2}\cdot\left(\frac{4PM^2}{AC^2}+1\right)$$

$$2PT^2+\frac{O_{CE}O_{BF}^2}{2}=\frac{R^2}{2}\cdot\left(\frac{4PL^2}{BC^2}+1\right)$$

结合$\dfrac{PN}{AB}=\dfrac{PM}{AC}=\dfrac{PL}{BC}$,得

$$\frac{O_{AE}O_{BD}^2}{2}=\frac{O_{AF}O_{CD}^2}{2}=\frac{O_{CE}O_{BF}^2}{2}$$

从而$O_{AE}O_{BD}=O_{AF}O_{CD}=O_{CE}O_{BF}$.

第27讲 三弦定理及其逆定理

数学之所以有高声誉，另一个理由就是数学使得自然科学实现定理化，给予自然科学某种程度的可靠性.

——爱因斯坦(美国)

知识方法

我们知道，对于圆内接四边形来说，有一个关于四边长与对角线长之间的一个度量等式，这就是著名的托勒密定理，即设 $ABCD$ 是一个圆内接凸四边形，则 $AB \cdot CD + BC \cdot DA = AC \cdot BD$.

托勒密定理是处理圆内接四边形问题的一个有力工具，其逆定理也是成立的，即在凸四边形 $ABCD$ 中，若 $AB \cdot CD + BC \cdot DA = AC \cdot BD$，则 $ABCD$ 是一个圆内接四边形.

从表面上看来，托勒密定理之逆可以证明四点共圆，但在解题实践中，欲用托勒密定理之逆证明四点共圆似乎是一件奢侈的事件. 下面介绍托勒密定理的一个等价定理 —— 三弦定理.

1. 三弦定理

设 PA, PB, PC 是一圆 Γ 内有一公共端点的三条弦，$\angle BPC=\alpha$，$\angle APB=\beta$，则

$$PA\sin\alpha + PC\sin\beta = PB\sin(\alpha+\beta)$$

证明 设圆 Γ 的半径为 R，由正弦定理，$BC=2R\sin\alpha$，$AB=2R\sin\beta$，$AC=2R\sin(\alpha+\beta)$，于是

$$PA\sin\alpha + PC\sin\beta = PB\sin(\alpha+\beta) \Leftrightarrow$$
$$PA \cdot 2R\sin\alpha + PC \cdot 2R\sin\beta = PB \cdot 2R\sin(\alpha+\beta) \Leftrightarrow$$
$$PA \cdot BC + PC \cdot AB = PB \cdot AC$$

而 $PABC$ 是一个圆内接四边形，由托勒密定理，$PA \cdot BC + PC \cdot AB = PB \cdot AC$. 故三弦定理成立. 且三弦定理与托勒密定理等价.

2. 三弦定理之逆

如图 1，设 PA, PB, PC 是有一公共端点的三条线段，$\angle BPC = \alpha$，$\angle APB = \beta$. 若

$$PA\sin\alpha + PC\sin\beta = PB\sin(\alpha+\beta)$$

则 P, A, B, C 四点共圆.

证明　如图 2，设过 P, A, B 三点的圆与直线 PC 交于 P, C' 两点，联结 AC, AB, BC，由三弦定理，有

$$PA\sin\alpha + PC'\sin\beta = PB\sin(\alpha+\beta)$$

比较条件，得 $C' = C$，故 P, A, B, C 四点共圆.

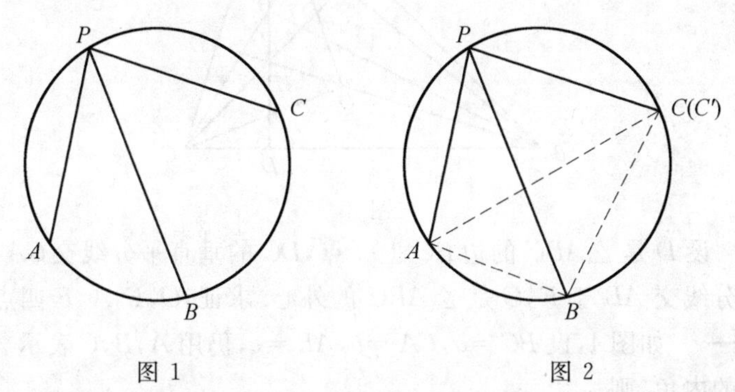

图 1　　图 2

与托勒密定理一样，三弦定理可以用来处理有关圆内接四边形的问题，而且因为三弦定理与三角函数联系在一起，因此，用三弦定理处理某些圆内接四边形问题比托勒密定理还要方便. 我们在这里不准备论及. 而三弦定理之逆与托勒密定理之逆就不一样了，也就是说，三弦定理之逆在证明四点共圆时表现得够大方的. 其原因也在于它与三角函数联系起来了，我们可以充分利用三角函数这一工具.

例 1　设点 P, Q, R 分别在锐角 $\triangle ABC$ 的三条高 AD, BE, CF 上，且 $\triangle PBC, \triangle QCA, \triangle RAB$ 的面积之和等于 $\triangle ABC$ 的面积. 求证：P, Q, R, H 四点共圆. 其中，H 为 $\triangle ABC$ 的垂心.

证明　如图 3，不妨设 R 在 $\triangle HAB$ 内.

因为 $S_{\triangle PBC} + S_{\triangle QCA} + S_{\triangle RAB} = S_{\triangle ABC} = S_{\triangle HBC} + S_{\triangle HCA} + S_{\triangle HAB}$，所以

$$S_{\triangle HAB} - S_{\triangle RAB} = (S_{\triangle PBC} - S_{\triangle HBC}) + (S_{\triangle QCA} - S_{\triangle HCA})$$

即

$$\frac{1}{2}HR\cdot AB=\frac{1}{2}HP\cdot BC+\frac{1}{2}HQ\cdot CA$$

再由正弦定理，得 $HR\sin C=HP\sin A+HQ\sin B$，而

$$\angle PHQ=\angle DHE=180^\circ-\angle C,\angle RHQ=\angle A,\angle PHR=\angle B$$

所以，$HR\sin\angle PHQ=HP\sin\angle RHQ+HQ\sin\angle PHR$，故由三弦定理之逆，$P,Q,R,H$ 四点共圆.

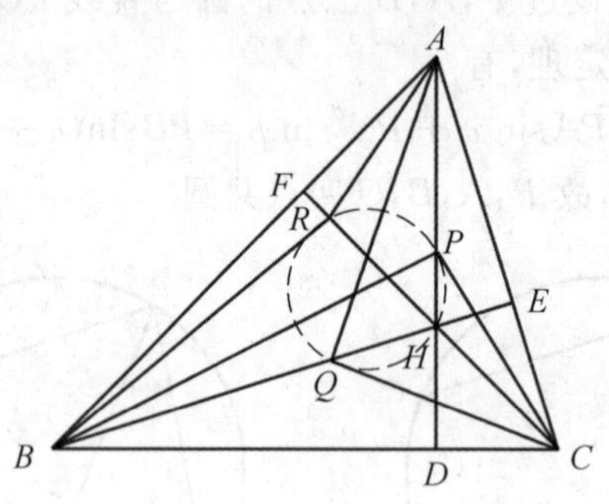

图 3

例 2 设 D 是 $\triangle ABC$ 的边 BC 上一点，DC 的垂直平分线交 CA 于 E，BD 的垂直平分线交 AB 于 F，O 是 $\triangle ABC$ 的外心. 求证：O,E,A,F 四点共圆.

证法一 如图 4，设 $BC=a,CA=b,AB=c$，仍用 A,B,C 表示 $\triangle ABC$ 的三个对应的内角，则

$$BF=\frac{BD}{2\cos B},EC=\frac{DC}{2\cos C}$$

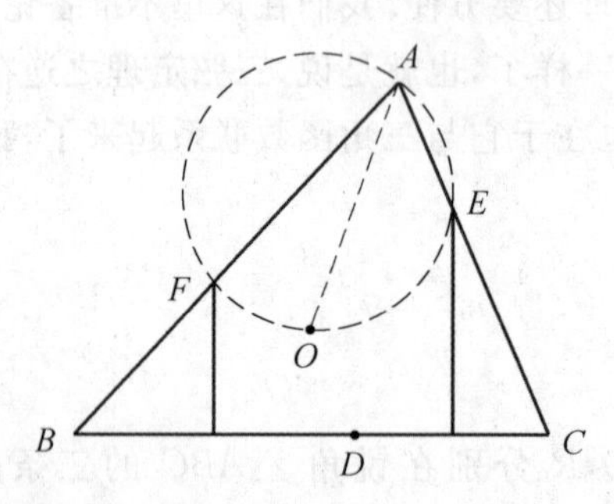

图 4

所以，$AF=c-\dfrac{BD}{2\cos B},AE=b-\dfrac{DC}{2\cos C}$. 又由正弦定理，$OA\sin A=a$，于是再注意 $\angle FAO=90^\circ-\angle C,\angle OAC=90^\circ-\angle B$，即得

$AF\sin\angle OAC+AE\sin\angle BAO=OA\sin A\Leftrightarrow$

$AF\cos B+AE\cos C=OA\sin A\Leftrightarrow$

$$(c-\frac{BD}{2\cos B})\cos B+(b-\frac{DC}{2\cos C})\cos C=\frac{a}{2}\Leftrightarrow c\cos B+b\cos C=a$$

而最后一式即众所周知的三角形的射影定理，因而等式 $AF\sin\measuredangle OAC+AE\sin\measuredangle BAO=OA\sin A$ 成立. 由三弦定理之逆，O,E,A,F 四点共圆.

证法二　当 E,F 分别是外心 O 在 CA,AB 上的射影时，点 D 为 A 在 BC 上的射影，此时，欲证结论显然成立.

如图 5，过点 A 作 BC 的垂线，垂足为 L，再设 M,N 分别为 CA,AB 的中点，则 $ML=MC,NL=NB$，所以 $LM\parallel DE,LN\perp DE$，进而 $\frac{EM}{DL}=\frac{MC}{LC},\frac{DL}{FN}=\frac{BL}{BN}$. 两式相乘，得

$$\frac{EM}{FN}=\frac{MC}{LC}\cdot\frac{BL}{BN}=\frac{AC}{AB}\cdot\frac{BN}{LC}=\frac{AC}{LC}\cdot\frac{BN}{AB}$$

但 $\triangle ALC\backsim\triangle BON,\triangle ABL\backsim\triangle COM$，所以 $\frac{AC}{LC}=\frac{OB}{ON},\frac{BL}{AB}=\frac{OM}{OC}$，代入上式，并注意 $OB=OC$，即得 $\frac{EM}{FN}=\frac{OM}{ON}$. 于是 $\triangle OME\backsim\triangle ONF$，从而 $\angle OEM=\angle OFN$，故 A,E,O,F 四点共圆.

证法三　如果 E,A,F,O 四点共圆. 因 B,D,C 三点在一直线上，由帕斯卡(Pascal) 定理，直线 DE 与 BO 的交点则也应在这个圆上.

如图 6，设直线 BO 与 DE 交于 P. 因 $\angle BPD=\angle CDE-\angle CBP=\angle ACB-(90^\circ-\angle BAC)=90^\circ-\angle CBA$. 又 $FD=FB$，所以，$\angle BFD=180^\circ-2\angle CBA=2\angle BPD$，再由 $FD=FB$ 即知，点 F 是 $\triangle PBD$ 的外心，所以，$FP=FD=FB$，因此，$\angle FPD=\angle EDF=180^\circ-(\angle FDB+\angle EDC)=180^\circ-(\angle CBA+\angle ACB)=\angle BAC$，这说明 P,E,A,F 四点共圆. 又 $\angle FPB=\angle PBF=\angle BAO$，所以，$O,P,A,F$ 四点共圆. 故 E,A,F,O 四点共圆.

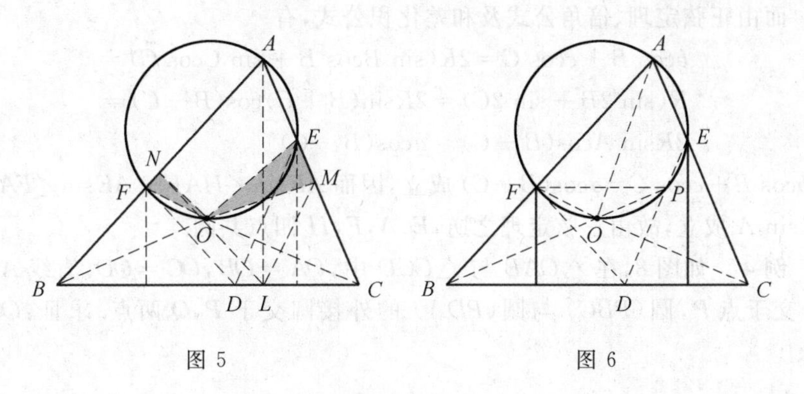

图 5　　　　图 6

例 3　设 H 为 $\triangle ABC$ 的垂心，D,E,F 分别为 $\triangle ABC$ 的三边 BC,CA,AB 上的点，且 $DB=DF,DC=DE$. 求证：E,A,F,H 四点共圆.

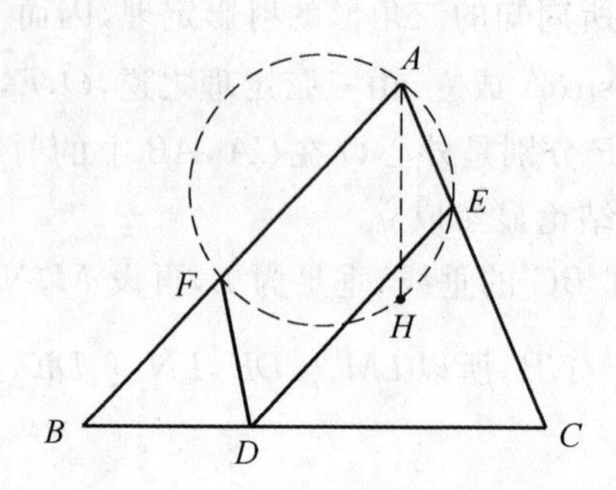

图 7

证明　设 $BC=a,CA=b,AB=c$，仍用 A,B,C 表示 $\triangle ABC$ 的三个对应的内角，则

$$BF=2BD\cos B,EC=2\cos C$$

所以

$$AF=c-2BD\cos B,AB=b-2DC\cos C$$

再设 $\triangle ABC$ 的外接圆半径为 R，则不难知道，$AH=2R\cos A$. 又 $\angle HAE=90^\circ-\angle C,\angle FAH=90^\circ-\angle B$，于是，由正弦定理，并注意 $\cos A=-\cos(B+C)=\sin B\sin C-\cos B\cos C$，得

$$AF\sin\angle HAE+AE\sin\angle FAH=AH\sin A\Leftrightarrow$$
$$AF\cos C+AE\cos B=a\cos A\Leftrightarrow$$
$$(c-2BD\cos B)\cos C+(b-2DC\cos C)\cos B=a\cos A\Leftrightarrow$$
$$b\cos B+c\cos C=a(2\cos B\cos C+\cos A)\Leftrightarrow$$
$$b\cos B+c\cos C=a(\cos B\cos C+\sin B\sin C)\Leftrightarrow$$
$$b\cos B+c\cos C=a\cos(B-C)$$

而由正弦定理、倍角公式及和差化积公式，有

$$b\cos B+c\cos C=2R(\sin B\cos B+\sin C\cos C)=$$
$$R(\sin 2B+\sin 2C)=2R\sin(B+C)\cos(B-C)=$$
$$2R\sin A\cos(B-C)=a\cos(B-C)$$

即 $b\cos B+c\cos C=a\cos(B-C)$ 成立，因而 $AF\sin\angle HAE+AE\sin\angle FAH=AH\sin A$ 成立，故由三弦定理之逆，E,A,F,H 四点共圆.

例 4　如图 8，在 $\triangle OAB$ 与 $\triangle OCD$ 中，$OA=OB,OC=OD$. 直线 AB 与 CD 交于点 P，圆（PBC）与圆（PDA）的外接圆交于 P,Q 两点. 求证：$OQ\perp PQ$.

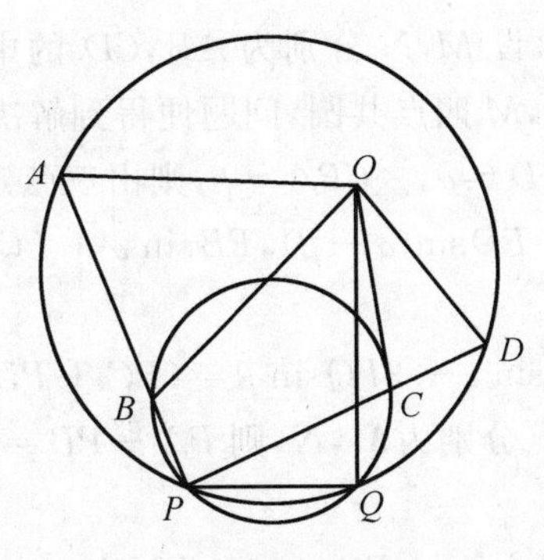

图 8

这是第26届IMO的一道几何题的推广.第26届IMO的那道几何题的条件是A,B,C,D四点共圆,且O为圆心.

分析一　欲证明$OQ \perp PQ$,可考虑证明点O在过点Q且垂直于PQ的直线上.

证法一　如图9,过点Q作PQ的垂线分别交$\triangle PAD$与$\triangle PBC$的外接圆于I,J两点,则$AI \perp PA$,$BJ \perp PA$,所以$AI \parallel BJ$,因而AB的垂直平分线过IJ的中点;同理,CD的垂直平分线也过IJ的中点.显然,O是AB的垂直平分线与CD的垂直平分线的交点,因此,O为IJ的中点.故$OQ \perp PQ$.

分析二　如果有割线过相交两圆的一个交点,则我们可以以两圆的另一个交点为中心作位似旋转变换,使其中一个圆变为另一个圆,此时,割线与两圆的另一交点即为两个对应点.沿着这条思路走下去,可能使问题得到解决.

证法二　如图10,以Q为位似中心作位似旋转变换,使圆$PDA \to$圆PBC,则$A \to B$,$D \to C$,于是,以Q为位似中心作位似旋转变换,使$A \to D$,则$B \to C$.再设AB,CD的中点分别为M,N,则$M \to N$,因而P,Q,M,N四点共圆,但圆(PMN)显然以OP为直径,这说明点Q在以OP为直径的圆上,故$OQ \perp PQ$.

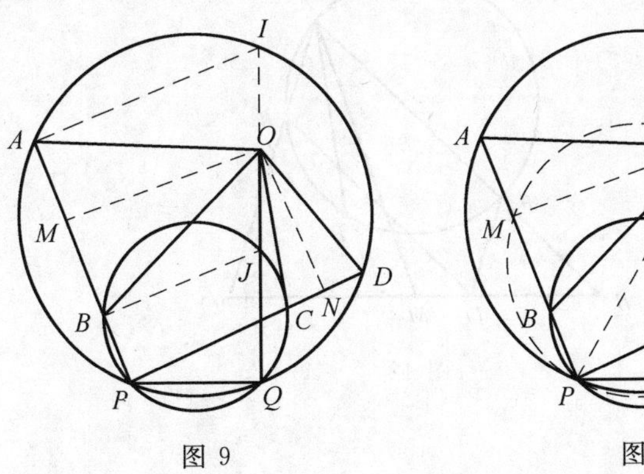

图 9　　　　图 10

分析三 如图 11,设 M,N 分别为 AB,CD 的中点,则从证法一可以看出,只要证明了 P,Q,N,M 四点共圆,问题便得到解决.

证法三 设 $\angle QPD=\alpha,\angle CPA=\beta$,则由三弦定理,有

$$PA\sin\alpha+PQ\sin\beta=PD\sin(\alpha+\beta),PB\sin\alpha+PQ\sin\beta=PC\sin(\alpha+\beta)$$

两式相加,得

$$(PA+PB)\sin\alpha+2PQ\sin\beta=(PC+PD)\sin(\alpha+\beta)$$

设 AB 与 CD 的中点分别为 M,N,则 $PA+PB=2PM,PC+PD=2PN$,所以

$$PM\sin\alpha+PQ\sin\beta=PN\sin(\alpha+\beta)$$

由三弦定理之逆,M,P,Q,N 四点共圆.但 O,M,P,N 四点共圆,所以 O,M,P,Q 四点共圆.而 $PM\perp OM$,故 $OQ\perp PQ$.

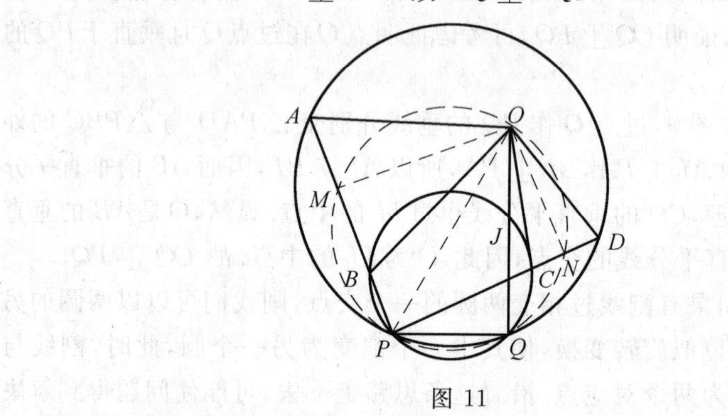

图 11

例 5 设 D,E,F 分别是 $\triangle ABC$ 的边 BC,CA,AB 上的点,且 $DE\parallel AB$,$DF\parallel AC$.求证:

(1)$\triangle AEF$ 的外接圆通过一个定点 P.

(2)若 M 为 BC 的中点,则 $\angle BAM=\angle PAC$.

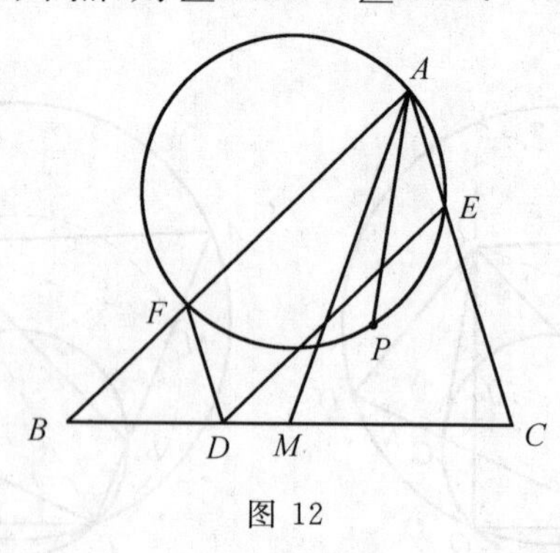

图 12

证明　设$\triangle AEF$的外接圆与$\triangle ABC$的$A-$陪位中线的另一交点为P，由三弦定理，有

$$AP\sin A=AE\sin\angle BAP+AF\sin\angle PAC$$

再设$\frac{BD}{BC}=\lambda$，则$\frac{DC}{BC}=1-\lambda$，所以，$AE=FD=\lambda AC$，$AF=ED=(1-\lambda)AB$，于是

$$\begin{aligned}AP\sin A=\lambda AC\sin\angle BAP+(1-\lambda)AB\sin\angle PAC=\\AB\sin\angle PAC+\lambda(AC\sin\angle BAP-AB\sin\angle PAC)=\\AB\sin\angle BAM+\lambda(AC\sin\angle MAC-AB\sin\angle BAM)\end{aligned}$$

再注意M是BC的中点，由分角线定理，$1=\frac{BM}{MB}=\frac{AB\sin\angle BAM}{AC\sin\angle MAC}$，所以

$$AC\sin\angle MAC=AB\sin\angle BAM$$

因此，$AP\sin A=AB\sin\angle BAM$，从而$AP=\frac{AB\sin\angle BAM}{\sin A}$为定长. 故$P$是一个定点，且$\angle BAM=\angle PAC$.

例6　如果一个过$\triangle ABC$的外心和顶点A的圆与AC，AB分别交于E，F时，一定在BC上存在一点D，使E，F分别在DC的垂直平分线和BD的垂直平分线上.

证明　如图13，由三弦定理，$AF\sin\angle OAC+AE\sin\angle BAO=OA\sin A$. 而

$$\sin\angle OAC=\cos B,\sin\angle BAO=\cos C$$

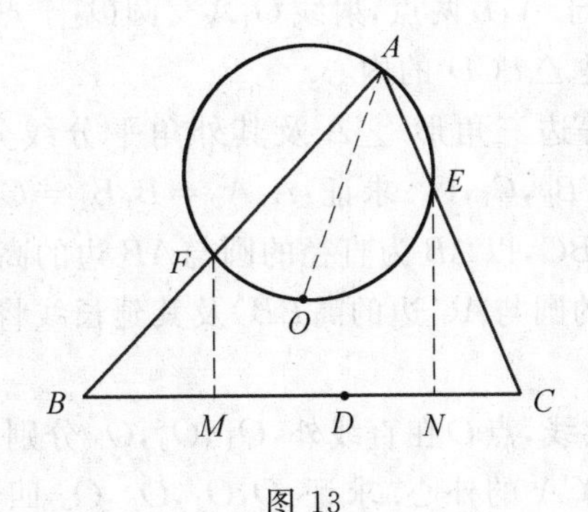

图 13

所以，$AF\cos B+AE\cos C=OA\sin A=\frac{1}{2}BC$. 设$F$，$E$在$BC$上的射影分别为$M$，$N$，则

$$MN=AF\cos B+AE\cos C=\frac{1}{2}BC$$

是一个常数(与圆的位置无关),且这个常数为边 BC 的一半.于是,设点 B 关于 FM 的对称点为 D,则 D,C 关于 EN 对称.

说明 这就证明了,一个圆过 $\triangle ABC$ 的外心和顶点 A 的充分必要条件是:这个圆与 AC,AB 分别交于 E,F 时,线段 EF 在 BC 上的射影长等于 BC 的一半(图 13).

巩固演练

1. 如图 14,设 $\triangle ABC$ 的外心为 O,点 P,Q 分别在边 AB,CA 上,且 $\dfrac{BP}{CA}=\dfrac{PQ}{BC}=\dfrac{QC}{AB}$.求证:$A,P,O,Q$ 四点共圆.

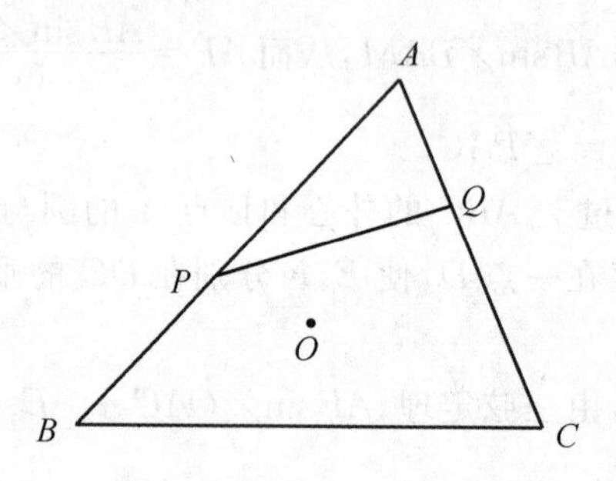

图 14

2. 圆 O_1 交圆 O_2 于 A,B 两点,射线 O_1A 交圆 O_2 于点 C,射线 O_2A 交圆 O_1 于点 D.求证:点 A 是 $\triangle BCD$ 的内心.

3. $\triangle ABC$ 为不等边三角形.$\angle A$ 及其外角平分线分别交对边中垂线于 A_1,A_2;同样得到 B_1,B_2,C_1,C_2.求证:$A_1A_2=B_1B_2=C_1C_2$.

4. 给出锐角 $\triangle ABC$,以 AB 为直径的圆与 AB 边的高 CC' 及其延长线交于 M,N.以 AC 为直径的圆与 AC 边的高 BB' 及其延长线将于 P,Q.求证:M,N,P,Q 四点共圆.

5. A,B,C 三点共线,点 O 在直线外,O_1,O_2,O_3 分别为 $\triangle OAB,\triangle OBC,\triangle OCA$ 的外心.求证:O,O_1,O_2,O_3 四点共圆.

6. 如图 15,在梯形 $ABCD$ 中,$AB\parallel DC$,$AB>CD$,K,M 分别在 AD,BC 上,$\angle DAM=\angle CBK$.求证:$\angle DMA=\angle CKB$.

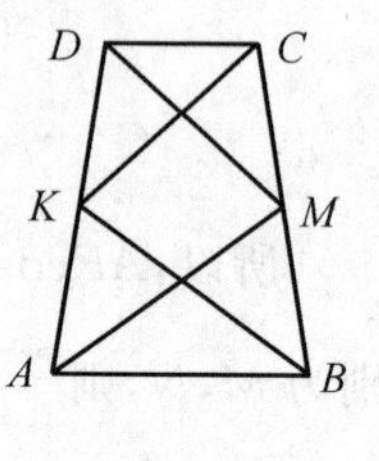

图 15

7. 圆 O 过 $\triangle ABC$ 顶点 A, C，且与 AB, BC 交于 K, N(K 与 N 不同). $\triangle ABC$ 外接圆和 $\triangle BKN$ 外接圆相交于 B 和 M. 求证：$\angle BMO = 90°$.

8. 正方形 $ABCD$ 的中心为 O，面积为 $1\,989\ \text{cm}^2$. P 为正方形内一点，且 $\angle OPB = 45°$，$PA : PB = 5 : 14$. 求 PB.

9. 设有边长为 1 的正方形，试在这个正方形的内接正三角形中找出面积最大的和一个面积最小的，并求出这两个面积(需证明你的论断).

10. NS 是圆 O 的直径，弦 $AB \perp NS$ 于 M，P 为 ANB 上异于 N 的任一点，PS 交 AB 于 R，PM 的延长线交圆 O 于 Q. 求证：$RS > MQ$.

演练解答

1. 如图 16，作 $\triangle RQP$，使 $\triangle RQP \backsim \triangle ABC$，且 R 与 A 在 PQ 的两侧，则 $\frac{PR}{CA} = \frac{PQ}{BC} = \frac{QR}{AB}$. 而 $\frac{BP}{CA} = \frac{PQ}{BC} = \frac{QC}{AB}$，所以 $RP = BP$，$QR = QC$，因此，$\angle PRB = \angle RBP$，$\angle CRQ = \angle QCR$. 这样

$$\angle CRQ + \angle QRP + \angle PRB = \angle QCR + \angle BAC + \angle RBA$$

另一方面，因$(\angle CRQ + \angle QRP + \angle PRB) + (\angle QCR + \angle BAC + \angle RBA) = 360°$，所以

$$\angle CRQ + \angle QRP + \angle PRB = 180°$$

这说明点 R 在 $\triangle ABC$ 的边 BC 上. 因 P 为 BR 的垂直平分线与 AB 的交点，Q 为 RC 的垂直平分线与 AC 的交点，故 A, P, Q, O 四点共圆.

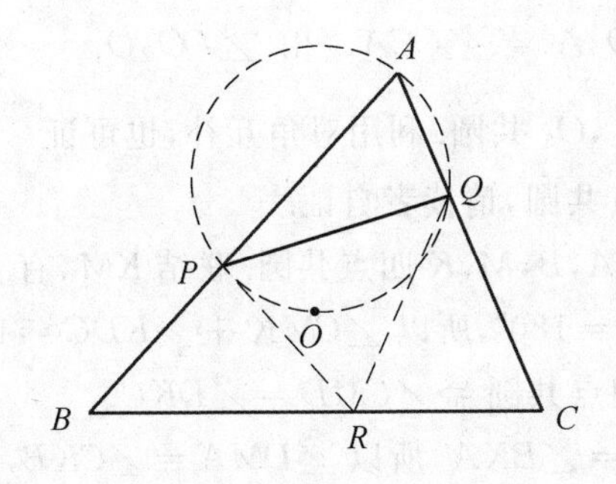

图 16

2. 设法证明 C, D, O_1, B 四点共圆，再证 C, D, B, O_2 四点共圆，从而知 C, D, O_1, B, O_2 五点共圆.

3. 设法证 $\angle ABA_1$ 与 $\angle ACA_1$ 互补，造成 A, B, A_1, C 四点共圆；再证 A, A_2, B, C 四点共圆，从而知 A_1, A_2 都在 $\triangle ABC$ 的外接圆上，并注意 $\angle A_1AA_2 =$

$90°$.

4.如图17,设 PQ,MN 交于点 K,联结 AP,AM.欲证 M,N,P,Q 四点共圆,需证 $MK \cdot KN = PK \cdot KQ$,即证

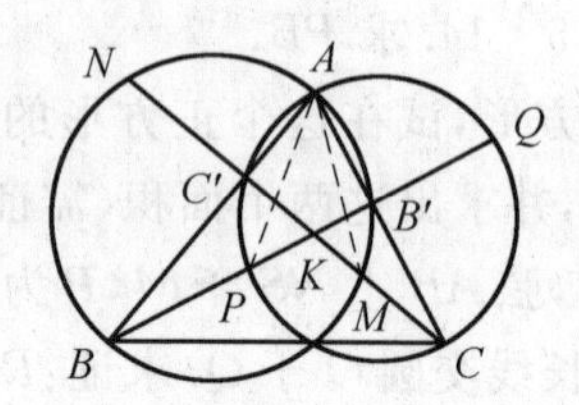

图 17

$$(MC' - KC')(MC' + KC') = (PB' - KB') \cdot (PB' + KB')$$

或
$$MC'^2 - KC'^2 = PB'^2 - KB'^2 \quad ①$$

不难证明 $AP = AM$,从而有

$$AB'^2 + PB'^2 = AC'^2 + MC'^2$$

故
$$MC'^2 - PB'^2 = AB'^2 - AC'^2 =$$
$$(AK^2 - KB'^2) - (AK^2 - KC'^2) = KC'^2 - KB'^2 \quad ②$$

由 ② 即得 ①,命题得证.

5.作出图18中各辅助线.易证 O_1O_2 垂直平分 OB,O_1O_3 垂直平分 OA.

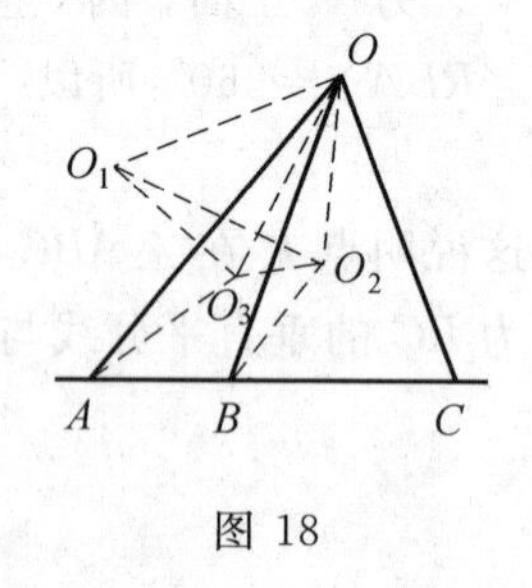

图 18

观察 $\triangle OBC$ 及其外接圆,立得 $\angle OO_2O_1 = \frac{1}{2}\angle OO_2B = \angle OCB$.观察 $\triangle OCA$ 及其外接圆,立得 $\angle OO_3O_1 = \frac{1}{2}\angle OO_3A = \angle OCA$.由 $\angle OO_2O_1 = \angle OO_3O_1 \Rightarrow O, O_1, O_2, O_3$ 共圆.利用对角互补,也可证明 O, O_1, O_2, O_3 四点共圆,请读者自证.

6.如图19,易知 A,B,M,K 四点共圆.联结 KM,有 $\angle DAB = \angle CMK$.因为 $\angle DAB + \angle ADC = 180°$,所以 $\angle CMK + \angle KDC = 180°$.

故 C,D,K,M 四点共圆 $\Rightarrow \angle CMD = \angle DKC$.

但已证 $\angle AMB = \angle BKA$,所以 $\angle DMA = \angle CKB$.

7.如图20,联结 OC,OK,MC,MK,延长 BM 到 G.

易得 $\angle GMC = \angle BAC = \angle BNK = \angle BMK$.

而 $\angle COK = 2\angle BAC = \angle GMC + \angle BMK = 180° - \angle CMK$,所以 $\angle COK + \angle CMK = 180° \Rightarrow C, O, K, M$ 四点共圆.

在这个圆中,由 $OC = OK \Rightarrow \angle OMC = \angle OMK$.

但 $\angle GMC = \angle BMK$，故 $\angle BMO = 90^\circ$.

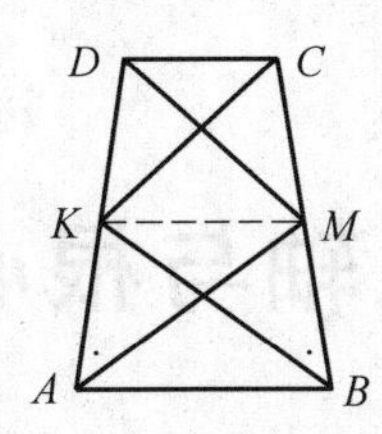

图 19

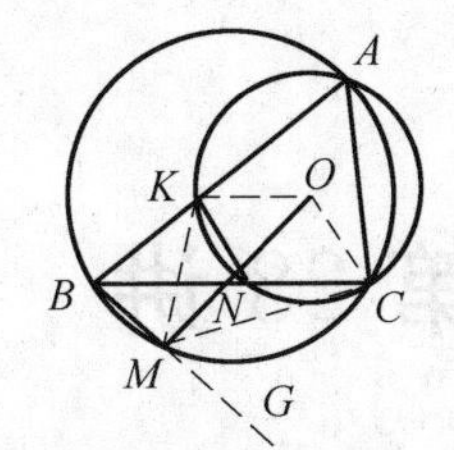

图 20

8. 答案是 $PB = 42$ cm. 怎样得到的呢？如图 21，联结 OA，OB. 易知 O，P，A，B 四点共圆，有 $\angle APB = \angle AOB = 90^\circ$.

故 $PA^2 + PB^2 = AB^2 = 1\,989$.

由于 $PA : PB = 5 : 14$，可求 PB.

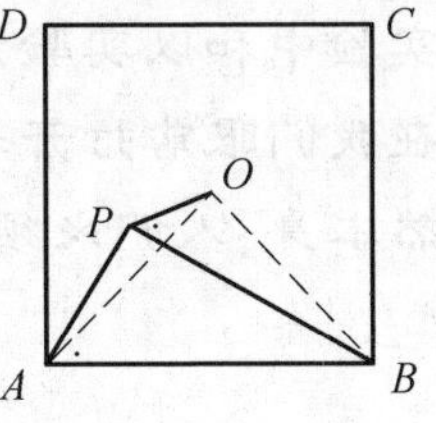

图 21

9. 如图 22，设 $\triangle EFG$ 为正方形 $ABCD$ 的一个内接正三角形，由于正三角形的三个顶点至少必落在正方形的三条边上，所以不妨令 F，G 两点在正方形的一组对边上. 作正 $\triangle EFG$ 的高 EK，易知 E，K，G，D 四点共圆 $\Rightarrow \angle KDE = \angle KGE = 60^\circ$. 同理，$\angle KAE = 60^\circ$. 故 $\triangle KAD$ 也是一个正三角形，K 必为一个定点. 又正三角形面积取决于它的边长.

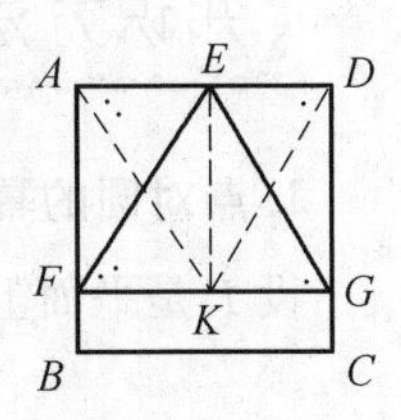

图 22

当 $KF \perp AB$ 时，边长为 1，这时边长最小，而面积 $S = \frac{\sqrt{3}}{4}$ 也最小.

当 KF 通过点 B 时，边长为 $2\sqrt{2-\sqrt{3}}$，这时边长最大，面积 $S = 2\sqrt{3} - 3$ 也最大.

10. 联结 NP，NQ，NR；NR 的延长线交圆 O 于 Q'. 联结 MQ'，SQ'. 易证 N，M，R，P 四点共圆，从而，$\angle SNQ' = \angle MNR = \angle MPR = \angle SPQ = \angle SNQ$. 根据圆的轴对称性质可知 Q 与 Q' 关于 NS 成轴对称 $\Rightarrow MQ' = MQ$. 又易证 M，S，Q'，R 四点共圆，且 RS 是这个圆的直径（$\angle RMS = 90^\circ$），MQ' 是一条弦（$\angle MSQ' < 90^\circ$），故 $RS > MQ'$. 但 $MQ = MQ'$，所以，$RS > MQ$.

第 28 讲　根轴与根心

科学的真理不应在古代圣人的蒙着灰尘的书上去找，而应该在实验中和以实验为基础的理论中去找．真正的哲学是写在那本经常在我们眼前打开着的最伟大的书里面的．这本书就是宇宙，就是自然本身，人们必须去读它．

——伽利略（意大利）

知识方法

1．点对圆的幂

设 Γ 是平面上一个圆心为 O，半径为 r 的圆，对于平面上任意一点 P，令

$$\rho(P)=PO^2-r^2$$

则 $\rho(P)$ 称为点 P 对于圆 Γ 的幂．

显然，当点 P 在圆 Γ 外时，$\rho(P)>0$；当点 P 在圆 Γ 内时，$\rho(P)<0$；当点 P 在圆 Γ 上时，$\rho(P)=0$．且由勾股定理易得，点 P 在圆 Γ 外时，$\rho(P)$ 即点 P 到圆 Γ 的切线长的平方；点 P 在圆 Γ 内时，$\rho(P)$ 即以点 P 为中点的弦的一半的平方的相反数．

有了点对圆的幂的概念，相交弦定理、割线定理、切割线定理就可以统一为：

定理 1（圆幂定理）　过定点任作定圆的一条割线交定圆于两点，则自定点到两交点的两条有向线段之积是一个常数，这个常数等于定点对定圆的幂．即过点 P 任作一条直线交圆 Γ 于两点 A，B（A，B 可以重合），则 $\rho(P)=\overline{PA}\cdot\overline{PB}$．

定理 2　如图 1～3，设 A，B，C，D 是一个已知圆上任意四点，直线 AB 与 CD 交于点 P，直线 AD 与 BC 交于点 Q，则有 $\rho(P)+\rho(Q)=PQ^2$，其中 $\rho(X)$ 表示点 X 对已知圆的幂．

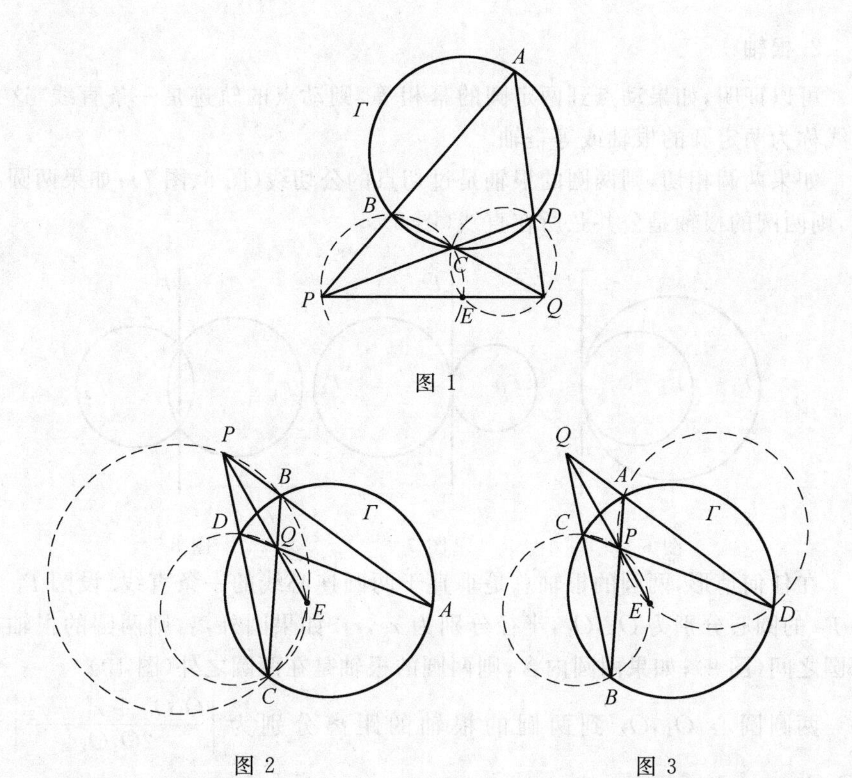

图 1

图 2　　图 3

定理3(格高尼定理)　如图4、图5,设 P 是 $\triangle ABC$ 所在平面上任意一点,过点 P 作 $\triangle ABC$ 的三边的垂线,垂足分别为 D,E,F,$\triangle ABC$ 与 $\triangle DEF$ 的面积分别为 S,T,$\triangle ABC$ 的外接圆半径为 R,点 P 对 $\triangle ABC$ 的外接圆的幂为 ρ,则有 $\dfrac{T}{S}=\dfrac{|\rho|}{4R^2}$.

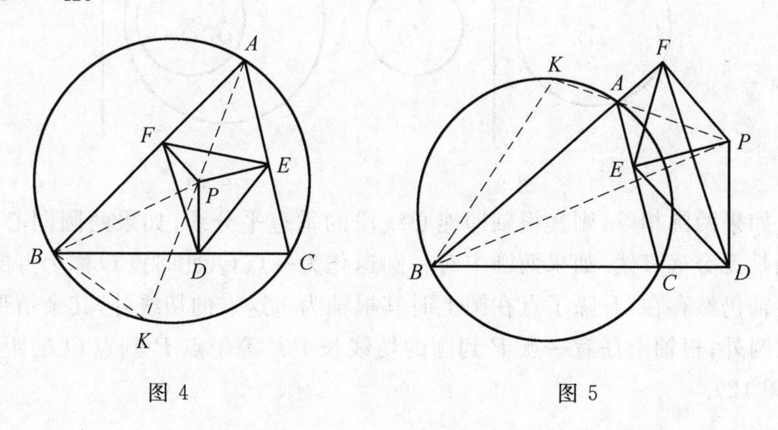

图 4　　图 5

2. **根轴**

可以证明,如果动点到两定圆的幂相等,则动点的轨迹是一条直线.这条直线称为两定圆的根轴或等幂轴.

如果两圆相切,则两圆的根轴是过切点的公切线(图 6、图 7);如果两圆相交,则两圆的根轴是公共弦所在直线(图 8).

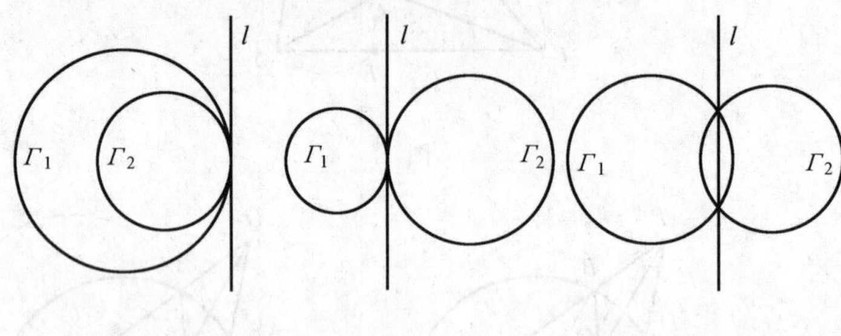

图 6　　　　图 7　　　　图 8

在任何情形,两圆的根轴总是垂直于两圆连心线的一条直线.设圆 Γ_1 与圆 Γ_2 的圆心分别为 O_1,O_2,半径分别为 r_1,r_2.如果圆外离,则两圆的根轴在两圆之间(图 9);如果两圆内含,则两圆的根轴是在两圆之外(图 10).

两圆圆心 O_1,O_2 到两圆的根轴的距离分别为 $\left|\frac{O_1O_2^2+r_1^2-r_2^2}{2O_1O_2}\right|$ 和 $\left|\frac{O_1O_2^2-r_1^2+r_2^2}{2O_1O_2}\right|$.

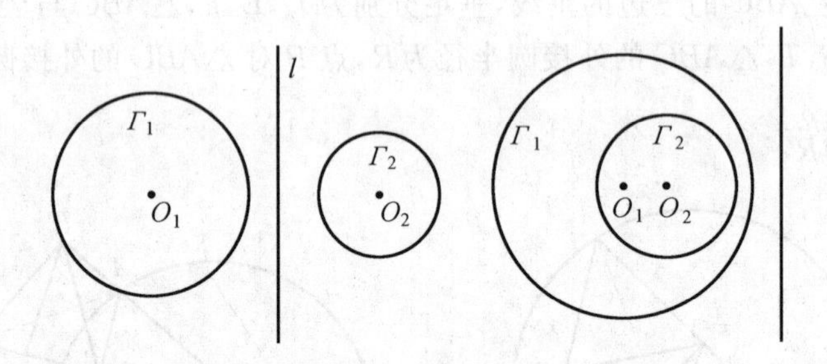

图 9　　　　图 10

如果两圆相等,则其根轴即连心线段的垂直平分线;如果两圆同心,则其根轴是无穷远直线.如果两圆中有一圆退化为一点 O(此时点 O 称为点圆),则其根轴仍然存在,且除了点在圆上时其根轴为过这点的切线外,其余情形根轴都在圆外;根轴上任意一点 P 到圆的切线长 PT 等于点 P 到点 O 的距离(图 11、图 12).

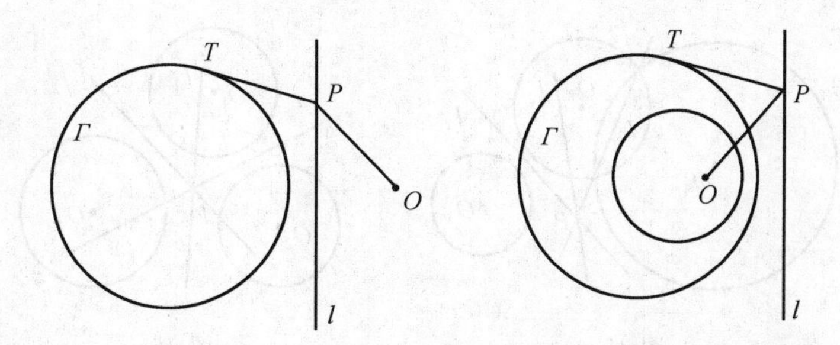

图 11　　图 12

根轴的作用主要可以用于证明三点共线和垂直问题.而与垂心有关的问题很多时候都与根轴联系在一起,这是因为有垂心就有三条垂线.

3.**根心**

给定平面上三个圆,如果其中任意两个圆都有一条根轴,则容易证明,这三条根轴交于一点或互相平行.

事实上,如图 13～17,设 l_1 为圆 O_2 与圆 O_3 的根轴,l_2 为圆 O_3 与圆 O_1 的根轴,l_3 为圆 O_1 与圆 O_2 的根轴,点 X 到圆 O_i 的幂为 $\rho_i(X)(i=1,2,3)$.如果 l_1 与 l_2 交于一点 P,则因点 P 在圆 O_2 与圆 O_3 的根轴 l_1 上,所以,$\rho_2(X)=\rho_3(X)$.又点 P 在圆 O_3 与圆 O_1 的根轴 l_2 上,所以,$\rho_3(X)=\rho_1(X)$,因此,$\rho_1(X)=\rho_2(X)$.这说明点 P 在圆 O_1 与圆 O_2 的根轴 l_3 上.故 l_1,l_2,l_3 交于点 P.又 $l_1\perp O_2O_3$,$l_2\perp O_3O_1$,$l_3\perp O_1O_2$,所以,如果 $l_1/\!/l_2$,如图18,则 O_1,O_2,O_3 三点共线,此时必有 $l_1/\!/l_2/\!/l_3$,如果三圆的圆心在一条直线上,则三条根轴彼此平行.此时,这三圆的根心为无穷远点.

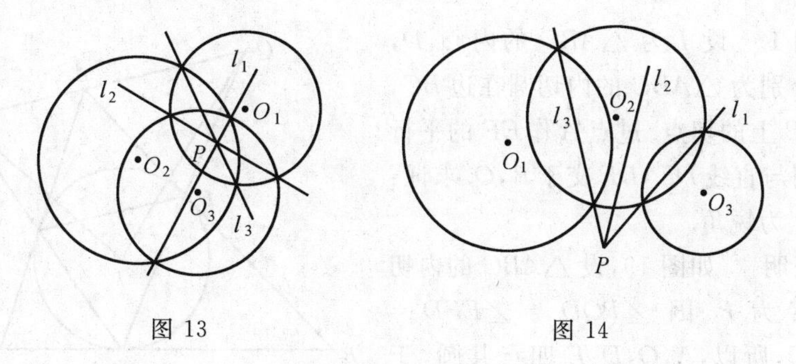

图 13　　图 14

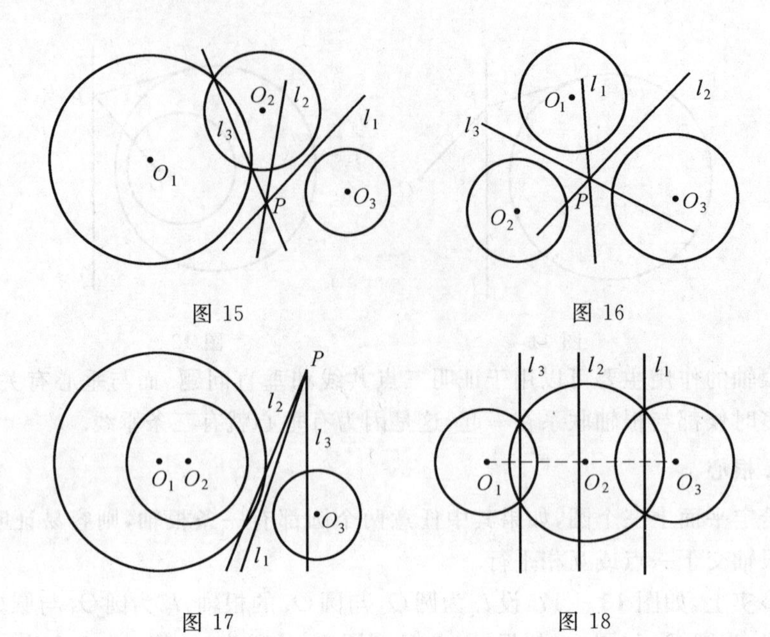

图 15　　图 16

图 17　　图 18

当三条根轴交于一点 P 时，点 P 称为三圆的根心或等幂心（点 P 对于三个圆的幂都相等），因而上述事实称为根心定理.

凡已知条件中涉及三圆的问题，或尽管条件中没有三圆，但隐含了三圆的问题，我们都应该考虑到根心定理.

典型例题

例 1　设 I 为 $\triangle ABC$ 的内心，D，E，F 分别为 $\triangle ABC$ 的内切圆在边 BC，CA，AB 上的切点. 过点 A 作 EF 的平行线分别与直线 DE，DF 交于 P，Q. 求证：$\angle PIQ$ 为锐角.

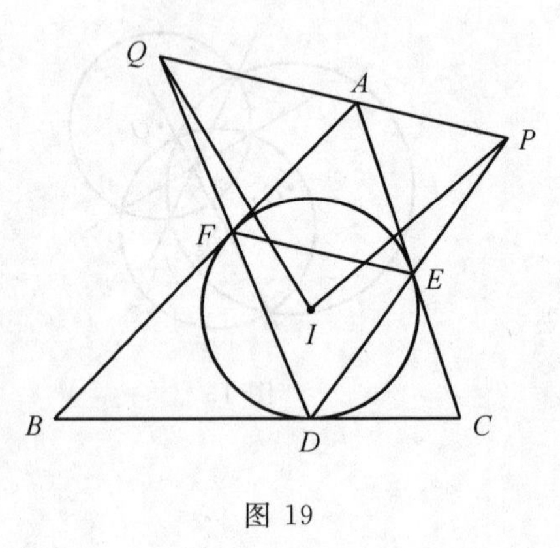

图 19

证明　如图 19，设 $\triangle ABC$ 的内切圆半径为 r，因 $\angle PQD=\angle EFD=\angle DEC$，所以，$A$，$Q$，$D$，$E$ 四点共圆，于是有圆幂定理，有 $PA\cdot PQ=PE\cdot PD=PI^2-r^2$；同理，$AQ\cdot PQ=FQ\cdot DQ=QI^2-r^2$. 两式相加，得

$$PA\cdot PQ+AQ\cdot PQ=PI^2+QI^2-2r^2$$

即

$$PQ^2 = PI^2 + QI^2 - 2r^2 < PI^2 + QI^2$$

故$\angle PIQ$是一个锐角.

例 2　(布罗卡(Brocard)定理)设圆O的内接四边形的两组对边的交点分别为P,Q,两对角线的交点为R.求证:圆心O为$\triangle PQR$的垂心.

证明　如图 20,因$\rho(P)=OP^2-r^2$,$\rho(Q)=OQ^2-r^2$,$\rho(R)=OR^2-r^2$,由定理2,有$PR^2=OP^2+OR^2-2r^2$,$PQ^2=OP^2+OQ^2-2r^2$.两式相减,得$PR^2-PQ^2=OR^2-OQ^2$,所以$OP\perp RQ$;同理,$OQ\perp PR$.故圆心O为$\triangle PQR$的垂心.

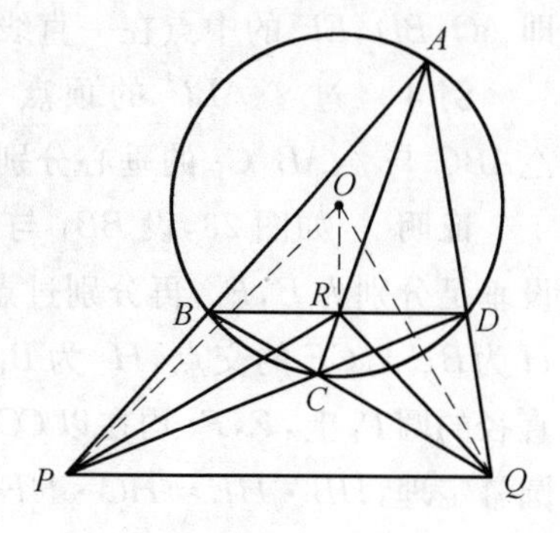

图 20

例 3　求证:(斯坦纳(Steiner)定理)四条直线相交成四个三角形,则这四个三角形的垂心在一条直线上.

证明　如图 21,设四条直线相交成四个三角形分别为$\triangle BEC$,$\triangle CDF$,$\triangle AED$,$\triangle ABF$,H_1,H_2,H_3,H_4分别为它们的垂心.设直线H_1B,H_1E分别交EC,BC于K,L,则K在以BD为直径的圆Γ_1上,L在以EF为直径的圆Γ_2上,由于L,E,K,B四点共圆,所以,$H_1L\cdot H_1E=H_1B\cdot H_1K$,这说明$H_1$在圆$\Gamma_1$与圆$\Gamma_2$的根轴上;再设$EH_3$,$DH_3$分别交$AB$,$AD$于$N$,$M$,则$M$在圆$\Gamma_1$上,$N$在圆$\Gamma_2$上,而$E$,$D$,$N$,$M$四点共圆,所以$H_3D\cdot H_3M=H_3E\cdot H_3N$,因此,$H_3$也在圆$\Gamma_1$与圆$\Gamma_2$的根轴上;同理,$H_2$,$H_4$也在圆$\Gamma_1$与圆$\Gamma_2$的根轴上.故$H_1$,$H_2$,$H_3$,$H_4$四点共线.

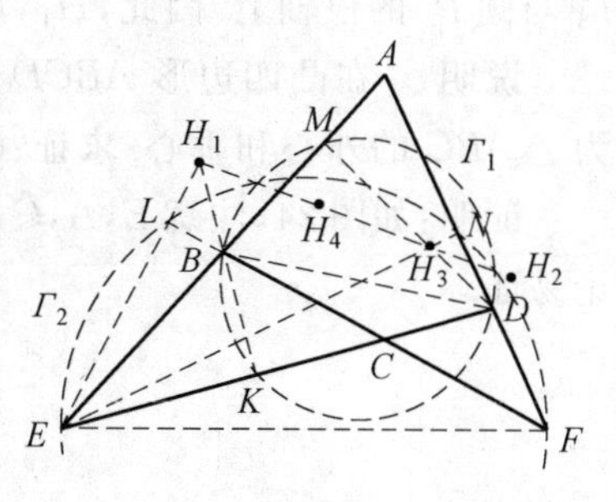

图 21

斯坦纳定理包含了如下特殊情形:

如图22,设M,N分别是$\triangle ABC$的边AC,BC上的点,且$\angle ACB=90°$,设AN与BM交于点L.则$\triangle AML$,$\triangle BNL$的垂心与点C共线.

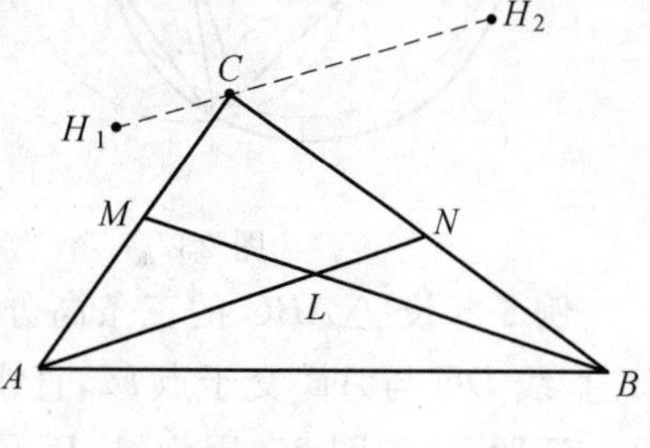

图 22

事实上,如图 22,四条直线AC,BC,AN,BM相交成四个三角形:$\triangle CAN$,

$\triangle CMB$，$\triangle AML$，$\triangle BNL$. 设 $\triangle AML$，$\triangle BNL$ 的垂心分别为 H_1，H_2，而 $\triangle CAN$ 与 $\triangle CMB$ 的垂心皆为点 C，由斯坦纳定理即知，H_1，C，H_2 共线.

另外，因为 BD，EF 是完全四边形 $ABCDEF$ 的两条对角线，既然分别以 BD，EF 为直径的圆的根轴是四垂心所在直线，当然分别以 AC，EF 为直径的圆的根轴也是这条直线，所以，这三个圆是同轴圆，因而其圆心必在一直线上，即 AC，BD，EF 的中点在一直线上. 这就是完全四边形的牛顿定理.

例 4　过 $\triangle ABC$ 的顶点 B，C 的一圆与边 AB，AC 分别交于 C_1，B_1，$\triangle ABC$ 与 $\triangle AB_1C_1$ 的垂心分别为 H，H_1. 求证：BB_1，CC_1，HH_1 三线共点.

证明　如图 23，设 BB_1 与 CC_1 交于点 P. 分别过点 B，C_1 作 AC 的垂线，设垂足分别为 E，F_1，再分别过点 C，B_1 作 AB 的垂线，设垂足分别为 F，E_1，则 H 为 BE 与 CF 的交点，H_1 为 B_1E_1 与 C_1F_1 的交点. 显然，E，E_1 均在以 BB_1 为直径的圆 Γ_1 上，F，F_1 均在以 CC_1 为直径的圆 Γ_2 上. 因 E，F，B，C 四点共圆，由圆幂定理，$HB \cdot HE = HC \cdot HF$，这说明点 H 在圆 Γ_1 与圆 Γ_2 的根轴上；同理，点 H_1 也在圆 Γ_1 与圆 Γ_2 的根轴上. 又 $PB \cdot PB_1 = PC \cdot PC_1$，所以点 P 也在圆 Γ_1 与圆 Γ_2 的根轴上. 因此，H_1，P，H 三点共线，故 BB_1，CC_1，HH_1 三线共点.

说明　在凸四边形 $ABCD$ 中，$\angle DAB = \angle ABC = \angle BCD$. 设 O，H 分别为 $\triangle ABC$ 的外心和垂心. 求证：O，H，D 三点共线.

证明：如图 24，注意 E，A，C，F 四点共圆，O 为 $\triangle EAF$ 的垂心，运用上题结论易证.

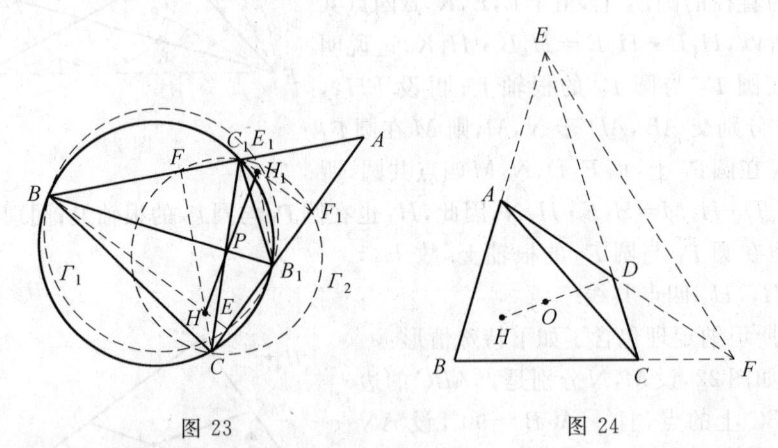

图 23　　　　图 24

例 5　设 $\triangle ABC$ 的三条高分别为 AD，BE，CF，其外心和垂心分别为 O，H. 直线 DE 与 AB 交于点 M，直线 FD 与 CA 交于点 N. 求证：$OH \perp MN$.

证明　如图 25，因为 A，B，D，E 四点共圆，A，F，D，C 四点共圆，所以

$$MD \cdot ME = MB \cdot MA，ND \cdot NF = NC \cdot NA$$

这说明点 M，N 对 $\triangle ABC$ 的外接圆与 $\triangle DEF$ 的外接圆的幂相等，从而直线 MN 是这两圆的根轴. 于是，设 $\triangle DEF$ 的外接圆的圆心为 L，则 $OL \perp MN$. 但 $\triangle DEF$ 的外接圆即 $\triangle ABC$ 的九点圆，而三角形的九点圆的圆心为其外心与垂心的连线段的中点. 故 $OH \perp MN$.

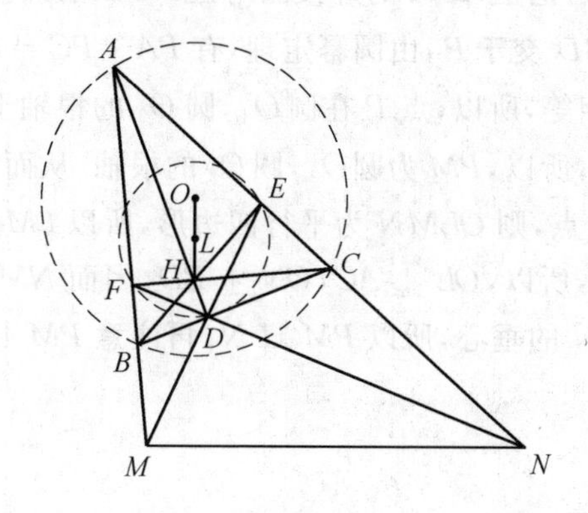

图 25

例 6　在 $\triangle ABC$ 中，分别过三边中点 L，M，N 向内切圆引切线，设所引的切线分别与直线 MN，NL，LM 交于 D，E，F. 求证：D，E，F 三点共线.

证明　如图 26，设 I 为 $\triangle ABC$ 的内心，$\triangle ABC$ 的内切圆与 BC 切于 P，PQ 为 $\triangle ABC$ 的内切圆的直径，直线 AQ 与 BC 交于 R，与 MN 交于 S，与 $\triangle ABC$ 的内切圆交于另一点 T，则 $BR = PC$，$PT \perp AT$. 因 L 为 BC 的中点，所以 L 也为 RP 的中点，因此，$LT = LP$，所以，T 为 LD 与 $\triangle ABC$ 的内切圆的切点. 再设 AP 与 MN 交于 K，则 $MK = SN = \frac{1}{2}PC$，而 $\triangle LMN \backsim \triangle ABC$，且相似比为 $\frac{1}{2}$，因

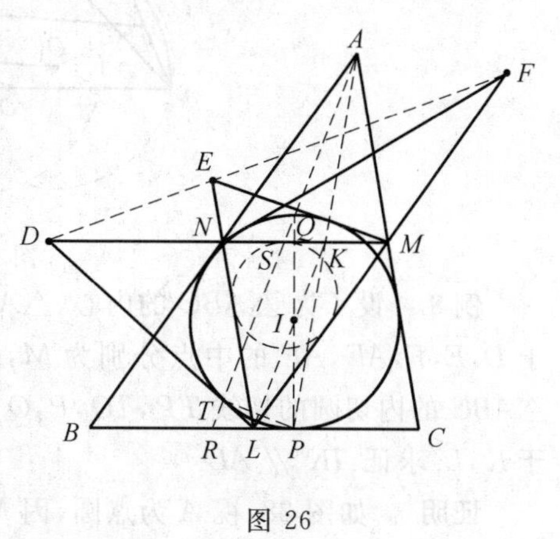

图 26

此 S 为 $\triangle LMN$ 的内切圆与 MN 的切点. 又 L，I，K 分别为 PR，PQ，PA 的中点，而 A，Q，R 三点在一直线上，所以，L，I，K 三点在一直线上. 又因 IL 平分 $\angle CLD$，$MN \parallel BC$，所以，$\angle KLD = \angle CLK = \angle DKL$，从而 $DL = DK$. 再注意 $ST \parallel KL$ 即知，$DT = DS$. 这说明点 D 到 $\triangle ABC$ 的内切圆与 $\triangle LMN$ 的内切圆的切线长相等，因而点 D 在这两个圆的根轴上. 同理，点 E，F 都在这两圆的

根轴上.故 D,E,F 三点共线.

例 7 设 C,D 是以 AB 为直径的半圆上的两点,L,M,N 分别为 AC,CD,DB 的中点,O_1,O_2 分别为 $\triangle ACM$ 与 $\triangle MDB$ 的外心.求证:$O_1O_2 \parallel LN$.

证明 如图 27,记 $\triangle ACM$ 的外接圆与 $\triangle MDB$ 的外接圆分别为圆 O_1,圆 O_2.设直线 AC 与 BD 交于 P,由圆幂定理,有 $PA \cdot PC = PB \cdot PD$,即点 P 到圆 O_1,圆 O_2 的幂相等,所以,点 P 在圆 O_1,圆 O_2 的根轴上,又 M 显然也在圆 O_1,圆 O_2 的根轴上,所以,PM 为圆 O_1,圆 O_2 的根轴.从而 $PM \perp O_1O_2$.另一方面,设 O 为 AB 的中点,则 $OLMN$ 为平行四边形,所以 $LM \parallel ON$,$NM \parallel OL$,但 O 为半圆的圆心,所以,$OL \perp AC$,$ON \perp BD$,因而 $NM \perp PL$,$LM \perp PN$,这说明点 M 为 $\triangle PLN$ 的垂心,所以 $PM \perp LN$.再注意 $PM \perp O_1O_2$ 即知 $O_1O_2 \parallel LN$.

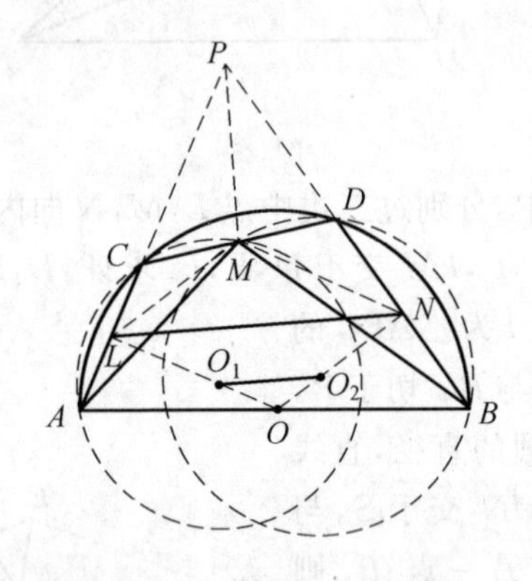

图 27

例 8 设 I 为 $\triangle ABC$ 的内心,$\triangle ABC$ 的内切圆与边 BC,CA,AB 分别切于 D,E,F,AE,AF 的中点分别为 M,N,直线 MN 与 DF 交于 T,过 T 作 $\triangle ABC$ 的内切圆的切线 TP,TQ,P,Q 为切点,直线 PQ 分别交直线 EF,MN 于 K,L.求证:$IK \parallel AL$.

证明 如图 28,视 A 为点圆,因 M,N 分别为 AE,AF 的中点,所以,点 M,N 皆在 $\triangle ABC$ 的内切圆 ω 与点圆 A 的根轴上,所以,直线 MN 为圆 ω 与点圆 A 的根轴.而点 T 在其根轴上,所以点 P 到点 A 的距离等于点 P 到圆 ω 的切线长,即 $TA = TP = TQ$,这说明点 A,P,Q 在以 T 为圆心的一个圆 Γ 上,由于点 L 也在圆 ω 与点圆 A 的根轴上,所以,$LA^2 = LP \cdot LQ$,因而 LA 与圆 Γ 相切,所以 $LA \perp TA$.另一方面,因过圆的弦 EF 两端点的两条切线交于 A,过弦 PQ 两端点的切线交于 T,而 K 为弦 EF 与 PQ 的交点,所以,$IK \perp AT$.故 $IK \parallel AL$.

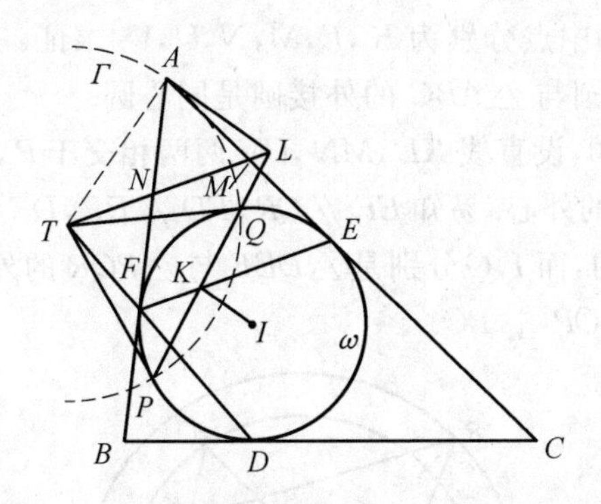

图 28

例 9　设四边形 $ABCD$ 是圆外切四边形，圆心为 I，过 A 且垂直于 AB 的直线与直线 IB 交于 F，过 A 且垂直于 AD 的直线与直线 ID 交于 E，则 $AC\perp EF$.

证明　如图 29，设以 E 为圆心，EA 为半径的圆为 Γ_1，以 F 为圆心，AF 为半径的圆为 Γ_2，则 AD，AB 分别为圆 Γ_1，Γ_2 的切线. 因 Γ_1 的圆心在 $\angle D$ 的平分线上，圆 Γ_2 的圆心在 $\angle B$ 的平分线上，所以，圆 Γ_1 与直线 CD 相切，圆 Γ_2 与直线 BC 相切. 设直线 CD 与圆 Γ_1 相切于 S，直线 BC 与圆 Γ_2 相切于 T，则 $DS=DA$，$BT=BA$，而 $AB+CD=BC+DA$，所以 $BT+CD=BC+DS$，于是，$BT-BC=DS-CD$，或 $BC-BT=DC-CS$，无论何种情形，都有 $CS=CT$，这说明点 C 到圆 Γ_1 与圆 Γ_2 的切线长相等，所以点 C 在圆 Γ_1 与 Γ_2 的根轴上. 显然，点 A 也在圆 Γ_1 与 Γ_2 的根轴上，因此，AC 即圆 Γ_1 与圆 Γ_2 的根轴. 故 $AC\perp EF$.

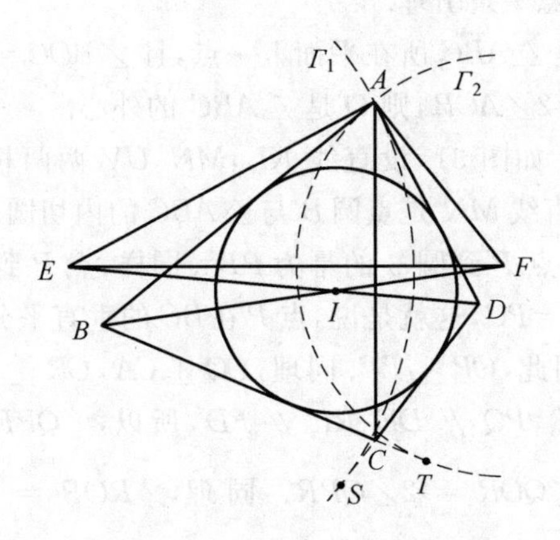

图 29

例 10　设 $\triangle ABC$ 的内切圆与 BC，CA，AB 分别切于 D，E，F. AE，AF，

BF,BD,CD,CE 的中点分别为 K,L,M,N,U,V. 求证:三直线 KL,MN,UV 所成三角形的外接圆与 $\triangle ABC$ 的外接圆是同心圆.

证明 如图 30,设直线 KL,MN,UV 两两相交于 P,Q,R,I 是 $\triangle ABC$ 的内心,O 是 $\triangle PQR$ 的外心. 易知 $EF \parallel QR$,$FD \parallel RP$,$DE \parallel PQ$,所以,$\triangle PQR$ 与 $\triangle DEF$ 是位似的,而 I,O 分别是 $\triangle DEF$ 与 $\triangle PQR$ 的外心,因此 $OP \parallel ID$,但 $ID \perp BC$,从而 $OP \perp BC$.

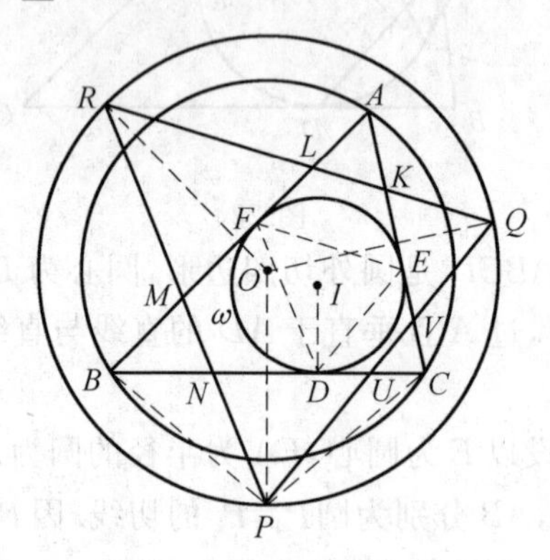

图 30

另一方面,因直线 MN 是点圆 B 与 $\triangle ABC$ 的内切圆 ω 的根轴,而点 P 在直线 MN 上,所以,点 P 到圆 ω 的幂为 PB^2. 同样,点 P 到圆 ω 的幂也应等于 PC^2,由此可知,$PB=PC$,这就是说,点 P 在 BC 的垂直平分线上. 而 $OP \perp BC$. 因此,OP 是 BC 的垂直平分线. 同理,OQ 是 CA 的垂直平分线. 故 O 也是 $\triangle ABC$ 的外心. 换句话说,$\triangle PQR$ 的外接圆与 $\triangle ABC$ 的外接圆是同心圆.

证法 2 先注意一条引理.

引理 设 O 是 $\triangle ABC$ 所在平面上一点,且 $\angle BOC=2\angle BAC$,$\angle COA=2\angle CBA$,$\angle AOB=2\angle ACB$,则 O 是 $\triangle ABC$ 的外心.

原题的证明 如图 31,设直线 KL,MN,UV 两两相交于 P,Q,R;O 是 $\triangle ABC$ 的外心. 因直线 MN 是点圆 B 与 $\triangle ABC$ 的内切圆 ω 的根轴,而点 P 在直线 MN 上,所以,点 P 到圆 ω 的幂为 PB^2. 同样,点 P 到圆 ω 的幂也应等于 PC^2,由此可知,$PB=PC$,这就是说,点 P 在 BC 的垂直平分线上,但 O 也在 BC 的垂直平分线上,因此,$OP \perp BC$. 同理,$OQ \perp CA$,$OR \perp AB$. 于是,$\angle QOR = 180^\circ - \angle BAC$. 显然,$PQ \parallel DE$,$RP \parallel FD$,所以,$\angle QPR = \angle EDF = 90^\circ - \frac{1}{2}\angle BAC$,因此 $\angle QOR = 2\angle QPR$. 同理,$\angle ROP = 2\angle RQP$,$\angle POQ = 2\angle PRQ$. 由引理,O 是 $\triangle PQR$ 的外心. 故 $\triangle PQR$ 的外接圆与 $\triangle ABC$ 的外接圆是同心圆.

证法 3　如图 32，设直线 KL，MN，UV 两两相交于 P，Q，R；I，O 分别是 $\triangle ABC$ 的内心和外心，IA，IB，IC 分别与 EF，FD，DE 交于 X，Y，Z，则不难知道，$IX \cdot IB = ID^2 = IY \cdot IC$，所以，$B$，$Y$，$Z$，$C$ 四点共圆. 因 M，N 分别为 BF，BD 的中点，所以，$MN \parallel FD$. 又 $FD \perp IB$，因此，MN 是 YB 的垂直平分线. 同理，UV 是 ZC 的垂直平分线，于是，直线 MN 与 UV 的交点 P 为圆($BYZC$) 的圆心. 而 BC 为圆 O 与圆($BYZC$) 的公共弦，所以，$OP \perp BC$. 同理，$OQ \perp CA$，$OR \perp AB$. 再注意 $IA \perp QR$ 即知，$\angle RQO = \angle XAC$. 同理，$\angle ORQ = \angle BAI$. 但 $\angle BAI = \angle IAC$，所以，$\angle ORQ = \angle RQO$. 因此，$OR = OQ$. 同理，$OP = OQ$. 即有 $OP = OQ = OR$，故 O 为 $\triangle PQR$ 的外心. 换句话说，$\triangle PQR$ 的外接圆与 $\triangle ABC$ 的外接圆是同心圆.

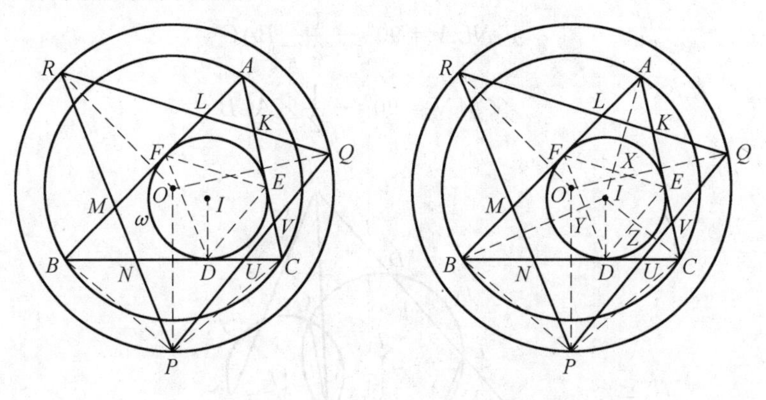

图 31　　　　图 32

例 11　(戴维斯(Davis)定理)设 A_1，A_2 为 $\triangle ABC$ 的 BC 边上的两点，B_1，B_2 为 CA 边上的两点，C_1，C_2 为 AB 边上的两点. 如果 A_1，A_2，B_1，B_2 四点共圆，B_1，B_2，C_1，C_2 四点共圆，C_1，C_2，A_1，A_2 四点共圆，则 A_1，A_2，B_1，B_2，C_1，C_2 六点共圆.

证明　如图 33，设 B_1，B_2，C_1，C_2 四点在圆 O_1 上，C_1，C_2，A_1，A_2 四点在圆 O_2 上，A_1，A_2，B_1，B_2 四点在圆 O_3 上，如果这三个圆各不相同，则圆 O_2 与圆 O_3 的根轴是直线 BC，圆 O_3 与圆 O_1 的根轴是直线 CA，圆 O_1 与圆 O_2 的根轴是直线 AB. 由根心定理，这三条根轴 BC，CA，AB 交于一点. 矛盾. 因此，这三个圆中至少有两个相同，从而

A_1，A_2，B_1，B_2，C_1，C_2 六点共圆.

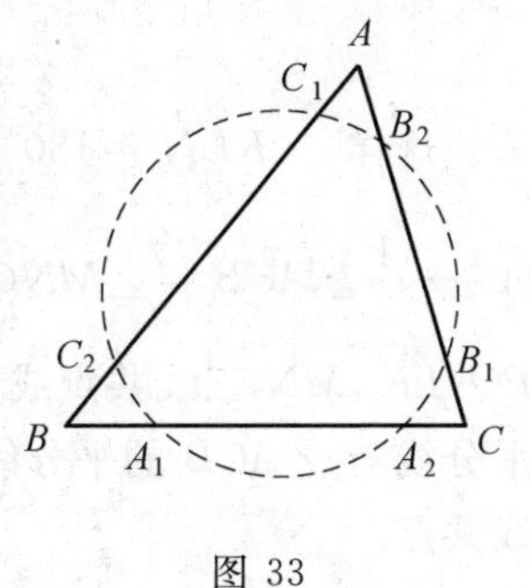

图 33

例 12　设 P 是 $\triangle ABC$ 的边 BC 上一点，且

$AP \neq AB, AP \neq AC$. I_1, I_2 分别是 $\triangle ABP, \triangle ACP$ 的内心. 以 I_1 为圆心, I_1P 为半径作圆 Γ_1, 以 I_2 为圆心, I_2P 为半径作圆 Γ_2, 圆 Γ_1 与圆 Γ_2 交于 P, Q 两点. 圆 Γ_1 与 BC, AB 分别交于 K, L(L 靠近点 B), 圆 Γ_2 与 BC, AC 分别交于 M, N(N 靠近点 C). 求证: PQ, LK, MN 三线共点.

证明 如图 34, 设圆 Γ_1 与 AB 的另一靠近 A 的交点为 D, I_1 在 BC, AB 上的射影分别为 U, V, 则 U, V 分别为 KP, LD 的中点. 因 I_1 是 $\triangle ABP$ 的内心, 且圆 Γ_1 与 $\triangle ABP$ 的内切圆是同心圆, 所以, $BU = BV$, $KP = LD$. 由此可知, $BL = BK$. 同理, $CM = CN$, $AL = AP = AN$, 从而

$$\angle BLK = 90^\circ - \frac{1}{2}\angle CBA$$

$$\angle NLA = 90^\circ - \frac{1}{2}\angle BAC$$

$$\angle CMN = 90^\circ - \frac{1}{2}\angle ACB$$

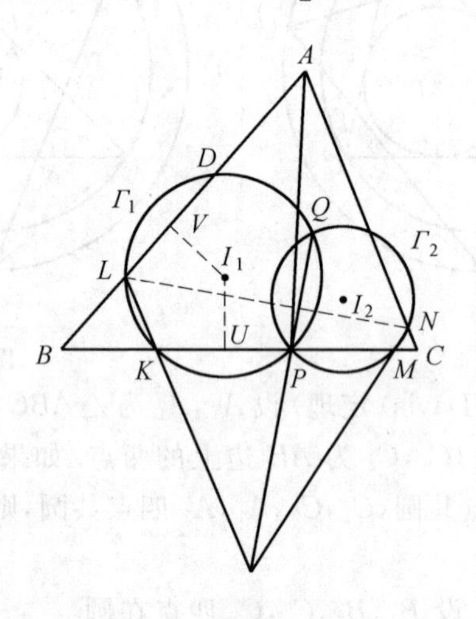

图 34

这样, $\angle KLN = 180^\circ - (\angle NLA + \angle BLK) = \frac{1}{2}\angle BAC + \frac{1}{2}\angle CBA = 90^\circ - \frac{1}{2}\angle ACB = \angle MNC$. 因此, L, K, M, N 四点共圆. 于是, 由根心定理, PQ, LK, MN 三线共点或互相平行. 但直线 KL 与 MN 分别垂直于 $\angle CBA$ 的平分线与 $\angle ACB$ 的平分线, 因而直线 KL 与 MN 必相交. 故 PQ, LK, MN 三线共点.

巩固演练

1. $\triangle ABC$ 中，圆 I_1，圆 I_2，圆 I_3 分别是 $\angle A$，$\angle B$，$\angle C$ 所对的旁切圆，I，G 是 $\triangle ABC$ 的内心、重心. 求证：圆 I_1，圆 I_2，圆 I_3 的根心在 IG 上.

2. $ABCD$ 是等腰梯形，其中 AD，BC 为底，一个与 AB，AC 均相切的圆交 BC 于 M，N，DM，DN 与 $\triangle BCD$ 内切圆的交点，其中离 D 较近的分别记作 X，Y. 求证：$XY \parallel AD$.

3. 已知 $\triangle ABC$，在 BC，CA，AB 上分别取点 D，E，F 使四边形 $AEDF$，$BDEF$，$CDFE$ 均为圆外切四边形. 求证：AD，BE，CF 三线共点.

4. $\triangle ABC$ 的内切圆圆 I 切 BC，CA，AB 于 D，E，F，AD 与圆 I 的另一个交点为 X，BX，CX 分别交圆 I 于 P，Q. 又记 BC 中点为 M. 若 $AX=XD$，求证：(1) $FP \parallel EQ$；(2) AD，EP，FQ 三线共点；(3) $\dfrac{BX}{CX}=\dfrac{BI}{CI}$；(4) X，I，M 三点共线.

5. 点 P 为 $\triangle ABC$ 的外接圆上 $\overset{\frown}{BC}$（不含 A）上的动点. I_1，I_2 分别为 $\triangle PAB$，$\triangle PAC$ 的内心. 求证：(1) $\triangle PI_1I_2$ 的外接圆过定点；(2) 以 I_1I_2 为直径的圆过定点；(3) I_1I_2 的中点在定圆上.

6. $\triangle ABC$ 内部有两点 P，Q，AP，AQ 分别交 $\triangle ABC$ 外接圆于 A_1，A_2，直线 A_1A_2（当 $A_1=A_2$ 时此直线为过 A_1 的 $\triangle ABC$ 外接圆切线）交直线 BC 于 A_3，类似定义 B_3，C_3. 证明 A_3，B_3，C_3 三点共线.

7. 在梯形 $ABCD$ 中，$AB \parallel CD$，梯形内部有两个圆 ω_1 和 ω_2 满足：圆 ω_1 与三边 DA，AB，BC 相切，圆 ω_2 与三边 BC，CD，DA 相切. 令 l_1 是过点 A 的异于直线 AD 的圆 ω_2 的另一条切线，l_2 是过点 C 的异于直线 CB 的圆 ω_1 的另一条切线. 证明 $l_1 \parallel l_2$.

8. 设锐角 $\triangle ABC$ 的外接圆为 ω，过点 B，C 作 ω 的两条切线，相交于点 P，联结 AP 交 BC 于点 D，点 E，F 分别在边 AC，AB 上，使得 $DE \parallel BA$，$DF \parallel CA$. (1) 求证：F，B，C，E 四点共圆；(2) 若记过 F，B，C，E 的圆的圆心为 A_1，类似定义 B_1，C_1，则直线 AA_1，BB_1，CC_1 三线共点.

9. AB 为圆 ω 的直径，直线 l 切圆 ω 于 A；C，M，D 在 l 上满足 $CM=DM$，又设 BC，BD 交圆 ω 于 P，Q，圆 ω 切线 PR，QR 于 R. 求证：R 在 BM 上.

10. 圆内接四边形 $ABCD$ 内有一点 P，满足 $\angle DPA=\angle PBA+\angle PCD$，点 P 在三边 AB，BC，CD 上的射影分别为 E，F，G. 求证：$\triangle APD \backsim \triangle EFG$.

演练解答

1. 如图 35,作 $I_2H_2 \perp BC$,$I_3H_3 \perp BC$,垂足分别为 H_2,H_3.

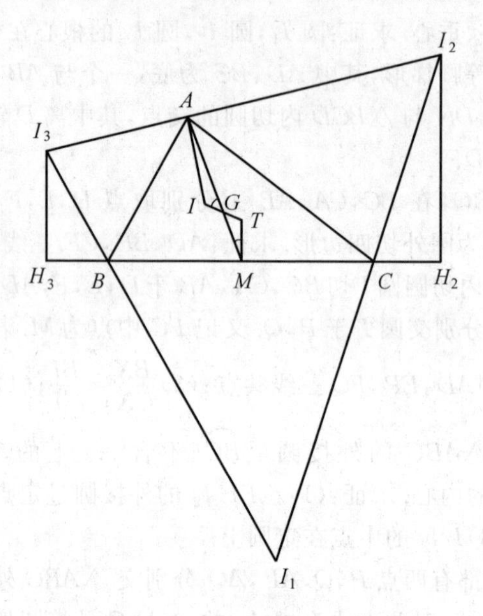

图 35

熟知 $BH_2 = CH_3 = \dfrac{AB+BC+CA}{2}$,取 BC 中点 M,则 $MH_2 = MH_3$.

所以 M 在圆 I_2,圆 I_3 根轴上.

熟知 A,G,M 共线且 $AG = 2GM$.

延长 IG 至 T 使 $IG = 2GT$,则 $\triangle AGI \backsim \triangle MGT$.

所以 $\angle GMT = \angle GAI$,所以 $MT \parallel AI$.

又 $AI \perp I_2I_3$,所以 $MT \perp I_2I_3$,所以 MT 为圆 I_2,圆 I_3 的根轴,T 在根轴上.

同理 T 在圆 I_1 与圆 O_2,圆 I_1 与圆 O_3 的根轴上.

所以 T 为三圆的根心,且 T 在 IG 上,得证.

2. 如图 36,设圆 ω_1 切 AB,AC 于 F,G,交 BC 于 MN,$\triangle BCD$ 内切圆为圆 ω_2.

延长 DB 至 P 使 $BP = BF$,延长 DC 于 Q 使 $CQ = CG$,则

$$DP = DB + BP = AC + BF = AG + GC + BF = \\ AF + FB + GC = AB + GC = DC + CQ = DQ$$

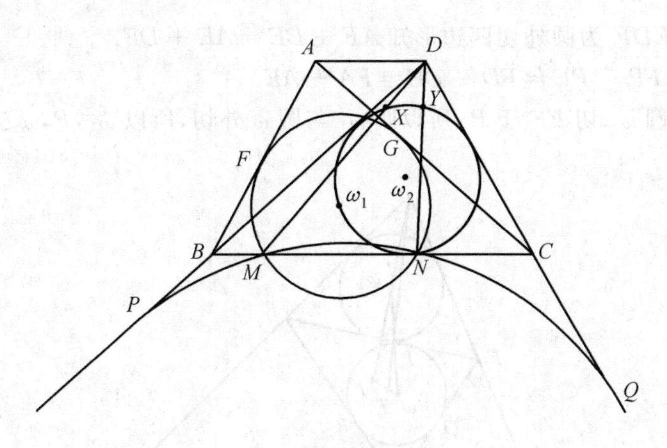

图 36

所以存在圆 ω_3 切 DB 于 P，切 DC 于 Q.

又设圆 ω_3 交 BC 于 M'，N'，由圆幂定理知

$$\begin{cases} BM' \cdot BN' = BP^2 = BF^2 = BM \cdot BN \\ CM' \cdot CN' = CQ^2 = CG^2 = CM \cdot CN \end{cases} \quad (*)$$

两式相减得

$$BM' \cdot BN' - CM' \cdot CN' = BM \cdot BN - CM \cdot CN$$

$$左边 = (BM' \cdot BN' + BM' \cdot CN') - (CM' \cdot CN' + BM' \cdot CN') = BM' \cdot BC - CN' \cdot BC = (BM' - CN') \cdot BC$$

同理

$$右边 = (BM - CN) \cdot BC$$

所以

$$BM' - CN' = BM - CN = d$$

代回$(*)$得 $BM' \cdot (BC + d - BM') = BM \cdot (BC + d - BM)$

所以 $BM' = BM$ 或 $BC + d - BM'$.

第一种情况下，M' 与 M 重合，N' 与 N 重合.

而第二种情况下，M' 与 N 重合，N' 与 M 重合，即总有圆 ω_3 与 BC 交于 M，N.

注意到圆 ω_2 与圆 ω_3 关于点 D 位似.

又由点 X，Y 的选取知它们分别为这个位似下 M，N 的对应点.

所以 $XY \parallel MN$，得证.

3. 如图 37，作 $\triangle DEF$ 内切圆圆 ω，切 EF，FD，DE 于 P，Q，R.

又设 $\triangle ABC$ 内切圆为圆 I，$\triangle AEF$ 内切圆为圆 ω_1. 记圆 ω_1，圆 ω，圆 I 半径分别为 R_1，R，r.

由 $AEDF$ 为圆外切四边形知 $AF+DE=AE+DF$.

所以 $FP-PE=FD-DE=FA-AE$.

所以圆 ω_1 切 EF 于 P,所以圆 ω_1 与圆 ω 外切,所以 ω_1,P,ω 三点共线.

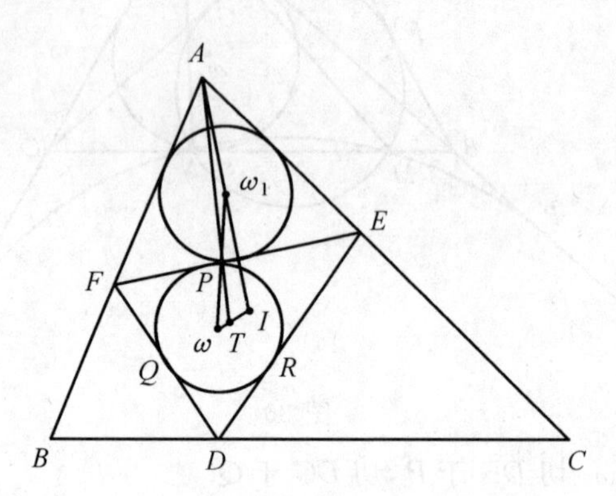

图 37

另一方面,易知 A,ω_1,I 三点共线.

延长 AP 交 $I\omega$ 于 T,则对 $\triangle I\omega\omega_1$ 与截线 AP 用梅涅劳斯定理知

$$\frac{\omega T}{TI}\cdot\frac{IA}{A\omega_1}\cdot\frac{\omega_1 P}{P\omega}=1$$

注意到 $\frac{A\omega_1}{AI}=\frac{R_1}{r}$,上式 $\Leftrightarrow\frac{\omega T}{TI}\cdot\frac{r}{R_1}\cdot\frac{R_1}{R}=1$,即 $\frac{\omega T}{TI}=\frac{R}{r}$.

所以 T 为线段 ωI 上一个定点,所以 AP,BQ,CR 三线共点于 T.

由塞瓦定理知

$$\frac{\sin\angle FAP}{\sin\angle EAP}\cdot\frac{\sin\angle ECR}{\sin\angle DCR}\cdot\frac{\sin\angle DBQ}{\sin\angle FBQ}=1$$

再用角平分线定理知

$$\text{上式}\Leftrightarrow\frac{FP}{FA}\cdot\frac{EP}{EA}\cdot\frac{ER}{EC}\cdot\frac{DR}{DC}\cdot\frac{DQ}{DB}\cdot\frac{FQ}{FB}=1$$

将 $FP=FQ,EP=ER,DQ=DR$ 代入得

$$\frac{FA}{EA}\cdot\frac{EC}{DC}\cdot\frac{DB}{FB}=1$$

由塞瓦定理即知 AD,BE,CF 三线共点,得证.

4. 如图 38,(1) 由 $\triangle BPD\backsim\triangle BDX,\triangle BPF\backsim\triangle BFX$ 知 $\frac{PD}{DX}=\frac{BP}{BD}=\frac{BP}{BF}=\frac{PF}{FX}$.

将 $AX=XD$ 代入变形得 $\frac{FP}{PD}=\frac{FX}{XA}$.

又 $\angle FPD=\angle FXA$，所以 $\triangle FPD\backsim\triangle FXA$，故 $\angle PFD=\angle XFA=\angle FDX$，所以 $PF\parallel DX$.

同理 $EQ\parallel DX$，所以 $PF\parallel EQ$.

(2) $\frac{QE}{EX}=\frac{CE}{CX}=\frac{CD}{CX}$，$\frac{FX}{FP}=\frac{BX}{BF}=\frac{BX}{BD}$，$\frac{PD}{DQ}=\frac{\sin\angle BXD}{\sin\angle CXD}=\frac{BD}{BX}\cdot\frac{CX}{CD}$.

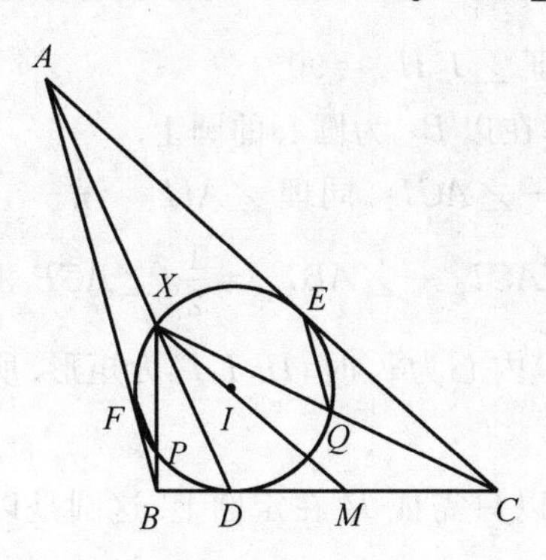

图 38

以上三式相乘得 $\frac{QE}{EX}\cdot\frac{XF}{FP}\cdot\frac{PD}{DQ}=1$，所以 AD,EP,FQ 三线共点.

(3) $\angle BXF=\angle BFP=\angle BAX$，所以 $\triangle BXF\backsim\triangle BAX$.

所以 $BX^2=BA\cdot BF$，所以

$$\frac{BX^2}{BI^2}=\frac{BA\cdot BF}{BI^2}=\frac{\sin\angle AIB}{\sin\angle BAI}\cos\angle FBI=\frac{\cos\frac{C}{2}}{\sin\frac{A}{2}}\cos\frac{B}{2}$$

同理 $\frac{CX^2}{CI^2}=\frac{\cos\frac{B}{2}\cos\frac{C}{2}}{\sin\frac{A}{2}}$，所以 $\frac{BX^2}{BI^2}=\frac{CX^2}{CI^2}$，所以 $\frac{BX}{BI}=\frac{CX}{CI}$.

(4) 在 MX 上取 I' 使 $MI'\cdot MX=MB^2=MC^2$，则

$$\triangle MBI'\backsim\triangle MXB,\triangle MCI'\backsim\triangle MXC$$

所以

$$\angle I'BC+\angle I'CB=\angle BXC=\angle PXQ=\angle EDF\text{（利用(1)）}=\angle IBC+\angle ICB$$

所以 $\angle BI'C=\angle BIC$，所以 B,I,I',C 四点共圆.

又 $\frac{BI'}{BX}=\frac{MB}{MX}=\frac{MC}{MX}=\frac{CI'}{CX}$，所以 $\frac{BI'}{CI'}=\frac{BX}{CX}=\frac{BI}{CI}$.

结合共圆知 I' 与 I 重合，故 X,M,I 共线. 得证.

5. 设圆心 O，$\triangle ABC$ 内切圆为圆 I.

(1) 设圆 PI_1I_2 与圆 O 另一交点为 Q，$\overset{\frown}{AC}$ 中点为 B_1，$\overset{\frown}{AB}$ 中点为 C_1，则易知 $\angle QB_1I_2=\angle QC_1I_1$ 以及 $\angle QI_2P=\angle QI_1P$，所以 $\triangle QI_1I_2\backsim\triangle QC_1I_1$.

所以 Q 为线段 B_1I_2 与 C_1I_1 的相似中心，故为定点（或由 $\frac{B_1Q}{C_1Q}=\frac{B_1I_2}{C_1I_1}$ 确定）.

(2) 事实上，只需证 $\angle I_1II_2=90°$.

注意到 A,I,I_2,C 在以 B_1 为圆心的圆上.

所以 $\angle AII_2=\pi-\angle ACI_2$. 同理 $\angle AII_1=\pi-\angle ABI_1$.

所以 $\angle I_1II_2=\angle ACI_2+\angle ABI_1=\frac{1}{2}(\angle ACP+\angle ABP)=\frac{\pi}{2}$.

(3) 因为当 $\triangle PBC$ 内心为 I_0 时，$II_1I_0I_2$ 为矩形. 所以 I_1I_2 中点也是 II_0 中点.

因为 I 为定点，所以只需证 I_0 在定圆上. 这圆是以 $\overset{\frown}{BC}$（含 A）的中点为圆心过 B,C 的定圆.

6. A_1A_2 均在不含 A 的 $\overset{\frown}{BC}$ 上，故 A_3 不在圆内.

同理 B_3 不在圆内.

考虑一个射影变换，它把 A_3 和 B_3 都变到无穷远而把 $\triangle ABC$ 外接圆仍然变为圆.

如图 39，设 A 在此变换下的像为 A'，等等，$\triangle ABC$ 外接圆变成了圆 O'，则 $A'_1A_2{}'\parallel B'C'$.

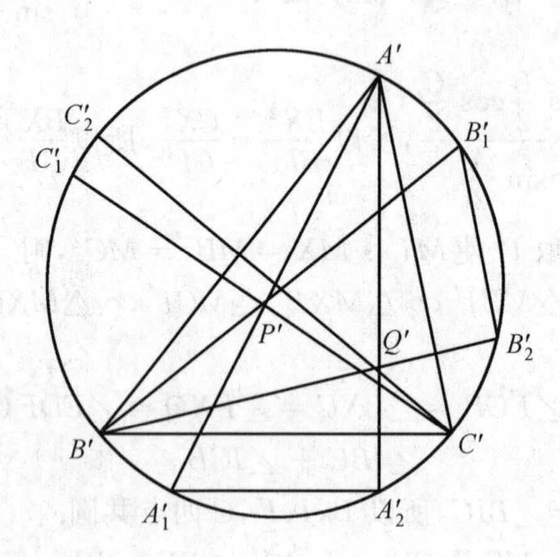

图 39

故 $\overset{\frown}{B'A'_1}=\overset{\frown}{C'A'_2}$（都指不含 A 的弧），故 $\angle B'A'P'=\angle C'A'Q'$.

同理 $\angle A'B'D'=\angle C'B'Q'$. 由此即知 P' 与 Q' 为关于 $\triangle A'B'C'$ 的等角共

轭点.

因此 $\angle A'C'P'=\angle B'C'Q'$,从而$\overset{\frown}{A'C'_1}=\overset{\frown}{B'C'_2}$(均指不含 A 的弧).

故 $C'_1C_2'\parallel A'B'$,因而 C_3' 也在无穷远.

所以 A_3',B_3',C_3' 三点共线,当然有 A_3,B_3,C_3 三点共线,证毕.

7.如图 40,先证 $\angle O_1AO_2=\angle O_1CO_2$(这里 O_1,O_2 分别为 ω_1,ω_2 圆心)

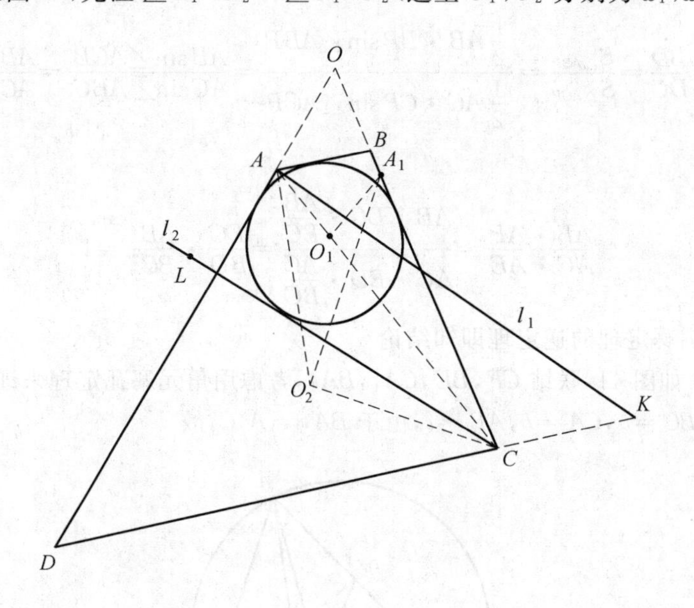

图 40

不妨设 DA 延长线与 CB 延长线有交点 O.

则圆 O_1,圆 O_2 均与 $\angle DOC$ 的两边相切.

故 O,O_1,O_2 共线(此线是 $\angle DOC$ 平分线).

连出该平分线,作 A 关于 OO_1 的对称点 A_1,则 A_1 在 OC 上.

联结 O_1A_1,O_1A,O_2A,O_1C,O_2C,则

$$\angle O_1A_1C=\angle O_1AD=\frac{1}{2}\angle DAB=\frac{1}{2}(180^\circ-\angle ODC)=$$

$$\frac{1}{2}(\angle DOC+\angle DCO)=\angle O_2OC+\angle O_2CO=$$

$$180^\circ-\angle OO_2C$$

故 O_1,A_1,C,O_2 四点共圆.

所以 $\angle O_1CO_2=\angle O_1A_1O_2=\angle O_1AO_2$.

下证原题:利用角的关系,设 l_1 交 DC 延长线于 K,l_2 上有点 L(L 与 A 在 DC 同侧),则

$$\angle LCD=(\angle BCD-\angle BCL)=2(\angle BCO_2-\angle BCO_1)=2\angle O_1CO_2=$$
$$2\angle O_1AO_2=2(\angle O_1AD-\angle O_2AD)=$$
$$\angle DAB-\angle DAK=\angle BAK=\angle AKD$$

所以 $AK\parallel CL$,此即结论,证毕.

8.(1) 利用面积可知

$$\frac{BD}{DC}=\frac{S_{\triangle ABP}}{S_{\triangle ACP}}=\frac{\frac{1}{2}AB\cdot BP\sin\angle ABP}{\frac{1}{2}AC\cdot CP\sin\angle ACP}=\frac{AB\sin\angle ACB}{AC\sin\angle ABC}=\frac{AB^2}{AC^2}$$

所以

$$\frac{AB\cdot AF}{AC\cdot AE}=\frac{AB\cdot DC\cdot\frac{AB}{BC}}{AC\cdot BD\cdot\frac{AC}{BC}}=\frac{DC}{BD}\cdot\frac{AB^2}{BC^2}=1$$

由圆幂定理的逆定理即知结论.

(2) 如图 41,联结 CF,BE,CA_1,BA_1,考虑用角元塞瓦定理来证明.

设 $BC=a,CA=b,AB=c$,由于 $BA_1=A_1C$,故

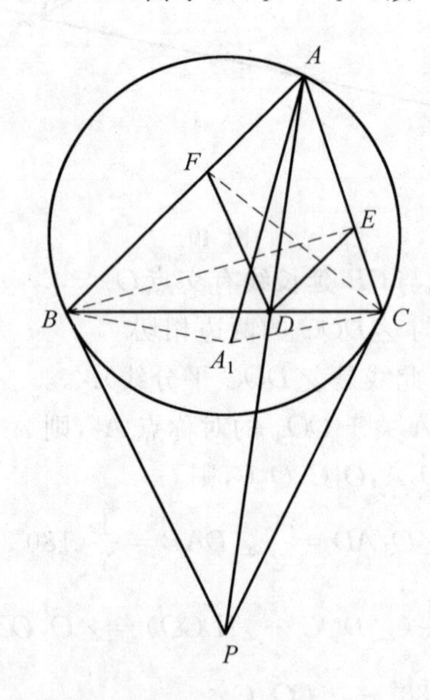

图 41

$$\frac{\sin\angle BAA_1}{\sin\angle ABA_1}=\frac{BA_1}{AA_1}=\frac{A_1C}{AA_1}=\frac{\sin\angle CAA_1}{\sin\angle ACA_1}$$

所以

$$\frac{\sin\angle BAA_1}{\sin\angle CAA_1}=\frac{\sin\angle ABA_1}{\sin\angle ACA_1}=\frac{\cos\angle FCB}{\cos\angle EBC}$$

(注意 A_1 是 B,C,E,F 所在圆的圆心)　①

在(1)中由已得出的 $\frac{BD}{DC}=\frac{c^2}{b^2}$ 可得 $\frac{BF}{FA}=\frac{BD}{DC}=\frac{c^2}{b^2}$.

故 $BF=\frac{c^3}{b^2+c^2}$，$AF=\frac{b^2c}{b^2+c^2}$.

由斯特瓦特定理得

$$AC^2\cdot BF+BC^2\cdot AF=CF^2\cdot AB+AF\cdot FB\cdot AB$$

据此可得

$$CF=\frac{b}{b^2+c^2}\sqrt{a^2b^2+b^2c^2+c^2a^2}$$

所以

$$\cos\angle BCF=\frac{CF^2+BC^2-BF^2}{2CF\cdot BC}=\frac{2a^2b^4+b^4c^2+3a^2b^2c^2+a^2c^4-c^6}{2ab(b^2+c^2)\sqrt{a^2b^2+b^2c^2+c^2a^2}}=\frac{a^2b^2+a^2c^2+b^2c^2-c^4}{2ab\sqrt{a^2b^2+b^2c^2+c^2a^2}}$$

同理

$$\cos\angle CBE=\frac{2a^2c^2+a^2b^2+c^2b^2-b^4}{2ac\sqrt{a^2b^2+b^2c^2+c^2a^2}}$$

故由式①得

$$\frac{\sin\angle BAA_1}{\sin\angle CAA_1}=\frac{c(2a^2b^2+a^2c^2+b^2c^2-c^4)}{b(2a^2c^2+a^2b^2+c^2b^2-b^4)}$$

若记 $A=2b^2c^2+b^2a^2+c^2a^2-a^4$，$B=2a^2c^2+a^2b^2+c^2b^2-b^4$，$C=2a^2b^2+a^2c^2+b^2c^2-c^4$.

则上式即 $\frac{\sin\angle BAA_1}{\sin\angle CAA_1}=\frac{cC}{bB}$. 同理 $\frac{\sin\angle ACC_1}{\sin\angle BCC_1}=\frac{bB}{aA}$，$\frac{\sin\angle CBB_1}{\sin\angle ABB_1}=\frac{aA}{cC}$.

所以 $\frac{\sin\angle BAA_1}{\sin\angle CAA_1}\cdot\frac{\sin\angle ACC_1}{\sin\angle BCC_1}\cdot\frac{\sin\angle CBB_1}{\sin\angle ABB_1}=1$.

由角元塞瓦定理的逆定理知 AA_1，BB_1，CC_1 三线共点. 证毕.

9. 如图 42，联结 PA，QA，设 BR 交圆 ω 于 T，联结 PT，QT.

在 $\triangle BMC$ 与 $\triangle BMD$ 中用正弦定理得

$$\frac{\sin\angle CBM}{\sin C}=\frac{CM}{BM}=\frac{DM}{BM}=\frac{\sin\angle DBM}{\sin D}$$

所以

$$\frac{\sin\angle CBM}{\sin\angle DBM}=\frac{\sin C}{\sin D}$$

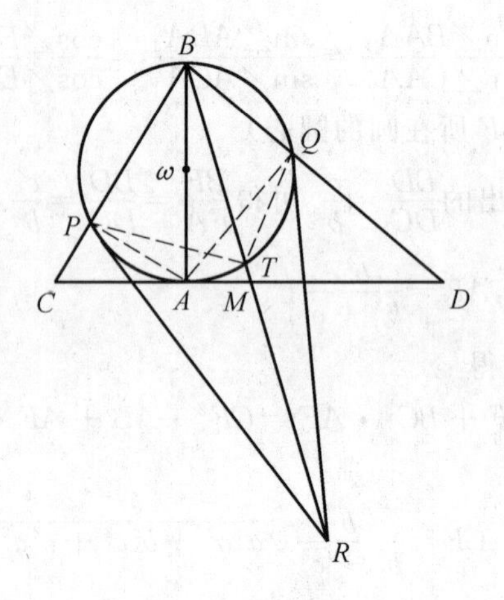

图 42

注意到 $\angle BPA=\angle BAC=\angle BAD=\angle BQA=90^\circ$.

所以 $\angle C=\angle BAP$, $\angle D=\angle BAQ$,所以

$$\frac{\sin\angle CBM}{\sin\angle DBM}=\frac{\sin\angle BAP}{\sin\angle BAQ}=\frac{BP}{BQ} \qquad ①$$

另一方面,易知 $\triangle RTP\backsim\triangle RPB$, $\triangle RTQ\backsim\triangle RQB$,所以

$$\frac{BP}{PT}=\frac{BR}{PR}=\frac{BR}{QR}=\frac{BQ}{QT}$$

所以

$$\frac{BP}{BQ}=\frac{PT}{QT}=\frac{\sin\angle PBT}{\sin\angle QBT}=\frac{\sin\angle CBR}{\sin\angle DBR} \qquad ②$$

由 ①② 两式知

$$\frac{\sin\angle CBM}{\sin DBM}=\frac{\sin\angle CBR}{\sin\angle DBR}$$

又 $\angle CBM+\angle DBM=\angle CBR+\angle DBR<\pi$.

由上式易知 $\angle DBM=\angle DBR$.

(事实上,上式 $\Leftrightarrow\sin\angle CBD\cot\angle DBM-\cos\angle CBD=\sin\angle CBD\cdot\cot\angle DBR-\cos\angle CBD$).

所以 B,M,R 三点共线,得证.

10. 证法一:因 $\angle DPA=\angle PBA+\angle PCD$,所以,$\triangle ABP$ 的外接圆与 $\triangle DPC$ 的外接圆相切于点 P,如图 43,由根心定理,$\triangle ABP$ 的外接圆与 $\triangle DPC$ 的外接圆在切点 P 处的公切线,直线 AB,直线 CD 交于一点 Q,且 $\angle QPB=\angle QAP$.

另一方面,由于 $PE\perp AB$, $PF\perp BC$, $PG\perp CD$,所以 P,E,B,F 四点共

圆，P,E,Q,G 四点共圆，从而 $\angle FEP=\angle CBP$，$\angle PEG=\angle PQC$，于是

$$\angle FEG=\angle FEP+\angle PEG=\angle FBP+\angle PQG=$$
$$\angle QPB-\angle QCB=\angle PAQ-\angle DAQ=\angle PAD$$

同理，$\angle EGF=\angle ADP$，故 $\triangle APD\backsim\triangle EFG$.

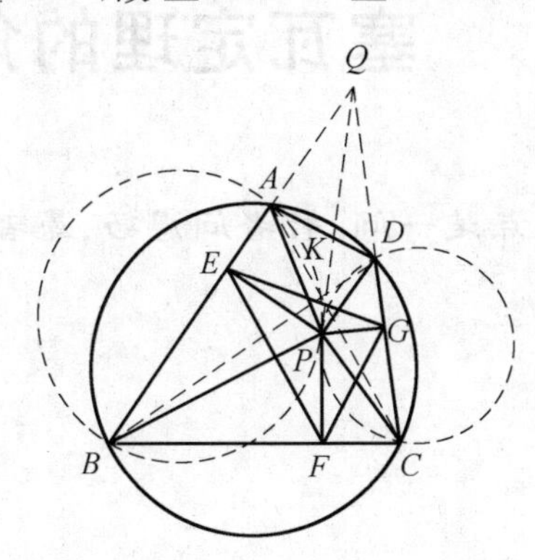

图 43

证法二：由证法一，$\triangle ABP$ 的外接圆与 $\triangle DPC$ 的外接圆在切点 P 处的公切线，直线 AB，直线 CD 交于一点 Q. 显然，P,G,Q,E 四点共圆，P,E,B,F 四点共圆，所以，$\angle PEG=\angle PQG$，$\angle FEP=\angle FBP$，于是，$\angle FEG=\angle FEP+\angle PEG=\angle PQG+\angle FBP$.

另一方面，设 PQ 与 AD 交于 K，因 $\angle QPA=\angle PBA$，$\angle QKA=\angle PQG+\angle QDA=\angle PQG+\angle FBA$，所以

$$\angle PAD=\angle QKA-\angle QPA=\angle PQG+\angle FBA-\angle PBA=$$
$$\angle PQG+\angle FBP=\angle FEG$$

同理，$\angle ADP=\angle EGF$，故 $\triangle APD\backsim\triangle EFG$.

第29讲　塞瓦定理的角元形式

发现千千万，起点是一问. 智者问得巧，愚者问得笨.

——陶行知（中国）

知识方法

我们知道，在平面几何中，著名的梅涅劳斯定理与塞瓦定理是分别处理三线共点和三点共线问题的两个相当得力的工具.

梅涅劳斯定理　设 D,E,F 分别是 $\triangle ABC$ 的三边 BC,CA,AB（所在直线）上的三点，则 D,E,F 三点共线的充分必要条件是

$$\frac{BD}{DC}\cdot\frac{CE}{EA}\cdot\frac{AF}{FB}=-1$$

塞瓦定理　设 D,E,F 分别是 $\triangle ABC$ 的三边 BC,CA,AB（所在直线）上的三点，则三直线 AD,BE,CF 共点或互相平行的充分必要条件是

$$\frac{BD}{DC}\cdot\frac{CE}{EA}\cdot\frac{AF}{FB}=1$$

梅涅劳斯定理和塞瓦定理作为平面几何中证明三点共线和三线共点的工具，虽然非常得力，但在处理过程中往往需要较高或较多的技巧. 有时我们用梅涅劳斯定理证明三点共线时，可能需用梅涅劳斯定理的必要性三次，五次甚至更多次. 利用塞瓦定理证明三线共点时也是一样. 相反，与之相关的一些角的正弦之间的关系则非常容易确定. 另外，塞瓦定理还有一个致命的弱点，一个难以逾越的障碍，这就是必须要求过三角形的三个顶点的三条直线都与其对边相交. 如果过三角形的某个顶点的直线与对边平行，则塞瓦定理即告失效，似乎鞭长莫及，必须另辟蹊径. 如何挽救这种情形？使之过三角形的某个顶点的直线与对边相交和平行的不同条件能统一起来使用？这只要引进塞瓦定理的角元形式即可.

定理　设 D,E,F 是 $\triangle ABC$ 所在平面上的三点，则 AD,BE,CF 三线共点(图 1、图 2) 或互相平行(图 3、图 4) 的充分必要条件是

$$\frac{\sin\angle BAD}{\sin\angle DAC}\cdot\frac{\sin\angle CBE}{\sin\angle EBA}\cdot\frac{\sin\angle ACF}{\sin\angle FCB}=1$$

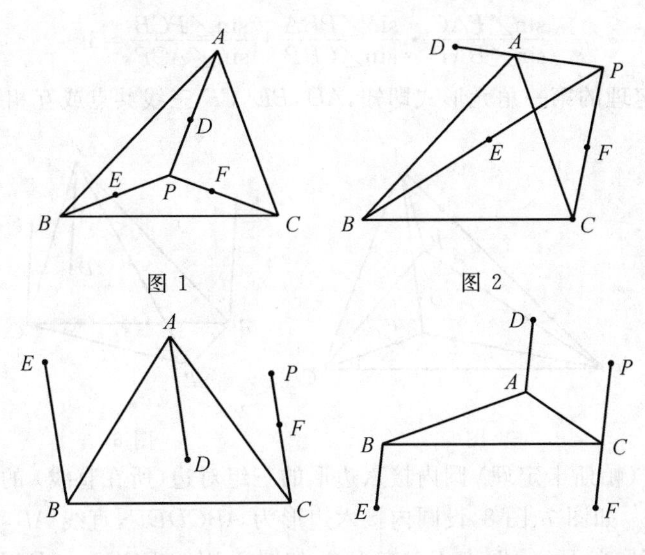

图 1　　图 2

图 3　　图 4

塞瓦定理的角元形式容许过三角形的某个顶点的直线与对边平行. 同时因为角元形式只涉及角的正弦，这使得我们在问题的讨论过程中可以充分利用正弦定理和三角函数的性质，这几个方面合起来保证了塞瓦定理的角元形式应用起来非常方便.

因为角元形式只涉及相关角的正弦，这使得我们在问题的讨论过程中可以充分利用相关角之间的关系，从而保证了梅涅劳斯定理与塞瓦定理的角元形式在处理某些角之间的关系比较明显的三点共线或三线共点问题时非常顺利. 尤其是一些关于等角线的问题，对于角元形式来讲，简直是小菜一碟.

典型例题

例 1　设 P 为 $\triangle ABC$ 所在平面上一点. 求证：PA,PB,PC 分别关于 $\triangle ABC$ 的三顶角的等角线共点或互相平行.

证明　如图 5、图 6，设 PA,PB,PC 分别关于 $\triangle ABC$ 的三顶角的等角线为 AD,BE,CF. 考虑 $\triangle ABC$ 与点 P，由塞瓦定理的第一角元形式，有

$$\frac{\sin\angle PAC}{\sin\angle BAP}\cdot\frac{\sin\angle PBA}{\sin\angle CBP}\cdot\frac{\sin\angle PCB}{\sin\angle ACP}=1$$

而$\angle BAD=\angle PAC$,$\angle DAC=\angle BAP$,$\angle CBE=\angle PBA$,$\angle EBA=\angle CBP$,$\angle ACF=\angle PCB$,$\angle FCB=\angle ACP$,所以

$$\frac{\sin\angle BAD}{\sin\angle DAC}\cdot\frac{\sin\angle CBE}{\sin\angle EBA}\cdot\frac{\sin\angle ACF}{\sin\angle FCB}=$$

$$\frac{\sin\angle PAC}{\sin\angle BAP}\cdot\frac{\sin\angle PBA}{\sin\angle CBP}\cdot\frac{\sin\angle PCB}{\sin\angle ACP}=1$$

再由塞瓦定理的第一角元形式即知,AD,BE,CF 三线共点或互相平行.

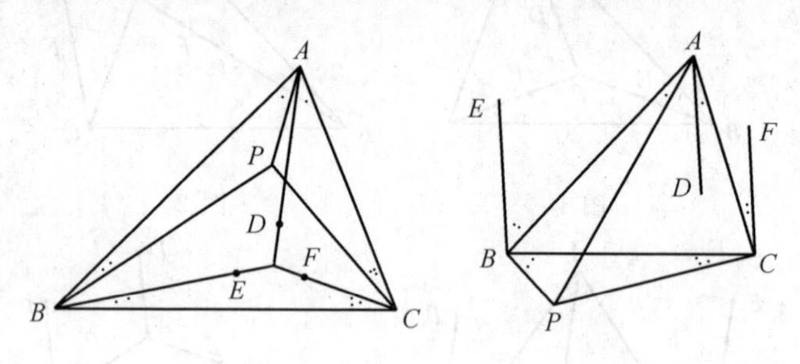

图 5　　　　图 6

例 2　(帕斯卡定理)圆内接六边形的三组对边(所在直线)的交点共线.

证明　如图 7、图 8,设圆内接六边形为 $ABCDEF$,直线 AB 与 DE 交于 P,BC 与 EF 交于 Q,CD 与 FA 交于 R.如图 8,因$\angle DCB=\angle DAB$,$\angle BCF=\angle BAF$,$\angle FRQ=\angle ARP$,$\angle PRC=\angle PRD$,$\angle CFE=\angle RDE$,$\angle EFR=\angle EDA$(如图 7,$\angle DCB=\pi-\angle DAB$,$\angle BCF=\pi-\angle BAF$,$\angle FRP=\angle ARP$,$\angle PRC=\angle PRD$,$\angle CFE=\angle RDE$,$\angle EFR=\angle EDA$),所以

$$\frac{\sin\angle DCB}{\sin\angle BCF}\cdot\frac{\sin\angle FRP}{\sin\angle PRC}\cdot\frac{\sin\angle CFE}{\sin\angle EFA}=$$

$$\frac{\sin\angle DAB}{\sin\angle BAF}\cdot\frac{\sin\angle ARP}{\sin\angle PRD}\cdot\frac{\sin\angle RDE}{\sin\angle EDA}=1$$

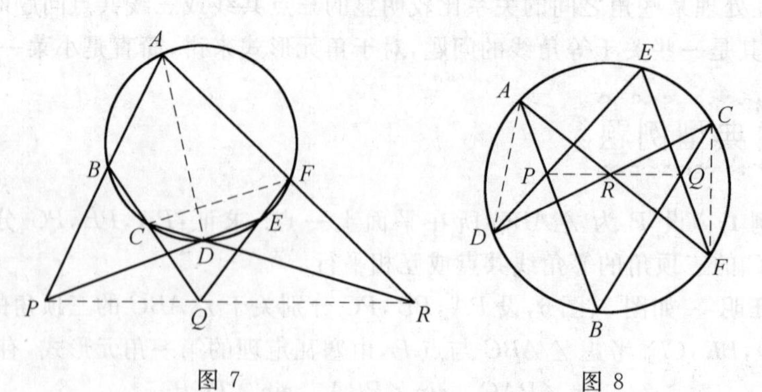

图 7　　　　图 8

考虑$\triangle ADQ$ 和点 P,由塞瓦定理的第一角元形式

$$\frac{\sin\angle DAB}{\sin\angle BAF}\cdot\frac{\sin\angle AQP}{\sin\angle PQD}\cdot\frac{\sin\angle QDE}{\sin\angle EDA}=1$$

所以

$$\frac{\sin\angle DCB}{\sin\angle BCF}\cdot\frac{\sin\angle FQP}{\sin\angle PQC}\cdot\frac{\sin\angle CFE}{\sin\angle EFA}=1$$

而 BC 与 FE 相交于点 Q，由塞瓦定理的第一角元形式，BC，FE，RP 三线共点于 Q. 故 P，Q，R 三点共线.

例 3　(帕普斯(Pappus) 定理) 设 A，C，E 是一条直线上的三点，B，D，F 是另一条直线上的三点. 直线 AB 与 DE 交于 P，CD 与 AF 交于 R，EF 与 BC 交于 Q，则 P，Q，R 三点共线.

证明　如图 9、图 10，联结 AD，CF，PR. 对 $\triangle ADR$ 和点 P 用塞瓦定理的第一角元形式，并注意由分角线定理，有

$$\frac{\sin\angle DAB}{\sin\angle BAF}\cdot\frac{\sin\angle CBE}{\sin\angle EDA}\cdot\frac{\sin\angle ARP}{\sin\angle PRD}=1$$

$$\frac{AD}{AF}\cdot\frac{\sin\angle DAB}{\sin\angle BAF}=\frac{DB}{BF}=\frac{CD}{CF}\cdot\frac{\sin\angle DCB}{\sin\angle BCF}$$

$$\frac{DC}{DA}\cdot\frac{\sin\angle CDE}{\sin\angle EDA}=\frac{\overline{CE}}{EA}=\frac{FC}{FA}\cdot\frac{\sin\angle CFE}{\sin\angle EFA}$$

又 $\angle FRP=\angle ARP$，$\angle PRC=\angle PRD$，于是

$$\frac{\sin\angle DCB}{\sin\angle BCF}\cdot\frac{\sin\angle CFE}{\sin\angle EFA}\cdot\frac{\sin\angle FRP}{\sin\angle PRC}=$$

$$\frac{CF}{CD}\cdot\frac{AD}{AF}\cdot\frac{\sin\angle DAB}{\sin\angle BAF}\cdot\frac{FA}{FC}\cdot\frac{DC}{DA}\cdot\frac{\sin\angle CDE}{\sin\angle EDA}\cdot\frac{\sin\angle ARP}{\sin\angle PRD}=$$

$$\frac{\sin\angle DAB}{\sin\angle BAF}\cdot\frac{\sin\angle CDE}{\sin\angle EDA}\cdot\frac{\sin\angle ARP}{\sin\angle PRD}=1$$

再由塞瓦定理的角元形式即知，CB，FE，RP 三线共点或平行. 但 BC 与 FE 相交于点 Q，所以 CB，FE，RP 三线共点于 Q. 故 P，Q，R 三点共线.

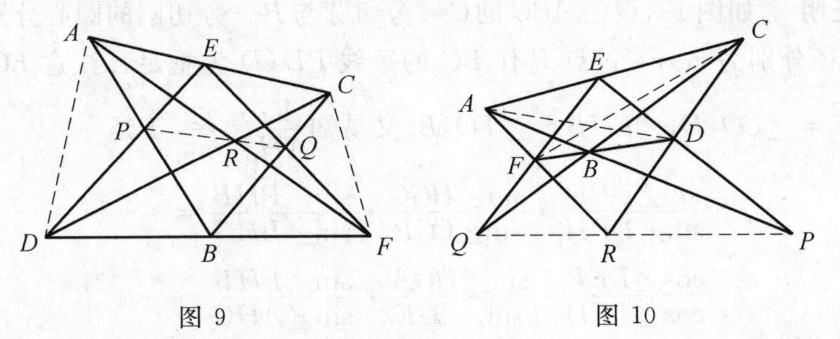

图 9　　　　图 10

例 4　(麦克劳林(Maclaurin) 定理) 设 A，B，C，D 是圆 Γ 上四点，则圆 Γ 在 A，B 两点的切线的交点，C，D 两点的切线的交点，AC 与 BD 的交点，BC 与

AD 的交点,凡四点共线.

证明 如图11、图12,设圆 Γ 在 A,B 两点的切线交于点 E,C,D 两点的切线交于点 F,AC 与 BD 交于点 P,BC 与 AD 交于点 Q. 考虑 $\triangle ABP$ 和点 E,由塞瓦定理的第一角元形式,并注意 $\angle BAE=\angle EBA$,有

$$\frac{\sin\angle APE}{\sin\angle EPB}\cdot\frac{\sin\angle PBE}{\sin\angle EAP}=\frac{\sin\angle APE}{\sin\angle EPB}\cdot\frac{\sin\angle PBE}{\sin\angle EBA}\cdot\frac{\sin\angle BAE}{\sin\angle EAP}=1$$

又 $\angle CPE=\angle APE$,$\angle EPD=\angle EPB$,$\angle PDF=\pi-\angle PBE$,$\angle FCP=\pi-\angle EAP$,$\angle DCF=\angle FDC$,所以

$$\frac{\sin\angle CPE}{\sin\angle EPD}\cdot\frac{\sin\angle PDF}{\sin\angle FDC}\cdot\frac{\sin\angle DCF}{\sin\angle FCP}=\frac{\sin\angle EPA}{\sin\angle BPE}\cdot\frac{\sin\angle PBE}{\sin\angle EAP}=1$$

再由用塞瓦定理的第一角元形式即知 PE,DF,CF 三线共点,所以 E,P,F 三点共线;同理,E,Q,F 三点共线. 故 E,F,P,Q 四点共线.

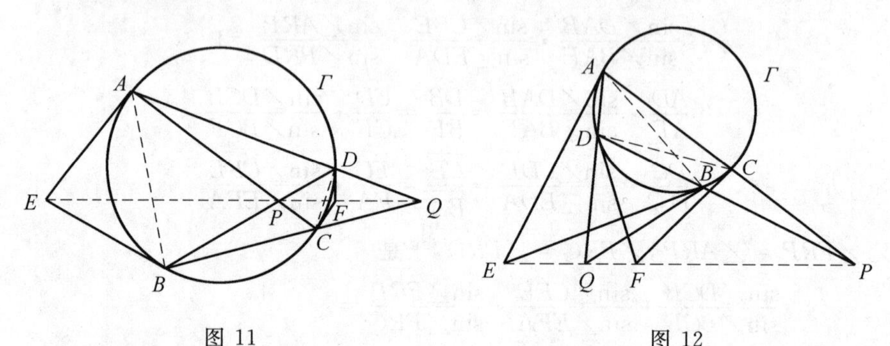

图 11　　　　图 12

由麦克劳林定理立即可得牛顿(Newton)定理:

圆外切四边形对边切点的连线及两对角线,凡四线共点.

例 5 设 $\triangle ABC$ 的 $C-$旁切圆分别与直线 BC,CA 切于 E,G 两点,$B-$旁切圆分别与直线 BC,AB 切于 F,H 两点,直线 EG 与 FH 交于点 P. 求证:$PA\perp BC$.

证明 如图13,设 $\triangle ABC$ 的 $C-$旁切圆与 $B-$旁切圆的圆心分别为 O_1,O_2,半径分别为 r_1,r_2. 过点 P 作 BC 的垂线 PD(D 为垂足). 注意 $EC=BF$,$\angle CGE=\angle CO_1E$,$\angle FHB=\angle FO_2B$. 又易知 $\frac{AG}{AH}=\frac{r_1}{r_2}$,于是

$$\frac{\sin\angle GPD}{\sin\angle DPH}\cdot\frac{\sin\angle HGC}{\sin\angle CGP}\cdot\frac{\sin\angle PHB}{\sin\angle BHG}=$$

$$\frac{\cos\angle DEP}{\cos\angle PFD}\cdot\frac{\sin\angle HGA}{\sin\angle CGE}\cdot\frac{\sin\angle FHB}{\sin\angle AHG}=$$

$$\frac{\cos\angle EO_1C}{\cos\angle BO_2F}\cdot\frac{\sin\angle AGH}{\sin\angle EO_1C}\cdot\frac{\sin\angle BO_2F}{\sin\angle GHA}=$$

$$\frac{\tan\angle BO_2F}{\tan\angle EO_1C}\cdot\frac{AH}{AG}=\frac{BF}{r_2}\cdot\frac{r_1}{EC}\cdot\frac{r_2}{r_1}=1$$

由塞瓦定理的第一角元形式，HB，GC，PD 三线共点. 故 $PA\perp BC$.

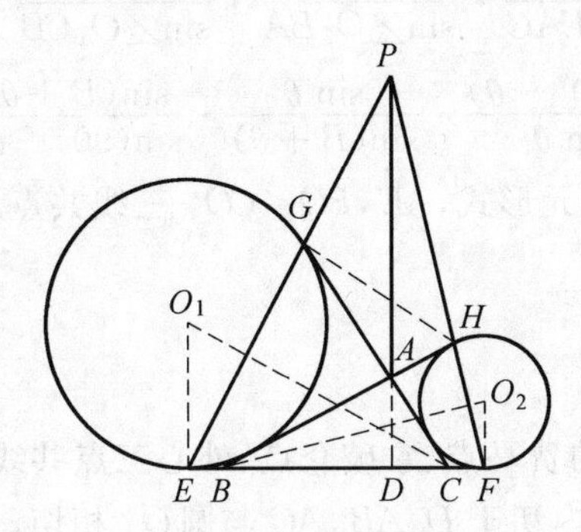

图 13

例 6　设 D 为直角 $\triangle ABC$ 的斜边 BC 上一点，O_1，O_2 分别为 $\triangle ABD$ 与 $\triangle ADC$ 的外心，直线 BO_2 与 CO_1 交于点 E. 求证：$\angle BAD=\angle CAE$.

证明　如图 14，设 AD 关于 $\angle BAC$ 的等角线与直线 BO_2 交于 E，我们证明 AE，BO_2，CO_1 三线共点.

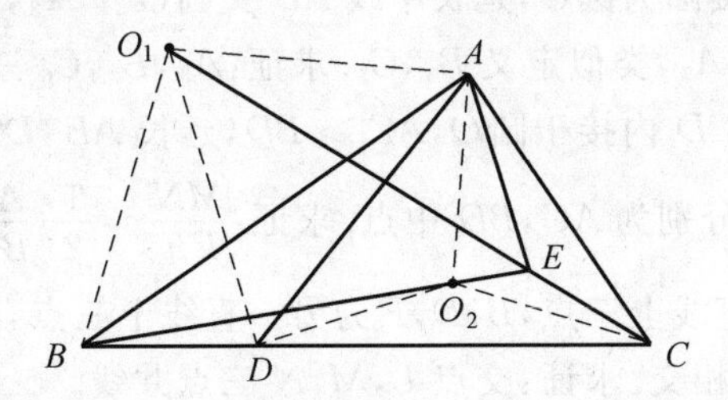

图 14

事实上，设 $\angle BAD=\angle EAC=\theta$，则 $\angle BAE=\angle DAC=90^\circ-\theta$，$\angle DAO_2=90^\circ-\angle ACD=\angle B$，且

$$\angle O_2CD=90^\circ-\angle DAC=\theta,\angle BAO_2=\angle B+\theta$$
$$\angle O_1AB=\angle ABO_1=90^\circ-\angle CDA=90^\circ-(\angle B+\theta)$$
$$\angle O_1AC=\angle O_2AB+90^\circ=180^\circ-(\angle B+\theta)$$
$$\angle CBO_1=\angle B+\angle ABO_1=90^\circ-\theta$$

由正弦定理，有 $\frac{\sin\angle CBO_2}{\sin\angle O_2CB}=\frac{CO_2}{BO_2}$，$\frac{\sin\angle BAO_2}{\sin\angle O_2BA}=\frac{BO_2}{AO_2}$. 两式相乘，并注意 $CO_2=AO_2$，得

$$\frac{\sin\angle CBO_2}{\sin\angle O_2BA}=\frac{\sin\angle O_2CB}{\sin\angle BAO_2}=\frac{\sin\theta}{\sin(B+\theta)}$$

同理，$\dfrac{\sin\angle ACO_1}{\sin\angle O_1CB}=\dfrac{\sin\angle O_1AC}{\sin\angle CBO_1}=\dfrac{\sin[180^\circ-(B+\theta)]}{\sin(90^\circ-\theta)}=\dfrac{\sin(B+\theta)}{\sin(90^\circ-\theta)}$，因此

$$\frac{\sin\angle BAE}{\sin\angle EAC}\cdot\frac{\sin\angle CBO_2}{\sin\angle O_2BA}\cdot\frac{\sin\angle ACO_1}{\sin\angle O_1CB}=$$

$$\frac{\sin(90^\circ-\theta)}{\sin\theta}\cdot\frac{\sin\theta}{\sin(B+\theta)}\cdot\frac{\sin(B+\theta)}{\sin(90^\circ-\theta)}=1$$

于是，由塞瓦定理的角元形式，AE,BO_2,CO_1 三线共点.

巩固演练

1. 求证：$\triangle ABC$ 的费马点、拿破仑点、外心三点共线.

2. 圆 O_1 与圆 O_2 内切于 D，AB，AC 与圆 O_2 相切，I 为 $\triangle ABC$ 内心，P 为 $\overset{\frown}{BC}$ 中点. 求证：P,I,D 三点共线.

3. 锐角 $\triangle ABC$ 中，以 BC 为直径作圆 O_1，圆 A_1 与 AB，AC 相切且外切圆 O_1 于点 A_2，类似定义 B_2,C_2. 求证：AA_2,BB_2,CC_2 三线共点.

4. 设上题中三线共于点 P，求证：O,I,P 三点共线，其中 O 为外心.

5. $\triangle ABC$ 外接圆为圆 O，延长中线 AD 交圆 O 于 A_2，过 D 作 AO 垂线，与点 A_2 的切线交于 A_3，类似定义 B_3,C_3. 求证：A_3,B_3,C_3 三点共线.

6. 四边形 $ABCD$ 内接于圆 O，$AC>BD$，延长 AB，DC 交于 E，延长 AD，BC 交于 F，M,N 分别为 AC，BD 中点. 求证：$\dfrac{MN}{EF}=\dfrac{1}{2}\left(\dfrac{AC}{BD}-\dfrac{BD}{AC}\right)$.

7. A,C,E 为直线上三点，B,D,F 为另一直线上三点，直线 AB，CD，EF 分别和 DE，FA，BC 相交. 求证：交点 L,M,N 三点共线.

8. 设六边形 $ABCDEF$ 有内切圆，求证：AD，BE，CF 三线共点.

9. 在平行六边形 $ABCDEF$ 中，AC，BD，CE，DF，EA，FB 围成六边形 $OPQRST$. 求证：OR，PS，QT 三线共点.

10. 在 $\triangle A_1A_2A_3$ 的形外作 $\triangle O_1A_2A_3$，$\triangle O_2A_3A_1$，$\triangle O_3A_1A_2$ 使：（ⅰ）$\angle O_1A_2A_3=\beta$，$\angle O_1A_3A_2=\alpha$，$\alpha+\beta<\dfrac{\pi}{2}$；（ⅱ）$\angle A_1O_3A_2=2\alpha$，$O_3A_1=O_3A_2$；（ⅲ）$\angle A_3O_2A_1=2\beta$，$O_2A_1=O_2A_3$. 求证：$O_1A_1\perp O_2O_3$.

演练解答

1. 将问题推广为下面这个命题：分别从 $\triangle ABC$ 三边为底向外作三个相似的等腰三角形 $\triangle C_1AB$，$\triangle B_1CA$，$\triangle A_1BC$；C_2,B_2,A_2 分别为此三个三角形的

垂心.(1)AA_1, BB_1, CC_1 交于点 P_1, AA_2, BB_2, CC_2 交于点 P_2;(2) 外心 O, P_1, P_2 三点共线(原题为 $\triangle ACB_2$ 为正三角形的情况).

(1) 用角元塞瓦定理易得.

(2) 的证明:注意到 C_2C_1 与 B_2B_1 的交点即为外心 O.

对 $\triangle CC_1C_2$ 与 $\triangle BB_1B_2$ 运用笛沙格定理知,只需证明 C_2B_2, C_1B_1, BC 三线共点.

下面计算 C_2B_2 与 BC 交点分 BC 成的比:

如图 15,设 a, b, c 为 $\triangle ABC$ 三边,A, B, C 为 $\triangle ABC$ 的三个内角,$\angle C_2BA=\theta$.

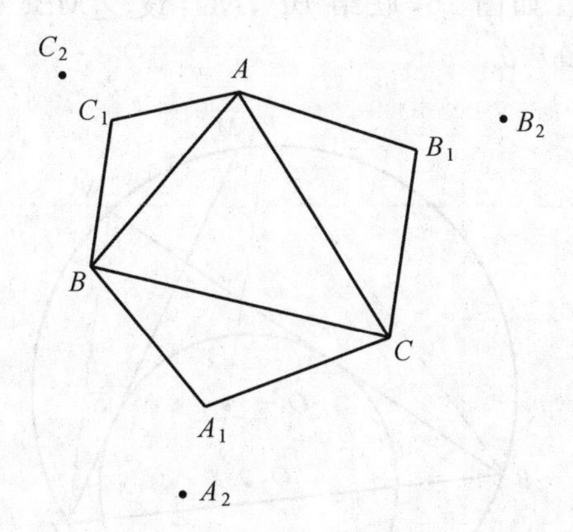

图 15

则设 C_2B_2 与 BC 交于 Q_2,用直线 $C_2B_2Q_2$ 截 $\triangle BCP$ 得(P 为 C_2B 与 B_2C 交点)

$$\frac{BQ_2}{Q_2C}=\frac{BC_2}{C_2P}\cdot\frac{PB_2}{B_2C}, BC_2=\frac{c}{2\cos\theta}, B_2C=\frac{b}{2\cos\theta}, PB=BC\frac{\sin(\theta+C)}{\sin(2\theta-A)}$$

$$PC=BC\frac{\sin(\theta+B)}{\sin(2\theta-A)}$$

$$\frac{BQ_2}{Q_2C}=\frac{BC_2}{B_2C}\cdot\frac{B_2P}{PC_2}=\frac{\sin C}{\sin B}\cdot\frac{\sin B\sin(2\alpha-A)+2\sin A\sin(\theta+B)\cos\theta}{\sin C\sin(2\theta-A)+2\sin A\sin(\theta+C)\cos\theta}$$

对于$\frac{BQ_1}{Q_1C}$,我们只需将上式中的 θ 换为 $90^\circ-\theta$ 即可,所以

$$\frac{BQ_1}{Q_1C}=\frac{\sin C}{\sin B}\cdot\frac{\sin B\sin(2\theta+A)+2\sin A\cos(\theta-B)\sin\theta}{\sin C\sin(2\theta+A)+2\sin A\cos(\theta-C)\sin\theta}$$

为证 B_1C_1, B_2C_2, BC 三线共点,只需证$\frac{BQ_2}{Q_2C}=\frac{BQ_1}{Q_1C}$.

所以只需证

$$\frac{\sin B\sin(2\theta-A)+2\sin A\sin(\theta+B)\cos\theta}{\sin C\sin(2\theta-A)+2\sin A\sin(\theta+C)\cos\theta}=$$
$$\frac{\sin B\sin(2\theta+A)+2\sin A\cos(\theta-B)\sin\theta}{\sin C\sin(2\theta+A)+2\sin A\cos(\theta-C)\sin\theta}$$

注意到上式两边分子等于分子,分母等于分母,故上式成立.

所以 B_1C_1, B_2C_2, BC 三线共点,得证.

2. 引理 1:$\frac{BF}{BD}=\frac{CE}{CD}$. 其证明略.

引理 2:$\frac{\sin\angle IBF}{\sin\angle IBD}=\frac{\sin\angle ICE}{\sin\angle ICD}$.

引理 2 的证明:如图 16,联结 BP, NC,设 $\angle MBC=2\alpha$, $\angle NCB=2\beta$, $\angle BPD=\gamma$, $\angle CPD=\theta$.

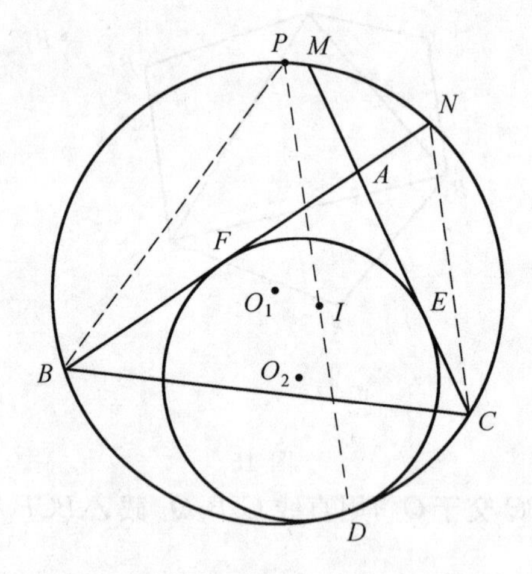

图 16

由引理 1 得

$$\frac{\sin\beta}{\sin(\beta+\gamma)}=\frac{\sin\alpha}{\sin(\alpha+\theta)} \quad ①$$

而

$$\text{引理 }2\Leftrightarrow\frac{\cos\left(\beta+\frac{\gamma+\theta}{2}\right)}{\cos\left(\beta+\frac{\gamma-\theta}{2}\right)}=\frac{\cos\left(\alpha+\frac{\gamma+\theta}{2}\right)}{\cos\left(\alpha+\frac{-\gamma+\theta}{2}\right)} \quad ②$$

对式 ② 用合分比定理得

$$\frac{\cos\left(\beta+\frac{\gamma}{2}\right)\cos\frac{\theta}{2}}{-\sin\left(\beta+\frac{\gamma}{2}\right)\sin\frac{\theta}{2}}=\frac{\cos\left(\alpha+\frac{\theta}{2}\right)\cos\frac{\gamma}{2}}{-\sin\left(\alpha+\frac{\theta}{2}\right)\sin\frac{\gamma}{2}} \quad ③$$

对式 ① 用合分比定理得

$$\frac{\sin\left(\beta+\frac{\gamma}{2}\right)\cos\frac{\gamma}{2}}{-\cos\left(\alpha+\frac{\theta}{2}\right)\sin\frac{\theta}{2}}=\frac{\sin\left(\alpha+\frac{\theta}{2}\right)\cos\frac{\theta}{2}}{-\cos\left(\beta+\frac{\gamma}{2}\right)\sin\frac{\gamma}{2}} \quad ④$$

注意到 ③④ 两式等价，于是引理 2 得证.

下面证原题：由正弦定理得 $\frac{IF}{\sin\angle IBF}=\frac{IB}{\sin\angle IFB}$，$\frac{ID}{\sin\angle IBD}=\frac{IB}{\sin\angle IDB}$，所以

$$\frac{IF}{ID}=\frac{\sin\angle IBF\sin\angle IDB}{\sin\angle IFB\sin\angle IBD}$$

同理

$$\frac{IE}{ID}=\frac{\sin\angle ICE\sin\angle IDC}{\sin\angle IEC\sin\angle ICD}$$

因为 I 为内心，所以 $IF=IE$，$\angle IFB=\angle IEC$.

又由引理 2 可得 $\angle IDB=\angle IDC$.

所以 I,P,D 三点共线，得证.

3. 如图 17，取 $\triangle ABC$ 内心 I，联结 AI 并延长交 BC 于 D，联结 A_1，A_2，O_1，联结 AA_2 并延长交 BC 于 P.

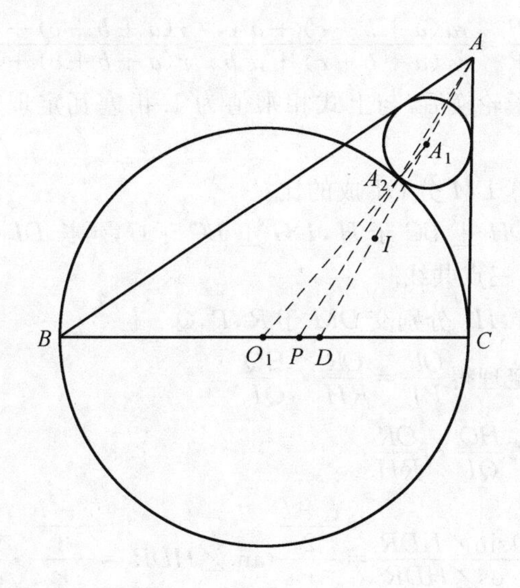

图 17

用直线 AA_2P 截 $\triangle A_1OD$ 得

$$\frac{O_1A_2}{A_2A_1}\cdot\frac{A_1A}{AD}\cdot\frac{DP}{PO_1}=1$$

所以

$$\frac{PO_1}{PD}=\frac{a}{2}\cdot\frac{a+b+c}{b+c}=\frac{a(b+c)}{2r(a+b+c)}$$

又 $BO_1=\frac{a}{2}, BD=\frac{ca}{b+c}, O_1D=BD-BO_1=\frac{a(c-b)}{2(b+c)}$(不妨设 $c>b$).

所以

$$O_1P=O_1D\cdot\frac{O_1P}{O_1P+PD}=\frac{a(c-b)}{2r(a+b+c)+a(b+c)}\cdot\frac{a(c-b)}{2(b+c)}=$$

$$\frac{a^2(c-b)}{4r(a+b+c)+2a(b+c)}$$

故

$$BP=\frac{a}{2}+O_1P=\frac{a}{2}+\frac{a^2(c-b)}{4r(a+b+c)+2a(b+c)}=$$

$$\frac{2ra(a+b+c)+2a^2c}{4r(a+b+c)+2a(b+c)}=$$

$$\frac{ra(a+b+c)+a^2c}{2r(a+b+c)+a(b+c)}$$

$$CP=\frac{a}{2}-O_1P=\frac{ra(a+b+c)+a^2b}{2r(a+b+c)+a(b+c)}$$

所以

$$\frac{BP}{CP}=\frac{ra(a+b+c)+a^2c}{ra(a+b+c)+a^2b}=\frac{r(a+b+c)+ac}{r(a+b+c)+ab}$$

另有两个式子轮换后,与上式相乘值为 1. 由塞瓦定理知 AA_2, BB_2, CC_2 三线共点,得证.

4. 我们来计算 DM 分 OI 成的比:

如图 18,作 $OH\perp BC$ 于 H, $I_AG\perp BC$ 于 G,延长 DI 交圆 I 于 F.

易知 A, F, G 三点共线.

延长 OH, OI, HI 分别交 DM 于 R, P, Q.

由梅涅劳斯定理得 $\frac{OP}{PI}=\frac{OR}{RH}\cdot\frac{HQ}{QI}$.

下面分别计算 $\frac{HQ}{QI}$ 与 $\frac{OR}{RH}$:

$$\frac{HQ}{QI}=\frac{HD\sin\angle HDR}{ID\cos\angle HDR}=\frac{\frac{c-b}{2}}{r}\tan\angle HDR=\frac{\frac{c-b}{2}}{r}\cdot\frac{r_A}{c-b}=\frac{r_A}{2r}$$

$$\frac{OR}{RH}=\frac{OH+RH}{RH}=\frac{R\cos A+\frac{r_A}{2}}{\frac{r_A}{2}}$$

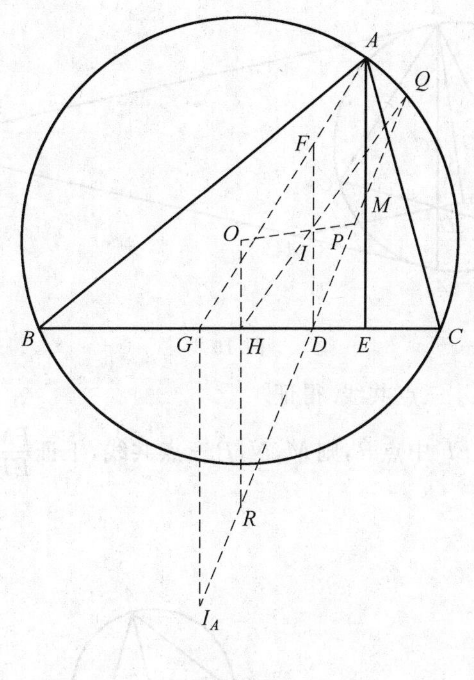

图 18

所以

$$\frac{HQ}{QI}\cdot\frac{OR}{RH}=\frac{R\cos A+\frac{r_A}{2}}{r}=\frac{\cos A}{\cos A+\cos B+\cos C-1}+\frac{a+b+c}{2(b+c-a)}=$$

$$\frac{a(b^2+c^2-a^2)}{\sum a(b^2+c^2-a^2)-2abc}+\frac{a+b+c}{2(b+c-a)}=$$

$$\frac{-\sum a^3+\sum ab^2+\sum a^2b+2abc}{2(a+b-c)(b+c-a)(c+a-b)}$$

关于 a,b,c 对称.

故三线截圆 I 于同一点 P,从而三线共点,进而知 O,I,P 三点共线.

5. 我们证明 A_3,B_3,C_3 均在 $\triangle ABC$ 外接圆与九点圆的根轴上.

如图 19,过 A 作外接圆切线 l_A,因为 $OA\perp l_A,OA\perp A_3D$,所以 $l_A // A_3D$.

以 G 为位似中心作一个 $2:1$ 的位似,则圆 O 变为 $\triangle ABC$ 九点圆,圆 O 在点 A 的切线 l_A 变为九点圆在点 D 的切线.

所以 A_3D 切九点圆于 D.

因为 $A_3D=A_3A_2$,所以 A_3 到圆 O 与九点圆幂相等,即 A_3 在两圆根轴上.

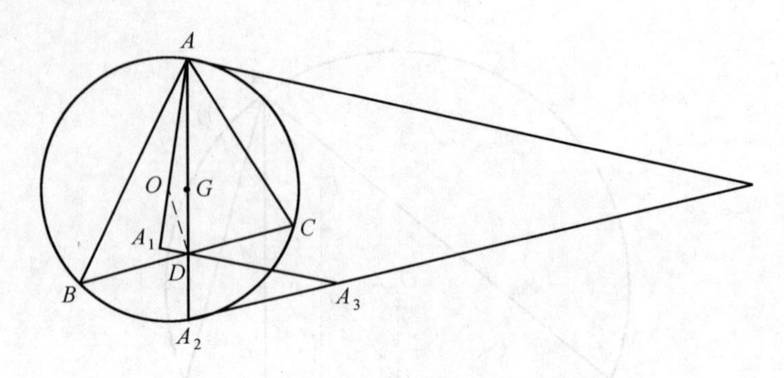

图 19

所以 A_3, B_3, C_3 三点共线.得证.

6.如图 20,取 EF 中点 P,则 M,N,P 三点共线,下证 $\frac{PM}{EF}=\frac{1}{2}\cdot\frac{AC}{BD}$,$\frac{PN}{EF}=\frac{1}{2}\cdot\frac{BD}{AC}$.

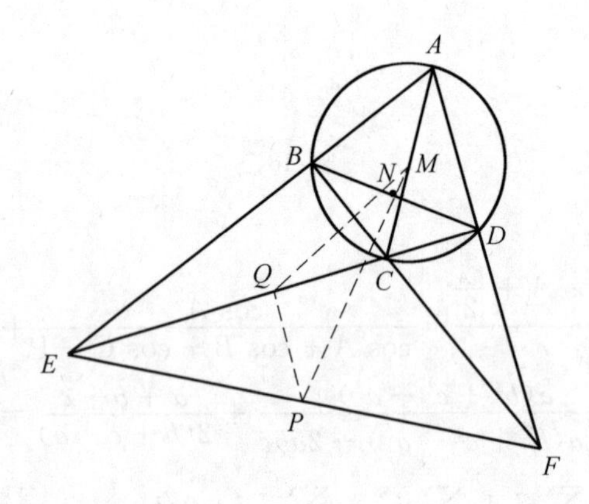

图 20

取 EC 中点 Q,则 $\angle MQP=\angle ABC=\angle EDF$,$\frac{QM}{QP}=\frac{AE}{CF}=\frac{DE}{DF}$.

所以 $\triangle MQP \backsim \triangle EDF$,所以 $\frac{PM}{EF}=\frac{QM}{DE}=\frac{1}{2}\cdot\frac{AE}{DE}=\frac{1}{2}\cdot\frac{AC}{BD}$.

所以 $\frac{PM}{EF}=\frac{1}{2}\cdot\frac{AC}{DE}$.同理 $\frac{PN}{EF}=\frac{1}{2}\cdot\frac{BD}{AC}$.

所以 $\frac{MN}{EF}=\frac{PM}{EF}-\frac{PN}{EF}=\frac{1}{2}\left(\frac{AC}{BD}-\frac{BD}{AC}\right)$,证毕.

7.如图 21,设 AB,CD,EF 围成一个 $\triangle UVW$(平行直线视为交于无穷远点).

对 $\triangle UVW$ 三边上的五个共线三点组 LDE，AMF，BCN，ACE，BDF 用梅涅劳斯定理得

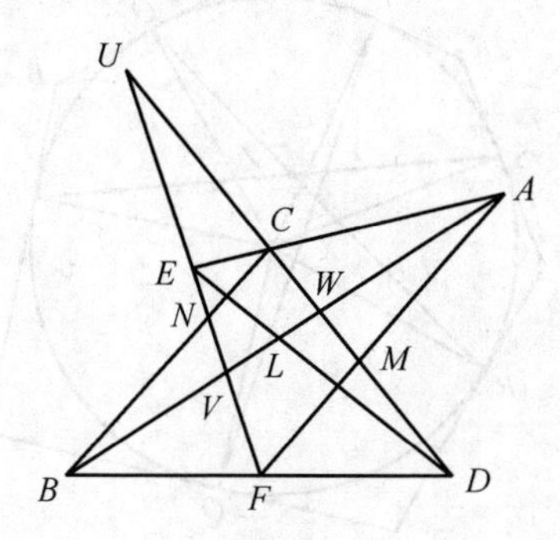

图 21

$$\frac{VL}{LW}\cdot\frac{WD}{DU}\cdot\frac{UE}{EV}=1 \quad ①$$

$$\frac{VA}{AW}\cdot\frac{WM}{MU}\cdot\frac{UF}{FV}=1 \quad ②$$

$$\frac{VB}{BW}\cdot\frac{WC}{CU}\cdot\frac{UN}{NV}=1 \quad ③$$

$$\frac{VA}{AW}\cdot\frac{WC}{CU}\cdot\frac{UE}{EV}=1 \quad ④$$

$$\frac{VB}{BW}\cdot\frac{WD}{DU}\cdot\frac{UF}{FV}=1 \quad ⑤$$

$\frac{①\times②\times③}{④\times⑤}$ 得 $\frac{NV}{UN}\,\frac{MU}{WM}\,\frac{LW}{VL}=1$.

由梅涅劳斯定理之逆定理知 L,M,N 三点共线.

8. 如图 22，设该圆在各边上切点分别为 O,P,Q,R,S,T.

则前证牛顿定理知 OR,TQ,AD 三线共点，设为 X，同理记 Y,Z.

若 X,Y,Z 中有两点重合，则 OR,PS,TQ 三线共点 $\Rightarrow X\equiv Y\equiv Z$，命题成立.

否则 $\frac{\sin\angle TXA}{\sin\angle OXA}=\frac{AT}{AX}\,\frac{AO}{AX}=\frac{\sin\angle ATX}{\sin\angle AOX}=\frac{\sin\overset{\frown}{TQ}}{\sin\overset{\frown}{OR}}$.

所以 $\frac{\sin\angle TXA}{\sin\angle DXA}\,\frac{\sin\angle PYC}{\sin\angle QYC}\,\frac{\sin\angle RZE}{\sin\angle SZE}=\frac{\sin\overset{\frown}{TQ}}{\sin\overset{\frown}{OR}}\,\frac{\sin\overset{\frown}{PS}}{\sin\overset{\frown}{QT}}\,\frac{\sin\overset{\frown}{OR}}{\sin\overset{\frown}{PS}}=1$.

故由塞瓦定理的三角形式的逆定理知 AX,CY,ZE 三线共点.

即 AD,BE,CF 三线共点.

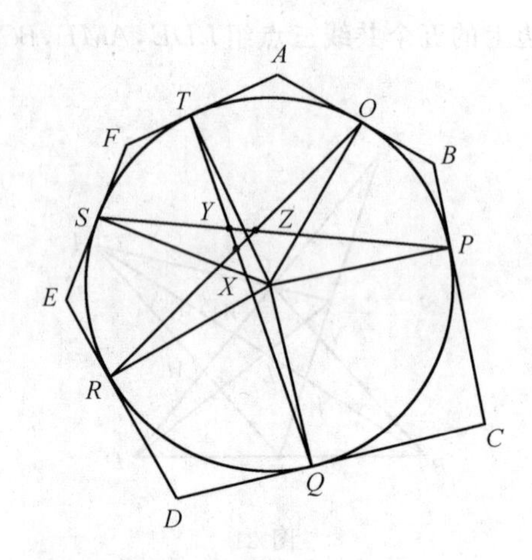

图 22

9. 如图 23,设 $AD \cap BE = X, AQ \cap BS = Z, TQ \cap PS = Y$.

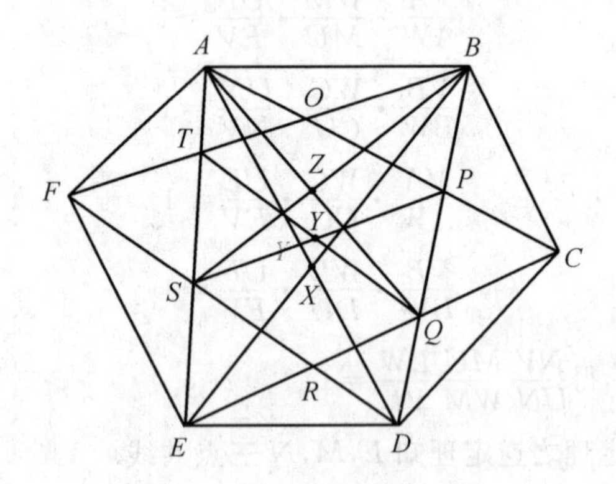

图 23

因为 $AB \cap DE = CD \cap AF = BC \cap EF = \varnothing$,

所以由帕斯卡定理之逆定理知 A, B, C, D, E, F 在某二次曲线上.

再对 C, A, D, F, B, E 用帕斯卡定理知 O, X, R 三点共线于 l_1.

现在对(A, S, E) 及(B, Q, D) 由帕普斯定理知 Z, X, R 三点共线(也是 l_1).

再对(A, F, S) 及(B, P, Q) 由帕普斯定理知 O, Z, Y 三点共线(也是 l_1).

故 O, Y, R 三点共线于 l_1,得证.

10. 如图 24,设 O 为 $\triangle O_1A_2A_3$ 的外心,则 $OO_1 = OA_3$ 且 $\angle O_1OA_3 = 2\beta$.

所以 $\triangle OA_3O_1$ 与 $\triangle O_2A_3A_1$ 以 A_3 为中心旋转相似.

所以 $\triangle A_3O_2O \backsim \triangle A_3A_1O_1$,所以

$$O_2O \cdot A_3O_1 = OA_3 \cdot A_1O_1 \quad ①$$

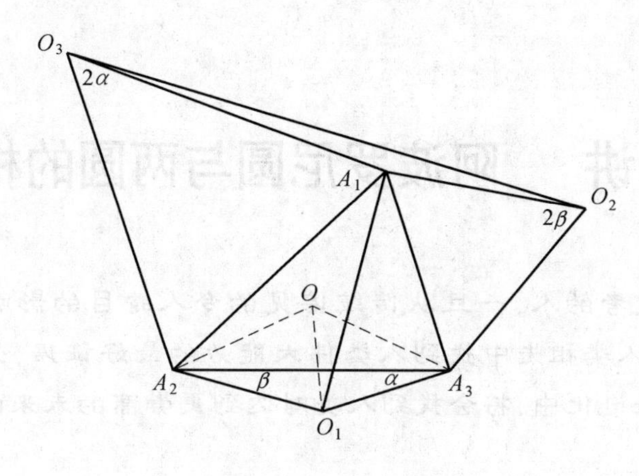

图 24

且

$$\angle O_2OA_3 = \angle A_1O_1A_3 \quad ②$$

同理

$$O_3O \cdot A_2O_1 = OA_2 \cdot A_1O_1 \quad ③$$

及

$$\angle O_3OA_2 = \angle A_1O_1A_2 \quad ④$$

结合 ①③ 知 $O_3O \cdot A_2O_1 = O_2O \cdot A_3O_1$.

结合 ③④ 知 $\angle O_2OO_3 = \angle A_2O_1A_3$.

故 $\triangle O_2OO_3 \backsim \triangle A_2O_1A_3$，所以 $\angle O_2O_3O = \alpha$.

所以

$$\langle O_1A_1, O_2O_3\rangle = \langle O_1A_1, OO_3\rangle + \langle OO_3, O_2O_3\rangle = \langle A_2A_1, A_2O_3\rangle + \alpha = \frac{\pi}{2}$$

即 $O_1A_1 \perp O_2O_3$，得证.

第30讲 阿波罗尼圆与两圆的相似圆

善于思考的人，一旦从传统偏见的令人眩目的影响中解脱出来，将会在人类祖先中找到人类伟大能力的最好证据，并且从人类过去的漫长进化中，将会找到人类对达到更崇高的未来的信心和合理根据.

——赫胥黎(英国)

知识方法

到两定点的距离之比等于定比(不是1)的点的轨迹是一个圆，这个圆称为阿波罗尼(Apollonius)圆，简称阿氏圆.

设两圆既不同心也不相等.以两圆圆心为定点，两圆半径之比为定比的阿氏圆称为两圆的相似圆.

定理 设平面π上两圆圆O_1，圆O_2不同心，它们的半径分别为r_1，r_2，且$r_1 \neq r_2$，则以O_1，O_2为定点，$r_1 : r_2$为定比的阿氏圆上的任意一点都是圆O_1与圆O_2的顺相似中心，也是它们的逆相似中心；反之，圆O_1与圆O_2的所有顺相似中心和逆相似中心都在这个阿氏圆上.

典型例题

例1 如图1，设$\angle AOB = \angle COD$，且通过一个旋转可使射线OC与OA重合，OD与OB重合，这两个角内与角的两边相切的两个圆交于E，F两点.求证：$\angle AOE = \angle FOD$.

证明 如图2，设A，B，C，D是切点，O_1，O_2分别为两圆的圆心，r_1，r_2分别为两圆的半径.显然，点O，E，F皆在两圆的相似圆上.再设$\angle O_1OO_2$的平分线交O_1O_2于P，则点P也在两圆的相似圆上.即O，E，P，F四点共圆.由对称性,$PE=PF$,因此 $\angle EOP=\angle POF$,故 $\angle AOE=\angle FOD$.

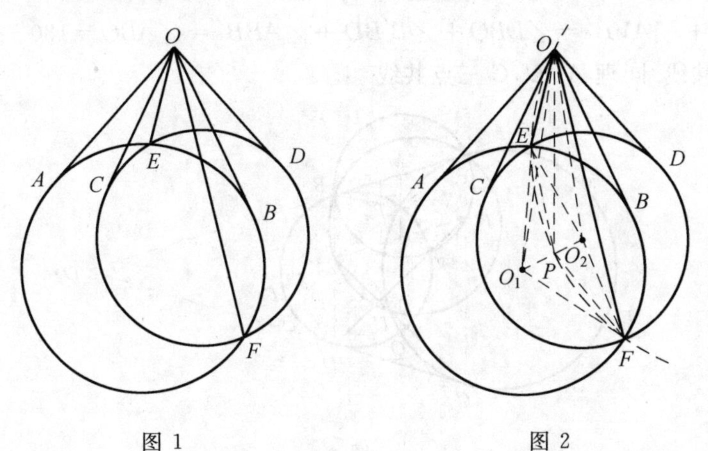

图 1　　　　　　　　　　图 2

例 2　如图 3,设 P 是相交两圆 Γ_1 与 Γ_2 的一个交点,AB 是两圆离点 P 较近的一条外公切线,切点 A 在圆 Γ_1 上,切点 B 在圆 Γ_2 上,A',B' 分别是 A,B 关于点 P 的对称点,圆(ABA')与圆 Γ_1 交于 A,U 两点,圆(ABB')与圆 Γ_2 交于 B,V 两点,直线 $A'U$ 与圆 Γ_1 交于 U,C 两点,直线 $B'V$ 与圆 Γ_2 交于 V,D 两点.求证:CD 是圆 Γ_1 与 Γ_2 的另一条外公切线.

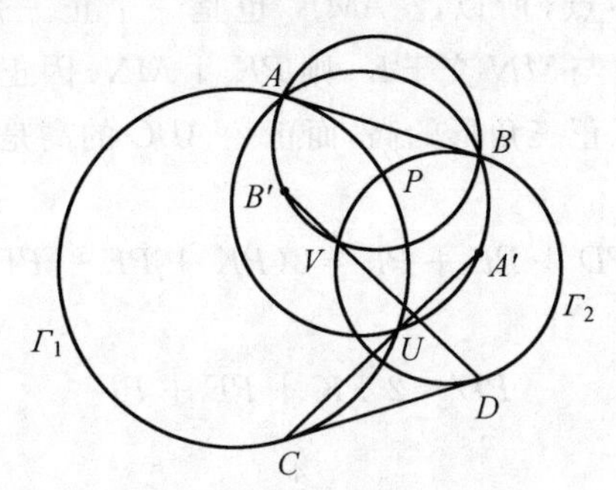

图 3

分析　这个问题不好直接证明,我们可以换一个角度,先作切线 CD,然后证明 B',V,D 三点共线,A',U,C 三点共线.

证明　如图 4,设 CD 是圆 Γ_1 与 Γ_2 的另一条外公切线,其中切点 C 在圆 Γ_1 上,切点 D 在圆 Γ_2 上.Q 是两圆的另一交点.显然,$ABA'B'$ 是一个平行四边形,其中心为 P.设直线 PQ 与 AB 交于 M,则 M 为 AB 的中点.因此,PM 是 $\triangle ABB'$ 与 $\triangle ABA'$ 的公共中位线,所以,$PM\parallel AB'\parallel BA'$.因 PQ 垂直于两圆的连心线,所以,AB' 与 BA' 皆垂直于两圆的连心线.因此 AB',BA' 分别通过切点 C,D.设 O 是公切线 AB 与 CD 的交点,则 $\angle DVB=\angle DBO$,$\angle BVA=$

$\angle BB'A=\angle B'BA'=\angle B'BD$，$\angle AVB'=\angle ABB'$，所以 $\angle DVB'=\angle DVB+\angle BVA+\angle AVB'=\angle DBO+\angle B'BD+\angle ABB'=\angle ABO=180^\circ$，故 B'，V，D 三点共线. 同理 A'，U，C 三点共线.

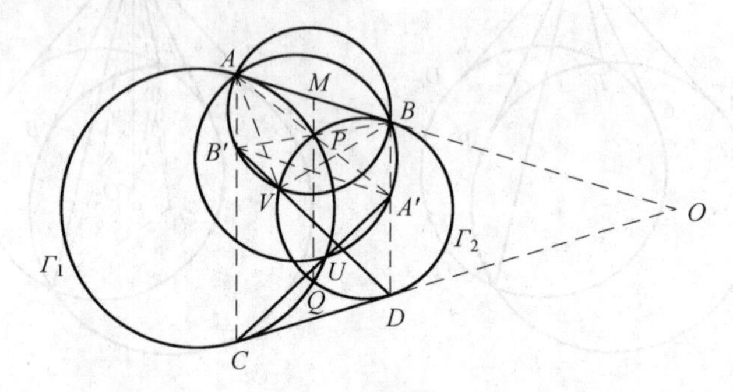

图 4

说明 这里证明三点共线的方法尽管常常提起，但不多见.

例 3 正三角形的内切圆上一点 P 到三边的距离分别为 PD，PE，PF. 求证：$\sqrt{PD}$，$\sqrt{PE}$，$\sqrt{PF}$ 中有一个等于另两个之和.

证明 如图 5，设 $\triangle ABC$ 的内切圆与边 AB，AC 分别切于 M，N，则 M，N 分别为 AB，AC 的中点，所以，$\triangle AMN$ 也是一个正三角形. 不妨设点 P 在 $\triangle AMN$ 内. 再设 PD 与 MN 交于 K，则 $PK\perp MN$. 因正三角形内任意一点到三边的距离之和等于正三角形的高，而正 $\triangle ABC$ 的高是正 $\triangle AMN$ 的高的两倍，所以

$$PD+PE+PF=2(PK+PE+PF)$$

因此

$$PD=2\,PK+PE+PF$$

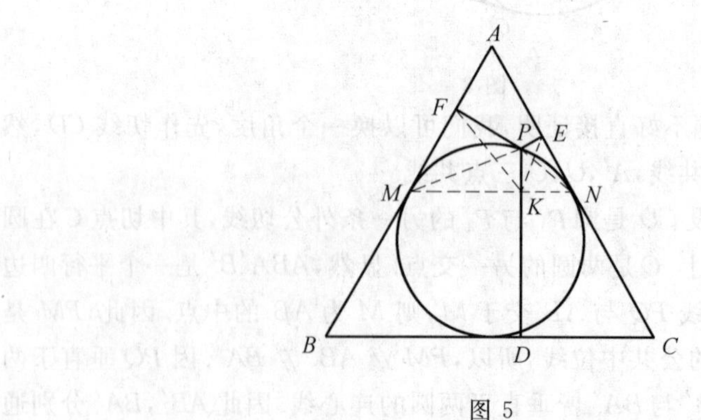

图 5

另一方面，显然，$PFMK$ 与 $PKNE$ 皆为圆内接四边形，而 AM，AN 是

$\triangle ABC$ 的内切圆的切线，所以，$\angle KFP=\angle KMP=\angle ENP=\angle EKP$，$\angle PKF=\angle PMF=\angle PNK=\angle PEK$，因此，$\triangle PFK \backsim \triangle PKE$，从而 $PK^2=PE\cdot PF$，所以，$PK=\sqrt{PE\cdot PF}$，于是

$$PD=2\sqrt{PE\cdot PF}+PE+PF=(\sqrt{PE}+\sqrt{PF})^2$$

故

$$\sqrt{PD}=\sqrt{PE}+\sqrt{PF}$$

说明　本题实际上是两个几何事实的复合.因此，熟悉一些几何事实对我们处理几何问题是有帮助的.

例 4　设 H 为 $\triangle ABC$ 的垂心，M 为 CA 的中点，过点 B 作 $\triangle ABC$ 的外接圆的切线 l，过垂心 H 作切线 l 的垂线，垂足为 L，求证：$\triangle MBL$ 是等腰三角形.(2000，彼圣得堡数学奥林匹克)

证法一　如图 6，设 O 为 $\triangle ABC$ 的外心，显然，$HL \parallel OB$.由欧拉(Euler)定理可知，OH 与 BM 的交点 G 乃 $\triangle ABC$ 的重心，且 $HG=2OG$.又 $BG=2GM$，于是，设点 B 关于点 M 的对称点为 B'，则 $B'G=2GB$，所以 $B'H \parallel OB$，这说明 B'，H，L 在一直线上.于是，M 为 $\mathrm{Rt}\triangle BB'L$ 的斜边 BB' 的中点，所以，$ML=MB$，故 $\triangle MBL$ 是等腰三角形.

证法二　如图 7，设 O 为 $\triangle ABC$ 的外心，显然，$HL \parallel OB$.由欧拉定理可知，OH 与 BM 的交点乃是 $\triangle ABC$ 的重心，且 $BG=2GM$，$HG=2OG$.于是，过 M 作 BL 的垂线分别交 OH，BL 于 N，K，则 $OG=2GN$.再由 $HG=2OG$ 即知，N 为 OH 的中点，从而 K 为 BL 的中点，但 $MK \perp BL$，因此，$MB=ML$.故 $\triangle MBL$ 是等腰三角形.

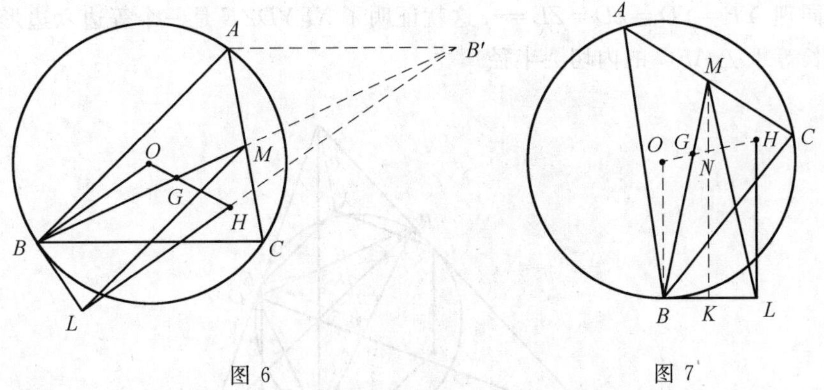

图 6　　图 7

说明　与垂心、中点有关的问题很可能与欧拉线有关.

例 5　如图 8，设 $\triangle ABC$ 的内切圆与 BC，CA，AB 分别切于 D，E，F，$\triangle ABC$ 的三条高分别是 AP，BQ，CR，$\triangle ARQ$，$\triangle BPR$，$\triangle CQP$ 的内心分别为

X,Y,Z. 求证:六边形 $XFYDZE$ 的六条边都相等.

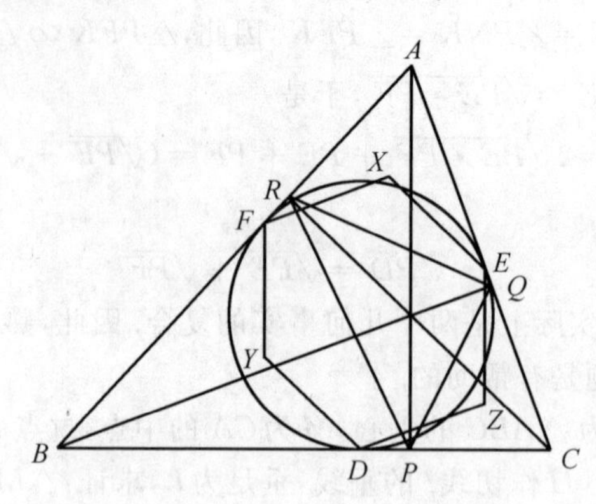

图 8

证法一 如图 9,设 $\triangle ABC$ 的内心为 I,内切圆半径为 r,AI 与 EF 交于 K,则 $IK \cdot IA = r^2$. 显然,A,X,I 在一条直线上. 因 $\triangle AQR \backsim \triangle ABC$,所以

$$\frac{AX}{AI} = \frac{AQ}{AB} = \cos A$$

另一方面,因 $\sin \frac{A}{2} = \frac{r}{AI}$,所以

$$\cos A = 1 - 2\sin^2 \frac{A}{2} = 1 - 2 \cdot \frac{r^2}{AI^2} = 1 - 2 \cdot \frac{KI}{AI} = \frac{AI - 2KI}{AI}$$

因此,$\frac{AX}{AI} = \frac{AI - 2KI}{AI}$,从而 $AX = AI - 2KI$. 但 $AX = AI - XI$,所以 $XI = 2KI$,这说明 K 是 XI 的中点,因而 X,I 关于 EF 对称,于是,$XE = XF = IE = r$. 同理,$YF = YD = ZD = ZE = r$. 这就证明了 $XFYDZE$ 是一个等边六边形,且边长等于 $\triangle ABC$ 的内切圆半径.

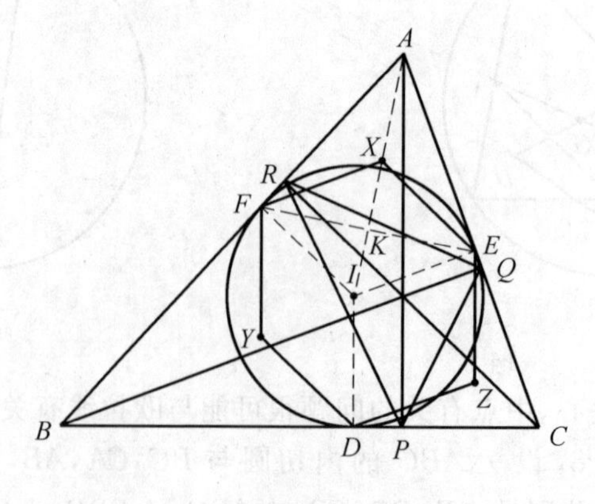

图 9

证法二　如图10,设$\triangle ABC$与$\triangle AUV$的内心分别为I,J,作位似轴反射变换$T(A,\cos A,AI)$,则$B\to U$,$C\to V$.设$F\to F'$,则F'为$\triangle AUV$的内切圆与AU的切点,所以,$\triangle AF'F\backsim\triangle AVC$.而$CV\perp AB$,因此,$FF'\perp AU$.但$JF'\perp AU$,所以,$F$,$J$,$F'$三点共线,从而$FJ\perp AU$.又$IE\perp AU$,因此,$FJ\parallel IE$.同理,$EJ\parallel IF$,所以$IEJF$是一个平行四边形.而$IE=IF$,因此,$IEJF$是一个菱形.故$I$,$J$关于$EF$对称.于是,$XE=XF=IE=r$.同理,$YF=YD=ZD=ZE=r$.这就证明了$XFYDZE$是一个等边六边形,且边长等于$\triangle ABC$的内切圆半径.

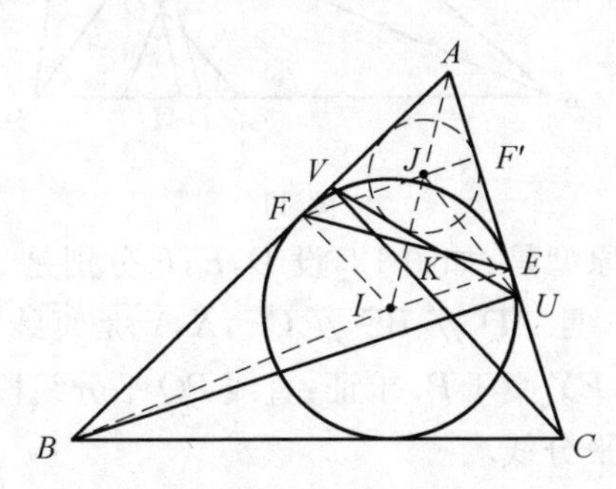

图 10

说明　证法二之所以简单,是因为我们成功地用了位似轴反射变换这个工具.对于含有反向相似的问题,一般可以考虑用位似轴反射变换处理,尤其是有关圆内接四边形问题,更应如此.

例6　设D是$\triangle ABC$的边BC上一点,P是直线AD上一点,PC,PB分别与直线AB,AC交于E,F,X,Y是直线BC上两点,且$CX=AC$,$BY=AB$,EX与FY交于Q.求证:直线PQ平分线段XY的充分必要条件是AD为$\angle BAC$的平分线.

证明　设直线PQ与BC交于M,考虑$\triangle PMC$与截线XEQ及$\triangle PBM$与截线YQF,由梅涅劳斯定理,有

$$\frac{MX}{XC}\cdot\frac{CE}{EP}\cdot\frac{PQ}{QM}=1,\frac{BY}{YM}\cdot\frac{MQ}{QP}\cdot\frac{PF}{FB}=1$$

两式相乘,得$\frac{MX}{YM}\cdot\frac{BY}{XC}\cdot\frac{PF}{EP}\cdot\frac{CE}{FB}=1$.而$BY=AB$,$XC=AC$,因此

$$\frac{XM}{MY}\cdot\frac{AB}{AC}\cdot\frac{CE}{EP}\cdot\frac{PF}{FB}=1$$

另一方面,考虑$\triangle PBC$与点A,由塞瓦定理,$\frac{BD}{DC}\cdot\frac{CE}{EP}\cdot\frac{PF}{FB}=1$,所以$\frac{XM}{MY}=\frac{BD}{DC}\cdot\frac{AC}{AB}$.于是,直线$PQ$平分线段$XY\Leftrightarrow M$为$XY$的中点$\Leftrightarrow\frac{XM}{MY}=1\Leftrightarrow\frac{BD}{DC}\cdot$

$\dfrac{AC}{AB}=1\Leftrightarrow\dfrac{BD}{DC}=\dfrac{AB}{AC}\Leftrightarrow AD$ 为 $\angle BAC$ 的平分线.

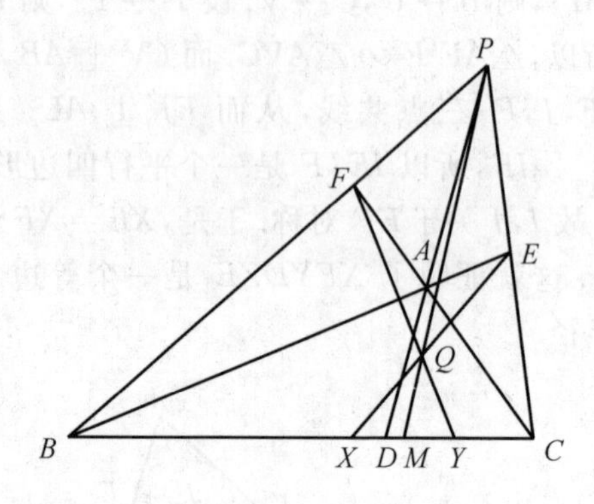

图 11

说明 本题的原型是:如图 12,设 D,E,F 分别是 $\triangle ABC$ 的边 BC,CA, AB 所在直线上的点,且 $AD\parallel BE\parallel CF$, X,Y 是直线 BC 上两点,且 $CX=AC$, $BY=AB$, FX 与 EY 交于 P. 求证:直线 PQ 平分线段 XY 的充分必要条件是 AD 为 $\angle BAC$ 的平分线.

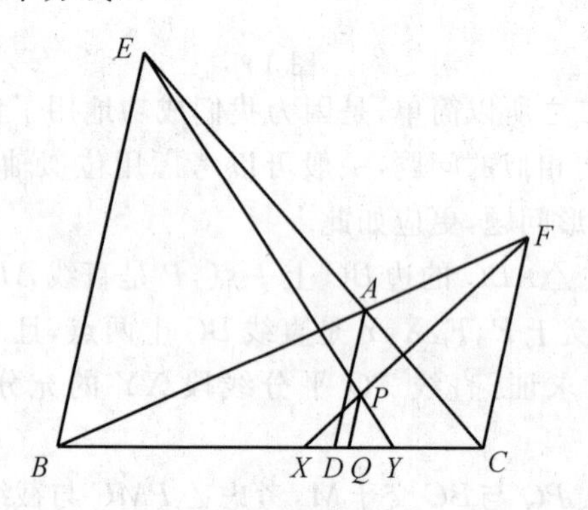

图 12

例 7 从圆 Γ 外一点 P 作圆 Γ 的切线 PA,PB. AA',BB' 是圆 Γ 的两条直径,点 C,D 分别在切线 PA,PB 上. 过 C 且垂直于 AB 的直线与 $\angle ABB'$ 的平分线交于 C',过 D 且垂直于 AB 的直线与 $\angle A'AB$ 的平分线交于 D'. 求证:C, D', A' 三点共线当且仅当 C', D, B' 三点共线.

证法一 我们只需证明,当 C',D,B' 三点共线时,C,D',A' 三点共线.

显然,$\overset{\frown}{A'B}=\overset{\frown}{AB'}$. 如图 13,设直线 $B'C'D$ 与圆 Γ 交于 K, CC', DD' 与 AB 分别交于 E,F,直线 AD' 与圆 Γ 交于 M,直线 BC' 与圆 Γ 交于 N,直线 $A'D'$ 与圆 Γ 再次交于 L,则 M,N 分别为 $\overset{\frown}{A'B}$ 和 $\overset{\frown}{AB'}$ 的中点. 因 $BK\perp KD$, $DF\perp$

FB，所以，D,K,F,B 四点共圆，从而 $\angle KDD'=\angle KBA=\angle KMA$，因此，$D$，$K,D',M$ 四点共圆. 又 $\angle DFK=\angle DBK=\angle BA'K$，而 $DF\parallel BA'$，所以，K，F,A' 三点共线. 又显然 E,C',B,K 在以 $C'B$ 为直径的圆上，而 N 为$\overset{\frown}{AB'}$的中点，所以，$\angle EKB'=\angle ABN=\angle NKB'$，因此，$K,E,N$ 三点共线.

另一方面，因 $AL\perp LA'$，$AF\perp FD'$，所以 L,A,D',F 四点共圆，从而 $\angle A'LF=\angle MAB=\angle A'LM$，因此，$L,F,M$ 三点共线，于是，$\angle BEK=\angle BNK+\angle ABN=\angle BLK+\angle MLB=\angle MLK=\angle FLK$，所以 L,E,F,K 四点共圆，从而 $\angle FEL=180^\circ-\angle LKF=\angle A'B'L$. 但 $EF\parallel B'A'$，所以，L,E，B' 三点共线. 这样便有 $\angle ALE=\angle ALB'=\angle A'KB=\angle FDB=\angle ACE$，所以，$C,A,E,L$ 四点共圆，从而 $\angle CLA=\angle CEA=90^\circ$. 但 $\angle ALA'=90^\circ$，因此，C,L，A' 三点共线，故 C,D',A' 三点共线.

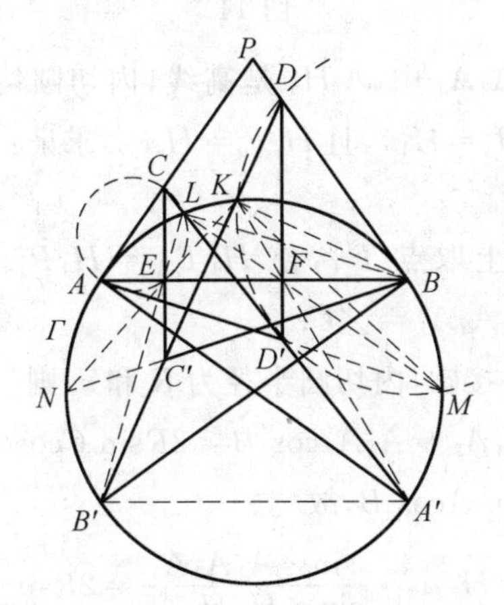

图 13

证法二　如图 14，显然，$\overset{\frown}{A'B}=\overset{\frown}{AB'}$. 设直线 $B'C'$，$A'D'$ 分别与圆 Γ 交于 K,L，CC'，DD' 与 AB 分别交于 E,F，直线 AD' 与圆 Γ 交于 M，直线 BC' 与圆 Γ 交于 N，则 M,N 分别为$\overset{\frown}{A'B}$ 和$\overset{\frown}{AB'}$的中点. 显然，E,C,B,K 四点共圆，所以，$\angle EKB'=\angle ABN=\angle NKB'$，因此，$K,E,N$ 三点共线. 同理，L,F,M 三点共线. 从而 $\angle EKC'=\angle D'LF$.

另一方面，显然，$\angle LKE=\angle LBN=\angle LBA+\angle ABN=\angle LBA+\angle MLB=\angle LFE$，所以，$K,L,E,F$ 四点共圆，因此，$\angle ELF=\angle EKF$，进而 $\angle B'KF=\angle ELA'$. 再注意 $\angle EAC=\angle DBF$，于是，C,D',A' 三点共线 $\Leftrightarrow C$，L,A' 三点共线 $\Leftrightarrow\angle CLA=90^\circ\Leftrightarrow\angle CLA=\angle CEA\Leftrightarrow C,A,E,L$ 四点共圆 $\Leftrightarrow\angle ELA'=\angle EAC\Leftrightarrow\angle B'KF=\angle DBF\Leftrightarrow D,K,F,B$ 四点共圆 $\Leftrightarrow\angle BKD=\angle BFD\Leftrightarrow\angle BKD=90^\circ\Leftrightarrow D,K,B'$ 三点共线 $\Leftrightarrow C',D,B'$ 三点共线.

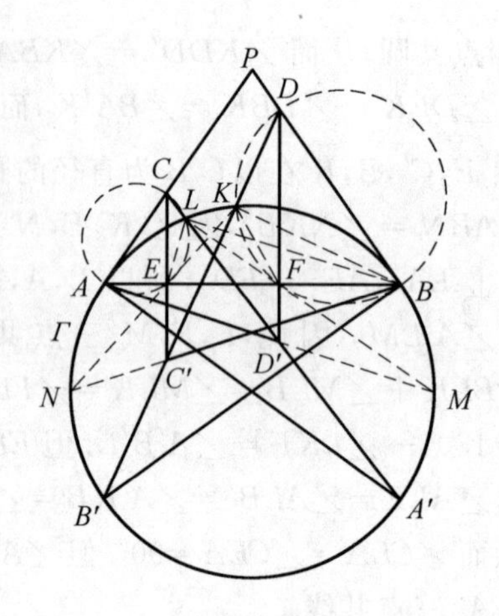

图 14

例 8 锐角 $\triangle A_1A_2A_3$ 中，A_iH_i 是高线，内切圆切三边于 P_1,P_2,P_3,T_i 在线段 H_iH_{i+1} 上（记 $H_4=H_1$），且 $H_iT_i=H_iP_i$. 求证：$P_iT_iP_{i+1}(i=1,2,3)$ 的外接圆共点.

证明 在 H_1H_3 上取点 T'_1，使 $H_1T'_1=H_1P_1$. 设 $\angle A_3A_1A_2=\angle A$，$\angle A_1A_2A_3=\angle B$，$\angle A_2A_3A_1=\angle C$.

再设 $\triangle A_1A_2A_3$ 外接圆，内切圆半径为 R 和 r，则

$$H_1A_2=A_1A_2\cos B=2R\sin C\cos B$$

同理 $H_3A_2=2R\sin A\cos B$，故

$$H_1H_3=H_1A_2\cdot\frac{\sin\angle A_1A_2A_3}{\sin\angle H_1H_3A_2}=2R\sin B\cos B$$

显然 $\angle A_2H_1H_3=\angle A$，故 $\angle H_1T'_1P_1=\angle H_1P_1T'_1=90^\circ-\dfrac{\angle A}{2}$.

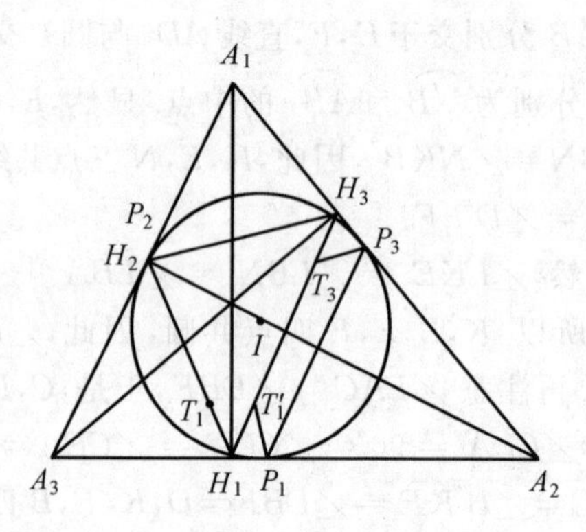

图 15

同理 $\angle H_3P_3T_3=90^\circ-\dfrac{\angle C}{2}$.

又 $\angle P_1P_3A_2=90^\circ-\dfrac{\angle B}{2}$,所以 $\angle T_3P_3P_1=90^\circ-\dfrac{\angle A}{2}=\angle H_1T'_1P_1$.

所以 P_1,P_3,T_3,T'_1 四点共圆.

下证该圆过 $\triangle P_1P_2P_3$ 的垂心 I':

只要证 $\angle P_1I'P_3=\angle P_1T_3P_3$ 即可,而 $\angle P_1I'P_3=180^\circ-\angle P_1P_2P_3=90^\circ+\dfrac{\angle B}{2}$.

所以 $\angle P_1T_3P_3=180^\circ-\angle T_3P_3P_1-\angle T'_1P_1P_3+\angle T'_1P_1T_3=180^\circ-(90^\circ+90^\circ-\dfrac{\angle A}{2}-\dfrac{\angle C}{2})+\angle T'_1P_1T_3=90^\circ-\dfrac{\angle B}{2}+\angle T'_1P_1T_3$.

所以只需证 $\angle T'_1P_1T_3=\angle B$.

设 $\angle T'_1P_1T_3=\theta$,则 $\dfrac{T_3P_3}{T'_1P_1}=\dfrac{\sin(\frac{A+B}{2}-\theta)}{\sin(\frac{B+C}{2}-\theta)}$.

易求 $T_3P_3=8R\sin\dfrac{C-B}{2}\sin\dfrac{A}{2}\sin\dfrac{B}{2}\sin\dfrac{C}{2}$.

同理 $T'_1P_1=8R\sin\dfrac{A-B}{2}\sin\dfrac{A}{2}\sin\dfrac{B}{2}\sin\dfrac{C}{2}$.

所以 $\dfrac{\sin(\frac{A+B}{2}-\theta)}{\sin\frac{A-B}{2}}=\dfrac{\sin(\frac{B+C}{2}-\theta)}{\sin\frac{C-B}{2}}\Rightarrow\theta=B$,得证.

同理另两圆也过 I',从而本题得证.

例 9　已知平面上不共线的三点 A,B,C 构成锐角三角形,试只用圆规作出过此三点的圆.

解析　"给定平面上三点 $D,E,F(DE<DF)$ 构成锐角三角形,在射线 EF 上作一点 G,使 $DE^2=EF\cdot EG$."

我们先给出上述点 G 的作法:

如图16,以 E 为圆心,ED 为半径作圆 E,再以 F 为圆心,FE 为半径作圆 F 交圆 E 于 G_1,G_2.

分别以 G_1 为圆心,G_1E 为半径;以 G_2 为圆心,G_2E 为半径作圆交异于 E 的一点 G,则 G 为所求.

事实上,显然 E,G,F 三点共线.

又 $G_1E=G_1G,EF=FG_1$,所以 $\triangle G_1EG\backsim\triangle FEG_1$.

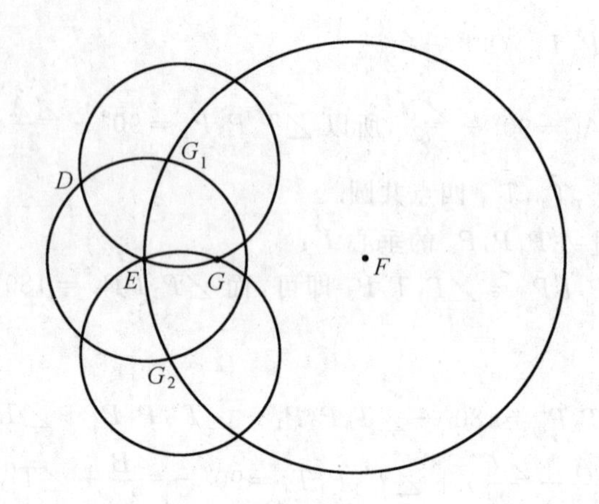

图 16

所以 $EG \cdot EF = EG_1^2 = ED^2$，所以 G 为所求.

回到原题：首先，可用圆规确定 $\triangle ABC$ 三边长度关系.

如图 17，不妨设 $AB \leqslant BC \leqslant AC$，因为是锐角三角形，所以 $\angle BCA > 30°$.

因为 $AB \leqslant AC$，所以可先作出 AC 上一点 C' 使 $AB^2 = AC' \cdot AC$.

则 $\angle BCA = \angle ABC'$.

再以 B 为圆心，以 BA 为半径，以 C' 为圆心，以 $C'A$ 为半径作两圆交于 A 外另一点 A'，则 A'，A 关于 BC' 对称.

又 $\angle ABC' > 30°$，所以 $AA' > AB$.

故可再作出 AA' 上的一点 O 使 $AO \cdot AA' = AB^2$，则 O 为 $\triangle ABC$ 外心.

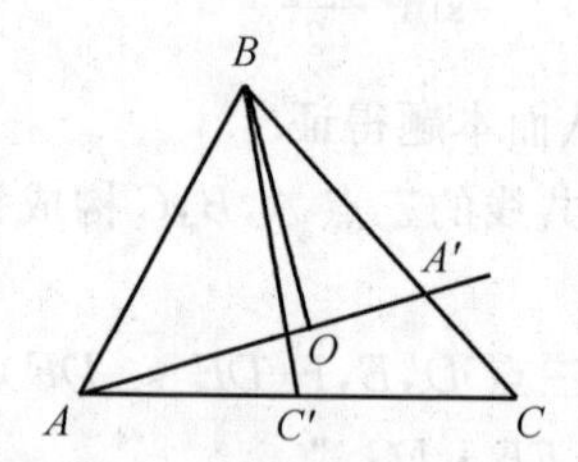

图 17

事实上，因为 $\triangle ABC \backsim \triangle AA'B$ 且 $AB = BA'$，所以 $AO = BO$.

又 $AA' \cdot AO = AB^2 = AC' \cdot AC$，所以 O，A'，C，C' 共圆.

所以 $\triangle AC'A' \backsim \triangle AOC$. 而 $AC' = C'A'$，所以 $AO = OC$.

所以 $AO = BO = CO$，即 O 为外心.

所以再以 O 为圆心，以 OA 为半径作圆，此圆即为所求.

例 10 PAB，PDC 是圆的割线，PEF 也是，PEF 交 BC，AD 于 I，J 如图

18所示.求证:$\frac{1}{PE}+\frac{1}{PF}=\frac{1}{PI}+\frac{1}{PJ}$.

证明　如图18,设O为圆心,作$OM\perp EF$于M,则M为EF中点.

作B,D关于MO的对称点B',D',则B',D'在圆O上.

设$B'D\cap EF=X,BD'\cap EF=Y$.

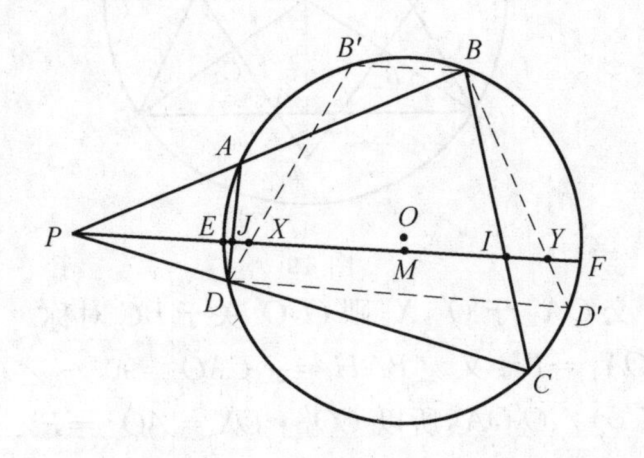

图18

显然$BB'DD'$为等腰梯形且$B'B\parallel DD'\parallel EF$.

所以$\angle PXD=\angle B'DD'=\angle BD'D=\angle BCD$.

所以X,I,C,D共圆.

所以$PX\cdot PI=PD\cdot PC=PE\cdot PF$.

同理$PY\cdot PJ=PA\cdot PB=PE\cdot PF$.

又明显X,Y关于MO对称,且E,F关于MO对称.

所以$PY+PX=2PM=PE+PF$.

所以$\frac{1}{PI}+\frac{1}{PJ}=\frac{PX+PY}{PE\cdot PF}=\frac{PE+PF}{PE\cdot PF}=\frac{1}{PE}+\frac{1}{PF}$,得证.

例11　锐角$\triangle ABC$中,N为$\triangle ABC$的九点圆圆心,N'为N的等角共轭点,O为$\triangle ABC$外心.OA中垂线交BC于A',类似定义B',C'.求证:A',B',C'共线于l且$l\perp ON'$.

证明　设OA,OB中垂线交于C_1,类似定义B_1,A_1,设AO中点为A_2,类似定义B_2,C_2.

引理:AA_1,BB_1,CC_1三线共点于N'.

事实上,如图19,设H为垂心,显然A_1为$\triangle OBC$外心.

设A_3为BC中点,类似定义B_3,C_3(此定义在引理结束后仍有效).

显然$OA_1\cdot\frac{OA_3}{2}=OB_2^2\Rightarrow OA_1\cdot(2\ OA_3)=R^2$,$R$为$\triangle ABC$外接圆半径.

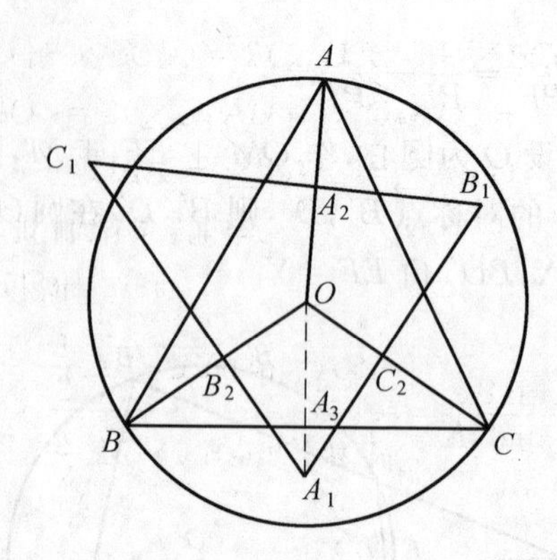

图 19

设 AN, AN' 交 OA_3 于 O', X，则 O, O' 关于 BC 对称.

所以 $OO' \cdot OA_1 = R^2$. 又 $\angle BAH = \angle CAO = 90° - \angle ABC$.

所以 $\triangle AOX \backsim \triangle O'OA$，所以 $OO' \cdot OX = AO^2 = R^2$.

所以 $OA_1 = OX$，所以 $X = A_1$，所以 A, N', A_1 三点共线.

同理 B, B_1, N'；C, C_1, N' 分别三点共线，引理得证.

回到原题：由引理知 $\triangle ABC$，$\triangle A_1B_1C_1$ 对应顶点连线共点于 N'.

由笛沙格定理知 $\triangle ABC$，$\triangle A_1B_1C_1$ 对应边交点共线，即 A', B', C' 共线于 l，得证.

作 $OM \perp l = M$，则由图 20（A' 未标出）知 O, M, A_3, A_2, A' 共圆（直径为 OA'）.

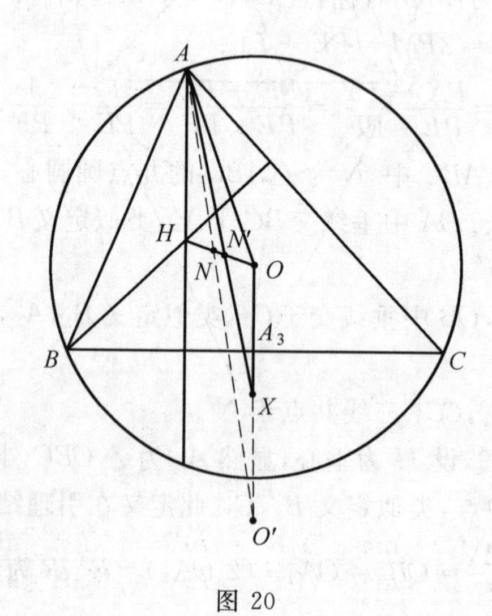

图 20

以 O 为中心，以 $\frac{\sqrt{2}}{2}OA$ 为反演进行反演变换.

因为 $AO \cdot A_2O=\frac{1}{2}OA^2, OA_3 \cdot OA_1=2\ OB_2^2=\frac{1}{2}OA^2$.

所以 A 变为 A_2，A_3 变为 A_1.

又 O, A_2, A_3, M 共圆，所以 M 的反演点 M' 在 AA_1 上.

同理 M' 也在 BB_1, CC_1 上. 由引理 M' 必为 N' 点.

所以 M, N' 为以 O 为中心的一对互反点.

而 $MO \perp l$，所以 $N'O \perp l$，得证.

综上所述，本题得证.

巩固演练

1. 已知四边形 $ABCD$ 内接于圆 O，AB 与 CD 相交于点 P，AD 与 BC 交于点 Q，对角线 AC, BD 的交点为 R，且 OR 与 PQ 交于点 K. 求证：$\angle AKD=\angle BKC$.

2. 点 O 是锐角 $\triangle ABC$ 的外心，$OA \cap BC=M, OB \cap CA=N, OC \cap AB=P$. 若 $\angle NMP=90°$.

(1) 求证：MP 和 MN 分别平分 $\angle AMB$ 和 $\angle AMC$.

(2) 当 $\triangle ABC$ 中有一个角为 $60°$ 时，求其各个内角.

3. 如图 21，在圆内接 $\triangle ABC$ 中，$\angle A$ 为最大角，不含点 A 的弧 $\overset{\frown}{BC}$ 上两点 D, E 分别为弧 $\overset{\frown}{ABC}$、$\overset{\frown}{ACB}$ 的中点. 记过点 A, B 且与 AC 相切的圆为圆 O_1，过点 A, E 且与 AD 相切的圆为圆 O_2，圆 O_1 与圆 O_2 交于点 A, P. 证明：AP 平分 $\angle ACB$.

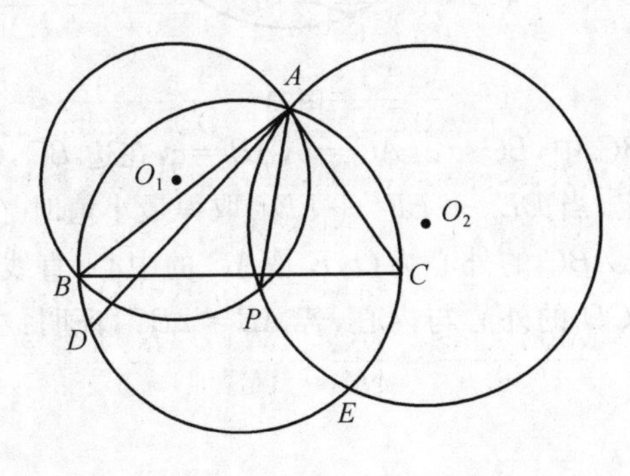

图21

4. 双心四边形，外心为 O，外接圆半径为 R，内心为 P，内切圆半径为 r，$OI=h$.

证明：$\frac{1}{(R+h)^2}+\frac{1}{(R-h)^2}=\frac{1}{r^2}$.

5. 如图 22，已知圆 O、圆 I 分别是 $\triangle ABC$ 的外接圆和内切圆；

证明：过圆 O 上的任意一点 D，都可作一个 $\triangle DEF$，使得圆 O、圆 I 分别是 $\triangle DEF$ 的外接和内切圆.

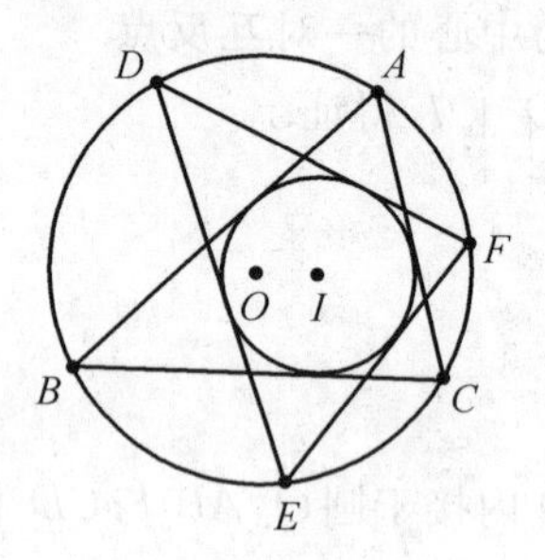

图22

6. 如图 23，四边形 $ABCD$ 内接于圆 O，而圆 O_1 与圆 O_2 外切于点 P，且都内切于圆 O，若对角线 AC，BD 分别是圆 O_1、圆 O_2 的内、外公切线；

证明：点 P 是 $\triangle ABD$ 的内心.

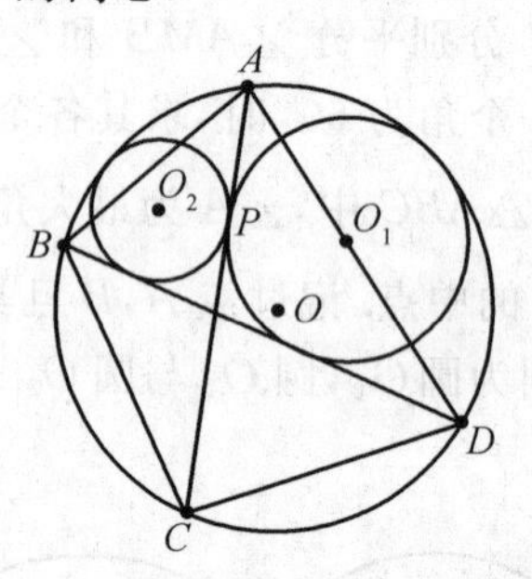

图23

7. 锐角 $\triangle ABC$ 中，$BC=a$，$AC=b$，$AB=c$，在边 BC，CA，AB 上分别有动点 D，E，F，试确定，当 $DE^2+EF^2+FD^2$ 取得最小值时 $\triangle DEF$ 的面积.

8. 如图 24，$\triangle ABC$ 的外心为 O，E 是 AC 的中心，直线 OE 交 AB 于 D，点 M，N 分别是 $\triangle BCD$ 的外心与内心，若 $AB=2BC$，证明：$\triangle DMN$ 是直角三角形.

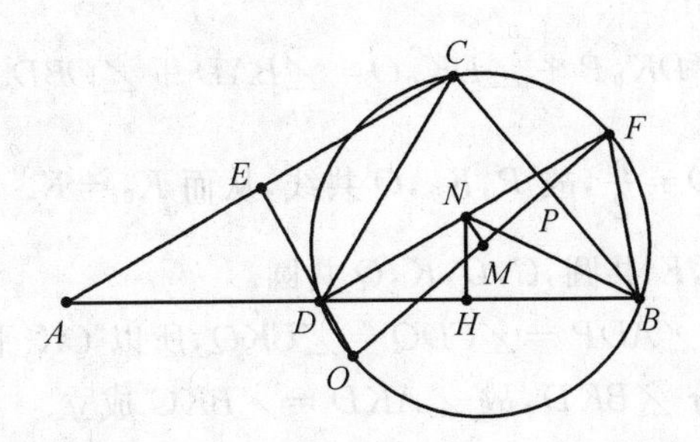

图24

9. 试证费尔巴赫定理:三角形的内切圆,内切于其九点圆;而其三个旁切圆皆与九点圆相外切.

10. $ABCD$ 内接于圆,M_1,M_2,M_3 分别为 AB,BC,CD 中点,$AM_3\cap DM_1=P$,已知 AB,CD,PM_2 三线共点,设 BP,CP 分别交圆于另一点 X,Y. 求证 $XY\parallel AD$.

演练解答

1. 如图 25,不妨设 $\angle BAD>\angle ABC$,则 $\angle ACD=\angle DAC$.

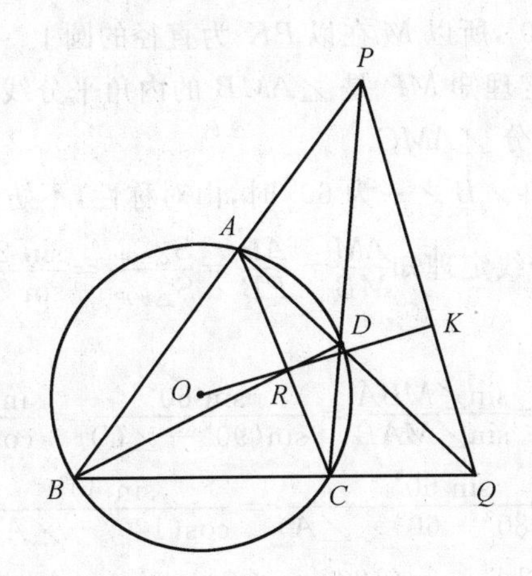

图 25

延长 OR 至 K_0,使 $OR\cdot RK_0=DR\cdot RB=AR\cdot RC$.

则 O,B,D,K_0 共圆,所以 $\angle DK'_0R=\angle OBR$.

同理 A,O,C,K 共圆,所以 $\angle AK_0R=\angle ACD$.

所以 $\angle AK_0D=\angle ACO-\angle DBO=\angle BAD-\angle ABC=\angle APD$.

所以 A,D,K_0,P 四点共圆,且

$\angle OK_0P=\angle DK_0P+\angle DK_0O=\angle BAD+\angle OBD=\frac{\pi}{2}$.

同理 $\angle DK_0Q=\frac{\pi}{2}$,故 P,K_0,Q 共线,从而 $K_0=K$.

所以 A,P,D,K 共圆,C,D,K,Q 共圆.

又 $\angle AKP=\angle ADP=\angle CDQ=\angle CKQ$,所以 OK 平分 $\angle AKC$.

同理 OK 平分 $\angle BKD$,故 $\angle AKD=\angle BKC$ 成立.

2.(1) 若 $MN\parallel AB$,则 $CA=CB$,此时 P 为 AB 中点,此时显然 $\angle NMP\neq 90^\circ$,故 MN 与 AB 不平行.延长 MN,设 $MN\cap AB=K$.

对 $\triangle ABC$ 和点 O 用塞瓦定理有

$$\frac{AP}{PB}\cdot\frac{BM}{MC}\cdot\frac{CN}{NA}=1 \quad ①$$

对 $\triangle ABC$ 和割线 NMK 用梅氏定理有

$$\frac{AK}{KB}\cdot\frac{BM}{MC}\cdot\frac{CN}{NA} \quad ②$$

由 ①、② 知 $\frac{AP}{PB}=\frac{AK}{KB}$

所以 A,P,B,K 四点成调和点列.

又 $\angle PMK=90^\circ$,所以 M 在以 PK 为直径的圆上.

由阿波罗尼圆定理知 MP 是 $\angle AMB$ 的内角平分线.

类似地,MN 平分 $\angle AMC$.

(2)① 当 $\angle C$ 和 $\angle B$ 之一为 60° 时,由对称性,不妨设 $\angle B=60^\circ$

由(1) 及角平分线定理知 $\frac{AM}{MB}=\frac{AP}{PB}=\frac{S_{\triangle AOP}}{S_{\triangle BOP}}=\frac{\sin 2B}{\sin 2A}=\frac{\sin 20^\circ}{\sin 2A}$

又

$$\frac{AM}{BM}=\frac{\sin\angle MBA}{\sin\angle MAB}=\frac{\sin 60^\circ}{\sin(90^\circ-\angle C)}=\frac{\sin 60^\circ}{\cos C}=$$
$$\frac{\sin 60^\circ}{\cos(180^\circ-60^\circ-\angle A)}=\frac{\sin 60^\circ}{\cos(120^\circ-\angle A)}$$

所以
$$\sin 2A=\cos(120^\circ-\angle A)=\sin(\angle A-30^\circ)$$

所以 $2\angle A=180^\circ-(\angle A-30^\circ)$

所以 $\angle A=50^\circ$,此时 $\angle C=70^\circ$.

② 当 $\angle A=60^\circ$ 时,同 ① 知 $\frac{\sin 2B}{\sin 2A}=\frac{\sin B}{\cos C}\Rightarrow 2\cos B\cos C=\sin 120^\circ=\frac{\sqrt{3}}{2}\Rightarrow\cos(B+C)+\cos(B-C)=\frac{\sqrt{3}}{2}\Rightarrow\cos(B-C)=\frac{\sqrt{3}+1}{2}>1$ 矛盾!

综上知 $\triangle ABC$ 的其余两角为 50° 和 70°.

3. 如图 26, 联结 EP, BE, BP, CD. 分别记 $\angle BAC$, $\angle ABC$, $\angle ACB$ 为 $\angle A$, $\angle B$, $\angle C$, X, Y 分别为 CA 延长线、DA 延长线上的任意一点. 由已知条件易得 $AD=DC$, $AE=EB$. 结合 A, B, D, E, C 五点共圆得

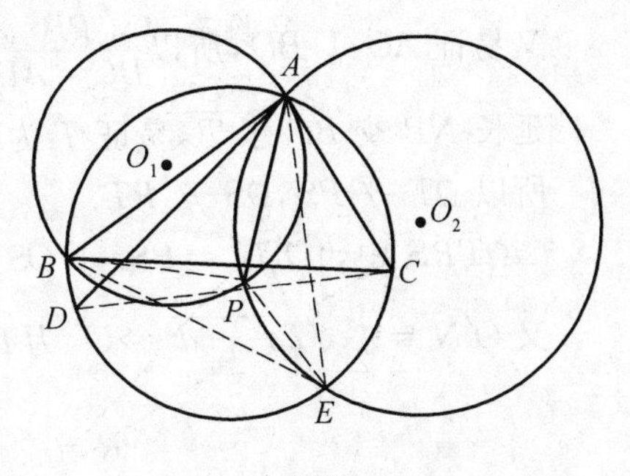

图26

$$\angle BAE=90^\circ-\frac{1}{2}\angle AEB=90^\circ-\frac{\angle C}{2}$$

$$\angle CAD=90^\circ-\frac{1}{2}\angle ADC=90^\circ-\frac{\angle B}{2}$$

由 AC, AD 分别切圆 O_1、圆 O_2 于点 A 得 $\angle APB=\angle BAX=180^\circ-\angle A$, $\angle ABP=\angle CAP$, 及 $\angle APE=\angle EAY=180^\circ-\angle DAE=180^\circ-(\angle BAE+\angle CAD-\angle A)=180^\circ-(90^\circ-\frac{\angle C}{2})-(90^\circ-\frac{\angle B}{2})-\angle A=90^\circ-\frac{\angle A}{2}$

故 $\angle BPE=360^\circ-\angle APB-\angle APE=90^\circ+\frac{\angle A}{2}=\angle APE$

在 $\triangle APE$ 与 $\triangle BPE$ 中, 分别运用正弦定理并结合 $AE=BE$, 得 $\frac{\sin\angle PAE}{\sin\angle APE}=\frac{PE}{AE}=\frac{PE}{BE}=\frac{\sin\angle PBE}{\sin\angle BPE}$, 故 $\sin\angle PAE=\sin\angle PBE$, 又因为 $\angle APE$、$\angle BPE$ 均为钝角, 所以, $\angle PAE$、$\angle PBE$ 均为锐角, 于是, $\angle PAE=\angle PBE$, 故 $\angle BAP=\angle BAE-\angle PAE=\angle ABE-\angle PBE=\angle ABP=\angle CAP$.

4. 如图 27, 分别过 K, L, M, N 作 PK, PL, PM, PN 垂线交于 A, B, C, D.

因为 $\angle LCM=180^\circ-\angle LPM=\angle PLM+\angle PML=\frac{1}{2}(\angle MLK+\angle LMN)$, $\angle KAN=\frac{1}{2}(\angle LKN+\angle KNM)$.

所以 A, B, C, D 四点共圆.

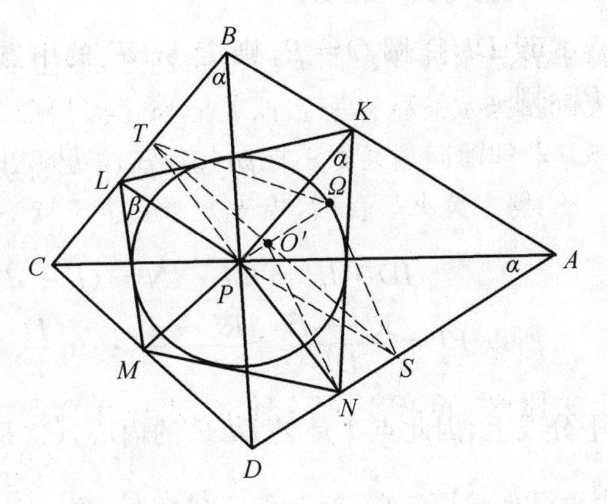

图27

我们设其半径为 ρ, 易证 B, P, D; A, P, C 分别三点共线.

所以 $r=PL\sin\beta=PB\sin\alpha\sin\beta=PB\cdot\frac{PC}{BC}\cdot\frac{AP}{AB}$, $PC\cdot AP=\rho^2-d^2$(d

为 $ABCD$ 的外心，记为 Ω 与 P 的距离).

又易证 $AC \perp BD$，所以 $\dfrac{PB}{BC \cdot AB}=\dfrac{1}{2\rho} \Rightarrow r=\dfrac{\rho^2-d^2}{2\rho}$ ①

延长 NP 交 BC 于 T，易证 T 为 BC 中点(卜拉美古塔定理).

所以 $\Omega T \parallel PS$，$\Omega S \parallel PT$.

$\square \Omega TPS$ 中，$4O'T^2=PS^2+OS^2-d^2=2\rho^2-d^2$.

又 $O'N=\dfrac{1}{2}\sqrt{2\rho^2-d^2} \Rightarrow O'$ 为 $KLMN$ 的外心(即为 O)且

$$R=\frac{1}{2}\sqrt{2\rho^2-d^2} \quad ②$$

$$h=\frac{1}{2}d \quad ③$$

由 ①②③ 得 $\dfrac{1}{r^2}=\dfrac{4\rho^2}{(\rho^2-d^2)^2}=\dfrac{2(R^2+h^2)}{(R^2-h^2)^2}=\dfrac{1}{(R+h)^2}+\dfrac{1}{(R-h)^2}$.

5. 如图 28，设 $OI=d$，R，r 分别是 $\triangle ABC$ 的外接圆和内切圆半径，延长 AI 交圆 O 于 K，则 $KI=KB=2R\sin\dfrac{A}{2}$，$AI=\dfrac{r}{\sin\dfrac{A}{2}}$，延长 OI 交圆 O 于 M，N；则 $(R+d)(R-d)=IM \times IN=AI \times KI=2Rr$，即 $R^2-d^2=2Rr$；过 D 分别作圆 I 的切线 DE，DF，E，F 在圆 O 上，联结 EF，则 DI 平分 $\angle EDF$，只要证，EF 也与圆 I 相切；

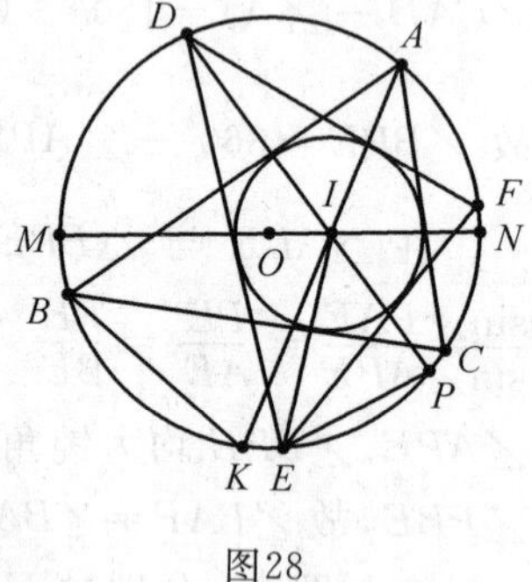

图28

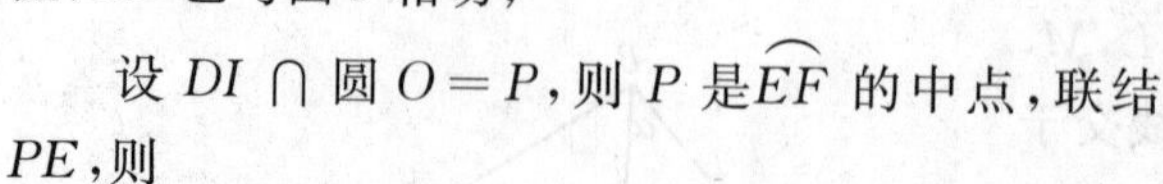
设 $DI \cap$ 圆 $O=P$，则 P 是 $\overset{\frown}{EF}$ 的中点，联结 PE，则

$$PE=2R\sin\frac{D}{2}, DI=\frac{r}{\sin\dfrac{D}{2}}$$

$$ID \cdot IP=IM \cdot IN=(R+d)(R-d)=R^2-d^2$$

所以 $PI=\dfrac{R^2-d^2}{DI}=\dfrac{R^2-d^2}{r}\cdot\sin\dfrac{D}{2}=2R\sin\dfrac{D}{2}=PE$，由于 I 在角 D 的平分线上，因此点 I 是 $\triangle DEF$ 的内心，(这是由于，$\angle PEI=\angle PIE=\dfrac{1}{2}(180^\circ-\angle P)=\dfrac{1}{2}(180^\circ-\angle F)=\dfrac{D+E}{2}$，而 $\angle PEF=\dfrac{D}{2}$，所以 $\angle FEI=\dfrac{E}{2}$，点 I 是 $\triangle DEF$ 的内心). 即弦 EF 与圆 I 相切.

6. 先证引理：若圆 O' 内切圆 O 于 M，圆 O 的弦 AB 切圆 O' 于 N，延长 MN

交圆 O 于 K，则 K 是 $\overparen{AB}$ 的中点，且 $KA^2=KB^2=KM\cdot KN$.

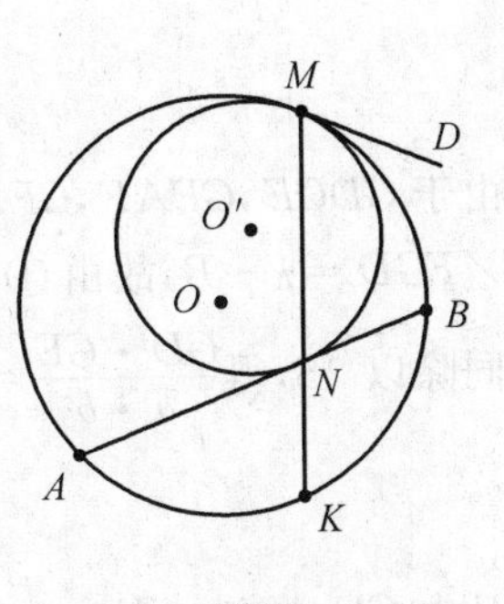

图29

如图29，作两圆的分切线 MD，因 NB 是圆 O' 的切线，则 $\angle DMN=\angle BNM$，而

$$\angle DMN=\angle DMK\cdot\frac{1}{2}\overparen{MBK}=\frac{1}{2}(\overparen{MB}+\overparen{BK})$$

$\angle BNM\cdot\frac{1}{2}(\overparen{MB}+\overparen{AK})$，所以 $\overparen{AK}=\overparen{AK}$，即 K 是 $\overparen{AB}$ 的中点，又由 $\triangle KBN\because\triangle KMB$，得到 $KA^2=KB^2=KM\cdot KN$.

回到本题，如图30，设圆 O_1，圆 O_2 分别切圆 O 于 E_1，E_2，切 BD 于 F_1，F_2，据引理知直线 E_1F_1，E_2F_2 过 $\overparen{BD}$ 的中点 C_0，则 $C_0D=C_0B$，而 $C_0D^2=C_0E_1\cdot C_0F_1$，$C_0B^2=C_0E_2\cdot C_0F_2$，所以 $C_0E_1\cdot C_0F_1=C_0E_2\cdot C_0F_2$，故 C_0 在圆 O_1，圆 O_2 的根轴上，即在内公切线 AC 上，所以 C_0 与 C 重合，即 C 是 $\overparen{BD}$ 的中点，故 AC 平分 $\angle BAD$；又由 $CP^2=CE_1\cdot CF_1$，$CD^2=CE_1\cdot CF_1$ 得 $CD=CP$，于是 $\angle CDP=\angle CPD$，即 $\angle CDB+\angle BDP=\angle CAD+\angle ADP$，而 $\angle CDB=\angle CAD=\frac{A}{2}$，所以 $\angle BDP=\angle ADP$，因此 PD 平分 $\angle ADB$，从而 P 是 $\triangle ABD$ 的内心.

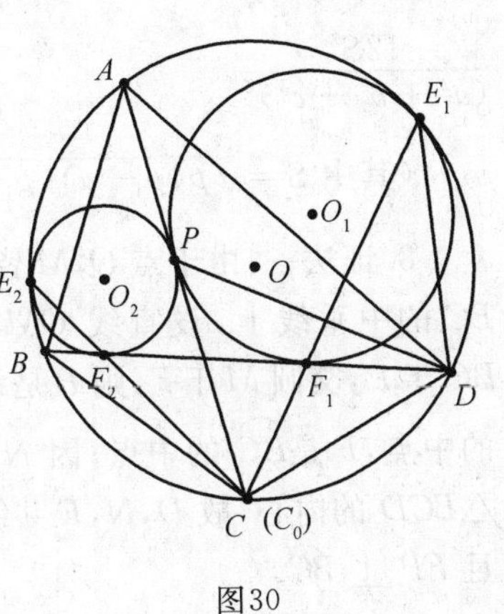

图30

7. 如图31，对于任一个内接 $\triangle DEF$，暂将 EF 固定，而让 D 在 BC 上移动，设 EF 的中点为 M，则由中线长公式，$DE^2+DF^2=\frac{EF^2}{2}+2\cdot DM^2$，因此在 EF 固定后，欲使 $DE^2+EF^2+FD^2$ 取得最小值，当使 DM 达最小，但是 M 为 EF 上的定点，则当 $DM\perp BC$ 时，DM 达最小，再对 E，F 作同样的讨论可知，当 $DE^2+EF^2+FD^2$ 取得最小值时，$\triangle DEF$ 的三条中线必定垂直于 $\triangle ABC$ 的相应边；今设 $\triangle DEF$ 重心为 G，面积为 S_0，$\triangle ABC$ 的面积为 S，则

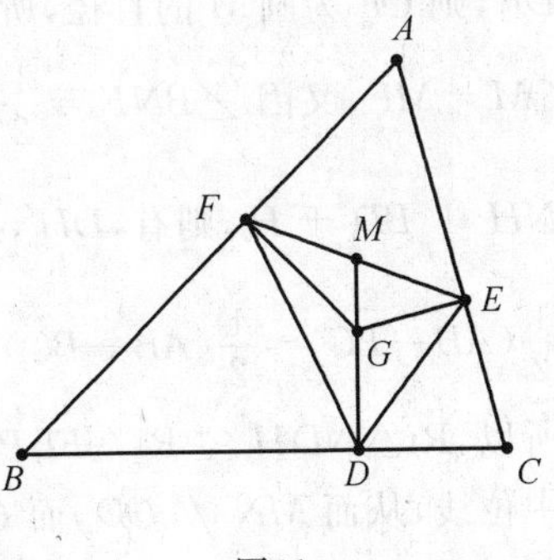

图31

$$S_{\triangle GDE}=S_{\triangle GEF}=S_{\triangle GFD}=\frac{S_0}{3} \quad ①$$

由于 $GDCE$，$GEAF$，$GFBD$ 分别共圆，则 $\angle DGE=\pi-C$，$\angle EGF=\pi-A$，$\angle FGD=\pi-B$，故由①，$GD\cdot GE\cdot\sin C=GE\cdot GF\cdot\sin A=GF\cdot GD\cdot\sin B$，同除以 $2S$，得 $\frac{GD\cdot GE}{a\cdot b}=\frac{GE\cdot GF}{b\cdot c}=\frac{GD\cdot GF}{a\cdot c}$，所以

$$\frac{GD}{a}=\frac{GE}{b}=\frac{GF}{c}=\lambda \quad ②$$

又由 $GD\cdot a+GE\cdot b+GF\cdot c=2S$，即 $\lambda(a^2+b^2+c^2)=2S$，所以 $\lambda=\frac{2S}{a^2+b^2+c^2}$，因而 $S_0=3\cdot\frac{1}{2}GD\cdot GE\sin C=3\lambda^2\cdot\frac{1}{2}ab\sin C=3\lambda^2S=\frac{12S^3}{(a^2+b^2+c^2)^2}$.

（其中 $S=\sqrt{p(p-a)(p-b)(p-c)}$，$p=\frac{a+b+c}{2}$）

8. 证法一：由于点 O，M 皆在 BC 的中垂线上，设直线 OM 交 BC 于 P，交圆 M 于 F，则 P 是 BC 的中点，F 是 $\overset{\frown}{BC}$ 的中点；因 N 是 $\triangle BCD$ 的内心，故 D，N，F 共线，且 $FP\perp BC$.

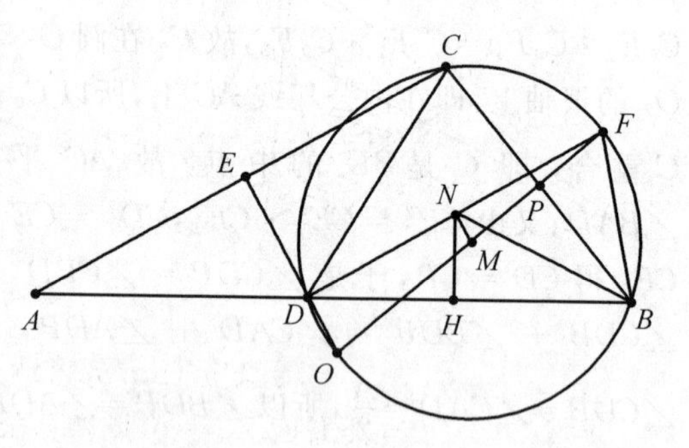

图32

又 OE 是 AC 的中垂线，则 $DC=DA$，而 DF，OE 为 $\angle BDC$ 的内、外角平分线，故有 $OD\perp DF$，则 OF 为圆 M 的直径，所以，$OM=MF$，又因 $\angle BNF=\frac{1}{2}\angle BDC+\frac{1}{2}\angle DBC=\angle NBF$，则 $NF=BF$. 作 $NH\perp BD$ 于 H，则有，$DH=\frac{1}{2}(BD+DC-BC)=\frac{1}{2}(BD+DA-BC)=\frac{1}{2}(AB-BC)=\frac{1}{2}(AB-BC)=\frac{1}{2}BC=BP$，且 $\angle NDH=\frac{1}{2}\angle BDC=\angle FBP$，所以，$\mathrm{Rt}\triangle NDH\cong\mathrm{Rt}\triangle FBP$，故得 $DN=BF=NF$，因此，MN 是 $\triangle FOD$ 的中位线，从而 $MN\parallel OD$，而 $OD\perp DN$，则 $MN\perp DN$. 故 $\triangle DMN$ 为直角三角形.

证法二：记 $BC=a$，$CD=b$，$BD=c$，因 DE 是 AC 的中垂线，则 $AD=CD=b$，由条件

$$b+c=2a \quad ①$$

延长 DN 交圆 M 于 F，并记 $FN=e$，$DN=x$，则 $FB=FC=FN=e$，对圆内接四边形 $BDCF$ 用托勒密定理得 $FC \cdot BD+FB \cdot CD=BC \cdot DF$，即

$$ec+eb=a(x+e) \quad ②$$

由①、②得 $2ae=a(x+e)$，所以 $x=e$，即 N 是弦 DF 的中点，而 M 为外心，所以 $MN \perp DF$，故 $\triangle DMN$ 为直角三角形.

9. 若 $\triangle ABC$ 为等腰三角形，显然其内切圆在底边中点处与九点圆内切；

只须考虑 $\triangle ABC$ 的三边不等时的情况，如图33所示，设边 BC，CA，AB 的中点分别为 K，M，N，内切圆圆 I 切这三边于 P，Q，R，$AI \cap BC=E$，过 E 作圆 I 的切线交 AB 于 F，S 为切点，联结 $CF \cap AE=H$，则点 C，F 关于线 AE 对称，所以 $AF=AC$，$EF=EC$，作 $AD \perp BC$ 于 D，联结 HD，HP，HK，设 $KS \cap$ 圆 $I=T$，KH 是 $\triangle CBF$ 的中位线，$KH=\frac{1}{2}BF=\frac{1}{2}(AB-AF)=\frac{1}{2}(AB-AC)$，

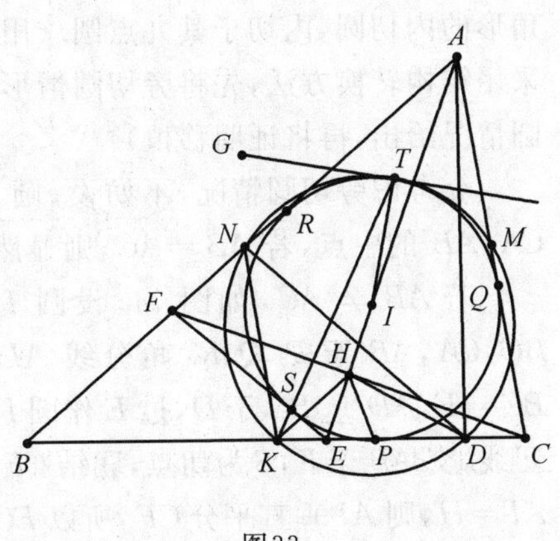

图33

因 $AB-AC=(AR+BR)-(AQ+CQ)=BR-CQ=BP-CP=\left(\frac{1}{2}BC+KP\right)-\left(\frac{1}{2}BC-KP\right)=2KP$，所以

$$KH=KP \quad ①$$

又由 $KH /\!/ BF$，得 $\angle KHE=\angle BAE$，因 $\angle AHC=\angle ADC=90^\circ$，则 $AHDC$ 共圆，$\angle HDE=\angle CAH=\angle BAE$，所以 $\angle KHE=\angle HDE$，得 $\triangle KHE \backsim \triangle KDH$，因此

$$KH^2=KE \cdot KD \quad ②$$

即 $KP^2=KE \cdot KD$；又 $KP^2=KS \cdot KT$，所以 $KE \cdot KD=KS \cdot KP$，故 $DEST$ 共圆，$\angle KTD=\angle BEF$，而在 $\triangle BEF$ 中，$\angle BEF=\angle AFE-\angle B=\angle C-\angle B$，所以

$$\angle KTD=\angle C-\angle B \quad ③$$

因中位线 $NK /\!/ AC$，$\angle NKB=\angle C$，N 是 $\mathrm{Rt}\triangle ABD$ 的斜边中点，则 $NB=ND$，$\angle NDB=\angle B$，在 $\triangle KAD$ 中，$\angle KND=\angle NKB-\angle NDB$，得

$$\angle KND=\angle C-\angle B \quad ④$$

由③④得，$\angle KTD=\angle KND$，故 $DKNT$ 共圆，而过点 K,D,N 的圆即是 $\triangle ABC$ 的九点圆，即 T 在九点圆上，因此 T 是 $\triangle ABC$ 的内切圆与九点圆的公共点；

再证，这两圆在点 T 处相切：过 T 作内切圆圆 I 的切线 TG（点 G 和点 F 在直线 ST 的同侧），GT 与 FS 同是圆 I 的切线，则 $\angle GTS=\angle FST$，因 $DEST$ 共圆，$\angle FST=\angle KDT$，故 $\angle GTS=\angle KDT$，从而 GT 与 $\triangle KDT$ 的外接圆相切于点 T，即与 $\triangle ABC$ 的九点圆相切于点 T. 所以 GT 是两圆的公切线，因此三角形的内切圆，内切于其九点圆.（用类似的方法可证得旁切圆与九点圆相切. 采用结构转换方法，先将旁切圆情形下的相应点的符号以及辅助线仿照内切圆情况给出，再将证明移植）

今考虑旁切圆情况，不妨设，圆 I 为 BC 边外的旁切圆，K,M,N 为 BC，CA，AB 的中点，若 $AB=AC$，则显然圆 I 与九点圆切于 BC 的中点 K；

若 $AB\neq AC$，如图 34，设圆 I 切 BC，CA，AB 于 P,Q,R，角分线 $AI\cap BC=E$，$AD\perp BC$ 于 D，过 E 作圆 I 的切线，交 AB 于 F，S 为切点，联结 $CF\cap AI=H$，则 AI 垂直平分 CF，所以 $EC=EF$；KH 是 $\triangle CBF$ 的中位线，$KH=\frac{1}{2}BF=\frac{1}{2}(AF-AB)=\frac{1}{2}(AC-AB)$，又因 $AC-AB=(AQ-CQ)-(AR-BR)=BR-CQ=BP-CP=\left(\frac{1}{2}BC+KP\right)-\left(\frac{1}{2}BC-KP\right)=2KP$，所以

$$KH=KP \quad ①$$

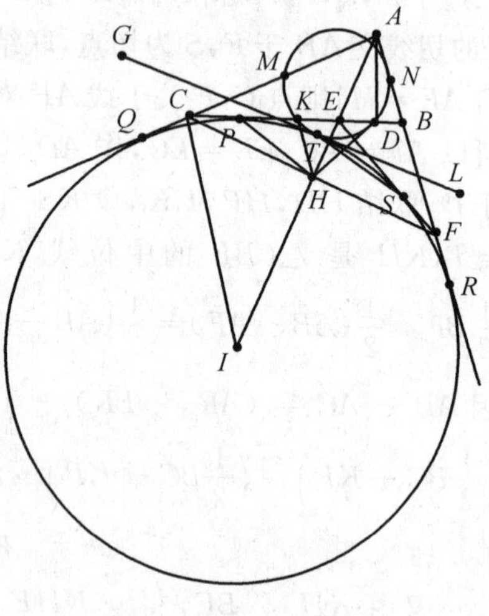

图34

又由 $KH\parallel BF$，得 $\angle KHE=\angle BAE$，

因 $\angle AHC=\angle ADC=90°$，则 $ACHD$ 共圆，$\angle HDE=\angle CAH=\angle BAE$，所以 $\angle KHE=\angle HDE$，得 $\triangle KHE\backsim\triangle KDH$，因此

$$KH^2=KE\cdot KD \quad ②$$

即 $KP^2=KE\cdot KD$，又 $KP^2=KS\cdot KT$，所以 $KE\cdot KD=KS\cdot KP$，故 $DETS$ 共圆，$\angle DTS=\angle DES=\angle DEF=\angle ABC-\angle AFE=\angle ABC-\angle ACB$，因为中位线 $NK\parallel AC$，$\angle NKD=\angle ACB$，而 N 是 $\mathrm{Rt}\triangle ADB$ 斜边的中点，$\angle NDB=\angle ABC$，所以 $\angle KND=\angle NDB-\angle NKD=\angle ABC-\angle ACB$，故得 $\angle KND=\angle DTS$，$\angle KTD+\angle KND=\angle KTD+\angle DTS=180°$，所以

$DNKT$ 共圆，而过点 K,D,N 的圆即是 $\triangle ABC$ 的九点圆，即 T 在九点圆上，因此 T 是 $\triangle ABC$ 的旁切圆与九点圆的公共点；

再证，这两圆在点 T 处相切：过 T 作旁切圆圆 I 的切线 TG（在切线上，取点 G 和点 F 在直线 ST 的同侧，取点 L 和点 F 在直线 ST 的异侧），GT 与 FS 同是圆 I 的切线，则 $\angle LTS=\angle EST$，因 $DETS$ 共圆，得 $\angle EST=\angle EDT$，所以 $\angle LTS=\angle EDT$，即 $\angle GTK=\angle KDT$，从而 GT 与 $\triangle KDT$ 的外接圆相切于点 T，即与 $\triangle ABC$ 的九点圆相切于点 T. 所以 GT 是两圆的公切线，因此三角形的旁切圆，外切于其九点圆.

10. 如图 35，设 AB,CD,PM_2 交于 E，$Y_1=CP\cap BE$，$X_1=BP\cap CE$.

由塞瓦定理知 $BM_2\cdot CX_1\cdot EY_1=CM_2\cdot BY_1\cdot EX_1$.

所以 $\dfrac{CX_1}{EX_1}=\dfrac{BY_1}{EY_1}$，所以 $X_1Y_1\,/\!/\,BC$.

所以 $\angle X_1Y_1E=\angle EBC=\angle ADE$，所以 X_1,Y_1,A,D 共圆.

又 $\angle Y_1X_1B=\angle X_1BC=\angle XYC$，所以 X,Y,X_1,Y_1 共圆.

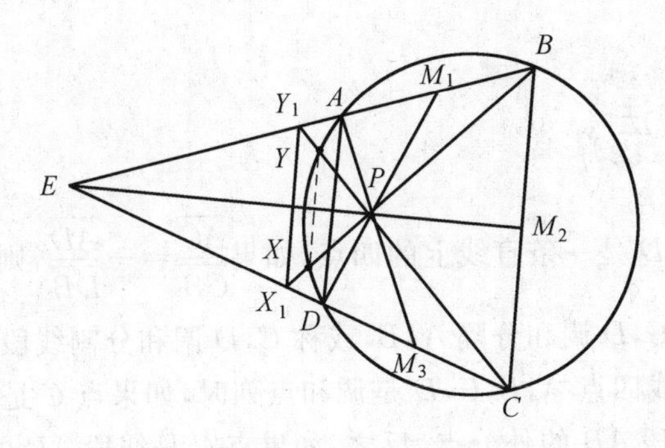

图 35

由根轴定理知 XY,X_1Y_1,AD 三线共点或平行.

所以 $XY\,/\!/\,AD\Leftrightarrow X_1Y_1\,/\!/\,AD$. 因为

$$\frac{M_3C}{M_3D}\cdot\frac{X_1D}{X_1C}=\frac{S_{\triangle PCM_3}}{S_{\triangle PDM_3}}\cdot\frac{S_{\triangle PX_1D}}{S_{\triangle PX_1C}}=$$

$$\frac{PC\sin\angle CPM_3}{PD\sin\angle DPM_3}\cdot\frac{PD\sin\angle DPX_1}{PC\sin\angle CPX_1}.$$

同理 $\dfrac{BM_1}{AM_1}\cdot\dfrac{AY_1}{BY_1}=\dfrac{PB\sin\angle BPM_1}{PA\sin\angle APM_1}\cdot\dfrac{PA\sin\angle Y_1PA}{PB\sin\angle Y_1PB}$.

再由 $M_3C=M_3D$，$AM_1=BM_1$ 以及对顶点相等知 $\dfrac{AY_1}{BY_1}=\dfrac{DX_1}{CX_1}$.

又 $X_1Y_1\,/\!/\,BC$，所以 $X_1Y_1\,/\!/\,AD$，所以 $XY\,/\!/\,AD$，得证.

第 31 讲　调和点列、调和线束和调和四边形

提出一个问题往往比解决一个问题更重要，因为解决问题也许仅仅是一个数学上或实验上的技能而已. 而提出新的问题，新的可能性，从新的角度去看旧的问题，都需要有创造性的想象力，而且标志着科学的真正进步.

——爱因斯坦(美国)

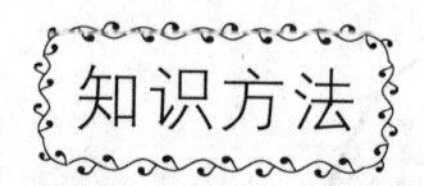

设 A,B,C,D 是一条直线上的四点，如果 $\dfrac{\overline{AC}}{\overline{CB}}=-\dfrac{\overline{AD}}{\overline{DB}}$，则称 A,B,C,D 是调和点列，或称 C,D 调和分隔 A,B，或称 C,D 调和分割线段 AB.

显然，当共线四点 A,B,C,D 是调和点列时，如果点 C 是线段 AB 的内分点，则点 D 是线段 AB 的外分点. 反之，如果点 C 是线段 AB 的外分点，则点 D 是线段 AB 的内分点. 因此，如果 C,D 两点中，一个是线段 AB 的内分点，而另一个是线段 AB 的外分点，且 $\dfrac{AC}{CB}=\dfrac{AD}{DB}$，则 A,B,C,D 是调和点列.

因 $\dfrac{\overline{AC}}{\overline{CB}}\Leftrightarrow\dfrac{\overline{CA}}{\overline{AD}}=-\dfrac{\overline{CB}}{\overline{BD}}\Leftrightarrow\dfrac{\overline{AD}}{\overline{DB}}=-\dfrac{\overline{AC}}{\overline{CB}}$，于是，当 C,D 调和分隔 A,B 时，显然，点 A,B 也调和分隔 C,D. 且当 C,D 调和分隔 A,B 时，D,C 也调和分隔 A,B，因而当 C,D 调和分隔 A,B 时，我们称点 D 为点 C 关于 A,B 两点的调和共轭点. 显然，对于共线三点 A,B,C，存在唯一的点 D，使得点 D 为点 C 关于 A,B 两点的调和共轭点(图 1、图 2).

A　C　B　　　D

图 1

A　D　B　　　C

图 2

已知线段 AB，直线 l_1，l_2 与直线 AB 交于 C，D 两点，如果 A，B，C，D 是调和点列，则称直线 l_1，l_2 调和分割线段 AB（图 3）．

如果 A，B，C，D 是调和点列，O 是直线 AB 外一点，则称直线 OA，OB，OC，OD 是调和线束（图 4）．

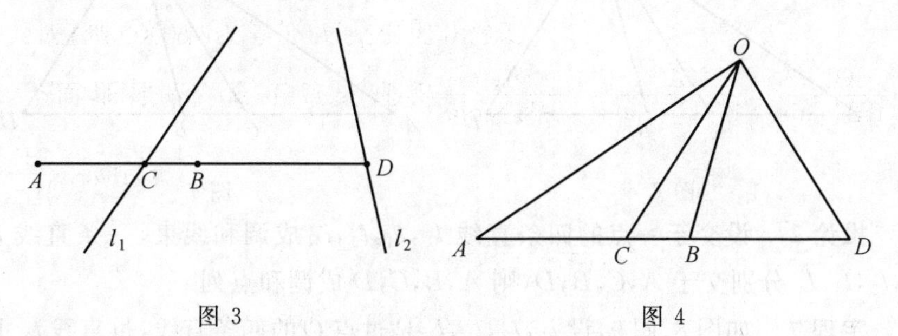

图 3　　　　图 4

调和点列与调和线束的一系列性质：

定理 1　设 A，B，C，D 是一条直线上的四点，则 A，B，C，D 成调和点列的充分必要条件是：

$$\frac{1}{AC}+\frac{1}{AD}=\frac{2}{AB}$$

定理 2　设 A，B，C，D 是一条直线上的四点，M 为 AB 的中点，则 A，B，C，D 成调和点列的充分必要条件是：$\overline{CA}\cdot\overline{CB}=\overline{CM}\cdot\overline{CD}$，或 $\overline{DA}\cdot\overline{DB}=\overline{DM}\cdot\overline{DC}$．

定理 3　设 A，B，C，D 成调和点列，M 是直线 AB 上一点，则 M 为 AB 的中点的充分必要条件是：$\overline{CA}\cdot\overline{CB}=\overline{CM}\cdot\overline{CD}$，或 $\overline{DA}\cdot\overline{DB}=\overline{DM}\cdot\overline{DC}$．

定理 4　如图 5，设 A，B，C，D 是一条直线上的四点，M 为 AB 的中点，则 A，B，C，D 成调和点列的充分必要条件是：$MA^2=\overline{MC}\cdot\overline{MD}$．

定理 5　如图 5，设 A，B，C，D 是一条直线上的四点，M 为 AB 的中点，则 A，B，C，D 成调和点列的充分必要条件是：$\dfrac{\overline{MC}}{\overline{MD}}=\dfrac{AC^2}{AD^2}$．

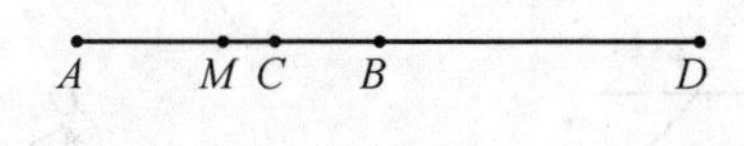

图 5

定理 6　如图 6，设 A，B，C，D 是一条直线上的四点，O 是直线 AB 外一点，则 A，B，C，D 成调和点列的充分必要条件是：$\dfrac{\sin\angle AOC}{\sin\angle COB}=-\dfrac{\sin\angle AOD}{\sin\angle DOB}$．

推论 1　如图 7，设交于一点的四条直线 l_1，l_2，l_3，l_4 成调和线束的充分必要条件是

$$\frac{\sin\angle(l_1,l_3)}{\sin\angle(l_3,l_2)}=-\frac{\sin\angle(l_1,l_4)}{\sin\angle(l_4,l_2)}$$

图 6　　　　图 7

推论 2　设交于一点的四条直线 l_1,l_2,l_3,l_4 成调和线束，一条直线 l 与 l_1,l_2,l_3,l_4 分别交于 A,C,B,D，则 A,B,C,D 成调和点列.

定理 7　如图 8、图 9，设 l_1,l_2,l_3,l_4 是过点 O 的四条直线，过直线 l_2 上一点 C 作 l_4 的平行线分别与直线 l_1,l_3 交于 E,F 两点，则 l_1,l_2,l_3,l_4 成调和线束的充分必要条件是 C 为 EF 的中点.

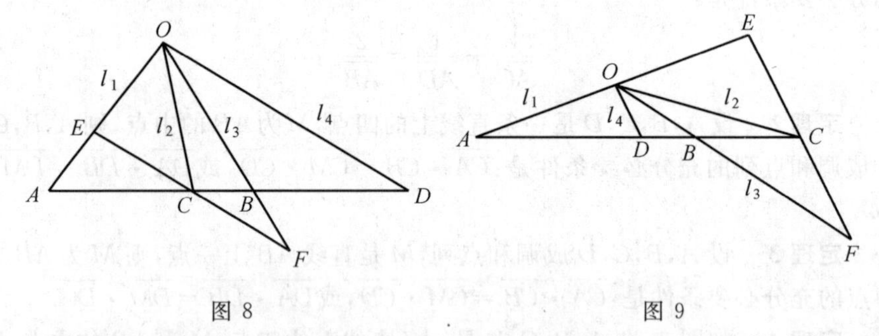

图 8　　　　图 9

推论 3　如图 10，设 M 是 $\triangle ABC$ 的边 BC 的中点，过点 A 的直线 l 平行于 BC，则 AB,AC,AM,l 是调和线束.

定理 8　设 l_1,l_2,l_3,l_4 是过点 O 的四条成调和线束的直线，过直线 l_2 上一点 C 作一直线分别与直线 l_1,l_3 交于 E,F，则 $EF\parallel l_4$ 的充分必要条件是：C 为 EF 的中点.

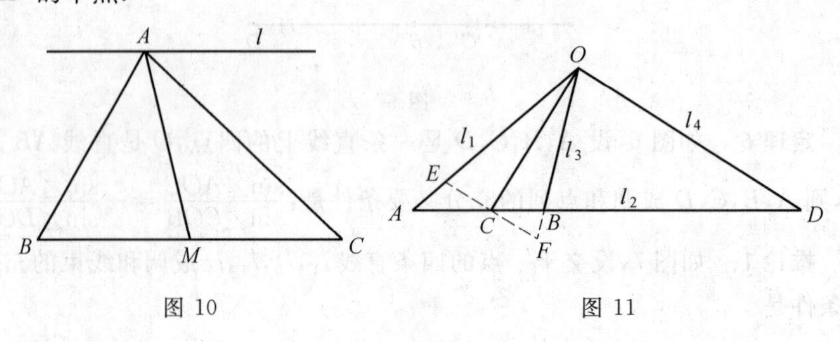

图 10　　　　图 11

定理 9　设 A,B,C,D 是一条直线上的四点，O 是这条直线外的一点，且 $OC\perp OD$，则 A,B,C,D 成调和点列的充分必要条件是：OC 平分 $\angle AOB$.

除此以外，还有两类图形与调和点列密切相关. 这就是四边形与圆.

定理 10　完全四边形的任一条对角线被另两条对角线调和分割.

定理 11　如图 12，在梯形 $ABCD$ 中，$AD\parallel BC$，对角线 AC 与 BD 交于 P. 直线 AB 与 CD 交于 Q，直线 PQ 与 BC，AD 分别交于 M,N，则 P,Q,M,N 成调和点列.

定理 12　如图 13，在梯形 $ABCD$ 中，$AD\parallel BC$，对角线 AC 与 BD 交于 O. 过点 O 且平行于 AD 的直线与 CD 交于 P，PA，PB 分别与 BD，AC 交于 E,F，则 A,E,O,C 成调和点列.

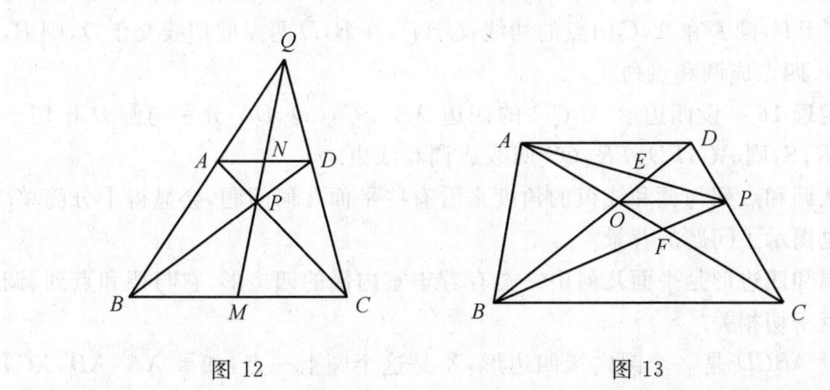

图 12　　　　图 13

定理 13　如图 14，过圆 Γ 外一点 P 作圆 Γ 的两条切线，切点分别为 A,B，再过点 P 任作圆 Γ 的一条割线 PCD，设 CD 与 AB 交于 Q，则 P,Q,C,D 是调和点列.

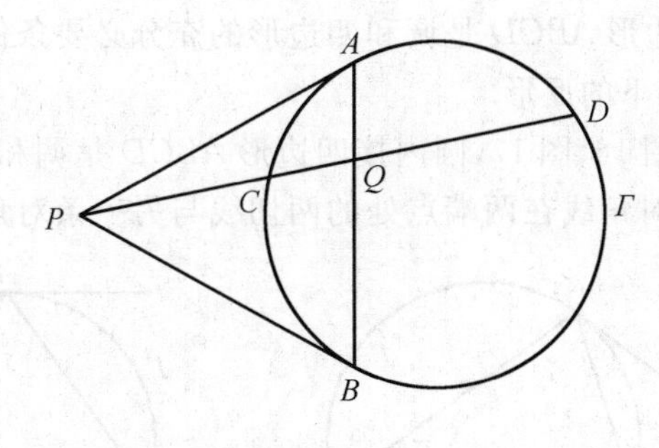

图 14

定理 14　如图 15，设 A,B,C,D 是圆 Γ 上四点，直线 AB 与 CD 交于 P，直线 AC 与 BD 交于 Q，直线 PQ 与圆 Γ 交于 E,F 两点，则 P,Q,E,F 四点成调和点列.

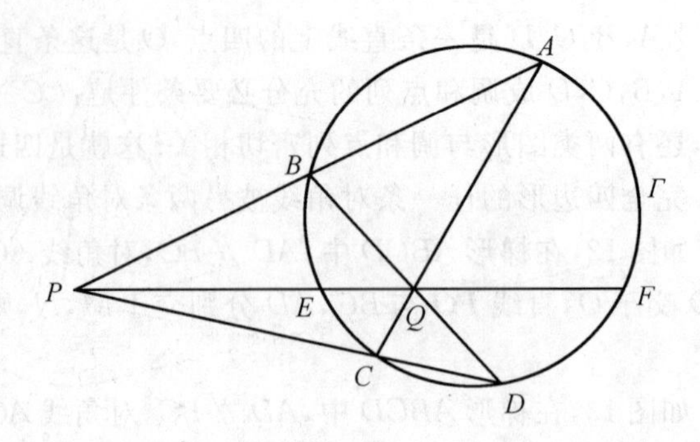

图 15

定理 15 设 A,B,C,D 是圆 Γ 上四点,直线 AB 与 CD 交于 E,直线 BC 与 AD 交于 F,圆 Γ 在 A,C 两点的切线交于 P,在 B,D 两点的切线交于 Q,则 P,Q,E,F 四点成调和点列.

定理 16 设四边形 $ABCD$ 的四边 AB,BC,CD,DA 分别与圆 Γ 相切于 P,Q,R,S,则 AC,BD,PR,QS 四线成调和线束.

从调和点列与调和线束的角度来看有些平面几何问题,会显得十分简单.同时也揭示了问题的背景.

调和四边形是平面几何中一类有着丰富内涵的四边形,它与调和点列、调和线束密切相关.

设 $ABCD$ 是一个圆内接四边形,X 是这个圆上一点,如果 XA,XB,XC,XD 是调和线束,则称 $ABCD$ 是一个调和四边形.

定理 17 圆内接四边形是调和四边形的充分必要条件是:这个四边形的对边乘积相等.

定理 18 四边形 $ABCD$ 是调和四边形的充分必要条件是:四边形是正方形在某个反演变换下的反形.

定理 19 如图 16、图 17,圆内接四边形 $ABCD$ 是调和四边形的充分必要条件是:其中一条对角线在两端点处的两切线与另一条对角线共点或平行.

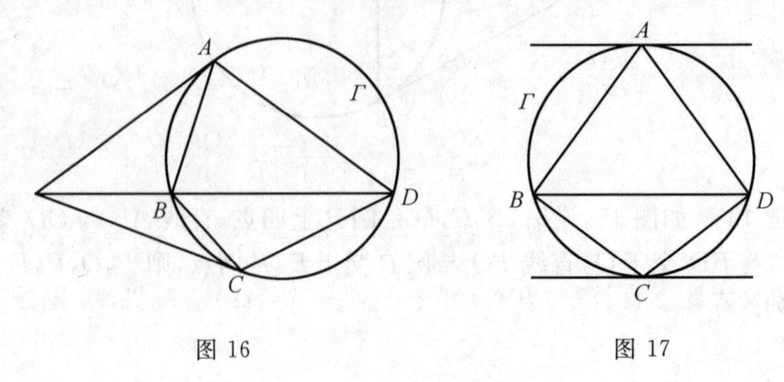

图 16　　　　图 17

定理20　设$ABCD$是一个圆内接四边形,则$ABCD$为调和四边形的充分必要条件是:AC为$\triangle ABD$的A-陪位中线.

定理21　如图18,设$ABCD$是一个圆内接四边形,M为BD的中点,则$ABCD$为一个调和四边形的充分必要条件是:BD平分$\angle AMC$.

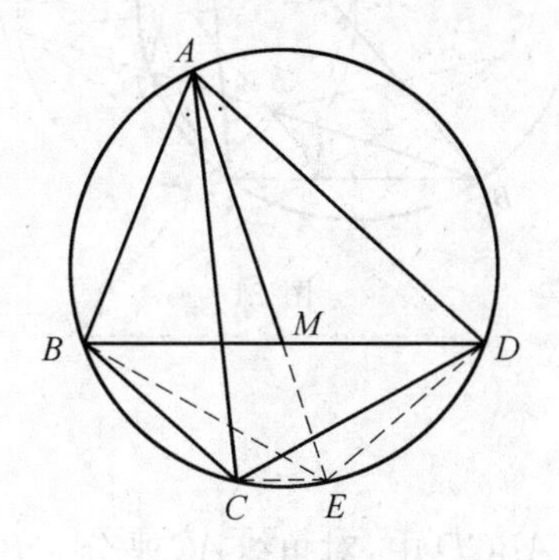

图18

定理22　如图19,设$ABCD$是一个凸四边形,M是BD的中点,则$ABCD$为调和四边形的充分必要条件是:$\triangle BCM$的外接圆和$\triangle MCD$的外接圆分别与AB,AC相切.

定理23　如图20,设$ABCD$是一个凸四边形,M是AC的中点,则$ABCD$为调和四边形的充分必要条件是:$\triangle ABM$的外接圆和$\triangle AMD$的外接圆分别与AD,AB相切.

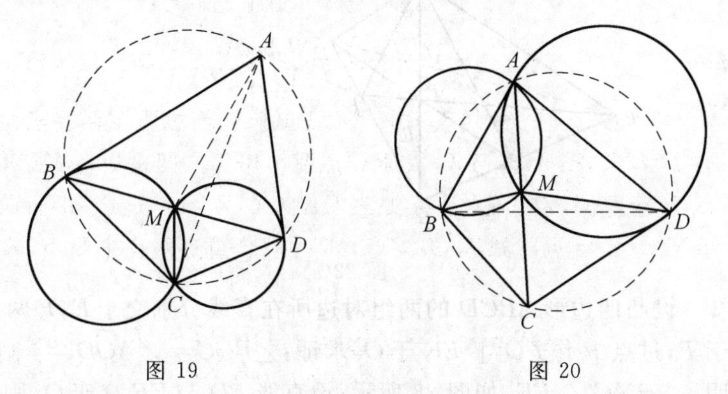

图19　　图20

定理24　如图21,设四边形$ABCD$内接于圆心为O的圆.M为对角线BD的中点,则$ABCD$是一个调和四边形的充分必要条件是O,M,C,A四点共圆.

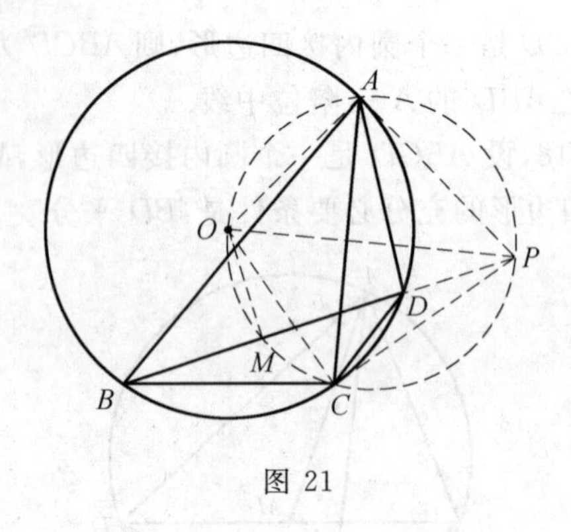

图 21

典型例题

例 1 在凸四边形 $ABCD$ 中,对角线 AC 平分 $\angle BAD$. 在 CD 上取一点 E, BE 与 AC 相交于 P,延长 DP 交 BC 于 F. 求证:$\angle FAC=\angle CAE$.

证明 如图 22,设 AC 与直线 BD,EF 分别交于 Q,R,直线 EF 与 BD 交于 S,考虑完全四边形 $BDEF$,则 B,D,Q,S 成调和点列. 由 AC 平分 $\angle BAD$ 知,$AS\perp AQ$. 又 F,E,R,S 成调和点列,且 $AR\perp AS$,所以 AC 平分 $\angle FAE$,故 $\angle FAC=\angle CAE$.

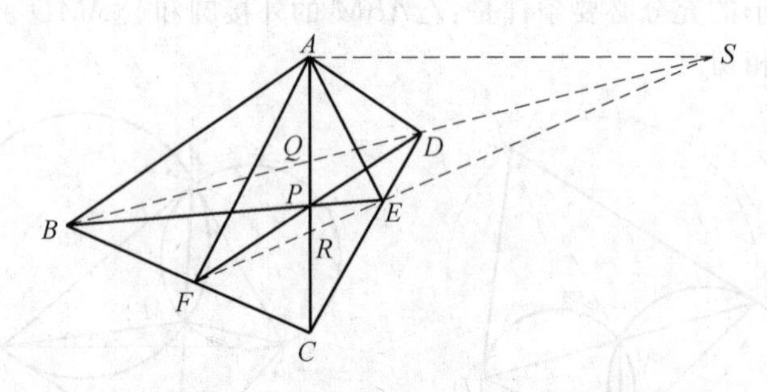

图 22

例 2 设凸四边形 $ABCD$ 的两组对边所在直线分别交于 E,F 两点,两对角线交于 P,过点 P 作 $PO\perp EF$ 于 O. 求证:$\angle BOC=\angle AOD$.

证明 若 $AC\parallel EF$,如图 23 所示,设直线 BD 与 EF 交于 Q,则 P,Q 调和分割 BD,因而 EP,EQ 调和分割 EB,ED,又 $AC\parallel EF$,所以,P 为 AC 的中点. 而 $OP\perp AC$,因此,PO 平分 $\angle COA$.

如果 AC 不平行 EF,如图 24 所示,设直线 AC 与 EF 交于点 Q,则 P,Q 调和分割 AC,而 $OP\perp OQ$,由定理 21,此时也有 OP 平分 $\angle COA$. 同理,PO 平分 $\angle BOD$,故 $\angle BOC=\angle AOD$.

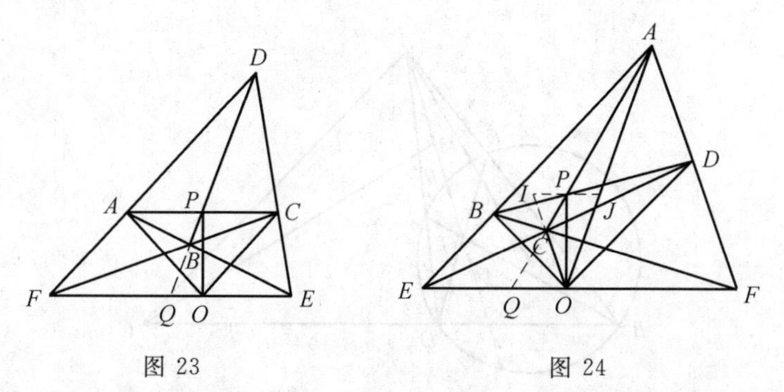

图 23　　　　　　　　图 24

例 3　设 O,I 分别为 $\triangle ABC$ 的外心和内心，$\triangle ABC$ 的内切圆与 BC,CA，AB 分别切于 D,E,F，直线 FD 与 CA 交于 P，直线 DE 与 AB 交于 Q；M,N 分别为 PE,QF 的中点，求证：$OI\perp MN$.

证明　如图 25，因 AD,BE,CF 三线共点(三角形的格高尼点)，所以 E,P 调和分隔 C,A，由调和点列的性质，$MA\cdot MC=ME^2$，因 ME 是点 M 到 $\triangle ABC$ 的内切圆的切线长，所以 ME^2 是点 M 到 $\triangle ABC$ 的内切圆的幂，而 $MA\cdot MC$ 是点 M 到 $\triangle ABC$ 的外接圆的幂，等式 $MA\cdot MC=ME^2$ 表明点 M 到 $\triangle ABC$ 的外接圆与内切圆的幂相等，因而点 M 在 $\triangle ABC$ 的外接圆与内切圆的根轴上，同理，点 N 也在 $\triangle ABC$ 的外接圆与内切圆的根轴上，故 $OI\perp MN$.

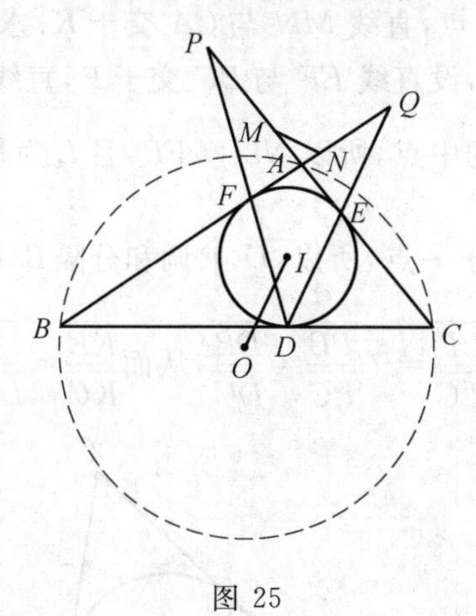

图 25

例 4　如图 26，设 D 是 $\triangle ABC$ 的边 BC 上一点，且 $\angle CAD=\angle CBA$，过 B,D 两点的圆 O 分别与线段 AB,AD 交于 E,F 两点，BF 与 DE 交于点 G，M 为 AG 的中点. 求证：$CM\perp AO$.

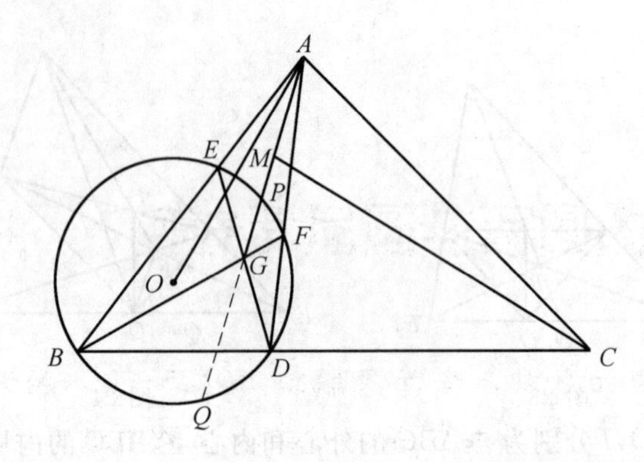

图 26

证明　设直线AG与圆O交于P,Q两点,则P,Q两点调和分割线段AG,而M为AG的中点,由定理3,$MA^2=MP\cdot MQ$,因此点M在圆O与圆A的根轴上.

另一方面,因$\angle CAD=\angle CBA$,所以,$\triangle CAD\backsim\triangle CBA$,于是$CA^2=CD\cdot CB$.这说明点$C$也在圆$O$与点圆$A$的根轴上.从而$MC$为圆$O$与点圆$A$的根轴.故$CM\perp AO$.

例5　如图27,设$\triangle ABC$的内切圆与BC,CA,AB分别切于D,E,F;M,N分别为DE,DF的中点,直线MN与CA交于K.求证:$DK\parallel BE$.

证法一　如图28,设直线EF与BC交于P,直线MN与CP交于L.因M,N分别为DE,DF的中点,所以$NL\parallel FP$,且L为DP的中点.因此,$\frac{\overline{KE}}{\overline{KC}}=\frac{\overline{LP}}{\overline{LC}}$.又$AD$,$BE$,$CF$交于一点,所以,$D$,$P$调和分隔$B$,$C$,因而$LP^2=\overline{LB}\cdot\overline{LC}$,于是$\frac{\overline{LP}}{\overline{LC}}=\frac{\overline{LB}}{\overline{LP}}=\frac{\overline{LB}-\overline{LP}}{\overline{LP}-\overline{LC}}=-\frac{\overline{PB}}{\overline{PC}}=\frac{\overline{DB}}{\overline{DC}}$,从而$\frac{\overline{KE}}{\overline{KC}}=\frac{\overline{LP}}{\overline{LC}}=\frac{\overline{DB}}{\overline{DC}}$.故$DK\parallel BE$.

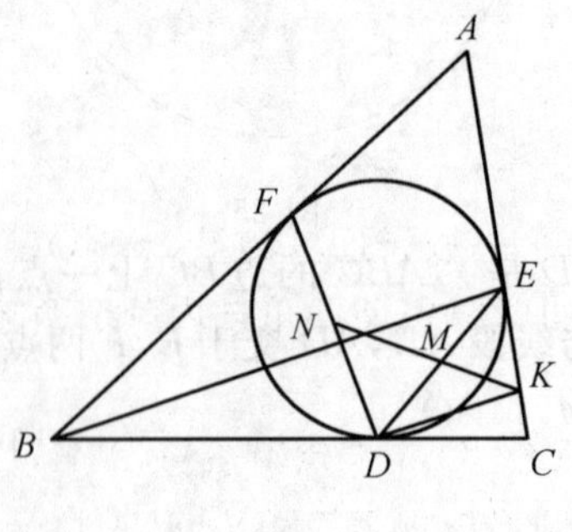

图 27

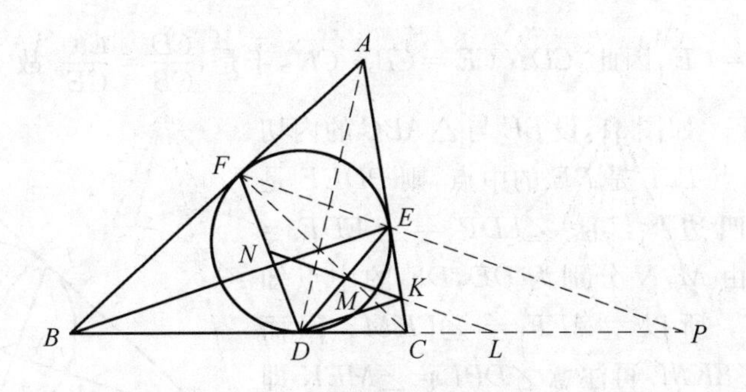

图 28

证法二　如图 29,设 I 是 $\triangle ABC$ 的内心,r 是 $\triangle ABC$ 的内切圆半径,则有

$$\frac{CK}{KE}=\frac{MC}{ME}\cdot\frac{\sin\angle CMK}{\sin\angle KME}=\frac{CE}{r}\cdot\frac{\sin\angle CMK}{\sin\angle KME}$$

另一方面,显然 M,N,B,C 四点共圆,所以,$\angle CMK=\angle DBI$,$\angle KME=90^\circ-\angle DBI$,因此

$$\frac{\sin\angle CMK}{\sin\angle KME}=\frac{\sin\angle DBI}{\cos\angle DBI}=\tan\angle DBI=\frac{r}{DB}$$

又 $CE=CD$,于是$\frac{CK}{KE}=\frac{CE}{r}\cdot\frac{r}{DB}=\frac{CD}{DB}$.故 $DK\,/\!/\,BE$.

证法三　如图 30,设 I 是 $\triangle ABC$ 的内心.因 M,N 分别为 DE,DF 的中点,所以,$MN\,/\!/\,EF$,因此,$\angle KME=\angle FED=90^\circ-\frac{1}{2}\angle CBA$,进而 $\angle CMK=90^\circ-\angle KME=\frac{1}{2}\angle CBA=\angle CBI$.又 $\angle KCM=\angle ICB$,因此,$\triangle KMC\backsim\triangle IBC$.于是$\frac{CK}{CI}=\frac{CM}{CB}$.从而 $CI\cdot CM=CB\cdot CK$.

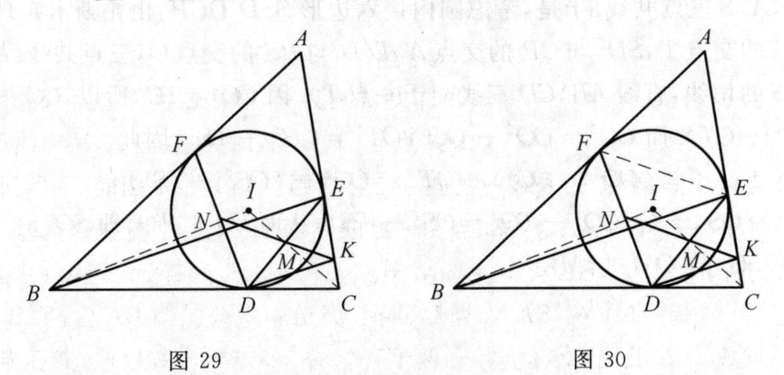

图 29　　　　图 30

另一方面,由直角三角形的射影定理,$CD^2=CI\cdot CM$,所以,$CD^2=CB\cdot$

CK，而 $CD=CE$，因此，$CD\cdot CE=CB\cdot CK$，于是，$\frac{CD}{CB}=\frac{CK}{CE}$. 故 $DK\ /\!/\ BE$.

证法四 如图31，设 BE 与 $\triangle ABC$ 的内切圆交于另一点 P，L 是 PE 的中点，则 $PDEF$ 是一个调和四边形，且 $\angle LDP=\angle EDF=\angle AEF$. 又由 M，N 分别为 DE，DF 的中点知 $KN\ /\!/\ EF$，所以 $\angle AEF=\angle EKM$，因而 $\angle LDP=\angle EKM$. 再注意 $\angle DPL=\angle MEK$ 即知 $\triangle PDL\backsim\triangle EKM$. 而 L，M 分别为 PE，ED 的中点，因此，$\triangle LDE\backsim\triangle MKD$，于是，$\angle LED=\angle MDK$，即 $\angle BED=\angle EDK$. 故 $DK\ /\!/\ BE$.

图 31

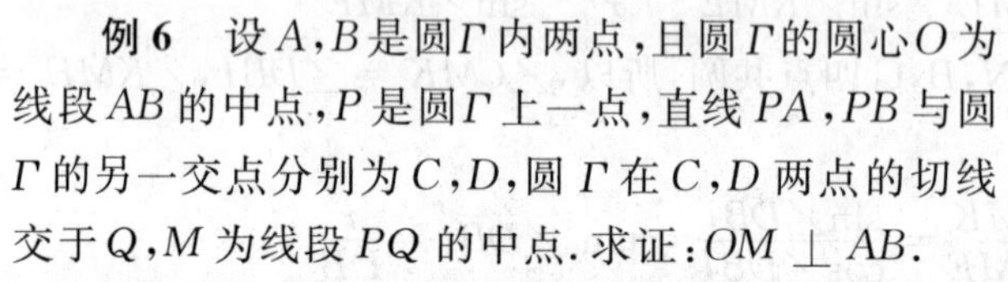

例6 设 A，B 是圆 Γ 内两点，且圆 Γ 的圆心 O 为线段 AB 的中点，P 是圆 Γ 上一点，直线 PA，PB 与圆 Γ 的另一交点分别为 C，D，圆 Γ 在 C，D 两点的切线交于 Q，M 为线段 PQ 的中点. 求证：$OM\perp AB$.

证法一 如图32，作圆 Γ 的弦 $PE\ /\!/\ AB$，因 O 是 AB 的中点，由定理22，PA，PB，PE，PO 成调和线束，于是，作圆 Γ 的直径 PF，则 $ECFD$ 是一个调和四边形，由定理2，E，F，Q 三点共线. 因 $EP\ /\!/\ AB$，$FQ\perp EP$，所以，$FQ\perp AB$. 而 O，M 分别是 PF，PQ 的中点，所以，$OM\ /\!/\ FQ$. 故 $OM\perp AB$.

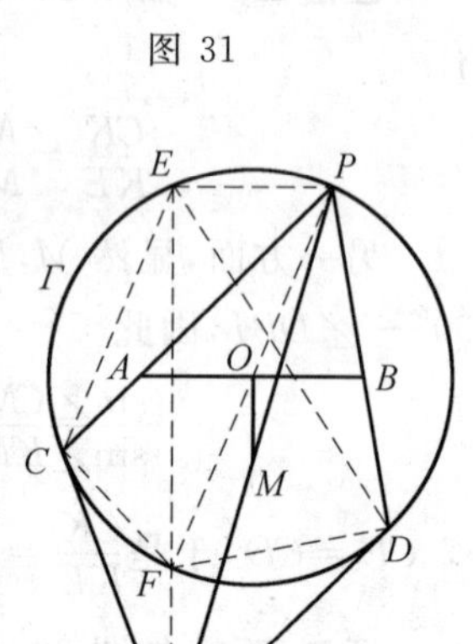

图 32

证法二 如图33，设 PS 为圆 Γ 的直径，则圆 Γ 在点 S 的切线，直线 AB，CD 三线交于一点 T（事实上，设 DD' 是圆 Γ 的直径，则 D'，A，S 三点共线. 于是，考虑圆内接六边形 $SSD'DCP$，由帕斯卡定理，SS' 与 DC 的交点 T，SD' 与 CP 的交点 A，$D'D$ 与 PS 的交点 O，三点共线. 故圆 Γ 在点 S 的切线，直线 AB，CD 三线交于一点 T）. 因 $OQ\perp TC$，所以，$QC^2-QT^2=OC^2-OT^2$. 而 $QC^2=OQ^2-OC^2$，$OT^2=OS^2+TS^2$，因此

$$(OQ^2-OC^2)-QT^2=OC^2-(OS^2+TS^2)$$

又 $OC=OS$，于是，$OQ^2-TQ^2=OS^2-TS^2$，从而 $SQ\perp TO$，即 $SQ\perp AB$. 但 $OM\ /\!/\ SQ$，故 $OM\perp AB$.

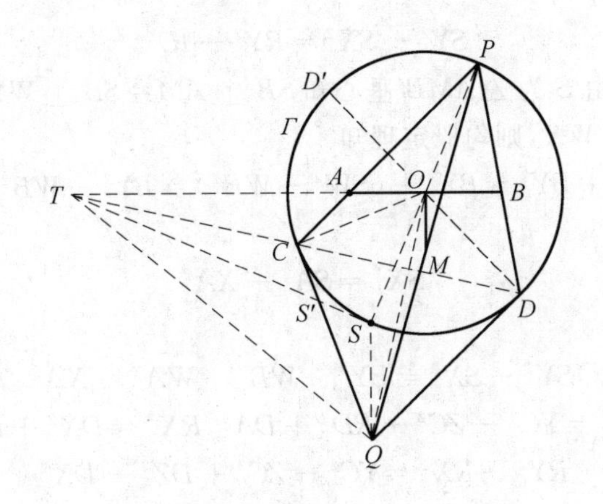

图 33

例 7　凸四边形 $ABCD$ 的对角线交于点 M，点 P,Q 分别是 $\triangle AMD$ 和 $\triangle CMB$ 的重心，R,S 分别是 $\triangle DMC$ 和 $\triangle MAB$ 的垂心. 求证：$PQ\perp RS$.

证明　如图 34，过 A,C 分别作 BD 的平行线，过 B,D 分别作 AC 的平行线. 这四条直线分别相交于 X,W,Y,Z.

则四边形 $XWYZ$ 为平行四边形，且 $XW\,/\!/\,BD\,/\!/\,YZ$.

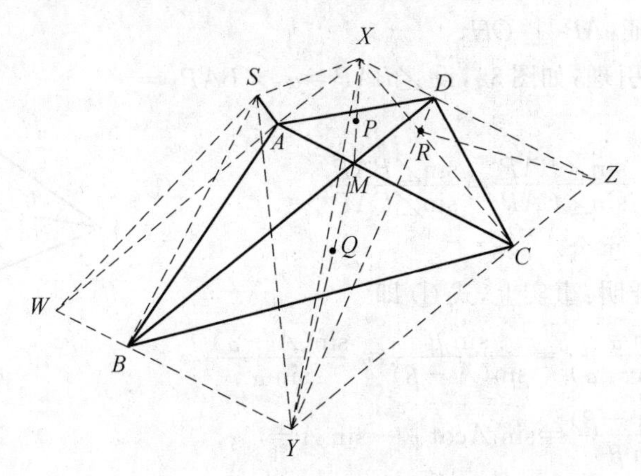

图 34

则四边形 $XAMD$，$MBYC$ 皆为平行四边形.

由其对角线互相平分知 MX 在 $\triangle AMD$ 中线所在直线上，MY 在 $\triangle BMC$ 中线所在直线上，且

$$\frac{MP}{MX}=\frac{1}{3}=\frac{MQ}{MY}$$

所以 $XY\,/\!/\,PQ$.

故欲证原命题，只需证 $XY\perp RS$，这等价于

$$SY^2 - SX^2 = RY^2 - RX^2$$

下证上式:由 S 为 $\triangle AMB$ 垂心知 $SB \perp AM \Rightarrow SB \perp WY$.

同理 $SA \perp WX$,则勾股定理知

$$SY^2 = SB^2 + BY^2 = BY^2 + (SW^2 - WB^2) = BY^2 - WB^2 + SA^2 + WA^2 \qquad ①$$

$$SX^2 = SA^2 + XA^2 \qquad ②$$

① − ② 得

$$SY^2 - SX^2 = BY^2 - WB^2 + WA^2 - XA^2 \qquad ③$$

同理得 $RY^2 = YC^2 - ZC^2 + RD^2 + DA^2$,$RX^2 = DX^2 + RD^2$. 故

$$RY^2 - RX^2 = YC^2 - ZC^2 + DZ^2 - DX^2 \qquad ④$$

由 $XW \parallel DB \parallel YZ$,$WY \parallel AC \parallel XZ$ 有 $BY = DZ$,$WB = XD$,$AW = YC$,$AX = ZC$.

比较 ③④ 两式右边即有 $SY^2 - SX^2 = RY^2 - RX^2$.

由此即有 $XY \perp RS$,从而得出 $PQ \perp RS$,证毕.

例 8 已知 E,F 是 $\triangle ABC$ 两边 AB,AC 的中点,CM,BN 是 AB,AC 边上的高,连线 EF,MN 相交于点 P. 又设 O,H 分别是 $\triangle ABC$ 的外心和垂心,联结 AP,OH. 求证:$AP \perp OH$.

证明 引理:如图 35,设 $\angle BAP = \alpha$,$\angle BAP' = \beta$,则

$$\frac{\sin\angle BAP}{\sin\angle CAP} = \frac{\sin\angle BAP'}{\sin\angle CAP'} \qquad ①$$

$\Rightarrow AP$ 与 AP' 重合.

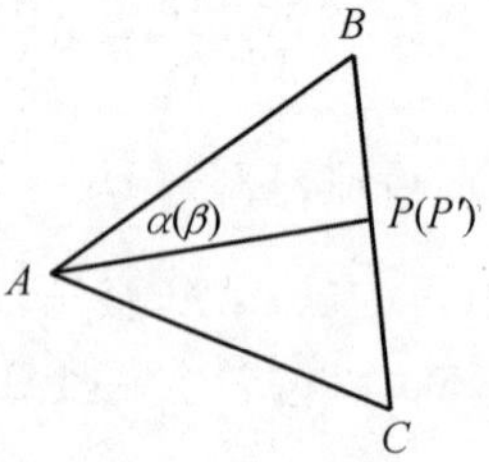

图 35

引理的证明:事实上,式 ① 即

$$\frac{\sin\alpha}{\sin(A-\alpha)} = \frac{\sin\beta}{\sin(A-\beta)} \Leftrightarrow \frac{\sin(A-\alpha)}{\sin\alpha} = \frac{\sin(A-\beta)}{\sin\beta} \Leftrightarrow \sin A\cot\alpha - \sin A = \sin A\cot\beta - \cos A \Leftrightarrow \alpha = \beta$$

即 AP 与 AP' 重合. 引理得证.

回到原题:为了看得清,我们画两张图表示,过 A 作 $AQ \perp OH = Q$.

我们证明 AP 与 AQ 重合:由引理只需证

$$\frac{\sin\angle 1}{\sin\angle 2} = \frac{\sin\angle 3}{\sin\angle 4} \qquad ①$$

其中,$\angle 1 = \angle BAP$,$\angle 2 = \angle CAP$,$\angle 3 = \angle BAQ$,$\angle 4 = \angle CAQ$. 先看图 36,因为 E,P,F 三点共线,以 A 为视点运用张角定理得

$$\frac{\sin\angle BAC}{AP}=\frac{\sin\angle 1}{AF}+\frac{\sin\angle 2}{AE}$$

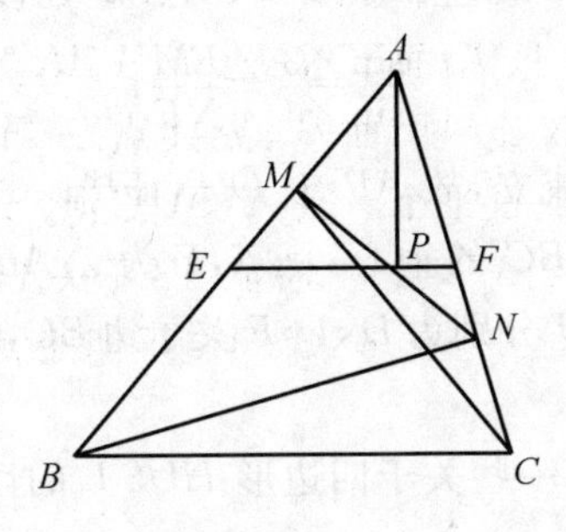

图 36

综合上两式有

$$\left(\frac{1}{AP}-\frac{1}{AN}\right)\sin\angle 1=\left(\frac{1}{AM}-\frac{1}{AE}\right)\sin\angle 2\Leftrightarrow\frac{\sin\angle 1}{\sin\angle 2}=\frac{AF\cdot AN}{AM\cdot AE}\cdot\frac{EM}{NF}$$

又易有 M,B,C,N 四点共圆.

所以 $AM\cdot AB=AN\cdot AC$，即 $2AM\cdot AE=2\,AN\cdot AF$. 所以

$$\frac{\sin\angle 1}{\sin\angle 2}=\frac{EM}{NF} \quad ②$$

再看图 37，因为 $\angle AQH=\angle ANH=\angle AMH=90^\circ$，

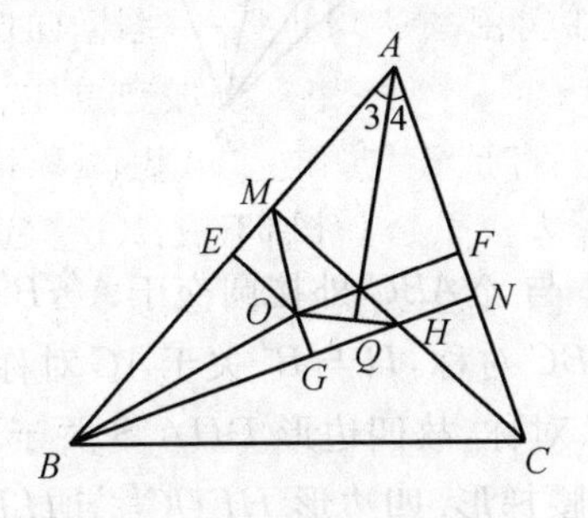

图 37

所以 $A,M,Q,H;A,Q,H,N$ 分别四点共圆.

所以 $\angle MHQ=\angle 3,\angle BHQ=\angle 4$.

在 $\triangle MOH$ 与 $\triangle BOH$ 中分别运用正弦定理有

$$\frac{MO}{\sin\angle 3}=\frac{OH}{\sin\angle OMH},\frac{BO}{\sin\angle 4}=\frac{OH}{\sin\angle OBH}$$

两式相除有 $\frac{\sin\angle 3}{\sin\angle 4}=\frac{OM\sin\angle OMH}{OB\sin\angle OBN}$，其中 $MO\sin\angle OMH=OM\cos\angle OME=EM$.

过 O 作 $OG \perp BN$ 于 G，由 $\angle OGN = \angle GNF = \angle NFO = 90^\circ$ 知 $OGNF$ 为矩形. 所以 $OG = NF$，$OB\sin\angle OBN = OG = NF$，所以

$$\frac{\sin\angle 3}{\sin\angle 4} = \frac{EM}{NF} \tag{③}$$

综合 ②③ 知式 ① 成立，故 $AP \perp OH$，证毕.

例 9 设 H 为 $\triangle ABC$ 的垂心，D, E, F 为 $\triangle ABC$ 的外接圆上三点使得 $AD \parallel BE \parallel CF$，$S, T, U$ 分别为 D, E, F 关于边 BC, CA, AB 的对称点. 求证：S, T, U, H 四点共圆.

证明 我们先证明一些关于四边形 $HUST$ 的性质：

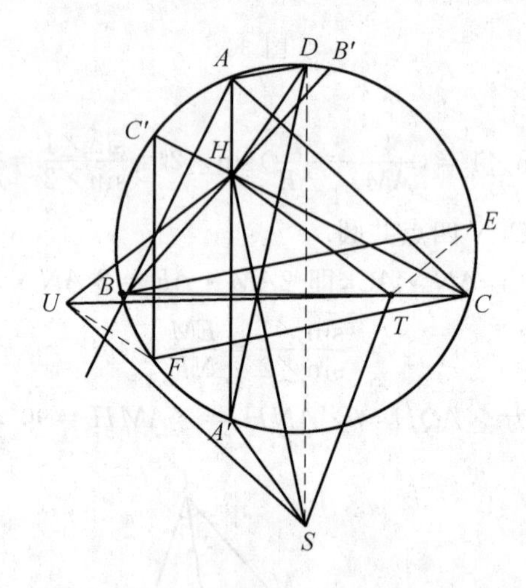

图 38

延长 AH, BH, CH 与 $\triangle ABC$ 外接圆交于 A', B', C'.

熟知 H 与 A' 关于 BC 对称，H 与 B' 关于 AC 对称，H 与 C' 关于 AB 对称.

又 D 与 S 关于 BC 对称，故四边形 $DHA'S$ 关于 BC 对称.

故 $DHA'S$ 必为等腰梯形. 四边形 $HFUC'$ 与 $HTEB'$ 同理亦然.

所以 $HS = A'D$，$HU = C'F$，$HT = B'E$，$\angle SHA' = \angle HA'D$.

记 $\overparen{CE}$ 所对圆周角为 α，由 $AD \parallel BE$，$\overparen{DE} = \overparen{AB}$ 知 $\overparen{DE}$ 所对角为 $\angle C$，$\overparen{AC}$ 所对角为 $\angle B$，$\overparen{CE}$ 所对角为 α.

所以 $\overparen{AD}$ 所对角为 $B - C - \alpha$，故

$$\angle SHA' = \angle HA'D = B - C - \alpha \tag{①}$$

$$\angle UHC' = \angle HC'F = \angle CC'F = \frac{1}{2}(\overparen{BC} - \overparen{BF}) = \frac{1}{2}(\overparen{BC} - \overparen{CE}) = A - \alpha$$

$$\angle AHC' = 180^\circ - \angle C'HA' = B$$

所以

$$\angle UHA'=180^\circ-(\angle C'HU+\angle AHC')=C+\alpha \qquad ②$$

同理可得

$$\angle THA'=B-\alpha \qquad ③$$

①＋② 得 $\angle UHS=\angle B$；①－③ 得 $\angle SHT=\angle C$.

又$\overset{\frown}{A'D}=\overset{\frown}{A'B}+\overset{\frown}{AB}+\overset{\frown}{AD}=2(90^\circ-B+C+B-C-\alpha)=2(90^\circ-\alpha)$.

所以 $A'D=2R\sin(90^\circ-\alpha)$，所以 $HS=2R\sin(90^\circ-\alpha)$.

同理可计算出 $C'F=2R\sin(90^\circ-B+\alpha)$，$BE'=2R\sin(90^\circ-C-\alpha)$.

从而 $HU=2R\sin(90^\circ-B+\alpha)$，$HT=2R\sin(90^\circ-C-\alpha)$.

由此有 $HS:HU:HT=\sin(90^\circ-\alpha):\sin(90^\circ-B+\alpha):\sin(90^\circ-C-\alpha)$.

综上我们得出了一些关于四边形 $HUST$ 的性质：

$$\angle UHS=\angle B,\angle SHT=\angle C$$

$$\frac{HU}{HS}=\frac{\sin(90^\circ-B+\alpha)}{\sin(90^\circ-\alpha)},\frac{HT}{HS}=\frac{\sin(90^\circ-C-\alpha)}{\sin(90^\circ-\alpha)}$$

下面我们利用这些性质判定 H,U,S,T 四点共圆：

作 $\triangle XYZ\backsim\triangle ABC$，即 $\angle X=\angle A,\angle Y=\angle B,\angle Z=\angle C$.

在 ZY 与 X 异侧作 $\angle ZYW_1=90^\circ-B+\alpha$，$\angle YZW_2=90^\circ-C-\alpha$. YW_1 与 ZW_2 交于 W，联结 XW，如图 39 所示.

所以 $\angle ZWY=180^\circ-(\angle ZYW+\angle YZW)=180^\circ-(180^\circ-B-C)=\angle B+\angle C=180^\circ-\angle ZXY$.

所以 X,Z,W,Y 四点共圆. 故

$$\angle XZW+\angle XYW=180^\circ \qquad (*)$$

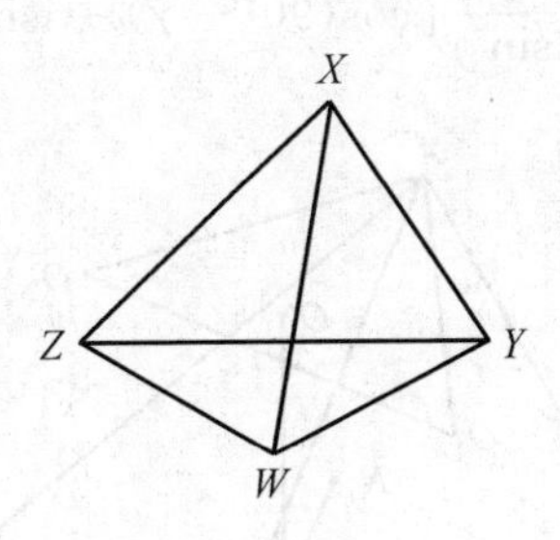

图 39

$$\angle XYW=\angle XYZ+\angle ZYW=B+90^\circ-B+\alpha=90^\circ+\alpha$$

$$\angle WXY=\angle WZY=90^\circ-C-\alpha$$

所以由正弦定理知$\dfrac{WY}{WX}=\dfrac{\sin\angle WXY}{\sin\angle XYW}=\dfrac{\sin(90^\circ-C-\alpha)}{\sin(90^\circ+\alpha)}=\dfrac{HT}{HS}$.

又 $\angle YWX=\angle YZX=\angle C=\angle THS$，所以 $\triangle WZX\backsim\triangle HTS$.

从而 $\angle WYX=\angle HTS$. 同理可得 $\angle WZX=\angle HUS$.

因为(*)，所以 $\angle HTS+\angle HUS=180^\circ$. 从而 H,T,S,U 四点共圆. 证毕.

说明 这一作法的出发点是想通过对线段长度，以及角度的计算揭示 H,T,S,U 四点的一些并不明显的性质，利用熟知结论“垂心关于边的对称点在外接圆周上”将类似线段转化为可求的，刻画了“对称”条件. 角度的推算多次利用弧长，刻画了“平行”条件，后半部论证精神为同一法. 事实上，一个四边形中若已知一个顶点引出的三条线段及两个角，则这个四边形便已确定.

例 10 在 $\triangle ABC$ 中，D 是 BC 边上一点，设 O_1,O_2 分别是 $\triangle ABD$，$\triangle ACD$ 外心，O' 是经过 A,O_1,O_2 三点的圆的圆心，记 $\triangle ABC$ 的九点圆圆心为 N_i，作 $O'E\perp BC$ 于 E. 求证：$N_iE\parallel AD$.

证明 如图 40，以 $\triangle ABC$ 外接圆圆心为原点建立复平面，设其半径为1. 设 $A(\cos\alpha,\sin\alpha)$，$B(-\cos\beta,\sin\beta)$，$C(\cos\beta,\sin\beta)$，$\angle ADB=\gamma$.

由正弦定理知 $\frac{AB}{AO_1}=2\sin\gamma=\frac{AC}{AO_2}$ 且 $\angle BAO_1=\angle CAO_2$.

所以 $\angle O_1AO_2=\angle BAC$，从而 $\triangle AO_1O_2\backsim\triangle ABC$ 且相似比为 $\frac{1}{2\sin\gamma}$.

由 $\angle BAO_1=90^\circ-\gamma$ 知 $\triangle ABC$ 变换为 $\triangle AO_1O_2$ 为一个绕 A 逆时针旋转 $90^\circ-\gamma$ 及以 A 为中心位似比为 $\frac{1}{2\sin\gamma}$ 的位似变换之积.

$\overrightarrow{AO}=(-\cos\alpha,-\sin\alpha)$ 对应复数为 $-\cos\alpha-\mathrm{i}\sin\alpha$，则 AO' 对应复数为

$(-\cos\alpha-\mathrm{i}\sin\alpha)\cdot\frac{1}{2\sin\gamma}[\cos(90^\circ-\gamma)+\mathrm{i}\sin(90^\circ-\gamma)]=A'$(记为)

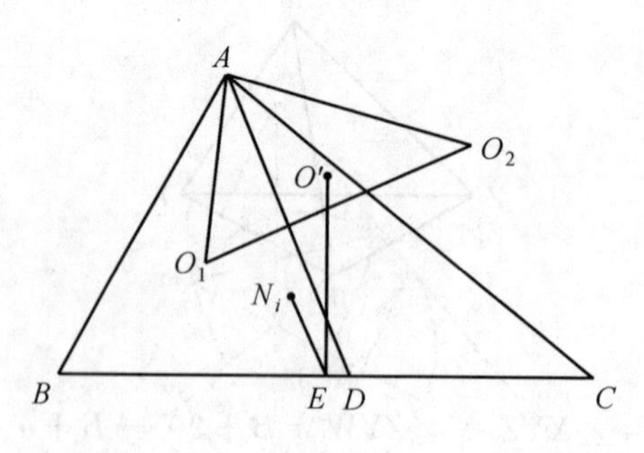

图 40

则 $A'=-\frac{1}{2\sin\gamma}[\sin(\gamma-\alpha)+\mathrm{i}\cos(\gamma-\alpha)]$.

因为 $O' = A + A'$，所以 O' 的横坐标即为 $-\dfrac{\sin(\gamma-\alpha)}{2\sin\gamma}+\cos\alpha=\dfrac{\sin(\alpha+\gamma)}{2\sin\gamma}$.

所以点 E 坐标为$\left(\dfrac{\sin(\alpha+\gamma)}{2\sin\gamma},\sin\beta\right)$.

又由九点圆性质，设 O 为外心，G 为重心，则 $\dfrac{N_iO}{OG}=\dfrac{3}{2}$ 且 N_i 与 O 在 G 异侧.

设 G 为 G 点对应复数，N_i 为 N_i 点对应复数，则 $N_i=\dfrac{3}{2}G=\dfrac{3}{2}(A+B+C)$.

于是 N_i 坐标为$\left(\dfrac{\cos\alpha}{2},\dfrac{\sin\alpha+2\sin\beta}{2}\right)$. 设 N_iE 斜率为 k，则

$$k=\frac{\dfrac{\sin\alpha+2\sin\beta}{2}-\sin\beta}{\dfrac{\cos\alpha}{2}-\dfrac{\sin(\alpha+\gamma)}{2\sin}}=\frac{\sin\alpha\sin\gamma}{\cos\alpha\sin\gamma-\sin(\alpha+\gamma)}=-\tan\gamma.$$

又因为 $\angle ADC=\pi-\gamma$，所以 AD 斜率亦为 $-\tan\gamma$，故 AD 与 B_iE 平行，证毕.

巩固演练

1. 设 $\triangle ABC$ 的边 AB 中点为 N，$\angle A>\angle B$，D 是射线 AC 上一点，满足 $CD=BC$，P 是射线 DN 上一点，且与点 A 在边 BC 同侧，满足 $\angle PBC=\angle A$，PC 与 AB 交于点 E，BC 与 DP 交于点 T. 求表达式 $\dfrac{BC}{TC}-\dfrac{EA}{EB}$ 的值.

2. $\triangle ABC$ 中，BD 和 CE 为高，CG 和 BF 为角平分线，I 是内心，O 为外心. 求证：D,I,E 三点共线 $\Leftrightarrow G,O,F$ 三点共线.

3. $\triangle ABC$ 中，$\angle A$，$\angle B$ 为锐角，CD 为高，O_1，O_2 分别为 $\triangle ACD$ 和 $\triangle BCD$ 内心. 问 $\triangle ABC$ 满足怎样的充要条件，使得 A,B,O_1,O_2 四点共圆.

4. $\triangle ABC$ 的外心是 O，三条高线 AH，BK，CL 垂足分别为 H,K,L. A_0，B_0，C_0 分别是 AH，BK，CL 中点，I 为内切圆圆心，内切圆切 $\triangle ABC$ 三边 BC，CA，AB 于 D,E,F. 求证：A_0D,B_0E,C_0F,OI 四线共点.

5. 已知 $\triangle ABC$，过点 B,C 的圆 O 与 AC，AB 分别交于点 D,E，BD 与 CE 交于 F，直线 OF 与 $\triangle ABC$ 外接圆交于 P. 求证：$\triangle PBD$ 的内心就是 $\triangle PCE$ 的内心.

6. 设 A,B 为圆 Γ 上两点，X 为 Γ 在 A 和 B 处切线的交点，在圆 Γ 上选取

两点 C,D 使得 C,D,X 依次位于同一直线上，且 $CA \perp BD$，再设 F,G 分别为 CA 和 BD，CD 和 AB 的交点，H 为 GX 的中垂线与 BD 的交点. 求证：X,F,G,H 四点共圆.

7. 凸四边形 $ABCD$ 的一组对边 BA 和 CD 的延长线交于 M，且 AD 不平行于 BC，过 M 作截线交另一组对边所在直线于 H,L，交对角线所在直线于 H'，L'. 求证：$\frac{1}{MH}+\frac{1}{ML}=\frac{1}{MH'}+\frac{1}{ML'}$.

8. P 为 $\triangle ABC$ 内任意一点，AP,BP,CP 的延长线交对边 BC,CA,AB 于点 D,E,F，EF 交 AD 于 Q. 求证：$PQ \leqslant (3-2\sqrt{2})AD$.

9. 设 P 为锐角 $\triangle ABC$ 内部一点，且满足条件 $PA \cdot PB \cdot AB + PB \cdot PC \cdot BC + PC \cdot PA \cdot CA = AB \cdot AC \cdot BC$，试确定点 P 的几何位置，并证明你的结论.

10. 锐角 $\triangle ABC$ 的三边互不相等，其垂心为 H，D 是 BC 的中点，直线 $BH \cap AC = E$，$CH \cap AB = F$，$AH \cap BC = T$，$\overset{\frown}{BDE}$ 交 $\overset{\frown}{CDF}$ 于 G，直线 AG 与 $\overset{\frown}{BDE}$，$\overset{\frown}{CDF}$ 分别交于 M,N.

证明：(1) AH 平分 $\angle MTN$；

(2) ME,NF,AH 三线共点.

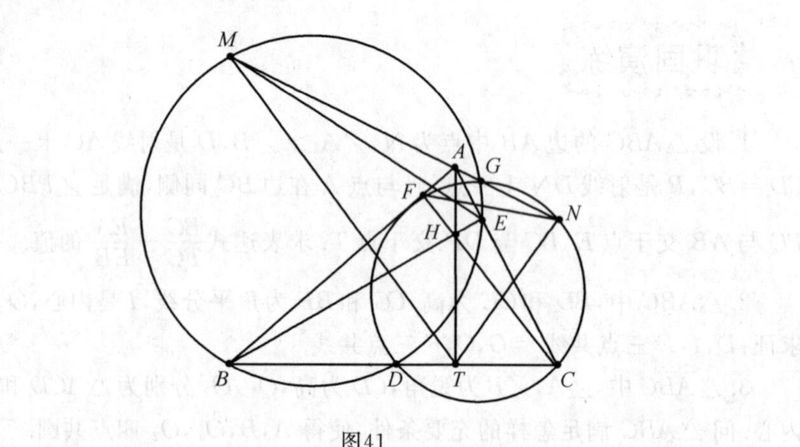

图41

演练解答

1. 如图 42，我们先证明 CP 平分 $\angle ACB$，且 $CP \parallel BD$. 用同一法.

作 $\angle ACB$ 平分线 CP' 交 DP 于 P'，则 $\angle BCP' = \angle ACP' = \angle CBD =$

$\angle CDB=\frac{1}{2}\angle C$. 所以 $P'C \parallel BD$. 我们证明 $\angle P'BC=\angle A$.

事实上,这只须证 $\triangle BCP' \backsim \triangle ADB$.

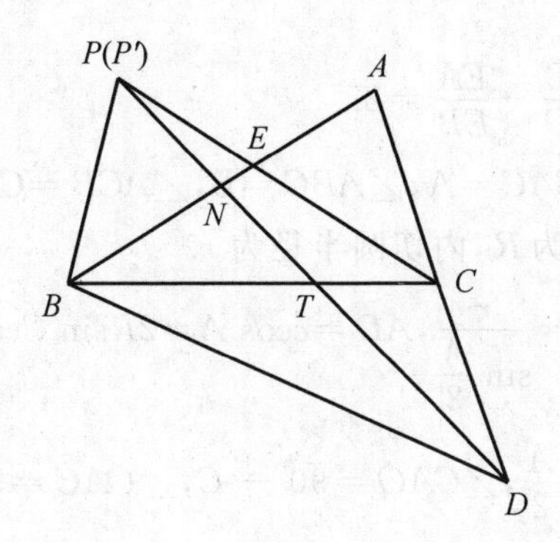

图 42

又由于我们已知 $\angle BCP'=\angle ADB=\frac{1}{2}\angle C$. 故只需证

$$\frac{CP'}{BD}=\frac{BC}{AD} \qquad ①$$

注意到 $P'C \parallel BD$,故 $\frac{CP'}{BD}=\frac{CT}{BT}$.

又 $CD=BC$,故

$$① \Leftrightarrow \frac{CT}{BT}=\frac{CD}{AD} \qquad ②$$

对直线 NTD 截 $\triangle ABC$ 运用梅涅劳斯定理有 $\frac{BT}{CT}\cdot\frac{CD}{DA}\cdot\frac{AN}{NB}=1$.

因为 N 为 AB 中点,所以 $AN=NB \Rightarrow \frac{CT}{BT}=\frac{CD}{AD}$,② 得证.

从而 $\triangle BCP' \backsim \triangle ADB \Rightarrow \angle P'BC=\angle A$.

因为 $\angle PBC=\angle P'BC$,P',P,A 皆在 BC 同侧,P' 与 P 皆在 ND 上,所以 $P'=P$. 即 CP 平分 $\angle ACB$ 且 $CP \parallel BD$.

下证 $\frac{BC}{TC}-\frac{EA}{EB}=2$,对直线 ACD 截 $\triangle BTN$ 有 $\frac{BC}{CT}\cdot\frac{TD}{DN}\cdot\frac{NA}{AB}=1$.

因为 N 为 AB 中点,所以 $\frac{BC}{TC}=\frac{2DN}{TD}=2+\frac{2NT}{TD}$.

因为 CP 平分 $\angle ACB$,所以 $\frac{EA}{EB}=\frac{AC}{CB}$,我们证明 $\frac{2NT}{TD}=\frac{AC}{CB}$ 即可.

因为 $CD=BC$,所以只须证 $\frac{2NT}{TD}\cdot\frac{CD}{AC}=1$.

对 BTC 截 $\triangle AND$ 运用梅涅劳斯定理有 $\frac{DC}{CA}\cdot\frac{AB}{BN}\cdot\frac{NT}{TD}=1$，即 $\frac{2NT}{TD}\cdot\frac{CD}{AC}=1$，故 $\frac{BC}{TC}-\frac{EA}{EB}=2$.

综上所述，所求 $\frac{BC}{TC}-\frac{EA}{EB}=2$.

2. 如图 43，记 $\angle BAC=A,\angle ABC=B,\angle ACB=C,BC=a,AB=c,AC=b$，$\triangle ABC$ 外接圆半径为 R，内切圆半径为 r.

易得 $AO=R,AI=\frac{r}{\sin\frac{A}{2}},AD=c\cos A=2R\sin C\cos A,AE=2R\sin B\cos A,\angle EAI=\angle IAD=\frac{A}{2},\angle GAO=90^\circ-C,\angle OAC=90^\circ-B$.

由 $AF+FC=b,\frac{AF}{FC}=\frac{c}{a}$，解得 $AF=\frac{bc}{a+c}$. 同理可得 $AG=\frac{bc}{a+b}$.

由张角定理知，G,O,F 三点共线 $\Leftrightarrow\frac{\sin A}{AO}=\frac{\sin\angle GAO}{AF}+\frac{\sin\angle OAC}{AG}\Leftrightarrow\frac{\sin A}{R}=\frac{\cos B}{\frac{bc}{a+b}}+\frac{\cos C}{\frac{bc}{a+c}}\Leftrightarrow bc\sin A=R\left[(a+b)\cos B+(a+c)\cos C\right]$（利用正弦定理）$\Leftrightarrow 2\sin A\sin B\sin C=(\sin A+\sin B)\cos B+(\sin A+\sin C)\cdot\cos C\Leftrightarrow 2\sin A\sin B\sin C=\sin A(\cos B+\cos C)+\sin B\cos B+\sin C\cos C$.

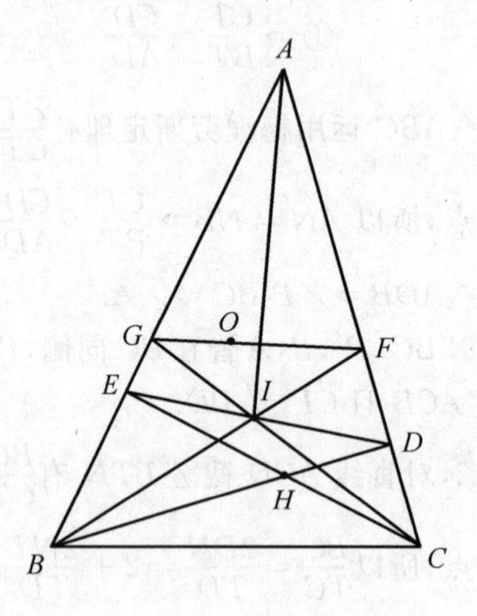

图 43

利用

$$\sin B\cos B+\sin C\cos C=\frac{1}{2}(\sin 2B+\sin 2C)=$$
$$\sin(B+C)\cos(B-C)=\sin A\cos(B-C)$$

消去 $\sin A$ 得

$$2\sin B\sin C=\cos B+\cos C+\cos(B-C)$$

再对左边积化和差有

$$\cos(B-C)-\cos(B+C)=\cos B+\cos C+\cos(B-C)\Leftrightarrow$$
$$\cos A=\cos B+\cos C \qquad (*)$$

另一方面,D,I,E 三点共线 $\Leftrightarrow \frac{\sin A}{AI}=\frac{\sin\angle EAI}{AD}+\frac{\sin\angle DAI}{AE}\Leftrightarrow \frac{\sin A}{\frac{r}{\sin\frac{A}{2}}}=$ $\frac{\sin\frac{A}{2}}{2R\cos A\sin B}+\frac{\sin\frac{A}{2}}{2R\cos A\sin C}$.

消去 $\sin\frac{A}{2}$,去分母有 $r(\sin B+\sin C)=2R\sin A\sin B\sin C\cos A$.

又 $S=2R^2\sin A\sin B\sin C=\frac{1}{2}r(a+b+c)$,所以

$$\frac{2R\sin A\sin B\sin C}{r}=\frac{a+b+c}{2R}=\sin A+\sin B+\sin C(\text{正弦定理})$$

故

$$\sin B+\sin C=(\sin A+\sin B+\sin C)\cos A$$

右边和差化积,右边利用熟知的三角形内恒等式 $\sin A+\sin B+\sin C=4\cos\frac{A}{2}\cos\frac{B}{2}\cos\frac{C}{2}$ 有

$$2\cos\frac{A}{2}\cos\frac{B-C}{2}=4\cos\frac{A}{2}\cos\frac{B}{2}\cos\frac{C}{2}\cos A$$

消去 $2\cos\frac{A}{2}$,再对 $\cos\frac{B}{2}\cos\frac{C}{2}$ 积化和差有

$$\cos\frac{B-C}{2}=\left(\cos\frac{B-C}{2}+\cos\frac{B+C}{2}\right)\cos A\Leftrightarrow$$
$$\cos\frac{B-C}{2}(1-\cos A)=\sin\frac{A}{2}\cos A\Leftrightarrow 2\cos\frac{B-C}{2}\sin^2\frac{A}{2}\cos A\Leftrightarrow$$
$$2\cos\frac{B-C}{2}\sin\frac{A}{2}=\cos A\Leftrightarrow 2\cos\frac{B-C}{2}\cos\frac{B+C}{2}=\cos A\Leftrightarrow$$
$$\cos B+\cos C=\cos A(\text{积化和差})$$

故 D,I,E 三点共线 $\Leftrightarrow\cos A=\cos B+\cos C\Leftrightarrow G,O,F$ 三点共线.

所以 D,I,E 共线 $\Leftrightarrow G,O,F$ 三点共线，证毕.

3. 所求充要条件为 $\angle C=90^\circ$ 或 $\angle A=\angle B$（其中 $\angle C=\angle ACB,\angle A=\angle CAB,\angle B=\angle CBA$）.

记 $AC=b,BC=a,AB=c$，外接圆半径为 R.

如图 44，过 O_1 作 $O_1H\perp AB$ 于 H，过 O_2 作 $O_2I\perp AB$ 于 I，$O_2E\perp O_1H$ 于 E，则 $\angle O_1AB=\dfrac{1}{2}\angle A,\angle O_2BA=\dfrac{1}{2}\angle B$.

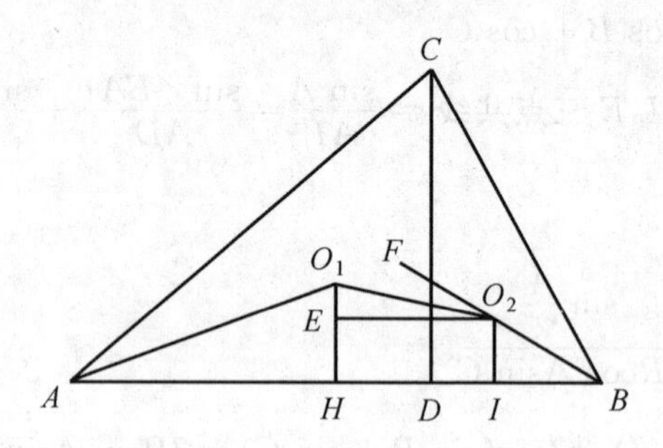

图 44

故 A,B,O_1,O_2 四点共圆 $\Leftrightarrow\angle BAO_1=\angle FO_2O_1$　　　　①

因为 $O_2E\parallel AB$，所以 $\angle FO_2E=\dfrac{1}{2}\angle B$.

所以 $\angle FO_2O_1=\angle EO_2F-\angle O_1O_2E$，所以 $\angle FO_2O_1=\dfrac{1}{2}\angle B-\angle O_1O_2E$.

所以

$$①\Leftrightarrow\frac{A}{2}=\frac{B}{2}-\angle O_1O_2E\Leftrightarrow\angle O_1O_2E=\frac{B-A}{2}\Leftrightarrow\tan\angle EO_2O_1=\tan\frac{B-A}{2}\qquad②$$

记 $O_1H=r_A,O_2I=r_B$，因为 $\angle ADC=90^\circ$，由直角三角形内心性质知 $r_A=DH=\dfrac{AD+DC-AC}{2}$.

同理 $r_B=\dfrac{BD+CD-BC}{2}$，$\tan\angle EO_2O_1=\dfrac{O_1E}{HI}=\dfrac{r_A-r_B}{r_A+r_B}=\dfrac{AD-BD+BC-AC}{2CD+AB-AC-BC}$.

易有 $AD=b\cos A=2R\sin B\cos A,BD=2R\sin A\cos B,BC=2R\sin A,AC=2R\sin B,AB=2R\sin C$.

代入有

$$\tan\angle EO_2O_1=\frac{\sin B\cos A-\sin A\cos B+\sin A-\sin B}{2\sin B\sin A+\sin(A+B)-\sin A-\sin B}=$$

$$\frac{2\sin\frac{B-A}{2}(\cos\frac{B-A}{2}-\cos\frac{B+A}{2})}{2\sin B\sin A+\sin C-\sin A-\sin B}$$

所以 ②$\Leftrightarrow$ $$\frac{\sin\frac{B-A}{2}}{\cos\frac{B-A}{2}}=\frac{2\sin\frac{B-A}{2}(\cos\frac{B-A}{2}-\cos\frac{B+A}{2})}{2\sin B\sin A+\sin C-\sin A-\sin B}\qquad ③$$

下面分情况讨论：

(ⅰ)$\angle A=\angle B$ 时，左右两边皆为 0，式 ③ 成立；

(ⅱ)$\angle A\neq\angle B$ 时，$\sin\frac{B-A}{2}$ 可约去，得

$$2\sin A\sin B+\sin C-\sin A-\sin B=2\cos^2\frac{B-A}{2}\cos\frac{B+A}{2}$$

利用 $2\sin A\sin B=\cos(B-A)-\cos(A+B)=\cos(B-A)+\cos C$，$2\cos^2\frac{B-A}{2}=\cos(B-A)+1$，$2\cos\frac{B-A}{2}\cos\frac{B+A}{2}=\cos A+\cos B$.

三式代入化简得 ③$\Leftrightarrow\cos A+\cos B+\cos C=1+\sin A+\sin B-\sin C$.

而由三角形内熟知恒等式

$$\cos A+\cos B+\cos C=1+4\sin\frac{A}{2}\sin\frac{B}{2}\sin\frac{C}{2}$$

得

$$1-\sin A+\sin B-\sin C=1+2\sin\frac{A+B}{2}\cos\frac{A-B}{2}-2\sin\frac{A+B}{2}\sin\frac{C}{2}=$$

$$1+2\cos\frac{C}{2}(\cos\frac{A-B}{2}-\cos\frac{A+B}{2})=$$

$$1+4\sin\frac{A}{2}\sin\frac{B}{2}\cos\frac{C}{2}$$

结合两方面知 ③$\Leftrightarrow\sin\frac{C}{2}=\cos\frac{C}{2}\Leftrightarrow\angle C=90^\circ$.

综合(ⅰ)(ⅱ)知 ③$\Leftrightarrow\angle C=90^\circ$ 或 $\angle A=\angle B$.

故 A,B,O_1,O_2 四点共圆 $\Leftrightarrow\angle C=90^\circ$ 或 $\angle A=\angle B$. 得证.

4. 首先以引理的形式给出本题的一些内在特征.

引理1：如图45，$AB\parallel CD$，CD 中点为 Q，AB 中点为 R，AC 与 BD 交于 P，则 P,Q,R 三点共线(也即 QR,AC,BD 三线共点).

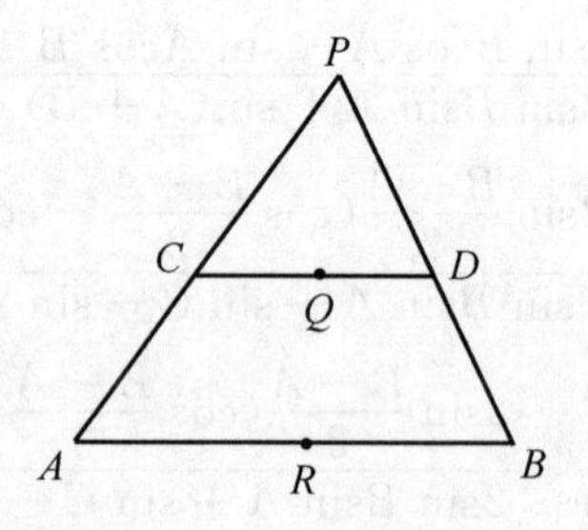

图 45

引理1的证明:$\triangle PCD$ 与 $\triangle PAB$ 为以 P 为位似中心的位似关系,Q 为 CD 中点,R 为 AB 中点.

故 Q,R 为一对对应点,从而 P,Q,R 三点共线.

引理 2:A_0I 与 BC 交于 D',则 D' 为 $\triangle ABC$ 在 $\angle A$ 内旁切圆与 BC 的切点,并由此有 O 在 DD' 中垂线上.

引理 2 的证明:如图 46,延长 DI 交圆 I 于 J,延长 AJ 交 BC 于 D'.

过 J 作圆 I 切线交 AB,AC 于 B',C',则 $B'C'\perp DI,DI\perp BC$.

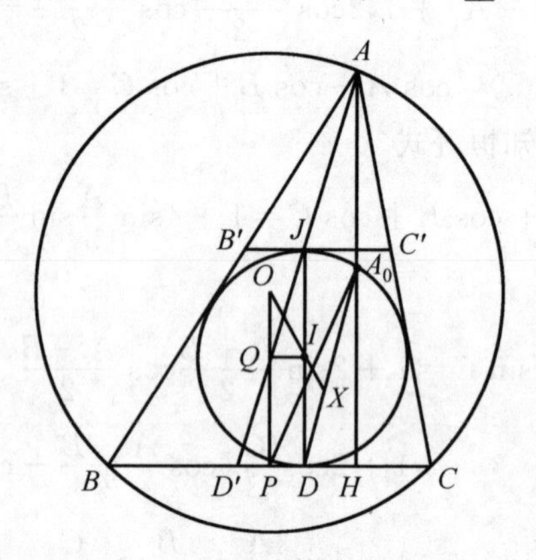

图 46

所以 $B'C'\parallel BC$,$\triangle AB'C'$ 与 $\triangle ABC$ 构成以 A 为位似中心的位似关系.

显然圆 I 为 $\triangle AB'C'$ 在 $\angle A$ 内旁切圆,故 J 为旁切圆切点.

由 J 与 D' 为对应点知 D' 亦为旁切圆切点.

而 A_0 为 AH 中点,I 为 JD 中点,由引理 1 知 D' 在 IA_0 上.

故 IA_0 与 BC 交于旁切圆切点.

更进一步作 $OP\perp BC$ 于 $P\Rightarrow P$ 为 BC 中点.

又由内切圆及旁切圆性质知 $BD'=CD$.

故 P 又为 DD' 中点 $\Rightarrow O$ 在 DD' 中垂线上,引理 2 得证.

下面回到原题：延长 OI 交 A_0D 于 X，我们通过计算证明 IX 为关于 $\angle A$，$\angle B$，$\angle C$ 对称的值，从而证明原题.

利用 A_0，X，D 三点共线，由张角定理知

$$\frac{\sin\angle AID}{IX}=\frac{\sin\angle A_0IO}{ID}+\frac{\sin\angle DIO}{IA_0}$$

所以

$$\frac{1}{IX}=\frac{\sin\angle A_0IO}{ID\sin\angle D'ID}+\frac{\sin\angle DIO}{IA_0\sin\angle D'ID}$$

由 $ID\parallel A_0H$ 知 $IA_0=\frac{DH}{DD'}\cdot ID'$，而$\frac{ID'}{DD'}=\frac{1}{\sin\angle D'ID}$，代入得

$$\frac{1}{IX}=\frac{\sin\angle AIO}{ID\sin\angle D'ID}+\frac{\sin\angle DIO}{DH}$$

又

$$\sin\angle AID=\sin\angle D'IX=\sin(\angle D'ID+\angle DIX)$$

所以

$$\frac{\sin\angle AIO}{ID\sin\angle D'ID}=\frac{\cos\angle DIX}{ID}+\frac{\cos\angle D'ID\sin\angle DIX}{ID\sin\angle D'ID}=\frac{\cos\angle DIX}{ID}+\frac{\sin\angle DIO}{D'D}$$

故

$$\frac{1}{IX}=\frac{\cos\angle DIX}{ID}+\sin\angle DIO\left(\frac{1}{DH}+\frac{1}{DD'}\right)=\frac{\cos\angle DIX}{ID}+\sin\angle DIO\cdot\frac{D'H}{DH\cdot DD'}$$

由$\frac{D'H}{DD'}=\frac{A_0H}{ID}$代入有

$$\frac{1}{IX}=\frac{\cos\angle DIX}{ID}+\frac{A_0H}{DH\cdot ID}\sin\angle DIO=\frac{1}{ID}\left(\cos\angle DIX+\frac{A_0H}{DH}\sin\angle DIO\right)$$

因为 $OP\parallel ID$，所以 $\cos\angle DIX=\cos\angle POX$，$\sin\angle DIO=\sin\angle POX$.

所以括号中乘一个 OI，括号外除一个 OI 得

$$\frac{1}{IX}=\frac{1}{ID\cdot OI}\left(OQ+\frac{A_0H}{DH}\cdot IQ\right)$$

其中 $QO=OP-ID$，$IQ=PD=\frac{1}{2}DD'$（引理 2 知），所以

$$\frac{1}{IX}=\frac{1}{ID\cdot OI}\left(OP+\frac{1}{2}\frac{DD'}{DH}\cdot A_0H\right)-\frac{1}{OI}$$

注意到 OI，$ID=r$ 皆为对称的值.故我们仅需证 $OP+\frac{1}{2}\cdot\frac{DD'}{DH}\cdot A_0H$ 为

对称的值(记为 M_A).

记 $\angle BAC=A,\angle ABC=B,\angle ACB=C,AB=c,AC=b,BC=a$,外接圆半径为 R,则

$$OP=R\cos A,CD=\frac{a+b-c}{2},BD'=\frac{a+b-c}{2},CH=b\cos C,A_0H=\frac{1}{2}AH=\frac{1}{2}b\sin C=R\sin B\sin C.$$ 所以

$$DH=CD-CH=\frac{a+b-c}{2}-b\cos C=\frac{a+b-c}{2}-\frac{a^2+b^2-c^2}{2a}=\frac{(c-b)(c+b-a)}{2a}$$

$$DD'=BC-(BD'+CD)=a-(a+b-c)=c-b$$

故

$$\frac{1}{2}\frac{DD'}{DH}\cdot A_0H=\frac{a}{b+c-a}\cdot R\sin B\sin C$$

故

$$M_A=R(\cos A+\frac{\sin A\sin B\sin C}{\sin B+\sin C-\sin A})$$

其中

$$\sin B+\sin C-\sin A=2\cos\frac{A}{2}\cos\frac{B-C}{2}-2\cos\frac{B+C}{2}\cos\frac{A}{2}=2\cos\frac{A}{2}(\cos\frac{B-C}{2}-\cos\frac{B+C}{2})=2\cos\frac{A}{2}\sin\frac{B}{2}\sin\frac{C}{2}$$

$$\sin A\sin B\sin C=8\sin\frac{A}{2}\sin\frac{B}{2}\sin\frac{C}{2}\cos\frac{A}{2}\cos\frac{B}{2}\cos\frac{C}{2}$$

代入有 $M_A=M_B=M_C$ 等价于

$$\cos A+2\sin\frac{A}{2}\cos\frac{B}{2}\cos\frac{C}{2}=\cos B+2\sin\frac{B}{2}\cos\frac{A}{2}\cos\frac{C}{2}=\cos C+2\sin\frac{C}{2}\cos\frac{A}{2}\cos\frac{B}{2}$$

其中

$$\cos A+2\sin\frac{A}{2}\cos\frac{B}{2}\cos\frac{C}{2}=\cos B+2\sin\frac{B}{2}\cos\frac{A}{2}\cos\frac{C}{2}\Leftrightarrow$$

$$\cos A-\cos B=2\cos\frac{C}{2}(\sin\frac{B}{2}\cos\frac{A}{2}-\sin\frac{A}{2}\cos\frac{B}{2})\Leftrightarrow$$

$$\cos A\cos B=2\sin\frac{A+B}{2}\sin\frac{B-A}{2}$$

此式显然成立.

故 $M_A=M_B$. 同理 $M_B=M_C$, $M_A=M_C$.

所以 $M_A=M_B=M_C\Leftrightarrow IX$ 为关于 A,B,C 对称之值,即 A_0D,B_0E,C_0F 都交于 OI 上同一点.

即 A_0D,B_0E,C_0F,OI 四线共点,证毕.

5. 引理 1:如图 47,四边形 $ABCD$ 内接于圆 O,对角线 AC,BD 交于 E,直线 BA,CD 交于 F,直线 AD,BC 交于 G,则 $OE\perp FG$.

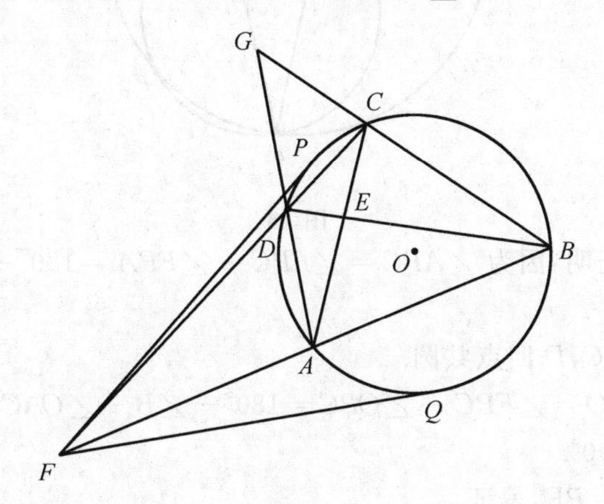

图 47

引理 1 的证明:首先,$\overrightarrow{OE}\cdot\overrightarrow{OF}=r^2$($r$ 为半径).

过 F 作圆 O 切线 FP,FQ 切圆 O 于 P,Q.

因为 $\triangle FPA\backsim\triangle FBP$,所以$\frac{AP}{PB}=\frac{FA}{FP}=\frac{FP}{FB}$.

所以$\left(\frac{AP}{PB}\right)^2=\frac{FA}{FB}$. 同理$\left(\frac{PQ}{QC}\right)^2=\frac{FD}{FC}$.

由 $\triangle FAD\backsim\triangle FCB$ 知$\left(\frac{BC}{AD}\right)^2=\frac{FB\cdot FC}{FD\cdot FA}$.

上面三式相乘得$\frac{AP}{PB}\cdot\frac{PQ}{QC}\cdot\frac{BC}{AD}=1$.

所以 BD,AC,PQ 三线共点.

又由 E 在 PQ 上知

$$\overrightarrow{DE}\cdot\overrightarrow{DF}=(\overrightarrow{OR}+\overrightarrow{RE})\cdot\overrightarrow{OF}=\overrightarrow{OR}\cdot\overrightarrow{OF}+\overrightarrow{RE}\cdot\overrightarrow{OF}=r^2$$

所以

$$\overrightarrow{OE}\cdot\overrightarrow{FG}=\overrightarrow{OE}\cdot(\overrightarrow{OG}-\overrightarrow{OF})=\overrightarrow{OE}\cdot\overrightarrow{OG}-\overrightarrow{OE}\cdot\overrightarrow{OF}=0$$

引理 2:如图 48,四边形 $ABCD$ 内接于圆 O,直线 BA,CD 交于 F,$\triangle FAD$ 外接圆和 $\triangle FBC$ 外接圆交于 P(异于 F),则 $OP \perp PF$.

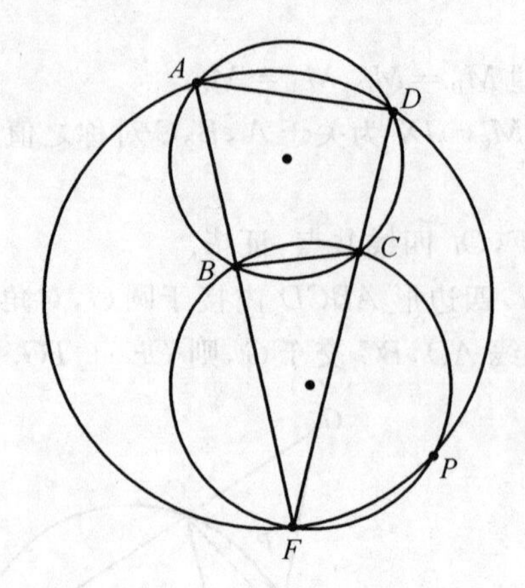

图 48

引理 2 的证明:因为 $\angle APC=\angle FPC-\angle FPA=180^\circ-2\angle B=180^\circ-\angle AOC$.

所以 A,P,C,D 四点共圆.

所以 $\angle FPO=\angle FPC-\angle OPC=180^\circ-\angle B-\angle OAC=180^\circ-\angle B-(90^\circ-\angle B)=90^\circ$.

所以 $OP \perp PF$,得证.

引理 3:如图 49,设 P 是半径为 r 的圆 O 上一动点,AB 是过圆心 O 的一射线上的两定点,且 $OA \cdot OB=r^2$,则 $\frac{PA}{PB}$ 是定值.

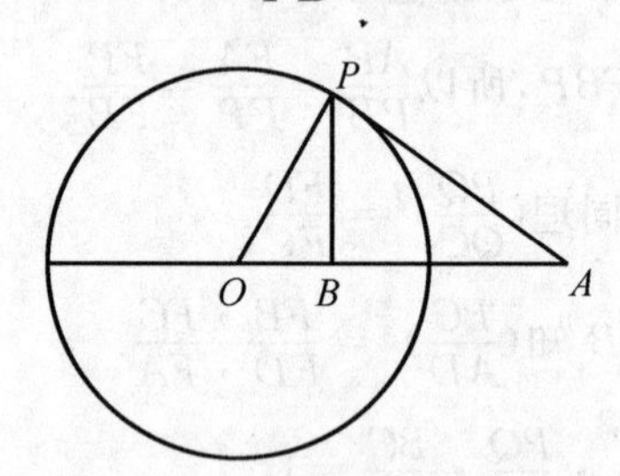

图 49

引理 3 的证明:因为 $OP^2=OB \cdot OA$,所以 $\triangle OBP \backsim \triangle OPA$.

所以
$$\frac{OB}{OP}=\frac{OP}{OA}=\frac{BP}{PA}$$

故
$$\left(\frac{PB}{PA}\right)^2=\frac{OB}{OA},\left(\frac{PA}{PB}\right)^2=\frac{OA}{OB}$$

下证原题：

如图 50，设 CB，DE 交于 Q，QA 交 $\triangle ABC$ 外接圆于一点 P'（异于点 A）.

因为 $QP' \cdot QA = QB \cdot QC = QE \cdot QD$.

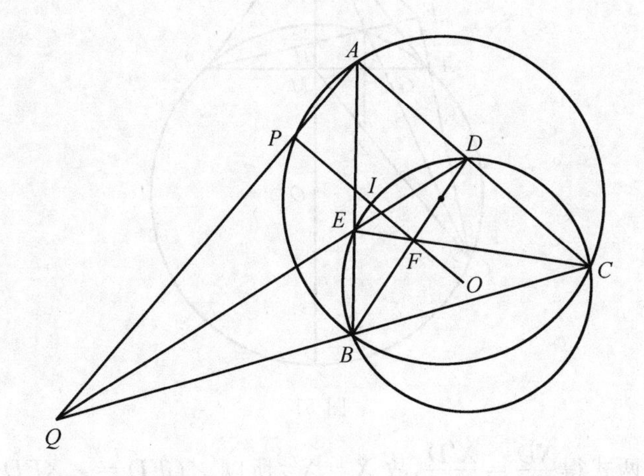

图 50

所以 P'，E，D，A 四点共圆.

由引理 3 知 $OP' \perp QA$.

由引理 2 知 $OF \perp QA$.

所以 O，F，P' 三点共线. 所以 P 与 P' 重合.

设 OF 与圆 O 交于 I，由引理 4 知 $\frac{PB}{BF} = \frac{PI}{IF}$.

所以 BI 平分 $\angle PBF$. 同理 DI 平分 $\angle PDF$.

所以 I 是 $\triangle PBD$ 的内心. 同理 I 也是 $\triangle PCE$ 的内心.

故命题得证.

6. 如图 51，设 O 为圆心，$AB \cap XO = M$.

因为 $\triangle XOA \backsim \triangle XAM$，所以 $OX \cdot XM = XA^2 = XC \cdot XD$.

所以 O，M，C，D 四点共圆.

所以 $\angle XMD = \angle OCD = \angle ODC = \angle OMC$.

所以 $\angle CMG = \angle GMD$.

在 CM 上选取一点 Z 使 $MX \parallel DZ$，则 $MD = MZ$.

所以 $\frac{CG}{GD} = \frac{CM}{MD} = \frac{CM}{MZ} = \frac{CX}{XD}$.

在 GX 上取点 X'，使 $\angle GKD = \angle DFX'$，在 $X'F$ 上取 W 使 $CF \parallel GW$.

由 $\frac{X'D}{DG} = \frac{X'F}{FG} = \frac{X'E}{FW} = \frac{X'C}{CG}$ 得 $CG \cdot X'D = X'C \cdot GD$.

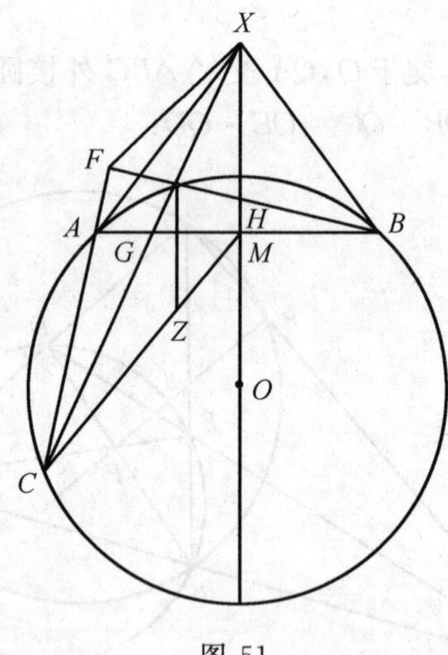

图 51

由上面两式得$\dfrac{XD}{XC}=\dfrac{X'D}{X'C}$,故 $X=X'$. 所以 $\angle GFD=\angle XFD$.

又因为$\dfrac{DG'}{XD}=\dfrac{CG'}{XC}<1$ 和 $\angle XPB=\angle CDF<1$,所以 H 和 B 在 CX 的同一侧.

设 H' 为直线 BF 与 $\triangle GFX$ 外接圆的交点,则

$\angle H'XG=\angle H'FG=\angle H'FX=\angle H'GX$.

所以 $H'G=H'X$,所以 $H'=H$.

所以 X,F,G,H 四点共圆,得证.

7. 如图 52,设 AD 与 BC 延长线相交于 O,$\triangle BML$ 和 $\triangle CML$ 均被直线 AO 所截.

由梅涅劳斯定理得

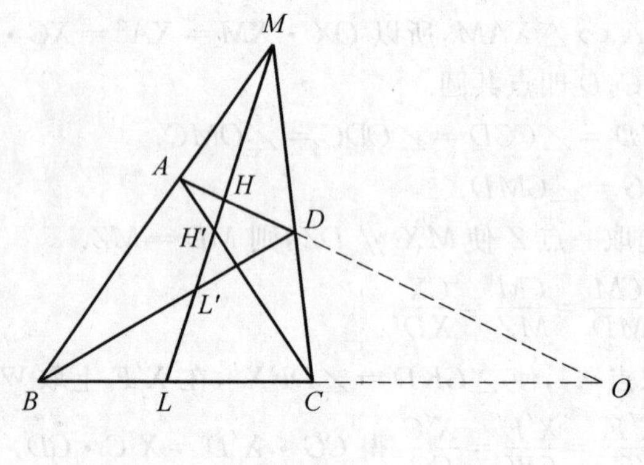

图 52

$$\frac{BA}{AM}=\frac{HL}{NH}\cdot\frac{OB}{LO} \quad ①$$

$$\frac{CP}{PM}=\frac{HL}{MH}\cdot\frac{OL}{LO} \quad ②$$

由 ① · LC + ② · BL 得

$$LC\cdot\frac{BA}{AM}+BL\cdot\frac{CP}{PM}=\frac{HL}{MH}\,\frac{OB\cdot LC+OL\cdot BL}{OL} \quad ③$$

注意到 $OB\cdot LC+OL\cdot BL=BC\cdot LO$，则式 ③ 变为

$$LC\cdot\frac{BA}{AM}+BL\cdot\frac{CP}{PM}=BC\cdot\frac{HL}{MH} \quad ④$$

对由 BD 截 $\triangle LCM$ 和 AC 截 $\triangle LBM$ 用梅涅劳斯定理知

$$BC\cdot\frac{LL'}{L'M}=BL\cdot\frac{DC}{MD},BC\cdot\frac{LH'}{H'M}=LC\cdot\frac{BA}{AM}$$

把它们代入式 ④ 整理即得证.

8. 如图 53，令$\frac{BD}{DC}=m,\frac{CE}{EA}=n,\frac{AF}{FB}=p$，对 $\triangle ABC$ 及点 P 用塞瓦定理有

$$\frac{BD}{DC}\cdot\frac{CE}{EA}\cdot\frac{AF}{FB}=mnp=1$$

对 $\triangle ADC$ 及截线 BPE 用梅涅劳斯定理得$\frac{CE}{EA}\cdot\frac{AP}{PD}\cdot\frac{DB}{BC}=1$.

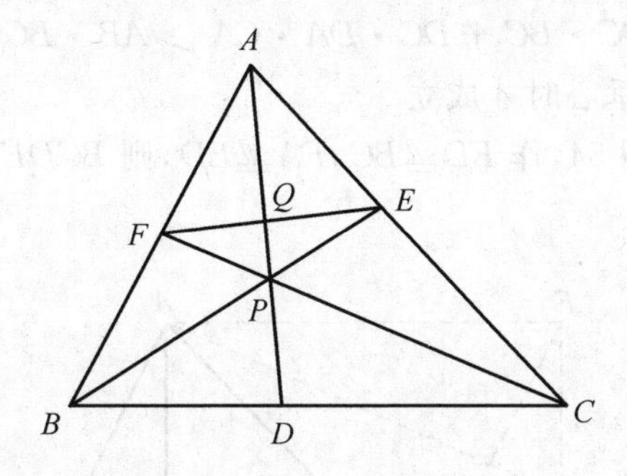

图 53

注意到$\frac{DB}{BC}=\frac{m}{m+1}$，故 $n\cdot\frac{AP}{PD}\,\frac{m}{m+1}=1$.

所以$\frac{AP}{PD}=\frac{m+1}{mn}$，从而$\frac{AP}{AD}=\frac{m+1}{mn+m+1}$.

又对直线 APD 截 $\triangle BCE$ 有$\frac{BD}{DC}\cdot\frac{CA}{AE}\cdot\frac{EP}{PB}=1$.

因为$\frac{CA}{AE}=n+1,\frac{BP}{EP}=mn+m$，所以$\frac{BE}{EP}=mn+m+1$.

又对 $\triangle ABP$ 及截线 FQE 有 $\frac{AF}{FB}\cdot\frac{BE}{EP}\cdot\frac{PQ}{AQ}=1$.

从而 $\frac{PQ}{AQ}=\frac{1}{p(mn+m+1)}=\frac{1}{mp+p+1}\Rightarrow\frac{PQ}{AP}=\frac{1}{mp+p+2}$.

所以

$$\frac{PQ}{AD}=\frac{PQ}{AP}\cdot\frac{AP}{AD}=\frac{m+1}{(mp+p+2)(mn+m+1)}=$$

$$\frac{1}{p(m+1)+2}\cdot\frac{1}{\frac{mn}{m+1}+1}=$$

$$\frac{1}{3+\frac{2mn}{m+1}+p(m+1)}\leqslant$$

$$\frac{1}{3+2\sqrt{2}}=3-2\sqrt{2}$$

所以 $PQ\leqslant(3-2\sqrt{2})AD$.

当 $\frac{2mn}{m+1}=p(m+1)$,亦即 $\frac{2}{p(m+1)}=p(m+1)$,当 $p(m+1)=\sqrt{2}$ 时取等号,得证.

9. 我们改证更强的命题:如图 54,设 D 为锐角 $\triangle ABC$ 内一点,求证 $DA\cdot DB\cdot AB+DB\cdot DC\cdot BC+DC\cdot DA\cdot CA\geqslant AB\cdot BC\cdot CA$,并且等号当且仅当 D 为 $\triangle ABC$ 垂心时才成立.

证明如下:如图 54,作 $ED\mathrel{\underline{\parallel}}BC$,$FA\mathrel{\underline{\parallel}}ED$,则 $BCDE$ 和 $ADEF$ 均为平行四边形.

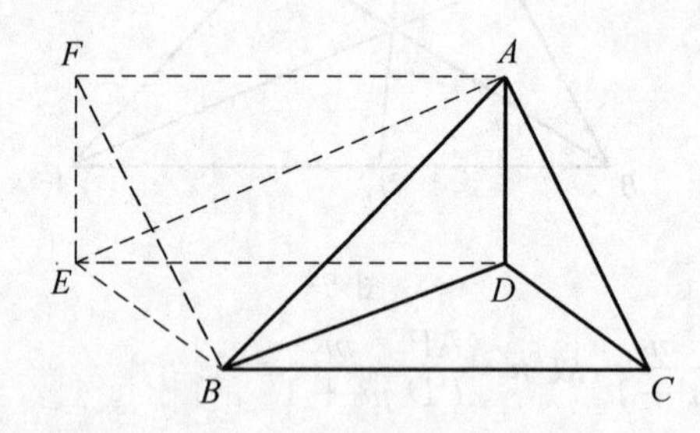

图 54

联结 BF,AE,显然 $BCAF$ 也是平行四边形.

于是 $AF=ED=BC$,$EF=AD$,$EB=CD$,$BF=AC$.

对四边形 $ABEF$ 和 $AEBD$ 应用托勒密不等式得

$AB\cdot EF+AF\cdot BE\geqslant AE\cdot BF$,$BD\cdot AE+AD\cdot BE\geqslant AB\cdot AC$

所以

$$AB \cdot AD + BC \cdot CD \geqslant AE \cdot AC$$
$$BD \cdot AE + AD \cdot CD \geqslant AB \cdot BC \quad ①$$

对式①中前一式,两边同乘 DB 后,再加上 $DC \cdot DA \cdot AC$,然后注意式①中后一式有

$$DB \cdot PA \cdot AB + DB \cdot DC \cdot BC + DC \cdot PA \cdot AC \geqslant DB \cdot AE \cdot AC$$

即

$$DB(AB \cdot AD + BC \cdot CD) + DC \cdot DA \cdot CA + DC \cdot DA \cdot AC \geqslant$$
$$AC(DB \cdot AE + DC \cdot AD) \geqslant AC \cdot AB \cdot BC$$

所以

$$DA \cdot DB \cdot AB + DB \cdot DC \cdot BC + DC \cdot OA \cdot CA \geqslant AB \cdot AC \cdot BC$$

其中等号成立当且仅当式①中等号同时成立,即 A,B,E,F 及 A,E,B,D 四点共圆,亦即 A,F,E,B,D 五点共圆时.

因为 $AFED$ 为平行四边形,故它等价于 $AFED$ 为矩形(即 $AD \perp BC$).

而 $AD \perp BC$ 且 $CD \perp AB$,故加强命题成立,从而原命题得证.

10.如图 55,联结 DE,DF,MB,NC,因 $BCEF$ 共圆,D 为圆心,则 $DE = DF = DB = DC$,联结 GD,GE,GF,由 $BDEG$ 共圆,得 $\angle DGE = \angle DBE = \angle TAC$;又由 $CDFG$ 共圆,得 $\angle DGF = \angle DCF = \angle TAB$,相加得,$\angle EGF = \angle EAF$,故 $EGAF$ 共圆,又因 $EAFH$ 共圆,即有 $AGEHF$ 五点共圆,所以 $\angle HGE = \angle HAE = \angle TAC = \angle DGE$,即 D,H,G 共线;五点圆 $AGEHF$ 的直径为 AH,设圆心为 P(P 为 AH 的中点),由 $\angle AGH = \angle AEH = 90°$,即 $DG \perp MN$,故 MD 为圆 BDE 的直径,从而 $MB \perp BC$.

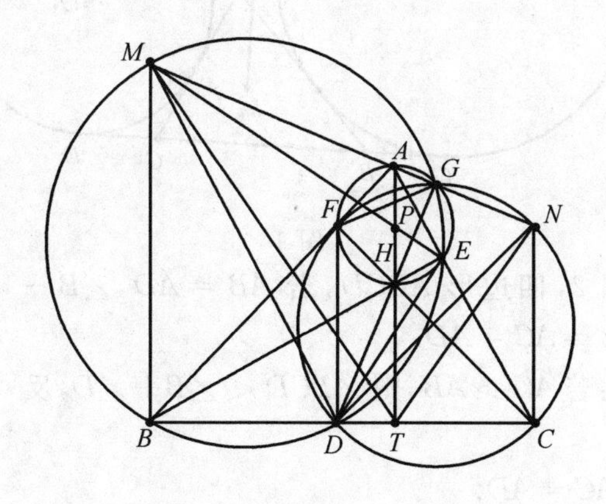

图 55

第32讲　关于三角形旁切圆的若干结论

你们在想要攀登到科学顶峰之前，务必把科学的初步知识研究透彻. 还没有充分领会前面的东西时，就绝不要动手搞往后的事情.

——巴甫洛夫(苏联)

知识方法

定理1　如图1，圆 O_1，圆 O_2 是 $\triangle ABC$ 的两个旁切圆，圆 O_1 分别切 BC，AB 于 D，E，圆 O_2 分别切 BC，AC 于 G，F，射线 O_1E，O_2F 交于 K. $\triangle ABC$ 内心为 I，求证：$KI\perp BC$，且 $KI=KO_1=KO_2$.

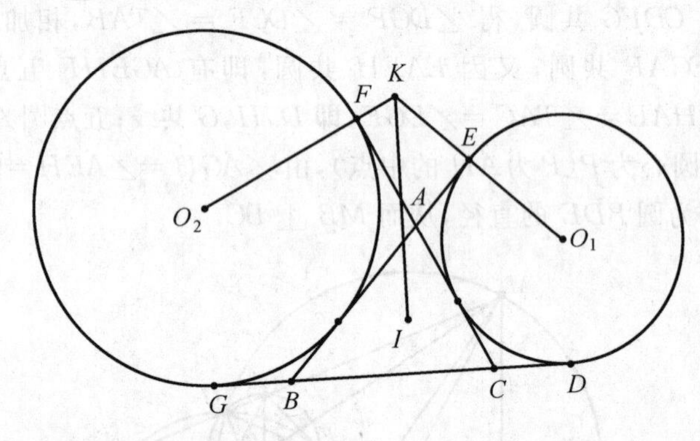

图 1

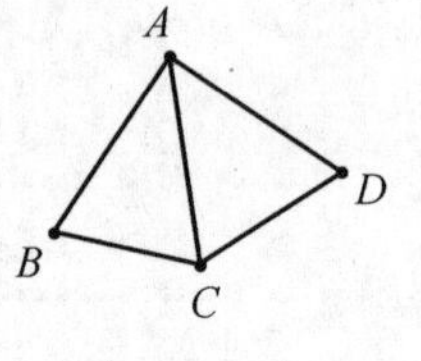

图 2

引理1：如图2，四边形 $ABCD$，若 $AB=AD$，$\angle B+\angle D=\angle C$，则 $AB=AC=AD$.

引理的证明：若 $AC>AB$，则 $\angle BCD<\angle B+\angle D$，反之亦然.

所以 $AB=AC=AD$.

现在证明定理：

证明 如图3,联结O_1O_2,O_2C,O_1B,则两条线交于点I.延长KI交BC于L,则知

$$\angle AO_2C=\frac{B}{2},\angle AO_1B=\frac{C}{2}$$

因此

$$\angle KO_2O_1=90^\circ-\frac{C}{2}-\frac{B}{2}=\frac{A}{2}$$

$$\angle KO_1O_2=90^\circ-\frac{C}{2}-\frac{B}{2}=\frac{A}{2}$$

于是$\angle KO_1O_2=\angle KO_2O_1$,进而$KO_1=KO_2$,

$$\angle IO_1K+\angle IO_2K=\left(90^\circ-\frac{C}{2}\right)+\left(90^\circ-\frac{B}{2}\right)=90^\circ+\frac{A}{2}=\angle O_1IO_2$$

根据引理得$KI=KO_1=KO_2$.于是知$\angle LIC+\angle LCI=\angle KIO_2+\frac{C}{2}=\angle KO_2C+\frac{C}{2}=90^\circ$,所以$AI\perp BC$.

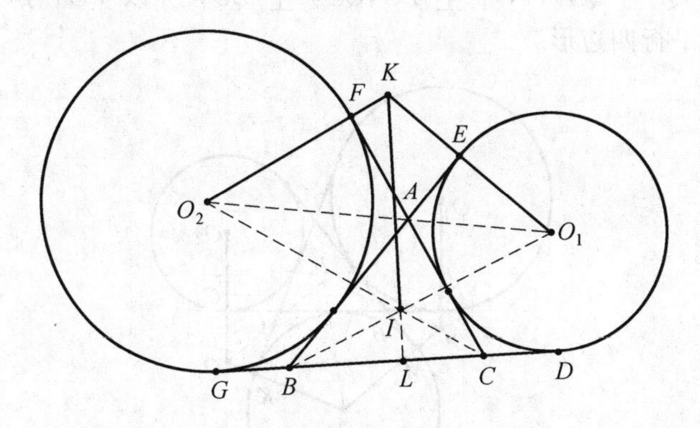

图 3

定理2 如图4,圆O_1,圆O_2,圆O_3是$\triangle ABC$的三个旁切圆,圆O_1、圆O_2分别切BC于D,G,圆O_3分别切边AB,AC于M,K,O_1D交O_3M于P,O_2G交O_3K于Q,求证:(1)$PO_3=QO_3$;(2)$PM=KQ$;(3)四边形PQO_2O_1是平行四边形.

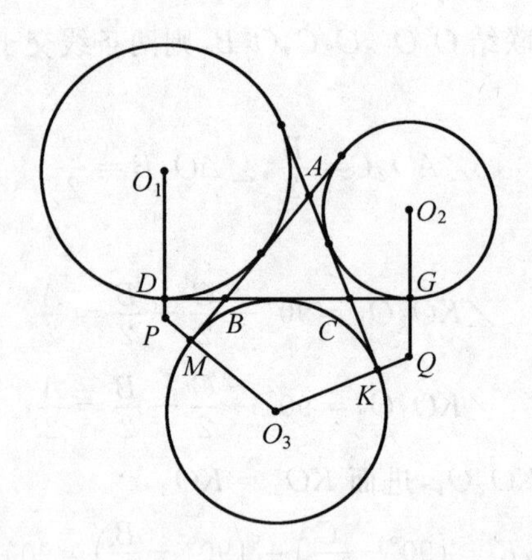

图 4

证法一 如图 5,设$\triangle ABC$内心为I,则I在AO_3上,于是根据定理1结论知$PI=PO_3$,$QI=QO_3$,又$\angle IO_3P=\angle IO_3Q$,所以四边形$PIQO_3$为菱形.于是知$PO_3=QO_3$. 因为$O_3M=O_3K$,因此$PM=KQ$,根据定理1可知:$PO_1=PI=QI=QO_2$,$PO_1\perp BC$,$QO_2\perp BC$,所以$PO_1\parallel QO_2$,于是$PQO_2O_1$是平行四边形.

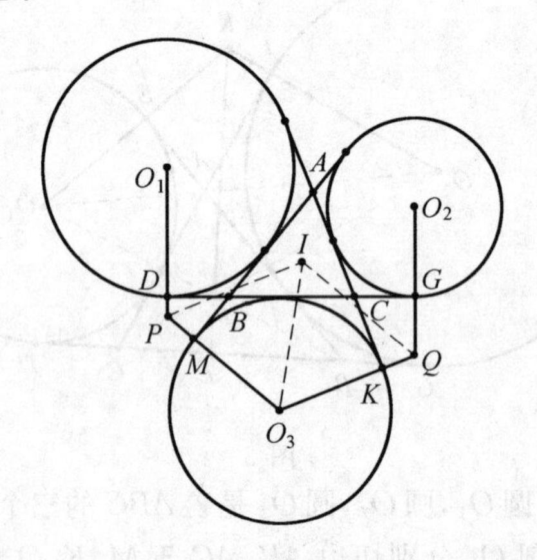

图 5

证法二 联结O_2O_3,必过点C,根据旁切圆半径公式:$r_A=4R\sin\dfrac{A}{2}\cdot\cos\dfrac{B}{2}\cos\dfrac{C}{2}$,$r_B=4R\sin\dfrac{B}{2}\cos\dfrac{A}{2}\cos\dfrac{C}{2}$($r_A$,$r_B$,$R$分别是$A-$,$B-$旁切圆半径,$\triangle ABC$外接圆半径),易知$\angle CO_2Q=\angle CO_3Q=\dfrac{C}{2}$,可知$O_2Q=O_3Q$,$\cos\dfrac{C}{2}=\dfrac{O_2O_3}{2O_2Q}$,于是$O_2Q=\dfrac{O_2O_3}{2\cos\dfrac{C}{2}}$,$O_2O_3=O_2C+CO_3=\dfrac{r_A}{\cos\dfrac{C}{2}}+\dfrac{r_B}{\cos\dfrac{C}{2}}=$

$4R\sin\dfrac{A+B}{2}=4R\cos\dfrac{C}{2}$，于是 $O_2Q=O_3Q=2R$，同理 $O_1P=O_3P=2R$，其他同证法一.

推论 1 如图 6，圆 O_1，圆 O_2，圆 O_3 分别是 $\triangle ABC$ 的 $C-$，$B-$，$A-$ 三个旁切圆，圆 O_1 分别切边 AC，BC 于 F，D，圆 O_2 分别切边 AB，BC 于 E，G，圆 O_3 分别切边 AB，AC 于 M，K，O_1D 交 O_3M 于 P，O_2G 交 O_3K 于 Q，O_1F 交 O_2E 于 R，求证：O_1Q，O_2P，O_3R 三线共点.

证明 如图 7，根据定理 2，可知 O_1O_2QP 是平行四边形，O_1Q，O_2P 互相平分，同理 O_2P，O_3R 互相平分，可知 O_1Q，O_2P，O_3R 三线共点，且交点为三条对角线中点.

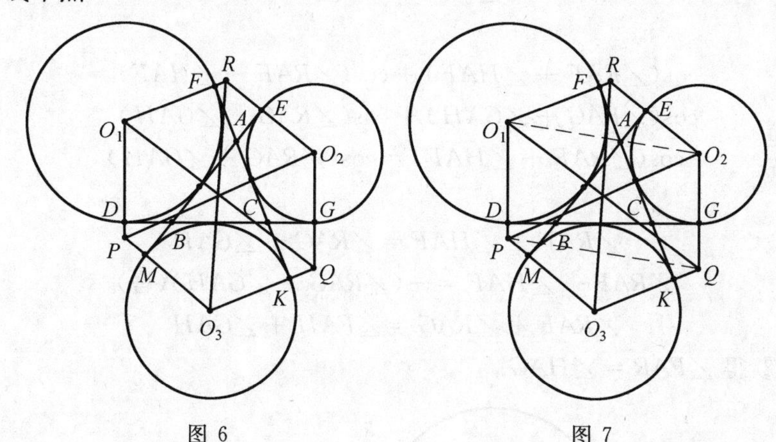

图 6 图 7

推论 2 如图 8，圆 O_1，圆 O_2，圆 O_3 是 $\triangle ABC$ 的三个旁切圆，圆 O_1 分别切边 BC，AC 于 D，F，圆 O_2 分别切边 AB，BC 于 G，J，圆 O_3 分别切边 AC，AB 于 K，M，O_1D 交 O_3M 于 P，O_2J 交 O_3K 于 Q，O_1F，O_2G 交于 R，求证：RA，PB，QC 三线共点.

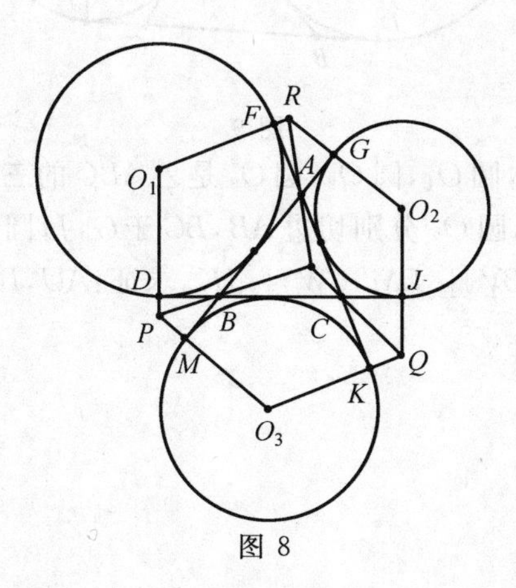

图 8

证明 根据定理2知：$RF=DP$，$PM=KQ$，$QJ=GR$. 于是知

$$\frac{\sin\angle RAG}{\sin\angle RAF}\cdot\frac{\sin\angle DBP}{\sin\angle MBP}\cdot\frac{\sin\angle KCQ}{\sin\angle JCQ}=\frac{GR}{FR}\cdot\frac{DP}{MP}\cdot\frac{KQ}{JQ}=1$$

根据塞瓦定理知 RA，PB，QC 三线共点.

定理3 如图9，圆 O_1，圆 O_2 是 $\triangle ABC$ 的 $C-$，$B-$ 旁切圆，圆 O_1 分别切边 AC，BC 于 F，D，圆 O_2 分别切边 AB，BC 于 G，J，$AH\perp FG$.

求证：$\angle FAR=\angle HAG$.

证明：易知 $\dfrac{\cos\angle RAF}{\cos\angle RAG}=\dfrac{AF}{AG}=\dfrac{\cos\angle GAH}{\cos\angle HAF}$，因此

$$\cos\angle RAF\cos\angle HAF=\cos\angle RAG\cos\angle GAH$$

可得

$$\cos(\angle RAF+\angle HAF)+\cos(\angle RAF-\angle HAF)=$$
$$\cos(\angle RAG+\angle GAH)+\cos(\angle RAG-\angle GAH)$$
$$\cos(\angle RAF+\angle HAF)=\cos(\angle RAG+\angle GAH)$$

进而

$$\angle RAF+\angle HAF=\angle RAG+\angle GAH \quad ①$$

或

$$\angle RAF+\angle HAF=-(\angle RAG+\angle GAH)(\text{舍})$$
$$\angle RAF+\angle RAG=\angle FAH+\angle GAH \quad ②$$

①＋② 得 $\angle FAR=\angle HAG$.

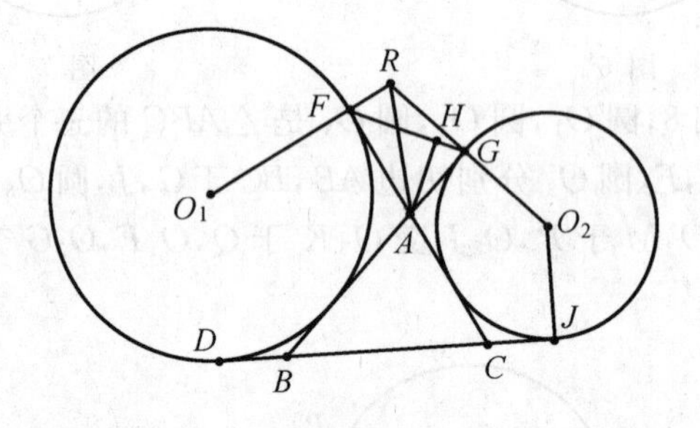

图9

推论3 如图10，圆 O_1，圆 O_2，圆 O_3 是 $\triangle ABC$ 的三个旁切圆，圆 O_1 分别切边 BC，AC 于 D，F，圆 O_2 分别切边 AB，BC 于 G，J，圆 O_3 分别切边 AC，AB 于 K，M，$AU\perp FG$，$BV\perp DM$，$CW\perp JK$，求证：AU，BV，CW 三线共点.

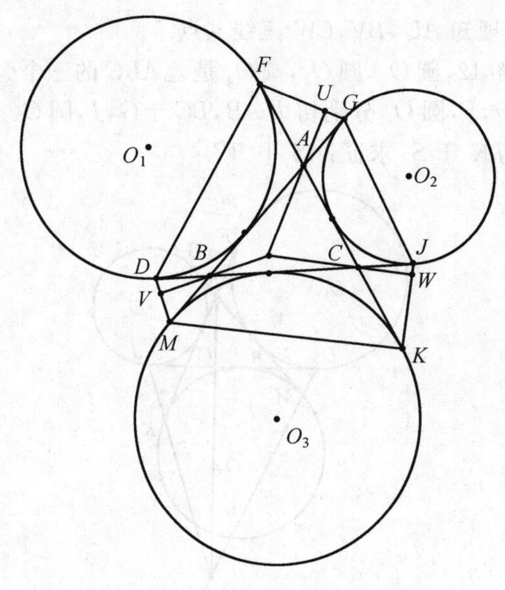

图 10

证明　如图 11,设 O_1D 交 O_3M 于 P,O_2J 交 O_3K 于 Q,O_1F,O_2G 交于 R.则根据定理 3,定理 2 的推论 2,知

$$\frac{\sin\angle FAU}{\sin\angle GAU}\cdot\frac{\sin\angle MBV}{\sin\angle DBV}\cdot\frac{\sin\angle JCW}{\sin\angle KCW}=\frac{\sin\angle RAG}{\sin\angle RAF}\cdot\frac{\sin\angle DBP}{\sin\angle MBP}\cdot\frac{\sin\angle KCQ}{\sin\angle JCQ}=$$

$$\frac{GR}{FR}\cdot\frac{DP}{MP}\cdot\frac{KQ}{JQ}=1$$

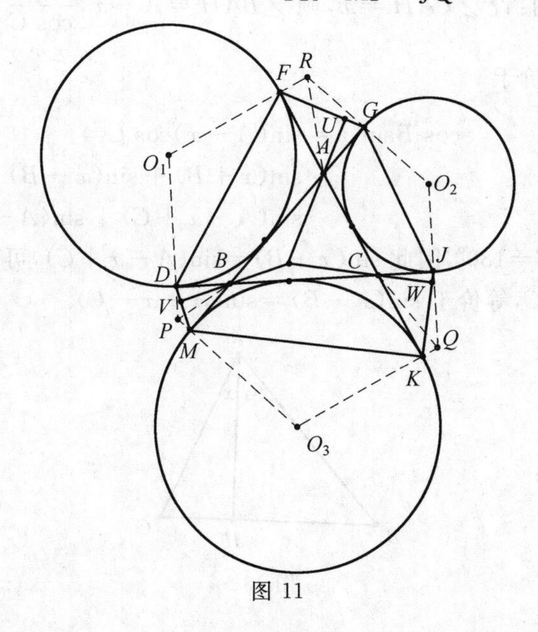

图 11

根据塞瓦定理知 AU,BV,CW 三线共点.

定理 4 如图 12,圆 O_1,圆 O_2,圆 O_3 是 $\triangle ABC$ 的三个旁切圆,圆 O_1 分别切边 BC,AC 于 D,F,圆 O_2 分别切边 AB,BC 于 G,J,圆 O_3 分别切边 AC,AB 于 K,M,DM 交 JK 于 S,求证:$AS\perp BC$.

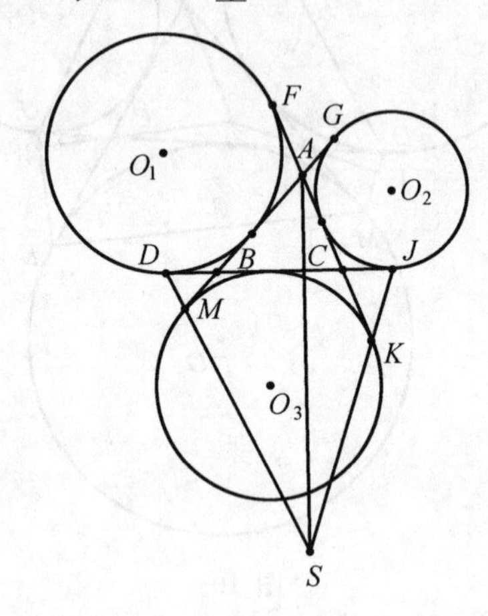

图 12

证明 引理:如图 13,已知 H 是 $\triangle ABC$ 边 BC 上一点,则 $\frac{\cos B}{\cos C}=\frac{\sin\angle BAH}{\sin\angle CAH}$ 的充要条件是 $AH\perp BC$.

引理的证明:设 $\angle CAH=x$,则 $\angle BAH=A-x$,$\frac{\cos B}{\cos C}=\frac{\sin\angle BAH}{\sin\angle CAH}=\frac{\sin(A-x)}{\sin x}$,等价于

$$\begin{aligned}\cos B\sin x=\sin(A-x)\cos C\Leftrightarrow\\ \sin(x+B)+\sin(x-B)=\\ \sin(A-x+C)+\sin(A-x-C)\end{aligned}$$

因为 $A+B+C=180^\circ$,因此 $\sin(x+B)=\sin(A-x+C)$,可知 $\cos B\sin x=\sin(A-x)\cos C$,等价于 $\sin(x-B)=\sin(A-x-C)$.

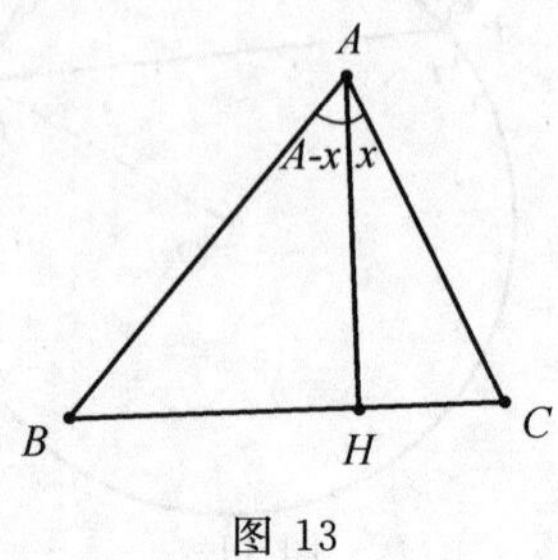

图 13

即 $x-B=A-x-C$ 或 $x-B+A-x-C=180°$(舍)，得 $A+B+C=2C+2x$，也就是 $C+x=90°$，即 $AH\perp BC$.

回到定理的证明，如图 14，设 O_1D 交 O_3M 于 P，O_2J 交 O_3K 于 Q，联结 BP 交 DM 于 U，联结 CQ 交 JK 于 V. 根据引理知要证 $AS\perp BC$，只需证明：$\dfrac{\cos\angle BDM}{\cos\angle KJC}=\dfrac{\sin\angle DSA}{\sin\angle JSA}$，根据正弦定理

$$\frac{\sin\angle DSA}{\sin\angle BMD}=\frac{AS}{AM}=\frac{AS}{AK}=\frac{\sin\angle JSA}{\sin\angle CKJ}$$

可知

$$\frac{\sin\angle MSA}{\sin\angle KSA}=\frac{\sin\angle BMD}{\sin\angle CKJ}$$

结论就等价于

$$\frac{\sin\angle ASM}{\sin\angle ASK}=\frac{\cos\angle MDB}{\cos\angle KJC} \quad ①$$

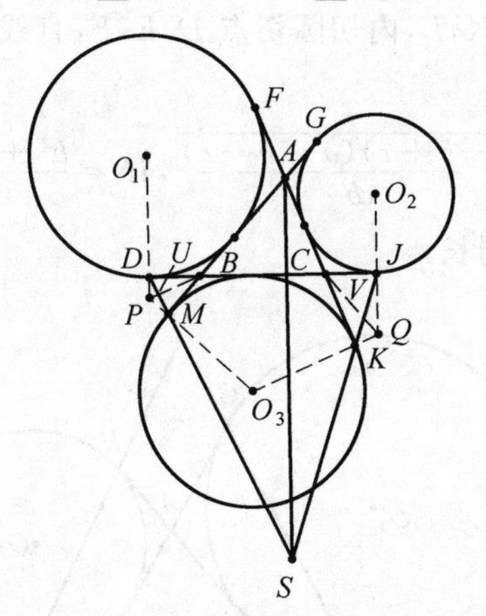

图 14

于是要证明 ①，只需证明：$\dfrac{\sin\angle BMD}{\sin\angle CKJ}=\dfrac{\cos\angle MDB}{\cos\angle KJC}=\dfrac{\sin\angle MDP}{\sin\angle KJQ}$，也即只需证明：$\dfrac{\sin\angle BMD}{\sin\angle MDP}=\dfrac{\sin\angle CKJ}{\sin\angle KJQ}$，即只需证明 $\dfrac{BD}{PM}=\dfrac{CJ}{KQ}$，根据 $BD=CJ$，定理 2，此式显然成立，命题得证.

推论 4　如图 15，圆 O_1，圆 O_2，圆 O_3 是 $\triangle ABC$ 的三个旁切圆，圆 O_1 分别切边 BC，AC 于 D，F，圆 O_2 分别切边 AB，BC 于 G，J，圆 O_3 分别切边 AC，AB 于 K，M，直线 FG，DM，JK 两两交于 R，S，T，求证：AS，BT，CR 交于一点，且交点就是 $\triangle ABC$ 垂心.

证明　根据定理 4，$AS\perp BC$，$BT\perp AC$，$RC\perp AB$. AS，BT，CR 交于一

点,且交点就是$\triangle ABC$垂心.

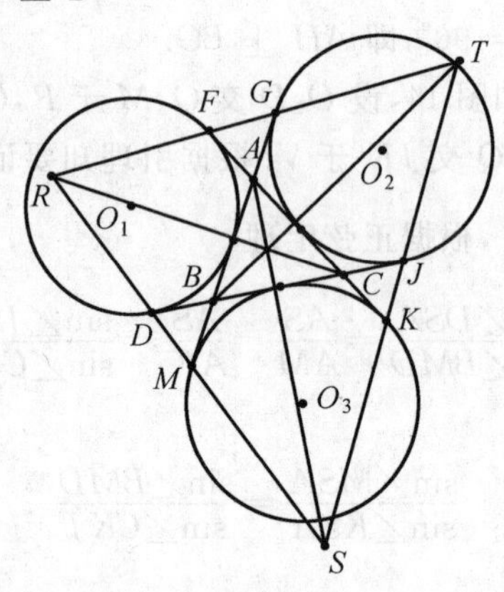

图 15

定理 5 如图 16,圆O_1,圆O_2,圆O_3分别是$\triangle ABC$边BA,AC,BC的旁切圆,切点G,H,I,J,K,L,内切圆切点D,E,F,直线LK,IJ,HG,两两相交于M,N,P.

求证:$IJ=p\sqrt{\dfrac{(a-b+c)(a+b-c)}{cb}}$,$IN=\dfrac{b^2+c^2-a^2}{2}\sqrt{\dfrac{a+b-c}{cb(a+c-b)}}$

(p为$\triangle ABC$半周长)

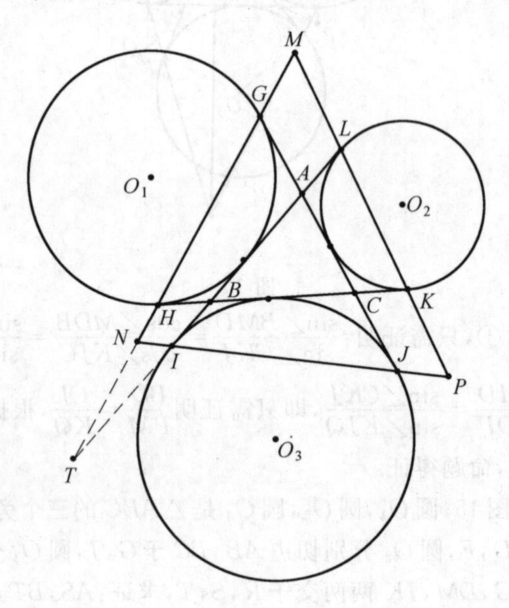

图 16

证明 设$\triangle ABC$三边为a,b,c,三角为A,B,C,易知$GC=HC=BK=BL$

$=AJ=AI=p$,因此 $AG=CJ,HB=CK,BI=AL$.

$$1=\frac{HB}{BN}\cdot\frac{BN}{BI}\cdot\frac{CJ}{CP}\cdot\frac{CP}{CK}\cdot\frac{AL}{AM}\cdot\frac{AM}{AG}$$

在三角形 BNH,BNI,CJP,CKP,ALM,AMG 中,根据正弦定理

$$1=\frac{\sin\angle MNB}{\cos\frac{C}{2}}\cdot\frac{\cos\frac{A}{2}}{\sin\angle PNB}\cdot\frac{\sin\angle NPC}{\cos\frac{A}{2}}\cdot\frac{\cos\frac{B}{2}}{\sin\angle MPC}\cdot$$

$$\frac{\sin\angle AML}{\cos\frac{B}{2}}\cdot\frac{\cos\frac{C}{2}}{\sin\angle AMN}$$

于是 $1=\frac{\sin\angle MNB}{\cos\frac{C}{2}}\cdot\frac{\sin\angle NPC}{\sin\angle MPC}\cdot\frac{\sin\angle AML}{\sin\angle AMN}$,进而直线 BN,CP,MA 交于一点.

设 AI 交 GH 于 T,AT 截 $\triangle CGH$.

根据梅涅劳斯定理:$\frac{JG}{AG}\cdot\frac{AT}{BT}\cdot\frac{HB}{HC}=1$,即

$$\frac{p}{p-b}\cdot\left(\frac{c}{BT}+1\right)\cdot\frac{p-a}{p}=1$$

得到

$$BT=\frac{c(p-a)}{a-b},IT=BT-BI=\frac{c(p-a)}{a-b}=(p-c)=\frac{b^2+c^2-a^2}{2(a-b)}$$

NJ 截 $\triangle JGH$,根据梅涅劳斯定理:$\frac{GJ}{AG}\cdot\frac{AT}{IT}\cdot\frac{NI}{NJ}=1$,即

$$\frac{a+c}{p-b}\cdot\frac{\frac{(p-b)c}{a-b}}{\frac{pc+pb-pa-bc}{a-b}}\cdot\frac{NI}{NJ}=1$$

$$\frac{NI}{NJ}=1,\frac{NI}{NI+IJ}=\frac{b^2+c^2-a^2}{2(a+c)c}$$

$$\frac{IJ}{NI}=\frac{(a+c)^2-b^2}{b^2+c^2-a^2}$$

根据余弦定理

$$IJ=p\sqrt{\frac{(a-b+c)(a+b-c)}{cb}}$$

$$IN=\frac{b^2+c^2-a^2}{2}\sqrt{\frac{a+b-c}{cb(a+c-b)}}$$

如图17,圆O_1,圆O_2,圆O_3分别是$\triangle ABC$边BA,AC,BC的旁切圆,切点G,H,I,J,K,L,内切圆切点为D,E,F,直线LK,IJ,HG两两相交于M,N,P.

求证:(1) 直线BN,CP,MA交于一点;

(2) 设直线BN,CP,MA交于一点U,点U必是$\triangle ABC$垂心,$\triangle MNP$外心.

证明　根据定理5:$\dfrac{IN}{PJ}=\dfrac{a+b-c}{a+c-b}=\dfrac{BI}{CJ}$,易知$\angle NIB=\angle CJP$,进而$\angle INB=\angle JPC$,$\angle NBI=\angle JCP$,可知$UN=UP$,同理$UM=UP$,可得$U$是$\triangle MNP$外心,根据$\angle NBI=\angle JCP$,可知$\angle ABU=\angle ACU$,同理$\angle CBU=\angle CAU$,$\angle BAU=\angle BCU$,可知$\angle A+\angle ABU=90°$,即$BU\perp AC$,同理$CU\perp AB$,所以点$U$必是$\triangle ABC$垂心.

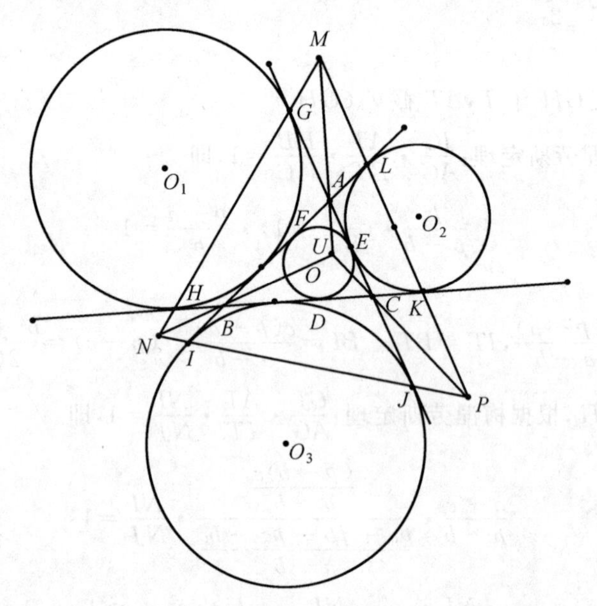

图17

推论5　如图18,圆O_1,圆O_2,圆O_3分别是$\triangle ABC$边BA,AC,BC的旁切圆,切点G,H,I,J,K,L,内切圆I,直线LK,HG相交于M,圆O_3切BC于S,求证:$MS=AO_3$,$MS\,/\!/\,AO_3$.

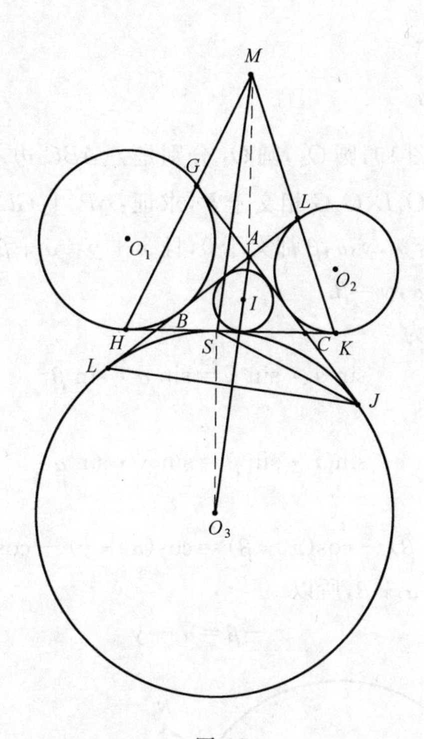

图 18

证明　设 R 是 $\triangle ABC$ 外接圆半径，a,b,c 是 $\triangle ABC$ 三边.

根据定理 5：

$$ML=\frac{a^2+c^2-b^2}{2}\sqrt{\frac{a+b-c}{ac(b+c-a)}}$$

$$\frac{MA}{\cos\frac{B}{2}}=\frac{ML}{\cos B}=\frac{a^2+c^2-b^2}{2ac\cos B}\sqrt{\frac{ac(b+a-c)}{c+b-a}}=$$

$$2R\sqrt{\frac{\sin A\sin C(\sin A+\sin B-\sin C)}{\sin B+\sin C-\sin A}}=4R\sin\frac{A}{2}\cos\frac{C}{2}$$

因此

$$MA=4R\sin\frac{A}{2}\cos\frac{B}{2}\cos\frac{C}{2}=r_a=SO_3$$

根据上题：$MA\perp BC$，$SO_3\perp BC$，因此 $AMSO_3$ 是平行四边形.

即 $MS=AO_3$，$MS\parallel AO_3$.

（$r_a=4R\sin\frac{A}{2}\cos\frac{B}{2}\cos\frac{C}{2}$，$r_a$ 是 BC 边旁切圆半径，公式证明不难）

典型例题

例1 已知,如图19,圆 O_1,圆 O_2 分别是 $\triangle ABC$ 边 AB,AC 的旁切圆,切点 G,H,K,L,直线 O_1L,O_2G 相交于 P,求证:$AP\perp GL$.

证明 引理:若 x,y,α,β 都大于0,且 $x+y=\alpha+\beta<\pi$,$\sin x:\sin y=\sin\alpha:\sin\beta$,则 $x=\alpha,y=\beta$.

引理的证明:因为

$$\sin x:\sin y=\sin\alpha:\sin\beta$$

所以

$$\sin x\cdot\sin\beta=\sin y\cdot\sin\alpha$$

所以

$$\cos(x+\beta)-\cos(x-\beta)=\cos(\alpha+y)-\cos(\alpha-y) \quad ①$$

又因为 $x+y=\alpha+\beta$,所以

$$x-\beta=\alpha-y \quad ②$$

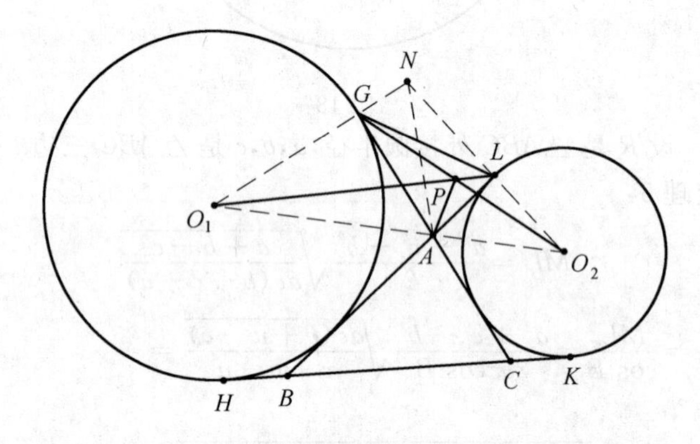

图 19

于是 $\cos(x-\beta)=\cos(\alpha-y)$,代入 ① 有

$$\cos(x+\beta)=\cos(\alpha+y) \quad ③$$

若 $x+\beta\neq\alpha+y$,则由于 x,y,α,β 都大于0,知 $x+\beta>0,\alpha+y>0$.

由 ② 知 $(x+\beta)+(\alpha+y)\geqslant 2\pi$,然而根据条件 $x+y=\alpha+\beta<\pi$,知 $(x+\beta)+(\alpha+y)=(x+y)+(\alpha+\beta)<2\pi$.矛盾.

若

$$x+\beta=\alpha+y \quad ④$$

由 ②+④ 知 $x=\alpha,y=\beta$.证毕.

回到原题，由定理 2 可知 $NO_1 = NO_2$，根据定理 3，只要证明 $\angle GAN = \angle PAL$.

根据引理：只要证明$\dfrac{\sin\angle PAL}{\sin\angle GAP} = \dfrac{\sin\angle GAN}{\sin\angle NAL}$，因为

$$\frac{S_{\triangle APL}}{S_{\triangle APG}} = \frac{AL\sin\angle PAL}{AG\sin\angle GAP} = \frac{AL \cdot PL\sin\angle ALP}{AG \cdot GP\sin\angle AGP}$$

所以

$$\begin{aligned}
\frac{\sin\angle PAL}{\sin\angle GAP} &= \frac{PL\sin\angle ALP}{GP\sin\angle AGP} = \frac{PL}{GP} \cdot \frac{\sin\angle ALP}{\sin\angle AGP} = \\
&\frac{PL}{LO_2} \cdot \frac{GO_1}{GP} \cdot \frac{LO_2}{GO_1} \cdot \frac{\sin\angle ALP}{\sin\angle AGP} = \\
&\frac{\sin\angle NO_2G}{\sin\angle LPO_2} \cdot \frac{\sin\angle GPO_1}{\sin\angle NO_1L} \cdot \frac{LO_2}{GO_1} \cdot \frac{\sin\angle ALP}{\sin\angle AGP} = \\
&\frac{\sin\angle NO_2G}{\sin\angle NO_1L} \cdot \frac{LO_2}{GO_1} \cdot \frac{\sin\angle ALP}{\sin\angle AGP} \qquad ⑤
\end{aligned}$$

因为 $NO_1 = NO_2$，所以 $\angle NO_1O_2 = \angle NO_2O_1$，由 ① 得

$$\begin{aligned}
\frac{\sin\angle PAL}{\sin\angle GAP} &= \frac{\sin\angle NO_2G}{\sin\angle NO_2O_1} \cdot \\
&\frac{\sin\angle NO_2G}{\sin\angle NO_2O_1} \cdot \frac{\sin\angle NO_1O_2}{\sin\angle NO_1L} \cdot \frac{AL\sin\angle ALP}{AG\sin\angle AGP} = \\
&\frac{GN \cdot O_1O_2}{NL \cdot O_2G} \cdot \frac{NO_2 \cdot O_1L}{O_1O_2 \cdot NL} \cdot \frac{AL\sin\angle APL}{AG\sin\angle AGP} = \\
&\frac{GN}{NL} \cdot \frac{O_1L\sin\angle AO_1L}{O_2G\sin\angle AGP} \cdot \frac{AL}{AG} = \\
&\frac{GN}{NL} \cdot \frac{AO_1\sin\angle O_1AL}{AO_2\sin\angle O_2AG} \cdot \frac{AL}{AG} = \frac{GN}{NL} \qquad ⑥ \\
&\frac{\sin\angle NAG}{\sin\angle NAL} = \frac{NG}{AN} \cdot \frac{NL}{NA} = \frac{AL}{AG} \qquad ⑦
\end{aligned}$$

根据 ⑥⑦ 可知$\dfrac{\sin\angle PAL}{\sin\angle GAP} = \dfrac{\sin\angle GAN}{\sin\angle NAL}$，即得结论.

例 2 已知，如图 20，圆 O_1，圆 O_2 分别是 $\triangle ABC$ 边 AC，AB 的旁切圆，切点是 D, E, F, G, J, K，$O_1K \perp AC$ 于 K，$O_2J \perp AB$ 于 J，O_1K 交 O_2J 于 M，求证：$AM \perp EF$.

证明 根据定理 3，延长 O_2E 交 O_1F 于 N，联结 O_1O_2，AN，我们可知 $\angle EAN$ 与 $\triangle AEF$ 边 EF 上高是等角线.

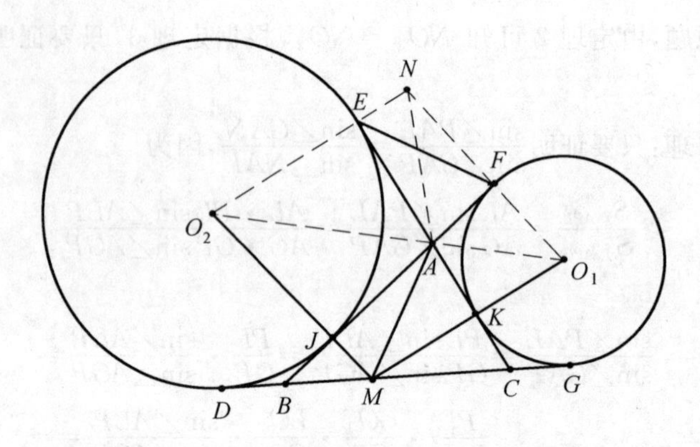

图 20

只要证明 $\angle EAN=\angle BAM$，O_1O_2 是四边形 NO_1MO_2 对称轴，所以 $\angle EAN=\angle BAM$.

例 3 如图 21，圆 O_1，圆 O_2，圆 O_3 分别是 $\triangle ABC$ 边 BC，AC，BA 的旁切圆，切点 G,H,I,D,E,F，直线 FG,HI,ED 两两相交于 K,J,L，直线 O_1I，O_2Z 交于 Z，类似得到 Y,X.

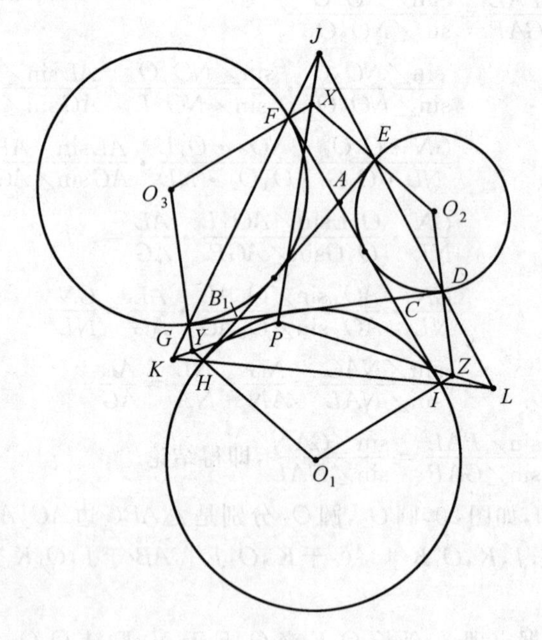

图 21

求证：JX,KY,LZ 共点.

证明 $\dfrac{S_{\triangle JFX}}{S_{\triangle JEX}}=\dfrac{JF\sin\angle FJX}{JE\sin\angle EJX}=\dfrac{JF\cdot FX\sin\angle O_3FJ}{JE\cdot EX\sin\angle O_2FD}$

因此
$$\frac{\sin\angle FJX}{\sin\angle EJX}=\frac{FX\sin\angle O_3FJ}{EX\sin\angle O_2FD}$$

同理
$$\frac{\sin\angle DLZ}{\sin\angle ILZ}=\frac{DZ\sin\angle FDO_2}{IZ\sin\angle HIO_1},\frac{\sin\angle HKY}{\sin\angle GKP}=\frac{YH\sin\angle ZHO_1}{GY\sin\angle O_3GF}$$

根据定理 2,可知 $YH=IZ,DZ=XE,FX=GY$,于是
$$\frac{\sin\angle FJX}{\sin\angle EJX}\cdot\frac{\sin\angle DLZ}{\sin\angle ILZ}\cdot\frac{\sin\angle HKY}{\sin\angle GKP}=1$$

因此 JX,KY,LZ 共点.

例 4　圆 O_1,圆 O_2 分别是 $\triangle ABC$ 边 AC,BA 的旁切圆,切点 G,D,E,F,O_2G 交 AE 于 R,O_1D 交 AC 于 S. 求证:BC,RS,EF 共点.

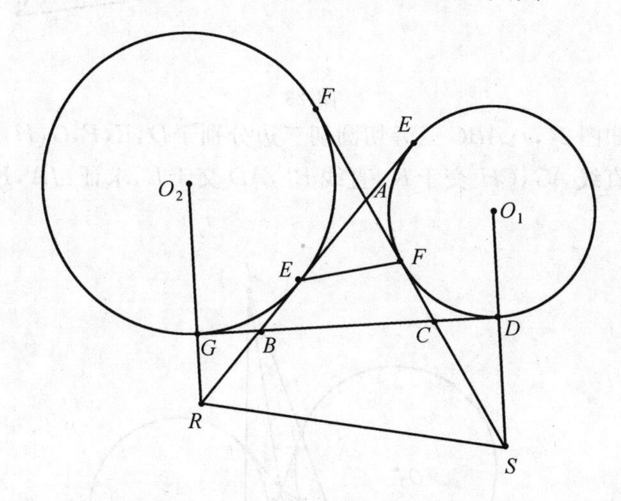

图 22

证明　记 $\triangle ABC$ 三角分别是 A,B,C,边分别是 a,b,c,半周长 p,如图 23,设 BC,SR 交于 P,EF,BC 交于 P_1,易知 $CS=\frac{CD}{\cos C},BR=\frac{BE}{\cos B}$,根据梅涅劳斯定理得:$\frac{AS}{CS}\cdot\frac{PC}{PB}\cdot\frac{BR}{AR}=1,\frac{AF}{CF}\cdot\frac{P_1C}{P_1B}\cdot\frac{BE}{AE}=1$,因此$\frac{P_1C}{P_1B}\cdot\frac{CF}{AF}\cdot\frac{AE}{BE}$,$\frac{PC}{PB}=\frac{CD}{AS\cos C}\cdot\frac{AR\cos B}{BE}$,$BC,RS,EF$ 共点等价于 P,P_1 重合,即证$\frac{PC}{PB}=\frac{P_1C}{P_1B}$,也就是证$\frac{CF}{AF}\cdot\frac{AE}{BE}=\frac{CD}{AS\cos C}\cdot\frac{AR\cos B}{BE}$,因为 $CF=CD$,因此只要证明$\frac{AE}{AF}\cdot\frac{AS}{AR}=\frac{\cos B}{\cos C}=\frac{BE}{BR}\cdot\frac{CS}{CF}$ 即可.

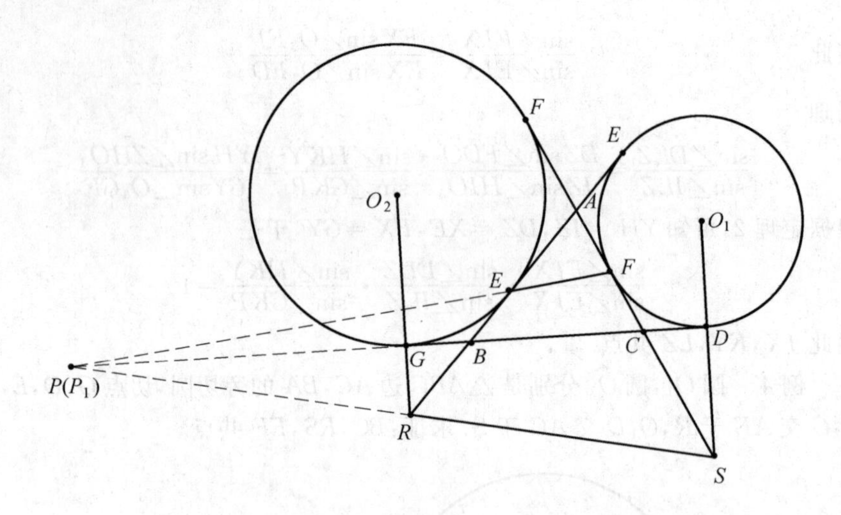

图 23

例 5 如图 24，$\triangle ABC$ 三旁切圆切三边分别于 D,E,F,G,H,I，直线 BF，CE 交于 J，直线 AG，CH 交于 K，直线 BI，AD 交于 L，求证：JA，KB，LC 交于一点.

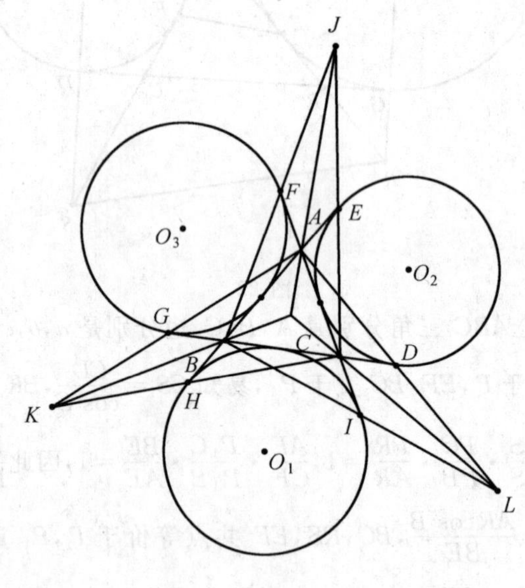

图 24

证明 易知

$$\frac{\sin\angle FAJ}{\sin\angle EAJ}=\frac{\sin\angle FAJ}{\sin\angle BAJ}=\frac{JF}{BJ}\cdot\frac{AB}{AF} \quad ①$$

根据梅涅劳斯定理：$\frac{BJ}{JF}\cdot\frac{FC}{AC}\cdot\frac{AE}{BE}=1$，因为 $FC=\triangle ABC$ 周长一半 $=BE$，

于是 $\frac{FJ}{JB}=\frac{AE}{AC}$，代入 ① 得

$$\frac{\sin\angle FAJ}{\sin\angle EAJ}=\frac{AE}{AC}\cdot\frac{AB}{AF}=\frac{c}{b}\cdot\frac{p-c}{p-b} \quad ②$$

同理

$$\frac{\sin\angle DCL}{\sin\angle LCB}=\frac{b}{a}\cdot\frac{p-b}{p-a} \quad ③$$

$$\frac{\sin\angle HBK}{\sin\angle KBG}=\frac{a}{c}\cdot\frac{p-a}{p-c} \quad ④$$

②·③·④ 得

$$\frac{\sin\angle FAJ}{\sin\angle EAJ}\cdot\frac{\sin\angle HBK}{\sin\angle KBG}\cdot\frac{\sin\angle DCL}{\sin\angle LCB}=1$$

因此 JA,KB,LC 交于一点.

例 6　已知，如图 25，圆 O_1，圆 O_2 分别是 $\triangle ABC$ 的 $B-$，$C-$旁切圆，切点分别是 D,E,F,G，直线 O_1G 交直线 AC 于 Q，O_2D 交直线 AB 于 S，O_2Q 交 O_1S 于 P，O 是 $\triangle ABC$ 外心. 求证：A,P,O 共线.

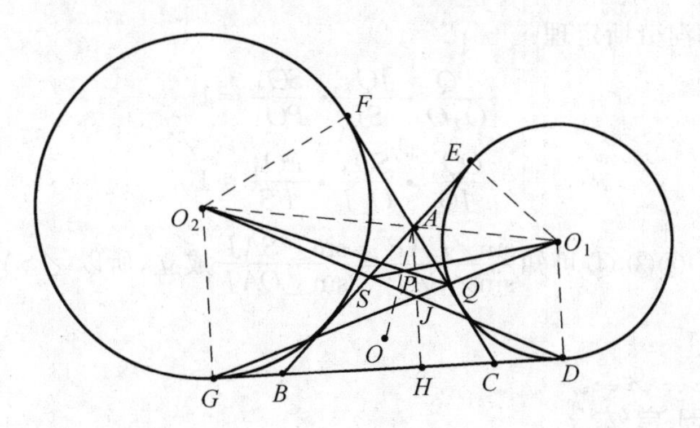

图 25

证明　联结 AJ 并延长交 BC 于 H.

先证 $AH\perp BC$，我们只要证明 $AJ\parallel O_2G\parallel O_1D$ 就可以了，因为 $\frac{JO_2}{JD}=\frac{O_2G}{O_1D}=\frac{O_2F}{O_1E}=\frac{O_2A}{O_1A}$，于是 $AJ\parallel O_2G\parallel O_1D$，即 $AH\perp BC$，我们可以知道 $\angle BAO=\angle HAC$，现在只要证明 $\angle SAP=\angle JAQ$.

另一方面我们要证明 $\angle SAP=\angle JAQ$，只要证明

$$\frac{\sin\angle CAP}{\sin\angle SAP}=\frac{\sin\angle SAJ}{\sin\angle QAJ}$$

$$\frac{S_{\triangle ASJ}}{S_{\triangle AQJ}}=\frac{AS\sin\angle SAJ}{AQ\sin\angle QAJ}=\frac{AS\cdot ST\sin\angle ASO_2}{AQ\cdot JQ\sin\angle AQO_1}$$

可得

$$\frac{\sin\angle SAJ}{\sin\angle QAJ}=\frac{ST\sin\angle ASO_2}{JQ\sin\angle AQO_1}=\frac{ST}{JQ}\cdot\frac{\sin\angle ASO_2}{\sin\angle SAO_2}\cdot\frac{\sin\angle QAO_1}{\sin\angle AQO_1}$$

因此

$$\frac{\sin\angle SAJ}{\sin\angle QAJ}=\frac{ST}{JQ}\cdot\frac{AO_2}{SO_2}\cdot\frac{QO_1}{AO_1} \quad ①$$

$$\frac{S_{\triangle APQ}}{S_{\triangle APS}}=\frac{AQ\sin\angle CAP}{AS\sin\angle SAP}=\frac{PQ\cdot AQ\sin\angle AQP}{PS\cdot AS\sin\angle ASP}$$

所以

$$\frac{\sin\angle CAP}{\sin\angle SAP}=\frac{PQ\sin\angle AQP}{PS\sin\angle ASP}=$$

$$\frac{PQ}{PS}\cdot\frac{\sin\angle AQP}{\sin\angle QAO_2}\cdot\frac{\sin\angle O_1AS}{\sin\angle PSA}=$$

$$\frac{PQ}{PS}\cdot\frac{AO_2}{QO_2}\cdot\frac{SO_1}{AO_1} \quad ②$$

根据梅涅劳斯定理

$$\frac{PQ}{O_2Q}\cdot\frac{JO_2}{SJ}\cdot\frac{SO_1}{PO_1}=1 \quad ③$$

$$\frac{OO_1}{JQ}\cdot\frac{SO_2}{O_2J}\cdot\frac{PO_1}{PS}=1 \quad ④$$

根据 ①②③ ④ 可知$\frac{\sin\angle CAP}{\sin\angle SAP}=\frac{\sin\angle SAJ}{\sin\angle QAJ}$成立，所以$\angle SAP=\angle JAQ$，证毕.

巩固演练

1. 已知，如图 26，圆 O_1，圆 O_2 分别是 $\triangle ABC$ 的 $B-$，$C-$旁切圆，切点分别是 D,E,F,G，直线 O_1F 交 O_2E 于 P，联结 PN 交 EF 于 J. 求证：AJ 平分 $\angle EAF$.

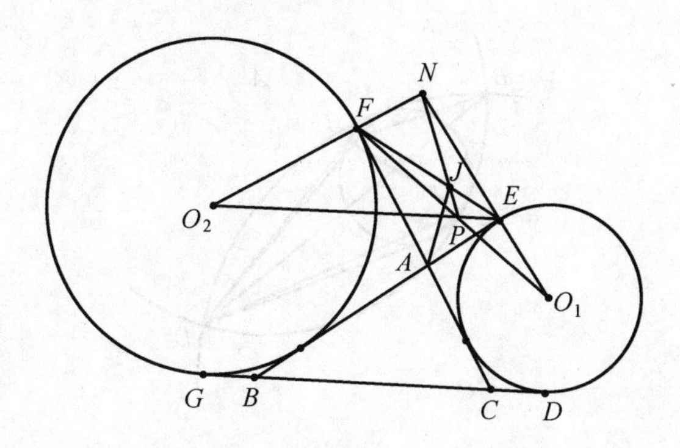

图 26

2. 已知圆 O 与 $\triangle ABC$ 的外接圆、AB、AC 均相切，切点分别为 T,P,Q；I 是 PQ 中点. 求证：I 是 $\triangle ABC$ 的内心或旁心.

3. $\triangle ABC$ 的三个角平分线足分别为 X,Y,Z，$\triangle XYZ$ 的外接圆在 AB，BC，CA 上截出了三条线段. 求证：这三条线段中有两条的长度和等于另外一条的长度.

4. $\triangle ABC$ 三边长为 a,b,c，内心为 I，与 A 相对的旁切圆切 BC 于 A_1；B_1，C_1 类似定义. 设 N 为 AA_1，BB_1，CC_1 的交点，r 为内切圆半径. 求证 $IN=r\Leftrightarrow a+b=3c$ 或 $b+c=3a$ 或 $a+c=3b$.

5. 设圆 O_1 与圆 O_2 相交于 A,B 两点，过 A 作一割线交两圆于 P,Q. 两圆在 P,Q 处的切线交于 R，BR 交 $\triangle O_1O_2B$ 外接圆于 S. 求证：RS 等于 $\triangle O_1O_2B$ 外接圆直径.

6. $\triangle ABC$ 内心为 I，圆 O_a 过 B,C 且与圆 I 直交，类似定义圆 O_b，圆 O_c. 圆 O_a 与圆 O_b 相交于另一点 C'，类似定义 B'，A'. 证明：$\triangle A'B'C'$ 外接圆半径为 $\triangle ABC$ 内切圆圆 I 半径的 $\frac{1}{2}$.

7. $\triangle ABC$ 内切圆分别切边 BC，CA，AB 于 A_1，B_1，C_1，三条高线 AA_2，BB_2，CC_2 的垂足分别为 A_2，B_2，C_2. A_0，B_0，C_0 分别为 AA_2，BB_2，CC_2 中点. 证明 A_1A_0，B_1B_0，C_1C_0 三线共点.

8. 如图 27，两圆圆 A 及圆 C 相交于 B,D 两点，圆 O 内切圆 A 于 E，内切圆 C 于 F，过 D 作圆 O 的两切线 DH，DG，设 $\triangle DHE$，$\triangle DHB$，$\triangle DHF$ 外心依次为 O_1，O_2，O_3. 求证 O_1，O_2，O_3 三点共线且 $O_1O_2=O_2O_3$.

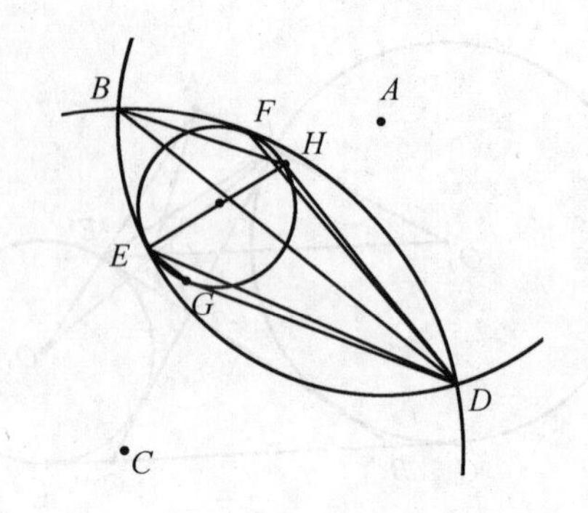

图 27

9. 设凸四边形 $ABCD$ 的两组对边所在直线交于 E，F 两点，两条对角线的交点为 P，过 P 作 $PO \perp EF = O$. 求证：$\angle BOC = \angle AOD$.

10. 圆 O，圆 I 分别是 $\triangle ABC$ 的外接圆和内切圆，圆 O 半径为 R，圆 I 半径为 r，圆 I 分别切 AB，AC，BC 于点 F，E，D，若 M 为 $\triangle DEF$ 的重心，试求 $\frac{IM}{OM}$ 的值（其中 $R \neq 2r$）.

演练解答

1. 如图 28，联结 AN，AP，根据定理 3，可知 $\angle FAN = \angle EAP$，

$$\frac{PJ}{NJ} = \frac{S_{\triangle PEF}}{S_{\triangle NEF}} = \frac{S_{\triangle PEF}}{S_{\triangle O_2EF}} \cdot \frac{S_{\triangle O_2EF}}{S_{\triangle NEF}} = \frac{PE}{O_2E} \cdot \frac{O_2F}{NF} = \frac{AP\sin\angle PAE}{AO_2\sin\angle O_2AE} \cdot \frac{AO_2\sin\angle O_2AF}{AN\sin\angle NAF}$$

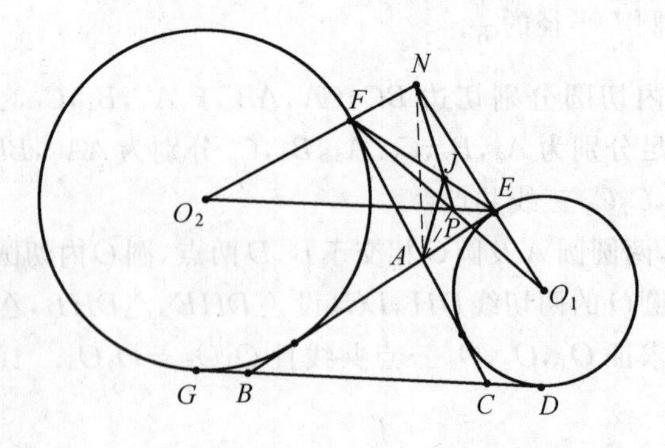

图 28

因为 $\angle PAE = \angle NAF$，$\angle O_2AF + \angle O_2AE = 180^\circ$，因此 $\frac{PJ}{NJ} = \frac{AP}{AN}$，于是

AJ 平分 $\angle EAF$.

2. 先设圆 O 与 $\triangle ABC$ 外接圆内切,此时圆 O 必定在内(否则圆 O 不能与 AB,AC 均相切).

这时我们来证明 I 为内心:

如图 29,过 T 作两圆公切线 MN,联结 TA,TB,TP,TQ,TC.

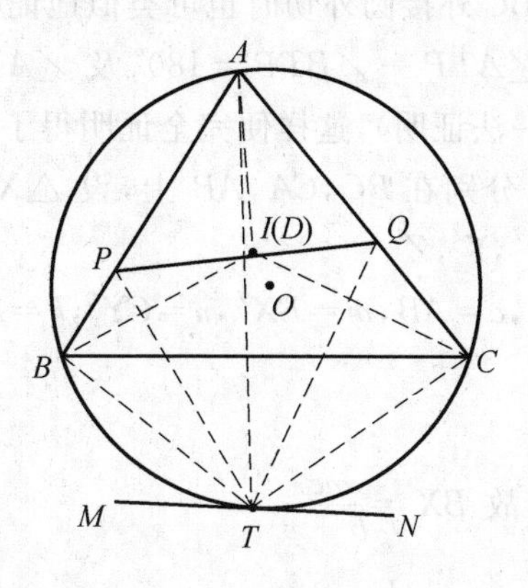

图 29

则由弦切角－圆周角定理得

$$\angle BTP=\angle PTM-\angle BTM=\angle PQT-\angle BAT=$$
$$\angle BPT-\angle BAT=\angle ATP$$

所以

$$\angle BTP=\angle ATP=\frac{1}{2}\angle ATB=\frac{1}{2}\angle ACB$$

同理

$$\angle ATQ=\angle QTC=\frac{1}{2}\angle ABC$$

由 $\angle PBT+\angle QCT=180^\circ$ 知在 PQ 上存在点 D 使 P,D,T,B 及 Q,D,T,C 分别共圆.

并且由 $\angle QPT=\angle TQC<\angle TQC+\angle QTC=180^\circ-\angle QCT=\angle PBT$ 及(同理)$\angle PQT<\angle QCT$ 知 D 严格位于线段 PQ 上.

联结 DB,DC,DA,则

$$\angle PDB=\angle PTB=\frac{1}{2}\angle ACB,\angle QDC=\angle QTC=\frac{1}{2}\angle ABC$$

所以

$$\angle PBD=\angle APQ-\angle PDB=90^\circ-\frac{1}{2}\angle BAC-\frac{1}{2}\angle ACB=$$

$\frac{1}{2}\angle ABC$

同理 $\angle QCD=\frac{1}{2}\angle ACB$，所以 D 为 $\triangle ABC$ 内心，所以 AD 平分 $\angle PAQ$.

又 $PA=AQ$，故 $PD=DQ$. 因而 D 与 I 重合，从而结论成立. 证毕.

另外，圆 O 与 $\triangle ABC$ 外接圆外切时也可类似地证明 I 是旁心（比如圆 O 在 $\angle BAC$ 内时，就先证 $\angle ATP+\angle BTP=180^\circ$ 及 $\angle ATQ+\angle CTQ=180^\circ$，进而继续仿照上面的同一法证明），这样便完全证明得了结论.

3. 不妨设 X,Y,Z 分别在 BC,CA,AB 上，设 $\triangle XYZ$ 外接圆分别交 BC，CA,AB 于另外三点 X',Y',Z'.

设 $a=BC,b=CA,c=AB,m=BX',n=CY',k=AZ'$，则由角平分线定理知 $\frac{BX}{XC}=\frac{c}{b}$.

又 $BX+XC=a$，故 $BX=\frac{ac}{b+c}$.

同理 $CY=\frac{ab}{c+a}$，$AZ=\frac{bc}{a+b}$.

而 $BZ'=c-k$，$BX'=m$，$BZ=c-AZ=\frac{ac}{a+b}$.

由切割线定理知 $BZ\cdot BZ'=BX\cdot BX'$，即 $\frac{ac}{a+b}(c-k)=\frac{ac}{b+c}m$.

所以

$$\frac{c-k}{a+b}=\frac{m}{b+c} \qquad ①$$

同理

$$\frac{a-m}{b+c}=\frac{n}{c+a} \qquad ②$$

$$\frac{b-n}{c+a}=\frac{k}{a+b} \qquad ③$$

①－②＋③ 得

$$\frac{2k}{a+b}=\frac{c}{a+b}+\frac{b}{c+a}-\frac{a}{b+c}$$

所以

$$k=\frac{c}{2}+\frac{b(a+b)}{2(c+a)}-\frac{a(a+b)}{2(b+c)}$$

同理可得 m 与 n 的表达式，三式相加得

$$m+n+k=$$
$$\frac{a}{2}+\frac{b}{2}+\frac{c}{2}+\frac{a(c+a)-a(a+b)}{2b+c}+$$
$$\frac{b(a+b)-b(b+c)}{2(c+a)}+\frac{c(b+c)-c(c+a)}{2(a+b)}=$$
$$\frac{a}{2}+\frac{b}{2}+\frac{c}{2}+\frac{a(c-b)}{2(b+c)}+\frac{b(a-c)}{2(c+a)}+\frac{c(b-a)}{2(a+b)}=$$
$$\left[\frac{a}{2}+\frac{a(c-b)}{2(b+c)}\right]+\left[\frac{b}{2}+\frac{b(a-c)}{2(c+a)}\right]+\left[\frac{c}{2}+\frac{c(b-a)}{2(a+b)}\right]=$$
$$\frac{ac}{b+c}+\frac{ab}{c+a}+\frac{bc}{a+b}=$$
$$BX+CY+AZ$$

此即

$$(BX-BX')+(CY-CY')+(AZ-AZ')=0$$

所以 $\pm XX'\pm YY'\pm ZZ'=0$，即 $XX'=\pm YY'\pm ZZ'$.

右边的两个"$\pm$"不可都取"$-$"(否则 $0<XX'=-YY'-ZZ'<0$ 矛盾！)

在另外三种情形，都导出 XX'，YY'，ZZ' 中有两个的和等于第三个，此即要证的结论. 证毕.

4. 设圆 I 切 BC 于 A_2，A_2 关于 I 的对称点为 A_3，类似定义 B_2，B_3，C_2，C_3.

引理：A，A_3，A_1 三点共线.

事实上，如图 30，设 $AA_3\cap BC=A_4$，过 A_3 作 $B'C'\parallel BC$ 交 AB，AC 于 B'，C'.

则 $\triangle AB'C'$ 位似于 $\triangle ABC$，位似中心为 A.

而 A_3 为 $\triangle AB'C'$ 旁切圆切点，故 A_4 必为 $\triangle ABC$ 旁切圆切点.

故 $A_4=A_1$，引理得证.

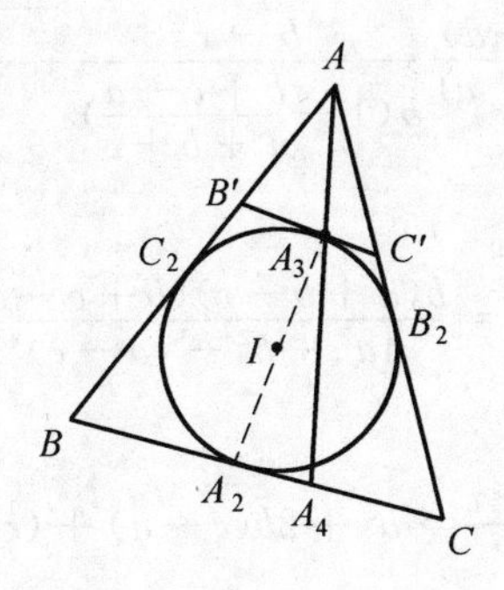

图 30

回到原题：$IN=r\Leftrightarrow N$ 在圆 I 上.

又由引理知 N 为 AA_3，BB_3，CC_3 的交点.

若 $N \neq A_3$，B_3 或 C_3，不妨设 N 在$\overset{\frown}{A_3B_3}$ 不含 C_3 的一侧.

而 A，B 分别在射线 NA_3，NB_3 上，这样圆 I 不可能为 $\triangle ABC$ 内切圆，矛盾!

所以 $N=A_3$ 或 B_3 或 C_3. 故只需证 $N=A_3 \Leftrightarrow b+c=3a$.

如图 31，过 N 作 $B'C' /\!/ BC$，$B' \in AB$，$C' \in AC$，则 $\triangle AB'C'$ 位似于 $\triangle ABC$，位似比为(即周长比) $\dfrac{b+c-a}{a+b+c}$.

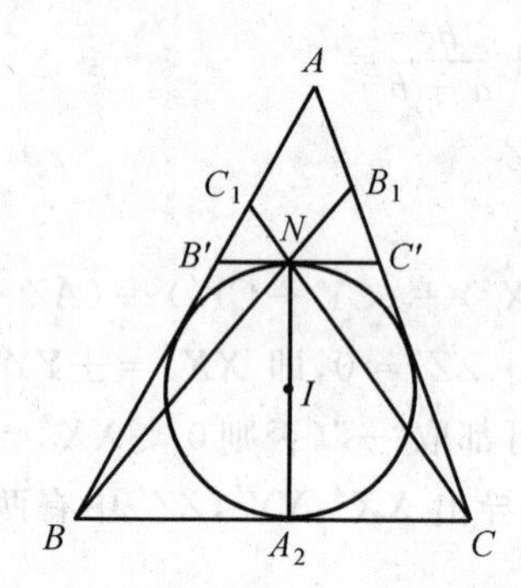

图 31

设 $AB_1=x$，由梅涅劳斯定理知$\dfrac{C'A}{B_1A} \cdot \dfrac{B_1B}{NB} \cdot \dfrac{NB'}{C'B'}=1$，即

$$\frac{\frac{b(b+c-a)}{a+b+c}}{x} \cdot \frac{B_1C}{CC'} \cdot \frac{NB'}{C'B'}=1$$

亦即

$$\frac{b(b+c-a)}{x(a+b+c)} \frac{b-x}{b\left(1-\frac{b+c-a}{a+b+c}\right)} \frac{\frac{a+b-c}{2}}{a}=1$$

所以

$$x=\frac{b(a+b-c)(b+c-a)}{4a^2+b^2-(a-c)^2}$$

又

$$AB_1=\frac{a+b-c}{2} \Rightarrow b^2+2b(c-a)+(c-a)^2=4a^2 \Rightarrow$$

$$b+c-a=\pm 2a \Rightarrow b+c=3a$$

得证.

从而本题得证.

5.如图 32,联结 PO_1,PB,QO_2,BQ,因为 $\angle PO_1B=2\angle BAQ=\angle BO_2Q$.

所以 $\angle O_1BP=\angle QBO_2$ 且 $\dfrac{O_1B}{PB}=\dfrac{O_2B}{BQ}$.

所以 $\triangle O_1BO_2\backsim\triangle PBQ$.

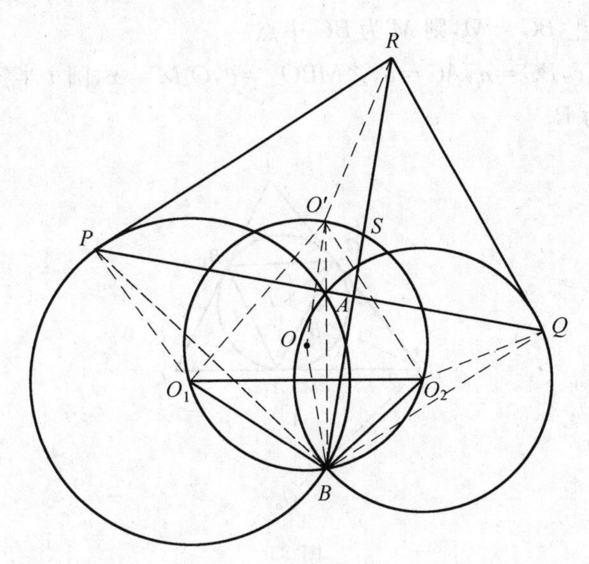

图 32

又 $\angle RPB=\dfrac{1}{2}\angle PO_1B=\dfrac{1}{2}\angle BO_2Q=\angle BAQ=180^\circ-\angle RQB$.

所以 P,B,Q,R 四点共圆,且该圆圆心即为 PB,BQ 中垂线交点 O'.

因为 $\angle PBO_1=\angle QBQ_2$,所以必有 O_1,B,O_2,O' 共圆.

设 $\triangle BO_1O_2$ 外接圆为圆 O,则 O' 在圆 O 上.

联结 OO',OB,$O'B$,$O'R$,则圆 O 与圆 O' 以 B 为中心旋转位似.

又 $\angle RPB=\dfrac{1}{2}\angle PO_1B=\angle O'O_1B$,所以 O_1BO_2O' 与 $PBQR$ 以 B 为中心旋转位似.

所以在把圆 O 变为圆 O' 的位似变换下,O 变为 O',O' 变为 R.

所以 $\triangle OO'B\backsim\triangle O'RB$,故 $\angle OBO'=\angle O'BR$.

设 $\angle OBO'=\angle O'BR=\alpha$,$OB=OO'=r$,则 $O'R=O'B=2r\cos\alpha$,$RB=\dfrac{OB'}{OB}=4r\cos^2\alpha$.

又 $\angle OO'R=180^\circ-2\alpha+\alpha=180^\circ-\alpha$.

所以 $RO^2=OO'^2+O'R^2+2O'O\cdot O'R\cos\alpha=r^2+4r^2\cos^2\alpha+4r^2\cos^2\alpha$.

所以 $RS\cdot RB=RO^2-OO'^2=8r^2\cos^2\alpha$.

所以 $RS=\dfrac{8r^2\cos^2\alpha}{4r\cos^2\alpha}=2r$,得证.

6. 如图 33,设圆 I 切三边于 A_1,B_1,C_1,$\triangle A_1B_1C_1$ 三边中点为 A_2,B_2,C_2.

作 $O_aM\perp BC=M$,则 M 为 BC 中点.

设 $AB=c,BC=a,AC=b,\angle MBO_a=\theta,O_aM=x$,圆 I 半径为 r,$\triangle ABC$ 外接圆半径为 R.

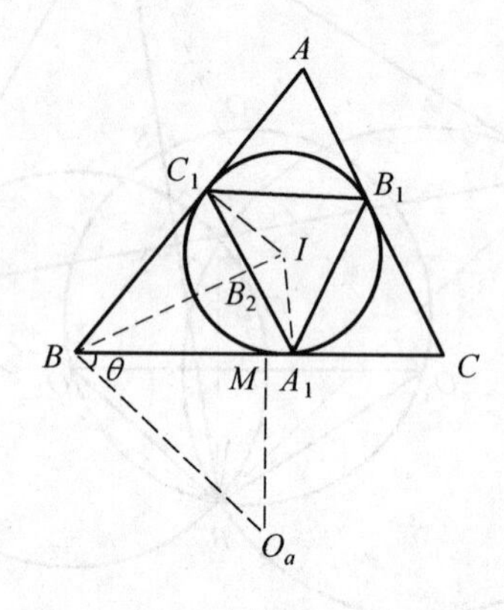

图 33

因为圆 O_a 与圆 I 直交,所以必有

$$O_aI^2=r^2+r_a^2 \tag{①}$$

其中 r_a 为圆 O_a 半径,即 $r_a^2=BM^2+MO_a^2=(\frac{a}{2})^2+x^2$.

又 $MA_1=|\dfrac{a+c-b}{2}-\dfrac{a}{2}|=|\dfrac{b-c}{2}|$,所以 $O_aI^2=(\dfrac{c-b}{2})^2+(r+x)^2$.

代入 ① 得 $x=\dfrac{1}{8r}(a+c-b)(a+b-c)$.

因为 $a+c-b=2BA_1=2r\cot\dfrac{B}{2},a+b-c=2r\cot\dfrac{C}{2}$,所以

$$x=\frac{1}{2}r\cot\frac{B}{2}\cot\frac{C}{2}$$

又

$$BM=\frac{1}{2}BC=\frac{1}{2}(BA_1+CA_1)=\frac{r}{2}(\cot\frac{B}{2}+\cot\frac{C}{2})=\frac{r\cos\frac{A}{2}}{2\sin\frac{B}{2}\sin\frac{C}{2}}$$

所以 $\tan\theta=\dfrac{O_aM}{BM}=\dfrac{\cos\dfrac{B}{2}\cos\dfrac{C}{2}}{\cos\dfrac{A}{2}}$. 下证 $B_2O_a=BO_a$.

显然只需证

$$BB_2=2BO_a\cos\angle IBO_a \qquad ②$$

因为

$$2BO_a\cos\angle IBO_a=2BM\cdot\frac{\cos(\theta+\frac{B}{2})}{\cos\theta}=$$

$$\frac{r\cos\dfrac{A}{2}}{\sin\dfrac{B}{2}\sin\dfrac{C}{2}}(\cos\frac{B}{2}-\sin\frac{B}{2}\tan\theta)$$

而

$$BB_2=\frac{r\cos^2\dfrac{B}{2}}{\sin\dfrac{B}{2}}$$

所以

$$②\Leftrightarrow\frac{r\cos^2\dfrac{B}{2}}{\sin\dfrac{B}{2}}=\frac{r}{\sin\dfrac{B}{2}\sin\dfrac{C}{2}}(\cos\frac{A}{2}\cos\frac{B}{2}-\sin\frac{B}{2}\cos\frac{C}{2}\cos\frac{B}{2})\Leftrightarrow$$

$$\cos\frac{A}{2}=\sin\frac{B}{2}\cos\frac{C}{2}+\cos\frac{B}{2}\sin\frac{C}{2}\Leftrightarrow$$

$$\cos\frac{A}{2}=\sin\frac{B+C}{2}$$

这在 $A+B+C=\pi$ 时显然成立.

所以 $O_aB_2=BO_a$,所以圆 O_a 过 B_2,同理圆 O_c 过 B_2,所以 $B_2=B'$.

同理 $C_2=C'$,$A_2=A'$,所以 $\triangle A'B'C'\backsim\triangle A_1B_1C_1$ 且相似比为$\frac{1}{2}$.

所以 $\triangle A'B'C'$ 外接圆半径为 $\triangle A_1B_1C_1$ 外接圆半径的$\frac{1}{2}$,得证.

7. 如图 34,联结 A_1B_1,B_1C_1,A_1C_1,设 $\triangle ABC$ 三内角依次为 A,B,C,$\triangle ABC$ 外接圆半径为 R,则 $AA_2=AB\sin B=2R\sin B\sin C\Rightarrow A_2A_0=R\sin B\sin C$,$BA_2=AB\cos B=2R\sin C\cos B$. 而

$$BA_1=\frac{1}{2}(BC+AB-AC)=R(\sin A+\sin C-\sin B)=$$

$$R[\sin(B+C)+\sin C-\sin B]$$

所以

$$\begin{aligned}A_1A_2=BA_1-BA_2=&R(\sin B\cos C-\sin C\cos B+\sin C-\sin B)=\\&R[\sin(B-C)+\sin C-\sin B]=\\&2R\sin\frac{B-C}{2}(\cos\frac{B-C}{2}-\cos\frac{B+C}{2})=\\&4R\sin\frac{B-C}{2}\sin\frac{B}{2}\sin\frac{C}{2}\end{aligned}$$

所以

$$\cot\angle A_0A_1A_2=\frac{A_2A_1}{A_2A_0}=\frac{\sin\frac{B-C}{2}}{\cos\frac{B}{2}\cos\frac{C}{2}}$$

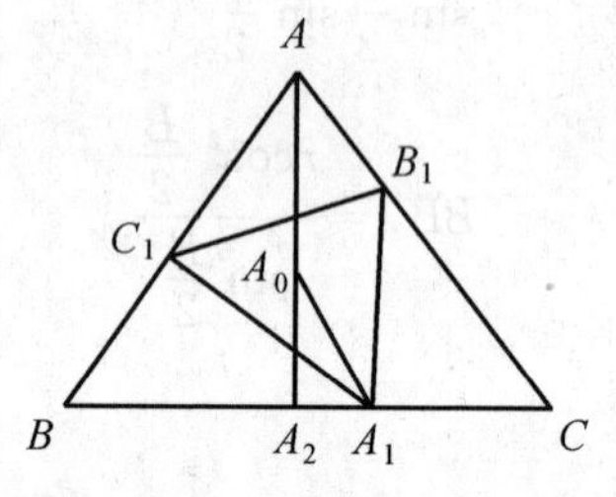

图 34

记 $S_a=\sqrt{\sin^2\frac{B-C}{2}+\cos^2\frac{B}{2}\cos\frac{C}{2}}$,则

$$\sin\angle A_0A_1A_2=\frac{\cos\frac{B}{2}\cos\frac{C}{2}}{S_a},\cos\angle A_0A_1A_2=\frac{\sin\frac{B-C}{2}}{S_a}$$

又 $\angle C_1A_1B=90^\circ-\frac{B}{2}$,所以

$$\begin{aligned}\sin\angle A_0A_1C_1=&\sin(\angle A_0A_1A_2-\angle C_1A_1B)=\\&\frac{\cos\frac{B}{2}\cos\frac{C}{2}\sin\frac{B}{2}-\sin\frac{B-C}{2}\cos\frac{B}{2}}{S_a}=\\&\frac{1}{2S_a}\cos\frac{B}{2}(2\sin\frac{B}{2}\cos\frac{C}{2}-2\sin\frac{B-C}{2})=\\&\frac{\cos\frac{B}{2}}{2S_a}(\sin\frac{B+C}{2}-\sin\frac{B-C}{2})=\\&\frac{\cos^2\frac{B}{2}\sin\frac{C}{2}}{S_a}\end{aligned}$$

同理 $\sin\angle A_0A_1B_1=\dfrac{\cos^2\dfrac{C}{2}\sin\dfrac{B}{2}}{S_a}$，所以 $\dfrac{\sin\angle A_0A_1C_1}{\sin\angle A_0A_1B_1}=\dfrac{\cos^2\dfrac{B}{2}\sin\dfrac{C}{2}}{\cos^2\dfrac{C}{2}\sin\dfrac{B}{2}}$.

同理 $\dfrac{\sin\angle B_0B_1A_1}{\sin\angle B_0B_1C_1}=\dfrac{\cos^2\dfrac{C}{2}\sin\dfrac{A}{2}}{\cos^2\dfrac{A}{2}\sin\dfrac{C}{2}}$，$\dfrac{\sin\angle C_0C_1B_1}{\sin\angle C_0C_1A_1}=\dfrac{\cos^2\dfrac{A}{2}\sin\dfrac{B}{2}}{\cos^2\dfrac{B}{2}\sin\dfrac{A}{2}}$.

三式相乘得 $\dfrac{\sin\angle A_0A_1C_1}{\sin\angle A_0A_1B_1}\cdot\dfrac{\sin\angle B_0B_1A_1}{\sin\angle B_0B_1C_1}\cdot\dfrac{\sin\angle C_0C_1B_1}{\sin\angle C_0C_1A_1}=1$.

则角元塞瓦定理的逆定理得 A_1A_0，B_1B_0，C_1C_0 三线共点，得证.

8. 显然 O_1，O_2，O_3 都在 DH 的中垂线上，所以 O_1，O_2，O_3 共线.

设圆 O_1，圆 O_2，圆 O_3 分别交 CD 于另一点 X，Y，Z，则 $O_1O_2=O_2O_3\Leftrightarrow O_2$ 在 CD 上投影为 O_1，O_3 在 CD 上投影的中点 $\Leftrightarrow DX+DZ=2DY$.

如图 35，以 D 为中心，DH 为反演半径作反演变换.

设 M 变为 M'（M 为任意字母），则 $G'=G$，$H'=H$，圆 O 反演变换后仍为圆 O，F' 为 FD 与圆 O 的另一交点，E' 为 ED 与圆 O 的另一交点，B' 显然为圆 O 在 E'，F' 处切线之交点，且 X'，Y'，Z' 均在 DG' 上.

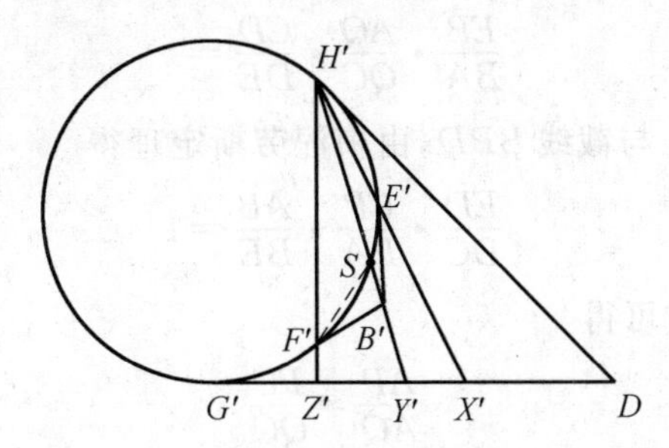

图 35

又 D，H，B，Y 共圆，所以 H'，B'，Y' 三线.

同理 H'，E'，X' 共线，H'，F'，Z' 共线.

则 $DX'\cdot DX=DY'\cdot DY=DZ'\cdot DZ=DH'^2$. 所以

$$DX+DZ=2\,DY\Leftrightarrow\frac{2}{DY'}=\frac{1}{DX'}+\frac{1}{DZ'}\Leftrightarrow\frac{1}{DX'}-\frac{1}{DY'}=\frac{1}{DY'}-\frac{1}{DZ'}\Leftrightarrow$$

$$\frac{X'Y'}{DX'}=\frac{Z'Y'}{DZ'}\Leftrightarrow$$

$$\frac{H'Y'\sin\angle X'H'Y'}{H'D\sin\angle DH'X'}=\frac{H'Y'\sin\angle Z'H'Y'}{H'D\sin\angle Z'H'D}\qquad(*)$$

设 $B'H'$ 交圆 O 于 S，联结 $A'S$，$E'S$，则

$$(*)\Leftrightarrow \frac{\sin\angle E'H'S}{\sin\angle H'SE'}=\frac{\sin\angle F'H'S}{\sin\angle H'SF'}\Leftrightarrow \frac{E'S}{H'E'}=\frac{SF'}{H'F'}$$

而$\frac{E'S}{H'E}=\frac{B'S}{B'E'}=\frac{B'S}{B'F'}=\frac{SF'}{H'F'}$,故(*)得证.

所以 $DX+DZ=2\,DY$,所以 $O_1O_2=O_2O_3$.

综上所述,本题得证.

9. 如图 36,需证 OP 既是 $\angle AOC$ 的平分线,也是 $\angle DOB$ 的平分线即可.

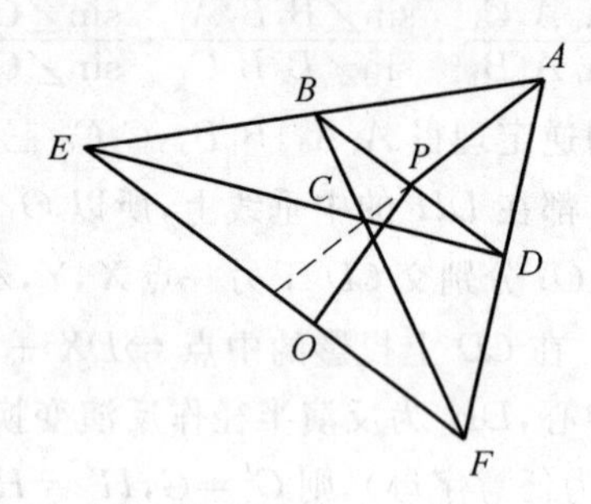

图 36

不妨设 AC 交 EF 于 Q,考虑 $\triangle AEC$ 和点 F,由塞瓦定理得

$$\frac{EB}{BA}\cdot\frac{AQ}{QC}\cdot\frac{CD}{DE}=1 \quad ①$$

再考虑 $\triangle AEC$ 与截线 BPD,由梅涅劳斯定理得

$$\frac{ED}{DC}\cdot\frac{CP}{PA}\cdot\frac{AB}{BE}=1 \quad ②$$

比较 ①② 两式可得

$$\frac{AP}{AQ}=\frac{PC}{QC} \quad ③$$

过 P 作 EF 的平行线分别交 OA,OC 于 I,J,则有

$$\frac{PI}{QO}=\frac{AP}{AQ},\frac{JP}{QO}=\frac{PC}{QC} \quad ④$$

由 ③④ 得$\frac{PI}{QO}=\frac{JP}{QO}\Rightarrow PI=PJ$.

又 $OP\perp IJ$,则 OP 平分 $\angle IOJ$,即 OP 平分 $\angle AOC$.

同理可证,当 BD 与 EF 相交时,OP 平分 $\angle DOB$.

而当 $BD\parallel EF$ 时,过 B 作 ED 的平行线交 AC 于 G,则$\frac{AG}{AC}=\frac{AB}{AB}=\frac{AD}{AF}$.

故 $GD\parallel CF$,从而 $BCDG$ 为平行四边形.

则 P 是 BD 中点,因此 OP 平分 $\angle DOB$,得证.

10. 取 $\triangle DEF$ 的垂心 H，设 DH, EH, FH 分别交圆 I 于 A', B', C'.

则 $\angle HA'C' = \angle DFC' = \angle DEB' = \angle DA'B'$.

同理 $\angle HC'A' = \angle HC'B'$，故 H 为 $\triangle A'B'C'$ 的内心.

注意到 D 是 $\overparen{B'DC'}$ 的中点，则 $ID \perp B'C'$.

又 $ID \perp BC$，所以 $B'C' \parallel BC$.

同理 $A'B' \parallel AB, A'C' \parallel AC$，所以 $\triangle A'B'C' \backsim \triangle ABC$.

而 O, I 分别是 $\triangle ABC$ 的外心和内心，I, H 分别是 $\triangle A'B'C'$ 的外心和内心.

所以 $\frac{OI}{IH} = k$，k 为 $\triangle ABC$ 与 $\triangle A'B'C'$ 的相似比.

又 $k = \frac{R}{r}$，则 $\frac{OI}{IH} = \frac{R}{r}$.

又 OI, IH 为 $\triangle ABC$ 与 $\triangle A'B'C'$ 中的对应线段.

所以 OI 与 BC 所成的角等于 $O'I'$ 与 $B'C'$ 所成的角，则 O, I, H 共线.

又由欧拉定理知 $\triangle DEF$ 中，I, M, H 分别为外心、重心和垂心.

所以 $\frac{IM}{MH} = \frac{1}{2}, \frac{IM}{IH} = \frac{1}{3}$，故

$$OM = OI + IM = \frac{R}{r} IH + IM = (\frac{R}{r} \cdot 3 + 1) \cdot IM$$

所以 $\frac{IM}{OM} = \frac{3R}{r} = \frac{r}{3R + r}$，得证.

第 33 讲　几何不等式

研究历史能使人聪明；研究诗能使人机智；研究数学能使人精巧；研究道德学使人勇敢；研究理论与修辞学使人知足.

——培根(英国)

知识方法

定理 1(托勒密定理的推广)　在四边形 $ABCD$ 中，有 $AB \cdot CD + AD \cdot BC \geqslant AC \cdot BD$，等号成立时，四边形 $ABCD$ 是圆内接四边形.

证明　如图 1，在四边形 $ABCD$ 内取点 E，使得 $\angle BAE = \angle CAD$，$\angle ABE = \angle ACD$，则 $\triangle ABE \backsim \triangle ACD$，所以

$$AB \cdot CD = AC \cdot BE \qquad ①$$

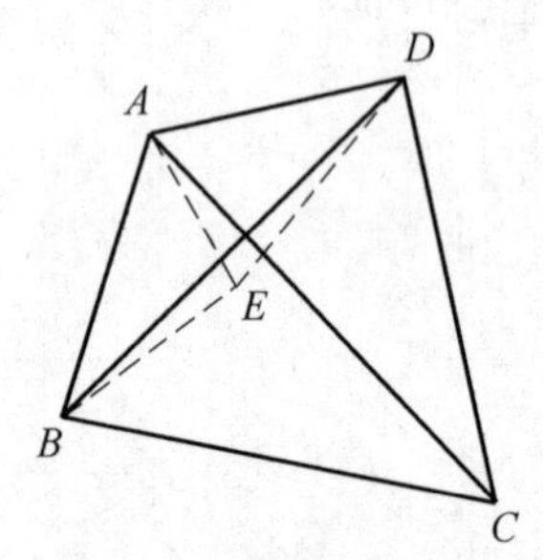

图 1

又 $\angle BAC = \angle EAD$，及 $\dfrac{AB}{AE} = \dfrac{AC}{AD}$，所以 $\triangle ABC \backsim \triangle AED$. 因此

$$AD \cdot CD + AD \cdot BC = AC(BE + DE) \geqslant AC \cdot BD$$

等号当且仅当点 E 在 BD 上时成立. 此时，$\angle ABD = \angle ACD$，即四边形 $ABCD$ 内接于圆.

定理 2(欧拉定理)　若 $\triangle ABC$ 的外接圆半径为 R，内切圆半径为 r，两圆心之间的距离为 d，则 $d = \sqrt{R(R - 2r)}$.

推论　在定理条件下，$R\geqslant 2r$，当且仅当$\triangle ABC$为正三角形时等号成立.

证明　设O,I分别为$\triangle ABC$的外心和内心. 如图2，延长AI交外接圆于D，则D是$\overset{\frown}{BC}$的中点，设$\alpha=\frac{1}{2}\angle BAC,\beta=\frac{1}{2}\angle ABC$，则$\angle BCD=\angle BAD=\alpha,\angle DBC=\angle DAC=\alpha$.

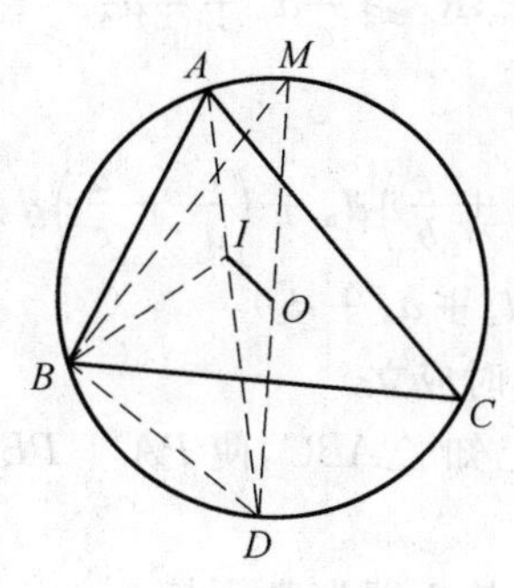

图 2

因$\angle BID=\alpha+\beta=\angle DBI$，$\triangle BDI$是等腰三角形，故$ID=DB$. 由圆幂定理，可得$R^2-d^2=DI\cdot IA=DB\cdot IA=2R\sin\alpha\cdot\frac{r}{\sin\alpha}=2Rr$.

故$d=\sqrt{R(R-2r)}$，且$R\geqslant 2r$，当且仅当$\triangle ABC$是正三角形时，$d=0$，此时$R=2r$.

定理3（厄多斯－莫德尔（Erdös－Mordell）不等式）　在$\triangle ABC$内部取点M. R_a,R_b,R_c分别表示由点M到顶点A,B,C之间的距离. d_a,d_b,d_c分别表示由点M到边BC,CA,AB的距离，则

$$R_a+R_b+R_c\geqslant 2(d_a+d_b+d_c)$$

证明　如图3，由B,C分别向直线MA引垂线BK和CL. 设$a_1=BK$，$a_2=CL$，则

$$a_1+a_2\leqslant BC$$

$$\frac{1}{2}aR_a\geqslant\frac{1}{2}a_1R_a+\frac{1}{2}a_2R_a=S_{\triangle ABM}+S_{\triangle ACM}=\frac{1}{2}bd_b+\frac{1}{2}cd_c$$

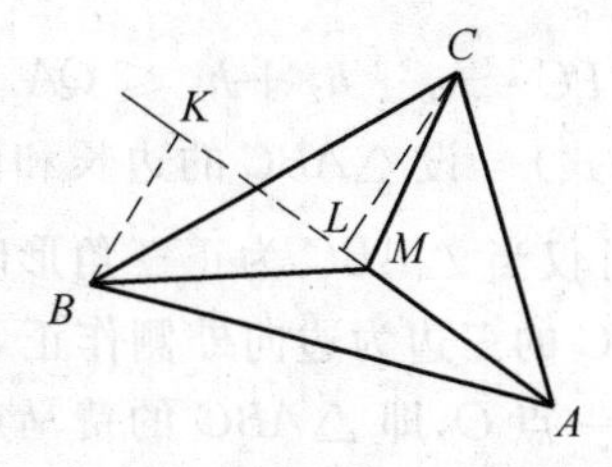

图 3

所以$aR_a\geqslant bd_b+cd_c$. 对点M关于$\angle A$的平分线的对称点运用上式，有

$$aR_a \geqslant cd_b + bd_c$$

所以

$$R_a \geqslant \frac{c}{a}d_b + \frac{b}{a}d_c$$

同理 $R_b \geqslant \frac{c}{b}d_a + \frac{a}{b}d_c$，$R_c \geqslant \frac{a}{c}d_b + \frac{b}{c}d_a$.

因此

$$R_a + R_b + R_c \geqslant \left(\frac{b}{c} + \frac{c}{b}\right)d_a + \left(\frac{c}{a} + \frac{a}{c}\right)d_b + \left(\frac{b}{a} + \frac{a}{b}\right)d_c \geqslant 2(d_a + d_b + d_c)$$

等号在 $\triangle ABC$ 是正三角形时成立.

定理 4（费马问题）　已知 $\triangle ABC$，使 $PA + PB + PC$ 为最小的平面上的点 P 称为费马点.

当 $\angle BAC \geqslant 120^\circ$ 时，点 A 即为费马点.

当 $\triangle ABC$ 内任一内角均小于 120° 时，则与三边张角均为 120° 的点 P 即为费马点.

证明　如图 4，分别过 A，B，C 作 PA，PB，PC 的垂线，则三条垂线相交成正 $\triangle A_1B_1C_1$，边长为 a.

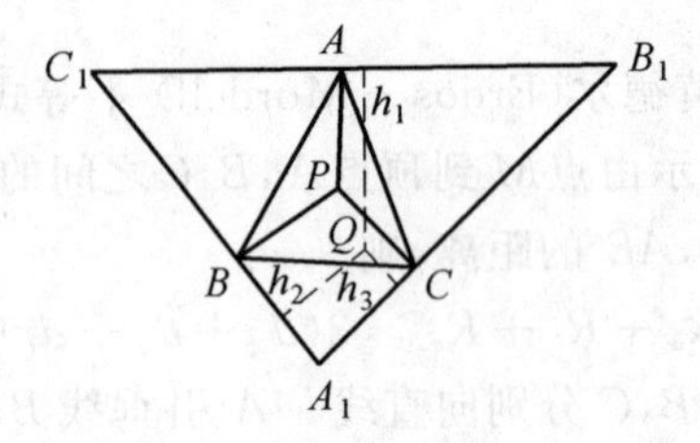

图 4

任取异于点 P 的点 Q，向 $\triangle A_1B_1C_1$ 的三边作垂线，得距离 h_1，h_2，h_3，则

$$2S_{\triangle A_1B_1C_1} = a(PA + PB + PC) = a(h_1 + h_2 + h_3) \leqslant a(QA + QB + QC)$$

即

$$PA + PB + PC = h_1 + h_2 + h_3 \leqslant QA + QB + QC$$

定理 5（外森比克不等式）　设 $\triangle ABC$ 的边长和面积分别为 a，b，c 和 S，则 $a^2 + b^2 + c^2 \geqslant 4\sqrt{3}S$，当且仅当 $\triangle ABC$ 为正三角形时等号成立.

证明　分别以 $\triangle ABC$ 的三边为边向外侧作正 $\triangle BCD$，CAE，ABF，它们的外接圆 O_1，O_2，O_3 交于一点 O，即 $\triangle ABC$ 的费马点，故

$$S_{\triangle BOC} \leqslant S_{\triangle BO_1C} = \frac{a^2}{4\sqrt{3}}$$

同理 $S_{\triangle AOB} \leqslant \dfrac{c^2}{4\sqrt{3}}$，$S_{\triangle AOC} \leqslant \dfrac{b^2}{4\sqrt{3}}$，三式相加，得 $a^2+b^2+c^2 \geqslant 4\sqrt{3}S$.

典型例题

例 1　已知 D 是 $\triangle ABC$ 的边 AB 上的任意一点，E 是边 AC 上的任意一点，联结 DE，F 是联结线段 DE 上的任意一点. 设 $\dfrac{AD}{AB}=x$，$\dfrac{AE}{AC}=y$，$\dfrac{DF}{DE}=z$，求证：

(1) $S_{\triangle BDF}=(1-x)yzS_{\triangle ABC}$，$S_{\triangle CEF}=x(1-y)(1-z)S_{\triangle ABC}$；

(2) $\sqrt[3]{S_{\triangle BDF}}+\sqrt[3]{S_{\triangle BDF}} \leqslant \sqrt[3]{S_{\triangle ABC}}$.

证明　(1)

$$S_{\triangle BDF}=z\,S_{\triangle BDE}=z(1-x)S_{\triangle ABD}=z(1-x)yS_{\triangle ABC}$$

$$S_{\triangle CEF}=(1-z)S_{\triangle CDE}=(1-z)(1-y)S_{\triangle ACD}=(1-z)(1-y)xS_{\triangle ABC}$$

(2)

$$\sqrt[3]{S_{\triangle BDF}}+\sqrt[3]{S_{\triangle BDF}}=\left[\sqrt[3]{(1-x)yz}+\sqrt[3]{x(1-y)(1-z)}\right]\sqrt[3]{S_{\triangle ABC}} \leqslant$$

$$\left[\frac{(1-x)+y+z}{3}+\frac{x+(1-y)+(1-z)}{3}\right]\sqrt[3]{S_{\triangle ABC}}=$$

$$\sqrt[3]{S_{\triangle ABC}}$$

例 2　如图5，在 $\triangle ABC$ 中，P，Q，R 将其周长三等分，且 P，Q 在 AB 边上，求证：$\dfrac{S_{\triangle PQR}}{S_{\triangle ABC}}>\dfrac{2}{9}$.

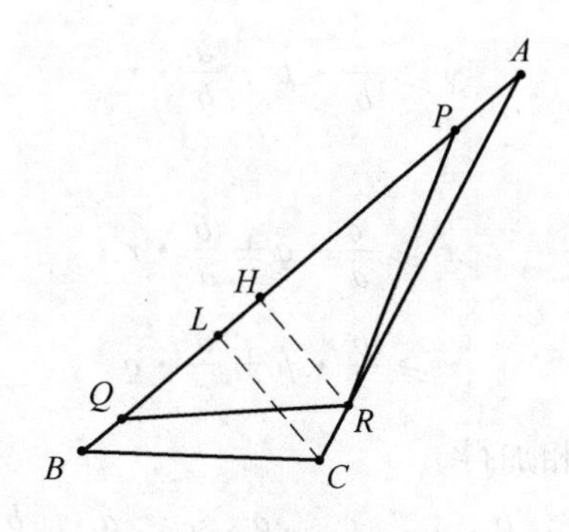

图 5

证明　从 C，R 向 AB 引垂线，用放缩法证明所需不等式.

不妨设周长为 1，作 $\triangle ABC$，$\triangle PQR$ 的高 CL，RH，则

$$\frac{S_{\triangle PQR}}{S_{\triangle ABC}}=\frac{\frac{1}{2}PQ\cdot RH}{\frac{1}{2}AB\cdot CL}=\frac{PQ\cdot AR}{AB\cdot AC}$$

所以 $PQ=\frac{1}{3}$，$AB<\frac{1}{2}$，故$\frac{PQ}{AB}>\frac{2}{3}$.

$AP\leqslant AP+BQ=AB-PQ<\frac{1}{2}-\frac{1}{3}=\frac{1}{6}$，$AR=\frac{1}{3}-AP>\frac{1}{3}-\frac{1}{6}=\frac{1}{6}$

$$AC<\frac{1}{2},\frac{AR}{AC}>\frac{\frac{1}{6}}{\frac{1}{2}}=\frac{1}{3},\frac{S_{\triangle PQR}}{S_{\triangle ABC}}>\frac{2}{3}\cdot\frac{1}{3}=\frac{2}{9}$$

例3 设 P 是 $\triangle ABC$ 内的任意一点，P 到三边 BC，CA，AB 的距离分别为 $PD=p$，$PE=q$，$PF=r$，并记 $PA=x$，$PB=y$，$PC=z$，则 $x+y+z\geqslant 2(p+q+r)$ 等号成立当且仅当 $\triangle ABC$ 是正三角形并且 P 为此三角形的中心.

证明 以 $\angle B$ 的平分线为对称轴分别作出 A，C 的对称点 A'，C'. 联结 $A'C'$，又联结 PA'，PC'，在 $\triangle BA'C'$ 中，容易得到

$$S_{\triangle BAP}+S_{\triangle BCP}\leqslant\frac{1}{2}BP\cdot A'C' \quad ①$$

等号成立当且仅当 $BP\perp A'C'$.

由于 $\triangle ABC\cong\triangle A'BC'$，式 ① 等价于$\frac{1}{2}cp+\frac{1}{2}ar\leqslant\frac{1}{2}yb$，即

$$y\geqslant\frac{c}{b}\cdot p+\frac{a}{b}\cdot r \quad ②$$

同理

$$x\geqslant\frac{c}{a}\cdot q+\frac{b}{a}\cdot r \quad ③$$

$$z\geqslant\frac{b}{c}\cdot p+\frac{a}{c}\cdot q \quad ④$$

将不等式 ②③④ 相加得

$$x+y+z\geqslant p\left(\frac{c}{b}+\frac{b}{c}\right)+q\left(\frac{c}{a}+\frac{a}{c}\right)+r\left(\frac{a}{b}+\frac{b}{a}\right)\geqslant 2(p+q+r)$$

例4 设 P 是 $\triangle ABC$ 内的一点，求证：$\angle PAB$，$\angle PBC$，$\angle PCA$ 至少有一个小于或等于 $30°$.

证法一 联结 AP，BP，CP，并延长交对边于 D，E，F，则

$$\frac{PD}{AD}+\frac{PE}{BE}+\frac{PF}{CF}=\frac{S_{\triangle PBC}}{S_{\triangle ABC}}+\frac{S_{\triangle PCA}}{S_{\triangle ABC}}+\frac{S_{\triangle PAB}}{S_{\triangle ABC}}=1$$

设 $\angle PAB=\alpha$，$\angle PBC=\beta$，$\angle PCA=\gamma$，则

$$\sin\alpha\sin\beta\sin\gamma\leqslant\frac{PF}{PA}\cdot\frac{PD}{PB}\cdot\frac{PE}{PC}=\frac{PD}{PA}\cdot\frac{PE}{PB}\cdot\frac{PF}{PC}=y$$

令 $x_1=\frac{PD}{AD}$，$x_2=\frac{PE}{BE}$，$x_3=\frac{PF}{CF}$，那么 $x_1+x_2+x_3=1$，且

$$y=\frac{PD}{PA}\cdot\frac{PE}{PB}\cdot\frac{PF}{PC}=$$

$$\frac{x_1}{1-x_1}\cdot\frac{x_2}{1-x_2}\cdot\frac{x_3}{1-x_3}=\frac{x_1}{x_2+x_3}\cdot\frac{x_2}{x_3+x_1}\cdot\frac{x_3}{x_1+x_2}\leqslant$$

$$\frac{x_1x_2x_3}{2\sqrt{x_2x_3}\cdot2\sqrt{x_3x_1}\cdot2\sqrt{x_1x_2}}=\frac{1}{8}$$

当且仅当 $x_1=x_2=x_3=\frac{1}{3}$ 时取等号，所以 $\sin\alpha\sin\beta\sin\gamma\leqslant\frac{1}{8}$，由此推出 $\sin\alpha$，$\sin\beta$，$\sin\gamma$ 中至少有一个不大于$\frac{1}{2}$，不妨设 $\sin\alpha\leqslant\frac{1}{2}$，则 $\alpha\leqslant30^\circ$ 或 $\alpha\geqslant150^\circ$. 当 $\alpha\geqslant150^\circ$ 时 $\beta<30^\circ$，$\gamma<30^\circ$. 命题也成立.

当 $\sin\alpha\sin\beta\sin\gamma=\frac{1}{8}$ 时，点 P 既是 $\triangle ABC$ 的重心，又是 $\triangle ABC$ 的垂心，此时 $\triangle ABC$ 是正三角形.

证法二　用反证法，设 $30^\circ<\angle PAB$，$\angle PBC$，$\angle PCA<120^\circ$，则$\frac{PD}{PA}=\sin\angle PAB>\sin30^\circ$，即 $2PD>PA$. 同理 $2PE>PB$，$2PF>PC$.

于是有 $2(PD+PE+PF)>PA+PB+PC$，这与厄多斯－莫德尔不等式矛盾.

例 5　已知圆内接四边形 $ABCD$，求证：$|AB-CD|+|AD-BC|\geqslant2|AC-BD|$.

证明　情形 1：如图 6，圆心 O 在 $ABCD$ 内，不妨设圆 O 半径为 1.

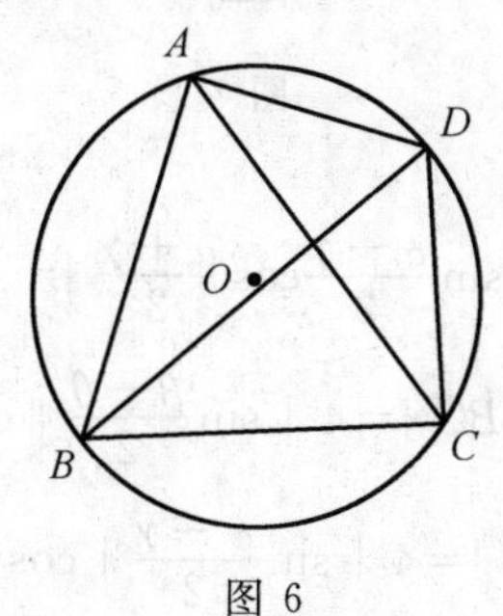

图 6

设 $\angle AOB$，$\angle BOC$，$\angle COD$，$\angle DOA$ 分别为 $2\alpha,2\beta,2\gamma,2\theta$，则 $\alpha+\beta+\gamma+\theta=180^\circ$.

不妨设 $\alpha\geqslant\gamma,\beta\geqslant\theta$，则

$$|AB-CD|=2|\sin\alpha-\sin\gamma|=4\left|\sin\frac{\alpha-\gamma}{2}\cos\frac{\alpha+\gamma}{2}\right|=$$

$$4\left|\sin\frac{\alpha-\gamma}{2}\sin\frac{\beta+\theta}{2}\right|$$

同理

$$|AD-BC|=4\left|\sin\frac{\beta-\theta}{2}\cos\frac{\beta+\theta}{2}\right|=4\left|\sin\frac{\beta-\theta}{2}\sin\frac{\alpha+\gamma}{2}\right|$$

$$|AC-BD|=4\left|\sin\frac{\alpha-\gamma}{2}\sin\frac{\beta-\theta}{2}\right|$$

所以

$$|AB-CD|-|AC-BD|=8\left|\sin\frac{\alpha-\gamma}{2}\right|\sin\frac{\theta}{2}\cos\frac{\beta}{2}$$

因为 $0<\frac{\theta}{2},\frac{\beta}{2}\leqslant 90^\circ$，所以 $\sin\frac{\theta}{2}\cos\frac{\beta}{2}\geqslant 0$.

所以 $|AC-BD|\leqslant|AB-CD|$，同理 $|AC-BD|\leqslant|AD-BC|$.

所以 $|AB-CD|+|AD-BC|\geqslant 2|AC-BD|$.

情形 2：如图 7，圆心 O 在 $ABCD$ 外，不妨设 BC 靠点 O 最近，仍用前面的记号，此时有 $\alpha+\gamma+\theta=\beta\leqslant 90^\circ$.

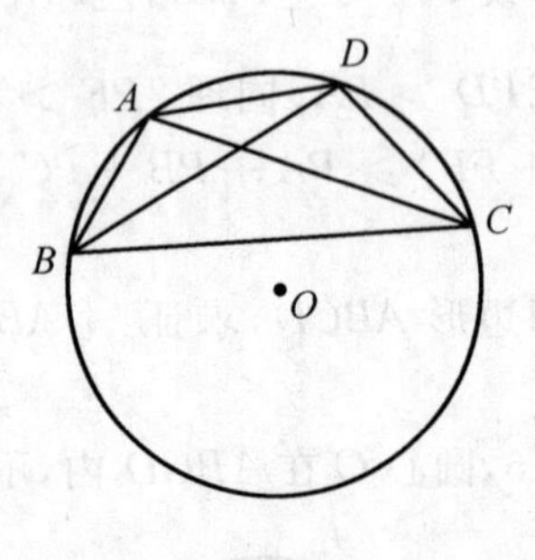

图 7

所以

$$|AB-CD|=4\left|\sin\frac{\alpha-\gamma}{2}\cos\frac{\alpha+\gamma}{2}\right|=4\sin\frac{\alpha-\gamma}{2}\cos\frac{\beta-\theta}{2}$$

$$|AD-BC|=4\left|\sin\frac{\beta-\theta}{2}\right|\cos\frac{\beta+\theta}{2}$$

$$|AC-BD|=4\left|\sin\frac{\alpha-\gamma}{2}\right|\cos(\theta+\frac{\alpha+\gamma}{2})$$

因为 $\beta=\alpha+\theta+\gamma$，所以 $0^\circ<\beta-\theta<2\theta+\alpha+\gamma<180^\circ$.

所以 $\cos\frac{\beta-\theta}{2}>\cos\frac{2\theta+\alpha+\gamma}{2}$，故 $|AB-CD|\leqslant|AC-BD|$.

又 $\frac{\beta+\theta}{2}=\frac{2\theta+\alpha+\gamma}{2}=\theta+\frac{\alpha+\gamma}{2}$，$\cos\frac{\beta+\theta}{2}=\cos(\theta+\frac{\alpha+\gamma}{2})$.

而 $\left|\frac{\alpha-\gamma}{2}\right|\leqslant\frac{\alpha+\gamma}{2}=\frac{\beta-\theta}{2}$，所以 $\left|\sin\frac{\alpha-\gamma}{2}\right|\leqslant\sin\frac{\beta-\theta}{2}$. 故 $|AD-BC|\geqslant|AC-BD|$.

综上所述，$|AB-CD|+|AD-BC|\geqslant 2|AC-BD|$，得证.

例 6　设 $ABCD$ 是一个有内切圆的凸四边形，它的每个内角和外角都不小于 60°，求证：$\frac{1}{3}|AB^3-AD^3|\leqslant|BC^3-CD^3|\leqslant 3|AB^3-AD^3|$，等号何时成立？

证明　利用余弦定理，知

$$BD^2=AD^2+AB^2-2AD\cdot AB\cos\angle DAB=$$
$$CD^2+BC^2-2CD\cdot BC\cos\angle DCB$$

由已知条件知 $60^\circ\leqslant\angle DAB,\angle DCB\leqslant 120^\circ$，故 $-\frac{1}{2}\leqslant\cos\angle DAB\leqslant\frac{1}{2}$，$-\frac{1}{2}\leqslant\cos\angle DCB\leqslant\frac{1}{2}$，于是

$$3BD^2-(AB^2+AD^2+AB\cdot AD)=$$
$$2(AB^2+AD^2)-AB\cdot AD(1+6\cos\angle DAB)\geqslant$$
$$2(AB^2+AD^2)-4AB\cdot AD=2(AB-AD)^2\geqslant 0$$

即

$$\frac{1}{3}(AB^2+AD^2+AB\cdot AD)\leqslant BD^2=CD^2+BC^2-2CD\cdot BC\cos\angle DCB\leqslant$$
$$CD^2+BC^2+CD\cdot BC$$

再由 $ABCD$ 为圆外切四边形，可知 $AD+BC=AB+CD$，所以，$|AB-AD|=|CD-BC|$，结合上式，就有 $\frac{1}{3}|AB^3-AD^3|\leqslant|BC^3-CD^3|$.

等号成立的条件是 $\cos A=\frac{1}{2}$，$AB=AD$，$\cos C=-\frac{1}{2}$，或者 $|AB-AD|=|CD-BC|=0$.

所以，等号成立的条件是 $AB=AD$ 且 $CD=BC$.

同理可证另一个不等式成立，等号成立的条件同上.

例 7　设 $ABCDEF$ 是凸六边形，且 $AB=BC=CD$，$DE=EF=FA$，

$\angle BCD=\angle EFA=60°$. 设 G 和 H 是这个六边形内部的两点，使得 $\angle AGB=\angle DHE=\angle 120°$. 求证：$AG+GB+GH+DH+HE\geqslant CF$.

分析 题目所给的凸六边形可以剖分成两个正三角形和一个四边形. 注意到四边形 $ABDE$ 以直线 BE 为对称轴，问题就可迎刃而解.

证法一 以直线 BE 为对称轴，作 C 和 F 关于该直线的对称点 C' 和 F'，则 $\triangle ABC'$ 和 $\triangle DEF'$ 都是正三角形；G 和 H 分别在这两个三角形的外接圆上. 根据托勒密定理得

$$C'G\cdot AB=AG\cdot C'B+GB\cdot C'A.$$

因而 $C'G=AG+GB$.

同理，$HF'=DH+HE$.

于是，$AG+GB+GH+DH+HE=C'G+GH+HF'\geqslant C'F'=CF$.

上面最后一个等号成立的依据是：线段 CF 和 $C'F'$ 以直线 BE 为对称轴.

证法二 以直线 BE 为对称轴，作 G 和 H 的对称点 G' 和 H'. 这两点分别在正 $\triangle BCD$ 和正 $\triangle EFA$ 的外接圆上，因而

$$CG'=DG'+G'B,H'F=AH'+H'E$$

我们看到

$$AG+GB+GH+DH+HE=DG'+G'B+G'H'+AH'+H'E=CG'+G'H'+H'F\geqslant CF$$

例 8 如图 8，设圆 K 和 K_1 同心，它们的半径分别是 $R,R_1,R_1>R$，四边形 $ABCD$ 内接于圆 K，四边形 $A_1B_1C_1D_1$ 内接于圆 K_1，点 A_1,B_1,C_1,D_1 分别在射线 CD,DA,AB 和 BC 上，求证：

$$\frac{S_{\text{四边形}A_1B_1C_1D_1}}{S_{\text{四边形}ABCD}}\geqslant\frac{R_1^2}{R^2}$$

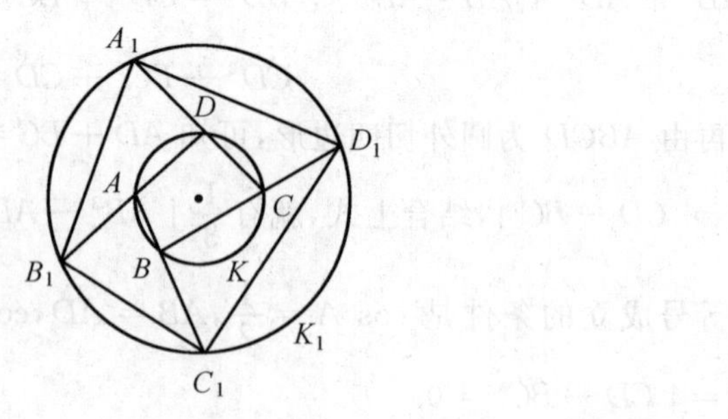

图 8

证明 为了书写方便，令 $AB=a,BC=b,CD=c,DA=d,AB_1=e$，$BC_1=f,CD_1=g,DA_1=h$，则

$$S_{\triangle AB_1C_1}=\frac{1}{2}(a+f)e\sin\angle B_1AC_1,\angle DCB=\angle B_1AC_1$$

$$S_{\text{四边形}ABCD}=S_{\triangle ABD}+S_{\triangle BDC}=\frac{1}{2}ad\sin\angle DCB+\frac{1}{2}bc\sin\angle B_1AC_1$$

于是

$$\frac{S_{\triangle AB_1C_1}}{S_{\text{四边形}ABCD}}=\frac{(a+f)e}{ad+bc}=\frac{(e+d)e}{ad+bc}\cdot\frac{a+f}{e+d}=\frac{R_1^2-R^2}{ad+bc}\cdot\frac{a+f}{e+d}$$

同理

$$\frac{S_{\triangle BC_1D_1}}{S_{\text{四边形}ABCD}}=\frac{R_1^2-R^2}{ab+cd}\cdot\frac{b+g}{a+f}$$

$$\frac{S_{\triangle CD_1A_1}}{S_{\text{四边形}ABCD}}=\frac{R_1^2-R^2}{ad+bc}\cdot\frac{c+h}{b+g}$$

$$\frac{S_{\triangle DA_1B_1}}{S_{\text{四边形}ABCD}}=\frac{R_1^2-R^2}{ab+cd}\cdot\frac{e+d}{c+h}$$

将上面四个等式相加，并运用均值不等式得

$$\frac{S_{\text{四边形}A_1B_1C_1D_1}-S_{\text{四边形}ABCD}}{S_{\text{四边形}ABCD}}\geqslant 4(R_1^2-R^2)\sqrt{\frac{1}{(ad+bc)(ab+cd)}}\qquad ①$$

由于四边形 $ABCD$ 内接于半径为 R 的圆，故由等周定理（圆内接四边形中，正方形周长最大）知 $a+b+c+d\leqslant 4\sqrt{2}R$，再由均值不等式得

$$\sqrt{(ad+bc)(ab+cd)}\leqslant\frac{(ad+bc)+(ab+cd)}{2}=\frac{(a+c)(b+d)}{2}\leqslant$$

$$\frac{1}{2}\cdot\frac{1}{4}(a+b+c+d)^2\leqslant 4R^2$$

从而推出

$$\frac{S_{\text{四边形}A_1B_1C_1D_1}-S_{\text{四边形}ABCD}}{S_{\text{四边形}ABCD}}\geqslant 4(R_1^2-R^2)\cdot\frac{1}{4R^2}=\frac{R_1^2-R^2}{R^2}$$

故

$$\frac{S_{\text{四边形}A_1B_1C_1D_1}}{S_{\text{四边形}ABCD}}\geqslant\frac{R_1^2}{R^2}$$

例 9　设 $\triangle ABC$ 的内切圆与三边 AB,BC,CA 分别相切于点 P,Q,R，求证：$\frac{BC}{PQ}+\frac{CA}{QR}+\frac{AB}{RP}\geqslant 6$.

证明　设 $a=BC,b=CA,c=AB,p=QR,q=RP,r=PQ$，则只需证明

$$T=\frac{a}{r}+\frac{b}{p}+\frac{c}{p}\geqslant 6\qquad ①$$

设 $2s=a+b+c$，根据 $BQ=BP=s-b$，并在 $\triangle BPQ$ 上应用余弦定理，可

得

$$r^2=2(s-b)^2(1-\cos B)=2(s-b)^2\left(1-\frac{a^2+c^2-b^2}{2ac}\right)=$$
$$\frac{(s-b)^2[b^2-(a-c)^2]}{ac}=\frac{4(s-b)^2(s-a)(s-c)}{ac}$$

故

$$r=\frac{2(s-b)\sqrt{(s-a)(s-c)}}{\sqrt{ca}}$$

同理可得 $p=\frac{2(s-c)\sqrt{(s-a)(s-b)}}{\sqrt{ab}}, q=\frac{2(s-a)\sqrt{(s-b)(s-c)}}{\sqrt{ca}}$.

利用算术 - 几何均值不等式可得

$$T=\frac{a\sqrt{ca}}{2(s-b)\sqrt{(s-a)(s-c)}}+\frac{b\sqrt{ab}}{2(s-c)\sqrt{(s-a)(s-b)}}+$$
$$\frac{c\sqrt{bc}}{2(s-a)\sqrt{(s-b)(s-c)}}\geqslant$$
$$\frac{3}{2}\sqrt[3]{\frac{a^2b^2c^2}{(s-a)^2(s-b)^2(s-c)^2}}=$$
$$6\sqrt[3]{\frac{a^2b^2c^2}{(b+c-a)^2(c+a-b)^2(a+b-c)^2}} \quad ②$$

另一方面,由于 a,b,c 是三角形的三条边长,则有

$$0<(a+b-c)(c+a-b)=a^2-(b-c)^2\leqslant a^2$$
$$0<(a+b-c)(b+c-a)=b^2-(a-c)^2\leqslant b^2$$
$$0<(b+c-a)(c+a-b)=c^2-(a-b)^2\leqslant c^2$$

以上三式相乘得

$$0<(b+c-a)^2(c+a-b)^2(a+b-c)^2\leqslant a^2b^2c^2 \quad ③$$

所以,由 ②③ 可以断定式 ① 成立.

例 10　在 $\triangle ABC$ 中,D 为点 A 在 BC 上的投影,E,F 分别是 D 关于边 AB,AC 的对称点. R_1,R_2 分别是 $\triangle BDE,\triangle CDF$ 的外接圆的半径,r_1,r_2 分别是 $\triangle BDE,\triangle CDF$ 的内切圆半径. 求证:$|S_{\triangle ABD}-S_{\triangle ACD}|\geqslant|R_1r_1-R_2r_2|$.

证明　如图 9,若 D 在边 BC 内,则

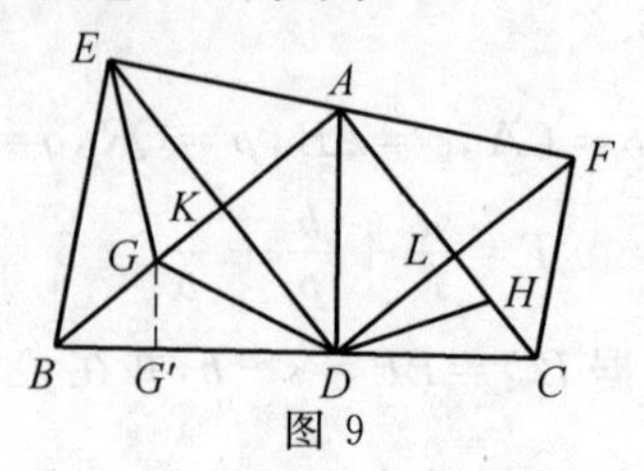

图 9

$$S_{\triangle ABD}=\frac{1}{2}AD\cdot BD,S_{\triangle ACD}=\frac{1}{2}AD\cdot CD$$

不妨设 $BD\geqslant CD$. 于是，$|S_{\triangle ABD}-S_{\triangle ACD}|=\frac{1}{2}AD(BD-CD)$.

设 G 为 $\triangle BDE$ 的内心，G' 为 G 在 BC 上的投影. 则 $GG'=r_1$.

又由对称性知 $\angle BEA=\angle BDA=90^\circ$.

因此，A,E,B,D 四点共圆，AB 为该圆的直径. 故 $AB=2R_1$.

又因为 $\triangle ADB\backsim\triangle GG'B$，所以，$\frac{AB}{AD}=\frac{BG}{GG'}$.

故 $AD\cdot GB=2R_1r_1$. 设 H 为 $\triangle CDF$ 的内心.

同理，$AD\cdot HC=2R_2r_2$，则 $R_1r_1-R_2r_2=\frac{1}{2}AD(GB-HC)$.

又 $\angle ADG=90^\circ-\frac{1}{2}\angle BDE=90^\circ-\frac{1}{2}\angle DAG$，则 $AD=AG$.

同理，$AD=AH$，故 $AG=AH$.

由勾股定理知 $AB^2-BD^2=AC^2-CD^2$，则

$$(BD-CD)(BD+CD)=(AB-AC)(AB+AC)$$

即

$$(BD-CD)BC=(GB-HC)(AB+AC)$$

又 $BC<AB+AC$，则 $BD-CD\geqslant GB-HC$.

因此，$|S_{\triangle ABD}-S_{\triangle ACD}|\geqslant|R_1r_1-R_2r_2|$.

如图 10，若 D 在边 BC 的延长线上，则作 AC 关于 AD 的对称线段 AC'. 对 $\triangle ABC'$ 进行同样的分析即可得结论.

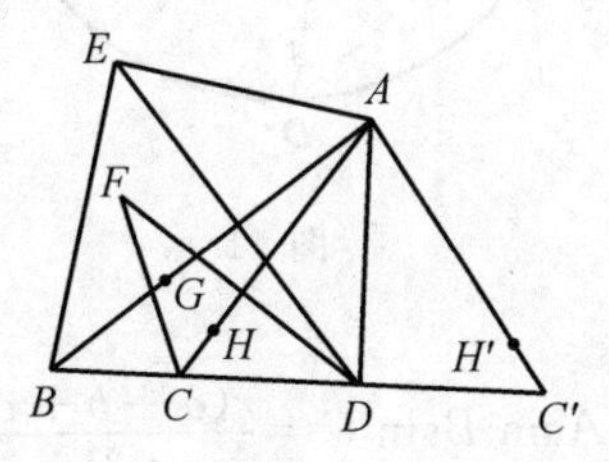

图 10

例 11　设 $\triangle ABC$ 的外接圆 O 与内切圆 I 的半径分别为 $R,r,AB\neq BC$，求证：

(1) $IB=2\sqrt{\dfrac{Rr\cot\frac{B}{2}}{\cot\frac{A}{2}+\cot\frac{C}{2}}}$；

(2)$\angle BOI \neq \frac{\pi}{2}$ 的充要条件是$(\angle BOI-\frac{\pi}{2})(\cot\frac{A}{2}\cot\frac{C}{2}-\frac{R+r}{R-r})<0$.

讲解 (1) 如图 11,$IB=\frac{r}{\sin\frac{B}{2}}$,则

$$\frac{r}{\sin\frac{B}{2}}=2\sqrt{\frac{Rr\cot\frac{B}{2}}{\cot\frac{A}{2}+\cot\frac{C}{2}}}\Leftrightarrow\frac{r^2}{\sin^2\frac{B}{2}}=\frac{4Rr\cot\frac{B}{2}}{\cot\frac{A}{2}+\cot\frac{C}{2}}\Leftrightarrow$$

$$\frac{r^2}{\sin^2\frac{B}{2}}=\frac{4Rr\cot\frac{B}{2}}{\frac{\cot\frac{B}{2}}{\sin\frac{A}{2}\sin\frac{C}{2}}}\Leftrightarrow$$

$$\frac{4R}{r}=\frac{1}{\sin\frac{A}{2}\sin\frac{B}{2}\sin\frac{C}{2}} \quad ①$$

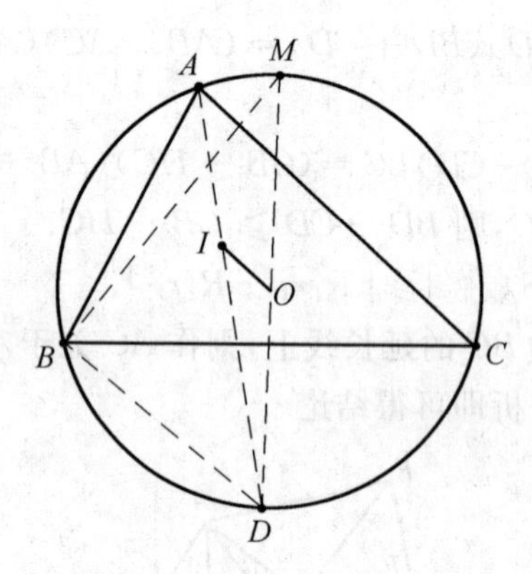

图 11

因

$$S_{\triangle ABC}=2R^2\sin A\sin B\sin C=\frac{r(a+b+c)}{2}$$

$$\frac{4R}{r}=\frac{2(\sin A+\sin B+\sin C)}{\sin A\sin B\sin C}=\frac{1}{\sin\frac{A}{2}\sin\frac{B}{2}\sin\frac{C}{2}}$$

故式 ① 成立.

(2)$OB^2=R^2$,$OI^2=R^2-2Rr$(欧拉定理)

$$IB^2=\frac{4Rr\cot\frac{B}{2}}{\cot\frac{A}{2}+\cot\frac{C}{2}}=\frac{4Rr}{\cot\frac{A}{2}\cot\frac{C}{2}-1}$$

当 $\angle BOI<\frac{\pi}{2}$ 时，$OB^2+OI^2-BI^2>0$，因此

$$\left(\angle BOI-\frac{\pi}{2}\right)(OB^2+OI^2-BI^2)<0$$

当 $\angle BOI>\frac{\pi}{2}$ 时，$OB^2+OI^2-BI^2<0$，因此

$$\left(\angle BOI-\frac{\pi}{2}\right)(OB^2+OI^2-BI^2)<0$$

而且

$$OB^2+OI^2-BI^2=R^2+R^2-2Rr-\frac{4Rr}{\cot\frac{A}{2}\cot\frac{C}{2}-1}=$$

$$\frac{2R(R-r)}{\cot\frac{A}{2}\cot\frac{C}{2}-1}-\left(\cot\frac{A}{2}\cot\frac{C}{2}-\frac{R+r}{R-r}\right)$$

又 $R>r$，$\cot\frac{A}{2}\cot\frac{C}{2}-1>0$，故充要条件是成立的.

例 12 平面内两个等边三角形 ABC 和 KLM 的边长分别是 1 和 $\frac{1}{4}$，$\triangle KLM$ 在 $\triangle ABC$ 内部. 记 $\sum$ 表示 A 到 KL，LM，MK 的距离和. 试求当 $\sum$ 取最大值时，$\triangle KLM$ 的位置.

解析 首先分两种情况将 $\triangle KLM$ 在 $\sum$ 不减的情况下平移到两点在 $\triangle ABC$ 两边上.

(1) 当 A 在 $\angle KLM$ 内部或边界上时，因为 KL 的延长线交 $\triangle ABC$ 边界于 AC 或 BC，ML 的延长线交 $\triangle ABC$ 边界于 AB 或 BC.

若 KL，ML 的延长线都不与 $\triangle ABC$ 边界交于 BC，如图 12，则 ML 与 AB 交于 K'，KL 与 AC 交于 M'.

则 $60^\circ=\angle KLM=\angle K'LM'>\angle A=60^\circ$ 矛盾！

所以 KL，ML 延长线至少有一个与 $\triangle ABC$ 边界交于 BC，设 KL 交 BC 于 L'.

如图 13，将 KLM 延长 LL' 平移到 $K'L'M'$，则 A 到 LM，KM 距离增加到 KL 距离不变.

当 $\triangle KLM$ 有一点在 BC 上时，$\alpha=\angle KLB$，$\beta=\angle MLC$.

不妨设 $\alpha \geqslant \beta$，这时将 $\triangle KLM$ 向左平移，A 到 KM 距离有减.

A 到 KL 距离增加 $LL'\sin\alpha$，A 到 ML 距离至多减少 $LL'\sin\beta$.

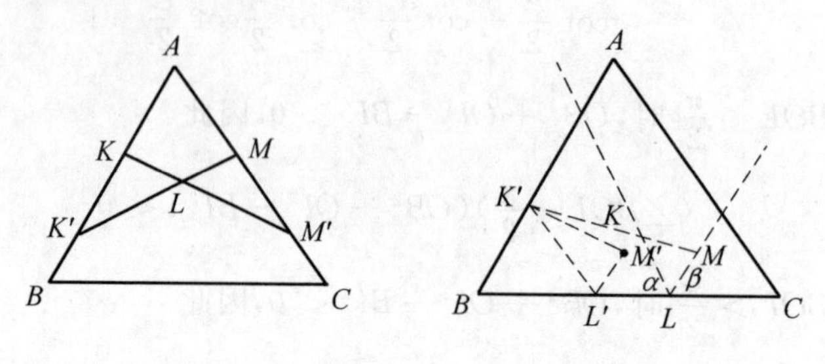

图 12　　　　图 13

因为 $\alpha \geqslant \beta$，$\alpha+\beta<180°$，所以 $LL'\sin\alpha - LL'\sin\beta \geqslant 0$.

故 $\sum$ 不减少，且这时 $\angle K'L'B=\alpha \geqslant 60°$.

(2) 如图 14，当 A 在 LK 延长线与 MK 延长线所形成的夹角中，考虑到 BC 距离最短的点.

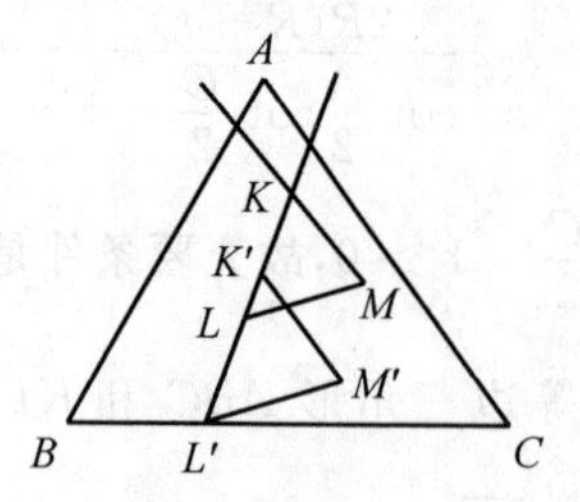

图 14

不妨设为 L，则 KL 交 $\triangle ABC$ 边界于 BC 上 L'.

否则，如图 15，设 KL 交 $\triangle ABC$ 边界于 AB，则直线 KL 与直线 BC 夹角小于 $60°$.

所以 KL 交 $\triangle ABC$ 边界于 BC 上 L'，将 $\triangle KLM$ 平移到 $\triangle K'L'M'$ 可知 $\sum$ 不减.

如图 16，当 KLM 有一点在 BC 上时，设 L 在 BC 上，设 KM 交 BC 于 M_0.

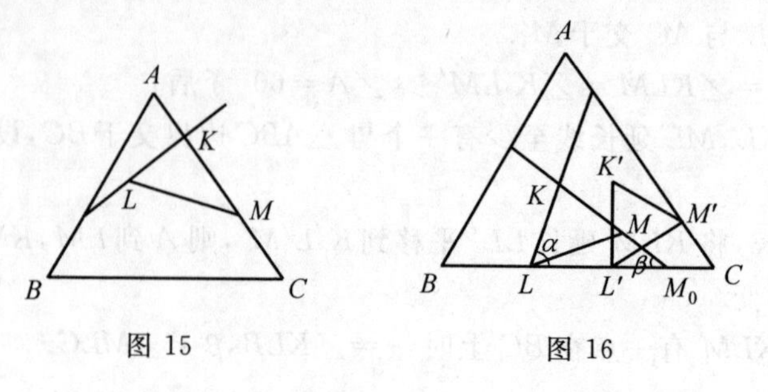

图 15　　　　图 16

设$\angle KLM_0=\alpha,\angle KM_0L=\beta$,则 $KM'\geqslant KM=KL=\sin\alpha\geqslant\sin\beta$.

将$\triangle KLM$平移到$\triangle K'L'M'$使M'在AC边上,则A到KL的距离增加$LL'\sin\alpha$,A到KM的距离至多减少$LL'\sin\beta$,A到LM距离增加.

因为$\sin\alpha\geqslant\sin\beta$,所以$\sum$不减.

(3)当$\triangle KLM$有一点在BC上,另一点在AB或AC上时,如图17,不妨设K在AB上,L在BC上(K在AC上完全相同).

设$\angle KLB=\alpha$,现在按A,B是否在ML同侧分类:

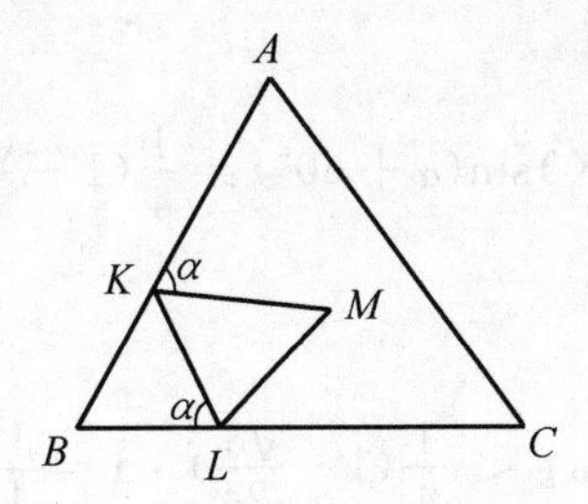

图 17

(ⅰ)当A,B在ML同侧时

$$\frac{1}{2}\cdot\frac{1}{4}\sum=S_{\triangle AKL}+S_{\triangle AKM}+S_{\triangle AML}=2S_{\triangle AKM}+S_{\triangle KML}$$

因为$\angle AKM=\pi-\frac{\pi}{3}-\angle BKL=\alpha$,所以

$$S_{\triangle BKM}=\frac{1}{2}AK\cdot KM\sin\alpha=\frac{1}{2}(1-BK)\cdot\frac{1}{4}\sin\alpha$$

而

$$\frac{BK}{\sin\alpha}=\frac{KL}{\sin 60^\circ}\Rightarrow BK=\frac{\sin\alpha}{4\sin 60^\circ}=\frac{\sqrt{3}\sin^2\alpha}{6}$$

所以

$$8S_{\triangle AKM}=(1-\frac{\sqrt{3}\sin\alpha}{6})\sin\alpha=\sin\alpha-\frac{\sqrt{3}\sin^2\alpha}{6}$$

因为$\sin\alpha\in[0,1]$在$[0,1]$上二次函数为

$$f(x)=x-\frac{\sqrt{3}}{6}x^2\leqslant f(1)$$

这时需要$\alpha=90^\circ$,此时

$$\frac{1}{8}\sum=\frac{1}{4}(1-\frac{\sqrt{3}}{6})+\frac{\sqrt{3}}{4}(\frac{1}{4})^2=\frac{1}{4}-\frac{\sqrt{3}}{24}+\frac{\sqrt{3}}{64}=\frac{1}{4}-\frac{\sqrt{3}}{96}-\frac{\sqrt{3}}{64}$$

（ⅱ）如图 18，当 A,B 在 ML 两侧时

$$\frac{1}{2}\cdot\frac{1}{4}\sum=S_{\triangle AKM}+S_{\triangle AML}+S_{\triangle AKL}=$$

$$2S_{\triangle AKL}-S_{\triangle KML}=2S_{\triangle AKL}-\frac{\sqrt{3}}{64}$$

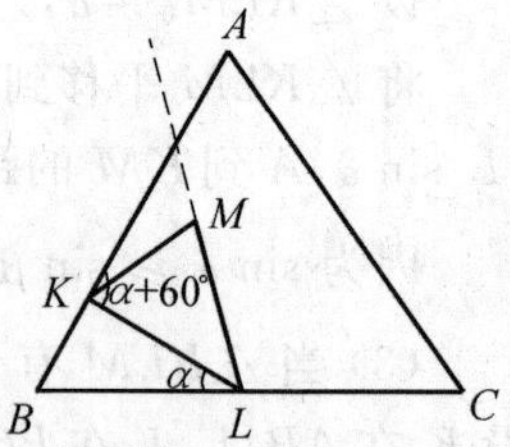

图 18

现证

$$2S_{\triangle AKL}-\frac{\sqrt{3}}{64}\leqslant\frac{1}{4}-\frac{\sqrt{3}}{96}-\frac{\sqrt{3}}{64}$$

因为

$$2S_{\triangle AKL}=\frac{1}{4}(1-BK)\sin(\alpha+60^\circ)=\frac{1}{4}(1-\frac{\sqrt{3}}{6}\sin\alpha)\sin(\alpha+60^\circ)$$

当 $\sin\alpha>\frac{1}{4}$ 时

$$2S_{\triangle AKL}<\frac{1}{4}(1-\frac{\sqrt{3}}{24})\cdot 1=\frac{1}{4}-\frac{\sqrt{3}}{96}$$

当 $\sin\alpha\geqslant\frac{1}{4}$ 时

$$2S_{\triangle AKL}=\frac{1}{4}(1-\frac{\sqrt{3}}{6}\sin\alpha)(\frac{\sin\alpha}{2}+\frac{\sqrt{3}}{2}\cos\alpha)\leqslant$$

$$\frac{1}{4}(1-\frac{\sqrt{3}}{6}\sin\alpha)(\frac{\sin\alpha}{2}+\frac{\sqrt{3}}{2})=$$

$$\frac{1}{4}(\frac{\sqrt{3}}{2}+\frac{1}{4}\sin\alpha-\frac{\sqrt{3}}{2}\sin^2\alpha)\leqslant$$

$$\frac{1}{4}(\frac{\sqrt{3}}{2}+\frac{1}{4}\sin\alpha-\frac{\sqrt{3}}{2}\sin^2\alpha)\leqslant$$

$$\frac{1}{4}\left[\frac{\sqrt{3}}{2}+\frac{1}{4}\cdot\frac{1}{4}-\frac{\sqrt{3}}{2}(\frac{1}{4})^2\right]=$$

$$\frac{1}{4}(1-\frac{\sqrt{3}}{6}\times\frac{1}{4})(\frac{1}{2}\times\frac{1}{4}+\frac{\sqrt{3}}{2})$$

因为$\frac{\sqrt{3}}{2}<\frac{7}{8}$，所以$\frac{1}{2}\times\frac{1}{4}+\frac{\sqrt{3}}{2}<1$，即 $2S_{\triangle AKL}<\frac{1}{4}(1-\frac{\sqrt{3}}{96})$.

当 $\alpha=90^\circ$ 时 $\sum$ 取最大值，证毕.

巩固演练

1.设$\triangle ABC$内存在一点F,使得$\angle AFB=\angle BFC=\angle CFA$,直线$BF$,$CF$分别交$AC$,$AB$于$D$,$E$.求证:$AB+AC\geqslant 4DE$.

2.设与$\triangle ABC$的外接圆内切并与边AB,AC相切的圆为C_a,记r_a为圆C_a的半径,r是$\triangle ABC$的内切圆的半径.类似地定义r_b,r_c,求证:$r_a+r_b+r_c\geqslant 4r$.

3.已知凸四边形$ABCD$的对角线AC和BD互相垂直,且交于点O,设$\triangle AOB$,$\triangle BOC$,$\triangle COD$,$\triangle DOA$的内切圆的圆心分别是O_1,O_2,O_3,O_4,求证:

(1)圆O_1,圆O_2,圆O_3,圆O_4的直径之和不超过$(2-\sqrt{2})(AC+BD)$;

(2)$O_1O_2+O_2O_3+O_3O_4+O_4O_1<2(\sqrt{2}-1)(AC+BD)$.

4.四面体$OABC$的棱OA,OB,OC两两垂直,r是其内切球半径,H是$\triangle ABC$的垂心.求证:$OH\leqslant r(\sqrt{3}+1)$.

5.已知$\triangle ABC$,

(1)若M是平面内任一点,证明:$AM\cdot\sin A\leqslant BM\cdot\sin B+CM\cdot\sin C$;

(2)设点A_1,B_1,C_1分别在边BC,AC,AB上,$\triangle A_1B_1C_1$的内角依次是α,β,γ,求证:$AA_1\sin\alpha+BB_1\sin\beta+CC_1\sin\gamma\leqslant BC\sin\alpha+CA\sin\beta+AB\sin\gamma$.

6.设D为锐角$\triangle ABC$内部一点,求证:$DA\cdot DB\cdot AB+DB\cdot DC\cdot BC+DC\cdot DA\cdot CA\geqslant AB\cdot BC\cdot CA$,等号当且仅当$D$为$\triangle ABC$的垂心.

7.设$ABCDEF$是凸六边形,且$AB=BC$,$CD=DE$,$EF=FA$,证明:$\dfrac{BC}{BE}+\dfrac{DE}{DA}+\dfrac{FA}{FC}\geqslant\dfrac{3}{2}$.

8.设$\triangle ABC$是锐角三角形,外接圆圆心为O,半径为R,AO交BOC所在的圆于另一点A',BO交COA所在的圆于另一点B',CO交AOB所在的圆于另一点C'.求证:$OA'\cdot OB'\cdot OC'\geqslant 8R^3$,并指出等号在什么条件下成立.

9.设T是一个周长为2的三角形,a,b,c是T的三边长.求证:

$$abc+\frac{28}{27}\geqslant ab+bc+ca\geqslant abc+1$$

10.求证:在锐角$\triangle ABC$中,$\dfrac{abc}{\sqrt{2(a^2+b^2)(b^2+c^2)(c^2+a^2)}}\geqslant\dfrac{r}{2R}$,其中$r$,$R$分别表示$\triangle ABC$的内切圆和外接圆的半径.

演练解答

1. 设 $AF=x,BF=y,CF=z$. 由 $S_{\triangle ACF}=S_{\triangle ADF}+S_{\triangle CDF}$ 得 $DF=\dfrac{xz}{x+z}$.

同理, $EF=\dfrac{xy}{x+y}$.

于是只要证明

$$\sqrt{x^2+xy+y^2}+\sqrt{x^2+xz+z^2}\geqslant$$
$$4\sqrt{\left(\frac{xy}{x+y}\right)^2+\left(\frac{xy}{x+y}\right)\left(\frac{xz}{x+z}\right)+\left(\frac{xz}{x+z}\right)^2}$$

因为 $x+y\geqslant\dfrac{4xy}{x+y},x+z\geqslant\dfrac{4xz}{x+z}$,所以只要证明

$$\sqrt{x^2+xy+y^2}+\sqrt{x^2+xz+z^2}\geqslant$$
$$\sqrt{(x+y)^2+(x+y)(x+z)+(x+z)^2}$$

平方化简后得 $2\sqrt{x^2+xy+y^2}\cdot\sqrt{x^2+xz+z^2}\geqslant x^2+2(y+z)x+yz$, 再平方化简后得 $3(x^2-yz)^2\geqslant 0$,即原不等式成立.

2. 设 O_a,O_b,O_c 为圆 C_a,C_b,C_c 的圆心.

记 M,N 为圆 O_a 在 AB,AC 上的投影,则 $\triangle ABC$ 的内心 I 是 MN 的中点.

设 X,Y 为 I 在 AB,AC 上的投影,有

$$\frac{r_a}{r}=\frac{O_aM}{IX}=\frac{AM}{AX}=\frac{AI/\cos\dfrac{A}{2}}{AI\cos\dfrac{A}{2}}=\frac{1}{\cos^2\dfrac{A}{2}}$$

同理 $\dfrac{r_b}{r}=\dfrac{1}{\cos^2\dfrac{B}{2}},\dfrac{r_c}{r}=\dfrac{1}{\cos^2\dfrac{C}{2}}$.

令 $\alpha=\dfrac{A}{2},\beta=\dfrac{B}{2},\gamma=\dfrac{C}{2}$,只需证明当 $\alpha+\beta+\gamma=\dfrac{\pi}{2}$ 时,有

$$\frac{1}{\cos^2\alpha}+\frac{1}{\cos^2\beta}+\frac{1}{\cos^2\gamma}\geqslant 4$$

即

$$\tan^2\alpha+\tan^2\beta+\tan^2\gamma\geqslant 1$$

由柯西不等式 $3(\tan^2\alpha+\tan^2\beta+\tan^2\gamma)\geqslant(\tan\alpha+\tan\beta+\tan\gamma)^2$.

只需证明 $\tan\alpha+\tan\beta+\tan\gamma\geqslant\sqrt{3}$.

因为 $\tan x$ 在 $(0,\frac{\pi}{2})$ 上是凸函数，故由 Jensen 不等式得

$$\tan\alpha+\tan\beta+\tan\gamma\geqslant 3\tan\frac{\pi}{6}=\sqrt{3}$$

故 $r_a+r_b+r_c\geqslant 4r$.

3.(1) 设直角三角形的三条边的边长分别是 a,b,c，则内切圆直径为 $d=a+b-c$，因为 $c=\sqrt{a^2+b^2}\geqslant\frac{a+b}{\sqrt{2}}$，则

$$d\leqslant a+b-\frac{a+b}{\sqrt{2}}=\frac{2-\sqrt{2}}{2}(a+b)$$

设圆 O_1，圆 O_2，圆 O_3，圆 O_4 的直径分别为 d_1,d_2,d_3,d_4，则

$$d_1\leqslant\frac{2-\sqrt{2}}{2}(AO+BO),d_2\leqslant\frac{2-\sqrt{2}}{2}(BO+CO)$$

$$d_3\leqslant\frac{2-\sqrt{2}}{2}(CO+DO),d_2\leqslant\frac{2-\sqrt{2}}{2}(DO+AO)$$

故

$$d_1+d_2+d_3+d_4\leqslant(2-\sqrt{2})(AC+BD)$$

(2) 设圆 O_1，圆 O_2 的半径分别为 r_1 和 r_2，则由勾股定理，得

$$O_1O_2^2=(r_1+r_2)^2+(r_1-r_2)^2=2(r_1^2+r_2^2)$$

于是，$O_1O_2=\sqrt{2}\sqrt{r_1^2+r_2^2}<\sqrt{2}(r_1+r_2)$.

同理，有 $O_2O_3<\sqrt{2}(r_2+r_3)$，$O_3O_4<\sqrt{2}(r_3+r_4)$，$O_4O_1<\sqrt{2}(r_4+r_1)$.

将这四个不等式相加，得

$$O_1O_2+O_2O_3+O_3O_4+O_4O_1<\sqrt{2}(d_1+d_2+d_3+d_4)\leqslant$$
$$\sqrt{2}(2-\sqrt{2})(AC+BD)=2(\sqrt{2}-1)(AC+BD)$$

4. 由 $OC\perp OA$，$OC\perp OB$，知 $OC\perp$ 平面 OAB. 故 $OC\perp AB$.

又 $CH\perp AB$，所以，平面 $OCH\perp AB$，$OH\perp AB$. 同理 $OH\perp AC$. 由此，$OH\perp$ 平面 ABC.

记 $OA=a$，$OB=b$，$OC=c$，则不难得到

$$(S_{\triangle ABC})^2=(S_{\triangle OAB})^2+(S_{\triangle OBC})^2+(S_{\triangle OAC})^2=\frac{1}{4}(a^2b^2+b^2c^2+c^2a^2)$$

又

$$3V_{\text{四面体}OABC}=OH\cdot S_{\triangle ABC}=r(S_{\triangle ABC}+S_{\triangle OAB}+S_{\triangle OBC}+S_{\triangle OAC})$$

则

$$OH\cdot\sqrt{a^2b^2+b^2c^2+c^2a^2}=r(ab+bc+ca+\sqrt{a^2b^2+b^2c^2+c^2a^2})$$

只需证明 $ab+bc+ca\leqslant\sqrt{3(a^2b^2+b^2c^2+c^2a^2)}$，而此时显然成立.

5.(1) 在四边形 $ABMC$ 中，应用推广的托勒密定理(托勒密不等式)可得

$$AM\cdot BC\leqslant BM\cdot AC+CM\cdot AB$$

在 $\triangle ABC$ 中由正弦定理得

$$AM\cdot 2R\sin A\leqslant BM\cdot 2R\sin B+CM\cdot 2R\sin C$$

即

$$AM\cdot\sin A\leqslant BM\cdot\sin B+CM\cdot\sin C$$

(2) 由(1) 得

$$AA_1\cdot\sin\alpha\leqslant AB_1\cdot\sin\beta+AC_1\cdot\sin\gamma$$
$$BB_1\cdot\sin\beta\leqslant BA_1\cdot\sin\alpha+BC_1\cdot\sin\gamma$$
$$CC_1\cdot\sin\gamma\leqslant CA_1\cdot\sin\alpha+CB_1\cdot\sin\beta$$

三式相加得

$$AA_1\sin\alpha+BB_1\sin\beta+CC_1\sin\gamma\leqslant$$
$$BC\sin\alpha+CA\sin\beta+AB\sin\gamma$$

6. 作 $ED\mathrel{\underline{\parallel}}BC$，$FA\mathrel{\underline{\parallel}}ED$，则 $BCDE$ 和 $ADEF$ 都是平行四边形. 联结 BF 和 AE，显然，$BCAF$ 也是平行四边形，于是，$AF=ED=BC$，$EF=AD$，$EB=CD$，$BF=AC$.

在四边形 $ABEF$ 和 $AEBD$ 中，由托勒密不等式得

$$AB\cdot EF+AF\cdot BE\geqslant AE\cdot BF$$
$$BD\cdot AE+AD\cdot BE\geqslant AB\cdot ED$$

即

$$AB\cdot AD+BC\cdot CD\geqslant AE\cdot AC \quad ①$$
$$BD\cdot AE+AD\cdot CD\geqslant AB\cdot BC \quad ②$$

于是，由 ① 和 ② 可得

$$DA\cdot DB\cdot AB+DB\cdot DC\cdot BC+DC\cdot DA\cdot CA=$$
$$DB(AB\cdot AD+BC\cdot CD)+DC\cdot DA\cdot CA\geqslant$$
$$DB\cdot AE\cdot AC+DC\cdot DA\cdot AC=$$
$$AC(BD\cdot AE+AD\cdot CD)\geqslant AC\cdot AB\cdot BC$$

故不等式得证，且等号成立的充要条件是式 ① 和 ② 等号同时都成立，即等号当且仅当 $ABEF$ 及 $AEBD$ 都是圆内接四边形时成立，也即 $AFEBD$ 是圆内接五边形时等号成立. 由于 $AFED$ 为平行四边形，所以条件等价于 $AFED$ 为矩形(即 $AD\perp BC$)且 $\angle ABE=\angle ADE=90^\circ$，亦等价于 $AD\perp BC$ 且 $CD\perp AB$，所以原不等式等号成立的充分必要条件是 D 为 $\triangle ABC$ 的垂心.

7. 设 $AC=a$，$CE=b$，$AE=c$，对四边形 $ACEF$ 运用托勒密不等式得

$$AC \cdot EF + CE \cdot AF \geqslant AE \cdot CF$$

因为 $EF = AF$，这意味着 $\frac{FA}{FC} \geqslant \frac{c}{a+b}$，同理 $\frac{DE}{DA} \geqslant \frac{b}{c+a}$，$\frac{BC}{BE} \geqslant \frac{a}{b+c}$，所以

$$\frac{BC}{BE} + \frac{DE}{DA} + \frac{FA}{FC} \geqslant \frac{a}{b+c} + \frac{b}{c+a} + \frac{c}{a+b} \geqslant \frac{3}{2} \qquad ①$$

要使等号成立必须①是等式，即每次运用托勒密不等式要等式成立，从而 $ACEF$，$ABCE$，$ACDE$ 都是圆内接四边形，所以 $ABCDEF$ 是圆内接六边形，且 $a = b = c$ 时，式①是等式.

因此，当且仅当六边形 $ABCDEF$ 是正六边形时，等式成立.

8. 设 AO 与 BC，BO 与 CA，CO 与 AB 的交点依次为 D，E，F，$\triangle AOB$，$\triangle BOC$，$\triangle COA$ 的面积依次为 S_1，S_2，S_3，由 B，O，C，A' 四点共圆知 $\angle OBC = \angle OCB = \angle BA'O$，从而有 $\triangle OBD \backsim \triangle OA'B$ 得 $OA' = \frac{OB^2}{OD} = \frac{R^2}{OD}$. 同理，$OB' = \frac{R^2}{OE}$，$OC' = \frac{R^2}{OF}$，所以

$$\frac{OA' \cdot OB' \cdot OC'}{R^3} = \frac{OA}{OD} \cdot \frac{OB}{OE} \cdot \frac{OC}{OF} = \frac{S_1 + S_3}{S_2} \cdot \frac{S_1 + S_2}{S_3} \cdot \frac{S_2 + S_3}{S_1} \geqslant$$

$$\frac{2\sqrt{S_1 S_3}}{S_2} \cdot \frac{2\sqrt{S_1 S_2}}{S_3} \cdot \frac{2\sqrt{S_2 S_3}}{S_1} = 8$$

等号成立当且仅当 $S_1 = S_2 = S_3$ 时成立，此时 $\triangle ABC$ 是正三角形. 故 $OA' \cdot OB' \cdot OC' \geqslant 8R^3$. 等号当且仅当 $\triangle ABC$ 是正三角形时成立.

9. 由已知条件可知 $0 \leqslant a, b, c \leqslant 1$，$a + b + c = 2$，于是

$$0 \leqslant (1-a)(1-b)(1-c) \leqslant \left[\frac{(1-a)+(1-b)+(1-c)}{3}\right]^3 = \frac{1}{27}$$

所以，$0 \leqslant 1 - a - b - c + ab + bc + ca - abc \leqslant \frac{1}{27}$. 再结合 $a + b + c = 2$，可知 $1 \leqslant ab + bc + ca - abc \leqslant \frac{28}{27}$.

即 $abc + \frac{28}{27} \geqslant ab + bc + ca \geqslant abc + 1$.

10. 在 $\triangle ABC$ 中，$\frac{r}{R} = 4\sin\frac{A}{2}\sin\frac{B}{2}\sin\frac{C}{2}$，要证明

$$\frac{abc}{\sqrt{2(a^2+b^2)(b^2+c^2)(c^2+a^2)}} \geqslant \frac{r}{2R}$$

只要证明 $\frac{abc}{\sqrt{(a^2+b^2)(b^2+c^2)(c^2+a^2)}} \geqslant 2\sqrt{2}\sin\frac{A}{2}\sin\frac{B}{2}\sin\frac{C}{2}$

考虑到对称性，只要证明

$$\frac{a}{\sqrt{b^2+c^2}} \geqslant \sqrt{2}\sin\frac{A}{2}$$

只要证明$\frac{a^2}{b^2+c^2} \geqslant 1-\cos A$,等价于证明

$$a^2-(b^2+c^2)(1-\cos A) \geqslant 0$$

由余弦定理得

$$a^2-(b^2+c^2)(1-\cos A)=$$
$$b^2+c^2-2bc\cos A-(b^2+c^2)(1-\cos A)=$$
$$(b^2+c^2-2bc)\cos A=(b-c)^2\cos A$$

因为$(b-c)^2 \geqslant 0, \cos A>0$,所以$a^2-(b^2+c^2)(1-\cos A) \geqslant 0$,从而

$$\frac{a^2}{b^2+c^2} \geqslant 1-\cos A$$

即$\frac{a}{\sqrt{b^2+c^2}} \geqslant \sqrt{2}\sin\frac{A}{2}$,同理

$$\frac{b}{\sqrt{c^2+a^2}} \geqslant \sqrt{2}\sin\frac{B}{2}, \frac{c}{\sqrt{c^2+a^2}} \geqslant \sqrt{2}\sin\frac{C}{2}$$

将上面三个不等式相乘得

$$\frac{abc}{\sqrt{(a^2+b^2)(b^2+c^2)(c^2+a^2)}} \geqslant 2\sqrt{2}\sin\frac{A}{2}\sin\frac{B}{2}\sin\frac{C}{2}$$

从而原不等式成立.

第34讲 三角法解几何题

当我听别人讲解某些数学问题时，常觉得很难理解，甚至不可能理解。这时便想，是否可以将问题化简些呢？往往，在终于弄清楚之后，实际上，它只是一个更简单的问题。

——希尔伯特（德国）

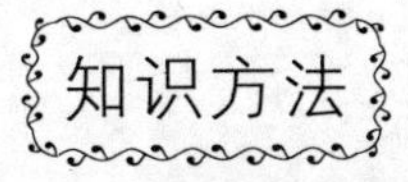

一，三角法解几何题的基本定理

1. 正弦定理：$\triangle ABC$ 中，$\frac{a}{\sin A}=\frac{b}{\sin B}=\frac{c}{\sin C}=2R$（其中，$R$ 为 $\triangle ABC$ 的外接圆半径）.

2. 余弦定理：$\triangle ABC$ 中，$a^2=b^2+c^2-2bc\cos A$；$\cos A=\frac{b^2+c^2-a^2}{2bc}$.

二，常用的结论

1. 张角定理：$\frac{\sin(\alpha+\beta)}{t}=\frac{\sin\alpha}{b}+\frac{\sin\beta}{a}$（图1）.

2. $r=4R\sin\frac{A}{2}\sin\frac{B}{2}\sin\frac{C}{2}$.

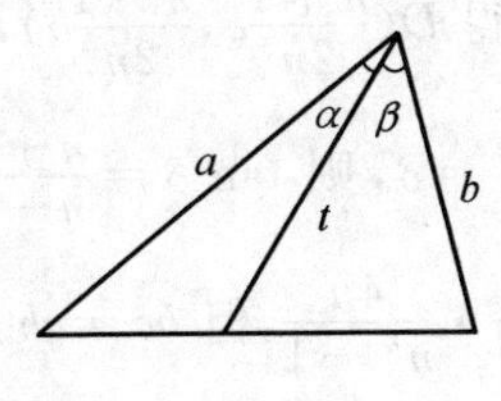

图1

典型例题

例1 已知一个Rt$\triangle ABC$，其斜边BC被分成n等分，n是大于1的奇数，α表示点A对包含斜边中点在内的那一等分线段的视角．a为斜边的长，h为斜边上的高．

求证：$\tan\alpha=\dfrac{4nh}{a(n^2-1)}$．

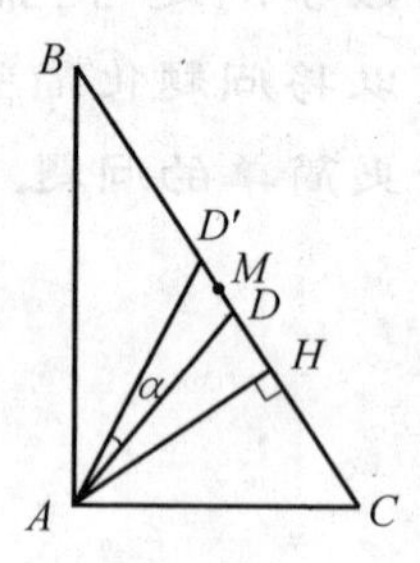

图2

证法一 取$\angle ADC=\beta$，$\angle AD'C=\gamma$，$\angle DAD'=\alpha$，则$\alpha=\beta-\gamma$，$AM=\dfrac{1}{2}a$，$DD'=\dfrac{1}{n}a$，$MH=\sqrt{MA^2-AH^2}=\dfrac{1}{2}\sqrt{a^2-4h^2}$，$DH=MH-DM=\dfrac{1}{2n}(n\sqrt{a^2-4h^2}-a)$，$D'H=\dfrac{1}{2n}(n\sqrt{a^2-4h^2}+a)$．

$$\tan\beta=\frac{AH}{DH}=\frac{2nh}{n\sqrt{a^2-4h^2}-a},\tan\gamma=\frac{2nh}{n\sqrt{a^2-4h^2}+a}$$

所以$\tan\alpha=\tan(\beta-\gamma)=\dfrac{\tan\beta-\tan\gamma}{1+\tan\beta\tan\gamma}$，代入即得证．

证法二 设$A(0,0)$，$B(0,b)$，$C(c,0)$，易知点D分CB成定比$\dfrac{n-1}{n+1}$，D'分CB成定比$\dfrac{n+1}{n-1}$，于是可得$D\left(\dfrac{n+1}{2n}c,\dfrac{n-1}{2n}b\right)$，$D'\left(\dfrac{n-1}{2n}c,\dfrac{n+1}{2n}b\right)$．

令$\angle CAD=\theta$，$\angle CAD'=\delta$，则$\tan\delta=\dfrac{n+1}{n-1}\cdot\dfrac{b}{c}$，$\tan\theta=\dfrac{n-1}{n+1}\cdot\dfrac{b}{c}$；$\tan\alpha=\tan(\delta-\theta)=\dfrac{bc}{b^2+c^2}\cdot\dfrac{4n}{n^2-1}$，但$bc=ah$，$b^2+c^2=a^2$，代入即得证．

例2 锐角$\triangle ABC$的$\angle A$的平分线交BC于L，交外接圆于N，作$LK\perp AB$，$LM\perp AC$，垂足分别为K，M．求证：$S_{四边形AKNM}=S_{\triangle ABC}$．

证明 如图3，设$\angle BAC=2\alpha$，则$\angle BAL=\angle CAL=\alpha$．

$$S_{四边形AKNM}=\frac{1}{2}(AK\cdot AN\sin\alpha+AM\cdot AN\sin\alpha)=\frac{1}{2}(AK+AM)AN\sin\alpha$$

由 L 为 $\angle BAC$ 的角平分线上一点，$LK\perp AB$，$LM\perp AC$，所以 $AK=AM=AL\cos\alpha$，所以

$$S_{四边形AKNM}=AL\cdot AN\sin\alpha\cos\alpha=\frac{1}{2}AL\cdot AN\sin 2\alpha$$

又 $S_{\triangle ABC}=\frac{1}{2}AB\cdot AC\sin 2\alpha$，联结 BN，则 $\triangle ABN\backsim\triangle ALC\Rightarrow AB:AL=AN:AC$，即 $AB\cdot AC=AN\cdot AL$. 故证.

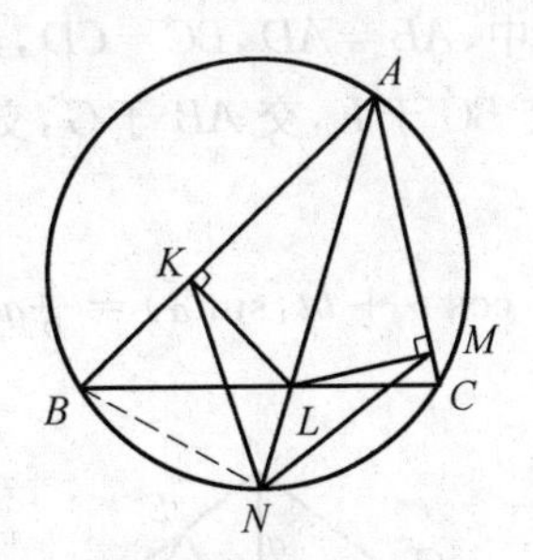

图 3

例 3　设 P 为 $\triangle ABC$ 内一点，$\angle APB-\angle ACB=\angle APC-\angle ABC$，又设 D,E 分别是 $\triangle APB$ 与 $\triangle APC$ 的内心. 求证：AP,BD,CE 交于一点.

证明　如图 4，延长 AP 交 BC 于 K，交 $\triangle ABC$ 的外接圆于 F，联结 BF，CF，由已知可得 $\angle PBF=\angle PCF$，由正弦定理，知

$$\frac{PF}{\sin\angle PBF}=\frac{PB}{\sin\angle PFB},\frac{PF}{\sin\angle PCF}=\frac{PC}{\sin\angle PFC}$$

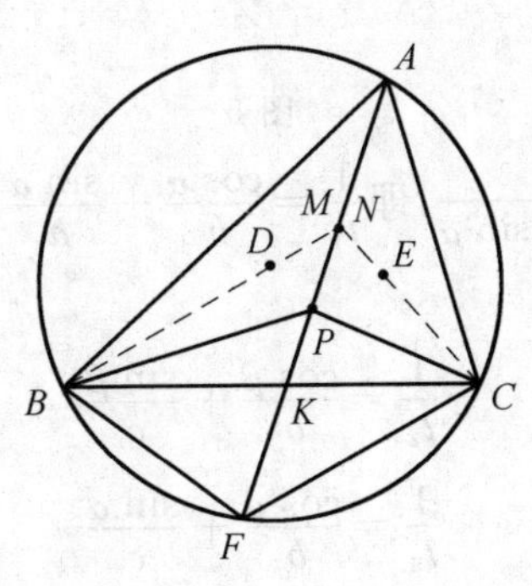

图 4

所以
$$\frac{PB}{\sin\angle PFB}=\frac{PC}{\sin\angle PFC}$$

在 $\triangle ABC$ 中

$$\frac{AB}{\sin\angle ACB}=\frac{AC}{\sin\angle ABC}$$

所以
$$\frac{AB}{PB}=\frac{AC}{PC}$$

设 BD 延长线交 AP 于 M，CE 延长线交 AP 于 N，则

$$\frac{AM}{MP}=\frac{AB}{PB},\frac{AN}{NP}=\frac{AC}{PC}$$

所以$\frac{AM}{MP}=\frac{AN}{NP}\Rightarrow M=N$. 即证.

例 4 在筝形 $ABCD$ 中，$AB=AD$，$BC=CD$，经 AC，BD 的交点 O 任作两条直线分别交 AD 于 E，交 BC 于 F，交 AB 于 G，交 CD 于 H，GF，EH 分别交 BD 于 I，J. 求证：$IO=OJ$.

证明 如图 5，$\frac{1}{2}(at_1\cos\alpha+bt_1\sin\alpha)=\frac{1}{2}ab$.

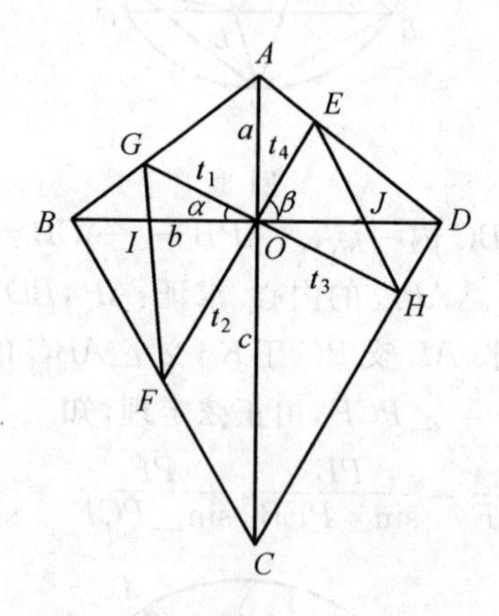

图 5

所以 $t_1=\frac{ab}{a\cos\alpha+b\sin\alpha}$，即$\frac{1}{t_1}=\frac{\cos\alpha}{b}+\frac{\sin\alpha}{a}$.

同理

$$\frac{1}{t_2}=\frac{\cos\beta}{b}+\frac{\sin\beta}{c}$$

$$\frac{1}{t_3}=\frac{\cos\alpha}{b}+\frac{\sin\alpha}{c}$$

$$\frac{1}{t_4}=\frac{\cos\beta}{b}+\frac{\sin\beta}{a}$$

$$IO=\frac{t_1t_2\sin(\alpha+\beta)}{t_1\sin\alpha+t_2\sin\beta},OJ=\frac{t_3t_4\sin(\alpha+\beta)}{t_3\sin\alpha+t_4\sin\beta}$$

所以

$$IO=OJ\Leftrightarrow(\frac{1}{t_4}-\frac{1}{t_2})\sin\alpha=(\frac{1}{t_1}-\frac{1}{t_3})\sin\beta$$

以 t_1,t_2,t_3,t_4 的值代入得 $(\frac{1}{t_4}-\frac{1}{t_2})\sin\alpha=\frac{c-a}{ac}\sin\alpha\sin\beta$，同样得右边. 可证.

例 5 设 a,b,c 为三角形的三边，$a\leqslant b\leqslant c$，R 和 r 分别表示 $\triangle ABC$ 的外接圆半径与内切圆半径. 令 $f=a+b-2R-2r$，试用 $\angle C$ 的大小来判定 f 的符号.

解析 在 $\triangle ABC$ 中，$r\cot\frac{B}{2}+r\cot\frac{C}{2}=a$，于是有

$$r\left(\frac{\cos\frac{B}{2}}{\sin\frac{B}{2}}+\frac{\cos\frac{C}{2}}{\sin\frac{C}{2}}\right)=2R\sin A$$

所以

$$r\sin\frac{B+C}{2}=4R\sin\frac{A}{2}\cos\frac{A}{2}\sin\frac{B}{2}\sin\frac{C}{2}$$

但 $\sin\frac{B+C}{2}=\cos\frac{A}{2}$，故

$$r=4R\sin\frac{A}{2}\sin\frac{B}{2}\sin\frac{C}{2}$$

所以

$$f=2R(\sin A+\sin B-1-4\sin\frac{A}{2}\sin\frac{B}{2}\sin\frac{C}{2})=$$

$$2R\left[2\sin\frac{A+B}{2}\cos\frac{A-B}{2}-1+2(\cos\frac{A+B}{2}-\cos\frac{A-B}{2})\sin\frac{C}{2}\right]=$$

$$2R\left[2\cos\frac{A-B}{2}(\cos\frac{C}{2}-\sin\frac{C}{2})-1+2\sin^2\frac{C}{2}\right]=$$

$$2R\left[2\cos\frac{A-B}{2}\left(\cos\frac{C}{2}-\sin\frac{C}{2}\right)-\cos^2\frac{C}{2}+\sin^2\frac{C}{2}\right]=$$

$$2R\left(\cos\frac{C}{2}-\sin\frac{C}{2}\right)\left(2\cos\frac{A-B}{2}-\cos\frac{C}{2}-\sin\frac{C}{2}\right)$$

由 $a\leqslant b\leqslant c$，知 $A\leqslant B\leqslant C$，所以 $0\leqslant B-A<C$，$0\leqslant B-A<B+A$，从而

$$2\cos\frac{A-B}{2}-\cos\frac{C}{2}-\sin\frac{C}{2}>0$$

所以

$$f>0\Leftrightarrow\cos\frac{C}{2}-\sin\frac{C}{2}>0\Leftrightarrow C<\frac{\pi}{2}$$

$$f=0\Leftrightarrow\cos\frac{C}{2}-\sin\frac{C}{2}=0\Leftrightarrow C=\frac{\pi}{2}$$

$$f<0\Leftrightarrow\cos\frac{C}{2}-\sin\frac{C}{2}<0\Leftrightarrow C>\frac{\pi}{2}$$

例6 给定 a,$\sqrt{2}<a<2$,内接于单位圆 P 的凸四边形 $ABCD$ 适合以下条件:

(1)圆心在这凸四边形内部;(2)最大边长为 a,最小边长为 $\sqrt{4-a^2}$,过点 A,B,C,D 依次作圆 P 的四条切线 l_A,l_B,l_C,l_D,已知 l_A 与 l_B,l_B 与 l_C,l_C 与 l_D,l_D 与 l_A 分别交于点 A',B',C',D'.

求面积之比 $\frac{S_{四边形A'B'C'D'}}{S_{四边形ABCD}}$ 的最大值与最小值.

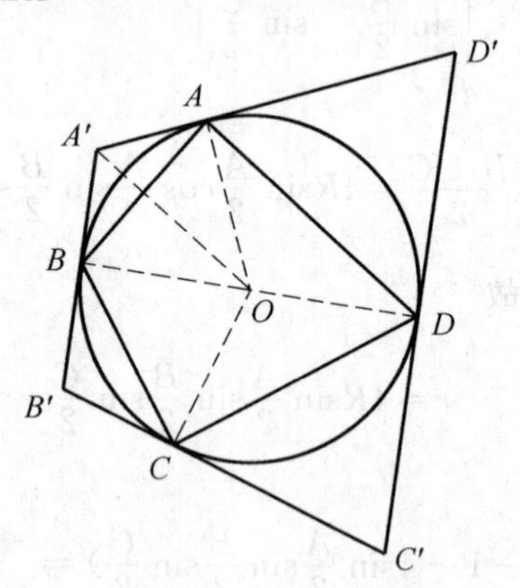

图 6

解析 设 $\angle DOA=2\theta_1$,$\angle AOB=2\theta_2$,$\angle BOC=2\theta_3$,$\angle COD=2\theta_4$. 由 $\sqrt{4-a^2}$ 为最小边,a 为最大边,故 $\theta_2\leqslant\theta_3\leqslant\theta_1$,且 $\theta_2<\frac{\pi}{4}$,$\theta_1>\frac{\pi}{4}$.

所以 $\sin\theta_1=\frac{1}{2}a$,$\sin\theta_2=\frac{1}{2}\sqrt{4-a^2}$.

所以 $\sin^2\theta_1+\sin^2\theta_2=1$,故 $\sin\theta_1=\cos\theta_2$,即 $\theta_1+\theta_2=\frac{\pi}{2}$,从而 $\theta_3+\theta_4=\frac{\pi}{2}$.

所以 BD 为圆 O 的直径.

$$S_{\triangle ABD}=\frac{1}{2}a\sqrt{4-a^2},\tan\theta_1=\frac{a}{\sqrt{4-a^2}},\tan\theta_2=\frac{\sqrt{4-a^2}}{a}$$

所以

$$S_{\text{四边形}A'BDD'}=\tan\theta_1+\tan\theta_2=\frac{4}{a\sqrt{4-a^2}}$$

$$S_{\triangle BCD}=\frac{1}{2}\cdot 2\sin\theta_3\cdot 2\sin\theta_4=2\sin\theta_3\cos\theta_3=\sin 2\theta_3$$

$$S_{\text{四边形}BB'C'D}=\tan\theta_3+\cot\theta_3=\frac{2}{\sin 2\theta_3}$$

记 $T=\frac{S_{\text{四边形}A'B'C'D'}}{S_{\text{四边形}ABCD}}$，$m=\frac{1}{2}a\sqrt{4-a^2}$，$t=\sin 2\theta_3$，则

$$T=\frac{\frac{4}{a\sqrt{4-a^2}}+\frac{2}{\sin 2\theta_3}}{\frac{1}{2}a\sqrt{4-a^2}+\sin 2\theta_3}=\frac{\frac{4}{a\sqrt{4-a^2}}+\frac{2}{\sin 2\theta_3}}{\frac{1}{2}a\sqrt{4-a^2}+\sin 2\theta_3}=\frac{\frac{2}{m}+\frac{2}{t}}{m+t}$$

其中 t 为变量，T 随 t 的增加而减少，$t\in[\sin 2\theta_1,1]$，其中 $\sin 2\theta_1=2\sin\theta_1\cos\theta_1=\frac{1}{2}a\sqrt{4-a^2}$.

所以 $T_{\max}=\frac{\frac{2}{m}+\frac{2}{\sin 2\theta_1}}{m+\sin 2\theta_1}=\frac{8}{a^2(4-a^2)}$，$T_{\min}=\frac{\frac{2}{m}+2}{m+1}=\frac{2}{m}=\frac{4}{a\sqrt{4-a^2}}$.

例 7　一条直线 l 与具有圆心 O 的圆 ω 不相交，E 是 l 上的点，$OE\perp l$，M 是 l 上不同于 E 的点，从 M 作 ω 的两条切线切 ω 于点 A 和 B，C 是 MA 的点，使得 EC 垂直于 MA，D 是 MB 上的点，使得 ED 垂直于 MB，直线 CD 交 OE 于 F. 求证点 F 的位置不依赖于点 M 的位置.

分析　这种题目计算是必须的，利用三角函数来计算是个基本的想法.

证明　如图 7，作 $CP_1\perp l$ 于 P_1，$DP_2\perp l$ 于 P_2，则

$$EF=\frac{P_2E}{P_1P_2}\cdot P_1C-\frac{P_1E}{P_1P_2}\cdot DP_2$$

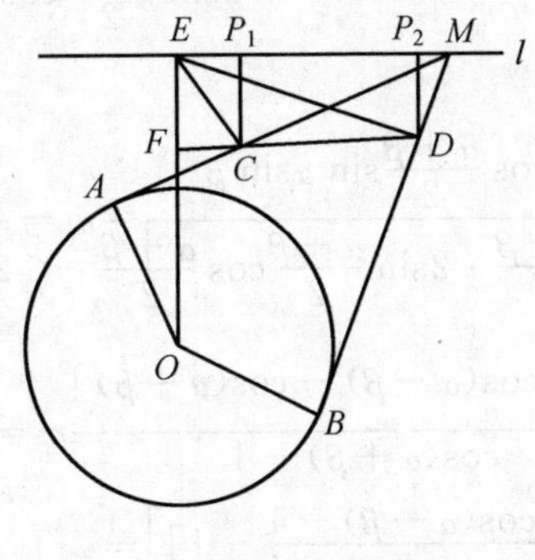

图 7

设 EM 长为 x，EO 长为 m，圆 O 半径为 r，令 $\alpha=\angle EMA$，$\beta=\angle EMB$，则 $P_1C=x\sin\alpha\cos\alpha$，$P_1E=x\sin^2\alpha$，$P_2E=x\sin^2\beta$，$P_2D=x\sin\beta\cos\beta$

$$P_1P_2=P_2E-P_1E=x(\sin^2\beta-\sin^2\alpha)$$

故

$$EF=\frac{x^2\sin^2\beta\sin\alpha\cos\alpha-x^2\sin^2\alpha\sin\beta\cos\beta}{x(\sin\beta+\sin\alpha)(\sin\beta-\sin\alpha)}=$$

$$\frac{x\sin\alpha\sin\beta\sin(\beta-\alpha)}{(\sin\beta+\sin\alpha)(\sin\beta-\sin\alpha)}=$$

$$\frac{x\sin\alpha\sin\beta\cdot 2\sin\frac{\beta-\alpha}{2}\cos\frac{\beta-\alpha}{2}}{2\sin\frac{\beta+\alpha}{2}\cos\frac{\beta-\alpha}{2}\cdot 2\sin\frac{\beta+\alpha}{2}\sin\frac{\beta-\alpha}{2}}=\frac{x\sin\alpha\sin\beta}{\sin(\alpha+\beta)} \quad ①$$

另一方面，如图 8，延长 MB，EO 交于点 Q.

由 $EQ=x\tan\beta$，$OQ=\frac{r}{\cos\beta}$，$EQ-OQ=EO$ 知 $x\tan\beta-\frac{r}{\cos\beta}=m$. 故

$$x\sin\beta-r=m\cos\beta \quad ②$$

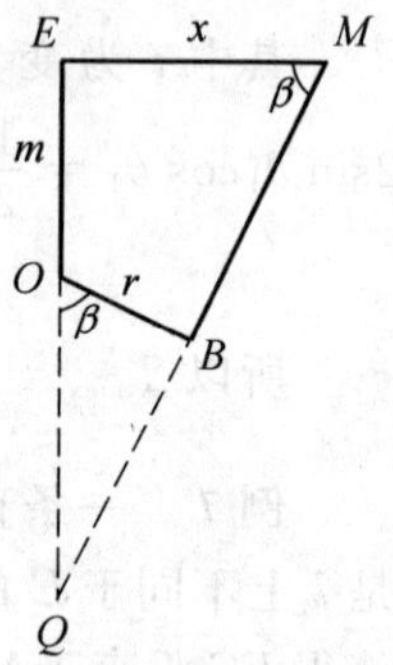

同理

$$x\sin\alpha+r=m\cos\alpha \quad ③$$

图 8

联立 ②③ 得

$$x=\frac{\cos\alpha+\cos\beta}{\sin\alpha+\sin\beta}m=\frac{2\cos\frac{\alpha+\beta}{2}\cos\frac{\alpha-\beta}{2}}{2\sin\frac{\alpha+\beta}{2}\cos\frac{\alpha-\beta}{2}}m=\frac{\cos\frac{\alpha+\beta}{2}}{\sin\frac{\alpha+\beta}{2}}m$$

$$r=\frac{-\sin(\alpha+\beta)}{\sin\alpha+\sin\beta}m=\frac{-2\sin\frac{\alpha+\beta}{2}\cos\frac{\alpha-\beta}{2}}{2\sin\frac{\alpha+\beta}{2}\cos\frac{\alpha-\beta}{2}}m$$

代入 ① 得

$$EF=\frac{\cos\frac{\alpha+\beta}{2}\sin\alpha\sin\beta}{\sin\frac{\alpha+\beta}{2}\cdot 2\sin\frac{\alpha+\beta}{2}\cos\frac{\alpha+\beta}{2}}m=\frac{\sin\alpha\sin\beta}{2\sin^2\frac{\alpha+\beta}{2}}m=$$

$$\frac{-\frac{1}{2}[\cos(\alpha-\beta)-\cos(\alpha+\beta)]}{\cos(\alpha+\beta)-1}m=$$

$$-\frac{m}{2}\left[\frac{\cos(\alpha-\beta)-1}{\cos(\alpha+\beta)-1}-1\right]=$$

$$-\frac{m}{2}\left(\frac{\sin^2\frac{\alpha-\beta}{2}}{\sin^2\frac{\alpha+\beta}{2}}-1\right)=-\frac{m}{2}\left(\frac{r^2}{m^2}-1\right)=\frac{m^2-r^2}{2m}$$

为定值.

综上所述,命题得证.

例 8　如图 9,凸四边形的四个角分别为 $2\alpha,2\beta,2\gamma,2\delta$,四条边分别为 l, m,n,k. 求证它的面积

$$S=\frac{(l+m+n+k)^2}{4(\cot\alpha+\cot\beta+\cot\gamma+\cot\delta)}-\frac{(l+n-m-k)^2}{4(\tan\alpha+\tan\beta+\tan\gamma+\tan\delta)}$$

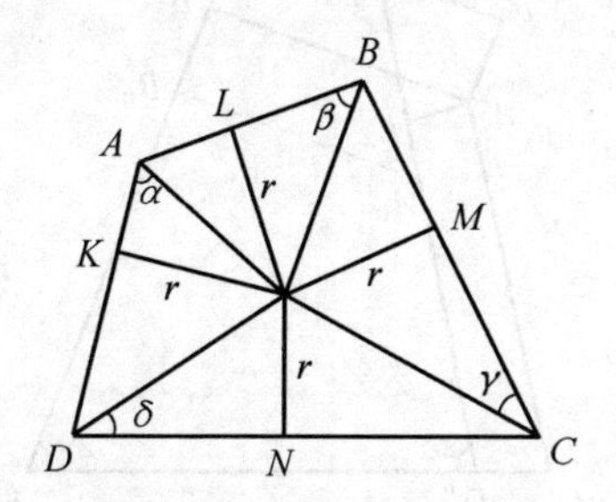

图 9

证明　先证明对圆外切四边形,$S=\dfrac{(l+m+n+k)^2}{4(\cot\alpha+\cot\beta+\cot\gamma+\cot\delta)}$.

事实上,当外切圆半径为 r 时,

$$l=r\cot\alpha+r\cot\beta,m=r\cot\beta+r\cot\gamma$$
$$n=r\cot\gamma+r\cot\delta,k=r\cot\delta+r\cot\alpha$$

所以　$$l+m+n+k=2r(\cot\alpha+\cot\beta+\cot\gamma+\cot\delta)$$

又 $S=\dfrac{1}{2}r(m+n+k+l)=\dfrac{m+n+k+l}{2}\cdot\dfrac{2r(\cot\alpha+\cos\beta+\cot\gamma+\cot\delta)}{2\cot\alpha+\cot\beta+\cot\gamma+\cos\delta}=$

$\dfrac{(l+m+n+k)^2}{4(\cot\alpha+\cot\beta+\cot\gamma+\cot\delta)}$.

对于任意四边形 $ABCD$,在 AD,BC 上可分别取 A_0,B_0,使得 A_0DCB_0 为圆外切四边形.

如图 10,作位似变换将 CDA_0B_0 变为 $CD'A'B'$,使 $A'B'C'D'$ 与 $ABCD$ 周长相等.

在 AD 上取点 E 使 $A'D'DE$ 为平行四边形. 在 BA 延长线上取点 F 使 $A'B'BF$ 为平行四边形.

这时,$\angle FAE=\pi-2\alpha$,$\angle AFA'=\pi-2\beta$,$\angle FA'E=\pi-2\gamma$,$\angle AEA'=\pi-2\delta$.

$AF=BF-AB=A'B'-AB, A'E=CD'-CD, A'F=BC-B'C, AE=AD-ED=AD-A'D'$.

所以

$$\begin{aligned}AF+A'E=A'B'+CD'-AB-CD=\\BC+AD-A'D-B'C=\\A'F+AE\end{aligned}$$

所以四边形 $A'EAF$ 为圆外切四边形.

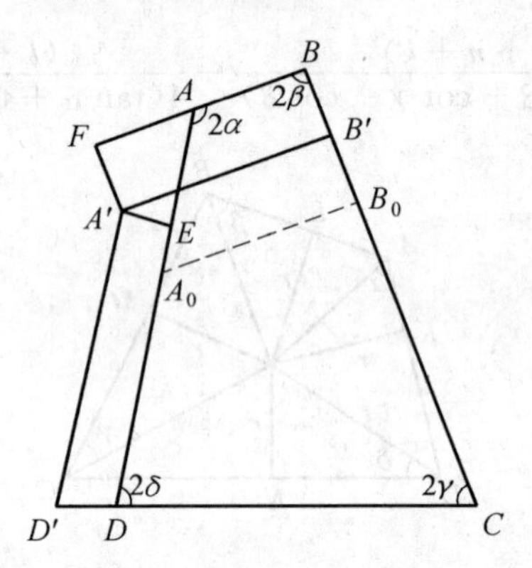

图 10

设 $A'B'CD'$ 的内切圆半径为 r_1, $A'EAF$ 的内切圆半径为 r_2, 则

$$\begin{aligned}S_{\text{四边形}A'B'BF}=\frac{1}{2}A'B'\cdot A'F\sin 2\beta=\\r_1(\cot\alpha+\cot\beta)\cdot r_2(\tan\beta+\tan\gamma)\sin\beta\cos\beta=\\r_1\cdot\frac{\sin(\alpha+\beta)}{\sin\alpha\sin\beta}\cdot r_2\cdot\frac{\sin(\beta+\gamma)}{\cos\beta\cos\gamma}\sin\beta\cos\beta=\\r_1r_2\cdot\frac{\sin(\alpha+\beta)\sin(\beta+\gamma)}{\sin\alpha\cos\gamma}\end{aligned}$$

$$\begin{aligned}S_{\text{四边形}A'D'DE}=\frac{1}{2}A'D'\cdot A'E\sin 2\delta=\\r_1(\cot\alpha+\cot\delta)\cdot r_2\cdot(\tan\gamma+\tan\delta)\sin\delta\cos\delta=\\r_1\cdot\frac{\sin(\alpha+\delta)}{\sin\alpha\sin\delta}\cdot r_2\cdot\frac{\sin(\gamma+\delta)}{\cos\gamma\cos\delta}\sin\delta\cos\delta=\\r_1r_2\cdot\frac{\sin(\alpha+\delta)\sin(\gamma+\delta)}{\sin\alpha\cos\gamma}\end{aligned}$$

因为 $\alpha+\beta+\gamma+\delta=\pi$, 所以

$$\sin(\alpha+\delta)=\sin(\beta+\gamma), \sin(\gamma+\delta)=\sin(\alpha+\beta)$$

所以 $S_{\text{四边形}A'B'BF}=S_{\text{四边形}A'D'DE}$, 故

$$S=S_{四边形ABCD}=S_{四边形A'B'C'D'}+S_{四边形A'B'BF}-S_{四边形A'D'DE}-S_{四边形A'EAF}=$$
$$S_{四边形A'B'C'D'}-S_{四边形A'EAF}$$

因为 $AF+A'E+A'F+AE=A'B'+CD'-AB-CD+BC+AD-A'D-B'C=BC+AD-AB-CD=m+k-l-n$,所以

$$S=\frac{(l+m+n+k)^2}{4(\cot\alpha+\cot\beta+\cot\gamma+\cot\delta)}-$$
$$\frac{(m+k-l-n)^2}{4\left[\cot\left(\frac{\pi}{2}-\alpha\right)+\cot\left(\frac{\pi}{2}-\beta\right)+\cot\left(\frac{\pi}{2}-\gamma\right)+\cot\left(\frac{\pi}{2}-\delta\right)\right]}=$$
$$\frac{(l+m+n+k)^2}{4(\cot\alpha+\cot\beta+\cot\gamma+\cot\delta)}-\frac{(l+n-m-k)^2}{4(\tan\alpha+\tan\beta+\tan\gamma+\tan\delta)}$$

例 9　在 $\triangle ABC$ 的三边中点 D,E,F 向内切圆引切线,设所引的切线分别与 EF,FD,DE 交于 I,L,M.求证:I,L,M 三点共线.

证明
$$\frac{EI}{FI}=\frac{S_{\triangle DEI}}{S_{\triangle DFI}}=\frac{DE\sin\angle EDI}{DF\sin\angle FDI}$$

记 $\triangle ABC$ 的三边长度为 a,b,c,三内角分别为 α,β,γ,记 $\angle ODC=\theta_1$,$\angle OEA=\theta_2$,$\angle OFB=\theta_3$,则

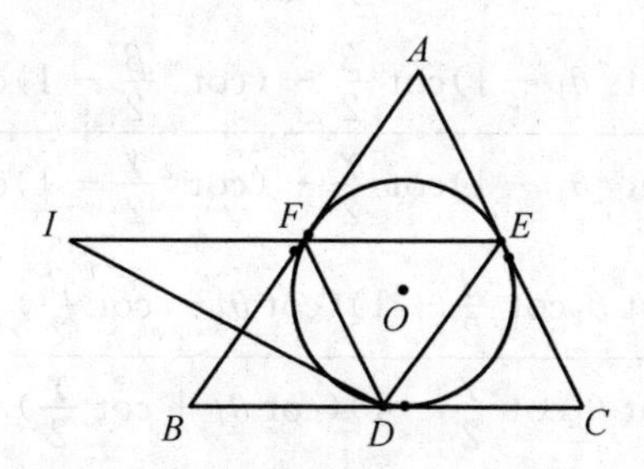

图 11

$$\angle EDI=180°-\angle BDI-\angle EDC=2\theta_1-\beta$$
$$\angle FDI=\angle BDF-\angle BDI=\gamma-(180°-2\theta_1)=2\theta_1+\gamma-180°$$

故

$$\frac{EI}{FI}=\frac{c}{b}\ \frac{\sin(2\theta_1-\beta)}{\sin(2\theta_1+\gamma-180°)}=-\frac{c\sin(2\theta_1-\beta)}{b\sin(2\theta_1+\gamma)}$$

为证 I,L,M 共线,只需证 $\frac{EI}{FI}\cdot\frac{FL}{DL}\cdot\frac{DM}{EM}=1$,即

$$\left[-\frac{c\sin(2\theta_1-\beta)}{b\sin(2\theta_1+\gamma)}\right]\left[-\frac{a\sin(2\theta_2-\gamma)}{c\sin(2\theta_2+\alpha)}\right]\left[-\frac{b\sin(2\theta_3-\alpha)}{a\sin(2\theta_3+\beta)}\right]=1$$

即

$$\frac{\sin(2\theta_1-\beta)\sin(2\theta_2-\gamma)\sin(2\theta_3-\alpha)}{\sin(2\theta_1+\gamma)\sin(2\theta_2+\alpha)\sin(2\theta_3+\beta)}=-1 \qquad (*)$$

记 $\triangle ABC$ 内径为 r，则 $\tan\theta_1=\frac{2r}{c-b}$，$\tan\theta_2=\frac{2r}{a-c}$，$\tan\theta_3=\frac{2r}{b-a}$.

又 $c=r(\cot\frac{\alpha}{2}+\cot\frac{\beta}{2})$，$b=r(\cot\frac{\alpha}{2}+\cot\frac{\gamma}{2})$，$a=r(\cot\frac{\beta}{2}+\cot\frac{\gamma}{2})$，可得

$$\tan\theta_1=\frac{2}{\cot\frac{\beta}{2}-\cot\frac{\gamma}{2}},\tan\theta_2=\frac{2}{\cot\frac{\alpha}{2}-\cot\frac{\gamma}{2}},\tan\theta_3=\frac{2}{\tan\frac{\beta}{2}-\tan\frac{\alpha}{2}}$$

$$\text{式}(*)\Leftrightarrow\frac{\cot\beta-\cot2\theta_1}{\cot\gamma+\cot2\theta_1}\cdot\frac{\cot\gamma-\cot2\theta_2}{\cot\alpha+\cot2\theta_2}\cdot\frac{\cot\alpha-\cot2\theta_3}{\cot\beta-\cot2\theta_3}=-1$$

$$\Leftrightarrow\prod\frac{\dfrac{\cot^2\theta_1-1}{\cot\theta_1}-\dfrac{\cot^2\frac{\beta}{2}-1}{\cot\frac{\beta}{2}}}{\dfrac{\cot^2\theta_1-1}{\cot\theta_1}+\dfrac{\cot^2\frac{\gamma}{2}-1}{\cot\frac{\gamma}{2}}}=1$$

$$\Leftrightarrow\prod\frac{(\cot^2\theta_1-1)\cot\frac{\beta}{2}-(\cot^2\frac{\beta}{2}-1)\cot\theta_1}{(\cot^2\theta_1-1)\cot\frac{\gamma}{2}+(\cot^2\frac{\gamma}{2}-1)\cot\theta_1}=1$$

$$\Leftrightarrow\prod\frac{(\cot\theta_1\cot\frac{\beta}{2}+1)(\cot\theta_1-\cot\frac{\beta}{2})}{(\cot\theta_1\cot\frac{\gamma}{2}-1)(\cot\theta_1+\cot\frac{\gamma}{2})}=1$$

$$\Leftrightarrow\prod\frac{\cot^2\frac{\beta}{2}-\cot\frac{\beta}{2}\cot\frac{\gamma}{2}+2}{\cot\frac{\beta}{2}\cot\frac{\gamma}{2}-\cot^2\frac{\gamma}{2}-2}\prod\frac{\cot\frac{\beta}{2}+\cot\frac{\gamma}{2}}{\dfrac{\cos\frac{\beta}{2}+\cot\frac{\gamma}{2}}{2}}=1$$

$$\Leftrightarrow\prod\frac{\cot^2\frac{\beta}{2}-\cot\frac{\beta}{2}\cot\frac{\gamma}{2}+2}{\cot^2\frac{\gamma}{2}-\cot\frac{\beta}{2}\cot\frac{\gamma}{2}+2}=1$$

展开整理，上式等价于 $\sum\cot\frac{A}{2}=\prod\cot\frac{A}{2}$，成立.

综上所述，原题结论成立.

例 10　已知平面上一个半径为 R 的定圆圆 O，A，B 是圆 O 上两个定点，

且 A,B,O 不共线，C 为异于 A,B 的点，过点 A 作圆 O_1 与直线 BC 切于点 C，过点 B 作圆 O_2 与直线 AC 切于点 C，圆 O_1 与圆 O_2 相交于 DC（异于点 C）．求证：(1)$CD \leqslant R$；(2) 当点 C 在圆 O 上移动时，且与 A,B 不重合时，直线 CD 过一定点．

证明　(1) 如图 12，由圆 O_1 切 BC 于 C 知 $\angle BCD = \angle CAD$．

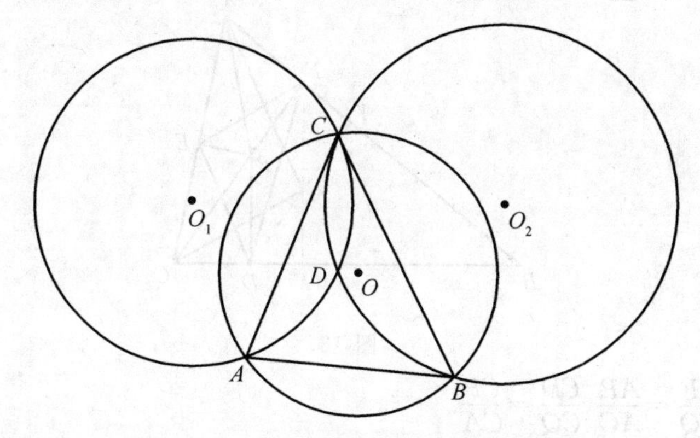

图 12

同理 $\angle DCA = \angle DBC$，所以 $\triangle CDA \backsim \triangle BDC$．

所以 $\dfrac{CD}{BD} = \dfrac{DA}{DC}$ 且 $\angle ADC = \angle BDC$，即 $CD^2 = AD \cdot BD$．

在 $\triangle ADB$ 中，由余弦定理得

$$AB^2 = AD^2 + BD^2 - 2AD \cdot BD\cos\angle ADB \geqslant$$
$$2AD \cdot BD(1-\cos\angle ADB) = 2CD^2(1-\cos\angle ADB)$$

另一方面，$AB = 2R\sin\angle ACB$，所以

$$2R^2\sin^2\angle ACB \geqslant CD^2(1-\cos\angle ADB)$$

又

$$\angle ADB = \angle ACB + \angle CAD + \angle CBD = 2\angle ACB$$

所以 $2\sin\angle ACB = 1-\cos\angle ADB$，所以 $R \geqslant CD$．

(2) 由 $\angle AOB = 2\angle ACB = \angle ADB$ 知 A,O,D,B 共圆．

又 $\angle ADM = \angle BDM$，所以 CD 交圆 AOB 于 $\overset{\frown}{AB}$（不含 O）的中点，即 CD 过一定点．

说明：此解答要求我们有极高的三角运算能力．

例 11　已知 P 是 $\triangle ABC$ 内一点，过 P 作 BC,CA,AB 的垂线，其垂足分别为 D,E,F，又 Q 是 $\triangle ABC$ 内的一点，且使得 $\angle ACP = \angle BCQ$，$\angle BAQ = \angle CAP$．证明 $\angle DEF = 90^\circ$ 的充要条件是 Q 为 $\triangle BDF$ 的垂心．

证明　如图 13，设 FQ,DQ 分别交 BC,AB 于 X,Y．

必要性：设 $\angle DEF=90^\circ$，易知 A,E,P,F；C,D,P,E 分别共圆，则 $\angle PAF=\angle PEF$，$\angle PCD=\angle PED$. 所以

$$\angle QAC+\angle QCA=\angle PAF+\angle PCD=\angle PEF+\angle PED=90^\circ$$

所以 $\angle AQC=90^\circ$，则有 $\triangle APF\backsim\triangle ACQ\backsim\triangle PCD$.

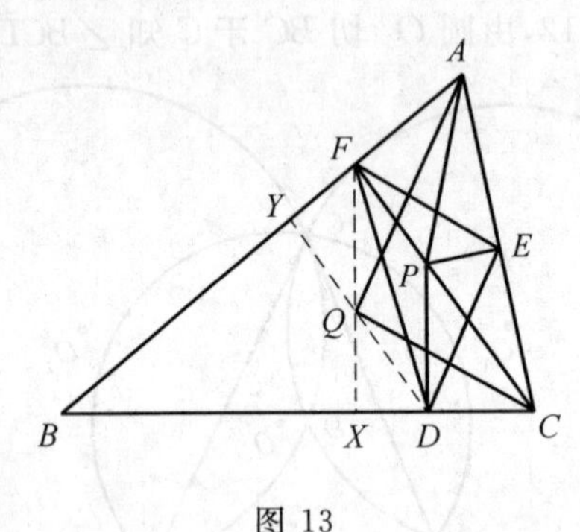

图 13

所以 $\dfrac{AF}{AQ}=\dfrac{AP}{AC}$，$\dfrac{CD}{CQ}=\dfrac{CP}{CA}$.

因为 $\angle FAQ=\angle PAC$，$\angle DCQ=\angle PCA$，所以

$$\triangle AFQ\backsim\triangle APC\backsim\triangle QDC.$$

故 $\angle FAQ=\angle DQC$，$\angle FQA=\angle DCQ$.

所以 $\angle BYD=\angle YFQ+\angle YQF=\angle YQF+\angle FAQ+\angle FQA=\angle YQF+\angle FQA+\angle DQC=180^\circ-\angle AQC=90^\circ$.

同理 $\angle BXF=90^\circ$，故 Q 为 $\triangle BDF$ 的垂心.

充分性：设 Q 是 $\triangle BDF$ 的垂心.

易知四边形 $PFQD$ 是平行四边形.

设 $\angle BAQ=\angle CAP=\alpha$，$\angle BCQ=\angle ACP=\beta$.

在 $\triangle AFQ$ 中由正弦定理得 $\dfrac{AF}{\sin(90^\circ-B-\alpha)}=\dfrac{FQ}{\sin\alpha}$.

由 $AF=AP\cos(A-\alpha)$，$FQ=PD=PC\sin(C-\beta)$ 得

$$\frac{AP\cos(A-\alpha)}{\cos(B+\alpha)}=\frac{PC\sin(C-\beta)}{\sin\alpha}$$

又 $\dfrac{PC}{\sin\alpha}=\dfrac{AP}{\sin\beta}$（正弦定理），结合式 ① 可知

$$\sin\beta\cos(A-\alpha)=\sin(C-\beta)\cos(B+\alpha) \quad ②$$

由 $\beta+A-\alpha=180^\circ-(C-\beta+B+\alpha)$ 得

$$\sin(\beta+A-\alpha)=\sin(C-\beta+B+\alpha) \quad ③$$

由 ②③ 知

$$\sin(\beta-A+\alpha)=\sin(C-\beta-B-\alpha)$$

因为$(\beta-A+\alpha)+(C-\beta-B-\alpha)=C-B-A\in\left(-\frac{\pi}{2},\frac{\pi}{2}\right)$.

所以$\beta-A+\alpha=C-\beta-B-\alpha$,所以$\alpha+\beta=90^\circ-B$.

所以$\angle DEF=\angle PCD+\angle PAF=C-\beta+A-\alpha=90^\circ$.

说明:必要性主要找到角的关系,充分性用三角证明,本质相同.

例 12　设点 D,E,F 分别是 $\triangle ABC$ 的边 BC,CA,AB 上的点,并且 $\triangle AEF,\triangle BFD,\triangle CDE$ 的内切圆都与 $\triangle DEF$ 的内切圆外切.求证:AD,BE,CF 三线共点.

证明　引理:如图 14,设圆 O_1,圆 O_2,圆 O_3 分别切于 $\angle BAC,\angle ABC,\angle ACB$,且分别与圆 O 外切于 G,H,J,则 AG,BH,CJ 三线共点.

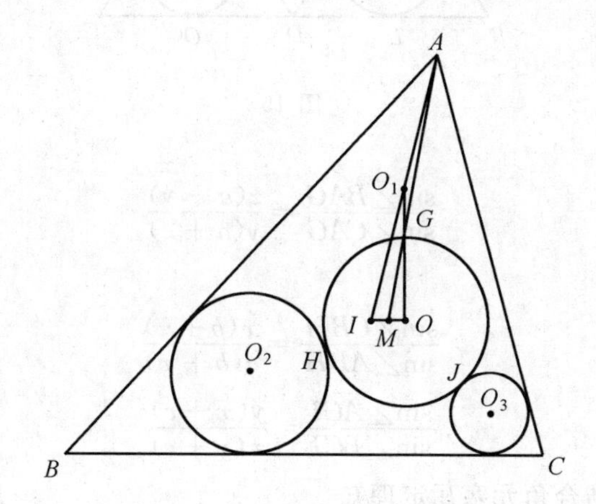

图 14

引理的证明:记 I 为 $\triangle ABC$ 内心,延长 AG 交 IO 于 M,记圆 O 半径为 r,圆 I 半径为 R.

注意到 A,O_1,I 三点共线,由梅涅劳斯定理知

$$\frac{IM}{MO}\cdot\frac{GO}{GO_1}\cdot\frac{AO_1}{AI}=1$$

所以

$$\frac{IM}{MO}=\frac{AI}{AO_1}\cdot\frac{GO_1}{GO}=\frac{R}{r_1}\cdot\frac{r_1}{r}=\frac{R}{r}$$

同理 BH,CJ 也交 OI 于 M,故 AG,BH,CJ 三线共点.

下证原题:切点如图 15 所示,记 $AJ=AK=a,BL=BM=b,CN=CO=c,FJ=FG=FH=FM=z,EK=EG=EI=EN=y,DL=DH=DI=DO=x$.

由面积公式得

$$\frac{z}{y}=\frac{FG}{GE}=\frac{S_{\triangle AFG}}{S_{\triangle AGE}}=\frac{\frac{1}{2}(a+z)\sin\angle BAG}{\frac{1}{2}(a+y)\sin\angle CAG}$$

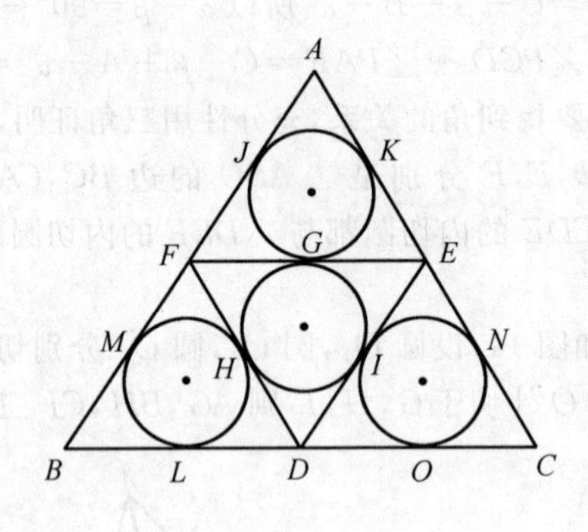

图 15

所以

$$\frac{\sin\angle BAG}{\sin\angle CAG}=\frac{z(a+y)}{y(a+z)} \quad ①$$

同理

$$\frac{\sin\angle CBH}{\sin\angle ABH}=\frac{x(b+z)}{z(b+x)} \quad ②$$

$$\frac{\sin\angle ACI}{\sin\angle BCI}=\frac{y(x+c)}{x(y+c)} \quad ③$$

由引理并结合角元塞瓦定理知

$$①\times②\times③\Rightarrow\frac{z(a+y)x(b+z)y(x+c)}{y(a+z)z(b+x)x(y+c)}=\frac{\sin\angle BAG}{\sin\angle CAG}\frac{\sin\angle CBH}{\sin\angle ABH}\frac{\sin\angle ACI}{\sin\angle BCI}=1$$

所以

$$\frac{AE\cdot CD\cdot BF}{AF\cdot CE\cdot BD}=1$$

故由塞瓦定理知 AD,BE,CF 三线共点,得证.

巩固演练

1.设 M 是 $\triangle ABC$ 的 AB 边上的任一点,r_1,r_2,r 分别是 $\triangle AMC,\triangle BMC$,$\triangle ABC$ 的内切圆半径,ρ_1,ρ_2,ρ 分别是这些三角形在 $\angle ACB$ 内部的旁切圆半

径.求证:$\frac{r_1}{\rho_1}\cdot\frac{r_2}{\rho_2}=\frac{r}{\rho}$.

2.设正方形 $ABCD$ 边长为 1,试求其内接正三角形面积的最大值与最小值.

3.在 $\angle A$ 内有一定点 P,过点 P 作直线交角的两边于 B,C,问何时 $PB\cdot PC$ 取最小值.

4.在平面上有一个定点 P,考虑所有可能的正 $\triangle ABC$,其中 $AP=3,BP=2$,求 CP 长度的最大值.

5.设 $\triangle ABC$ 的三个内角 A,B,C 分别为 α,β,γ,求证:在 AB 上有一点 D,使 CD 为 AD 与 BD 的几何中项的充要条件为

$$\sin\alpha\sin\beta\leqslant\sin^2\frac{\gamma}{2}$$

6.在梯形 $ABCD$ 中($AB\parallel CD$),两腰 AD,BC 上分别有点 P,Q 满足 $\angle APB=\angle CPD,\angle AQB=\angle CQD$.求证:点 P 与 Q 到梯形对角线的交点 O 的距离相等.

7.给定圆上两点 A,B,点 C 在该圆上变化,满足 $\triangle ABC$ 是锐角三角形,E,F 分别是 AB 的中点 M 在 AC,BC 上的射影.证明:线段 EF 的垂直平分线通过定点.

8.四边形 $ABCD$ 内接于圆,$AB\cap CD=E,AD\cap BC=F,M,N$ 为 AC,BD 中点,已知 $AC=a,BD=b$,求 $\frac{MN}{EF}$.

9.$\triangle ABC$ 内心为 I,A 对应的旁心为 I_a,II_a 分别交 BC,圆 ABC 于 A',M,N 为 $\overparen{ABM}$ 的中点,NI,NI_a 分别交圆 ABC 于 S,T.求证:S,A',T 三点共线.

10.设 $\triangle ABC$ 内切圆与 BC,CA,AB 相切于 D,E,F,一圆与 $\triangle ABC$ 内切圆切于 D,并与 $\triangle ABC$ 外接圆切于 K,点 M,N 类似定义.求证:DK,EM,FN 相交于 $\triangle DEF$ 的欧拉线上.

演练解答

1.如图 16,在 $\triangle ABC$ 中,易得

$$r(\cot\frac{B}{2}+\cot\frac{C}{2})=a \quad ①$$

$$\rho[\cot(\frac{\pi}{2}-\frac{B}{2})+\cot(\frac{\pi}{2}-\frac{C}{2})]=a \quad ②$$

由 ① 得

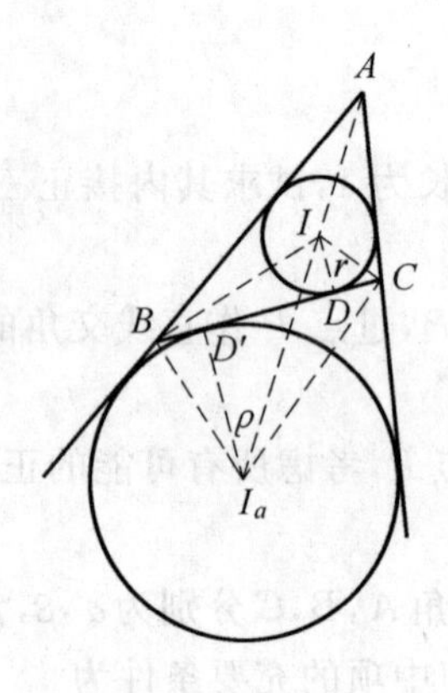

图 16

$$r\sin\frac{A+B}{2}=a\sin\frac{B}{2}\sin\frac{C}{2}$$

由 ② 得

$$\rho\sin\frac{A+B}{2}=a\cos\frac{B}{2}\cos\frac{C}{2}$$

所以

$$\frac{r}{\rho}=\tan\frac{B}{2}\tan\frac{C}{2}$$

原式可证.

2. 如图 17,设 $EG=x$,$\angle GEA=\theta$,则 $AE=x\cos\theta$,$BE=x\cos(120^\circ-\theta)$.

于是得 $x\cos\theta+x\cos(120^\circ-\theta)=1$,即 $x\cos(\theta-60^\circ)=1$,且由 $AG=x\sin\theta\leqslant 1$ 知 $\sin\theta\leqslant\cos(\theta-60^\circ)$,从而得 $\theta\leqslant 75^\circ$.

于是得 $1\leqslant x\leqslant\csc 75^\circ$,则有$\frac{\sqrt{3}}{4}\leqslant$ 内接正三角形面积 $\leqslant\frac{\sqrt{3}}{4}\csc^2 75^\circ$.

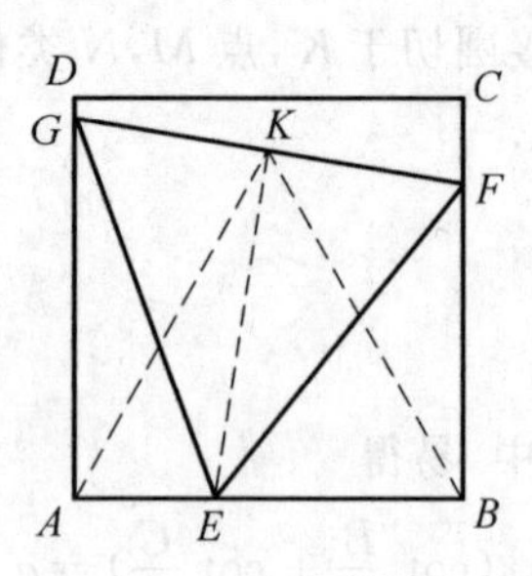

图 17

3. 如图 18,记 $\angle BAP=\alpha$,$\angle CAP=\beta$,$\angle APB=x$,则 $\angle ABP=\pi-\alpha-x$,$\angle ACP=x-\beta$,据正弦定理,有

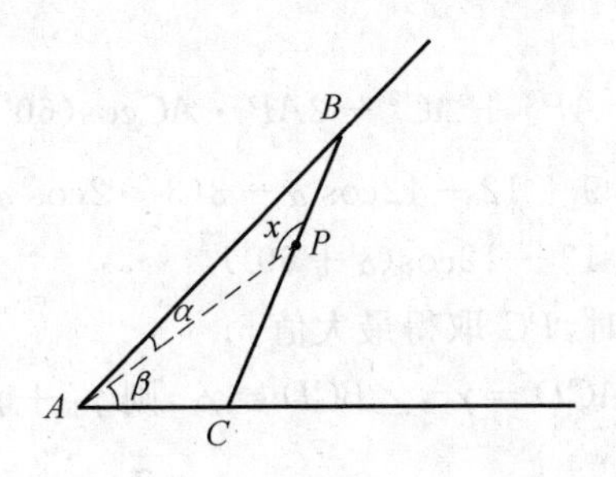

图 18

$$BP=\frac{AP\sin\alpha}{\sin(x+\alpha)},CP=\frac{AP\sin\beta}{\sin(x-\beta)}$$

$$BP\cdot CP=\frac{AP^2\sin\alpha\sin\beta}{\sin(x+\alpha)\sin(x-\beta)}$$

由于$AP^2\sin\alpha\sin\beta$为定值，于是只要求$\sin(x+\alpha)\sin(x-\beta)$的最大值即可．而

$$\sin(x+\alpha)\sin(x-\beta)=\frac{1}{2}[\cos(\alpha+\beta)-\cos(2x+\alpha-\beta)]$$

故当$2x+\alpha-\beta=\pi$时上式取最大值，即$x=\frac{\pi}{2}+\frac{\beta-\alpha}{2}=\frac{\pi}{2}+\frac{\beta+\alpha}{2}-\alpha$，即$BC$与$\angle A$的角平分线垂直时$BP\cdot CP$最小．

4．如图 19，设$\angle APB=\alpha$，$\angle BAP=\beta$，则$\angle PAC=60^\circ+\beta$．

在$\triangle PAB$中，由余弦定理得

$$AB^2=3^2+2^2-2\cdot 3\cdot 2\cdot\cos\alpha=13-12\cos\alpha$$

于是

$$\cos\beta=\frac{AB^2+AP^2-PB^2}{2AB\cdot AP}=\frac{13-12\cos\alpha+9-4}{2AB\cdot 3}=\frac{3-2\cos\alpha}{AB}$$

又由正弦定理知，$\sin\beta=\frac{2\sin\alpha}{AB}$．

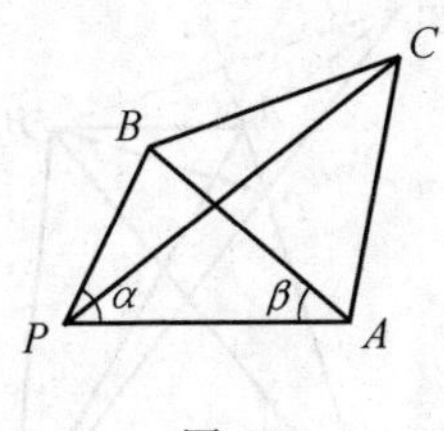

图 19

所以

$$\cos(60^\circ+\beta)=\frac{1}{2}\cos\beta-\frac{\sqrt{3}}{2}\sin\beta=\frac{3-2\cos\alpha-2\sqrt{3}\sin\alpha}{2AB}$$

所以

$$\begin{aligned} PC^2 = & AP^2 + AC^2 - 2AP \cdot AC\cos(60^\circ + \beta) = \\ & 9 + 12 - 12\cos\alpha - 3(3 - 2\cos\alpha - 2\sqrt{3}\sin\alpha) = \\ & 13 - 12\cos(\alpha + 60^\circ) \end{aligned}$$

所以当 $\alpha = 120^\circ$ 时，PC 取得最大值 5.

5. 如图 20，设 $\angle ACD = \gamma_1$，$\angle BCD = \gamma_2$，则 $\gamma_1 + \gamma_2 = \gamma$.

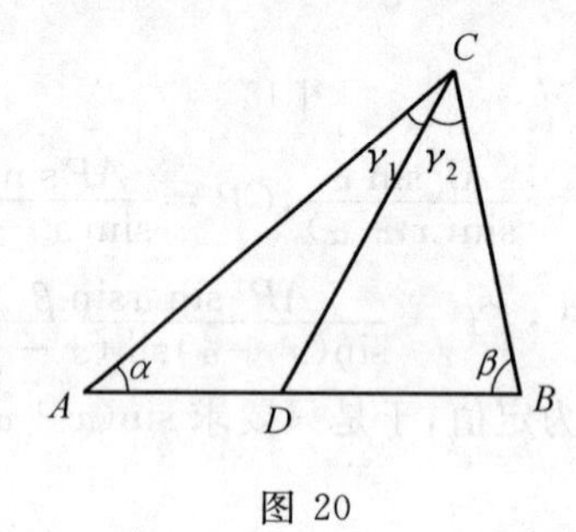

图 20

由正弦定理得

$$\frac{CD}{\sin\alpha} = \frac{AD}{\sin\gamma_1}, \frac{CD}{\sin\beta} = \frac{BD}{\sin\gamma_2}$$

所以

$$\begin{aligned} CD^2 = AD \cdot BD \Leftrightarrow \sin\alpha\sin\beta = & \sin\gamma_1\sin\gamma_2 = \\ & \frac{1}{2}[\cos(\gamma_1 - \gamma_2) - \cos(\gamma_1 + \gamma_2)] = \\ & \frac{1}{2}[\cos(\gamma_1 - \gamma_2) - \cos\gamma] \leqslant \\ & \frac{1}{2}(1 - \cos\gamma) = \sin^2\frac{\gamma}{2} \end{aligned}$$

6. 如图 21，作点 B 关于 AD 的对称点 B'，联结 AB'.

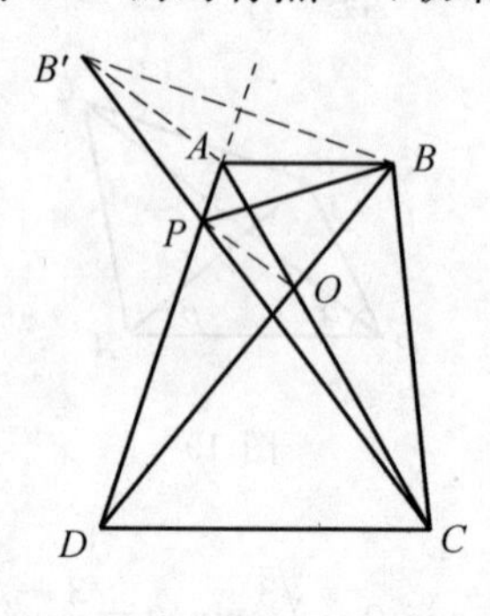

图 21

因为 $\angle PAB=\pi-\angle PDC,\angle APB=\angle CPD$.

所以 $\sin\angle PAB=\sin\angle PDC,\sin\angle APB=\sin\angle CPD$.

所以$\dfrac{PB}{AB}=\dfrac{\sin\angle PAB}{\sin\angle APB},\dfrac{PC}{DC}=\dfrac{\sin\angle PDC}{\sin\angle CPD}$,故$\dfrac{PB}{AB}=\dfrac{PC}{DC}$.

因为 $AB\parallel CD$,所以$\dfrac{AB}{CD}=\dfrac{AO}{OC}=\dfrac{BO}{OD}$.

所以$\dfrac{PB'}{PC}=\dfrac{AO}{OC}$,所以 $AB'\parallel PO$,故$\dfrac{PO}{AB}=\dfrac{CO}{CA}$.

同理,$\dfrac{QO}{AB}=\dfrac{DO}{DB}$.

所以$\dfrac{PO}{AB}=\dfrac{QO}{AB}$,故 $PO=QO$.

7. 设 M 是 AB 的中点.

因为 $\triangle ABC$ 是锐角三角形. 所以 $\angle ACB$ 为定值 $\Rightarrow A+B=\pi-C$ 也是定值.

作 $MX\perp AB$,使 $MX=-\dfrac{AB}{4}\cdot\tan(A+B)$

并且点 C,X 在直线 AB 的两侧.

下面证明:点 X 在 EF 的垂直平分线上.

易知:$ME=\dfrac{1}{2}\cdot AB\cdot\sin A,\angle EMX=\angle EMA+\dfrac{\pi}{2}=\pi-A$.

在 $\triangle EMX$ 中,有余弦定理得

$$EX^2=\left(\frac{AB\sin A}{2}\right)^2+\left[\frac{-AB\tan(A+B)}{4}\right]^2-$$

$$2\cdot\frac{AB\cdot\sin A}{2}\cdot\frac{-AB\tan(A+B)}{4}\cdot\cos(\pi-A)=$$

$$\frac{AB^2}{4}\cdot\sin^2A+\frac{AB^2}{16}\tan^2(A+B)-$$

$$\frac{AB^2}{4}\cdot\tan(A+B)\cdot\cos A\cdot\sin A=$$

$$\frac{AB^2}{16}\cdot\tan^2(A+B)+$$

$$\frac{AB^2\sin A}{4}\cdot\frac{\sin A\cos(A+B)-\cos\cdot\sin(A+B)}{\cos(A+B)}=$$

$$\frac{AB^2}{16}\cdot\tan^2(A+B)+\frac{AB^2\sin A}{4}\cdot\frac{\sin(A-(A+B))}{\cos(A+B)}=$$

$$\frac{AB^2}{16}\cdot\tan^2(A+B)-\frac{AB^2\sin A\sin B}{4\cos(A+B)}$$

同理：$FX^2=\dfrac{AB^2}{16}\cdot\tan^2(B+A)-\dfrac{AB^2\sin A\sin B}{4\cos(A+B)}$

所以 $EX=FX$.

故线段 EF 的中垂线过定点.

8. 我们证明

$$\frac{MN}{EF}=\frac{1}{2}\left|\frac{AC}{BD}-\frac{BD}{AC}\right| \qquad ①$$

不妨设 $ABCD$ 外接圆直径为 1，$\overset{\frown}{AB}$，$\overset{\frown}{BC}$，$\overset{\frown}{CD}$，$\overset{\frown}{DA}$ 所对圆周角为 $\alpha,\beta,\gamma,\theta$，则 $\alpha+\beta+\gamma+\theta=\pi$.

所以 $AB=\sin\alpha$，$BC=\sin\beta$，$CD=\sin\gamma$，$AD=\sin\theta$，且 $AC=\sin(\alpha+\beta)$，$BD=\sin(\alpha+\theta)$.

由托勒密定理知

$$\sin\alpha\sin\gamma+\sin\beta\sin\theta=\sin(\alpha+\beta)\sin(\alpha+\theta) \qquad (*)$$

因为 $\angle ABC=\theta+\gamma$，$\angle BCD=\alpha+\theta$，所以 $\angle AED=\theta-\beta$. 同理 $\angle CFD=\alpha-\gamma$.

故

$$ED=\frac{AD\sin\angle EAD}{\sin\angle AED}=\frac{\sin\theta\sin(\theta-\beta)}{\sin(\theta-\beta)}$$

且

$$EC=\frac{BC\sin\angle ABC}{\sin\angle AED}=\frac{\sin\beta\sin(\alpha+\beta)}{\sin(\theta-\beta)}$$

所以 $ED\cdot EC=\dfrac{\sin\theta\sin\beta}{\sin^2(\theta-\beta)}\cdot AC\cdot BD$.

同理 $FC\cdot FB=\dfrac{\sin\alpha\sin\gamma}{\sin^2(\alpha-\gamma)}\cdot AC\cdot BD$.

如图 22，在 EF 上取 X 使 B,C,X,E 共圆，则

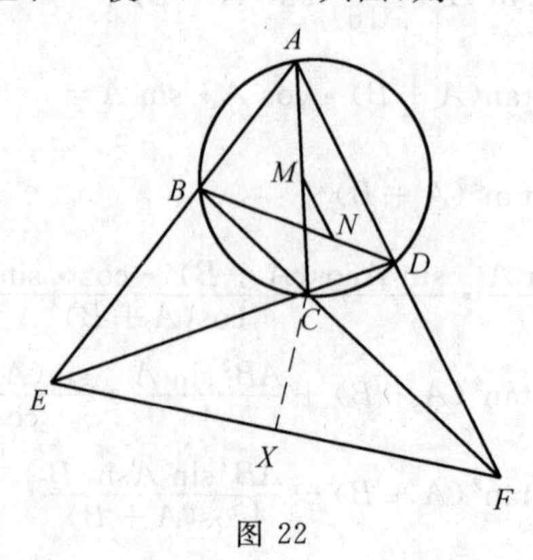

图 22

$$\angle CXE=\angle ABC=\angle CDF$$

所以 C,D,F,X 四点共圆.

故

$$EF^2=EF\cdot FX+EX\cdot EF=ED\cdot EC+FB\cdot FC=$$
$$\left[\frac{\sin\theta\sin\beta}{\sin^2(\theta-\beta)}+\frac{\sin\alpha\sin\gamma}{\sin^2(\alpha-\gamma)}\right]\cdot AC\cdot BD$$

又因为

$$MN^2=\frac{1}{4}(2BM^2+2DM^2-BD^2)$$
$$BM^2=\frac{1}{4}(2AB^2+2BC^2-AC^2)$$
$$DM^2=\frac{1}{4}(2AD^2+2CD^2-AC^2)$$

所以

$$MN^2=\frac{1}{4}(AB^2+BC^2+CD^2+DA^2-AC^2-BD^2) \quad ②$$

所以

$$①\Leftrightarrow\frac{MN^2}{EF^2}=\frac{1}{4}\left(\frac{AC}{BD}-\frac{BD}{AC}\right)^2\Leftrightarrow AB^2+BC^2+CD^2+DA^2-AC^2-BD^2=$$
$$EF^2\cdot\frac{(AC^2-BD^2)^2}{AC^2\cdot BD^2} \quad ③$$

而

$$AC^2-BD^2=\sin^2(\alpha+\beta)-\sin^2(\alpha+\theta)=\sin(\beta-\theta)\sin(\gamma-\alpha)$$

所以 ③ 右边 $=\frac{1}{AC\cdot BD}[\sin\theta\sin\beta\sin^2(\gamma-\alpha)+\sin\alpha\sin\gamma\sin^2(\theta-\beta)]$

将 ③ 右边 $AC\cdot BD$ 用(*)表示,则

$$③\Leftrightarrow\sin\theta\sin\beta[AB^2+BC^2+CD^2+DA^2-AC^2-BD^2-\sin^2(\gamma-\alpha)]+$$
$$\sin\alpha\sin\gamma[AB^2+BC^2+CD^2+DA^2-AC^2-BD^2-\sin^2(\theta-\beta)]=0 \quad ④$$

而

$$AB^2+BC^2+CD^2+DA^2-AC^2-BD^2-\sin^2(\alpha-\gamma)=$$
$$\sin^2\alpha+[\sin^2\beta-\sin^2(\alpha+\beta)]+[\sin^2\theta-\sin^2(\alpha+\theta)]+$$
$$[\sin^2\gamma-\sin^2(\alpha-\gamma)]=$$
$$\sin^2\alpha-\sin\alpha\sin(\alpha+2\beta)-\sin\alpha\sin(\alpha+2\theta)+\sin\alpha\sin(2\gamma-\alpha)=$$
$$\sin\alpha[(\sin\alpha+\sin(2\gamma-\alpha)]-[\sin(\alpha+2\beta)+\sin(\alpha+2\theta)]=$$
$$\sin\alpha[2\sin\gamma\cos(\alpha-\gamma)-2\sin\gamma\cos(\beta-\theta)]=$$
$$2\sin\alpha\sin\gamma[\cos(\gamma-\alpha)-\cos(\beta-\theta)] \quad ⑤$$

同理

$$AB^2+BC^2+CD^2+DA^2-AC^2-BD^2-\sin^2(\theta-\beta)=$$
$$2\sin\beta\sin\theta[\cos(\beta-\theta)-\cos(\gamma-\alpha)] \quad ⑥$$

将 ⑤⑥ 代入 ④ 即得证,故$\dfrac{MN}{EF}=\dfrac{1}{2}\left|\dfrac{a}{b}-\dfrac{b}{a}\right|$.

9.如图 23,易知 $\angle MTI_a=\angle MAN, AN=NM$.

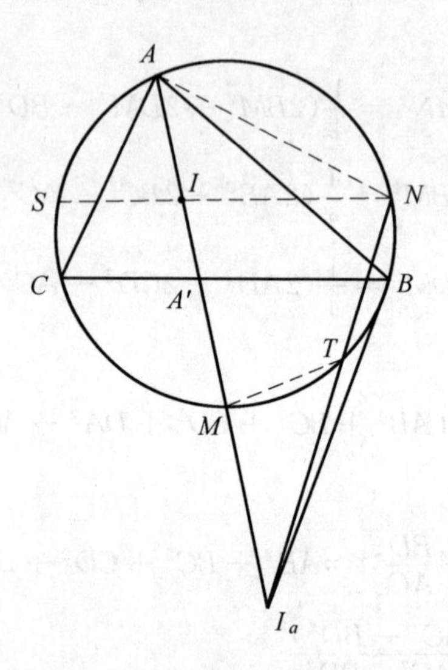

图 23

在 $\triangle MTI_a$ 中,$\dfrac{MT}{MI_a}=\dfrac{\sin\angle MI_aT}{\sin\angle MTI_a}=\dfrac{\sin\angle MI_aT}{\sin\angle MAN}$.

在 $\triangle ANI_a$ 中,$\dfrac{AN}{AI_a}=\dfrac{\sin\angle MI_aT}{\sin\angle ANT}$.

所以

$$\frac{MT}{AN}\frac{AI_a}{MI_a}=\frac{\sin\angle ANT}{\sin\angle MAN}=\frac{AT}{MN}=\frac{AT}{AN}$$

所以

$$\frac{MT}{AT}=\frac{MI_a}{AI_a} \quad ①$$

同理

$$\frac{MS}{AS}=\frac{MI}{AI} \quad ②$$

易证 $\triangle ACI\backsim\triangle AI_aB,\triangle MBA'\backsim\triangle MAB,\triangle ACA'\backsim\triangle AMB$.

所以$\dfrac{AI}{AB}=\dfrac{AC}{AI_a}$,即

$$AB \cdot AC = AI \cdot AI_a \quad ③$$

$\dfrac{MB}{MA}=\dfrac{MA'}{MB}$,即

$$MB^2 = MA \cdot A'M \quad ④$$

$\dfrac{AC}{AM}=\dfrac{AA'}{AB}$,即

$$AB \cdot AC = AM \cdot AA' \quad ⑤$$

熟知 $MI = MB = MI_a$. 设 $AM \cap ST = A''$,则

$\dfrac{MA''}{AA''}=\dfrac{S_{\triangle MST}}{S_{\triangle AST}}=\dfrac{MS}{AS}\cdot\dfrac{MT}{AT}\cdot\dfrac{\sin\angle SMT}{\sin\angle SAT}=\dfrac{MI_a}{AI_a}\cdot\dfrac{MI}{AI}$(由 ①②)$=$

$\dfrac{MB^2}{AI\cdot AI_a}=\dfrac{MA\cdot A'M}{MA\cdot AA'}$(由 ③④⑤)$=\dfrac{MA'}{AA'}$

所以$\dfrac{MA''}{MA}=\dfrac{MA'}{AA'}$,$MA''=MA'$,即 A' 与 A'' 重合.

所以 S,T,A' 三点共线,得证.

10. 引理:$\triangle ABC$ 内切圆切三边 BC,CA,AB 于 D,E,F,则 $\triangle DEF$ 的欧拉线过 $\triangle ABC$ 的外心.

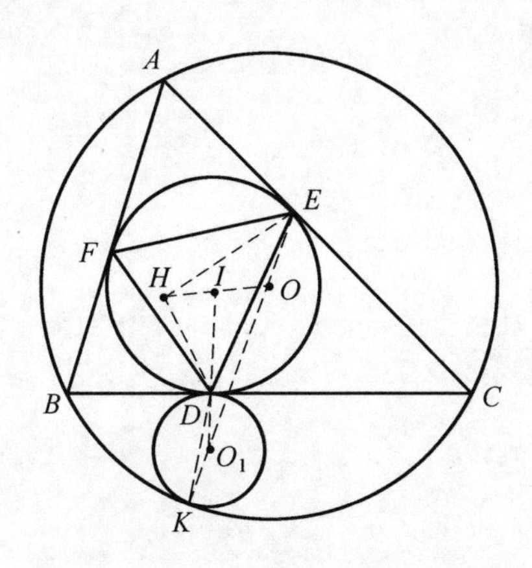

图 24

引理的证明:事实上,若 $\triangle ABC$ 为等腰三角形,则 $\triangle DEF$ 欧拉线即为底边中垂线,自然过点 O.

若 $\triangle ABC$ 非等腰,不妨设 $BC=a,CA=b,AB=c$,外接圆半径为 R,内切圆半径为 r,且 $a>b>c$,$A>B>C$,H 为 $\triangle DEF$ 垂心.

易求得 $\angle HDI=\dfrac{B-C}{2}$,$BD=\dfrac{1}{2}(a+c-b)$,$\angle FDE=\dfrac{B+C}{2}$.

设 $DI\cap OH=D_1$,则 D_1 在线段 OH 上,且

$$\frac{HD_1}{D_1O}=\frac{OH\sin\angle HDI}{OD\sin\angle IDO}=\frac{2r\cos\dfrac{B+C}{2}\sin\dfrac{B-C}{2}}{\dfrac{a}{2}-\dfrac{a+c-b}{2}}=\frac{2r(\sin B-\sin C)}{2R(\sin B-\sin C)}=\frac{r}{R}.$$

设 $EI\cap OH=D_2$，$FI\cap OH=D_3$，则同理可得 $\dfrac{HD_2}{D_2O}=\dfrac{HD_3}{OD_3}=\dfrac{r}{R}$.

因此 $D_1=D_2=D_3$，即 EI，DI，FI 交于一点，且该点在 OH 上.

而 DI，EI，FI 不重合，故 I 即为该交点，I 在 OH 上. 引理得证.

回到原题：设与内切圆切于 D 并与圆 O 切于 K 的圆的圆心为 O_1.

类似定义 O_2，O_3，$P_1=DK\cap OI$，$P_2=EM\cap OI$，$P_3=FN\cap OI$.

直线 P_1DK 截 $\triangle OIO_1$，由梅涅劳斯定理得 $\dfrac{ID}{DO_1}\cdot\dfrac{O_1K}{KO}\cdot\dfrac{OP_1}{P_1I}=1$.

又 $O_1K=O_1D$，因此 $\dfrac{OP_1}{P_1I}=\dfrac{OK}{ID}=\dfrac{R}{r}$. 同理 $\dfrac{OP_2}{P_2I}=\dfrac{R}{r}=\dfrac{OP_3}{P_3I}$.

而 P_1，P_2，P_3 均在线段 OI 上，所以 $P_1=P_2=P_3$.

又由引理知 OI 即为 $\triangle DEF$ 欧拉线.

所以 DK，EM，FN 相交于 $\triangle DEF$ 的欧拉线上，得证.

第 35 讲 解析法解几何题

在创作家的事业中，每一步都要深思而后行，而不是盲目地瞎碰.

——米丘林(苏联)

知识方法

解析法是利用代数方法解决几何问题的一种常用方法. 其一般的顺序是：建立坐标系，设出各点坐标及各线的方程，然后根据求解或求证要求进行代数推算. 它的优点是具有一般性与程序性，几乎所有的平面几何问题都可以用解析法获解，但对于有些题目演算太繁.

此外，如果建立坐标系或设点坐标时处理不当，也可能增加计算量. 建系设点坐标的一般原则是使各点坐标出现尽量多的 0，但也不可死搬教条，对于一些"地位平等"的点，线，建系设点坐标时，要保持其原有的"对称性".

典型例题

例 1 如图 1，以 Rt$\triangle ABC$ 的斜边 AB 及直角边 BC 为边向三角形两侧作正方形 $ABDE$，$CBFG$.

求证：$DC \perp FA$.

分析 只要证 $k_{CD} \cdot k_{AF} = -1$，故只要求点 D 的坐标.

证明 以 C 为原点，CB 为 x 轴正方向建立直角坐标系. 设 $A(0,a)$，$B(b,0)$，$D(x,y)$，则直线 AB 的方程为 $ax + by - ab = 0$.

故直线 BD 的方程为 $bx - ay - (b \cdot b - a \cdot 0) = 0$，即 $bx - ay - b^2 = 0$.

ED 方程设为 $ax + by + c = 0$.

由 AB，ED 距离等于 $|AB|$，得 $\dfrac{|c + ab|}{\sqrt{a^2 + b^2}} = \sqrt{a^2 + b^2}$.

解得 $c=\pm(a^2+b^2)-ab$. 如图1,应舍去负号.

所以直线 ED 方程为 $ax+by+a^2+b^2-ab=0$.

解得 $x=b-a, y=-b$.(只要作 $DH\perp x$ 轴,由 $\triangle DBH\cong\triangle BAC$ 就可得到这个结果),即 $D(b-a,-b)$.

因为 $k_{AF}=\frac{b-a}{b}$, $k_{CD}=\frac{-b}{b-a}$,而 $k_{AF}\cdot k_{CD}=-1$,所以 $DC\perp FA$.

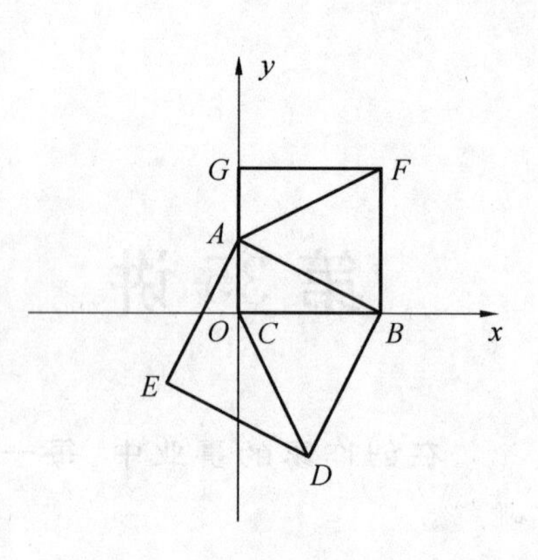

图 1

例2 自 $\triangle ABC$ 的顶点 A 引 BC 的垂线,垂足为 D,在 AD 上任取一点 H,直线 BH 交 AC 于 E, CH 交 AB 于 F. 求证:AD 平分 ED 与 DF 所成的角.

证明 如图 2,建立直角坐标系,设 $A(0,a)$, $B(b,0)$, $C(c,0)$, $H(0,h)$,于是

$$BH: \frac{x}{b}+\frac{y}{h}=1$$

$$AC: \frac{x}{c}+\frac{y}{a}=1$$

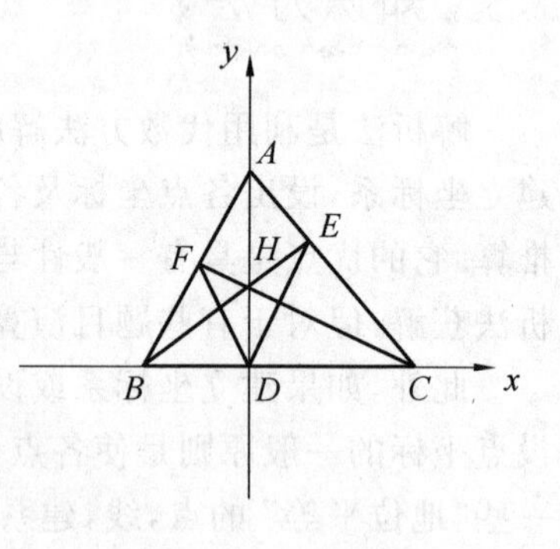

图 2

过 BH, AC 的交点 E 的直线系为

$$\lambda\left(\frac{x}{b}+\frac{y}{h}-1\right)+\mu\left(\frac{x}{c}+\frac{y}{a}-1\right)=0$$

以(0,0)代入,得 $\lambda+\mu=0$.

分别取 $\lambda=1, \mu=-1$,有

$$x\left(\frac{1}{b}-\frac{1}{c}\right)+y\left(\frac{1}{h}-\frac{1}{a}\right)=0$$

所以,上述直线过原点,这是直线 DE.

同理,直线 DF 为 $x\left(\frac{1}{c}-\frac{1}{b}\right)+y\left(\frac{1}{h}-\frac{1}{a}\right)=0$.

显然直线 DE 与直线 DF 的斜率互为相反数,故 AD 平分 ED 与 DF 所成的角.

说明 写出直线系方程要求其中满足某性质的直线,就利用此性质确定待定系数,这实际上并不失为一种通法.

例3 求证:任意四边形四条边的平方和等于两条对角线的平方和再加上对角线中点连线的平方的4倍.

证明　在直角坐标系中,设四边形4个顶点的坐标为$A_1(x_1,y_1)$,$A_2(x_2,y_2)$,$A_3(x_3,y_3)$,$A_4(x_4,y_4)$. 由中点公式知对角中点的坐标为$B(\frac{x_1+x_3}{2},\frac{y_1+y_3}{2})$,$C(\frac{x_2+x_4}{2},\frac{y_2+y_4}{2})$.

则

$$4(\frac{x_1+x_3}{2}-\frac{x_2+x_4}{2})^2+(x_1-x_3)^2+(x_2-x_4)^2=$$
$$(x_1+x_3-x_2-x_4)^2+(x_1-x_3)^2+(x_2-x_4)^2=$$
$$2(x_1^2+x_2^2+x_3^2+x_4^2-x_1x_2-x_2x_3-x_3x_4-x_4x_1)=$$
$$(x_1-x_2)^2+(x_2-x_3)^2+(x_3-x_4)^2+(x_4-x_1)^2$$

同理有

$$4(\frac{y_1+y_3}{2}-\frac{y_2+y_4}{2})^2+(y_1-y_3)^2+(y_2-y_4)^2=$$
$$(y_1-y_2)^2+(y_2-y_3)^2+(y_3-y_4)^2+(y_4-y_1)^2$$

两式相加得

$$|A_1A_2|^2+|A_2A_3|^2+|A_3A_4|^2+|A_4A_1|^2=$$
$$4|BC|^2+|A_1A_3|^2+|A_2A_4|^2$$

说明　本题纯几何证法并不容易,而采用解析法,只需要简单的计算便达到目的.另外本例中巧妙地抓住了各点的“对称性”,设了最为一般的形式,简化了计算.

例4　P,Q在$\triangle ABC$的AB边上,R在AC边上,并且P,Q,R将$\triangle ABC$的周长分为三等分.求证:$\frac{S_{\triangle PQR}}{S_{\triangle ABC}}>\frac{2}{9}$.

证明　如图3,以A为原点,直线AB为x轴,建立直角坐标系.

设$AB=c$,$BC=a$,$CA=b$,$Q(q,0)$,$P(p,0)$.

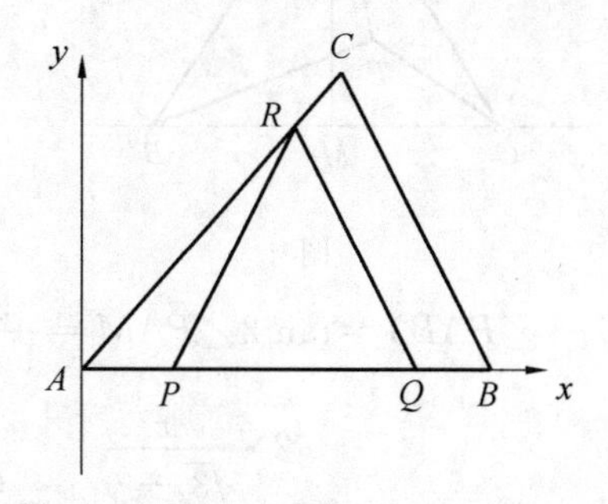

图3

则 $q-p=\frac{1}{3}(a+b+c)$，$AR=PQ-AP=q-2p$.

从而$\frac{y_R}{y_C}=\frac{AR}{AC}=\frac{q-2p}{b}$.

由于 $2S_{\triangle PQR}=y_R(q-p)$，$2S_{\triangle ABC}=x_By_C$，所以

$$\frac{S_{\triangle PQR}}{S_{\triangle ABC}}=\frac{y_R(q-p)}{y_Cx_B}=\frac{(q-p)(q-2p)}{bc}$$

注意到 $p=q-\frac{1}{3}(a+b+c)<c-\frac{1}{3}(a+b+c)$，所以

$$q-2p>\frac{2}{3}(a+b+c)-c>\frac{2}{3}(a+b+c)-\frac{1}{2}(a+b+c)=\frac{1}{6}(a+b+c)$$

$$\frac{S_{\triangle PQR}}{S_{\triangle ABC}}>\frac{2}{9}\cdot\frac{(a+b+c)^2}{4bc}>\frac{2}{9}\cdot\frac{(b+c)^2}{4bc}>\frac{2}{9}$$

说明　本题中$\frac{2}{9}$是不可改进的，取$b=c$，Q与B重合，则当a趋向于0时，p趋向于$\frac{1}{3}q$，面积比趋向于$\frac{2}{9}$.

例 5　P是正$\triangle ABC$内一点，求证：$|\angle PAB-\angle PAC|\geqslant|\angle PBC-\angle PCB|$.

证明　如图 4，以BC中点M为原点，$\overrightarrow{BC}$为x轴正向建立坐标系，设$C(1,0)$，$B(-1,0)$，则$A(0,\sqrt{3})$. 设$P(x,y)$，且不妨设$x\leqslant 0$，则

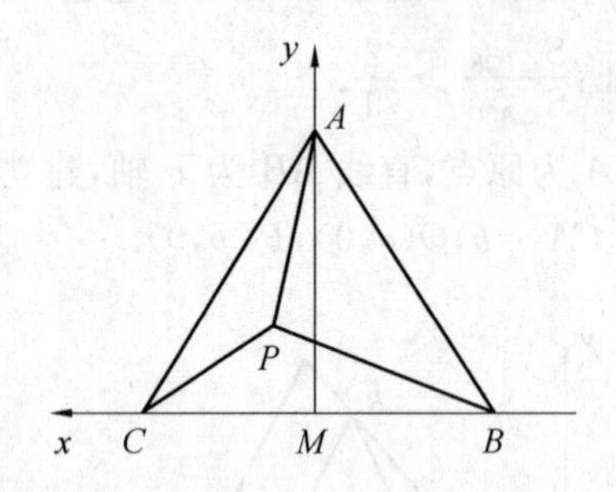

图 4

$$\tan(\angle PAC-\angle PAB)=\tan 2\angle PAM=\frac{2\tan\angle PAM}{1-\tan^2\angle PAM}=\frac{2\cdot\frac{x}{\sqrt{3}-y}}{1-\frac{x^2}{(\sqrt{3}-y)^2}}=\frac{(-2x)(\sqrt{3}-y)}{(\sqrt{3}-y)^2-x^2}$$

而

$$\tan(\angle PBC-\angle PCB)=\frac{\frac{y}{x+1}-\frac{y}{1-x}}{1+\frac{y}{x+1}\frac{y}{1-x}}=\frac{-2xy}{1-x^2+y^2}$$

所以

$|\angle PAB-\angle PAC|\geqslant|\angle PBC-\angle PCB|\Leftrightarrow$

$\angle PAC-\angle PAB\geqslant\angle PBC-\angle PCB\Leftrightarrow$

$\tan(\angle PAC-\angle PAB)\geqslant\tan(\angle PBC-\angle PCB)\Leftrightarrow$

$\dfrac{(-2x)(\sqrt{3}-y)}{(\sqrt{3}-y)^2-x^2}\geqslant\dfrac{-2xy}{1-x^2+y^2}\Leftrightarrow$

$\dfrac{\sqrt{3}-y}{(\sqrt{3}-y)^2-x^2}\geqslant\dfrac{y}{1-x^2+y^2}$(因为$-2x\geqslant 0$)$\Leftrightarrow$

$(\sqrt{3}-y)(1-x^2+y^2)\geqslant y[(\sqrt{3}-y)^2-x^2]$

(因为$-x^2-y^2\geqslant 1-x^2\geqslant 0$，$|x|\leqslant\dfrac{\sqrt{3}-y}{\sqrt{3}}\Rightarrow(\sqrt{3}-y)^2-x^2\geqslant 0$)$\Leftrightarrow$

$(\sqrt{3}-y)(1+y^2)-y(\sqrt{3}-y)^2\geqslant(\sqrt{3}-2y)x^2$　①

当$0\leqslant y\leqslant\dfrac{\sqrt{3}}{2}$时，由于$|x|\leqslant\dfrac{\sqrt{3}-y}{\sqrt{3}}$，所以$x^2\leqslant\dfrac{(\sqrt{3}-y)^2}{3}$.

所以$(\sqrt{3}-2y)\dfrac{(\sqrt{3}-y)^2}{3}\leqslant(\sqrt{3}-y)(1+y^2)-y(\sqrt{3}-y)^2\Leftrightarrow(\sqrt{3}-2y)(\sqrt{3}-y)\leqslant 3(1+y^2-\sqrt{3}y+y^2)\Leftrightarrow 2y^2-3\sqrt{3}y+3\leqslant 6y^2-\sqrt{3}+3$，显然成立.

所以式①成立.

当$\dfrac{\sqrt{3}}{2}<y\leqslant\sqrt{3}$时，$(\sqrt{3}-2y)x^2\leqslant 0\Leftrightarrow(\sqrt{3}-y)(2y^2-\sqrt{3}y+1)$.

故式①也成立(因为$2y^2+1\geqslant 2\sqrt{2y^2}>\sqrt{3}y$)，得证.

例6　设H是锐角$\triangle ABC$的垂心，由A向以BC为直径的圆作切线AP，AQ，切点分别为P，Q.求证：P，H，Q三点共线.

证明　如图5，以BC为x轴BC中点O为原点建立直角坐标系.

设$B(-1,0)$，$C(1,0)$，$A(x_0,y_0)$，

则PQ方程为$x_0x+y_0y=1$.

点H的坐标为$H(x_0,y)$，满足$\dfrac{y}{x_0+1}\cdot\dfrac{y_0}{x_0-1}=-1$，即

$$y=\frac{1-x_0^2}{y_0}$$

显然 H 满足 PQ 方程,即 H 在 PQ 上.

从而 P,H,Q 三点共线.

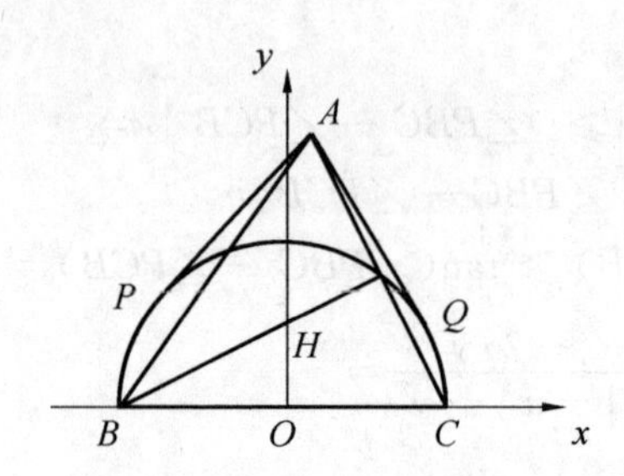

图 5

例 7 设 A,B,C,D 是一条直线上依次排列的四个不同的点,分别以 AC,BD 为直径的两圆相交于 X 和 Y,直线 XY 交 BC 于 Z.若 P 为直线 XY 上异于 Z 的一点,直线 CP 与以 AC 为直径的圆相交于 C 和 M,直线 BP 与以 BD 为直径的圆相交于 B 和 N.求证:AM,DN,XY 三线共点.

分析 只要证明 AM 与 XY 的交点也是 DN 与 XY 的交点即可,为此只要建立坐标系,计算 AM 与 XY 的交点坐标.

证明 如图 6,以 XY 为弦的任意圆 O,只需证明当 P 确定时,S 也确定.

以 Z 为原点,XY 为 y 轴建立平面直角坐标系,设 $X(0,m)$,$P(0,y_0)$,$\angle PCA=\alpha$,其中 m,y_0 为定值.于是有 $x_C=y_0\cot\alpha$.

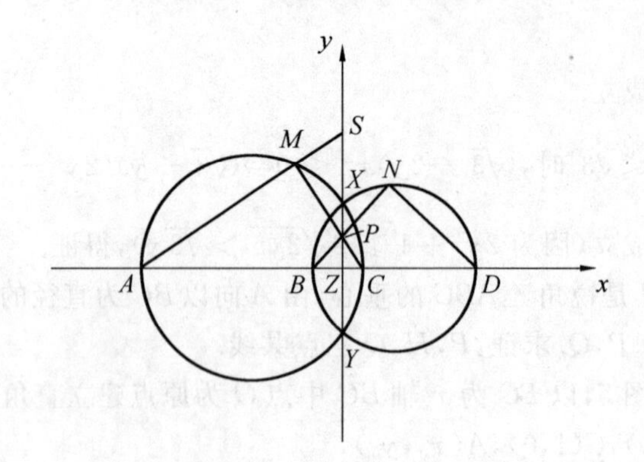

图 6

但是 $-x_A\cdot x_C=y_X^2$,则 $x_A=-\frac{m^2}{y_0}\tan\alpha$.

因此,直线 AM 的方程为:$y=\cot\alpha\left(x+\frac{m^2}{y_0}\tan\alpha\right)$.

令 $x=0$,得 $y_S=\frac{m^2}{y_0}$,即点 S 的坐标为$\left(0,\frac{m^2}{y_0}\right)$.

同理,可得 DN 与 XY 的交点坐标为$\left(0,\frac{m^2}{y_0}\right)$.

所以 AM,DN,XY 三线共点.

例 8　以$\triangle ABC$ 的边 BC 为直径作半圆,与 AB,AC 分别交于 D 和 E. 过 D,E 作 BC 的垂线,垂足分别为 F,G. 线段 DG,EF 交于点 M. 求证:$AM\perp BC$.

分析　建立以 BC 为 x 轴的坐标系,则只要证明点 A,M 的横坐标相等即可.

证明　如图 7,以 BC 所在的直线为 x 轴,半圆圆心 O 为原点建立直角坐标系. 设圆的半径为 1,则 $B(-1,0)$,$C(1,0)$.

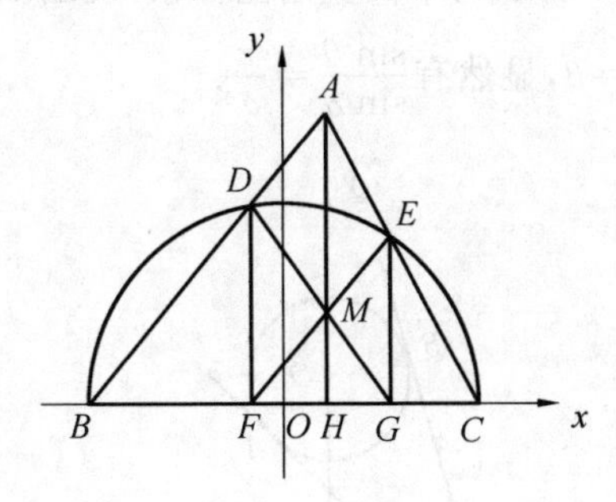

图 7

令 $\angle EBC=\alpha$,$\angle DCB=\beta$,则直线 BD 的方程为 $y=\cot\beta(x+1)$.

同样,直线 CE 的方程为 $y=-\cot\alpha(x-1)$.

联立这两个方程,解得点 A 的横坐标为

$$x_A=\frac{\cot\alpha-\cot\beta}{\cot\alpha+\cot\beta}=\frac{\sin(\alpha-\beta)}{\sin(\alpha+\beta)}$$

因为 $\angle EOC=2\angle EBC=2\alpha$,$\angle DOB=2\beta$,故 $E(\cos 2\alpha,\sin 2\alpha)$,$D(-\cos 2\beta,\sin 2\beta)$,$G(\cos 2\alpha,0)$,$F(-\cos 2\beta,0)$.

于是直线 DG 的方程为

$$y=\frac{\sin 2\beta}{-(\cos 2\alpha+\cos 2\beta)}(x-\cos 2\alpha)$$

直线 EF 的方程为

$$y=\frac{\sin 2\alpha}{-(\cos 2\alpha+\cos 2\beta)}(x+\cos 2\beta)$$

联立这两个方程，解得点 M 的横坐标为

$$x_M=\frac{\sin 2\alpha\cos 2\beta-\cos 2\alpha\sin 2\beta}{\sin 2\alpha+\sin 2\beta}=\frac{\sin 2(\alpha-\beta)}{\sin(\alpha+\beta)\cos(\alpha-\beta)}=$$

$$\frac{\sin(\alpha-\beta)}{\sin(\alpha+\beta)}=x_A$$

故 $AM\perp BC$.

例 9 如图 8，一条直线 l 与圆心为 O 的圆不相交，E 是 l 上一点，$OE\perp l$，M 是 l 上任意异于 E 的点，从 M 作圆 O 的两条切线分别切圆于 A 和 B，C 是 MA 上的点，使得 $EC\perp MA$，D 是 MB 上的点，使得 $ED\perp MB$，直线 CD 交 OE 于 F.

求证：点 F 的位置不依赖于 M 的位置.

分析 若以 l 为 x 轴，OE 为 y 轴建立坐标系，则只要证明点 F 的纵坐标与点 M 的坐标无关即可.

证明 建立如图 8 所示的平面直角坐标系，设圆 O 的半径为 r，$OE=a$，$\angle OME=\alpha$，$\angle OMA=\theta$，显然有 $\frac{\sin\theta}{\sin\alpha}=\frac{r}{a}$.

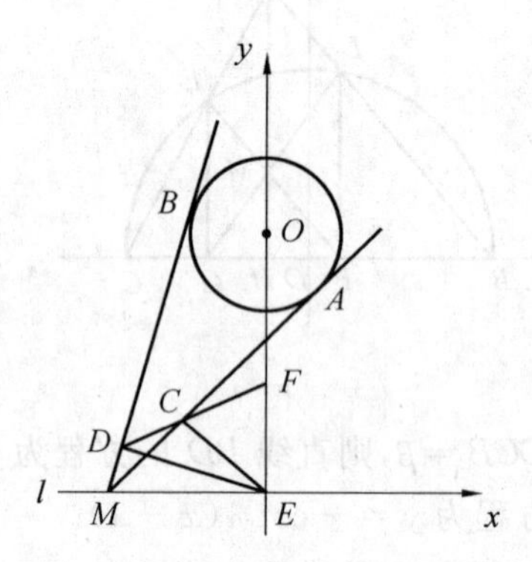

图 8

$$y_C=MC\sin(\alpha-\theta)=ME\sin(\alpha-\theta)\cos(\alpha-\theta)=$$

$$a\cot\alpha\sin(\alpha-\theta)\cos(\alpha-\theta)$$

$$x_C=-y_C\tan(\alpha-\theta)=-a\cot\alpha\sin^2(\alpha-\theta)$$

同理

$$y_D=a\cot\alpha\sin(\alpha+\theta)\cos(\alpha+\theta)$$

$$x_D=-a\cot\alpha\sin^2(\alpha+\theta)$$

所以

$$k_{CD}=\frac{\sin 2(\alpha+\theta)-\sin 2(\alpha-\theta)}{2[\sin 2(\alpha-\theta)-\sin 2(\alpha+\theta)]}=-\cot 2\alpha$$

则直线 CD 的方程为

$$y-a\cot\alpha\sin(\alpha+\theta)\cos(\alpha+\theta)=-\cot 2\alpha[x+a\cot\alpha\sin^2(\alpha+\theta)]$$

令 $x=0$,得

$$y_F=a\cot\alpha\sin(\alpha+\theta)[\cos(\alpha+\theta)-\cot 2\alpha\sin(\alpha+\theta)]=$$
$$\frac{a\cot\alpha\sin(\alpha+\theta)\sin(\alpha-\theta)}{\sin 2\alpha}=a\cdot\frac{-\cos 2\alpha+\cos 2\theta}{4\sin^2\theta}=$$
$$\frac{a}{2}(1-\frac{\sin^2\theta}{\sin^2\alpha})=\frac{a^2-r^2}{2a}$$

由于$\frac{a^2-r^2}{2a}$是定值,这就表明 F 的位置不依赖于点 M 的位置.

例 10　$ABCD$ 为圆内接四边形,E 为平面上一点,E 到 AB,BC,CD,DA,AC,BD 垂足为 M,N,P,Q,R,S. 求证:MP,NQ,RS 中点共线.

证明　设 MP,NQ,RS 中点为 E,F,G.

首先,以 E 为原点,恰当选取 x 轴,y 轴方向使 AB,AC,AD,BC,BD,CD 均不与两轴平行(这可保证计算中分母恒不为 0).

不妨设 $ABCD$ 外接圆半径为 1,再设该圆圆心坐标为(m,n),则可设 $A(m+\cos\theta_1,n+\sin\theta_1)$,$B(m+\cos\theta_2,n+\sin\theta_2)$,$C(m+\cos\theta_3,n+\sin\theta_3)$,$D(m+\cos\theta_4,n+\sin\theta_4)$.

则 $k_{AB}=\frac{\sin\theta_1-\sin\theta_2}{\cos\theta_1-\cos\theta_2}=-\cot\frac{\theta_1+\theta_2}{2}$.

所以 AB 方程为

$$y-(n+\sin\theta_1)=-\cot\frac{\theta_1+\theta_2}{2}(x-m-\cos\theta_1)$$

即

$$\cot\frac{\theta_1+\theta_2}{2}(x-m)+(y-n)=\sin\theta_1+\cot\frac{\theta_1+\theta_2}{2}\cos\theta_1=\frac{\cos\frac{\theta_1-\theta_2}{2}}{\sin\frac{\theta_1+\theta_2}{2}} \quad ①$$

又 $ME\perp AB$ 且 E 为原点,则 EM 为

$$y=\tan\frac{\theta_1+\theta_2}{2}\cdot x \quad ②$$

下求 M 的坐标:

联立 ①②(将 ② 代入 ①)得

$$\frac{x}{\cos\frac{\theta_1+\theta_2}{2}\sin\frac{\theta_1+\theta_2}{2}}=\cot\frac{\theta_1+\theta_2}{2}\cdot m+n+\frac{\cos\frac{\theta_1-\theta_2}{2}}{\sin\frac{\theta_1+\theta_2}{2}}$$

所以

$$x=\cos^2\frac{\theta_1+\theta_2}{2}\cdot m+\cos\frac{\theta_1+\theta_2}{2}\sin\frac{\theta_1+\theta_2}{2}\cdot n+\cos\frac{\theta_1+\theta_2}{2}\cos\frac{\theta_1-\theta_2}{2} \quad ③$$

即

$$x=\frac{1}{2}\{[\cos(\theta_1+\theta_2)+1]m+\sin(\theta_1+\theta_2)\cdot n+\cos\theta_1+\cos\theta_2\} \quad ④$$

将③代入②得

$$y=\cos\frac{\theta_1+\theta_2}{2}\sin\frac{\theta_1+\theta_2}{2}\cdot m+\sin^2\frac{\theta_1+\theta_2}{2}\cdot n+\sin\frac{\theta_1+\theta_2}{2}\cos\frac{\theta_1-\theta_2}{2}$$

即

$$y=\frac{1}{2}\{\sin(\theta_1+\theta_2)\cdot m+[1-\cos(\theta_1+\theta_2)]n+\sin\theta_1+\sin\theta_2\} \quad ⑤$$

所以

$$M(\frac{1}{2}\{[\cos(\theta_1+\theta_2)+1]m+\sin(\theta_1+\theta_2)\cdot n+\cos\theta_1+\cos\theta_2\},$$
$$\frac{1}{2}\{\sin(\theta_1+\theta_2)\cdot m+[1-\cos(\theta_1+\theta_2)]n+\sin\theta_1+\sin\theta_2\})$$

同理

$$P(\frac{1}{2}\{[\cos(\theta_3+\theta_4)+1]m+\sin(\theta_3+\theta_4)\cdot n+\cos\theta_3+\cos\theta_4\},$$
$$\frac{1}{2}\{\sin(\theta_3+\theta_4)\cdot m+[1-\cos(\theta_3+\theta_4)]n+\sin\theta_3+\sin\theta_4\})$$

所以 MP 中点 $E(x_E,y_E)$ 满足

$$\begin{cases} x_E=\frac{1}{4}\{[2+\cos(\theta_1+\theta_2)+\cos(\theta_3+\theta_4)]m+ \\ \qquad [\sin(\theta_1+\theta_2)+\sin(\theta_3+\theta_4)]n+\sum_{i=1}^{4}\cos\theta_i\} \\ y_E=\frac{1}{4}\{[\sin(\theta_1+\theta_2)+\sin(\theta_3+\theta_4)]m+ \\ \qquad [2-\cos(\theta_1+\theta_2)-\cos(\theta_3+\theta_4)]n+\sum_{i=1}^{4}\sin\theta_i\} \end{cases}$$

同理 NQ 中点 $F(x_F,y_F)$ 满足

$$\begin{cases} x_F=\dfrac{1}{4}\{[2+\cos(\theta_1+\theta_4)+\cos(\theta_2+\theta_3)]m+ \\ \qquad [\sin(\theta_1+\theta_4)+\sin(\theta_2+\theta_3)]n+\sum\limits_{i=1}^{4}\cos\theta_i\} \\ y_F=\dfrac{1}{4}\{[\sin(\theta_1+\theta_4)+\sin(\theta_2+\theta_3)]m+ \\ \qquad [2-\cos(\theta_1+\theta_2)-\cos(\theta_3+\theta_4)]n+\sum\limits_{i=1}^{4}\sin\theta_i\} \end{cases}$$

记

$$\theta=\frac{\theta_1+\theta_2+\theta_3+\theta_4}{2}$$

$$\begin{cases} A=\sin(\theta_1+\theta_4)+\sin(\theta_2+\theta_3)-\sin(\theta_1+\theta_2)-\sin(\theta_3+\theta_4) \\ B=\cos(\theta_1+\theta_4)+\cos(\theta_2+\theta_3)-\cos(\theta_1+\theta_4)-\cos(\theta_2+\theta_3) \end{cases}$$

则显然 $k_{EF}=\dfrac{y_E-y_F}{x_E-x_F}=\dfrac{Am-Bn}{Bm+An}$.

而

$$A=2\sin\frac{\theta_1+\theta_2+\theta_3+\theta_4}{2}(\cos\frac{\theta_1+\theta_4-\theta_2-\theta_3}{2}-\cos\frac{\theta_1+\theta_2-\theta_3-\theta_4}{2})$$

$$B=2\cos\frac{\theta_1+\theta_2+\theta_3+\theta_4}{2}(\cos\frac{\theta_1+\theta_4-\theta_2-\theta_3}{2}-\cos\frac{\theta_1+\theta_2-\theta_3-\theta_4}{2})$$

所以$\dfrac{A}{B}=\tan\theta$,即 $k_{EF}=\dfrac{m\sin\theta-n\cos\theta}{m\cos\theta+n\sin\theta}$.

同理 $k_{EG}=\dfrac{m\sin\theta-n\cos\theta}{m\cos\theta+n\sin\theta}$.

所以 E,F,G 三点共线,得证.

例 11　圆心为 O_1 和 O_2 的两个半径相等的圆相交于 P,Q 两点,O 是公共弦 PQ 的中点,过 P 任作两条割线 AB 和 CD(AB,CD 均不与 PQ 重合),点 A,C 在圆 O_1 上,点 B,D 在圆 O_2 上,联结 AD 和 BC,点 M,N 分别是 AD,BC 中点.已知 O_1 和 O_2 不在两圆的公共部分内,点 M,N 均不与点 O 重合.求证:M,N,O 三点共线.

分析　等圆、中点这些条件在直角坐标系中是极易刻画的.特别是参数方程,使我们不必找出点 P,Q.

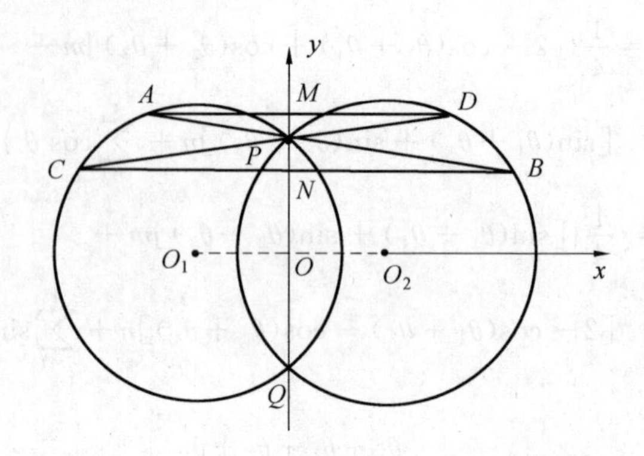

图 9

证明 以 O 为原点，$\overrightarrow{OO_2}$ 为 x 轴正方向建立直角坐标系.

不妨设圆 O_1、圆 O_2 的半径均为 1.

设 $\angle OO_2P=\theta$，$\angle BO_2x=\alpha_1$，$\angle DO_2x=\alpha_2$，则

$$B(\cos\theta+\cos\alpha_1,\sin\alpha_1),D(\cos\theta+\cos\alpha_2,\sin\alpha_2)$$

又 $\angle QO_2B=2\angle QPB=\angle QO_1A$，所以 $\angle AO_1O=\pi-2\theta+\alpha_1$.

所以 $A(\cos(\pi-2\theta+\alpha_1)-\cos\theta,\sin(\pi-2\theta+\alpha_1))$.

同理 $C(\cos(\pi-2\theta+\alpha_2)-\cos\theta,\sin(\pi-2\theta+\alpha_2))$.

所以 $M\left(\dfrac{\cos(\pi-2\theta+\alpha_1)+\cos\alpha_2}{2},\dfrac{\sin(\pi-2\theta+\alpha_1)+\sin\alpha_2}{2}\right)$，故

$$k_{OM}=\frac{\sin(\pi-2\theta+\alpha_1)+\sin\alpha_2}{\cos(\pi-2\theta+\alpha_1)+\cos\alpha_2}=$$

$$\frac{\sin\dfrac{\pi-2\theta+\alpha_1+\alpha_2}{2}\cos\dfrac{\pi-2\theta+\alpha_1-\alpha_2}{2}}{\cos\dfrac{\pi-2\theta+\alpha_1+\alpha_2}{2}\cos\dfrac{\pi-2\theta+\alpha_1-\alpha_2}{2}}=$$

$$\tan\frac{\pi-2\theta+\alpha_1+\alpha_2}{2}$$

同理 $k_{ON}=\tan\dfrac{\pi-2\theta+\alpha_1+\alpha_2}{2}$，故 $k_{OM}=k_{ON}$，从而 O,N,M 三点共线.

说明 这里的解析法，既无需计算(仅用了一次和差化积)，又对思维没什么要求，可以说相当基本. 当然，这里设坐标系，巧用参数方程还是很重要的.

例 12 已知 $\triangle ABC$，点 X 是直线 BC 上的动点，且点 C 在点 B,X 之间，又 $\triangle ABX$，$\triangle ACX$ 的内切圆有两个不同的交点 P,Q. 求证：PQ 经过一个不依赖于 X 的定点.

证明　过 A 作 $AD\perp BC$ 于 D，以 D 为原点，DA 为 y 轴建立坐标系.

设 $D(0,0)$，$A(0,2)$，$B(b,0)$，$C(c,0)$，$X(x,0)$.

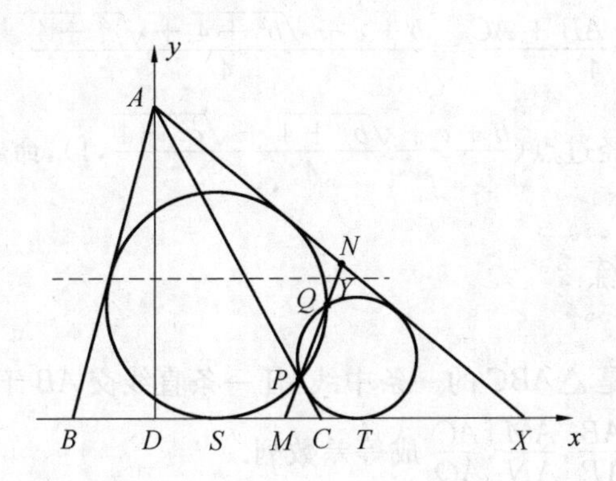

图 10

设两个内切圆分别切 BC 于 S,T.

因为 PQ 是两内切圆的根轴，设 M 为 ST 中点，N 在 AX 上使 $XN=XM$.

则 $MS=MT$，M 在两圆根轴上. 同理 N 在两圆根轴上.

所以直线 PQ 就是直线 MN，设 $\angle NMX=\angle MNX=\theta$.

则直线 MN 的斜率为 $\tan\theta$，即 $\dfrac{1}{\tan\dfrac{\angle AXD}{2}}$.

因为

$$\frac{2\tan\dfrac{\angle AXD}{2}}{1-\tan^2\dfrac{\angle AXD}{2}}=\tan\angle AXD=\frac{2}{x}$$

所以

$$\tan\frac{\angle AXD}{2}=\frac{\sqrt{x^2+4}-x}{2}$$

直线 MN 与直线 $y=1$ 的交点 Y 的横坐标为

$$DM+\frac{1}{k_{MN}}=OM+\tan\frac{\angle AXD}{2}$$

所以

$$DM=DX-XM=x-\frac{1}{4}(2AX+BX+CX-AB-AC)=$$

$$x-\frac{1}{4}\cdot 2\sqrt{x^2+4}-\frac{1}{4}(x-b)-\frac{1}{4}(x-c)+\frac{AB+AC}{4}$$

所以 Y 的横坐标为

$$x-\frac{\sqrt{x^2+4}}{2}-\frac{x}{2}+\frac{b+c+AB+AC}{4}+\frac{\sqrt{x^2+4}-x}{2}=$$

$$\frac{b+c+AB+AC}{4}=\frac{b+c+\sqrt{b^2+4}+\sqrt{c^2+4}}{4}$$

所以 PQ 恒经过点$\left(\frac{b+c+\sqrt{b^2+4}+\sqrt{c^2+4}}{4},1\right)$，命题得证.

巩固演练

1. 已知 AM 是 $\triangle ABC$ 的一条中线，任一条直线交 AB 于 P，交 AC 于 Q，交 AM 于 N. 求证：$\frac{AB}{AP}$，$\frac{AM}{AN}$，$\frac{AC}{AQ}$ 成等差数列.

2. 在四边形 $ABCD$ 中，AB 与 CD 的垂直平分线相交于 P，BC 和 AD 的垂直平分线相交于 Q，M，N 分别为对角线 AC，BD 中点. 求证：$PQ\perp MN$.

3. 证明：如一个凸八边形的各个角都相等，而所有各邻边边长之比都是有理数，则这个八边形的每组对边一定相等.

4. 设 $\triangle ABC$ 是锐角三角形，在 $\triangle ABC$ 外分别作等腰直角三角形 BCD，ABE，CAF，在此三个三角形中，$\angle BDC$，$\angle BAE$，$\angle CFA$ 是直角. 又在四边形 $BCFE$ 外作等腰 $\mathrm{Rt}\triangle EFG$，$\angle EFG$ 是直角.

求证：(1) $GA=\sqrt{2}AD$；(2) $\angle GAD=135^\circ$.

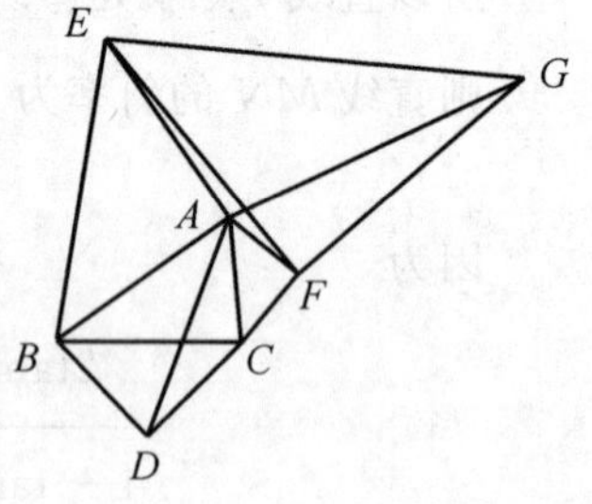

图 11

5. 如图 12，$\triangle ABC$ 和 $\triangle ADE$ 是两个不全等的等腰直角三角形，现固定 $\triangle ABC$，而将 $\triangle ADE$ 绕点 A 在平面上旋转. 求证：不论 $\triangle ADE$ 旋转到什么位置，线段 EC 上必存在点 M，使 $\triangle BMD$ 为等腰直角三角形.

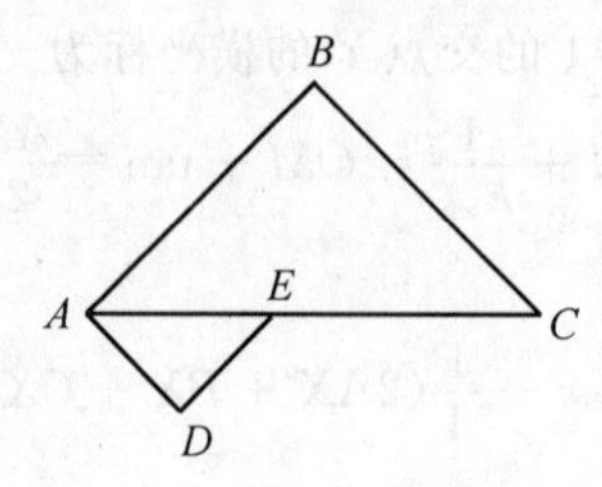

图 12

6. 设 $A_1A_2A_3A_4$ 为圆 O 的内接四边形，H_1，H_2，H_3，H_4 依次为

$\triangle A_2A_3A_4$，$\triangle A_3A_4A_1$，$\triangle A_4A_1A_2$，$\triangle A_1A_2A_3$ 的垂心.

求证：H_1，H_2，H_3，H_4 四点在同一个圆上，并定出该圆的圆心位置.

7. 求证：$\triangle ABC$ 的重心 G，外心 O，垂心 H 三点共线，且 $OG : GH = 1 : 2$.

8. 已知 MN 是圆 O 的一条弦，R 是 MN 的中点，过 R 作两弦 AB 和 CD，过 A，B，C，D 四点的二次曲线交 MN 于 P，Q. 求证：R 是 PQ 的中点.

9. E 为圆内接四边形内任意一点，E 在直线 A_iA_j 上的垂足为 $P_{i,j}$（$1 \leqslant i < j \leqslant 4$），则 $p_{1,2}P_{3,4}$，$P_{1,3}\ P_{3,4}$，$P_{1,4}\ P_{2,3}$ 的中点 X，Y，Z 共线.

10. 求证：对于任意 $\triangle ABC$，都存在唯一一对点 P，Q，使得 P，Q 关于 $\triangle ABC$ 互为等角共轭，且满足 $PA + QA = PB + QB = PC + QC$.

演练解答

1. 以 BC 所在直线为 x 轴，高 AD 所在直线为 y 轴建立直角坐标系. 设 $A(0,a)$，$B(m-b,0)$，$C(m+b,0)$，直线 PQ 方程：$y = kx + q$. 设 $\dfrac{AB}{AP} = \lambda$，则 $\dfrac{AP + PB}{AP} = \lambda$，$\dfrac{BP}{PA} = \lambda - 1$. 所以点 P 坐标为 $x = \dfrac{m-b}{\lambda}$，$y = \dfrac{(\lambda-1)a}{\lambda}$，故 $(\lambda - 1)a = k(m-b) + q\lambda$，则 $\lambda = \dfrac{k(m-b)+a}{a-q}$，即 $\dfrac{AB}{AP} = \dfrac{k(m-b)+a}{a-q}$，同理，$\dfrac{AM}{AN} = \dfrac{km+a}{a-q}$，$\dfrac{AC}{AQ} = \dfrac{k(m+b)+a}{a-q}$，则 $\dfrac{AB}{AP} + \dfrac{AC}{AQ} = 2\dfrac{AM}{AN}$. 这说明 $\dfrac{AB}{AP}$，$\dfrac{AM}{AN}$，$\dfrac{AC}{AQ}$ 成等差数列.

2. 设 $A(x_1,y_1)$，$B(x_2,y_2)$，$C(x_3,y_3)$，$D(x_4,y_4)$，利用式子的对称性即可证得结论.

3. 此八边形的每个内角都等于 $135°$. 不妨设每边的长都是有理数. 依次设其八边长为有理数 a,b,c,d,e,f,g,h. 把这个八边形放入坐标系中，使长为 a 的边的一个顶点为原点，这边在 x 轴上，于是 $a + b\cos 45° + d\cos 135° - e + f\cos 225° + h\cos 315° = 0$，整理得

$$a + e + \sqrt{2}(b - d - f + h) = 0$$

$$b\cos 45° + c + d\cos(-45°) + f\cos 135° - g + h\cos 225° = 0$$

整理得

$$c + g + \sqrt{2}(b + d - f - h) = 0$$

所以 $a = e$，$b - d - f + h = 0$；$c = g$，$b + d - f - h = 0$；则 $b - f = 0$，$g - h = 0$，从而凸八边形的每组对边相等.

4. 以 A 为原点建立直角坐标系，设 B，C 对应的复数为 z_B，z_C. 则点 E 对应

复数 $z_E=-\mathrm{i}z_B$，点 D 对应复数

$$z_D=\frac{1}{2}(1+\mathrm{i})(z_B-z_C)+z_C=\frac{1}{2}[(1+\mathrm{i})z_B+(1-\mathrm{i})z_C]$$

点 F 对应复数 $z_F=\frac{1}{2}(1+\mathrm{i})z_C$. 向量 $\overrightarrow{FE}=z_E-z_F=-\mathrm{i}z_B-\frac{1}{2}(1+\mathrm{i})z_C$. $z_G=z_F-\mathrm{i}\overrightarrow{FE}=\frac{1}{2}(1+\mathrm{i})z_C-\mathrm{i}[-\mathrm{i}z_B-\frac{1}{2}(1+\mathrm{i})z_C]=-z_B+\frac{1}{2}(1+\mathrm{i})^2z_C=-z_B+\mathrm{i}z_C$，则 $z_G=(-1+\mathrm{i})z_D=\sqrt{2}(\cos 135°+i\sin 135°)z_D$，则 $GA=\sqrt{2}AD$，$\angle GAD=135°$.

5. 如图 13，以 A 为原点，AC 为 x 轴正方向建立复平面. 设 C 表示复数 c，点 E 表示复数 $e(c,e\in\mathbf{R})$. 则点 B 表示复数 $b=\frac{1}{2}c+\frac{1}{2}c\mathrm{i}$，点 D 表示复数 $d=\frac{1}{2}e-\frac{1}{2}e\mathrm{i}$. 把 $\triangle ADE$ 绕点 A 旋转角 θ 得到 $\triangle AD'E'$，则点 E' 表示复数 $e'=e(\cos\theta+\mathrm{i}\sin\theta)$. 点 D' 表示复数 $d'=d(\cos\theta+\mathrm{i}\sin\theta)$，表示 $E'C$ 中点 M 的复数 $m=\frac{1}{2}(c+e')$. 则表示向量 $\overrightarrow{MB}$ 的复数：$z_1=b-\frac{1}{2}(c+e')=\frac{1}{2}c+\frac{1}{2}c\mathrm{i}-\frac{1}{2}c-\frac{1}{2}e(\cos\theta+\mathrm{i}\sin\theta)=-\frac{1}{2}e\cos\theta+\frac{1}{2}(c-e\sin\theta)\mathrm{i}$. 表示向量 $\overrightarrow{MD'}$ 的复数：$z_2=d'-m=(\frac{1}{2}e-\frac{1}{2}e\mathrm{i})(\cos\theta+\mathrm{i}\sin\theta)-\frac{1}{2}c-\frac{1}{2}e(\cos\theta+\mathrm{i}\sin\theta)=\frac{1}{2}(e\sin\theta-c)-\frac{1}{2}\mathrm{i}e\cos\theta$. 显然：$z_2=z_1\mathrm{i}$. 于是 $|MB|=|MD'|$，且 $\angle BMD'=90°$，即 $\triangle BMD'$ 为等腰直角三角形. 故证.

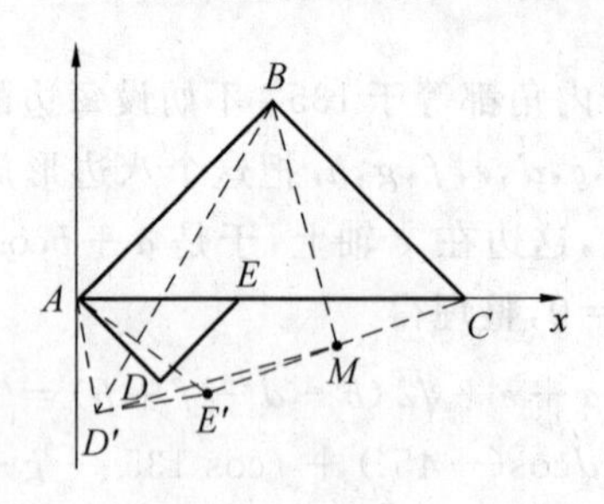

图 13

6. 以 O 为坐标原点，圆 O 的半径为长度单位建立直角坐标系，设 OA_1，OA_2，OA_3，OA_4 与 OX 正方向所成的角分别为 $\alpha,\beta,\gamma,\delta$，则点 A_1,A_2,A_3,A_4 的坐标依次是 $(\cos\alpha,\sin\alpha)$，$(\cos\beta,\sin\beta)$，$(\cos\gamma,\sin\gamma)$，$(\cos\delta,\sin\delta)$. 显然，$\triangle A_2A_3A_4$，$\triangle A_3A_4A_1$，$\triangle A_4A_1A_2$，$\triangle A_1A_2A_3$ 的外心都是点 O，而它们的

重心依次是$(\frac{1}{3}(\cos\beta+\cos\gamma+\cos\delta),\frac{1}{3}(\sin\beta+\sin\gamma+\sin\delta))$，$(\frac{1}{3}(\cos\gamma+\cos\delta+\cos\alpha),\frac{1}{3}(\sin\alpha+\sin\delta+\sin\gamma))$，$(\frac{1}{3}(\cos\delta+\cos\alpha+\cos\beta),\frac{1}{3}(\sin\delta+\sin\alpha+\sin\beta))$，$(\frac{1}{3}(\cos\alpha+\cos\beta+\cos\gamma),\frac{1}{3}(\sin\alpha+\sin\beta+\sin\gamma))$. 从而，$\triangle A_2A_3A_4$，$\triangle A_3A_4A_1$，$\triangle A_4A_1A_2$，$\triangle A_1A_2A_3$ 的垂心依次是 $H_1(\cos\beta+\cos\gamma+\cos\delta,\sin\beta+\sin\gamma+\sin\delta)$，$H_2(\cos\gamma+\cos\delta+\cos\alpha,\sin\alpha+\sin\delta+\sin\gamma)$，$H_3(\cos\delta+\cos\alpha+\cos\beta,\sin\delta+\sin\alpha+\sin\beta)$，$H_4(\cos\alpha+\cos\beta+\cos\gamma,\sin\alpha+\sin\beta+\sin\gamma)$. 而点 H_1,H_2,H_3,H_4 点与点 $O_1(\cos\alpha+\cos\beta+\cos\gamma+\cos\delta,\sin\alpha+\sin\beta+\sin\gamma+\sin\delta)$ 的距离都等于 1，即 H_1,H_2,H_3,H_4 四点在以 O_1 为圆心，1 为半径的圆上. 证毕.

7. 以 $\triangle ABC$ 的外心 O 为坐标原点，不妨设 $\triangle ABC$ 的外接圆半径为 1，设 $A(\cos\alpha,\sin\alpha)$，$B(\cos\beta,\sin\beta)$，$C(\cos\gamma,\sin\gamma)$，则重心 G 的坐标为 $G(\frac{\cos\alpha+\cos\beta+\cos\gamma}{3},\frac{\sin\alpha+\sin\beta+\sin\gamma}{3})$. 设 $H'(\cos\alpha+\cos\beta+\cos\gamma,\sin\alpha+\sin\beta+\sin\gamma)$，则 $k_{AH'}=\frac{\sin\beta+\sin\gamma}{\cos\beta+\cos\gamma}=\tan\frac{\beta-\gamma}{2}$，$k_{BC}=\frac{\sin\beta-\sin\gamma}{\cos\beta-\cos\gamma}=-\cot\frac{\beta-\gamma}{2}$. 则可得 $k_{AH'}\cdot k_{BC}=-1$，则 $AH'\perp BC$. 同理，$BH'\perp CA$，$CH'\perp AB$. 因此，$H'(\cos\alpha+\cos\beta+\cos\gamma,\sin\alpha+\sin\beta+\sin\gamma)$ 为 $\triangle ABC$ 的垂心 H. 观察 O,G,H 的坐标可知，G,O,H 三点共线，且 $OG:GH=1:2$.

8. 如图 14，以 R 为原点，MN 为 x 轴，建立平面直角坐标系. 设圆心 O 的坐标为 $(0,a)$，圆半径为 r，则圆的方程为

$$x^2+(y-a)^2=r^2 \quad ①$$

设 AB,CD 的方程分别为 $y=k_1x$ 和 $y=k_2x$，将它们合成为

$$(y-k_1x)(y-k_2x)=0 \quad ②$$

于是过 ① 与 ② 的四个交点 A,B,C,D 的曲线系方程为

$$(y-k_1x)(y-k_2x)+\lambda[x^2+(y-a)^2-r^2]=0 \quad ③$$

令 ③ 中 $y=0$，得

$$(\lambda+k_1k_2)x^2+\lambda(a^2-r^2)=0 \quad ④$$

④ 的两个根是二次曲线与 MN 交点 P,Q 的横坐标，因为 $x_P+x_Q=0$，即 R 是 PQ 的中点. 从而得证.

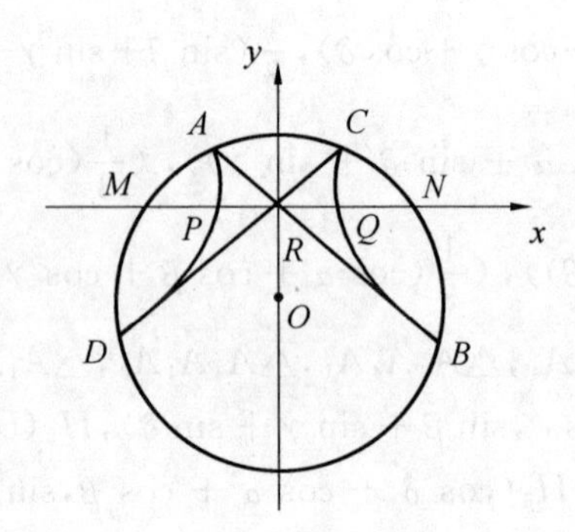

图 14

9. 设 $A_i(x_i, y_i)$，$E(x, y)$，我们的思路是：

(1) 说明 X, Y, Z 共线 $\Leftrightarrow T(x, y)=0$，其中 $T(x, y)$ 是一个关于 x, y 的次数不超过 2 的多项式(即 $T(x, y)=ax^2+bxy+cy^2+dx+ey+f$) 且 $T(x, y)$ 的系数只与 x_i, y_i 有关(只是形式地求出 $T(x, y)$，并不是具体算出 a, b, c).

(2) 通过纯几何方法验证 $T(A_1)=0$，$T(A_3)=0$，$T(M)=0$，其中 $M=A_1A_3 \cap A_2A_4$. 进而由于 A_1, M, A_3 共线，说明 $T(x, y)\equiv 0, \forall (x, y)\in \mathbf{R}_+$(因为 $T(x, y)$ 是不超过 2 次的).

先完成(1)：如图 15，由于 $P_{i,j}$ 是 E 在 A_1A_2 上的垂足，故 $P_{i,j}$ 的坐标可以表示成 $(a_{i,j}x+b_{i,j}y, c_{i,j}x+d_{i,j}y)$ 的形式($a_{i,j}, b_{i,j}, c_{i,j}, d_{i,j}$ 与 x y 无关，只与 $A_1A_2A_3A_4$ 有关).

又因为 X 是 $P_{1,2}$ $P_{3,4}$ 的中点，所以 X 可表示成 (m_1x+n_1y, p_1x+q_1y) 的形式.

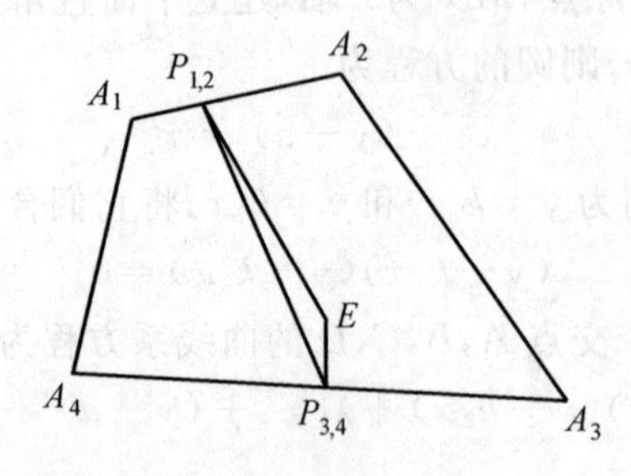

图 15

同样地，Y, Z 也可表示成 (m_2x+n_2y, p_2x+q_2y)，(m_3x+n_3y, p_3x+q_3y) 的形式(其中 m_i, n_i, p_i, q_i 与 x, y 无关).

所以 X, Y, Z 共线 $\Leftrightarrow \begin{vmatrix} 1 & m_1x+n_1y & p_1x+q_1y \\ 1 & m_2x+n_2y & p_2x+q_2y \\ 1 & m_3x+n_3y & p_3x+q_3y \end{vmatrix}=0 \Leftrightarrow T(x, y)=0$.

而且易看到 $T(x,y)$ 具有 $ax^2+bxy+cy^2$ 的形式.

再完成(2)：

当 $E=A_1,A_3$ 时，原问题转化为西姆松定理；

当 $E=M=A_1A_3\cap A_2A_4$ 时，四边形 $P_{1,2}P_{2,3}P_{3,4}P_{4,1}$ 是圆外切四边形(图 16).

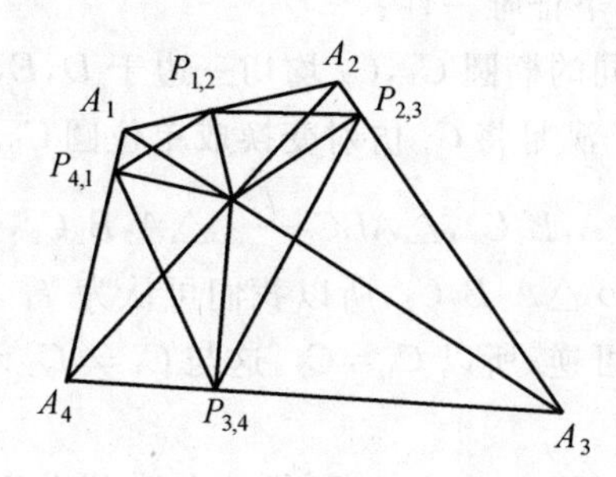

图 16

此时，$M=P_{1,3}=P_{1,4}=Z$ 是 $P_{1,2}\cdots P_{4,1}$ 的内切圆圆心，X,Y 是四边形 $P_{1,2}P_{2,3}P_{3,4}P_{4,1}$ 的对角线中点.

所以 X,Y,Z 共线，即为牛顿定理，所以完成了②.

综合(1)(2)及前面的分析，我们证明了 X,Y,Z 三点共线.

10. 引理：若 M 为 $\triangle ABC$ 内一点，且 AD,BE,CF 是过点 M 的三条塞瓦线($D\in BC,E\in AC,F\in AB$)，则存在唯一一个椭圆，使得这个椭圆切 BC,AC,AB 于 D,E,F.

引理的证明：设 $u=\dfrac{BD}{DC},v=\dfrac{CE}{EA},w=\dfrac{AF}{FB}$，则由塞瓦定理知 $uvw=1$.

从而存在三个实数 $a,b,c>0$，使得 $\dfrac{a}{b}=w,\dfrac{b}{c}=u,\dfrac{c}{a}=v$.

事实上，取 $a=1,b=\dfrac{1}{w},c=\dfrac{1}{uw}$ 即可.

作一个以 $a+b,b+c,c+a$ 为三边的 $\triangle A_0B_0C_0$. $B_0C_0=b+c,C_0A_0=c+a,A_0B_0=a+b$，作 $\triangle A_0B_0C_0$ 的内切圆，切三边于 D_0,E_0,F_0，则 $BD_0=BF_0=b,CD_0=CE_0=c,AE_0=AF_0=a$.

下面考虑一个仿射变换 f，在 f 的作用下，$\triangle A_0B_0C_0\to\triangle ABC$.

则由仿射变换保持平行线段的比例知 D_0 的像 D'_0 满足 $D'_0\in BC$，$\dfrac{BD'_0}{D'_0C}=\dfrac{B_0D_0}{D_0C_0}=\dfrac{b}{c}=u$.

又因为 $u=\dfrac{BD}{DC}$，故 $\dfrac{BD'}{DC}=\dfrac{BD'_0}{D'_0C}$，故 $D=D'_0$，即在 f 的作用下，D_0 映射到

D.

同理 $E_0 \xrightarrow{f} E, F_0 \xrightarrow{f} F$.

从而圆 $D_0E_0F_0$ 映射成一个过 DEF 的椭圆，且这个椭圆与 AB,BC,CA 相切.

于是存在性得证. 下证唯一性：

假设存在两个不同的椭圆 C_1,C_2 均切三边于 D,E,F，则我们考虑两个仿射变换 f_1,f_2，其中 f_i 满足将 C_i 仿射变换成单位圆 C_0.

设 $\triangle ABC \xrightarrow{f_1} \triangle A_1B_1C_1, \triangle ABC \xrightarrow{f_2} \triangle A_2B_2C_2$，则同为仿射变换保比.

所以 $\triangle A_1B_1C_1 \backsim \triangle A_2B_2C_2$，所以我们可认为 f_1 与 f_2 为同一个变换.

又因为仿射变换可逆，所以 $C_1=C_2$，这与 $C_1 \neq C_2$ 矛盾！故 $C_1=C_2$，这就证明了唯一性.

回到原题：设 $\triangle ABC$ 的内心为 I，作三条直线分别过 A,B,C，且与 IA，IB，IC 平行，交成 $\triangle DEF$.

则易知 D,E,F 为 $\triangle ABC$ 的旁心且 A,B,C 为 $\triangle DEF$ 的高足.

由引理知存在唯一一个椭圆 C，使得 C 与 DE,EF,FD 交于 C,A,B.

设 C 为两个焦点为 P,Q，则

$$PA+AQ=PB+BQ=PC+CQ$$

又因为 FE 与 C 相切，所以 $\angle PAF=\angle QAE$.

又因为 $AI \perp FE$，所以 $\angle PAI=\angle IAQ$.

同理 $\angle PBI=\angle IBQ$，所以 P,Q 关于 $\triangle ABC$ 为等角共轭.

又易见若 P,Q 满足互为等角共轭且 $PA+AQ=PB+BQ=PC+CQ$，则可以以 $\frac{1}{2}(PA+AQ)$ 为半长轴，以 P,Q 为焦点作椭圆，使得这个椭圆过 A,B,C 且交 DF,EF,FD 于 C,A,B.

故由椭圆存在的唯一性知 P,Q 也是唯一的.

第 36 讲　向量法解几何题

如果学习只在模仿，那么我们就不会有科学，就不会有技术.

——高尔基(苏联)

一，四心的概念介绍

(1) 重心——中线的交点，重心将中线长度分成 2∶1；

(2) 垂心——高线的交点，高线与对应边垂直；

(3) 内心——角平分线的交点(内切圆的圆心)；角平分线上的任意点到角两边的距离相等；

(4) 外心——中垂线的交点(外接圆的圆心)；外心到三角形各顶点的距离相等.

二，四心与向量的结合

(1) $\overrightarrow{OA}+\overrightarrow{OB}+\overrightarrow{OC}=\mathbf{0}\Leftrightarrow O$ 是 $\triangle ABC$ 的重心.

证法 1：设 $O(x,y)$，$A(x_1,y_1)$，$B(x_2,y_2)$，$C(x_3,y_3)$，则

$$\overrightarrow{OA}+\overrightarrow{OB}+\overrightarrow{OC}=\mathbf{0}\Leftrightarrow\begin{cases}(x_1-x)+(x_2-x)+(x_3-x)=0\\(y_1-y)+(y_2-y)+(y_3-y)=0\end{cases}\Leftrightarrow$$

$$\begin{cases}x=\dfrac{x_1+x_2+x_3}{3}\\y=\dfrac{y_1+y_2+y_3}{3}\end{cases}\Leftrightarrow O\text{ 是 }\triangle ABC\text{ 的重心}$$

证法 2：如图 1，因为 $\overrightarrow{OA}+\overrightarrow{OB}+\overrightarrow{OC}=\overrightarrow{OA}+2\overrightarrow{OD}=\mathbf{0}$，所以 $\overrightarrow{AO}=2\overrightarrow{OD}$.

故 A,O,D 三点共线，且 O 分 AD 为 2∶1.

所以 O 是 $\triangle ABC$ 的重心.

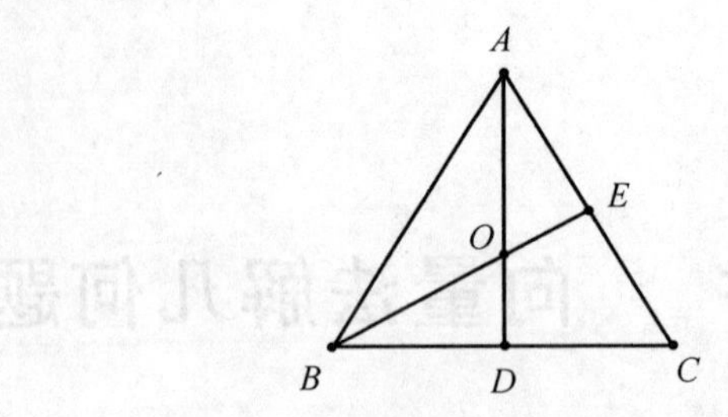

图 1

(2) $\overrightarrow{OA}\cdot\overrightarrow{OB}=\overrightarrow{OB}\cdot\overrightarrow{OC}=\overrightarrow{OC}\cdot\overrightarrow{OA}\Leftrightarrow O$ 为 $\triangle ABC$ 的垂心.

证明:如图 2,O 是 $\triangle ABC$ 的垂心,BE 垂直 AC,AD 垂直 BC,D,E 是垂足.

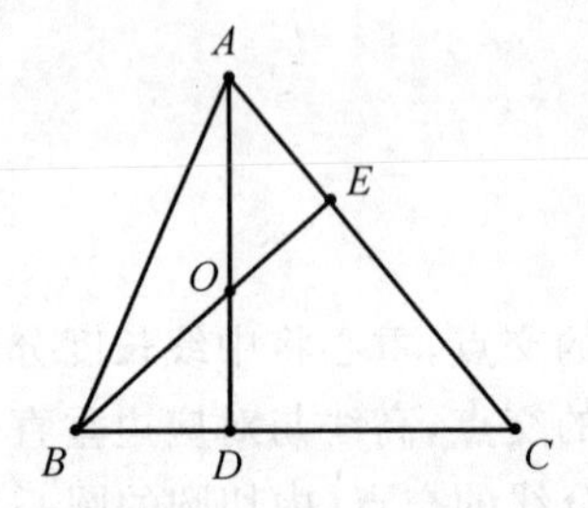

图 2

$\overrightarrow{OA}\cdot\overrightarrow{OB}=\overrightarrow{OB}\cdot\overrightarrow{OC}\Leftrightarrow\overrightarrow{OB}(\overrightarrow{OA}-\overrightarrow{OC})=\overrightarrow{OB}\cdot\overrightarrow{CA}=0\Leftrightarrow\overrightarrow{OB}\perp\overrightarrow{AC}$

同理 $\overrightarrow{OA}\perp\overrightarrow{OB}$,$\overrightarrow{OC}\perp\overrightarrow{AB}\Leftrightarrow O$ 为 $\triangle ABC$ 的垂心.

(3) 设 a,b,c 是三角形的三条边长,O 是 $\triangle ABC$ 的内心,$a\,\overrightarrow{OA}+b\,\overrightarrow{OB}+c\,OC=\mathbf{0}\Leftrightarrow$ 为 $\triangle ABC$ 的内心.

证明:因为 $\dfrac{\overrightarrow{AB}}{c}$,$\dfrac{\overrightarrow{AC}}{b}$ 分别为 $\overrightarrow{AB}$,$\overrightarrow{AC}$ 方向上的单位向量,所以 $\dfrac{\overrightarrow{AB}}{c}+\dfrac{\overrightarrow{AC}}{b}$ 平分 $\angle BAC$.

故 $\overrightarrow{AO}=\lambda(\dfrac{\overrightarrow{AB}}{c}+\dfrac{\overrightarrow{AC}}{c})$.

令 $\lambda=\dfrac{bc}{a+b+c}$,所以 $\overrightarrow{AO}=\dfrac{bc}{a+b+c}(\dfrac{\overrightarrow{AB}}{c}+\dfrac{\overrightarrow{AC}}{c})$.

化简得 $(a+b+c)\,\overrightarrow{OA}+b\,\overrightarrow{AB}+c\,\overrightarrow{AC}=\mathbf{0}$.

所以 $a\,\overrightarrow{OA}+b\,\overrightarrow{OB}+c\,\overrightarrow{OC}=\mathbf{0}$.

(4) $|\overrightarrow{OA}|=|\overrightarrow{OB}|=|\overrightarrow{OC}|\Leftrightarrow O$ 为 $\triangle ABC$ 的外心.

典型例题

例 1　如图 3，$\triangle ABC$ 的重心为 G，O 为坐标原点，$\overrightarrow{OA}=\boldsymbol{a}$，$\overrightarrow{OB}=\boldsymbol{b}$，$\overrightarrow{OC}=\boldsymbol{c}$，试用 $\boldsymbol{a}$，$\boldsymbol{b}$，$\boldsymbol{c}$ 表示$\overrightarrow{OG}$.

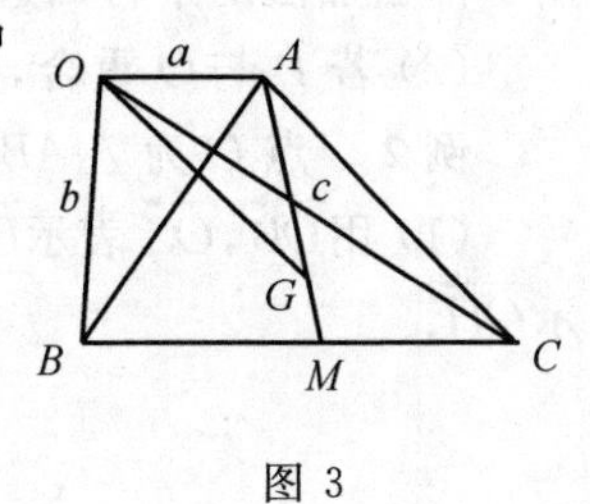

图 3

解析　设 AG 交 BC 于点 M，则 M 是 BC 的中点，因为

$$\begin{cases}\boldsymbol{a}-\overrightarrow{OG}=\overrightarrow{GA}\\ \boldsymbol{b}-\overrightarrow{OG}=\overrightarrow{GB}\\ \boldsymbol{c}-\overrightarrow{OG}=\overrightarrow{GC}\end{cases}$$

所以

$$\boldsymbol{a}+\boldsymbol{b}+\boldsymbol{c}-\overrightarrow{OG}=\overrightarrow{GA}+\overrightarrow{GB}+\overrightarrow{GC}$$

故

$$\boldsymbol{a}+\boldsymbol{b}+\boldsymbol{c}-3\overrightarrow{OG}=\boldsymbol{0}$$

所以$\overrightarrow{OG}=\dfrac{\boldsymbol{a}+\boldsymbol{b}+\boldsymbol{c}}{3}$.

说明　重心问题是三角形的一个重要知识点，充分利用重心性质及向量加、减运算的几何意义是解决此类题的关键.

变式　已知 D，E，F 分别为 $\triangle ABC$ 的边 BC，AC，AB 的中点，则$\overrightarrow{AD}+\overrightarrow{BE}+\overrightarrow{CF}=\boldsymbol{0}$.

证明　如图 4 所示，因为

$$\begin{cases}\overrightarrow{AB}=-\dfrac{3}{2}\overrightarrow{GA}\\ \overrightarrow{BE}=-\dfrac{3}{2}\overrightarrow{GB}\\ \overrightarrow{CF}=-\dfrac{3}{2}\overrightarrow{GC}\end{cases}$$

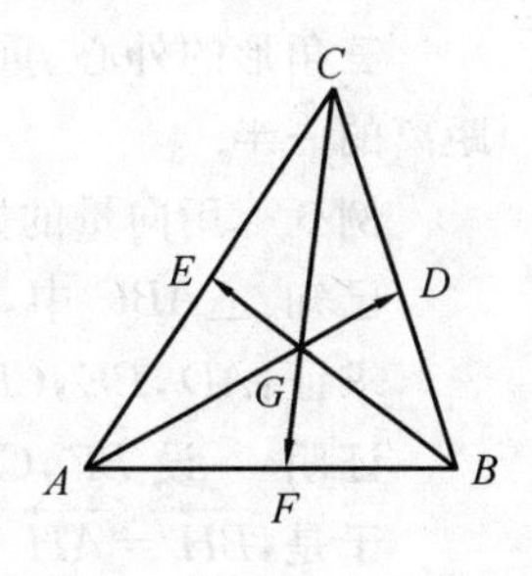

图 4

所以

$$\overrightarrow{AD}+\overrightarrow{BE}+\overrightarrow{CF}=-\frac{3}{2}(\overrightarrow{GA}+\overrightarrow{GB}+\overrightarrow{GC})$$

因为$\overrightarrow{GA}+\overrightarrow{GB}+\overrightarrow{GC}=\boldsymbol{0}$，所以$\overrightarrow{AD}+\overrightarrow{BE}+\overrightarrow{CF}=\boldsymbol{0}$.

变式引申　如图 5，平行四边形 $ABCD$ 的中心为 O，P 为该平面上任意一点，则

$$\overrightarrow{PO}=\frac{1}{4}(\overrightarrow{PA}+\overrightarrow{PB}+\overrightarrow{PC}+\overrightarrow{PD})$$

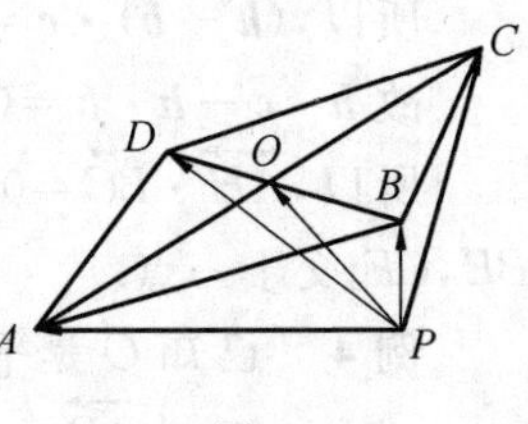

图 5

证明 因为$\overrightarrow{PO}=\frac{1}{2}(\overrightarrow{PA}+\overrightarrow{PC})$,$\overrightarrow{PO}=\frac{1}{2}(\overrightarrow{PB}+\overrightarrow{PD})$,所以

$$\overrightarrow{PO}=\frac{1}{4}(\overrightarrow{PA}+\overrightarrow{PB}+\overrightarrow{PC}+\overrightarrow{PD})$$

点评 (1) 变式的证法运用了向量加法的三角形法则,变式引伸证法运用了向量加法的平行四边形法则.

(2) 若 P 与 O 重合,则上式变为$\overrightarrow{OA}+\overrightarrow{OB}+\overrightarrow{OC}+\overrightarrow{OD}=\mathbf{0}$.

例 2 点 O 为 $\triangle ABC$ 的外心,联结 BO 延长交外接圆于点 D.

(1) 用$\overrightarrow{OB}$,$\overrightarrow{OC}$ 表示$\overrightarrow{DC}$;(2) 若高 AF,CG 交于点 H,试用$\overrightarrow{OA}$,$\overrightarrow{OB}$,$\overrightarrow{OC}$ 表示$\overrightarrow{OH}$.

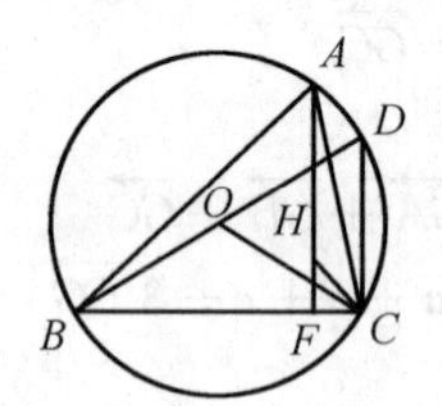

图 6

解析 (1) $\overrightarrow{DC}=\overrightarrow{OC}-\overrightarrow{OD}=\overrightarrow{OC}-(-\overrightarrow{OB})=\overrightarrow{OB}+\overrightarrow{OC}$.

(2) $\overrightarrow{OH}=\overrightarrow{OA}+\overrightarrow{AH}=\overrightarrow{OA}+\overrightarrow{DC}=\overrightarrow{OA}+\overrightarrow{OB}+\overrightarrow{OC}$.

注意到重心 G 满足:$\overrightarrow{OG}=\frac{1}{3}(\overrightarrow{OA}+\overrightarrow{OB}+\overrightarrow{OC})$,即得欧拉定理:

三角形的外心、重心、垂心三点共线,且外心与重心的距离是重心与垂心距离的一半.

例 3 用向量的方法证明三角形的三条高交于一点.

已知:$\triangle ABC$ 中,AD,BE,CF 分别为边 BC,CA,AB 上的高.

求证:AD,BE,CF 交于一点.

证明 设 BE,CF 交于 H,设$\overrightarrow{AB}=\boldsymbol{b}$,$\overrightarrow{AC}=\boldsymbol{c}$,$\overrightarrow{AH}=\boldsymbol{h}$;

于是,$\overrightarrow{BH}=\overrightarrow{AH}-\overrightarrow{AB}=\boldsymbol{h}-\boldsymbol{b}$,$\overrightarrow{CH}=\boldsymbol{h}-\boldsymbol{c}$,$\overrightarrow{BC}=\boldsymbol{c}-\boldsymbol{b}$.

由于$\overrightarrow{BH}\perp\overrightarrow{AC}$,故$(\boldsymbol{h}-\boldsymbol{b})\cdot\boldsymbol{c}=0$,由于$\overrightarrow{CH}\perp\overrightarrow{AB}$,故$(\boldsymbol{h}-\boldsymbol{c})\cdot\boldsymbol{b}=0$.

所以,$(\boldsymbol{h}-\boldsymbol{b})\cdot\boldsymbol{c}=(\boldsymbol{h}-\boldsymbol{c})\cdot\boldsymbol{b}=0$.

故 $\boldsymbol{h}\cdot\boldsymbol{c}-\boldsymbol{h}\cdot\boldsymbol{b}=0$,即 $\boldsymbol{h}\cdot(\boldsymbol{c}-\boldsymbol{b})=0$.

所以,$\overrightarrow{AH}\cdot\overrightarrow{BC}=0$,故 $AH\perp BC$,但 $AD\perp BC$,故 H 在高 AD 上,即 AD,BE,CF 交于一点.

例 4 已知 O 是平面上一定点,A,B,C 是平面上不共线的三个点,满足$\overrightarrow{OP}=\overrightarrow{OA}+\lambda\left(\frac{\overrightarrow{AB}}{|\overrightarrow{AB}|}+\frac{\overrightarrow{AC}}{|\overrightarrow{AC}|}\right)$,$\lambda\in[0,+\infty)$,求证:$P$ 的轨迹一定通过

$\triangle ABC$ 的内心.

证明　因为$\overrightarrow{OP}=\overrightarrow{OA}+\overrightarrow{AP}$,由已知$\overrightarrow{OP}=\overrightarrow{OA}+\lambda\left(\frac{\overrightarrow{AB}}{|\overrightarrow{AB}|}+\frac{\overrightarrow{AC}}{|\overrightarrow{AC}|}\right)$,

因为$\overrightarrow{AP}=\lambda\left(\frac{\overrightarrow{AB}}{|\overrightarrow{AB}|}+\frac{\overrightarrow{AC}}{|\overrightarrow{AC}|}\right)$,$\lambda\in[0,+\infty)$,所以$\lambda\in[0,+\infty)$.

设$\lambda\frac{\overrightarrow{AB}}{|\overrightarrow{AB}|}=\overrightarrow{AD}$,$\lambda\frac{\overrightarrow{AC}}{|\overrightarrow{AC}|}=\overrightarrow{AE}$,所以 D,E 在射线 AB 和 AC 上.

所以$\overrightarrow{AP}=\overrightarrow{AD}+\overrightarrow{AE}$.

所以 AP 是平行四边形的对角线.

又$|\overrightarrow{AD}|=|\overrightarrow{AE}|$,所以四边形 $ADPE$ 是菱形.

所以点 P 在 $\angle EAD$ 即 $\angle CAD$ 的平分线上.

故点 P 的轨迹一定通过 $\triangle ABC$ 的内心.

例 5　设 $\triangle ABC$ 的外心为 O,则点 H 为 $\triangle ABC$ 的垂心的充要条件是 $\overrightarrow{OH}=\overrightarrow{OA}+\overrightarrow{OB}+\overrightarrow{OC}$.

证明　如图 7,若 H 为垂心,以 OB,OC 为邻边作平行四边形 $OBDC$,则

$$\overrightarrow{OD}=\overrightarrow{OB}+\overrightarrow{OC}$$

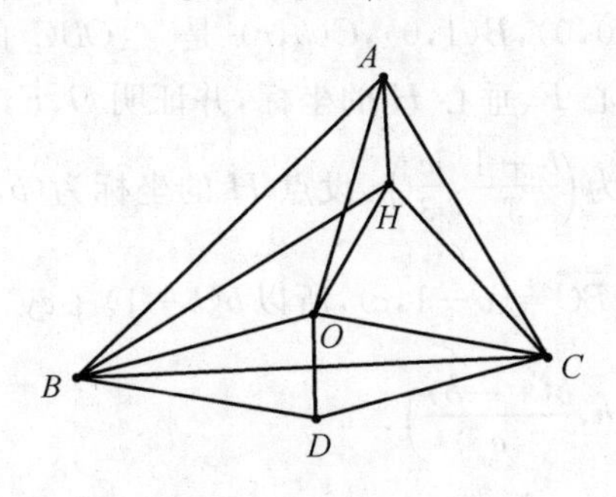

图 7

因为 O 为外心,所以 $OB=OC$.

所以平行四边形 $OBDC$ 为菱形.

所以 $OD\perp BC$,而 $AH\perp BC$,所以 $AH\parallel OD$.

所以存在实数 λ,使得$\overrightarrow{AH}=\lambda\overrightarrow{OD}=\lambda\overrightarrow{OB}+\lambda\overrightarrow{OC}$,所以

$$\overrightarrow{OH}=\overrightarrow{OA}+\overrightarrow{AH}=\overrightarrow{OA}+\lambda\overrightarrow{OB}+\lambda\overrightarrow{OC} \quad ①$$

同理,存在实数 μ,ω,使得

$$\overrightarrow{OH}=\overrightarrow{OB}+\overrightarrow{BH}=\overrightarrow{OB}+\mu\overrightarrow{OC}+\mu\overrightarrow{OA} \quad ②$$

$$\overrightarrow{OH}=\overrightarrow{OC}+\overrightarrow{CH}=\overrightarrow{OC}+\omega\overrightarrow{OA}+\omega\overrightarrow{OB} \quad ③$$

比较 ①②③ 可得,$\lambda=\mu=\omega=1$,所以

$$\overrightarrow{OH}=\overrightarrow{OA}+\overrightarrow{OB}+\overrightarrow{OC}$$

反之，若$\overrightarrow{OH}=\overrightarrow{OA}+\overrightarrow{OB}+\overrightarrow{OC}$，则$\overrightarrow{AH}=\overrightarrow{OB}+\overrightarrow{OC}$，因为$O$为外心，所以$OB=OC$，所以

$$\overrightarrow{AH}\cdot\overrightarrow{CB}=(\overrightarrow{OB}+\overrightarrow{OC})\cdot(\overrightarrow{OB}-\overrightarrow{OC})=|\overrightarrow{OB}|^2-|\overrightarrow{OC}|^2=0$$

所以$AH\perp CB$，同理，$BH\perp AC$.

所以H为垂心.

例 6 已知H是$\triangle ABC$的垂心，且$AH=BC$，试求$\angle A$的度数.

解析 设$\triangle ABC$的外接圆半径为R，点O是外心.

因为H是$\triangle ABC$的垂心，所以$\overrightarrow{OH}=\overrightarrow{OA}+\overrightarrow{OB}+\overrightarrow{OC}$.

所以$\overrightarrow{AH}=\overrightarrow{OH}-\overrightarrow{OA}=\overrightarrow{OB}+\overrightarrow{OC}$.

故$AH^2=|\overrightarrow{AH}|^2=(\overrightarrow{OB}+\overrightarrow{OC})^2=2R^2(1+2\cos 2A)$.

因为$\overrightarrow{BC}=\overrightarrow{OC}-\overrightarrow{OB}$，所以

$$BC^2=|\overrightarrow{BC}|^2=(\overrightarrow{OC}-\overrightarrow{OB})^2=2R^2(1-2\cos 2A)$$

因为$AH=BC$，所以$1+2\cos 2A=1-2\cos 2A$，即$\cos 2A=0$.

而$\angle A$为$\triangle ABC$的内角，所以$0<2A<360°$，从而$2A=90°$或$270°$.

所以$\angle A$的度数为$45°$或$135°$.

例 7 已知$O(0,0)$，$B(1,0)$，$C(b,c)$是$\triangle OBC$的三个顶点. 试写出$\triangle OBC$的重心G、外心F、垂心H的坐标，并证明G,F,H三点共线.

解析 重心G为$\left(\frac{b+1}{3},\frac{c}{3}\right)$，设点$H$的坐标为$(b,y_0)$.

因为$OH\perp BC$，$\overrightarrow{BC}=(b-1,c)$，所以$b(b+1)+cy_0=0$，故$y_0=\frac{b(1-b)}{c}$.

点H的坐标为$\left(b,\frac{b(1-b)}{c}\right)$.

设外心F的坐标为$(\frac{1}{2},y_1)$，由$|FO|=|FC|$，得$y_1=\frac{b(b-1)+c^2}{2c}$，所以点$F$的坐标为$(\frac{1}{2},\frac{b(b-1)+c^2}{2c})$.

从而可得出$\overrightarrow{GH}=(\frac{2b-1}{3},\frac{3b-3b^2-c^2}{3c})$，$\overrightarrow{FH}=(\frac{2b-1}{2},\frac{3b-3b^2-c^2}{2c})$

所以$\overrightarrow{GH}=\frac{2}{3}\overrightarrow{FH}$，$GH\mathbin{/\!/}FH$，$F,G,H$三点共线.

说明 向量不仅是平面解析几何入门内容，而且是解有关数形结合问题的重要工具，它一般通过概念的移植，转化，将坐标与向量结合起来，从而使一些难题在思路上获得新的突破.

例 8 已知O是平面上一定点，A,B,C是平面上不共线的三个点，动点P

满足$\overrightarrow{OP}=\overrightarrow{OA}+\lambda\left(\frac{\overrightarrow{AB}}{|\overrightarrow{AB}|\cos B}+\frac{\overrightarrow{AC}}{|\overrightarrow{AC}|\cos C}\right)$，$\lambda\in(0,+\infty)$，则动点 P 的轨迹一定通过 $\triangle ABC$ 的垂心.

证明　如图 8，由题意$\overrightarrow{AP}=\lambda\left(\frac{\overrightarrow{AB}}{|\overrightarrow{AB}|\cos B}+\frac{\overrightarrow{AC}}{|\overrightarrow{AC}|\cos C}\right)$，由于$\left(\frac{\overrightarrow{AB}}{|\overrightarrow{AB}|\cos B}+\frac{\overrightarrow{AC}}{|\overrightarrow{AC}|\cos C}\right)\cdot\overrightarrow{BC}=0$，即

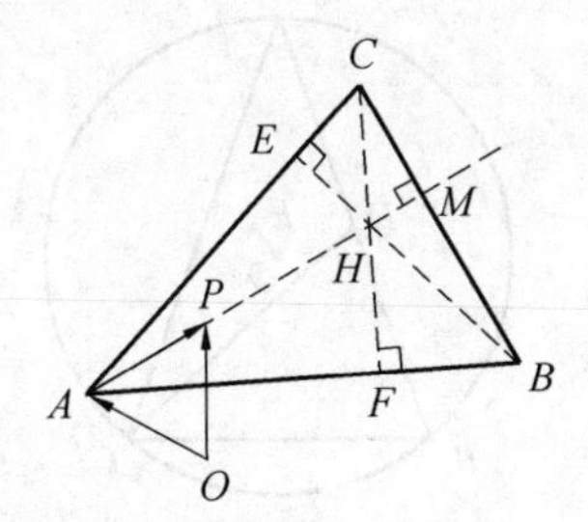

图 8

$$\frac{\overrightarrow{AB}\cdot\overrightarrow{BC}}{|\overrightarrow{AB}|\cos B}+\frac{\overrightarrow{AC}\cdot\overrightarrow{BC}}{\overrightarrow{AC}\cos C}=|\overrightarrow{BC}|-|\overrightarrow{CB}|=0$$

所以$\overrightarrow{AP}$表示垂直于$\overrightarrow{BC}$的向量，即点 P 在过点 A 且垂直于 BC 的直线上，所以动点 P 的轨迹一定通过 $\triangle ABC$ 的垂心.

例 9　已知 P 是非等边 $\triangle ABC$ 外接圆上任意一点，问当 P 位于何处时，$PA^2+PB^2+PC^2$ 取得最大值和最小值.

解析　如图 9，设外接圆半径为 R，点 O 是外心，则

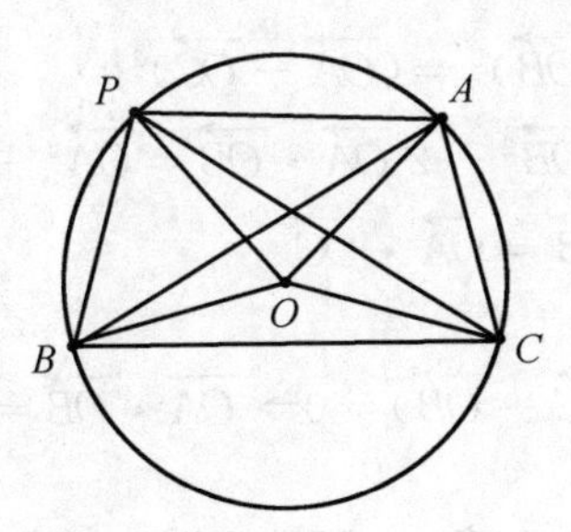

图 9

$$\begin{aligned}PA^2+PB^2+PC^2=&(\overrightarrow{PO}+\overrightarrow{OA})^2+(\overrightarrow{PO}+\overrightarrow{OB})^2+(\overrightarrow{PO}+\overrightarrow{OC})^2=\\&6R^2+2(\overrightarrow{PO}\cdot\overrightarrow{OA}+\overrightarrow{PO}\cdot\overrightarrow{OB}+\overrightarrow{PO}\cdot\overrightarrow{OC})=\\&6R^2+2\,\overrightarrow{PO}\cdot(\overrightarrow{OA}+\overrightarrow{OB}+\overrightarrow{OC})=\\&6R^2+2\,\overrightarrow{PO}\cdot\overrightarrow{OH}\end{aligned}$$

所以当 P 为 OH 的反向延长线与外接圆的交点时，有最大值 $6R^2+2R\cdot OH$.

当 P 为 OH 的延长线与外接圆的交点时，有最小值 $6R^2-2R\cdot OH$.

例 10 设 O 是 $\triangle ABC$ 的外接圆圆心，D 是边 AB 的中点，E 是 $\triangle ACD$ 的中线的交点，求证：如果 $AB=AC$，则 $OE\perp CD$.

证明 如图 10，由于 E 是 $\triangle ACD$ 的重心，故有

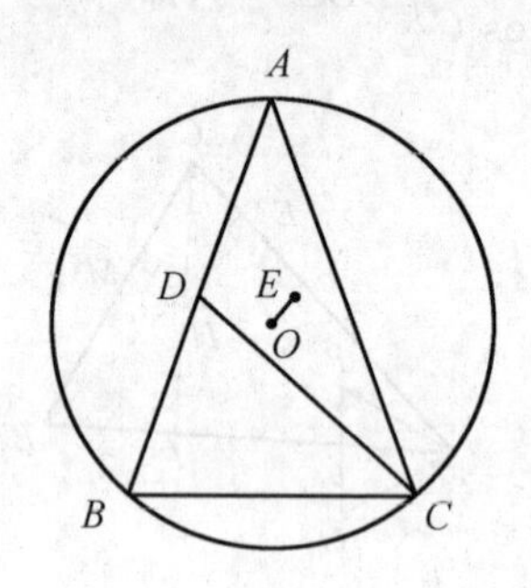

图 10

$$\overrightarrow{OE}=\frac{1}{3}(\overrightarrow{OA}+\overrightarrow{OC}+\overrightarrow{OD})=\frac{1}{3}[\overrightarrow{OA}+\overrightarrow{OC}+\frac{1}{2}(\overrightarrow{OA}+\overrightarrow{OB})]=$$
$$\frac{1}{3}(\frac{3}{2}\overrightarrow{OA}+\frac{1}{2}\overrightarrow{OB}+\overrightarrow{OC})$$

而

$$\overrightarrow{CD}=\overrightarrow{OD}-\overrightarrow{OC}=\frac{1}{2}(\overrightarrow{OA}+\overrightarrow{OB})-\overrightarrow{OC}$$

$$AB=AC\Leftrightarrow|\overrightarrow{OA}-\overrightarrow{OB}|=|\overrightarrow{OA}-\overrightarrow{OC}|\Leftrightarrow$$
$$(\overrightarrow{OA}-\overrightarrow{OB})^2=(\overrightarrow{OA}-\overrightarrow{OC})^2\Leftrightarrow$$
$$\overrightarrow{OA}^2+\overrightarrow{OB}^2-2\overrightarrow{OA}\cdot\overrightarrow{OB}=\overrightarrow{OA}^2+\overrightarrow{OC}^2-2\overrightarrow{OA}\cdot\overrightarrow{OC}\Leftrightarrow$$
$$\overrightarrow{OA}\cdot\overrightarrow{OB}=\overrightarrow{OA}\cdot\overrightarrow{OC}$$

或由 $\overrightarrow{OA}\perp\overrightarrow{BC}$，即

$$\overrightarrow{OA}\cdot(\overrightarrow{OC}-\overrightarrow{OB})=0\Rightarrow\overrightarrow{OA}\cdot\overrightarrow{OB}=\overrightarrow{OA}\cdot\overrightarrow{OC}$$

所以

$$6\overrightarrow{OE}\cdot2\overrightarrow{CD}=(3\overrightarrow{OA}+\overrightarrow{OB}+2\overrightarrow{OC})(\overrightarrow{OA}+\overrightarrow{OB}-2\overrightarrow{OC})=$$
$$3\overrightarrow{OA}^2+2\overrightarrow{OA}\cdot\overrightarrow{OC}+3\overrightarrow{OA}\cdot\overrightarrow{OB}+\overrightarrow{OB}^2+2\overrightarrow{OB}\cdot\overrightarrow{OC}-$$
$$6\overrightarrow{OA}\cdot\overrightarrow{OC}-2\overrightarrow{OB}\cdot\overrightarrow{OC}-4\overrightarrow{OC}^2=0$$

所以 $\overrightarrow{OE}\perp\overrightarrow{CD}$，即 $OE\perp CD$.

例 11 在矩形 $ABCD$ 的外接圆弧 AB 上取一个不同于顶点 A,B 的点 M，

点 P,Q,R,S 是 M 分别在直线 AD,AB,BC 与 CD 上的投影. 求证:直线 PQ 和 RS 是互相垂直的,并且它们与矩形的某条对角线交于同一点.

证明　如图 11,设 PR 与圆的另一交点为 L,则

$$\overrightarrow{PQ}\cdot\overrightarrow{RS}=(\overrightarrow{PM}+\overrightarrow{PA})\cdot(\overrightarrow{RM}+\overrightarrow{MS})=$$

$$\overrightarrow{PM}\cdot\overrightarrow{RM}+\overrightarrow{PM}\cdot\overrightarrow{MS}+\overrightarrow{PA}\cdot\overrightarrow{RM}+\overrightarrow{PA}\cdot\overrightarrow{MS}=$$

$$-\overrightarrow{PM}\cdot\overrightarrow{PL}+\overrightarrow{PA}\cdot\overrightarrow{PD}=0$$

故 $PQ\perp RS$.

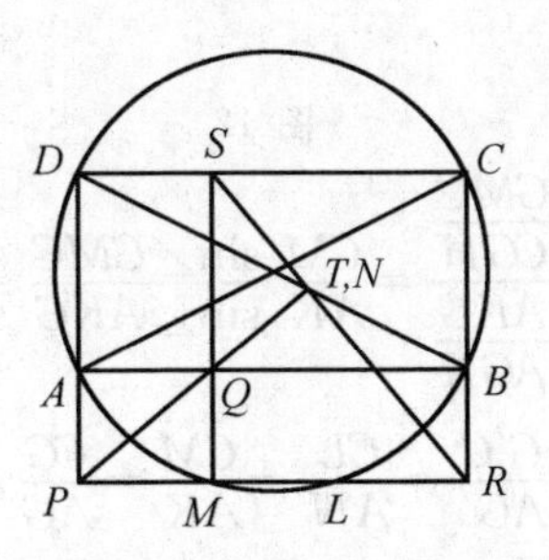

图 11

设 PQ 交对角线 BD 于 T,则由梅涅劳斯定理(PQ 交 $\triangle ABD$)得

$$\frac{DP}{PA}\cdot\frac{AQ}{QB}\cdot\frac{BT}{TD}=1$$

即

$$\frac{BT}{TD}=\frac{PA}{DP}\cdot\frac{QB}{AQ}$$

设 RS 交对角线 BD 于 N,由梅涅劳斯定理(RS 交 $\triangle BCD$)得

$$\frac{BN}{ND}\cdot\frac{DS}{SC}\cdot\frac{CR}{RB}=1$$

即

$$\frac{BN}{ND}=\frac{SC}{DS}\cdot\frac{RB}{CR}$$

显然,$\frac{PA}{DP}=\frac{RB}{CR}$,$\frac{QB}{AQ}=\frac{SC}{DS}$,于是 $\frac{BT}{TD}=\frac{BN}{ND}$,故 T 与 N 重合. 得证.

例 12　双心四边形 $ABCD$,$AC\cap BD=E$,内,外心为 I,O. 求证:I,O,E 三点共线.

证明　引理:圆外切四边形 $ABCD$,切点为 M,N,K,L,则 AC,BD,MK,NL 四线共点.

引理的证明:设 $AC\cap KM=G$,$LN\cap KM=G'$,由正弦定理得

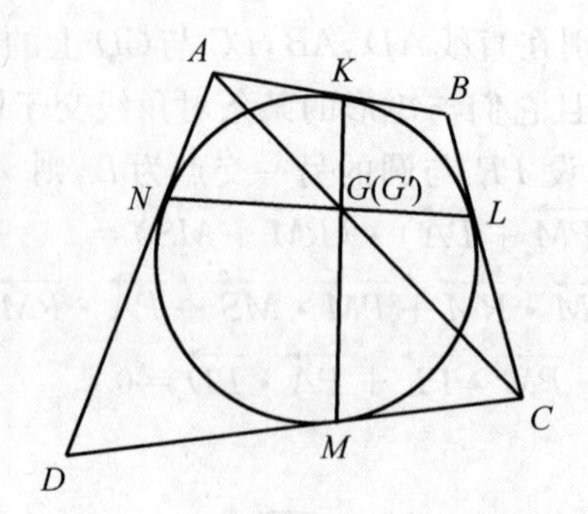

图 12

$$\frac{GC}{AG}=\frac{CM\dfrac{\sin\angle GMC}{\sin\angle CGH}}{AK\dfrac{\sin\angle AKG}{\sin\angle AGK}}=\frac{CM}{AK}\frac{\sin\angle GMC}{\sin\angle AKG}\frac{\sin\angle AGK}{\sin\angle CGM}=\frac{CM}{AK}$$

同理$\dfrac{G'C}{AG'}=\dfrac{CL}{AN}$,所以$\dfrac{G'C}{AG'}=\dfrac{CL}{AN}=\dfrac{CM}{AK}=\dfrac{CG}{AG}$,即 $G=G'$.

故 AC,NL,KM 三线共点.同理 BD,KM,LN 三线共点,引理得证.

回到原题:如图 13,切点仍记为 K,L,M,N,由引理 $KM\cap LN=E$.

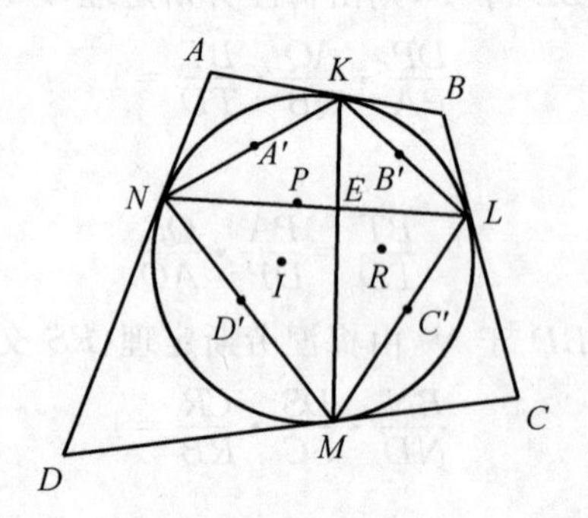

图13

以 I 为中心,圆(KNM)为反演圆作反演,A',B',C',D' 分别为 $KLMN$ 四边中点.

由 $B'C'\parallel KM\parallel A'D',A'B'\parallel NL\parallel D'C'$ 知 $A'B'C'D'$ 为平行四边形.

而 A,B,C,D 共圆知 A',B',C',D' 共圆,$A'B'C'D'$ 必为矩形,其中心设为 Q,且有 $KM\perp LN$.

由反演性质知 Q,I,O 三点共线.设 LN,KM 中点为 P,R,则

$$\overrightarrow{IQ'}=\frac{1}{4}(\overrightarrow{IA'}+\overrightarrow{IB'}+\overrightarrow{IC'}+\overrightarrow{ID'})=$$

$$\frac{1}{4}(\overrightarrow{IK}+\overrightarrow{IL}+\overrightarrow{IM}+\overrightarrow{IN})=\frac{1}{2}(\overrightarrow{IR}+\overrightarrow{IP})$$

由垂径定理知 $PIRE$ 为矩形，从而$\overrightarrow{IR}+\overrightarrow{IP}=\overrightarrow{IE}$.

所以$\overrightarrow{IQ}=\frac{1}{2}\overrightarrow{IE}$，即 I,Q,E 三点共线，从而 O,I,E 三点共线.

巩固演练

1. 若 H 为 $\triangle ABC$ 所在平面内一点，且 $|\overrightarrow{HA}|^2+|\overrightarrow{BC}|^2=|\overrightarrow{HB}|^2+|\overrightarrow{CA}|^2=|\overrightarrow{HC}|^2+|\overrightarrow{AB}|^2$，则点 H 是 $\triangle ABC$ 的垂心.

2. 已知 G,M 分别为不等边 $\triangle ABC$ 的重心与外心，点 A,B 的坐标分别为 $A(-1,0),B(1,0)$，且$\overrightarrow{GM}\ /\!/\ \overrightarrow{AB}$，求点 C 的轨迹方程.

3. 求所有的正实数对 a,b 满足的关系，使得存在 $\mathrm{Rt}\triangle CDE$ 及其斜边 DE 上的点 A,B，满足$\overrightarrow{DA}=\overrightarrow{AB}=\overrightarrow{BE}$ 且 $AC=a,BC=b$.

4. 求证：如果三角形的重心与其边界的重心重合，则它是等边三角形.

5. 已知O是$\triangle ABC$ 所在平面上一点，若$\overrightarrow{OA}^2=\overrightarrow{OB}^2=\overrightarrow{OC}^2$，则$O$是$\triangle ABC$ 的外心.

6. 已知 O 是平面上的一定点，A,B,C 是平面上不共线的三个点，动点 P 满足$\overrightarrow{OP}=\frac{\overrightarrow{OB}+\overrightarrow{OC}}{2}+\lambda\left(\frac{\overrightarrow{AB}}{|\overrightarrow{AB}|\cos B}+\frac{\overrightarrow{AC}}{|\overrightarrow{AC}\cos C|}\right)$，$\lambda\in(0,+\infty)$，则动点 P 的轨迹一定通过 $\triangle ABC$ 的外心.

7. 在 $\triangle ABC$ 的边 AB,BC,CA 上分别取点 P,Q,S. 求证：以 $\triangle APS$，$\triangle BQP$，$\triangle CSQ$ 的外心为顶点的三角形与 $\triangle ABC$ 相似.

8. 如果三角形三边的平方成等差数列，那么该三角形和由它的三条中线围成的新三角形相似. 其逆亦真.

9. 设在圆内接凸六边形 $ABCDFE$ 中，$AB=BC,CD=DE,EF=FA$. 求证：(1)AD,BE,CF 三条对角线交于一点；(2)$AB+BC+CD+DE+EF+FA\geqslant AD+BE+CF$.

10. $\triangle ABC$ 的外心为O，$AB=AC$，D是AB 中点，E是$\triangle ACD$ 的重心. 求证：$OE\perp CD$.

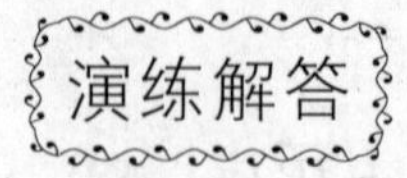

1. 因为

$$|\overrightarrow{HA}|^2-|\overrightarrow{HB}|^2=|\overrightarrow{CA}|^2-|\overrightarrow{BC}|^2$$

所以

$$(\overrightarrow{HA}+\overrightarrow{HB})\cdot\overrightarrow{BA}=(\overrightarrow{CA}+\overrightarrow{CB})\cdot\overrightarrow{BA}=0$$

即

$$(\overrightarrow{HC}+\overrightarrow{HC})\cdot\overrightarrow{BA}=0$$

所以$\overrightarrow{AB}\perp\overrightarrow{HC}$.

同理,$\overrightarrow{AC}\perp\overrightarrow{HB}$,$\overrightarrow{BC}\perp\overrightarrow{HA}$.

故 H 是 $\triangle ABC$ 的垂心.

2. 设 $C(x,y)$,则 $G(\frac{x}{3},\frac{y}{3})$,其中 $x,y\neq 0$,由于$\overrightarrow{GM}\parallel\overrightarrow{AB}$,故 $y_M=\frac{y}{3}$,外心 $M(0,\frac{y}{3})$,因为 M 为外心,所以 $|MA|=|MC|$,得

$$\sqrt{(x-0)^2+(\frac{y}{3}-y)^2}=\sqrt{1+(\frac{y}{3})^2}$$

所以点 C 的轨迹方程是

$$3x^2+y^2=3\quad(xy\neq 0)$$

3. 设$\overrightarrow{CA}=\boldsymbol{x}$,$\overrightarrow{CB}=\boldsymbol{y}$,则 $|\boldsymbol{x}|=a$,$|\boldsymbol{y}|=b$,$\overrightarrow{DA}=\overrightarrow{AB}=\overrightarrow{BE}=\boldsymbol{y}-\boldsymbol{x}$,所以

$$\overrightarrow{DE}=3(\boldsymbol{y}-\boldsymbol{x}),\overrightarrow{CD}=2\boldsymbol{x}-\boldsymbol{y},\overrightarrow{CE}=2\boldsymbol{y}-\boldsymbol{x}$$

由$\overrightarrow{CD}\perp\overrightarrow{CE}$,得

$$(2\boldsymbol{x}-\boldsymbol{y})\cdot(2\boldsymbol{y}-\boldsymbol{x})=0$$

所以

$$5\boldsymbol{x}\cdot\boldsymbol{y}=2\boldsymbol{x}^2+2\boldsymbol{y}^2\Rightarrow 5ab>2a^2+2b^2$$

所以$\frac{1}{2}<\frac{a}{b}<2$.

4. $\triangle ABC$ 边界的重心与三角形重心即三边中线交点 O 重合,设三边长分别为 a,b,c. 三边中点分别为 D,E,F,则

$$a\,\overrightarrow{OD}+b\,\overrightarrow{OE}+c\,\overrightarrow{OF}=\boldsymbol{0}$$

因为

$$\overrightarrow{OF}=\frac{1}{3}\,\overrightarrow{CF}=\frac{1}{6}(\overrightarrow{CA}+\overrightarrow{CB})=\frac{1}{6}(\overrightarrow{CB}+\overrightarrow{BA}+\overrightarrow{CA}+\overrightarrow{AB})=$$

$$\frac{1}{6}(\overrightarrow{CB}+\overrightarrow{AB})+\frac{1}{6}(\overrightarrow{CA}+\overrightarrow{BA})=$$

$$-\frac{1}{3}\overrightarrow{BE}-\frac{1}{3}\overrightarrow{AD}=-\overrightarrow{OE}-\overrightarrow{OD}$$

所以

$$a\overrightarrow{OD}+b\overrightarrow{OE}+c\overrightarrow{OF}=a\overrightarrow{OD}+b\overrightarrow{OE}-c(\overrightarrow{OE}+\overrightarrow{OD})=$$
$$(a-c)\overrightarrow{OE}+(b-c)\overrightarrow{OD}=\mathbf{0}$$

由于$\overrightarrow{OE}$与$\overrightarrow{OD}$不共线，故$a=c$且$b=c$，即证.

5. 若$\overrightarrow{OA}^2=\overrightarrow{OB}^2=\overrightarrow{OC}^2$，则$|\overrightarrow{OA}|^2=|\overrightarrow{OB}|^2=|\overrightarrow{OC}|^2$，所以$|\overrightarrow{OA}|=|\overrightarrow{OB}|=|\overrightarrow{OC}|$，则$O$是$\triangle ABC$的外心.

6. 由于$\dfrac{\overrightarrow{OB}+\overrightarrow{OC}}{2}$过$BC$的中点，当$\lambda\in(0,+\infty)$时，$\lambda\left(\dfrac{\overrightarrow{AB}}{|\overrightarrow{AB}|\cos B}+\dfrac{\overrightarrow{AC}}{|\overrightarrow{AC}|\cos C}\right)$表示垂直于$\overrightarrow{BC}$的向量，所以$P$在$BC$垂直平分线上，动点$P$的轨迹一定通过$\triangle ABC$的外心.

7. 设O_1,O_2,O_3是$\triangle APS,\triangle BQP,\triangle CSQ$的外心，作出六边形$O_1PO_2QO_3S$后再由外心性质可知$\angle PO_1S=2\angle A,\angle QO_2P=2\angle B,\angle SO_3Q=2\angle C$.

所以$\angle PO_1S+\angle QO_2P+\angle SO_3Q=360°$，从而又知

$$\angle O_1PO_2+\angle O_2QO_3+\angle O_3SO_1=360°$$

将$\triangle O_2QO_3$绕着点O_3旋转到$\triangle KSO_3$，易判断$\triangle KSO_1\cong\triangle O_2PO_1$.

同时可得$\triangle O_1O_2O_3\cong\triangle O_1KO_3$，所以

$$\angle O_2O_1O_3=\angle KO_1O_3=\frac{1}{2}\angle O_2O_1K=\frac{1}{2}(\angle O_2O_1S+\angle SO_1K)=$$
$$\frac{1}{2}(\angle O_2O_1S+\angle PO_1O_2)=\frac{1}{2}\angle PO_1S=\angle A$$

同理有$\angle O_1O_2O_3=\angle B$，故$\triangle O_1O_2O_3\backsim\triangle ABC$.

8. 将$\triangle ABC$简记为$\triangle$，由三中线AD,BE,CF围成的三角形简记为$\triangle'$. G为重心，联结DE到H，使$EH=DE$，联结HC,HF，则$\triangle'$就是$\triangle HCF$.

(1)a^2,b^2,c^2成等差数列$\Rightarrow\triangle\backsim\triangle'$. 若$\triangle ABC$为正三角形，易证$\triangle\backsim\triangle'$. 不妨设$a\geqslant b\geqslant c$，有

$$CF=\frac{1}{2}\sqrt{2a^2+2b^2-c^2}$$

$$BE=\frac{1}{2}\sqrt{2c^2+2a^2-b^2}$$

$$AD=\frac{1}{2}\sqrt{2b^2+2c^2-a^2}$$

将 $a^2+c^2=2b^2$,分别代入以上三式,得 $CF=\frac{\sqrt{3}}{2}a,BE=\frac{\sqrt{3}}{2}b,AD=\frac{\sqrt{3}}{2}c$.

所以 $CF:BE:AD=\frac{\sqrt{3}}{2}a:\frac{\sqrt{3}}{2}b:\frac{\sqrt{3}}{2}c=a:b:c$.故有 $\triangle\backsim\triangle'$.

(2)$\triangle\backsim\triangle'\Rightarrow a^2,b^2,c^2$ 成等差数列.当 $\triangle$ 中 $a\geqslant b\geqslant c$ 时,$\triangle'$ 中 $CF\geqslant BE\geqslant AD$.因为 $\triangle\backsim\triangle'$,所以 $\frac{S_{\triangle'}}{S_{\triangle}}=(\frac{CF}{a})^2$.

据"三角形的三条中线围成的新三角形面积等于原三角形面积的 $\frac{3}{4}$",有 $\frac{S_{\triangle'}}{S_{\triangle}}=\frac{3}{4}$,所以

$$\frac{CF^2}{a^2}=\frac{3}{4}\Rightarrow 3a^2=4CF^2=2a^2+b^2-c^2\Rightarrow a^2+c^2=2b^2$$

9.如图 14,联结 AC,CE,EA,由已知可证 AD,CF,EB 是 $\triangle ACE$ 的三条内角平分线,I 为 $\triangle ACE$ 的内心,从而有 $ID=CD=DE,IF=EF=FA,IB=AB=BC$.

再由 $\triangle BDF$,易证 BP,DQ,FS 是它的三条高,I 是它的垂心,利用不等式有

$$BI+DI+FI\geqslant 2\cdot(IP+IQ+IS)$$

不难证明 $IE=2IP,IA=2IQ,IC=2IS$,所以

$$BI+DI+FI\geqslant IA+IE+IC$$

所以

$$\begin{aligned}AB+BC+CD+DE+EF+FA=2(BI+DI+FI)\geqslant\\(IA+IE+IC)+(BI+DI+FI)=\\AD+BE+CF\end{aligned}$$

I 就是一点两心.

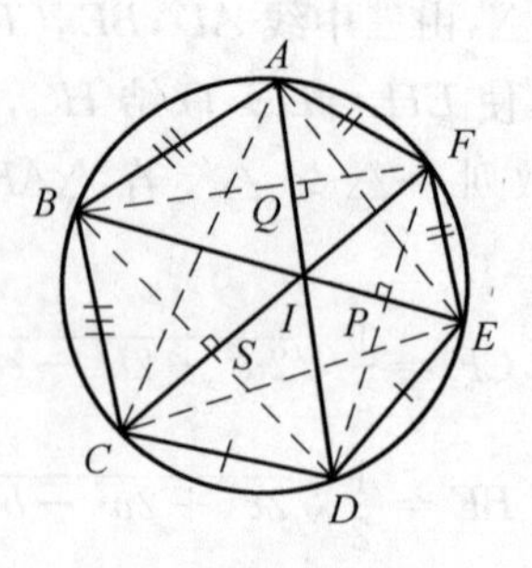

图 14

10.设 AM 为高亦为中线,取 AC 中点 F,E 必在 DF 上且 $DE:EF=2:1$.

设 CD 交 AM 于 G，G 必为 $\triangle ABC$ 重心.

联结 GE，MF，MF 交 DC 于 K. 易证

$$DG : GK = \frac{1}{3}DC : (\frac{1}{2} - \frac{1}{3})DC = 2 : 1$$

所以 $DG : GK = DE : EF \Rightarrow GE \parallel MF$.

因为 $OD \perp AB$，$MF \parallel AB$，所以 $OD \perp MF \Rightarrow OD \perp GE$. 但 $OG \perp DE \Rightarrow G$ 又是 $\triangle ODE$ 之垂心.

易证 $OE \perp CD$.

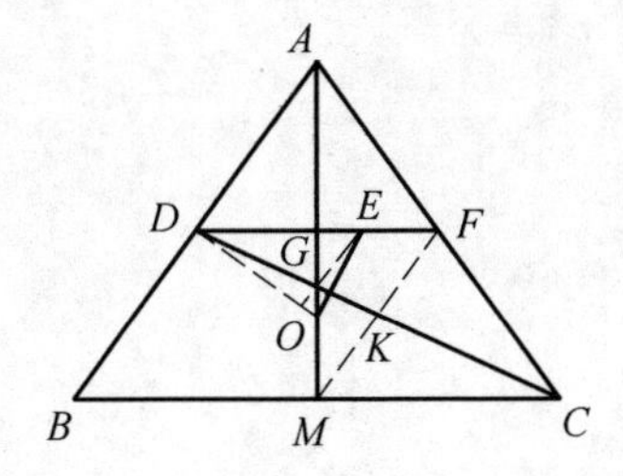

图 15

第37讲 多边形与圆问题综合(Ⅰ)

使学生对一门学科有兴趣的最好办法势必使之知道这门学科是值得学习的.

——布鲁纳(美国)

知识方法

定理1(托勒密定理) 圆内接四边形对角线之积等于两组对边乘积之和,即 $AC \cdot BD = AB \cdot CD + AD \cdot BC$(逆命题成立). 广义托勒密定理: $AB \cdot CD + AD \cdot BC \geqslant AC \cdot BD$.

定理2(西姆松定理) 从 $\triangle ABC$ 的外接圆上任意一点 P 向三边 BC, CA, AB 或其延长线作垂线,设其垂足分别是 D, E, R,则 D, E, R 共线(这条直线叫西姆松线(Simson line)).

定理3(圆幂定理) 过一定点作两条直线与圆相交,则定点到每条直线与圆的交点的两条线段的积相等,即它们的积为定值.

这里切线可以看作割线的特殊情形,切点看作是两个重合的交点. 若定点到圆心的距离为 d,圆半径为 r,则这个定值为 $|d^2 - r^2|$.

当定点在圆内时,$d^2 - r^2 < 0$, $|d^2 - r^2|$ 等于过定点的最小弦的一半的平方;

当定点在圆上时,$d^2 - r^2 = 0$;

当定点在圆外时,$d^2 - r^2 > 0$, $d^2 - r^2$ 等于从定点向圆所引切线长的平方.

特别地,我们把 $d^2 - r^2$ 称为定点对于圆的幂.

一般地我们有如下结论:到两圆等幂的点的轨迹是与此二圆的连心线垂直的一条直线;如果此二圆相交,那么该轨迹是此二圆的公共弦所在直线. 这条直线称为两圆的"根轴". 对于根轴我们有如下结论:三个圆两两的根轴如果不互相平行,那么它们交于一点,这一点称为三圆的"根心". 三个圆的根心对于三个圆等幂.当三个圆两两相交时,三条公共弦(就是两两的根轴)所在直线交于一点.

定理4(斯特瓦特定理)　设已知$\triangle ABC$及其底边上B,C两点间的一点D,则有$AB^2\cdot DC+AC^2\cdot BD-AD^2\cdot BC=BC\cdot DC\cdot BD$.

定理5(牛顿定理1)　四边形两条对边的延长线的交点所连线段的中点和两条对角线的中点,三点共线.这条直线叫作这个四边形的牛顿线.

定理6(牛顿定理2)　圆外切四边形的两条对角线的中点,及该圆的圆心,三点共线.

定理7(帕斯卡定理)　圆内接六边形$ABCDEF$相对的边AB和DE,BC和EF,CD和FA的(或延长线的)交点共线.

定理8(布利安松定理)　联结外切于圆的六边形$ABCDEF$相对的顶点A和D,B和E,C和F,则这三线共点.

定理9(九点圆(Nine point round,或欧拉圆,或费尔巴哈圆)定理)　三角形中,三边中心,从各顶点向其对边所引垂线的垂足,以及垂心与各顶点连线的中点,这九个点在同一个圆上,九点圆具有许多有趣的性质,例如:

(1)三角形的九点圆的半径是三角形的外接圆半径之半;

(2)九点圆的圆心在欧拉线上,且恰为垂心与外心连线的中点;

(3)三角形的九点圆与三角形的内切圆,三个旁切圆均相切(费尔巴哈定理).

典型例题

例1　如图1,过等腰$\triangle ABC$的底边BC所在直线上的任意一点D作直线l,分别交直线AB,AC于E,F,过EF的中点M作平行于BC的直线,分别交直线AB,AC于B_1,C_1.求证:$\triangle AEF$,$\triangle AB_1C_1$,$\triangle B_1EM$,$\triangle C_1FM$的外接圆共点,且此四个圆心共圆.

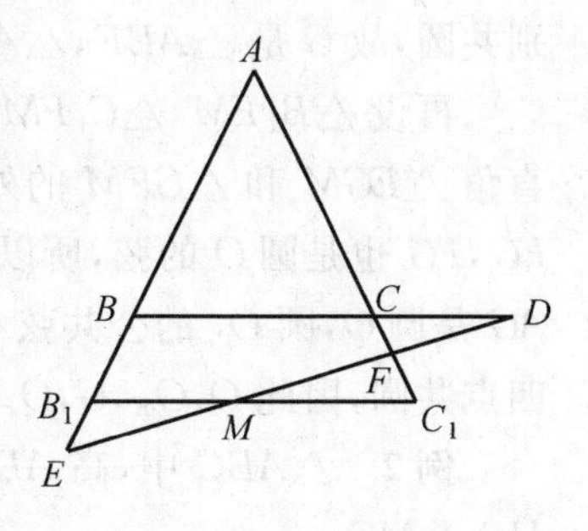

图1

证明　如图2,设$\triangle AEF$,$\triangle AB_1C_1$的外接圆圆心分别为O,O_1,半径为R,R_1,又设圆O中,$\overset{\frown}{EF}$的中点为G,则G是直线OM与$\angle A$平分线AO_1的交点.作$EN\parallel AC_1$,N在直线C_1B_1上,则EC_1FN构成平行四边形,$EB_1=EN=C_1F$,所以

$$AE+AF=AB_1+AC_1=2R_1(\sin B_1+\sin C_1)=4R_1\sin B_1=4R_1\cos\frac{A}{2}$$

因此 $$R_1=AO_1=\frac{AE+AF}{4\cos\frac{A}{2}}$$

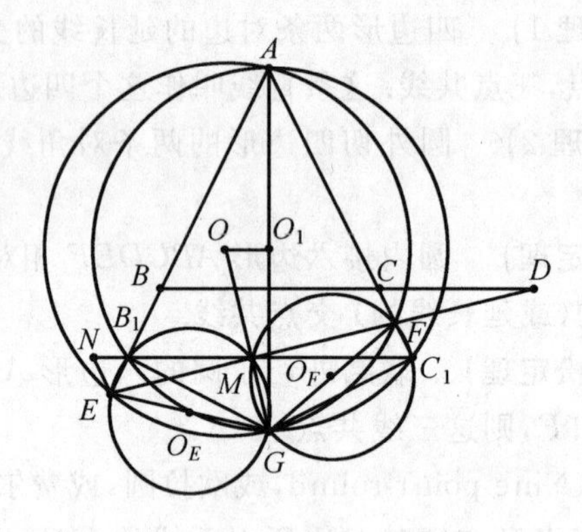

图 2

据四边形 $AEGF$ 内接于圆 O，$GE=GF=2R\sin\frac{A}{2}$，$EF=2R\sin A$，由托勒密定理，$AG\cdot EF=AE\cdot GF+AF\cdot GE=(AE+AF)\cdot GE$，即 $AG=\frac{(AE+AF)\cdot GE}{EF}=\frac{AE+AF}{2\cos\frac{A}{2}}$，故 $AG=2R_1=2AO_1$，因此，点 G 在圆 O_1 上，且 AG 是圆 O_1 的直径，也是圆 O，圆 O_1 的公共弦.

据 $\angle GEM=\angle GB_1M=\frac{A}{2}=\angle GFM=\angle GC_1M$，可知 EB_1MG，C_1FMG 分别共圆，故 G 是 $\triangle AEF$，$\triangle AB_1C_1$，$\triangle B_1EM$，$\triangle C_1FM$ 的外接圆共点.

再设 $\triangle B_1EM$，$\triangle C_1FM$ 的外接圆圆心分别是 O_E，O_F，因这两圆也分别是直角 $\triangle EGM$ 和 $\triangle GFM$ 的外接圆，所以 O_E，O_F 分别是 EG，FG 的中点；由于 EG，FG 也是圆 O 的弦，所以 $\angle OO_EG=\angle OO_FG=90^\circ$，则 OO_EGO_F 共圆；因 AG 是圆 O，圆 O_1 的公共弦和圆 O_1 的直径，$\angle OO_1G=90^\circ$，所以 O，O_1，G，O_E 四点共圆，因此 O，O_E，G，O_F，O_1 五点共圆.

例 2 $\triangle ABC$ 中，高 $AD=BC$，H 为垂心，M 是 BC 的中点，求证：$MH+HD=MC$.

证明 如图 3，记 $BC=AD=2a$，P 是 AD 的中点，$PH=t$，由斯特瓦特定理，得

$$MH^2=a^2\cdot\frac{BH}{BE}+a^2\cdot\frac{EH}{BE}-BH\cdot EH=$$

$$a^2 - BH \cdot EH = a^2 - AH \cdot DH =$$
$$a^2 - (a+t)(a-t) = t^2$$

所以 $MH = t = PH$.

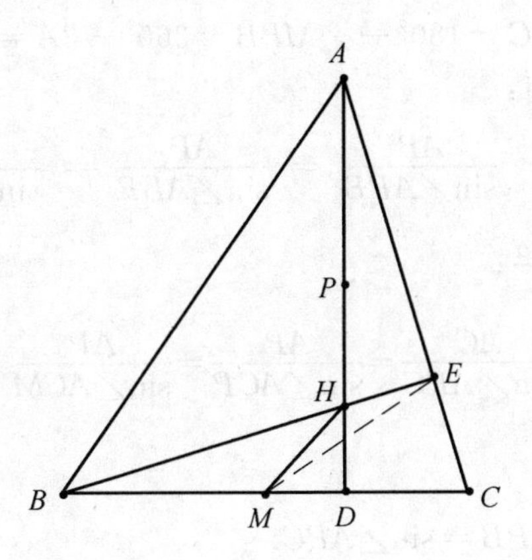

图 3

例3 $\triangle ABC$ 中,D,E,F 分别是其三条边 BC,CA,AB 的中点,边 AC,AB 的中垂线分别交中线 AD 于 M,N,$(M,N,D$ 互异$)$,若直线 $EM \cap FN = K$,$BN \cap CM = P$;求证:$AP \perp KP$.

证明 如图4,易知 $AEKF$ 共圆,AK 为此圆直径,且点 K 是 $\triangle ABC$ 的外心.设 $\angle BAD = \alpha$,$\angle CAD = \beta$,用 $\bar{\triangle}$ 表示三角形面积,则因 D 是 BC 中点,$\bar{\triangle}ABD = \bar{\triangle}ACD$,即 $\frac{1}{2}AB \cdot AD\sin\alpha = \frac{1}{2}AC \cdot AD\sin\beta$,所以

$$AB\sin\alpha = AC\sin\beta \quad ①$$

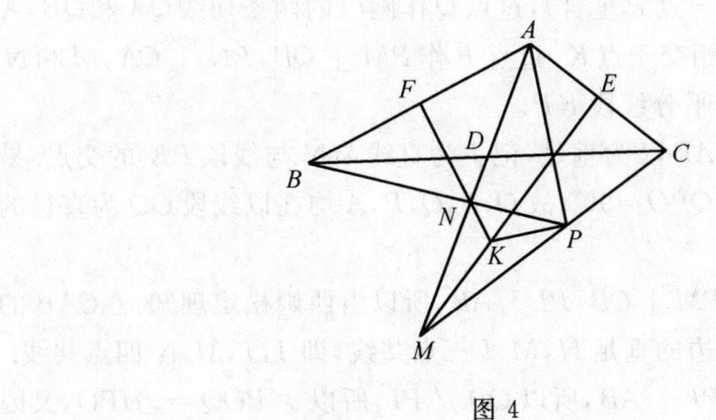

图 4

由于点 K 是 $\triangle ABC$ 的外心

$$\angle BKC = 2(180° - A) = 360° - 2A \quad ②$$

又在 $\triangle PMN$ 中

$\angle M+\angle MPN+\angle MNP=180^{\circ}$，$\angle MNP=\angle ANB=180^{\circ}-2\alpha$

$\angle M=180^{\circ}-2\beta$，所以

$$\angle MPB=\angle MPN=2\alpha+2\beta-180^{\circ}=2A-180^{\circ}$$

$$\angle BPC=180^{\circ}-\angle MPB=360^{\circ}-2A=\angle BKC$$

因此 B,C,P,K 共圆；

在 $\triangle APB$ 中，$\dfrac{AB}{\sin\angle APB}=\dfrac{AP}{\sin\angle ABP}=\dfrac{AP}{\sin\angle ABN}=\dfrac{AP}{\sin\alpha}$，即 $\sin\angle APB=\dfrac{AB\sin\alpha}{AP}$；

在 $\triangle APC$ 中，$\dfrac{AC}{\sin\angle APC}=\dfrac{AP}{\sin\angle ACP}=\dfrac{AP}{\sin\angle ACM}=\dfrac{AP}{\sin\alpha}$，即 $\sin\angle APC=\dfrac{AC\sin\beta}{AP}$；

由 ① 得 $\sin\angle APB=\sin\angle APC$.

又据 B,C,P,K 共圆，$\angle BPK=\angle BCK$，且 $\angle APB+\angle APC=\angle BPC=\angle BKC<180^{\circ}$，所以

$$\angle APB=\angle APC=\frac{1}{2}\angle BPC=\frac{1}{2}\angle BKC=\angle BKD=\angle CKD \qquad ③$$

因此

$$\angle APK=\angle APB+\angle BPK=\angle CKD+\angle BCK=\angle CKD+\angle DCK=90^{\circ}$$

即有 $AP\perp KP$.

例 4 如图 5，圆 O（圆心为 O）与直线 l 相离，作 $OP\perp l$，P 为垂足. 设点 Q 是 l 上任意一点（不与点 P 重合），过点 Q 作圆 O 的两条切线 QA 和 QB，A 和 B 为切点，AB 与 OP 相交于点 K. 过点 P 作 $PM\perp QB$，$PN\perp QA$，M 和 N 为垂足. 求证：直线 MN 平分线段 KP.

证明 作 $PI\perp AB$，I 为垂足，记 J 为直线 MN 与线段 PK 的交点. 易知 $\angle QAO=\angle QBO=\angle QPO=90^{\circ}$，故 O,B,Q,P,A 均在以线段 OQ 为直径的圆周上.

由于 $PN\perp QA$，$PM\perp QB$，$PI\perp AB$，所以由西姆松定理知：$\triangle QAB$ 的外接圆上一点 P 在其三边的垂足 N,M,I 三点共线，即 I,J,M,N 四点共线.

因为 $QO\perp AB$，$PI\perp AB$，所以 $QO\parallel PI$，所以 $\angle POQ=\angle IPO$，又因为 P,A,I,M 四点共圆，P,A,O,Q 也四点共圆，所以

$$\angle PIJ=\angle PIM=\angle PAM=\angle POQ$$

所以在 $\mathrm{Rt}\triangle PIK$ 中，$\angle PIJ=\angle JPI$，故 J 为 PK 的中点，因此直线 MN

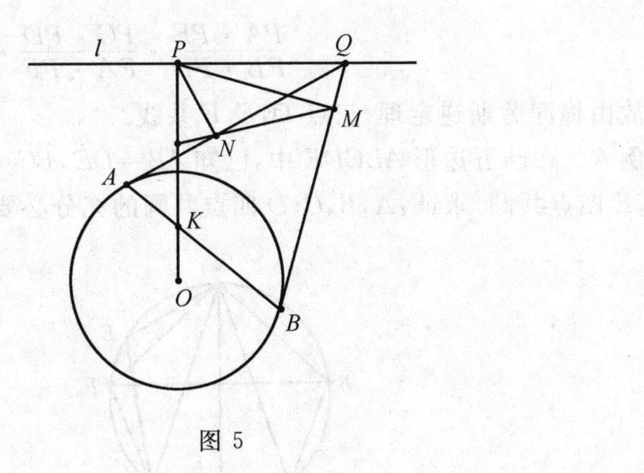

图 5

平分线段 KP.

例 5　如图 6，$A_1, B_1, C_1 \in$ 圆 ABC 且 $AA_1 \parallel BB_1 \parallel CC_1$，$P$ 是圆 ABC 上的任意一点，直线 $PA_1 \cap BC = D$，$PB_1 \cap AC = E$，$PC_1 \cap AB = F$；求证：三点 D, E, F 共线.

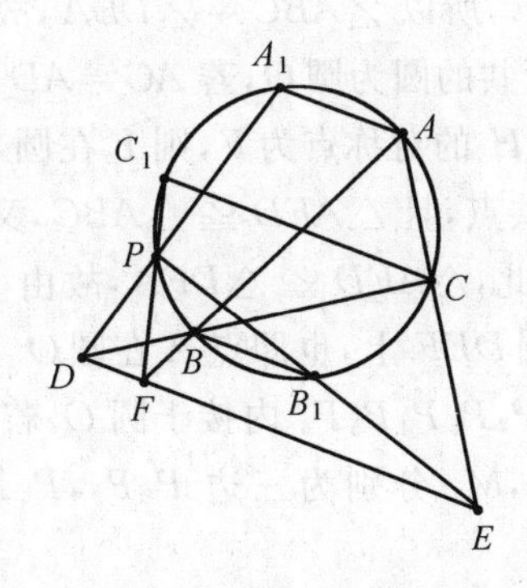

图 6

证明　点 D, E, F 分别在直线 BC, CA, AB 上，由于

$$\angle APE = \angle APB_1 = \angle BAA_1 = \angle BPD$$

$$\angle APF = \pi - \angle APC_1 = \pi - \angle CPA_1 = \angle CPD$$

$$\angle BPF = \angle BAC_1 = \angle CPB_1 = \angle CPE$$

而（$\overline{\triangle}$ 代表三角形的面积）

$$\frac{AE}{EC} \cdot \frac{CD}{DB} \cdot \frac{BF}{FA} = \frac{\overline{\triangle}PAE}{\overline{\triangle}PEC} \cdot \frac{\overline{\triangle}PCD}{\overline{\triangle}PDB} \cdot \frac{\overline{\triangle}PBF}{\overline{\triangle}PFA} =$$

$$\frac{\overline{\triangle}PAE}{\overline{\triangle}PDB} \cdot \frac{\overline{\triangle}PCD}{\overline{\triangle}PFA} \cdot \frac{\overline{\triangle}PBF}{\overline{\triangle}PEC} =$$

$$\frac{PA \cdot PE}{PB \cdot PD} \cdot \frac{PC \cdot PD}{PA \cdot PF} \cdot \frac{PB \cdot PF}{PC \cdot PE}=1$$

故由梅涅劳斯逆定理，三点 D,E,F 共线.

例 6　在凸五边形 $ABCDE$ 中，已知 $AB=DE$，$BC=EA$，$AB \neq EA$，且 B，C，D，E 四点共圆. 求证：A，B，C，D 四点共圆的充分必要条件是 $AC=AD$.

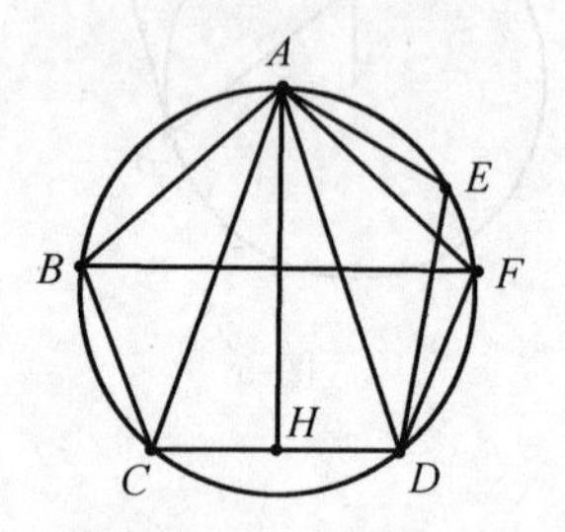

图 7

证明　必要性：若 A，B，C，D 共圆，则由 $AB=DE$，$BC=EA$，得 $\angle BAC=\angle EDA$，$\angle ACB=\angle DAE$，所以 $\angle ABC=\angle DEA$，故得 $AC=AD$；

充分性：记 $BCDE$ 所共的圆为圆 O，若 $AC=AD$，则圆心 O 在 CD 的中垂线 AH 上，设点 B 关于 AH 的对称点为 F，则 F 在圆 O 上，且因 $AB \neq EA$，即 $DE \neq DF$，所以 E，F 不共点，且 $\triangle AFD \cong \triangle ABC$，又由 $AB=DE$，$BC=EA$，知 $\triangle AED \cong \triangle CBA$，因此，$\triangle AED \cong \triangle DFA$，故由 $\angle AED=\angle DFA$，得 A，E，F，D 共圆，即点 A 在圆 DEF 上，也即点 A 在圆 O 上，从而 A，B，C，D 共圆.

例 7　凸六边形 $P_1P_2P_3P_4P_5P_6$ 内接于圆 O，若 $P_1P_2=P_3P_4=P_5P_6=R$（圆 O 的半径），M_1，M_2，M_3 分别为三边 P_2P_3，P_4P_5，P_6P_1 的中点；求证：$\triangle M_1M_2M_3$ 为正三角形.

证明　如图 8，联结 P_2P_5，P_3P_6，并设 A，B 为这两线段之中点，由于 $P_1P_2P_5P_6$ 为等腰梯形，则 $AM_3 \perp P_2P_5$，$AM_3=\frac{1}{2}P_2P_6$（因 $\angle P_6P_2P_5=30^\circ$ 且 $P_1P_6 \parallel P_2P_5$），又因中位线 $M_1B=\frac{1}{2}P_2P_6$，所以 $AM_3=BM_1$，同理得 $AM_1=BM_2$，又注意 $\angle P_3BM_1=\angle P_3P_6P_2=\angle P_3P_5P_2=\angle M_1AP_2$，$\angle M_2BP_3=90^\circ=\angle M_3AP_2$，所以 $\angle M_3AM_1=\angle M_1BM_2$，因此 $\triangle M_3AM_1 \cong \triangle M_1BM_2$，故得 $M_3M_1=M_1M_2$，同理得，$M_1M_2=M_2M_3$，因此 $\triangle M_1M_2M_3$ 为正三角形.

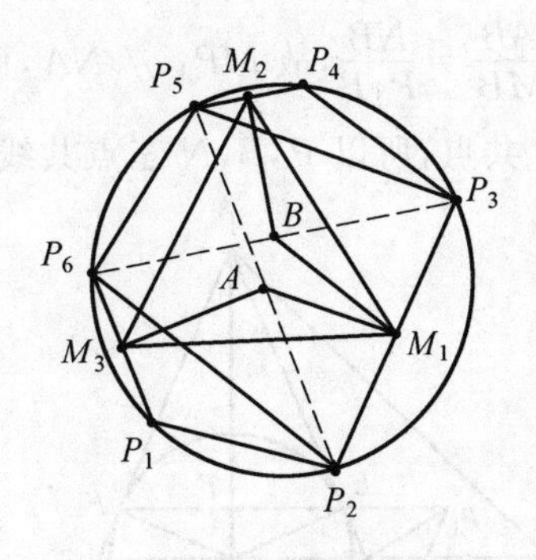

图 8

例 8　如图 9,等腰 $\triangle ABC$ 中,以底边 BC 的中点 O 为圆心,作圆 O 分别切两腰 AB,AC 于 E,F,D 是圆 O 下半圆弧上的任意一点,过 D 作圆 O 的切线,与 AB,AC 的延长线分别交于 M,N,过 M 作平行于 AC 的直线,交 FE 的延长线于 P;求证:P,B,N 三点共线.

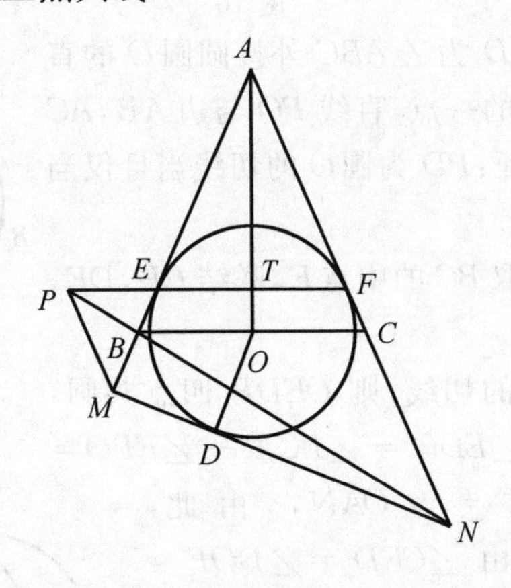

图 9

证明　如图 10,用同一法,设直线 $NB\cap FE=P_1$,由于点 O 是 $\triangle AMN$ 的内心,若记 $\alpha=\frac{A}{2}$,$\beta=\frac{1}{2}\angle AMN$,$\gamma=\frac{1}{2}\angle ANM$,则 $\alpha+\beta+\gamma=\frac{\pi}{2}$,$\angle AOM=\frac{\pi}{2}+\gamma$,作 $MK\perp AM$,交 BC 于 K,则 A,O,M,K 共圆,得 $\angle AKM=\pi-\angle AOM=\frac{\pi}{2}-\gamma=\angle NOF$,而 $\angle KBM=\angle OBE=\angle OCF$,故有两对直角三角形对应相似,即 $\triangle AMK\backsim\triangle NFO$,$\triangle BMK\backsim\triangle CFO$,且 $\triangle NBK\backsim\triangle NCO$;由此得,$\frac{AM}{MB}=\frac{NF}{FC}$,又由 $BC\,/\!/\,P_1F$,得 $\frac{NF}{FC}=\frac{NP_1}{P_1B}$,因此

有，$\frac{AM}{MB}=\frac{NP_1}{P_1B}$，由此得$\frac{AB}{MB}=\frac{NB}{P_1B}$，故 $MP_1 \parallel NA$，而由条件，$MP \parallel NA$，且点 P 在 EF 上，故 P，P_1 共点，所以 P，B，N 三点共线.

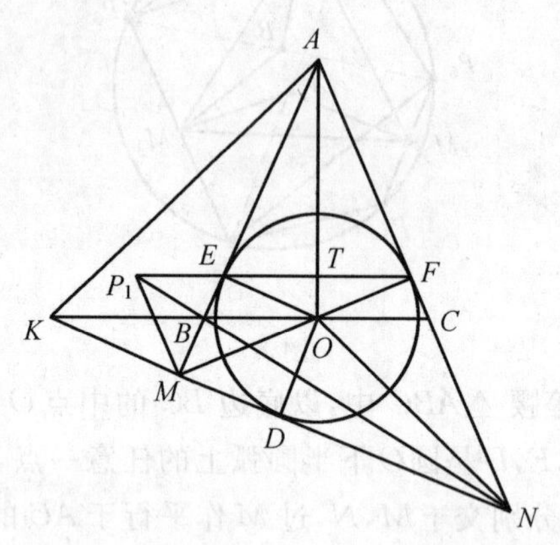

图 10

例 9　如图 11，AD 为 $\triangle ABC$ 外接圆圆 O 的直径，P 为 BC 延长线上的一点，直线 PO 与边 AB，AC 分别相交于 M，N；求证：PD 为圆 O 的切线当且仅当 $AMDN$ 为平行四边形.

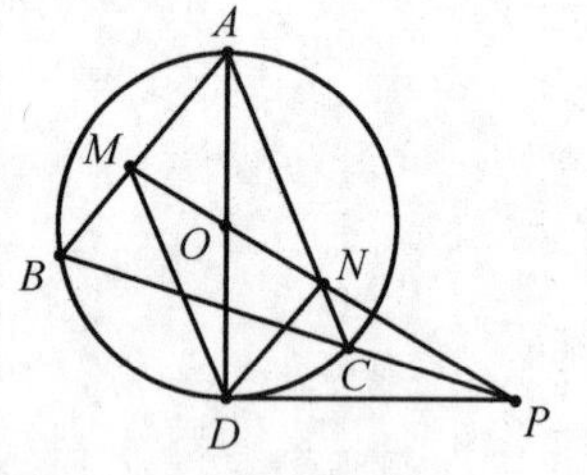

图 11

证明　如图 12，取 BC 的中点 E，联结 OE，DE，则 $OE \perp BP$.

假若 PD 为圆 O 的切线，则 $OEDP$ 四点共圆，$\angle BDE=\angle BDA-\angle EDO=\angle BCA-\angle EPO=\angle ANO$，而 $\angle DBC=\angle OAN$，由此，$\triangle AON \backsim \triangle BED$；又由 $\angle CED=\angle DOP=\angle AOM$，则 $\triangle AOM \backsim \triangle CED$；

于是$\frac{OM}{AO}=\frac{ED}{CE}=\frac{ED}{BE}=\frac{ON}{AO}$，因此 $OM=ON$，即 $AMDN$ 为平行四边形.

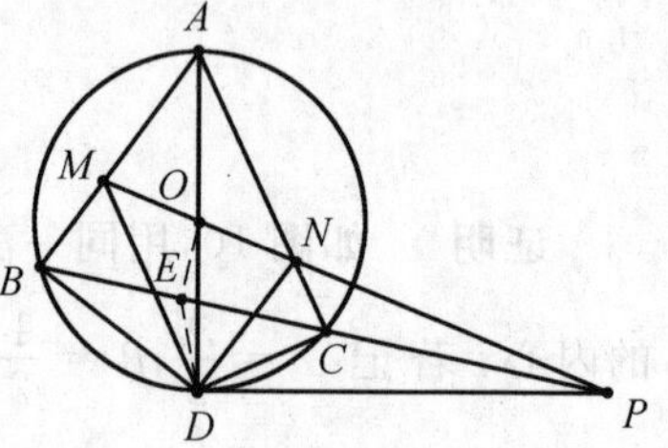

图 12

反之，若 $AMDN$ 为平行四边形，则 $OM=ON$，$\angle BCD=\angle BAD=\angle DAM=\angle ADN$，因此 $\triangle BCD \backsim \triangle ADN$，而 E，O 分别是其对应边 BC，AD 的中点，所以 $\triangle BDE \backsim \triangle ANO$；于是 $\angle DEP=\angle DOP$，得 D，E，O，P 四点共圆，所以 $\angle ODP=\angle OEP=90°$.

因此 PD 为圆 O 的切线.

例 10 2 013 个等圆圆 $O_k(k=1,2,\cdots,2\ 013)$ 依次外切(即圆 O_k 与圆 O_{k+1} 相切,$k=1,2,\cdots,2\ 013$,约定圆 $O_{2\ 013+1}=$圆 O_1),且都内切于圆 O. 自圆 O 上的任意一点 P,分别作这 2 013 个圆圆 O_k 的切线 $PA_k(k=1,2,\cdots,2\ 013)$.

求证:这 2 013 条切线之长可以分成和相等的两组.

证明 将 2 013 改为任一不小于 3 的奇数 n,我们来证明,此时有

$$\sum_{k=1}^{n}(-1)^{k}PM_{k}=0$$

引理 1:设奇数 $n\geqslant 3$,P 是正 n 边形 $A_1A_2\cdots A_n$ 外接圆上的任一点,则

$$\sum_{k=1}^{n}(-1)^{k}PA_{k}=0$$

引理 1 的证明:$n=3$ 时结论显然;考虑 $n\geqslant 5$ 的情况,据对称性,不妨设 P 在劣弧 $\overset{\frown}{A_1A_n}$ 上,记正 n 边形 $A_1A_2\cdots A_n$ 的边长为 a,作对角线 $A_kA_{k+2}(k=1,2,\cdots,n$,约定 $A_{n+i}=A_i)$,并设它们的长度皆为 b,如图 13 所示.

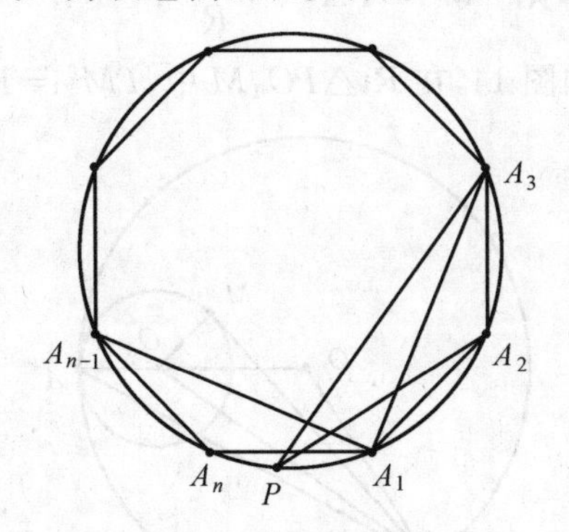

图 13

在圆内接四边形 $PA_1A_2A_n$ 中,由托勒密定理得,$b\cdot PA_1+a\cdot PA_n=a\cdot PA_2$,即

$$a(PA_2-PA_n)=b\cdot PA_1 \quad ①$$

在圆内接四边形 $PA_1A_{n-1}A_n$ 中,由托勒密定理,得

$$a\cdot PA_1+b\cdot PA_n=a\cdot PA_{n-1}$$

即

$$a(PA_{n-1}-PA_1)=b\cdot PA_n \quad ②$$

在圆内接四边形 $PA_kA_{k+1}A_{k+2}(1\leqslant k\leqslant n-2)$ 中,由托勒密定理

$$a\cdot PA_k+a\cdot PA_{k+2}=b\cdot PA_{k+1}$$

将此式两边乘以 $(-1)^k$,再对 k 从 1 到 $n-2$ 求和,得

$$a\sum_{k=1}^{n-2}(-1)^{k}(PA_{k}+PA_{k+2})=b\sum_{k=1}^{n-2}(-1)^{k}PA_{k+1}$$

即

$$a\left[-PA_1+PA_2-2\sum_{k=3}^{n-2}(-1)^{k-1}PA_k+PA_{n-1}-PA_n\right]=$$

$$b\sum_{k=2}^{n-1}(-1)^{k-1}PA_k \qquad ③$$

将 ①②③ 相加,得 $-2a\sum_{k=1}^{n}(-1)^{k-1}PA_k=b\sum_{k=1}^{n}(-1)^{k-1}PA_k$,即

$$(2a+b)\sum_{k=1}^{n}(-1)^kPA_k=0$$

而 $2a+b\neq 0$,则有 $\sum_{k=1}^{n}(-1)^kPA_k=0$.

引理 2:圆 O_1 内切圆 O 于 A,两圆半径分别为 r,R,P 是圆 O 上的任意一点,PM 切圆 O_1 于 M,则 $PM^2=PA^2\cdot\frac{R-r}{R}$.

引理 2 的证明:如图 14,在 Rt$\triangle PO_1M$ 中,$PM^2=PO_1-r^2$.

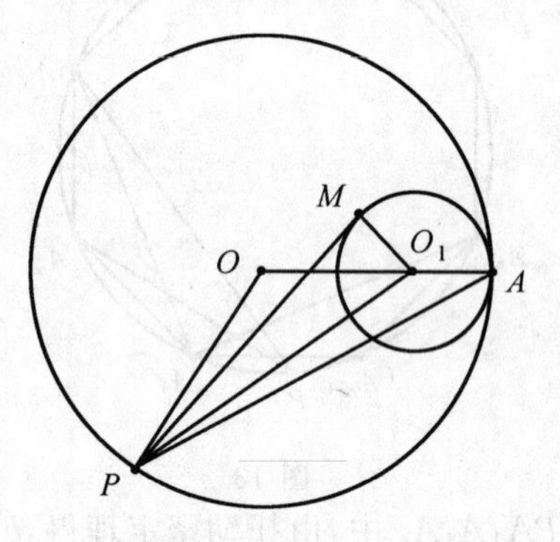

图 14

在 $\triangle OPA$ 中,由斯特瓦特定理

$$PO_1^2=PO^2\cdot\frac{O_1A}{OA}+PA^2\cdot\frac{OO_1}{OA}-O_1A\cdot OO_1=$$

$$R^2\cdot\frac{r}{R}+PA^2\cdot\frac{R-r}{R}-r(R-r)=$$

$$PA^2\cdot\frac{R-r}{R}+r^2$$

则

$$PO_1^2-r^2=PA^2\cdot\frac{R-r}{R}$$

即

$$PM^2=PA^2\cdot\frac{R-r}{R}$$

回到本题，设圆 O_k 切圆 O 于 $A_k(k=1,2,\cdots,n)$，P 是圆 O 上的任意一点，则由引理1，$\sum_{k=1}^{n}(-1)^kPA_k=0$，又据引理2，$PM_k=PA_k\cdot\sqrt{\frac{R-r}{R}}$，$k=1,2,\cdots,n$，因此，$\sum_{k=1}^{n}(-1)^kPM_k=0$. 特别是，当 $n=2\,013$ 时，有 $\sum_{k=1}^{2\,013}(-1)^kPM_k=0$，即

$$PM_1+PM_3+PM_5+\cdots+PM_{2\,013}=PM_2+PM_4+\cdots+PM_{2\,012}$$

例 11 给定七个圆，其中六个小圆含于一个大圆内，每个小圆都与大圆相切，且与相邻的两个小圆相切，若六个小圆在大圆上的切点顺次为 A_1，A_2，$\cdots$，A_6；

求证：A_1A_4，A_2A_5，A_3A_6 三线共点.

证明 设大圆圆 O 的半径为 R，各小圆圆 O_i 的半径为 r_i，$i=1,2,\cdots,6$，如图15，设 $\angle A_1OA_2=\alpha$，则在 $\triangle OO_1O_2$ 中

$$\cos\alpha=\frac{(R-r_1)^2+(R-r_2)^2-(r_1+r_2)^2}{2(R-r_1)(R-r_2)}$$

所以

$$A_1A_2^2=\left(2R\sin\frac{\alpha}{2}\right)^2=4R^2\sin^2\frac{\alpha}{2}=2R^2(1-\cos\alpha)=\frac{4R^2r_1r_2}{(R-r_1)(R-r_2)}$$

同理得

$$A_2A_3^2=\frac{4R^2r_2r_3}{(R-r_2)(R-r_3)}$$

等等. 于是 $A_1A_2^2\cdot A_3A_4^2\cdot A_5A_6^2=A_2A_3^2\cdot A_4A_5^2\cdot A_6A_1^2$.

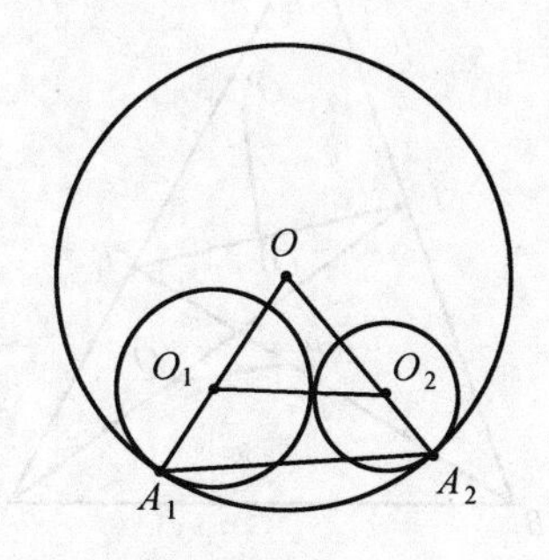

图 15

如图16，联结 $\triangle A_1A_3A_5$，设 $A_2A_5\cap A_1A_3=D$，$A_1A_4\cap A_3A_5=E$，$A_3A_6\cap A_5A_1=F$，则

$$\frac{A_1D}{DA_3}\cdot\frac{A_3E}{EA_5}\cdot\frac{A_5F}{FA_1}=\frac{\overline{\triangle}A_1A_2A_5}{\overline{\triangle}A_3A_2A_5}\cdot\frac{\overline{\triangle}A_3A_1A_4}{\overline{\triangle}A_5A_1A_4}\cdot\frac{\overline{\triangle}A_5A_3A_6}{\overline{\triangle}A_1A_3A_6}=$$

$$\frac{A_1A_2\cdot A_1A_5}{A_3A_2\cdot A_3A_5}\cdot\frac{A_3A_1\cdot A_3A_4}{A_5A_1\cdot A_5A_4}\cdot\frac{A_5A_3\cdot A_5A_6}{A_1A_3\cdot A_1A_6}=$$

$$\frac{A_1A_2\cdot A_3A_4\cdot A_5A_6}{A_2A_3\cdot A_4A_5\cdot A_6A_1}=1$$

故 A_5D,A_1E,A_3F 共点，即 A_1A_4,A_2A_5,A_3A_6 三线共点.

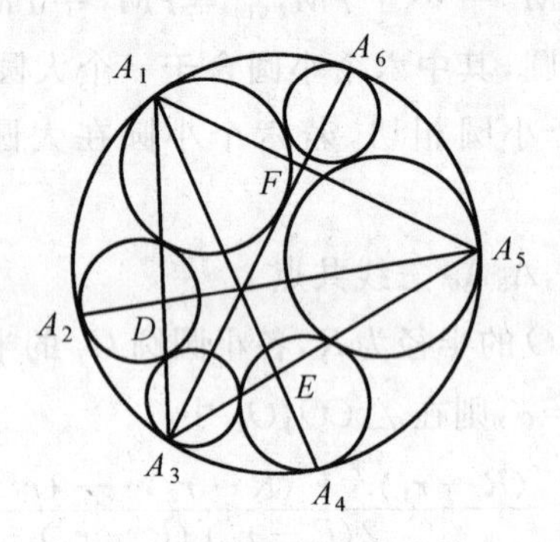

图 16

例 12 如图 17，设 $\triangle ABC$ 中，E,F 是 AC,AB 边上的任意点，O,O' 分别是 $\triangle ABC,\triangle AEF$ 的外心，P,Q 是 BE,CF 上的点，满足 $\frac{BP}{PE}=\frac{FQ}{QC}=\frac{BF^2}{CE^2}$. 求证：$OO'\perp PQ$.

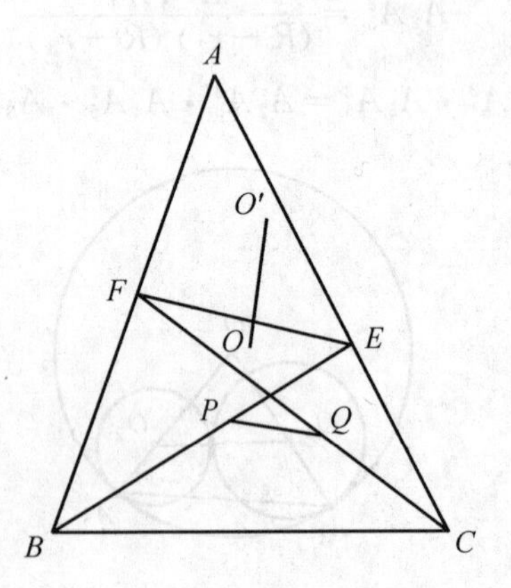

图 17

证明 如图 18，作出 $\triangle ABC,\triangle AEF$ 的外接圆圆 O，圆 O'，设它们交于另一点 M，联结 CM 交圆 O' 于 K，联结 KE；过 C 作 AB 的平行线，交 FK 延长线

于 N，交 AM 延长线于 L；另在 BC 上取一点 R，使得 $PR \parallel AC$，联结 QR.

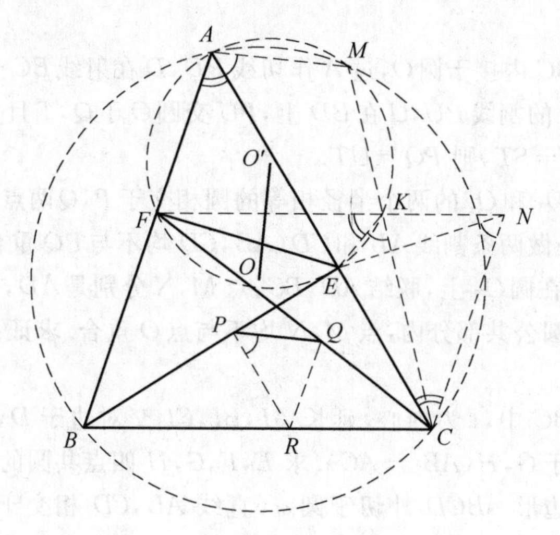

图 18

由 A,F,K,M 共圆以及 A,B,C,M 共圆，得 $\angle AFK=180°-\angle AMK=\angle ABC$，于是，$FK\parallel BC$. 由此可知 $BCNF$ 是平行四边形，得 $CN=BF$.

又因 A,K,E,F 共圆，得 $\angle EKF=\angle EAF=\angle ECN$，表明 E,C,N,K 四点也共圆. 由此

$$\angle CNE=\angle CKE=\angle MAC \quad ①$$

另一方面，因 $PR\parallel AC$，得 $\frac{RP}{CE}=\frac{BP}{BE}=\frac{BF^2}{BF^2+CE^2}$，故

$$RP=\frac{BF^2\cdot CE}{BF^2+CE^2} \quad ②$$

又 $\frac{FQ}{QC}=\frac{BP}{PE}=\frac{BR}{RC}$，得 $QR\parallel AB$，同理可知 $RQ=\frac{CE^2\cdot BF}{BF^2+CE^2}$.　③

由 ②③，$\frac{RP}{RQ}=\frac{BF}{CE}=\frac{CN}{CE}$，得 $\triangle RPQ\backsim\triangle CNE$，由此

$$\angle RPQ=\angle CNE \quad ④$$

由 ①④ 可知，$\angle RPQ=\angle CAM$. 但因 $PR\parallel AC$，可知 $PQ\parallel AM$. 然而 AM 是圆 O 和圆 O' 的公共弦，它与两圆的连心线 OO' 垂直. 这就表明 $OO'\perp PQ$. 证毕.

巩固演练

1. 锐角 $\triangle ABC$ 中，$AB\neq AC$，H 为垂心，M 为 BC 中点. D,E 分别在 AB，

AC 上，且 $AE=AD$，D,H,E 三点共线. 求证：HM 平行于 $\triangle ABC$ 和 $\triangle ADE$ 的外心连线.

2. 设 $\triangle ABC$ 内接于圆 O，过 A 作切线 PD，D 在射线 BC 上，P 在射线 DA 上，过 P 作圆 O 的割线 PU，U 在 BD 上，PU 交圆 O 于 Q,T 且交 AB,AC 于 R，S. 求证：若 $QR=ST$，则 $PQ=UT$.

3. 圆心为 O_1 和 O_2 的两个半径相等的圆相交于 P,Q 两点，O 是公共弦 PQ 的中点，过 P 任做两条割线 AB 和 CD（AB,CD 均不与 PQ 重合），点 A,C 在圆 O_1 上，点 B,D 在圆 O_2 上，联结 AD,BC，点 M,N 分别是 AD,BC 的中点，已知 O_1,O_2 不在两圆公共部分内，点 M,N 均不与点 O 重合. 求证：M,N,O 三点共线.

4. 在 $\triangle ABC$ 中，I 为内心，延长 AI,BI,CI 交对边于 D,E,F，联结 DF，DE 交 BI,CI 于 G,H（$AB\neq AC$）. 求 E,F,G,H 四点共圆的充要条件.

5. 已知四边形 $ABCD$ 外切于圆 ω，直线 AB,CD 相交于 O，圆 ω_1,ω_2 与 AB,CD 都相切，并且圆 ω_1 与 BC 相切于 K，圆 ω_2 与 AD 相切于 L. 已知 O,K，L 三点共线，求证：BC 中点，AD 中点，及圆 ω 圆心三点共线.

6. 如图 19，在锐角 $\triangle ABC$ 中，高 AA_1 与 CC_1 交于垂心 H，AA_1 与 CC_1 所夹锐角的平分线分别交 BA,BC 于 P,Q，垂心 H 与 AC 中点的连线与 $\angle ABC$ 的平分线相交于 R. 求证：P,B,Q,R 四点共圆.

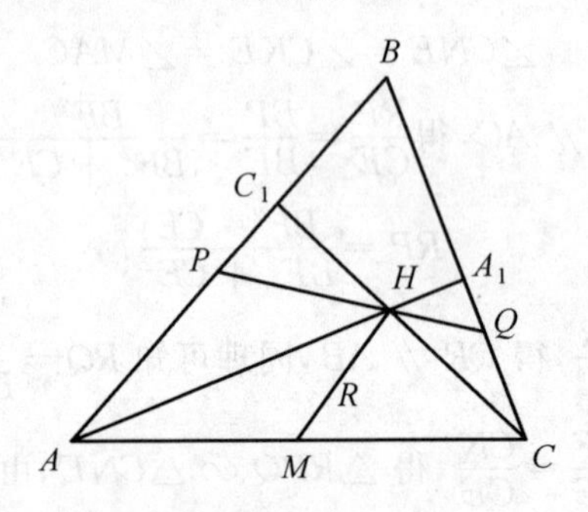

图 19

7. 如图 20，已知圆圆 O_1 与圆 O_2 外切于点 T，一直线与圆 O_2 相切于点 X，与圆 O_1 交于点 A,B，且点 B 在线段 AX 的内部，直线 XT 与圆 O_1 交于另一点 S，C 是不包含点 A,B 的 $\overset{\frown}{TS}$ 上的一点，过点 C 作圆 O_2 的切线，切点为 Y，且线段 CY 与线段 ST 不相交，直线 SC 与 XY 交于点 I. 证明：I 是 $\triangle ABC$ 的 $\angle A$ 内的旁切圆的圆心.

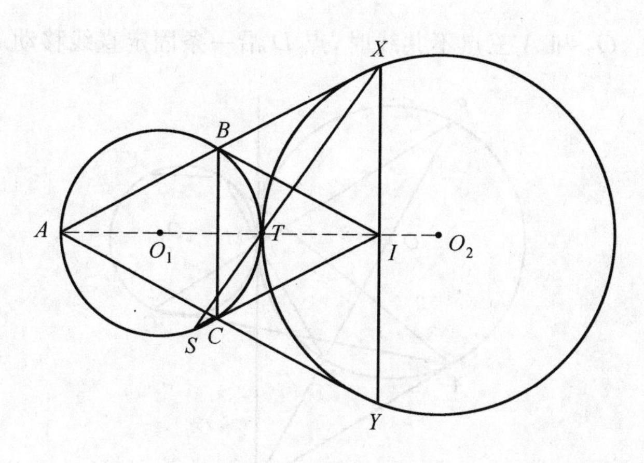

图 20

8. 如图21，四边形 $ABCD$ 既可外切于圆，又可内接于圆，并且 $ABCD$ 的内切圆分别与它的边 AB，BC，CD，AD 相切于点 K，L，M，N，四边形的 $\angle A$ 和 $\angle B$ 的外角平分线相交于点 K'，$\angle B$ 和 $\angle C$ 的外角平分线相交于点 L'，$\angle C$ 和 $\angle D$ 的外角平分线相交于点 M'，$\angle D$ 和 $\angle A$ 的外角平分线相交于点 N'. 证明：直线 KK'，LL'，MM'，NN' 经过同一个点.

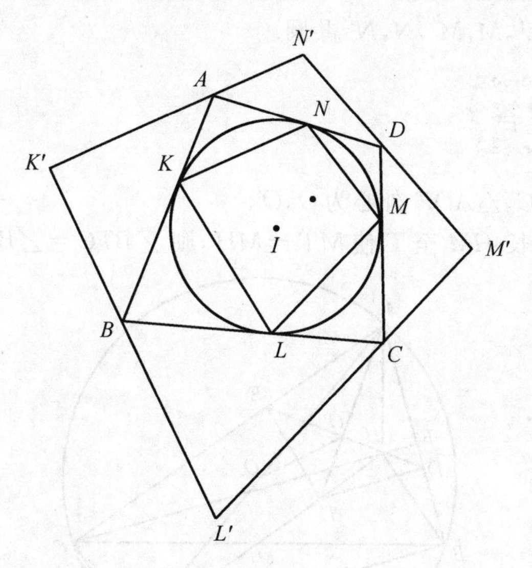

图 21

9. 如图22，两圆圆 O_1，圆 O_2 相外切于点 M，圆 O_2 半径大于圆 O_1 的半径，点 A 是圆 O_2 上的一点，且满足 O_1，O_2 和 A 三点不共线，AB，AC 是点 A 到圆 O_1 的切线，切点分别为 B，C，直线 MB，MC 与圆 O_2 另一个交点分别为 E，F，点 D 是线段 EF 和圆 O_2 以 A 为切点的切线的交点. 求证：当点 A 在圆 O_2 上移

动且保持 O_1,O_2 和 A 三点不共线时,点 D 沿一条固定直线移动.

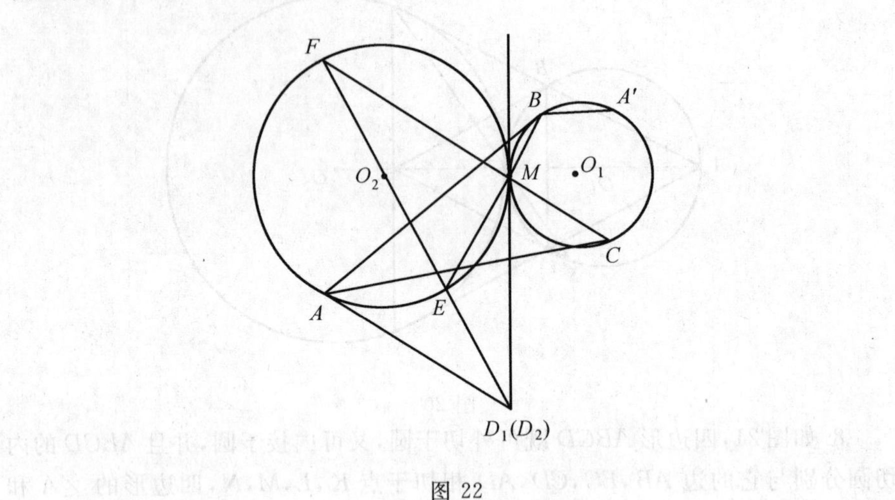

图 22

10. 设 P 是 $\triangle ABC$ 内的一个点,直线 AP,BP,CP 与边 BC,CA,AB 分别交于点 D,E,F. 现设分别以 BC 和 AD 为直径的圆交于点 L 和 L',分别以 CA 和 BE 为直径的两圆交于点 M 和 M',分别以 AB 和 CF 为直径的圆交于点 N 和 N'. 求证 L,L',M,M',N,N' 共圆.

演练解答

1. 设 $\triangle ABC$,$\triangle ADE$ 外心为 O,O'.

如图 23,延长 HM 至 T 使 $MT=MH$,则 $\angle BTC=\angle BHC=\pi-\angle A$.

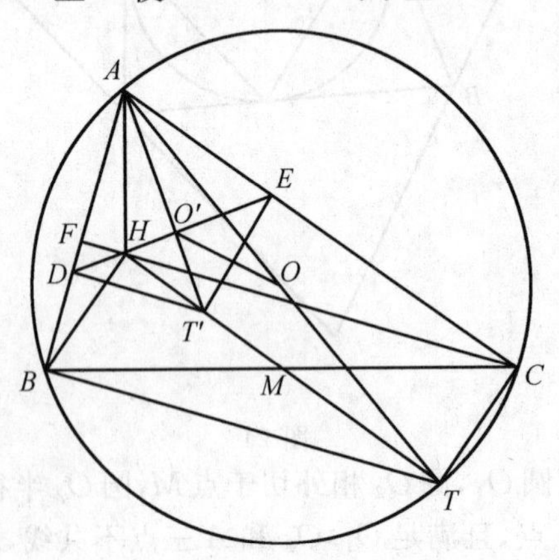

图 23

所以 T 在圆 O 上,且由 $TC \parallel BH$,$BH \perp AC$ 知 $\angle TCA=90°$.

所以 A,O,T 三点共线且 $AO=OT$.

延长 CH 交 AB 于 F，则由 $\angle FAH=\angle TAC$ 知 $\triangle FAH \backsim \triangle CAT$.

所以$\dfrac{FH}{BH}=\dfrac{FH}{CT}=\dfrac{AF}{AC}=\cos A$.

又由 $\angle BDH=\angle CEH$ 及 $\angle DBH=\angle ECH$ 知 $\angle BHD=\angle CHE=\angle FHD$.

所以$\dfrac{FD}{BD}=\dfrac{FH}{BH}=\cos A$.

作 $DT' \parallel BT$ 交 TH 于 T'，则$\dfrac{HT'}{TT'}=\cos A$ 为定值，故 $ET' \parallel CT$.

所以 $\angle ADT'=\angle AET'=90^\circ$，故 AT' 为 $\triangle ADE$ 外接圆直径.

所以 A,O',T' 三点共线且 $AO'=O'T'$.

所以 $O'O \parallel T'T$，即 $O'O \parallel HM$，得证.

2. 如图 24，过 O 作 $OK \perp PU$ 于 K，$OF \perp BU$ 于 F，联结 AK 延长交圆 O 于另一点 E，过 C 作 $CH \parallel PU$ 交 AE 于 G，交 AB 于 H，联结 GF,OP,OU,OA,OE.

由垂径定理知 $BF=FC,QK=KT$，且 $QR=ST$.

所以 $RK=KS$ 即 K 是 RS 的中点，且 $CH \parallel PU$.

所以$\dfrac{RK}{HG}=\dfrac{AK}{AG}=\dfrac{KS}{GC} \Rightarrow \dfrac{HG}{GC}=\dfrac{RK}{KS}=1 \Rightarrow HG=GC$.

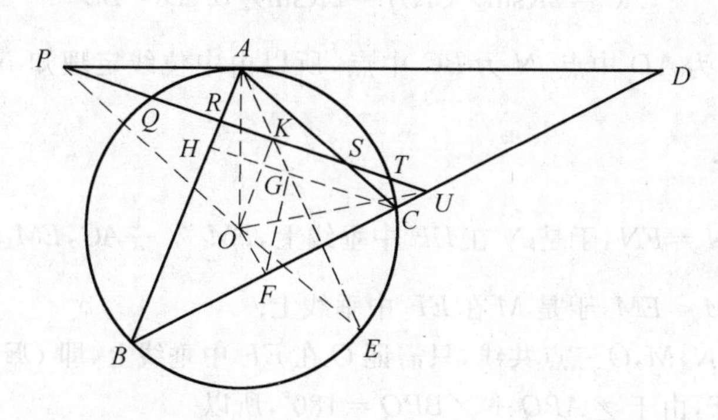

图 24

由中位线定理知 $FG \mathop{\parallel}\limits_{=} \dfrac{1}{2}BH$.

所以 $\angle FGE=\angle BAE=\angle BCE \Rightarrow F,G,C,E$ 共圆.

所以 $\angle EFC=\angle EGC=\angle AGH=\angle UKG$.

故 $\angle EFO+\angle OKE=\angle OFC+\angle CFE+\angle DKE=90^\circ+(\angle UKG+\angle OKE)=90^\circ+90^\circ=180^\circ$.

所以 K,O,F,E 四点共圆. ①

又因为 $\angle OKU+\angle OFU=2\times 90^\circ=180^\circ$.

所以 K,O,F,U 四点共圆. ②

结合 ①② 知 K,O,F,E,U 五点共圆,所以 $\angle KUO=\angle KEO$.

又因为 PA 为圆 O 切线 $\Rightarrow OA\perp PA$,且 $OK\perp PU\Rightarrow \angle KEO=\angle KAO$.

所以 $\angle KPO=\angle KUO\Rightarrow OP=OU$.

又因为 $OK\perp PU$,所以 $PK=UK$.

而 $QK=TK$,所以 $PQ=UT$,得证.

3. 如图 25,设 AB 的中点为 E,CD 的中点为 F,联结 ME,EN,NF,FM.

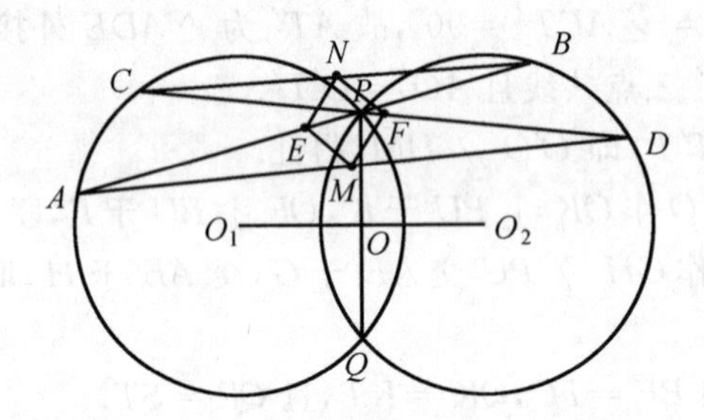

图 25

由已知圆 O_1 与圆 O_2 半径相同,设为 R,所以

$$AC=2R\sin\angle CNA=2R\sin\angle BND=BD$$

因为 M 为 AD 中点,N 为 BC 中点,所以由中位线定理知 $NE\mathrel{\underline{\mathrel{/\!/}}}\frac{1}{2}AC$,$FN\mathrel{\underline{\mathrel{/\!/}}}\frac{1}{2}BD$.

所以 $EN=FN$,于是 N 在 EF 中垂线上,$FM\ /\!/\ \frac{1}{2}AC$,$EM\mathrel{\underline{\mathrel{/\!/}}}\frac{1}{2}BD$.

所以 $FM=EM$,于是 M 在 EF 中垂线上.

故欲证 N,M,O 三点共线,只需证 O 在 EF 中垂线上,即 $OE=OF$.

联结 QE,由于 $\angle APQ+\angle BPQ=180^\circ$,所以

$$AQ=2R\sin\angle APQ=2R\sin\angle BPQ=BQ$$

且 E 为 AB 中点. 所以 $QE\perp AB$,且 O 为 PQ 中点. 故在 $\mathrm{Rt}\triangle EPQ$ 中有 $OE=OP=OQ=\frac{1}{2}PQ$.

同理 $OF=\frac{1}{2}PQ$,所以 $OE=OF$,于是 O 也在 EF 中垂线上.

故 M,N,O 三点共线,得证.

4. E,F,G,H 四点共圆 $\Leftrightarrow \angle DFC=\angle BED$.

又 $\angle DFC+\angle BED<\angle FDB+\angle EDC<180^\circ$,故等价于 $\sin\angle DFC=\sin\angle BED$.

如图 26,设 $\angle DFC=\alpha$,$\angle BED=\beta$,因为

$$\frac{CD}{\sin\alpha}=\frac{FD}{\sin\frac{C}{2}}$$

$$\frac{BD}{\sin\beta}=\frac{DE}{\sin\frac{B}{2}}$$

$$\frac{DF}{\sin\frac{A}{2}}=\frac{AD}{\sin\angle AFD}$$

$$\frac{DE}{\sin\frac{A}{2}}=\frac{AD}{\sin\angle AED}$$

所以

$$\frac{\sin\alpha}{\sin\beta}=\frac{CD}{FD}\cdot\frac{DE}{BD}\cdot\frac{\sin\frac{C}{2}}{\sin\frac{B}{2}}=\frac{AC}{AB}\cdot\frac{\sin\angle AFD}{\sin\angle AED}\cdot\frac{\sin\frac{C}{2}}{\sin\frac{B}{2}}=$$

$$\frac{\cos\frac{B}{2}}{\cos\frac{C}{2}}\frac{\sin(A+\frac{C}{2}-\alpha)}{\sin(A+\frac{B}{2}-\beta)} \qquad ①$$

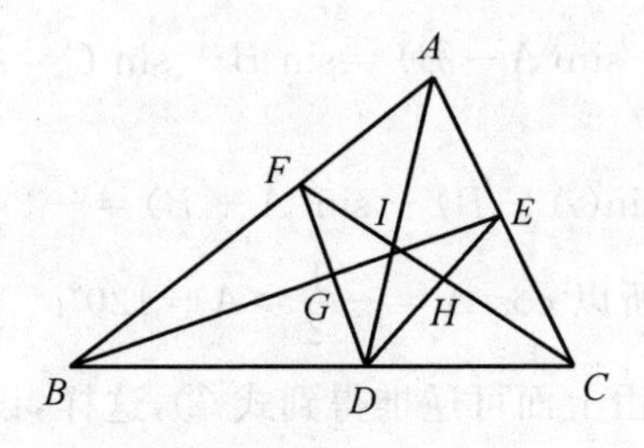

图 26

(1) 若 $\alpha=\beta$,则

$①\Rightarrow \cos\frac{B}{2}\sin(A+\frac{C}{2}-\alpha)=\cos\frac{C}{2}\sin(A+\frac{B}{2}-\beta)\Leftrightarrow$

$\sin(A+\frac{B}{2}+\frac{C}{2}-\alpha)+\sin(A-\frac{B}{2}+\frac{C}{2}-\alpha)=$

$$\sin(A+\frac{B}{2}+\frac{C}{2}-\alpha)+\sin(A+\frac{B}{2}-\frac{C}{2}-\alpha)\Leftrightarrow$$

$$\sin(A-\frac{B}{2}+\frac{C}{2}-\alpha)=\sin(A+\frac{B}{2}-\frac{C}{2}-\alpha)\Leftrightarrow$$

$$A-\frac{B}{2}+\frac{C}{2}-\alpha=A+\frac{B}{2}-\frac{C}{2}-\alpha$$

或 $A-\frac{B}{2}+\frac{C}{2}-\alpha+A+\frac{B}{2}-\frac{C}{2}-\alpha=\pi\Leftrightarrow$

$B=C$ 或 $\alpha=A-\frac{\pi}{2}$

由于 $AB\neq AC\Rightarrow B\neq C\Rightarrow\alpha=A-\frac{\pi}{2}=\beta$,这时

$$\angle BFD=A+\frac{C}{2}-(A-\frac{\pi}{2})=\frac{C+\pi}{2},\angle FDB=A+\frac{C}{2}-\frac{\pi}{2}$$

又因为

$$\frac{BD}{BC}=\frac{AB}{AB+AC}\Rightarrow BD=\frac{AB\cdot BC}{AB+AC},\frac{BF}{BA}=\frac{BC}{AC+BC}\Rightarrow BF=\frac{AB\cdot BC}{AC+BC}$$

所以

$$\frac{\sin\angle BFD}{\sin\angle BDF}=\frac{BD}{BF}=\frac{AC+BC}{AB+AC}\Leftrightarrow\frac{\sin\frac{C+\pi}{2}}{\sin(A+\frac{C}{2}-\frac{\pi}{2})}=\frac{\sin B+\sin A}{\sin C+\sin B}\qquad ②$$

$$②\Leftrightarrow\frac{\cos\frac{C}{2}}{\sin\frac{A-B}{2}}=\frac{2\sin\frac{A+B}{2}\cos\frac{A-B}{2}}{\sin C+\sin B}\Leftrightarrow$$

$$\sin(A-B)=\sin B+\sin C=\sin B+\sin(A+B)$$

所以

$$\sin B=\sin(A-B)-\sin(A+B)=-2\sin B\cos A$$

因为 $\sin B\neq 0$,所以 $\cos A=-\frac{1}{2}\Rightarrow A=120^\circ$.

(2) 若 $A=120^\circ$,由上面可逆推得到式②,这样,设 $\angle BFD=\gamma,\angle FDB=\theta$,有

$$\frac{\sin\gamma}{\sin\theta}=\frac{\sin\frac{\pi+C}{2}}{\sin\frac{A-B}{2}}\text{ 且 }\gamma+\theta=\frac{\pi+C}{2}+\frac{A-B}{2}=A+C$$

考虑函数 $f(x)=\frac{\sin(\alpha-x)}{\sin x}=\sin\alpha\cot x-\cos\alpha$ 在 $(0,\pi)$ 上单调减,故

必有 $\theta=\dfrac{A-B}{2}$，$\gamma=\dfrac{\pi+C}{2}$.

所以 $\angle DFC=A-\dfrac{\pi}{2}$，同理可得 $\angle BED=A-\dfrac{\pi}{2}$，故 $\angle DFC=\angle BED$.

综上所述，所求充要条件为 $\angle A=120^\circ$.

5. 如图 27，设圆 ω 与 AD，BC 切于点 M，N. 由已知 O，ω_2，ω，ω_1 共线.

以点 O 为位似中心作位似变换，将圆 ω_2 变为圆 ω.

设直线 OLK 交圆 ω 于 U，V（U 左，V 右），则 $L\to V$.

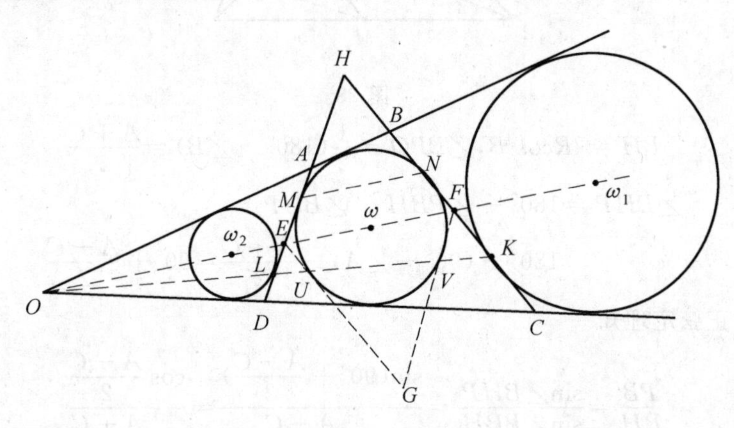

图 27

过 V 作 $VG\ /\!/\ AD$，则 VG 为圆 ω 切线，设 VG 交 BC 于 F.

同理，以点 O 为位似中作位似变换将圆 ω_1 变为圆 ω，则 $K\to U$.

过 U 作 $UG\ /\!/\ BC$ 交 VG 于 G，设 UG 交 AD 于 E，则 UG 为圆 ω 切线.

设 DA 与 CB 交于 H，则 $\square EGFH$ 为圆外切多边形，从而 $\square EGFH$ 为菱形.

于是 $MN\ /\!/\ EF\ /\!/\ UV$，且 MN 到 EF 与 UV 到 EF 距离相同.

所以 E 为 ML 中点，F 为 NK 中点. 因为

$$AM=\frac{1}{2}(OA+AD+OD)-OA=\frac{AD+OD-OA}{2}=LD$$

所以 E 为 AD 中点，同理 F 为 BC 中点，且 E，圆 ω 圆心，F 三点共线（菱形的性质）.

所以 BC 中点、AD 中点、圆 ω 圆心三线点共线，得证.

6. 如图 28，过 M 作 $ME\perp AB$ 于 E，$MF\perp BC$ 于 F，过 P 作 $PR_1\perp AB$ 交 HM 于 R_1，$QR_2\perp BC$ 交 HM 于 R_2.

设 $\triangle ABC$ 外接圆半径为 R，先计算 $\dfrac{C_1P}{C_1E}$ 与 $\dfrac{A_1Q}{A_1F}$.

联结 BH，易知

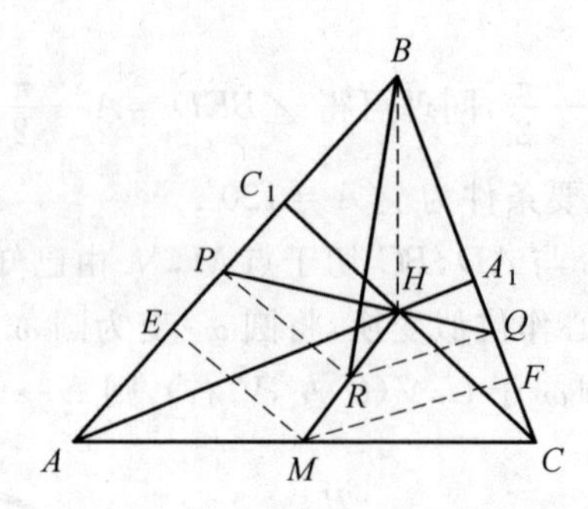

图 28

$$BH=2R\cos B,\angle BPQ=\frac{1}{2}(180^\circ-\angle B)=\frac{A+C}{2}$$

$$\angle BHP=180^\circ-\angle PBH-\angle BHP=$$

$$180^\circ-(90^\circ-\angle A)-\frac{A+C}{2}=90^\circ+\frac{A-C}{2}$$

由正弦定理知

$$\frac{PB}{BH}=\frac{\sin\angle BHP}{\sin\angle BPH}=\frac{\sin(90^\circ+\frac{A-C}{2})}{\sin\frac{A+C}{2}}=\frac{\cos\frac{A-C}{2}}{\sin\frac{A+C}{2}}$$

所以

$$PB=2R\cos B\frac{\cos\frac{A-C}{2}}{\sin\frac{A+C}{2}},BC_1=BC\cos B=2R\sin A\cos B$$

所以

$$PC_1=2R\cos B\left(\frac{\cos\frac{A-C}{2}}{\sin\frac{A+C}{2}}-\sin A\right)$$

令 $\frac{A-C}{2}=\alpha,\frac{A+C}{2}=\beta$，则

$$PC_1=2R\cos B\cdot\frac{\cos\alpha-\sin\beta\sin(\alpha+\beta)}{\sin\beta}=$$

$$2R\cos B\frac{\cos\alpha-\frac{1}{2}[\cos\alpha-\cos(\alpha+2\beta)]}{\sin\beta}=$$

$$R\cos B\cdot\frac{\cos\alpha+\cos(\alpha+2\beta)}{\sin\beta}=$$
$$2R\cos B\cdot\frac{\cos(\alpha+\beta)\cos\beta}{\sin\beta}=$$
$$2R\cos B\cdot\frac{\cos A\cos\frac{A+C}{2}}{\sin\frac{A+C}{2}}$$
$$C_1E=\frac{1}{2}AC_1=R\sin B\cos A$$

所以

$$\frac{PC_1}{C_1E}=2\cdot\frac{\cos B}{\sin B}\cdot\frac{\cos\frac{A+C}{2}}{\sin\frac{A+C}{2}}=2\cot B\tan\frac{B}{2}$$

同理$\frac{A_1Q}{A_1F}=2\cot B\tan\frac{B}{2}$,所以$\frac{PC_1}{C_1E}=\frac{A_1Q}{A_1F}$.

又因为$\frac{HR_1}{HM}=\frac{PC_1}{C_1E},\frac{HR_2}{HM}=\frac{A_1Q}{A_1F}\Rightarrow\frac{HR_1}{HM}=\frac{HR_2}{HM}\Rightarrow HR_1=HR_2$.

所以R_1与R_2重合,记作R'.易知B,P,R',Q四点共圆.

由于$BP=BQ\Rightarrow\angle PR'B=\angle QR'B\Rightarrow\angle PBR'=\angle QBR'$,所以$R'$为$\angle ABC$平分线与$HM$的交点,于是$R'$与$R$重合.

即B,P,R,Q四点共圆,得证.

7.如图29,过T作两圆内公切线MN,则

$$\angle ICT=\angle SAT=\angle STN=\angle MTX=\angle AXT,\angle BCT=\angle BAT$$

所以

$$\angle BCI=\angle ICT+\angle TCB=\angle AXS+\angle XAT=$$
$$\angle ATS=\angle ACS=\frac{180^\circ-\angle ACB}{2}$$

所以SI为$\angle ACB$外角平分线. ①

又因为$\angle SAT=\angle AXS\Rightarrow\triangle SAT\backsim\triangle SXA$.

所以$\angle ATS=\angle XAS\Rightarrow SA=SB$,而且$SA^2=ST\cdot SX$.

又因为$\angle TCI=\angle AXT=\angle XYT\Rightarrow T,C,Y,I$共圆.

所以$\angle TIC=\angle TYC=\angle TXY$.

所以$\triangle STI\backsim\triangle SIX\Rightarrow SI^2=ST\cdot SX$.

故$SA=ST\Rightarrow SB=ST$.

所以$\angle BIS=\frac{1}{2}(180^\circ-\angle BST)=\frac{1}{2}(180^\circ-\angle BAC)$.

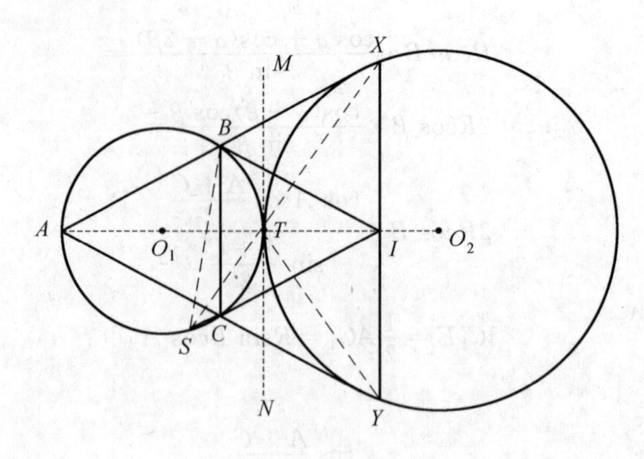

图 29

所以 $\angle CBI=180^\circ-\angle BCI-\angle BIC=180^\circ-\frac{180^\circ-\angle ACB}{2}-\frac{180^\circ-\angle BAC}{2}=\frac{\angle ACB+\angle BAC}{2}=90^\circ-\frac{1}{2}\angle ABC.$

故 IB 为 $\angle ABC$ 外角平分线 ②.

结合 ①② 可知 I 为 $\triangle ABC$ 旁心,得证.

8. 如图 30,设 $\angle BCD$ 的内切圆圆心为 I,$\angle BAI=\angle IAD=\alpha$,$\angle ABI=\angle CBI=\beta$,$\angle BCI=\angle DCI=\gamma$,$\angle CDI=\angle ADI=\theta$. 圆 I 半径为 r.

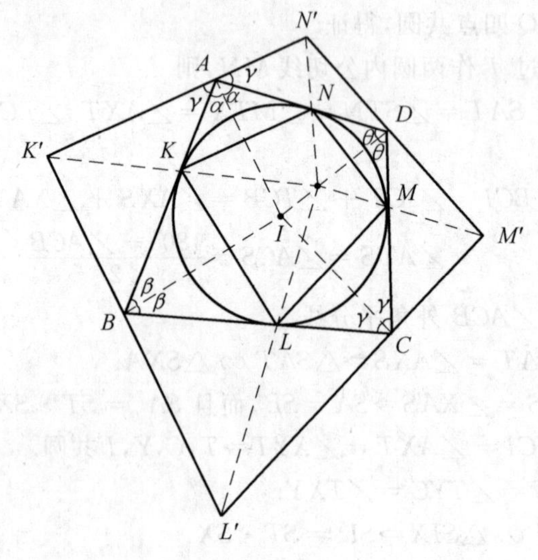

图 30

由 $ABCD$ 还有外接圆可得 $\alpha+\gamma=\beta+\theta=\frac{\pi}{2}$.

所以 $\angle K'AB=\gamma=\angle N'AI$(由于 $K'N'$ 为 A 外角平分线),且 A,K',B,I 四点共圆,$AB=r(\cot\alpha+\cot\beta)$.

所以 $\frac{AK'}{\sin\angle K'BA}=\frac{AB}{\sin\angle AIB}$,即 $\frac{AK'}{\sin\theta}=\frac{r(\cot\alpha+\cot\beta)}{\sin(\alpha+\beta)}$.

所以 $AK'=\frac{r\sin\theta}{\sin\beta\sin\alpha}$. 同理 $AN'=\frac{r\sin\beta}{\sin\alpha\sin\theta}$.

所以 $K'N'=\frac{r(\sin^2\theta+\sin^2\beta)}{\sin\alpha\sin\beta\sin\theta}=\frac{r}{\sin\alpha\sin\beta\sin\theta}$,$K'N'\perp AI$.

而 $KN /\!/ K'N'$ 且 $\frac{KN}{K'N'}=2r\sin\gamma$ 且 $KN\perp AI$.

所以 $KN /\!/ K'N'$ 且 $\frac{KN}{K'N'}=2\sin\alpha\sin\beta\sin\theta\sin\gamma$.

同理可得

$$MN /\!/ M'N',\frac{MN}{M'N'}=2\sin\alpha\sin\beta\sin\theta\sin\gamma$$

$$ML /\!/ M'L',\frac{ML}{M'L'}=2\sin\alpha\sin\beta\sin\theta\sin\gamma$$

$$LK /\!/ L'K',\frac{LK}{L'K'}=2\sin\alpha\sin\beta\sin\theta\sin\gamma$$

于是四边形 $KLMN$ 与四边形 $K'L'M'N'$ 位似,对应顶点连线 $K'K,L'L$,$M'M,N'N$ 共点于位似中心,得证.

9. 下证 D 在圆 O_1 与圆 O_2 的根轴上,即圆 O_1 与圆 O_2 内公切线上.

如图 31,设圆 O_1 与圆 O_2 内公切线与直线 EF 交于点 D_2,过 A 的圆 O_2 切线交直线 EF 于 D_1,只需证 $D_1=D_2\Leftrightarrow$ 证明 $\frac{D_1E}{D_1F}=\frac{D_2E}{D_2F}$.

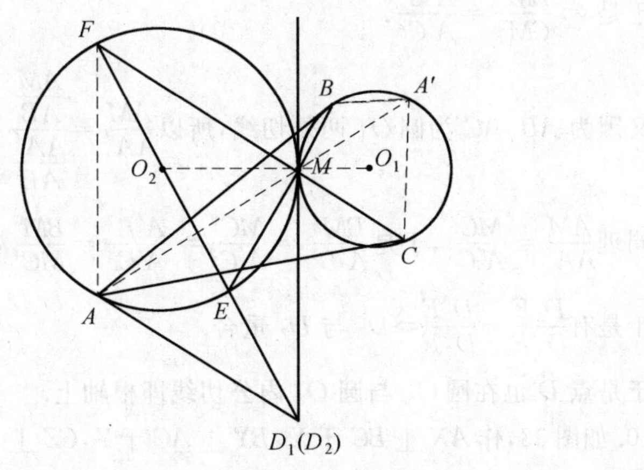

图 31

先说明一个常见结论：如图 32，圆 O_1 与圆 O_2 外切于点 M，过 M 的两条直线交圆 O_1 于 A_1，B_1，交圆 O_2 于 A_2，B_2，则 $A_1B_1 \parallel A_2B_2$.

作圆 O_1，圆 O_2 内公切线 PQ 得

$$\angle B_1A_1M = \angle B_1MQ = \angle PMB_2 = \angle MA_2B_2$$

所以 $A_1B_1 \parallel A_2B_2$，得证.

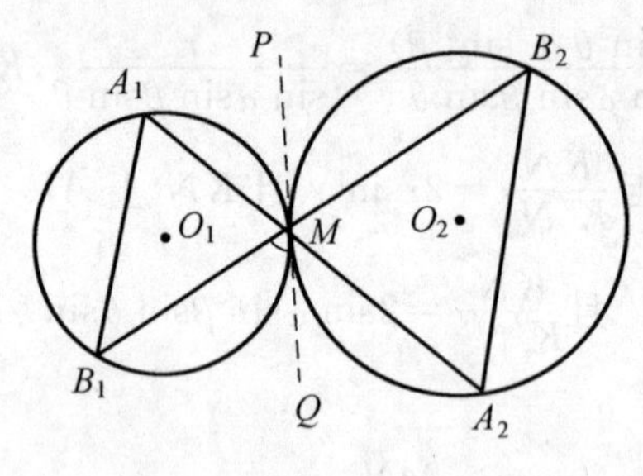

图 32

回到原题：

一方面$\dfrac{D_1E}{D_1F} = \dfrac{\frac{D_1E}{AD_1}}{\frac{D_1F}{AD_1}} = \dfrac{\frac{AE}{AF}}{\frac{AF}{AE}} = \dfrac{AE^2}{AF^2}$. 同理$\dfrac{D_2E}{D_2F} = \dfrac{ME^2}{MF^2}$.

延长 AM 交圆 O_1 于另一点 A'，联结 $A'B$，$A'C$，由上面结论知

$$A'B \parallel AE \Rightarrow \frac{A'B}{AE} = \frac{A'M}{AM}, A'C \parallel AF \Rightarrow \frac{A'C}{AF} = \frac{A'M}{AM}$$

所以$\dfrac{A'B}{AE} = \dfrac{A'C}{AF} \Rightarrow \dfrac{AE}{AF} = \dfrac{A'B}{A'C}$. 同理$\dfrac{ME}{MF} = \dfrac{MB}{MC}$.

于是 $\Leftrightarrow \dfrac{BM^2}{CM^2} = \dfrac{A'B^2}{A'C^2}$.

又因为 AB，AC 为圆 O_1 两外切线，所以$\dfrac{AM}{AA'} = \dfrac{\frac{AM}{AB}}{\frac{AA'}{AB}} = \dfrac{\frac{BM}{BA'}}{\frac{BA'}{BM}} = \dfrac{BM^2}{A'B^2}$.

同理$\dfrac{AM}{AA'} = \dfrac{MC^2}{A'C^2}$，于是$\dfrac{BM^2}{A'B^2} = \dfrac{MC^2}{A'C^2} \Rightarrow \dfrac{A'B^2}{A'C^2} = \dfrac{BM^2}{MC^2}$，得证.

于是有$\dfrac{D_1E}{D_1F} = \dfrac{D_2E}{D_2F} \Rightarrow D_1$ 与 D_2 重合.

于是点 D 也在圆 O_1 与圆 O_2 内公切线即根轴上.

10. 如图 33，作 $AX \perp BC$ 于 X，$BY \perp AC$ 于 Y，$CZ \perp AB$ 于 Z，则 BY，CZ，AX 共点于 H，H 为 $\triangle ABC$ 垂心.

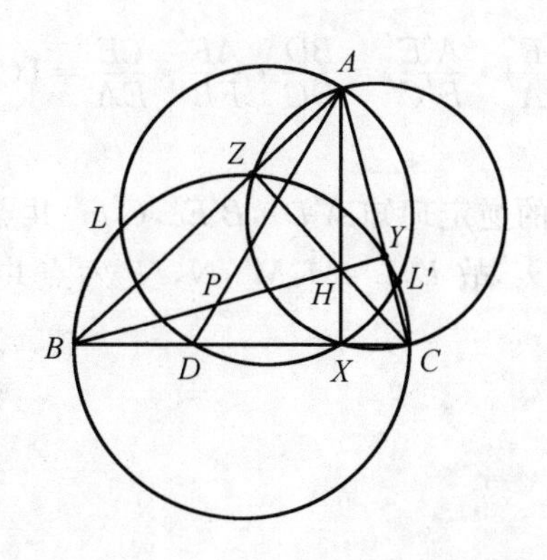

图 33

由于 $CZ \perp AB$，则以 AD，AC 为直径的圆均过点 Z 和 C，ZC 为两圆根轴.

$AX \perp BC$，则以 BC，AC 为直径的圆均过点 X，A，AX 为两圆根轴，且以 AD，BC 为直径的圆交于点 L，L'.

故 LL' 为两圆根轴.

由根心定理知 LL'，AX，ZC 共点，且 $AX \cap ZC$ 于 H，故 LL' 过 H.

且 A，L，X，L' 共圆 $\Rightarrow LH \cdot HL' = AH \cdot HX$.

同理 MM' 过点 H，$MH \cdot HM' = BH \cdot HY$. NN' 过点 H，$NH \cdot HN' = CH \cdot HZ$.

又因为 $LH \cdot HL' = MH \cdot HM' = NH \cdot HN'$.

由此可知 L，L'，M，M' 共圆圆 O_1，M，M'，N，N' 共圆圆 O_2，L，L'，N，N' 共圆圆 O_3.

如图 34，设 AB，BC，CA 的中点分别为 C'，A'，B'，AD，BE，CF 的中点分别为 D'，E'，F'.

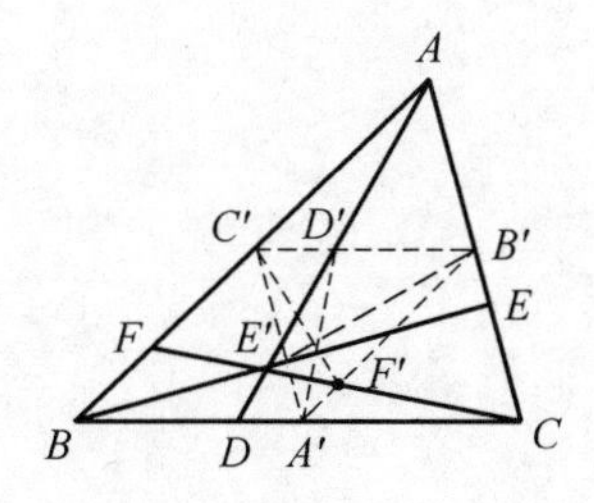

图 34

因为 $D'L = D'L'$，$A'L = A'L'$，所以 $A'D'$ 为 LL' 的中垂线.

同理 $B'E'$ 为 MM' 中垂线，$C'F'$ 为 NN' 中垂线.

所以 O_1 为 $A'D'$ 与 $B'E'$ 交点，O_2 为 $B'E'$ 与 $C'F'$ 交点，O_3 为 $C'F'$ 与 $A'D'$ 交点.

又因为$\frac{C'D'}{D'B'}\cdot\frac{B'F'}{F'A'}\cdot\frac{A'E'}{E'C'}=\frac{BD}{DC}\cdot\frac{AF}{FB}\cdot\frac{CE}{EA}=1$($AD$,$BE$,$CF$ 共点于 P,塞瓦定理).

所以由塞瓦定理的逆定理知 $A'D'$,$B'E'$,$C'F'$ 共点.

所以 $O_1=O_2=O_3$,故 L,L',M,M',N,N' 六点共圆,得证.

第 38 讲　多边形与圆问题综合(Ⅱ)

数学被人看作是一门论证科学. 然而这仅仅是它的一个方面. 以最后确定的形式出现的定型的数学,好像是仅仅含证明的纯论证性的材料. 然而,数学的创造过程是与任何其他知识的创造过程一样. 在证明一个数学定理之前,你先得推测这个定理的内容,在你完全做出详细证明之前,你先得推测证明的思路,你先得把观察到的结果加以综合,然后加以类比. 你得一次又一次地进行尝试.

——波利亚(美国)

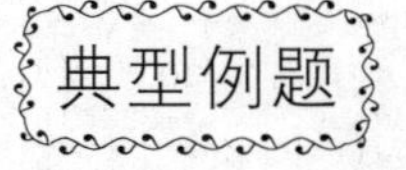

典型例题

例 1　如图 1,锐角 $\triangle ABC$ 的垂心为 H,E 是线段 CH 上的任意一点,延长 CH 到 F,使 $HF=CE$,作 $FD\perp BC$,$EG\perp BH$,D,G 为垂足,M 是线段 CF 的中点,O_1,O_2 分别为 $\triangle ABG$,$\triangle BCH$ 的外接圆圆心,圆 O_1,圆 O_2 的另一交点为 N;

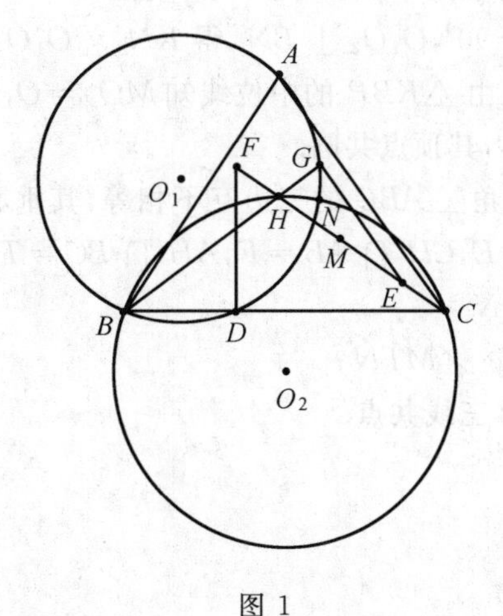

图 1

求证：(1)A,B,D,G 四点共圆；(2)O_1,O_2,M,N 四点共圆；

证明 (1) 如图 2，设 $EG\cap DF$ 于 K，联结 AH，则因 $AC\perp BH$，$EK\perp BH$，$AH\perp BC$，$KF\perp BC$，得 $CA\parallel EK$，$AH\parallel KF$，且 $CH=EF$，所以 $\triangle CAH\cong\triangle EKF$，$AH$ 与 KF 平行且相等，故 $AK\parallel HF$，$\angle KAB=90^\circ=\angle KDB=\angle KGB$，因此，$A,B,D,G$ 四点共圆；

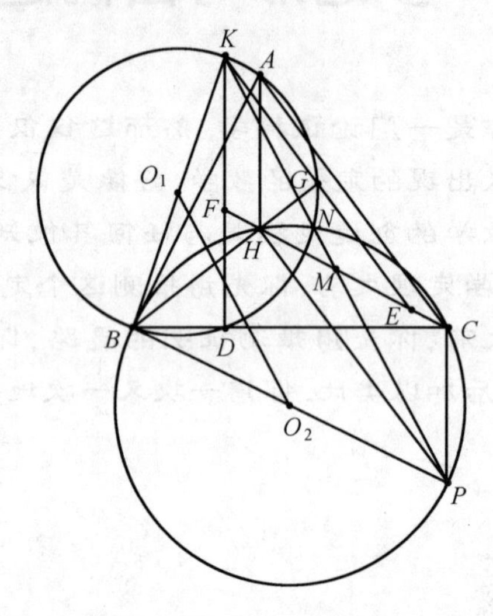

图 2

(2) 据(1)，BK 为圆 O_1 的直径，作圆 O_2 的直径 BP，联结 CP,KP,HP,O_1O_2，则 $\angle BCP=\angle BHP=90^\circ$，所以 $CP\parallel AH$，$HP\parallel AC$，故 $AHPC$ 为平行四边形，进而得 PC 与 KF 平行且相等，因此平行四边形 $KFPC$ 的对角线 KP 与 CF 互相平分于点 M，从而 O_1,O_2,M 是 $\triangle KBP$ 三边的中点，$KM\parallel O_1O_2$，而由 $\angle KNB=90^\circ$，$O_1O_2\perp BN$，得 $KN\parallel O_1O_2$，所以 M,N,K 共线，因此 $MN\parallel O_1O_2$，又由 $\triangle KBP$ 的中位线知 $MO_2=O_1B=O_1N$，因此四边形 O_1O_2MN 是等腰梯形，其顶点共圆.

例 2 如图 3，锐角 $\triangle ABC$ 的三边互不相等，其垂心为 H，D 是 BC 的中点，直线 $BH\cap AC=E$，$CH\cap AB=F$，$AH\cap BC=T$，直线 AG 与圆 BDE，圆 CDF 分别交于 M,N.

求证：(1)AH 平分 $\angle MTN$；

(2)ME,NF,AH 三线共点.

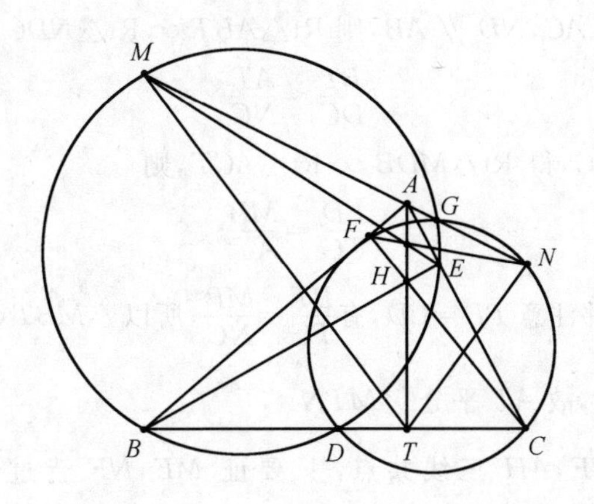

图 3

证明　如图 4，联结 DE, DF, MB, NC，因 B, C, E, F 共圆，D 为圆心，则 $DE=DF=DB=DC$.

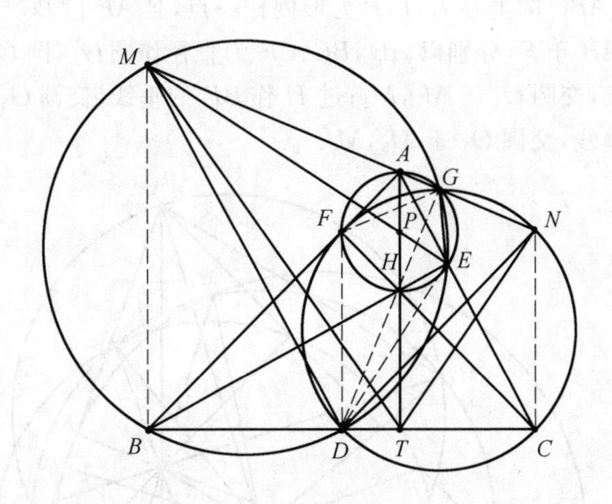

图 4

联结 GD, GE, GF，由 B, D, E, G 共圆，得 $\angle DGE=\angle DBE=\angle TAC$；又由 $CDFG$ 共圆，得 $\angle DGF=\angle DCF=\angle TAB$，相加得 $\angle EGF=\angle EAF$，故 E, G, A, F 共圆，又因 E, A, F, H 共圆，即有 A, G, E, H, F 五点共圆，所以 $\angle HGE=\angle HAE=\angle TAC=\angle DGE$，即 D, H, G 共线；五点圆 $AGEHF$ 的直径为 AH，设圆心为 P（P 为 AH 的中点），由 $\angle AGH=\angle AEH=90^{\circ}$，即 $DG\perp MN$，故 MD 为圆 BDE 的直径，从而 $MB\perp BC$，进而由 $\angle DGN=90^{\circ}$，知 DN 为圆 CDF 的直径，所以 $NC\perp BC$，$MB\parallel AT\parallel NC$，因直径 MD 过 $\overset{\frown}{BDE}$ 的中点 D，故 MD 垂直且平分弦 BE；同理，圆 CDF 的直径 $DN\perp CF$，又由 $BE\perp AC$，$CF\perp$

AB，所以 $MD // AC$，$ND // AB$，则 $\mathrm{Rt}\triangle ABT \backsim \mathrm{Rt}\triangle NDC$，则

$$\frac{BT}{DC}=\frac{AT}{NC} \quad ①$$

由 $MD // AC$，得 $\mathrm{Rt}\triangle MDB \backsim \mathrm{Rt}\triangle ACT$，则

$$\frac{BD}{TC}=\frac{MB}{AT} \quad ②$$

①② 相乘，并注意 $BD=CD$，有$\frac{BT}{TC}=\frac{MB}{NC}$，所以 $\triangle MBT \backsim \triangle NCT$，由此，$\frac{TN}{TM}=\frac{TC}{TB}=\frac{AN}{AM}$，故 AT 平分 $\angle MTN$.

为证 ME，NF，AH 三线共点，只要证 ME，NF 皆过点 P，据五点圆 $AGEHF$ 的圆心角 $\angle HPE=2\angle HAE=2\angle HBC=\angle EDC=\angle BME$，所以 $PE // ME$，因此 M，P，E 共线；同理可得，N，P，F 共线，因此 ME，NF，AH 三线共点.

例 3 $\triangle ABC$ 的垂心为 H，P 为形内任一点，且 $AP \cap BC$ 于 D，$BP \cap AC$ 于 E，$CP \cap AB$ 于 F，分别以 AD，BE，CF 为直径作圆 O_1，圆 O_2，圆 O_3，过 H 作 AP 的垂线，交圆 O_1 于 M_1，M_2；过 H 作 BP 的垂线，交圆 O_2 于 M_3，M_4；过 H 作 CP 的垂线，交圆 O_3 于 M_5，M_6.

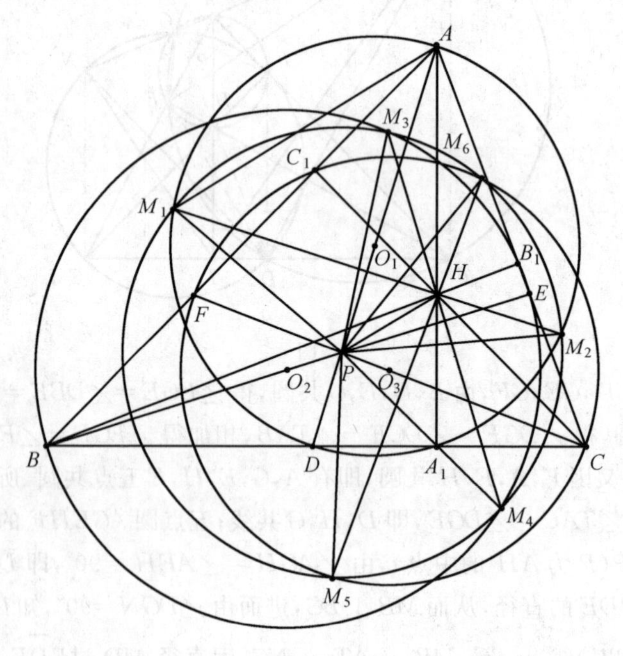

图 5

求证：$M_1, M_2, \cdots, M_6$ 六点共圆.

证明　设 $\triangle ABC$ 的三条高为 AA_1, BB_1, CC_1，则

$$HA \cdot HA_1 = HB \cdot HB_1 = HC \cdot HC_1 = \rho^2$$

因 A, M_1, A_1, M_2 共圆圆 O_1，由相交弦定理

$$HM_1 \cdot HM_2 = HA \cdot HA_1 = \rho^2$$

类似有

$$HM_3 \cdot HM_4 = \rho^2, HM_5 \cdot HM_6 = \rho^2$$

记 $PH = d, PM_1 = PM_2 = r_1^2, PM_3 = PM_4 = r_2^2, PM_5 = PM_6 = r_3^2$.

由斯特瓦特定理

$$d^2 = r_1^2 \frac{HM_2}{M_1M_2} + r_1^2 \frac{HM_1}{M_1M_2} - HM_1 \cdot HM_2 = r_1^2 - \rho^2$$

即 $r_1^2 = d^2 + \rho^2$，右端为常数，同理有，$r_2^2 = d^2 + \rho^2, r_3^2 = d^2 + \rho^2$，即 $M_1, M_2, \cdots, M_6$ 在以 P 为圆心，$\sqrt{d^2 + \rho^2}$ 为半径的圆周上.

例 4　如图 6，圆 O_1，圆 O_2，圆 O_3 分别外切圆 O 于 A_1, B_1, C_1，并且前三个圆还分别与 $\triangle ABC$ 的两条边相切.

求证：三条直线 AA_1, BB_1, CC_1 相交于一点.

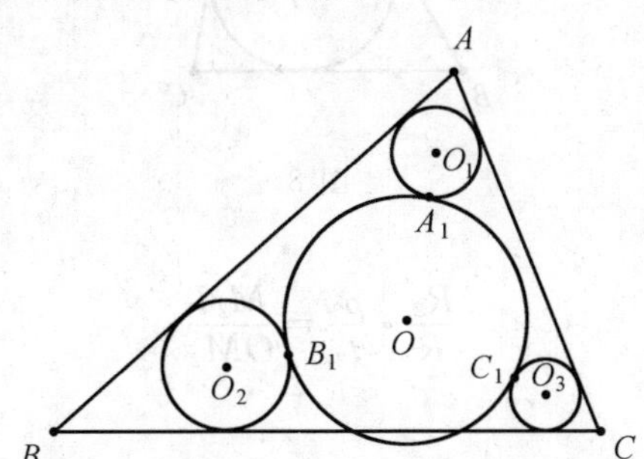

图 6

证明　设 O_1, O_2, O_3 及 O 分别是四个圆的圆心，四个圆半径分别为 R_1, R_2, R_3 与 R，$\triangle ABC$ 的内切圆半径为 r，显然，AO_1, BO_2, CO_3 为 $\triangle ABC$ 的三条内角平分线，故相交于其内心 I. 设 $OI = d$（定值）.

如图 7，记 $AI = \rho_1, BI = \rho_2, CI = \rho_3, AO_1 = t_1, BO_2 = t_2, CO_3 = t_3$，对于 $\triangle OIO_1$，因为圆 O 与圆 O_1 的切点 A_1 在连心线 OO_1 上，点 A 在 IO_1 的延长线上，则直线 AA_1 必与线段 OI 相交，其交点设为 M_1.

同理可设，直线 $BB_1 \cap OI = M_2, CC_1 \cap OI = M_3$. 只需证 M_1, M_2, M_3 重合.

直线 AA_1 截 $\triangle OIO_1$ 于 A, A_1, M_1，由梅涅劳斯定理，得

$$\frac{O_1A_1}{A_1O}\cdot\frac{OM_1}{M_1I}\cdot\frac{IA}{AO_1}=1$$

即

$$\frac{R_1}{R}\cdot\frac{\rho_1}{t_1}=\frac{M_1I}{OM_1} \quad ①$$

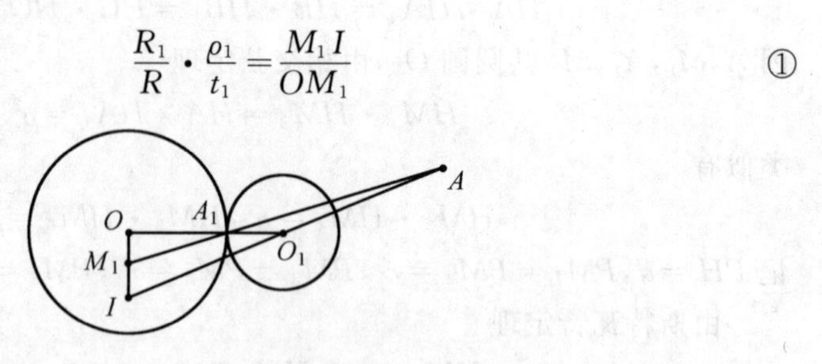

图 7

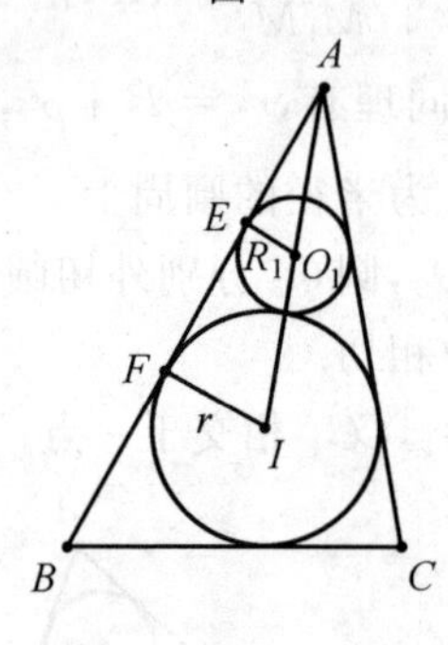

图 8

同理有

$$\frac{R_2}{R}\cdot\frac{\rho_2}{t_2}=\frac{M_2I}{OM_2} \quad ②$$

以及

$$\frac{R_3}{R}\cdot\frac{\rho_3}{t_3}=\frac{M_3I}{OM_3} \quad ③$$

易知$\frac{r}{\rho_i}=\frac{R_i}{t_i}, i=1,2,3$,所以$\frac{R_i\cdot\rho_i}{R\cdot t_i}=\frac{r}{R}, i=1,2,3$,从而$\frac{M_1I}{OM_1}=\frac{M_2I}{OM_2}=\frac{M_3I}{OM_3}=\frac{r}{R}$,故$\frac{OI}{OM_1}=\frac{OI}{OM_2}=\frac{OI}{OM_3}=\frac{R+r}{R}$,所以,$OM_1=OM_2=OM_3=\frac{Rd}{R+r}$,因此$M_1,M_2,M_3$共点,即$AA_1,BB_1,CC_1$交于一点.

例 5 如图 9、图 10,不等边$\triangle ABC$的外心为O,重心为G,A_1,B_1,C_1分别是边BC,CA,AB的中点,过点B,C分别作OG的垂线l_b,l_c,若$l_b\cap A_1C_1=E$,$l_c\cap A_1B_1=F$;求证:A,E,F三点共线.

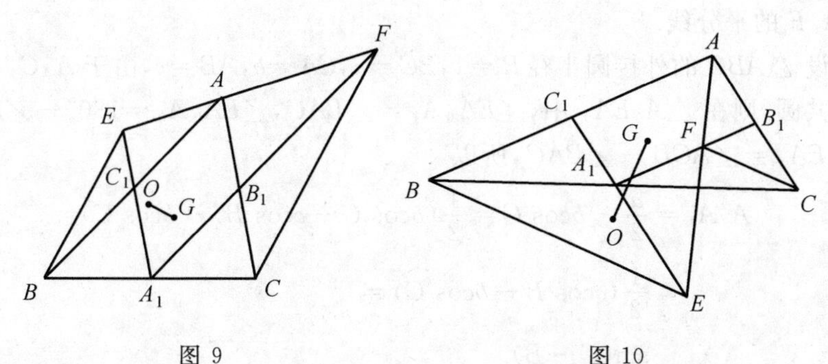

图 9　　　　　　　　　　　　图10

证明　设 A_0,B_0,C_0 分别是三条高 AA_0,BB_0,CC_0 的垂足，H 是垂心，易知 O,G,H 共线(欧拉线)，且 A_1,B_1,C_1,A_0,B_0,C_0 在 $\triangle ABC$ 的九点圆 ω_9 上，以 BO 为直径作圆 ω_{BO}，以 BH 为直径作圆 ω_{BH}，如图 11 所示.

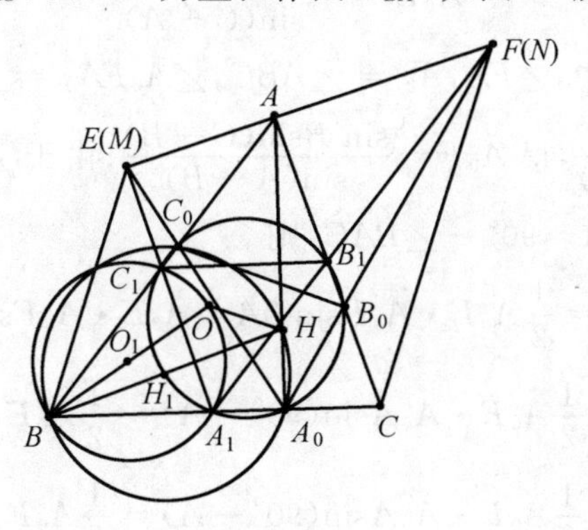

图 11

设 $A_0C_0 \cap A_1C_1 = M$，则在圆 ω_9 上，有等幂式 $MC_0 \cdot MA_0 = MC_1 \cdot MA_1$，因 C_1,A_1 是圆 ω_{BO},ω_9 的公共点，则点 M 关于圆 ω_9,ω_{BO} 等幂；又由点 C_0,A_0 是圆 ω_9,ω_{BH} 的公共点，可知点 M 关于圆 ω_9,ω_{BH} 等幂；因此，点 M 关于圆 ω_{BO}，ω_{BH} 等幂，所以点 M 在两圆 ω_{BO},ω_{BH} 的根轴上，即在这两圆的公共弦上，而 B 是两圆公共点，故 BM 为两圆 ω_{BO},ω_{BH} 的根轴，即 BM 重合于两圆的公共弦；设 O_1,H_1 是两圆圆心，则 $BM \perp O_1H_1$，而 O_1,H_1 分别是 BO,BH 的中点，所以 $BM \perp OH$. 因此，BM 与 l_b 重合，据条件 $l_b \cap A_0C_0 = E$ 得点 M,E 重合，即 BE 为两圆 ω_{BO},ω_{BH} 的根轴.

故 l_b,A_0C_0,A_1C_1 三线共点 E. 类似地，若设 $A_0B_0 \cap A_1B_1 = N$，则 N,F 重合，即 CF 为两圆 ω_{CO},ω_{CH} 的根轴，且 l_c,A_0B_0,A_1B_1 三线共点 F.

为证 A,E,F 共线，使用面积方法，只要证

$$S_{\triangle A_0EF} = S_{\triangle A_0EA} + S_{\triangle A_0FA} \qquad ①$$

注意 $\triangle ABC$ 的垂心 H 是其垂足三角形 $A_0B_0C_0$ 的内心，直线 AHA_0 是

$\angle EA_0F$ 的平分线.

设 $\triangle ABC$ 的外接圆半径 $R=1$,$BC=a$,$CA=b$,$AB=c$,由于 A,C,A_0,C_0 四点共圆,则在 $\triangle A_0EA_1$ 中,$\angle EA_0A_1=\angle BAC$,$\angle EA_1A_0=180^\circ-\angle ACB$,$\angle A_0EA_1=\angle ACB-\angle BAC$,所以

$$A_0A_1=\frac{a}{2}-b\cos C=\frac{1}{2}(b\cos C+c\cos B)-b\cos C=$$

$$\frac{1}{2}(c\cos B-b\cos C)=$$

$$\sin(C-B)$$

由 $\dfrac{A_0E}{A_0A_1}=\dfrac{\sin C}{\sin(C-A)}$,得

$$A_0E=\frac{\sin C\sin(C-B)}{\sin(C-A)}$$

在 $\triangle A_0FA_1$ 中,$\angle FA_1A_0=\angle ABC$,$\angle A_0FA_1=\angle BAC-\angle ABC$,据 $\dfrac{A_0F}{A_0A_1}=\dfrac{\sin B}{\sin(A-B)}$,得 $A_0F=\dfrac{\sin B\sin(C-B)}{\sin(A-B)}$;由于 $\angle EA_0F=180^\circ-2A$,$\angle EA_0A=\angle FA_0A=90^\circ-\angle BAC$,则

$$S_{\triangle EA_0F}=\frac{1}{2}A_0E\cdot A_0F\sin 2A=A_0E\cdot A_0F\sin A\cos A$$

$$S_{\triangle EA_0A}=\frac{1}{2}A_0E\cdot A_0A\sin(90^\circ-A)=\frac{1}{2}A_0E\cdot A_0A\cos A$$

$$S_{\triangle FA_0A}=\frac{1}{2}A_0F\cdot A_0A\sin(90^\circ-A)=\frac{1}{2}A_0F\cdot A_0A\cos A$$

因此,为证式 ①,只要证

$$A_0E\cdot A_0F\sin A=\frac{1}{2}(A_0E+A_0F)\cdot A_0A \qquad ②$$

由于 $A_0A=c\cos B=2\sin B\sin C$,于是式 ② 成为

$$\frac{\sin C\sin(C-B)}{\sin(C-A)}\cdot\frac{\sin B\sin(C-B)}{\sin(A-B)}\cdot\sin A=$$

$$\left[\frac{\sin C\sin(C-B)}{\sin(C-A)}+\frac{\sin B\sin(C-B)}{\sin(A-B)}\right]\sin B\sin C \qquad ③$$

化简即

$$\sin A\sin(C-B)=\sin C\sin(A-B)+\sin B\sin(C-A) \qquad ④$$

因为

$$\sin A\sin(C-B)=\sin(C+B)\sin(C-B)=\sin^2C-\sin^2B$$

$$\sin C\sin(A-B)=\sin^2A-\sin^2B$$

$$\sin B\sin(C-A)=\sin^2C-\sin^2A$$

故知式④成立,从而式①成立.因此 A,E,F 三点共线.

例 6　锐角 $\triangle ABC$ 中,以高 AD 为直径的圆 ω,交 AC,AB 于 E,F,过点 E,F 分别作圆 ω 的切线,若两切线相交于点 P;

求证:直线 AP 重合于 $\triangle ABC$ 的一条中线.

证明　如图12,设 M 为 BC 中点,过点 E,F 的切线 l_E,l_F 分别交 BC 于 N,K,设 $EN\cap AM=P,FK\cap AM=P'$,只要证点 P,P' 重合;$\triangle ABM,\triangle ACM$ 分别被直线 FK,EN 所截,据梅涅劳斯定理

$$\frac{MK}{KB}\cdot\frac{BF}{FA}\cdot\frac{AP'}{P'M}=1,\frac{MN}{NC}\cdot\frac{CE}{EA}\cdot\frac{AP}{PM}=1$$

为证 $\frac{AP'}{P'M}=\frac{AP}{PM}$,只要证

$$\frac{MK}{KB}\cdot\frac{BF}{FA}=\frac{MN}{NC}\cdot\frac{CE}{EA}\quad ①$$

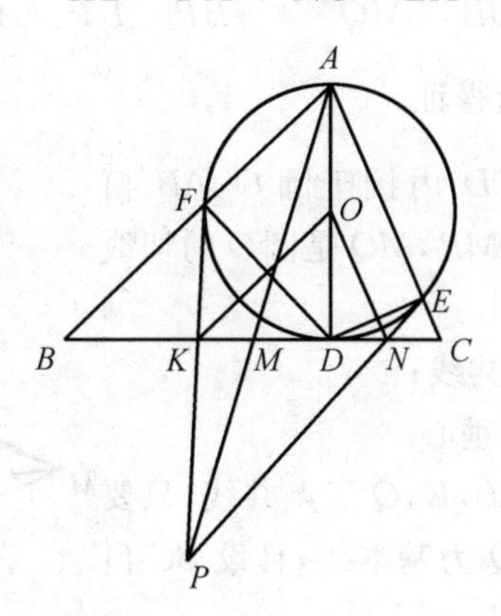

图12

设 ω 的圆心为 O,联结 DE,DF,ON,OK,因为 KD,KF 为圆 O 的切线,所以 OK 是 DF 的中垂线,又 $AF\perp DF$,则 $OK\,/\!/\,AB$,即 OK 是 $\triangle DAB$ 的中位线,K 是 BD 的中点,同理 N 是 CD 的中点,所以 $KN=\frac{1}{2}BC=MB=MC$,因此 $MK=CN=ND$,于是

$$\frac{MK}{KB}=\frac{ND}{DK}=\frac{CD}{BD},\frac{MN}{NC}=\frac{DK}{ND}=\frac{BD}{CD}\quad ②$$

又在 $\mathrm{Rt}\triangle ADB,\triangle ADC$ 中,由于 $DF\perp AB,DE\perp AC$

$$\frac{BF}{FA}=\frac{BF}{DF}\cdot\frac{DF}{FA}=\left(\frac{BD}{AD}\right)^2,\frac{CE}{EA}=\frac{CE}{DE}\cdot\frac{DE}{EA}=\left(\frac{CD}{AD}\right)^2\quad ③$$

据②③可知,式①成立,因此结论得证.

例 7　四边形 $ABCD$ 内接于圆 O,$AB\cap CD=M$,MP,MQ 是圆 O 的切线

(P,Q 为切点);求证:AC,BD,PQ 三线共点.

证明 如图 13,以 PQ 为基本线,设 $BD\cap PQ=K$,$AC\cap PQ=K_1$,只要证 K,K_1 共点;因为 $\frac{PK}{KQ}=\frac{S_{\triangle BPD}}{S_{\triangle BQD}}=\frac{BP\cdot PD}{BQ\cdot QD}$,$\frac{PK_1}{K_1Q}=\frac{S_{\triangle APC}}{S_{\triangle AQC}}=\frac{AP\cdot PC}{AQ\cdot QC}$,只要证,$\frac{BP\cdot PD}{BQ\cdot QD}=\frac{AP\cdot PC}{AQ\cdot QC}$,即要证,$\frac{AP}{BP}\cdot\frac{CP}{DP}\cdot\frac{BQ}{AQ}\cdot\frac{DQ}{CQ}=1$;

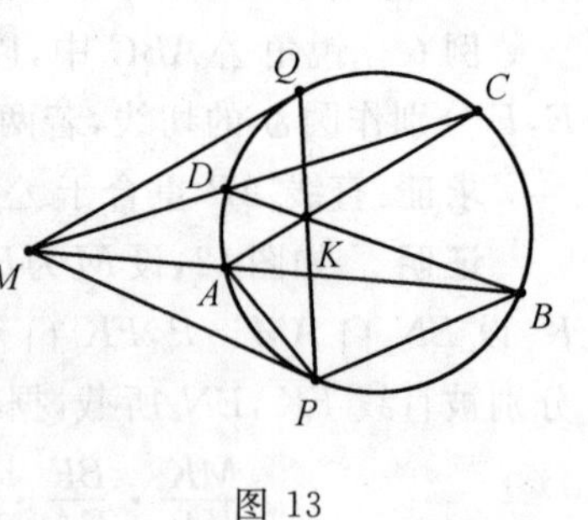

图 13

因为 $\triangle MPA\backsim\triangle MBP$,$\triangle MPD\backsim\triangle MCP$,$\triangle MDQ\backsim\triangle MQC$,$\triangle MAQ\backsim\triangle MQB$,故分别得到,$\frac{AP}{PB}=\frac{MA}{MP}$,$\frac{CP}{PD}=\frac{MP}{MD}$,$\frac{DQ}{QC}=\frac{MD}{MQ}$,$\frac{AQ}{QB}=\frac{MA}{MQ}$;所以 $\frac{AP}{BP}\cdot\frac{CP}{DP}\cdot\frac{BQ}{AQ}\cdot\frac{DQ}{CQ}=\frac{MA}{MP}\cdot\frac{MP}{MD}\cdot\frac{MD}{MQ}\cdot\frac{MQ}{MA}=1$,因此结论得证.

例 8 四边形 $ABCD$ 内接于圆 O,$AB\cap CD=M$,$AD\cap BC=N$,MP,MQ 是圆 O 的切线(P,Q 为切点);求证:

(1)P,K,Q,N 四点共线;

(2)O 是 $\triangle MNK$ 的垂心.

证明 (1) 据上题,P,K,Q 三点共线,只要证,点 N 在 PQ 上,以 PQ 为基本线,且设 $BC\cap PQ=N_1$,$AD\cap PQ=N_2$;

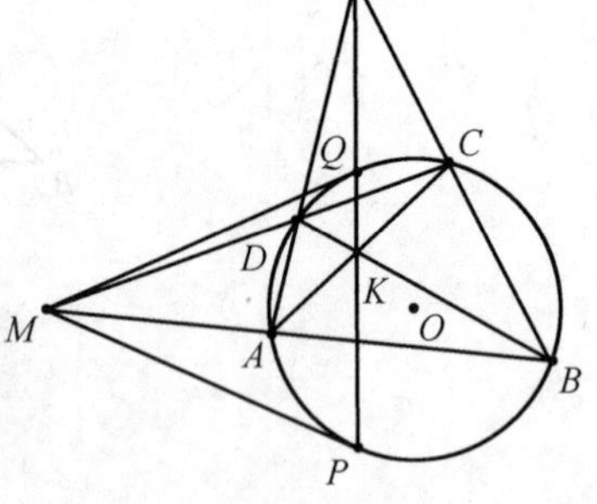

图 14

则 $\frac{PN_1}{QN_1}=\frac{S_{\triangle PBC}}{S_{\triangle QBC}}=\frac{PB\cdot PC}{QB\cdot QC}$,$\frac{PN_2}{QN_2}=\frac{S_{\triangle PAD}}{S_{\triangle QAD}}=\frac{PA\cdot PD}{QA\cdot QD}$;只要证,$\frac{PN_1}{QN_1}=\frac{PN_2}{QN_2}$,即要证,$\frac{PA\cdot PD}{QA\cdot QD}=\frac{PB\cdot PC}{QB\cdot QC}$,即 $\frac{PA}{PB}\cdot\frac{PD}{PC}\cdot\frac{QB}{QA}\cdot\frac{QC}{QD}=1$.

因为 $\triangle MPA\backsim\triangle MBP$,$\triangle MPD\backsim\triangle MCP$,$\triangle MDQ\backsim\triangle MQC$,$\triangle MAQ\backsim\triangle MQB$,则 $\frac{PA}{PB}=\frac{MP}{MB}$,$\frac{PD}{PC}=\frac{MD}{MP}$,$\frac{QB}{QA}=\frac{MB}{MQ}$,$\frac{QC}{QD}=\frac{MQ}{MD}$;

相乘得,$\frac{PA}{PB}\cdot\frac{PD}{PC}\cdot\frac{QB}{QA}\cdot\frac{QC}{QD}=1$,故结论得证.

(2) 因 MP,MQ 是圆 O 的切线,则 MO 垂直平分 PQ,而 P,K,Q,N 四点共线,则 $MO\perp NK$,据 M,N 的对称性,有 $NO\perp MK$(因为,若自 N 引圆 O 的

切线 NP_1，NQ_1，类似可得，P_1，K，Q_1，M 共线，NO 垂直平分 P_1Q_1，所以 $NO\perp MK$)；因此，点 O 为 $\triangle MNK$ 的垂心(同时，点 K 也是 $\triangle MON$ 的垂心).

说明　若将问题改述为：四边形 $ABCD$ 内接于圆 O，且 $AB\cap CD=M$，$AD\cap BC=N$，$AC\cap BD=K$，证明点 O 是 $\triangle MNK$ 的垂心，则问题便具有难度.

若考虑其逆命题：四边形 $ABCD$ 中，$AB\cap CD=M$，$AD\cap BC=N$，$AC\cap BD=K$，若 $\triangle ABC$ 的外心 O 是 $\triangle MNK$ 的垂心，证明 A，B，C，D 四点共圆，情况如何？(逆命题也成立)

例 9　如图 15，已知 $ABCD$ 是圆内接四边形，O 是外心，E 是对角线交点. P 是任意点，O_1，O_2，O_3，O_4 分别是 $\triangle PAB$，$\triangle PBC$，$\triangle PCD$，$\triangle PDA$ 的外心. 求证：OE，O_1O_3，O_2O_4 三线共点.

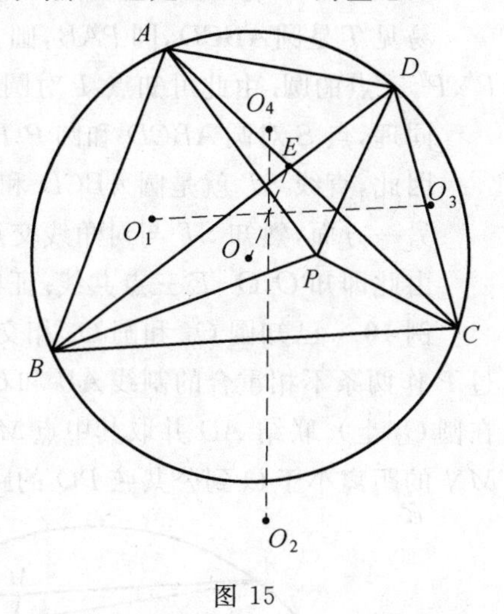

图 15

证明　如图 16，记圆 PAB，圆 PCD 的第二个交点为 P'；圆 PBC，圆 PAD 的第二个交点为 P''. 并记对边 AB，CD 交于 T，AD，BC 交于 S.

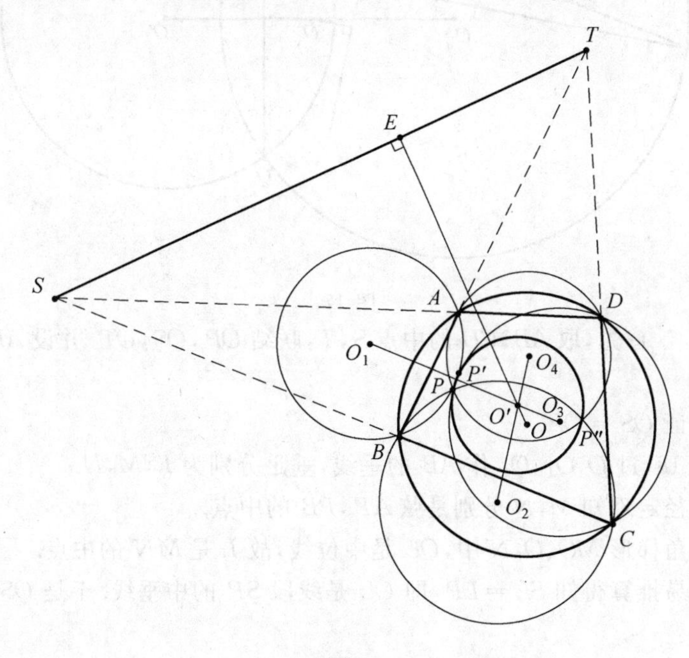

图 16

因 PP' 是两圆的公共弦，故 O_1O_3 垂直平分 PP'，同样 O_2O_4 也垂直平分 PP''，因此 O_1O_3 与 O_2O_4 的交点 O' 是 $\triangle PP'P''$ 的外心.

易见 T 是圆 $ABCD$，圆 PAB，圆 PCD 的根心，故 T,P,P' 共线. 作出过 P，P'，P'' 三点的圆. 由此可知点 T 对圆 $ABCD$ 和圆 $PP'P''$ 等幂.

同理，点 S 对圆 $ABCD$ 和圆 $PP'P''$ 也等幂.

因此，直线 ST 就是圆 $ABCD$ 和圆 $PP'P''$ 的根轴，故 $OO' \perp ST$.

另一方面，熟知 ST 与对角线交点 E 配极，故 $OE \perp ST$.

由此即知 O,O',E 三点共线. 证毕.

例 10 已知圆 O_1 和圆 O_2 相交于 P,Q 两点，O 是联心线 O_1O_2 的中点. 过 P 作两条不相重合的割线 AB 和 CD(其中 A,C 两点在圆 O_1 上，B,D 两点在圆 O_2 上). 联结 AD 并取其中点 M，联结 CB 并取其中点 N. 求证：O 到直线 MN 的距离小于 O 到公共弦 PQ 的距离.

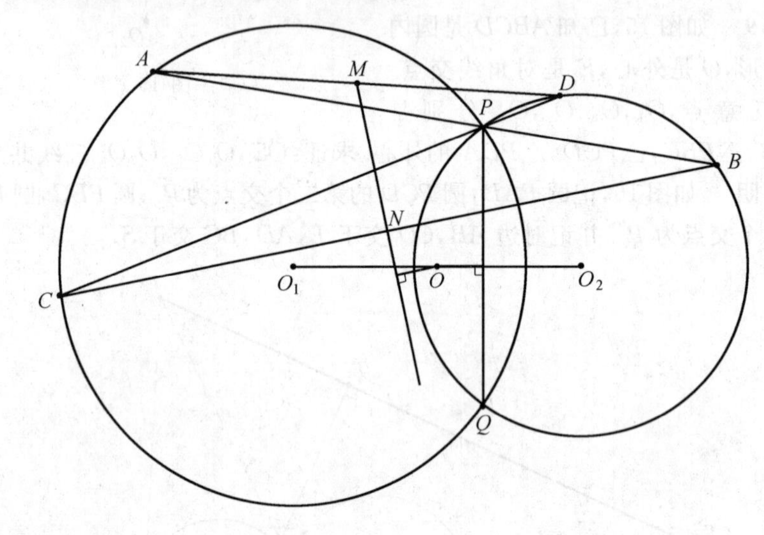

图 17

证明 首先，取 AB,CD 的中点 S,T，联结 OP,OS,OT. 并设 AB,CD 的夹角为 θ.

先来证 $OS=OP$.

如图 18，过 O,O_1,O_2 作 AB 的垂线，垂足分别为 L,M,N.

由垂径定理知 M,N 分别是弦 AP,PB 的中点.

在直角梯形 MO_1O_2N 中，OL 是中位线，故 L 是 MN 的中点.

由此易推算得知 $SL=LP$，即 OL 是线段 SP 的中垂线. 于是 $OS=OP$.

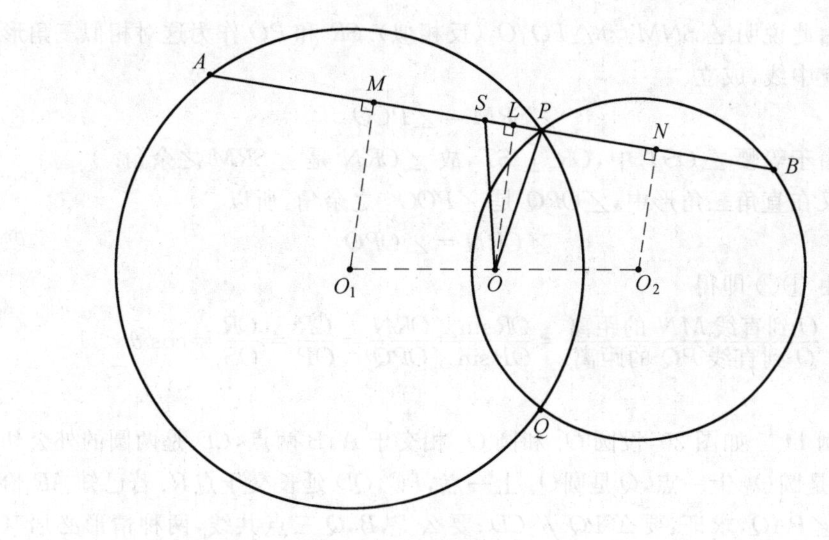

图 18

同理可得 $OT = OP$.

由此 $OS = OT$,表明 $\triangle OST$ 是等腰三角形.

且易说明这个等腰三角形的顶角为 2θ,腰长为 OP.记其底边中点为 R.

其次,如图 19,联结 SM,SN,TM,TN,易见 $MTNS$ 是平行四边形,边长为弦 AC,BD 之半,顶角等于两圆的交角.

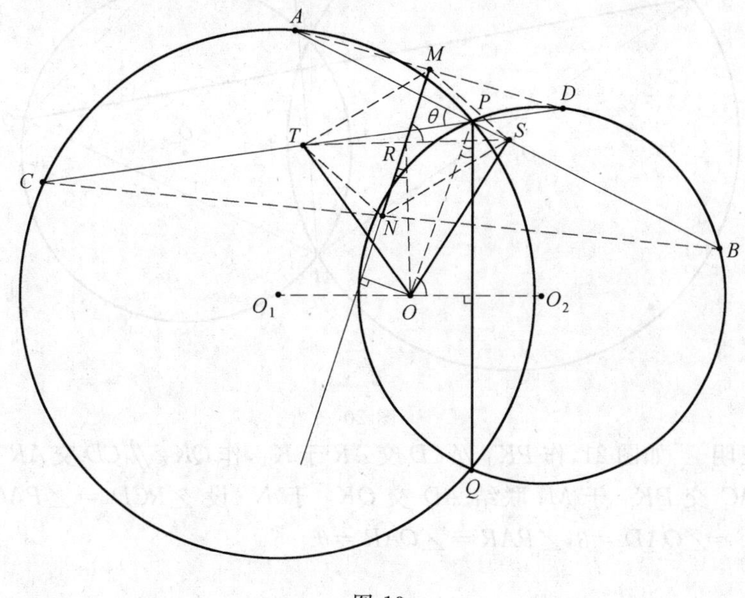

图 19

由此说明 $\triangle SNM \backsim \triangle PO_1O_2$(反相似). SR 和 PO 作为这对相似三角形的对应中线,成立

$$\angle SRM = \angle POO_2 \quad ①$$

由于等腰 $\triangle OST$ 中,$OR \perp ST$,故 $\angle ORN$ 是 $\angle SRM$ 之余角.

又在直角三角形中,$\angle OPQ$ 是 $\angle POO_2$ 之余角,所以

$$\angle ORN = \angle OPQ \quad ②$$

由 ①② 即得

$$\frac{O\text{ 到直线 }MN\text{ 的距离}}{O\text{ 到直线 }PQ\text{ 的距离}} = \frac{OR\sin\angle ORN}{OP\sin\angle OPQ} = \frac{OR}{OP} = \frac{OR}{OS} = \cos\theta < 1$$

证毕.

例 11 如图 20,设圆 O_1 和圆 O_2 相交于 A,B 两点,CD 是两圆的外公切线,P 是圆 O_1 上一点,Q 是圆 O_2 上一点,PC,QD 延长交于点 R. 若已知 AR 恰平分 $\angle PAQ$,求证:要么 $PQ \parallel CD$;要么 P,B,Q 三点共线,两种情形必居其一.

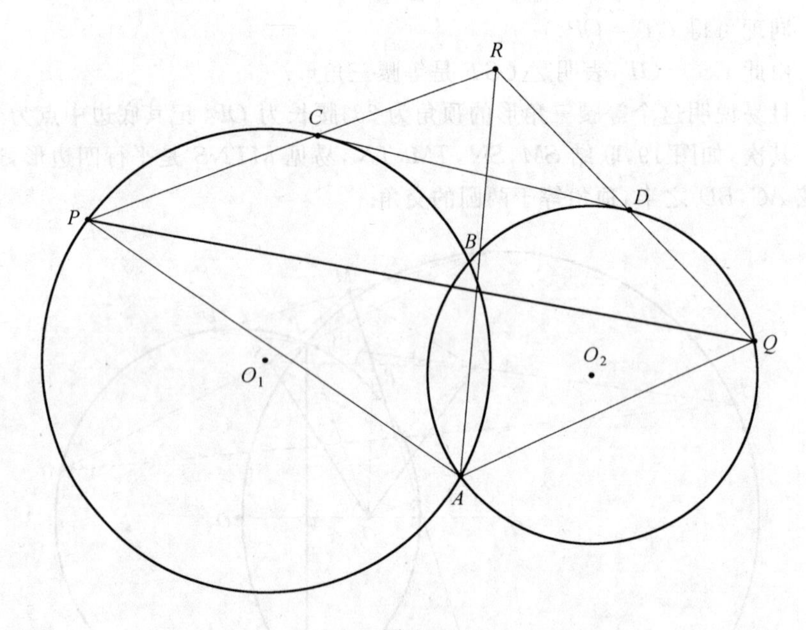

图 20

证明 如图 21,作 $PK_1 \parallel CD$ 交 AR 于 K_1,作 $QK_2 \parallel CD$ 交 AR 于 K_2. 联结 AC 交 PK_1 于 M;联结 AD 交 QK_2 于 N. 设 $\angle RCD = \angle PAC = \alpha$,$\angle RDC = \angle QAD = \beta$,$\angle PAR = \angle QAR = \theta$.

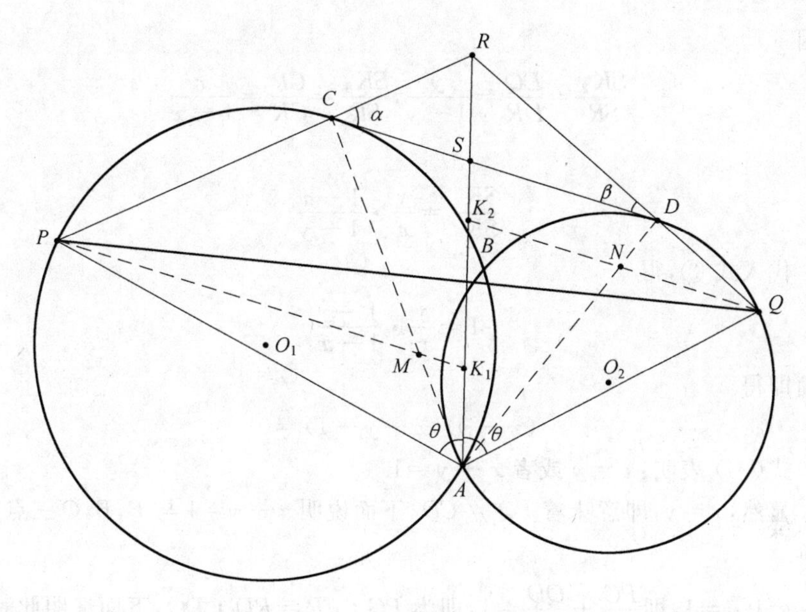

图 21

以下记$\dfrac{PC}{PR}=x$,$\dfrac{QD}{QR}=y$.

由正弦定理易知 $x=\dfrac{AC\sin\alpha}{AR\sin\theta}$,$y=\dfrac{AD\sin\beta}{AR\sin\theta}$,所以

$$\frac{x}{y}=\frac{AC\sin\alpha}{AD\sin\beta}=\frac{AC}{AD}\cdot\frac{RD}{RC}$$

而 $RD=\dfrac{1-y}{y}QD$,$RC=\dfrac{1-x}{x}PC$,代入上式得

$$1=\frac{AC}{AD}\cdot\frac{QD}{PC}\cdot\frac{1-y}{1-x} \quad ①$$

而易由 $\triangle CAP\backsim\triangle CPM$ 及 $\triangle DAQ\backsim\triangle DQN$ 得$\dfrac{AC}{PC}=\dfrac{PC}{CM}$,$\dfrac{QD}{AD}=\dfrac{DN}{QD}$,代入上式得

$$1=\frac{PC}{QD}\cdot\frac{DN}{CM}\cdot\frac{1-y}{1-x}$$

又$\dfrac{CM}{AC}=\dfrac{SK_1}{AS}$,$\dfrac{DN}{AD}=\dfrac{SK_2}{AS}$,代入上式得

$$1=\frac{PC}{QD}\cdot\frac{AD}{AC}\cdot\frac{SK_2}{SK_1}\cdot\frac{1-y}{1-x} \quad ②$$

将 ①② 两式相乘得

$$1=\frac{SK_2}{SK_1}\cdot\left(\frac{1-y}{1-x}\right)^2 \quad ③$$

又因

$$\frac{SK_2}{SR}=\frac{DQ}{DR}=\frac{y}{1-y},\frac{SK_1}{SR}=\frac{CP}{CR}=\frac{x}{1-x}$$

故

$$\frac{SK_2}{SK_1}=\frac{y}{x}\cdot\frac{1-x}{1-y}$$

代入式 ③,得

$$1=\frac{y}{x}\cdot\frac{1-y}{1-x}$$

化简即得

$$(x-y)(x+y-1)=0 \tag{*}$$

式(*)表明:$x=y$ 或者 $x+y=1$.

显然,$x=y$,即意味着 $PQ /\!/ CD$;下面说明 $x+y=1$ 与 P,B,Q 三点共线等价.

$x+y=1$,即$\frac{PC}{PR}+\frac{QD}{QR}=1$,即为 $PC:CR=RD:DQ$,下面证明此时 A,C,R,D 四点共圆.

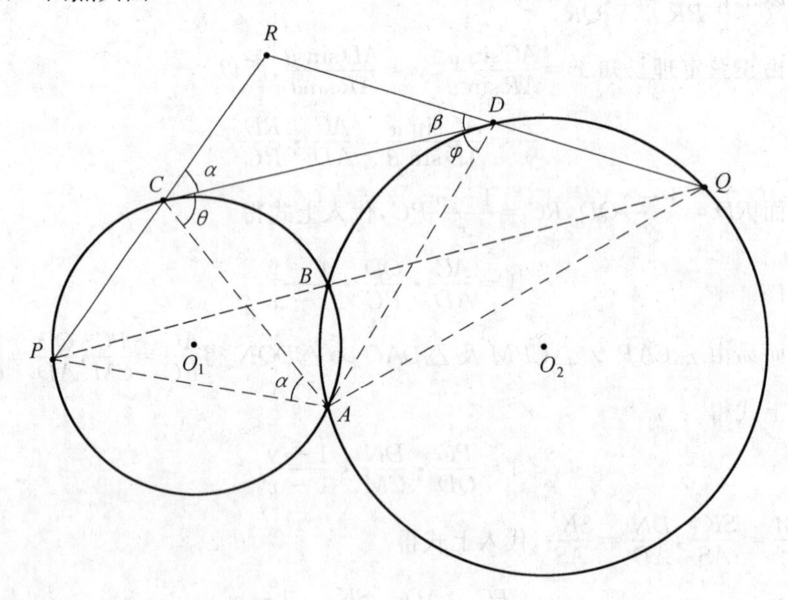

图 22

如图 22,设圆 O_1 和圆 O_2 半径分别为 r_1,r_2,$\angle RCD=\angle PAC=\alpha$,有 $PC=2r_1\sin\alpha$;同理,设 $\angle RDC=\beta$,有 $QD=2r_2\sin\beta$. 又 $PC:CR=RD:DQ$,故 $RC\cdot RD=PC\cdot QD=4r_1r_2\sin\alpha\sin\beta$;又 $RD:RC=\sin\alpha:\sin\beta$,由此解得

$RD=2\sqrt{r_1\cdot r_2}\sin\alpha$，由正弦定理即知$\triangle RCD$外接圆半径为$\sqrt{r_1\cdot r_2}$.

类似地，在$\triangle ACD$中，$AC=2r_1\sin\theta$，$AD=2r_2\sin\varphi$，且$AD:AC=\sin\theta:\sin\varphi$，即解得$\triangle ACD$外接圆半径也为$\sqrt{r_1\cdot r_2}$，因此$A,C,R,D$四点共圆.

最后证明A,C,R,D四点共圆时，P,B,Q共线. 如图22，联结PB,QB，因为A,C,R,D四点共圆，所以$\angle PBA=\angle PCA=\angle RDA=180^\circ-\angle ADQ=180^\circ-\angle ABQ$，此即$P,B,Q$共线.

综上，结论成立.

例12　如图23，设P是$\triangle ABC$内任意点，O,O_A,O_B,O_C分别是$\triangle ABC$，$\triangle PBC$，$\triangle PCA$，$\triangle PAB$的外心；O_{BC},O_{CA},O_{AB}分别是$\triangle PO_BO_C$，$\triangle PO_CO_A$，$\triangle PO_AO_B$的外心，O',O''分别是$\triangle O_AO_BO_C$，$\triangle O_{BC}O_{CA}O_{AB}$的外心. 求证：$OP\parallel O'O''$.

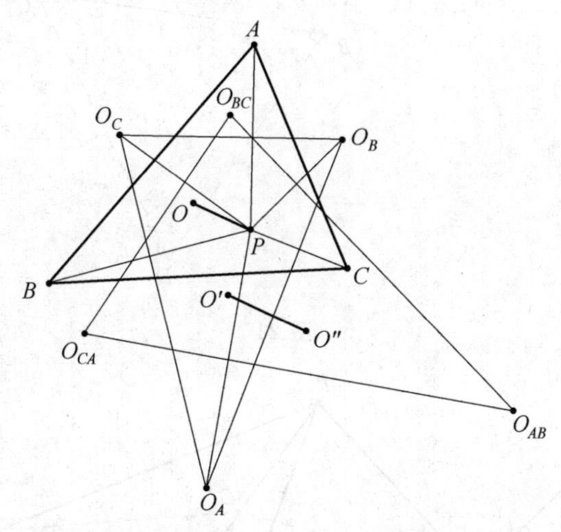

图23

证明　如图24，过A,B,C分别作PA,PB,PC垂线，围成$\triangle DEF$. 再作P关于O的中心对称点Q，作$QA'\perp EF$，$QB'\perp FD$，$QC'\perp DE$，垂足分别为A',B',C'.

以下证$\triangle A'B'C'$位似于$\triangle O_AO_BO_C$，且QO与$O'O''$正好是对应线段.

为此，关键是证$PO_A\perp B'C'$.

如图25，联结OB,OB',OC,OC'.

由于O既是$\triangle ABC$的外心，又是直角梯形$PBB'Q$和$PCC'Q$公共的腰PQ之中点，因此

$$OB=OB'=OC=OC' \quad ①$$

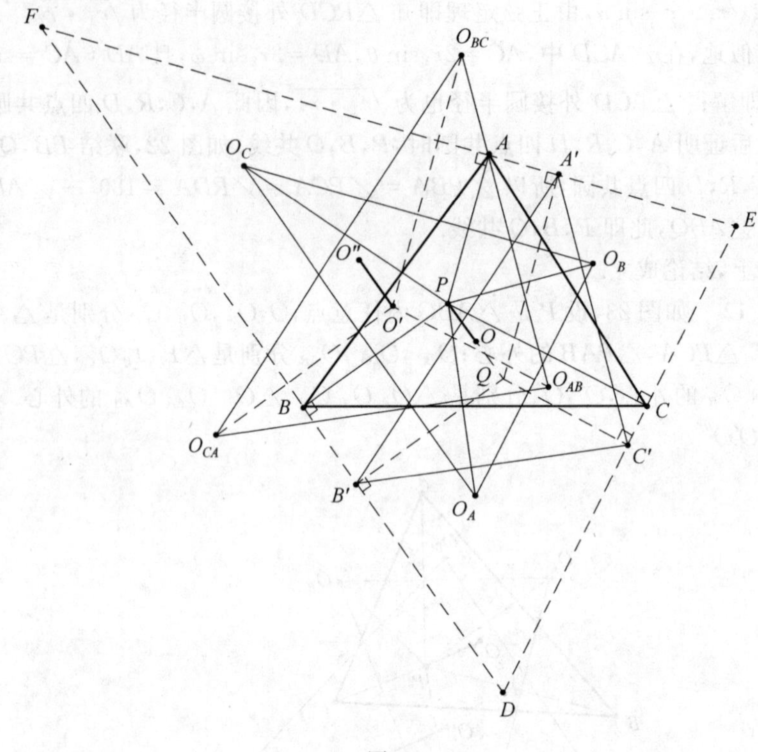

图 24

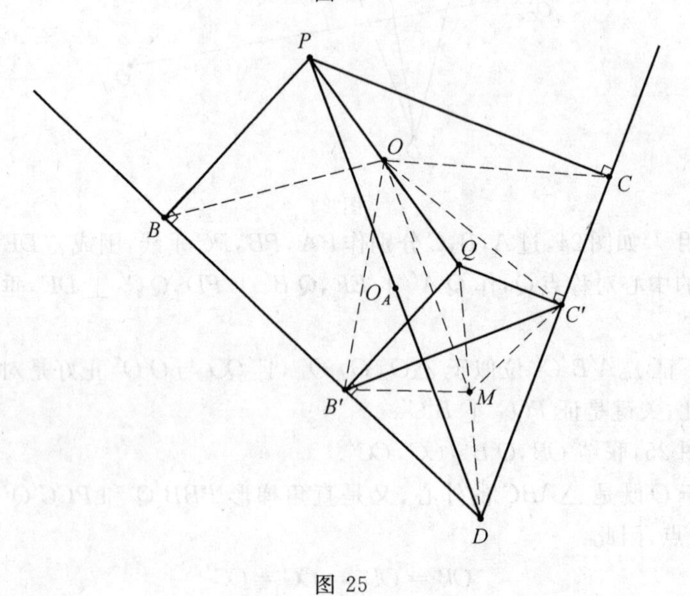

图 25

又由于O_A是$\triangle PBC$的外心，且$PB\perp BD$，$PC\perp CD$，易知O_A是线段PD的中点.

取QD的中点M，分别联结MO，MB'，MC'. 因MB'和MC'是$\mathrm{Rt}\triangle QB'D$和$\mathrm{Rt}\triangle QC'D$斜边上的中线，得

$$MB'=MC' \tag{②}$$

由①②知$OB'MC'$是筝形，因此$OM\perp B'C'$. 而OM又是$\triangle QPD$的中位线，至此证得

$$PO_A\perp B'C' \tag{③}$$

如图26，因O_{CA}，O_{AB}分别是$\triangle PO_CO_A$，$\triangle PO_AO_B$的外心，故O_{CA}，O_{AB}同在PO_A的中垂线上，又得

$$PO_A\perp O_{CA}O_{AB} \tag{④}$$

由③④知$B'C'\parallel O_{CA}O_{AB}$.

同理，$C'A'\parallel O_{AB}O_{BC}$，$A'B'\parallel O_{BC}O_{CA}$.

这就证明了$\triangle A'B'C'$位似于$\triangle O_{BC}O_{CA}O_{AB}$.

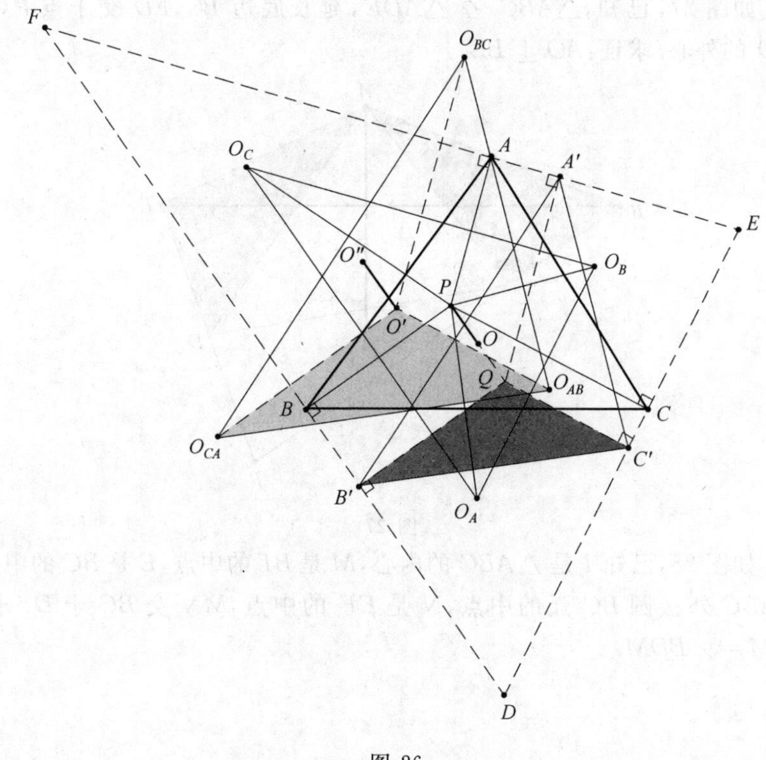

图 26

另一方面，O'，O_{CA} 分别是 $\triangle O_AO_BO_C$，$\triangle PO_CO_A$ 的外心，即 O'，O_{CA} 同在 O_CO_A 的中垂线上，得 $O'O_{CA}\perp O_CO_A$．O_C，O_A 分别是 $\triangle PAB$，$\triangle PBC$ 的外心，即 O_C，O_A 同在 PB 的中垂线上，得 $PB\perp O_CO_A$．

而 $QB'\parallel PB$，于是 $O'O_{CA}\parallel QB'$．同理，$O'O_{AB}\parallel QC'$．

这又表明 $\triangle O'O_{CA}O_{AB}$ 位似于 $\triangle QB'C'$，即 Q，O' 分别是位似形 $\triangle A'B'C'$，$\triangle O_AO_BO_C$ 中的对应点． ⑤

又 O'' 是 $\triangle O_{BC}O_{CA}O_{AB}$ 的外心；而由 ① 可知 $OB'=OC'=OA'$，这就表明 O 也是 $\triangle A'B'C'$ 的外心．相当于说 O，O'' 也分别是位似形 $\triangle A'B'C'$，$\triangle O_AO_BO_C$ 中的对应点． ⑥

由 ⑤⑥ 即知，$QO\parallel O'O''$．

至此全题证毕．

巩固演练

1．如图 27，已知，$\triangle ABC\cong\triangle ADE$，延长底边 BC，ED 交于点 P，O 是 $\triangle PCD$ 的外心．求证：$AO\perp BE$．

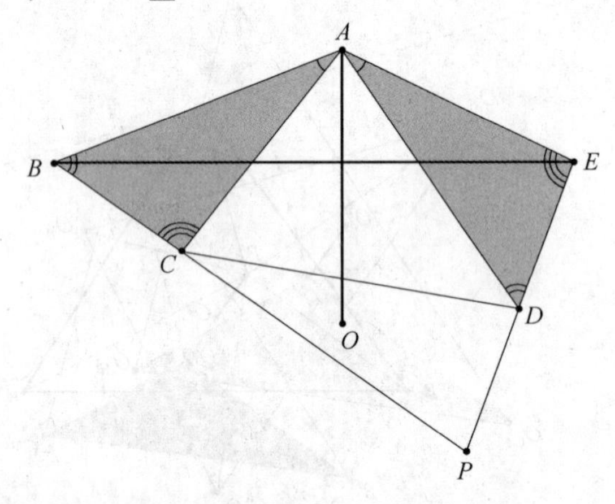

图 27

2．如图 28，已知 I 是 $\triangle ABC$ 的内心，M 是 BI 的中点，E 是 BC 的中点，F 是 $\triangle ABC$ 外接圆 BC 弧的中点，N 是 EF 的中点，MN 交 BC 于 D．求证：$\angle ADM=\angle BDM$．

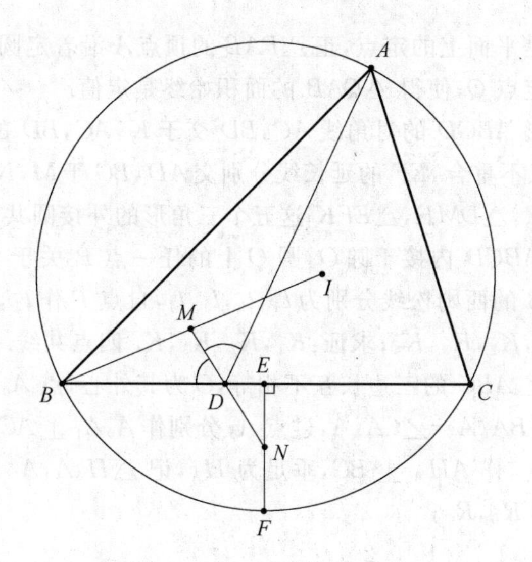

图 28

3. 如图29，过 A 作 $\triangle ABC$ 的外接圆的切线，交 BC 的延长线于点 P，$\angle APB$ 的平分线依次交 AB，AC 于 D，E，BE，CD 交于 Q．求证：$\angle BAC=60^{\circ}$ 的充要条件是 O，P，Q 共线．

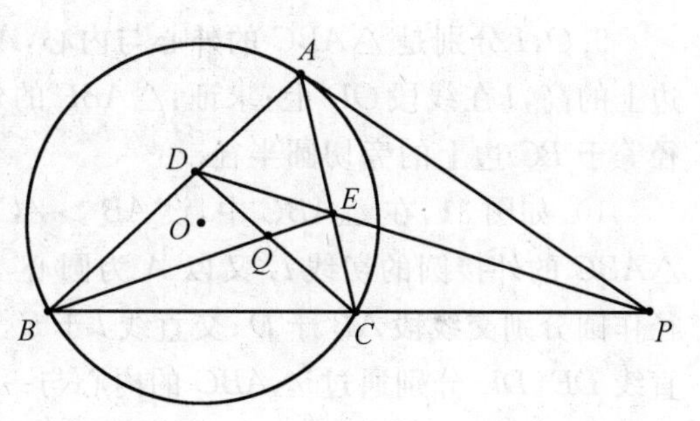

图 29

4. 如图 30，设 $\triangle ABC$ 中，BE，CF 是高，H 是垂心，M 是 BC 边中点．D 是连线上任意一点，直线 BD 与 ME 交于点 P．求证：$HD\perp AP$．

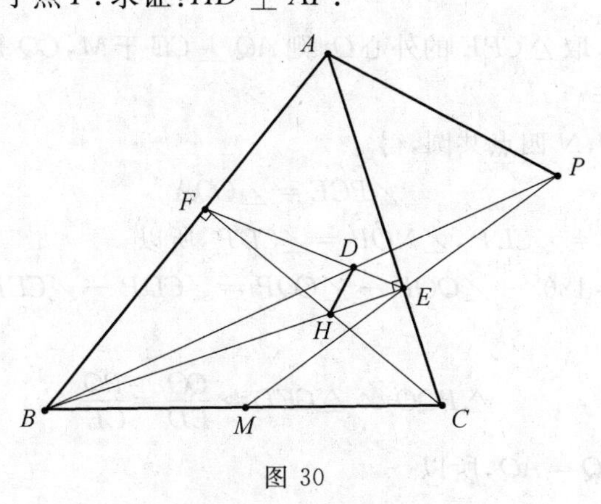

图 30

5. 已知 P 是平面上的定点，正 $\triangle PAB$ 的顶点 A 沿着定圆 O 运动. 求证：平面上存在一个定点 Q，使得 $\triangle QAB$ 的面积始终是定值.

6. 凸四边形 $ABCD$ 的对角线 AC，BD 交于 K，AC，BD 的中点分别为 E，F，且 E，F，K 互不重合，EF 的延长线分别交 AD，BC 于 M，N；求证：$\triangle AME$，$\triangle BNF$，$\triangle CNE$，$\triangle DMF$，$\triangle EFK$ 这五个三角形的外接圆共点.

7. 四边形 $ABCD$ 内接于圆 O，圆 O 上的任一点 P 关于 $\triangle ABC$，$\triangle BCD$，$\triangle CDA$，$\triangle DAB$ 的西姆松线分别为 l_1，l_2，l_3，l_4，自点 P 作 l_1，l_2，l_3，l_4 的垂线，垂足分别为 K_1，K_2，K_3，K_4；求证：K_1，K_2，K_3，K_4 四点共线.

8. 设锐角 $\triangle ABC$ 的三边长互不相等，O 为其外心，点 A_0 在线段 AO 的延长线上，使得 $\angle BA_0A=\angle CA_0A$，过点 A_0 分别作 $A_0A_1\perp AC$，$A_0A_2\perp AB$，垂足分别为 A_1，A_2，作 $AH_A\perp BC$，垂足为 H_A，记 $\triangle H_AA_1A_2$ 的外接圆半径为 R_A，类似地可得 R_B，R_C；

求证：$\dfrac{1}{R_A}+\dfrac{1}{R_B}+\dfrac{1}{R_C}=\dfrac{2}{R}$.

9. O，I 分别是 $\triangle ABC$ 的外心与内心，AD 是 BC 边上的高，I 在线段 OD 上；求证：$\triangle ABC$ 的外接圆半径等于 BC 边上的旁切圆半径.

10. 如图 31，在 $\triangle ABC$ 中，设 $AB>AC$，过 A 作 $\triangle ABC$ 的外接圆的切线 l. 又以 A 为圆心，AC 为半径作圆分别交线段 AB 于 D；交直线 l 于 E，F. 求证：直线 DE，DF 分别通过 $\triangle ABC$ 的内心与一个旁心.

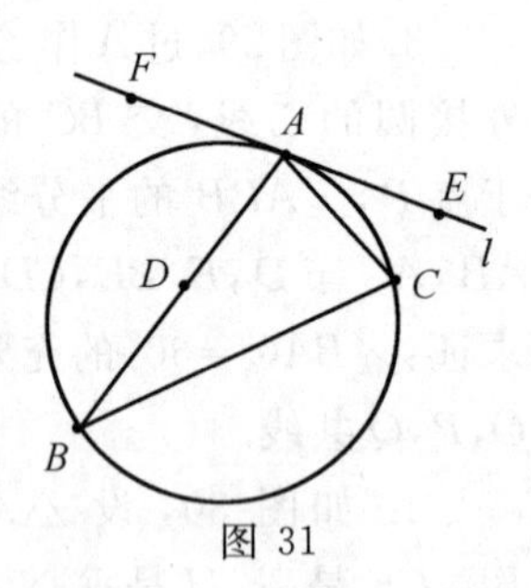

图 31

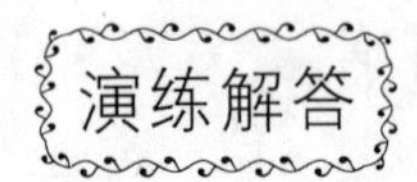

1. 如图 32，取 $\triangle CPE$ 的外心 Q，则 $AQ\perp CE$ 于 M，OQ 是线段 CP 的中垂线.

由 C，M，Q，N 四点共圆，得

$$\angle BCE=\angle OQA \quad ①$$

又 $\angle OQP=\angle CEP$，$\angle NOP=\angle CDP$，所以

$$\angle OPQ=180^\circ-\angle QOP-\angle OQP=\angle CDP-\angle CED=\angle DCE$$

所以

$$\triangle PQO\backsim\triangle CED\Rightarrow\frac{QO}{ED}=\frac{PQ}{CE}$$

又 $ED=BC$，$PQ=AQ$，所以

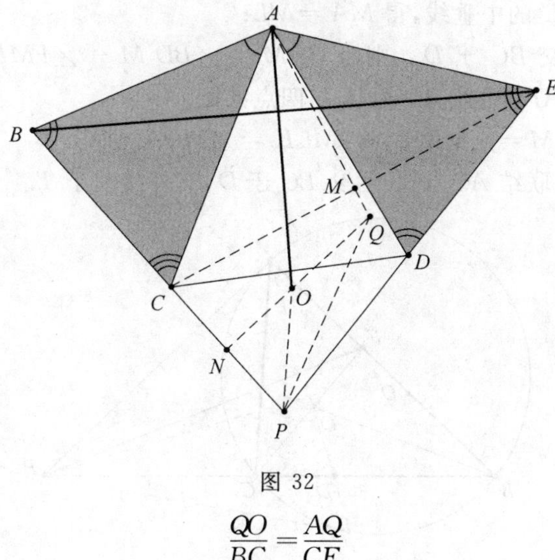

图 32

$$\frac{QO}{BC}=\frac{AQ}{CE} \quad ②$$

由 ①② 即得

$$\triangle OQA \backsim \triangle BCE \quad ③$$

所以 $AO \perp BE$.

2. 熟知 $BF=IF$，故 $FM \perp BI$.

先证 $\triangle AIB \backsim \triangle MEF$，于是 $\triangle AMB \backsim \triangle MNF$.

如图 33，过 A 作 $AK \perp BI$，垂足为 K，并延长交 BC 于 L. 因 BI 是角平分

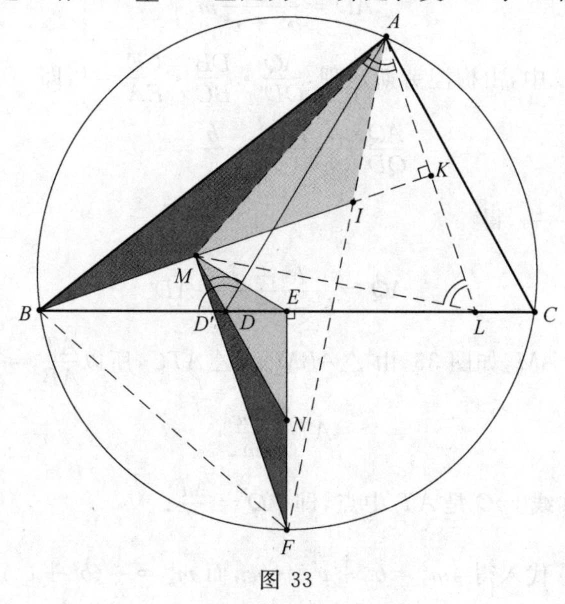

图 33

线，故 BK 是 AL 的中垂线，得 $MA=ML$.

又记 MF 交 BC 于 D'，则 $\angle BDM=\angle BD'M-\angle FMN=\angle BAK-\angle BAM=\angle MAK$，由此 A,M,D,L 四点共圆.

所以 $\angle BDM=\angle MAK=\angle MLK=\angle MDA$. 证毕.

3. 如图 34，联结 AQ，延长后交 BC 于 D，交外接圆于 T.

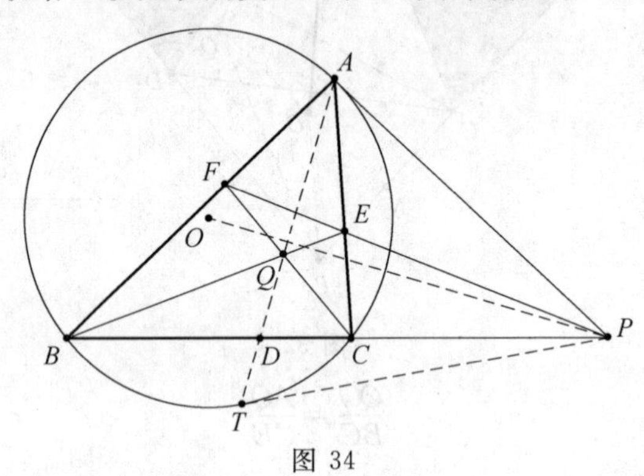

图 34

由 $\triangle PAB\backsim\triangle PCA$ 及角平分线定理，知 $\frac{BF}{FA}=\frac{AE}{EC}=\frac{c}{b}$.

在 $\triangle ABC$ 中，由塞瓦定理，$\frac{BD}{DC}\cdot\frac{CE}{EA}\cdot\frac{AF}{FB}=1$，所以 $\frac{BD}{DC}=\frac{c^2}{b^2}$.

由此知 AD 是类似中线，故

$$AD=\frac{2bc}{b^2+c^2}m_a \quad ①$$

在 $\triangle ADC$ 中，由梅涅劳斯定理，$\frac{AQ}{QD}\cdot\frac{DB}{BC}\cdot\frac{CE}{EA}=1$，即

$$\frac{AQ}{QD}\cdot\frac{c^2}{c^2+b^2}\cdot\frac{b}{c}=1$$

所以 $\frac{AQ}{QD}=\frac{b^2+c^2}{bc}$，得

$$AQ=\frac{b^2+c^2}{b^2+c^2+bc}AD \quad ②$$

又取中线 AM，如图 35，由 $\triangle ABM\backsim\triangle ATC$，所以 $\frac{AT}{AB}=\frac{AC}{AM}$，得

$$AT=\frac{bc}{m_a} \quad ③$$

O,Q,P 共线 $\Leftrightarrow Q$ 是 AT 中点，即 $AQ=\frac{AT}{2}$.

将 ①②③ 代入得 $4m_a^2=b^2+c^2+bc$，而 $m_a^2=\frac{1}{2}(b^2+c^2)+\frac{1}{4}a^2$，得

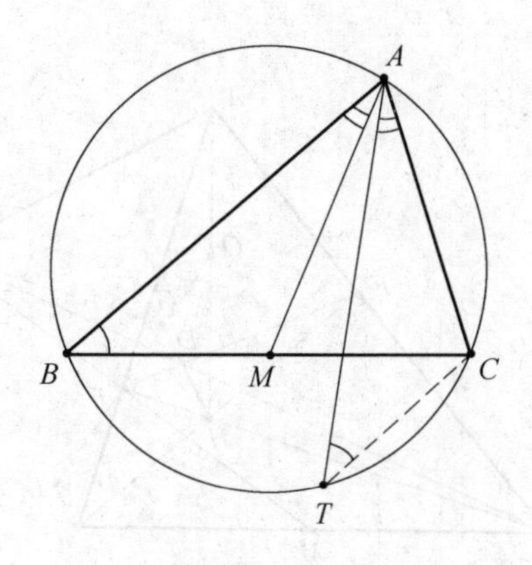

图 35

$$a^2=b^2+c^2+bc$$

由余弦定理，$\cos A=\frac{1}{2}$，所以 $\angle A=60^\circ$. 证毕.

4. 如图 36，联结 AH，并取 AH 中点 O；延长 HD 交 OE 于 G.

只需证 $\triangle AEP \backsim \triangle HEG$ 即可.

(因为易说明两组对应边相互垂直：$AE \perp HE$，$PE \perp GE$，只要相似，则第三组对应边也垂直)

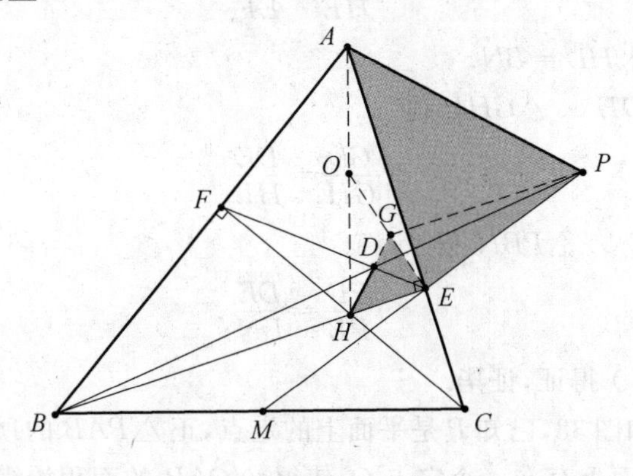

图 36

为此，只要证 $\mathrm{Rt}\triangle AEH \backsim \mathrm{Rt}\triangle PEG$ 即可.

又因 $\angle HAE=\angle CBE=\angle BEM$，为证 $\angle GPE=\angle HAE$，只需证 $PG \parallel BE$ 即可.

下面就来证明：

$$\frac{GD}{GH}=\frac{PD}{PB} \qquad (*)$$

为此，如图 37，再作 $HL \parallel EF$ 交 OE 延长线于 L；作 $BN \parallel EF$ 交 PM 延

长线于 N.

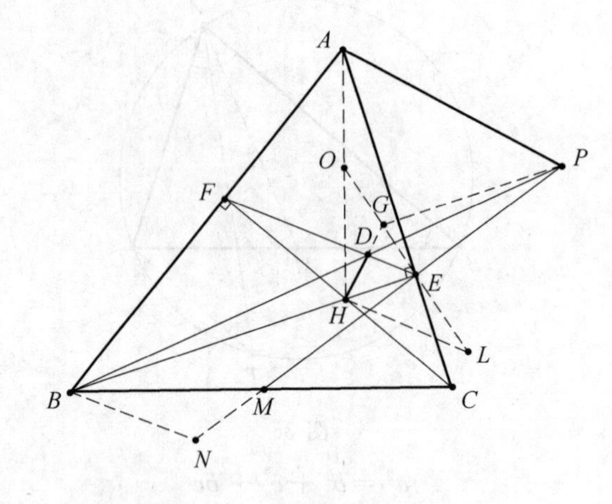

图 37

易证 $\triangle BFE \backsim \triangle LEH$,得

$$\frac{HL}{HE}=\frac{BE}{EF} \quad ①$$

同样,易证 $\triangle BNE \backsim \triangle EHF$,得

$$\frac{BN}{HE}=\frac{BE}{EF} \quad ②$$

由 ①② 得 $HL=BN$.

再由 $\triangle GDE \backsim \triangle GHL$ 得

$$\frac{GD}{GH}=\frac{DE}{HL}$$

由 $\triangle PDE \backsim \triangle PBN$ 得

$$\frac{PD}{PB}=\frac{DE}{BN}$$

由此式(*)得证,证毕.

5.推广:如图38,已知 P 是平面上的定点,正 $\triangle PAB$ 的顶点 A 沿着定圆 O 运动.求证:平面上存在一个定点 Q,使得 $\triangle QAB$ 的面积始终是定值.

点 Q 的构造法如下:作 $\triangle POC \backsim \triangle PAB$,再作 P 关于 OC 的轴对称点,即为 Q,如图 39 所示.

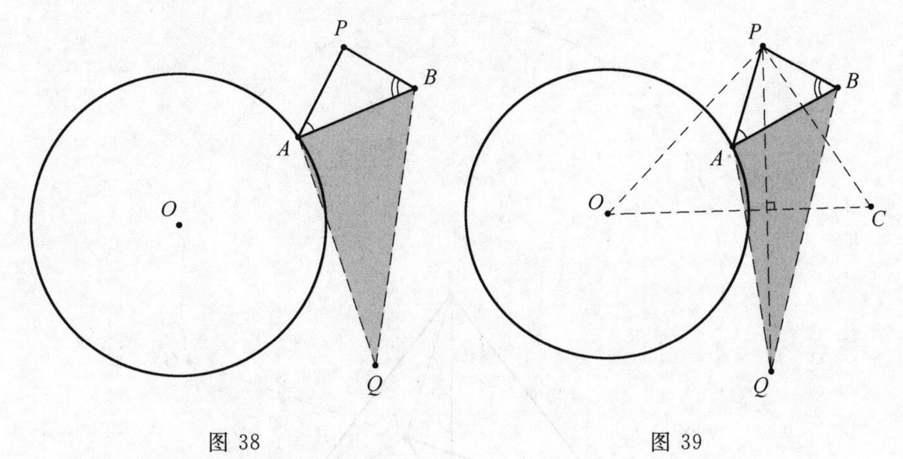

图 38　　　　　　　　　　　　图 39

下面这题是对推广的具体化.

如图 40,已知四边形 $ABCD$ 中,$AB=AD$,且 $BC=CD$,作 $\triangle EBF \backsim \triangle ABC$.

求证:$S_{\triangle DEF}=\left(1-\frac{AE^2}{AB^2}\right)S_{\triangle ABC}$.

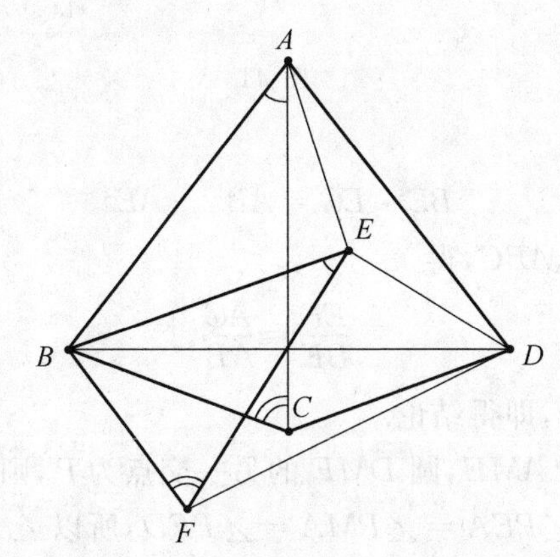

图 40

证法如下:如图 41,以 A 为圆心作经过 B,D 两点的弧,延长 BE 交圆弧于 G,联结 GD.

易知圆周角 $\angle BGD=\angle BAC=\angle BEF$,故 $GD \parallel EF$,因此

$$S_{\triangle DEF}=S_{\triangle GEF}=\frac{1}{2}EF \cdot EG \cdot \sin\angle BEF=$$

$$\frac{1}{2}BE \cdot EG \cdot \left(\frac{EF}{BE}\right) \cdot \sin\angle BAC \qquad ①$$

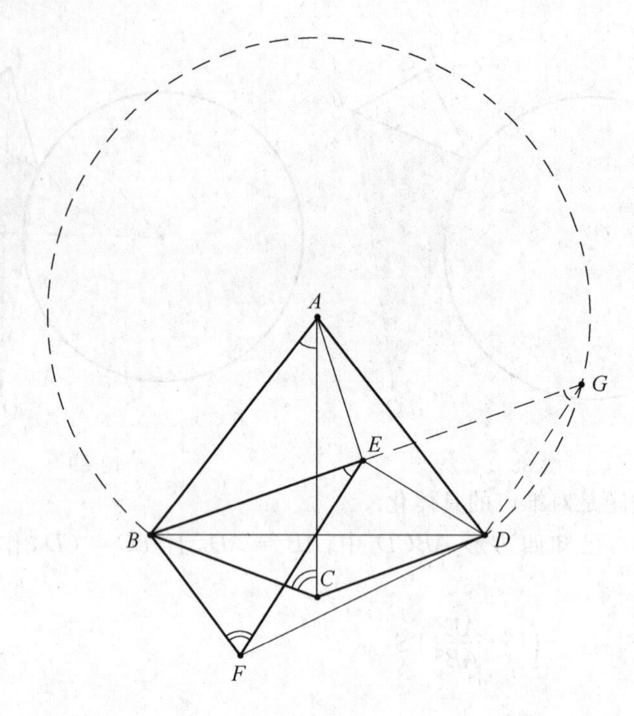

图 41

由圆幂定理,得

$$BE \cdot EG = AB^2 - AE^2 \tag{②}$$

由 $\triangle EBF \backsim \triangle ABC$,得

$$\frac{EF}{BE} = \frac{AC}{AB} \tag{③}$$

将 ②③ 代入 ①,即得结论.

6. 如图 42,设圆 AME,圆 DMF 的另一交点为 P,则 $\angle PAE = \angle PME = \angle PMF = \angle PDF$,$\angle PEA = \angle PMA = \angle PFD$,所以 $\triangle PAE \backsim \triangle PDF$.

于是$\dfrac{PE}{PF} = \dfrac{AE}{DF} = \dfrac{EC}{FB}$,$\angle PEA = \angle PFD$,则其补角 $\angle PEC = \angle PFB$,因此 $\triangle PEC \backsim \triangle PFB$,进而 $\triangle PAC \backsim \triangle PDB$,即 $\triangle PAC$ 与 $\triangle PDB$ 关于点 P 旋转位似,其相似比为$\dfrac{PE}{PF} = \dfrac{AC}{DB}$.

又据前式 $\angle PEA = \angle PMA = \angle PFD = \angle PFK$,得 P,E,K,F 共圆.

同理,若设圆 CNE,圆 BNF 的另一交点为 P',则 P',E,K,F 共圆,且 $\triangle P'AC$ 与 $\triangle P'DB$ 关于点 P' 旋转位似,其相似比为$\dfrac{P'E}{P'F} = \dfrac{AC}{DB}$;因此有$\dfrac{PE}{PF} =$

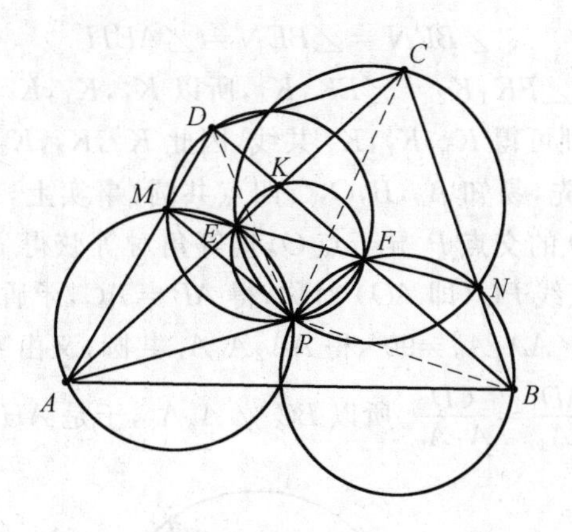

图 42

$\frac{P'E}{P'F}$,由于 P,P' 同在圆 $PEKF$ 的弧$\overset{\frown}{EPF}$ 上,所以 P,P' 共点,于是 $\triangle AME$, $\triangle BNF,\triangle CNE,\triangle DMF,\triangle EFK$ 这五个三角形的外接圆相交于点 P.

7. 如图 43,联结 K_4K_1,K_1K_2,K_2K_3,因 $PK_1\perp l_1,PK_2\perp l_2$,得 PK_1FK_2 共圆，所以 $\angle FK_1K_2=\angle FPK_2$；因 $PF\perp BC,PK_2\perp l_2$，得 $\angle FPK_2=\angle CFG=\angle BFN$,所以

$$\angle FK_1K_2=\angle BFN \qquad ①$$

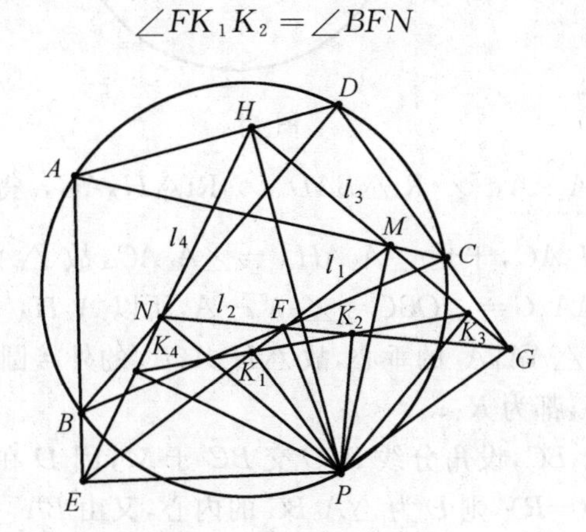

图 43

由 $PK_1\perp l_1,PK_4\perp l_4$ 知 EPK_1K_4 共圆,所以 $\angle EK_1K_4=\angle EPK_4$.

又由 $PE\perp AE,PK_4\perp l_4$,得 $\angle EPK_4=\angle AEH$,所以

$$\angle EK_1K_4=\angle AEH \qquad ②$$

由 $\angle PEB=\angle PNB=\angle PFB=90°$,得 $BEPFN$ 五点共圆(以 PB 为直径),所以

$$\angle BFN=\angle BEN=\angle AEH \tag{③}$$

据①②③得，$\angle FK_1K_2=\angle EK_1K_4$，所以 K_4,K_1,K_2 共线；

据对称性，同理可得 K_1,K_2,K_3 共线，因此 K_1,K_2,K_3,K_4 四点共线.

8. 如图 44，首先，易知 A_0,B,O,C 四点共圆；事实上，作 $\triangle A_0BC$ 的外接圆，设它与直线 AO 的交点 P 异于点 O，据等角对等弦得 $PB=PC$，又 $OB=OC$，故 B,C 关于直线 PO（即 AO）对称，得 $AB=AC$，矛盾. 若 $AA_0\cap$ 圆 $O=D$，由 $\angle AA_2A_0=\angle AA_1A_0=90^\circ$，得 $AA_2A_0A_1$ 共圆，又由 $BD /\!/ A_2A_0$，$CD /\!/ A_1A_0$，得 $\dfrac{BD}{A_2A_0}=\dfrac{AD}{AA_0}=\dfrac{CD}{A_1A_0}$，所以 $BC /\!/ A_2A_1$，于是 $AH_A\perp A_1A_2$；

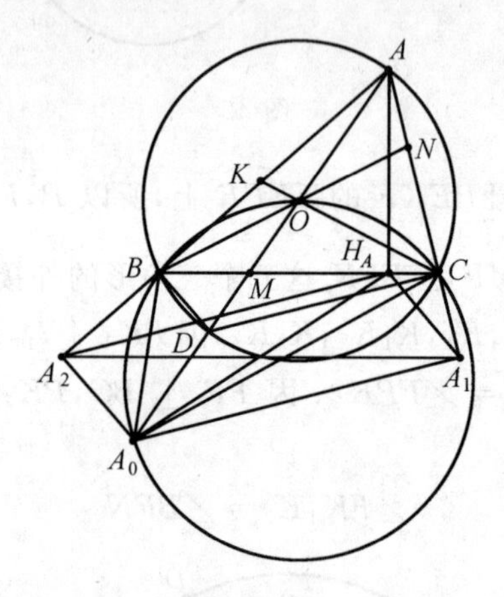

图 44

而由 $\mathrm{Rt}\triangle A_2AA_0\backsim\mathrm{Rt}\triangle BAD\backsim\mathrm{Rt}\triangle H_AAC$，得 $\dfrac{A_2A}{A_0A}=\dfrac{H_AA}{CA}$，且 $\angle A_2AA_0=\angle H_AAC$，于是 $\angle A_2AH_A=\angle A_0AC$，故 $\triangle A_2AH_A\backsim\triangle A_0AC$，$\angle AA_2H_A=\angle AA_0C=\angle OBC=\angle 90^\circ-A$，所以 $A_2H_A\perp AA_1$.

因此 H_A 是 $\triangle AA_1A_2$ 的垂心，故 $\triangle H_AA_1A_2$ 的外接圆半径与 $\triangle AA_1A_2$ 的外接圆半径相等，都为 R_A；

今考虑 $\triangle A_0BC$，设角分线 A_0O 交 BC 于 M，因 D 在角分线 A_0O 上，且 $OD=OB=OC(=R)$，则 D 为 $\triangle A_0BC$ 的内心，又由 $BA\perp BD$，$CA\perp CD$，则 A 是 $\triangle A_0BC$ 的旁心，因此由角平分线的对称比定理

$$\frac{AO}{AM}=\frac{A_0D}{A_0M}=\frac{AO+A_0D}{AM+A_0M}$$

即 $\dfrac{R}{AM}=\dfrac{2R_A-R}{2R_A}$，故得

$$\frac{R}{AM-R}=\frac{2R_A-R}{R}=\frac{R+(2R_A-R)}{(AM-R)}=\frac{2R_A}{AM}$$

因此

$$\frac{R}{R_A}=\frac{2(AM-R)}{AM}=2\cdot\frac{OM}{AM}$$

据对称性，若设 $BO\cap AC=N,CO\cap AB=K$，则有 $\frac{R}{R_B}=2\cdot\frac{ON}{BN},\frac{R}{R_C}=2\cdot\frac{OK}{CK}$；

注意在 $\triangle ABC$ 中

$$\frac{OM}{AM}+\frac{ON}{BN}+\frac{OK}{CK}=1$$

所以

$$\frac{R}{R_A}+\frac{R}{R_B}+\frac{R}{R_C}=2$$

即有

$$\frac{1}{R_A}+\frac{1}{R_B}+\frac{1}{R_C}=\frac{2}{R}$$

注：这里用到三角形的一个性质：若非直角 $\triangle ABC$ 的垂心为 H，则 $\triangle HAB,\triangle HBC,\triangle HCA$ 与 $\triangle ABC$ 具有相等的外接圆.

9. 如图 45，设 I_1 为旁心，AI_1 交 BC 于 E，交圆 O 于 M，则 M 是 $\overset{\frown}{BC}$ 的中点，联结 OM，则 $OM\perp BC$，作 $I_1F\perp BC$ 于 F，则 $\triangle ADI\backsim\triangle MOI,\triangle ADE\backsim\triangle I_1FE$，所以 $\frac{AD}{I_1F}=\frac{AE}{I_1E}$；

而由角平分线的对称比定理，$\frac{AE}{I_1E}=\frac{AI}{I_1M}$，则 $\frac{I_1F}{I_1M}=\frac{AD}{AI}=\frac{MO}{MI}$，又由角平分线性质，$MI_1=MI$，所以 $MO=I_1F$，即 $\triangle ABC$ 的外接圆半径等于 BC 边上的旁切圆半径.

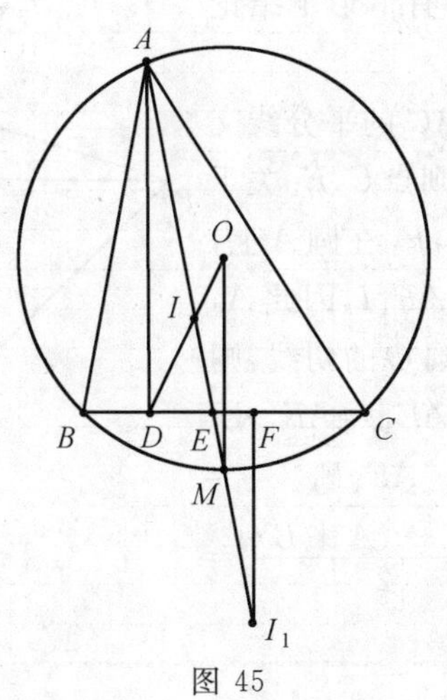

图 45

10. 我们最初所提供题目是如下一个完整的命题:(因作为试题,故而删减了其中的一部分,并强调 $AB > AC$,以利画图和解答的表述).

如图 46,$\triangle ABC$ 内接于圆 O,自 A 作圆 O 的切线 l,又以 A 为圆心,AC 为半径作圆,圆 A 交直线 AB 于 E_1,E_2,交直线 l 于 F_1,F_2;则四边形 $E_1F_1E_2F_2$ 的四条边所在直线分别通过 $\triangle ABC$ 的内心及三个旁心.

这是一个非常有趣的几何性质,我们知道,三角形中有七个常见的心,那就是外心、重心、垂心、内心及三个旁心;前三个心已有一条"欧拉线"拴住,而剩下的四个心,又可用一个矩形的四条边线将其挂上;一条线段加上一个矩形,如同北斗七星在天空中的情形一样,其结构和谐而优美.

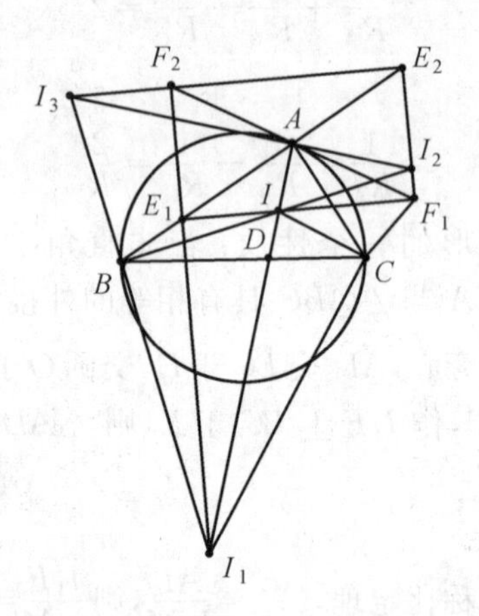

图 46

以下,我们仍按 $AB > AC$ 情况给出图形和解答(其实在所有情形下结论都成立)

(1) 如图 47,设 $\angle BAC$ 的平分线交 E_1F_1 于 I,因 $AE_1 = AC$,则点 C,E_1 关于直线 AI 对称,又因 E_1,C,F_1 在圆 A 上,则 $\angle ACI = \angle AE_1I = \angle AF_1I$,因此 A,I,C,F_1 共圆,因 AF_1 为圆 O 的切线,则 $\angle CAF_1 = \angle ABC$,又由 $AE_1 = AF_1$,所以 $\angle ACI = \angle AE_1F_1 = \dfrac{180° - \angle E_1AF_2}{2} = \dfrac{180° - (A+B)}{2} =$

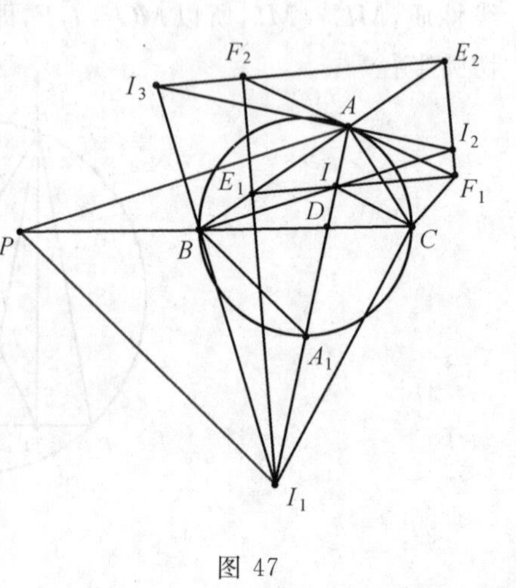

图 47

$\frac{C}{2}$,因此 I 为 $\triangle ABC$ 的内心.

(2) 据条件知,$E_1F_1E_2F_2$ 为矩形,设角平分线 AI 交直线 F_2E_1 于 I_1,联结 CI_1,由(1)知,点 C,E_1 关于直线 AI 对称,故 $\angle ICI_1=\angle IE_1I_1=90^\circ$,则 CI_1 为 $\angle ACB$ 的外角平分线,因此 I_1 为 BC 边外的旁心.

(3) 设 $\angle BAC$ 的外角平分线交直线 E_2F_1 于 I_2,由 $\angle IAI_2=90^\circ=\angle IF_1I_2$,则 AIF_1I_2 共圆.

$$\begin{aligned}\angle F_1II_2=\angle F_1AI_2=90^\circ-\angle IAF_1=\\ \frac{\angle BAC+\angle ABC+\angle ACB}{2}-\left(\frac{\angle BAC}{2}+\angle ABC\right)=\\ \frac{\angle ACB-\angle ABC}{2}=\angle AE_1I-\angle ABI=\angle E_1IB\end{aligned}$$

故 B,I,I_2 共线,因此 I_2 为 AC 边外的旁心.

(4) 设 $\angle BAC$ 的外角平分线交直线 E_2F_2 于 I_3,联结 I_3B,I_3I_1,因 $\angle I_3F_2I_1=90^\circ=\angle I_3AI_1$,故 I_3,A,F_2,I_1 共圆. $\angle I_3I_1F_2=\angle I_3AF_2=\angle I_2AF_1=\angle I_2IF_1=\angle BIE_1=\angle BI_1E_1$.

所以 I_3,B,I_1 共线,即 BI_3 是 $\angle ABC$ 的外角平分线,因此 I_3 为 AB 边外的旁心.

(本命题也可用对称比定理来证,今仅以证(2)为例)

如图 47,设角平分线 AI 分别交 BC,圆 O,以及直线 F_2E_1 于 D,A_1,I_1,延长 CB 到 P,使 $PB=AB$,则 $\angle APB=\frac{1}{2}\angle ABC$,而

$$\begin{aligned}\frac{\angle BAC+\angle ABC+\angle ACB}{2}=90^\circ=\angle F_2E_1A+\angle AE_1I=\\ \left(\frac{\angle BAC}{2}+\angle AI_1E_1\right)+\frac{\angle ACB}{2}=\\ \left(\frac{\angle BAC}{2}+\angle AI_1C\right)+\frac{\angle ACB}{2}\end{aligned}$$

所以 $\angle AI_1C=\frac{\angle ABC}{2}=\angle APC$,因此 A,P,I_1,C 共圆,$\angle AI_1P=\angle ACP=\angle AA_1B$,故 $A_1B\parallel I_1P$,则 $\frac{I_1A_1}{A_1D}=\frac{PB}{BD}=\frac{AB}{BD}=\frac{AI}{ID}$,因此 I_1 是 BC 边外的旁心.

刘培杰数学工作室
已出版(即将出版)图书目录——初等数学

书 名	出版时间	定 价	编号
新编中学数学解题方法全书(高中版)上卷(第2版)	2018-08	58.00	951
新编中学数学解题方法全书(高中版)中卷(第2版)	2018-08	68.00	952
新编中学数学解题方法全书(高中版)下卷(一)(第2版)	2018-08	58.00	953
新编中学数学解题方法全书(高中版)下卷(二)(第2版)	2018-08	58.00	954
新编中学数学解题方法全书(高中版)下卷(三)(第2版)	2018-08	68.00	955
新编中学数学解题方法全书(初中版)上卷	2008-01	28.00	29
新编中学数学解题方法全书(初中版)中卷	2010-07	38.00	75
新编中学数学解题方法全书(高考复习卷)	2010-01	48.00	67
新编中学数学解题方法全书(高考真题卷)	2010-01	38.00	62
新编中学数学解题方法全书(高考精华卷)	2011-03	68.00	118
新编平面解析几何解题方法全书(专题讲座卷)	2010-01	18.00	61
新编中学数学解题方法全书(自主招生卷)	2013-08	88.00	261
数学奥林匹克与数学文化(第一辑)	2006-05	48.00	4
数学奥林匹克与数学文化(第二辑)(竞赛卷)	2008-01	48.00	19
数学奥林匹克与数学文化(第二辑)(文化卷)	2008-07	58.00	36′
数学奥林匹克与数学文化(第三辑)(竞赛卷)	2010-01	48.00	59
数学奥林匹克与数学文化(第四辑)(竞赛卷)	2011-08	58.00	87
数学奥林匹克与数学文化(第五辑)	2015-06	98.00	370
世界著名平面几何经典著作钩沉——几何作图专题卷(上)	2009-06	48.00	49
世界著名平面几何经典著作钩沉——几何作图专题卷(下)	2011-01	88.00	80
世界著名平面几何经典著作钩沉(民国平面几何老课本)	2011-03	38.00	113
世界著名平面几何经典著作钩沉(建国初期平面三角老课本)	2015-08	38.00	507
世界著名解析几何经典著作钩沉——平面解析几何卷	2014-01	38.00	264
世界著名数论经典著作钩沉(算术卷)	2012-01	28.00	125
世界著名数学经典著作钩沉——立体几何卷	2011-02	28.00	88
世界著名三角学经典著作钩沉(平面三角卷Ⅰ)	2010-06	28.00	69
世界著名三角学经典著作钩沉(平面三角卷Ⅱ)	2011-01	38.00	78
世界著名初等数论经典著作钩沉(理论和实用算术卷)	2011-07	38.00	126
发展你的空间想象力	2017-06	38.00	785
空间想象力进阶	2019-05	68.00	1062
走向国际数学奥林匹克的平面几何试题诠释.第1卷	即将出版		1043
走向国际数学奥林匹克的平面几何试题诠释.第2卷	即将出版		1044
走向国际数学奥林匹克的平面几何试题诠释.第3卷	2019-03	78.00	1045
走向国际数学奥林匹克的平面几何试题诠释.第4卷	即将出版		1046
平面几何证明方法全书	2007-08	35.00	1
平面几何证明方法全书习题解答(第2版)	2006-12	18.00	10
平面几何天天练上卷·基础篇(直线型)	2013-01	58.00	208
平面几何天天练中卷·基础篇(涉及圆)	2013-01	28.00	234
平面几何天天练下卷·提高篇	2013-01	58.00	237
平面几何专题研究	2013-07	98.00	258

刘培杰数学工作室
已出版(即将出版)图书目录——初等数学

书　　名	出版时间	定　价	编号
最新世界各国数学奥林匹克中的平面几何试题	2007—09	38.00	14
数学竞赛平面几何典型题及新颖解	2010—07	48.00	74
初等数学复习及研究(平面几何)	2008—09	58.00	38
初等数学复习及研究(立体几何)	2010—06	38.00	71
初等数学复习及研究(平面几何)习题解答	2009—01	48.00	42
几何学教程(平面几何卷)	2011—03	68.00	90
几何学教程(立体几何卷)	2011—07	68.00	130
几何变换与几何证题	2010—06	88.00	70
计算方法与几何证题	2011—06	28.00	129
立体几何技巧与方法	2014—04	88.00	293
几何瑰宝——平面几何 500 名题暨 1000 条定理(上、下)	2010—07	138.00	76,77
三角形的解法与应用	2012—07	18.00	183
近代的三角形几何学	2012—07	48.00	184
一般折线几何学	2015—08	48.00	503
三角形的五心	2009—06	28.00	51
三角形的六心及其应用	2015—10	68.00	542
三角形趣谈	2012—08	28.00	212
解三角形	2014—01	28.00	265
三角学专门教程	2014—09	28.00	387
图天下几何新题试卷.初中(第 2 版)	2017—11	58.00	855
圆锥曲线习题集(上册)	2013—06	68.00	255
圆锥曲线习题集(中册)	2015—01	78.00	434
圆锥曲线习题集(下册·第 1 卷)	2016—10	78.00	683
圆锥曲线习题集(下册·第 2 卷)	2018—01	98.00	853
论九点圆	2015—05	88.00	645
近代欧氏几何学	2012—03	48.00	162
罗巴切夫斯基几何学及几何基础概要	2012—07	28.00	188
罗巴切夫斯基几何学初步	2015—06	28.00	474
用三角、解析几何、复数、向量计算解数学竞赛几何题	2015—03	48.00	455
美国中学几何教程	2015—04	88.00	458
三线坐标与三角形特征点	2015—04	98.00	460
平面解析几何方法与研究(第 1 卷)	2015—05	18.00	471
平面解析几何方法与研究(第 2 卷)	2015—06	18.00	472
平面解析几何方法与研究(第 3 卷)	2015—07	18.00	473
解析几何研究	2015—01	38.00	425
解析几何学教程.上	2016—01	38.00	574
解析几何学教程.下	2016—01	38.00	575
几何学基础	2016—01	58.00	581
初等几何研究	2015—02	58.00	444
十九和二十世纪欧氏几何学中的片段	2017—01	58.00	696
平面几何中考.高考.奥数一本通	2017—07	28.00	820
几何学简史	2017—08	28.00	833
四面体	2018—01	48.00	880
平面几何证明方法思路	2018—12	68.00	913
平面几何图形特性新析.上篇	2019—01	68.00	911
平面几何图形特性新析.下篇	2018—06	88.00	912
平面几何范例多解探究.上篇	2018—04	48.00	910
平面几何范例多解探究.下篇	2018—12	68.00	914
从分析解题过程学解题:竞赛中的几何问题研究	2018—07	68.00	946
从分析解题过程学解题:竞赛中的向量几何与不等式研究(全 2 册)	2019—06	138.00	1090
二维、三维欧氏几何的对偶原理	2018—12	38.00	990
星形大观及闭折线论	2019—03	68.00	1020
圆锥曲线之设点与设线	2019—05	60.00	1063

刘培杰数学工作室
已出版(即将出版)图书目录——初等数学

书　　名	出版时间	定　价	编号
俄罗斯平面几何问题集	2009—08	88.00	55
俄罗斯立体几何问题集	2014—03	58.00	283
俄罗斯几何大师——沙雷金论数学及其他	2014—01	48.00	271
来自俄罗斯的5000道几何习题及解答	2011—03	58.00	89
俄罗斯初等数学问题集	2012—05	38.00	177
俄罗斯函数问题集	2011—03	38.00	103
俄罗斯组合分析问题集	2011—01	48.00	79
俄罗斯初等数学万题选——三角卷	2012—11	38.00	222
俄罗斯初等数学万题选——代数卷	2013—08	68.00	225
俄罗斯初等数学万题选——几何卷	2014—01	68.00	226
俄罗斯《量子》杂志数学征解问题100题选	2018—08	48.00	969
俄罗斯《量子》杂志数学征解问题又100题选	2018—08	48.00	970
463个俄罗斯几何老问题	2012—01	28.00	152
《量子》数学短文精粹	2018—09	38.00	972
谈谈素数	2011—03	18.00	91
平方和	2011—03	18.00	92
整数论	2011—05	38.00	120
从整数谈起	2015—10	28.00	538
数与多项式	2016—01	38.00	558
谈谈不定方程	2011—05	28.00	119
解析不等式新论	2009—06	68.00	48
建立不等式的方法	2011—03	98.00	104
数学奥林匹克不等式研究	2009—08	68.00	56
不等式研究(第二辑)	2012—02	68.00	153
不等式的秘密(第一卷)	2012—02	28.00	154
不等式的秘密(第一卷)(第2版)	2014—02	38.00	286
不等式的秘密(第二卷)	2014—01	38.00	268
初等不等式的证明方法	2010—06	38.00	123
初等不等式的证明方法(第二版)	2014—11	38.00	407
不等式·理论·方法(基础卷)	2015—07	38.00	496
不等式·理论·方法(经典不等式卷)	2015—07	38.00	497
不等式·理论·方法(特殊类型不等式卷)	2015—07	48.00	498
不等式探究	2016—03	38.00	582
不等式探秘	2017—01	88.00	689
四面体不等式	2017—01	68.00	715
数学奥林匹克中常见重要不等式	2017—09	38.00	845
三正弦不等式	2018—09	98.00	974
函数方程与不等式:解法与稳定性结果	2019—04	68.00	1058
同余理论	2012—05	38.00	163
[x]与{x}	2015—04	48.00	476
极值与最值.上卷	2015—06	28.00	486
极值与最值.中卷	2015—06	38.00	487
极值与最值.下卷	2015—06	28.00	488
整数的性质	2012—11	38.00	192
完全平方数及其应用	2015—08	78.00	506
多项式理论	2015—10	88.00	541
奇数、偶数、奇偶分析法	2018—01	98.00	876
不定方程及其应用.上	2018—12	58.00	992
不定方程及其应用.中	2019—01	78.00	993
不定方程及其应用.下	2019—02	98.00	994

刘培杰数学工作室
已出版(即将出版)图书目录——初等数学

书 名	出版时间	定 价	编号
历届美国中学生数学竞赛试题及解答(第一卷)1950—1954	2014—07	18.00	277
历届美国中学生数学竞赛试题及解答(第二卷)1955—1959	2014—04	18.00	278
历届美国中学生数学竞赛试题及解答(第三卷)1960—1964	2014—06	18.00	279
历届美国中学生数学竞赛试题及解答(第四卷)1965—1969	2014—04	28.00	280
历届美国中学生数学竞赛试题及解答(第五卷)1970—1972	2014—06	18.00	281
历届美国中学生数学竞赛试题及解答(第六卷)1973—1980	2017—07	18.00	768
历届美国中学生数学竞赛试题及解答(第七卷)1981—1986	2015—01	18.00	424
历届美国中学生数学竞赛试题及解答(第八卷)1987—1990	2017—05	18.00	769
历届 IMO 试题集(1959—2005)	2006—05	58.00	5
历届 CMO 试题集	2008—09	28.00	40
历届中国数学奥林匹克试题集(第 2 版)	2017—03	38.00	757
历届加拿大数学奥林匹克试题集	2012—08	38.00	215
历届美国数学奥林匹克试题集:多解推广加强	2012—08	38.00	209
历届美国数学奥林匹克试题集:多解推广加强(第 2 版)	2016—03	48.00	592
历届波兰数学竞赛试题集.第 1 卷,1949～1963	2015—03	18.00	453
历届波兰数学竞赛试题集.第 2 卷,1964～1976	2015—03	18.00	454
历届巴尔干数学奥林匹克试题集	2015—05	38.00	466
保加利亚数学奥林匹克	2014—10	38.00	393
圣彼得堡数学奥林匹克试题集	2015—01	38.00	429
匈牙利奥林匹克数学竞赛题解.第 1 卷	2016—05	28.00	593
匈牙利奥林匹克数学竞赛题解.第 2 卷	2016—05	28.00	594
历届美国数学邀请赛试题集(第 2 版)	2017—10	78.00	851
全国高中数学竞赛试题及解答.第 1 卷	2014—07	38.00	331
普林斯顿大学数学竞赛	2016—06	38.00	669
亚太地区数学奥林匹克竞赛题	2015—07	18.00	492
日本历届(初级)广中杯数学竞赛试题及解答.第 1 卷(2000～2007)	2016—05	28.00	641
日本历届(初级)广中杯数学竞赛试题及解答.第 2 卷(2008～2015)	2016—05	38.00	642
360 个数学竞赛问题	2016—08	58.00	677
奥数最佳实战题.上卷	2017—06	38.00	760
奥数最佳实战题.下卷	2017—05	58.00	761
哈尔滨市早期中学数学竞赛试题汇编	2016—07	28.00	672
全国高中数学联赛试题及解答:1981—2017(第 2 版)	2018—05	98.00	920
20 世纪 50 年代全国部分城市数学竞赛试题汇编	2017—07	28.00	797
国内外数学竞赛题及精解:2017～2018	2019—06	45.00	1092
许康华竞赛优学精选集.第一辑	2018—08	68.00	949
天问叶班数学问题征解 100 题.Ⅰ,2016—2018	2019—05	88.00	1075
高考数学临门一脚(含密押三套卷)(理科版)	2017—01	45.00	743
高考数学临门一脚(含密押三套卷)(文科版)	2017—01	45.00	744
新课标高考数学题型全归纳(文科版)	2015—05	72.00	467
新课标高考数学题型全归纳(理科版)	2015—05	82.00	468
洞穿高考数学解答题核心考点(理科版)	2015—11	49.80	550
洞穿高考数学解答题核心考点(文科版)	2015—11	46.80	551

刘培杰数学工作室
已出版(即将出版)图书目录——初等数学

书　名	出版时间	定　价	编号
高考数学题型全归纳:文科版.上	2016－05	53.00	663
高考数学题型全归纳:文科版.下	2016－05	53.00	664
高考数学题型全归纳:理科版.上	2016－05	58.00	665
高考数学题型全归纳:理科版.下	2016－05	58.00	666
王连笑教你怎样学数学:高考选择题解题策略与客观题实用训练	2014－01	48.00	262
王连笑教你怎样学数学:高考数学高层次讲座	2015－02	48.00	432
高考数学的理论与实践	2009－08	38.00	53
高考数学核心题型解题方法与技巧	2010－01	28.00	86
高考思维新平台	2014－03	38.00	259
30 分钟拿下高考数学选择题、填空题(理科版)	2016－10	39.80	720
30 分钟拿下高考数学选择题、填空题(文科版)	2016－10	39.80	721
高考数学压轴题解题诀窍(上)(第 2 版)	2018－01	58.00	874
高考数学压轴题解题诀窍(下)(第 2 版)	2018－01	48.00	875
北京市五区文科数学三年高考模拟题详解:2013～2015	2015－08	48.00	500
北京市五区理科数学三年高考模拟题详解:2013～2015	2015－09	68.00	505
向量法巧解数学高考题	2009－08	28.00	54
高考数学万能解题法(第 2 版)	即将出版	38.00	691
高考物理万能解题法(第 2 版)	即将出版	38.00	692
高考化学万能解题法(第 2 版)	即将出版	28.00	693
高考生物万能解题法(第 2 版)	即将出版	28.00	694
高考数学解题金典(第 2 版)	2017－01	78.00	716
高考物理解题金典(第 2 版)	2019－05	68.00	717
高考化学解题金典(第 2 版)	2019－05	58.00	718
我一定要赚分:高中物理	2016－01	38.00	580
数学高考参考	2016－01	78.00	589
2011～2015 年全国及各省市高考数学文科精品试题审题要津与解法研究	2015－10	68.00	539
2011～2015 年全国及各省市高考数学理科精品试题审题要津与解法研究	2015－10	88.00	540
最新全国及各省市高考数学试卷解法研究及点拨评析	2009－02	38.00	41
2011 年全国及各省市高考数学试题审题要津与解法研究	2011－10	48.00	139
2013 年全国及各省市高考数学试题解析与点评	2014－01	48.00	282
全国及各省市高考数学试题审题要津与解法研究	2015－02	48.00	450
高中数学章节起始课的教学研究与案例设计	2019－05	28.00	1064
新课标高考数学——五年试题分章详解(2007～2011)(上、下)	2011－10	78.00	140,141
全国中考数学压轴题审题要津与解法研究	2013－04	78.00	248
新编全国及各省市中考数学压轴题审题要津与解法研究	2014－05	58.00	342
全国及各省市 5 年中考数学压轴题审题要津与解法研究(2015 版)	2015－04	58.00	462
中考数学专题总复习	2007－04	28.00	6
中考数学较难题、难题常考题型解题方法与技巧.上	2016－01	48.00	584
中考数学较难题、难题常考题型解题方法与技巧.下	2016－01	58.00	585
中考数学较难题常考题型解题方法与技巧	2016－09	48.00	681
中考数学难题常考题型解题方法与技巧	2016－09	48.00	682
中考数学中档题常考题型解题方法与技巧	2017－08	68.00	835
中考数学选择填空压轴好题妙解 365	2017－05	38.00	759

刘培杰数学工作室
已出版(即将出版)图书目录——初等数学

书　　名	出版时间	定　价	编号
中考数学小压轴汇编初讲	2017－07	48.00	788
中考数学大压轴专题微言	2017－09	48.00	846
怎么解中考平面几何探索题	2019－06	48.00	1093
北京中考数学压轴题解题方法突破(第4版)	2019－01	58.00	1001
助你高考成功的数学解题智慧:知识是智慧的基础	2016－01	58.00	596
助你高考成功的数学解题智慧:错误是智慧的试金石	2016－04	58.00	643
助你高考成功的数学解题智慧:方法是智慧的推手	2016－04	68.00	657
高考数学奇思妙解	2016－04	38.00	610
高考数学解题策略	2016－05	48.00	670
数学解题泄天机(第2版)	2017－10	48.00	850
高考物理压轴题全解	2017－04	48.00	746
高中物理经典问题25讲	2017－05	28.00	764
高中物理教学讲义	2018－01	48.00	871
2016年高考文科数学真题研究	2017－04	58.00	754
2016年高考理科数学真题研究	2017－04	78.00	755
2017年高考理科数学真题研究	2018－01	58.00	867
2017年高考文科数学真题研究	2018－01	48.00	868
初中数学、高中数学脱节知识补缺教材	2017－06	48.00	766
高考数学小题抢分必练	2017－10	48.00	834
高考数学核心素养解读	2017－09	38.00	839
高考数学客观题解题方法和技巧	2017－10	38.00	847
十年高考数学精品试题审题要津与解法研究.上卷	2018－01	68.00	872
十年高考数学精品试题审题要津与解法研究.下卷	2018－01	58.00	873
中国历届高考数学试题及解答.1949－1979	2018－01	38.00	877
历届中国高考数学试题及解答.第二卷,1980—1989	2018－10	28.00	975
历届中国高考数学试题及解答.第三卷,1990—1999	2018－10	48.00	976
数学文化与高考研究	2018－03	48.00	882
跟我学解高中数学题	2018－07	58.00	926
中学数学研究的方法及案例	2018－05	58.00	869
高考数学抢分技能	2018－07	68.00	934
高一新生常用数学方法和重要数学思想提升教材	2018－06	38.00	921
2018年高考数学真题研究	2019－01	68.00	1000
高考数学全国卷16道选择、填空题常考题型解题诀窍:理科	2018－09	88.00	971
高中数学一题多解	2019－06	58.00	1087
新编640个世界著名数学智力趣题	2014－01	88.00	242
500个最新世界著名数学智力趣题	2008－06	48.00	3
400个最新世界著名数学最值问题	2008－09	48.00	36
500个世界著名数学征解问题	2009－06	48.00	52
400个中国最佳初等数学征解老问题	2010－01	48.00	60
500个俄罗斯数学经典老题	2011－01	28.00	81
1000个国外中学物理好题	2012－04	48.00	174
300个日本高考数学题	2012－05	38.00	142
700个早期日本高考数学试题	2017－02	88.00	752
500个前苏联早期高考数学试题及解答	2012－05	28.00	185
546个早期俄罗斯大学生数学竞赛题	2014－03	38.00	285
548个来自美苏的数学好问题	2014－11	28.00	396
20所苏联著名大学早期入学试题	2015－02	18.00	452
161道德国工科大学生必做的微分方程习题	2015－05	28.00	469
500个德国工科大学生必做的高数习题	2015－06	28.00	478
360个数学竞赛问题	2016－08	58.00	677
200个趣味数学故事	2018－02	48.00	857
470个数学奥林匹克中的最值问题	2018－10	88.00	985
德国讲义日本考题.微积分卷	2015－04	48.00	456
德国讲义日本考题.微分方程卷	2015－04	38.00	457
二十世纪中叶中、英、美、日、法、俄高考数学试题精选	2017－06	38.00	783

刘培杰数学工作室
已出版(即将出版)图书目录——初等数学

书　名	出版时间	定　价	编号
中国初等数学研究　2009 卷(第 1 辑)	2009－05	20.00	45
中国初等数学研究　2010 卷(第 2 辑)	2010－05	30.00	68
中国初等数学研究　2011 卷(第 3 辑)	2011－07	60.00	127
中国初等数学研究　2012 卷(第 4 辑)	2012－07	48.00	190
中国初等数学研究　2014 卷(第 5 辑)	2014－02	48.00	288
中国初等数学研究　2015 卷(第 6 辑)	2015－06	68.00	493
中国初等数学研究　2016 卷(第 7 辑)	2016－04	68.00	609
中国初等数学研究　2017 卷(第 8 辑)	2017－01	98.00	712
几何变换(Ⅰ)	2014－07	28.00	353
几何变换(Ⅱ)	2015－06	28.00	354
几何变换(Ⅲ)	2015－01	38.00	355
几何变换(Ⅳ)	2015－12	38.00	356
初等数论难题集(第一卷)	2009－05	68.00	44
初等数论难题集(第二卷)(上、下)	2011－02	128.00	82,83
数论概貌	2011－03	18.00	93
代数数论(第二版)	2013－08	58.00	94
代数多项式	2014－06	38.00	289
初等数论的知识与问题	2011－02	28.00	95
超越数论基础	2011－03	28.00	96
数论初等教程	2011－03	28.00	97
数论基础	2011－03	18.00	98
数论基础与维诺格拉多夫	2014－03	18.00	292
解析数论基础	2012－08	28.00	216
解析数论基础(第二版)	2014－01	48.00	287
解析数论问题集(第二版)(原版引进)	2014－05	88.00	343
解析数论问题集(第二版)(中译本)	2016－04	88.00	607
解析数论基础(潘承洞,潘承彪著)	2016－07	98.00	673
解析数论导引	2016－07	58.00	674
数论入门	2011－03	38.00	99
代数数论入门	2015－03	38.00	448
数论开篇	2012－07	28.00	194
解析数论引论	2011－03	48.00	100
Barban Davenport Halberstam 均值和	2009－01	40.00	33
基础数论	2011－03	28.00	101
初等数论 100 例	2011－05	18.00	122
初等数论经典例题	2012－07	18.00	204
最新世界各国数学奥林匹克中的初等数论试题(上、下)	2012－01	138.00	144,145
初等数论(Ⅰ)	2012－01	18.00	156
初等数论(Ⅱ)	2012－01	18.00	157
初等数论(Ⅲ)	2012－01	28.00	158

刘培杰数学工作室
已出版(即将出版)图书目录——初等数学

书　　名	出版时间	定　价	编号
平面几何与数论中未解决的新老问题	2013-01	68.00	229
代数数论简史	2014-11	28.00	408
代数数论	2015-09	88.00	532
代数、数论及分析习题集	2016-11	98.00	695
数论导引提要及习题解答	2016-01	48.00	559
素数定理的初等证明.第2版	2016-09	48.00	686
数论中的模函数与狄利克雷级数(第二版)	2017-11	78.00	837
数论:数学导引	2018-01	68.00	849
范式大代数	2019-02	98.00	1016
解析数学讲义.第一卷,导来式及微分、积分、级数	2019-04	88.00	1021
解析数学讲义.第二卷,关于几何的应用	2019-04	68.00	1022
解析数学讲义.第三卷,解析函数论	2019-04	78.00	1023
分析・组合・数论纵横谈	2019-04	58.00	1039
数学精神巡礼	2019-01	58.00	731
数学眼光透视(第2版)	2017-06	78.00	732
数学思想领悟(第2版)	2018-01	68.00	733
数学方法溯源(第2版)	2018-08	68.00	734
数学解题引论	2017-05	58.00	735
数学史话览胜(第2版)	2017-01	48.00	736
数学应用展观(第2版)	2017-08	68.00	737
数学建模尝试	2018-04	48.00	738
数学竞赛采风	2018-01	68.00	739
数学测评探营	2019-05	58.00	740
数学技能操握	2018-03	48.00	741
数学欣赏拾趣	2018-02	48.00	742
从毕达哥拉斯到怀尔斯	2007-10	48.00	9
从迪利克雷到维斯卡尔迪	2008-01	48.00	21
从哥德巴赫到陈景润	2008-05	98.00	35
从庞加莱到佩雷尔曼	2011-08	138.00	136
博弈论精粹	2008-03	58.00	30
博弈论精粹.第二版(精装)	2015-01	88.00	461
数学 我爱你	2008-01	28.00	20
精神的圣徒　别样的人生——60位中国数学家成长的历程	2008-09	48.00	39
数学史概论	2009-06	78.00	50
数学史概论(精装)	2013-03	158.00	272
数学史选讲	2016-01	48.00	544
斐波那契数列	2010-02	28.00	65
数学拼盘和斐波那契魔方	2010-07	38.00	72
斐波那契数列欣赏(第2版)	2018-08	58.00	948
Fibonacci数列中的明珠	2018-06	58.00	928
数学的创造	2011-02	48.00	85
数学美与创造力	2016-01	48.00	595
数海拾贝	2016-01	48.00	590
数学中的美(第2版)	2019-04	68.00	1057
数论中的美学	2014-12	38.00	351

刘培杰数学工作室
已出版(即将出版)图书目录——初等数学

书　名	出版时间	定　价	编号
数学王者　科学巨人——高斯	2015－01	28.00	428
振兴祖国数学的圆梦之旅:中国初等数学研究史话	2015－06	98.00	490
二十世纪中国数学史料研究	2015－10	48.00	536
数字谜、数阵图与棋盘覆盖	2016－01	58.00	298
时间的形状	2016－01	38.00	556
数学发现的艺术:数学探索中的合情推理	2016－07	58.00	671
活跃在数学中的参数	2016－07	48.00	675
数学解题——靠数学思想给力(上)	2011－07	38.00	131
数学解题——靠数学思想给力(中)	2011－07	48.00	132
数学解题——靠数学思想给力(下)	2011－07	38.00	133
我怎样解题	2013－01	48.00	227
数学解题中的物理方法	2011－06	28.00	114
数学解题的特殊方法	2011－06	48.00	115
中学数学计算技巧	2012－01	48.00	116
中学数学证明方法	2012－01	58.00	117
数学趣题巧解	2012－03	28.00	128
高中数学教学通鉴	2015－05	58.00	479
和高中生漫谈:数学与哲学的故事	2014－08	28.00	369
算术问题集	2017－03	38.00	789
张教授讲数学	2018－07	38.00	933
自主招生考试中的参数方程问题	2015－01	28.00	435
自主招生考试中的极坐标问题	2015－04	28.00	463
近年全国重点大学自主招生数学试题全解及研究.华约卷	2015－02	38.00	441
近年全国重点大学自主招生数学试题全解及研究.北约卷	2016－05	38.00	619
自主招生数学解证宝典	2015－09	48.00	535
格点和面积	2012－07	18.00	191
射影几何趣谈	2012－04	28.00	175
斯潘纳尔引理——从一道加拿大数学奥林匹克试题谈起	2014－01	28.00	228
李普希兹条件——从几道近年高考数学试题谈起	2012－10	18.00	221
拉格朗日中值定理——从一道北京高考试题的解法谈起	2015－10	18.00	197
闵科夫斯基定理——从一道清华大学自主招生试题谈起	2014－01	28.00	198
哈尔测度——从一道冬令营试题的背景谈起	2012－08	28.00	202
切比雪夫逼近问题——从一道中国台北数学奥林匹克试题谈起	2013－04	38.00	238
伯恩斯坦多项式与贝齐尔曲面——从一道全国高中数学联赛试题谈起	2013－03	38.00	236
卡塔兰猜想——从一道普特南竞赛试题谈起	2013－06	18.00	256
麦卡锡函数和阿克曼函数——从一道前南斯拉夫数学奥林匹克试题谈起	2012－08	18.00	201
贝蒂定理与拉姆贝克莫斯尔定理——从一个拣石子游戏谈起	2012－08	18.00	217
皮亚诺曲线和豪斯道夫分球定理——从无限集谈起	2012－08	18.00	211
平面凸图形与凸多面体	2012－10	28.00	218
斯坦因豪斯问题——从一道二十五省市自治区中学数学竞赛试题谈起	2012－07	18.00	196

刘培杰数学工作室
已出版(即将出版)图书目录——初等数学

书 名	出版时间	定 价	编号
纽结理论中的亚历山大多项式与琼斯多项式——从一道北京市高一数学竞赛试题谈起	2012－07	28.00	195
原则与策略——从波利亚"解题表"谈起	2013－04	38.00	244
转化与化归——从三大尺规作图不能问题谈起	2012－08	28.00	214
代数几何中的贝祖定理(第一版)——从一道IMO试题的解法谈起	2013－08	18.00	193
成功连贯理论与约当块理论——从一道比利时数学竞赛试题谈起	2012－04	18.00	180
素数判定与大数分解	2014－08	18.00	199
置换多项式及其应用	2012－10	18.00	220
椭圆函数与模函数——从一道美国加州大学洛杉矶分校(UCLA)博士资格考题谈起	2012－10	28.00	219
差分方程的拉格朗日方法——从一道2011年全国高考理科试题的解法谈起	2012－08	28.00	200
力学在几何中的一些应用	2013－01	38.00	240
高斯散度定理、斯托克斯定理和平面格林定理——从一道国际大学生数学竞赛试题谈起	即将出版		
康托洛维奇不等式——从一道全国高中联赛试题谈起	2013－03	28.00	337
西格尔引理——从一道第18届IMO试题的解法谈起	即将出版		
罗斯定理——从一道前苏联数学竞赛试题谈起	即将出版		
拉克斯定理和阿廷定理——从一道IMO试题的解法谈起	2014－01	58.00	246
毕卡大定理——从一道美国大学数学竞赛试题谈起	2014－07	18.00	350
贝齐尔曲线——从一道全国高中联赛试题谈起	即将出版		
拉格朗日乘子定理——从一道2005年全国高中联赛试题的高等数学解法谈起	2015－05	28.00	480
雅可比定理——从一道日本数学奥林匹克试题谈起	2013－04	48.00	249
李天岩－约克定理——从一道波兰数学竞赛试题谈起	2014－06	28.00	349
整系数多项式因式分解的一般方法——从克朗耐克算法谈起	即将出版		
布劳维不动点定理——从一道前苏联数学奥林匹克试题谈起	2014－01	38.00	273
伯恩赛德定理——从一道英国数学奥林匹克试题谈起	即将出版		
布查特－莫斯特定理——从一道上海市初中竞赛试题谈起	即将出版		
数论中的同余数问题——从一道普特南竞赛试题谈起	即将出版		
范·德蒙行列式——从一道美国数学奥林匹克试题谈起	即将出版		
中国剩余定理:总数法构建中国历史年表	2015－01	28.00	430
牛顿程序与方程求根——从一道全国高考试题解法谈起	即将出版		
库默尔定理——从一道IMO预选试题谈起	即将出版		
卢丁定理——从一道冬令营试题的解法谈起	即将出版		
沃斯滕霍姆定理——从一道IMO预选试题谈起	即将出版		
卡尔松不等式——从一道莫斯科数学奥林匹克试题谈起	即将出版		
信息论中的香农熵——从一道近年高考压轴题谈起	即将出版		
约当不等式——从一道希望杯竞赛试题谈起	即将出版		
拉比诺维奇定理	即将出版		
刘维尔定理——从一道《美国数学月刊》征解问题的解法谈起	即将出版		
卡塔兰恒等式与级数求和——从一道IMO试题的解法谈起	即将出版		
勒让德猜想与素数分布——从一道爱尔兰竞赛试题谈起	即将出版		
天平称重与信息论——从一道基辅市数学奥林匹克试题谈起	即将出版		
哈密尔顿－凯莱定理:从一道高中数学联赛试题的解法谈起	2014－09	18.00	376
艾思特曼定理——从一道CMO试题的解法谈起	即将出版		

刘培杰数学工作室
已出版(即将出版)图书目录——初等数学

书　　名	出版时间	定　价	编号
阿贝尔恒等式与经典不等式及应用	2018—06	98.00	923
迪利克雷除数问题	2018—07	48.00	930
糖水中的不等式——从初等数学到高等数学	2019—07	48.00	1093
帕斯卡三角形	2014—03	18.00	294
蒲丰投针问题——从 2009 年清华大学的一道自主招生试题谈起	2014—01	38.00	295
斯图姆定理——从一道“华约”自主招生试题的解法谈起	2014—01	18.00	296
许瓦兹引理——从一道加利福尼亚大学伯克利分校数学系博士生试题谈起	2014—08	18.00	297
拉姆塞定理——从王诗宬院士的一个问题谈起	2016—04	48.00	299
坐标法	2013—12	28.00	332
数论三角形	2014—04	38.00	341
毕克定理	2014—07	18.00	352
数林掠影	2014—09	48.00	389
我们周围的概率	2014—10	38.00	390
凸函数最值定理:从一道华约自主招生题的解法谈起	2014—10	28.00	391
易学与数学奥林匹克	2014—10	38.00	392
生物数学趣谈	2015—01	18.00	409
反演	2015—01	28.00	420
因式分解与圆锥曲线	2015—01	18.00	426
轨迹	2015—01	28.00	427
面积原理:从常庚哲命的一道 CMO 试题的积分解法谈起	2015—01	48.00	431
形形色色的不动点定理:从一道 28 届 IMO 试题谈起	2015—01	38.00	439
柯西函数方程:从一道上海交大自主招生的试题谈起	2015—02	28.00	440
三角恒等式	2015—02	28.00	442
无理性判定:从一道 2014 年“北约”自主招生试题谈起	2015—01	38.00	443
数学归纳法	2015—03	18.00	451
极端原理与解题	2015—04	28.00	464
法雷级数	2014—08	18.00	367
摆线族	2015—01	38.00	438
函数方程及其解法	2015—05	38.00	470
含参数的方程和不等式	2012—09	28.00	213
希尔伯特第十问题	2016—01	38.00	543
无穷小量的求和	2016—01	28.00	545
切比雪夫多项式:从一道清华大学金秋营试题谈起	2016—01	38.00	583
泽肯多夫定理	2016—03	38.00	599
代数等式证题法	2016—01	28.00	600
三角等式证题法	2016—01	28.00	601
吴大任教授藏书中的一个因式分解公式:从一道美国数学邀请赛试题的解法谈起	2016—06	28.00	656
易卦——类万物的数学模型	2017—08	68.00	838
“不可思议”的数与数系可持续发展	2018—01	38.00	878
最短线	2018—01	38.00	879
幻方和魔方(第一卷)	2012—05	68.00	173
尘封的经典——初等数学经典文献选读(第一卷)	2012—07	48.00	205
尘封的经典——初等数学经典文献选读(第二卷)	2012—07	38.00	206
初级方程式论	2011—03	28.00	106
初等数学研究(Ⅰ)	2008—09	68.00	37
初等数学研究(Ⅱ)(上、下)	2009—05	118.00	46,47

刘培杰数学工作室
已出版(即将出版)图书目录——初等数学

书　　名	出版时间	定　价	编号
趣味初等方程妙题集锦	2014－09	48.00	388
趣味初等数论选美与欣赏	2015－02	48.00	445
耕读笔记(上卷):一位农民数学爱好者的初数探索	2015－04	28.00	459
耕读笔记(中卷):一位农民数学爱好者的初数探索	2015－05	28.00	483
耕读笔记(下卷):一位农民数学爱好者的初数探索	2015－05	28.00	484
几何不等式研究与欣赏.上卷	2016－01	88.00	547
几何不等式研究与欣赏.下卷	2016－01	48.00	552
初等数列研究与欣赏·上	2016－01	48.00	570
初等数列研究与欣赏·下	2016－01	48.00	571
趣味初等函数研究与欣赏.上	2016－09	48.00	684
趣味初等函数研究与欣赏.下	2018－09	48.00	685
火柴游戏	2016－05	38.00	612
智力解谜.第1卷	2017－07	38.00	613
智力解谜.第2卷	2017－07	38.00	614
故事智力	2016－07	48.00	615
名人们喜欢的智力问题	即将出版		616
数学大师的发现、创造与失误	2018－01	48.00	617
异曲同工	2018－09	48.00	618
数学的味道	2018－01	58.00	798
数学千字文	2018－10	68.00	977
数贝偶拾——高考数学题研究	2014－04	28.00	274
数贝偶拾——初等数学研究	2014－04	38.00	275
数贝偶拾——奥数题研究	2014－04	48.00	276
钱昌本教你快乐学数学(上)	2011－12	48.00	155
钱昌本教你快乐学数学(下)	2012－03	58.00	171
集合、函数与方程	2014－01	28.00	300
数列与不等式	2014－01	38.00	301
三角与平面向量	2014－01	28.00	302
平面解析几何	2014－01	38.00	303
立体几何与组合	2014－01	28.00	304
极限与导数、数学归纳法	2014－01	38.00	305
趣味数学	2014－03	28.00	306
教材教法	2014－04	68.00	307
自主招生	2014－05	58.00	308
高考压轴题(上)	2015－01	48.00	309
高考压轴题(下)	2014－10	68.00	310
从费马到怀尔斯——费马大定理的历史	2013－10	198.00	Ⅰ
从庞加莱到佩雷尔曼——庞加莱猜想的历史	2013－10	298.00	Ⅱ
从切比雪夫到爱尔特希(上)——素数定理的初等证明	2013－07	48.00	Ⅲ
从切比雪夫到爱尔特希(下)——素数定理100年	2012－12	98.00	Ⅲ
从高斯到盖尔方特——二次域的高斯猜想	2013－10	198.00	Ⅳ
从库默尔到朗兰兹——朗兰兹猜想的历史	2014－01	98.00	Ⅴ
从比勃巴赫到德布朗斯——比勃巴赫猜想的历史	2014－02	298.00	Ⅵ
从麦比乌斯到陈省身——麦比乌斯变换与麦比乌斯带	2014－02	298.00	Ⅶ
从布尔到豪斯道夫——布尔方程与格论漫谈	2013－10	198.00	Ⅷ
从开普勒到阿诺德——三体问题的历史	2014－05	298.00	Ⅸ
从华林到华罗庚——华林问题的历史	2013－10	298.00	Ⅹ

刘培杰数学工作室

已出版(即将出版)图书目录——初等数学

书　　名	出版时间	定　价	编号
美国高中数学竞赛五十讲.第1卷(英文)	2014－08	28.00	357
美国高中数学竞赛五十讲.第2卷(英文)	2014－08	28.00	358
美国高中数学竞赛五十讲.第3卷(英文)	2014－09	28.00	359
美国高中数学竞赛五十讲.第4卷(英文)	2014－09	28.00	360
美国高中数学竞赛五十讲.第5卷(英文)	2014－10	28.00	361
美国高中数学竞赛五十讲.第6卷(英文)	2014－11	28.00	362
美国高中数学竞赛五十讲.第7卷(英文)	2014－12	28.00	363
美国高中数学竞赛五十讲.第8卷(英文)	2015－01	28.00	364
美国高中数学竞赛五十讲.第9卷(英文)	2015－01	28.00	365
美国高中数学竞赛五十讲.第10卷(英文)	2015－02	38.00	366
三角函数(第2版)	2017－04	38.00	626
不等式	2014－01	38.00	312
数列	2014－01	38.00	313
方程(第2版)	2017－04	38.00	624
排列和组合	2014－01	28.00	315
极限与导数(第2版)	2016－04	38.00	635
向量(第2版)	2018－08	58.00	627
复数及其应用	2014－08	28.00	318
函数	2014－01	38.00	319
集合	即将出版		320
直线与平面	2014－01	28.00	321
立体几何(第2版)	2016－04	38.00	629
解三角形	即将出版		323
直线与圆(第2版)	2016－11	38.00	631
圆锥曲线(第2版)	2016－09	48.00	632
解题通法(一)	2014－07	38.00	326
解题通法(二)	2014－07	38.00	327
解题通法(三)	2014－05	38.00	328
概率与统计	2014－01	28.00	329
信息迁移与算法	即将出版		330
IMO 50年.第1卷(1959－1963)	2014－11	28.00	377
IMO 50年.第2卷(1964－1968)	2014－11	28.00	378
IMO 50年.第3卷(1969－1973)	2014－09	28.00	379
IMO 50年.第4卷(1974－1978)	2016－04	38.00	380
IMO 50年.第5卷(1979－1984)	2015－04	38.00	381
IMO 50年.第6卷(1985－1989)	2015－04	58.00	382
IMO 50年.第7卷(1990－1994)	2016－01	48.00	383
IMO 50年.第8卷(1995－1999)	2016－06	38.00	384
IMO 50年.第9卷(2000－2004)	2015－04	58.00	385
IMO 50年.第10卷(2005－2009)	2016－01	48.00	386
IMO 50年.第11卷(2010－2015)	2017－03	48.00	646

刘培杰数学工作室
已出版(即将出版)图书目录——初等数学

书　名	出版时间	定　价	编号
数学反思(2006—2007)	即将出版		915
数学反思(2008—2009)	2019-01	68.00	917
数学反思(2010—2011)	2018-05	58.00	916
数学反思(2012—2013)	2019-01	58.00	918
数学反思(2014—2015)	2019-03	78.00	919
历届美国大学生数学竞赛试题集.第一卷(1938—1949)	2015-01	28.00	397
历届美国大学生数学竞赛试题集.第二卷(1950—1959)	2015-01	28.00	398
历届美国大学生数学竞赛试题集.第三卷(1960—1969)	2015-01	28.00	399
历届美国大学生数学竞赛试题集.第四卷(1970—1979)	2015-01	18.00	400
历届美国大学生数学竞赛试题集.第五卷(1980—1989)	2015-01	28.00	401
历届美国大学生数学竞赛试题集.第六卷(1990—1999)	2015-01	28.00	402
历届美国大学生数学竞赛试题集.第七卷(2000—2009)	2015-08	18.00	403
历届美国大学生数学竞赛试题集.第八卷(2010—2012)	2015-01	18.00	404
新课标高考数学创新题解题诀窍:总论	2014-09	28.00	372
新课标高考数学创新题解题诀窍:必修1～5分册	2014-08	38.00	373
新课标高考数学创新题解题诀窍:选修2-1,2-2,1-1,1-2分册	2014-09	38.00	374
新课标高考数学创新题解题诀窍:选修2-3,4-4,4-5分册	2014-09	18.00	375
全国重点大学自主招生英文数学试题全攻略:词汇卷	2015-07	48.00	410
全国重点大学自主招生英文数学试题全攻略:概念卷	2015-01	28.00	411
全国重点大学自主招生英文数学试题全攻略:文章选读卷(上)	2016-09	38.00	412
全国重点大学自主招生英文数学试题全攻略:文章选读卷(下)	2017-01	58.00	413
全国重点大学自主招生英文数学试题全攻略:试题卷	2015-07	38.00	414
全国重点大学自主招生英文数学试题全攻略:名著欣赏卷	2017-03	48.00	415
劳埃德数学趣题大全.题目卷.1:英文	2016-01	18.00	516
劳埃德数学趣题大全.题目卷.2:英文	2016-01	18.00	517
劳埃德数学趣题大全.题目卷.3:英文	2016-01	18.00	518
劳埃德数学趣题大全.题目卷.4:英文	2016-01	18.00	519
劳埃德数学趣题大全.题目卷.5:英文	2016-01	18.00	520
劳埃德数学趣题大全.答案卷:英文	2016-01	18.00	521
李成章教练奥数笔记.第1卷	2016-01	48.00	522
李成章教练奥数笔记.第2卷	2016-01	48.00	523
李成章教练奥数笔记.第3卷	2016-01	38.00	524
李成章教练奥数笔记.第4卷	2016-01	38.00	525
李成章教练奥数笔记.第5卷	2016-01	38.00	526
李成章教练奥数笔记.第6卷	2016-01	38.00	527
李成章教练奥数笔记.第7卷	2016-01	38.00	528
李成章教练奥数笔记.第8卷	2016-01	48.00	529
李成章教练奥数笔记.第9卷	2016-01	28.00	530

刘培杰数学工作室
已出版(即将出版)图书目录——初等数学

书　　名	出版时间	定　价	编号
第19～23届"希望杯"全国数学邀请赛试题审题要津详细评注(初一版)	2014－03	28.00	333
第19～23届"希望杯"全国数学邀请赛试题审题要津详细评注(初二、初三版)	2014－03	38.00	334
第19～23届"希望杯"全国数学邀请赛试题审题要津详细评注(高一版)	2014－03	28.00	335
第19～23届"希望杯"全国数学邀请赛试题审题要津详细评注(高二版)	2014－03	38.00	336
第19～25届"希望杯"全国数学邀请赛试题审题要津详细评注(初一版)	2015－01	38.00	416
第19～25届"希望杯"全国数学邀请赛试题审题要津详细评注(初二、初三版)	2015－01	58.00	417
第19～25届"希望杯"全国数学邀请赛试题审题要津详细评注(高一版)	2015－01	48.00	418
第19～25届"希望杯"全国数学邀请赛试题审题要津详细评注(高二版)	2015－01	48.00	419
物理奥林匹克竞赛大题典——力学卷	2014－11	48.00	405
物理奥林匹克竞赛大题典——热学卷	2014－04	28.00	339
物理奥林匹克竞赛大题典——电磁学卷	2015－07	48.00	406
物理奥林匹克竞赛大题典——光学与近代物理卷	2014－06	28.00	345
历届中国东南地区数学奥林匹克试题集(2004～2012)	2014－06	18.00	346
历届中国西部地区数学奥林匹克试题集(2001～2012)	2014－07	18.00	347
历届中国女子数学奥林匹克试题集(2002～2012)	2014－08	18.00	348
数学奥林匹克在中国	2014－06	98.00	344
数学奥林匹克问题集	2014－01	38.00	267
数学奥林匹克不等式散论	2010－06	38.00	124
数学奥林匹克不等式欣赏	2011－09	38.00	138
数学奥林匹克超级题库(初中卷上)	2010－01	58.00	66
数学奥林匹克不等式证明方法和技巧(上、下)	2011－08	158.00	134,135
他们学什么:原民主德国中学数学课本	2016－09	38.00	658
他们学什么:英国中学数学课本	2016－09	38.00	659
他们学什么:法国中学数学课本.1	2016－09	38.00	660
他们学什么:法国中学数学课本.2	2016－09	28.00	661
他们学什么:法国中学数学课本.3	2016－09	38.00	662
他们学什么:苏联中学数学课本	2016－09	28.00	679
高中数学题典——集合与简易逻辑·函数	2016－07	48.00	647
高中数学题典——导数	2016－07	48.00	648
高中数学题典——三角函数·平面向量	2016－07	48.00	649
高中数学题典——数列	2016－07	58.00	650
高中数学题典——不等式·推理与证明	2016－07	38.00	651
高中数学题典——立体几何	2016－07	48.00	652
高中数学题典——平面解析几何	2016－07	78.00	653
高中数学题典——计数原理·统计·概率·复数	2016－07	48.00	654
高中数学题典——算法·平面几何·初等数论·组合数学·其他	2016－07	68.00	655

刘培杰数学工作室
已出版(即将出版)图书目录——初等数学

书 名	出版时间	定 价	编号
台湾地区奥林匹克数学竞赛试题.小学一年级	2017—03	38.00	722
台湾地区奥林匹克数学竞赛试题.小学二年级	2017—03	38.00	723
台湾地区奥林匹克数学竞赛试题.小学三年级	2017—03	38.00	724
台湾地区奥林匹克数学竞赛试题.小学四年级	2017—03	38.00	725
台湾地区奥林匹克数学竞赛试题.小学五年级	2017—03	38.00	726
台湾地区奥林匹克数学竞赛试题.小学六年级	2017—03	38.00	727
台湾地区奥林匹克数学竞赛试题.初中一年级	2017—03	38.00	728
台湾地区奥林匹克数学竞赛试题.初中二年级	2017—03	38.00	729
台湾地区奥林匹克数学竞赛试题.初中三年级	2017—03	28.00	730
不等式证题法	2017—04	28.00	747
平面几何培优教程	即将出版		748
奥数鼎级培优教程.高一分册	2018—09	88.00	749
奥数鼎级培优教程.高二分册.上	2018—04	68.00	750
奥数鼎级培优教程.高二分册.下	2018—04	68.00	751
高中数学竞赛冲刺宝典	2019—04	68.00	883
初中尖子生数学超级题典.实数	2017—07	58.00	792
初中尖子生数学超级题典.式、方程与不等式	2017—08	58.00	793
初中尖子生数学超级题典.圆、面积	2017—08	38.00	794
初中尖子生数学超级题典.函数、逻辑推理	2017—08	48.00	795
初中尖子生数学超级题典.角、线段、三角形与多边形	2017—07	58.00	796
数学王子——高斯	2018—01	48.00	858
坎坷奇星——阿贝尔	2018—01	48.00	859
闪烁奇星——伽罗瓦	2018—01	58.00	860
无穷统帅——康托尔	2018—01	48.00	861
科学公主——柯瓦列夫斯卡娅	2018—01	48.00	862
抽象代数之母——埃米·诺特	2018—01	48.00	863
电脑先驱——图灵	2018—01	58.00	864
昔日神童——维纳	2018—01	48.00	865
数坛怪侠——爱尔特希	2018—01	68.00	866
当代世界中的数学.数学思想与数学基础	2019—01	38.00	892
当代世界中的数学.数学问题	2019—01	38.00	893
当代世界中的数学.应用数学与数学应用	2019—01	38.00	894
当代世界中的数学.数学王国的新疆域(一)	2019—01	38.00	895
当代世界中的数学.数学王国的新疆域(二)	2019—01	38.00	896
当代世界中的数学.数林撷英(一)	2019—01	38.00	897
当代世界中的数学.数林撷英(二)	2019—01	48.00	898
当代世界中的数学.数学之路	2019—01	38.00	899

刘培杰数学工作室
已出版(即将出版)图书目录——初等数学

书　名	出版时间	定　价	编号
105 个代数问题:来自 AwesomeMath 夏季课程	2019—02	58.00	956
106 个几何问题:来自 AwesomeMath 夏季课程	即将出版		957
107 个几何问题:来自 AwesomeMath 全年课程	即将出版		958
108 个代数问题:来自 AwesomeMath 全年课程	2019—01	68.00	959
109 个不等式:来自 AwesomeMath 夏季课程	2019—04	58.00	960
国际数学奥林匹克中的 110 个几何问题	即将出版		961
111 个代数和数论问题	2019—05	58.00	962
112 个组合问题:来自 AwesomeMath 夏季课程	2019—05	58.00	963
113 个几何不等式:来自 AwesomeMath 夏季课程	即将出版		964
114 个指数和对数问题:来自 AwesomeMath 夏季课程	即将出版		965
115 个三角问题:来自 AwesomeMath 夏季课程	即将出版		966
116 个代数不等式:来自 AwesomeMath 全年课程	2019—04	58.00	967
紫色慧星国际数学竞赛试题	2019—02	58.00	999
澳大利亚中学数学竞赛试题及解答(初级卷)1978～1984	2019—02	28.00	1002
澳大利亚中学数学竞赛试题及解答(初级卷)1985～1991	2019—02	28.00	1003
澳大利亚中学数学竞赛试题及解答(初级卷)1992～1998	2019—02	28.00	1004
澳大利亚中学数学竞赛试题及解答(初级卷)1999～2005	2019—02	28.00	1005
澳大利亚中学数学竞赛试题及解答(中级卷)1978～1984	2019—03	28.00	1006
澳大利亚中学数学竞赛试题及解答(中级卷)1985～1991	2019—03	28.00	1007
澳大利亚中学数学竞赛试题及解答(中级卷)1992～1998	2019—03	28.00	1008
澳大利亚中学数学竞赛试题及解答(中级卷)1999～2005	2019—03	28.00	1009
澳大利亚中学数学竞赛试题及解答(高级卷)1978～1984	2019—05	28.00	1010
澳大利亚中学数学竞赛试题及解答(高级卷)1985～1991	2019—05	28.00	1011
澳大利亚中学数学竞赛试题及解答(高级卷)1992～1998	2019—05	28.00	1012
澳大利亚中学数学竞赛试题及解答(高级卷)1999～2005	2019—05	28.00	1013
天才中小学生智力测验题.第一卷	2019—03	38.00	1026
天才中小学生智力测验题.第二卷	2019—03	38.00	1027
天才中小学生智力测验题.第三卷	2019—03	38.00	1028
天才中小学生智力测验题.第四卷	2019—03	38.00	1029
天才中小学生智力测验题.第五卷	2019—03	38.00	1030
天才中小学生智力测验题.第六卷	2019—03	38.00	1031
天才中小学生智力测验题.第七卷	2019—03	38.00	1032
天才中小学生智力测验题.第八卷	2019—03	38.00	1033
天才中小学生智力测验题.第九卷	2019—03	38.00	1034
天才中小学生智力测验题.第十卷	2019—03	38.00	1035
天才中小学生智力测验题.第十一卷	2019—03	38.00	1036
天才中小学生智力测验题.第十二卷	2019—03	38.00	1037
天才中小学生智力测验题.第十三卷	2019—03	38.00	1038

刘培杰数学工作室
已出版(即将出版)图书目录——初等数学

书　名	出版时间	定　价	编号
重点大学自主招生数学备考全书:函数	即将出版		1047
重点大学自主招生数学备考全书:导数	即将出版		1048
重点大学自主招生数学备考全书:数列与不等式	即将出版		1049
重点大学自主招生数学备考全书:三角函数与平面向量	即将出版		1050
重点大学自主招生数学备考全书:平面解析几何	即将出版		1051
重点大学自主招生数学备考全书:立体几何与平面几何	即将出版		1052
重点大学自主招生数学备考全书:排列组合.概率统计.复数	即将出版		1053
重点大学自主招生数学备考全书:初等数论与组合数学	即将出版		1054
重点大学自主招生数学备考全书:重点大学自主招生真题.上	2019－04	68.00	1055
重点大学自主招生数学备考全书:重点大学自主招生真题.下	2019－04	58.00	1056
高中数学竞赛培训教程:平面几何问题的求解方法与策略.上	2018－05	68.00	906
高中数学竞赛培训教程:平面几何问题的求解方法与策略.下	2018－06	78.00	907
高中数学竞赛培训教程:整除与同余以及不定方程	2018－01	88.00	908
高中数学竞赛培训教程:组合计数与组合极值	2018－04	48.00	909
高中数学竞赛培训教程:初等代数	2019－04	78.00	1042
高中数学讲座:数学竞赛基础教程(第一册)	2019－06	48.00	1094
高中数学讲座:数学竞赛基础教程(第二册)	即将出版		1095
高中数学讲座:数学竞赛基础教程(第三册)	即将出版		1096
高中数学讲座:数学竞赛基础教程(第四册)	即将出版		1097

联系地址:哈尔滨市南岗区复华四道街10号　哈尔滨工业大学出版社刘培杰数学工作室
网　　址:http://lpj.hit.edu.cn/
邮　　编:150006
联系电话:0451－86281378　　13904613167
E-mail:lpj1378@163.com